Auf einen Blick!

Mathematik
Biologie
Physik

Die wichtigsten Themen
bis zur 10. Klasse

mentor
Eine Klasse besser.

Layout: Peter Pleischl, München
Vignetten: Ulf Marckwort, Kassel

Umwelthinweis: Gedruckt auf chlorfrei gebleichtem Papier.

Auf einen Blick!

Mathematik

Die wichtigsten Themen bis zur 10. Klasse

Theo Waibel
Julia Inthorn
Dr. Rosemarie Benke-Bursian
Regine Hegedüs
Waltraud Mager
Andreas Faber
Irmgard Mayer

mentor
Eine Klasse besser.

Redaktion: Twin Books, München

Inhaltsverzeichnis

Mathematische Zeichen und Symbole

Mengen

$\mathbb{N}$ Menge der natürlichen Zahlen

$\mathbb{Z}$ Menge der ganzen Zahlen

$\mathbb{Q}$ Menge der rationalen Zahlen

$\mathbb{R}$ Menge der reellen Zahlen

$\mathbb{L}$ Lösungsmenge

$\{ \}$ leere Menge

$M \cap N$ Schnittmenge der Mengen M und N

$M \cup N$ Vereinigungsmenge der Mengen M und N

$M \subseteq N$ M Teilmenge von N

$m \in M$ m Element von M

logische Zeichen

$A \Rightarrow B$ aus A folgt B, wenn A dann B

$A \Leftrightarrow B$ A und B sind äquivalent, A genau dann wenn B

Verknüpfung von Zahlen

$a < b$ a (echt) kleiner als b

$a > b$ a echt größer als b

$a \leq b$ a kleiner oder gleich b

$a \geq b$ a größer oder gleich b

$a = b$ a gleich b

$a \neq b$ a ungleich b

$a \approx b$ a ungefähr gleich *b* (z. B. gerundet)

geometrische Symbole

$g \perp h$ g steht senkrecht auf h rechter Winkel

$g \parallel h$ g und h sind parallel

$\vec{v}$ Vektor *v*

$\sum_{i=1}^{n} a_i = a_1 + a_2 + \ldots + a_n$ Summensymbol

1 Arithmetik

Die Grundlage für die mathematische Tätigkeit des Zählens bilden die natürlichen Zahlen. Diese sind ebenso Thema des folgenden Kapitels wie die vier Grundrechenarten, nämlich Addition, Subtraktion, Multiplikation und Division. Darauf folgt die Beschäftigung mit Potenzen als einer Sonderform der Multiplikation. Handelte es sich bisher um das Rechnen mit ganzen Zahlen, so geht es im Anschluss um die rationalen Zahlen bzw. die Bruchrechnung und ihre Regeln. Abschließend wird anhand von Beispielen, z. B. Gewichts- oder Größenumrechnungen, gezeigt, welche wichtige Funktion die Arithmetik im Alltag haben kann.

1 Mengen

Eine **Menge** ist eine Zusammenfassung von verschiedenen Objekten (Personen, Gegenstände, Zahlen, Buchstaben ...) zu einer Einheit. Wir reden z.B. von der Menge der Schüler einer Schule, von der Menge der Lehrer, von der Menge der Buchstaben des Alphabets, von der Menge der Edelsteine oder von der Menge der Fahrzeuge. Mengen in der Mathematik werden mit Großbuchstaben bezeichnet, z.B. Menge A.

Die einzelnen Bestandteile einer Menge nennt man **Elemente**. Sie werden in geschwungene Klammern eingeschlossen, z.B. $V = \{a, e, i, o, u\}$.
$a \in V$ heißt »*a* ist Element von *V*« oder »*a* liegt in *V*«.
$b \notin V$ heißt »*a* ist nicht Element von *V*« oder »*a* liegt nicht in *V*«.

Mengen kann man angeben in beschreibender Form oder in aufzählender Form.
Beschreibend: M = Menge der ersten fünf Buchstaben des Alphabets.
Aufzählend: $M = \{a, b, c, d, e\}$.

Zwischen Mengen können verschiedene Beziehungen bestehen.

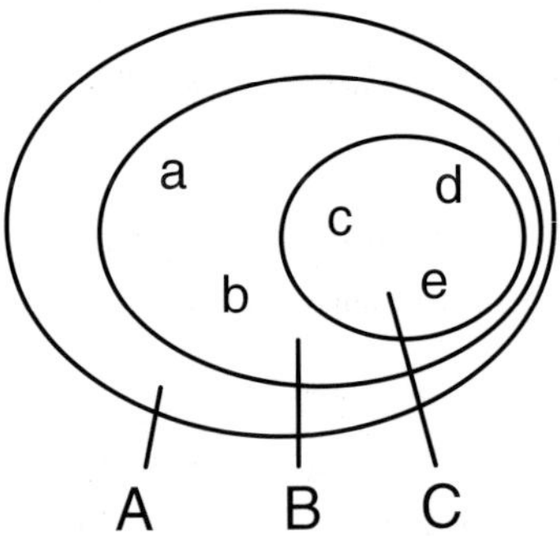

$B \subseteq A$ heißt »*B* ist **Teilmenge** (Untermenge) von *A*«. Alle Elemente von *B* sind auch in *A*. Das kann auch, wie in diesem Beispiel, bedeuten: $B = A$.
$C \subset B$ heißt »*C* ist echte Teilmenge von *B* (und auch von *A*)«. Das bedeutet: $C \subseteq B$, aber nicht $C = B$.

Man kann die Zeichen auch umdrehen ($\supseteq$, $\supset$) und bekommt dann die Begriffe Obermenge und echte Obermenge mit analogen Bedeutungen: $B \supset C$, $A \supseteq B$.

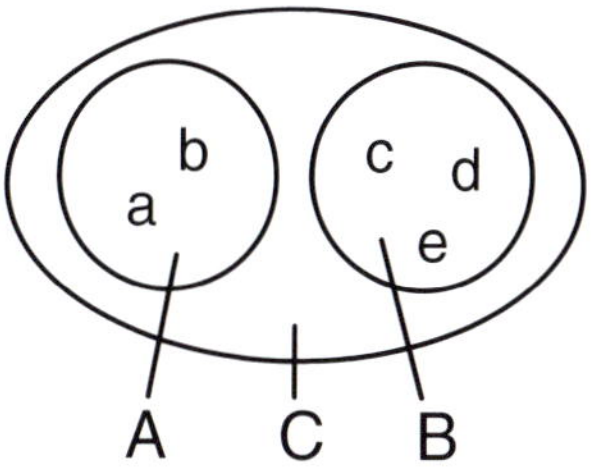

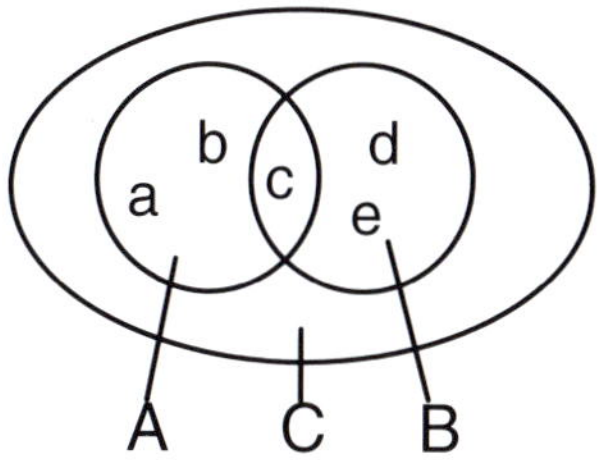

C ist die Vereinigungsmenge von *A* und *B*. Hier sagt man: $A \cup B = C$. »*A* vereinigt mit *B* ist *C*.«

Die Vereinigungsmenge ist die Menge aller Elemente, die entweder in *A* oder in *B* oder in beiden Mengen enthalten sind.

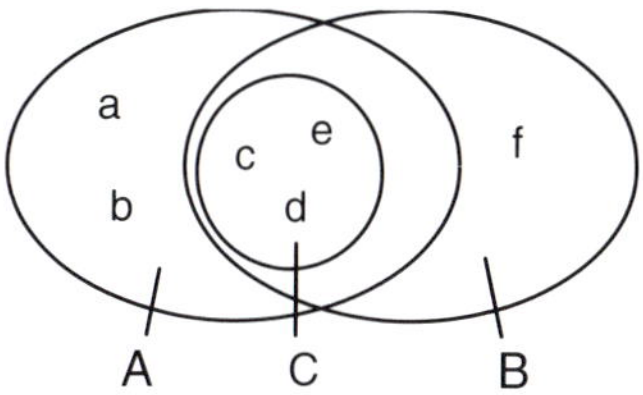

C ist die Schnittmenge der Mengen *A* und *B*. $C = A \cap B$. »*C* ist *A* geschnitten mit *B*.«

Die Schnittmenge zweier Mengen *A* und *B* ist die Menge aller Elemente, die sowohl in *A* als auch in *B* enthalten sind.

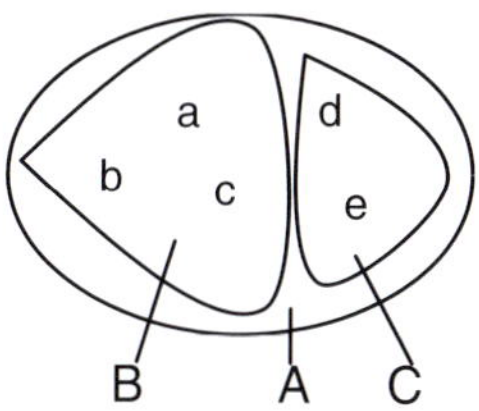

Eine **Restmenge** bleibt, wenn man die Elemente einer Menge aus einer anderen Menge entfernt.

$C = A \setminus B$. »*C* ist *A* ohne *B*.«

2 Natürliche Zahlen

Anzahl

Bei den verschiedenen Anwendungen der Mathematik werden unterschiedliche Zahlenarten verwendet. Die einfachste und ursprünglichste Art sind die natürlichen Zahlen. Man erhält sie, wenn man die **Anzahl** der Elemente einer Menge feststellt, z. B. die Anzahl der Schafe in einer Schafherde. Diese Anzahl unterschiedlicher Elemente wird auch als Mächtigkeit einer Menge bezeichnet.

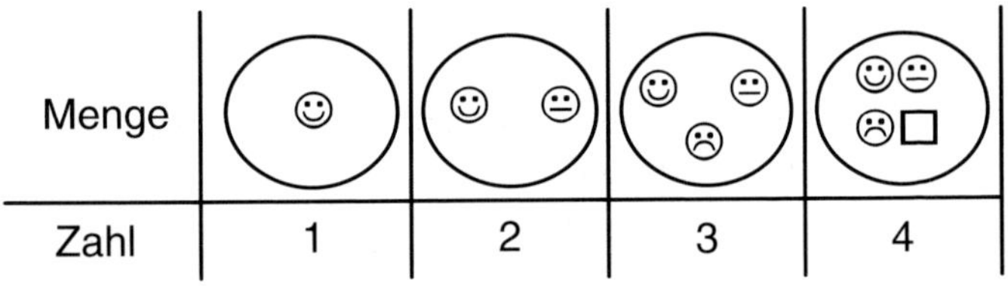

Durch das schrittweise Hinzufügen von jeweils einem Element erhält man die **Menge der natürlichen Zahlen** $\mathbb{N} = \{1, 2, 3, 4 \ldots\}$. Da sich dieses Verfahren unendlich oft wiederholen lässt, gibt es auch unendlich viele natürliche Zahlen.

Zwei Mengen sind **gleich mächtig**, wenn sich ihre Elemente paarweise einander zuordnen lassen, ohne dass ein Rest bleibt.

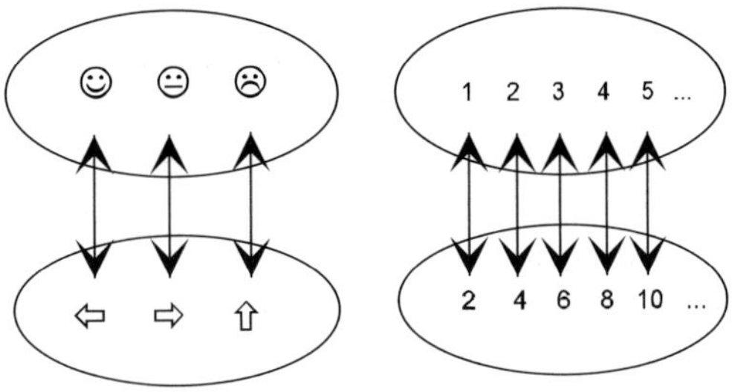

Anordnung

Jede natürliche Zahl hat einen unmittelbaren Nachfolger und, mit Ausnahme der Zahl 1, einen unmittelbaren Vorgänger. Diesen mangelnden Vorgänger der Zahl 1 kann man hinzufügen, indem man beispielsweise

aus der Menge $\{a\}$ das einzige Element a entfernt und damit die **leere Menge** $\{\ \}$ (anderes Symbol: $\emptyset$) erhält. Die Mächtigkeit dieser Menge ist 0 und durch die Erweiterung der Menge $\mathbb{N}$ um diese Zahl 0 kommt man zur Menge $\mathbb{N}_0$.
Für den Buchstaben a in der hier verwendeten Menge kann man beliebige Symbole, Gegenstände oder Zahlen einsetzen, z.B. die Zahl 4, das Zeichen »∇«, eine Münze oder ein Schaf. Eine solche Größe, die als Stellvertreter für Zahlen, Zeichen oder Gegenstände steht, nennt man **Variable.** (Das lateinische Wort »variabilis« bedeutet veränderlich.) In einem Teilgebiet der Mathematik, der **Algebra**, wird ausgiebig Gebrauch gemacht von solchen Variablen, um Aussagen zu formulieren und zu beweisen, die für alle Elemente einer Menge gelten.

In der Menge $\mathbb{N}_0$ lässt sich zum Beispiel folgende Aussage über die **Anordnung** der natürlichen Zahlen formulieren:

$\mathbb{N}_0$ ist (auf natürliche Weise) geordnet, das heißt, für je zwei Elemente a und b aus $\mathbb{N}_0$ gilt: a ist kleiner als b ($a < b$), a ist gleich groß wie b ($a = b$) oder a ist größer als b ($a > b$).

In mathematischer Formelschreibweise sieht das so aus:

$$a \in \mathbb{N}_0 \wedge b \in \mathbb{N}_0 \Rightarrow a < b \vee a = b \vee a > b$$

Der Pfeil $\Rightarrow$ ist das Zeichen für eine **Implikation** und bedeutet: »daraus folgt«.
Man sagt auch kurz in Worten: Für a, $b \in \mathbb{N}_0$ ist entweder $a < b$ oder $a = b$ oder $a > b$.
Der Ausdruck $a < b$ bedeutet gleichzeitig auch $b > a$.

Ein mathematischer Ausdruck der Art »$a < b$« oder »$a > b$« ist eine Zuordnung und wird als **Ungleichung** bezeichnet, die Zuordnung »$a = b$« stellt eine **Gleichung** dar. »Zuordnen« heißt einfach die Herstellung eines Zusammenhangs. Für solche Zuordnungen zwischen den Elementen einer Menge oder zwischen den Elementen verschiedener Mengen wird später der Begriff »Relation« verwendet.

Tauchen in einer Gleichung oder Ungleichung Variablen auf, so wird diese Gleichung oder Ungleichung als **Aussageform** bezeichnet. Wenn in einer Aussageform alle Variablen durch konkrete Werte ersetzt werden, z.B. $2 < 5$ oder $4 < 3$, entsteht dadurch eine **Aussage**. Einer Aussage kann der (Wahrheits-)Wert **»wahr«** (w) oder **»falsch«** (f) zugeordnet werden.

Auch Zuordnungen aus dem Alltag können als Aussageformen oder als Aussagen formuliert werden:

Aussageform — *x ist länger als* der Rhein. ($x \in$ Menge der Flüsse)
s liegt südlich von München. ($s \in$ Menge der Städte)

Aussage — Die Donau ist länger als der Rhein. (w)
Die Isar ist länger als der Rhein. (f)
Hamburg liegt südlich von München. (f)
Rom liegt südlich von München. (w)

An diesen Beispielen wird deutlich, dass nur für Aussagen die Werte »wahr« und »falsch« einen Sinn ergeben.

Die Aussageform $a \leq 5$ (in Worten: »a ist kleiner oder gleich 5«) ist eine Kurzform für die zusammengesetzte Aussageform $a < 5$ oder $a = 5$ ($a < 5 \vee a = 5$). $a \geq 5$ (»a ist größer oder gleich 5«) bedeutet entsprechend $a > 5 \vee a = 5$. $a \neq 5$ (»a ungleich 5« oder »a nicht gleich 5«) heißt $a < 5 \vee a > 5$.
$a < x < b$ steht für $x > a$ und zugleich ($\wedge$) $x < b$, oder mit anderen Worten: »x liegt zwischen a und b.«

Die Menge $\mathbb{N}_0$ kann anschaulich durch einen Zahlenstrahl dargestellt werden. Zahlen werden darauf als Bildpunkte oder als Pfeile abgebildet.

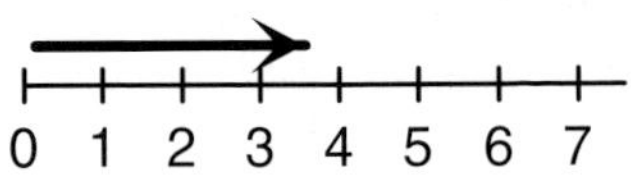

Auch Gleichungen und Ungleichungen lassen sich so darstellen.

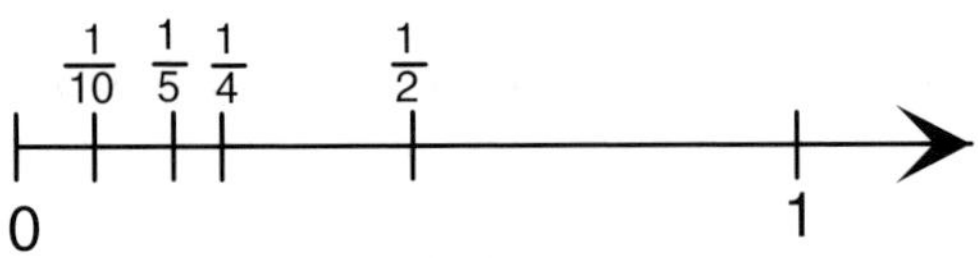

2.1 Die Grundrechenarten

Addition

Bekanntlich entsteht aus einer Menge von drei Äpfeln durch Hinzufügen von zwei weiteren Äpfeln eine Menge von fünf Äpfeln. Auf die Menge $\mathbb{N}_0$ übertragen wird das Hinzufügen als »**Addition**«, die Tätigkeit als »**addieren**« (»+«) bezeichnet.
Für die Addition gelten folgende Rechengesetze:

(I) $a + b = b + a$ (Vertauschungsgesetz oder **Kommutativgesetz**)

(II) $(a + b) + c = a + (b + c)$ (Verbindungsgesetz oder **Assoziativgesetz**)

Die Zahl 0 hat eine besondere Eigenschaft: $a + 0 = 0 + a = a$, also auch $0 + 0 = 0$.
Ein Element mit dieser Eigenschaft wird als **neutrales Element** der Addition bezeichnet.
In der Gleichung $a + b = c$ nennt man a und b **Summanden**, $a + b$ **Summe** und c den **Wert der Summe**, der meistens auch kurz Summe genannt wird.

Bei der Addition von beliebigen natürlichen Zahlen erhält man immer wieder eine natürliche Zahl. Diese Eigenschaft von $\mathbb{N}_0$ nennt man **Abgeschlossenheit** bezüglich der Addition.

Wenn bei mehr als zwei Summanden keine Klammern gesetzt werden, so ist damit die Addition in der angegebenen Reihenfolge gemeint, also $a + b + c = (a + b) + c$.
Die Gleichungen (I) und (II) führen für jede beliebige Einsetzung von a, b und c aus $\mathbb{N}_0$ zu wahren Aussagen, sie sind **allgemein gültig**.

Die Addition bedeutet auf dem Zahlenstrahl das Hintereinandersetzen von Pfeilen.

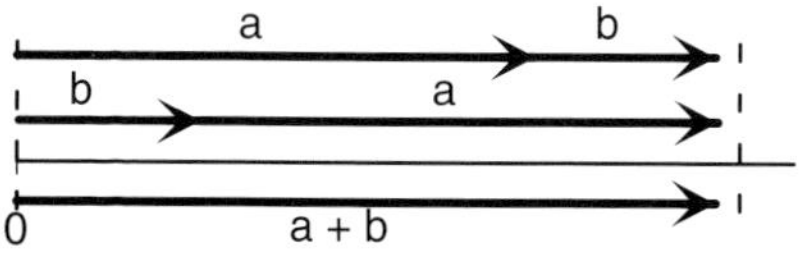

Wenn man die für Zahlen formulierten Gesetze (I) und (II) für Mengen formuliert, muss man andere Begriffe verwenden. Aus »$a + b = c$« wird $A \cup B = C$, in Worten: Menge A, vereinigt mit Menge B, ergibt die **Vereinigungsmenge** C.
Entsprechend gelten hier das Kommutativgesetz und das Assoziativgesetz:

(Ia) $A \cup B = B \cup A$
(IIa) $(A \cup B) \cup C = A \cup (B \cup C)$

Das neutrale Element ist die leere Menge, denn $A \cup \emptyset = \emptyset \cup A = A$.

Terme
Bei der Addition kommen Zeichen vor wie 3, 3 + 2, a, b, $a + b$, $a + (b + c)$, $a + 3$. Solche Gebilde nennt man Terme, das bedeutet Ausdrücke. Später kommen dazu auch Gebilde wie $a - 5$, $2 \cdot x$, $-\frac{1}{3}y$, $2a + 3$, $b : 3$, $(a + 2) \cdot (a - 2)$ ... Zahlen und Variablen sind also einfache Terme und aus einem Term entsteht durch Hinzufügen eines Rechenzeichens und eines Terms ein neuer Term. Durch dieses einfache Prinzip können beliebig komplexe Terme aufgebaut werden.
Terme, die keine Variablen enthalten, bedeuten Zahlen; Terme mit Variablen gehen in Zahlen über, wenn für die Variablen Zahlen eingesetzt werden. Wenn man z.B. in dem Term $3 + x$ nacheinander die Zahlen 2, 3 und 4 einsetzt, erhält man die Zahlen 5, 6 und 7.
Die Menge, aus denen man die Werte für die Variablen auswählen kann, nennt man **Grundmenge**. Vorläufig betrachten wir als Grundmenge meistens $\mathbb{N}$ oder $\mathbb{N}_0$.

Subtraktion
Das Hinzufügen von Elementen zu einer Menge hatten wir, übertragen auf $\mathbb{N}_0$, als Addition interpretiert. Nun betrachten wir das Wegnehmen von Elementen. Wenn man von fünf Äpfeln drei wegnimmt, bleiben nur noch zwei übrig. In $\mathbb{N}_0$ bedeutet das eine **Subtraktion**. Wir subtrahieren drei von fünf und erhalten als **Wert der Differenz** zwei: $5 - 3 = 2$.
Da wir nicht mehr Äpfel wegnehmen können als ursprünglich vorhanden waren, ergibt das Vertauschen $3 - 5$ in $\mathbb{N}_0$ keinen Sinn. Im Gegensatz zu den Summanden bei der Addition müssen also bei der Subtraktion die beiden Glieder der Differenz $a - b$ unterschieden werden: Das erste Glied a heißt **Minuend**, das zweite Glied b heißt **Subtrahend**.

Da bei der Differenz $a - b$ die Glieder a und b nicht beliebig gewählt werden können, sondern die Bedingung $a \geq b$ gestellt werden muss, ist $\mathbb{N}_0$ bezüglich der Subtraktion nicht abgeschlossen.

Es besteht ein enger Zusammenhang zwischen Addition und Subtraktion: Betrachtet man die Gleichungen $x + 5 = 8$ und $x = 8 - 5$, so stellt man fest, dass in beiden dieselben Zahlen und Variablen auftreten. Die Subtraktion ist die **Umkehrung** der Addition. Mit ihrer Hilfe lassen sich Additionssuchaufgaben wie die obige lösen, bei denen ein Summand unbekannt ist: »Zu welcher Zahl muss ich 5 addieren, um 8 zu erhalten?«

Allgemein kann folgender Satz formuliert werden:

Für $a, b \in \mathbb{N}_0$ mit $a \leq b$ haben die Gleichungen $a + x = b$ und $x + a = b$ genau eine Lösung in $\mathbb{N}$, nämlich $(b - a)$. Man schreibt $x = b - a$ und $\mathbb{L} = \{b - a\}$.
Das Zeichen $\mathbb{L}$ bedeutet **Lösungsmenge**. Die Lösungsmenge ist die Menge aller Werte, die in eine Aussageform eingesetzt werden können, sodass daraus eine wahre Aussage wird. Bei der Gleichung $2 + x = 5$ enthält die Lösungsmenge genau ein Element, nämlich $\mathbb{L} = \{3\}$. Die Gleichung $5 + x = 3$ hat keine Lösung, also $\mathbb{L} = \emptyset$. Die Lösungsmenge von Ungleichungen kann mehrere Elemente enthalten: $2 + x < 7$ hat $\mathbb{L} = \{0, 1, 2, 3, 4\}$.

Die Subtraktion auf dem Zahlenstrahl: $a - x = b$. Der Subtrahend wird in umgekehrtem Richtungssinn gezeichnet.

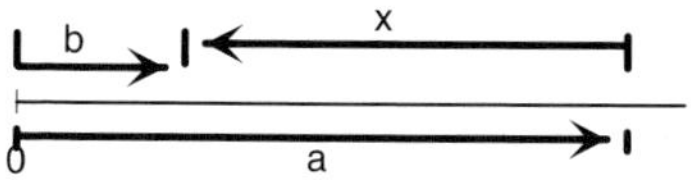

Multiplikation

Wenn wir uns vier Früchteteller mit je zehn Äpfeln vorstellen, so können wir die Gesamtzahl der Äpfel durch Addition ermitteln: $10 + 10 + 10 + 10$. Da die Summanden dieser Summe alle gleich sind, kann diese Berechnung verkürzt dargestellt werden als **Produkt**, indem man den gleich bleibenden Summanden und die Anzahl angibt: $10 \cdot 4$.

In der Produktgleichung $a \cdot b = c$ sind a und b **Faktoren**, c ist der **Wert des Produkts**. Manchmal werden die Faktoren unterschieden, der erste Faktor heißt dann **Multiplikand**, der zweite **Multiplikator**.

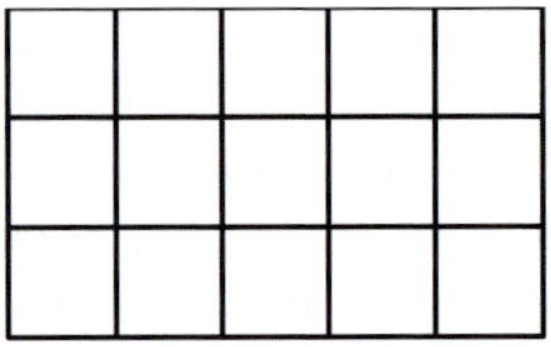

Das Rechteck besteht aus 3 Reihen zu je 5 Quadraten oder aus 5 Spalten zu je 3 Quadraten. Die Anzahl $3 \cdot 5$ ist also gleich $5 \cdot 3$.

Allgemein gelten für die Multiplikation das Kommutativgesetz und das Assoziativgesetz:

(I) $a \cdot b = b \cdot a$

(II) $(a \cdot b) \cdot c = a \cdot (b \cdot c)$

Für die Zahl 1 gilt: $1 \cdot a = a \cdot 1 = a$. Daher ist die Zahl 1 das neutrale Element der Multiplikation. Da für beliebige Zahlen aus $\mathbb{N}_0$ das Produkt dieser Zahlen wieder in $\mathbb{N}_0$ liegt, ist $\mathbb{N}_0$ auch gegenüber der Multiplikation abgeschlossen.

Ein wichtiger Sonderfall ist die Multiplikation mit der Zahl 0:

$0 \cdot a = a \cdot 0 = 0$, daher natürlich auch $0 \cdot 0 = 0$.

Daraus lässt sich ein sehr nützlicher Satz ableiten:

Ein Produkt ist dann 0, wenn mindestens ein Faktor 0 ist.

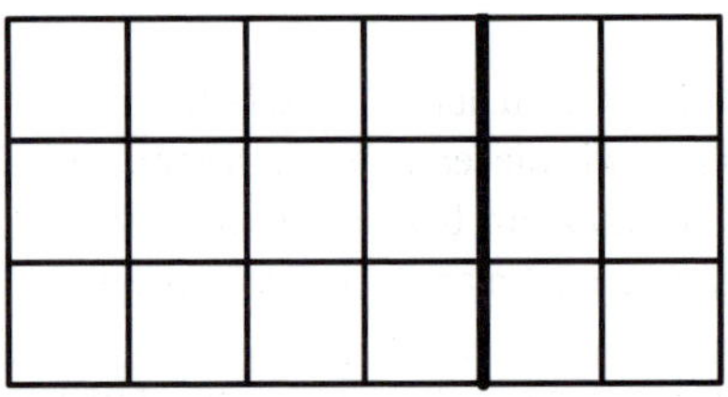

Dieses Rechteck besteht aus $3 \cdot (4 + 2)$ Quadraten, was offensichtlich das Gleiche ist wie $3 \cdot 4 + 3 \cdot 2$.

Allgemein gilt für die Verbindung von Addition und Multiplikation das Verteilungsgesetz oder **Distributivgesetz:**

$a \cdot (b + c) = a \cdot b + a \cdot c$

Ebenso gilt:

$a \cdot (b - c) = a \cdot b - a \cdot c$

Für die Schreibweise von Produkten gilt folgende Vereinbarung:
Der Multiplikationspunkt kann weggelassen werden, wenn der zweite Faktor eine Variable oder eine Klammer ist. Er bleibt aber erhalten zwischen zwei gleichen Variablen und wenn eine Klammer vor einer Variablen steht. Statt $3 \cdot a$, $a \cdot x$ und $a \cdot (x + y)$ schreibt man gewöhnlich $3a$, ax und $a(x + y)$. Es heißt aber $a \cdot 3$, $a \cdot a$ und $(a + 2) \cdot x$. Statt $1 \cdot a = 1a$ schreibt man a. Die Zahl 1 wird als Faktor also normalerweise weggelassen, umgekehrt kann man aber auch bei Bedarf jede Variable als Produkt mit 1 schreiben:

$y = 1y = 1 \cdot y = y \cdot 1$

In Termen wie $2a$ oder $5x$ nennt man die Zahlen 2 und 5 Beizahlen oder **Koeffizienten**. Terme mit gleichen Variablen werden addiert, indem man die Koeffizienten addiert und die Variablen beibehält.

$5a + 3a + 7a = (5 + 3 + 7) \cdot a = 15a$

Division

Wir stellen uns nun folgende Aufgabe: Eine Menge von 6 Äpfeln soll gleichmäßig auf 3 Kinder aufgeteilt werden. Diese Aufgabe lässt sich einfach lösen, indem man der Reihe nach jedem Kind einen Apfel gibt und diesen Vorgang so lange wiederholt, bis alle Äpfel verbraucht sind. Jedes Kind hat dann 2 Äpfel.
Mathematisch formuliert man diese Aufgabe als Gleichung:

$6 : 3 = 2$

Das ist eine **Division**, 6 wird durch 3 **dividiert.**
Allgemein schreiben wir wieder $a : b = c$. a nennt man **Dividend**, b **Divisor**, $a : b$ wird als **Quotient** bezeichnet und c ist der **Wert des Quotienten.** Häufig bezeichnet man c kurz als Quotient.

Bekanntlich lassen sich nicht alle Zahlen ohne Rest teilen. Solange wir nur Zahlen aus $\mathbb{N}_0$ betrachten, müssen wir an den Dividenden eine Bedingung stellen: a muss durch b teilbar sein oder anders ausgedrückt,

b muss Teiler von a sein. $\mathbb{N}_0$ ist also gegenüber der Division nicht abgeschlossen.
Es gilt das Distributivgesetz:

$(a + b) : c = a : c + b : c$

Das Ergebnis der Aufgabe $(6 + 9) : 3$ kann man also auf zwei Arten finden:

$(6 + 9) : 3 = 15 : 3 = 5$ oder
$(6 + 9) : 3 = 6 : 3 + 9 : 3 = 2 + 3 = 5$

So wie die Subtraktion die Umkehrung der Addition ist, ist die Division die Umkehrung der Multiplikation. $3 \cdot 5 = 15$ führt zu $3 = 15 : 5$. Die Multiplikation kann also als Probe für die Division verwendet werden.
Wegen $1 \cdot a = a$ ist $a : 1 = a$.

Die Division durch 0 ist verboten.

Denn wenn für eine Zahl $a \neq 0$ der Quotient $a : 0$ den Wert b hätte, dann müsste $a = b \cdot 0 = 0$ sein. Das ist aber ein Widerspruch zur Annahme $a \neq 0$.
Allgemein gilt der Satz:

Ist $a \in \mathbb{N}$, $b \in \mathbb{N}_0$ und b durch a teilbar, so haben die Gleichungen $a \cdot x = b$ und $x \cdot a = b$ genau eine Lösung, nämlich $(b : a) \in \mathbb{N}_0$. Wir schreiben dann:

Wenn $a \cdot x = b$ ist, dann ist $x = b : a$.

Wenn in Aufgaben die Rechenarten gemischt vorkommen, haben Multiplikation und Division Vorrang vor Addition und Subtraktion. Soll diese Vereinbarung nicht gelten, müssen Klammern gesetzt werden. Man kann sich diese Regel in einem kleinen Spruch merken:

Punkt geht vor Strich!
Klammern sagen: Erst komm ich!

Potenzen

Ebenso wie eine Addition mit mehreren gleichen Summanden abgekürzt werden kann durch eine Multiplikation, kann auch eine Multiplikation mit mehreren gleichen Faktoren abgekürzt werden durch eine Potenz.

$2 \cdot 2 \cdot 2 \cdot 2 = 2^4$

Allgemein bedeutet a^n, dass die Zahl a n-mal als Faktor geschrieben wird. a bezeichnet man als Grundzahl oder **Basis**, n als Hochzahl oder **Exponent**.

Das **Potenzieren** ist keine Grundrechenart. Es hat Vorrang vor den übrigen Rechenarten. Aber auch hier gehen Klammern wieder vor.

Beispiele:

a) $5 \cdot 2^3 + 7 = 5 \cdot (2 \cdot 2 \cdot 2) + 7 = 5 \cdot 8 + 7 = 47$

b) $10 - 3^2 = 10 - (3 \cdot 3) = 10 - 9 = 1$

c) $4 + (2 + 3)^2 = 4 + 5^2 = 4 + 25 = 29$

In den Beispielen a und b wären die Klammern nicht notwendig, sie dienen nur zur Verdeutlichung; im Beispiel c dagegen bedeuten sie, dass die Addition vor dem Potenzieren kommt.

Zwei Sonderfälle, die man auswendig lernen muss, sind Potenzen mit den Exponenten 1 und 0:

$a^1 = a$ und $a^0 = 1$ für $a \in \mathbb{N}_0$

Speziell gilt auch $0^0 = 1$. Warum man diese auf den ersten Blick nicht ganz einleuchtende Vereinbarung getroffen hat, wird an einer späteren Stelle geklärt.

Potenzen mit gleicher Basis werden multipliziert, indem man die Exponenten addiert und die Basis beibehält.

Diese Regel wird sofort an einem Beispiel klar:

$3^3 \cdot 3^2 = (3 \cdot 3 \cdot 3) \cdot (3 \cdot 3) = 3^{(3+2)} = 3^5$

2.2 Zahlensysteme

Die Zahlen, mit denen wir im Alltag umgehen, sind alle nach einem bestimmten System aufgebaut. Die Zahl 1523 zum Beispiel können wir zerlegen in 1 Tausender, 5 Hunderter, 2 Zehner und 3 Einer. Wir können sie so schreiben:

$1523 = 1 \cdot 1000 + 5 \cdot 100 + 2 \cdot 10 + 3 \cdot 1 = 1 \cdot 10 \cdot 10 \cdot 10 + 5 \cdot 10 \cdot 10$
$+ 2 \cdot 10 + 3 \cdot 1 = 1 \cdot \mathbf{10^3} + 5 \cdot \mathbf{10^2} + 2 \cdot \mathbf{10^1} + 3 \cdot \mathbf{10^0}$

Wir sehen also, dass das Grundgerüst dieses Systems aus Zehnerpotenzen besteht. Von rechts beginnend mit der Hochzahl 0 wird die Hochzahl für die jeweils nächste Stelle links davon immer um 1 erhöht. Deshalb wird es auch Zehnersystem oder Dezimalsystem genannt. Es benötigt die zehn verschiedenen Ziffern von 0 bis 9, um alle Zahlen aus $\mathbb{N}_0$ darzustellen. Aufgeschrieben wird immer nur die jeweils benötigte Anzahl der entsprechenden Potenz.

Statt der Zahl 10 können wir auch jede andere Zahl als Grundzahl nehmen. Besondere Bedeutung hat das System mit der Basis 2, auch Dualsystem oder Binärsystem genannt, das mit den zwei Ziffern 0 und 1 auskommt. Die gesamte Digitaltechnik und Computertechnik baut darauf auf, denn diese arbeiten vereinfacht gesehen mit zwei Zuständen: Strom oder nicht Strom bzw. Magnetisierung oder nicht Magnetisierung an einer bestimmten Stelle eines Magnetbandes oder einer Magnetplatte. Diese beiden Zustände werden mit den beiden Ziffern des Zweiersystems identifiziert.

Nun wollen wir eine Zahl aus dem Dezimalsystem in das Dualsystem übersetzen. Als Beispiel nehmen wir 154.
Zuerst stellen wir das benötigte Gerüst aus Zweierpotenzen zusammen:

$2^0 = \mathbf{1}$, $2^1 = \mathbf{2}$, $2^2 = \mathbf{4}$, $2^3 = \mathbf{8}$, $2^4 = \mathbf{16}$, $2^5 = \mathbf{32}$, $2^6 = \mathbf{64}$, $2^7 = \mathbf{128}$,
$2^8 = \mathbf{256}$.

Hier können wir abbrechen, denn 256 ist schon größer als 154.

Nun folgt eine Reihe von Divisionen mit oder ohne Rest. Wir beginnen mit dem Wert der höchsten Potenz, der kleiner ist als die umzuwandelnde Zahl:

154 : 128 = **1** Rest 26
26 : 64 = **0** Rest 26
26 : 32 = **0** Rest 26
26 : 16 = **1** Rest 10
10 : 8 = **1** Rest 2
2 : 4 = **0** Rest 2
2 : 2 = **1** Rest 0
0 : 1 = **0**

Die Zahl 154 können wir also schreiben als

$154 = \mathbf{1} \cdot 2^7 + \mathbf{0} \cdot 2^6 + \mathbf{0} \cdot 2^5 + \mathbf{1} \cdot 2^4 + \mathbf{1} \cdot 2^3 + \mathbf{0} \cdot 2^2 + \mathbf{1} \cdot 2^1 + \mathbf{0} \cdot 2^0.$

Damit lautet sie im Dualsystem 10011010.

Die Umwandlung vom Dualsystem in das Dezimalsystem ist einfacher. Unser Beispiel ist hier die Dualzahl 1101001.
Wir benötigen wieder das obige Gerüst der Zweierpotenzen. Nun zerlegen wir die Zahl von rechts nach links:

$1101001 = 1 \cdot 2^0 + 0 \cdot 2^1 + 0 \cdot 2^2 + 1 \cdot 2^3 + 0 \cdot 2^4 + 1 \cdot 2^5 + 1 \cdot 2^6 =$
$1 + 0 + 0 + 8 + 0 + 32 + 64 = 105$

Ein anderes, ebenfalls in Computern verwendetes System ist das Sechzehnersystem oder Hexadezimalsystem. Hier hat man die Schwierigkeit, dass dieses System 16 Ziffern benötigt, also mehr, als im Dezimalsystem zur Verfügung stehen. Man behilft sich dadurch, dass man für die noch fehlenden Ziffern 10 bis 15 die Buchstaben A bis F verwendet. Die Dezimalzahl 12 ist also hexadezimal »C«. Im Hexadezimalsystem können mit den ein- und zweistelligen Zahlen »00« bis »FF« ($= 15 \cdot 16^0 + 15 \cdot 16^1 = 255$) die Dezimalzahlen von 0 bis 255 ausgedrückt werden. Die Hersteller von Computern und anderen Geräten wie z. B. Druckern haben sich auf eine einheitliche Tabelle geeinigt, den so genannten (erweiterten) ASCII-Code, in der Zeichen wie »%«, »5« und »z« von 0 bis 255 durchnummeriert sind. Diese Nummern werden im Rechner intern als Hexadezimalzahlen von »00« bis »FF« verwendet. Der Akzentbuchstabe »é« hat beispielsweise die Nummer 233.

2.3 Lösen von Gleichungen und Ungleichungen

Wir kehren nun zu den Gleichungen zurück, die ja in Form von Aussagen oder Aussageformen vorliegen können.

Interessant sind für uns hier nur die Aussageformen. Als Beispiel nehmen wir die Gleichung $x - 3 = 4$. Eine Gleichung lösen heißt, ihre Lösungsmenge finden. Die Lösungsmenge ist aber bekanntlich die Menge der Werte, die ich für die Variable einsetzen kann, sodass eine wahre Aussage entsteht. Dazu formt man die Gleichung in eine einfachere, äquivalente Gleichung um.

Äquivalente Gleichungen sind Gleichungen, die dieselbe Lösungsmenge haben. Um die Äquivalenz auszudrücken, schreibt man das Zeichen «⇔» (Äquivalenzpfeil) zwischen die Gleichungen.

Solche Umformungen haben wir schon kennen gelernt.
$x - 3 = 4 \Leftrightarrow x - 3 + 3 = 4 + 3 \Leftrightarrow x = 7$. Das ist die einfachste Form einer Gleichung und aus ihr lässt sich unmittelbar ablesen: $\mathbb{L} = \{7\}$.
Andere Beispiele:

$x + 3 = 8 \Leftrightarrow x + 3 - 3 = 8 - 3 \Leftrightarrow x = 5 \quad \mathbb{L} = \{5\}$
$2 \cdot x = 8 \Leftrightarrow 2 : 2 \cdot x = 8 : 2 \Leftrightarrow x = 4 \quad \mathbb{L} = \{4\}$
$x : 2 = 4 \Leftrightarrow x : 2 \cdot 2 = 4 \cdot 2 \Leftrightarrow x = 8 \quad \mathbb{L} = \{8\}$

Alle hier gezeigten Umformungen sind Äquivalenzumformungen, wie eine Probe durch Einsetzen der Lösung in die ursprüngliche Gleichung zeigt. (In Beispiel 2 und 3 wurden die Operationen in der Reihenfolge von links nach rechts ausgeführt.)

Gleichungen können vereinfacht werden durch Addition oder Subtraktion einer natürlichen Zahl oder durch Multiplikation oder Division mit einer natürlichen Zahl auf beiden Seiten des Gleichheitszeichens.

Die Multiplikation mit 0 ist nicht erlaubt, da sonst z. B. Folgendes möglich wäre:

$3x = 6 \quad 3 \cdot x \cdot 0 = 6 \cdot 0 \Leftrightarrow 0 = 0 \Leftrightarrow \mathbb{L} = \mathbb{N}_0$

(Hier ist absichtlich kein Äquivalenzpfeil zwischen die ersten beiden Gleichungen gesetzt.)

Eine Gleichung, die sich zu einer Gleichung der Form $a = a$ $(a \in \mathbb{N}_0)$ vereinfachen lässt, hat als Lösungsmenge die gesamte Grundmenge.

Diese Lösung ist hier aber falsch, wie man beispielsweise durch Einsetzen der Zahl 1 in die ursprüngliche Gleichung zeigen kann.
Die Umformungen in den obigen Beispielen sind zur Verdeutlichung sehr ausführlich aufgeschrieben. Normalerweise ist die Notation kürzer, etwa wie im folgenden Beispiel:

$2x + 4 = 10 \Leftrightarrow 2x = 6 \Leftrightarrow x = 3 \quad \mathbb{L} = \{3\}$

Oft schreibt man auch die Gleichungen untereinander, mit oder ohne Äquivalenzpfeile. Hinter der jeweiligen Gleichung kann man durch einen senkrechten Strich abgetrennt die nächstfolgende Umformung angeben:

$5x - 3 = 2x + 6 \quad | - 2x$
$3x - 3 = 6 \quad | + 3$
$3x = 9 \quad | : 3$
$x = 3 \quad \mathbb{L} = \{3\}$

Das letzte Beispiel zeigt, dass man die Lösungsmethode folgendermaßen umformulieren kann:

Eine Gleichung wird vereinfacht, indem man mit geeigneten Termen die Umkehrrechnung auf der anderen Seite des Gleichheitszeichens durchführt.

Ziel ist es, die gesuchte Variable auf einer Seite zu isolieren. Wegen der Regel »Punkt vor Strich« sind Terme durch die Punktrechnungen enger zusammengekettet als durch Strichrechnungen, d. h., zuerst müssen Additionen und Subtraktionen ausgeführt werden und erst ganz zum Schluss Multiplikationen und Divisionen.

Auf dieselbe Weise lösen wir Ungleichungen.

$3x - 4 < x + 8 \quad | + 4 - x$ (zwei Schritte auf einmal)
$2x < 12 \quad | : 2$
$x < 6 \quad \mathbb{L} = \{0, 1, 2, 3, 4, 5\}$

$8x + 5 \geq 4x + 13 \quad | - 4x - 5$
$4x \geq 8 \quad | : 2$
$x \geq 2 \quad \mathbb{L} = \{2, 3, 4, 5 \ldots\}$

Statt in aufzählender Form können wir die Lösungsmenge auch in beschreibender Form angeben: $\mathbb{L} = \{x \in \mathbb{N}_0 \mid x \geq 2\}$. In Worten: »Die Menge aller x aus $\mathbb{N}_0$, für die gilt: x ist größer oder gleich 2.«

Es folgen nun einige Textaufgaben, die auf Gleichungen führen.
1) In welchem Rechteck mit Umfang 40 cm ist eine Seite dreimal so lang wie die andere?

Lösung:
Nennen wir die kürzere Seite x, dann ist die längere Seite $3x$. Der Umfang ist die doppelte Summe von beiden Seiten, also:

$2 \cdot (x + 3x) = 40$ cm
$2 \cdot 4x = 40$ cm
$8x = 40$ cm
$x = 5$ cm

Die Seiten des Rechtecks sind 5 cm und 15 cm.

2) Auf einem Parkplatz stehen Autos und Motorräder, 15 Fahrzeuge mit insgesamt 54 Rädern. Wie viele Autos und wie viele Motorräder sind es?
Lösung: Wenn es x Autos sind, dann müssen es $(15 - x)$ Motorräder sein. Also gilt für die Anzahl der Räder:

$4x + 2 \cdot (15 - x) = 54$
$4x + 30 - 2x = 54$
$2x = 24$
$x = 12$

Es sind 12 Autos und 3 Motorräder.

3) Eine Mutter ist heute siebenmal so alt wie ihre Tochter. In vier Jahren wird sie nur noch viermal so alt sein wie die Tochter. Wie alt sind beide heute?

Lösung: Hier hilft uns eine Tabelle!

	Tochter	Mutter
heute	x	7x
in 4 Jahren	x + 4	7x + 4

Es muss also gelten:

$7x + 4 = 4 \cdot (x + 4)$

$7x + 4 = 4x + 16$

$3x = 12$

$x = 4$

Die Mutter ist heute 28, die Tochter vier Jahre alt.

Gliedern von Termen

Durch die Vorrangstellung der Punktrechnungen gegenüber den Strichrechnungen gliedern sich zusammengesetzte Terme von selbst.

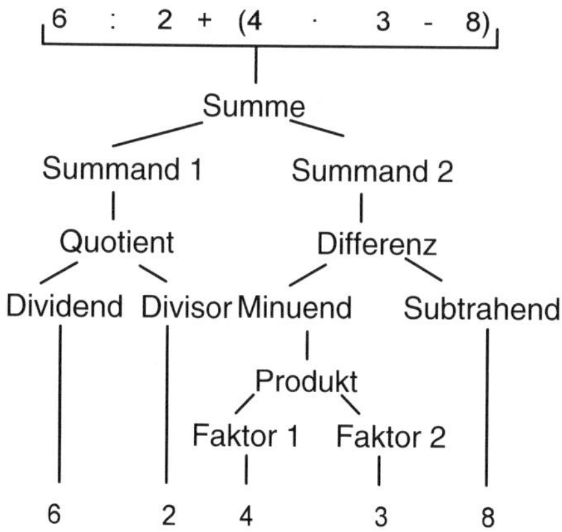

$2 \cdot 5 + 4 \cdot 3 + 2a - 8$

In diesem Term ist die Reihenfolge der Strichrechnungen von links nach rechts. Wir können Klammern einfügen und erhalten dann:

$[(2 \cdot 5 + 4 \cdot 3) + 2a] - 8$

Nun sehen wir, dass auf der obersten Stufe eine Differenz vorliegt, deren Minuend eine Summe ist usw.

Wenn in einem Term ohne Klammern Strichrechnungen vorkommen, handelt es sich immer um eine Summe oder Differenz.

2.4 Runden von Zahlen, Abschätzen von Größenordnungen

Bei vielen Dingen im Alltag ist es unmöglich oder nicht sinnvoll, eine genaue Anzahl anzugeben. Die Einwohnerzahl eines Landes oder einer Stadt ändert sich mit jeder Sekunde durch Geburten und Todesfälle. Deshalb ist es sinnlos zu sagen, das Land *XY* hat 83 296 127 Einwohner. Hier wird man die Zahl 83 000 000 nennen. In diesem Fall haben wir auf Millionen gerundet.
Bei einer Schule mit 582 Schülern können wir nach Bedarf auf 580 oder auf 600 runden. Im ersten Fall haben wir auf Zehner gerundet, im zweiten Fall auf Hunderter.
Wenn einmal festgelegt ist, auf welche Stelle gerundet werden soll, z. B. 582 auf Hunderter, sieht man sich die nächste Stelle rechts davon an, hier also die Zehner. Gewöhnlich gilt die Regel für alle Rundungsvorgänge:

Ab 5 wird aufgerundet, sonst abgerundet.

Wir haben 8 Zehner, also wird auf die nächsthöhere Hunderterzahl gerundet. Wenn wir auf Zehner runden, landen wir wegen der 2 Einer bei 580.

Ein weiteres Beispiel: 7564
auf Zehner: 7560
auf Hunderter: 7600
auf Tausender: 8000

Die Genauigkeit, mit der Zahlen angegeben werden, kann sich nach dem Bedarf oder nach dem Interesse richten. Es ist interessant zu wissen, ob eine Stadt »etwa 20 000« oder »etwa 30 000« Einwohner hat, aber es ist nicht mehr so interessant zu unterscheiden, ob »etwa 920 000« oder »etwa 930 000«. Hier genügt uns die Angabe »etwa 900 000«.

2.5 Teiler einer Zahl

Wie wir schon weiter oben festgestellt haben, ist die Menge $\mathbb{N}_0$ nicht abgeschlossen gegenüber der Division, d.h., nicht alle Divisionsaufgaben haben eine Lösung in $\mathbb{N}_0$.

Wenn eine Zahl z durch eine Zahl t ohne Rest teilbar ist, dann ist t ein **Teiler** von z, $t \mid z$. Die Menge aller Teiler von z ist die **Teilermenge** von z.

$T_z = \{t \in \mathbb{N} \mid z : t \in \mathbb{N}_0\}$

Zum Beispiel:

$T_{12} = \{1, 2, 3, 4, 6, 12\}$
$T_{25} = \{1, 5, 25\}$
$T_{31} = \{1, 31\}$

Eine Zahl heißt **gerade**, wenn gilt: $2 \mid z$. Alle anderen (natürlichen) Zahlen sind **ungerade**.

Teilbarkeit
Für viele Aufgaben, zum Beispiel aus dem Kapitel Bruchrechnung, ist es wichtig, die Teiler einer Zahl zu kennen. Deshalb ist es sinnvoll, einige Regeln zu lernen, mit deren Hilfe man schnell entscheiden kann, ob eine Zahl, die man nicht beim Einmaleins gelernt hat, durch eine bestimmte andere Zahl teilbar ist.

Es gelten folgende Teilbarkeitsregeln:

Teilbarkeit durch 2: Eine Zahl ist durch 2 teilbar, wenn ihre letzte Ziffer 0, 2, 4, 6 oder 8 ist, d.h. alle geraden Zahlen.
524 ist durch 2 teilbar, 891 nicht.

Teilbarkeit durch 3: Eine Zahl ist durch 3 teilbar, wenn ihre Quersumme durch 3 teilbar ist. Die Quersumme ist die Summe der Ziffern, aus denen die Zahl zusammengesetzt ist, z.B. Quersumme von 29: 2 + 9 + 1 = 12. 291 ist also durch 3 teilbar.
Die Quersumme von 72 164 ist 7 + 2 + 1 + 6 + 4 = 20, folglich ist 72 164 nicht durch 3 teilbar.

Teilbarkeit durch 4: Eine Zahl ist durch 4 teilbar, wenn die aus den zwei letzten Ziffern gebildete Zahl durch 4 teilbar ist.
Infrage kommen nur gerade Zahlen, eine Zahl wie 2521 brauchen wir also gar nicht prüfen. 85**46** ist nicht durch 4 teilbar, weil 46 keine Viererzahl ist, 18**24** dagegen ist durch 4 teilbar.

Teilbarkeit durch 5: Eine Zahl ist durch 5 teilbar, wenn ihre letzte Ziffer 0 oder 5 ist.
613**5** ist durch 5 teilbar, 913**2** nicht.

Teilbarkeit durch 6: Eine Zahl ist durch 6 teilbar, wenn sie durch 2 und durch 3 teilbar ist.
Auch hier prüfen wir nur gerade Zahlen.
3984 ist durch 6 teilbar, denn 3 + 9 + 8 + 4 = 24, eine Dreierzahl.

Teilbarkeit durch 8: Eine Zahl ist durch 8 teilbar, wenn die aus den drei letzten Ziffern gebildete Zahl durch 8 teilbar ist.
Nur gerade Zahlen haben den Teiler 8.
25**368** ist durch 8 teilbar, 10**140** nicht.

Teilbarkeit durch 9: Eine Zahl ist durch 9 teilbar, wenn ihre Quersumme durch 9 teilbar ist.
3186 ist durch 9 teilbar, denn 3 + 1 + 8 + 6 = 18.

Die bisherigen Regeln helfen auch, die Teilbarkeit durch 12, 15, 18 und 36 festzustellen: Eine Zahl ist durch 12 teilbar, wenn sie durch 3 und durch 4, durch 15, wenn sie durch 3 und 5, durch 18, wenn sie durch 2 und 9, durch 36, wenn sie durch 4 und 9 teilbar ist.

Teilbarkeit durch 25: Eine Zahl ist durch 25 teilbar, wenn die aus den letzten zwei Stellen gebildete Zahl durch 25 teilbar ist.
Ein Produkt ist durch eine Zahl teilbar, wenn zumindest ein Faktor durch die Zahl teilbar ist.
$13 \cdot 14$ ist durch 7 teilbar, weil $14 = 2 \cdot 7$.
Eine Summe ist durch eine Zahl teilbar, wenn alle Summanden durch die Zahl teilbar sind. Das folgt aus dem Distributivgesetz:
$15 + 21 = 3 \cdot 5 + 3 \cdot 7 = 3 \cdot (5 + 7)$, also ist die Summe durch 3 teilbar.

Im Gegensatz zu den bisherigen Regeln aber gilt: Die Nichtteilbarkeit der Summanden bedeutet nicht die Nichtteilbarkeit der Summe.
Beispiel: 5 + 3 ist teilbar durch 2.

Primzahlen

Alle Zahlen, die genau zwei verschiedene Teiler haben, nennt man **Primzahlen.**

Diese Teiler sind dann die Zahl 1 und die Zahl selbst.
5 ist Primzahl, denn $T_5 = \{1, 5\}$; $T_4 = \{1, 2, 4\}$, daher ist 4 keine Primzahl.
Die Zahl 1 ist keine Primzahl, weil sie nur einen einzigen Teiler hat.

Es gibt unendlich viele Primzahlen.
Um die Primzahlen zu finden, kann man das so genannte »Sieb des Eratosthenes« anwenden:
Man streicht der Reihe nach die Vielfachen der Primzahlen $p = 2, 3, 5$ ..., jeweils beginnend mit dem Produkt $p \cdot p$. [Das bedeutet: $p \cdot p$, $p \cdot (p + 1)$, $p \cdot (p + 2)$ usw. oder $2 \cdot 2$, $2 \cdot 3$, $2 \cdot 4$ ..., $3 \cdot 3$, $3 \cdot 4$, ...] Die erste nicht gestrichene Zahl ist dann jeweils die nächste Primzahl.
Wenn man das Verfahren bis zu einer Zahl p durchgeführt hat, hat man alle Primzahlen bis p^2 gefunden. Das bedeutet, um beispielsweise alle Primzahlen bis 121 zu finden, genügt es, die Vielfachen der Primzahlen von 2 bis 11 zu streichen, denn $11^2 = 11 \cdot 11 = 121$.
Man sieht sofort, dass alle Primzahlen außer 2 ungerade sind:

	2	3	~~4~~	5	~~6~~	7	~~8~~	~~9~~	~~10~~
11	~~12~~	13	~~14~~	~~15~~	~~16~~	17	~~18~~	19	~~20~~
~~21~~	~~22~~	23	~~24~~	~~25~~	~~26~~	~~27~~	~~28~~	29	~~30~~
31	~~32~~	~~33~~	~~34~~	~~35~~	~~36~~	37	~~38~~	~~39~~	~~40~~
41	~~42~~	43	~~44~~	~~45~~	~~46~~	47	~~48~~	~~49~~	~~50~~
~~51~~	~~52~~	53	~~54~~	~~55~~	~~56~~	~~57~~	~~58~~	59	~~60~~

Zusammengesetzte Zahlen

Alle Zahlen, die mehr als zwei Teiler haben, heißen **zusammengesetzte Zahlen.**

15 ist eine zusammengesetzte Zahl, denn $T_{15} = \{1, 3, 5, 15\}$.
Zusammengesetzte Zahlen lassen sich als Produkt ohne den Faktor 1 schreiben.

$15 = 3 \cdot 5$

Die Zahl 1 ist die einzige Zahl, die nicht zusammengesetzt ist und auch keine Primzahl ist.

Wenn eine Primzahl Faktor in einem Produkt ist, nennt man sie auch Primfaktor.
Jede zusammengesetzte Zahl lässt sich in Primfaktoren zerlegen. Das ist für viele Rechnungen sehr zweckmäßig, z.B. wenn man die Teiler einer Zahl benötigt. Diese Zerlegung erfolgt für kleinere Zahlen durch Kopfrechnen, sonst schriftlich.
Als Beispiele zerlegen wir die Zahlen 80 und 90.

$80 : 2 = 40$
$40 : 2 = 20$
$20 : 2 = 10$
$10 : 2 = 5$
5 ist Primzahl. Also ist $80 = 2 \cdot 2 \cdot 2 \cdot 2 \cdot 5$.

$90 = 9 \cdot 10$
$9 = 3 \cdot 3$, $10 = 2 \cdot 5$
Also ist $90 = 2 \cdot 3 \cdot 3 \cdot 5$.

Gemeinsame Teiler, ggT
Die Primfaktoren sind Teiler einer Zahl. Die übrigen Teiler der Zahl findet man, indem man ihre Primfaktoren zu allen möglichen Produkten kombiniert und dann noch die Zahl 1 dazunimmt.

Für die Zahl 80 ergeben sich als mögliche Produkte:

$2 \cdot 2 = 4$
$2 \cdot 2 \cdot 2 = 8$
$2 \cdot 2 \cdot 2 \cdot 2 = 16$
$2 \cdot 2 \cdot 2 \cdot 2 \cdot 5 = 80$
$2 \cdot 5 = 10$
$2 \cdot 2 \cdot 5 = 20$
$2 \cdot 2 \cdot 2 \cdot 5 = 40$
$T_{80} = \{1, 2, 4, 5, 8, 10, 16, 20, 40, 80\}$

Wenn man die Teilermengen von 80 und 90 vergleicht, stellt man fest, dass die Zahlen 1, 2 und 10 in beiden vorkommen. $T_{80} \cap T_{90} = \{1, 2, 5, 10\}$.
Zahlen, die in den Teilermengen mehrerer Zahlen auftauchen, nennt man **gemeinsame Teiler**.

Als eine Anwendung betrachten wir folgendes Problem:

An einer Sportveranstaltung nehmen 80 Mädchen und 90 Jungen teil. Für einen Wettbewerb sollen gleichmäßig besetzte, gemischte Gruppen gebildet werden. Wie viele Möglichkeiten, solche Gruppen zu bilden, gibt es?
Antwort: Da die Zahlen 80 und 90 genau vier gemeinsame Teiler haben, gibt es auch vier Möglichkeiten für die gewünschte Gruppenbildung:
1. Eine einzige Gruppe, die aus allen Teilnehmern besteht. Diese Aufteilung ist hier sicher nicht sehr sinnvoll.
2. Zwei Gruppen mit je 80 : 2 = 40 Mädchen und 90 : 2 = 45 Jungen.
3. Fünf Gruppen mit je 80 : 5 = 16 Mädchen und 90 : 5 = 18 Jungen.
4. Zehn Gruppen mit je 80 : 10 = 8 Mädchen und 90 : 10 = 9 Jungen.

Zahlen, die außer der Zahl 1 keine gemeinsamen Teiler haben, nennt man **teilerfremd**.
Die Zahlen 9 und 10 sind teilerfremd, denn $T_9 = \{1, 3, 9\}$, $T_{10} = \{1, 2, 5, 10\}$.
Unter den gemeinsamen Teilern der Zahlen 80 und 90 ist 10 die größte Zahl. Deshalb nennen wir 10 den **größten gemeinsamen Teiler** der Zahlen 80 und 90, abgekürzt **ggT (80, 90)**.

Wenn wir den ggT von zwei Zahlen suchen, z. B. 60 und 140, können wir folgendermaßen vorgehen:
Wir machen eine Primfaktorenzerlegung und schreiben jeweils gleiche Faktoren untereinander:

$$\begin{array}{rl} 60 = & 2 \cdot 2 \cdot 3 \cdot 5 \\ 140 = & 2 \cdot 2 \cdot \, 5 \cdot 7 \\ \hline & 2 \cdot 2 \cdot \, 5 \end{array}$$

Unter dem Strich schreiben wir gemeinsame Faktoren noch einmal auf. Das Produkt aus diesen gemeinsamen Faktoren ist dann der größte gemeinsame Teiler, hier also ggT (60, 140) $= 2 \cdot 2 \cdot 5 = 20$.

Vielfache einer Zahl, kgV

Nach den Teilern einer Zahl betrachten wir nun die **Vielfachen** einer Zahl. Das sind alle die Werte, die wir erhalten, wenn wir die Zahl nacheinander mit 1, 2, 3 usw. multiplizieren.

Die Vielfachen von 3 sind also $1 \cdot 3 = \mathbf{3}$, $2 \cdot 3 = \mathbf{6}$, $3 \cdot 3 = \mathbf{9}$ usw. Das ist gerade die Dreierreihe im Einmaleins. Die Menge aller Vielfachen einer Zahl ist die **Vielfachenmenge**. Zum Beispiel die Vielfachenmenge von 3 $V_3 = \{3, 6, 9, 12 \ldots\}$. Diese Aufzählung könnte man beliebig fortsetzen, sie bildet also eine unendliche Menge.
Vergleichen wir nun die Vielfachenmengen von 4 und 6.

$V_4 = \{4, 8, 12, 16, 20, 24, 28, 32, 36, 40, 44, 48 \ldots\}$
$V_6 = \{6, 12, 18, 24, 30, 36, 42, 48 \ldots\}$.

Wie bei den gemeinsamen Teilern von Zahlen stellen wir fest, dass es auch gemeinsame Vielfache von Zahlen gibt. $V_4 \cap V_6 = \{12, 24, 36, 48 \ldots\}$. Auch das ist eine unendliche Menge.
Unter diesen gemeinsamen Vielfachen gibt es also keine größte Zahl, aber es gibt eine kleinste, **das kleinste gemeinsame Vielfache** oder kurz **kgV**.

kgV (4, 6) = 12

Alle übrigen gemeinsamen Vielfachen der beiden Zahlen sind Vielfache des kgV.
Auch hier gibt es ein Verfahren, nach dem man das kgV von mehreren Zahlen aus ihren Primfaktoren berechnen kann.

$$\begin{array}{l} 4 = 2 \cdot 2 \\ \underline{6 = 2 \quad \cdot \; 3} \\ \quad\;\; 2 \cdot 2 \cdot 3 \end{array}$$

Im Unterschied zur Berechnung des ggT werden hier unter dem Strich die Faktoren aus jeder Spalte übertragen. Die Verfahren der Berechnung von ggT und kgV lassen sich auch auf mehr als zwei Zahlen anwenden. Berechnen wir z.B. kgV (6, 7, 8):

$$\begin{array}{lllll} 6 = & 2 & & \cdot \; 3 & \\ 7 = 1 & & & \cdot & 7 \\ 8 = & 2 \cdot 2 \cdot 2 & & & \\ \hline & 2 \cdot 2 \cdot 2 \cdot 3 \cdot 7 = 168 & & & \end{array}$$

kgV (6, 7, 8) = 168.

Das kgV von Primzahlen und von teilerfremden Zahlen ist gerade das Produkt dieser Zahlen. Allgemein gilt: kgV $(a, b) \leq a \cdot b$. Im obigen Beispiel ist das Produkt von 6, 7 und 8 336.

3 Bruchzahlen

Wir haben uns bisher mit natürlichen Zahlen beschäftigt. Dabei ging es immer um ganze Dinge: ein ganzer Apfel, ein ganzes Schaf, eine ganze Torte usw. Im Alltag haben wir es aber sehr oft mit Teilen eines Ganzen zu tun: Ein Tortenstück ist ein Teil einer Torte, ein halber Apfel ist ein Teil eines Apfels.

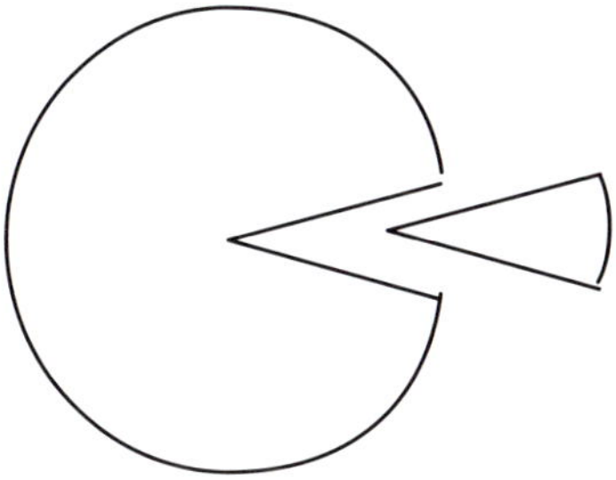

Diese Aufteilung eines Ganzen lässt sich mithilfe der Rechenarten Division und Multiplikation mathematisch beschreiben.

Wenn wir einen Apfel auf vier Personen verteilen, erhält jeder ein Viertel:

$$1 : 4 = \frac{1}{4},$$

Wenn wir eine Torte in 16 gleiche Stücke schneiden, dann ist ein Stück ein Sechzehntel der ganzen Torte. Man sagt auch »ein Stück von 16« und schreibt

$$1 : 16 = \frac{1}{16}.$$

Drei Stücke dieser Torte sind natürlich drei Sechzehntel,

$$3 \cdot \frac{1}{16} = \frac{3}{16}.$$

$\frac{1}{4}$, $\frac{1}{16}$ und $\frac{3}{16}$ sind Bruchzahlen oder kurz Brüche.
Ein Bruch entsteht durch Zerlegen eines Ganzen in gleiche Teile.

Den Strich nennt man **Bruchstrich**. Über dem Bruchstrich steht der **Zähler**, darunter steht der **Nenner**.

Der Zähler gibt die Anzahl der gleich großen Teile an, der Nenner den Anteil eines Stücks am Ganzen.
Je größer der Nenner, desto kleiner wird das einzelne Stück.

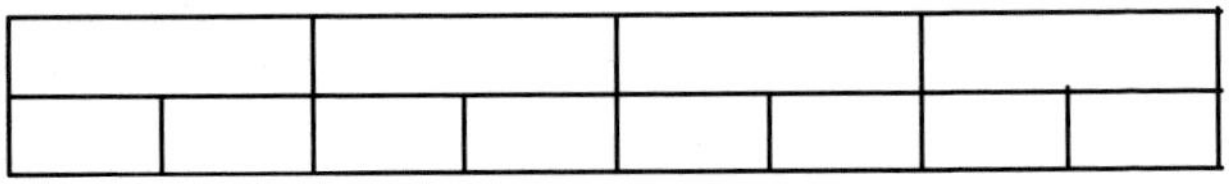

Zum Aussprechen dieser Bruchzahlen wird an die Zahl im Nenner die Endung -tel oder -stel angehängt, z.B. Vier**tel**, Zehn**tel**, Zwanzig**stel**, Hundert**stel**. Ausnahmen sind Halbe, Drittel, Siebtel und Achtel.

3.1 Brüche auf dem Zahlenstrahl

Wie die natürlichen Zahlen lassen sich auch die Brüche auf dem Zahlenstrahl darstellen. Zur Darstellung des Bruches $\frac{1}{4}$ teilt man die Strecke zwischen den Punkten 0 und 1 in vier gleiche Teile. Wir nehmen die Länge der Strecke zwischen dem Punkt 0 und dem Punkt der jeweiligen Bruchzahl als Maß für den Wert des Bruches.

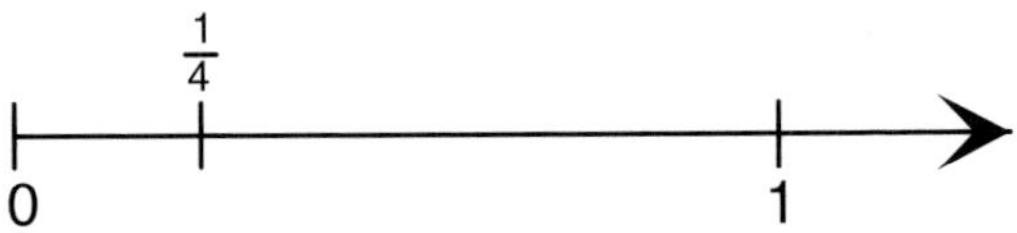

Wir bilden nun eine Folge von Brüchen, bei denen der Nenner immer größer wird:

$\frac{1}{2}, \frac{1}{4}, \frac{1}{5}, \frac{1}{10}$.

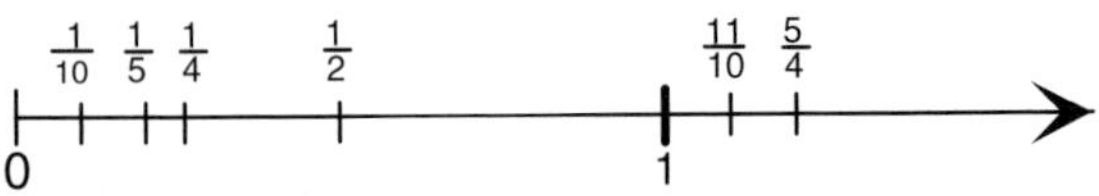

Wir stellen fest, dass bei größer werdendem Nenner die Teile immer kleiner werden und damit auch der Wert des Bruchs kleiner wird. Die entsprechenden Bildpunkte der Bruchzahlen rücken näher an einen bestimmten Punkt heran, ohne ihn aber je zu erreichen. Sie häufen sich bei diesem Punkt. In diesem Fall ist es die Zahl 0.

Bei den natürlichen Zahlen gab es für jede Zahl einen festen Nachfolger und mit Ausnahme der 1 einen Vorgänger. Diese Eigenschaft haben wir bei den Brüchen nicht. Es ist gleichgültig, wie nahe ein Bruch zu einer bestimmten Zahl liegt, wir können immer einen anderen Bruch finden, der noch näher liegt. Wenn wir uns z. B. der Zahl 0 auf $\frac{1}{100}$ genähert haben, dann liegt $\frac{1}{1000}$ noch näher. Zwischen 0 und $\frac{1}{1000}$ liegt $\frac{1}{10000}, \frac{1}{100000}$ usw. Zwischen $\frac{1}{2}$ und $\frac{1}{3}$ liegen z. B. $\frac{2}{5}, \frac{9}{20}, \frac{49}{100}$ usw.
Jede Bruchzahl kann Häufungspunkt sein.

Es gibt also bei den Bruchzahlen keinen bestimmten Vorgänger oder Nachfolger. Zwischen je zwei Brüchen können wir immer noch unendlich viele andere Brüche finden. Man sagt dazu, die Bruchzahlen liegen dicht.

3.2 Stammbrüche, echte und unechte Brüche, Scheinbrüche

Einen Bruch mit dem Zähler 1 nennt man **Stammbruch.**

$\frac{1}{2}, \frac{1}{3}, \frac{1}{4}, \frac{1}{10}, \frac{1}{529}$ usw. sind also Stammbrüche, $\frac{3}{4}, \frac{5}{8}, \frac{321}{323}$ usw. nicht.
Brüche, deren Zähler kleiner ist als der Nenner, heißen **echte Brüche**. Sie ergeben kein Ganzes.
$\frac{1}{4}, \frac{3}{4}, \frac{4}{12}, \frac{721}{843}$ usw. sind echte Brüche. Natürlich sind alle Stammbrüche auch echte Brüche.

Brüche, deren Zähler nicht kleiner ist als der Nenner, d. h. alle Brüche, die keine echten Brüche sind, heißen **unechte Brüche.**

$\frac{4}{3}$, $\frac{15}{2}$, $\frac{60}{60}$ und $\frac{793}{220}$ z. B. sind unechte Brüche.

Brüche, deren Zähler ein Vielfaches des Nenners ist, heißen **Scheinbrüche** oder **scheinbare Brüche**. Sie ergeben ganze Zahlen.

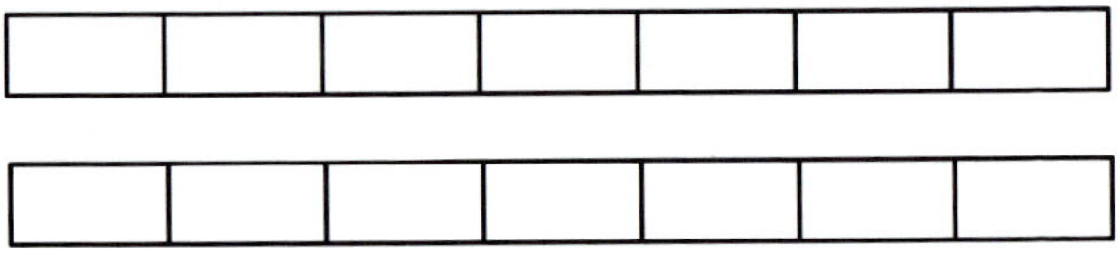

$$\frac{14}{7} = 2$$

$\frac{4}{4}$, $\frac{8}{4}$, $\frac{16}{8}$ und $\frac{240}{80}$ sind Scheinbrüche. Speziell sind auch alle Brüche mit dem Nenner 1 wie z. B. $\frac{5}{1}$ Scheinbrüche. Die Umwandlung in ganze Zahlen ist sehr einfach: $\frac{4}{4} = 4 : 4 = 1$, $\frac{8}{4} = 8 : 4 = 2$, $\frac{16}{8} = 16 : 8 = 2$, $\frac{240}{80} = 240 : 80 = 3$, $\frac{25}{1} = 25 : 1 = 25$.
Alle Scheinbrüche sind unechte Brüche.

Durch die Begriffe echter und unechter Bruch wird der Zahlenstrahl aufgeteilt in die beiden Bereiche von 0 bis 1 und von 1 bis Unendlich: Links von der 1 befinden sich die echten Brüche, bei der 1 und rechts davon die unechten.

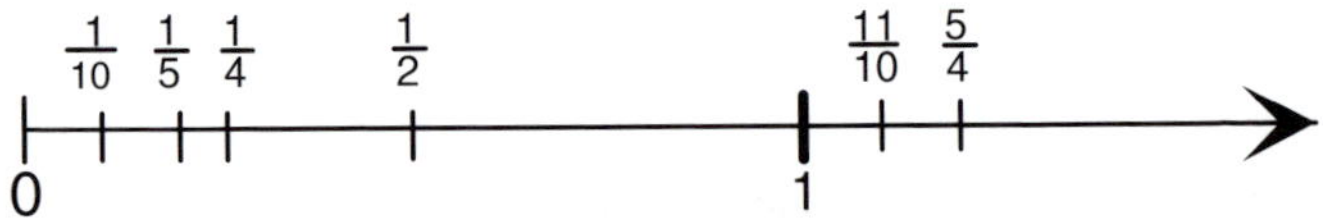

3.3 Erweitern und Kürzen

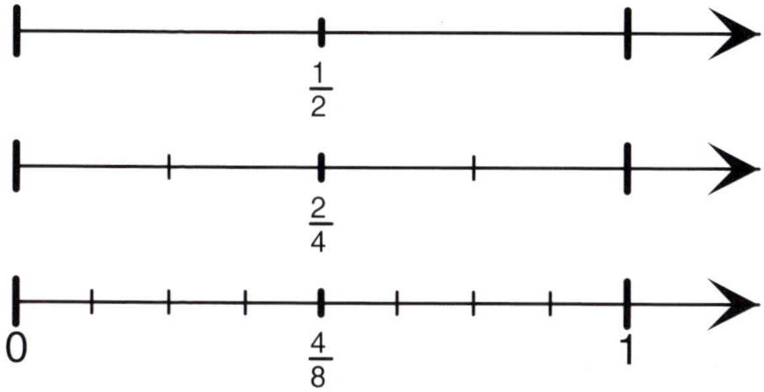

Es ist anschaulich klar, dass man den Wert eines Bruchs wie z.B. $\frac{1}{2}$ auch durch andere Brüche darstellen kann: $\frac{2}{4}$, $\frac{4}{8}$, $\frac{8}{16}$ usw. Durch schrittweises Halbieren der Teile erhält man bei jedem Schritt die doppelte Anzahl. Wenn man im ersten Schritt durch drei teilt, erhält man $\frac{3}{6}$, $\frac{6}{12}$, $\frac{12}{24}$ usw. Wenn man auch im zweiten Schritt durch drei teilt, ergibt das $\frac{9}{18}$. Fünf Teile im ersten Schritt ergibt $\frac{5}{10}$, $\frac{10}{20}$ usw.

Durch Variation dieses Verfahrens erhält man die Brüche
$\frac{1}{2}, \frac{2}{4}, \frac{3}{6}, \frac{4}{8}, \frac{5}{10}, \frac{6}{12}$ ... Diese lassen sich auch schreiben als
$\frac{1 \cdot 1}{1 \cdot 2}, \frac{2 \cdot 1}{2 \cdot 2}, \frac{3 \cdot 1}{3 \cdot 2}, \frac{4 \cdot 1}{4 \cdot 2}, \frac{5 \cdot 1}{5 \cdot 2}$ usw., also $\frac{1}{2} = \frac{k \cdot 1}{k \cdot 2}$ mit $k \in \mathbb{N}$.
Allgemein kann man schreiben: $\frac{a}{b} = \frac{k \cdot a}{k \cdot b}$ mit $a \in \mathbb{N}_0$; $b, k \in \mathbb{N}$.
Der Bruch $\frac{a}{b}$ wurde mit k erweitert.

> Ein Bruch wird erweitert, indem man Zähler und Nenner mit der gleichen Zahl multipliziert. Der Wert des Bruchs bleibt dabei erhalten.

Diese Zahl darf natürlich nicht Null sein, da sonst der gesamte Nenner Null wäre und die Division durch Null ist bekanntlich nicht erlaubt.

Als Beispiel erweitern wir den Bruch $\frac{2}{3}$ mit 5:

$$\frac{2}{3} = \frac{5 \cdot 2}{5 \cdot 3} = \frac{10}{15}$$

Die Umkehrung des Erweiterns nennt man **Kürzen**. Wenn Zähler und Nenner eines Bruchs nicht teilerfremd sind, sondern einen gemeinsamen Faktor $k \neq 1$ haben, können wir den Bruch schreiben als $\frac{k \cdot a}{k \cdot b}$ mit $a \in \mathbb{N}_0$; $b, k \in \mathbb{N}$.

Dieser Bruch hat aber den gleichen Wert wie der Bruch $\frac{a}{b}$.

> Ein Bruch wird gekürzt, indem man Zähler und Nenner durch die gleiche Zahl dividiert. Der Wert des Bruchs ändert sich dabei nicht.

Diese Zahl darf natürlich wieder nicht Null sein. Bei Division durch Eins würde sich zudem keine Veränderung bei Zähler und Nenner ergeben, also ist auch die Division durch Eins nicht sinnvoll.

Beispiele:

a) $\frac{6}{18} = \frac{3 \cdot 2}{3 \cdot 6} = \frac{2}{6}$

b) $\frac{6}{18} = \frac{6 \cdot 1}{6 \cdot 3} = \frac{1}{3}$

c) $\frac{6}{21} = \frac{3 \cdot 2}{3 \cdot 7} = \frac{2}{7}$

Die Beispiele a) und b) zeigen, dass man beim gleichen Bruch durch Kürzen zu unterschiedlichen Ergebnissen kommen kann. Allerdings lässt sich das Ergebnis von a) noch einmal kürzen mit 2, sodass man am Ende ebenfalls $\frac{2 \cdot 1}{2 \cdot 3} = \frac{1}{3}$ erhält. Die Ergebnisse von b) und c) können nicht weiter gekürzt werden.

> Ein Bruch, der sich nicht weiter kürzen lässt, bei dem also Zähler und Nenner teilerfremd sind, heißt vollständig gekürzt. Das ist die **Grundform** des Bruchs.

Aus einem Bruch $\frac{a}{b}$ erhält man sofort die Grundform, wenn man mit dem ggT (a, b) kürzt, wie in Beispiel b) und c).

Brüche, die den gleichen vollständig gekürzten Bruch ergeben, haben den gleichen Wert.

So haben z. B. $\frac{6}{9}, \frac{10}{15}$ und $\frac{50}{75}$ den gleichen Wert, denn alle lassen sich kürzen zu $\frac{2}{3}$.

Weiter oben haben wir Scheinbrüche in ganze Zahlen umgewandelt. Dieses Verfahren funktioniert auch umgekehrt. Wir können eine ganze Zahl in einen Bruch mit einem bestimmten Nenner umwandeln. Anschaulich schreiben wir die Zahl zuerst als Bruch mit dem Nenner 1, dann erweitern wir den Bruch so, dass wir den gewünschten Nenner erhalten. Wollen wir z. B. die Zahl 20 als Bruch mit dem Nenner 4, so schreiben wir:

$$20 = \frac{20}{1} = \frac{4 \cdot 20}{4 \cdot 1} = \frac{80}{4}$$

Das gleiche Ergebnis erhalten wir, wenn wir einfach die Zahl mit dem gewünschten Nenner multiplizieren und diesen Nenner unter das Produkt setzen.

3.4 Gleichnamige Brüche

Brüche, die den gleichen Nenner besitzen, heißen gleichnamig.

Die Brüche $\frac{3}{20}, \frac{7}{20}, \frac{20}{20}$ und $\frac{35}{20}$ sind gleichnamig, da sie alle den Nenner 20 haben.

Brüche, die nicht gleichnamig sind, heißen **ungleichnamig**.

Wenn bei zwei Brüchen der eine Nenner ein Vielfaches des anderen Nenners ist, so kann man die beiden Brüche durch Erweitern oder Kürzen eines der Brüche gleichnamig machen.

Bei $\frac{12}{9}$ und $\frac{2}{3}$ kann man den ersten Bruch kürzen zu $\frac{4}{3}$,
bei $\frac{7}{4}$ und $\frac{3}{2}$ können wir den zweiten Bruch mit 2 erweitern zu $\frac{6}{4}$.

Funktioniert das Gleichnamigmachen durch Kürzen oder Erweitern auf diese Art nicht, dann suchen wir den so genannten **Hauptnenner**.

Der Hauptnenner von mehreren Brüchen ist das kleinste gemeinsame Vielfache (kgV) der einzelnen Nenner.

Nehmen wir als Beispiel die Brüche $\frac{2}{3}$, $\frac{5}{6}$ und $\frac{4}{9}$. Die Brüche 1 und 2 bzw. 1 und 3 wären leicht gleichnamig zu machen durch Erweitern, aber für alle drei zusammen ergibt sich ein Problem. Wir suchen also das kleinste gemeinsame Vielfache aller drei Nenner:

$\text{kgV}(3, 6, 9) = 18$

Nun erweitern wir den ersten Bruch mit 18 : 3 = 6, den zweiten mit 18 : 6 = 3 und den letzten mit 18 : 9 = 2. Wir erhalten dann:

$\frac{6 \cdot 2}{6 \cdot 3} = \frac{12}{18}$, $\frac{3 \cdot 5}{3 \cdot 6} = \frac{15}{18}$ und $\frac{2 \cdot 4}{2 \cdot 9} = \frac{8}{18}$

3.5 Größenvergleich von Brüchen

Weiter oben haben wir schon festgestellt, dass zwei Brüche den gleichen Wert haben, wenn sie denselben vollständig gekürzten Bruch ergeben, d.h., wenn ihre Grundform gleich ist, z.B. $\frac{2}{3}$ und $\frac{4}{6}$.

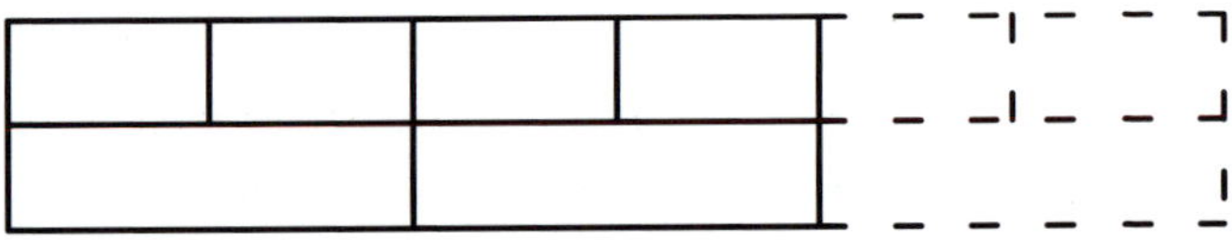

Wenn das nicht der Fall ist, können wir nachschauen, ob die Zähler gleich sind. Es ist anschaulich klar, dass bei gleicher Anzahl die Größe des Einzelstücks, also die Größe des Nenners entscheidend ist. So ergeben z.B. drei große Stücke zusammen mehr als drei kleine.

Bei gleichem Zähler hat der Bruch mit dem kleineren Nenner den größeren Wert: $\frac{3}{3} > \frac{3}{6}$.

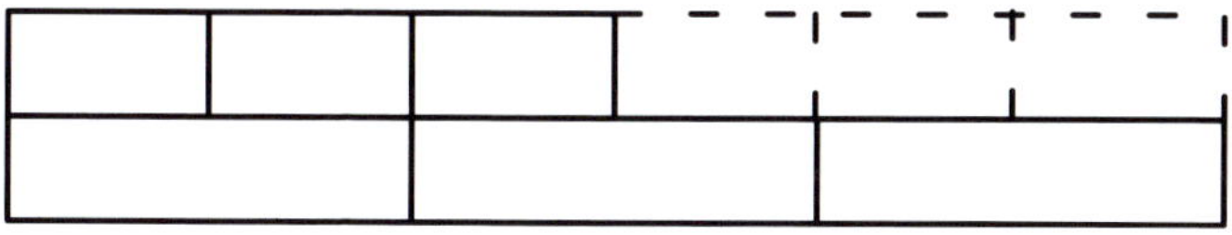

Sind die Zähler unterschiedlich, müssen wir die Brüche gleichnamig machen, falls sie noch nicht denselben Nenner haben. Es ist wieder einleuchtend, dass bei gleicher Größe der Stücke die Anzahl, also der Zähler entscheidet.

Bei gleichnamigen Brüchen hat der mit dem größeren Zähler den größeren Wert.
$\frac{3}{5} > \frac{2}{5}$

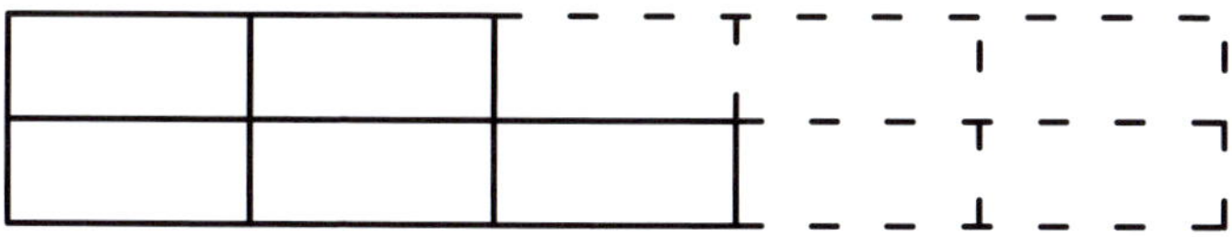

3.6 Rechnen mit Brüchen

Addition von Brüchen und gemischten Zahlen

Zuerst sehen wir uns die Addition eines Bruchs zu einer ganzen Zahl an, z.B. $3 + \frac{1}{4}$. Das ist besonders einfach, denn in diesem Fall kann man den Bruch hinter die Zahl schreiben und das Pluszeichen weglassen; hier ist das $3\,\frac{1}{4}$.

> Ein solches Gebilde, das aus einer ganzen Zahl und einem Bruch besteht, nennt man gemischte Zahl.

Es besteht ein enger Zusammenhang zwischen unechten Brüchen, gemischten Zahlen und der Division mit Rest:

Wir können jeden unechten Bruch in eine gemischte Zahl umwandeln, indem wir die zum Bruch gehörende Rechenoperation als Division mit Rest durchführen und den Rest als Bruchteil eines Ganzen schreiben.

Beispiele:

$\frac{29}{5} = 29 : 5 = 5$ Rest 4. Das ist $5 + \frac{4}{5}$, also $5\frac{4}{5}$

$\frac{7}{4} = 7 : 4 = 1\frac{3}{4}$

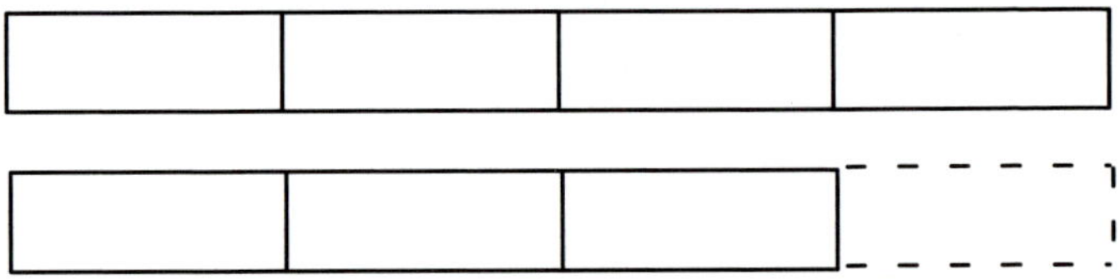

$\frac{7}{4} = 1\frac{3}{4}$

Da die Rechenart Addition auch bei Brüchen kommutativ ist, dürfen wir für den Fall, dass der Bruch der erste Summand ist, einfach die Summanden vertauschen und können so auch z. B. die Aufgabe $\frac{3}{7} + 2$ rechnen:

$\frac{3}{7} + 2 = 2 + \frac{3}{7} = 2\frac{3}{7}$

Nun kommen wir zu dem Fall, dass beide Summanden Brüche sind. Hier müssen wir beachten, dass man nur gleichartige Dinge zusammenzählen kann. Gleichartig bedeutet bei Brüchen gleichnamig. Die obige Abbildung macht auch plausibel, dass dann z. B. gilt: $\frac{4}{4} + \frac{3}{4} = \frac{7}{4}$.

Allgemein gilt für die Addition von Brüchen:

Gleichnamige Brüche werden addiert, indem man die Zähler addiert und den Nenner beibehält.

Sind zwei Brüche nicht gleichnamig, so bestimmen wir ihren Hauptnenner und erweitern entsprechend. Das Ergebnis der Summe kann dann eventuell wieder gekürzt werden.

Beispiele:

a) $\frac{1}{2} + \frac{1}{3}$. Hauptnenner ist kgV(2, 3) = 6.

Erweitern der beiden Brüche ergibt: $\frac{3}{6} + \frac{2}{6} = \frac{5}{6}$

b) $\frac{3}{7} + \frac{8}{10}$. Um mit möglichst kleinen Zahlen arbeiten zu können, ist es hier sinnvoll, den zweiten Summanden zuerst in die Grundform zu bringen: $\frac{8}{10} = \frac{4}{5}$

Nun ist der Hauptnenner 35: $\frac{15}{35} + \frac{28}{35} = \frac{43}{35} = 1\,\frac{8}{35}$

Mithilfe der Addition von Brüchen können wir nun auch gemischte Zahlen in unechte Brüche umwandeln. Dazu wandeln wir die ganze Zahl in einen Scheinbruch mit dem passenden Nenner um und addieren dazu den Bruch.

Beispiele:

a) $2\frac{3}{5} = \frac{10}{5} + \frac{3}{5} = \frac{13}{5}$

b) $5\frac{13}{15} = \frac{75}{15} + \frac{13}{15} = \frac{88}{15}$

Für die Addition von zwei gemischten Zahlen gibt es zwei Möglichkeiten:

1) Umwandlung beider Zahlen in unechte Brüche, Gleichnamigmachen und Addition, anschließend Rückumwandlung in eine gemischte Zahl.

2) Gleichnamigmachen der Brüche und Addition, Umwandlung in eine gemischte Zahl. Zum ganzzahligen Teil addieren wir die ursprünglichen ganzen Zahlen.

Als Beispiel für beide Wege nehmen wir die Zahlen $5\frac{2}{3}$ und $2\frac{3}{5}$.

1) $5\frac{2}{3} = \frac{17}{3}$, $2\frac{3}{5} = \frac{13}{5}$. Hauptnenner ist 15. Somit haben wir:

$\frac{85}{15} + \frac{39}{15} = \frac{124}{15} = 8\,\frac{4}{15}$

2) Hauptnenner von $\frac{2}{3}$ und $\frac{3}{5}$ ist 15, also $\frac{10}{15} + \frac{9}{15} = \frac{19}{15} = 1\,\frac{4}{15}$.

$1\,\frac{4}{15} + 5 + 2 = 8\,\frac{4}{15}$

Der zweite Weg ist oft angenehmer, da man mit kleineren Bruchzahlen rechnen kann.

Die Addition einer ganzen Zahl zu einer gemischten Zahl bedarf keiner Erklärung. Um einen Bruch zu einer gemischten Zahl zu addieren, fassen wir den Bruch als gemischte Zahl mit dem ganzzahligen Teil 0, also z.B. $\frac{5}{6} = 0\,\frac{5}{6}$.

Subtraktion von Brüchen und gemischten Zahlen

Ebenso wie bei den natürlichen Zahlen müssen wir vorläufig darauf achten, dass der Minuend größer ist als der Subtrahend. Da die Subtraktion die Umkehrung der Addition ist, müssen auch hier Minuend und Subtrahend gleichnamig sein.
Dann gilt:

Ein Bruch wird von einem gleichnamigen anderen Bruch subtrahiert, indem man den Zähler des Subtrahenden vom Zähler des Minuenden subtrahiert und den Nenner beibehält.

Beispiel:

$$\frac{5}{7} - \frac{3}{7} = \frac{(5-3)}{7} = \frac{2}{7}$$

Um einen Bruch von einer gemischten Zahl zu subtrahieren, wenn der Subtrahend größer ist als der Bruch des Minuenden, haben wir zwei Möglichkeiten:

1) Den kompletten Minuenden in einen unechten Bruch umwandeln, gleichnamig machen, subtrahieren und bei Bedarf das Ergebnis wieder umwandeln.

2) Wir machen den Bruch des Minuenden mit dem Subtrahenden gleichnamig und wandeln nur einen Teil der ganzen Zahl des Minuenden in einen Bruch um, und zwar so viel, dass dieser größer ist als der Bruch des Subtrahenden. Danach können wir die ganzen Zahlen und die Brüche getrennt subtrahieren.

Beispiel:

1) $5\frac{3}{8} - 2\frac{4}{5} = \frac{43}{8} - \frac{14}{5} = \frac{215}{40} - \frac{112}{40} = \frac{103}{40} = 2\frac{23}{40}$

2) $5\frac{3}{8} - 2\frac{4}{5} = 5\frac{15}{40} - 2\frac{32}{40} = 4\frac{55}{40} - 2\frac{32}{40} = 2\frac{23}{40}$

Die Subtraktion eines Bruches von einer natürlichen Zahl funktioniert auch wieder durch Umwandlung der ganzen Zahl entweder in einen Scheinbruch oder in eine gemischte Zahl mit jeweils passendem Nenner.

Beispiel:

1) $4 - \frac{2}{3} = \frac{12}{3} - \frac{2}{3} = \frac{10}{3} = 3\frac{1}{3}$

2) $4 - \frac{2}{3} = 3\frac{3}{3} - \frac{2}{3} = 3\frac{1}{3}$

Entsprechend verfahren wir im umgekehrten Fall: Bruch minus natürliche Zahl.

Beispiel:

$$\frac{35}{8} - 2 = \frac{35}{8} - \frac{16}{8} = \frac{19}{8} = 2\frac{3}{8}$$

Multiplikation

Die Multiplikation von Brüchen ist die einfachste Rechenart, da wir dazu nichts beachten müssen.

> Zwei Brüche werden multipliziert, indem man Zähler mit Zähler und Nenner mit Nenner multipliziert.

Normalerweise empfiehlt es sich, Zähler und Nenner als Produkte mit einem einzigen Bruchstrich zu schreiben. Bevor wir nun die Multiplikationen ausführen, kürzen wir nach Möglichkeit die Faktoren.

Beispiel:

$$\frac{4}{5}\cdot\frac{3}{8}=\frac{4\cdot3}{5\cdot8}=\frac{\overset{1}{\cancel{4}}\cdot 3}{5\cdot\underset{2}{\cancel{8}}}=\frac{1\cdot3}{5\cdot2}=\frac{3}{10}$$

Was hier sehr ausführlich aufgeschrieben ist, lässt sich normalerweise viel kürzer darstellen:

$$\frac{8}{9}\cdot\frac{3}{4}=\frac{\overset{2}{\cancel{8}}\cdot\overset{1}{\cancel{3}}}{\underset{3}{\cancel{9}}\cdot\underset{1}{\cancel{4}}}=\frac{2}{3}$$

Auf diese Art kann man natürlich nicht nur zwei, sondern beliebig viele Brüche miteinander multiplizieren.

Wenn die Zahlen in Zähler und Nenner größer sind, empfiehlt es sich, sie in ihrer Primfaktorenzerlegung aufzuschreiben, da man dann ganz leicht sehen kann, welche Faktoren gekürzt werden können.

Beispiel:

$$\frac{3150\cdot7}{17325\cdot13}=\frac{2\cdot\cancel{3}\cdot\cancel{3}\cdot\cancel{5}\cdot\cancel{5}\cdot\cancel{7}\cdot7}{\cancel{3}\cdot\cancel{3}\cdot\cancel{5}\cdot\cancel{5}\cdot\cancel{7}\cdot11\cdot13}=\frac{2\cdot7}{11\cdot13}=\frac{14}{143}$$

> Eine ganze Zahl wird mit einem Bruch multipliziert, indem man sie mit dem Zähler multipliziert und den Nenner beibehält.
>
> $\frac{a}{b}\cdot c=\frac{ac}{b}$ für $a, c\in\mathbb{N}_0$; $b\in\mathbb{N}$.

Beispiel:

$$5 \cdot \frac{2}{3} = \frac{5 \cdot 2}{3} = \frac{10}{3} = 3\,\frac{1}{3}$$

Man formuliert in diesem Fall auch »$\frac{2}{3}$ von 5«. Dieses »von« erfordert also eine Multiplikation, wenn es nicht im Zusammenhang mit dem Wort »subtrahieren« als »subtrahieren von …« gebraucht wird.

Gemischte Zahlen können vor einer Multiplikation in Brüche umgewandelt werden.

Beispiele:

a) $2\,\frac{3}{4} \cdot \frac{4}{5} = \frac{11}{4} \cdot \frac{4}{5} = \frac{11 \cdot 4}{4 \cdot 5} = \frac{11}{5} = 2\,\frac{1}{5}$

b) $4\frac{2}{3} \cdot 2\frac{3}{8} = \frac{14}{3} \cdot \frac{19}{8} = \frac{7\,\cancel{14} \cdot 19}{3 \cdot \cancel{8}\,4} = \frac{133}{12} = 11\,\frac{1}{12}$

Division

Den Kehrbruch oder Kehrwert eines Bruchs erhalten wir, wenn wir Zähler und Nenner des Bruchs vertauschen. Der Kehrwert von $\frac{2}{3}$ ist $\frac{3}{2}$.

Ein Fremdwort für Kehrwert ist »reziproker Wert«.

> Durch einen Bruch wird dividiert, indem man mit seinem Kehrwert (Kehrbruch) multipliziert.

Beispiele:

a) $\frac{2}{3} : \frac{4}{5} = \frac{2}{3} \cdot \frac{5}{4} = \frac{2 \cdot 5}{3 \cdot 4} = \frac{1 \cdot 5}{3 \cdot 2} = \frac{5}{6}$

b) $\frac{10}{13} : \frac{10}{7} = \frac{10}{13} \cdot \frac{7}{10} = \frac{7}{13}$

Wenn an der Division gemischte Zahlen beteiligt sind, müssen wir sie wieder in Brüche umwandeln.

Einen Bruch können wir durch eine ganze Zahl dividieren, indem wir diese Zahl in einen Bruch mit dem Nenner 1 umwandeln und dann die bekannte Regel anwenden.

Beispiel:

$$\frac{7}{10} : 2 = \frac{7}{10} : \frac{2}{1} = \frac{7}{10} \cdot \frac{1}{2} = \frac{7}{20}$$

Dieses Ergebnis, nämlich dass die Zahl am Ende mit dem Nenner multipliziert wird, können wir als Regel formulieren:

Ein Bruch wird durch eine ganze Zahl dividiert, indem man die Zahl mit dem Nenner multipliziert.

$\frac{a}{b} : c = \frac{a}{bc}$ für $a \in \mathbb{N}_0$; $b, c \in \mathbb{N}$.

3.7 Doppelbrüche

Im Zähler und Nenner eines Bruchs können wieder Brüche stehen. Einen solchen Bruch bezeichnet man als **Doppelbruch** oder **Etagenbruch**.

Beispiele:

a) $$\frac{\frac{1}{6}}{\frac{2}{9}}$$

b) $$\frac{3 - \frac{1}{2}}{\frac{4}{5} - \frac{2}{3}}$$

c) $$\frac{4\frac{2}{3} - \frac{2}{9}}{12}$$

Diese Etagenbrüche können wir auch in Form von Klammerausdrücken schreiben und vereinfachen oder auflösen:

a) $\frac{1}{6} : \frac{2}{9} = \frac{1 \cdot 9}{6 \cdot 2} = \frac{3}{2 \cdot 2} = \frac{3}{4}$

b) $\left(3 - \frac{1}{2}\right) : \left(\frac{4}{5} - \frac{2}{3}\right) = 2\frac{1}{2} : \left(\frac{12}{15} - \frac{10}{15}\right) = \frac{5}{2} \cdot \frac{15}{2} = \frac{75}{4} = 18\frac{3}{4}$

c) $\left(4\frac{2}{3} - \frac{2}{9}\right) : 12 = \left(4\frac{6}{9} - \frac{2}{9}\right) : 12 = \frac{40}{9} : 12 = \frac{40}{9 \cdot 12} = \frac{2 \cdot 2 \cdot 2 \cdot 5}{2 \cdot 2 \cdot 3 \cdot 3 \cdot 3}$
$= \frac{10}{27}$

3.8 Einfache Terme und Gleichungen

Jetzt folgen einige Textaufgaben, die auf Terme und Gleichungen mit Bruchzahlen führen.

a) Multipliziere die Summe der Zahlen $3\frac{1}{3}$ und $\frac{2}{5}$ mit dem Quotienten aus 25 und $\frac{1}{2}$.

Auch beim Rechnen mit Brüchen gilt die Regel: Punktrechnung geht vor Strichrechnung, daher müssen in diesem Rechenausdruck Klammern gesetzt werden.

$$\left(3\frac{1}{3} + \frac{2}{5}\right) \cdot \left(25 : \frac{1}{2}\right) = \left(3\frac{5}{15} + \frac{6}{15}\right) \cdot \left(25 \cdot \frac{2}{1}\right) = \frac{56}{15} \cdot 50 = \frac{56 \cdot 50}{15} =$$
$$\frac{2800}{15} = 186\frac{10}{15} = 186\frac{2}{3}$$

b) $\frac{1}{8}$ einer Schulklasse hat Grippe, das sind vier Schüler. Wie viele Schüler sind in der Klasse?

Für die unbekannte Anzahl setzen wir die Variable x. »$\frac{1}{8}$ von x« schreiben wir als Produkt $\frac{1}{8} \cdot x$. Dann gilt:

$$\frac{1}{8} \cdot x = 4$$

$x = 4 : \frac{1}{8}$

$x = 4 \cdot 8 = 32$

Antwort: In der Klasse sind 32 Schüler.

c) Eine Regentonne ist zu $\frac{3}{4}$ mit Wasser gefüllt. Nachdem jemand Wasser verbraucht hat, ist der Wasserspiegel um $\frac{2}{5}$ der Tonnenhöhe gesunken und beträgt jetzt noch 35 cm. Wie hoch ist die Tonne?

Auch hier bezeichnen wir die unbekannte Tonnenhöhe mit x. Damit erhalten wir die Gleichung:

$\frac{3}{4} \cdot x - \frac{2}{5} \cdot x = 35$ cm. Ausklammern von x ergibt $x\left(\frac{3}{4} - \frac{2}{5}\right) = 35$ cm.

$x\left(\frac{15}{20} - \frac{8}{20}\right) = 35\text{ cm}$

$x \cdot \frac{7}{20} = 35\text{ cm}$

$x = 35 : \frac{7}{20}\text{ cm} = \frac{35 \cdot 20}{7}\text{ cm} = 5 \cdot 20\text{ cm}$

$x = 100\text{ cm}$

Antwort: Die Tonne ist 1 m hoch.

d) Rolf bekommt monatlich 20 Euro Taschengeld. Im letzten Monat hat er mindestens $\frac{2}{5}$ davon für Süßigkeiten ausgegeben. Wie viele Euro hat er mindestens »versüßt«?

Hier könnten wir auch ohne Variable auskommen, aber es wird anschaulicher, wenn wir für den gesuchten Betrag die Variable x setzen:

$x \geq \frac{2}{5} \cdot 20$

$x \geq \frac{2 \cdot 20}{5} = 2 \cdot 4 = 8$

$x \geq 8$

Antwort: Rolf hat mindestens 8 Euro für Süßwaren ausgegeben.

4 Dezimalbrüche

Wie wir schon wissen, rechnen wir normalerweise im Zehnersystem und in diesem System sind die Stufenzahlen 1, 10, 100, 1000 usw. Der Wert einer Ziffer in einer Zahl wird bestimmt durch die Stelle, an der sie in einer Zahl steht. Der Aufbau geht von rechts nach links: An der ersten Stelle sind es Einer, an der zweiten Zehner, an der dritten Hunderter und so weiter.

Diese Stufenzahlen setzen wir nun als Nenner in Stammbrüchen ein: $\frac{1}{10}, \frac{1}{100}, \frac{1}{1000}$ usw. Wir setzen rechts neben der Einerstelle als Trennungszeichen ein Komma und sagen, dass die erste Stelle rechts von diesem Komma den Wert $\frac{1}{10}$ hat: $0{,}1 = \frac{1}{10}$.

Die nächste Stelle hat den Wert Hundertstel, also ist $0{,}01 = \frac{1}{100}$.

Diese Art von Zahlen nennen wir Dezimalzahlen oder Dezimalbrüche.

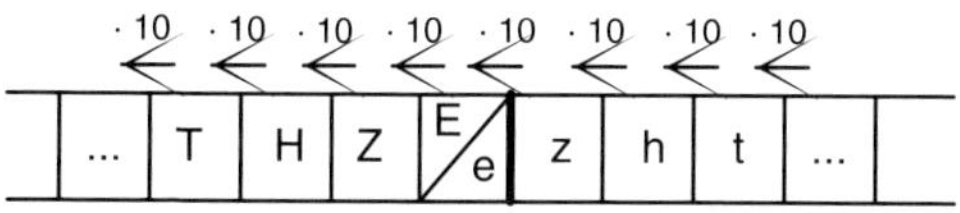

Wir haben also unser System aus Einern (E), Zehnern (Z), Hundertern (H), Tausendern (T) usw. erweitert um Zehntel (z), Hundertstel (h), Tausendstel (t) usw. Die Eintel (e), die ja keine echten Brüche darstellen und eigentlich Einer sind, bilden ein Verbindungsglied zwischen den ganzen Zahlen und den echten Brüchen.

Die Anzahl der Ziffern hinter dem Komma nennt man oft kurz Kommastellen.
Der Dezimalbruch 1,523 hat drei Kommastellen.

Aus dem Alltag ist bekannt, dass die Länge *ein Meter* aufgeteilt werden kann in 100 Zentimeter. Das bedeutet:

$$1\text{ cm} = \frac{1}{100}\text{ m} = 0{,}01\text{ m}$$

Entsprechend gilt:

$$5 \text{ cm} = \frac{5}{100} \text{ m} = 0{,}05 \text{ m}$$

$$70 \text{ cm} = \frac{70}{100} \text{ m} = \frac{7}{10} \text{ m} = 0{,}7 \text{ m}$$

$$1 \text{ m } 20 \text{ cm} = 1\frac{20}{100} \text{ m} = 1{,}2 \text{ m}$$

Da wir die Dezimalzahlen mit Brüchen identifizieren können, können wir sie auch erweitern und kürzen:

$$\frac{1}{10} = \frac{10}{100} = \frac{100}{1000}$$

Daher gilt auch:

$0{,}1 = 0{,}10 = 0{,}100$

Das Anhängen einer Null hinter der letzten Stelle nach dem Komma bedeutet eine Erweiterung der Dezimalzahl mit 10. Das Weglassen einer Null am Ende hinter dem Komma bedeutet Kürzen mit 10. Der Wert der Zahl wird dadurch nicht verändert.

Die Form, bei der hinter dem Komma am Ende keine Nullen stehen, entspricht der Grundform der Brüche.

Die Anzahl der Stellen hinter dem Komma entspricht der Anzahl der Nullen bei der entsprechenden Stufenzahl.

Beispiel: $0{,}001 = \frac{1}{1000}$

Natürliche Zahlen können durch Anhängen eines Kommas und einer Null hinter der Einerstelle in Dezimalzahlen umgewandelt werden.
Beispiel:

$15 = 15{,}0$

4.1 Addition und Subtraktion von Dezimalbrüchen

Zur Addition und Subtraktion von Dezimalbrüchen schreiben wir die Zahlen so, dass die Kommas untereinander stehen. Falls die Stellenzahl nach dem Komma nicht übereinstimmt, erweitern wir die kürzere Zahl so lange durch Anhängen von Nullen, bis überall gleich viele Nachkommastellen sind. Nun können wir mit ihnen genauso rechnen wie mit den natürlichen Zahlen.

Beispiele:

$$\begin{array}{r} 9{,}25 \\ +\,_{1}13{,}40 \\ \hline 22{,}65 \end{array} \qquad \begin{array}{r} 187{,}200 \\ -\ \ _{1}1_{1}2{,}_{1}7_{1}19 \\ \hline 174{,}481 \end{array}$$

Beim Subtrahieren darf der Minuend nicht kleiner sein als der Subtrahend.

4.2 Multiplikation von Dezimalbrüchen

Zuerst betrachten wir die Multiplikation einer Dezimalzahl mit einer Stufenzahl des Zehnersystems. Als Beispiel nehmen wir $0{,}01 \cdot 10$:

$$0{,}01 = \frac{1}{100}$$

$$\frac{1}{100} \cdot 10 = \frac{10}{100} = \frac{1}{10} = 0{,}1$$

Die Multiplikation mit den Stufenzahlen 10, 100, 1000 usw. entspricht einer Verschiebung des Kommas nach rechts um so viele Stellen, wie die entsprechende Stufenzahl Nullen hat.

Beispiel:

$1{,}335 \cdot 100 = 133{,}5$

Die Multiplikation von zwei Dezimalbrüchen kann an einem Beispiel klargemacht werden:

$$0{,}5 \cdot 0{,}07 = \frac{5}{10} \cdot \frac{7}{100} = \frac{5 \cdot 7}{10 \cdot 100} = \frac{35}{1000} = 0{,}035$$

Das Produkt hat so viele Kommastellen wie die beiden Faktoren zusammen.

Ein weiteres Beispiel:

$0{,}05 \cdot 10{,}4$

Wir berechnen $5 \cdot 104 = 520$.
Das Produkt muss drei Kommastellen haben. Da aber eine Zahl nicht mit einem Komma beginnen kann, setzen wir vor das Komma eine Null, also $0{,}05 \cdot 10{,}4 = 0{,}520$.
Dieses Ergebnis kann gekürzt werden zu 0,52.

Die Multiplikation einer Dezimalzahl mit einer natürlichen Zahl funktioniert genau gleich, wie die folgende Rechnung zeigt:

$$1{,}25 \cdot 20 = \frac{125}{100} \cdot \frac{20}{1} = \frac{2500}{100} = 25{,}00$$

Das Produkt hat 2 + 0 Kommastellen.
Nullen hinter dem Komma am Ende einer Zahl können weggelassen werden, daher ist das Ergebnis die natürliche Zahl 25.

Ein Problem haben wir im folgenden Beispiel:

$0{,}3 \cdot 0{,}002$
$3 \cdot 2 = 6$

Wir müssten nun vier Kommastellen abzählen, haben aber nur eine Stelle zur Verfügung. In einem solchen Fall ergänzen wir vor der Zahl so viele Nullen, wie benötigt werden, damit wir das Komma setzen können und dass vor dem Komma noch eine Null steht: 0,0006

Insgesamt gilt für die Multiplikation von Dezimalbrüchen die Regel:

Wir multiplizieren zwei Dezimalzahlen miteinander, indem wir die Zahlen ohne Rücksicht auf die Kommas miteinander multiplizieren und dann das Komma so setzen, dass das Ergebnis so viele Kommastellen hat wie die beiden Ausgangszahlen zusammen. Wenn die Stellenzahl zum Setzen des Kommas nicht ausreicht, wird am Anfang der Zahl eine entsprechende Anzahl von Nullen ergänzt.
Für die Multiplikation einer Dezimalzahl mit einer natürlichen Zahl kann man die natürliche Zahl als Dezimalzahl ohne Kommastellen betrachten.

Die bisherigen Beispiele konnten alle im Kopf gerechnet werden. Nun folgt noch ein schriftliches Beispiel:

```
12,9 · 3,14
-----------
  38 7
   1 29
     516
  ------
  40,506
```

4.3 Division von Dezimalbrüchen

Zuerst betrachten wir wieder den einfachsten Fall, nämlich die Division einer Dezimalzahl durch eine Stufenzahl.

Beispiel:

$$0{,}3 : 10 = \frac{3}{10} \cdot \frac{1}{10} = \frac{3}{100} = 0{,}03$$

Wir verschieben also das Komma um eine Stelle nach links und ergänzen eine Null vor dem Komma.

> Die Division durch die Stufenzahlen 10, 100, 1000 usw. entspricht einer Verschiebung des Kommas nach links um so viele Stellen, wie die entsprechende Stufenzahl Nullen hat.

Für die Division einer Dezimalzahl durch eine natürliche Zahl betrachten wir folgendes Beispiel:

```
6,560 : 5 = 1,312
5
-
1 5
1 5
---
  06
   5
  --
   10
   10
   --
    0
```

Wir dividieren eine Dezimalzahl durch eine natürliche Zahl, indem wir eine ganz normale Divisionsrechnung durchführen. An der Stelle, bei der wir das Komma überschreiten, setzen wir auch beim Ergebnis ein Komma. Nach Bedarf können wir beim Dividenden nach dem Komma am Ende beliebig viele Nullen ergänzen.

Für die Division einer Zahl durch eine Dezimalzahl erweitern wir Dividend und Divisor durch Verschiebung der Kommas so, dass der Divisor zu einer ganzen Zahl wird. Danach können wir fortfahren wie oben.

Beispiel:

3,5 : 0,07 = 350 : 7 = 50

4.4 Verwandlung von Brüchen in Dezimalbrüche

Die Umwandlung von Brüchen mit den Nennern 10, 100, 1000 usw. wurde schon gezeigt.

Für Brüche mit anderen Nennern betrachten wir zuerst zwei Beispiele, $\frac{1}{2}$ und $\frac{1}{3}$, und lösen die zugehörigen Divisionsaufgaben 1 : 2 und 1 : 3:

```
1 : 2 = 0,5          1 : 3 = 0,333 ...
10                   10
--                     10
                         10
```

Wir sehen, dass im ersten Fall die Rechnung nach zwei Schritten abbricht, im zweiten Fall können wir unendlich weiterrechnen.

> Zahlen wie 0,5 bezeichnet man als endliche Dezimalbrüche oder endliche Dezimalzahlen, Zahlen wie 0,333 ... nennt man unendliche Dezimalbrüche oder unendliche Dezimalzahlen.

Den Bruch $\frac{1}{2}$ können wir auch so erweitern, dass im Nenner eine Stufenzahl steht:

$$\frac{1}{2} = \frac{5}{10} = 0{,}5$$

$\frac{1}{3}$ lässt sich nicht so erweitern, da 3 nicht Teiler einer Stufenzahl ist (deren Quersumme ist immer 1).

Einen Bruch wandelt man in einen Dezimalbruch um, indem man den Bruch so erweitert, dass im Nenner eine der Stufenzahlen steht, oder indem man die entsprechende Divisionsaufgabe löst.

Weitere Beispiele für Dezimalbrüche:

$$\frac{1}{4} = \frac{25}{100} = 0{,}25$$

$$\frac{1}{4} = 1{,}00 : 4 = 0{,}25$$

$$\frac{3}{5} = \frac{6}{10} = 0{,}6$$

$$\frac{3}{5} = 3{,}0 : 5 = 0{,}6$$

$$\frac{1}{11} = 0{,}090909\ \ldots$$

Bei gemischten Zahlen wird nur der Bruch umgewandelt:

$$2\,\frac{1}{2} = 2 + \frac{1}{2} = 2{,}0 + 0{,}5 = 2{,}5$$

$$5\,\frac{1}{11} = 5 + 0{,}090909\ \ldots = 5{,}090909\ \ldots$$

Eine solche Ziffer oder Ziffernfolge, die sich immer wiederholt wie z. B. 3 oder 09, nennt man Periode.
Eine Zahl wie 5,090909 ... nennt man auch periodische Zahl mit der Periode 09, periodische Dezimalzahl oder periodischer Dezimalbruch.

Eine Periode wird oft durch einen so genannten Periodenstrich gekennzeichnet; das ist ein Querstrich über die sich wiederholende Ziffernfolge.

$$\frac{1}{7} = 0{,}142857142857\ldots = 0{,}\overline{142857}$$

Manchmal beginnt die Periode nicht sofort hinter dem Komma wie z. B. bei der Zahl $2{,}134\,\overline{53}$. Hier spricht man von einer **Vorperiode**.

4.5 Umwandlung von Dezimalbrüchen in Brüche

Im Falle der endlichen Dezimalbrüche ist die Umwandlung in einen Bruch einfach: Wir schreiben den Dezimalbruch als Bruch mit einer der Stufenzahlen 10, 100, 1000 usw. als Nenner. Anschließend kürzen wir diesen Bruch.

Beispiel:

$$0{,}64 = \frac{64}{100} = \frac{16}{25}$$

Bei den unendlichen periodischen Dezimalbrüchen (mit oder ohne Vorperiode) erhält man bei der Umwandlung einen (gemeinen) Bruch, dessen Zähler gleich ist der Differenz aus der Zahl, bestehend aus den nicht periodischen Stellen (Vorperiode) und der ersten Periode minus der Zahl, die aus den vorperiodischen Ziffern gebildet ist. Dessen Nenner ist eine Zahl, gebildet aus so vielen Neunen (9), wie die Periode Ziffern enthält, und so vielen rechtsfolgenden Nullen, wie die Vorperiode Ziffern hat.

Beispiel:

$$0{,}29333\ldots = \frac{293 - 29}{900} = \frac{264}{900} = \frac{22}{75}$$

Bei rein periodischen Dezimalbrüchen ist die Vorperiode 0.

4.6 Runden von Dezimalbrüchen

Wir haben den Begriff »Runden« schon bei den natürlichen Zahlen kennen gelernt.
Wenn wir eine natürliche Zahl auf Hunderter runden, heißt das, dass wir die Zehnerziffer betrachten: Ist sie größer oder gleich 5, so wird die Hunderterziffer um eins erhöht, sonst bleibt sie gleich. Dann werden alle Ziffern rechts von der Hunderterziffer auf Null gesetzt.

Bei den Dezimalbrüchen funktioniert es genau gleich mit den Zehnteln, Hundertsteln, Tausendsteln usw. Wenn wir die Zahl 3,14159 auf Hundertstel runden, schauen wir uns die Tausendstel an: Hier steht eine 1, also bleiben die vier Hundertstel erhalten und alle Ziffern rechts davon werden 0. Wir erhalten 3,14000. Hier können wir kürzen, sodass 3,14

übrig bleibt.
Die Aufgabe »Runde auf Hundertstel« kann auch formuliert werden als »Runde auf die zweite Stelle nach dem Komma« oder »Runde auf zwei Stellen nach dem Komma« oder kurz »Runde auf zwei Stellen«.

Eine Aufgabe kann lauten:
Berechne die Fläche eines Zimmers der Länge 4,65 m und Breite 3,58 m und runde das Ergebnis auf zwei Stellen.

Die Fläche eines Rechtecks ist Länge · Breite, also $4{,}65 \cdot 3{,}58 = 16{,}647\ m^2$.
Runden auf zwei Stellen heißt, dass wir uns die dritte Stelle nach dem Komma ansehen. Hier steht eine 7, also runden wir auf: Aus der 4 an der zweiten Stelle nach dem Komma wird eine 5 und alle weiteren Stellen – hier ist es nur eine – fallen weg.
Die Antwort lautet: Die Fläche des Zimmers beträgt $16{,}65\ m^2$.

Wenn wir beispielsweise die Zahl 4,996 auf zwei Stellen runden, erhalten wir 5,00. Hier lassen wir die zwei Nullen nach dem Komma stehen als Zeichen dafür, dass es sich nicht um die natürliche Zahl 5 handelt, sondern um eine gerundete Zahl. Für weitere Berechnungen macht es aber keinen Unterschied, ob wir mit 5,00 oder mit 5 rechnen.

5 Größen aus dem Alltag

5.1 Längenmaße

Wir haben schon Längenmaße in einigen Beispielen und Aufgaben verwendet.
Die Einheit der Länge ist 1 Meter, abgekürzt 1 m.
Die Länge 1 m ist die Länge eines Metallstabes, der in Paris aufbewahrt wird. Diese Länge wurde in internationalen Abkommen als Einheit festgelegt. Alle Längenmessungen beruhen auf einem Vergleich mit der Länge von Kopien dieses »Urmeterstabs«. (Dies ist eine längst überholte »geschichtliche« Definition des Meters, die aber für unsere Vorhaben genügt.)
Diese Einheit ist aber für viele Anwendungen zu unhandlich. Wenn man z. B. ausdrücken will, wie groß bzw. wie lang ein Marienkäfer ist, müsste man sagen, er ist $\frac{5}{1000}$ m oder 0,005 m. Mit solchen Angaben verbindet man kaum eine Vorstellung. Viel anschaulicher ist es da zu sagen, dass der Käfer einen halben Zentimeter oder 5 Millimeter lang ist.
Ebenso unpraktisch ist die Einheit Meter, wenn wir den Umfang der Erde angeben sollen. Da ist die Angabe 40 000 Kilometer viel praktischer als 40 000 000 Meter.

Wie die unterschiedlichen Einheiten ineinander umgerechnet werden, lässt sich aus folgender Aufstellung erkennen:

$\cdot 10 \leftarrow$ (zwischen je zwei benachbarten Einheiten, nach links)

km			m	dm	cm	mm			µm

$:10 \rightarrow$ (zwischen je zwei benachbarten Einheiten, nach rechts)

1 km = 1000 m, 1 m = 1000 mm, 1 mm = 1000 µm (Mikrometer).
Umgekehrt gilt:

$$1 \text{ mm} = \frac{1}{10} \text{ cm} = 0{,}1 \text{ cm} = \frac{1}{100} \text{ dm} = 0{,}01 \text{ dm} = \frac{1}{1000} \text{ m} = 0{,}001 \text{ m},$$

$$1 \text{ m} = \frac{1}{1000} \text{ km usw.}$$

Eine Längenangabe besteht immer aus den beiden Teilen »Maßzahl« und »Maßeinheit«.
Bei der Angabe 40,8 km haben wir die Maßzahl »40,8« und die Einheit »km«.

Wenn wir mit Längen rechnen, müssen wir darauf achten, dass sie die gleiche Maßeinheit besitzen.

Beispiel:

3,2 m + 115 cm + 80 mm

Es ist sinnvoll, alle Summanden in die Einheit umzurechnen, bei der man die wenigsten Kommazahlen oder die kürzesten Maßzahlen erhält. Wir wählen hier die Einheit Zentimeter.

320 cm + 115 cm + 8 cm = 443 cm = 4,43 m

Wenn wir die Einheit Meter gewählt hätten, würde die Rechnung so aussehen:

3,20 m + 1,15 m + 0,08 m = 4,43 m

Aufgabe:
Um ein rechteckiges Grundstück von 48 m Länge und 30 m Breite einzuzäunen, will der Besitzer Pfosten im Abstand von 120 cm setzen. Wie lang wird der Zaun und wie viele Pfosten benötigt er?

Lösung:
Der Umfang eines Rechtecks ist $U = 2 \cdot \text{Länge} + 2 \cdot \text{Breite}$. Hier ist also:

$U = 2 \cdot 48\ \text{m} + 2 \cdot 30\ \text{m} = 96\ \text{m} + 60\ \text{m} = 156\ \text{m}$
1560 dm : 12 dm = 130

Antwort: Der Zaun wird 156 m lang und man benötigt 130 Pfosten.

5.2 Flächenmaße

Auch die Flächenmessung beruht auf einem Vergleich: Man vergleicht jede zu messende Fläche mit der Einheit 1 Quadratmeter (1 m^2). Das ist die Fläche eines Quadrats mit der Seitenlänge 1 m.
Die Fläche bezeichnet man mit dem Buchstaben *A* (von lat. area = Fläche) oder auch F.

Beispiel:
Die Flächenformel für das Rechteck lautet $A = l \cdot b$.

Wie bei der Längenmessung kann auch hier diese Einheit unhandlich sein. Daher gibt es größere und kleinere Einheiten, die man ineinander umrechnen kann.

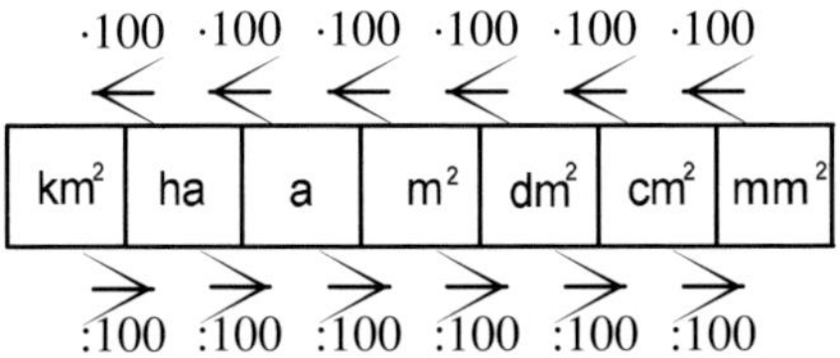

Im Vergleich mit den Längeneinheiten fällt auf, dass der Umrechnungsfaktor hier nicht 10, sondern 100 ist. Man kann sich das leicht merken, wenn man einen Zusammenhang mit der Hochzahl der Einheit herstellt: Hochzahl 2 $\Rightarrow$ der Umrechnungsfaktor hat zwei Nullen $\Rightarrow$ das Komma wird um jeweils zwei Stellen verschoben.

Beispiel: $0{,}0857\ \text{dm}^2 = 8{,}57\ \text{cm}^2$

Außerdem fällt noch auf, dass zwischen den Einheiten Quadratmeter und Quadratkilometer noch zwei andere Einheiten liegen, nämlich 1 Ar (= $100\ \text{m}^2$) und 1 Hektar (= $100\ \text{a} = 10\,000\ \text{m}^2$).

Als Beispiel berechnen wir die Fläche eines rechteckigen Grundstücks mit $l = 500$ m und $b = 350$ m.
$A = 500\ \text{m} \cdot 350\ \text{m} = 175\,000\ \text{m}^2 = 1750\ \text{a} = 17{,}5\ \text{ha}$

Aufgabe:
Wie viele quadratische Fliesen von 15 cm Seitenlänge werden mindestens benötigt, um eine 6 m lange Wand 14 dm hoch zu fliesen?

Wir berechnen zuerst die Wandfläche A_W, die gefliest werden soll. Dabei müssen wir wieder auf die Einheiten achten.

$A_W = 6\ \text{m} \cdot 1{,}4\ \text{m} = 8{,}4\ \text{m}^2$.
Die Fläche einer Fliese $A_F = 15\ \text{cm} \cdot 15\ \text{cm} = 225\ \text{cm}^2$.
Die Anzahl der Fliesen sei x. Dann gilt: $x \cdot 225\ \text{cm}^2 = 8{,}4\ \text{m}^2$.

$x = 84\,000\ \text{cm}^2 : 225\ \text{cm}^2 = 373\frac{1}{3}$.

Wir benötigen also mindestens 374 Fliesen.

5.3 Raummessung

Die Einheit des Raummaßes oder Volumens ist 1 Kubikmeter (m^3). Das ist der Inhalt eines Würfels mit der Kantenlänge 1 m. Ausgehend von dieser Größe gibt es wieder größere und kleinere Einheiten:

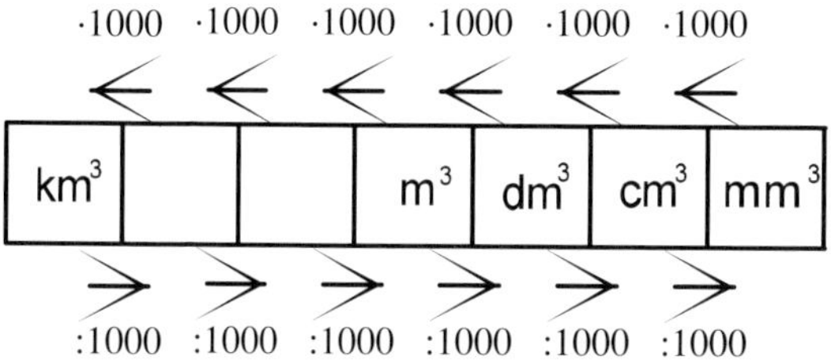

Die Hochzahl der Einheit ist 3 $\Rightarrow$ der Umrechnungsfaktor hat drei Nullen $\Rightarrow$ das Komma wird um jeweils drei Stellen verschoben.
Beispiel: 0,00253 m^3 = 2,53 dm^3.

Es besteht ein sehr großer Sprung zwischen den Einheiten m^3 und km^3:
1 km^3 = 1000000000 m^3

Auch die 1000er-Sprünge zwischen m^3, dm^3, cm^3 und mm^3 sind für viele Anwendungen im Alltag unpraktisch. Es gibt daher noch ein zweites System: Die Einheit 1 dm^3 erhält auch den Namen 1 Liter, 1 l.
Der Umrechnungsfaktor in diesem System ist 10.

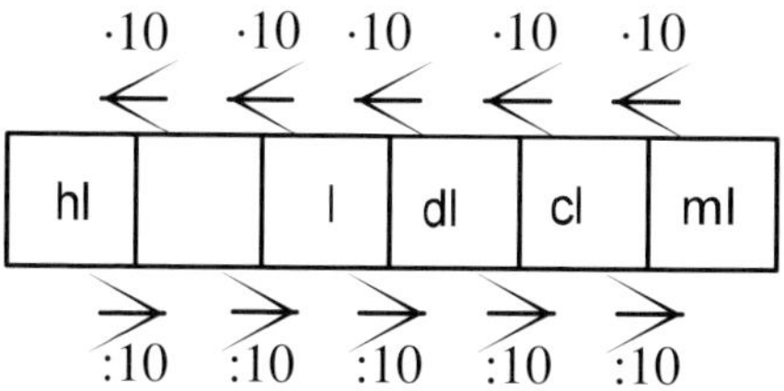

Wir sehen hier neben den bekannten Vorwörtern Dezi-, Zenti- und Milli- ein neues, das sonst bei wenigen physikalischen Einheiten verwendet wird: Hekto-.

1 Hektoliter (hl) sind 100 Liter (l).

Aufgabe:
6 hl Wein sollen aus einem Fass in 0,7-l-Flaschen abgefüllt werden. Wie viele Flaschen werden voll?

Lösung:
Wenn die Zahl der vollen Flaschen x ist, dann gilt:

$$x \cdot 0{,}7\ \text{l} = 6\ \text{hl} = 600\ \text{l}$$

$$x = 600\ \text{l} : \frac{7}{10}\ \text{l} = 600 \cdot \frac{10}{7} = 857{,}1\ \ldots$$

Antwort: Es gibt 857 volle Flaschen.

Aufgabe:
Für eine Stadt in Indien finden wir im Reiseführer für die durchschnittliche Niederschlagsmenge im Monat Juli die Angabe 350 mm. Wie viele Liter Regen fallen insgesamt im Monat Juli auf eine Fläche von 10 m^2? Wie hoch wäre der Flüssigkeitsstand in einem quaderförmigen Becken mit einer Grundfläche von 5 m^2, wenn man diese Wassermenge einfüllen würde?

Lösung:
Die Angabe der Niederschlagsmenge in mm bedeutet in unserem Fall, dass in einem gedachten Becken der Grundfläche 10 m^2 das Wasser 35 cm hoch steht. Die Formel für das Volumen eines Quaders ist $V = G \cdot h$ (Grundfläche · Höhe). Hier sind das also $V = 10\ m^2 \cdot 0{,}35\ m = 3{,}5\ m^3$.
Die Füllhöhe im Becken sei x m. Dann gilt:
$5\ m^2 \cdot x = 3{,}5\ m^3$
$x = 3{,}5\ m^3 : 5\ m^2 = 0{,}7\ m$
Antwort: Die Regenmenge ist 3,5 m^3 und die Füllhöhe im Becken ist 70 cm.

5.4 Masse

Man spricht oft vom Gewicht eines Körpers, obwohl man seine Masse meint. Der Unterschied zwischen dem Gewicht und der Masse eines Körpers ist der, dass die Masse überall gleich bleibt, das Gewicht bzw. die Gewichtskraft sich aber ändert mit dem Ort, an dem der Körper sich befindet. Ihre Einheit ist 1 Newton. Auf dem Mond z.B. wirkt auf die gleiche Masse nur etwa ein Sechstel der Gewichtskraft auf der Erde. Daher können Astronauten dort mühelos schwere Raumanzüge tragen.

Die Einheit der Masse ist ein Gramm, 1 g.

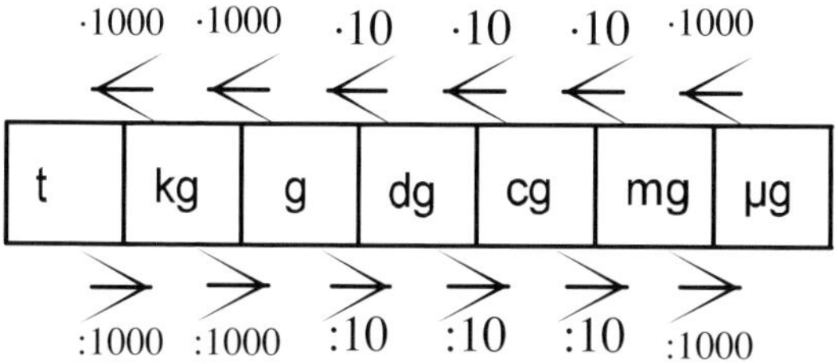

Der Umrechnungsfaktor ist 10, das Komma wird also jeweils um eine Stelle verschoben. Neben der größeren Einheit 1 kg gibt es noch die Tonne: 1 t = 1000 kg. Offiziell nicht mehr verwendete Einheiten sind 1 Pfund = 500 g, 1 Zentner = 50 kg und 1 Doppelzentner = 100 kg.

Beispiel:
Wir rechnen 0,00079 t in Gramm um.
Von t nach kg müssen wir das Komma um drei Stellen nach rechts verschieben, von kg nach g noch einmal um drei, insgesamt also um sechs Stellen. Die Zahl hat aber nur fünf Stellen nach dem Komma, deshalb müssen wir am Ende eine Null ergänzen.

0,00079 t = 0,79 kg = 790 g

Aufgabe:
Vater geht zum Einkaufen. Er kauft 2,5 kg Kartoffeln, 0,85 kg Gemüse, 150 g Wurst, 250 g Käse und 750 g Brot. Wie schwer ist der Inhalt der Einkaufstasche ohne Verpackung?

Lösung:
Wir müssen wieder beachten, dass wir nur Maßzahlen mit gleicher Einheit addieren können. Obwohl hier von Schwere geredet wird, ist bei solchen Aufgaben normalerweise die Masse in kg oder g gemeint.

2500 g + 850 g + 150 g + 250 g + 750 g = 4500 g = 4,5 kg

Antwort: Der Inhalt der Tasche wiegt 4,5 kg.

5.5 Zeitmessung

Die Umrechnung der Einheiten in der Zeitmessung beruht nicht wie die bisher betrachteten Systeme auf dem Dezimalsystem, sondern teilweise auf dem Sechzigersystem: Eine Stunde (1 h) hat 60 Minuten und eine Minute (1 min) hat 60 Sekunden (s). Ein Tag (1 d) hat 24 Stunden, ein Jahr (1 a) hat 365 Tage.
Für die Zeit benutzen wir den Buchstaben t (von lat. tempus = engl. time).
Wenn wir die dezimale Angabe 7,5 h umrechnen in Stunden und Minuten, gilt natürlich $0{,}5\ \text{h} = 0{,}5 \cdot 60\ \text{min} = 30\ \text{min}$.
Also $7{,}5\ \text{h} = 7\ \text{h}\ 30\ \text{min}$.

Die Angabe einer Uhrzeit, z. B. 9.25 Uhr, bedeutet, dass an diesem Tag 9 h 25 min vergangen sind. Wenn eine zu diesem Zeitpunkt angefangene Arbeit 2 h dauert, ist es beim Beenden der Arbeit 11.25 Uhr.

Aufgabe:
Carolin braucht für ihre Hausaufgaben in den einzelnen Fächern folgende Zeitdauern:

Mathematik 1,2 h, Deutsch 37 min, Englisch $\frac{1}{2}$ h, Pause 14 min.

Um wie viel Uhr ist sie fertig, wenn sie um 13.45 Uhr anfängt?

Lösung:

$0{,}2\ \text{h} = \frac{2}{10}\ \text{h} = 2 \cdot 6\ \text{min} = 12\ \text{min}$

$t = 1\ \text{h}\ 12\ \text{min} + 37\ \text{min} + 30\ \text{min} + 14\ \text{min} = 2\ \text{h}\ 33\ \text{min}$

$13\ \text{h}\ 45\ \text{min} + 2\ \text{h}\ 33\ \text{min} = 16\ \text{h}\ 18\ \text{min}$

Antwort: Carolin ist um 16.18 Uhr mit ihren Aufgaben fertig.

5.6 Geschwindigkeit

Bisher haben wir einfache Größen (Grundgrößen) betrachtet: Länge, Masse, Zeit und Produkte von solchen Größen: Fläche (= Länge · Länge), Volumen (= Länge · Länge · Länge).
Nun betrachten wir einen Quotienten aus zwei einfachen Größen, nämlich Weg (s) durch Zeit (t), anders ausgedrückt: Länge : Zeit.
Dieser Quotient erhält die Bezeichnung Geschwindigkeit (v). Ihre Formel lautet also $v = \frac{s}{t}$. Sie wird normalerweise in der Einheit Kilometer pro Stunde (km/h) oder Meter pro Sekunde (m/s) angegeben.

Beispiel:
Ein Radfahrer, der für eine Strecke von 3,5 km 7 min benötigt, fährt mit einer Durchschnittsgeschwindigkeit von $\frac{3{,}5\text{ km}}{7\text{ min}} = \frac{0{,}5\text{ km}}{1\text{ min}} =$
$= \frac{60 \cdot 0{,}5\text{ km}}{60 \cdot 1\text{ min}} = 30\text{ km/h}$.

Aufgabe:
Ein Autofahrer, der um 7.25 Uhr in München losfährt, fährt auf der 600 km langen Strecke nach Düsseldorf mit einer Durchschnittsgeschwindigkeit von 125 km/h. Er macht unterwegs eine halbe Stunde Pause. Um wie viel Uhr kommt er in Düsseldorf an?

Lösung:
$v = \frac{s}{t}$, dann ist $t = \frac{s}{v}$
$t_1 = 600\text{ km} : 125\text{ km/h} = 4{,}8\text{ h}$
$t_2 = 4{,}8\text{ h} + 0{,}5\text{ h} = 5{,}3\text{ h} = 5\text{ h }18\text{ min}$
7 h 25 min + 5 h 18 min = 12 h 43 min

Antwort: Der Fahrer kommt um 12.43 Uhr in Düsseldorf an.

5.7 Währung

Unter Währung versteht man die Einheit des Geldes, das in einem bestimmten Land als Zahlungsmittel gilt. In vielen europäischen Ländern gilt die Währung »Euro« (€). 1 € = 100 Cent (C).

Aufgabe:
1 kg Käse kostet 11 € 20 C. Wie viel kosten 250 g?

Lösung:
Wir können so rechnen:
11,2 €/kg · 0,25 kg = 2,8 € = 2 € 80 C

6 Prozentrechnen und Proportionalität

6.1 Der Prozentbegriff

Mit Brüchen kann man Anteile von einem Ganzen berechnen. Ein Viertel von 2 kg Mehl sind zum Beispiel $\frac{1}{4} \cdot 2\text{ kg} = 500\text{ g}$ und drei Achtel von 800 km sind 300 km. Im Alltag kommen Anteile, die sich auf ein Hundertstel beziehen, besonders häufig vor. Sie haben deshalb eine eigene Bezeichnung: »Prozent«.

Es ist definiert:

$1\,\% = \frac{1}{100}$ und

$p\,\% = \frac{p}{100}$

Prozente sind immer positiv und bezeichnen Anteile an einem Ganzen. Sie lassen sich auch als Bruch mit dem Nenner 100 schreiben. Prozente kann man in einen Bruch umwandeln, indem man sie als Hundertstel schreibt und entsprechend kürzt. Ein Bruch lässt sich in Prozent umwandeln, indem man ihn so erweitert, dass sein Nenner 100 wird. Es gilt z. B.:

$$100\,\% = \frac{100}{100} = 1 \qquad 50\,\% = \frac{50}{100} = \frac{1}{2}$$

$$62{,}5\,\% = \frac{62{,}5}{100} = \frac{625}{1000} = \frac{5}{8} \qquad \frac{2}{5} = \frac{40}{100} = 40\,\%$$

$$\frac{1}{3} = \frac{33\frac{1}{3}}{100} = 33\frac{1}{3}\,\%$$

Analog wie Prozent werden Promille als Tausendstel definiert. Es gilt:

$1\,‰ = \frac{1}{1000}$ und $p\,‰ = \frac{p}{1000}$

6.2 Prozentrechnung

Prozentangaben werden verwendet, um Anteile an einem Ganzen anzugeben. Das Ganze oder die Grundgröße, von der der Anteil berechnet wird, heißt Grundwert, der entsprechende Teil davon heißt Prozentwert. Die Prozentangabe, die den Anteil angibt, heißt Prozentsatz.

Man schreibt: Grundwert $\hat{=}$ 100 %
Prozentwert $\hat{=}$ Prozentsatz p %

Aus jeweils zwei gegebenen Größen lässt sich die dritte berechnen.

Es gilt: Grundwert · Prozentsatz % = Prozentwert

$$\frac{\text{Prozentwert}}{\text{Grundwert}} \cdot 100\,\% = \text{Prozentsatz}\,\%$$

$$\frac{\text{Prozentwert}}{\text{Prozentsatz}\,\%} = \text{Grundwert.}$$

Beispiele:
Es wurden 470 kg Kartoffeln geerntet, davon waren 5 % faul. Wie viel Kilogramm faule Kartoffeln wurden geerntet?
Gegeben sind der Grundwert mit 470 kg und der Prozentsatz mit 5 %. Berechnet wird der Prozentwert.

$$5\,\% \cdot 470\text{ kg} = \frac{5}{100} \cdot 470\text{ kg} = 23{,}5\text{ kg}$$

23,5 kg Kartoffeln sind faul.

In einem ausverkauften Kino mit 250 Plätzen sind 155 der Besucher männlich. Wie hoch ist der Anteil der männlichen Besucher in Prozent? Gegeben sind der Grundwert 250 und der Prozentwert 155, gesucht ist der Prozentsatz. Dazu berechnet man den Anteil der männlichen Kinobesucher unter allen Kinobesuchern als Bruch.

$$\frac{155}{250} = \frac{620}{1000} = \frac{62}{100} = 62\,\%$$

62 % der Besucher sind männlich.

Auf einer Keksschachtel steht, der Schokoladenanteil beträgt 16 % oder 40 g. Wie schwer ist der gesamte Inhalt der Schachtel?
Gegeben ist der Prozentwert mit 40 g und der Prozentsatz mit 16 %. Gesucht ist der Grundwert:

$$\frac{40\text{ g}}{16\,\%} = \frac{40\text{ g}}{\frac{16}{100}} = \frac{40\text{ g} \cdot 100}{16} = 250\text{ g}$$

In der Schachtel sind 250 g Kekse.

Mit Prozenten werden nicht nur Anteile berechnet, sondern häufig auch Gewinne und Verluste, auch: Zu- und Abnahmen bezeichnet. Dabei ist es wichtig, sich zuerst klarzumachen, welche der Zahlen der Grundwert bzw. Prozentwert sind und welche Zahlen daraus berechnet wurden. Der Grundwert ist die ursprüngliche Größe, daraus entsteht durch Zu- oder Abnahme eine neue Größe. Die Differenz zwischen beiden ist der Prozentwert und entspricht dem dazugehörigen Prozentsatz der Zu- oder Abnahme.

Beispiel:
Die Zahl der Verkehrsunfälle einer Region ist von 1400 auf 1470 gestiegen. Wie hoch ist die Steigerung in Prozenten?
Der Grundwert ist die ursprüngliche Zahl der Unfälle, 1400. Sie erhöht sich auf 1470. Das ist eine Steigerung um 1470 – 1400 = 70. Der Prozentwert ist 70. Daraus berechnet sich der Prozentsatz:

$$\frac{70}{1400} = \frac{5}{100} = 5\,\%$$

Es ist eine Steigerung um 5 %.

Die Zahl der Übernachtungen in einem Hotel ist um 12 % auf 2112 gesunken. Wie hoch ist die ursprüngliche Übernachtungszahl?
Die ursprüngliche Zahl der Übernachtungen ist der Grundwert und soll berechnet werden. Die neue Übernachtungszahl ist um 12 % niedriger als die ursprüngliche. Sie beträgt also nur noch 100 % – 12 % = 88 % der ursprünglichen Übernachtungen. 88 % ist der Prozentsatz und entspricht dem Prozentwert 2112. Zu berechnen ist der Grundwert:

$$\frac{2112}{88\,\%} = \frac{2112 \cdot 100}{88} = 2400$$

Ursprünglich waren es 2400 Übernachtungen.

6.3 Zinsrechnung

Die Zinsrechnung ist ein spezielles Beispiel der Prozentrechnung. Der Zinsfuß ist dabei in Prozent angegeben und gibt an, wie viel Prozent des Grundkapitals als Zinsen pro Jahr zum Grundkapital dazukommen. Es sind folgende Bezeichnungen üblich:

K_0 Grundkapital
K_n Kapital nach n Jahren
$p\%$ Zinsfuß
I Zinsen nach einem Jahr

Ein Kapital K_0 bringt bei einer jährlichen Verzinsung von $p\%$ nach einem Jahr

$I = K_0 \cdot p\,\% = K_0 \cdot \frac{p}{100}$ Zinsen.

Damit gilt für das Kapital nach einem Jahr:

$$K_1 = K_0 + I = K_0 + K_0 \cdot \frac{p}{100} = K_0 \cdot \left(1 + \frac{p}{100}\right).$$

In jedem weiteren Jahr wird die Summe aus Grundkapital und bereits erhaltenen Zinsen neu verzinst, damit wächst das Kapital mit jedem Jahr um den Faktor $\left(1 + \frac{p}{100}\right)$. Es gilt also allgemein:

$$K_n = K_0 \cdot \left(1 + \frac{p}{100}\right)^n$$

Mit dieser Formel lassen sich einige Fragestellungen berechnen.

Beispiele:

Ein Kapital von 2000,– € wird jährlich mit 5% verzinst.
Wie hoch ist das Kapital nach acht Jahren?

$K_0 = 2000,\text{– €},\ n = 8,\ p\% = 5\%$

$$K_8 = 2000,\text{– €} \cdot \left(1 + \frac{5}{100}\right)^8$$

$$= 2000,\text{– €} \cdot \left(1 + \frac{1}{20}\right)^8$$

$$= 2954{,}91\ \text{€}$$

Wie hoch muss das Grundkapital sein, damit es nach zwei Jahren auf 3307,50 € angewachsen ist?

$K_2 = 3307{,}50$ €, n = 2, $p\% = 5\%$

$$3307{,}50\text{ €} = K_0 \cdot \left(1 + \frac{5}{100}\right)^2$$

$$K_0 = 3307{,}50\text{ €} : \left(1 + \frac{1}{20}\right)^2$$

$$K_0 = 3307{,}50\text{ €} \cdot \left(\frac{20}{21}\right)^2 = 3000,–\text{ €}$$

Wird das Kapital nicht ein ganzes Jahr verzinst, sondern nur *t* Tage, berechnen sich die Zinsen anteilig pro Tag; dabei wird vereinfachend mit 360 Tagen pro Jahr und 30 Tagen pro Monat gerechnet. Die Formel für die Zinsen lautet:

$$I_t = K_0 \cdot \frac{t}{360} \cdot \frac{p}{100}$$

Im Beispiel berechnet man die Zinsen bei $K_0 = 2000,–$ € und $p\% = 5\%$ für drei Monate dann wie folgt:

$t = 3 \cdot 30 = 90$

$$I_{90} = 2000,–\text{ €} \cdot \frac{90}{360} \cdot \frac{5}{100} = 25\text{ €}$$

Nach drei Monaten erhält man 25,– € Zinsen.

6.4 Direkte Proportionalität

Zwei Größen *a* und *b* heißen zueinander direkt proportional, wenn ihr Quotient konstant ist. Man schreibt $a \sim b$. Es gilt $\frac{a}{b}$ = Konstante oder a = Konstante $\cdot\, b$. Die Konstante heißt Proportionalitätsfaktor.
Ein Beispiel aus der Physik dafür sind Stromstärke und Spannung. Es ist $I \sim U$ und $\frac{U}{I} = R$. *R*, der elektrische Widerstand, ist konstant.
Die dazugehörigen Zahlenpaare der direkt proportionalen Größen *a* und *b* lassen sich in einer Tabelle darstellen.

Beispiele:

a	1	2	3	4	5	6
b	2	4	6	8	10	12

Für alle Zahlenpaare gilt: $a:b = 1:2 = 2:4 = 3:6 = 4:8 = 5:10 = 6:12$.
$\frac{a}{b} = \frac{1}{2}$, der Proportionalitätsfaktor ist $\frac{1}{2}$.

a	1	2	3	4	5	6
b	$\frac{1}{3}$	$\frac{2}{3}$	1	$\frac{4}{3}$	$\frac{5}{3}$	2

In diesem Fall ist $a:b = 1:\frac{1}{3} = 3:1 = 3$, der Proportionalitätsfaktor ist 3.

Weiß man, dass zwei Größen direkt proportional sind, lassen sich weitere Zahlenpaare berechnen, z.B. für $a = 7$ und $\frac{a}{b} = 3 \Rightarrow b = \frac{1}{3} \cdot 7 = \frac{7}{3}$.

Allgemein gilt für alle Zahlenpaare von direkt proportionalen Größen: Je kleiner die eine Größe ist, desto kleiner ist auch die andere Größe und umgekehrt, je größer die eine, desto größer ist auch die andere. Entweder nehmen beide Größen zu oder beide Größen nehmen ab. Betrachtet man zwei Zahlenpaare, sagt man für den Fall $a_1 : b_1 = a_2 : b_2$ a_1 verhält sich zu b_1 wie a_2 zu b_2.
Aus der Tatsache, dass bei direkter Proportionalität alle Zahlenpaare den gleichen Quotienten besitzen, lassen sich einige hilfreiche Formeln ableiten.

Es gilt: $a:b = c:d$ oder $\frac{a}{b} = \frac{c}{d} \Leftrightarrow a \cdot d = b \cdot c$

Aus $\frac{a}{b} = \frac{c}{d}$ lässt sich durch entsprechende Addition bzw. Subtraktion herleiten:

$\frac{a}{b} + 1 = \frac{c}{d} + 1$ bzw. $\frac{a}{b} - 1 = \frac{c}{d} - 1 \Leftrightarrow$

$\frac{a+b}{b} = \frac{c+d}{d}$ bzw. $\frac{a-b}{b} = \frac{c-d}{d}$

Daraus folgt durch Division:

$$\frac{a+b}{a-b}=\frac{c+d}{c-d}$$

6.5 Indirekte Proportionalität

Zwei Größen a und b sind indirekt proportional zueinander, wenn ihr Produkt konstant ist, $a \cdot b$ = Konstante. Ein Beispiel aus der Physik ist das Gesetz von Boyle-Mariotte: In einem idealen eingeschlossenen Gas ist bei konstanter Temperatur das Produkt aus Druck und Volumen konstant, $p \cdot V$= Konstante. Das heißt, je größer das Volumen wird, desto geringer wird der Druck des Gases und je höher der Druck, desto kleiner ist das Volumen des Gases.
Auch indirekt proportionale Größen lassen sich tabellarisch darstellen:

a	1	2	3	4	5	6
b	1	$\frac{1}{2}$	$\frac{1}{3}$	$\frac{1}{4}$	$\frac{1}{5}$	$\frac{1}{6}$

Es gilt: $a \cdot b = 1 \cdot 1 = 2 \cdot \frac{1}{2} = 3 \cdot \frac{1}{3} = 4 \cdot \frac{1}{4} = 5 \cdot \frac{1}{5} = 6 \cdot \frac{1}{6} = 1$

So lassen sich weitere Zahlenpaare berechnen.

$a = 12$ und $a \cdot b = 1 \Rightarrow b = \frac{1}{12}$

a	1	2	3	4	5	6
b	12	6	4	3	$2\frac{2}{5}$	2

Hier ist $a \cdot b = 1 \cdot 12 = 12$. Für $a = \frac{2}{5}$ folgt mit $a \cdot b = 12$

$\frac{2}{5} \cdot b = 12 \Rightarrow b = 12 \cdot \frac{5}{2} = 30.$

Für Größen, die indirekt proportional zueinander sind, gilt: Je größer die eine Größe wird, desto kleiner wird die andere und umgekehrt, je mehr eine Größe fällt, desto mehr steigt die andere Größe an.

6.6 Schlussrechnung - Dreisatz

Weiß man von Größen, dass sie direkt oder indirekt proportional zueinander sind, lassen sich, wie in den vorangegangenen Abschnitten gesehen, aus einem gegebenen Zahlenpaar weitere Zahlenpaare berechnen. Der Dreisatz oder die Schlussrechnung ist eine Berechnungsart dafür. Der Dreisatz ermöglicht dabei, direkt von einem Zahlenpaar auf ein anderes zu schließen, ohne den Proportionalitätsfaktor oder eine andere Konstante in einem Zwischenschritt berechnen zu müssen. Im Folgenden wird anhand von Beispielen das schrittweise Vorgehen beim Berechnen eines Dreisatzes vorgestellt.
Gegeben sei die folgende Problemstellung:

Ein Auto fährt mit konstanter Geschwindigkeit, nach 45 min ist es 69 km gefahren. Wie viel Zeit benötigt es bei gleicher Geschwindigkeit für 230 km?
Gegeben sind eine Zeitspanne, 45 min, und eine dazugehörige Strecke, 69 km. Man könnte nun die Geschwindigkeit des Autos und daraus die gesuchte Zeit berechnen. Hier wird die Aufgabe ohne diesen Zwischenschritt mithilfe eines Dreisatzes gelöst. Dazu muss man zunächst feststellen, welche Art von Proportionalität vorliegt. (Natürlich muss man bei einer völlig neuen Aufgabe auch feststellen, ob überhaupt Proportionalität vorliegt, bei Dreisatzaufgaben kann das aber vorausgesetzt werden.) Das geschieht am einfachsten durch »Je-desto«-Aussagen. »Je größer der eine Wert, desto größer der andere« bedeutet direkte Proportionalität, beide Größen wachsen gleichermaßen. »Je größer die eine, desto kleiner die andere« ist ein Zeichen für indirekte Proportionalität. Bei konstanter Geschwindigkeit legt ein Auto in gleichen Zeitabschnitten gleich lange Strecken zurück – je länger die Strecke, desto länger auch die Fahrzeit. Weg und Zeit sind also direkt proportional zueinander.
Nun kann der Dreisatz aufgestellt werden. Dazu schreibt man zusammengehörende Größen in eine Zeile und bezeichnet die gesuchte Größe mit x.

$\text{69 km} \mathrel{\hat{=}} \text{45 min}$
$\underline{\text{230 km} \mathrel{\hat{=}} x}$

Nun lässt sich aus den vier Größen eine Gleichung entsprechend der direkten Proportionalität aufstellen.

$$\frac{45\text{ min}}{69\text{ km}} = \frac{x}{230\text{ km}}$$

Durch Umformen der Gleichung wird x berechnet.

$$x = \frac{45\ \text{min}}{69\ \text{km}} \cdot 230\ \text{km} = 150\ \text{min}$$

Das Auto benötigt für 230 km 150 min oder $2\frac{1}{2}$ Stunden.

Aus diesem Beispiel ergibt sich:

Schrittweises Vorgehen zum Lösen von Dreisatzaufgaben:

- Feststellen der Art der Proportionalität (direkt oder indirekt) durch »Je-desto«-Aussagen
- Aufstellen des Dreisatzes mit unbekannter Größe x
  zusammengehörige Größen in eine Zeile
  Größen mit gleichen Einheiten untereinander
  $a \mathrel{\hat{=}} b$
  $\underline{c \mathrel{\hat{=}} x}$
- Aufstellen der Gleichung, entsprechend der Proportionalität
  direkte Proportionalität: $\frac{a}{b} = \frac{c}{x}$
  indirekte Proportionalität: $a \cdot b = c \cdot x$
- Umformen der Gleichung und Berechnen von x.

Weitere Beispiele:

Fünf Arbeiter benötigen drei Stunden, um einen Graben auszuheben. Wie lange dauert die gleiche Arbeit, wenn zwei Arbeiter mehr mithelfen?

»Je mehr Arbeiter, desto kürzer ist die Dauer des Aushebens.« Es liegt indirekte Proportionalität vor.

$5 \mathrel{\hat{=}} 3\text{h}$

$\underline{5 + 2 \mathrel{\hat{=}} x}$

$5 \cdot 3\ \text{h} = 7 \cdot x$

$$x = \frac{5 \cdot 3\ \text{h}}{7} = \frac{15}{7}\ \text{h} \approx 2\ \text{h}\ 9\ \text{min}$$

Die Arbeit dauert dann 2 h 9 min.

In einer Wechselstube erhält man für 210,– € etwa 176000 Tansanische Schillinge (TSh). Wie viel Euro muss man für 1 Mio. TSh hinlegen?
Je mehr TSh, desto mehr €, es liegt direkte Proportionalität vor.

$$210\text{ €} \mathrel{\hat{=}} 176\,000\text{ TSh}$$
$$\underline{\;x \mathrel{\hat{=}} 1\,000\,000\text{ TSh}\;}$$
$$\frac{210\text{ €}}{176\,000\text{ TSh}} = \frac{x}{1\,000\,000\text{ TSh}}$$
$$x = \frac{210\text{ €}}{176\,000\text{ TSh}} \cdot 1\,000\,000\text{ TSh} = 1193{,}10\text{ €}$$

1 Mio. TSh kosten etwa 1193 €.

Auch Prozentaufgaben lassen sich mittels Dreisatzrechnung lösen:
Moritz hat in einer Klausur 135 Punkte, das sind 45% der erreichbaren Punkte. Seine Banknachbarin hat 210 Punkte erreicht. Wie viel Prozent sind das?
Je mehr Punkte man hat, desto mehr Prozent der erreichbaren Punkte hat man, es liegt direkte Proportionalität vor.

$$135 \mathrel{\hat{=}} 45\,\%$$
$$\underline{210 \mathrel{\hat{=}} x\;}$$
$$\frac{45\,\%}{135} = \frac{x}{210}$$
$$x = \frac{45\,\%}{135} \cdot 210 = 70\,\%$$

Die Banknachbarin hat 70% der Punkte erreicht.

Auf einen Blick: Arithmetische Regeln und Sätze

Mengen

Mengen sind Zusammenfassungen von Dingen zu einer Einheit.
Es gibt eine aufzählende Form und eine beschreibende Form der Mengenangabe:

$G = \{0, 2, 4, 6, ...\}$ oder $G = \{a \in \mathbb{N}_0 \mid a \text{ ist gerade}\}$

Die Schnittmenge zweier Mengen A und B enthält die Elemente, die in A und in B liegen, die Vereinigungsmenge enthält die Elemente, die in A oder in B liegen.

Natürliche Zahlen

Die Menge der natürlichen Zahlen erhält man durch Abzählen der Elemente von Mengen.

Jede natürliche Zahl hat einen Nachfolger und mit Ausnahme der 1 auch einen Vorgänger.

$\mathbb{N}$ ist angeordnet: Für zwei Elemente a und b aus $\mathbb{N}$ gilt: $a < b$, $a = b$ oder $a > b$.

Eine Variable ist ein Platzhalter oder Stellvertreter.

Eine Aussageform enthält eine Variable, z.B. $x + 3 < 7$, eine Aussage nicht, z.B. $2 + 3 < 7$.

Eine Aussage kann wahr oder falsch sein.

Für die Rechenart Addition gelten Kommutativgesetz (Vertauschungsgesetz) und Assoziativgesetz (Verbindungsgesetz):

$a + b = b + a$
$(a + b) + c = a + (b + c)$

Terme sind Rechenausdrücke mit Zahlen oder Variablen.

Die Subtraktion ist die Umkehrung der Addition:

$2 + x = 5 \Rightarrow x = 5 - 2$

Die Lösungsmenge ist die Menge der Werte, die für eine Variable eingesetzt werden können, um aus einer Aussageform eine wahre Aussage zu machen.

$5 + x < 10 \quad \mathbb{L} = \{0, 1, 2, 3, 4\}$

Die Multiplikation ist eine abgekürzte Addition:

$a + a + a + a = a \cdot 4$

Für die Multiplikation gelten Kommutativgesetz und Assoziativgesetz:

$a \cdot b = b \cdot a$

$(a \cdot b) \cdot c = a \cdot (b \cdot c)$

Ein Produkt ist Null, wenn ein Faktor Null ist.

Die Division ist die Umkehrung der Multiplikation.

$a \cdot x = b \Rightarrow x = b : a$ falls $a \neq 0$

Eine Division durch Null ist verboten.

Bei den Grundrechenarten haben wir folgende Begriffe:

Addition	Summe Summand + Summand	=	Wert der Summe kurz: Summe
Subtraktion	Differenz Minuend - Subtrahend	=	Wert der Differenz kurz: Differenz
Multiplikation	Produkt Faktor · Faktor Multiplikand · Multiplikator	=	Wert des Produkts kurz: Produkt
Division	Quotient Dividend : Divisor	=	Wert des Quotienten kurz: Quotient

Für die Verbindung von Punkt- und Strichrechnung gilt das Distributivgesetz (im Falle der Division nur bezüglich Dividend):

$a \cdot (b + c) = ab + ac$

$a \cdot (b - c) = ab - ac$

$(a + b) : c = a : c + b : c$

$(a - b) : c = a : c - b : c$

Für die Verbindung von Punkt- und Strichrechnung gilt die Regel: Punktrechnung geht vor Strichrechnung, wenn nicht Klammern eine andere Reihenfolge vorschreiben.

Eine Potenz ist eine abgekürzte Multiplikation:

$a \cdot a \cdot a \cdot a = a^4$

Zahlensysteme

Das Zehnersystem oder Dezimalsystem beruht auf den Zehnerpotenzen 1, 10, 100, 1000 usw. Diese Zahlen werden auch als Stufenzahlen des Dezimalsystems bezeichnet.

Die Multiplikation und Division einer Zahl mit einer Stufenzahl erfolgt durch Anhängen bzw. Weglassen einer entsprechenden Anzahl von Nullen:

$3 \cdot 1000 = 3000$
$500 : 10 = 50$

Das Zweiersystem oder Dualsystem beruht auf den Zweierpotenzen 1, 2, 4, 8, 16 usw.

dual $1011 = 1 \cdot 8 + 0 \cdot 4 + 1 \cdot 2 + 1 \cdot 1 = 11$ (dezimal).

Gleichungen

Äquivalente Gleichungen sind Gleichungen, die die gleiche Lösungsmenge besitzen.

Eine Gleichung geht in eine äquivalente Gleichung über durch Addition oder Subtraktion des gleichen Terms auf beiden Seiten des Gleichheitszeichens und durch Division oder Multiplikation mit dem gleichen Term außer Null.

Um eine natürliche Zahl auf eine bestimmte Stelle zu runden, betrachtet man die folgende Ziffer: Ab 5 wird aufgerundet, d. h., die Ziffer an der betreffenden Stelle wird um 1 erhöht, sonst wird abgerundet, d. h., die Ziffer bleibt gleich. Alle folgenden Ziffern werden durch Nullen ersetzt:

13 187 auf Hunderter gerundet: 13 200
13 187 auf Tausender gerundet: 13 000

Die Teilermenge einer Zahl ist die Menge aller Zahlen, durch die diese Zahl ohne Rest teilbar ist.

$T_{12} = \{1, 2, 3, 4, 6, 12\}$

Primzahlen sind Zahlen, deren Teilermenge genau zwei Elemente enthält.

Zahlen, die mehr als zwei Teiler haben, heißen zusammengesetzte Zahlen.

Der größte gemeinsame Teiler (ggT) von mehreren Zahlen ist das größte Element der Schnittmenge der Teilermengen dieser Zahlen.

Die Vielfachenmenge einer Zahl enthält alle Vielfachen dieser Zahl.

Das kleinste gemeinsame Vielfache (kgV) von mehreren Zahlen ist das kleinste Element der Schnittmenge der Vielfachenmengen dieser Zahlen.

Bruchzahlen

Wenn man ein Ganzes in gleiche Teile aufteilt, wird der Anteil eines Stücks (oder mehrerer Stücke) am Ganzen als Bruch geschrieben: Ein Teil von 6 ist: $\frac{1}{6}$

Ein Bruch hat die Gestalt: $\frac{\text{Zähler}}{\text{Nenner}}$

Der Bruchstrich bedeutet eine Division: $\frac{3}{4} = 3 : 4$

Brüche mit dem Zähler 1 heißen Stammbrüche.

In der Grundform sind Zähler und Nenner teilerfremd.

Für echte Brüche gilt: Zähler < Nenner
Für unechte Brüche gilt: Zähler $\geq$ Nenner
Für Scheinbrüche gilt: Zähler = $k \cdot$ Nenner $(k \in \mathbb{N})$

Scheinbrüche stellen ganze Zahlen dar, insbesondere: $\frac{a}{a} = 1$

Eine gemischte Zahl ist ein Gebilde, das aus einem ganzzahligen Teil und einem Bruch besteht: $1\frac{2}{3} = 1 + \frac{2}{3}$

Ein unechter Bruch kann in eine gemischte Zahl umgewandelt werden und umgekehrt.

Einen Bruch erweitern heißt Zähler und Nenner mit der gleichen Zahl multiplizieren.

Einen Bruch kürzen heißt Zähler und Nenner durch die gleiche Zahl dividieren.

Brüche mit gleichem Nenner heißen gleichnamig.

Ungleichnamige Brüche werden gleichnamig gemacht, indem man den Hauptnenner sucht (das ist das kgV der einzelnen Nenner) und dann jeden Bruch entsprechend erweitert.

Nur gleichnamige Brüche können addiert oder subtrahiert werden. Brüche werden addiert (subtrahiert), indem man die Zähler addiert (subtrahiert) und den Nenner beibehält:

$$\frac{3}{6} + \frac{2}{6} = \frac{3+2}{6} = \frac{5}{6}$$

$$\frac{7}{9} - \frac{4}{9} = \frac{7-4}{9} = \frac{3}{9} = \frac{1}{3}$$

Brüche werden multipliziert, indem man Zähler mit Zähler und Nenner mit Nenner multipliziert:

$$\frac{2}{7} \cdot \frac{3}{5} = \frac{2 \cdot 3}{7 \cdot 5} = \frac{6}{35}$$

Den Kehrwert oder Kehrbruch eines Bruchs erhält man, indem man den Zähler mit dem Nenner des Bruchs vertauscht.

Kehrwert von $\frac{2}{3}$ ist $\frac{3}{2}$.

Durch einen Bruch wird dividiert, indem man mit dem Kehrwert des Bruchs multipliziert:

$$\frac{3}{5} : \frac{2}{3} = \frac{3}{5} \cdot \frac{3}{2} = \frac{9}{10}$$

Einen Bruch, in dessen Zähler und/oder Nenner wieder ein Bruch vorkommt, nennt man Doppelbruch oder Etagenbruch.

Doppelbrüche können mithilfe von Klammerausdrücken aufgelöst werden:

$$\frac{2\frac{3}{5} - \frac{2}{3}}{2\left(\frac{1}{4} + \frac{1}{3}\right)} = \left(2\frac{3}{5} - \frac{2}{3}\right) : \left[2\left(\frac{1}{4} + \frac{1}{3}\right)\right]$$

Dezimalbrüche

Dezimalbrüche haben die Gestalt

... T H Z E, z h t ...

(Tausender, Hunderter, Zehner, Einer, Zehntel, Hundertstel, Tausendstel ...)

Einen Dezimalbruch erweitern heißt, am Ende Nullen anhängen, ihn kürzen heißt, Nullen am Ende weglassen:

$1{,}3 = 1{,}30 = 1{,}300 \ldots$

Dezimalbrüche werden addiert oder subtrahiert, indem man sie mit den Kommas untereinander schreibt, eventuell durch Ergänzen von Nullen am Ende auf die gleiche Stellenzahl bringt und dann die Rechnung ohne Rücksicht auf die Kommas durchführt. Das Ergebnis hat gleich viele Kommastellen wie die Ausgangszahlen.

Multiplikation und Division einer Dezimalzahl mit einer Stufenzahl (10, 100, 1000 ...) bedeutet eine Verschiebung des Kommas, bei Multiplikation nach rechts, bei Division nach links, um so viele Stellen, wie die Anzahl der Nullen angibt:

$2{,}359 \cdot 100 = 235{,}9$

$71{,}8 : 10 = 7{,}18$

Zwei Dezimalzahlen werden multipliziert, indem man sie ohne Beachtung der Kommas multipliziert und beim Ergebnis so viele Kommastellen abzählt, wie die Faktoren zusammen haben:

$2{,}8 \cdot 1{,}5 = 4{,}20 = 4{,}2$

Dezimalzahlen werden dividiert, indem man den Quotienten so erweitert, dass der Divisor eine ganze Zahl wird. Danach wird normal dividiert; beim Überschreiten der Kommastelle erhält auch das Ergebnis ein Komma; beim Dividenden können wir am Ende beliebig viele Nullen hinzugefügen.

Das Ergebnis einer Division kann ein endlicher oder unendlicher (periodischer) Dezimalbruch sein.

Brüche lassen sich in Dezimalbrüche umwandeln, indem man die entsprechende Division durchführt:

$\frac{1}{8} = 0{,}125$

$\frac{4}{9} = 0{,}444\ldots$

Viele Brüche kann man auch durch Erweitern in einen Bruch mit einer Stufenzahl im Nenner umwandeln.

$\frac{3}{4} = \frac{75}{100} = 0{,}75$

Endliche Dezimalbrüche lassen sich in Brüche umwandeln, indem man sie als Bruch mit einer Stufenzahl im Nenner schreibt und anschließend kürzt.

$0{,}8 = \frac{8}{10} = \frac{4}{5}$

Dezimalbrüche werden auf eine bestimmte Stelle gerundet, indem man die nächste Stelle beachtet: Ab der Ziffer 5 wird aufgerundet, sonst abgerundet.

3,587 auf eine Stelle gerundet ergibt 3,6.
20,5244 auf zwei Stellen gerundet ergibt 20,52.

Größen aus dem Alltag

Die Einheiten Meter (m), Gramm (g) und Liter (l) sind Einheiten für Länge (Weg), Masse und Volumen (= Rauminhalt).

Größere und kleinere Einheiten zu m, g und l werden durch Zusammensetzung mit Vorsätzen gebildet.

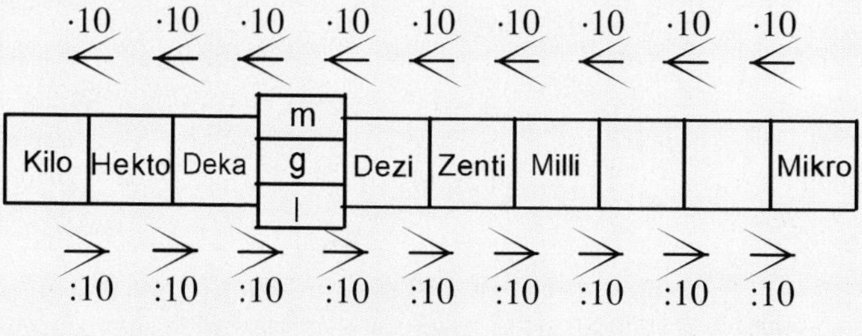

Deka- ist üblich nur bei Gramm, Hekto- nur bei Liter, Mikro- ist nicht üblich bei Liter.
Umrechnungsfaktor ist 10. Das Komma wird jeweils um eine Stelle verschoben.

Beispiel: 1 m = 10 dm

Eine Maßangabe besteht aus Maßzahl und Einheit, z. B. 100 mg.

Bei Flächen gilt der Umrechnungsfaktor 100 (Hochzahl der Einheit ist 2), das Komma wird um jeweils zwei Stellen verschoben.

Bei Volumen gilt der Umrechnungsfaktor 1000 (Hochzahl der Einheit ist 3), das Komma wird um jeweils drei Stellen verschoben.

Die Umrechnung der Zeiteinheiten ist unregelmäßig:
1 a = 365 d; 1 d = 24 h; 1 h = 60 min; 1 min = 60 s, 1 s = 1000 ms (Millisekunde).

Für die Währung Euro gilt: 1 € = 100 C (Cent)

2

Algebra

Um eine Gleichung zu lösen, eine Rechnung zu überprüfen oder den Graph einer Funktion zu zeichnen, benötigt man Rechenregeln. Mit genau diesen Regeln beschäftigt sich die Algebra. Im folgenden Kapitel werden sowohl die Regeln für das Bruchrechnen in $\mathbb{Q}$ dargestellt als auch der Umgang mit Potenzrechnungen und Logarithmen erläutert, alle wichtigen Regeln werden hergeleitet und erklärt. Und damit neben dem Verstehen die Anwendung nicht zu kurz kommt, wird an Hand von vielen Beispielen gezeigt, wie damit schrittweise Aufgaben gelöst werden, wie zum Beispiel lineare oder quadratische Gleichungen.

1 Die rationalen Zahlen $\mathbb{Q}$

1.1 Die Mengen $\mathbb{Z}$ und $\mathbb{Q}$

Erweiterung von $\mathbb{N}$ zu $\mathbb{Z}$

Innerhalb der Menge der natürlichen Zahlen $\mathbb{N}_0$ kann man zwar bereits viele Aufgaben und Aufgabentypen lösen, einigen Rechnungen lassen sich in $\mathbb{N}_0$ allerdings nicht ausführen. Die Aufgabe $5 - 10$ ist ein Beispiel dafür, sie hat in $\mathbb{N}_0$ keine Lösung. Um auch diese Rechnung lösen zu können, muss die Menge der natürlichen Zahlen erweitert werden. Zu jeder natürlichen Zahl n wird ihr negatives Gegenstück, ihre Gegenzahl –n dazugenommen und eine neue Menge gebildet. So erhält man die Menge der ganzen Zahlen $\mathbb{Z}$. In aufzählender Schreibweise lautet die Menge der ganzen Zahlen

$$\mathbb{Z} = \{0, +1, -1, +2, -2, ...\} = \{... -3, -2, -1, 0, +1, +2, +3, ...\}$$

Offensichtlich gilt $\mathbb{N}_0 \subset \mathbb{Z}$.

Die Aufgabe von oben lässt sich jetzt lösen: $5 - 10 = -5$

Die negativen Zahlen sind uns im Alltag aus der Temperaturmessung oder auch von einem überzogenen Konto bekannt.

Erweiterung von $\mathbb{Z}$ zu $\mathbb{Q}$

Auch bei den Punktrechenarten gibt es Aufgaben, die in $\mathbb{Z}$, und damit auch in $\mathbb{N}_0$, nicht lösbar sind. Ein Beispiel hierfür ist die Aufgabe 5 : 3. Wie bereits gesehen, wird darum $\mathbb{N}_0$ bzw. $\mathbb{Z}$ um die Menge der Brüche erweitert. Zu jedem Zahlenpaar (a, b) mit $a \in \mathbb{Z}$ und $b \in \mathbb{N}$ $b \neq 0$ (!) wird die Zahl $\frac{a}{b}$ zu $\mathbb{Z}$ dazugefügt. So entsteht $\mathbb{Q}$. $\mathbb{Q}$ lässt sich schreiben als

$$\mathbb{Q} = \{x \mid \text{es gibt ein } a \in \mathbb{Z} \text{ und } b \in \mathbb{N} \text{ mit } x = \tfrac{a}{b}\}$$

Wie man leicht sieht (z. B. $b = 1$) ist $\mathbb{N} \subset \mathbb{Z} \subset \mathbb{Q}$.

Die Elemente von $\mathbb{Q}$ lassen sich als Dezimalbrüche wie 10,75 und –3,38 und als Bruchzahlen wie $7\frac{1}{2}$ und $-\frac{3}{8}$ schreiben.

Alle Zahlen in $\mathbb{Q}$ sind bestimmt durch ihr Vorzeichen und ihren Betrag. Das Vorzeichen + oder – zeigt an, ob die Zahl positiv oder negativ ist und damit, ob sie auf dem Zahlenstrahl rechts oder links von 0 liegt.

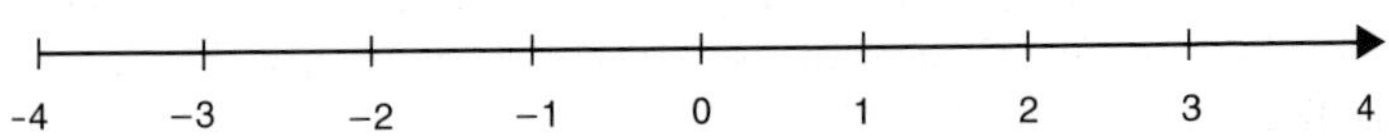

Der Betrag einer Zahl in $\mathbb{Q}$

Den Abstand einer Zahl vom Nullpunkt bezeichnet man als ihren Betrag. Schreibweise: $|-3{,}8|$ Der Betrag einer Zahl ist immer positiv oder Null.

Beispiele: $|-3| = 3$

$|0| = 0$

$\left|5\frac{2}{3}\right| = 5\frac{2}{3}$

Je größer der Abstand einer Zahl vom Nullpunkt ist, desto größer ist ihr Betrag. Wie man am Zahlenstrahl gut erkennt, ist -5 weiter vom Nullpunkt entfernt als -2, -3 ist weiter vom Nullpunkt entfernt als 1,3. Vergleicht man die Beträge von -5 und 2,5 formal, so erhält man:

$|-5| = 5$ und $|2{,}5| = 2{,}5$

$5 > 2{,}5$, also $|-5| > |2{,}5|$

Gleichzeitig gilt aber: $-5 < 2{,}5$

Denn für den Vergleich von Zahlen in $\mathbb{Q}$ gilt: Je weiter links eine Zahl auf dem Zahlenstrahl liegt, desto kleiner ist sie.

Zahlen werden geschrieben als ihr Betrag und ihr Vorzeichen. Ein + als Vorzeichen darf auch weggelassen werden: $+23 = 23$

Die Zahl mit dem gleichen Betrag, aber dem entgegengesetzten Vorzeichen heißt Gegenzahl zu einer Zahl. 5 ist die Gegenzahl von -5, $-\frac{1}{3}$ ist die Gegenzahl von $\frac{1}{3}$. Jede Zahl hat eine Gegenzahl in $\mathbb{Q}$. Die Gegenzahl von 0 ist 0.

Innerhalb einer Aufgabe können die Zeichen + und – also nicht nur als Zeichen für eine Rechenoperation, sondern auch als Vorzeichen auftauchen.

Beispiel: $-3 + (-7)$

Die beiden Minuszeichen dienen als Vorzeichen, das Pluszeichen kennzeichnet die Rechenoperation.

Damit klar erkennbar ist, welche Bedeutung ein Zeichen hat, ist es häufig sinnvoll, Klammern zu verwenden. Zwei Rechenzeichen dürfen in einer Rechnung nicht direkt nebeneinander stehen.

1.2 Die vier Grundrechenarten in $\mathbb{Q}$

Addition

Um zwei Zahlen in $\mathbb{Q}$ zusammenzuzählen oder zu addieren, muss man sowohl ihre Beträge als auch ihre Vorzeichen berücksichtigen. Es gelten die Regeln:

- Haben zwei Zahlen gleiches Vorzeichen, so werden ihre Beträge addiert und die Summe hat das gleiche Vorzeichen wie die beiden Zahlen.
- Haben zwei Zahlen verschiedene Vorzeichen, wird der kleinere Betrag vom größeren abgezogen und das Ergebnis erhält das Vorzeichen der Zahl, die den größeren Betrag hat.

Beim Zusammenzählen der Beträge von Brüchen darf man die Regeln für die Addition von Brüchen nicht vergessen: Zuerst muss man den gemeinsamen Hauptnenner bilden, beide Brüche passend erweitern und dann die Zähler addieren.

Beispiele für die Addition von Zahlen mit gleichem Vorzeichen:

$-5 + (-7) = \mid$ – als gemeinsames Vorzeichen, addieren der Beträge

$-(5 + 7) = -12$

$-\frac{1}{2} + \left(-\frac{1}{3}\right) = \mid$ – als gemeinsames Vorzeichen

$-\left(\frac{1}{2} + \frac{1}{3}\right) = \mid$ Hauptnenner bilden

$-\left(\frac{3}{6} + \frac{2}{6}\right) = -\frac{5}{6}$

$$1\frac{1}{2} + \frac{7}{8} = \frac{3}{2} + \frac{7}{8} = \frac{12}{8} + \frac{7}{8} = \frac{19}{8} = 2\frac{3}{8}$$

Beispiele für die Addition von Zahlen mit unterschiedlichen Vorzeichen:

$5 + (-10) = \mid 10 > 5$, 10 gibt das Vorzeichen an

$-(10 - 5) = -5$

$$-8 + \frac{25}{3} = -8 + 8\frac{1}{3} = +\left(8\frac{1}{3} - 8\right) = \frac{1}{3}$$

Subtraktion

Eine Zahl in $\mathbb{Q}$ wird von einer anderen abgezogen oder subtrahiert, indem man ihre Gegenzahl addiert. Wenn man die Vorzeichen richtig ändert, können sich Addition und Subtraktion also gegenseitig ersetzen. Auch bei der Subtraktion darf man die Regeln für das Rechnen mit Brüchen nicht vergessen.

Beispiele:

$5 - (+7) = |$ Addition der Gegenzahl -7

$5 + (-7) = |$ Addition von Zahlen mit verschiedenen Vorzeichen, $7 > 5$

$-(7 - 5) = -2$

$-9 - \left(-\frac{3}{2}\right) = |$ Addition der Gegenzahl

$-9 + \left(+\frac{3}{2}\right) = |$ verschiedene Vorzeichen, $9 > \frac{3}{2}$

$-\left(9 - \frac{3}{2}\right) = |$ Hauptnenner bilden

$-\left(\frac{18}{2} - \frac{3}{2}\right) = -\frac{15}{2} = -7\,\frac{1}{2}$

$-1 - \frac{4}{9} = -1 + \left(-\frac{4}{9}\right) = -\left(1 + \frac{4}{9}\right) = -1\,\frac{4}{9}$

$28 - (-66) = 28 + 66 = 94$

Multiplikation

Zwei Zahlen in $\mathbb{Q}$ werden miteinander malgenommen oder multipliziert, indem man ihre Beträge multipliziert und das Produkt nach folgenden Regeln sein Vorzeichen erhält.

»+« · »+« = »+«

»–« · »+« = »–«

»+« · »–« = »–«

»–« · »–« = »+«

Sind die Beträge der Zahlen Brüche, müssen die Regeln für die Multiplikation von Brüchen angewendet werden, also »Zähler mal Zähler« und »Nenner mal Nenner«.

Beispiele: $3 \cdot 2\,\frac{2}{5} = 3 \cdot \frac{12}{5} = \frac{36}{5} = 7\,\frac{1}{5}$

$-\frac{1}{2} \cdot 2 = |$ »–« · »+« gibt »–«

$-\left(\frac{1}{2} \cdot 2\right) = |$ Kürzen

-1

$17 \cdot \left(-\frac{5}{3}\right) = |$ Vorzeichenregel

$-\left(17 \cdot \frac{5}{3}\right) = -\frac{85}{3} = -28\,\frac{1}{3}$

$-1 \cdot \left(-\frac{2}{7}\right) =$ | »–« · »–« gibt »+«

$\frac{2}{7}$

Division

Zwei Zahlen in ℚ werden durch einander geteilt oder dividiert, indem man ihre Beträge dividiert, der Quotient bekommt sein Vorzeichen entsprechend der folgenden Regeln:

»+« : »+« = »+«

»–« : »+« = »–«

»+« : »–« = »–«

»–« : »–« = »+«

Auch hier gelten weiterhin die Regeln zum Bruchrechnen: Durch einen Bruch wird dividiert, indem man mit dem Kehrbruch multipliziert.

Beispiele: $\frac{2}{7} : \frac{1}{14} =$ | mit Kehrbruch multiplizieren

$\frac{2}{7} \cdot \frac{14}{1} =$ | Kürzen

$\frac{4}{1} = 4$

$-\frac{3}{5} : (+9) =$ | Vorzeichenregel, Kehrbruch

$-\left(\frac{3}{5} \cdot \frac{1}{9}\right) =$ | Kürzen

$-\frac{1}{5 \cdot 3} = -\frac{1}{15}$

$4 : (-12) = -(4 : 12) = -\left(4 \cdot \frac{1}{12}\right) = -\frac{4}{12} = -\frac{1}{3}$

$(-3) : \left(-\frac{2}{3}\right) = +\left(3 : \frac{2}{3}\right) = +\left(3 \cdot \frac{3}{2}\right) = \frac{9}{2} = 4\frac{1}{2}$

Wendet man die Vorzeichenregeln auf einen Bruch an, sieht man, dass gilt: $\frac{-3}{5} = -\frac{3}{5} = \frac{3}{-5}$

1.3 Terme und Formeln

Als einen Term bezeichnet man jede sinnvolle Kombination aus Zahlen und Rechenzeichen. 5 + 3 ist ein Term ebenso wie $3 \cdot (\frac{-3}{5} + 0{,}275)$. Auch eine einzelne Zahl ist bereits ein Term.

Da die vier Grundrechenarten +, − , · und : besonders häufig vorkommen, haben die aus ihnen entstehenden Terme eigene Namen, ebenso die Terme, die in diesen Rechnungen vorkommen. Einige dieser Namen sind schon an früherer Stelle aufgetaucht, hier werden sie einmal alle gesammelt vorgestellt.

Addition: Summand + Summand = Summe
Subtraktion: Minuend – Subtrahend = Differenz
Multiplikation: Faktor · Faktor = Produkt
Division: Dividend : Divisor = Quotient oder $\frac{\text{Zähler}}{\text{Nenner}}$ = Quotient

Die Subtraktion $(-2 \cdot \frac{1}{8}) - 6$ beispielsweise setzt sich zusammen aus zwei Termen, dem Minuend $(-2 \cdot \frac{1}{8})$ und dem Subtrahend 6. Auch $(-2 \cdot \frac{1}{8}) - 6$ ist wieder ein Term, den man Differenz nennt. Der Minuend ist dabei ein Produkt aus den Faktoren −2 und $\frac{1}{8}$, jeder der Faktoren ist auch gleichzeitig ein Term. Man kann also aus verschiedenen Termen durch Verknüpfung mit Rechenoperationen wieder neue Terme entstehen lassen.

Terme lassen sich auch vergleichen. Das geschieht durch die Zeichen =, ≠, >, <, ≥ und ≤. Dadurch entstehen Aussagen. Aussagen sind wahr oder falsch. Ein Beispiel für eine Aussage ist

$5 + 3 > 7 - 2$

Hier wird eine Summe mit einer Differenz verglichen. In Worten lautet die Aussage: Die Summe aus 5 und 3 ist größer als die Differenz aus 7 und 2. Die Aussage ist wahr. Weitere Beispiele für wahre Aussagen:

$\frac{1}{2} - \frac{5}{2} = -2$

$18 : 3 \neq 5$

$\frac{7}{9} \leq 1$

Eine falsche Aussage erhält man zum Beispiel, wenn man sich verrechnet.

Viele Aussagen sind einander sehr ähnlich. Sie folgen dem gleichen Muster oder der gleichen Regel, wie die folgenden drei Gleichungen.

$5 + 3 = 3 + 5$

$8 + (-6) = (-6) + 8$

$\frac{1}{2} + \frac{1}{3} = \frac{1}{3} + \frac{1}{2}$

Bei genauem Hinsehen erkennt man, dass alle drei auf der gleichen Regel beruhen, nämlich: Bei der Addition darf man die Summanden vertauschen. Diese Regel nennt man das Kommutativgesetz oder Vertauschungsgesetz der Addition.

Um diese Regel nicht nur mit Hilfe verschiedener Beispiele darzustellen, sondern um sie allgemein angeben zu können, ist es sinnvoll, statt der Zahlen Buchstaben als Platzhalter in der Gleichung zu verwenden. Die Gleichung lautet dann:

$a + b = b + a \quad a, b \in \mathbb{Q}$

a und b heißen Platzhalter oder Variable. Für die Variablen a und b darf man in der Gleichung Zahlen aus $\mathbb{Q}$ einsetzen. $\mathbb{Q}$ ist die Definitionsmenge für a und b. Sie gibt an, aus welcher Menge man für die Variablen a und b Werte einsetzen darf. Die Definitionsmenge wird häufig mit $\mathbb{D}$ bezeichnet. Setzt man $a = 2$ und $b = 4$, erhält man die Gleichung $2 + 4 = 4 + 2$. Beim Einsetzen muss man darauf achten, dass man für gleiche Buchstaben auch immer gleiche Zahlen einsetzt. Kommt derselbe Buchstabe in einer Gleichung mehrmals vor, muss man für ihn immer dieselbe Zahl einsetzen.

Es gibt eine wichtige Einschränkung für die Definitionsmenge eines Terms. Die Definitionsmenge muss immer so gewählt sein, dass durch das Einsetzen keine ungültigen Terme entstehen. Der Term $\frac{5}{c}$ ist z.B. nur dann gültig, wenn $c \neq 0$ ist. Die Definitionsmenge darf also 0 nicht enthalten. Eine sinnvolle Definitionsmenge für c ist $\mathbb{D} = \mathbb{Q}\setminus\{0\}$, auch $\mathbb{N}$ wäre eine gültige Definitionsmenge für den Term.

Ist eine Aussage immer wahr, egal welche Zahlen man für ihre Variablen einsetzt, so nennt man sie allgemein gültig. Das Kommutativgesetz der Addition ist eine allgemein gültige Aussage.

$a + a = 2 \cdot a$ mit $a \in \mathbb{Q}$ ist eine weitere allgemein gültige Aussage. $\mathbb{Q}$ ist die Definitionsmenge für die Variable a, kurz $\mathbb{D} = \mathbb{Q}$. Setzt man für $a = 8$, so lautet die Gleichung: $8 + 8 = 2 \cdot 8$. Für a muss immer die gleiche Zahl eingesetzt werden.

Für zwei verschiedene Variablen a und b in einer Gleichung darf man auch gleiche Zahlen einsetzen.

Beispiel: $a + 1 < b + 3$ mit $a, b \in \mathbb{Q}$

Setzt man $a = 6$ und $b = 6$, erhält man die wahre Ungleichung $6 + 1 < 6 + 3$. Für $a = 3$ und $b = 0$ wird die Ungleichung falsch.

Eine kurze Anmerkung zur Schreibweise: Wenn der Sinn erhalten bleibt, kann der Mal-Punkt zwischen Termen oft auch weggelassen werden, man schreibt kurz: $2a$ für $2 \cdot a$ oder $7(ab - 5)$ für $7 \cdot (a \cdot b - 5)$.

1.4 Umformen und Rechnen mit Termen

Das Rechnen mit Buchstaben und Buchstabentermen folgt den gleichen Regeln wie das Rechnen mit Zahlen. Alle wichtigen Regeln werden hier nacheinander aufgeführt. Die erste Regel lautet:

Klammern haben Vorrang.

Beispiel: $a - (5 + 3) = a - 8$

$a - 5 + 3 = a - 2$

Im ersten Fall steht im Term eine Klammer. Die Klammer hat Vorrang und muss zuerst gerechnet werden, das Minuszeichen gilt dann für das Ergebnis der Klammer. Im zweiten Fall gehört das Minuszeichen nur zu 5.

Punkt vor Strich

Die Punktrechenarten »·« und »:«, also die Multiplikation und Division, müssen vor den Strichrechenarten »+« und »–«, also der Addition und Subtraktion durchgeführt werden. Auch der Bruchstrich gilt, da er eine Division anzeigt, als Punktrechenart. Durch die Regel »Punkt vor Strich« kann man sich an vielen Stellen Klammern sparen.

Beispiel: $5 \cdot 3 + 2 \cdot 4 = (5 \cdot 3) + (2 \cdot 4) = 15 + 8 = 23$

$2 \cdot a + 3 \cdot b = 2a + 3b$

Kommutativgesetz
- der Addition $a + b = b + a \quad a, b \in \mathbb{Q}$
- der Multiplikation $a \cdot b = b \cdot a \quad a, b \in \mathbb{Q}$

Die Kommutativgesetze oder Vertauschungsgesetze besagen, bei der Addition darf man die Reihenfolge der Summanden vertauschen, bei der Multiplikation darf man die Reihenfolge der Faktoren vertauschen.

Beispiele: $7 + \left(-\frac{1}{7}\right) = -\frac{1}{7} + 7$

$5 \cdot 3 = 3 \cdot 5$

$2 \cdot a + b \cdot 3 = 2 \cdot a + 3 \cdot b = 3 \cdot b + 2 \cdot a$

Im dritten Beispiel muss man die Regel »Punkt vor Strich« beachten. Es wurden nacheinander das Kommutativgesetz der Multiplikation und das Kommutativgesetz der Addition angewendet.

Assoziativgesetz
- der Addition $(a + b) + c = a + (b + c) = a + b + c \quad a, b, c \in \mathbb{Q}$
- der Multiplikation $(a \cdot b) \cdot c = a \cdot (b \cdot c) = a \cdot b \cdot c \quad a, b, c \in \mathbb{Q}$

Das Assoziativgesetz besagt, bei der Addition und der Multiplikation ist es egal, in welcher Reihenfolge man die Rechnung ausführt.

Beispiel: $(a + 6) + 3 = a + (6 + 3) = a + 9$

$3 \cdot (5 \cdot a) = (3 \cdot 5) \cdot a = 15 \cdot a = 15a$

Die obenstehenden Regeln lassen sich auch verbinden, wie die nächsten beiden Beispiele zeigen.

$(3 + a) + 7 =$ | Kommutativgesetz der Addition

$(a + 3) + 7 =$ | Assoziativgesetz der Addition

$a + (3 + 7) =$

$a + 10$

$(3 \cdot a) \cdot \frac{1}{3} =$ | Kommutativgesetz der Multiplikation

$\frac{1}{3} \cdot (3 \cdot a) =$ | Assoziativgesetz der Multiplikation

$\left(\frac{1}{3} \cdot 3\right) \cdot a =$

$1 \cdot a = a$

Die wichtigste Regel für die Verknüpfung von Punkt- und Strichrechenarten ist das Distributivgesetz.

> Distributivgesetz
> $a \cdot (b + c) = a \cdot b + a \cdot c \quad a, b, c \in \mathbb{Q}$

Mit Hilfe der Kommutativgesetze lässt sich das Distributivgesetz auch so schreiben: $(b + c) \cdot a = a \cdot b + a \cdot c$
Das Distributivgesetz gibt an, wie eine Klammer, die eine Summe enthält, ausmultipliziert wird. Der Faktor vor der Klammer wird mit jedem Summanden in der Klammer einzeln multipliziert. Dabei muss man die Vorzeichenregeln beachten.

Beispiele: $3 \cdot (b + 6) =$ | Distributivgesetz – Ausmultiplizieren
$3 \cdot b + 3 \cdot 6 =$
$3b + 18$

$-2 \cdot (1 - a) =$ | Distributivgesetz
$-2 \cdot 1 + (-2) \cdot (-a) =$ | Vorzeichenregeln
$-2 + 2a$

Wichtig ist, das Assoziativgesetz und das Distributivgesetz nicht zu verwechseln. Im ersten Fall sind <u>alle</u> Rechenoperationen Punktrechenarten (oder Strichrechenarten), im zweiten Fall kommen Punkt- <u>und</u> Strichrechenarten gemeinsam in einer Rechung vor.

Beispiel für das Assoziativgesetz: $6 \cdot (2 \cdot a) = (6 \cdot 2) \cdot a = 12 \cdot a = 12a$
Beispiel für das Distributivgesetz: $6 \cdot (2 + a) = 6 \cdot 2 + 6 \cdot a = 12 + 6a$

Liest man das Distributivgesetz von rechts nach links, erhält man eine Regel für das Ausklammern von Faktoren aus Summen. Haben alle Summanden einer Summe einen gemeinsamen Teiler, so darf man diesen Teiler ausklammern.

Beispiele: $a + 5ab = a\,(1 + 5b)$
$2a + 3a = a \cdot 2 + a \cdot 3 = a \cdot (2 + 3) = a \cdot 5 = 5a$

Wie das zweite Beispiel zeigt, erhält man durch das Distributivgesetz eine wichtige Regel für das Rechnen mit Buchstaben. Es ermöglicht zusammen mit dem Kommutativgesetz, Terme mit gleichen Buchstaben zusammenzufassen. Weitere Beispiele:

$4a + 3a + c - 6c =$ | Zusammenfassen von Termen mit gleichen Buchstaben

$7a - 5c$

$x - y + 3x - y =$ | Vertauschen der Summanden

$x + 3x - y - y =$ | Zusammenfassen der Summanden mit gleichen Buchstaben

$4x - 2y$

$4a^2bx - 3bxa^2 =$ | Vertauschen der Faktoren im zweiten Summanden

$4a^2bx - 3a^2bx =$ | Summanden haben die gleichen Buchstabenkombinationen - Ausklammern

$(4 - 3)a^2bx = a^2bx$

$3b - b^2 + 3b^2 - 4b + b - 3b =$ | Ausklammern von b

$b(3 - b + 3b - 4 + 1 - 3) =$ | Zusammenfassen in der Klammer

$b(2b - 3) =$ | Ausmultiplizieren

$2b^2 - 3b$

$6ab + 4a - 2ab - 8a = 6ab - 2ab + 4a - 8a = 4ab - 4a$

Um Rechnungen zu vereinfachen, fasst man Terme mit gleichen Buchstabenkombinationen so weit wie möglich zusammen. Dafür wendet man alle oben genannten Regeln an.

Beispiel:

$6ab + b \cdot (a - 3) + 2 \cdot (b \cdot 2) =$ | Distributivgesetz

$6ab + ba - b \cdot 3 + 2 \cdot (b \cdot 2) =$ | Kommutativgesetz der Multiplikation

$6ab + ab - 3b + 2\,(2b) =$ | Assoziativgesetz der Multiplikation

$6ab + ab - 3b + 4b =$ | Zusammenfassen

$7ab + b$

Selbstverständlich lassen sich nicht alle Terme zusammenfassen. Der Term $ab - 3a$ z. B. lässt sich nicht weiter vereinfachen. Man kann Terme nur zusammenfassen, wenn sie in ihrer Buchstabenkombination genau übereinstimmen.

Ausmultiplizieren von Klammern

Das Distributivgesetz besagt, wie man beim Ausmultiplizieren des Produkts $a \cdot (b + c)$ vorgehen muss. Auch bei Produkten der Form $(s + t) \cdot (u + v)$ kann man das Distributivgesetz anwenden. Das geschieht in zwei Schritten. Zunächst behandelt man die erste Klammer als einen Term – das »a« im Distributivgesetz $a(b + c) = ab + ac$ – und multipliziert diesen Term mit der nachfolgenden Klammer aus. Man setzt also in der Regel des Distributivgesetzes für a, b und c die folgenden Terme ein $a = (s + t)$, $b = u$ und $c = v$. Auf das Ergebnis wendet man das Distributivgesetz ein zweites Mal an.

$(s + t) \cdot (u + v) = (s + t)u + (s + t)v = su + tu + sv + tv$

So erhält man eine allgemein gültige Regel für das kreuzweise Ausmultiplizieren von Summen. Zwei Summen werden miteinander multipliziert, indem man jeden Summanden der ersten Summe mit jedem Summanden der zweiten Summe – unter Beachtung der Vorzeichen – multipliziert. Formal lautet die Regel:

$$(a + b) \cdot (c + d) = ac + ad + bc + bd \quad a, b, c, d \in \mathbb{Q}$$

Beispiel: $(5 - a)\,(3a + 1) =$
$5 \cdot 3a + 5 \cdot 1 + (-a) \cdot 3a + (-a) \cdot 1 =$
$15a + 5 - 3a^2 - a =$
$-3a^2 + 14a + 5$

So wie das Distributivgesetz zum Ausmultiplizieren mehrmals hintereinander angewendet werden kann, kann man es auch zum Faktorisieren von Summen in mehreren Schritten verwenden.

Beispiele:

$ab + b + 3a + 3 =$ | Einführen passender Klammern
$(ab + b) + (3a + 3) =$ | Ausklammern von b bzw. 3
$b(a + 1) + 3(a + 1) =$ | Ausklammern von $(a + 1)$ aus beiden Summanden
$(a + 1) \cdot (b + 3)$

$a^2 + 2a - 2 - a =$ | Einführen passender Klammern
$(a^2 + 2a) - 2 - a =$ | Ausklammern von a bzw -1
$a(a + 2) - 1(2 + a) =$ | Ausklammern von $(a + 2)$
$(a - 1)\,(a + 2)$

Die binomischen Formeln

Besonders häufig kommen in Rechnungen Produkte aus gleichen Summen vor, wie z. B. $(5 - a)\,(5 - a)$ kurz $(5 - a)^2$. Sie stellen einen Sonderfall des Ausmultiplizierens von Summen dar. Man unterscheidet an Hand der Vorzeichen drei Fälle, die die drei binomischen Formeln bilden.

I. $(a + b)^2 = (a + b)\,(a + b) = a^2 + ab + ab + b^2 = a^2 + 2ab + b^2$

II. $(a - b)^2 = (a - b)\,(a - b) = a^2 - ab - ab + (-b)^2 = a^2 - 2ab + b^2$

III. $(a + b)(a - b) = a^2 - ab + ab - b^2 = a^2 - b^2$

Für $a, b \in \mathbb{Q}$ gilt:

1. binomische Formel: $(a + b)^2 = a^2 + 2ab + b^2$
2. binomische Formel: $(a - b)^2 = a^2 - 2ab + b^2$
3. binomische Formel: $(a + b)\,(a - b) = a^2 - b^2$

Die Summanden $+2ab$ und $-2ab$ in der ersten und zweiten binomischen Formel heißen gemischte Glieder, a^2 und b^2 heißen quadratische Glieder der binomischen Formel. Mit Hilfe der binomischen Formeln kann man folgende Beispiele einfach berechnen:

$(3ax + 4c)^2 =$ | Anwenden der 1. binomischen Formel
$(3ax)^2 + 2 \cdot 3ax \cdot 4c + (4c)^2 =$ | Ausmultiplizieren
$9a^2x^2 + 24acx + 16c^2$

$(xy - 5)^2 =$ | Anwenden der 2. binomischen Formel
$(xy)^2 - 2 \cdot xy \cdot 5 + 5^2 =$ | Ausmultiplizieren
$x^2y^2 - 10xy + 25$

$(ab - 3cxy)\,(ab + 3cxy) =$ | Anwenden der 3. binomischen Formel
$(ab)^2 - (3cxy)^2 =$ | Ausmultiplizieren
$a^2b^2 - 9c^2x^2y^2$

Binomische Formeln lassen sich leicht erkennen. Dadurch erhält man eine weitere Möglichkeit, Summen in Produkte zu verwandeln.

Beispiele:
$25 - 10x + x^2 = 5^2 - 2 \cdot 5 \cdot x + x^2 = (5 - x)^2$ (2. binomische Formel)
$9x^2 - 81a^2 = (3x + 9a)\,(3x - 9a)$ (3. binomische Formel)
$9a^2 + 6a + 1 = (3a)^2 + 2 \cdot 3a \cdot 1 + 1^2 = (3a + 1)^2$ (1. binomische Formel)

Will man eine Summe faktorisieren, ist oft die binomische Formel nicht sofort erkennbar. Häufig muss man zuerst die Summanden umsortieren, d.h. mittels des Kommutativgesetzes vertauschen oder einen gemeinsamen Faktor ausklammern, also das Distributivgesetz anwenden. Dann erst kann man eine binomische Formel anwenden.

Beispiele: $-x^2 - a^2 - 2ax =$ | Kommutativgesetz der Addition
$-x^2 - 2ax - a^2 =$ | Ausklammern von -1
$-(x^2 + 2ax + a^2) =$ | 1. binomische Formel
$-(x + a)^2$

$18a^2 - 32x^2y^2 =$ | Ausklammern von 2
$2(9a^2 - 16x^2y^2) =$ | 3. binomische Formel
$2(3a + 4xy)(3a - 4xy)$

Bruchterme

Auch in Brüchen und Bruchtermen können Variable vorkommen. $\frac{3+x}{x-2}$ ist ein Beispiel für einen Bruchterm. Variable erfüllen in Bruchtermen die gleiche Platzhalterfunktion wie in Summen oder Produkten. Für die Variablen darf man aus der Definitionsmenge Zahlen einsetzen. Dabei haben Bruchterme, da sie eine Division darstellen, eine wichtige Besonderheit: Der Nenner darf nicht zu Null werden. Darum muss die Definitionsmenge der Variablen so gewählt sein oder so eingeschränkt werden, dass der Nenner nicht zu Null wird. Für den Term $\frac{3+x}{x-2}$ bedeutet das, es muss stets gelten $x - 2 \neq 0$. Aus dieser Bedingung lässt sich die Definitionsmenge bestimmen. Man berechnet, für welche Zahlen in $\mathbb{Q}$ der Nenner zu Null wird, und schließt diese Zahlen aus der Definitionsmenge aus.

$x - 2 = 0 \Leftrightarrow x = 2 \Rightarrow \mathbb{D} = \mathbb{Q}\backslash\{2\}$.

Kommen in einem Term oder einer Gleichung mehrere Bruchterme vor, muss die Definitionsmenge so eingeschränkt werden, dass keiner der vorkommenden Nenner zu Null wird.

Beispiel: $\dfrac{1}{x} - \dfrac{1}{\dfrac{x+2}{2x-1}}$

Es müssen folgende drei Bedingungen erfüllt sein:

I. $x \neq 0$; II. $x + 2 \neq 0$;
$x + 2 = 0 \Leftrightarrow x = -2$
$\Rightarrow x \neq -2$

III. $2x - 1 \neq 0$
$2x - 1 = 0 \Leftrightarrow 2x = 1$
$\Leftrightarrow x = \dfrac{1}{2}$
$\Rightarrow x \neq \dfrac{1}{2}$

$\Rightarrow \mathbb{D} = \mathbb{Q}\backslash\left\{-2, 0, \dfrac{1}{2}\right\}$

Innerhalb der Definitionsmenge kann man wie gewohnt mit den Bruchtermen weiterrechnen. Man kann Bruchterme erweitern und kürzen und durch die vier Grundrechenarten miteinander verknüpfen. Durch den Bruchstrich sind Zähler und Nenner klar gekennzeichnet, es ist nicht notwendig, sie in Klammern zu setzen.

Erweitern von Bruchtermen

Erweitert man $\frac{x}{x-3}$ mit $\mathbb{D} = \mathbb{Q}\setminus\{3\}$ mit der Zahl 5, so erhält man

$$\frac{5 \cdot x}{5 \cdot (x-3)} = \frac{5x}{5x-15}$$

Wichtig ist beim Erweitern, den ganzen Zähler und den ganzen Nenner mit der gleichen Zahl zu multiplizieren. Dazu ist es in diesem Fall nötig, Klammern einzuführen.

Brüche dürfen auch mit Termen erweitert werden. Da ein Bruch nicht mit der Zahl Null erweitert werden darf, muss man zunächst sicherstellen, dass der Term mit dem man erweitert, ungleich Null ist. Als Beispiel soll der Bruchterm von oben mit dem Faktor $(x + 1)$ erweitert werden. $x + 1 = 0 \Leftrightarrow x = -1 \Rightarrow$ es muss gelten: $x \neq -1$. Für $x \neq -1$ darf man den Bruchterm erweitern. Man erhält

$$\frac{x}{x-3} = \frac{(x+1)\cdot x}{(x+1)(x-3)} = \frac{x^2+x}{x^2-3x+x-3} = \frac{x^2+x}{x^2-2x-3}$$

Kürzen von Bruchtermen

Entsprechend dem Erweitern kann man Bruchterme innerhalb der Definitionsmenge auch kürzen. Zum Beispiel kommt bei dem Bruch $\frac{(x+3)}{5(x+3)}$ mit $\mathbb{D} = \mathbb{Q}\setminus\{-3\}$ im Zähler und Nenner der Faktor $(x + 3)$ vor. Den gemeinsamen Faktor kann man im Zähler und Nenner herauskürzen. Der gekürzte Bruch lautet dann: $\frac{1}{5}$.

Weitere Beispiele für das Kürzen von Bruchtermen:

$$\frac{x}{x^2} = \frac{1}{x} \quad \text{mit } \mathbb{D} = \mathbb{Q}\setminus\{0\}$$

$$\frac{5x}{5(x+2)^2} = \frac{x}{(x+2)^2} \quad \text{mit } \mathbb{D} = \mathbb{Q}\setminus\{-2\}$$

Man darf nur kürzen, wenn im Zähler <u>und</u> im Nenner ein Produkt steht, das den gleichen Faktor enthält.

Viele Brüche lassen sich nicht auf Anhieb kürzen, weil der Zähler oder der Nenner nicht als Produkt dasteht. Durch Umformungen wie Ausklammern und Faktorisieren oder mit Hilfe der binomischen Formeln lassen sich viele Summen im Zähler oder Nenner in ein Produkt verwandeln. Anschließend kann man gleiche Faktoren dann kürzen.

Beispiele:

$\frac{x^2 + 3x}{x + 3} = $ | Ausklammern von x im Zähler

$\frac{x(x + 3)}{(x + 3)} = $ | Kürzen des Faktors $(x + 3)$

x $\qquad \mathbb{D} = \mathbb{Q}\setminus\{-3\}$

$\frac{x + 2}{x^2 - 4} = $ | 3. binomische Formel im Nenner

$\frac{x + 2}{(x + 2)(x - 2)} = $ | Kürzen des Faktors $(x + 2)$

$\frac{1}{x - 2}$ $\qquad \mathbb{D} = \mathbb{Q}\setminus\{-2, +2\}$

$\frac{4x^2 + 12x + 9}{3y + 2xy} = $ | 1. binomische Formel im Zähler, Ausklammern von y im Nenner

$\frac{(2x + 3)^2}{y(2x + 3)} = $ | Kürzen des Faktors $(2x + 3)$

$\frac{2x + 3}{y}$ $\qquad \mathbb{D}_x = \mathbb{Q}\setminus\left\{-\frac{3}{2}\right\}, \ \mathbb{D}_y = \mathbb{Q}\setminus\{0\}$

Beim Rechnen mit Brüchen und Bruchtermen gelten die gleichen Regeln wie in $\mathbb{Q}$ und beim Bruchrechnen. Zum Beispiel darf, wie schon gesehen, ein Minuszeichen vor einem Bruch wahlweise in den Zähler oder in den Nenner hineingenommen werden. Beispiel:

$$-\frac{x}{x - 2} = \frac{-x}{x - 2} = \frac{x}{-(x - 2)} = \frac{x}{-x + 2}$$

Addition und Subtraktion von Bruchtermen

Um die Zahlen $\frac{1}{2}$ und $\frac{2}{3}$ zu addieren, muss man erst beide Brüche erweitern. Dazu bildet man den gemeinsamen Hauptnenner, in diesem Fall 6, und erweitert dazu den ersten Bruch mit 3, den zweiten mit 2. Man erhält $\frac{3}{6}$ und $\frac{4}{6}$ und damit

$$\frac{1}{2}+\frac{2}{3}=\frac{3}{6}+\frac{4}{6}=\frac{7}{6}$$

als Ergebnis. Um zwei Bruchterme zu addieren oder zu subtrahieren, geht man genauso vor wie bei Bruchzahlen. Zuerst ermittelt man den gemeinsamen Hauptnenner und erweitert die Bruchterme entsprechend. Anschließend kann man die erweiterten Brüche dann addieren oder subtrahieren. Um den gemeinsamen Hauptnenner zu finden, ist es häufig sinnvoll, die Nenner so weit wie möglich zu faktorisieren, also in ein Produkt zu verwandeln. Dann sieht man, welche Faktoren in allen Nennern gemeinsam auftreten, und kann einen möglichst kleinen gemeinsamen Nenner bilden.

Beispiel für eine Addition:

$$\frac{1}{x+2}+\frac{-3}{1-x}= \qquad \mathbb{D}=\mathbb{Q}\setminus\{-2, 1\}$$

Hauptnenner: $(x + 2)\,(1 - x)$

Erweitern der Brüche

$$\frac{(1-x)}{(1-x)\,(x+2)}+\frac{(x+2)\,(-3)}{(1-x)\,(x+2)}=$$

Zusammenfassen auf einem Bruchstrich

$$\frac{(1-x)+(-3x-6)}{(1-x)\,(x+2)}=$$

$$\frac{-5-4x}{(1-x)\,(x+2)}$$

Beispiel für eine Subtraktion:

$$\frac{-2}{x}-\frac{8}{x-2}= \mid \text{Hauptnenner } x(x-2) \qquad \mathbb{D}=\mathbb{Q}\setminus\{0, 2\}$$

$$\frac{-2\,(x-2)}{x(x-2)}-\frac{8x}{x(x-2)}=$$

$$\frac{-2x+4-8x}{x(x-2)}=$$

$$\frac{-10x+4}{x(x-2)}$$

Häufig trifft man bei Additionen und Subtraktionen auf Terme, die nicht in Bruchform gegeben sind, also keinen Nenner haben. Sie sollen aber zu einem Bruchterm addiert werden. Um einen gemeinsamen Hauptnenner bilden zu können, müssen solche Terme ohne Nenner erst künstlich in einen Bruchterm umgewandelt werden. Das geschieht, indem man 1 als Nenner dieser Terme einführt. Danach kann die Addition wie gewohnt ausgeführt werden.

Beispiel: $x + \frac{x}{2} =$ | Ersetzen von x durch $\frac{x}{1}$

$\frac{x}{1} + \frac{x}{2} =$ | Hauptnenner 2

$\frac{2x}{2} + \frac{x}{2} =$

$\frac{3x}{2}$

Multiplikation von Bruchtermen

Zwei Bruchterme werden miteinander multipliziert, indem man ihre Zähler und ihre Nenner multipliziert. Es gilt also auch hier die gleiche Regel wie für Brüche aus $\mathbb{Q}$.

Beispiele:

$\frac{x}{3-x} \cdot \frac{2}{x+1} =$ $\qquad \mathbb{D} = \mathbb{Q}\setminus\{-1, 3\}$

$\frac{2x}{(3-x)(x+1)} = \frac{2x}{3x + 3 - x^2 - x} = \frac{2x}{-x^2 + 2x + 3}$

$-\frac{1}{x^2} \cdot \frac{x}{x-1} =$ | Vorzeichenregel $\qquad \mathbb{D} = \mathbb{Q}\setminus\{0, 1\}$

$\frac{-1}{x^2} \cdot \frac{x}{x-1} =$ | »Zähler mal Zähler und Nenner mal Nenner«

$\frac{-1 \cdot x}{x^2(x-1)} =$ | Kürzen durch x

$\frac{-1}{x(x-1)}$

Division von Bruchtermen und Doppelbrüche

Durch einen Bruch wird dividiert, indem man mit dem Kehrbruch multipliziert. Diese Regel gilt sowohl für Brüche in $\mathbb{Q}$ als auch für Bruchterme.

Beispiel: $\frac{1}{x} : \frac{1}{x^2} =$ | Multiplikation mit dem Kehrbruch $\qquad \mathbb{D} = \mathbb{Q}\setminus\{0\}$

$\frac{1}{x} \cdot \frac{x^2}{1} =$ | Zusammenfassen auf einen Bruchstrich

$$\frac{x^2}{x} = \quad | \text{ Kürzen von } x$$

$$x$$

Statt eines Divisionszeichens kann man in Rechnungen mit Brüchen auch wieder einen Bruchstrich einführen. Der Quotient aus obigen Beispiel wird dann geschrieben als

$$\frac{\frac{1}{x}}{\frac{1}{x^2}}$$

Es handelt sich nur um eine andere Schreibweise, der Wert des Terms ändert sich dadurch nicht.
Am einfachsten löst man einen Doppelbruch auf, indem man in einem Zwischenschritt das Divisionszeichen wieder einführt. Danach löst man die Divisionsaufgabe wie gewohnt, indem man mit dem Kehrbruch multipliziert. Hat man schon etwas mehr Routine im Umgang mit Doppelbrüchen, kann man den Zwischenschritt auch weglassen und gleich mit dem Kehrbruch des Nenners multiplizieren.

Beispiel: $\frac{\frac{1}{2x-1}}{\frac{x^2}{8}} = \quad |$ Einführen des »:« $\qquad \mathbb{D} = \mathbb{Q}\setminus\left\{0, \frac{1}{2}\right\}$

$$\frac{1}{2x-1} : \frac{x^2}{8} =$$

$$\frac{1}{2x-1} \cdot \frac{8}{x^2} =$$

$$\frac{8}{x^2(2x-1)}$$

2 Lineare Funktionen und ihre Graphen

2.1 Der Funktionsbegriff

Eine Funktion ist eine Abbildung von einer Menge $\mathbb{D}$ in eine andere Menge. $\mathbb{D}$ heißt die Definitionsmenge, die zweite Menge, z. B. $\mathbb{N}$, heißt die Zielmenge der Funktion. Man schreibt f: $\mathbb{D} \rightarrow \mathbb{N}$. Die Funktion ordnet jedem Element aus $\mathbb{D}$ genau ein Element aus $\mathbb{N}$ zu. Für jedes Element $a \in \mathbb{D}$ gibt es also ein Element $w_a \in \mathbb{N}$, auf das a abgebildet wird, und für das gilt $f(a) = w_a$. Die Definitionsmenge wird durch die Funktion vollständig ausgeschöpft, alle Elemente der Definitionsmenge werden abgebildet. Verschiedene Elemente $a, b \in \mathbb{D}$ können auf das gleiche Element in der Zielmenge abgebildet werden. Die Menge $\mathbb{W} = f(\mathbb{D}) = \{f(x) | x \in \mathbb{D}\}$ nennt man die Wertemenge der Funktion. Für jedes Element y der Wertemenge gibt es mindestens ein Element der Definitionsmenge $x \in \mathbb{D}$, für das gilt $y = f(x)$. Die Abbildungsvorschrift gibt an, wie die Zuordnung der Elemente geregelt ist. Funktionen und ihre Abbildungsvorschriften können auf verschiedene Arten dargestellt werden. Ist z. B. die Abbildungsvorschrift in Form einer Gleichung gegeben, lassen sich die Funktionswerte durch Einsetzen berechnen, dazu erstellt man eine Wertetabelle.

Beispiele für Funktionen:

$f_1: \mathbb{D} = \{1, 2, 5, 8\} \rightarrow \{0, 1, 2\}$ $f_1 = \{(1, 0), (2, 0), (5, 1), (8, 2)\}$

$f_2: \mathbb{Q} \rightarrow \mathbb{Q}$ $x \mapsto 1$

$$f_3: \mathbb{N} \rightarrow \{0, 1\} \quad x \mapsto \begin{cases} 0 \text{ falls } x \text{ gerade} \\ 1 \text{ falls } x \text{ ungerade} \end{cases}$$

Wertetabelle für f_3

x	1	2	3	4	5
$f(x)$	1	0	1	0	1

$f_4: \mathbb{Q} \rightarrow \mathbb{Q}$ $x \mapsto y = 2x - 1$

Wertetabelle für f_4

x	-2	-1	0	$\frac{1}{2}$	1	2
$f(x) = 2x - 1$	-5	-3	-1	0	1	3

f_2 ist eine konstante Funktion. f_4 ist ein Beispiel für eine lineare Funktion. f_2, f_3 und f_4 lassen sich auch graphisch in einem Koordinatensystem darstellen.

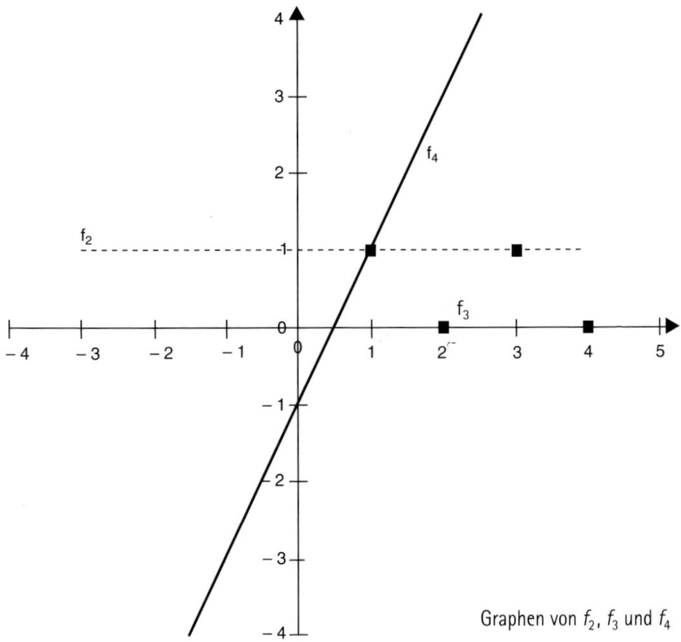

Graphen von f_2, f_3 und f_4

2.2 Lineare Funktionen in $\mathbb{Q}$

Eine Abbildung der Form $f: \mathbb{Q} \to \mathbb{Q}\ x \mapsto y = mx + t$ mit $m, t \in \mathbb{Q}$, $m \neq 0$ heißt lineare Funktion. Eine wichtige Besonderheit jeder linearen Funktion ist, dass in ihrer Abbildungsvorschrift x nur in der ersten Potenz vorkommt. Beispiele für lineare Funktionen sind:

$f_1 \colon \mathbb{Q} \to \mathbb{Q}\ x \mapsto y = 3x - 1$

$f_2 \colon \mathbb{Q} \to \mathbb{Q}\ x \mapsto y = -\dfrac{1}{3}x$

$f_3 \colon \mathbb{Q} \to \mathbb{Q}\ x \mapsto y = -\dfrac{1}{3}x + 2$

Durch Ermitteln der Wertetabelle erhält man die Graphen der drei Funktionen.

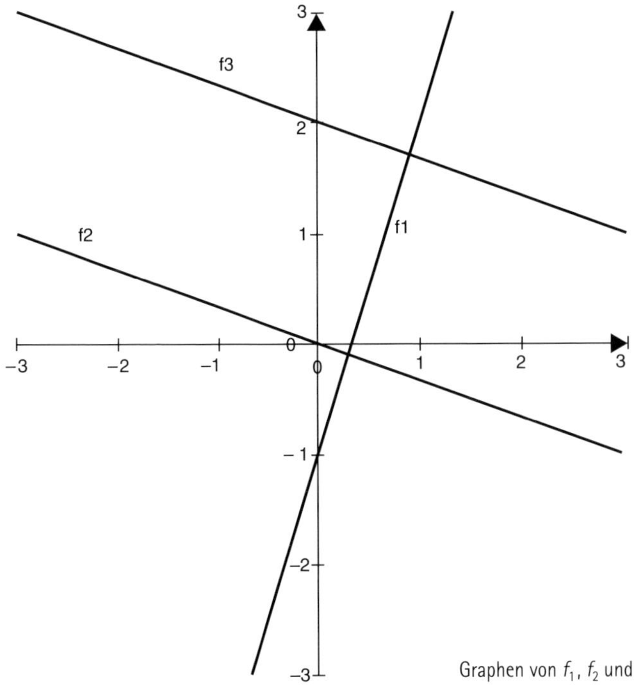

Graphen von f_1, f_2 und f_3

Die Graphen linearer Funktionen sind Geraden. Jede Funktion mit der Abbildungsvorschrift $x \mapsto y = mx + t$ ergibt in der graphischen Darstellung eine Gerade. $y = mx + t$ wird deshalb auch als Geradengleichung bezeichnet. m heißt dabei die Steigung der Gerade und t wird als Achsenabschnitt bezeichnet. Durch m und t ist die Gerade eindeutig festgelegt.

Schnittpunkt mit der *y*-Achse

Dort, wo der Graph einer Funktion die *y*-Achse schneidet, gilt $x = 0$. Ein Graph einer beliebigen linearen Funktion schneidet die *y*-Achse genau einmal. Für eine Gerade lässt sich der Schnittpunkt mit der *y*-Achse leicht ausrechnen. Es gilt $x = 0$

$\Rightarrow y = m \cdot 0 + t \Rightarrow y = t$

Eine Gerade als Graph einer linearen Funktion schneidet die *y*-Achse also im Punkt $(0, t)$. Daraus erklärt sich auch der Ausdruck Achsenabschnitt für *t*. Die Strecke auf der *y*-Achse zwischen Nullpunkt und Schnittpunkt mit der Geraden hat den gleichen Betrag wie *t*. Ist *t* positiv, schneidet die Gerade die *y*-Achse oberhalb des Nullpunkts, ist *t* negativ schneidet die Gerade sie unterhalb des Nullpunkts. Für den Fall, dass $t = 0$ ist, ist der Achsenabschnitt auch 0 und die Gerade geht durch den Koordinatenursprung. Geraden, die durch den Koordinatenursprung laufen, heißen Ursprungsgeraden. Die Zusammenhänge zwischen dem Vorzeichen von *t* und der Lage des Schnittpunkts (von Gerade und *y*-Achse) kann man sich auch an den Abbildungen verdeutlichen.

Das Steigungsdreieck

Eine Gerade hat an jeder Stelle die gleiche Steigung *m*. Kennt man bereits einen Punkt der Geraden, so genügt ein weiterer Punkt, um die Gerade eindeutig festzulegen. Durch die Steigung bzw. das Steigungsdreieck lässt sich von einem bekannten Punkt aus ein weiterer Punkt der Geraden bestimmen und so die Gerade zeichnen.
Man nimmt also einen bekannten Punkt der Geraden, z.B. den Punkt $(0, t)$, der durch den Achsenabschnitt gegeben ist. (Da die Steigung der Geraden überall gleich ist, kann man die Rechnung auch mit jedem beliebigen anderen Punkt (x_0, y_0) durchführen.) Die Frage ist, um wie viel der *y*-Wert steigt, wenn man den *x*-Wert um 1 erhöht. Im Bild des Steigungsdreiecks gesprochen ist die Frage, um wie viel man nach oben oder unten gehen muss, wenn man um 1 nach rechts geht. Rechnerische Lösung: (x_0, y_0) ist ein bekannter Punkt der Gerade, y_1 ist der gesuchte *y*-Wert zu $x_1 = x_0 + 1$. Dann gilt:

$\Leftrightarrow y_1 = m(x_0 + 1) + t$
$\Leftrightarrow y_1 = mx_0 + m + t$
$\Leftrightarrow y_1 = mx_0 + t + m$
$\Leftrightarrow y_1 = y_0 + m$

Die Gleichung zeigt: Erhöht man x um 1, erhöht sich y um m. Graphisch bedeutet das, geht man um 1 nach rechts, muss man um m nach oben oder unten gehen, um wieder einen Punkt auf der Geraden zu erhalten. Das Steigungsdreieck ist also ein rechtwinkliges Dreieck mit den Kathetenlängen 1 in x-Richtung und m in y-Richtung. Je nachdem, ob m positiv oder negativ ist, muss m nach oben (positiv) oder unten (negativ) abgetragen werden.

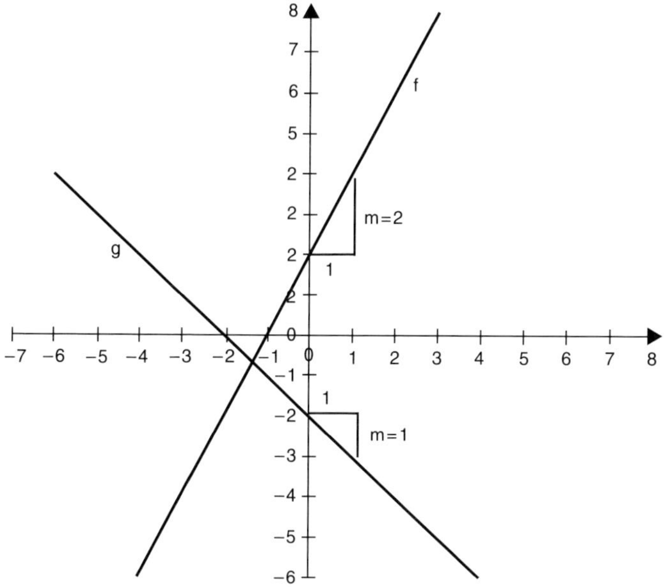

Steigungsdreieck für f: $x \mapsto 2x + 2$ und g: $x \mapsto -x - 2$

In der Abbildung ist die Funktion f: $\mathbb{Q} \to \mathbb{Q}$ $x \mapsto 2x + 2$ dargestellt. Der Achsenabschnitt ist $t = 2$. Der Schnittpunkt der Gerade mit der y-Achse ist demnach der Punkt (0, 2). Das Steigungsdreieck zeichnet man, indem man vom Punkt (0, 2) um 1 nach rechts und um $m = 2$ nach oben geht.

Analog erhält man den Graphen von g: $\mathbb{Q} \to \mathbb{Q}$ $x \mapsto -x - 2$. Der Achsenabschnitt ist $t = -2$, die Steigung ist $m = -1$. Daraus erhält man den Schnittpunkt mit der y-Achse (0, −2). Für das Steigungsdreieck geht man von diesem Punkt aus um 1 nach rechts und, weil $m = -1$, also negativ ist, um 1 nach unten.

Nullstelle einer Geraden

Eine Nullstelle einer Funktion ist ein x-Wert aus der Definitionsmenge, für den die Funktion gleich Null wird, kurz $f(x) = 0$ mit $x \in \mathbb{D}$. Der Graph einer Funktion schneidet die x-Achse genau an seinen Nullstellen.

Jede lineare Funktion hat genau eine Nullstelle in $\mathbb{Q}$. Das liegt daran, dass jede lineare Funktion als Graphen eine Gerade mit einer Steigung $m \neq 0$ hat. Der Graph ist damit nicht parallel zur x-Achse sondern schneidet sie in genau einem Punkt. Die Nullstelle der allgemeinen linearen Abbildung $f\colon \mathbb{Q} \to \mathbb{Q}\ x \mapsto y = mx + t$ lässt sich berechnen. Es gilt: $f(x) = 0$

$$\Leftrightarrow 0 = mx + t \,|\, -t$$

$$\Leftrightarrow -t = mx \,|\, \cdot \frac{1}{m}$$

$$\Leftrightarrow x = -\frac{t}{m}$$

Die Nullstelle einer linearen Abbildung liegt bei $x = -\frac{t}{m}$, der Schnittpunkt des Graphen mit der x-Achse ist der Punkt $(-\frac{t}{m}, 0)$.

Aufstellen von Geradengleichungen

Wie man aus der Geometrie weiß, ist eine Gerade durch zwei Punkte bereits genau festgelegt. Hat man nur zwei Punkte P und Q gegeben, stellt sich die Frage, wie man aus ihnen die Gleichung der dazugehörigen Gerade herleitet.

Als Beispiel seien die Punkte $P(3, 5)$ und $Q(-1, 1)$ gegeben. Gesucht ist die Gleichung der Geraden, die P und Q enthält. Da beide Punkte auf der Geraden liegen, müssen sie beide die Geradengleichung erfüllen. Es gilt also

I. $5 = m \cdot 3 + t$

II. $1 = m \cdot (-1) + t$ oder umgeformt

I* $5 = 3m + t$

II* $1 = -m + t \,|\, \cdot (-1)$

Man erhält ein Gleichungssystem aus zwei Gleichungen mit zwei Unbekannten. Im nachfolgenden Abschnitt werden verschiedene Lösungsmethoden für solche Gleichungssysteme dargestellt. An dieser Stelle wird die Lösung durch Subtraktion der beiden Gleichungen berechnet. D.h. man multipliziert II* mit -1, addiert anschließend die beiden Gleichungen und erhält:

I* + (– 1) · II* $\quad 5 - 1 = 3m + m + t - t$

$4 = 4m$

$m = 1$

Den errechneten Wert für m setzt man in eine der Ausgangsgleichungen ein.

m eingesetzt in I: $\quad 5 = 1 \cdot 3 + t$

$5 = 3 + t \mid -3$

$t = 2$

Die Geradengleichung für die Gerade durch die Punkte P und Q lautet also:

$y = x + 2$.

Auch allgemein lässt sich die Steigung einer Geraden durch zwei gegebene Punkte berechnen. Für zwei gegebene Punkte $P_1(x_1, y_1)$ und $P_2(x_2, y_2)$ mit $x_1, y_1, x_2, y_2 \in \mathbb{Q}$ und $x_1 \neq x_2$ ergibt sich wieder ein Gleichungssystem aus zwei Gleichungen mit zwei Unbekannten, da die Koordinaten beider Punkte die selbe Geradengleichung erfüllen:

I. $\quad y_1 = mx_1 + t \mid - mx_1$

II. $\quad y_2 = mx_2 + t \mid - mx_2$

Man löst zunächst beide Gleichungen nach t auf und setzt sie dann gleich. Dadurch verschwindet t aus dem Gleichungssystem und man erhält eine Gleichung mit der einen Unbekannten m, nach der man dann auflösen kann.

I* $\quad y_1 - mx_1 = t$

II* $\quad y_2 - mx_2 = t \mid$ Gleichsetzen von I* und II*

$y_1 - mx_1 = y_2 - mx_2 \mid + mx_1 - y_2$

$y_1 - y_2 = mx_1 - mx_2$

$y_1 - y_2 = m(x_1 - x_2) \mid : (x_1 - x_2)$

$$\frac{y_1 - y_2}{x_1 - x_2} = m$$

Die Steigung einer Geraden durch zwei Punkte $P_1(x_1, y_1)$ und $P_2(x_2, y_2)$ mit $x_1 \neq x_2$ hat den Wert $m = \dfrac{y_1 - y_2}{x_1 - x_2}$

Durch Einsetzen von m in die Gleichung I oder II lässt sich t dann leicht berechnen.

Die Umkehrfunktion einer linearen Funktion

Umkehrbarkeit

Bei einer linearen Funktion $f\colon \mathbb{Q} \to \mathbb{Q}\; x \mapsto y = mx + t$ werden verschiedenen x-Werten auch verschiedene y-Werte zugeordnet. Zu jedem y-Wert in $\mathbb{Q}$ gibt es genau einen x-Wert, der darauf abgebildet wird und jeder y-Wert in $\mathbb{Q}$ wird genau einmal angenommen. Eine lineare Funktion ist also umkehrbar in $\mathbb{Q}$. Die Definitionsmenge und die Wertemenge der Umkehrfunktion sind wie die Definitionsmenge und Wertemenge der ursprünglichen Funktion gleich $\mathbb{Q}$.

Bestimmen der Umkehrfunktion f^{-1}

Die Umkehrfunktion lässt sich rechnerisch bestimmen, indem man in der Funktionsgleichung die Variablen x und y vertauscht und dann nach y auflöst.

Das soll zuerst an Hand der Beispielfunktion $h\colon \mathbb{Q} \to \mathbb{Q}\; x \mapsto y = 3x - 6$ gezeigt und parallel dazu für den allgemeinen Fall berechnet werden.

$h\colon \mathbb{Q} \to \mathbb{Q}\; x \mapsto y = 3x - 6$

$y = 3x - 6 \mid$ Vertauschen der Variablen

$x = 3y - 6 \mid +6$

$x + 6 = 3y \mid \cdot \frac{1}{3}$

$y = \frac{1}{3}x + 2$

$f\colon \mathbb{Q} \to \mathbb{Q}\; x \mapsto y = mx + t$

$y = mx + t \mid$ Vertauschen der Variablen

$x = my + t \mid -t$

$x - t = my \mid \cdot \frac{1}{m}$

$y = \frac{1}{m}x - \frac{t}{m}$

Die Umkehrfunktion h^{-1} zu h lautet: $h^{-1}\colon \mathbb{Q} \to \mathbb{Q}\; x \mapsto y = \frac{1}{3}x + 2$

> Die Umkehrfunktion zur linearen Funktion $f\colon \mathbb{Q} \to \mathbb{Q}\; x \mapsto y = mx + t$ mit $m, t \in \mathbb{Q}$, $m \neq 0$ ist die Funktion
>
> $f^{-1}\colon \mathbb{Q} \to \mathbb{Q}\; x \mapsto y = \frac{1}{m}x - \frac{t}{m}$

Graphisch erhält man die Umkehrfunktion zu einer Funktion, indem man die ursprüngliche Funktion an der Geraden $y = x$, der Winkelhalbierenden des I. und III. Quadranten spiegelt. Schneiden sich Funktion und Umkehrfunktion, liegt der Schnittpunkt auf der Winkelhalbierenden.

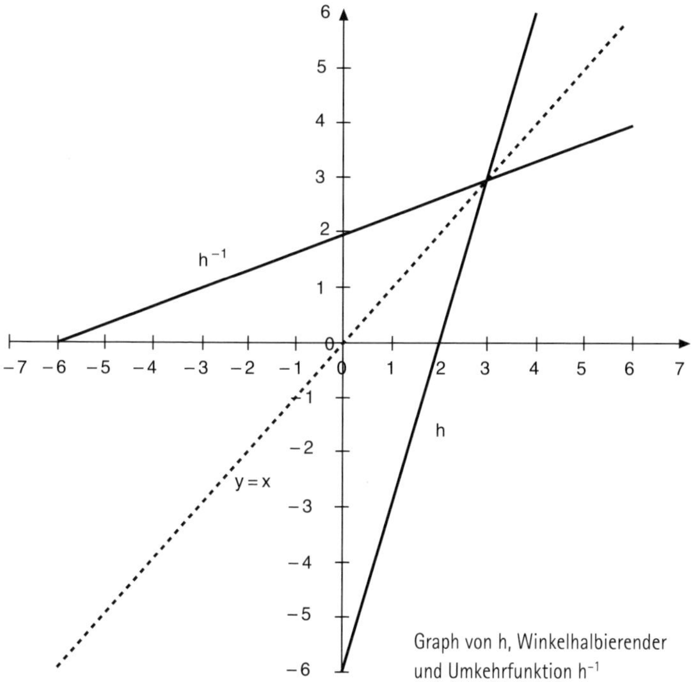

Graph von h, Winkelhalbierender und Umkehrfunktion h^{-1}

Die Lage von Geraden zueinander

Geraden in einer Ebene können zueinander parallel sein, sie können identisch sein oder sich in einem Punkt schneiden. Man hat verschiedene Möglichkeiten, um herauszufinden, wie zwei Geraden zueinander liegen. Man kann graphisch eine Lösung finden, indem man die Geraden zeichnet. Oder man geht rechnerisch an das Problem heran und setzt die Gleichungen der Geraden gleich. An Hand der Lösungsmenge kann man dann bestimmen, ob die Geraden sich schneiden oder nicht. Die Steigung *m* einer Geraden gibt bereits einen ersten Anhaltspunkt für die Lage dieser Geraden anderen gegenüber.

Parallele Geraden

Zwei Geraden sind parallel, wenn sie die gleiche Steigung *m* haben.

$f_1: \mathbb{Q} \rightarrow \mathbb{Q}\ x \mapsto y = m_1 x + t_1$

$f_2: \mathbb{Q} \rightarrow \mathbb{Q}\ x \mapsto y = m_2 x + t_2$

Die beiden Funktionen f_1 und f_2 sind genau dann parallel, wenn gilt $m_1 = m_2$.
Ein Beispiel für zwei parallele Geraden sind f_2 und f_3 in der Abbildung auf S. 111. Zwei Geraden mit gleicher Steigung sind zueinander parallel verschoben, ihre Gleichungen unterscheiden sich nur im Achsenabschnitt t. Sind die Achsenabschnitte auch gleich, sind die Geraden identisch, ihre Graphen überlagern sich.

Beispiel: $f\colon \mathbb{Q} \to \mathbb{Q}\ x \mapsto y = 2x - 4$
$g\colon \mathbb{Q} \to \mathbb{Q}\ x \mapsto y = 2x$
$h\colon \mathbb{Q} \to \mathbb{Q}\ x \mapsto y = 2(x - 2)$

Formt man die Abbildungsvorschrift von h etwas um, erhält man

$h\colon \mathbb{Q} \to \mathbb{Q}\ x \mapsto y = 2x - 4$

Die Steigung aller drei Geraden f, g und h ist $m = 2$. Die drei Geraden sind also parallel, kurz $f \| g \| h$. Die Achsenabschnitte von f und h sind ebenfalls gleich. f und h sind nicht nur parallel, sie sind sogar identisch, $f = h$.
Geraden, die nicht parallel oder identisch sind, schneiden sich in einem Punkt.

Aufeinander senkrecht stehende Geraden

Zwei Geraden f:
$\mathbb{Q} \to \mathbb{Q}\ x \mapsto y = m_1x + t_1$ und $g\colon \mathbb{Q} \to \mathbb{Q}\ x \mapsto y = m_2x + t_2$ stehen aufeinander senkrecht, wenn für das Produkt ihrer Steigungen gilt:

$m_1 \cdot m_2 = -1$

(Der Nachweis erfolgt über trigonometrische Funktionen oder den Höhensatz in rechtwinkligen Dreiecken und soll hier nicht erbracht werden.)
Ein Beispiel für aufeinander senkrecht stehende Geraden sind die Geraden f_1 und f_2 in der Abbildung auf S. 111.

3 Lineare Gleichungen und Ungleichungen

Lineare Gleichungen und Ungleichungen sind Aussagen, in denen genau eine Variable vorkommt. Für diese Variable wird eine Lösungsmenge gesucht. Dabei haben lineare Gleichungen und Ungleichungen eine wichtige Gemeinsamkeit. Die Variable, für die eine Lösungsmenge gesucht wird, kommt nur in der ersten Potenz vor. Sonst können diese Gleichungen und Ungleichungen sehr unterschiedlich sein. Mit Hilfe von Äquivalenzumformungen lassen sie sich aber (fast) alle lösen. Am Ende der Rechnung ist es wichtig, die Lösungsmenge $\mathbb{L}$ für die Variable anzugeben.
Wie im Abschnitt über lineare Funktionen gezeigt wurde, ist der Graph einer linearen Gleichung eine Gerade. Entsprechend kann man lineare Gleichungen darstellen und so eine graphische Lösung für die Variable finden.

3.1 Lineare Gleichungen mit einer Unbekannten

Gleichungen der Art $x + a = b$
Für die lineare Gleichung

$x + 2 = 6 \quad x \in \mathbb{Q}$

findet man in $\mathbb{N}$ oder in $\mathbb{Q}$ leicht eine Lösung. Mit Worten formuliert lautet die Frage, zu welcher Zahl muss ich 2 addieren, um 6 zu erhalten? Die Antwort ist 4. Rechnerisch erhält man das Ergebnis durch Äquivalenzumformungen.
Die Regel für Äquivalenzumformungen besagt: man darf auf beiden Seiten einer Gleichung die gleiche Zahl addieren (oder die gleiche Zahl subtrahieren) und ändert dadurch die Lösung der Gleichung nicht.
Im Fall des Beispiels addiert man auf beiden Seiten der Gleichung -2. Dadurch verschwindet auf der linken Seite der Gleichung die 2.

$x + 2 = 6 \mid + (-2)$
$x + 2 + (-2) = 6 + (-2)$
$x = 4 \qquad \mathbb{L} = \{4\}$

Salopp sagt man auch für die Äquivalenzumformung, »man bringt 2 auf die andere Seite der Gleichung«, dabei ändert sich ihr Vorzeichen. Allgemein bringt man einen Term von der einen Seite einer Gleichung auf die andere, indem man ihn auf beiden Seiten der Gleichung subtrahiert, bzw. (was nach den Regeln der Addition und Subtraktion in $\mathbb{Q}$ das Gleiche ist) auf beiden Seiten der Gleichung das negative Gegenstück addiert. Das gilt sowohl für Terme mit positivem Vorzeichen als auch für Terme mit negativem Vorzeichen, wie die nächsten Beispiele verdeutlichen.

$3 + x = 0 \mid -3$
$3 - 3 + x = 0 - 3$
$x = -3$ $\qquad\qquad$ $\mathbb{L} = \{-3\}$

$x - \frac{1}{2} = -\frac{1}{2} \,\Big|\, + \frac{1}{2}$
$x - \frac{1}{2} + \frac{1}{2} = -\frac{1}{2} + \frac{1}{2}$
$x = 0$ $\qquad\qquad$ $\mathbb{L} = \{0\}$

$a = x - 6 \mid + 6$
$a + 6 = x - 6 + 6$
$x = a + 6$ $\qquad\qquad$ $\mathbb{L} = \{a + 6\}$

$x - b = b \mid + b$
$x - b + b = b + b$
$x = 2b$ $\qquad\qquad$ $\mathbb{L} = \{2b\}$

Die Regel für die Äquivalenzumformung der Gleichung
$x + a = b \;\; a, b, x \in \mathbb{Q}$ lässt sich allgemein herleiten:

$x + a = b \mid - a$
$x + a - a = b - a$
$x = b - a$ $\qquad\qquad$ $\mathbb{L} = \{b - a\}$

Gleichungen der Art *ax = b*

Für die Gleichung $3x = 18$ mit $x \in \mathbb{Q}$ findet man durch Nachdenken oder Ausprobieren schnell eine Lösung. Mit welcher Zahl muss man 3 multiplizieren, damit man 18 erhält? Die richtige Lösung ist $x = 6$. Die Lösung erhält man formal auf dem Weg der Äquivalenzumformungen. Es gilt: Multipliziert (oder dividiert) man beide Seiten einer Gleichung mit demselben Term t ($t \neq 0$), verändert sich die Lösung der Gleichung dadurch nicht. Im Beispielsfall darf man beide Seiten der Gleichung mit $\frac{1}{3}$ multiplizieren (oder durch 3 dividieren) und ändert dadurch nichts an der Lösungsmenge für x.

$3x = 18 \mid \cdot \frac{1}{3}$

$\frac{1}{3} \cdot 3x = \frac{1}{3} \cdot 18$ | Regeln für die Multiplikation von Brüchen

$x = \frac{18}{3}$ | Kürzen

$x = 6$ $\qquad \mathbb{L} = \{6\}$

Um am Ende der Äquivalenzumformung die Variable x allein auf einer Seite der Gleichung stehen zu haben, teilt man also beide Seiten der Gleichung durch den Faktor vor dem x oder einfacher, man multipliziert beide Seiten mit dem Kehrwert dieses Faktors. Dabei muss man das Vorzeichen dieses Faktors berücksichtigen.

Weitere Beispiele: Es gelte $x, a \in \mathbb{Q}$

$-x = 3 \mid \cdot (-1)$

$-1 \cdot (-x) = -1 \cdot 3$

$x = -3$ $\qquad \mathbb{L} = \{-3\}$

$\frac{x}{5} = -2 \mid \cdot 5$

$5 \cdot \frac{x}{5} = 5 \cdot (-2)$

$x = -10$ $\qquad \mathbb{L} = \{-10\}$

$-\frac{3}{2}x = a \mid \cdot \left(-\frac{2}{3}\right)$

$-\frac{2}{3} \cdot \left(-\frac{3}{2}x\right) = -\frac{2}{3}a$

$x = -\frac{2}{3}a$ $\qquad \mathbb{L} = \left\{-\frac{2}{3}a\right\}$

Einen besonderen Fall stellt die Gleichung $ax = 5a$ dar. Die Lösungsmenge muss an Hand einer Fallunterscheidung ermittelt werden.

$ax = 5a$ $\qquad a, x \in \mathbb{Q}$

1. Fall $a = 0$

$\Rightarrow 0 \cdot x = 0 \cdot 5$

$\Leftrightarrow 0 = 0$

Für den Fall $a = 0$ ist die Gleichung immer wahr, egal, welche Zahl man für x einsetzt. Für jedes x gilt $0 \cdot x = 0$. Im ersten Fall ist darum die Lösungsmenge gleich der gesamten Definitionsmenge, $\mathbb{L} = \mathbb{Q}$

2. Fall $a \neq 0$

$ax = 5a \mid \cdot \frac{1}{a}$ (erlaubt, da $a \neq 0$!)

$\frac{1}{a} \cdot ax = 5a \cdot \frac{1}{a} \mid$ Kürzen

$x = 5 \qquad\qquad \mathbb{L} = \{5\}$

Für den Fall $a \neq 0$ hat die Lösungsmenge nur ein Element.

Allgemein gilt für die lineare Gleichung der Form

$ax = b \mid \cdot \frac{1}{a}$ mit $a, b, x \in \mathbb{Q}, a \neq 0$

$\frac{1}{a} \cdot ax = \frac{1}{a} \cdot b$

$x = \frac{b}{a} \qquad\qquad \mathbb{L} = \left\{\frac{b}{a}\right\}$

Allgemeine lineare Gleichungen

Die meisten linearen Gleichungen treten nicht in einer der beiden Reinformen, die eben besprochen wurden auf, sondern sind Mischformen aus beiden. Um z.B. die Gleichung $3x - 1 = -7$ mit $x \in \mathbb{Q}$ zu lösen, wendet man nacheinander die Regeln der Äquivalenzumformung aus den letzten beiden Abschnitten an. Zuerst bringt man -1 auf die andere Seite, dann können beide Gleichungsseiten mit $\frac{1}{3}$ multipliziert werden.

$3x - 1 = -7 \mid +1$

$3x = -7 + 1$

$3x = -6 \mid \cdot \frac{1}{3}$

$x = -6 \cdot \frac{1}{3}$

$x = -2 \qquad\qquad \mathbb{L} = \{-2\}$

Bei Gleichungen, in denen auf beiden Seiten Summanden mit und ohne Variable stehen, empfiehlt sich folgendes Vorgehen:

- Alle Terme mit Variable auf die eine Seite der Gleichung bringen,
- dann alle Terme ohne Variable auf die andere Seite der Gleichung bringen und
- auf beiden Seiten zusammenfassen.
- Die Variable auf der entsprechenden Seite ausklammern und
- die gesamte Gleichung durch den Faktor vor der Variablen teilen.

Ein Vorgehen, wie es im Kasten beschrieben wird, kann man am nächsten Beispiel nachvollziehen: $x \in \mathbb{Q}$

$$-x - 8 = 2 - 3x \;\big|\; + 3x$$
$$3x - x - 8 = 2 - 3x + 3x \;\big|\; + 8$$
$$3x - x = 2 + 8$$
$$2x = 10 \;\Big|\; \cdot \frac{1}{2}$$
$$x = \frac{1}{2} \cdot 10$$
$$x = 5 \qquad\qquad \mathbb{L} = \{5\}$$

Mit den Äquivalenzumformungen lassen sich auch komplizierte Beispiele von linearen Gleichungen mit einer Unbekannten lösen.

$$x(a - 3) - 1 = \frac{1}{2}(-6x + 4a) + 2ax \qquad \text{mit } x, a \in \mathbb{Q}, a \neq 0$$

Auf den ersten Blick hat die Gleichung wenig mit einer linearen Gleichung gemeinsam. Nach Auflösen der Klammern sieht man aber, dass die gesuchte Variable x nur in der ersten Potenz vorkommt. Es handelt sich demnach um eine lineare Gleichung.

$$x(a - 3) - 1 = \frac{1}{2}(-6x + 4a) + 2ax$$
$$ax - 3x - 1 = -3x + 2a + 2ax \;\big|\; + 3x - 2ax$$
$$ax - 2ax - 3x + 3x - 1 = 2a \;\big|\; + 1$$
$$-ax = 2a + 1 \;\Big|\; \cdot -\frac{1}{a}$$
$$x = -\frac{2a + 1}{a} \qquad\qquad \mathbb{L} = \left\{-\frac{2a + 1}{a}\right\}$$

Es gibt auch Beispiele für lineare Gleichungen, die keine Lösung haben:

$x - 6 = x \mid -x$
$-6 = 0$ Widerspruch

Egal, welchen Wert man für x einsetzt, die Gleichung wird immer falsch, die Lösungsmenge ist leer $\mathbb{L} = \{\ \}$

3.2 Lineare Ungleichungen mit einer Unbekannten

Auch bei linearen Ungleichungen ist die Frage, welche Elemente der Definitionsmenge ihr genügen oder, anders formuliert, wie die Lösungsmenge einer Ungleichung aussieht. Wie auch bei Gleichungen erhält man die Lösungsmenge einer linearen Ungleichung durch Äquivalenzumformungen.
Hier werden zwei Grundtypen von linearen Ungleichungen und die dazugehörigen Lösungswege dargestellt und anschließend für den allgemeinen Fall einer linearen Ungleichung zusammengesetzt. Für das Rechnen mit Ungleichungen ist es egal, welches Ungleichheitszeichen vorliegt, $>$, $\geq$, $<$ oder $\leq$. Die Regeln der Äquivalenzumformungen gelten für alle Zeichen in der gleichen Weise.

Lineare Ungleichungen der Form $x + a > b$

Gegeben ist die Ungleichung $x - 5 > 1$ mit $x \in \mathbb{Q}$. Um sie aufzulösen, muss 5 auf die andere Seite der Ungleichung gebracht werden. Dabei gilt für Ungleichungen im Bezug auf die Strichrechenarten die gleiche Regel wie für Gleichungen. Die Lösung einer Ungleichung wird nicht verändert, wenn man auf beiden Seiten der Ungleichung dieselbe Zahl addiert (oder subtrahiert). Im gegebenen Beispiel bedeutet das, man darf auf beiden Seiten 5 addieren und verändert dadurch die Lösungsmenge nicht.

$x - 5 > 1 \mid +5$
$x - 5 + 5 > 1 + 5$
$x > 6$

Die Lösungsmenge für die Ungleichung $x - 5 > 1$ ist $\mathbb{L} = \{x \in \mathbb{Q} \mid x > 6\}$

Allgemein gilt für $a, b, x \in \mathbb{Q}$
$x + a < b \mid -a$
$x < b - a$ $\qquad \mathbb{L} = \{x \in \mathbb{Q} \mid x < b - a\}$

Ungleichungen der Form $ax > b$

Um diesen Fall einer Ungleichung allgemein lösen zu können, ist eine Vorüberlegung nötig. Es gilt folgender Zusammenhang zwischen Vorzeichen einer Variablen und Richtung der Ungleichung:
Für alle $x \in \mathbb{Q}$:

1. $x < 0 \Leftrightarrow -x > 0$
2. $x > 0 \Leftrightarrow -x < 0$

Durch Einsetzen kann man sich diesen Zusammenhang klarmachen, es gilt für

$x = -3$: $\quad -3 < 0 \Leftrightarrow -(-3) = 3 > 0$

$x = \frac{1}{2}$: $\quad \frac{1}{2} > 0 \Leftrightarrow -\frac{1}{2} < 0$

Man kann sich diesen Zusammenhang auch am Zahlenstrahl verdeutlichen.

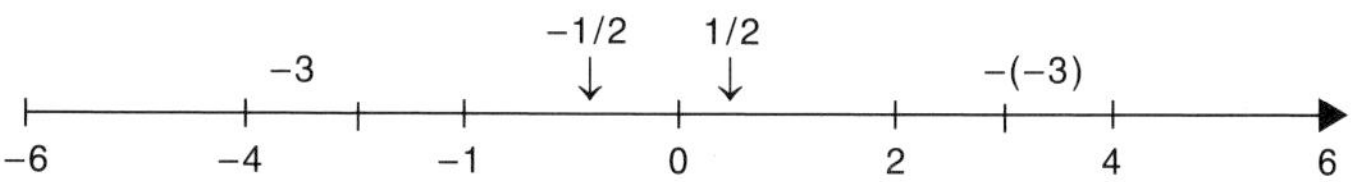

Zahlenstrahl-Ungleichungen

Liegt eine Zahl x links von Null, so liegt ihre Gegenzahl $-x$ rechts von Null. Es gilt also: Ist eine Zahl kleiner als null, so ist ihre Gegenzahl größer als null. Umgekehrt gilt: Liegt eine Zahl rechts von Null, so liegt ihre Gegenzahl links von Null und ist eine Zahl positiv, so ist ihre Gegenzahl negativ.
Für die Äquivalenzumformungen von Ungleichungen bedeutet dieser Zusammenhang: Multipliziert man eine Ungleichung auf beiden Seiten mit einer negativen Zahl, muss man das Ungleichheitszeichen umkehren, d.h. aus $>$ wird $<$ und umgekehrt und aus $\geq$ wird $\leq$ und umgekehrt. Nur dann bleibt die Lösungsmenge der Ungleichung erhalten.
Im Fall der Multiplikation mit positiven Zahlen muss man die Richtung des Ungleichheitszeichens nicht ändern. Multipliziert man beide Seiten einer Ungleichung mit der gleichen positiven Zahl, wird die Lösungsmenge der Ungleichung nicht verändert.

Beispiele für Äquivalenzumformungen nach dieser Regel:

$$-\frac{1}{2}x \leq 2 \mid \cdot (-2)$$

$$(-2) \cdot \left(-\frac{1}{2}\right) x \geq 2 \cdot (-2)$$

$$x \geq -4 \qquad\qquad \mathbb{L} = \{x \in \mathbb{Q} \mid x \geq -4\}$$

$$\frac{5}{3}x > 10 \,\left|\, \cdot \frac{3}{5}\right.$$

$$\frac{3}{5} \cdot \frac{5}{3} x > 10 \cdot \frac{3}{5}$$

$$x > 6 \qquad\qquad \mathbb{L} = \{x \in \mathbb{Q} \mid x > 6\}$$

Im allgemeinen Fall $ax < b$ mit $a, b, x \in \mathbb{Q}$, $a \neq 0$ muss man eine Fallunterscheidung durchführen.

1. Fall $a > 0$

$$ax < b \,\left|\, \cdot \frac{1}{a} \left(\frac{1}{a} > 0\right)\right.$$

$$x < \frac{b}{a}$$

$$\mathbb{L} = \left\{x \in \mathbb{Q} \,\middle|\, x < \frac{b}{a}\right\}$$

2. Fall $a < 0$

$$ax < b \,\left|\, \cdot \frac{1}{a} \left(\frac{1}{a} < 0\right)\right.$$

$$x > \frac{b}{a}$$

$$\mathbb{L} = \left\{x \in \mathbb{Q} \,\middle|\, x > \frac{b}{a}\right\}$$

Allgemeine lineare Ungleichungen

Mit Hilfe der Regeln, die aus den beiden Spezialfällen hergeleitet wurden, lassen sich nun allgemeine lineare Ungleichungen mit einer Variablen x lösen. Wie beim Auflösen von Gleichungen ist es sinnvoll, die Reihenfolge der unten aufgeführten Schritte einzuhalten.

Reihenfolge für das Lösen linearer Ungleichungen:

1. Auflösen von Klammern und Ausmultiplizieren;
2. Sortieren der Summanden: Summanden mit x auf die eine Seite der Gleichung, Summanden ohne x auf die andere;
3. Zusammenfassen der Summanden;
4. Ausklammern von x;
5. Division beider Ungleichungsseiten durch den Faktor vor x (Vorzeichen beachten!) und gegebenenfalls Richung der Ungleichung ändern.

Es kann sein, dass einzelne Schritte beim Lösen der Ungleichung nicht nötig sind, man kann sie dann einfach überspringen.

Die nächsten Beispiele zeigen Anwendungen dieses Lösungsverfahrens für allgemeine lineare Ungleichungen:

$\frac{2}{3}(x + 6) \leq -(4 - x)$ | Klammern auflösen

$\frac{2}{3}x + 4 \leq -4 + x \mid -x$ (Terme sortieren)

$\frac{2}{3}x - x + 4 \leq -4 \mid -4$

$-\frac{1}{3}x \leq -4 - 4 \mid \cdot (-3)$

$x \geq (-8) \cdot (-3)$

$x \geq 24$ $\mathbb{L} = \{x \in \mathbb{Q} \mid x \geq 24\}$

Sei $a \neq 0$.

$ax - 1 > 3ax + a \mid -3ax$

$ax - 3ax - 1 > a \mid +1$

$-2ax > a + 1 \mid \cdot \left(-\frac{1}{2a}\right)$

Da a selbst eine Variable ist und nicht bekannt ist, ob a positiv oder negativ ist, muss eine Fallunterscheidung bezüglich des Vorzeichens von a durchgeführt werden.

1. Fall $-\frac{1}{2a} > 0 \Leftrightarrow \frac{1}{2a} < 0 \Leftrightarrow 2a < 0 \Leftrightarrow a < 0$

Dann gilt für die Ungleichung: $x > -\frac{a+1}{2a}$

2. Fall $-\frac{1}{2a} < 0 \Leftrightarrow \frac{1}{2a} > 0 \Leftrightarrow 2a > 0 \Leftrightarrow a > 0$

Dann gilt für die Ungleichung: $x < -\frac{a+1}{2a}$

Die Lösungsmenge hängt also davon ab, ob a positiv oder negativ ist,

für $a > 0$ ist $\mathbb{L} = \left\{x \in \mathbb{Q} \;\middle|\; x < -\frac{a+1}{2a}\right\}$

für $a < 0$ ist $\mathbb{L} = \left\{x \in \mathbb{Q} \;\middle|\; x > -\frac{a+1}{2a}\right\}$

3.3 Bruchgleichungen

Das Verfahren zur Lösung von linearen Gleichungen lässt sich auch bei Aufgaben anwenden, die auf den ersten Blick nicht viel mit linearen Gleichungen zu tun haben. Die Bruchgleichung der Form $\frac{ax + b}{cx + d} = e$ mit $a, b, c, d, e, x \in \mathbb{Q}$ und $cx + d \neq 0$ ist ein Beispiel dafür. Sie lässt sich in eine lineare Gleichung umformen und dann lösen. An Hand des nächsten Beispiels wird gezeigt, wie man den Lösungsweg einer solchen Bruchgleichung durch Äquivalenzumformungen ermittelt.

Beispiel: $\frac{3x - 1}{8 - 2x} = -3 \mid \cdot (8 - 2x) \qquad \mathbb{D} = \mathbb{Q}\setminus\{4\}$

$$3x - 1 = -3\,(8 - 2x)$$
$$3x - 1 = -24 + 6x \mid -6x$$
$$3x - 6x - 1 = -24 \mid +1$$
$$-3x = -23 \;\Big|\; \cdot \left(-\frac{1}{3}\right)$$
$$x = \frac{23}{3} \qquad \mathbb{L} = \left\{\frac{23}{3}\right\}$$

Der wesentliche Schritt beim Auflösen der Bruchgleichung steht in diesem Beispiel in der ersten Zeile. Die Gleichung wird auf beiden Seiten mit dem Nenner des Bruchs multipliziert. Dadurch fällt der Nenner auf der linken Seite weg. Die entstehende lineare Gleichung löst man nach den bekannten Regeln.
Auch im nächsten Beispiel ist die lineare Gleichung, die sich dahinter verbirgt, nicht sofort zu erkennen, aber auch diese Gleichung aus zwei Brüchen lässt sich in eine lineare Gleichung umwandeln und so lösen.
Der erste Schritt dient dabei wieder dazu, die Nenner auf beiden Seiten aufzulösen. Dazu multipliziert man die Gleichung auf beiden Seiten mit dem Hauptnenner der beiden Brüche. So kürzen sich die Nenner heraus und man erhält eine lineare Gleichung.

Beispiel: $\mathbb{D} = \mathbb{Q} \setminus \left\{-1, \frac{1}{2}\right\}$

$$\frac{3}{x + 1} = -\frac{5}{2x - 1} \;\Big|\; \cdot (x + 1)\,(2x - 1)$$
$$\frac{3\,(x + 1)\,(2x - 1)}{(x + 1)} = -\frac{5\,(x + 1)\,(2x - 1)}{(2x - 1)} \;\Big|\; \text{Kürzen}$$

$3\,(2x - 1) = -\,5\,(x + 1)\ |$ Ausmultiplizieren

$6x - 3 = -\,5x - 5\ |\ + 5x + 3$

$6x + 5x = -\,5 + 3$

$11x = -\,2 \;\Big|\; \cdot \frac{1}{11}$

$x = -\frac{2}{11} \qquad \mathbb{L} = \left\{-\frac{2}{11}\right\}$

3.4 Ungleichungen des Typs $(ax + b)\,(cx + d) > 0$

Eine Anmerkung zu Beginn: Alle Regeln in diesem Abschnitt gelten nicht nur für Ungleichungen mit einem > Zeichen sondern analog für Ungleichungen mit <, ≥ oder ≤ Zeichen. Die Ungleichheitszeichen lassen sich in den Regeln beliebig ersetzen.

In der Ungleichung $(ax + b)\,(cx + d) > 0$ mit $a, b, c, d, x \in \mathbb{Q}$ steht auf der linken Seite der Ungleichung ein Produkt. Nach den Vorzeichenregeln der Multiplikation gilt:

»+« · »+« = »+«

»−« · »+« = »−«

»+« · »−« = »−«

»−« · »−« = »+«

Das Produkt in der Ungleichung soll positiv sein. Dafür kommen nur die Fälle »+« · »+« = »+« und »-« · »-« = »+« in Frage. Das Produkt ist also genau dann positiv, wenn entweder $(ax + b)$ positiv und gleichzeitig $(cx + d)$ positiv ist oder wenn $(ax + b)$ negativ und gleichzeitig $(cx + d)$ negativ ist.

Formal schreibt man das in einer Fallunterscheidung:

1. Fall $(ax + b) > 0$ und $(cx + d) > 0$
2. Fall $(ax + b) < 0$ und $(cx + d) < 0$

Betrachtet man den ersten Fall der Fallunterscheidung, lässt sich gesondert für jede der beiden Ungleichungen eine Lösungsmenge bestimmen, die Lösungsmengen $\mathbb{L}_1$ und $\mathbb{L}_2$. Da beide Bedingungen gleichzeitig erfüllt sein müssen, ist die Lösungsmenge $\mathbb{L}_I$ für den gesamten ersten Fall die Schnittmenge aus $\mathbb{L}_1$ und $\mathbb{L}_2$, $\mathbb{L}_I = \mathbb{L}_1 \cap \mathbb{L}_2$.
Für den zweiten Fall ergibt sich analog die Lösungsmenge $\mathbb{L}_{II} = \mathbb{L}_3 \cap \mathbb{L}_4$.
Die Lösungsmenge $\mathbb{L}$ der gesamten Ungleichung setzt sich aus den Lö-

sungsmengen der beiden Fälle zusammen, sie ist die Vereinigung der beiden, $\mathbb{L} = \mathbb{L}_{I} \cup \mathbb{L}_{II}$. Die Lösungsmenge der gegebenen Ungleichung setzt sich also aus vier einzelnen Lösungsmengen zusammen, die man durch eine Fallunterscheidung an Hand der Vorzeichen der Faktoren in der Ungleichung herleitet.
Das nächste Beispiel verdeutlicht, wie eine Ungleichung des gegebenen Typs gelöst werden kann.

$(x - 1)(3x + 9) > 0$

Da das Produkt positiv sein soll, ergeben sich die Fälle »+« · »+« = »+« und »–« · »–« = »+«.

1\. Fall $(x - 1) > 0$ und $(3x + 9) > 0$

$\Leftrightarrow x > 1 \text{ und } 3x > -9 \;\Big|\; \cdot \frac{1}{3}$

$\Leftrightarrow x > 1 \text{ und } x > -3$

$\mathbb{L}_1 = \{x \in \mathbb{Q} \mid x > 1\}$ und $\mathbb{L}_2 = \{x \in \mathbb{Q} \mid x > -3\}$

$\mathbb{L}_{I} = \mathbb{L}_1 \cap \mathbb{L}_2 = \{x \in \mathbb{Q} \mid x > 1\}$

2\. Fall $x - 1 < 0$ und $3x + 9 < 0$

$\Leftrightarrow x < 1 \text{ und } 3x < -9$

$\Leftrightarrow x < 1 \text{ und } x < -3$

$\mathbb{L}_3 = \{x \in \mathbb{Q} \mid x < 1\}$ und $\mathbb{L}_4 = \{x \in \mathbb{Q} \mid x < -3\}$

$\mathbb{L}_{II} = \mathbb{L}_3 \cap \mathbb{L}_4 = \{x \in \mathbb{Q} \mid x < -3\}$

$\mathbb{L} = \mathbb{L}_{I} \cup \mathbb{L}_{II} = \{x \in \mathbb{Q} \mid x < -3\} \cup \{x \in \mathbb{Q} \mid x > 1\}$

Da für die Division die gleichen Vorzeichenregeln gelten wie für die Multiplikation, lassen sich Bruchungleichungen des Typs $\frac{ax + b}{cx + d} > 0$ mit $cx + d \neq 0$ auf ähnliche Weise lösen. Auch hier wird je nach den Vorzeichen des Zählers und Nenners eine Fallunterscheidung vorgenommen. Dadurch lassen sich vier Teillösungsmengen bestimmen, aus denen man durch Schnitt und Vereinigung die Lösungsmenge der Bruchungleichung bildet.

Beispiel: $\frac{x}{x + 1} < 0$ $\qquad \mathbb{D} = \mathbb{Q} \setminus \{-1\}$

1\. Fall »–« : »+« = »–«

$x < 0 \text{ und } x + 1 > 0$

$\Leftrightarrow x < 0 \text{ und } x > -1$

$\mathbb{L}_1 = \{x \in \mathbb{Q} \mid x < 0\}$ $\mathbb{L}_2 = \{x \in \mathbb{Q} \mid x > -1\}$

$\mathbb{L}_{I} = \mathbb{L}_1 \cap \mathbb{L}_2 = \{x \in \mathbb{Q} \mid -1 < x < 0\}$

2. Fall: »+« : »–« = »–«
$x > 0$ und $x + 1 < 0$
$\Leftrightarrow x > 0$ und $x < -1$
$\mathbb{L}_3 = \{x \in \mathbb{Q} \mid x > 0\}$ $\mathbb{L}_4 = \{x \in \mathbb{Q} \mid x < -1\}$

Da keine Zahl gleichzeitig größer als 0 und kleiner als – 1 sein kann, ist die Schnittmenge von $\mathbb{L}_3$ und $\mathbb{L}_4$ leer, der zweite Fall bringt keine zusätzlichen Lösungen. $\mathbb{L}_{II} = \mathbb{L}_3 \cap \mathbb{L}_4 = \{\ \}$
$\mathbb{L} = \mathbb{L}_I \cup \mathbb{L}_{II} = \{x \in \mathbb{Q} \mid -1 < x < 0\}$

3.5 Lineare Gleichungssysteme mit zwei Unbekannten

Im Rahmen von mathematischen Überlegungen, aber auch bei Aufgaben aus dem Alltag stellen sich nicht nur Fragen, die durch eine Gleichung mit einer Unbekannten zu lösen sind. Häufig ist ein Problem gegeben, in dem zwei lineare Gleichungen mit zwei Unbekannten vorkommen. Der Schnittpunkt von zwei Geraden oder das Aufstellen einer Geradengleichung durch zwei gegebene Punkte sind Beispiele dafür. Ein abstraktes Beispiel für ein Gleichungssystem aus zwei linearen Gleichungen mit zwei Unbekannten ($x, y \in \mathbb{Q}$) ist

I. $x + 2y = 3$
II. $-x - y = 1$

Es gibt verschiedene graphische und rechnerische Möglichkeiten, ein solches System von Gleichungen zu lösen. Wie man durch Umformen leicht sieht, stellen zwei lineare Gleichungen immer zwei Geraden dar. Geraden können zueinander parallel sein, identisch sein oder sich schneiden. Entsprechend diesen drei Fällen kann auch ein lineares Gleichungssystem mit zwei Unbekannten keine Lösung, unendlich viele Lösungen oder genau eine Lösung haben. Löst man im gegebenen Beispiel die Gleichungen nach y auf, erhält man die entsprechenden Geradengleichungen. Die Geraden kann man zeichnen und so graphisch ihre Lage zueinander und – falls sie sich schneiden – die Koordinaten x und y des Schnittpunkts ermitteln. Da graphische Lösungen aber nie ganz exakt sind, werden hier rechnerische Verfahren beschrieben, um lineare Gleichungssysteme zu lösen, das Verfahren durch Einsetzen bzw. Gleichsetzen und das Additionsverfahren.
Alle drei Verfahren haben in ihrem Vorgehen eine Gemeinsamkeit. Man versucht die gegebenen Gleichungen so zusammenzufassen, dass sie

auf eine lineare Gleichung mit einer Unbekannten zurückgeführt werden können.

Einsetzungsverfahren

Gegeben sei das Gleichungssystem von obigem Beispiel.

I. $x + 2y = 3$

II. $-x - y = 1$

Der Lösungsweg mittels des Einsetzungsverfahrens hat vier Schritte. Man löst zuerst eine der beiden Gleichungen nach einer der beiden Variablen auf. Im Beispiel wird Gleichung II nach x aufgelöst.

II. $-x - y = 1 \mid + x - 1$

$x = -y - 1$

Dann setzt man den erhaltenen Term in der anderen Gleichung für die entsprechende Variable ein. Im Beispiel wird in I für $x = -y - 1$ eingesetzt.

I* $(-y - 1) + 2y = 3$

Die erhaltene Gleichung ist eine lineare Gleichung mit einer Unbekannten. Sie wird mittels der bekannten Äquivalenzumformungen gelöst.

I* $-y - 1 + 2y = 3$

$y - 1 = 3 \mid + 1$

$y = 4$

Durch Einsetzen der erhaltenen Variablen in eine der Ausgangsgleichungen lässt sich die andere Variable berechnen.

$y = 4$ in I

$x + 2 \cdot 4 = 3$

$x + 8 = 3$

$x = -5$

Die Lösung des Gleichungssystems ist $x = -5$ und $y = 4$.
Das Einsetzungsverfahren liefert für jedes lösbare System eine Lösung. Allerdings hat es manchmal den Nachteil, dass die Rechnungen nach dem Einsetzen sehr unübersichtlich werden.

Lösung durch Gleichsetzen

Das Lösungsverfahren durch Gleichsetzen ist eine Variante des Einsetzungsverfahrens. Bei diesem Weg werden beide Gleichungen nach der selben Variablen aufgelöst und dann gleichgesetzt. So erhält man wieder eine lineare Gleichung mit einer Unbekannten, die sich mit Äquivalenzumformungen lösen lässt. Durch Einsetzen in eine der ursprünglichen Gleichungen ermittelt man im letzten Schritt die zweite gesuchte Variable. Das schrittweise Vorgehen in diesem Verfahren wird wieder an bekanntem obigen Beispiel gezeigt.

I. $x + 2y = 3$

II. $-x - y = 1$

Auflösen beider Gleichungen nach x:

I* $x = 3 - 2y$

II* $x = -y - 1$

Gleichsetzen I* = II*

$3 - 2y = -y - 1$

Auflösen nach y:

$3 - 2y = -y - 1 \mid + 2y + 1$

$y = 4$

Einsetzen in I*

$x = 3 - 2 \cdot 4$ $\qquad$ $x = -5$

Auch dieses Verfahren führt immer zur Lösung, es bietet sich vor allem dann an, wenn man in beiden Gleichungen leicht nach einer Variablen auflösen kann.

Additionsverfahren

Auch beim Additionsverfahren ist das Ziel, die gegebenen zwei Gleichungen auf eine Gleichung mit einer Unbekannten zurückzuführen. Dazu werden die Gleichungen so umgeformt, dass bei der anschließenden Addition der Gleichungen eine der Variablen wegfällt. Die Gleichungen dazu werden so erweitert, dass der Koeffizient einer festgelegten Variablen in der ersten Gleichung die Gegenzahl seines Koeffizienten in der zweiten Gleichung ist. Durch die Addition der Gleichungen erhält man eine lineare Gleichung mit einer Unbekannten, die man wie gewohnt lösen kann.

Im oben gegebenen Beispiel ist das Additionsverfahren besonders einfach anzuwenden, da die Koeffizienten von x in I und II (1 und – 1) bereits Gegenzahlen sind

I. $x + 2y = 3$

II. $-x - y = 1$

I + II: $x + 2y - x - y = 3 + 1$

$y = 4$

Durch Einsetzen in I erhält man wieder $x = -5$
Auch im folgenden Beispiel kann man das Additionsverfahren anwenden, allerdings müssen dazu erst alle Terme mit Variablen auf eine Gleichungsseite gebracht werden.

I. $x = -2 + y \mid -y$

II. $2x + 4 = -3y \mid +3y - 4$

I* $x - y = -2 \mid \cdot (-2)$

II* $2x + 3y = -4$

I* wird mit (– 2) erweitert, so dass die Koeffizienten von x in I* und II* Gegenzahlen sind

I** $-2x + 2y = 4$

II* $2x + 3y = -4$

Addition der Gleichungen

I** + II* $-2x + 2y + 2x + 3y = 4 - 4$

$5y = 0$

$y = 0$

Eingesetzt in I: $x = -2 + 0$ $\qquad$ $x = -2$
Die Lösung des Gleichungssystems ist $x = -2$ und $y = 0$.

Das Additionsverfahren kommt vor allem bei komplizierteren Rechnungen, wie sie im nächsten Abschnitt besprochen werden, zum Einsatz.

4 Die Menge der reellen Zahlen ℝ

Wie in den vorangegangenen Abschnitten gesehen, lassen sich in der Menge der rationalen Zahlen eine Vielzahl verschiedener Aufgaben und Aufgabentypen lösen. Außerdem liegen die Zahlen in ℚ so dicht nebeneinander, dass man zu je zwei Zahlen in ℚ immer noch eine Zahl aus ℚ findet, die dazwischen liegt, egal, wie klein man den Abstand gewählt hat. Dennoch gibt es Gleichungen, die man in ℚ formulieren kann, die aber in ℚ keine Lösung haben. Ein Beispiel hierfür ist die Gleichung $x^2 = 2$.
Die Lösung dieser Gleichung lässt sich graphisch darstellen. Es ist nach dem Lehrsatz des Pythagoras die Länge der Diagonale in einem Quadrat mit der Kantenlänge 1.

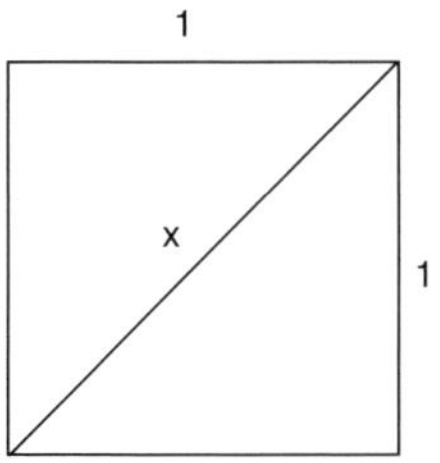

Da der Beweis, dass $x^2 = 2$ in ℚ keine Lösung hat, sehr einfach ist, wird er hier aufgeführt. Es ist ein Widerspruchsbeweis. D.h. man nimmt an, das Gegenteil dessen, was man beweisen will, ist wahr und führt diese Annahme auf einen Widerspruch. Damit ist die ursprüngliche Aussage bewiesen.

4.1 Beweis für die Unvollständigkeit von ℚ

Annahme: Es gibt ein $q \in \mathbb{Q}$ mit $q^2 = 2$.
Jedes $q \in \mathbb{Q}$ lässt sich als Bruch aus Zahlen aus ℕ bzw. ℤ darstellen. Da in diesem Fall das Vorzeichen von q durch das Quadrat wegfällt, genügt es hier, nur ℕ zu betrachten. Es gibt also Zahlen $a, b \in \mathbb{N}$, für die gilt: $q = \frac{a}{b}$ und damit $(\frac{a}{b})^2 = 2$. a und b seien teilerfremd, d.h. $\frac{a}{b}$ ist ein so weit wie möglich gekürzter Bruch.
Aus $(\frac{a}{b})^2 = 2$ folgt: $a^2 = 2b^2$

Man unterscheidet nun zwei Fälle: 1. a ist gerade und 2. a ist ungerade. Für beide Fälle führt man die Annahme auf einen Widerspruch.

1. Fall a gerade
$\Rightarrow (a:2) \in \mathbb{N}$
$\Rightarrow (a:2) \cdot (a:2) \in \mathbb{N}$
$\Rightarrow a^2 : 4 \in \mathbb{N}$ und da $a^2 = 2b^2$
$2b^2 : 4 \in \mathbb{N}$. Durch Kürzen ergibt sich
$b^2 : 2 \in \mathbb{N}$
$\Rightarrow b^2$ ist durch 2 teilbar. Da $b \in \mathbb{N}$, ist damit auch b durch 2 teilbar.
Auch a ist, da a gerade ist, durch 2 teilbar.
Widerspruch zu a und b teilerfremd.

2. Fall a ungerade
$\Rightarrow a^2$ ist auch ungerade $\Rightarrow a^2 \neq 2b^2$ Widerspruch
Sowohl Fall 1 als auch Fall 2 führen auf einen Widerspruch.
Also ist die Annahme falsch. Die Gleichung $x^2 = 2$ hat in $\mathbb{Q}$ keine Lösung.

Für x mit $x^2 = 2$ schreibt man $x = \sqrt{2}$, $\sqrt{2}$ hat den ungefähren Wert $\sqrt{2} = 1{,}41421\ldots$, $\sqrt{2} \in \mathbb{R}$ und $\sqrt{2} \notin \mathbb{Q}$. Für andere Quadratwurzeln, z.B. $\sqrt{7}$ kann man einen analogen Beweis führen. Quadratwurzeln aus positiven Zahlen, die keine Quadratzahlen sind, sind alle Elemente von $\mathbb{R}$, nicht aber von $\mathbb{Q}$. Auch alle anderen Wurzeln, z.B. Kubikwurzeln wie $\sqrt[3]{2}$ als Lösung der Gleichung $x^3 = 2$, sind Elemente von $\mathbb{R}$.
Es gilt der

Eindeutigkeitssatz der n-ten Wurzel
Zu einem $a \in \mathbb{R}_0^+$ und $n \in \mathbb{N}$ gibt es höchstens eine n-te Wurzel, d.h. höchstens ein $x \in \mathbb{R}_0^+$, so dass $x^n = a$ ist. x heißt dann die n-te Wurzel von a.

Jede n-te Wurzel einer positiven Zahl ist also ein Element von $\mathbb{R}$.
Nicht nur Wurzeln, auch andere geometrisch erfassbare Größen lassen sich mit Zahlen aus $\mathbb{Q}$ nicht beschreiben. Die Länge einer Kreislinie eines Kreises mit Durchmesser 1 zum Beispiel ist kein Element von $\mathbb{Q}$. Die Länge eines solchen Kreisumfangs ist π (sprich: Pi) und hat den ungefähren Wert $\pi = 3{,}14159\ldots$ π ist ein unendlicher, nichtperiodischer Dezimalbruch. D.h. man kann die Stellen hinter dem Komma unendlich

weiterschreiben, ohne dass irgendwann eine Periode auftritt. Im Gegensatz dazu sind Dezimalbrüche in $\mathbb{Q}$ entweder endlich, z.B. 0,25, oder unendlich periodisch, z.B. $\frac{1}{11} = 0{,}09090909\ldots$ Unendliche nichtperiodische Dezimalbrüche nennt man irrational. Die Eulersche Zahl e, die im Gesetz des radioaktiven Zerfalls vorkommt, ist auch eine irrationale Zahl. Zahlen wie π oder e lassen sich weder durch Zahlen in $\mathbb{Q}$ noch als Wurzeln von Zahlen in $\mathbb{Q}$ darstellen.

$\mathbb{R}$, die Menge der reellen Zahlen, enthält also
- alle Elemente aus $\mathbb{Q}$ und damit auch aus $\mathbb{Z}$ und $\mathbb{N}$;
- alle *n*-ten Wurzeln aus positiven Zahlen aus $\mathbb{Q}$;
- irrationale Zahlen wie π oder e (transzendente Zahlen);

und mögliche Kombinationen aus solchen Elementen.

$\mathbb{R}$ lässt sich nicht mehr wie $\mathbb{Q}$ in aufzählender Weise darstellen oder aus (endlich oder abzählbar vielen) abzählbaren Mengen zusammensetzen. Dafür ist $\mathbb{R}$ zu groß. Man sagt, $\mathbb{R}$ ist eine überabzählbar unendliche Menge. $\mathbb{Q}$, $\mathbb{Z}$ und $\mathbb{N}$ dagegen sind abzählbare (unendliche) Mengen.

4.2 $\mathbb{Q}$ ist dicht in $\mathbb{R}$

Man betrachtet nun zwei beliebige Zahlen in $\mathbb{Q}$. Egal wie nah die beiden Zahlen in $\mathbb{Q}$ nebeneinander liegen, es liegt immer eine Zahl aus $\mathbb{R}$, die nicht Element von $\mathbb{Q}$ ist, dazwischen. Beispielsweise liegt zwischen 1,41422 und 1,41421 die Zahl $\sqrt{2}$. Man kann sich leicht auch andere unendliche nichtperiodische Dezimalzahlen vorstellen, die jeweils zwischen zwei solchen Zahlen liegen.
Andersherum gilt genauso: Egal, wie nah zwei Zahlen aus $\mathbb{R}$ nebeneinander liegen, man findet immer eine Zahl aus $\mathbb{Q}$, die zwischen den beiden liegt. Man kann also mit Zahlen aus $\mathbb{Q}$ beliebig dicht an Zahlen aus $\mathbb{R}$ herankommen, ohne sie jemals zu erreichen. Als Beispiel kann man sich endliche Dezimalbrüche vorstellen, zu denen man immer eine Stelle hinter dem Komma hinzunimmt. Die Zahlen 1,414 1,4142 1,41421 1,414213 ... nähern sich mit jedem Hinzunehmen einer neuen Dezimalstelle mehr an die Zahl $\sqrt{2}$ an. Jede der endlichen Dezimalbrüche ist dabei Element von $\mathbb{Q}$, während $\sqrt{2}$ nicht in $\mathbb{Q}$ liegt. Trotzdem kann man mit den endlichen Dezimalbrüchen unendlich nah an $\sqrt{2}$ herankommen. Wegen dieser Eigenschaft sagt man auch, $\mathbb{Q}$ ist dicht in $\mathbb{R}$.

Trotz dieser Eigenschaft liegen zwischen den dicht angeordneten Zahlen aus $\mathbb{Q}$ unendlich viele Zahlen aus $\mathbb{R}$, die nicht in $\mathbb{Q}$ sind. Graphisch kann man dieses Verhältnis von $\mathbb{R}$ zu $\mathbb{Q}$ nicht mehr darstellen.

Intervallschreibweise für Teilmengen von $\mathbb{R}$

Häufig will man Teilbereiche des Zahlenstrahls als Mengen angeben, z.B. die Lösungsmenge für $-3 < x \leq 29$. Für Intervalle in $\mathbb{R}$ hat man dazu eine Kurzschreibweise eingeführt.

Seien $a, b \in \mathbb{R}$ und $a < b$, dann schreibt man

$[a, b] = \{x \in \mathbb{R} \mid a \leq x \leq b\}$

$[a, b[= \{x \in \mathbb{R} \mid a \leq x < b\}$

$]a, b] = \{x \in \mathbb{R} \mid a < x \leq b\}$

$]a, b[= \{x \in \mathbb{R} \mid a < x < b\}$

Im ersten Intervall gehören die Intervallgrenzen a und b zum Intervall und damit zur Menge dazu. Beim zweiten Intervall gehört a dazu, b aber nicht, umgekehrt gehört b im dritten Fall zum Intervall dazu, a aber nicht. Im vierten Intervall gehören weder a noch b zum Intervall dazu. Die Schreibweise lässt sich so interpretieren: Deutet die Klammer des Intervalls nach außen, dann gehört die entsprechende Intervallgrenze nicht zum Intervall dazu, deutet sie nach innen, ist diese Intervallgrenze Element des Intervalls.

Das erste Intervall heißt dabei geschlossenes Intervall,
das zweite Intervall heißt links geschlossen, rechts offen,
das dritte Intervall ist links offen, rechts geschlossen und
das vierte Intervall heißt offenes Intervall.

Um anzuzeigen, dass die beschriebene Menge auf dem Zahlenstrahl eine Halbgerade ist, dass also das Intervall nur auf einer Seite beschränkt ist, verwendet man in der Intervallschreibweise das Zeichen ∞ oder $-\infty$ als Intervallgrenze. ∞ ist keine Zahl, also auch keine Zahl in $\mathbb{R}$. ∞, ebenso wie $-\infty$ kann darum nie zu einem Intervall in $\mathbb{R}$ gehören und muss immer ausgeschlossen werden. Auf der entsprechenden Seite muss das Intervall immer offen sein.

Man schreibt also für $a \in \mathbb{R}$

$[a, \infty[= \{x \in \mathbb{R} \mid x \geq a\}$

$]-\infty, a] = \{x \in \mathbb{R} \mid x \leq a\}$

Damit gilt $]-\infty, \infty[= \mathbb{R}$

Rechnen in $\mathbb{R}$

Alle Rechenregeln, die in $\mathbb{Q}$ gelten, gelten auch in $\mathbb{R}$. Sie werden hier noch einmal zusammenfassend dargestellt.

1. Klammern haben Vorrang
2. Punkt vor Strich
3. Kommutativgesetz
   der Addition $a + b = b + a$ $\quad a, b \in \mathbb{R}$
   der Multiplikation $a \cdot b = b \cdot a$ $\quad a, b \in \mathbb{R}$
4. Assoziativgesetz
   der Addition $(a + b) + c = a + (b + c) = a + b + c$ $\quad a, b, c \in \mathbb{R}$
   der Multiplikation $(a \cdot b) \cdot c = a \cdot (b \cdot c) = a \cdot b \cdot c$ $\quad a, b, c \in \mathbb{R}$
5. Distributivgesetz
   $a \cdot (b + c) = a \cdot b + a \cdot c$ $\quad a, b, c \in \mathbb{R}$

Auch die Regeln für Addition und Subtraktion und die Vorzeichenregeln bei der Multiplikation und Division bleiben bestehen. Aus den oben genannten Gesetzen lassen sich auf gleichem Weg wie in $\mathbb{Q}$ auch für die Elemente aus $\mathbb{R}$ Regeln wie das kreuzweise Ausmultiplizieren von Summen, die binomischen Formeln und das Lösen von Gleichungen und Ungleichungen durch Äquivalenzumformungen herleiten. Man kann also in $\mathbb{R}$ wie gewohnt rechnen.
Eine Besonderheit gilt für Terme mit Wurzeln. Da Wurzeln die positive Lösung einer Gleichung der Art $x^n = q$ mit $q \geq 0$ sind, gilt also $x = \sqrt[n]{q}$ und $\sqrt[n]{q^n} = \sqrt[n]{q}^{\,n} = x^n = q$

Beispiele:

$\sqrt{4} = \sqrt{2^2} = 2$
$\sqrt{2} + \sqrt{2} = 2\sqrt{2}$
$\sqrt{2}\,(2 - \sqrt{2}) = 2\sqrt{2} - \sqrt{2}\,\sqrt{2} = 2\sqrt{2} - 2$
$(3x - \sqrt{5})^2 = 9x^2 - 2 \cdot 3\sqrt{5}\,x + \sqrt{5} \cdot \sqrt{5} = 9x^2 - 6\sqrt{5}\,x + 5$

Rationalmachen des Nenners

Um die Größe eines Bruchs abschätzen zu können oder auch um einen einfacheren Hauptnenner zu erhalten, ist es oft hilfreich, im Nenner eines Bruchs keine Wurzel stehen zu haben. Indem man den Bruch geeignet erweitert, kann man bei jedem Bruch den Nenner rational machen. Die folgenden Beispiele erläutern dieses Vorgehen:

$$\frac{1}{\sqrt{2}} = \frac{\sqrt{2}}{\sqrt{2}} \cdot \frac{1}{\sqrt{2}} = \frac{\sqrt{2}}{\sqrt{2} \cdot \sqrt{2}} = \frac{\sqrt{2}}{2} = \frac{1}{2} \cdot \sqrt{2}$$

Im nächsten Beispiel steht im Nenner des Bruchs eine Summe aus einer Variablen und einer Wurzel. Erweitert man in diesem Fall den Bruch mit dem Nenner, wird, da dann im Nenner eine binomische Formel angewendet werden muss, die ein gemischtes Glied enthält, der Nenner nicht rational. Daher erweitert man den Bruch mit $(x - \sqrt{2})$. Im Nenner wird dann die dritte binomische Formel angewendet, die kein gemischtes Glied enthält.

$$\frac{1}{x + \sqrt{2}} = \frac{x - \sqrt{2}}{x - \sqrt{2}} \cdot \frac{1}{x + \sqrt{2}} = \frac{x - \sqrt{2}}{(x - \sqrt{2}) \cdot (x + \sqrt{2})} = \frac{x - \sqrt{2}}{x^2 - 2}$$

5 Quadratische Gleichungen und quadratische Funktionen

5.1 Quadratische Gleichungen

Darstellungsformen

Als quadratische Gleichung bezeichnet man eine Gleichung der Form

$ax^2 + bx + c = 0$ mit $a, b, c, x \in \mathbb{R}, a \neq 0$

Dabei heißt x Variable, a, b, c heißen Koeffizienten. Das entscheidende Merkmal für eine quadratische Gleichung ist, dass die Variable in der 2. Potenz steht.

Beispiele für quadratische Gleichungen sind:

$x^2 - 1 = 0$
$2x^2 + 5x - 17 = 0$
$x^2 - x - 1 = 0$
$3(x-2)^2 = 25$

Auch die letzte Gleichung ist eine quadratische Gleichung, wie sich durch äquivalente Umformungen leicht nachrechnen lässt.

	$3(x-2)^2 = 25$	| Auflösen der binomischen Formel
$\Leftrightarrow$	$3(x^2 - 4x + 4) = 25$	| Ausmultiplizieren
$\Leftrightarrow$	$3x^2 - 12x + 12 = 25$	| -25
$\Leftrightarrow$	$3x^2 - 12x - 13 = 0$	

Lösungsmethoden

Quadratische Gleichungen können in $\mathbb{R}$ 0, 1 oder 2 Lösungen besitzen.
Beispiele:

$x^2 = 0$		$\mathbb{L} = \{0\}$
$x^2 - x = 0$	$\Leftrightarrow x(x-1) = 0$	$\mathbb{L} = \{0, 1\}$
$x^2 + 1 = 0$	$\Leftrightarrow x^2 = -1$	$\mathbb{L} = \{\ \}$

Systematisch ergibt sich für den einfachsten allgemeinen Fall $x^2 = e$ die folgende Fallunterscheidung:

			Beispiele	
	$e < 0$:	$\mathbb{L} = \{\ \}$	$x^2 = -4$	$\mathbb{L} = \{\ \}$
$x^2 = e$ für	$e = 0$:	$\mathbb{L} = \{0\}$	$x^2 = 0$	$\mathbb{L} = \{0\}$
	$e > 0$:	$\mathbb{L} = \{\sqrt{e}, -\sqrt{e}\}$	$x^2 = 5$	$\mathbb{L} = \{\sqrt{5}, -\sqrt{5}\}$

Ist eine quadratische Gleichung in der Form einer binomischen Formel gegeben, so lässt sich die Lösungsmenge der quadratischen Gleichung durch Anwendung dieser Fallunterscheidung bestimmen.

Beispiel: $(x-3)^2 = 25$

Ersetzt man die Klammer durch die Variable u, erhält man:

$u := (x-3) \Rightarrow u^2 = (x-3)^2 \Rightarrow u^2 = 25$

Nun kann man die Fallunterscheidung anwenden. Sie ergibt:

$25 > 0$, also gibt es zwei Lösungen, nämlich $u_1 = 5$ und $u_2 = -5$.

Ersetzt man u wieder durch die Klammer $x - 3$, erhält man

$x_1 - 3 = 5$ und $x_2 - 3 = -5$
$x_1 = 8$ und $x_2 = -2$

Die Lösungsmenge lautet also $\mathbb{L} = \{8, -2\}$.

Quadratische Ergänzung

Die Lösungsmenge einer allgemeinen quadratischen Gleichung erhält man, indem man sie durch äquivalente Umformungen auf eine binomische Formel zurückführt. Auf diese binomische Formel wendet man dann die Fallunterscheidung an und bestimmt so die Lösungsmenge.
Eine quadratische Gleichung, die in Form einer binomischen Formel vorliegt, hat die Form

$(x+d)^2 = \mathrm{e}$ (I) oder ausmultipliziert $x^2 + 2xd + d^2 = \mathrm{e}$ (II)

Die allgemeine quadratische Gleichung $ax^2 + bx + c = 0$ wird schrittweise umgeformt, bis sie in der Form von (II) vorliegt. Dabei wird in jedem Schritt ein Koeffizient der quadratischen Gleichung mit dem entsprechenden Koeffizienten der binomischen Formel verglichen und so umgeformt, dass man am Ende die Gleichung in Faktorenschreibweise angeben kann.

Umformen der quadratischen Gleichung:

$$ax^2 + bx + c = 0 \quad | :a$$

$$\Leftrightarrow \quad x^2 + \frac{b}{a}x + \frac{c}{a} = 0 \quad |$$ Umformen des gemischten Glieds entsprechend den Koeffizienten der binomischen Formel

$$\Leftrightarrow \quad x^2 + 2x\frac{b}{2a} + \frac{c}{a} = 0 \quad |$$ quadratische Ergänzung durch $\left(\frac{b}{2a}\right)^2 - \left(\frac{b}{2a}\right)^2$

$$\Leftrightarrow \quad x^2 + 2x\frac{b}{2a} + \left(\frac{b}{2a}\right)^2 - \left(\frac{b}{2a}\right)^2 + \frac{c}{a} = 0 \qquad \left| + \left(\frac{b}{2a}\right)^2 - \frac{c}{a}\right.$$

$$\Leftrightarrow \quad x^2 + 2x\,\frac{b}{2a} + \left(\frac{b}{2a}\right)^2 = \left(\frac{b}{2a}\right)^2 - \frac{c}{a}$$ | Zusammenfassen der linken Seite zur binomischen Formel

$$\Leftrightarrow \quad \left(x + \frac{b}{2a}\right)^2 = \left(\frac{b}{2a}\right)^2 - \frac{c}{a}$$

Nun kann die Fallunterscheidung angewendet werden, dafür ist das Vorzeichen der Differenz auf der rechten Gleichungsseite ausschlaggebend.

1. Fall:

Die Gleichung hat keine Lösung, falls $\left(\frac{b}{2a}\right)^2 - \frac{c}{a} < 0$.

2. Fall:

Die Gleichung hat eine Lösung, falls $\left(\frac{b}{2a}\right)^2 - \frac{c}{a} = 0$.

Die Lösung kann man folgendermaßen errechnen:

$$\left(x + \frac{b}{2a}\right)^2 = 0 \Rightarrow x + \frac{b}{2a} = 0 \Rightarrow x = -\frac{b}{2a}.$$

3. Fall:

Die Gleichung hat zwei Lösungen, falls $\left(\frac{b}{2a}\right)^2 - \frac{c}{a} > 0$.

Entsprechend der Fallunterscheidung erhält man für die Lösungen zwei Gleichungen:

$$\left(x_1 + \frac{b}{2a}\right) = \sqrt{\left(\frac{b}{2a}\right)^2 - \frac{c}{a}} \qquad \left(x_2 + \frac{b}{2a}\right) = -\sqrt{\left(\frac{b}{2a}\right)^2 - \frac{c}{a}}$$

$$\Leftrightarrow \quad x_1 + \frac{b}{2a} = \sqrt{\frac{b^2 - 4ac}{4a^2}} \qquad x_2 + \frac{b}{2a} = -\sqrt{\frac{b^2 - 4ac}{4a^2}}$$

$$\Leftrightarrow \quad x_1 = \sqrt{\frac{b^2 - 4ac}{4a^2}} - \frac{b}{2a} \qquad x_2 = -\sqrt{\frac{b^2 - 4ac}{4a^2}} - \frac{b}{2a}$$

$$\Leftrightarrow \quad x_1 = \frac{-b + \sqrt{b^2 - 4ac}}{2a} \qquad x_2 = \frac{-b - \sqrt{b^2 - 4ac}}{2a}$$

Mit der gefundenen Formel lässt sich leicht jede quadratische Gleichung lösen, indem man für die Koeffizienten entsprechend einsetzt.

Die quadratische Gleichung $ax^2 + bx + c = 0$ mit $a, b, c, x \in \mathbb{R}$ und $a \neq 0$ hat die Lösungen

$$x_{1/2} = \frac{-b \pm \sqrt{b^2 - 4ac}}{2a} \quad \text{falls } b^2 - 4ac > 0$$

die Lösung $x = -\frac{b}{2a}$ falls $b^2 - 4ac = 0$

und keine Lösung, falls $b^2 - 4ac < 0$.

5.2 Der Satz von Vieta

Eine quadratische Gleichung kann nicht nur in der allgemeinen sondern auch in faktorisierter Form vorliegen. Sie hat dann für $x, x_1, x_2, a \in \mathbb{R}$ mit $a \neq 0$ die Gestalt

$$a(x - x_1)(x - x_2) = 0$$

oder in Normalform $(x - x_1)(x - x_2) = 0$

Die Gleichung ist genau dann wahr, wenn einer der Faktoren gleich null ist, also genau dann, wenn $x - x_1 = 0$ oder wenn $x - x_2 = 0$. Das ist für $x = x_1$ oder für $x = x_2$ der Fall. Die Lösungsmenge der Gleichung lässt sich in diesem Fall ohne die Lösungsformel berechnen, sie ist $\mathbb{L} = \{x_1, x_2\}$. Multipliziert man die Gleichung in Normalform aus, erhält man sie in der Gestalt einer allgemeinen quadratischen Gleichung in Normalform.

$$(x - x_1)(x - x_2) = 0$$
$$x^2 - x_1x - x_2x + x_1x_2 = 0$$
$$x^2 - (x_1 + x_2)x + x_1x_2 = 0$$

Die allgemeine quadratische Gleichung in Normalform lautet:

$$x^2 + px + q = 0.$$

Beim Vergleich der Koeffizienten der beiden Gleichung erkennt man, dass gilt:

$$x_1 + x_2 = -p \text{ und } x_1x_2 = q.$$

Diesen Zusammenhang nennt man den

Satz von Vieta:
Sind x_1 und x_2 die Lösungen der quadratischen Gleichung
$x^2 + px + q = 0$ mit $x_1, x_2, x, p, q \in \mathbb{R}$, dann gilt
$x_1 + x_2 = -p$ und
$x_1 x_2 = q$.

Die allgemeine quadratische Gleichung $ax^2 + bx + c = 0$ mit $a, b, c, x \in \mathbb{R}$ erhält man in Normalform, indem man sie durch a dividiert. Sie lautet dann $x^2 + \frac{b}{a}x + \frac{c}{a} = 0$. Auf die so umgeformte Gleichung lässt sich der Satz von Vieta anwenden:

Sind x_1 und x_2 die Lösungen der Gleichung $x^2 + \frac{b}{a}x + \frac{c}{a} = 0$, dann gilt $x_1 + x_2 = -\frac{b}{a}$ und $x_1 x_2 = \frac{c}{a}$.

5.3 Gleichungen, die sich auf quadratische Gleichungen zurückführen lassen

Gleichungen zweiten Grades können, wie gesehen, keine, eine oder zwei Lösungen haben. Wenn ihre Lösungsmenge nicht leer ist, lassen sich die Nullstellen mit der Lösungsformel, einige auch mit Hilfe der binomischen Formeln oder dem Satz von Vieta lösen. Gleichungen dritten oder sogar noch höheren Grades sind im allgemeinen Fall wesentlich komplizierter zu lösen. Einige lassen sich aber durch geeignete Umformungen auf quadratische Gleichungen zurückführen. Dazu folgen hier einige Beispiele.
Im ersten Beispiel wird durch Ausklammern der Variablen eine quadratische Gleichung erzeugt.

$-2x^3 + 4x^2 - 2x = 0 \mid$ Ausklammern von $-2x$
$-2x(x^2 - 2x + 1) = 0 \mid$ 2. binomische Formel
$-2x(x - 1)^2 = 0$

Das Produkt auf der linken Seite wird genau dann null, wenn einer der Faktoren gleich null ist. Man kann also schrittweise die Lösungen der Gleichung berechnen.

$-2x = 0 \Leftrightarrow x = 0$

$(x-1)^2 = 0 \Leftrightarrow x - 1 = 0 \Leftrightarrow x = 1$

Die Lösungsmenge ist $\mathbb{L} = \{0, 1\}$

Im zweiten Beispiel wird durch Anwenden einer binomischen Formel aus einer Gleichung vierten Grades eine quadratische Gleichung hergeleitet.

$4x^4 - 36x^2 + 81 = 0 \mid$ 2. binomische Formel

$(2x^2 - 9)^2 = 0 \mid$ Wurzelziehen

$2x^2 - 9 = 0 \mid +9$

$2x^2 = 9 \;\Big|\; \cdot \frac{1}{2}$

$x^2 = \frac{9}{2}$

$x_1 = +\sqrt{\frac{9}{2}}, x_2 = -\sqrt{\frac{9}{2}}, \mathbb{L} = \left\{+\sqrt{\frac{9}{2}}, -\sqrt{\frac{9}{2}}\right\}$

Im dritten Beispiel liegt eine Bruchgleichung vor. Durch geeignetes Multiplizieren mit dem Hauptnenner fallen die Nenner auf der linken Seite weg und man erhält nach dem Umsortieren der Terme eine quadratische Gleichung.

Beispiel: Sei $x \in \mathbb{R} \setminus \{-2, 0\}$.

$\frac{x}{x+2} + \frac{3x-1}{x} = 3 \mid$ Multiplikation mit dem Hauptnenner $x(x+2)$

$x^2 + (3x-1)(x+2) = 3x(x+2) \mid$ Ausmultiplizieren

$x^2 + 3x^2 + 6x - x - 2 = 3x^2 + 6x \mid -3x^2 - 6x$

$x^2 - x - 2 = 0 \mid$ Lösungsformel

$$x_{1/2} = \frac{1 \pm \sqrt{1 + 4 \cdot 2}}{2}$$

$$x_1 = \frac{1+3}{2} = 2$$

$$x_2 = \frac{1-3}{2} = -1$$

Die Lösungsmenge der Bruchgleichung lautet $\mathbb{L} = \{-1, 2\}$.

5.4 Quadratische Funktionen und ihre Graphen

Eine Funktion $f: \mathbb{R} \rightarrow \mathbb{R}\ x \mapsto y = ax^2 + bx + c;\ a, b, c \in \mathbb{R},\ a \neq 0$ heißt quadratische Funktion. Das entscheidende Merkmal ist, dass die Variable x in der zweiten Potenz steht. Das einfachste Beispiel für eine quadratische Funktion ist

$f_1: \mathbb{R} \rightarrow \mathbb{R}\ x \mapsto y = x^2$

Weitere Beispiele für einfache quadratische Funktionen sind

$f_2: \mathbb{R} \rightarrow \mathbb{R}\ x \mapsto y = 2x^2$

$f_3: \mathbb{R} \rightarrow \mathbb{R}\ x \mapsto y = -\ x^2$

$f_4: \mathbb{R} \rightarrow \mathbb{R}\ x \mapsto y = -\ \frac{1}{2}x^2$

Durch Einsetzen lassen sich die y-Werte der Funktionen bestimmen und dadurch die Punkte, die die Funktion erfüllen. Sie bilden die Graphen der einzelnen Funktionen.

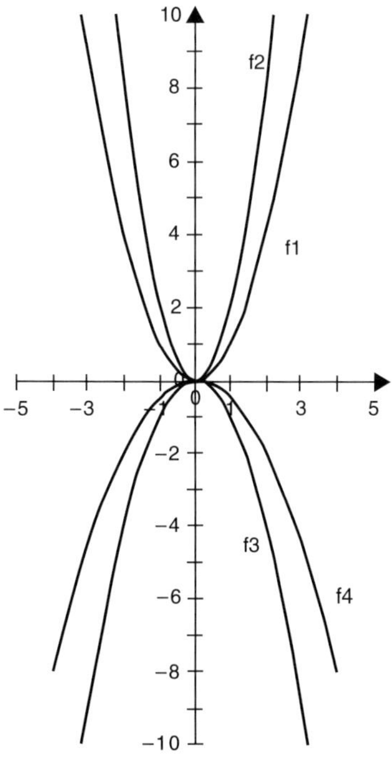

Die Graphen von quadratischen Funktionen heißen Parabeln. Den Graph der Funktion $f_1\colon \mathbb{R} \to \mathbb{R}\ x \mapsto y = x^2$ nennt man Normalparabel.
Bereits aus dem Graphen lassen sich Eigenschaften der Parabeln erkennen. Für Parabel mit Gleichungen $y = ax^2$ wie die oben dargestellten gilt, sie sind symmetrisch zur y-Achse. Offensichtlich hängt die Gestalt einer Parabel von dem Koeffizienten a des quadratischen Glieds ab. Er bestimmt, ob die Parabel nach oben oder unten geöffnet ist und wie steil sie ist. Da das Quadrat einer Zahl in $\mathbb{R}$ immer positiv ist, bestimmt das Vorzeichen von a auch das Vorzeichen von ax^2.

Für den Graphen der Funktion $f\colon \mathbb{R} \to \mathbb{R}\ x \mapsto y = ax^2$ gilt:

$a > 0 \Rightarrow$ die Parabel ist nach oben geöffnet
$a < 0 \Rightarrow$ die Parabel ist nach unten geöfnet
und
$a \in\ ]-1, 1[$ also $|a| < 1 \Rightarrow$ die Parabel ist flacher als die Normalparabel
$a < -1$ oder $a > 1$, d.h. $|a| > 1 \Rightarrow$ die Parabel ist steiler als die Normalparabel

Im nächsten Schritt wird eine allgemeine quadratische Funktion betrachtet. Als Beispiel sei

$f\colon \mathbb{R} \to \mathbb{R}\ x \mapsto y = \frac{1}{2}x^2 - 2x + \frac{3}{2}$ gegeben.

Es gilt $a = \frac{1}{2}$, die Parabel von f ist also flacher als die Normalparabel und nach oben geöffnet. Durch Einsetzen ermittelt man die Wertetabelle von f:

x	-1	0	1	2	3	4
$f(x)$	4	$\frac{3}{2}$	0	$-\frac{1}{2}$	0	$\frac{3}{2}$

Daraus lässt sich f zeichnen.

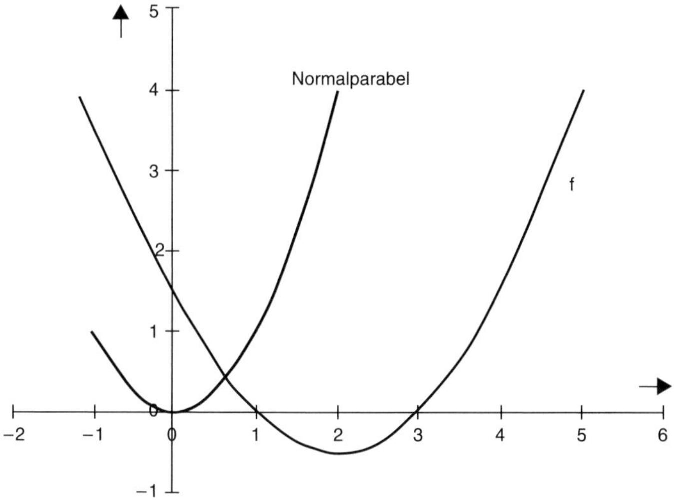

Der Graph von f ist gegenüber der Normalparabel im Koordinatensystem verschoben. Seine Symmetrieachse ist eine Parallele zur y-Achse und hat die Gleichung $x = 2$.

Achsenschnittpunkte von Parabeln

Schnitt mit der y-Achse

Für den Schnitt eines Graphen mit der y-Achse gilt: $x = 0$

Im Beispiel von f berechnet sich die y-Koordinate des Schnittpunktes als

$f(0) = \frac{3}{2}$

Allgemein ist der Schnitt der Parabel mit der Gleichung $y = ax^2 + bx + c$ mit der y-Achse bei $y = f(0) = c$. Der Schnittpunkt hat die Koordinaten $(0, c)$.

Schnitt mit der x-Achse – Nullstellen der Parabel

Jeder Schnittpunkt eines Graphen mit der x-Achse erfüllt folgende Bedingung: $f(x) = 0$

Für das gegebene Beispiel gilt $\frac{1}{2}x^2 - 2x + \frac{3}{2} = 0$

Mit der Lösungsformel erhält man die gesuchten Nullstellen der Funktion.

$$x_{1/2} = \frac{2 \pm \sqrt{4 - 4 \cdot \frac{1}{2} \cdot \frac{3}{2}}}{2 \cdot \frac{1}{2}}$$

$$x_{1/2} = \frac{2 \pm 1}{1} \qquad x_1 = 1 \quad x_2 = 3$$

Allgemein sind die x-Koordinaten der Schnittpunkte einer Parabel mit der x-Achse die Lösungen der quadratischen Gleichung $ax^2 + bx + c = 0$. Wie bereits gesehen, kann eine solche quadratische Gleichung keine, eine oder zwei Lösungen haben. Für die Parabel bedeutet das, dass sie die x-Achse entweder gar nicht schneidet, in einem Punkt berührt oder in zwei Punkten schneidet. Die Normalparabel ist ein Beispiel für eine Parabel, die die x-Achse nur in einem Punkt berührt. Sie hat eine Nullstelle bei $x = 0$. Eine solche Nullstelle, bei der die Parabel die x-Achse nur berührt, heißt doppelte Nullstelle der Parabel. Die Beispielfunktion f hat zwei Nullstellen. Eine Parabel, die mit der x-Achse keinen Punkt gemeinsam hat, liegt je nach dem Vorzeichen des Koeffizienten a entweder vollständig oberhalb ($a > 0$) oder vollständig unterhalb ($a < 0$) der x-Achse.

Scheitelpunkt einer Parabel

Jede Parabel hat einen höchsten oder tiefsten Punkt, den man den Scheitelpunkt der Parabel nennt. Im Beispiel von f liegt der Scheitel bei $(2, -\frac{1}{2})$. Graphisch bedeutet das, dass man den Graphen von f erhält, wenn man die Parabel mit der Gleichung $y = \frac{1}{2}x^2$ um 2 nach rechts und um $\frac{1}{2}$ nach unten verschiebt. Legt man eine Gerade, die parallel zur y-Achse ist, durch den Scheitel einer Parabel, dann ist die Parabel bezüglich dieser Geraden als Spiegelungsachse symmetrisch. Im Beispiel hat die Gerade die Gleichung $x = 2$.

Die Scheitelform einer allgemeinen quadratischen Funktion f mit dem Scheitelpunkt $S(v, w)$ ist:

$f\colon \mathbb{R} \to \mathbb{R}\ x \mapsto y = u(x - v)^2 + w$

v ist die x-Koordinate des Scheitels und gibt an, um wie viel die Parabel gegenüber der Normalparabel nach rechts (bei negativem v nach links) verschoben ist.

w ist die y-Koordinate des Scheitels und gibt an, um wie viel die Parabel gegenüber der Normalparabel nach oben ($w > 0$) oder unten ($w < 0$) verschoben ist.
u ist der Streckungsfaktor der Parabel und gibt an, ob die Parabel nach oben oder unten geöffnet ist und ob sie steiler oder flacher als die Normalparabel ist.

Wie kommt man von einer allgemeinen quadratischen Funktion zu ihrer Scheitelform? Um diese Frage zu beantworten geht man ähnlich vor wie beim Herleiten der Lösungsformel. Der entscheidende Schritt ist eine quadratische Ergänzung.

$y = ax^2 + bx + c \mid$ Ausklammern von a

$$y = a\left(x^2 + \frac{b}{a}x + \frac{c}{a}\right) \Big| \text{ quadratische Ergänzung } + \left(\frac{b}{2a}\right)^2 - \left(\frac{b}{2a}\right)^2$$

$$y = a\left(x^2 + \frac{b}{a}x + \left(\frac{b}{2a}\right)^2 - \left(\frac{b}{2a}\right)^2 + \frac{c}{a}\right)$$

$$y = a\left(x^2 + \frac{b}{a}x + \left(\frac{b}{2a}\right)^2\right) - \frac{b^2}{4a} + c \,\Big|\, \text{1. binomische Formel}$$

$$y = a\left(x + \frac{b}{2a}\right)^2 - \frac{b^2}{4a} + c$$

Die letzte Zeile stellt die Scheitelform der allgemeinen quadratischen Funktion dar. Durch Koeffizientenvergleich sieht man, dass der Scheitel dieser Funktion bei $S\left(-\frac{b}{2a}, -\frac{b^2}{4a} + c\right)$ liegt.

5.5 Wurzelfunktion als Umkehrfunktion der quadratischen Funktion

Umkehrbarkeit der quadratischen Funktion

Man betrachtet zunächst den einfachsten Fall einer quadratischen Funktion, die Normalparabel mit

$f\colon \mathbb{R} \to \mathbb{R}\ x \mapsto y = x^2$

Die Wertemenge der Funktion ist $\mathbb{W} = f(\mathbb{D}) = \mathbb{R}_0^+$, die Funktion nimmt keine negativen Werte an. Jede Zahl in $\mathbb{R}_0^+$ ist das Bild von zwei x-Werten aus der Definitionsmenge $\mathbb{D} = \mathbb{R}$. Z.B. ist $(-2)^2 = 4 = 2^2$. 2 und -2 werden auf die selbe Zahl $y = 4$ abgebildet. f ist also in $\mathbb{R}$ nicht umkehrbar.

Verkleinert man die Definitionsmenge von f zu $\mathbb{D} = \mathbb{R}_0^+$, ist jeder y-Wert Bild von nur noch einem x-Wert, der eindeutig bestimmbar ist. Die Funktion ist innerhalb der eingeschränkten Definitionsmenge umkehrbar. Graphisch erhält man die Umkehrfunktion, indem man den Graphen von f (in $\mathbb{D} = \mathbb{R}_0^+$!) an der Geraden $y = x$ (der Winkelhalbierenden des I. und III. Quadranten des Koordinatensystems) spiegelt.

Zu einer rechnerischen Lösung kommt man, indem man die Variablen in der ursprünglichen Abbildungsvorschrift vertauscht und dann nach y auflöst. Es gilt: $x, y \in \mathbb{R}_0^+$

f: $y = x^2$ | Vertauschen der Variablen
$x = y^2$ | Wurzelziehen, $x, y \in \mathbb{R}_0^+$
$y = \sqrt{x}$

Die Funktion $f: \mathbb{R}_0^+ \to \mathbb{R}_0^+ \; x \mapsto y = x^2$ hat die Umkehrfunktion
$f^{-1}\!: \mathbb{R}_0^+ \to \mathbb{R}_0^+ \; x \mapsto y = \sqrt{x}$

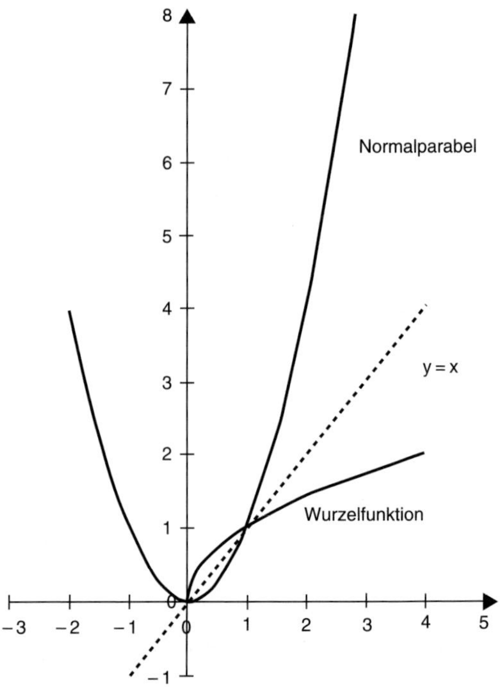

Zu jeder quadratischen Gleichung kann man nach geeigneter Einschränkung der Definitionsmenge die Umkehrfunktion bilden.
Für die Einschränkung der Definitionsmenge spielt der Scheitel bzw. die x-Koordinate des Scheitelpunkts einer Parabel eine wichtige Rolle. Aufgrund der Symmetrieeigenschaften der Parabel nimmt die quadratische Funktion in gleichen Abständen links und rechts vom Scheitel gleiche y-Werte an. Schränkt man die Definitionsmenge einer quadratischen Funktion so ein, dass sie nur noch den Teil rechts (oder links) des Scheitelpunkts enthält, ist die Funktion in diesem Bereich umkehrbar.

Das nächste Beispiel verdeutlicht das.

$f\colon \mathbb{R} \to \mathbb{R}\ x \mapsto y = x^2 + 2x$

Bestimmen des Scheitelpunkts

Durch quadratische Ergänzung erhält man die Scheitelform der Funktion

$y = x^2 + 2x + 1 - 1$
$y = (x + 1)^2 - 1$

Der Scheitelpunkt hat die Koordinaten $S\ (-1, -1)$. Die Parabel ist also achsensymmetrisch zur Geraden $x = -1$.

Einschränken der Definitionsmenge

Für $x \geq -1$ gehört zu jedem y-Wert genau ein x-Wert, der auf ihn abgebildet wird. Die eingeschränkte Definitionsmenge lautet $\mathbb{D} = [-1; \infty[$, in $\mathbb{D}$ ist die Funktion umkehrbar. Die Wertemenge dazu ist $\mathbb{W} = f(\mathbb{D}) = [-1; \infty[$.

Berechnen der Umkehrfunktion

Für den eingeschränkten Definitionsbereich lässt sich durch Vertauschen der Variablen die Umkehrfunktion bestimmen.

$y = x^2 + 2x \mid$ Vertauschen der Variablen
$x = y^2 + 2y \mid -x$
$y^2 + 2y - x = 0 \mid$ Anwenden der Lösungsformel, $x \geq -1 \Rightarrow 4 + 4x \geq 0$!

$$y_{1/2} = \frac{-2 \pm \sqrt{4 + 4x}}{2} \mid y \geq -1!$$

$y = \sqrt{x + 1} - 1$

Die Umkehrfunktion von f ist $f^{-1}\colon [-1; \infty[\to [-1; \infty[\ x \mapsto y = \sqrt{x + 1} - 1$

6 Potenzen und Potenzfunktionen

6.1 Potenzen mit Exponenten aus $\mathbb{N}$, $\mathbb{Z}$ und $\mathbb{Q}$

Definitionen:
Ein Term der Form
a^x heißt Potenz.
a ist die Basis und x der Exponent der Potenz.

Potenzen mit Exponenten in $\mathbb{N}$

Potenzen a^n mit natürlichem Exponenten $n \in \mathbb{N}$ sind bereits bekannt. Sie sind eine Kurzschreibweise für eine Multiplikation eines Terms mit sich selbst. Der Exponent n gibt an, wie oft der Term mit sich selbst malgenommen wird.

$a^2 = a \cdot a$
$a^3 = a \cdot a \cdot a$
$a^4 = a \cdot a \cdot a \cdot a$
$a^n = a \cdot a \cdot ... \cdot a$ (n Faktoren)
Speziell gilt $a^1 = a$

Durch Anwenden der Definition kann man bereits für $a \neq 0$ erste Rechnungen ausführen.

$$a^2 \cdot a^3 = a \cdot a \cdot a \cdot a \cdot a = a^5$$
$$\frac{a^5}{a^3} = \frac{a \cdot a \cdot a \cdot a \cdot a}{a \cdot a \cdot a} = a \cdot a = a^2$$
$$(a \cdot b)^2 = a \cdot b \cdot a \cdot b = a \cdot a \cdot b \cdot b = a^2b^2$$
$$(a^2)^3 = a^2 \cdot a^2 \cdot a^2 = a \cdot a \cdot a \cdot a \cdot a \cdot a = a^6$$

Der Potenzbegriff wird nun schrittweise erweitert. Zunächst werden Potenzen mit negativem Exponenten, dann solche mit positiven gebrochenrationalen und zuletzt die mit allgemeinem Exponenten aus $\mathbb{Q}$ definiert.

Potenzen mit Exponenten in $\mathbb{Z}$

Für $a \neq 0$ und $n \in \mathbb{Z}$ ist definiert:

$a^0 = 1$

$a^{-1} = \frac{1}{a}$

$a^{-2} = \frac{1}{a^2}$

$a^{-3} = \frac{1}{a^3}$

$a^{-n} = \frac{1}{a^n}$ für $n \in \mathbb{N}$

Statt eine Basis mit einem negativen Exponenten zu potenzieren, potenziert man den Kehrbruch der Basis mit der Gegenzahl des Exponenten.

Man berechnet damit:

$$\left(\frac{x+y}{x-y}\right)^{-2} = \left(\frac{x-y}{x+y}\right)^2$$

$$\frac{2b}{u^{-2}\,v^{1-m}} = 2b\,u^2\,v^{m-1}$$

In einem Bruchterm lassen sich die Potenzen also so umsortieren, dass alle Exponenten positiv werden.

$$\frac{21\,x^4 \cdot y^2 \cdot z^{-7}}{35x^5 \cdot y^{-2} \cdot z^{-1}} = \frac{21\,x^4 \cdot y^4 \cdot z}{35x^5 z^7} = \frac{3y^4}{5xz^6}$$

Potenzen mit Exponenten in $\mathbb{Q}$

Zunächst betrachtet man Exponenten der Form $\frac{1}{n}$ mit $n \in \mathbb{N}$, also $\frac{1}{n} \in \mathbb{Q}$.
Ist $a \in \mathbb{R}_0^+$, dann soll $a^{\frac{1}{n}} \in \mathbb{R}_0^+$ so erklärt sein, dass
$(a^{\frac{1}{n}})^n = a$ ist.

Nach der Definition der Wurzelschreibweise ist $(a^{\frac{1}{n}})^n = (\sqrt[n]{a})^n = a$ und damit

$a^{\frac{1}{n}} = \sqrt[n]{a}$.

Es gilt der Eindeutigkeitssatz der n-ten Wurzel, der besagt:
Zu jedem $a \in \mathbb{R}_0^+$ gibt es höchstens eine n-te Wurzel, d.h. höchstens ein $x \in \mathbb{R}_0^+$, für das $x^n = a$ ist. Die oben angegebene Schreibweise für Exponenten der Form $\frac{1}{n}$ ist also eindeutig.
Eine Potenz, deren Exponent ein Bruch der Form $\frac{1}{n}$ ist, hat den Wert der n-ten Wurzel von a.

Man schreibt für $a \in \mathbb{R}_0^+$:

$a^{\frac{1}{2}} = \sqrt[2]{a}$

$a^{\frac{1}{3}} = \sqrt[3]{a}$

$a^{\frac{1}{6}} = \sqrt[6]{a}$

Beispiele:

$16^{\frac{1}{4}} = \sqrt[4]{16} = \sqrt[4]{2^4} = 2$

$27^{\frac{1}{3}} = \sqrt[3]{27} = \sqrt[3]{3^3} = 3$

$$\left(\frac{1}{4}\right)^{\frac{1}{2}} = \sqrt[2]{\frac{1}{4}} = \sqrt[2]{\frac{1}{2} \cdot \frac{1}{2}} = \frac{1}{2}$$

Man beachte:

1. Der Wert der n-ten Wurzel ist nur für $a \in \mathbb{R}_0^+$ erklärt. Aus negativen Zahlen darf man (in $\mathbb{R}$) keine Wurzeln ziehen!
2. Der Wert von $a^{\frac{1}{n}}$ ist entsprechend der Definition immer positiv. $x = a^{\frac{1}{n}} = \sqrt[n]{a}$ ist immer die positive Lösung der Gleichung $x^n = a$.

Nun kann man eine Definition für den allgemeinen Fall eines Exponenten $q \in \mathbb{Q}^+$ angeben.

Für alle $a \in \mathbb{R}^+$ und alle $m, n \in \mathbb{N}$ mit $q = \frac{n}{m}$ soll gelten:

$a^{\frac{n}{m}} = \sqrt[m]{a^n}$

Ist der Exponent einer Potenz eine positive gebrochenrationale Zahl, dann gibt der Zähler des Exponenten an, in welcher Potenz die Basis steht. Für die so entstehende Potenz bestimmt der Nenner des Exponenten den Grad der Wurzel.

Das bedeutet im einzelnen Beispiel:

$a^{\frac{2}{3}} = \sqrt[3]{a^2}$

$a^{\frac{3}{5}} = \sqrt[5]{a^3}$

$a^{\frac{2}{3}} = \sqrt[3]{a^2}$

$64^{\frac{2}{3}} = \sqrt[3]{64^2} = \sqrt[3]{(4^3)^2} = \sqrt[3]{(4^2)^3} = 16$

$100^{\frac{5}{2}} = \sqrt[2]{100^5} = \sqrt{(10^2)^5} = 100\,000$

Im hier angegebenen Fall von Exponenten aus $\mathbb{Q}^+$ gilt das Monotoniegesetz für Potenzen:

Für alle $a, b \in \mathbb{R}^+$ und alle $x \in \mathbb{Q}^+$ gilt

$a < b \Leftrightarrow a^x < b^x$

Das Monotoniegesetz lässt sich an Beispielen leicht nachvollziehen.

$2 < 5 \Leftrightarrow 2^4 < 5^4 \Leftrightarrow 16 < 625$

$27 < 64 \Leftrightarrow 27^{\frac{1}{3}} < 64^{\frac{1}{3}} \Leftrightarrow \sqrt[3]{3^3} < \sqrt[3]{4^3} \Leftrightarrow 3 < 4$

$4 < 7 \Leftrightarrow 4^{\frac{1}{2}} < 7^{\frac{1}{2}} \Leftrightarrow \sqrt{4} < \sqrt{7}$

$$\frac{1}{2} < \frac{2}{3} \Leftrightarrow \left(\frac{1}{2}\right)^4 < \left(\frac{2}{3}\right)^4$$

$$\frac{4}{9} < 1 \Leftrightarrow \left(\frac{4}{9}\right)^{\frac{3}{2}} < 1^{\frac{3}{2}} \Leftrightarrow \sqrt[2]{\left(\frac{4}{9}\right)^3} < \sqrt[2]{1^3} \Leftrightarrow \frac{8}{27} < 1$$

Im letzten Schritt betrachtet man Potenzen mit Exponenten mit beliebigem Vorzeichen $q \in \mathbb{Q}$. Dazu definiert man:
Für alle $a \in \mathbb{R}^+$ und $m, n \in \mathbb{N}$ soll gelten:

$$a^{-\frac{n}{m}} = \frac{1}{a^{\frac{n}{m}}} = \frac{1}{\sqrt[m]{a^n}}$$

Beispiele:

$$a^{-\frac{1}{3}} = \frac{1}{\sqrt[3]{a}}$$

$$a^{-\frac{4}{5}} = \frac{1}{\sqrt[5]{a^4}}$$

$$8^{-\frac{2}{3}} = \frac{1}{\sqrt[3]{8^2}} = \frac{1}{\sqrt[3]{64}} = \frac{1}{4}$$

$$(a^8)^{-\frac{3}{4}} = \frac{1}{\sqrt[4]{(a^8)^3}} = \frac{1}{\sqrt[4]{a^{24}}} = \frac{1}{a^6}$$

6.2 Potenzgesetze

Bereits durch schrittweises Anwenden der Definitionen lassen sich verschiedene Aufgaben mit Potenzen lösen. Für das Rechnen mit Potenzen gelten außerdem die

Potenzgesetze
Für $a, b \in \mathbb{R}^+$ und $x, z \in \mathbb{Q}$ gilt:

1. $a^x \cdot a^z = a^{x+z}$
2. $a^x : a^z = a^{x-z}$
3. $a^x \cdot b^x = (ab)^x$
4. $a^x : b^x = (\frac{a}{b})^x$
5. $(a^x)^z = a^{x \cdot z}$

Für Werte von x und z aus $\mathbb{Z}$ lassen sich die Potenzgesetze einfach aus den Definitionen herleiten, wie man an den Beispielen im ersten Absatz nachvollziehen kann. Die Potenzgesetze gelten aber darüber hinaus für alle Exponenten aus $\mathbb{Q}$. Einige Beispiele zeigen die Anwendung der einzelnen Potenzgesetze und ihre Kombination in komplexeren Aufgaben.

$$c^{\frac{2}{3}} \cdot c^{\frac{4}{3}} = c^{\frac{2}{3}+\frac{4}{3}} = c^{\frac{6}{3}} = c^2$$
$$u^{\frac{5}{2}} : u^{\frac{7}{4}} = u^{\frac{5}{2}-\frac{7}{4}} = u^{\frac{10}{4}-\frac{7}{4}} = u^{\frac{3}{4}}$$
$$2^{4x} \cdot 5^{4x} = (2 \cdot 5)^{4x} = 10^{4x}$$
$$896^{0,2} : 28^{0,2} = \left(\frac{896}{28}\right)^{0,2} = 32^{\frac{1}{5}} = 2$$
$$(x^{\frac{2}{1}})^{\frac{1}{4}} = x^{\frac{2}{1}\cdot\frac{1}{4}} = x^{\frac{1}{2}} = \sqrt{x}$$

6.3 Potenzfunktionen

So wie die quadratische Funktion mit der Gleichung $y = x^2$ lassen sich auch Funktionen aus Potenzen mit anderen ganzzahligen Exponenten bilden. Sie gliedern sich in zwei Gruppen, je nach dem Vorzeichen der Exponenten. Zunächst werden Potenzfunktionen mit positivem Exponenten, anschließend die mit negativem Exponenten betrachtet.

Potenzfunktionen mit Exponenten aus $\mathbb{N}$

Eine Funktion, die durch die Zuordnung $f\colon \mathbb{R} \to \mathbb{R}\ x \mapsto y = x^n$ mit $n \in \mathbb{N}$ und $n \neq 0$ erzeugt wird, heißt Potenzfunktion.

Die Potenzfunktion hat die Definitionsmenge $\mathbb{D} = \mathbb{R}$. In der Abbildungsvorschrift ist der Exponent konstant, die Basis ist die Variable der Funktion. Ihr Graph heißt Parabel n-ter Ordnung.

Für die folgenden vier Funktionen wird durch Einsetzen eine Wertetabelle erstellt.

$f_1\colon \mathbb{R} \to \mathbb{R}\ x \mapsto y = x^2$
$f_2\colon \mathbb{R} \to \mathbb{R}\ x \mapsto y = x^3$
$f_3\colon \mathbb{R} \to \mathbb{R}\ x \mapsto y = x^4$
$f_4\colon \mathbb{R} \to \mathbb{R}\ x \mapsto y = x^5$

x	− 2	-1,5	− 1	− 0,5	0	0,5	1	1,5	2
$f_1(x)=x^2$	4	2,25	1	0,25	0	0,25	1	2,25	4
$f_2(x)=x^3$	− 8	− 3,375	− 1	− 0,125	0	0,125	1	3,375	8
$f_3(x)=x^4$	16	5,0625	1	0,0625	0	0,0625	1	5,0625	16
$f_4(x)=x^5$	− 32	− 7,59375	− 1	− 0,03125	0	0,03125	1	7,59375	32

Alle Potenzfunktionen gehen durch die Punkte (0, 0) und (1, 1). Die Wertetabelle zeigt bereits, dass sich die Funktionen sonst deutlich unterscheiden, je nachdem, ob der Exponent eine gerade oder ungerade Zahl ist. Darum werden diese beide Fälle getrennt betrachtet.

Potenzfunktionen mit geradem Exponenten

Graphische Darstellung siehe unten.

Aus dem Graphen werden bereits einige Eigenschaften der Funktionen klar, die sich auch rechnerisch für den allgemeinen Fall einer Potenzfunktion mit geradem Exponenten nachweisen lassen.

- Die Wertemenge der Potenzfunktionen mit geradem Exponenten ist $\mathbb{W} = \mathbb{R}_0^+$.
- Die Parabel ist zur y-Achse symmetrisch, denn es gilt: $(-x)^n = x^n$.
- Für alle $x \geq 0$ gilt nach dem Monotoniegesetz der Potenzen: $x_1 < x_2 \Leftrightarrow x_1^n < x_2^n$, man sagt dazu auch, die Funktion ist im Bereich $x \geq 0$ streng monoton steigend. Verschiedene x-Werte werden also immer auf verschiedene y-Werte abgebildet. Die Funktion ist im Bereich $x \geq 0$ umkehrbar.

  Für alle $x < 0$ gilt der umgekehrte Zusammenhang:
  $x_1 < x_2 \Leftrightarrow x_1^n > x_2^n$
  Die Funktion ist für $x < 0$ streng monoton fallend, sie ist in diesem Bereich umkehrbar.

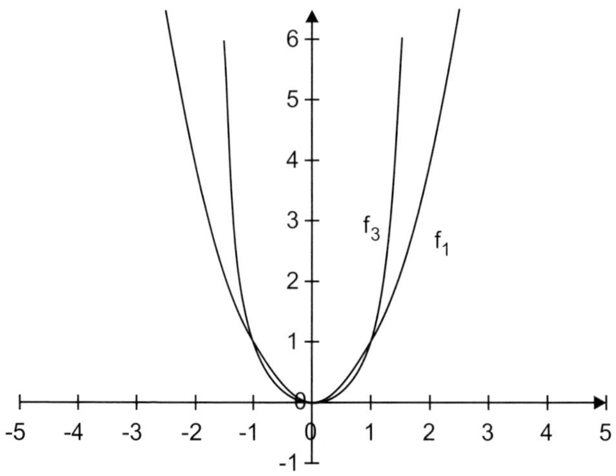

Für $x \in \mathbb{R}$ ist die Funktion nicht umkehrbar, da verschiedene x-Werte auf den selben y-Wert abgebildet werden.

Berechnung der Umkehrfunktion

Man betrachtet den eingeschränkten Definitionsbereich $\mathbb{D} = \mathbb{R}_0^+$. In diesem Bereich ist die Funktion umkehrbar. Die Wertemenge der Funktion ist ebenfalls $\mathbb{R}_0^+$. Durch Vertauschen der Variablen lässt sich die Umkehrfunktion bestimmen.

$f\colon \mathbb{R}_0^+ \to \mathbb{R}_0^+\ x \mapsto y = x^n$

$y^n = x$

$y = x^{\frac{1}{n}} = \sqrt[n]{x}$

Die Umkehrfunktion ist also eine Wurzelfunktion. Sie ist für $x \geq 0$ definiert und hat die Abbildungsvorschrift

$f^{-1}\colon \mathbb{R}_0^+ \to \mathbb{R}_0^+\ x \mapsto y = \sqrt[n]{x}$

Ihren Graphen erhält man durch Spiegelung des rechten Parabelasts an der Geraden $y = x$.

Potenzfunktionen mit ungeradem Exponenten

Graphische Darstellung siehe S. 161

Auch für Potenzfunktionen mit ungeradem Exponenten lassen sich verschiedene Eigenschaften nachweisen.

- Die Wertemenge der Potenzfunktionen mit ungeradem Exponenten ist $\mathbb{W} = \mathbb{R}$.
- Die Parabel ist punktsymmetrisch zum Ursprung (0, 0), denn es gilt: $(-x)^n = -x^n$.
- Es gilt für $x \in \mathbb{R}$: $x_1 < x_2 \Leftrightarrow x_1^n < x_2^n$. Die Funktion ist also im gesamten Definitionsbereich streng monoton steigend und damit auch in $\mathbb{R}$ umkehrbar.

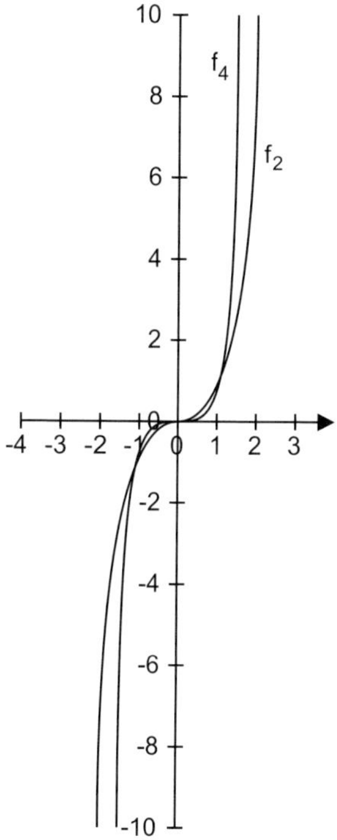

Berechnung der Umkehrfunktion

$f\colon \mathbb{R} \to \mathbb{R}\ x \mapsto y = x^n$

$y^n = x$

Da gebrochenrationale Exponenten nur für positive Zahlen definiert sind, muss man an dieser Stelle Betragsstriche und eine Fallunterscheidung an Hand des Vorzeichens von x einführen.

$$y = \begin{cases} x^{\frac{1}{n}} & \text{für } x \geq 0 \\ -|x|^{\frac{1}{n}} & \text{für } x < 0 \end{cases}$$

Die Umkehrfunktion ist auch hier wieder eine Wurzelfunktion. Sie ist für $x \in \mathbb{R}$ definiert und hat die Abbildungsvorschrift

$$f^{-1}\colon \mathbb{R} \to \mathbb{R}\ x \mapsto y = \begin{cases} x^{\frac{1}{n}} & \text{für } x \geq 0 \\ -|x|^{\frac{1}{n}} & \text{für } x < 0 \end{cases}$$

Ihren Graphen erhält man durch Spiegelung der Parabel an der Geraden $y = x$.
Hier ist f_2 mit $y = x^3$ und ihre Umkehrfunktion f_2^{-1} dargestellt.

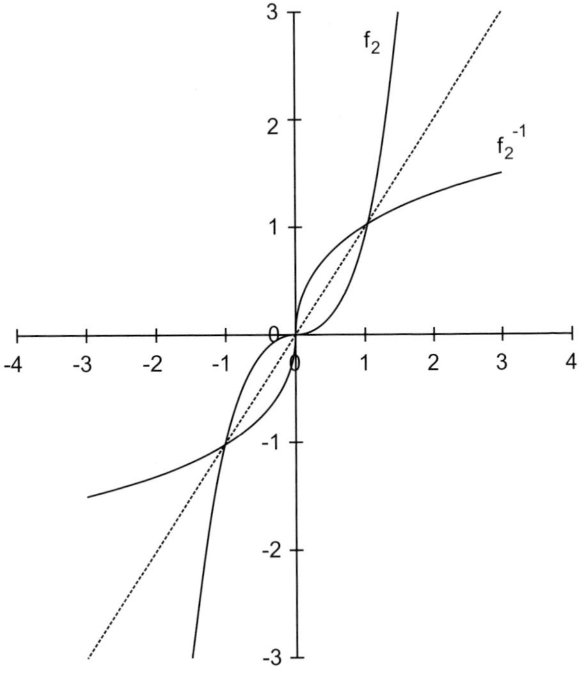

Potenzfunktionen mit negativen ganzzahligen Exponenten
Auch eine Funktion mit der Zuordnung $f\colon \mathbb{R}\setminus\{0\} \to \mathbb{R}\ x \mapsto y = x^{-n}$ ($n \in \mathbb{N}$) heißt Potenzfunktion. Sie ist für $x = 0$ nicht definiert. Der Graph dieser Potenzfunktion heißt Hyperbel n-ter Ordnung.

Auch die Potenzfunktionen mit negativem Exponenten haben alle den Punkt (1, 1) gemeinsam. Sie unterscheiden sich, je nachdem ob n gerade oder ungerade ist.

1. Fall: *n* gerade

Die Funktionen *f* und *g* stellen zwei Beispiele für Hyperbeln mit geradem *n* dar und werden zunächst graphisch dargestellt.

$$f\colon \mathbb{R}\backslash\{0\} \to \mathbb{R}\ x \mapsto y = x^{-2} = \frac{1}{x^2}$$

$$g\colon \mathbb{R}\backslash\{0\} \to \mathbb{R}\ x \mapsto y = x^{-4} = \frac{1}{x^4}$$

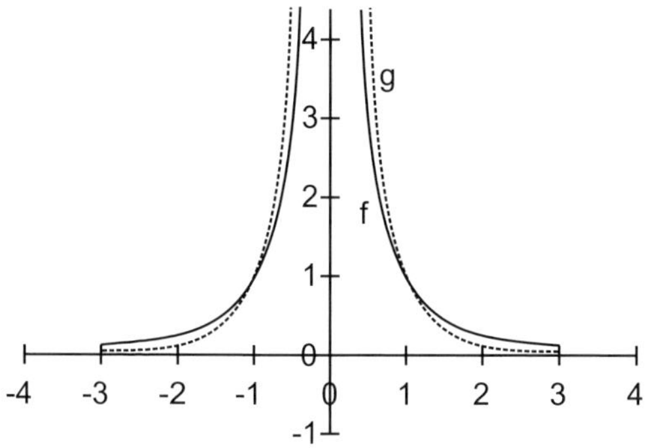

Eigenschaften von Hyperbeln mit geradem *n*:

- Die Wertemenge enthält für gerade *n* nur positive Werte, sie ist $\mathbb{W} = f(\mathbb{D}) = \mathbb{R}^+$.
- Die Hyperbeln *n*-ter Ordnung mit geradem *n* sind symmetrisch zur *y*-Achse. Es gilt: $(-x)^{-n} = x^{-n}$.
- Wie für positive Exponenten errechnet sich die Monotonieeigenschaft der Hyperbeln.

  Für $x > 0$ ist die Funktion streng monoton fallend, denn es gilt: $x_1 < x_2 \Leftrightarrow x_1^{-n} > x_2^{-n}$ und für $x < 0$ ist die Funktion streng monoton steigend, es gilt: $x_1 < x_2 \Leftrightarrow x_1^{-n} < x_2^{-n}$. Die Funktion ist also für $x > 0$ umkehrbar.

Umkehrfunktion

Nach Vertauschen der Variablen erhält man:
$y^{-n} = x \Rightarrow y = x^{-\frac{1}{n}}$. Die Umkehrfunktion ist für $x > 0$ definiert und lautet $f^{-1}\colon \mathbb{R}^+ \to \mathbb{R}\ x \mapsto y = x^{-\frac{1}{n}}$

2. Fall: *n* ungerade

Die einfachsten Beispiele für Hyperbeln mit ungeradem *n* werden hier graphisch dargestellt.

$f\colon \mathbb{R}\backslash\{0\} \to \mathbb{R}\ x \mapsto y = x^{-1} = \dfrac{1}{x}$

$g\colon \mathbb{R}\backslash\{0\} \to \mathbb{R}\ x \mapsto y = x^{-3} = \dfrac{1}{x^3}$

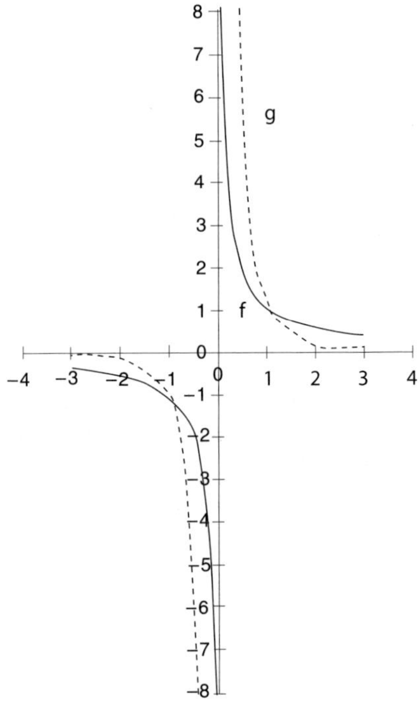

Eigenschaften von Hyperbeln mit ungeradem *n*:

- Die Wertemenge umfasst alle Zahlen bis auf Null, $\mathbb{W} = \mathbb{R}\backslash\{0\}$
- Die Hyperbeln *n*-ter Ordnung mit ungeradem *n* sind punktsymmetrisch zum Schnittpunkt der Koordinatenachsen (0, 0). Es gilt: $(-x)^{-n} = -x^{-n}$.
- Auf Grund der Definitionslücke kann die Monotonieeigenschaft nur gesondert links und rechts von Null betrachtet werden.

Für $x > 0$ ist die Funktion streng monoton fallend, denn es gilt: $x_1 < x_2 \Leftrightarrow x_1^{-n} > x_2^{-n}$. Für $x < 0$ ist die Funktion ebenfalls streng monoton fallend, wieder gilt: $x_1 < x_2 \Leftrightarrow x_1^{-n} > x_2^{-n}$. Die Funktion ist also für $x \neq 0$ umkehrbar.

Umkehrfunktion

Auch hier muss man nach Vertauschen der Variablen eine Fallunterscheidung durchführen, da man nur aus positiven Zahlen Wurzeln ziehen darf.

$y^{-n} = x \Rightarrow$

$y = x^{-\frac{1}{n}}$ für $x > 0$

$\quad -|x|^{-\frac{1}{n}}$ für $x < 0$

Die Umkehrfunktion ist für $x \in \mathbb{R}\backslash\{0\}$ definiert und lautet

$$f^{-1}: \mathbb{R}\backslash\{0\} \to \mathbb{R}\ x \mapsto y = \begin{cases} x^{-\frac{1}{n}} & \text{für } x > 0 \\ -|x|^{-\frac{1}{n}} & \text{für } x < 0 \end{cases}$$

Alle Hyperbeln n-ter Ordnung nähern sich mit wachsender Entfernung vom Ursprung immer mehr der x-Achse ohne sie jedoch zu berühren. Man sagt, die x-Achse ist eine waagrechte Asymptote der Hyperbeln. Genauso nähert sich der Graph in der Umgebung von Null immer mehr der y-Achse ohne mit ihr zusammenzufallen. Die y-Achse ist eine senkrechte Asymptote der Hyperbeln.

7 Exponentialfunktionen und Logarithmusfunktionen

7.1 Exponentialfunktion

Für ein festes $a \in \mathbb{R}^+$ und $a \neq 1$ erzeugt die Abbildungsvorschrift $x \mapsto y = a^x$ eine Funktion. Sie ist für jedes $x \in \mathbb{R}$ definiert. Die dazugehörige Funktion $f\colon \mathbb{R} \to \mathbb{R}\ x \mapsto y = a^x$ heißt Exponentialfunktion. $y = a^x$ ist die Exponentialgleichung. Der Graph einer Exponentialfunktion heißt Exponentialkurve.

Für $a = 1$ wird die Exponentialfunktion zur konstanten Funktion $x \mapsto y = 1^x = 1$. Die nächsten Beispiele stellen Exponentialfunktionen dar, es werden ihre Wertetabellen ermittelt und die dazugehörigen Exponentialkurven dargestellt.

$f_1\colon \mathbb{R} \to \mathbb{R}\ x \mapsto y = 2^x$

$f_2\colon \mathbb{R} \to \mathbb{R}\ x \mapsto y = 3^x$

$f_3\colon \mathbb{R} \to \mathbb{R}\ x \mapsto y = \left(\frac{1}{2}\right)^x$

$f_4\colon \mathbb{R} \to \mathbb{R}\ x \mapsto y = \left(\frac{1}{3}\right)^x$

x	− 3	− 2	− 1	0	1	2	3
$f_1(x) = 2^x$	$\frac{1}{8}$	$\frac{1}{4}$	$\frac{1}{2}$	1	2	4	8
$f_2(x) = 3^x$	$\frac{1}{27}$	$\frac{1}{9}$	$\frac{1}{3}$	1	3	9	27
$f_3(x) = \left(\frac{1}{2}\right)^x$	8	4	2	1	$\frac{1}{2}$	$\frac{1}{4}$	$\frac{1}{8}$
$f_4(x) = \left(\frac{1}{3}\right)^x$	27	9	3	1	$\frac{1}{3}$	$\frac{1}{9}$	$\frac{1}{27}$

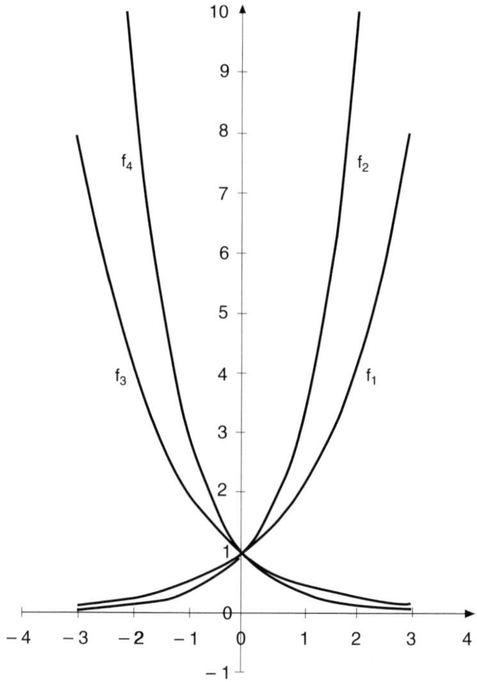

Die Exponentialfunktion hat die folgenden Eigenschaften:
Alle Exponentialkurven verlaufen oberhalb der x-Achse (im I. und II. Quadranten). Die Wertemenge der Exponentialfunktion ist $\mathbb{W} = \mathbb{R}^+$.
Alle Exponentialkurven schneiden die y-Achse im Punkt (0, 1).
Die Exponentialkurven unterscheiden sich danach, ob a zwischen null und eins liegt oder größer als eins ist.

Basis $a > 1$
Für $a > 1$ kommen die Exponentialkurven dem negativen Teil der x-Achse beliebig nahe. Die x-Achse ist waagrechte Asymptote der Exponentialkurve.
Für alle $a > 1$ und $x, z \in \mathbb{R}$ gilt: $x < z \Leftrightarrow a^x < a^z$. Die Graphen der Funktionen sind innerhalb der Definitionsmenge streng monoton steigend. Die Exponentialfunktionen sind darum auch innerhalb der Definitionsmenge umkehrbar.

Basis $0 < a < 1$

Für $0 < a < 1$ kommen die Exponentialkurven dem positiven Teil der x-Achse beliebig nahe. Die x-Achse ist eine waagrechte Asymptote der Exponentialkurve.

Für $0 < a < 1$ gilt bezüglich der Monotonie: $x < z \Leftrightarrow a^x > a^z$. Die Graphen der Funktionen sind innerhalb der Definitionsmenge streng monoton fallend. Sie sind darum innerhalb der Definitionsmenge auch umkehrbar.

Wie man den Graphen von f_1 und f_3 (bzw. f_2 und f_4) entnehmen kann, entsteht der eine jeweils durch Spiegelung an der y-Achse aus dem anderen. Dieser Zusammenhang gilt allgemein. Die Exponentialkurve der Funktion $f\colon \mathbb{R} \to \mathbb{R}\ x \mapsto y = (\frac{1}{a})^x$ geht durch Spiegelung an der y-Achse aus der Exponentialkurve von $g\colon \mathbb{R} \to \mathbb{R}\ x \mapsto y = a^x$ hervor.

Rechnerisch zeigt sich dieser Zusammenhang an der folgenden Gleichung, die die Bedingung für Achsensymmetrie nachweist.

$f(x) = (\frac{1}{a})^x = a^{-x} = g(-x)$

7.2 Logarithmusfunktion

Die Exponentialfunktion ist in ihrem gesamten Definitionsbereich $\mathbb{D} = \mathbb{R}$ umkehrbar. In Mengenschreibweise stellt sich die Funktion $f\colon \mathbb{R} \to \mathbb{R}\ x \mapsto y = a^x$ dar als $f = \{(x, y) \mid x \in \mathbb{R} \text{ und } y = a^x\}$. Ihre Wertemenge ist $\mathbb{W} = \mathbb{R}^+$, die gleichzeitig die Definitionsmenge der Umkehrfunktion f^{-1} ist.

Um die Umkehrfunktion f^{-1} zu erhalten, vertauscht man in der Menge f die Variablen und erhält f^{-1} in Mengenschreibweise:

$f^{-1} = \{(x, y) \mid x \in \mathbb{R}^+ \text{ und } x = a^y\}$. Die Wertemenge von f^{-1} umfasst ganz $\mathbb{R}$.

Die Gleichung $x = a^y$ lässt sich mit den bisher bekannten Rechenoperationen nicht nach y auflösen. Der Existenz- und Eindeutigkeitssatz für Exponenten zeigt aber, dass es für y eine eindeutig bestimmte Lösung gibt.

Existenz- und Eindeutigkeitssatz für Exponenten

Für $a \in \mathbb{R}^+\setminus\{1\}$ gibt es zu jedem $b \in \mathbb{R}^+$ genau ein $x \in \mathbb{R}$, das die folgende Gleichung erfüllt:

$a^x = b$.

Für die Lösung y der Gleichung $x = a^y$ schreibt man
$y = \log_a x$ und es ist

$$x = a^y \Leftrightarrow y = \log_a x$$

y ist der Logarithmus von x zur Basis a.

Die Umkehrfunktion f^{-1} kann man damit schreiben als
$f^{-1} = \{(x, y) \mid x \in \mathbb{R}^+ \text{ und } y = \log_a x\}$ oder
$f^{-1}\colon \mathbb{R}^+ \to \mathbb{R}\ x \mapsto y = \log_a x$

Ihr Graph geht durch Spiegelung der dazugehörigen Exponentialkurve an der Geraden $y = x$ hervor und heißt Logarithmuskurve.
Die Abbildung zeigt für $a = \frac{1}{2}$ und $a = 2$ die Exponentialkurven und die Graphen der dazugehörigen Umkehrfunktionen.

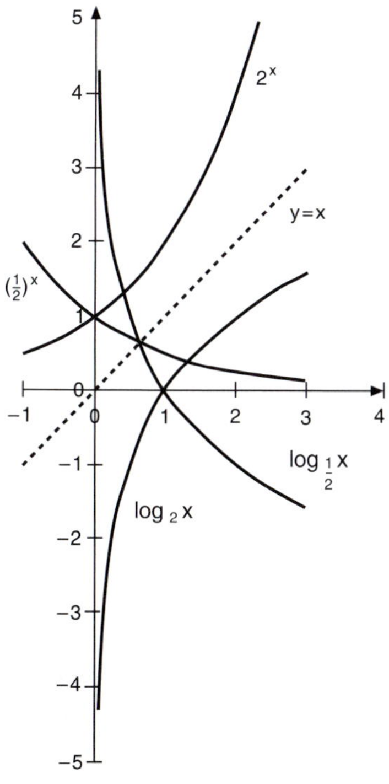

Eigenschaften der Logarithmusfunktion

Da die Exponentialkurven alle oberhalb der x-Achse verlaufen, ergibt sich für die Definitionsmenge aller Logarithmuskurven $\mathbb{D} = \mathbb{R}^+$. Die Logarithmuskurven verlaufen alle rechts von der y-Achse im I. und IV. Quadranten. Sie haben alle den Punkt (1, 0) gemeinsam.

Wie bei den Exponentialkurven unterscheiden sich Logarithmuskurven danach, ob $a > 1$ ist oder $0 < a < 1$.

Für alle $a > 1$ nähert sich die Logarithmuskurve dem negativen Teil der y-Achse an.

Für $0 < a < 1$ kommen die Logarithmuskurven dem positiven Teil der y-Achse beliebig nahe.

In beiden Fällen ist die y-Achse senkrechte Asymptote der Logarithmuskurve.

Für $a > 1$ sind die Logarithmuskurven streng monoton steigend, für $0 < a < 1$ sind sie streng monoton fallend.

Den Zusammenhang zwischen Kurven mit Basis a und Basis $\frac{1}{a}$ findet man auch bei den Logarithmuskurven. Die Logarithmuskurve mit der Gleichung $y = \log_{\frac{1}{a}} x$ geht durch Spiegelung an der x-Achse aus der Logarithmuskurve mit der Gleichung $y = \log_a x$ hervor.

7.3 Rechnen mit Logarithmen

Durch den Zusammenhang $x = a^y \Leftrightarrow y = \log_a x$ sieht man, dass ein Logarithmus ein Exponent ist. Er ist die Lösung der Exponentialgleichung $a^x = b$ mit $a, b \in \mathbb{R}^+$. Nach dem Existenz- und Eindeutigkeitssatz für Exponenten ist die Lösung eindeutig.

Beispielsweise ist $\log_5 3 = y$ die Lösung der Exponentialgleichung $5^y = 3$ und

$$\log_4 0{,}1 = y \Leftrightarrow 4^y = 0{,}1$$

Durch diesen Zusammenhang lassen sich die folgenden Beispiele bereits berechnen.

$$\log_2 512 = y \Leftrightarrow 2^y = 512 \Leftrightarrow 2^y = 2^9 \Leftrightarrow y = 9$$

$$\log_2 \sqrt{2} = y \Leftrightarrow 2^y = \sqrt{2} \Leftrightarrow 2^y = 2^{\frac{1}{2}} \Leftrightarrow y = \frac{1}{2}$$

$$\log_{\sqrt{a}} \sqrt[3]{a} = y \Leftrightarrow \sqrt{a}^y = \sqrt[3]{a} \Leftrightarrow a^{\frac{y}{2}} = a^{\frac{1}{3}} \Leftrightarrow \frac{y}{2} = \frac{1}{3} \Leftrightarrow y = \frac{2}{3}$$

Sonderfälle:

$a^1 = a \Leftrightarrow \log_a a = 1$

$a^x = a^x \Leftrightarrow \log_a a^x = x$

$a^0 = 1 \Leftrightarrow \log_a 1 = 0$

Rechengesetze für Logarithmen

Aus den Potenzgesetzen lassen sich Regeln für das Rechnen mit Logarithmen herleiten.

Dafür wählt man $a \in \mathbb{R}^+ \setminus \{1\}$, $s, t \in \mathbb{R}^+$, $x, y, z \in \mathbb{R}$ und setzt

$s = a^x$, $t = a^y$, also $\log_a s = x$ und $\log_a t = y$

Multiplikation

$s \cdot t = a^x \cdot a^y = a^{x+y}$

$\Rightarrow \log_a (s \cdot t) = \log_a a^{x+y} = x + y = \log_a s + \log_a t$

Division

$$\frac{s}{t} = \frac{a^x}{a^y} = a^{x-y}$$

$$\Rightarrow \log_a \left(\frac{s}{t}\right) = \log_a a^{x-y} = x - y = \log_a s - \log_a t$$

Potenzieren

$s^z = (a^x)^z = a^{x \cdot z}$

$\Rightarrow \log_a (s^z) = \log_a (a^{x \cdot z}) = x \cdot z = z \cdot \log_a s$

Damit erhält man die

Regeln für das Rechnen mit Logarithmen

$\log_a (s \cdot t) = \log_a s + \log_a t$

$\log_a \left(\frac{s}{t}\right) = \log_a s - \log_a t$

$\log_a (s^z) = z \cdot \log_a s$

Durch Anwenden der Regeln lassen sich Logarithmen mit der gleichen Basis wie in den nächsten Beispielen zusammenfassen oder aufteilen.

$$\log_a \frac{x^2 \sqrt{5}}{2y^3} = 2 \cdot \log_a x + \frac{1}{2} \cdot \log_a 5 - \log_a 2 - 3 \cdot \log_a y$$

$$\log_a 2 + 5\log_a x - 3\log_a y = \log_a \frac{2x^5}{y^3}$$

Logarithmische Gleichungen

Logarithmische Gleichungen lassen sich mit den Regeln von oben leicht vereinfachen und zusammenfassen. Stehen dann auf beiden Seiten der Gleichung nur noch Terme der Art $\log_a x$, kann man die Logarithmen auf beiden Seiten weglassen und die Lösung mit bekannten Methoden berechnen.

Beispiel:

$\log_a x = -\log_a x + \log_a 9 \mid + \log_a x$

$2\log_a x = \log_a 9$

$\log_a x^2 = \log_a 9$

$x^2 = 9 \mid x \in \mathbb{R}^+$

$x = 3$

Exponentialgleichungen

Exponentialgleichungen können sehr unterschiedliche Formen haben, entsprechend gibt es verschiedene Möglichkeiten Exponentialgleichungen zu lösen. Hier werden drei Lösungswege an Hand von Beispielen vorgeführt.

Lösung durch Exponentenvergleich

Bei diesem Weg wandelt man die Gleichung so um, dass sie die Form $a^x = a^y$ annimmt. Die beiden Gleichungsseiten sind genau dann gleich, wenn ihre Exponenten gleich sind. Die Lösung für x ist also $x = y$.

Beispiel:

$2^{2x+3} - \sqrt{2}^{4x-2} = 240$

$2^{2x+3} - 2^{2x-1} = 240$

$2^{2x-1}(2^4 - 1) = 240 \mid : 15$

$2^{2x-1} = 16 = 2^4 \mid$ Exponentenvergleich

$2x - 1 = 4$

$x = \frac{5}{2}$

$3^{4x-12} = 1 \mid 3^0 = 1$ Exponentenvergleich

$4x - 12 = 0$

$x = 3$

Lösung durch Substitution

Einige Gleichungen lassen sich durch Substitution so umformen, dass sie die Gestalt einer quadratischen Gleichung annehmen. Diese lässt sich dann lösen und durch Rückgängigmachen der Substitution kann man die Lösungsmenge ermitteln.

Beispiel: $3^{2x} - 10 \cdot 3^x + 9 = 0$

Substitution: $3^x = u$. Dann lautet die Gleichung

$u^2 - 10u + 9 = 0 \mid$ Lösungsformel

$$u_{1/2} = \frac{10 \pm \sqrt{100 - 36}}{2}$$

$$u_{1/2} = \frac{10 \pm 8}{2}$$

$u_1 = 9$ $\qquad$ $u_2 = 1$ mit $u = 3^x$

$3^x = 9 \Rightarrow x = 2$

$3^x = 1 \Rightarrow x = 0$

Lösung durch Logarithmieren

Die Beispielgleichung $3^x = 81 \Rightarrow x = 4$ lässt sich nur deshalb im Kopf lösen, weil 81 eine ganzzahlige Potenz von 3 ist. Auch die Gleichung $2^x = 5$ ist lösbar. Dazu muss man auf beiden Seiten der Gleichung logarithmieren, das heißt, man nimmt von beiden Seiten der Gleichung den Logarithmus mit der gleichen Basis. Im Beispiel lautet die Gleichung dann $\log_a 2^x = \log_a 5$

$x \log_a 2 = \log_a 5 \mid : \log_a 2$

$$x = \frac{\log_a 5}{\log_a 2}$$

Die Basis des Logarithmus, mit dem man die Gleichung logarithmiert, hat keinen Einfluss auf die Lösung. Aus Einfachheitsgründen verwendet man häufig den Logarithmus zur Basis 10, auch Zehnerlogarithmus oder dekadischer Logarithmus genannt. Man schreibt statt $\log_{10} x$ dann $\lg x$. Der Zehnerlogarithmus hat den Vorteil, dass man ihn mit den meisten Taschenrechnern berechnen kann.

Auf einen Blick: Algebraische Regeln und Sätze

Rechenregeln in $\mathbb{R}$

In $\mathbb{R}$ haben die Gleichungen $x^n = c$ und $a^x = b$ unter bestimmten Bedingungen eine (eindeutige) Lösung. Das besagen die folgenden Sätze:

Eindeutigkeitssatz der *n*-ten Wurzel

Zu einem $a \in \mathbb{R}^+_0$ und $n \in \mathbb{N}$ gibt es höchstens eine *n*-te Wurzel, d.h. höchstens ein $x \in \mathbb{R}_0^+$, so dass $x^n = a$ ist. x heißt dann die *n*-te Wurzel von a und wird geschrieben als $x = \sqrt[n]{a}$.

Existenz- und Eindeutigkeitssatz für Exponenten

Für $a \in \mathbb{R}^+\backslash\{1\}$ gibt es zu jedem $b \in \mathbb{R}^+$ genau ein $x \in \mathbb{R}$, das die folgende Gleichung erfüllt:

$a^x = b$. Es gilt: $b = a^x \Leftrightarrow x = \log_a b$

Für alle Zahlen aus $\mathbb{R}$ gelten die folgenden Rechenregeln ($a, b, c, d \in \mathbb{R}$):

1. Klammern haben Vorrang
2. Punkt vor Strich
3. Kommutativgesetz
   der Addition $a + b = b + a$
   der Multiplikation $a \cdot b = b \cdot a$
4. Assoziativgesetz
   der Addition $(a + b) + c = a + (b + c) = a + b + c$
   der Multiplikation $(a \cdot b) \cdot c = a \cdot (b \cdot c) = a \cdot b \cdot c$
5. Distributivgesetz
   $a \cdot (b + c) = a \cdot b + a \cdot c$

Daraus leiten sich ab:
Regel zum kreuzweise Ausmultiplizieren von Summen:

$(a + b) \cdot (c + d) = ac + ad + bc + bd$

Binomische Formeln:
1. binomische Formel: $(a + b)^2 = a^2 + 2ab + b^2$
2. binomische Formel: $(a - b)^2 = a^2 - 2ab + b^2$
3. binomische Formel: $(a + b)(a - b) = a^2 - b^2$

Definitionen der Potenzschreibweise, $a \in \mathbb{R}^+$, $m, n \in \mathbb{N}$:

$a^n = a \cdot a \cdot \ldots\ldots \cdot a$ (n Faktoren)

$$a^{-n} = \frac{1}{a^n}$$

$$a^{\frac{1}{n}} = \sqrt[n]{a}$$

$$a^{\frac{n}{m}} = \sqrt[m]{a^n}$$

$$a^{-\frac{n}{m}} = \frac{1}{\sqrt[m]{a^n}}$$

Potenzgesetze

Für $a, b \in \mathbb{R}^+$ und $x, z \in \mathbb{R}$ gilt:

1. $a^x \cdot a^z = a^{x+z}$
2. $a^x : a^z = a^{x-z}$
3. $a^x \cdot b^x = (ab)^x$
4. $a^x : b^x = \left(\frac{a}{b}\right)^x$
5. $(a^x)^z = a^{x \cdot z}$

Regeln für das Rechnen mit Logarithmen, $a, s, t \in \mathbb{R}^+$, $a \neq 1$, $z \in \mathbb{R}$:

$$\log_a (s \cdot t) = \log_a s + \log_a t$$

$$\log_a \left(\frac{s}{t}\right) = \log_a s - \log_a t$$

$$\log_a (s^z) = z \cdot \log_a s$$

Lösungsformel einer allgemeinen quadratischen Gleichung

Die quadratische Gleichung $ax^2 + bx + c = 0$ mit $a, b, c, x \in \mathbb{R}$ und $a \neq 0$ hat die Lösungen

$$x_{1/2} = \frac{-b \pm \sqrt{b^2 - 4ac}}{2a} \text{ falls } b^2 - 4ac > 0$$

die Lösung $x = -\frac{b}{2a}$ falls $b^2 - 4ac = 0$

und keine Lösung, falls $b^2 - 4ac < 0$.

Für quadratische Gleichungen in Normalform gilt der

Satz von Vieta

Sind x_1 und x_2 die Lösungen der quadratischen Gleichung $x^2 + px + q = 0$ mit $x_1, x_2, x, p, q \in \mathbb{R}$, dann gilt

$x_1 + x_2 = -p$ und $x_1 x_2 = q$.

Eigenschaften von Funktionen

Lineare Funktionen

Eine lineare Funktion hat die Form $f\colon \mathbb{R} \to \mathbb{R}\; x \mapsto y = mx + t$, ihr Graph ist eine Gerade, m ist die Steigung, t der Achsenabschnitt der Geraden. Jede lineare Funktion mit $m \neq 0$ ist umkehrbar. Ihre Umkehrfunktion ist die Funktion $f^{-1}\colon \mathbb{R} \to \mathbb{R}\; x \mapsto y = \frac{1}{m}x - \frac{t}{m}$

Quadratische Funktionen

Eine Funktion mit der Abbildungsvorschrift
$f\colon \mathbb{R} \to \mathbb{R}\; x \mapsto y = ax^2 + bx + c \quad a, b, c \in \mathbb{R}$, $a \neq 0$ ist eine quadratische Funktion, ihr Graph ist eine Parabel. Es gilt:

$a > 0 \Rightarrow$ die Parabel ist nach oben geöffnet
$a < 0 \Rightarrow$ die Parabel ist nach unten geöfnet
und
$a \in \,]-1, 1[\; \Rightarrow$ die Parabel ist flacher als die Normalparabel
$a < -1$ oder $a > 1 \Rightarrow$ die Parabel ist steiler als die Normalparabel

Die Scheitelform einer allgemeinen quadratischen Funktion f mit dem Scheitelpunkt S (v, w) ist:

$f\colon \mathbb{R} \to \mathbb{R}\; x \mapsto y = u(x - v)^2 + w$

Der Scheitelpunkt der allgemeinen quadratischen Funktion hat die Koordinaten

$$S\left(-\frac{b}{2a}, -\frac{b^2}{4a} + c\right)$$

Potenzfunktionen

Funktionen der Art $f\colon \mathbb{R} \to \mathbb{R}\; x \mapsto y = x^n$ mit $n \in \mathbb{N}$, $n > 1$ heißen Potenzfunktionen. Ihr Graph ist eine Parabel n-ter Ordnung
Auch Funktionen mit der Gleichung $f\colon \mathbb{R}\setminus\{0\} \to \mathbb{R}\; x \mapsto y = x^{-n}$, $n \in \mathbb{N}$ heißen Potenzfunktionen. Der Graph einer Potenzfunktion mit negativem Exponenten ist eine Hyperbel.

Exponentialfunktionen

$f\colon \mathbb{R} \to \mathbb{R}\; x \mapsto y = a^x$ mit $a \in \mathbb{R}^+$ und $a \neq 1$ ist eine Exponentialfunktion. Ihre Wertemenge ist $\mathbb{W} = \mathbb{R}^+$. Sie ist in $\mathbb{R}$ umkehrbar. Dazugehörige Umkehrfunktion ist eine Logarithmusfunktion mit der Gleichung
$f^{-1}\colon \mathbb{R}^+ \to \mathbb{R}\; x \mapsto y = \log_a x$.

3

Stochastik

Experimente wie das Werfen einer Münze, das Ziehen von Losen oder auch die Befragung von vielen Personen zu einer Grundfrage können trotz gleicher Anfangsbedingungen zu verschiedenen Ausgängen führen. Der Zufall kommt ins Spiel.

Stochastik und Wahrscheinlichkeitsrechnung beschäftigen sich mit solchen Zufallsexperimenten. Die möglichen Ausgänge eines Experiments werden beschrieben und – was sowohl für Glücksspiele als auch für Wahlprognosen interessant ist – berechnet, mit welcher Wahrscheinlichkeit man mit bestimmten günstigen Ausgängen rechnen kann.

1 Zufallsexperimente

Ein Zufallsexperiment ist dadurch gekennzeichnet, dass es bei gleichen Anfangsbedingungen verschiedene Ausgänge haben kann. Beim Werfen eines Würfels kann man die Zahlen von 1 bis 6 erhalten, beim Werfen einer Münze sind die Ausgänge »Kopf« und »Zahl« möglich.
Ein erster Schritt, ein Zufallsexperiment zu beschreiben ist, die Menge der möglichen Ausgänge des Experiments zu erfassen.

Jeder einzelne mögliche Ausgang eines Experiments heißt Ergebnis des Zufallsexperiments.

Ergebnisse werden mit ω bezeichnet.
Die Ergebnisse des Zufallsexperiments »einmaliges Werfen eines Würfels« sind also $\omega_1 = 1$, $\omega_2 = 2$ bis $\omega_6 = 6$.
Die Ergebnisse eines Experiments lassen sich zu einer Menge zusammenfassen:

Der Ergebnisraum Ω eines Zufallsexperiments ist eine Menge von möglichen Ergebnissen ω_k des Experiments, für die gilt:
1. Jedem möglichen Ausgang des Experiments entspricht genau ein Element von Ω.
2. Jedes Element von Ω ist ein möglicher Ausgang des Zufallsexperiments.

Beim Werfen eines Würfels kann man als Ergebnisraum angeben:

$\Omega_1 = \{1, 2, 3, 4, 5, 6\}$.

Als möglicher Ausgang des Experiments ist manchmal aber auch nur interessant, ob man eine 6 würfelt oder nicht. Man kann den Ergebnisraum dann schreiben als $\Omega_2 = \{6, \text{keine } 6\}$. Ω_1 und Ω_2 sind beides gültige Ergebnisräume desselben Zufallsexperiments, zu einem Experiment kann es also verschiedene Ergebnisräume geben.

An einer Losbude stehen drei Verkäufer mit jeweils einer Schachtel Lose. Jemand möchte ein Los kaufen. Dazu muss er sich zunächst entschei-

den, bei welchem Verkäufer er ein Los kaufen möchte. Anschließend muss er aus der entsprechenden Schachtel ein Los ziehen.
Hier sind zwei Experimente hintereinander verknüpft. Der erste Schritt ist die Wahl des Verkäufers und damit der entsprechenden Schachtel, der zweite Schritt ist das Ziehen des Loses. Der Ergebnisraum lässt sich wieder auf verschiedene Arten schreiben. Die einfachste Form ist $\Omega_1 = \{\text{Gewinn, Niete}\}$. Will man den ersten und den zweiten Schritt in der Darstellung der Ergebnisse berücksichtigen, bietet sich die Paarschreibweise an. Jedes Ergebnis wird als Paar aus dem ersten und zweiten Schritt geschrieben. Der Ergebnisraum lautet dann: $\Omega_2 = \{$(Verkäufer 1, Gewinn), (Verkäufer 1, Niete), (Verkäufer 2, Gewinn), (Verkäufer 2, Niete), (Verkäufer 3, Gewinn), (Verkäufer 3, Niete)$\}$.
Entsprechend lassen sich andere mehrstufige Experimente je nach Anzahl der Stufen als Paare, Tripel oder allgemein als *n*-Tupel $(\omega_1, \omega_2, \dots, \omega_n)$ schreiben. Das viermalige Werfen eines Würfels kann z.B. als 4-Tupel geschrieben werden, ein mögliches Ergebnis ist dabei (1, 4, 3, 6).
Eine andere Möglichkeit, ein mehrstufiges Experiment darzustellen, ist ein Baumdiagramm. Von einem Ergebnis einer Stufe geht dabei für jedes mögliche Ergebnis der nächsten Stufe ein Pfad ab. Jede neue Stufe des Experiments wird in einer neuen Ebene von Pfaden dargestellt.
Eine Münze wird so oft geworfen, bis zum ersten Mal Kopf erscheint, höchstens aber dreimal.

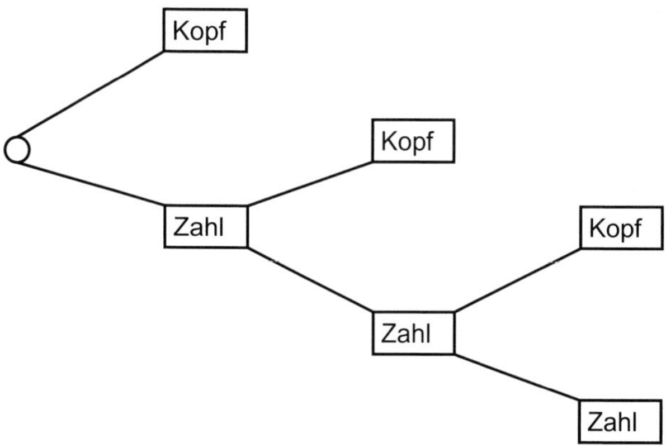

Erscheint im ersten Schritt des Experiments Kopf, so ist das Experiment zu Ende. Entsprechend führen keine weiteren Pfade davon weg. Erscheint Zahl, wird die Münze erneut geworfen. Es kann wieder Kopf oder Zahl fallen. Die beiden Möglichkeiten werden als zwei Pfade dargestellt. Erscheint Kopf, ist das Experiment nach diesem Schritt zu Ende, bei Zahl erfolgt der dritte Schritt analog. Der dazugehörige Ergebnisraum lässt sich schreiben als $\Omega = \{(K), (Z, K), (Z, Z, K), (Z, Z, Z)\}$.

Baumdiagramme eignen sich vor allem zur Darstellung mehrstufiger Experimente, bei denen die Ergebnisse der ersten Stufen den Verlauf des Experiments der folgenden Stufen beeinflussen.

Bei manchen Experimenten gilt das Interesse nicht den einzelnen Ergebnissen von Ω, sondern einer Menge von Ergebnissen, also einer Teilmenge des Ergebnisraums. Zum Beispiel kann man darauf wetten, ob beim Würfeln eine gerade oder ungerade Zahl fällt oder ob die geworfene Zahl größer als 4 ist. Die entsprechenden Teilmengen von $\Omega = \{1, 2, 3, 4, 5, 6\}$ sind dann $E_1 = \{2, 4, 6\}$ bzw. $E_2 = \{1, 3, 5\}$ und $E_3 = \{5, 6\}$.

Jede Teilmenge E des Ergebnisraums Ω, $E \subseteq \Omega$ zu einem Zufallsexperiment heißt Ereignis. Ein Ereignis E ist eingetreten, wenn für das eingetretene Ergebnis ω gilt: $\omega \in E$. Die Menge aller Ereignisse von Ω heißt Ereignisraum von Ω.

Im Beispiel sind E_1, E_2 und E_3 Ereignisse. Wird die Augenzahl 5 gewürfelt, sind E_2 und E_3 eingetreten, E_1 nicht.

Es gibt einige spezielle Teilmengen des Ergebnisraums Ω:

$\Omega \subseteq \Omega$, Ω heißt sicheres Ereignis.
$\{\ \} \subseteq \Omega$, $\{\ \}$ heißt unmögliches Ereignis
$\omega \in \Omega \Rightarrow \{\omega\} \subseteq \Omega$, Teilmengen der Art $\{\omega\}$, die nur ein Element enthalten, heißen Elementarereignis.

Ω heißt sicheres Ereignis, da jeder Ausgang des Experiments in Ω liegt und Ω somit immer eintritt, $\{\ \}$ hat keine Elemente, entsprechend kann das unmögliche Ereignis nicht eintreten. Elementarereignisse treten genau dann ein, wenn ihr Element eintritt.

Vergleicht man E_1 und E_2 von oben, so sieht man, dass E_1 genau dann eintritt, wenn E_2 nicht eintritt und umgekehrt, die geworfene Zahl ist entweder gerade oder ungerade, niemals beides. E_1 enthält alle Ereignisse aus Ω, die E_2 nicht enthält. Zusammen ergeben die beiden Ereignisse den gesamten Ergebnisraum Ω. Man sagt, E_1 ist das Gegenereignis von E_2. Für Mengen wird dieser Zusammenhang durch das Komplement dargestellt. E_1 ist das Komplement von E_2 bezüglich Ω, man schreibt für das Komplement von E_1: $\overline{E_1} = E_2$. Die formale Definition dazu lautet:

> Das Komplement einer Menge E bezüglich einer Grundmenge Ω ist die Menge $\overline{E} = \{x \in \Omega \mid x \notin E\} = \Omega \backslash E$ (»Ω ohne E«).

Das Komplement zu $E_3 = \{5, 6\}$ bezüglich $\Omega = \{1, 2, 3, 4, 5, 6\}$ ist die Menge $\overline{E_3} = \{1, 2, 3, 4\}$. Das Komplement zu Ω ist die leere Menge $\{\ \}$, also ist das unmögliche Ereignis das Gegenereignis zum sicheren Ereignis. Man sieht leicht anhand von Beispielen, dass für ein Ereignis E und sein Gegenereignis gilt: $E \cup \overline{E} = \Omega$, ihre Vereinigung ergibt den Ergebnisraum Ω und $\overline{\overline{E}} = E$.

Für verschiedene Ereignisse E_1 und E_2 in Ω ist es wichtig zu wissen, ob die beiden Ereignisse gleichzeitig eintreten können oder nicht. Betrachtet man wieder das Beispiel des Werfens eines Würfels:

$\Omega = \{1, 2, 3, 4, 5, 6\}$

E_1: Augenzahl gerade	$E_1 = \{2, 4, 6\}$
E_2: Augenzahl durch 3 teilbar	$E_2 = \{3, 6\}$
E_3: Augenzahl kleiner als 3	$E_3 = \{1, 2\}$

E_1 und E_2 haben 6 als gemeinsames Element, sie können also zugleich auftreten. Man sagt E_1 und E_2 sind vereinbare Ereignisse. Ebenso sind E_1 und E_3, die 2 als gemeinsames Element haben, vereinbare Ereignisse. E_2 und E_3 haben keine gemeinsamen Elemente, die Schnittmenge $E_2 \cap E_3 = \{\ \}$ ist leer. Die Ereignisse E_2 und E_3 sind unvereinbar. Formal definiert man:

> Zwei Ereignisse E_1 und E_2 in Ω heißen unvereinbar, wenn gilt: $E_1 \cap E_2 = \{\ \}$. Sonst heißen sie vereinbar.

Ein Ereignis E in Ω und sein Komplement $\overline{E}$ sind unvereinbare Ereignisse, $E \cap \overline{E} = \{\ \}$. Für das unmögliche Ereignis $\{\ \}$ gilt: $E \cap \{\ \} = \{\ \}$, das unmögliche Ereignis ist also mit jedem anderen Ereignis unvereinbar. Analog ist das sichere Ereignis Ω mit jedem Ereignis in Ω vereinbar, weil gilt: $\Omega \cap E = E$. Aus bekannten Ereignissen, die nach Definition Teilmengen von Ω sind, lassen sich durch das Bilden der Komplemente von Schnittmengen und Vereinigungsmengen neue Ereignisse konstruieren. Dabei gelten die folgenden Regeln:

E_1 und E_2 sind Ereignisse in Ω.

logische Verknüpfung	sprachliche Erklärung	Mengenschreibweise
E_1 **und** E_2	E_1 und E_2 treten gleichzeitig ein	$E_1 \cap E_2$
E_1 **oder** E_2 (mathematisches, einschließendes »oder«)	es tritt ein Ergebnis aus E_1 oder E_2 oder beiden ein	$E_1 \cup E_2$
nicht E_1, Gegenereignis von E_1	es tritt ein Ergebnis ein, das nicht in E_1 liegt	$\overline{E}_1 = \Omega \setminus E_1$

Betrachtet man wieder das Beispiel vom Werfen eines Würfels mit $\Omega = \{1, 2, 3, 4, 5, 6\}$ und die Ereignisse:

E_1: Augenzahl gerade $\quad E_1 = \{2, 4, 6\}$
E_2: Augenzahl durch 3 teilbar $\quad E_2 = \{3, 6\}$
E_3: Augenzahl kleiner als 3 $\quad E_3 = \{1, 2\}$

Aus den gegebenen Ereignissen lassen sich die folgenden Ereignisse herleiten:

E_4: Augenzahl gerade und durch 3 teilbar
E_5: Augenzahl durch 3 teilbar oder kleiner als 3
E_6: Augenzahl ungerade
E_7: Augenzahl gerade, aber nicht durch 3 teilbar

Damit E_4 eintritt, müssen gleichzeitig E_1 **und** E_2 eintreten, $E_4 = E_1 \cap E_2 = \{6\}$.
Damit E_5 eintritt, muss die Bedingung von E_2 **oder** von E_3 oder von beiden erfüllt sein, $E_5 = E_2 \cup E_3 = \{1, 2, 3, 6\}$.
Die Augenzahl ist genau dann ungerade, wenn sie **nicht** gerade ist. E_6 ist das Gegenereignis von E_1, $E_6 = \overline{E}_1 = \{1, 3, 5\}$.

Bei E_7 sollen zwei Bedingungen gleichzeitig erfüllt sein, nämlich Augenzahl gerade **und** Augenzahl nicht durch 3 teilbar. Es soll also E_1 eintreten **und nicht** E_2. $E_7 = E_1 \cap \overline{E_2} = \{2, 4, 6\} \cap \{1, 2, 4, 5\} = \{2, 4\}$.
Für den Umgang mit Mengen gelten ähnliche Gesetze wie bei den Grundrechenarten, sie lassen sich durch Aufzeichnen anhand von Mengendiagrammen (Venn-Diagrammen) leicht nachvollziehen. Die Gesetze über die Gleichheit von Mengen werden formal bewiesen, indem man zeigt, dass jedes beliebige Element der Menge auf der rechten Gleichungsseite auch Element der Menge auf der linken Gleichungsseite ist und umgekehrt. Hier werden die wichtigsten Gesetze aufgeführt, sie gelten für beliebige Mengen, also insbesondere auch für die Ereignisse $E_1, E_2, E_3 \subseteq \Omega$ als Teilmengen der Grundmenge Ω.
Seien A, B, C Teilmengen einer Grundmenge $\mathbb{G}$.

Kommutativgesetze:
$A \cap B = B \cap A$ $\qquad$ $A \cup B = B \cup A$
Assoziativgesetze:
$(A \cap B) \cap C = A \cap (B \cap C)$ $\qquad$ $(A \cup B) \cup C = A \cup (B \cup C)$
Distributivgesetze:
$A \cap (B \cup C) = (A \cap B) \cup (A \cap C)$ $\qquad$ $A \cup (B \cap C) = (A \cup B) \cap (A \cup C)$
De-Morgan-Gesetze:
$\overline{A \cap B} = \overline{A} \cup \overline{B}$ $\qquad$ $\overline{A \cup B} = \overline{A} \cap \overline{B}$

Mithilfe der Gesetze lassen sich Ausdrücke mit Mengen umformen und vereinfachen. Beispiel:
$\overline{A} \cup (\overline{B} \cap A) =$ | Distributivgesetz
$(\overline{A} \cup \overline{B}) \cap (\overline{A} \cup A) =$
$(\overline{A} \cup \overline{B}) \cap \mathbb{G} =$ | De-Morgan-Gesetz
$\overline{A \cap B}$

2 Häufigkeiten und Wahrscheinlichkeiten

2.1 Absolute und relative Häufigkeiten

Mithilfe der Ergebnisräume und Ereignisse wird der Ausgang eines Zufallsexperiments beschreibbar. Im nächsten Schritt interessiert, wie oft einzelne Ereignisse innerhalb einer Versuchsreihe auftreten und wie sich diese Häufigkeiten zu Aussagen über Wahrscheinlichkeiten verallgemeinern lassen.
Um die Häufigkeit zu bestimmen, mit der ein Ereignis innerhalb einer Versuchsreihe auftritt, wird dasselbe Zufallsexperiment *N*-mal durchgeführt. *N* heißt der Umfang der Stichprobe. Dabei wird nach jedem Versuch notiert, welches Ergebnis eingetreten ist.
Beispielsweise wird ein Würfel 50-mal geworfen. Nach jedem Wurf hält man die Augenzahl fest.

4 6 4 5 6   1 3 6 2 1   4 3 2 2 1   6 1 5 5 1   3 4 4 5 4
1 5 1 3 4   6 5 1 1 2   6 2 6 2 4   5 3 6 4 2   6 2 4 3 1

Dann zählt man, wie oft jedes Ergebnis eingetreten ist. Die Ergebnisse sind in den ersten beiden Zeilen der Tabelle festgehalten. Die Zahlen geben an, mit welcher absoluten Häufigkeit bei einem Stichprobenumfang von $N = 50$ die Augenzahlen 1 bis 6 eingetreten sind.

Augenzahl	1	2	3	4	5	6
absolute Häufigkeit *k*	10	8	6	10	7	9
relative Häufigkeit *h*	$\frac{10}{50} = 0{,}2$	$\frac{8}{50} = 0{,}16$	$\frac{6}{50} = 0{,}12$	$\frac{10}{50} = 0{,}2$	$\frac{7}{50} = 0{,}14$	$\frac{9}{50} = 0{,}18$

Um Aussagen über Häufigkeiten machen zu können, die unabhängig von der Größe der Stichprobe sind, setzt man die absolute Häufigkeit *k* eines Ereignisses zum Stichprobenumfang *N* ins Verhältnis. Aus dem Quotienten erhält man die relative Häufigkeit *h*. Für das Beispiel sind die relativen Häufigkeiten in der letzten Zeile der Tabelle dargestellt. Allgemein lautet die Definition:

Tritt ein Ereignis *E* bei einem Stichprobenumfang *N* genau *k*-mal ein, so hat das Ereignis die relative Häuigkeit $h(E) = \frac{k}{N}$.

Zählt man die absoluten Häufigkeiten aller Ergebnisse eines Ergebnisraums Ω zusammen, ergibt sich als Summe der Stichprobenumfang N, da bei jeder Wiederholung des Experiments genau eines der möglichen Ergebnisse eintritt. Entsprechend gilt für die Summe der relativen Häufigkeiten der Ergebnisse ω_1, ω_2, ω_3 ... eines Ergebnisraums Ω:

$$h(\omega_1) + h(\omega_2) + h(\omega_3) + \ldots$$

$$= \frac{k_1}{N} + \frac{k_2}{N} + \frac{k_3}{N} + \ldots$$

$$= \frac{1}{N} \cdot (k_1 + k_2 + k_3 + \ldots)$$

$$= \frac{1}{N} \cdot N = 1$$

Außerdem gilt offensichtlich:

$0 \leq k \leq N$ und damit $0 \leq h(E) \leq 1$

$$h(\Omega) = \frac{N}{N} = 1, \; h(\{\ \}) = \frac{0}{N} = 0$$

Zwei unvereinbare Ereignisse E_1 und E_2 können nicht gemeinsam eintreten. Tritt $E_1 \cup E_2$ ein, liegt das eingetretene Ergebnis entweder in E_1 oder in E_2, nie in beiden. Entsprechend erhöht sich entweder die absolute Häufigkeit von E_1 oder die von E_2, sie werden nie doppelt gezählt. Die absolute Häufigkeit von $E_1 \cup E_2$ ist demnach $k_1 + k_2$. Für die relative Häufigkeit folgt daraus:

$$h(E_1 \cup E_2) = \frac{k_1 + k_2}{N} = \frac{k_1}{N} + \frac{k_2}{N} = h(E_1) + h(E_2)$$

Für die relative Häufigkeit $h(E) = \frac{k}{N}$ eines Ereignisses E gilt das Gesetz der großen Zahlen von Jakob Bernoulli. Es besagt: Die relative Häufigkeit eines Ereignissses strebt »der Wahrscheinlichkeit nach« für einen großen Stichprobenumfang N gegen die Wahrscheinlichkeit des Ereignisses. Mit anderen Worten: Die Wahrscheinlichkeit dafür, dass mit zunehmendem Stichprobenumfang N die relative Häufigkeit eines Ereignisses stark von der Wahrscheinlichkeit dieses Ereignisses abweicht, wird verschwindend klein.

2.2 Wahrscheinlichkeiten

Durch das Gesetz der großen Zahlen ist also für jedes Ereignis E ein stochastischer Grenzwert p der relativen Häufigkeit gegeben. Mit den Axiomen von Kolmogorow lässt sich ein entsprechendes Wahrscheinlichkeitsmaß definieren.

Ω sei der Ergebnisraum eines Zufallsexperiments. Jedem Ereignis $E \subseteq \Omega$ wird eine reelle Zahl $P(E)$ als Wahrscheinlichkeit zugeordnet. Die Zuordnung heißt Wahrscheinlichkeitsmaß, wenn die folgenden drei Axiome erfüllt sind:

Axiom 1: $P(E) \geq 0$
Axiom 2: $P(\Omega) = 1$
Axiom 3: $E_1 \cap E_2 = \{\ \} \Rightarrow P(E_1 \cup E_2) = P(E_1) + P(E_2)$.

Durch ein Wahrscheinlichkeitsmaß ist für jedes Ereignis eines Zufallsexperiments die zugehörige Wahrscheinlichkeit gegeben oder sie lässt sich aus den gegebenen berechnen.
Beispielsweise ist beim Werfen eines Würfels ein mögliches Wahrscheinlichkeitsmaß, dass alle Augenzahlen mit gleicher Wahrscheinlichkeit vorkommen. P(Augenzahl 1) = P(Augenzahl 2) = P(Augenzahl 3) = P(Augenzahl 4) = P(Augenzahl 5) = P(Augenzahl 6) = $\frac{1}{6}$. Daraus berechnet man mithilfe von Axiom 3:

$$P(\text{Augenzahl gerade}) = P(\{2, 4, 6\}) = P(\{2\}) + P(\{4\}) + P(\{6\}) = \frac{1}{6} + \frac{1}{6} + \frac{1}{6} = \frac{1}{2}$$

Wahrscheinlichkeiten sind immer Zahlen aus dem Intervall [0, 1], sie werden möglichst exakt als Brüche, Dezimalbrüche oder in Prozent angegeben. Gegebenenfalls müssen die Darstellungsformen ineinander umgewandelt werden.
Aus den Axiomen lassen sich weitere Regeln für Wahrscheinlichkeiten herleiten. Sei E ein Ereignis in Ω. $\Omega = E \cup \overline{E}$, E und $\overline{E}$ sind unvereinbar
$\Rightarrow 1 = P(\Omega) = P(E \cup \overline{E}) = P(E) + P(\overline{E}) \Rightarrow P(\overline{E}) = 1 - P(E)$
$P(\{\ \}) = P(\overline{\Omega}) = 1 - P(\Omega) = 1 - 1 = 0$.
Die Wahrscheinlichkeit des Gegenereignisses $\overline{E}$ zu E heißt Gegenwahrscheinlichkeit von E.

Das Axiom 3 gilt nur für unvereinbare Ereignisse. Für eine beliebige Vereinigung von zwei Ereignissen gilt:

$$P(E_1 \cup E_2) = P(E_1) + P(E_2) - P(E_1 \cap E_2)$$

Anschaulich bedeutet das: Um die Wahrscheinlichkeit von $E_1 \cup E_2$ zu berechnen, zählt man zuerst die beiden Einzelwahrscheinlichkeiten von E_1 und E_2 zusammen. Dabei zählt man dann allerdings die Elemente der Schnittmenge doppelt. Diesen Fehler korrigiert man, indem man anschließend die Wahrscheinlichkeit der Schnittmenge, also aller doppelt gezählter Elemente, wieder abzieht.

Berechnung von Wahrscheinlichkeiten

Lösung durch Baumdiagramme

Eine Münze wird so lange geworfen, bis zum ersten Mal Kopf erscheint, höchstens aber dreimal. Man kann davon ausgehen, dass Kopf und Zahl mit gleicher Wahrscheinlichkeit, nämlich $\frac{1}{2}$ auftreten. An jeder Gabelung des Baums kommt man also mit Wahrscheinlichkeit $\frac{1}{2}$ zu einem der nächsten Knotenpunkte.

Die Gesamtwahrscheinlichkeit für einen Pfad ist das Produkt der Einzelwahrscheinlichkeiten entlang dieses Pfads.

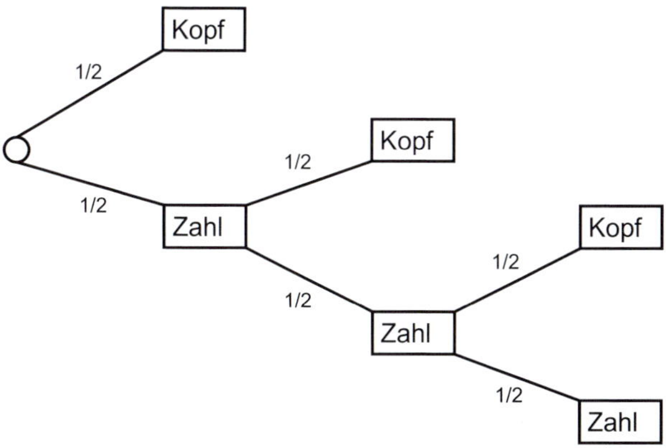

Zum Beispiel ist $P(Z, K) = \dfrac{1}{2} \cdot \dfrac{1}{2} = \dfrac{1}{4}$. Die Wahrscheinlichkeit des Ereignisses »die Münze wird genau dreimal geworfen« ergibt sich als Summe aus den Wahrscheinlichkeiten der Pfade, für die dieses Ereignis eintritt. Im Beispiel sind das die beiden unteren Pfade

$$P(\{(Z,Z,K),(Z,Z,Z)\}) = \frac{1}{2}\cdot\frac{1}{2}\cdot\frac{1}{2}+\frac{1}{2}\cdot\frac{1}{2}\cdot\frac{1}{2}=\frac{1}{4}.$$

Laplace-Experimente

Besonders häufig kommen in der Stochastik Experimente vor, bei denen die möglichen Ergebnisse des Ergebnisraums gleich wahrscheinlich sind. Beispiele hierfür sind das Werfen eines gleichmäßigen Würfels oder einer gleichmäßigen Münze, das zufällige Ziehen einer Kugel aus einer Urne oder einer Karte aus einem gut gemischten Kartenspiel. Solche Experimente nennt man Laplace-Experimente. Der Ausdruck »zufällig« und der Name Laplace werden dabei in Aufgaben oft als sprachlicher Hinweis für die Gleichwahrscheinlichkeit von Ergebnissen verwendet.

Die Zahl der Elementarereignisse ist gleich der Anzahl der Elemente des Ergebnisraums Ω, der Mächtigkeit $|\Omega|$ von Ω, sie wird als **Anzahl der möglichen Fälle** bezeichnet. Die Wahrscheinlichkeit für ein Elementarereignis ist $P(\{\omega\}) = \frac{1}{\text{Anzahl der möglichen Fälle}} = \frac{1}{|\Omega|}$. Bei einem Laplace-Experiment lässt sich die Wahrscheinlichkeit eines Ereignisses leicht ausrechnen.

Da jedes Ereignis *E* sich aus einer eindeutig bestimmbaren Zahl von unvereinbaren Elementarereignissen zusammensetzt, gilt für die

Wahrscheinlichkeit eines Ereignisses *E* bei einem LAPLACE-Experiment

$$P(E) = \frac{|E|}{|\Omega|} = \frac{\text{Anzahl der für } E \text{ günstigen Fälle}}{\text{Anzahl der möglichen Fälle}}.$$

Beispiel: Mit welcher Wahrscheinlichkeit zieht man bei einem Skatblatt einen König?

Anzahl der Könige im Skatblatt: 4

Anzahl der Karten: 32

$$P(\text{König}) = \frac{4}{32} = \frac{1}{8}$$

In diesem Fall ist das Abzählen der Fälle noch möglich, bei vielen Beispielen muss die Anzahl der günstigen und der möglichen Fälle erst berechnet werden. Dafür gibt es verschiedene Berechnungsmethoden.

Kombinatorik

Gegeben ist ein Zufallsexperiment, das in mehreren Schritten durchgeführt wird. Zum Beispiel wird zuerst ein Würfel und anschließend zweimal eine Münze geworfen. Für den ersten Schritt ergeben sich sechs Möglichkeiten, für den zweiten und dritten Schritt jeweils zwei. Insgesamt gibt es $6 \cdot 2 \cdot 2 = 24$ mögliche Verläufe des Experiments, die alle gleich wahrscheinlich sind.

Allgemein gilt: Lässt sich ein Zufallsexperiment in k Schritte unterteilen, wobei es für den ersten Schritt n_1, für den zweiten Schritt n_2 usw., den k-ten Schritt n_k mögliche Ausgänge gibt, dann gibt es $n_1 \cdot n_2 \cdot n_3 \cdot \ldots \cdot n_k$ Möglichkeiten für die Durchführung des gesamten Zufallsexperiments.

Daraus lassen sich verschiedene Sonderfälle herleiten:

k-Tupel

Ein Würfel wird dreimal hintereinander geworfen. Wie viele mögliche Ergebnisse gibt es?
Das Experiment findet in drei Schritten statt, die einzelnen Ergebnisse lassen sich als Tripel $(\omega_1, \omega_2, \omega_3)$ der drei Würfe schreiben. Für die Belegung jeder Stelle im Tripel gibt es sechs Möglichkeiten. Insgesamt gibt es also $6 \cdot 6 \cdot 6 = 216$ mögliche Tripel.
Für das Bilden eines allgemeinen k-Tupels $(\omega_1, \ldots, \omega_k)$ aus den Elementen einer Menge Ω mit n Elementen, $|\Omega| = n$, gibt es n^k Möglichkeiten.

Permutationen

Wie viele verschiedene Möglichkeiten gibt es, fünf Kugeln, die mit den Ziffern 1 bis 5 beschriftet sind in eine Reihe zu legen?
Es gibt fünf Plätze, die nacheinander mit den fünf Kugeln belegt werden. Für die erste Kugel gibt es fünf Auswahlmöglichkeiten, für die zweite Kugel gibt es vier, die dritte Kugel hat drei Möglichkeiten, die vierte Kugel noch zwei, der fünften Kugel bleibt nur noch eine Möglichkeit. Insgesamt sind es $5 \cdot 4 \cdot 3 \cdot 2 \cdot 1 = 120$ Möglichkeiten, die Kugeln anzuordnen.

Ein Produkt der Art $1 \cdot 2 \cdot 3 \cdot \ldots \cdot (n-1) \cdot n = n!$ wird für $n \in \mathbb{N}$ als n Fakultät bezeichnet. Es wird angenommen $0! = 1$ und $1! = 1$.

Die verschiedenen Möglichkeiten, Gegenstände in einer Reihe anzuordnen, werden als Permutationen bezeichnet. Für n Kugeln ist die Anzahl der möglichen Permutationen $n!$.

Das folgende Beispiel wird immer wieder abgewandelt (farbige Glühbirnen, Schaufensterarrangements usw.). Die Grundfrage ist, wie viele Möglichkeiten gibt es, eine bestimmte Anzahl von Dingen anzuordnen, wenn einige darunter nicht unterscheidbar sind.

Beispiel: Das Mississippi-Problem

Wie viele verschiedene (unterscheidbare) Möglichkeiten gibt es, die Buchstaben des Wortes Mississippi in einem Wort – egal ob sinnvoll oder nicht – anzuordnen?

Mississippi hat elf Buchstaben, viermal I, einmal *M*, viermal *S* und zweimal *P*. Bei elf Buchstaben gibt es 11! Permutationen. Davon sind allerdings viele nicht unterscheidbar, z. B. immer wenn zwei gleiche Buchstaben Plätze tauschen. Daher muss durch die jeweilige Zahl der Permutationen, die gleiche Buchstaben untereinander ausführen können, geteilt werden. Das Ergebnis ist dann $\frac{11!}{4! \cdot 1! \cdot 4! \cdot 2!} = 34\,650$.

Auswahl aus einer Grundgesamtheit

Auf einem Wühltisch liegen 50 unterschiedliche T-Shirts. Jemand kauft für seine drei Söhne jeweils eines. Wie viele Möglichkeiten gibt es?

Bei der Auswahl gibt es für das T-Shirt für den ältesten Sohn 50 Möglichkeiten, für den mittleren 49 und den jüngsten 48, insgesamt gibt es $50 \cdot 49 \cdot 48 = 117\,600$ Möglichkeiten.

Wählt man allgemein aus n verschiedenen Elementen einer Menge nacheinander k Elemente aus, wobei auf die Reihenfolge der ausgewählten Elemente geachtet wird, so gibt es dafür

$n \cdot (n-1) \cdot (n-2) \cdot \ldots \cdot (n-k+1)$ Möglichkeiten (k, Anzahl der Faktoren). Man kann dafür auch schreiben

$$\frac{n \cdot (n-1) \cdot (n-2) \cdot \ldots \cdot (n-k+1) \cdot (n-k) \cdot (n-k-1) \cdot \ldots \cdot 2 \cdot 1}{(n-k) \cdot (n-k-1) \cdot \ldots \cdot 2 \cdot 1} =$$

$$= \frac{n!}{(n-k)!}.$$

Wandelt man obiges Beispiel etwas ab, sodass jemand aus 50 T-Shirts drei für sich selbst auswählt, dann spielt die Reihenfolge in dem Experiment keine Rolle mehr. Die Frage lautet dann, wie viele Möglichkeiten gibt es, aus 50 verschiedenen T-Shirts drei auszuwählen. Man muss das

Ergebnis von oben also noch durch die Anzahl der Permutationen der drei T-Shirts teilen. Die Lösung ist also $\frac{50!}{(50-3)! \cdot 3!} = 19600$.

Allgemein ist die Anzahl der möglichen Teilmengen mit k Elementen aus einer n-elementigen Menge $\frac{n!}{(n-k)! \cdot k!} = \binom{n}{k}$. $\binom{n}{k}$, sprich »n über k«, heißt Binomialkoeffizient. Der Binomialkoeffizient ist für gängige Werte tabelliert.

Das Urnenmodell

Laplace-Experimente lassen sich mit dem Urnenmodell häufig gut beschreiben und berechnen. Dazu stellt man sich eine Urne vor, in der n unterscheidbare Kugeln liegen. Aus der Urne werden zufällig Kugeln gezogen. Dabei werden zwei Fallunterscheidungen gemacht.

1. Ziehen mit und ohne Zurücklegen

Beim Ziehen mit Zurücklegen wird die gezogene Kugel, nachdem das Ergebnis notiert wurde, wieder in die Urne gelegt. Dadurch bleibt die Ausgangsbedingung für jedes erneute Ziehen dieselbe. Beim Ziehen ohne Zurücklegen bleibt die Kugel außerhalb der Urne, die Zahl der Kugeln, aus denen gezogen wird, reduziert sich nach jedem Schritt um 1.

2. Ziehen mit und ohne Berücksichtigung der Reihenfolge

Beim Ziehen mit Berücksichtigung der Reihenfolge werden die Kugeln nacheinander gezogen und die Ergebnisse in der entsprechenden Reihenfolge festgehalten. Beim Ziehen ohne Reihenfolge spielt die Reihenfolge keine Rolle.

Im Fall des Ziehens mit Zurücklegen ohne Berücksichtigung der Reihenfolge ist es häufig einfacher, bei der Berechnung von Wahrscheinlichkeiten die Reihenfolge sowohl bei der Anzahl der günstigen Fälle als auch bei der Anzahl der möglichen Fälle »künstlich« mit zu berücksichtigen. Das Ergebnis bleibt dabei gleich.

Beispiel: Drei nicht unterscheidbare Würfel werden gemeinsam geworfen. Die Würfel werden gedanklich (künstlich) unterscheidbar gemacht, die Ergebnisse sind Zahlentripel, wobei Würfel 1 das Ergebnis der ersten Stelle des Tripels, Würfel 2 das Ergebnis der zweiten und Würfel 3 das Ergebnis der dritten Stelle bestimmt. Das Beispiel wird also auf »Ziehen mit Reihenfolge mit Zurücklegen« zurückgeführt. Für die anderen Fälle berechnet sich die Anzahl der Möglichkeiten für k-maliges Ziehen aus n Kugeln einer Urne:

	Anzahl der Möglichkeiten	Beispiel
mit Zurücklegen mit Reihenfolge	n^k	dreimaliges Werfen eines Würfels
ohne Zurücklegen mit Reihenfolge	$\frac{n!}{(n-k)!}$	Anordnung der Besucher in einem Wartezimmer
ohne Zurücklegen ohne Reihenfolge	$\binom{n}{k} = \frac{n!}{(n-k)! \cdot k!}$	Ankreuzen von sechs Zahlen von 49 auf einem Lotterieschein

Beispiele für das Rechnen mit Wahrscheinlichkeiten:

1. In einer Keksmischung sind 20 Kekse ohne und fünf Kekse mit Schokolade. Es werden drei Kekse zufällig herausgegriffen. Wie groß ist die Wahrscheinlichkeit, dass genau ein Keks mit Schokolade dabei ist?
Es handelt sich um ein Experiment der Art »Ziehen ohne Reihenfolge ohne Zurücklegen« mit $n = 25$ und $k = 3$. Die Anzahl der möglichen Fälle beträgt $\binom{25}{3}$. Ein günstiger Fall tritt genau dann ein, wenn ein Schokoladenkeks **und** zwei Kekse ohne Schokolade gezogen werden.

$$P(\text{genau 1 Schokoladenkeks}) = \frac{\binom{5}{1} \cdot \binom{20}{2}}{\binom{25}{3}} = \frac{19}{46} \approx 0{,}41$$

2. Man betrachtet eine beliebige Familie mit drei Kindern. Wie groß ist die Wahrscheinlichkeit, dass von den drei Kindern

a) höchstens eines ein Mädchen ist

b) mindestens eines ein Mädchen ist?

Es handelt sich um ein Experiment »Ziehen mit Reihenfolge mit Zurücklegen« mit $n = 2$ und $k = 3$. (Z.B. stellt man sich eine Urne vor, in der zwei Kugeln liegen, jeweils mit »Junge« und »Mädchen« beschriftet, in der Reihenfolge des Alters der Geschwister wird das Geschlecht gezogen.) Die Zahl der möglichen Fälle ist $2^3 = 8$.

a) P(»höchstens 1 Mädchen«) = P(»kein Mädchen«) + P(»genau ein Mädchen«) $= \frac{1}{8} + \frac{\binom{3}{1}}{8} = \frac{1}{2}$

b) Hier ist es sinnvoll, mit der Gegenwahrscheinlichkeit zu rechnen.

$P(\text{»mind. 1 Mädchen«}) = 1 - P(\text{»kein Mädchen«}) = 1 - \frac{1}{8} = \frac{7}{8}$

In einer Perlenkette von insgesamt 20 Perlen sind drei falsch. Mit welcher Wahrscheinlichkeit sind die drei falschen Perlen in der Kette nebeneinander?

Hier handelt es sich um ein Experiment »Ziehen mit Reihenfolge ohne Zurücklegen« (für jede falsche Perle wird ein Platz ausgewählt) mit $n = 20$ und $k = 3$. Die Anzahl der möglichen Fälle ist $\frac{20!}{(20-3)!} = 6840$.

Anzahl der günstigen Fälle: Zunächst wird die erste falsche Perle platziert, und zwar so, dass die anderen beiden die beiden Plätze rechts davon einnehmen. Dafür gibt es 18 Möglichkeiten. Nun könnten die falschen Perlen in jeder dieser Anordnungen beliebig Plätze tauschen, insgesamt jedes Mal 3!-mal. Insgesamt ergibt das $18 \cdot 3! = 108$ günstige Fälle.

$P(\text{»falsche Perlen liegen nebeneinander«}) = \frac{108}{6840} = \frac{3}{190} \approx 0{,}0158$

Bei Laplace-Experimenten übersetzt sich bei der Berechnung der günstigen Fälle im Normalfall ein »und« in ein »Mal« und ein »oder« in ein »Plus«.

Beispiel:

Ein Würfel wird dreimal geworfen. Mit welcher Wahrscheinlichkeit erscheint höchstens einmal eine Augenzahl kleiner als 3?

Es liegt ein Experiment »mit Reihenfolge mit Zurücklegen« mit $n = 6$ und $k = 3$ vor. Die Anzahl der möglichen Fälle ist $6^3 = 216$.

Anzahl der günstigen Fälle: Es erscheint keinmal eine Augenzahl kleiner als 3 **oder** genau einmal.

Keine Augenzahl kleiner als 3 bedeutet, die erste Augenzahl ist größer oder gleich 3 **und** die zweite Augenzahl ist größer oder gleich 3 **und** die dritte Augenzahl ist größer oder gleich 3; es gibt jeweils vier Möglichkeiten, insgesamt also $4 \cdot 4 \cdot 4 = 64$.

Genau eine Augenzahl kleiner als drei bedeutet: Die erste **oder** die zweite **oder** die dritte Augenzahl ist kleiner als 3, insgesamt $2 + 2 + 2$ Möglichkeiten. Die anderen beiden Augenzahlen sind größer oder gleich 3, $(2 + 2 + 2) \cdot 4 \cdot 4 = 96$ Fälle. Die Anzahl der günstigen Fälle ist damit $64 + 96 = 160$.

$P(\text{»höchstens einmal Augenzahl kleiner als 3«}) = \frac{160}{216} = \frac{20}{27} \approx 0{,}74$

3 Bedingte Wahrscheinlichkeiten

Beim Hintereinanderschalten von Zufallsexperimenten kann der Ausgang eines Experiments Einfluss auf die nächsten Experimente haben. Ein Beispiel ist das Ziehen ohne Zurücklegen. Nach jedem Ziehen ändert sich die Grundgesamtheit der Kugeln in der Urne.
Ein anderes Beispiel sind die Merkmale, die in bestimmten Kombinationen häufiger auftreten als in anderen. Betrachtet man die Merkmale Augenfarbe und Haarfarbe bei einer Person, bei einer Gruppe von Personen, in der nur blonde und brünette und nur blau- und braunäugige Personen sind. Die folgende Tabelle zeigt eine Wahrscheinlichkeitsverteilung; dabei geben die Ränder (rechts und unten) die Wahrscheinlichkeit für ein Merkmal an, die Felder in der Mitte die Wahrscheinlichkeit für das gleichzeitige Auftreten zweier Merkmale.

Haarfarbe/Augenfarbe	blau	braun	
blond	0,4	0,1	0,5
brünett	0,2	0,3	0,5
	0,6	0,4	1

Offensichtlich gibt es einen starken Zusammenhang zwischen Augenfarbe und Haarfarbe. Während in der Gesamtgruppe mehr Personen blaue Augen als braune Augen haben, ist das unter den brünetten Personen genau umgekehrt. Das führt zur folgenden Definition:

Zwei Ereignisse E_1 und E_2 heißen unabhängig, wenn gilt:
$P(E_1 \cap E_2) = P(E_1) \cdot P(E_2)$, andernfalls heißen sie abhängig.

Formal berechnet sich für die Ereignisse E_1: Augenfarbe blau und E_2: blonde Haare

$P(E_1 \cap E_2) = 0{,}4$ und $P(E_1) \cdot P(E_2) = 0{,}5 \cdot 0{,}6 = 0{,}3$

Die Ereignisse sind also abhängig.
Beispiele für unabhängige Ereignisse sind das mehrmalige Werfen eines LAPLACE-Würfels, Ziehen aus einer Urne mit Zurücklegen, der Ausfall voneinander unabhängiger Maschinenteile, Gewinnwahrscheinlichkeit von zwei verschiedenen Personen bei der gleichen Lotterie etc.

Beispiel:
Ein Würfel wird zweimal geworfen. Sind die Ereignisse E_1 »Summe der Augenzahl größer als 10« und E_2 »Augensumme ungerade« unabhängig? Dabei ist zu unterscheiden: Die Augenzahl beim ersten und beim zweiten Wurf sind unabhängige Ereignisse. Hier soll die Unabhängigkeit zweier zusammengesetzter Ereignisse überprüft werden.

$$P(E_1) = P(\{(5, 6), (6, 5), (6, 6)\}) = \frac{3}{6^2} = \frac{1}{12}$$

$P(E_2) = P($»erste Augenzahl gerade, zweite ungerade«$) + P($»erste Augenzahl ungerade, zweite gerade«$) = \frac{3 \cdot 3}{6^2} + \frac{3 \cdot 3}{6^2} = \frac{1}{2}$

$$P(E_1) \cdot P(E_2) = \frac{1}{12} \cdot \frac{1}{2} = \frac{1}{24}$$

$$P(E_1 \cap E_2) = P(\{(5, 6), (6, 5)\}) = \frac{2}{6^2} = \frac{1}{18} \neq P(E_1) \cdot P(E_2).$$

Die Ereignisse sind abhängig.

Im Beispiel der Merkmale Augenfarbe und Haarfarbe ist die Wahrscheinlichkeit für das Merkmal Augenfarbe blau $P($»Augenfarbe blau«$) = 0{,}6$. Weiß man von einer ausgewählten Person bereits, dass sie blond ist, so ist die Wahrscheinlichkeit, bei ihr das Merkmal Augenfarbe blau anzutreffen, höher. Allgemein definiert man für die Wahrscheinlichkeit eines Ereignisses E unter dem Vorwissen, dass ein Ereignis B bereits eingetreten ist:

$P_B(E) = P(E|B) = \frac{P(E \cap B)}{P(B)}$ heißt für $P(B) \neq 0$ die bedingte Wahrscheinlichkeit von E unter der Bedingung B.

Im Beispiel ist

$$P(\text{»Augenfarbe blau«} \,|\, \text{»blond«}) = \frac{P(\text{»blaue Augen und blond«})}{P(\text{»blond«})} =$$

$$= \frac{0{,}4}{0{,}5} = \frac{4}{5} \approx 0{,}8.$$

Für unabhängige Ereignisse E_1 und E_2 mit $P(E_2) \neq 0$ gilt nach der Definition: $P(E_1 | E_2) = \frac{P(E_1 \cap E_2)}{P(E_2)} = \frac{P(E_1) \cdot P(E_2)}{P(E_2)} = P(E_1)$

Für das Rechnen mit bedingten Wahrscheinlichkeiten gilt die

Formel von Bayes:

$$P(E|B) = \frac{P(B|E) \cdot P(E)}{P(B|E) \cdot P(E) + P(B|\bar{E}) \cdot P(\bar{E})}$$

Beispiel:
Ein Bauteil einer Maschine geht mit 20-prozentiger Wahrscheinlichkeit kaputt. Ein zweites Bauteil funktioniert abhängig vom ersten unterschiedlich gut. Ist das erste Bauteil funktionstüchtig, funktioniert das zweite zu 90 Prozent, ist das erste defekt, funktioniert das zweite nur zu 60 Prozent.
Bei einer Kontrolle wird festgestellt, dass das zweite Bauteil defekt ist. Mit welcher Wahrscheinlichkeit ist in diesem Fall auch das erste defekt?

Man setzt E: Bauteil 1 kaputt, B: Bauteil 2 kaputt

$$P(E|B) = \frac{P(B|E) \cdot P(E)}{P(B|E) \cdot P(E) + P(B|\bar{E}) \cdot P(\bar{E})} = \frac{0{,}4 \cdot 0{,}2}{0{,}4 \cdot 0{,}2 + 0{,}1 \cdot 0{,}8} = \frac{1}{2}$$

Bedingte Wahrscheinlichkeiten lassen sich häufig auch gut mithilfe von Baumdiagrammen darstellen.

4 Bernoulli-Ketten

4.1 Bernoulli-Experimente

Zahlreiche Zufallsexperimente liefern nur zwei Ergebnisse, zum Beispiel das Werfen einer Münze, Jungen/Mädchen-Geburt oder Treffer und Niete beim Ziehen von Losen. Viele weitere Experimente lassen sich auf einen zweiwertigen Ergebnisraum zurückführen, zum Beispiel interessiert beim Werfen eines Würfels häufig nur 6 oder keine 6 oder allgemein bei Glücksspielen, ob das Ergebnis ein Treffer ist oder nicht.

Ein Zufallsexperiment, dessen Ergebnisraum die Form $\Omega = \{T, N\}$ hat, mit $P(\{T\}) = p$ und $P(\{N\}) = q$ und $p + q = 1$, heißt Bernoulli-Experiment.

4.2 Bernoulli-Ketten

Führt man n unabhängige Bernoulli-Experimente hintereinander aus, wobei die Reihenfolge beachtet wird, erhält man eine Kette von Ergebnissen. Das Experiment entspricht dann dem Ziehen mit Zurücklegen aus einer Urne mit schwarzen und weißen Kugeln, wobei die Wahrscheinlichkeit, eine schwarze Kugel zu ziehen, gleich der Trefferwahrscheinlichkeit p ist, die Wahrscheinlichkeit, eine weiße Kugel zu ziehen, gleich q. Der Ergebnisraum ist eine Menge von n-Tupeln und hat die Mächtigkeit 2^n. Er lässt sich als n-faches Kreuzprodukt des Ergebnisraums Ω des einfachen Bernoulli-Experiments schreiben
$\Omega \times \Omega \times .... \times \Omega = \Omega^n$.

Eine Kette von n unabhängigen, gleichen Bernoulli-Experimenten mit Trefferwahrscheinlichkeit p heißt Bernoulli-Kette der Länge n mit Parameter p.

Bei einer Bernoulli-Kette interessiert die Wahrscheinlichkeit für das Eintreten einer bestimmten Anzahl k von Treffern in der Kette.

Beispiel: Man betrachtet eine Bernoulli-Kette der Länge $n = 6$ mit $p = \frac{1}{3}$ und $q = \frac{2}{3}$.

Gesucht ist die Wahrscheinlichkeit für genau zwei Treffer.
Ein Treffer tritt mit Wahrscheinlichkeit $p = \frac{1}{3}$ ein, eine Niete mit $q = \frac{2}{3}$, die Abfolge (T, T, N, N, N, N) hat also die Wahrscheinlichkeit $p^2 \cdot q^4 = (\frac{1}{3})^2 \cdot (\frac{2}{3})^4$. Jedes Ergebnis mit genau zwei Treffern hat diese Wahrscheinlichkeit. Wie viele Möglichkeiten gibt es also, genau zwei Treffer zu haben? Es gibt $\binom{6}{2}$ Möglichkeiten, zwei Treffer in einer Kette mit sechs Plätzen zu platzieren.

$$P(\text{»genau zwei Treffer«}) = \binom{6}{2} \cdot \left(\frac{1}{3}\right)^2 \cdot \left(\frac{2}{3}\right)^4 = \frac{80}{243} \approx 0{,}329$$

Allgemein erhält man für eine Bernoulli-Kette der Länge n mit Parameter p:

$$P(\text{»genau } k \text{ Treffer«}) = \binom{n}{k} \cdot p^k \cdot q^{n-k}$$

Die dazugehörige Funktion B: $B(x|n; p) = \binom{n}{x} \cdot p^x \cdot q^{n-x}$, die jeder Trefferzahl $x \in \{0, 1, \dots, n\}$ mit $n \in \mathbb{N}$ eine reelle Zahl $B(x|n; p)$ zuordnet, heißt Binomialverteilung mit den Parametern n und p.

Die Binomialverteilung ist ein Wahrscheinlichkeitsmaß.

Beispiel:
Bei einem Badmintonspiel stehen sich zwei ungleiche Gegner A und B gegenüber. A gewinnt ein Spiel mit 75-prozentiger Wahrscheinlichkeit.
a) Mit welcher Wahrscheinlichkeit gewinnt A von fünf Spielen genau vier? Es liegt eine Bernoulli-Kette der Länge $n = 5$ mit Parameter $p = 0{,}75$ vor.
$P(\text{»A gewinnt genau vier von fünf Spielen«}) = B(4|5; 0{,}75)$
$= \binom{5}{4} \cdot 0{,}75^4 \cdot 0{,}25^1 \approx 0{,}3955.$

b) Mit welcher Wahrscheinlichkeit gewinnt A von fünf Spielen mindestens vier? (»Mindestens 4« bedeutet »genau 4« oder »genau 5«.)
$P(\text{»A gewinnt mindestens vier Spiele«}) =$
$P(\text{»A gewinnt genau vier Spiele«}) + P(\text{»A gewinnt genau fünf Spiele«}) =$
$B(4|5; 0{,}75) + B(5|5; 0{,}75) = 0{,}3955 + 0{,}75^5 \approx 0{,}6328.$

Im zweiten Fall handelt es sich um eine Summe von Wahrscheinlichkeiten.

Für geeignete Parameter p und n ist die Binomialverteilung tabelliert. Man kann also die Werte für $B(k|n;p)$ einfach in einer Tabelle nachschlagen und muss sie nicht alle selbst ausrechnen. Meistens sind auch (manchmal auch nur) die kumulierten Werte angegeben, dann ist $\sum_{i=0}^{k} B(i|n;p) = B(0|n;p) + B(1|n;p) + \ldots + B(k|n;p)$ $= P(\text{»höchstens } k \text{ Treffer«})$ in der Tabelle aufgeführt. Aus ihnen lassen sich dann mithilfe der Gegenwahrscheinlichkeiten, und, da nur ganzzahlige Trefferergebnisse auftreten können, weitere Wahrscheinlichkeiten berechnen. Dabei muss man besonders darauf achten, ob die angegebenen Grenzen k zur Ereignismenge dazugehören sollen oder nicht.

Hilfen für den Umgang mit **kumuliert** tabellierten Binomialverteilungen: x sei die Zahl der Treffer.
Der Wert in der Tabelle bei k ist $P(x \leq k)$ und bezeichnet die Wahrscheinlichkeit, dass höchstens k Treffer eintreten.
$P(x < k) = P(x \leq k - 1)$, $\qquad P(x > k) = 1 - P(x \leq k)$
$P(x \geq k) = 1 - P(x < k) = 1 - P(x \leq k - 1)$
$P(k_1 \leq x \leq k_2) = P(x \leq k_2) - P(x < k_1) = P(x \leq k_2) - P(x \leq k_1 - 1)$

Beispiel:
In einer Lieferung von Schrauben sind im Durchschnitt 10 Prozent defekt. Es werden zufällig 100 Schrauben ausgewählt.
a) Mit welcher Wahrscheinlichkeit sind genau zehn Schrauben defekt?
Gegeben ist eine Bernoulli-Kette der Länge $n = 100$ mit Parameter $p = 0{,}1$. Es ist $P(k = 10) = B(10|100; 0{,}1) = 0{,}13187$ (abgelesen aus der Tabelle für einfache Wahrscheinlichkeiten). Sind nur die kumulierten Wahrscheinlichkeiten tabelliert, rechnet man:

$P(k = 10) = P(k \leq 10) - P(k \leq 9) = 0{,}58316 - 0{,}45129 = 0{,}13187$

b) Mit welcher Wahrscheinlichkeit ist die Zahl der defekten Schrauben zwischen 5 und 15 (Grenzen eingeschlossen)?

$P(5 \leq k \leq 15) = P(k \leq 15) - P(k < 5) = P(k \leq 15) - P(k \leq 4) = 0{,}96011 - 0{,}02371 = 0{,}9364$

c) Mit welcher Wahrscheinlichkeit ist die Zahl der defekten Schrauben größer als 14? Hier errechnet man das Ergebnis durch die Gegenwahrscheinlichkeit.

$P(k > 14) = 1 - P(k \leq 14) = 1 - 0{,}92743 = 0{,}07257$.

Die »Dreimal-mindestens-Aufgabe«

Ein häufig vorkommender Aufgabentyp ist der folgende: Wie oft muss man ein Bernoulli-Experiment **mindestens** wiederholen, damit man mit einer Wahrscheinlichkeit von **mindestens** x Prozent **mindestens** einen Treffer erzielt? Gesucht ist also der Stichprobenumfang n einer Bernoulli-Kette mit gegebenem Parameter p, sodass $P(k \geq 1) \geq x\%$ wird. Der Lösungsweg zeigt ein konkretes Beispiel:

Wie oft muss man einen Laplace-Würfel mindestens werfen, damit man mit einer Wahrscheinlichkeit von mindestens 90 Prozent mindestens eine Sechs erhält?

Es ist die Trefferwahrscheinlichkeit $p = \frac{1}{6}$, $q = \frac{5}{6}$, gesucht ist n.

Es soll gelten: $P(k \geq 1) \geq 90\%$

Bilden der Gegenwahrscheinlichkeit: $P(k \geq 1) = 1 - P(k < 1) = 1 - P(k = 0)$

$1 - P(k = 0) \geq 0{,}9$

$1 - 0{,}9 \geq P(k = 0)$

$P(k = 0) \leq 0{,}1 \,|\, P(k = 0) = B\left(0 \,|\, n, \frac{1}{6}\right) = \binom{5}{0} \cdot \left(\frac{1}{6}\right)^0 \cdot \left(\frac{5}{6}\right)^n = \left(\frac{5}{6}\right)^n$

$\left(\frac{5}{6}\right)^n \leq 0{,}1 \,|$ Logarithmieren

$n \lg\left(\frac{5}{6}\right) \leq \lg 0{,}1 \,|\, : \lg\left(\frac{5}{6}\right)$ Vorsicht! $\lg\left(\frac{5}{6}\right) < 0$, Richtung der Ungleichung ändert sich.

$$n \geq \frac{\lg 0{,}1}{\lg\left(\frac{5}{6}\right)}$$

$n \geq 12{,}6$

$n \geq 13$

Auf einen Blick: Regeln und Sätze in der Stochastik

Definition eines Wahrscheinlichkeitsmaßes nach den Axiomen von Kolmogorow:
Ω sei der Ergebnisraum eines Zufallsexperiments. Jedem Ereignis $E \subseteq \Omega$ wird eine reelle Zahl $P(E)$ als Wahrscheinlichkeit zugeordnet. Die Zuordnung heißt Wahrscheinlichkeitsmaß, wenn die folgenden drei Axiome erfüllt sind:
Axiom 1: $P(E) \geq 0$
Axiom 2: $P(\Omega) = 1$
Axiom 3: $E_1 \cap E_2 = \{\ \} \Rightarrow P(E_1 \cup E_2) = P(E_1) + P(E_2)$

Ein Experiment heißt Laplace-Experiment, wenn alle Ergebnisse des Ergebnisraums gleich wahrscheinlich sind. Die Wahrscheinlichkeit eines Ereignisses E berechnet sich als:

$$P(E) = \frac{|E|}{|\Omega|} = \frac{\text{Anzahl der für } E \text{ günstigen Fälle}}{\text{Anzahl der möglichen Fälle}}$$

Definition der Unabhängigkeit von Ereignissen:
Zwei Ereignisse A_1 und B_2 heißen unabhängig, wenn gilt:
$P(A_1 \cap B_2) = P(A_1) \cdot P(B_2)$, andernfalls heißen sie abhängig.

Dabei heißt $P_B(A) = P(A|B) = \dfrac{P(A \cap B)}{P(B)}$ für $P(B) \neq 0$
die bedingte Wahrscheinlichkeit von A unter der Bedingung B.

Bernoulli-Ketten

Ein Zufallsexperiment, dessen Ergebnisraum die Form $\Omega = \{T, N\}$ hat, mit $P(\{T\}) = p$ und $P(\{N\}) = q$ und $p + q = 1$, heißt Bernoulli-Experiment.
Für eine Bernoulli-Kette der Länge n mit Parameter p ist
$P(\text{»genau } k \text{ Treffer«}) = \binom{n}{k} \cdot p^k \cdot q^{n-k}$
Die dazugehörige Funktion B: $B(x|n; p) = \binom{n}{x} \cdot p^x \cdot q^{n-x}$ heißt Binomialverteilung mit den Parametern n und p.

4

Geometrie

Das Wort »Geometrie« stammt aus dem Griechischen und bedeutet so viel wie »Feldmesskunst«. Diese Kunst, Flächen und Räume zu berechnen, wurde bereits im antiken Griechenland zur Blüte gebracht.

Die Geometrie wird nach unterschiedlichen Gesichtspunkten gegliedert. Die folgenden Abschnitte befassen sich mit der Elementargeometrie, bei der unterschieden wird zwischen ebener Geometrie (Planimetrie), die sich mit der Berechnung von Flächen beschäftigt, räumlicher Geometrie (Stereometrie) zur Berechnung dreidimensionaler Körper und der Trigonometrie, die sich mit den Besonderheiten des ebenen, vor allem rechtwinkligen Dreiecks auseinander setzt.

1 Geometrische Grundformen und Grundbegriffe

1.1 Grundbegriffe

Die Geometrie hilft, die Objekte oder Gegenstände in unserer Welt zu erfassen, indem sie diese Objekte in einer berechenbaren Form darstellt, z. B. die Entfernung zweier Städte ⇒ Strecke in einer Ebene, ein Zimmer ⇒ Quader, einen Tunnel durch einen Berg ⇒ Kreiszylinder. So können wir sie untersuchen, vermessen, berechnen, zeichnen und in ihrer Lage zu anderen Objekten beschreiben. Für die Geometrie ist dabei nur die Form dieser Objekte ausschlaggebend, unwichtig sind dagegen ihre Eigenschaften wie Farbe, Gewicht, Geruch, Material. Die Geometrie hat ihre eigene Sprache. Zu den Grundbegriffen gehören Punkt, Gerade, Ebene.

Der Mathematiker Euklid legte einst fest: »Ein Punkt ist, was keine Teile hat.«
Damit ist der Punkt eine kleinste Einheit, also nicht mehr teilbar.

> Geometrische Gebilde versteht man heute als Menge von Punkten, als so genannte Punktmengen, die man mithilfe von Lineal und Zirkel zeichnen kann.

Axiome legen die Beziehungen zwischen den Grundbegriffen (Punkt, Gerade, Ebene) fest. Alle weiteren geometrischen Aussagen wie Definitionen und Sätze benutzen nur diese Grundbegriffe und Axiome.
Beispiel zu einem Axiom:
Zu zwei verschiedenen Punkten A und B gibt es genau eine Gerade g.
Bezeichnung: $g = (AB)$

Zum Erreichen einer einheitlichen Darstellungsform wurden in der Geometrie folgende Schreibungen vereinbart:

Punkte mit Großbuchstaben	(A, B, C)
Geraden/Strecken mit Kleinbuchstaben	(g, h, k)
Ebenen mit	(E, E_1, E_2, E_3)
Winkel mit griechischen Buchstaben	$(\alpha, \beta, \gamma, \delta)$

Punkt, Gerade, Halbgerade, Strecke, Ebene

Die Ebene wird als eine Menge festgelegt, deren Elemente Punkte genannt werden.
In der Ebene ist ein System von Teilmengen ausgezeichnet, dessen Elemente Geraden genannt werden.

Eine gerade Linie mit einem Anfangs- und Endpunkt wird als Strecke bezeichnet. Da nicht immer klar ist, welcher Punkt der Anfang und welcher das Ende der Strecke sein soll, werden beide Punkte Endpunkte genannt.

Jede Strecke hat zwei Endpunkte.

Die Strecke $\overline{AB}$ ist die Menge aller Punkte auf der kürzesten Verbindung von A nach B, einschließlich der beiden Randpunkte.

Eine gerade Linie, die in einem Punkt beginnt und auf der anderen Seite unbegrenzt weiterläuft, kann man auf einem Blatt nicht zeichnen, da das Papier ein Ende hat. Das Problem wird gelöst, indem eine Strecke mit einem Startpunkt versehen und auf der anderen Seite der Endpunkt nicht eingezeichnet wird. Diese Punktmenge wird als Halbgerade oder Strahl bezeichnet.

Eine Halbgerade oder ein Strahl ist eine Strecke, die zwar einen Anfangspunkt A hat, aber keinen Endpunkt.

Wenn sowohl End- als auch Anfangspunkt weggelassen werden, ist diese Linie nach beiden Seiten unbegrenzt und wird Gerade genannt.

Die unbegrenzte Verlängerung einer Strecke $\overline{AB}$ in beide Richtungen heißt Gerade *AB* (oder *g*), sie hat weder Anfangs- noch Endpunkt.

Analog zum Zeichnen von Geraden und Halbgeraden auf einem Blatt Papier ist dieses Blatt als Zeichenebene ein Ausschnitt aus der idealen Ebene:

Eine Ebene ist eine zweidimensionale Punktmenge mit unendlicher Länge und Breite. Jede Teilmenge davon, die endlich oder unendlich sein kann, nennt man ebene Figur.

Lage von Punkten und Geraden in einer Ebene

a) Der Punkt *A* liegt auf der Geraden *g*; $A \in g$.

b) Der Punkt *B* liegt nicht auf der Geraden *g*; $B \notin g$.

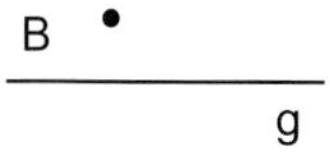

c) Die Punkte *A* und *B* liegen beide auf der Geraden *g*; $g = (AB)$.
Diese Gerade wird auch **Verbindungsgerade** genannt.
Alle auf derselben Geraden liegenden Punkte heißen **kollinear**.
Demnach sind zwei verschiedene Punkte immer kollinear, drei Punkte dagegen nicht immer.

d) Der Punkt *P* liegt auf der Geraden *g* und gleichzeitig auf der Geraden *h*. $P \in g \cap h$.
Der Punkt *P* ist der Schnittpunkt der beiden Geraden.

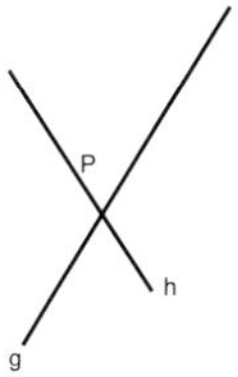

e) Eine Gerade wird durch jeden ihrer Punkte in zwei Halbgeraden zerlegt.

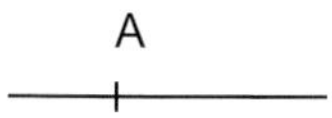

f) Mithilfe von drei nicht kollinearen Punkten lassen sich drei sich schneidende Geraden bestimmen. Damit kann man eine Ebene eindeutig festlegen. In derselben Ebene liegende Punkte heißen komplanar.

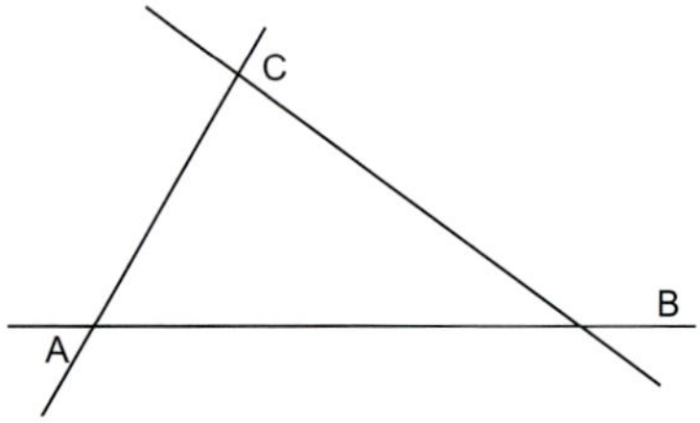

g) Eine Ebene wird durch jede ihrer Geraden in zwei Halbebenen zerlegt.
h) Durch einen einzelnen Punkt verlaufen beliebig viele Geraden. Diese Menge an Geraden nennt man Geradenbüschel.

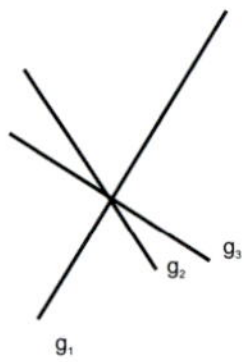

i) Ein Sonderfall der Geradenkreuzung: Zwei senkrecht aufeinander stehende Geraden bilden einen rechten Winkel, sie schneiden sich unter einem Winkel von 90 Grad.

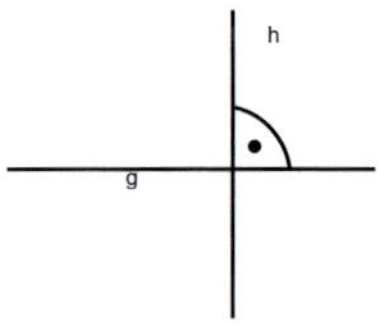

j) Wenn zwei Geraden *g* und *h* in einer Ebene liegen und sich nicht schneiden, nennt man sie **parallel.** $g \cap h = \{\ \}$.

Zueinander parallele Geraden schneiden sich nicht, auch nicht in großer Entfernung.

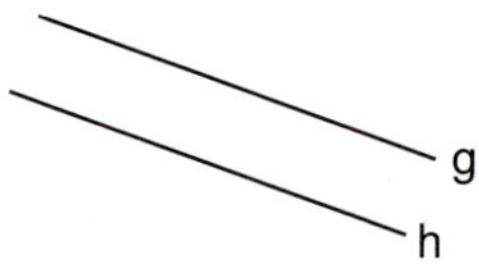

k) Die Menge aller Geraden einer Ebene, die parallel zueinander sind, bilden ein **Parallelenbüschel**.
l) Wenn zwei Geraden im Raum verlaufen, kann es sein, dass sie sich nicht schneiden und auch nicht parallel sind.

Zwei Geraden, die sich nicht schneiden und nicht parallel liegen, sind stets **windschief**.
Zusammenfassend kann man zu den Beziehungen von Geraden untereinander sagen:
Zwei Geraden *g* und *h* schneiden sich in einem einzigen Punkt, oder sie sind zueinander parallel, oder sie sind windschief zueinander.

Die Strecke und ihre Länge

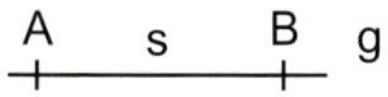

Die Strecke $\overline{AB}$ wird von zwei verschiedenen Punkten *A* und *B* sowie der Menge aller Punkte gebildet, die zwischen *A* und *B* auf der Geraden $g = (AB)$ liegen. Demnach ist die Strecke $\overline{AB}$ eine Teilmenge der Geraden *g*. A und *B* sind die Endpunkte der Strecke $\overline{AB}$.
Die Länge *s* der Strecke $\overline{AB}$ ist die Entfernung der Endpunkte *A* und B. Sie ist eine auch in der Physik verwendete Größe, sie besteht aus einer positiven Maßzahl und der Maßeinheit. In der Geometrie legt man dazu eine Einheitsstrecke fest und misst ihre Länge.

1 Längeneinheit = 1 cm (meistens)

Längenmessung bedeutet nun das Vergleichen der Länge *s* der Strecke $\overline{AB}$ mit der Einheitsstrecke.
Die Strecke $\overline{AB}$ ist viermal so lang wie die Einheitsstrecke $\overline{EF}$, also 4 cm.

Längeneinheiten:

1 mm	Millimeter	1 mm = 0,1 cm = 0,01 dm = 0,001 m
1 cm	Zentimeter	1 cm = 10 mm = 0,1 dm = 0,01 m
1 dm	Dezimeter	1 dm = 10 cm = 100 mm = 0,1 m = 0,0001 km
1 m	Meter	1 m = 10 dm = 100 cm = 1000 mm = 0,001 km
1 km	Kilometer	1 km = 1000 m = 10 000 dm = 100 000 cm

1.2 Ebene Grundformen

Vierecke

Definition des Vierecks:

Verbindet man vier Punkte, von denen keine drei Punkte auf einer Geraden liegen, miteinander durch einen geschlossenen Streckenzug ohne Überschneidungen, so entsteht ein Viereck.

In diesem Buch werden nur **konvexe** Vierecke behandelt, also keine mit einspringenden Ecken.

Begriffe und Bezeichnungen beim allgemeinen Viereck

Das Hauptmerkmal dieser geometrischen Form sind die vier Ecken und vier Seiten.

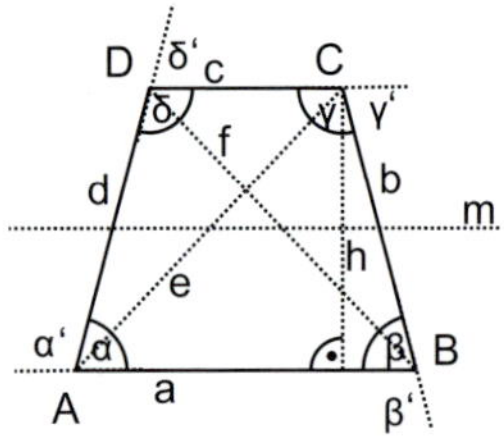

Die **Eckpunkte** sind *A, B, C, D* im mathematisch positiven Umlaufsinn, gegen den Uhrzeiger.
Die **Seiten** sind *a* mit (*AB*), *b* mit (*BC*), *c* mit (*CD*), *d* mit (*DA*).
Die **Diagonalen** sind *e* mit (*AC*) und *f* mit (*BD*).
Die **Winkel** sind α, β, γ, δ.
Zur **Fläche** im Viereck gehören alle Punkte auf den vier Seiten sowie innerhalb dieser Abgrenzung.
Die Winkelsumme der Innenwinkel im Viereck beträgt 360 Grad.
Die Winkelsumme der Außenwinkel beträgt auch 360 Grad.
Die Außenwinkel sind die Nebenwinkel der Innenwinkel.

Besondere Formen des allgemeinen Vierecks

Parallelogramm

Jedes Viereck, bei dem die gegenüberliegenden Seiten parallel zueinander stehen, heißt **Parallelogramm**.

Jeweils gegenüberliegende Seiten sind gleich lang ($a = c$, $b = d$).
Jeweils gegenüberliegende Winkel sind gleich groß ($\alpha = \gamma$, $\beta = \delta$).
Die Diagonalen halbieren sich im Zentrum Z.
Z ist das Symmetriezentrum der Figur (Punktsymmetrie).

Umfang: $U = 2 \cdot a + 2 \cdot b$
Fläche: $F = a \cdot h(a) = b \cdot h(b)$

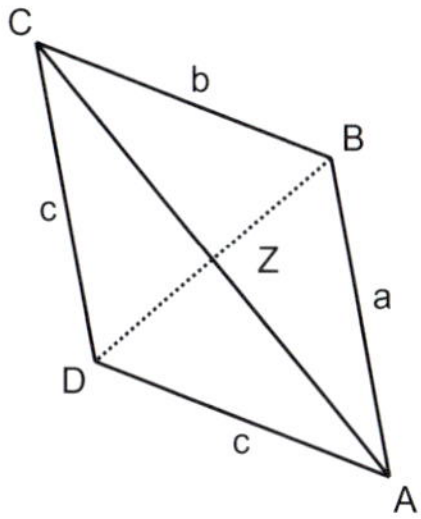

Raute

Als Spezialfall des Parallelogramms bezeichnet man die Raute:

Jedes Viereck mit vier gleich langen Seiten heißt **Raute**.

Alle Seiten sind gleich lang ($a = b = c = d$).
Ihre Diagonalen stehen aufeinander senkrecht und halbieren sich.

Umfang: $U = 4 \cdot a$
Fläche: $F = \dfrac{e \cdot f}{2}$

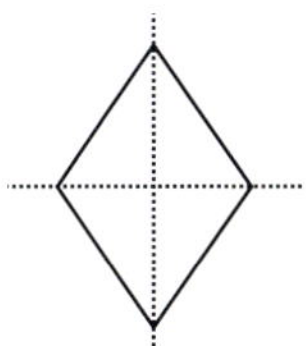

Rechteck

Jedes Viereck mit vier rechten Winkeln heißt **Rechteck**.

Jeweils die Gegenseiten sind gleich lang und parallel.
Alle Winkel (α, β, γ, δ) betragen 90 Grad.
Die Diagonalen sind gleich lang und halbieren sich.
Jedes Rechteck hat einen Umkreis und zwei Symmetrieachsen.

Umfang: $U = 2 \cdot a + 2 \cdot b$
Fläche: $F = a \cdot b$

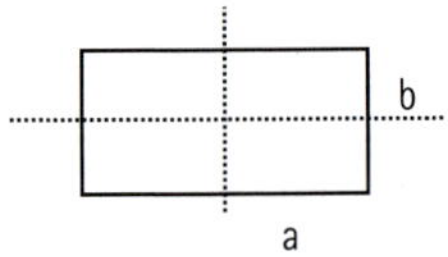

Quadrat

Jedes Viereck mit vier gleich langen Seiten und vier rechten Winkeln heißt **Quadrat.**

Die Seiten a, b, c, d sind gleich lang.
Die Winkel $\alpha, \beta, \gamma, \delta$ betragen 90 Grad.
Die Diagonalen sind gleich lang, halbieren sich und stehen aufeinander senkrecht.
Jedes Quadrat hat vier Symmetrieachsen.

Umfang: $U = 4 \cdot a$
Fläche: $F = a \cdot a$

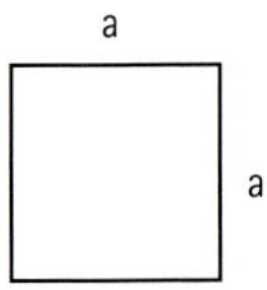

Drachen

Jedes Viereck mit zwei Paaren gleich langer Nachbarseiten heißt **Drachen.**

Für die Seiten gilt: $a = d$, $b = c$.
Jedes Drachenviereck hat eine Symmetrieachse (eine der Diagonalen). Diese steht senkrecht auf der zweiten Diagonalen, halbiert diese, deren beide Gegenwinkel ebenso.
Die Gegenwinkel zur Achse sind gleich groß.

Umfang: $2 \cdot a + 2 \cdot b$
Fläche: $F = \dfrac{e \cdot f}{2}$

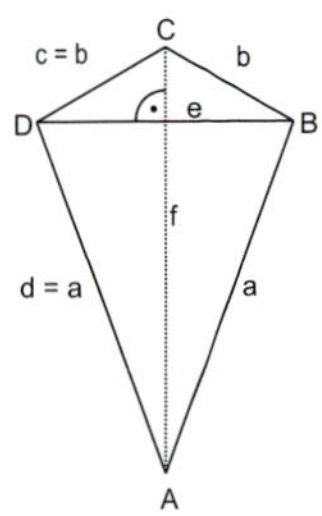

Trapez

Jedes Viereck mit zwei Paaren gleicher Nachbarwinkel heißt **gleichschenkeliges Trapez.**

Die benachbarten Winkel an den beiden Grundseiten sind gleich groß. Jedes gleichschenkelige Trapez hat eine Symmetrieachse. Diese steht senkrecht auf der Grundseite und halbiert sie.
Die beiden Schenkel sind gleich lang.
Die beiden Diagonalen sind gleich lang und schneiden sich auf der Symmetrieachse.

Umfang: $U = a + 2 \cdot b + c$
Fläche: $F = m \cdot h$

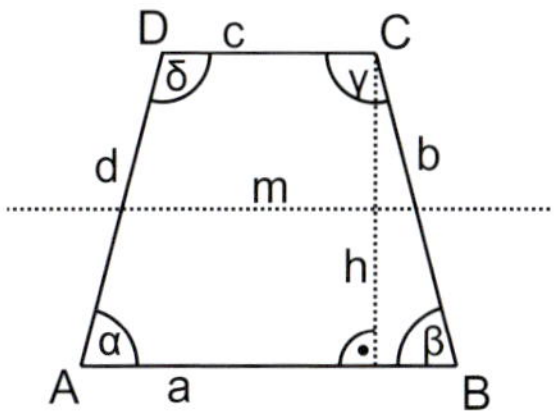

Jedes Viereck mit wenigstens einem Paar paralleler Gegenseiten heißt **Trapez.**

Die Verbindungsstrecke der Schenkelmitten ist parallel zu den Grundseiten, sie heißt Mittelparallele *m*.

Länge der Mittelparallelen *m*: $m = \dfrac{a + c}{2}$

Die Winkel an den beiden Schenkeln ergänzen sich auf 180 Grad.

Umfang: $U = a + b + c + d$
Fläche: $F = m \cdot h$

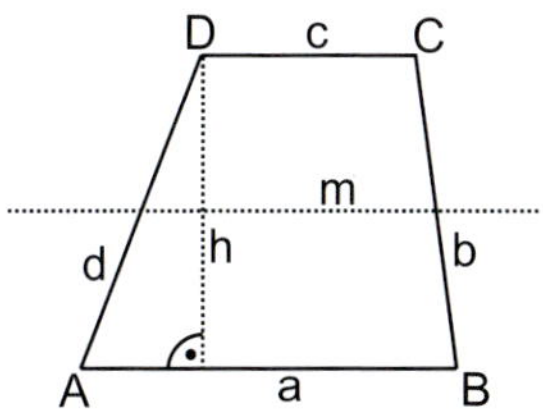

Weitere geometrische Figuren in der Ebene

Dreieck

Wenn sich drei nicht parallele Geraden in der Ebene in drei verschiedenen Punkten schneiden, entsteht ein **Dreieck**.

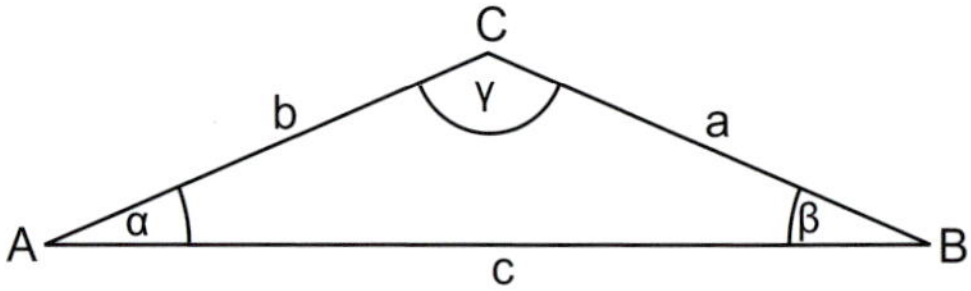

Beim spitzwinkeligen Dreieck sind alle Winkel kleiner als 90 Grad.
Beim stumpfwinkeligen Dreieck ist ein Winkel größer als 90 Grad.

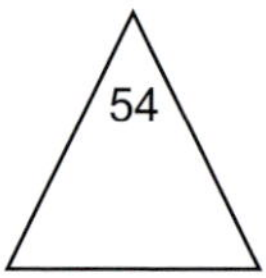

spitzwinkelig

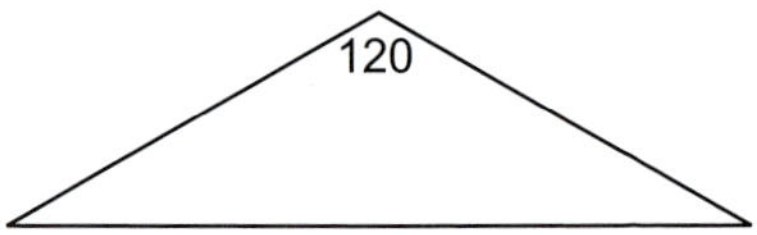

stumpfwinkelig

Begriffe und Benennungen im Dreieck:

Die Eckpunkte sind *A, B, C* im mathematisch positiven Umlaufsinn (gegen den Uhrzeiger).
Die Dreiecksungleichung lautet: In jedem Dreieck ist die Summe der Längen zweier Seiten immer größer als die Länge der dritten Seite.
Für je zwei Seiten im Dreieck gilt:
Der größeren der beiden Seiten liegt der größere Winkel gegenüber und umgekehrt.
Die Innenwinkel heißen α, β, γ und addieren sich zu 180 Grad.
Die Summe der Außenwinkel beträgt 360 Grad.
Zur Dreiecksfläche gehören alle Punkte auf den Dreiecksseiten und innerhalb dieser Abgrenzung.

Spezielle Dreiecke

Dreiecke mit gleich langen Seiten heißen **gleichseitige Dreiecke.**

Jedes gleichseitige Dreieck hat drei gleich lange Seiten, $a = b = c$.
Alle Winkel sind gleich groß, $\alpha = \beta = \gamma = 60$ Grad.
Es gibt drei Symmetrieachsen, die sich im Punkt S schneiden.
S ist auch Schnittpunkt von den Seitenhalbierenden und damit Schwerpunkt des Dreiecks.
Die Seitenhalbierenden sind gleichzeitig Mittelsenkrechte, Winkelhalbierende und Höhen.

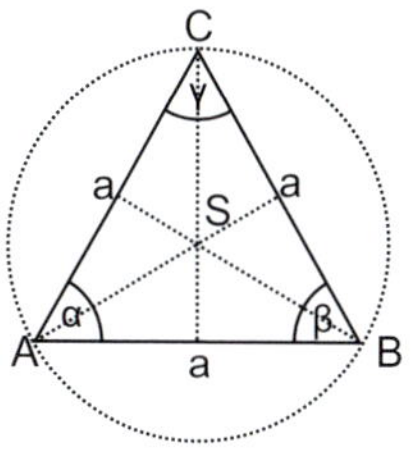

Dreiecke mit zwei gleich langen Schenkeln heißen **gleichschenkelige Dreiecke.**

Jedes gleichschenkelige Dreieck hat zwei gleich lange Seiten, die Schenkel. Ihr Schnittpunkt ist die Spitze.
Die dritte Seite heißt Basis. An der Basis liegen zwei gleich große Winkel, die Basiswinkel.
Die Symmetrieachse verläuft von der halbierten Basis zur Spitze. Sie ist gleichzeitig Mittelsenkrechte, Höhe und Seitenhalbierende über der Basis und auch Winkelhalbierende des Winkels an der Spitze.

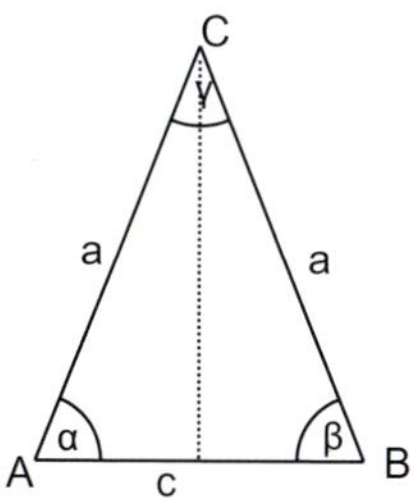

Jedes Dreieck mit einem rechten Winkel heißt **rechtwinkeliges Dreieck.**

Ein rechtwinkeliges Dreieck hat genau einen rechten Winkel (90 Grad). Die Schenkel des rechten Winkels heißen Katheten, die Gegenseite Hypotenuse.
Die Winkel an der Hypotenuse ergänzen sich zu 90 Grad.

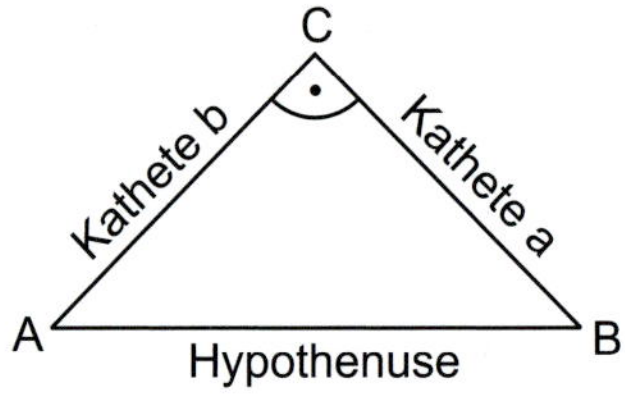

Zeichnet man über der Hypotenuse *AB* alle möglichen rechtwinkeligen Dreiecke, so liegen die Scheitel *C* ihrer rechten Winkel auf einem Kreis über der Strecke $\overline{AB}$, genannt **Thales-Kreis.**

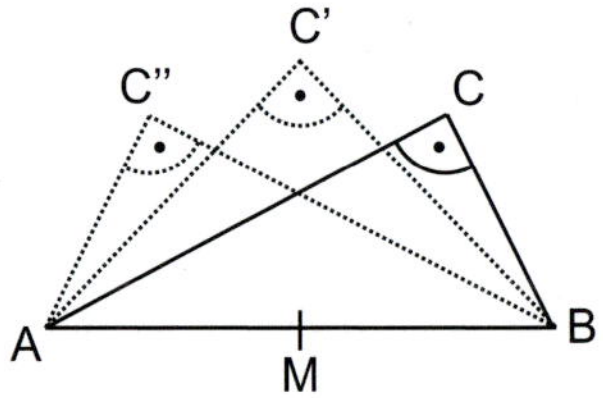

Beim gleichschenkelig rechtwinkeligen Dreieck sind die Basiswinkel 45 Grad, der Winkel an der Spitze 90 Grad.

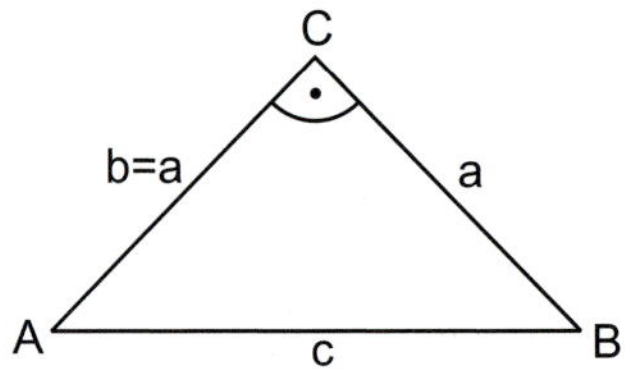

Besondere Punkte und Strecken im Dreieck

Mittelsenkrechte und Umkreismittelpunkt

Bei jedem Dreieck schneiden sich die Mittelsenkrechten im Punkt *M*, der von seinen Ecken die gleiche Entfernung hat.
M ist Mittelpunkt des Kreises.
Der Kreis um *M* mit dem Radius *r* = (*MA*) heißt Umkreis des Dreiecks. *M* liegt innerhalb des Dreiecks (beim spitzwinkeligen), außerhalb (beim stumpfwinkeligen), auf dem Mittelpunkt der Hypotenuse (beim rechtwinkeligen Dreieck).

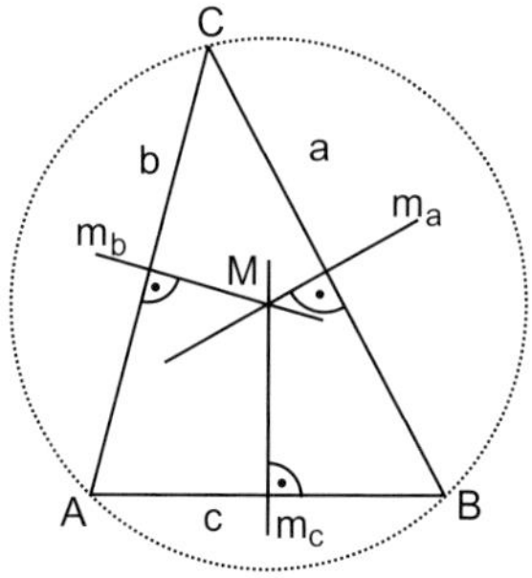

Winkelhalbierende und Inkreismittelpunkt

Die drei Winkelhalbierenden in einem Dreieck schneiden sich in einem Punkt *M*, der von allen Seiten den gleichen Abstand hat. Dieser Punkt *M* ist der Mittelpunkt des Inkreises, der die Dreieckseiten von innen berührt.

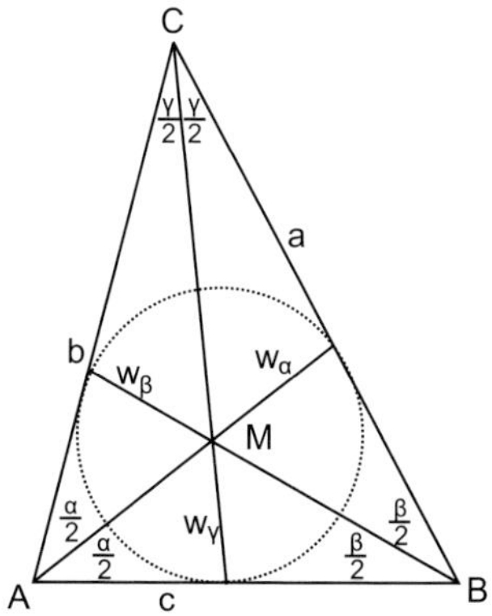

Seitenhalbierende und Schwerpunkt
Die drei Seitenhalbierenden eines Dreiecks schneiden sich im Schwerpunkt *S*. *S* teilt die Seitenhalbierenden im Verhältnis 2 : 1. *S* entspricht dem physikalischen Schwerpunkt des Dreiecks.

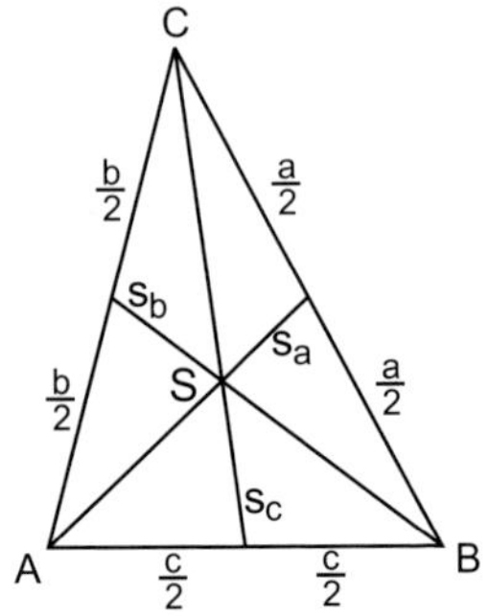

Höhen und Höhenschnittpunkte
Bei jedem Dreieck schneiden sich die Höhen in einem Punkt *H*. *H* liegt beim spitzwinkeligen Dreieck innerhalb des Dreiecks, beim stumpfwinkeligen außerhalb, beim rechtwinkeligen fällt er auf den Scheitel des rechten Winkels.

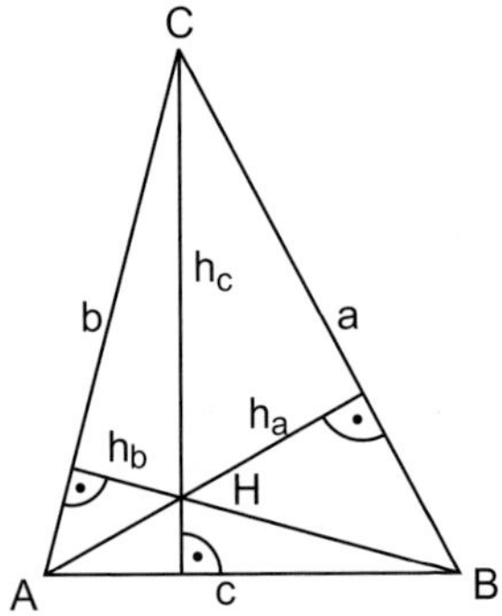

Der Kreis
Der Kreis nimmt unter den geometrischen Figuren eine Sonderrolle ein, da er keine Ecken hat und somit nicht als Vieleck dargestellt werden kann.
Er ist die Menge aller Punkte, die vom Mittelpunkt *M* einen festen Abstand haben. Die Verbindungslinie von *M* zum Kreis hat immer dieselbe Länge *r* und wird Radius genannt.
Der Durchmesser *d* ist die Strecke zwischen zwei Kreispunkten, die durch den Mittelpunkt *M* verläuft (also doppelter Radius). Er ist auch eine Symmetrieachse.
Der Kreis hat beliebig viele Symmetrieachsen.

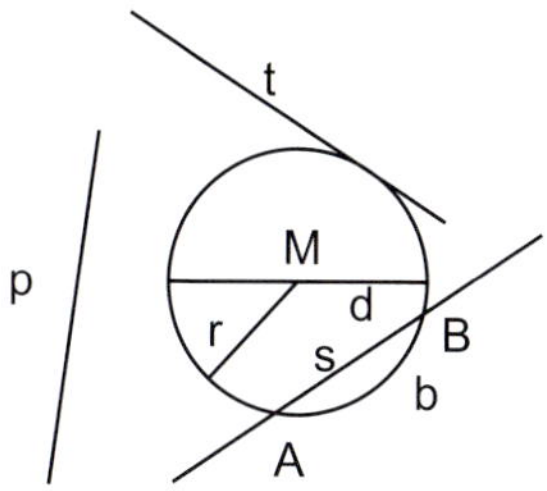

Besondere Geraden, die eine bestimmte Lage zum Kreis haben:
Die **Passante** *p* berührt den Kreis in keinem Punkt.
Die **Sekante** schneidet den Kreis in zwei Punkten (A und B). Die **Sehne** ist die Strecke zwischen den Schnittpunkten A und B.
Die **Tangente** *t* berührt den Kreis in einem Punkt.
Die Verbindungsstrecke zwischen dem Tangentenberührungspunkt und dem Kreismittelpunkt (ein Radius) steht immer senkrecht zur berührenden Tangente.

Konzentrische Kreise sind zwei Kreise mit demselben Mittelpunkt, aber verschiedenen Radien.
Exzentrische Kreise haben verschiedene Mittelpunkte und verschiedene Radien. Sie können ineinander (Berührung von innen oder ganz im Innern), sich berührend (ein gemeinsamer Punkt), sich schneidend (Schnittmenge, zwei gemeinsame Kreispunkte) oder auseinander (keine gemeinsamen Punkte) liegen.
Die Fläche, die vom Kreis eingeschlossen wird, heißt Kreisscheibe.
Schneidet eine Gerade den Kreis in zwei Punkten P und Q, wird die Kreisscheibe in zwei Segmente (oder Kreisabschnitte) geteilt.
Wird aus dem Kreis entlang zweier Radien ein Teil ausgeschnitten, der auch den Mittelpunkt enthält, so wird dieser Kreissektor (oder Kreisausschnitt) genannt.

Zur Berechnung des Kreises:

Ein Kreis mit dem Radius r hat den Umfang $U = 2 \cdot r \cdot \pi$ mit $\pi \approx 3{,}14$.
Ein Kreis mit dem Radius r hat die Fläche $F = r \cdot r \cdot \pi = r^2 \cdot \pi$ mit $\pi \approx 3{,}14$.

1.3 Räumliche Grundformen

Was für ebene Figuren Umfang und Fläche sind, kann bei den räumlichen Körpern als Oberfläche und Volumen interpretiert werden.
Die Oberfläche F des Körpers K ist die Gesamtheit seiner äußeren Flächen.
Das Volumen oder der Rauminhalt eines Körpers wird durch seine Längen-, Breiten- und Höhenmaße bestimmt.

Quader

Der Quader ist ein von sechs Rechtecken begrenzter Körper.
Ein Quader mit den Kantenlängen a, b und c hat eine Oberfläche und ein Volumen von:

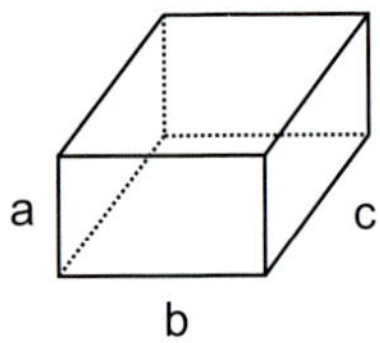

Fläche $F = 2 \cdot a \cdot b + 2 \cdot a \cdot c + 2 \cdot b \cdot c$
Volumen $V = a \cdot b \cdot c$

Würfel

Der Würfel ist ein besonderer Quader mit zwölf gleich langen Kanten.
Ein Würfel mit den Kantenlängen a hat Oberfläche und Volumen von:

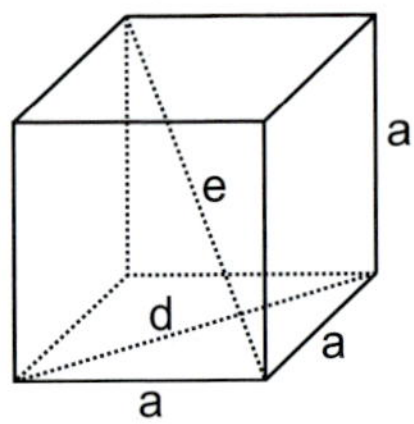

Fläche $F = 6 \cdot a \cdot a = 6a^2$
Volumen $V = a \cdot a \cdot a = a^3$

Prisma

Ein dreiseitiges Prisma hat als Grundflächen zwei Dreiecke; die drei Seitenflächen werden zusammen auch Mantelfläche genannt.
Es gibt auch mehrseitige Prismen.

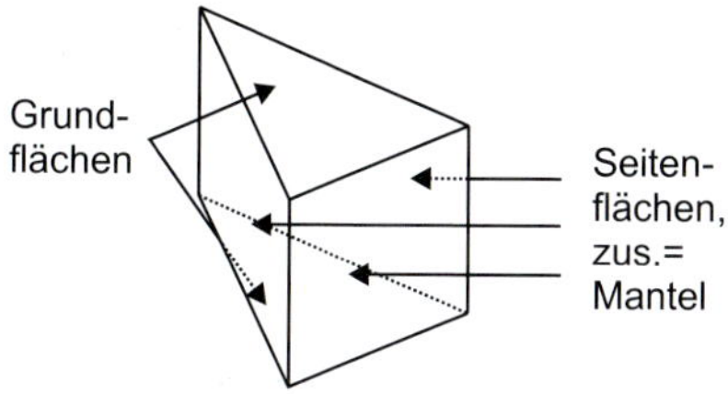

Oberfläche $F = 2 \cdot \text{Grundfläche} + \text{Mantelfläche}$
Volumen $V = \text{Grundfläche} \cdot \text{Höhe}$

Zylinder

Beim Zylinder sind die Grundflächen (zum Unterschied von den Prismen) keine Vielecke, sondern zwei Kreise.
Bei einem Zylinder mit der Höhe h und dem Radius r betragen Volumen und Oberfläche:

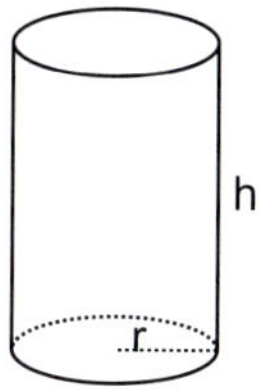

Volumen $V = \text{Grundfläche} \cdot h = r \cdot r \cdot \pi \cdot h = \pi\, r^2 \cdot h$
Oberfläche $F = 2 \cdot \text{Grundfläche} + \text{Mantelfläche} = 2 \cdot \pi \cdot r \cdot (r + h)$

Kugel

Eine Kugel ist die Menge aller Punkte im Raum, deren Abstand zu einem gegebenen Mittelpunkt M gleich dem Radius r ist.
Bei einer Kugel mit dem Radius r betragen Volumen und Oberfläche:

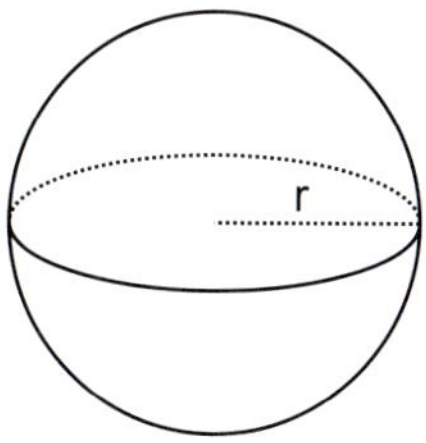

Volumen $V = \frac{4}{3} \cdot \pi \cdot r \cdot r \cdot r = \frac{4}{3} \pi\, r^3$
Oberfläche $F = 4 \cdot \pi \cdot r \cdot r = 4\pi\, r^2$

Kegel

Ein Kegel hat als Grundfläche einen Kreis; darüber wird in einer Höhe *h* ein Punkt *S* festgelegt und von allen Punkten der Kreislinie je eine Verbindungslinie dazu gezogen.
Bei einem Kegel mit Radius *r* des Grundkreises, der Mantellinie *s* und der Höhe *h* betragen Volumen und Oberfläche:

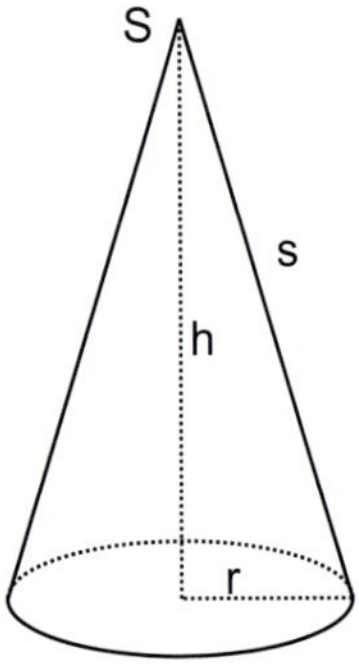

Volumen $V = \frac{1}{3} \pi r^2 h$

Oberfläche $F = \pi \cdot r \cdot r + \pi \cdot r \cdot s = \pi r(r + s)$

Pyramide

Eine Pyramide hat als Grundfläche meist ein Dreieck oder Quadrat, darüber wird in einer Höhe *h* ein Punkt *S* festgelegt und von allen Ecken aus eine Verbindung dazu gezogen.
Bei einer Pyramide mit der Grundfläche *G* und der Höhe *h* betragen:

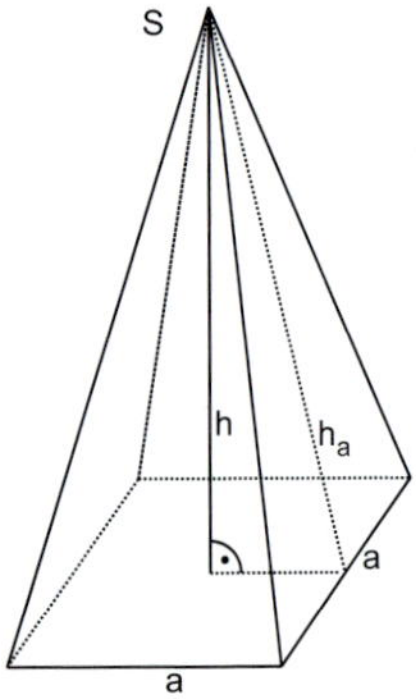

Volumen $V = \frac{1}{3} G h$

Oberfläche F = Grundfläche + Mantelfläche

2 Grundbegriffe der ebenen Geometrie

2.1 Flächeninhalt

Die Fläche eines Rechtecks ist der Teil einer Fläche, der von den Seiten umschlossen wird. Ihr Inhalt steht also in einem Bezug zur Länge der verschieden langen Seiten *a* und *b*. Um den in Formeln üblicherweise als *F* bezeichneten Flächeninhalt eines Rechtecks zu errechnen, müssen die Längen der Seiten multipliziert werden:

$F = a \cdot b$

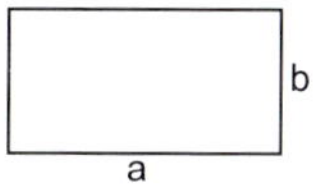

Die in Europa heute übliche Maßeinheit zur Bestimmung von Längen ist der Meter. Aus ihm leiten sich die anderen Längenmaße wie Millimeter als Tausendstel eines Meters oder der Kilometer als das Tausendfache eines Meters ab.

Da der Flächeninhalt das Produkt aus zwei Längen ist, ist auch die Maßeinheit, in der er angegeben wird, ein Produkt aus den Längenmaßen. Ein Meter mal ein Meter ergibt einen Quadratmeter.

$1\ \text{m} \cdot 1\ \text{m} = 1\ \text{m}^2$

Entsprechend der Längenmaße ergeben sich daraus die folgenden Flächenmaße:

Flächenmaße:
1 Quadratmeter (m^2) = 10 000 cm^2 = 100 dm^2
1 Quadratmillimeter (mm^2)
1 Quadratdezimeter (dm^2) = 100 cm^2 = 10 000 mm^2
1 Ar (a) = 100 m^2
1 Hektar (ha) = 100 a = 10 000 m^2
1 Quadratkilometer (km^2) = 1 000 000 m^2

Die Ermittlung von Flächeninhalten ist im Alltag wichtig, um beispielsweise den Wert von Grundstücken oder Wohnungen, der von der Größe der Grundfläche abhängig ist, zu ermitteln. Ein Garten, der sich hinter dem Haus bis zur Straße acht Meter erstreckt und so breit wie das zwölf Meter lange Haus ist, hat also eine Fläche von 96 Quadratmetern.

Einen Spezialfall des Rechtecks stellt das Quadrat dar: Alle Seiten sind gleich lang. Um also den Flächeninhalt eines Quadrats zu ermitteln, muss nur eine Seite gemessen und dieser Wert mit sich selbst multipliziert beziehungsweise zum Quadrat erhoben werden.

$F = a \cdot a$
oder
$F = a^2$

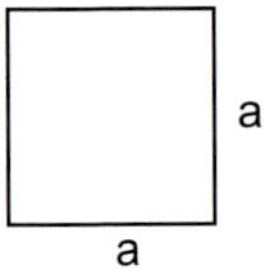

2.2 Winkel

Winkelbegriff

Ein Winkel entsteht, wenn zwei Halbgeraden beziehungsweise Strahlen von einem gemeinsamen Punkt ausgehen. Der Ausgangspunkt wird Scheitelpunkt genannt und mit S bezeichnet. Die beiden Strahlen heißen Schenkel. Diese Schenkel werden mit a und b bezeichnet. Sie begrenzen einen Winkel. Es gibt verschiedene Möglichkeiten, einen Winkel zu benennen. Meist benutzt man einen kleinen griechischen Buchstaben, beginnend bei α. Für eine andere Schreibweise benutzt man das Winkelzeichen $\sphericalangle$ und die Bezeichnungen der Schenkel: $\sphericalangle(a, b)$. Auf den Schenkeln können auch Punkte ausgezeichnet sein: Punkt A auf Schenkel a und Punkt B auf Schenkel b. Ein Winkel, der den Punkt A auf einem Schenkel, einen Scheitelpunkt S und einen Punkt B auf dem anderen Schenkel enthält, lässt sich als $\sphericalangle ASB$ beschreiben.

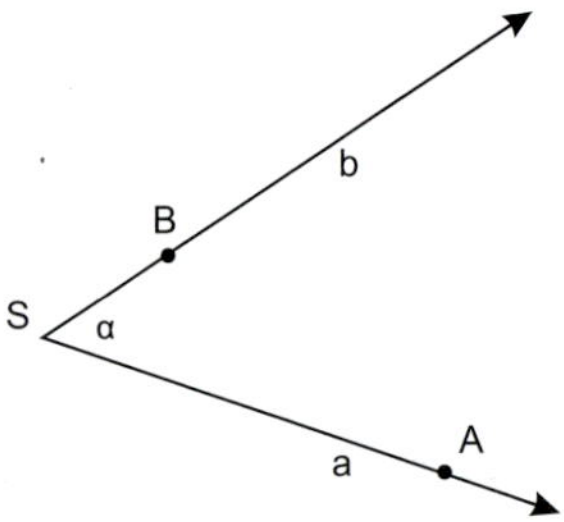

Winkel an zwei sich schneidenden Geraden

In der Geometrie gibt es verschiedene Möglichkeiten, wie Winkel entstehen können. So bilden sich z.B. dann Winkel, wenn zwei Geraden sich schneiden. Beim Schnitt zweier Geraden g_1 und g_2 einer Ebene treten vier Winkel auf. Wie bereits im vorigen Abschnitt geschildert werden Winkel mit kleinen griechischen Buchstaben bezeichnet: α, β, γ, δ. Die Benennung erfolgt entgegen dem Uhrzeigersinn.

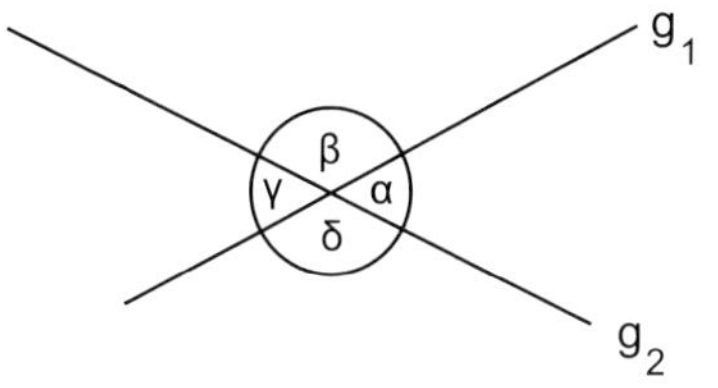

Beim Schnitt zweier Geraden treten folgende Winkelpaare auf.

Nebenwinkel: Benachbarte Winkel an zwei sich schneidenden Geraden mit einem gemeinsamen Scheitel *S* und einem gemeinsamen Schenkel. Die beiden nicht gemeinsamen Schenkel liegen auf einer Geraden, jedoch auf zwei verschiedenen von *S* ausgehenden Strahlen. In der Abbildung bilden die Winkelpaare (α, β), (β, γ), (γ, δ) und (α, δ) Nebenwinkel.

Scheitelwinkel: Sich an zwei schneidenden Geraden gegenüber liegende und gleich große Winkel mit einem gemeinsamen Scheitelpunkt S, aber ohne gemeinsame Schenkel. In der Abbildung sind die Winkelpaare (α, γ) und (β, δ) Scheitelwinkel.

Komplementwinkel: Zwei Winkel, die sich zu einem rechten Winkel (90 Grad) ergänzen. Dabei ist jeder Winkel jeweils der Komplementwinkel des anderen.

Supplementwinkel: Zwei Winkel, deren Winkelmaße sich zu 180 Grad ergänzen. In der Abbildung sind die Winkelpaare (α, β), (β, γ), (γ, δ) und (α, δ) Supplementwinkel. Man nennt sie auch Ergänzungswinkel. Damit sind wie oben dargestellt alle Nebenwinkel auch Supplement- beziehungsweise Ergänzungswinkel.

Winkelpaare an geschnittenen Parallelen

Weitere charakteristische Winkelbeziehungen entstehen, wenn eine Gerade zwei Parallelen schneidet. Neben den oben getroffenen Unterscheidungen zwischen Scheitelwinkeln und Nebenwinkeln mit einem gemeinsamen Scheitelpunkt *S* entstehen beim Schnitt einer Geraden *k* durch zwei Parallelen *g* und *h* zwei verschiedene Scheitelpunkte, an denen nun zusätzlich zwischen Wechselwinkeln, Stufenwinkeln und entgegengesetzten Winkeln unterschieden wird. Insgesamt treten acht Winkel auf.

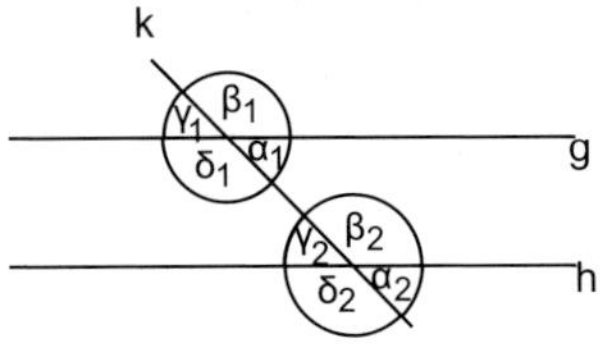

Wechselwinkel: Gleich große, aber auf verschiedenen Seiten der Geraden und der Parallelen liegende Winkel. Die Schenkel von Wechselwinkeln sind paarweise entgegengesetzt gerichtet. In der Abbildung sind die Winkelpaare (α_1, γ_2), (β_1, δ_2), (γ_1, α_2) und (δ_1, β_2) Wechselwinkel.

Stufenwinkel: Diese Winkel liegen auf der gleichen Seite der Geraden und den gleichen Seiten der Parallelen. Die Schenkel sind paarweise gleich gerichtet. In der Abbildung sind die Winkelpaare (α_1, α_2), (β_1, β_2), (γ_1, γ_2) und (δ_1, δ_2) Stufenwinkel.

Entgegengesetzte Winkel: Die Lage ist zu gleichen Seiten der Geraden, aber auf verschiedenen Seiten der Parallelen oder umgekehrt. Je zwei der entgegengesetzten Winkel ergänzen sich aber stets zu insgesamt 180 Grad. In der Abbildung sind (α_1, β_2), (β_1, α_2), (γ_1, δ_2), (δ_1, γ_2) entgegengesetzte Winkel.

Winkelmaß

Wie im Abschnitt »Winkelbegriff« bereits dargestellt ist der Winkel die Fläche zwischen zwei Strahlen. Es ist nicht möglich, das Winkelmaß dadurch zu ermitteln, dass man die Länge zwischen den beiden Endpunkten der Schenkel misst. Wird der Winkel so groß, dass er größer ist als bei vollständig gestreckten Schenkeln – also wenn *a* und *b* vom gemeinsamen Punkt *S* aus in genau entgegengesetzte Richtungen weisen –, dann wird der Abstand zwischen den Endpunkten wieder kleiner.

Zeichnet man die Endpunkte der Schenkel mit *A* und *B* aus und betrachtet Strahl *a* als beweglich, so beschreibt Punkt *A* einen Kreisbogen um den Punkt *S* herum. Da der Kreisbogen zwischen *A* und *B* im Gegensatz zu der Geraden zwischen *A* und *B* bis zur Deckung beider Schenkel mitwächst, steht er in einem Bezug zur Größe des Winkels, den die beiden

Schenkel umschließen. Es hat sich in der langen Geschichte der Mathematik eingebürgert, einen Kreis in 360 gleich große Stücke zu zerlegen. Damit ergibt sich als Maßeinheit der 360. Teil eines Kreisbogens. Dieser Teil wird ein Grad genannt, geschrieben: 1°. Wie auch der Meter wird das Gradmaß in kleinere Einheiten unterteilt, allerdings nicht wie dieser nach dem Dezimalprinzip, sondern wie die Zeit nach der so genannten Sexagesimaleinteilung:

1 Grad = 60 Minuten (1° = 60')
1 Minute = 60 Sekunden (1' = 60")

Hat man es beispielsweise mit einem Winkel von 42 Grad, 17 Minuten und 30 Sekunden zu tun, so wäre die korrekte Schreibweise: 42° 17' 30".

Winkelbezeichnungen

Je nachdem, wie die Schenkel eines Winkels zueinander stehen, gibt es sechs unterschiedliche Arten von Winkeln. Sonderfälle sind der Nullwinkel und der Vollwinkel, bei dem beide Schenkel zur Deckung kommen, der gestreckte Winkel, bei dem beide Schenkel vom gemeinsamen Scheitelpunkt *S* aus in genau entgegengesetzte Richtung weisen, und der rechte Winkel, der in Zeichnungen durch einen kleinen Kreisbogen mit einem Punkt in der Mitte gekennzeichnet wird. Darüber hinaus gibt es spitze, stumpfe und überstumpfe Winkel.

Nullwinkel: $\alpha = 0°$

Nullwinkel

spitzer Winkel: $0° < \alpha < 90°$

spitzer Winkel

rechter Winkel: $\alpha = 90°$

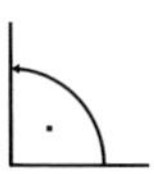

rechter Winkel

stumpfer Winkel: $90° < \alpha < 180°$

stumpfer Winkel

gestreckter Winkel: $\alpha = 180°$

gestreckter Winkel

überstumpfer Winkel: $180° < \alpha < 360°$

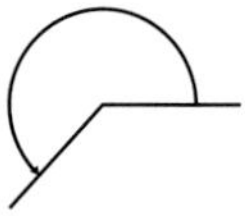

überstumpfer Winkel

Vollwinkel: $\alpha = 360°$

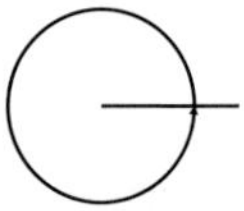

Vollwinkel

2.3 Grundkonstruktionen

Die geometrischen Grundkonstruktionen sind eine Reihe von Aufgaben, die in dieser, abgewandelter oder auch kombinierter Form immer wieder für die Darstellung von Figuren, die Lösung von Problemen oder die Beweisführung erforderlich sind. Für das Zeichnen der Grundkonstruktionen sind ausschließlich der Zirkel und das Lineal notwendig. Letzteres wird in der Praxis häufig ersetzt durch das Geodreieck, das sowohl Zeichenhilfe für die Darstellung einer Geraden als auch Messinstrument für Länge und Gradmaß ist. Die auf dem Geodreieck abgetragenen Hilfslinien ermöglichen es ebenso, ohne Konstruktion Parallelen und Senkrechte zu zeichnen.

Abtragen einer Strecke

Vorgegeben ist eine Halbgerade *p*. Um auf ihr eine Strecke einer bestimmten Länge *a* abzutragen, muss mit dem Zirkel an einem Punkt *P* eingestochen und ein Kreis mit dem Radius *a* gezogen werden. Dieser Kreis wird *p* an einem Punkt *Q* schneiden. Die so entstandene Strecke $\overline{PQ}$ hat dann die Länge *a* und wird mit dem Lineal eingezeichnet.

Antragen eines Winkels

Die Aufgabe besteht darin, einen gegebenen Winkel der Größe α an die Halbgerade *p* anzutragen. Man zeichnet mit dem Zirkel einen Kreis mit beliebigem Radius, dessen Mittelpunkt der Scheitelpunkt *S* des Winkels ist und die Schenkel *a* und *b* in den Punkten *A* und *B* schneidet. Dann wird ein Kreis mit gleichem Radius um den Anfangspunkt *P* der Halbgeraden gezogen. Dieser schneidet die Halbgerade *p* in einem Punkt *Q*, der wiederum Mittelpunkt eines weiteren Kreises ist. Der Radius dieses Kreises entspricht der Länge der Strecke $\overline{AB}$ und schneidet den Kreis, der zuvor um *P* gezogen wurde, an einem Punkt R. Der aus ∢ASB hergeleitete ∢RPQ hat jetzt ebenfalls die Größe α.

Halbieren einer Strecke/Errichten einer Mittelsenkrechten

Es geht hier darum, den Mittelpunkt *M* einer Strecke $\overline{AB}$ zu konstruieren. Mit dem Zirkel sind zwei Bögen zu schlagen: Einer mit dem Endpunkt *A*, der zweite mit dem Endpunkt *B* als Mittelpunkt. Dabei ist darauf zu achten, den Radius so groß zu wählen, dass beide Bögen sich schneiden. Es entstehen auf diese Weise zwei Schnittpunkte *C* und *D*. Verbindet man diese Schnittpunkte mit dem Lineal, so ist die Strecke $\overline{CD}$ die Mittelsenkrechte. Sie halbiert die Strecke $\overline{AB}$. Der Schnittpunkt von $\overline{AB}$ und $\overline{CD}$ ist der gesuchte Mittelpunkt *M*.

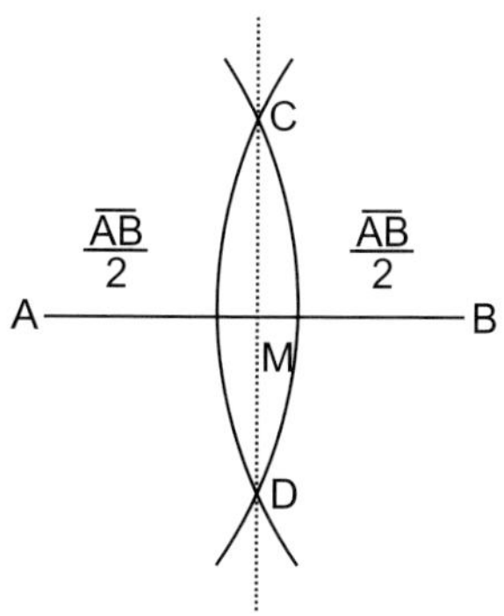

Errichten einer Senkrechten im Endpunkt

Soll die Senkrechte auf einem Endpunkt der Strecke errichtet werden, so ist um diesen – beispielsweise Punkt *B* – zunächst mit dem Zirkel ein Bogen mit beliebigem Radius zu schlagen. Dadurch entsteht auf der Strecke $\overline{AB}$ ein Schnittpunkt *C* von Bogen und Halbgerade. Schnittpunkt *C* wird zum Mittelpunkt eines neuen Bogens, der sich außerhalb der Strecke $\overline{AB}$ am Punkt *D* mit dem Bogen um *B* schneidet. Um diesen Punkt *D* ist ein weiterer Bogen zu schlagen (alle Bogen haben den gleichen Radius). Mit dem Lineal konstruiert man nun eine Gerade durch die Punkte *C* und *D*, die den Kreis um *D* an einem Punkt *E* schneidet. Die gesuchte Senkrechte im Endpunkt *B* lässt sich nun als Gerade, die durch *B* und *E* verläuft, antragen.

Errichten einer Senkrechten an einer Geraden in einem Geradenpunkt

Die Senkrechte soll im Punkt *P* der Geraden *g* errichtet werden. Anders ausgedrückt: Es soll eine senkrechte Gerade zu *g* durch *P* konstruiert werden. Als Erstes zeichnet man mit dem Zirkel einen Kreis um den Punkt *P*, der die Gerade *g* in den Punkten *A* und *B* schneidet. Um Punkt *A* und Punkt *B* schlägt man jeweils einen gleich großen Bogen. Im Schnittpunkt dieser beiden Kreise entsteht ein Punkt *C*. Die mit dem Lineal zu ziehende Gerade durch *C* und *P* ist die gesuchte Senkrechte.

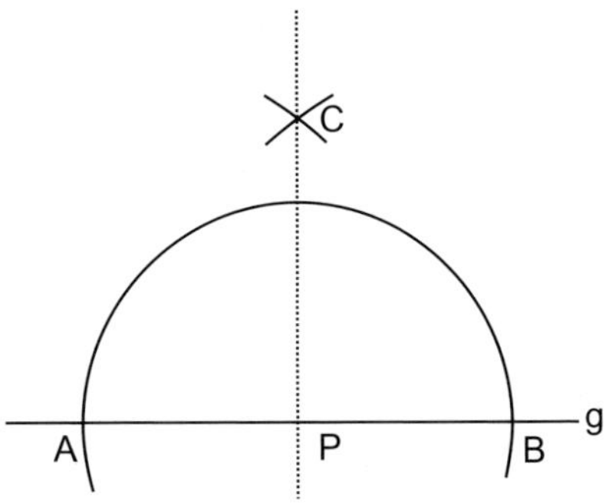

Fällen eines Lotes auf eine Gerade durch einen Punkt außerhalb der Geraden

Wenn der Punkt *P*, der nicht auf der Geraden *g* liegt, festgelegt ist, wird mit dem Zirkel ein Bogen um ihn geschlagen. Der Radius des Kreises muss so groß sein, dass die Gerade *g* in zwei Punkten *A* und *B* geschnitten wird. Sowohl um *A* als auch um *B* sind dann Bögen mit gleichem Radius zu schlagen. Der Schnittpunkt beider Kreisbögen ist der Punkt *P'*. Mit dem Lineal wird eine Gerade gezogen, die durch *P'* und *P* verläuft. Sie ist das gesuchte Lot.

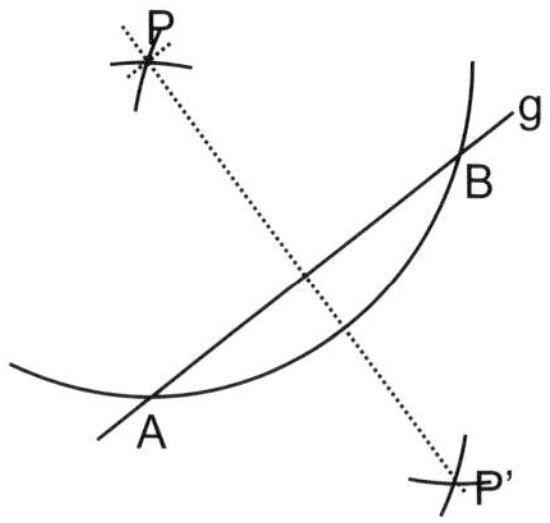

Halbieren eines Winkels

Um einen gegebenen Winkel α zu halbieren, wird mit dem Zirkel um den Scheitelpunkt *S* ein Kreis gezogen. Der Radius ist beliebig. Der Kreis schneidet die beiden Schenkel *a* und *b* jeweils in den Punkten *A* und *B*. Sowohl um *A* als auch *B* sind dann Bögen mit gleichem Radius zu schlagen. Der Schnittpunkt beider Kreisbögen ist der Punkt *C*. Mit dem Lineal wird eine Gerade gezogen, die durch *C* und *S* verläuft. Sie ist die Winkelhalbierende. Neu entstanden sind die gleich großen ∢ *ASC* und *CSB* mit der halben Winkelgröße von ∢ *ASB*.

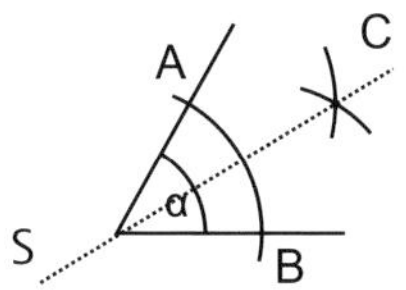

Zeichnen einer Parallelen durch einen gegebenen Punkt

Um eine Parallele durch einen gegebenen Punkt *P*, der nicht auf der Geraden *g* liegt, zu konstruieren, muss zunächst mit dem Zirkel ein Kreisbogen um den Punkt *P* gezogen werden. Der Radius ist beliebig, muss aber größer sein als der Abstand von Punkt *P* zur Geraden *g*. Auf *g* entsteht so der Schnittpunkt *C*. Der nächste Kreis wird um diesen Punkt *C* gezogen, der sich im Punkt *B* mit der Geraden *g* schneidet. Ein dritter Bogen wird um Punkt *B* geschlagen, der sich mit dem ersten um Punkt *P* gezogenen Kreis im Punkt *A* schneidet. Mit dem Lineal wird jetzt eine Gerade durch die Punkte *P* und *A* gezogen. Sie ist die gesuchte Parallele.

Verbindet man zusätzlich die Punkte *P*, *C*, *B* und *A*, so hat man die Raute mit den Eckpunkten *PCBA* konstruiert.

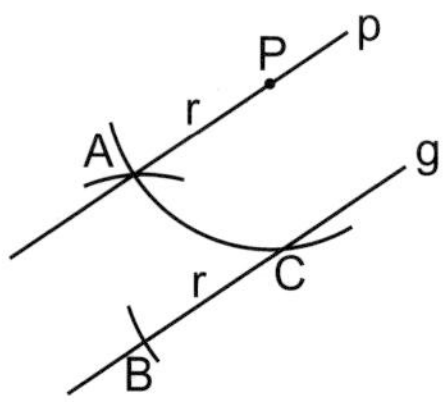

Bei einer anderen Variante der Konstruktion einer Parallelen durch einen gegebenen Punkt lassen sich bereits die Grundkonstruktionen »Errichten einer Senkrechten an einer Geraden in einem Geradenpunkt« und »Fällen eines Lots auf eine Gerade durch einen Punkt außerhalb der Geraden« praktisch anwenden: Zunächst fällt man das Lot zur Geraden *g* durch den Punkt *P*. Auf dieser wiederum ist eine Senkrechte durch den Punkt *P* zu errichten. Diese ist die gesuchte Parallele.

Zeichnen einer Parallelen in gegebenem Abstand

Bei der Konstruktion einer Parallelen *p* zur Geraden *g* in einem vorgegebenen Abstand *a* kommen die Grundkonstruktionen »Errichten einer Senkrechten an einer Geraden in einem Geradenpunkt« und »Abtragen einer Strecke« zum Einsatz: Zunächst legt man auf der Geraden *g* zwei beliebige Punkte *A* und *B* fest (die allerdings nicht zusammenfallen dürfen). Auf diesen wird jeweils eine Senkrechte errichtet. Dann wird der

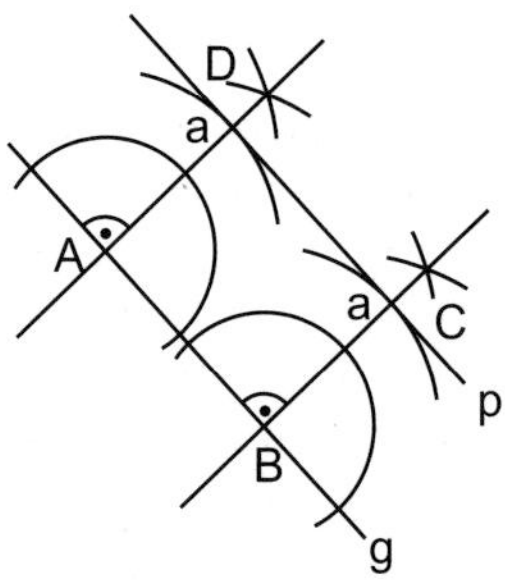

gegebene Abstand *a* auf beiden Senkrechten abgetragen. Es entstehen die Punkte *C* und *D*, die im Abstand *a* von der Geraden *g* entfernt sind. Die Gerade durch die Punkte *C* und *D* ist die gesuchte Parallele *p*. Zugleich hat man auf diese Weise das Rechteck mit den Eckpunkten *ABCD* konstruiert.

Unterteilen einer Strecke in gleiche Teile

Bei dieser Grundkonstruktion finden die bereits oben dargestellten Grundkonstruktionen »Abtragen einer Strecke«, »Antragen eines Winkels« und »Zeichnen einer Parallelen in gegebenem Abstand« Anwendung. Gegeben ist die in gleiche Teile zu teilende Strecke zwischen *A* und B. Von einem der beiden Punkte *A* oder *B* aus ist ein beliebiger Winkel α zur Strecke $\overline{AB}$ anzutragen. Der auf diese Weise entstandene Schenkel wird als Hilfsstrahl dienen. Auf den Hilfsstrahl wird nun eine beliebige (aber entsprechend gewählte) Strecke sooft abgetragen, wie viel die Anzahl der gleichen Teile auf der Strecke *AB* betragen soll, zum Beispiel 5. Die Endpunkte der abgetragenen Strecken liegen in C_1, C_2, C_3, C_4, C_5. C_5 wird mit *B* verbunden und durch C_1, C_2, C_3, C_4 jeweils eine Parallele zu C_5B gelegt. Diese Parallelen teilen $\overline{AB}$ in gewünschter Weise.

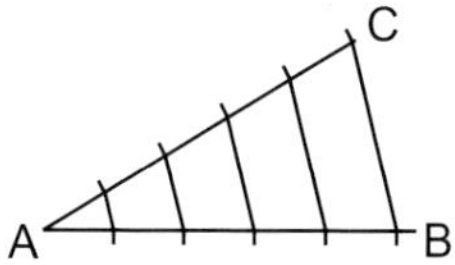

2.4 Ähnlichkeitsdarstellungen

Will man zwei geometrische Figuren in der Ebene miteinander vergleichen, so gibt es zwei Möglichkeiten. Zum einen kann man die Kongruenz – dies ist die Deckungsgleichheit – überprüfen. Dieses Thema wird später ausführlich erläutert. Die zweite Vergleichsmöglichkeit für geometrische Figuren ist die Ähnlichkeit. Dies ist der Fall, wenn zwei Figuren nicht genau gleich groß sind, denn nur gleich große Figuren können auch deckungsgleich sein. Um die Ähnlichkeit festzustellen, werden die Geradentreue, die Parallelentreue, die Winkeltreue und die Streckenverhältnistreue untersucht. Ähnlich sind Figuren dann, wenn die Geraden wieder in Geraden abgebildet werden und die Längenverhältnisse bei der Abbildung unverändert bleiben. Ebenso werden Parallelen wieder als Parallelen dargestellt und Winkel verändern ihre Größe bei der Abbildung nicht. Ein Beispiel aus dem praktischen Leben ist das Kino: Ein Bild auf dem Filmstreifen hat Seitenlängen von nur wenigen Zentimetern. Bei der Projektion durch den langen Vorführsaal entsteht ein viel größeres Bild von mehreren Metern Seitenlänge, das aber die gleichen Eigenschaften aufweist und damit ähnlich ist.

An einer einfachen geometrischen Figur wie dem Dreieck – das später ausführlicher behandelt wird – lässt sich das Prinzip der Ähnlichkeit anschaulich darstellen:

Ähnlichkeitssätze für Dreiecke

Zwei Dreiecke sind ähnlich, wenn sie übereinstimmen
1. ... im Verhältnis ihrer drei Seiten a_1, a_2, b_1, b_2, c_1, c_z.
$a_1 : b_1 = a_2 : b_2$; $b_1 : c_1 = b_2 : c_2$; $c_1 : a_1 = c_2 : a_2$
2. ... im Verhältnis von zwei Seiten sowie der Größe des eingeschlossenen Winkels:
$a_1 : b_1 = a_2 : b_2$; $\gamma_1 = \gamma_2$
3. ... in der Größe zweier Winkel.

Zwei Methoden werden zur Ähnlichkeitsabbildung beziehungsweise für Verhältnisgleichungen angewendet: die Strahlensätze und die zentrische Streckung.

Strahlensätze
Die Strahlensätze gehören zu den zentralen Lehrsätzen der Geometrie. Ausgangspunkt für die Herleitung ist die Grundkonstruktion »Unterteilen einer Strecke in gleiche Teile«. Nachdem die Aufgabe gelöst ist, gleich große Teilstrecken abzutragen oder – anders formuliert – eine Reihe von Punkten genau gleichen Abstands zu konstruieren, ist die Frage zu klären, ob auch die Entfernungen auf dem anderen Schenkel gleich groß sind. Der besseren Übersichtlichkeit wegen soll aber kein Winkel mit zehn Parallelen verwendet werden, sondern zwei Strahlen mit einem gemeinsamen Scheitelpunkt S, die von zwei Parallelen geschnitten werden.
Die Untersuchung der Figur ergibt für die beiden Strahlen s_1 und s_2 folgende Streckenverhältnisse (da es in den folgenden Formeln nicht mehr

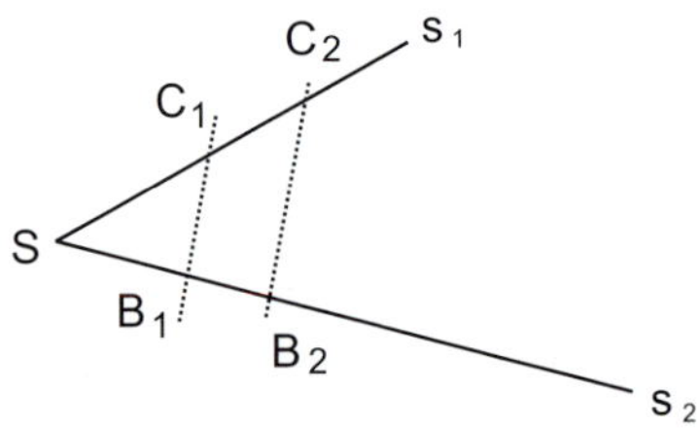

um die Strecke geht, sondern um den Betrag beziehungsweise die Länge der Strecke, werden die Streckenbezeichnungen in Betragszeichen (vertikale Linien) gesetzt, also beispielsweise $|AB|$ statt $\overline{AB}$:

Erster Strahlensatz

$|SB_1| : |SB_2| = |SC_1| : |SC_2|$; $|SB_1| : |B_1B_2| = |SC_1| : |C_1C_2|$; $|SB_2| : |B_1B_2| = |SC_2| : |C_1C_2|$

Werden zwei Strahlen s_1 und s_2 mit einem gemeinsamen Scheitelpunkt S von zwei zueinander parallelen Geraden geschnitten, so verhalten sich die Längen der Abschnitte auf dem einen Strahl wie die entsprechenden Längen der Abschnitte auf dem anderen Strahl.

Die Verhältnisgleichungen des ersten Strahlensatzes lassen sich auch auf die zwischen Strecken und Parallelen herrschenden Proportionen übertragen. Es ergeben sich dann folgende Streckenverhältnisse:

Zweiter Strahlensatz

$|B_1C_1| : |B_2C_2| = |SB_1| : |SB_2|$; $|B_1C_1| : |B_2C_2| = |SC_1| : |SC_2|$

Werden zwei Strahlen s_1 und s_2 mit einem gemeinsamen Scheitelpunkt S von zwei zueinander parallelen Geraden geschnitten, so verhalten sich die Längen der Abschnitte auf einem Strahl wie die entsprechenden Längen der Abschnitte auf den Parallelen.

Zentrische Streckung

Neben den Strahlensätzen ist die zentrische Streckung eine grundlegende Methode der Ähnlichkeitsabbildung. Dieses einfache Prinzip, geometrische Figuren zu vergleichen, lässt sich leicht aus den Strahlensätzen herleiten, wenn den beiden Strahlen aus dem vorigen Abschnitt ein dritter hinzugefügt wird.

Verbindet man die Punkte A_1, B_1 und C_1 sowie A_2, B_2 und C_2, so entstehen $\triangle A_1B_1C_1$ und $\triangle A_2B_2C_2$. Beide sind unterschiedlich groß, aber sie sind einander ähnlich, denn alle Strecken und alle Winkel haben das gleiche Verhältnis zueinander. Das größere Dreieck $A_2B_2C_2$ ist das Ergebnis einer zentrischen Streckung. Anschaulich wird das ebenso an der Figur des Kreises (mehr dazu im Kapitel »Kreis- und Raummessung«), dessen Radius r die Senkrechte zu einem der Strahlen bildet und $|r|$ damit im Verhältnis steht zur Länge der Strecke $|SM|$,

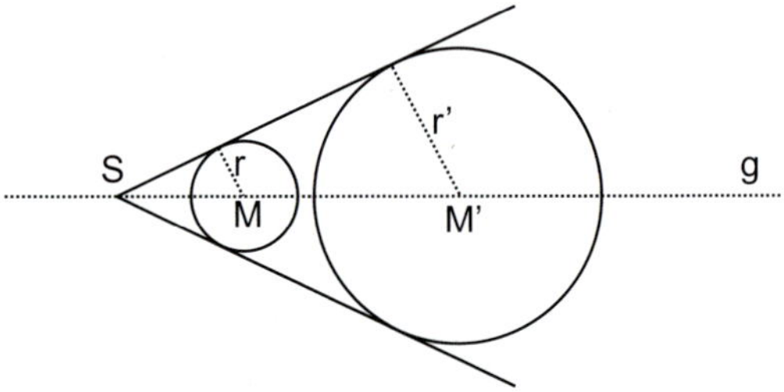

Zentrische Streckung

$|A_1B_1| : |A_2B_2| = |SB_1| : |SB_2|$; $|SC_1| : |SC_2| = |SB_1| : |SB_2|$;
$|SA_1| : |SA_2| = |SB_1| : |SB_2|$; $|SC_1| : |SC_2| = |SA_1| : |SA_2|$;
$|A_1C_1| : |A_2C_2| = |SA_1| : |SA_2|$

Eine zentrische Streckung von einem Scheitelpunkt S aus ist die ähnliche Abbildung einer Figur F auf F'. Jeder Punkt P der Figur F wird in einem Punkt P' der Figur F' abgebildet. Dabei muss Punkt P' auf derselben Geraden g liegen, die durch S und P verläuft. Allen Punkten auf den Längen der Strecken $|SP|$ und $|SP'|$ ist dasselbe Verhältnis k gemeinsam: $|SP'| = k \cdot |SP|$. k ist der Streckfaktor der Abbildung. Für ihn gilt $k \neq 0$.

k-Wert	Wirkung
$k = 1$	Identische Abbildung: Alle Seiten haben das Verhältnis $|SP'| = |SP|$ (siehe auch Punktspiegelung).
$k > 1$	Vergrößerung: Es gilt $|SP'| > |SP|$, womit die Figur F' größer ist als die Figur F.
$0 < k < 1$	Verkleinerung: Es gilt $|SP'| < |SP|$, womit die Figur F' kleiner ist als die Figur F.
$k < 0$	Gegenläufige Streckung: F' und F liegen auf verschiedenen Seiten von S.

2.5 Koordinatensystem

Bisher wurden alle Zeichnungen und Konstruktionen gewissermaßen ohne eindeutige Orientierung auf das Papier gebracht. Für viele Zwecke ist es aber notwendig, ein eindeutiges und leicht reproduzierbares System zur Verfügung zu haben. Dazu ist das Strahlenpaar, das einen gemeinsamen Scheitelpunkt *S* hat und bei vielen Darstellungen eine Rolle spielt, ein idealer Ausgangspunkt. Die Schenkel beschreiben dabei den Spezialfall des rechten Winkels von 90°. So ergibt sich eine horizontale und eine vertikale Gerade mit einem Schnittpunkt. Die beiden Geraden haben Namen: Die erste wird *x*-Achse oder Abszissenachse, die zweite *y*-Achse oder Ordinatenachse genannt. Die Bezeichnungen »*x*« und »*y*« für die beiden Achsen des Koordinatensystems sind allerdings nicht zwingend. Sie sind lediglich sehr gebräuchlich und können jederzeit durch eine andere Buchstabenkombination ersetzt werden. Zuletzt erhalten die Geraden eine »Richtung«, die durch einen Pfeil angezeigt ist: Der Pfeil bedeutet, dass die Achsen ohne Begrenzung ins Unendliche laufen, obwohl in der Praxis natürlich nur ein endlich großer Ausschnitt der Ebene dargestellt werden kann. Die beiden Achsen schneiden einander in einem Punkt, den man Ursprung nennt.

Diese Konstruktion ermöglicht es, die Position von Punkten in Form von Zahlen angeben zu können. Angenommen, *P* sei ein Punkt auf der Zeichenebene. Die beiden Abstände seien beispielsweise 3 und 2. Die erste Zahl ist die *x*-Koordinate, die zweite Zahl die *y*-Koordinate des Punktes *P*. Diese beiden Zahlen bestimmen die Position des Punktes (in Bezug auf die Achsen) eindeutig.

Grundsätzlich funktioniert diese Methode der Positionsbestimmung nur, wenn der Punkt rechts von der *y*-Achse und oberhalb der *x*-Achse, also bei einem Wert größer 0 liegt. Allgemein müssen aber auch negative Koordinatenwerte eingezeichnet werden können: Liegt ein Punkt links von der *y*-Achse, so ist seine *x*-Koordinate das Negative des Abstands von der *y*-Achse. Liegt ein Punkt unterhalb der *x*-Achse, so ist seine *y*-Koordinate das Negative des Abstands von der *x*-Achse.

3 Symmetrie und Kongruenz von Figuren

3.1 Achsensymmetrie/Achsenspiegelung

Definition: Symmetrie ist das spiegelbildliche Gleichmaß, die Spiegelgleichheit.

Eine Figur in der Ebene nennt man achsensymmetrisch, wenn sie durch eine Gerade in zwei spiegelbildlich gleiche Hälften zerlegt werden kann. Die Gerade, welche die beiden Hälften teilt, heißt Symmetrieachse oder Spiegelachse.

Die Symmetrieachse halbiert jede Verbindungsstrecke zwischen einem Punkt und seinem Spiegelpunkt und steht auf ihr senkrecht.

Beispiel der Bezeichnungen der Symmetriepunkte:
A zu *A'*, wobei *A'* der Spiegelpunkt von *A* ist.

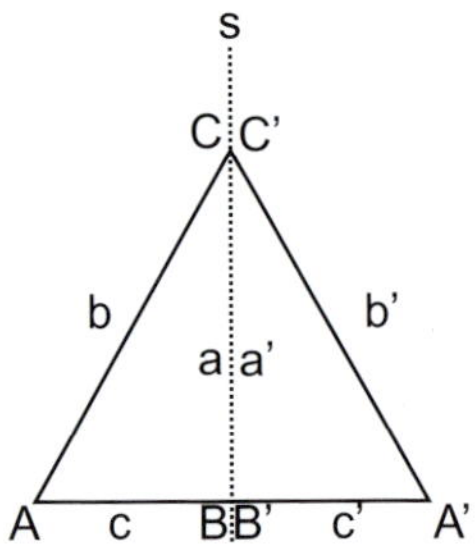

Dieses gleichschenklige Dreieck veranschaulicht die Deckungsgleichheit aller Bildpunkte der Figur und die Tatsache, dass durch die Symmetrieachse auch symmetrisch gleich liegende Winkel entstehen.

Ein gleichseitiges Dreieck hat dementsprechend drei mögliche Symmetrieachsen, da alle Seiten gleich lang sind.
Alle anderen Arten von Dreiecken haben keine Symmetrieachse.

Durch eine Achsenspiegelung wird jede Strecke auf eine Strecke der gleichen Länge abgebildet.

Ein Kreis ist bezüglich jeder seiner Zentralen = Durchmesser = Spiegelachsen achsensymmetrisch.

Jeder Kreispunkt wird bei der angegebenen Spiegelung wieder auf einen Kreispunkt abgebildet.

Neben Dreieck und Kreis sind auch das Quadrat, die Raute und das Rechteck mit zwei seitenhalbierenden Achsen symmetrisch.
Bei der Raute sind beide Diagonalen Symmetrieachsen.
Bei einem Quadrat kommen folgende Symmetrieachsen infrage:

a) Diagonalen – wonach diese Achsen diagonalsymmetrisch genannt werden.

b) Verbindungsgerade der Mittelpunkte von je zwei Gegenseiten; diese werden lotsymmetrisch genannt.

Getrennte Figuren, die durch Umklappen um eine dazwischen liegende Achse zur Deckung gebracht werden können, nennt man achsensymmetrisch.

Für Geraden gilt der Satz:
Jede Senkrechte zu einer Geraden ist für diese Gerade eine Symmetrieachse.
Allgemein gilt:
Bei der Achsenspiegelung wird jeder Punkt der Achse und kein anderer Punkt der Ebene auf sich selbst abgebildet.

3.2 Punktsymmetrie/Punktspiegelung

Bei einer Punktspiegelung sind alle Geraden durch den Punkt *S* »Fixgeraden«. Jede Figur, die durch eine Punktspiegelung auf sich selbst abgebildet werden kann, nennt man punktsymmetrisch.
Den Punkt, an dem die Figur gespiegelt wird, nennt man Symmetriepunkt oder Symmetriezentrum.
Vereinfacht kann man sagen:

Figuren, die man durch Drehung um einen Punkt *S* um 180° zur Deckung bringen kann, nennt man punktsymmetrisch.

Die Punktspiegelung kann an einem einfachen Beispiel veranschaulicht werden:

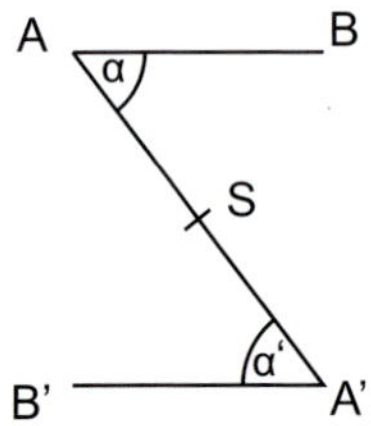

Die Eigenschaften der Punktspiegelung lassen sich folgendermaßen zusammenfassen:

> Bei einer Punktspiegelung wird jede Gerade durch einen Punkt *S* auf sich selbst, jede andere Gerade auf eine zu ihr parallele Gerade abgebildet. Strecke und Bildstrecke sind gleich lang. Winkel und Bildwinkel sind gleich groß.

Die Punktspiegelung von Strecken lässt sich folgendermaßen darstellen:

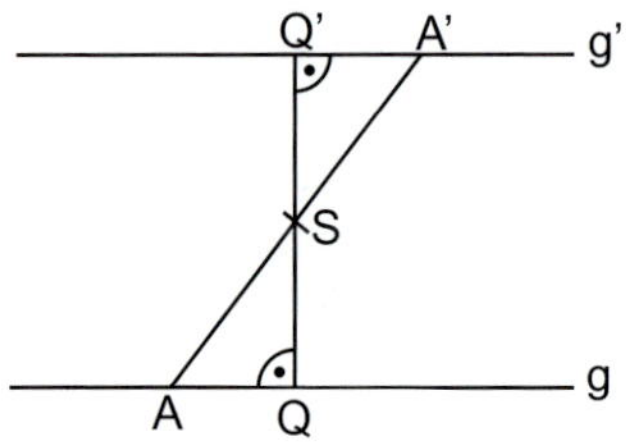

Das Ergebnis der Punktspiegelung einer Strecke ist eine Strecke gleicher Länge.
Auch das Parallelogramm ist ein punktsymmetrisches Viereck, bei dem der Diagonalenschnittpunkt im Symmetriezentrum liegt:

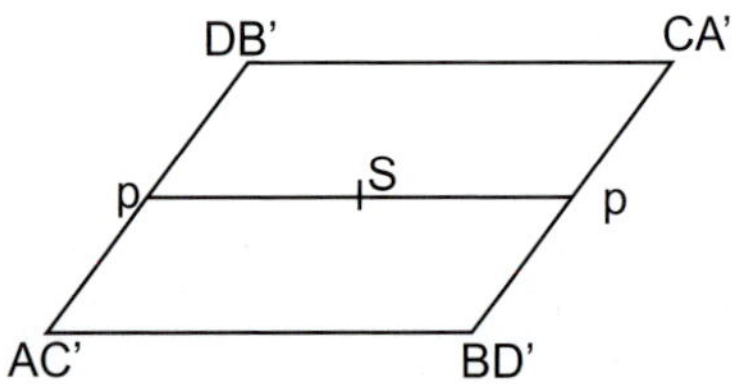

Bei der Punktspiegelung des Parallelogramms am Diagonalenschnittpunkt S werden die Strecken $\overline{AB}$ auf $\overline{CD}$ und $\overline{AD}$ auf $\overline{CB}$ abgebildet.

Jede Mittelparallele des Parallelogramms halbiert zwei Seiten und ist ebenso lang wie die beiden anderen Seiten.

Die Punktspiegelung eines Rechtecks an einem Mittelpunkt S erzeugt ein dem Ausgangsbild deckungsgleiches Rechteck.
Die gleiche Aussage gilt für den Kreis.

Dreiecke sind nicht punktsymmetrisch.

Die Aussage wird durch diese Abbildung verdeutlicht:

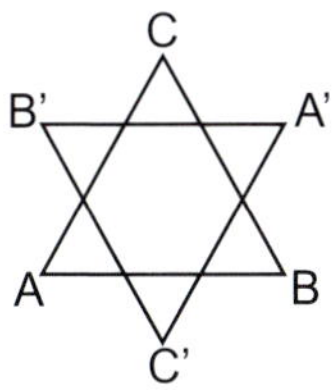

Drehungen um 0° und um 360° gelten nicht als Symmetrien.

3.3 Drehungen/Verschiebungen

Bei einer Drehung beschreiben alle Punkte einer Figur Kreisbögen um den Symmetriepunkt S im Zentrum der Figur.
Jeder Punkt der Figur wird um denselben Winkel gedreht, sodass die Figur nach der Drehung die gleiche Form und Größe hat wie vorher.

Eine Figur heißt drehsymmetrisch in Bezug auf den Symmetriepunkt im Zentrum, wenn sie durch eine Drehung auf sich selbst abgebildet werden kann.

Die einfachste drehsymmetrische Figur ist der Kreis. Der Drehwinkel ist beim Kreis nicht von Bedeutung, er behält bei beliebiger Drehung um seinen Mittelpunkt Form und Größe.

Auch alle regelmäßigen Vielecke sind drehsymmetrisch zu ihrem Symmetriepunkt S, allerdings immer nur für Drehwinkel ganz bestimmter Größen.
Für das Dreieck gilt:

Ein gleichseitiges Dreieck ist drehsymmetrisch bei Drehwinkeln von 120° und 240°.

Ein Quadrat ist drehsymmetrisch, wenn es um 90° oder ein Mehrfaches von 90° gedreht wird.

3.4 Verschiebungen

Neben der Achsenspiegelung und Punktspiegelung sind die Verschiebungen eine weitere Art von Abbildungen.
Eine andere Bezeichnung für Verschiebung ist »Parallelverschiebung« oder »Translation«.

Folgende Lehrsätze gelten für die Verschiebung:
Verschiebungen sind kongruente Abbildungen.
Bei einer Verschiebung sind jede Gerade und ihre Bildgerade gleich gerichtet.

Verschiebungen werden mithilfe von Pfeilen beschrieben. Dabei bildet die Menge aller gleich langen, gleich gerichteten und parallelen Pfeile den »Verschiebungsvektor«.
Schreibweise für den Verschiebungsvektor: $V\vec{a}$

$\vec{a}$

Alle Parallelen zu a sind Fixgeraden, d.h., ein Punkt auf einer solchen Geraden wird auf einen anderen Punkt derselben Geraden abgebildet. Dabei kennzeichnet der Pfeil die Strecke der Verschiebung.
Die Verschiebung ist also durch die Angabe der Vektorlänge und der Vektorrichtung eindeutig bestimmt.

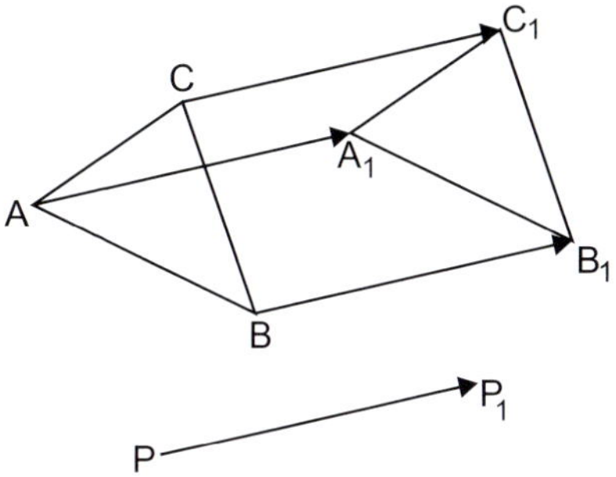

3.5 Kongruenz/Kongruenzabbildungen

Der Name »Kongruenz« leitet sich von dem lateinischen Wort für Übereinstimmung ab: »congruentia«.
Soll für zwei Figuren eine Aussage darüber gemacht werden, ob sie gleich sind, ist es zunächst erforderlich festzulegen, ob damit gemeint ist, dass die Figuren an Form, an Umfang oder an Fläche gleich sind und ob sie sich durch Verschiebungen, Drehungen und Spiegelungen wieder auf eine Figur mit denselben Maßen abbilden lassen. Die Eigenschaften dieser Bewegungen dürfen die Längen und die Winkel von Figuren nicht verändern.
Der Begriff »Kongruenz« präzisiert ganz generell die Aussage über die Gleichheit von Figuren:

Zwei geometrische Figuren *A* und *B*, die in ihren Winkeln und Längen übereinstimmen, sind kongruent zueinander.

Für die Kongruenz ist folgende Schreibweise vereinbart: ≡

Darüber hinaus sind für je zwei einzelne geometrische Figuren folgende Aussagen zur Kongruenz zu treffen:

Strecken	sind nur dann kongruent, wenn sie gleich lang sind.
Winkel	sind nur dann kongruent, wenn sie gleich groß sind.
Dreiecke	sind schon dann zueinander kongruent, wenn man nur nachgewiesen hat, dass sie in den drei Seitenlängen jeweils paarweise übereinstimmen = Kongruenzsatz »sss«.

Dreiecke sind schon dann kongruent, wenn nachgewiesen ist, dass sie in zwei Seitenlängen und der Größe des Winkels, der von den beiden Seiten eingeschlossen wird, übereinstimmen = Kongruenzsatz = »sws«.

Dreiecke sind schon dann kongruent, wenn feststeht, dass sie in der Größe von zwei entsprechenden Winkeln und in der Länge einer entsprechenden Seite übereinstimmen = Kongruenzsätze »wsw« und »sww«.

Dreiecke sind schon dann zueinander kongruent, wenn man nur weiß, dass sie in den Maßen zweier Seiten und des Gegenwinkels der größeren dieser Seiten übereinstimmen.

Kreise sind dann kongruent, wenn sie gleich große Radien haben.

Daraus folgt: Zu Kongruenzabbildungen zählt man alle
Achsenspiegelungen,
Punktspiegelungen,
Drehungen,
Verschiebungen sowie
alle Abbildungen, die durch Verkettung von Achsenspiegelungen, Punktspiegelungen, Drehungen und Verschiebungen entstehen.

Gleichsinnig kongruent nennt man diese Kongruenzabbildungen, wenn sogar der Umlaufsinn unverändert bleibt – gegensinnig kongruent nennt man Kongruenzabbildungen, wenn sich der Umlaufsinn umkehrt.

Festlegung der Kongruenzabbildungen und deren unverändert bleibende Eigenschaften (Treueeigenschaften):
Achsen- und Geradenspiegelung werden um die Achse a = Spiegelachse gespiegelt.
Punktspiegelungen werden um das Zentrum, den Spiegelpunkt gespiegelt.
Drehungen werden um das Drehzentrum und den Drehwinkel gespiegelt.
Verschiebungen werden durch den Verschiebungspfeil ausgezeichnet.

4 Dreiecke und der Satz des Pythagoras

Alle Vielecke (Polygone) können in Dreiecke zerlegt werden. Dadurch werden die Eigenschaften der Vielecke auf jene der Dreiecke zurückgeführt.
Das Studium der Eigenschaften von Dreiecken und das der Zusammenhänge zwischen diesen ist eine Denkschule der Geometrie. Das Stellen und Lösen entsprechender Aufgaben fördert das logische Denken.
Außer geraden Linien, von denen je drei auch die Dreiecke bilden, kommen hier auch Kreise vor. In der Sprache der Hilfsmittel heißt das: Lineal und Zirkel. Das gilt aber nur im Prinzip, denn das geometrische Denken braucht keine Hilfsmittel.

4.1 Das allgemeine Dreieck

Drei Geraden können sich paarweise in drei Punkten *A*, *B*, *C* schneiden. Die drei Schnittpunkte bestimmen auf den entsprechenden Geraden drei Strecken $\overline{BC}$, $\overline{CA}$, $\overline{AB}$, deren Längen *a*, *b*, *c* oder *BC*, *CA*, *AB* Seitenlängen des Dreiecks oder kürzer »Seiten« genannt werden. Oft werden mit *a*, *b*, *c* die Seiten selbst, mit *BC*, *CA*, *AB* die Geraden durch diese Punkte bezeichnet.
Die drei Punkte *A*, *B*, *C* sind die »Ecken« oder »Eckpunkte« des Dreiecks *ABC*. Bei der Angabe eines Dreiecks werden seine Eckpunkte in der Reihenfolge aufgezählt, die dem »Gegenuhrzeigersinn« entspricht.

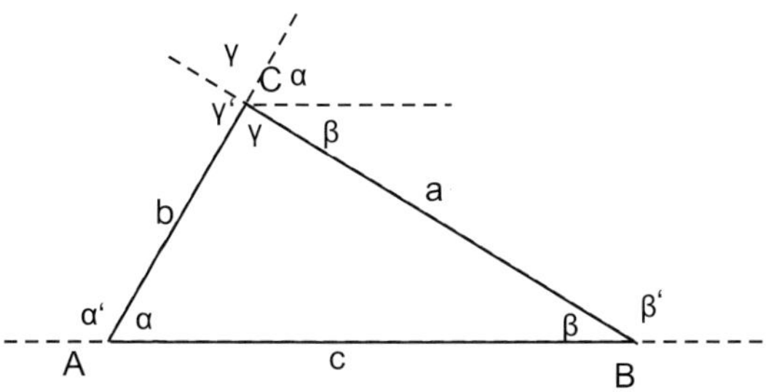

In den Eckpunkten bildet sich je ein »innerer Winkel« α, β, γ. Durch einen der Eckpunkte, z. B. durch *C*, wird eine Parallele zur gegenüberliegenden Seite, im Beispiel zu $\overline{AB}$, gelegt. Nach den Gesetzmäßigkeiten bezüglich der »Winkel an Doppelkreuzungen von Geraden« ist zu bemerken, dass mit der Spitze im ausgewählten Eckpunkt (C) auf einer Seite der Geraden AC die drei Winkel α, β, γ nebeneinander erscheinen, sodass ihre Summe offensichtlich der »gestreckte Winkel« ist.

$$\alpha + \beta + \gamma = 180° = 2R$$

Ebenfalls zwei rechte Winkel $2R = 180°$ beträgt die Summe eines jeden inneren Winkels mit einem seiner beiden »Außenwinkel«:

$$\alpha + \alpha' = \beta + \beta' = \gamma + \gamma' = 180°$$

Aus den beiden letzten Beziehungen folgt eine wichtige Regel: Jeder Außenwinkel ist gleich mit der Summe der beiden ihm nicht anliegenden Innenwinkel.

Somit: $\alpha' = \beta + \gamma$; $\beta' = \gamma + \alpha$; $\gamma' = \alpha + \beta$.

4.2 Transversalen im Dreieck

Die Geometrie des Dreiecks wird mit «Transversalen« ergänzt. Das sind gerade Linien, welche die das Dreieck bildenden Geraden schneiden. Besonders wichtig sind vier Tripel von Transversalen mit der gemeinsamen Eigenschaft, dass sich die drei Geraden in je einem Punkt treffen.

Die Mittelsenkrechten

In den Mittelpunkten der drei Seiten wird je eine Senkrechte auf die jeweilige Seite gefällt. Das sind Symmetrieachsen, denen gegenüber je zwei Eckpunkte miteinander symmetrisch sind. Man kann sie also auch als »geometrische Örter« definieren.

Eine Mittelsenkrechte ist der geometrische Ort aller Punkte P, die von zwei Eckpunkten gleich weit entfernt sind.

m_a: $P_aB = P_aC$; m_b: $P_bC = P_bA$; m_c: $P_cA = P_cB$

Zwei Mittelsenkrechte, zum Beispiel m_a und m_b, treffen sich in einem Punkt M. Dieser Punkt M liegt also sowohl auf m_a als auch auf m_b.

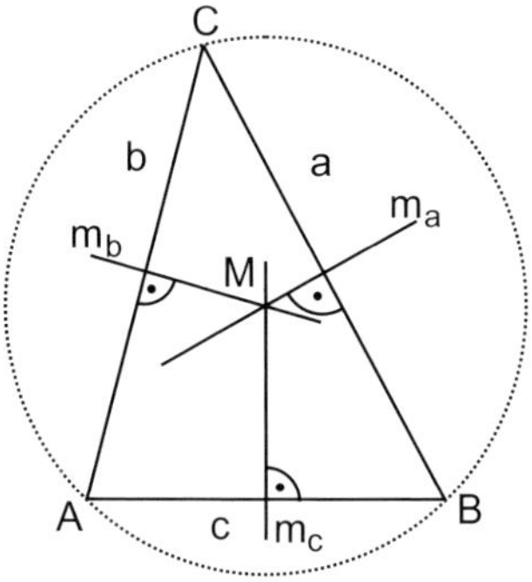

Für ihn sind danach zwei Gleichungen gültig:

MB = *MC* und *MA* = *MC*

Aus diesen beiden folgt aber, dass für *M* auch die dritte Gleichung *MB* = *MC* gilt. Also liegt *M* auch auf der dritten Mittelsenkrechten. Die drei Mittelsenkrechten schneiden sich in einem Punkt. Dieser Punkt hat die gleiche Distanz *R* von allen drei Eckpunkten.
Man kann einen Kreis mit dem Radius *r* und mit dem Mittelpunkt *M* so zeichnen, dass er durch alle drei Eckpunkte geht. Dieser Kreis ist dem Dreieck »umschrieben«. Der gemeinsame Schnittpunkt aller drei Mittelsenkrechten ist der Mittelpunkt des Umkreises.

Höhenlinien

Aus jedem Eckpunkt des Dreiecks wird je eine Senkrechte auf die gegenüberliegende Seite (parallel zur entsprechenden Mittelsenkrechten) gefällt. Die Längen h_a, h_b, h_c dieser Linien, also die Distanzen der Eck-

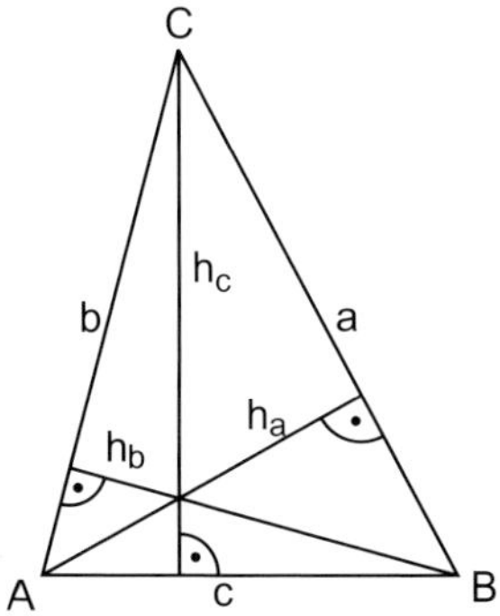

punkte von den gegenüberliegenden Seiten, sind die Höhen des Dreiecks. Auch die Höhenlinien schneiden sich in einem einzigen Punkt. Am leichtesten kann man sich mittels eines kleinen Kunstgriffs davon überzeugen.
Durch jeden Eckpunkt wird je eine Parallele zur gegenüberliegenden Seite gezogen. Diese drei Parallelen bilden ein Dreieck mit den doppelten Seitenlängen im Vergleich mit dem ursprünglichen Dreieck. Die Höhenlinien des Dreiecks *ABC* sind Mittelsenkrechten im Dreieck *A'B'C'*, und als solche treffen sie sich im Zentrum des Umkreises des großen Dreiecks.

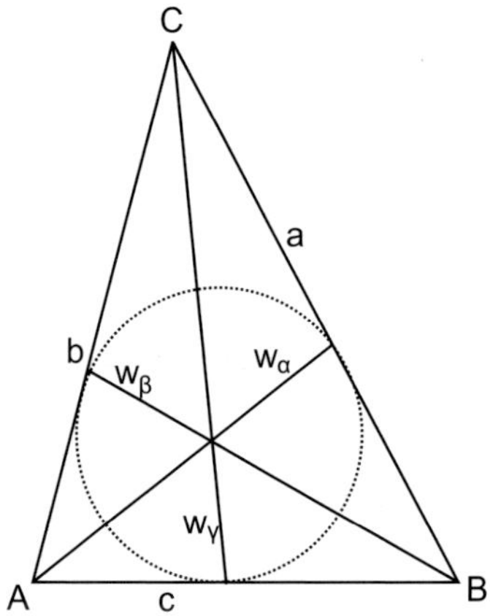

Die Winkelhalbierenden

Die Halbierenden w_α, w_β, w_γ sind die geometrischen Örter von Punkten, die von den beiden Schenkeln der betreffenden Winkel gleich weit entfernt sind.
Der Schnittpunkt *W* zweier Winkelhalbierenden w_α und w_β ist einerseits gleich weit entfernt von *b* und *c*, andererseits von *a* und *c*. Dann ist er aber gleich weit entfernt auch von *b* und *c*, liegt also auf w_γ.
Der gemeinsame Schnittpunkt sämtlicher drei Winkelhalbierenden liegt also auf der gemeinsamen Distanz *r* von allen drei Seiten. Um diesen Punkt als Mittelpunkt mit dem Radius *r* kann der »Inkreis« gezeichnet werden, der in je einem Punkt alle drei Seiten berührt und dessen restliche Punkte alle im Innern des Dreiecks liegen.

Die Seitenhalbierenden (Schwerlinien)
Die drei Seitenhalbierenden des Dreiecks verbinden die Ecken *A, B, C* mit den Mittelpunkten *D, E, F* der gegenüberliegenden Seiten. Die Seitenhalbierenden *AD* und *BE* schneiden sich in *S*. Die Gerade *ED* ist parallel mit der Geraden *AB*. (Die Zeichnung kann leicht angefertigt werden.) Folglich bilden sich hier manche Paare von gleichen Winkeln:

$$\sphericalangle SED = \sphericalangle SBA;\ \sphericalangle SDE = \sphericalangle SAB$$

Daraus folgt, dass die beiden Dreiecke *ABS* und *DES* miteinander ähnlich und danach die Verhältnisse der entsprechenden Seitenlängen gleich sind. Das Verhältnis der Längen von *AB* und *DE* ist aber gleich mit 2. Es folgt:

$$\frac{AS}{SD} = \frac{BS}{SE} = \frac{AB}{DE} = 2$$

Der Schnittpunkt *S* von zwei Seitenhalbierenden teilt diese beiden im Verhältnis *2:1* (Distanz vom Eckpunkt/Distanz vom Mittelpunkt der Seite = 2). Der Schnittpunkt einer der beiden Seitenhalbierenden mit der dritten muss auch diese beiden im Verhältnis *2:1* teilen, er muss also derselbe Punkt sein. Alle drei Seitenhalbierenden schneiden sich in einem Punkt. Dieser Punkt heißt »Schwerpunkt« des Dreiecks. Danach werden die Seitenhalbierenden auch Schwerlinien genannt.

4.3 Besondere Dreiecke

Dreiecke spezieller Formen können zusätzliche Eigenschaften haben.

Das gleichseitige Dreieck
Wenn alle drei Seiten des Dreiecks miteinander gleich sind, dann sind auch alle drei Winkel miteinander gleich, und zwar gleich mit je 60°. Die Mittelsenkrechten sind gleichzeitig auch Höhenlinien, Seitenhalbierende und Winkelhalbierende, alle mit einem einzigen Schnittpunkt, der gleichzeitig Mittelpunkt des Umkreises, des Inkreises sowie auch Schwerpunkt ist.

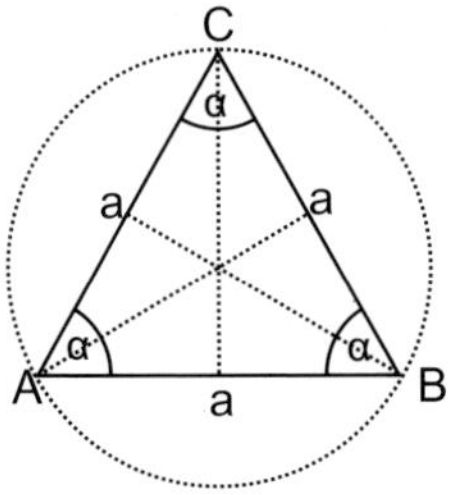

Das gleichschenkelige Dreieck

Wenn zwei Seiten eines Dreiecks gleich sind, heißen diese »Schenkel« des Dreiecks und das Dreieck selbst ist »gleichschenkelig«. Die dritte Seite heißt »Basis«, der Eckpunkt gegenüber der Basis heißt »Spitze«. Höhenlinie, Mittelsenkrechte, Seitenhalbierende, Winkelhalbierende aus der Spitze fallen zusammen und bilden die Symmetrieachse des Dreiecks.

Wegen dieser Symmetrie sind alle Elemente wie Winkel, Höhen usw., die zu den beiden zueinander symmetrischen Ecken oder Seiten gehören, paarweise miteinander gleich.

Ein gleichschenkeliges Dreieck kann spitzwinkelig oder stumpfwinkelig sein, je nach der Art des Winkels an der Spitze.

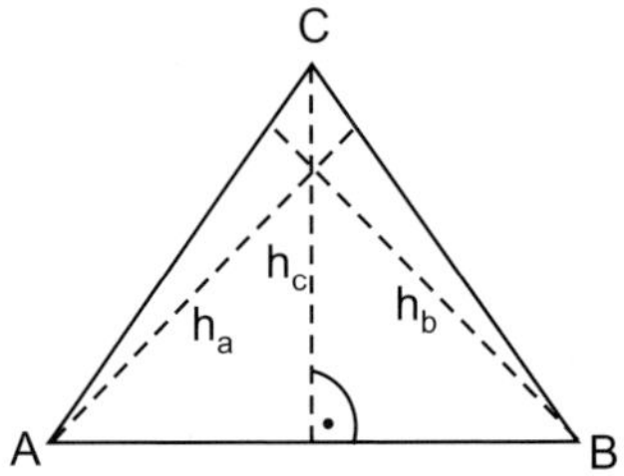

Das rechtwinklige Dreieck

Wenn ein Winkel des Dreiecks ein rechter Winkel ist (also gleich 90° = R), ist das Dreieck rechtwinklig. Die Summe der beiden anderen (spitzen) Winkel muss 90° ausmachen. Sie sind zueinander »komplementär«. Die Seite gegenüber dem rechten Winkel heißt »Hypotenuse«. Entlang der beiden Schenkel des rechten Winkels liegen die beiden »Katheten«. Die zu einer Kathete gehörende Höhe ist die andere Kathete.

Rechtwinklige Dreiecke spielen in der Mathematik eine ganz besondere Rolle. Manche von diesen sollen später näher betrachtet werden.

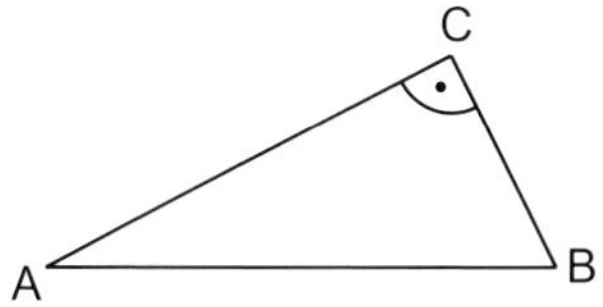

4.4 Dreieckskonstruktionen

Die Aufgabe lautet: Man konstruiere (mithilfe von Lineal und Zirkel) Dreiecke mit vorgegebenen Elementen.

Konstruktionsaufgabe 1:
Gegeben sind die drei Seiten *(a, b, c)*. Gesucht wird das Dreieck *ABC* (die Eckpunkte wurden im Gegenuhrzeigersinn aufgezählt).

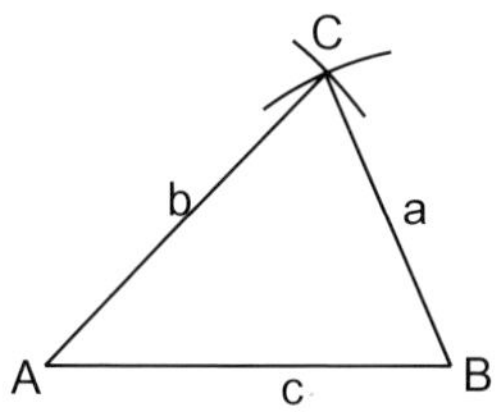

Lösung:
Auf einer Halbgeraden wird aus *A* die Strecke $AB = c$ abgetragen (mithilfe des Zirkels). Mit dem Mittelpunkt in *A* wird ein Kreisbogen mit dem Radius *b* gezogen und mit dem Mittelpunkt in *B* ein Bogen mit dem Radius *a*. Der Schnittpunkt der beiden Bogen, wenn es ihn gibt, ist der dritte Eckpunkt des Dreiecks.
Es ist leicht ersichtlich, dass die beiden Bogen einander nur dann schneiden, wenn *B* von *A* nicht zu weit entfernt ist. Die Bedingung ist:

$c < a + b$ und ähnlicher Weise $a < b + c$, $b < c + a$

Damit die Aufgabe lösbar ist, also ein Dreieck wie das verlangte existiert, muss jede Seite kleiner sein als die Summe der beiden anderen. Die erste Aufgabe ist also bedingt lösbar.

Wäre die Reihenfolge der Ecken *A, B, C* nicht im Gegenuhrzeigersinn festgelegt worden, wäre diese Aufgabe zweideutig. Der Eckpunkt *C* könnte dann auch unterhalb der Geraden *AB* liegen. Das Dreieck *ACB* wäre eine zweite Lösung der Aufgabe.

Konstruktionsaufgabe 2:
Gegeben sind zwei Winkel und ihr gemeinsamer Schenkel, z.B. α, β, c.

Lösung:
Aus den beiden Endpunkten der Strecke $\overline{AB}$ werden die beiden anderen Schenkel in den von den gegebenen Winkeln bestimmten Richtungen gezogen.
Damit sich die Schenkel oberhalb der Geraden *AB* treffen, muss

$$\alpha + \beta < 180°$$

gelten. Mit dieser Bedingung ist die Aufgabe lösbar.

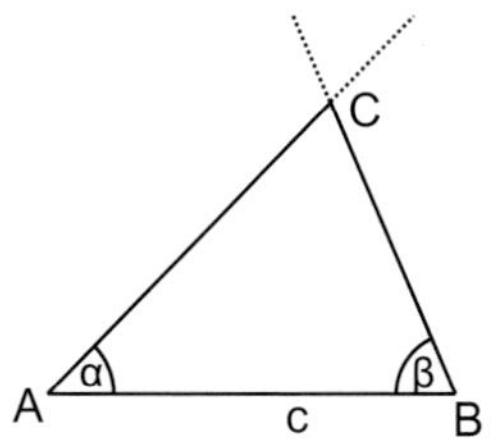

Konstruktionsaufgabe 3:
Gegeben sind eine Seite und zwei Winkel, deren einer der Seite nicht anliegt, z.B. c, α, γ. Wieder gilt die Bedingung $\alpha + \gamma < 180°$.

Lösung:
Der gesuchte dritte Eckpunkt *C* liegt auf dem zweiten Schenkel des in *A* konstruierten Winkels α. In einem beliebigen Punkt *C′* dieses Schenkels

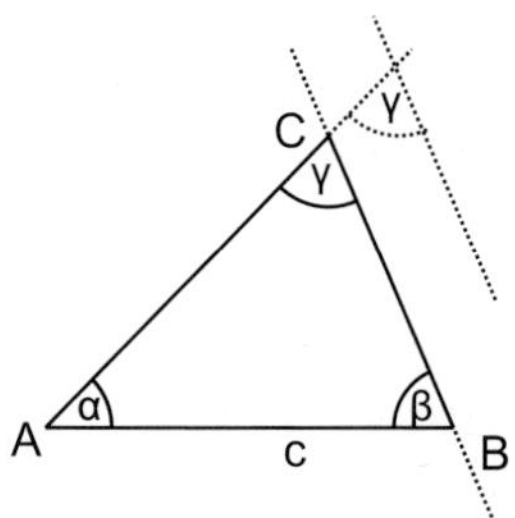

wird der Winkel γ konstruiert. Dadurch ist die Richtung der dritten Seite bekannt. Eine Parallele durch B zu dieser Richtung stellt die dritte Seite dar.

Konstruktionsaufgabe 4:
Gegeben sind zwei Seiten und der von ihnen eingeschlossene Winkel, z. B. b, c, α.

Lösung:
Die beiden Seiten werden auf die Scheitel des Winkels α abgetragen. Die beiden Endpunkte sind B und C (banale Bedingung: $\alpha < 180°$).

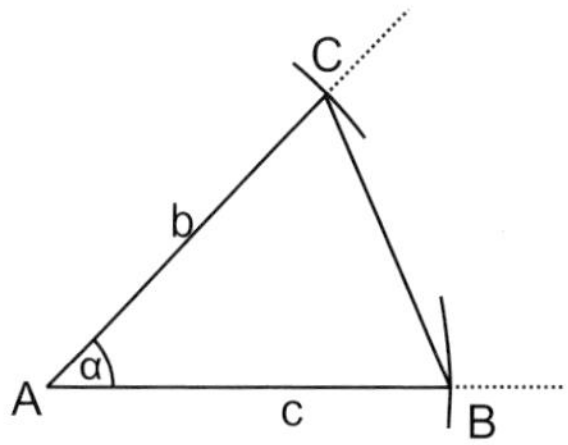

Konstruktionsaufgabe 5:
Gegeben sind zwei Seiten und ein von ihnen nicht eingeschlossener Winkel, z. B. c, a, α.

Lösung:
Die eine bekannte Seite ($c = AB$) liegt auf einem Schenkel des bekannten Winkels (zum Beispiel α). Mit dem Mittelpunkt in B und mit dem Radius a (die zweite bekannte Seite) wird ein Bogen gezeichnet. Jetzt gibt es zwei Möglichkeiten:

1) $a < c$ (der bekannte Winkel liegt der kleineren gegebenen Seite gegenüber). In diesem Fall gibt es eine Grenzsituation, in der die Halbgerade aus A den Kreis berührt. Dieser Berührungspunkt ist der dritte Eckpunkt C des gesuchten und gefundenen, in C rechtwinkligen Dreiecks. Die Halbgerade aus A kann den Kreis in zwei Punkten schneiden, das bedeutet zwei Lösungen, oder kann ihn nicht schneiden, das bedeutet, dass es keine Lösung gibt.
2) $a \geq c$ (der bekannte Winkel liegt der größeren gegebenen Seite gegenüber). In diesem Fall gibt es genau eine Lösung.

Konstruktionsaufgabe 6:

Gegeben sind sämtliche drei Winkel.

Diese Aufgabe ist »unterdeterminiert«. Wegen $\alpha + \beta + \gamma = 180°$ sind das jetzt nur zwei unabhängige Daten. Ungenügend, um die Aufgabe zu lösen.

Als allgemeine Regel gilt: Um das Dreieck konstruieren zu können, wenn es überhaupt konstruierbar ist, also existiert, sind drei Daten nötig, davon aber mindestens eines linear (also nicht Winkel, sondern z.B. Seite). Außer Winkeln und Seiten können auch andere Daten gegeben sein; die am häufigsten vorkommenden sind: Höhen, Seitenhalbierende, Winkelhalbierende, Radien von Umkreis und Inkreis.

Achtung! Nicht alle formulierbaren Aufgaben sind lösbar. Fast alle Aufgaben, in denen eine Winkelhalbierende gegeben ist, sind unlösbar, aber auch das ist keine allgemeine Regel, weil zum Beispiel die Aufgaben $(\alpha, \beta, w_\gamma)$; (α, h_a, w_α); (a, b, w_γ) usw. lösbar sind.

Lösbar bedeutet aber keineswegs, dass die in diesem Buch angebotenen Kenntnisse ausreichen.

Einige weitere Aufgaben, die auch mit den angebotenen Kenntnissen lösbar sind, sollen hier folgen.

Konstruktionsaufgabe 7:

Gegeben sind zwei Seiten und der Radius des Umkreises a, b, r.

Lösung:

Aus einem beliebigen Punkt C des Kreises werden zwei Sehnen mit den gegebenen Längen konstruiert. Sie sind zwei Seiten des Dreiecks, die dritte Seite ist die Sehne, die die beiden Endpunkte verbindet.

Konstruktionsaufgabe 8:

Gegeben sind c, h_c, α.

Lösung:

Auf eine Gerade wird die Strecke $c = \overline{AB}$ abgetragen. Der dritte Eckpunkt C muss sich auf einer Parallelen zu $\overline{AB}$ auf der Distanz h_c von die-

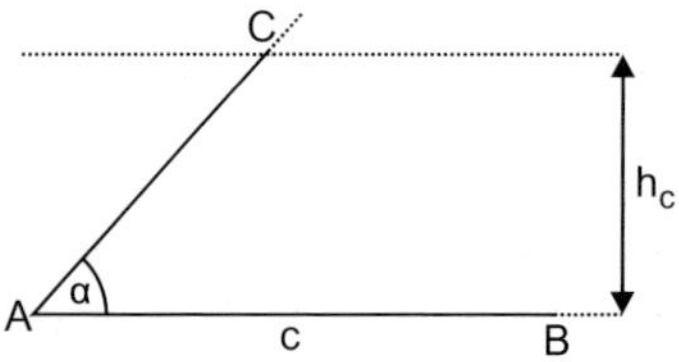

ser befinden. Er muss auch auf dem zweiten Schenkel des in *A* konstruierten Winkels α liegen, also im Schnittpunkt dieser beiden Geraden.

Konstruktionsaufgabe 9:
Gegeben sind b, c, h_c.

Lösung:
Ähnlich wie bei der vorigen Aufgabe, aber die Parallele zu $\overline{AB}$ wird jetzt mit einem Kreisbogen geschnitten, dessen Radius *b* und dessen Mittelpunkt *A* ist.

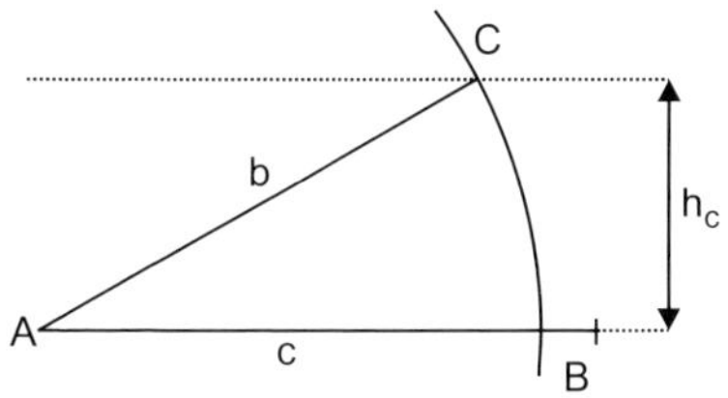

Um Konstruktionsaufgaben lösen zu können, muss man entsprechende Eigenschaften kennen und verwenden.
Wenn es sich z. B. um Seitenhalbierende handelt, muss man wissen, dass diese sich im Verhältnis 2 : 1 teilen. Beispiel:

Konstruktionsaufgabe 10:
Gegeben sind c, s_a, s_b.

Lösung:
Auf eine Gerade wird die Strecke $\overline{AB}$ abgetragen. Der Schnittpunkt *S* der beiden gegebenen Seitenhalbierenden liegt auf der Distanz $\frac{2}{3}\,s_a$ von *A* und auf der Distanz $\frac{2}{3}\,s_b$ von *B*, also im Schnittpunkt der beiden entsprechenden Kreisbogen. Auf den Verlängerungen von *AS* und *BS*, in der Entfernung $\frac{1}{3}\,s_a$ bzw. $\frac{1}{3}\,s_b$ von *S*, befinden sich die Mittelpunkte der beiden gegenüberliegenden Seiten usw.

4.5 Der Thales-Satz und seine Anwendungen

Durch den Mittelpunkt *M* der Hypotenuse eines rechtwinkligen Dreiecks wird je eine Parallele zu den beiden Katheten gelegt. Die zu einer der Katheten parallele Gerade ist senkrecht auf die andere Kathete, und da sie durch den Mittelpunkt der Hypotenuse geht, wird sie auch die von ihr geschnittene Kathete halbieren. Die beiden betrachteten Geraden sind also eben die Mittelsenkrechten der Katheten und als solche müssen sie sich im Mittelpunkt des Umkreises treffen. Folglich ist der Mittelpunkt der Hypotenuse eben der Mittelpunkt des Umkreises. Die Hypotenuse ist der Durchmesser des Umkreises.

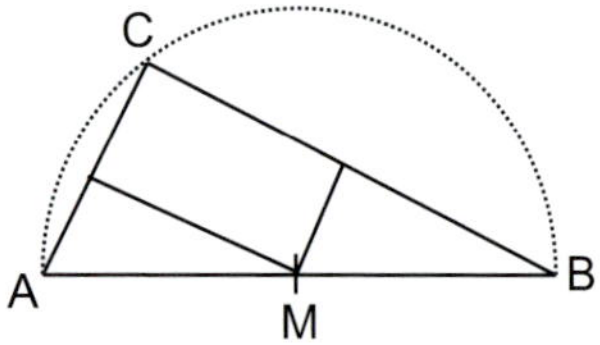

Weitere äquivalente Aussagen sind:

> Aus jedem Punkt des Umkreises (des Thales-Kreises) «sieht man» alle Durchmesser unter einem rechten Winkel.
> Der geometrische Ort aller Punkte, aus denen man eine gegebene Strecke unter einem rechten Winkel sieht, ist ein Kreis (der Thales-Kreis), dessen Durchmesser die Strecke ist (der Thales-Satz).

Da die Höhen auf die entsprechenden Seiten senkrecht sind, bilden Konstruktionsaufgaben, in denen auch Höhen vorkommen, typische Anwendungen des Thales-Satzes.

Konstruktionsaufgabe 11:
Gegeben sind a, c, h_b.

Lösung:
Auf eine Gerade wird die Strecke $c = AB$ abgetragen. Aus dem Fußpunkt der Höhe h_b sieht man die Seite AB unter einem rechten Winkel, also

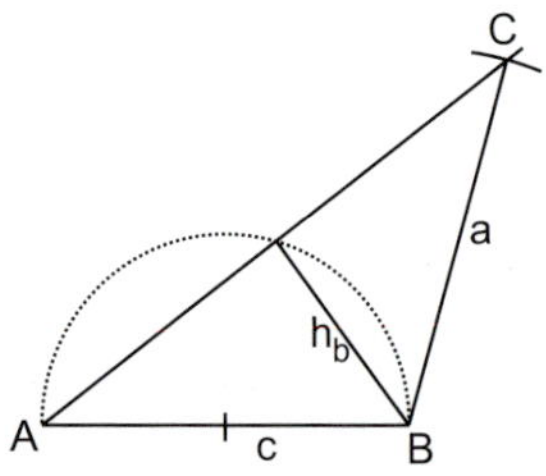

befindet sich dieser Fußpunkt auf dem Thales-(Halb-)Kreis über der Seite *AB*, und zwar in dem Punkt des Kreises, der sich von *B* in der Entfernung h_b befindet. Nach diesem Punkt kann die Gerade der Seite *AC* konstruiert werden. Der Eckpunkt *C* befindet sich auf dieser Geraden in der Entfernung *a* von *B*.

Konstruktionsaufgabe 12:
Gegeben sind c, h_b, α.

Lösung:
In der vorigen Aufgabe war ersichtlich, dass c und h_b die Richtung der Seite *AC*, also den Winkel bestimmen, dieser also keine von den beiden anderen unabhängige Angabe ist. Die Aufgabe ist unlösbar.

Konstruktionsaufgabe 13:
Gegeben sind c, h_a, h_b.

Lösung:
Die Fußpunkte der beiden Höhenlinien befinden sich auf dem Thales-Kreis der Strecke $\overline{AB}$. Mithilfe der Distanzen von *A* bzw. *B* können die beiden Fußpunkte, anschließend die beiden Seiten konstruiert werden.

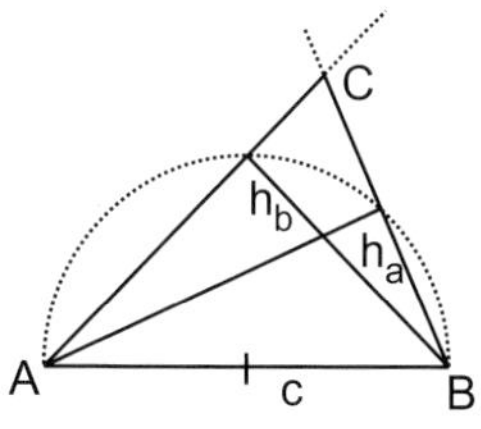

4.6 Metrische Beziehungen in rechtwinkligen Dreiecken

In einem rechtwinkligen Dreieck *ABC* mit dem rechten Winkel in *C* wird die Höhenlinie aus *C* gelegt. Ihr Fußpunkt ist *D*. Für die Ähnlichkeit rechtwinkliger Dreiecke genügt die Gleichheit von zwei spitzen Winkeln. Der Winkel α ist gemeinsam für die Dreiecke *ABC* und *ACD*. Der Winkel β ist gemeinsam für die Dreiecke *ABC* und *CBD*. Alle drei Dreiecke sind miteinander ähnlich. Das heißt:

$ABC \sim ACD \sim CBD$

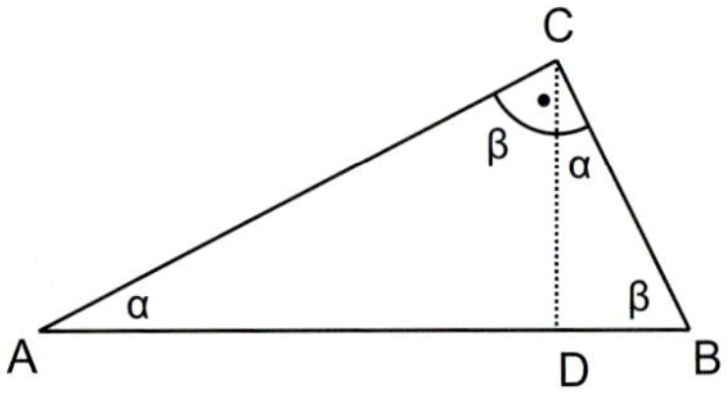

Folglich sind die Verhältnisse homologer Paare von Seiten miteinander gleich:

$$\frac{BC}{AC} = \frac{CD}{AD} = \frac{DB}{CD} \Rightarrow CD^2 = AD \cdot DB$$

$$\frac{BC}{AB} = \frac{CD}{AC} = \frac{DB}{BC} \Rightarrow BC^2 = AB \cdot DB$$

$$\frac{AC}{AB} = \frac{AD}{AC} = \frac{CD}{BC} \Rightarrow AC^2 = AB \cdot AD$$

Von Interesse sind die Folgerungen. Sie stellen wichtige Lehrsätze dar:

Höhensatz: Im rechtwinkligen Dreieck ist das Quadrat der Höhe auf die Hypotenuse gleich mit dem Produkt der beiden durch den Fußpunkt der Höhe auf der Hypotenuse bestimmten Abschnitte.
Kathetensatz (auf beide Katheten angewendet): Im rechtwinkligen Dreieck ist das Quadrat jeder Kathete gleich mit dem Produkt aus der Hypotenuse und der Strecke, die von der betreffenden Kathete auf der Hypotenuse bestimmt wird.
Die Addition der beiden Anwendungen des Kathetensatzes ergibt den vielleicht «berühmtesten» Lehrsatz der Mathematik, den Pythagoras-Satz:

$AC^2 + BC^2 = AB \cdot (AD + DB) = AB^2$

Wörtlich: Im rechtwinkligen Dreieck ist die Summe aus den Quadraten der Katheten gleich mit dem Quadrat der Hypotenuse.

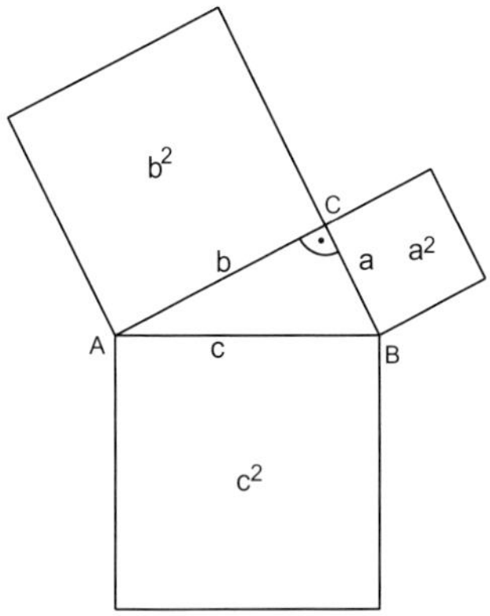

Pythagoras hat vor etwa zweieinhalb Jahrtausenden gelebt, aber der von ihm verwendete und gelehrte Lehrsatz ist viel älter.
Den Satz des Pythagoras kann man in Einzelfällen auch mit natürlichen Zahlen »darstellen«. Die bekannteste solche Darstellung ist »das pythagoreische Zahlentripel«: $a = 3$, $b = 4$, $c = 5$ mit $3^2 + 4^2 = 5^2$. Aber es gibt unendlich viele solcher Zahlentripel. Mithilfe der algebraischen Gleichung

$$(m^2 + n^2)^2 = (m^2 - n^2)^2 + 4m^2n^2$$

also mit $a = m^2 - n^2$, $b = 2\,mn$ und $c = m^2 + n^2$ kann man sie »herstellen«. Z.B. $m = 2$ und $n = 1$ liefern $a, b, c = 3, 4, 5$; $m = 3$ und $n = 2$ ergeben $a, b, c = 5, 12, 13$ usw.
Ein Dreieck mit diesen Maßzahlen seiner Seiten ist rechtwinklig mit dem rechten Winkel gegenüber der größten Seite.

Jahrtausendelang verwendeten Baumeister und Erdvermesser sehr verschiedener Völker, um rechte Winkel zu konstruieren, Seile, auf denen voneinander gleich entfernte Knoten angebracht waren. Die Distanz zwischen zwei aufeinander folgenden Knoten soll die Maßeinheit der Länge sein. Wenn man das Seil zwischen drei Punkten so aufspannt, dass die Längen der Seiten des Dreiecks drei, vier und fünf Einheiten betragen, dann entsteht gegenüber der längsten Seite ein rechter Winkel.

5 Trigonometrie

In der ebenen Geometrie waren zunächst nur Berechnungen zwischen Seiten oder zwischen Winkeln möglich. Durch Anwendung der Winkelfunktionen gelingt die Verknüpfung von Seitenlängen und Winkeln und ermöglicht so die Berechnung der jeweils fehlenden Teile. Dieses Teilgebiet der Mathematik wird Trigonometrie genannt.

Der Begriff Trigonometrie stammt aus der griechischen Sprache und bedeutet Dreiecksmessung.

Die Trigonometrie ist die Lehre von der Dreiecksberechnung mithilfe von Winkelfunktionen (trigonometrische Funktionen).

Zahlreiche geometrische Figuren können in Dreiecke und durch eingezeichnete Höhen in rechtwinklige Dreiecke zerlegt werden, sodass auch in diesen Figuren Streckenlängen und Winkelweiten in Zusammenhang gestellt werden können. Das rechtwinklige Dreieck ist die Ausgangsfigur der Trigonometrie.

Die Ausweitung der Berechnungen auf beliebige und sogar sphärische Dreiecke gibt der Trigonometrie ihre Bedeutung in Landvermessung, Kartografie, Bauwesen, Seefahrt und Astronomie.

Durch Ausweitungen und Loslösung von der Dreiecksberechnung bietet sich schließlich die Möglichkeit zur Berechnung von periodischen – sich in regelmäßigen Zeitabständen wiederholenden – Vorgängen in Technik, Physik und Biologie.

5.1 Winkelfunktionen im rechtwinkligen Dreieck

In einem rechtwinkligen Dreieck gilt der Satz des Pythagoras:

$a^2 + b^2 = c^2$

Das heißt, sind zwei Seiten bekannt, lässt sich die dritte berechnen.

Aufgrund des Winkelsummensatzes (Die Summe der Innenwinkel im Dreieck ist 180°) gilt im rechtwinkligen Dreieck

$\alpha + \beta = 90°$ (da $\gamma = 90°$).

Die beiden spitzen Winkel sind so genannte Komplementwinkel, also $\beta = 90° - \alpha$.

Im rechtwinkligen Dreieck heißt die längste Seite Hypotenuse. Sie liegt dem rechten Winkel gegenüber. Die beiden anderen Seiten (Schenkel des rechten Winkels) werden Katheten genannt. Bezüglich eines der spitzen Winkel werden Ankathete und Gegenkathete unterschieden.

Beispiel: Gegeben sei das folgende Dreieck:

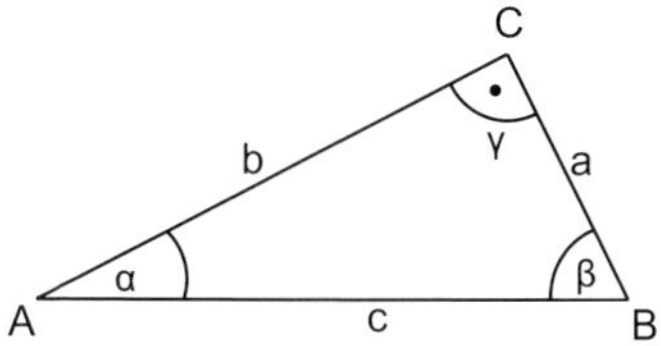

Dann ist die Seite *c* die Hypotenuse, weil sie dem rechten Winkel gegenüberliegt, und die Seiten *a* und *b* die Katheten. Bezüglich des Winkels α ist *b* die Ankathete, da sie dem Winkel α anliegt, und *a* die Gegenkathete, da sie dem Winkel α gegenüberliegt. Die Seite *a* liegt aber auch am Winkel β an und ist deshalb gleichzeitig die Ankathete von β.

Stimmen zwei Dreiecke in einem Winkel überein, so stimmen sie auch im dritten Winkel überein (Winkelsummensatz) und sind somit einander ähnlich. Ähnliche Dreiecke haben gleiche Seitenverhältnisse (**Ähnlichkeitssätze für Dreiecke**).

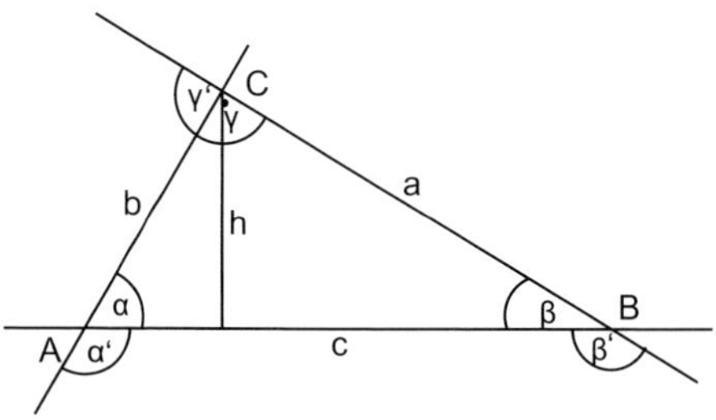

Das Verhältnis zweier Seiten im rechtwinkligen Dreieck ist somit eine Funktion der Winkel (bzw. des Winkels α). Diese konstanten Quotienten werden als Winkelfunktionen oder trigonometrische Funktionen bezeichnet.

Die trigonometrischen Funktionen sind definiert als das Verhältnis zweier Seiten im rechtwinkligen Dreieck.

Im Einzelnen heißen diese winkelabhängigen Seitenverhältnisse:

- Gegenkathete zu Hypotenuse = Sinus des Winkels $\alpha = \sin\alpha$
- Ankathete zu Hypotenuse = Kosinus des Winkels $\alpha = \cos\alpha$
- Gegenkathete zu Ankathete = Tangens des Winkels $\alpha = \tan\alpha$

Selbstverständlich können die beiden Katheten auch umgekehrt zueinander ins Verhältnis gesetzt werden. Dann heißt es:

- Ankathete zu Gegenkathete = Kotangens des Winkels $\alpha = \cot\alpha$

Mit dieser Winkelfunktion wollen wir uns hier nicht beschäftigen.

Bezogen auf unser Dreieck gilt dann für den Winkel α:

Sinus, Kosinus und Tangens für den Winkel α:

Sinusfunktion: $\sin\alpha = \dfrac{\text{Gegenkathete}}{\text{Hypotenuse}} = \dfrac{a}{c}$

Kosinusfunktion: $\cos\alpha = \dfrac{\text{Ankathete}}{\text{Hypotenuse}} = \dfrac{b}{c}$

Tangensfunktion: $\tan\alpha = \dfrac{\text{Gegenkathete}}{\text{Ankathete}} = \dfrac{a}{b}$

Für den Winkel β gilt entsprechend:

Sinus, Kosinus und Tangens für den Winkel β:

Sinusfunktion: $\sin\beta = \dfrac{\text{Gegenkathete}}{\text{Hypotenuse}} = \dfrac{b}{c}$

Kosinusfunktion: $\cos\beta = \frac{\text{Ankathete}}{\text{Hypotenuse}} = \frac{a}{c}$

Tangensfunktion: $\tan\beta = \frac{\text{Gegenkathete}}{\text{Ankathete}} = \frac{b}{a}$

Dabei wird für die beiden Grenzfälle von α bzw. $\beta = 0°$ oder 90° Folgendes festgelegt:

- $\sin 0° = 0$ und $\sin 90° = 1$
- $\cos 0° = 1$ und $\cos 90° = 0$

Bei Anwendung der Winkelfunktionen auf das gleichschenklig-rechtwinklige Dreieck bzw. auf die Hälfte des gleichseitigen Dreiecks ergeben sich folgende besondere Funktionswerte:

Gradmaß α	0	30	45	60	90
Bogenmaß b	0	$\frac{\pi}{6}$	$\frac{\pi}{4}$	$\frac{\pi}{3}$	$\frac{\pi}{2}$
sin	0	$\frac{1}{2}$	$\frac{\sqrt{2}}{2}$	$\frac{\sqrt{2}}{2}$	1
cos	1	$\frac{\sqrt{3}}{2}$	$\frac{\sqrt{3}}{2}$	$\frac{1}{2}$	0
tan	0	$\frac{\sqrt{3}}{3}$	1	$\sqrt{3}$	-

5.2 Wechselbeziehungen von Sinus, Kosinus und Tangens

Die beiden spitzen Winkel im rechtwinkligen Dreieck sind Komplementwinkel. Daher gilt: $\beta = 90° - \alpha$. Aus der Definition der trigonometrischen Funktionen folgt dann:

$$\sin\alpha = \frac{a}{c} \qquad \cos\beta = \frac{a}{c} \qquad \Rightarrow \sin\alpha = \cos\beta$$

$$\cos\alpha = \frac{b}{c} \qquad \sin\beta = \frac{b}{c} \qquad \Rightarrow \cos\alpha = \sin\beta$$

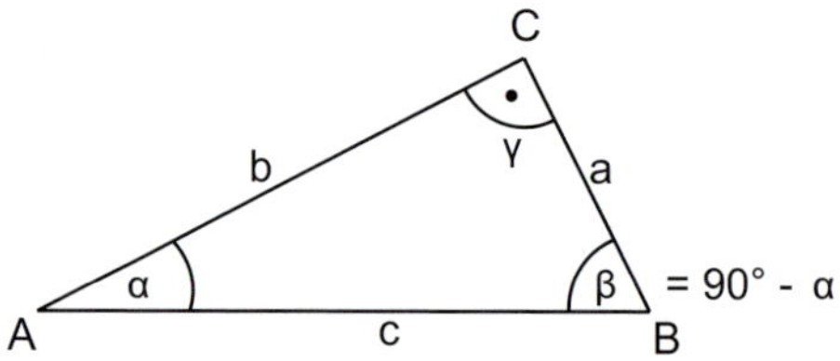

Komplementwinkel: $\sin\alpha = \cos(90° - \alpha)$
$\cos\alpha = \sin(90° - \alpha)$

Aus $\sin\alpha = \frac{a}{c}$ folgt $a = c \cdot \sin\alpha$

Aus $\cos\alpha = \frac{b}{c}$ folgt $b = c \cdot \cos\alpha$

Aus $\tan\alpha = \frac{a}{b}$ folgt:

Grundregel: $\tan\alpha = \frac{\sin\alpha}{\cos\alpha}$

5.3 Trigonometrische Funktionen für beliebige Winkel

Die trigonometrischen Funktionen eines Winkels können im rechtwinkligen Dreieck nur für spitze Winkel (also $0° < \alpha < 90°$) definiert werden. Über ein rechtwinkliges Dreieck im Einheitskreis gelingt jedoch die Ausweitung auf beliebige Winkel.

Der Einheitskreis ist ein Kreis mit dem Radius von einer Längeneinheit ($r = 1$). Das bedeutet nicht, dass der Kreis 1 cm oder 1 m misst, sondern heißt vorläufig nur, dass die Länge der Komponenten im Einheitskreis in der Einheit »*Radius r*« gemessen wird. Der Kreismittelpunkt befindet sich im Ursprung *O* eines rechtwinkligen Koordinatensystems. In jedem Quadranten befindet sich ein Viertel des Einheitskreises. Ein beliebiger Punkt $P = P(x \mid y)$ auf dem Einheitskreis legt einen Winkel zwischen der *x*-Achse und der Geraden durch *O* und *P* fest, den Winkel α. Der Winkel

α wird dabei in mathematisch positiver Richtung, also gegen den Uhrzeigersinn gemessen.

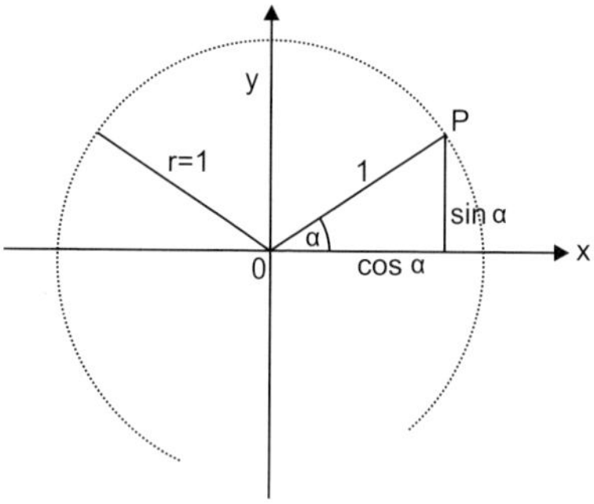

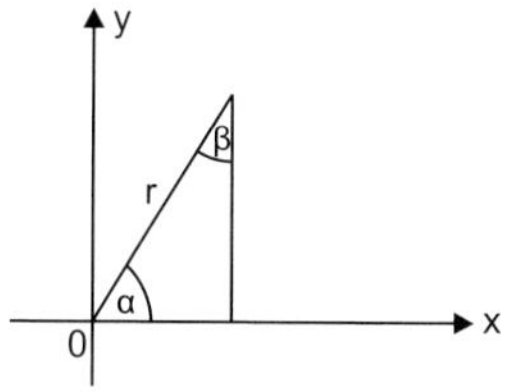

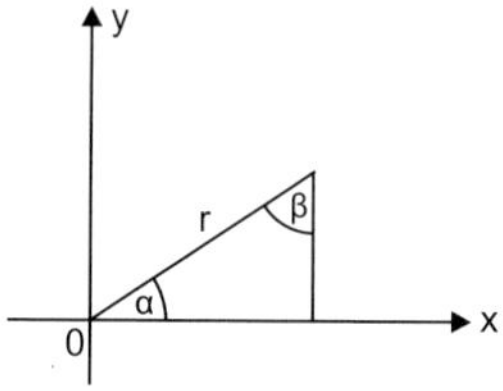

Wandert der Punkt P auf der Kreislinie, so erhält man rechtwinklige Dreiecke, denen Winkel zwischen 0° und 360° zugeordnet werden können. Im ersten Quadranten nimmt α Werte von 0° bis 90° an, im zweiten Werte von 90° bis 180°, im dritten von 180° bis 270° und im vierten von 270° bis 360°. Die Hypotenuse entspricht dabei jeweils dem Radius und ist demnach immer 1. Die Katheten entsprechen einer x- und einer y-Komponente. Ihre Länge hängt von der Größe des Winkels α ab.

Entsprechend der Sinusdefinition gilt: $\sin\alpha = \frac{y}{r} = \frac{y}{1} = y$

Entsprechend der Kosinusdefinition gilt: $\cos\alpha = \frac{x}{r} = \frac{x}{1} = x$

Der Tangens hat seinen Namen aus dem Erscheinungsbild im Einheitskreis erhalten. Er ergibt sich aus einer Tangente an den Einheitskreis, die durch den Punkt $x = 1$ geht und parallel zur y-Achse verläuft. Der Tangens ist die Strecke, die sich zwischen dem Schnittpunkt mit der x-Achse und dem Schnittpunkt mit der Verlängerung des Radius r ergibt. Man erhält zwei ähnliche Dreiecke.

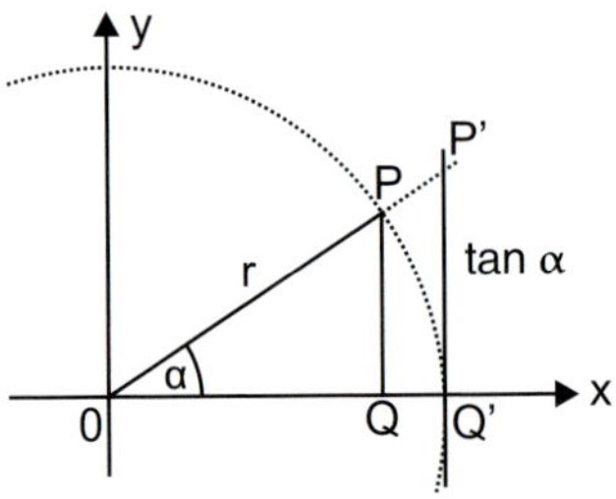

Die trigonometrischen Funktionen können demnach im Einheitskreis definiert werden durch:

Sinusfunktion:	$\sin\alpha = y$
Kosinusfunktion:	$\cos\alpha = x$
Tangensfunktion:	$\tan\alpha = \frac{y}{x} = \frac{\sin\alpha}{\cos\alpha}$
Kotangensfunktion:	$\cot\alpha = \frac{x}{y} = \frac{\cos\alpha}{\sin\alpha}$

Die Winkelfunktionen wurden für rechtwinklige Dreiecke hergeleitet, für die der Satz des Pythagoras $c^2 = a^2 + b^2$ gilt. Aus Hypotenuse $r = 1$ und den Katheten $x = \cos\alpha$ und $y = \sin\alpha$ ergibt sich dann:

$r^2 = \sin^2(\alpha) + \cos^2(\alpha)$
$1^2 = \sin^2(\alpha) + \cos^2(\alpha)$
$1 = \sin^2(\alpha) + \cos^2(\alpha)$

Für alle Winkelmaße α gilt: $\sin^2(\alpha) + \cos^2(\alpha) = 1$

Bogenmaß des Winkels:
Oft ist es üblich, den Winkel nicht in Grad anzugeben, sondern durch den entsprechenden Bogen im Einheitskreis. Da dieser Bogen eine Länge ist, also z. B. die Längeneinheit cm besitzt, hat dies den Vorteil einer dezimalen Unterteilung. Außerdem sind die Zahlenbeträge kleiner als beim Gradmaß.

Definition: Das Bogenmaß ist der Quotient $\frac{b}{r} = \frac{2\pi}{360°} \cdot \alpha = x$.

Im Einheitskreis entspricht:

360°	dem Bogen	2π
180°	dem Bogen	π
90°	dem Bogen	$\frac{\pi}{2}$
60°	dem Bogen	$\frac{\pi}{3}$
45°	dem Bogen	$\frac{\pi}{4}$
30°	dem Bogen	$\frac{\pi}{6}$
1°	dem Bogen	$\frac{\pi}{180}$

Der Abschnitt des Einheitskreises zwischen x-Achse und Punkt P ist das Bogenmaß x des Winkels α. Durchläuft P den Einheitskreis im mathematisch positiven Drehsinn, sind der Winkel α und das Bogenmaß x ebenfalls positiv. Durchläuft P den Einheitskreis jedoch im mathematisch negativen Drehsinn, dann sind auch α und x negativ.

Allerdings kann man einen Winkel im Einheitskreis statt beispielsweise um *– 45°* zu drehen, auch um *+ 315°* drehen, um das gleiche Dreieck zu erhalten. Deshalb gilt:

> Der Sinus (Kosinus) eines negativen Winkels $-\alpha$ ist gleich dem Sinus (Kosinus) des Winkels $360° - \alpha$.

Damit sind im Einheitskreis die trigonometrischen Funktionen für beliebige Winkel α im Gradmaß oder für beliebige reelle Zahlen x (Bogenmaß von α), für die die entsprechenden Nenner nicht verschwinden, definiert.

Durch die Aufteilung in Quadranten ergeben sich sowohl für die x- als auch für die y-Achse positive und negative Koordinaten:

- Im ersten Quadranten sind x und y positiv.
- Im zweiten Quadranten ist x negativ und y positiv.
- Im dritten Quadranten sind x und y negativ.
- Im vierten Quadranten ist x positiv und y negativ.

Für die trigonometrischen Funktionen ergeben sich daraus in den einzelnen Quadranten folgende Vorzeichen:

Quadrant	sin	cos	tan	cot
I	+	+	+	+
II	+	–	–	–
III	–	–	+	+
IV	–	+	–	–

Fragestellung: Jedem Winkel α kann eindeutig ein Wert $\sin\alpha$ zugeordnet werden. Gilt diese Definition auch umgekehrt, d.h., kann jedem Wert von $\sin\alpha$ auch eindeutig ein Wert α zugeordnet werden?

Antwort: Ein positiver Sinuswert kann dem Quadranten I und dem Quadranten II zugeordnet werden, d.h., ein positiver Sinuswert tritt im Einheitskreis bei zwei Winkeln auf.

Beispiel: Dem Sinus 0,5 kann der Winkel α_1 von 30° im ersten und der Winkel α_2 von 150° im zweiten Quadranten zugeordnet werden.

5.4 Die Graphen der trigonometrischen Funktionen

Ein anschauliches Bild der trigonometrischen Funktionen erhält man, wenn man neben dem Einheitskreis ein rechtwinkliges Koordinatensystem abbildet, auf der Abszisse (x-Werte) die Gradzahlen einträgt und auf den Ordinaten (y-Werte; Werte von – 1 bis + 1) die Werte der betreffenden trigonometrischen Funktionen.

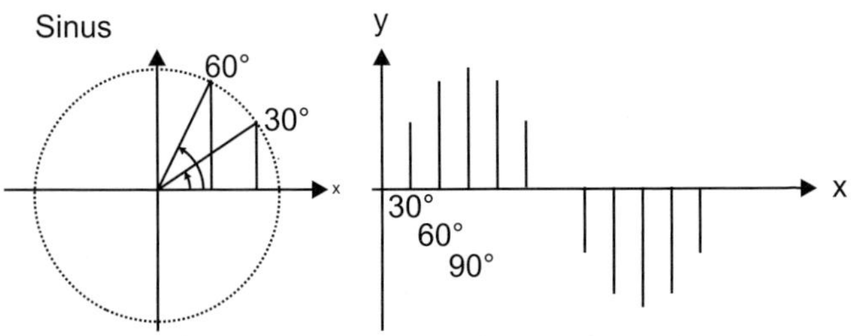

Wandert nun der Punkt P auf der Kreislinie von $\alpha = 30°$, über $\alpha = 60°$ usw. bis $\alpha = 360°$, so kann ich jedem Sinus (im Einheitskreis) einen Punkt im Koordinatensystem zuordnen. Die dadurch entstehende Kurve wird als Graph der Sinusfunktion bezeichnet oder auch als Sinuskurve.

Da die Funktion nicht nur für diese einzelnen Winkel definiert ist, sondern für jeden beliebigen Winkel α einen zugehörigen Sinus ergibt, kann die Darstellung als eine durchgehende Kurve mit folgenden Eigenschaften erweitert werden:

Eigenschaften der Sinusfunktion:

- Die Sinusfunktion hat eine Periode von 360°.
  Das heißt, dass sich die Sinusfunktion ab 360° wiederholt. Es gilt also für alle Winkel über 360°:

> Der Sinus eines Winkels von $n \cdot 360° + \alpha$ ist gleich dem Sinus des Winkels α.

- Die Sinusfunktion ist eine ungerade Funktion.
  Das bedeutet, ihr Graph liegt punktsymmetrisch zum Ursprung des Koordinatensystems. Man erhält beispielsweise den Punkt P_2, indem man einen Punkt P_1 am Ursprung (0/0) spiegelt.
- Werden die Winkel der Sinuskurve im Bogenmaß x angegeben, so hat die Sinusfunktion die Periode 2π.

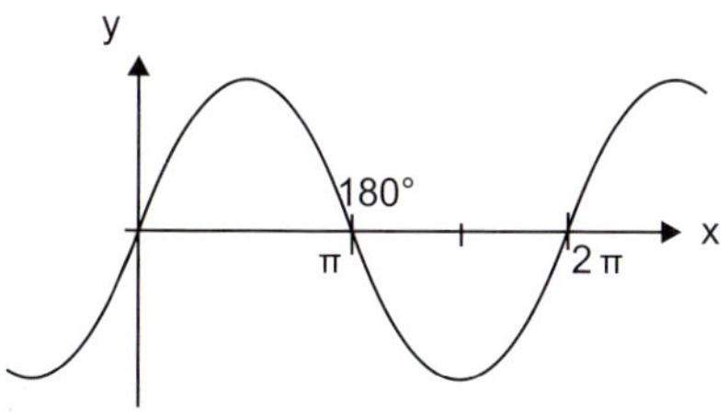

Die Sinuskurve hat die Form einer Welle. Sinuswellen spielen in verschiedenen Bereichen eine Rolle und in ihrem Zusammenhang werden verschiedene Begriffe gebraucht.

Phase: Dieser Begriff wird vor allem in Zusammenhang mit einer Phasenverschiebung verwendet, d.h. statt mit dem Funktionswert 0 zu beginnen, wird mit einem anderen Winkel/Funktionswert begonnen und die Kurve bildlich gesprochen nach links oder rechts verschoben.

Frequenz: Dieser Begriff ist in Bezug auf die Zeit definiert. Er gibt die Anzahl der vollständigen Phasendurchläufe einer Kurve innerhalb einer bestimmten Zeitspanne an. Eine hohe Frequenz bedeutet demnach viele Phasendurchläufe innerhalb einer Zeiteinheit. Bildlich gesprochen heißt das, die Wellen sind eng zusammengedrängt.

Wellenlänge: Dieser Begriff findet sich beispielsweise bei Rundfunkwellen, als Langwellen, Mittelwellen, Kurzwellen und Ultrakurzwellen (UKW) mit entsprechend unterschiedlicher Frequenz.

Der Graph der Kosinusfunktion hat die gleiche Form wie eine nach links verschobene Sinusfunktion.

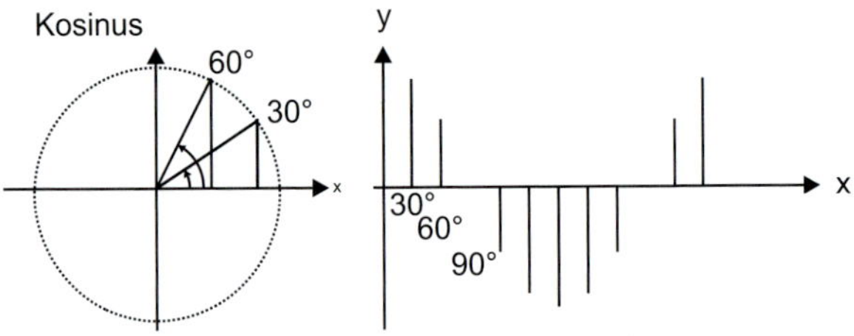

Eigenschaften der Kosinusfunktion:

- Die Kosinusfunktion hat eine Periodizität von 360°.
- Die Kosinusfunktion ist eine gerade Funktion, das heißt, der Graph der Kosinusfunktion liegt symmetrisch zur *y*-Achse.
- Im Bogenmaß dargestellt hat die Kosinusfunktion eine Periodizität von 2π.

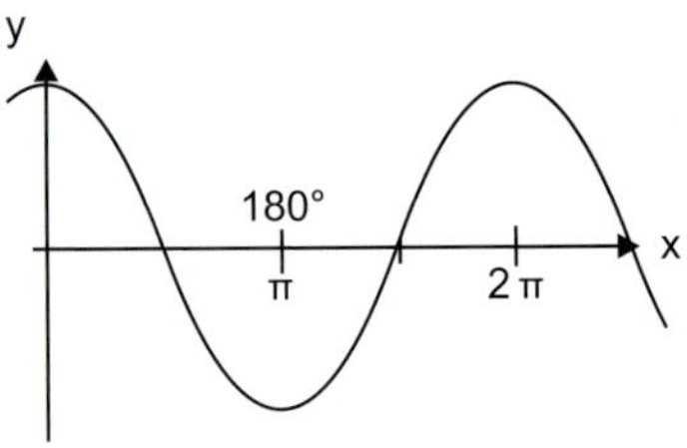

Eigenschaften der Tangensfunktion:

- Die Tangensfunktion hat eine Periodizität von 180° oder π.
- Die Tangensfunktion ist eine ungerade Funktion. Sie ist also symmetrisch zum Koordinatenursprung.

- Mit wachsenden x-Werten strebt der Tangens gegen ∞ (unendlich).
- Der Graph der Tangensfunktion verläuft durch den Koordinatenursprung 0/0 »asymptotisch« nach oben.

Eigenschaften der Kotangensfunktion:
- Die Kotangensfunktion hat eine Periodizität von 180° oder π.
- Die Kotangensfunktion ist eine ungerade Funktion. Sie ist also symmetrisch zum Koordinatenursprung.
- Mit wachsenden x-Werten strebt der Kotangens gegen ∞.
- Der Graph der Kotangensfunktion verläuft »asymptotisch« nach unten, ohne den Koordinatenursprung zu durchlaufen.

5.5 Winkelfunktionen im allgemeinen Dreieck

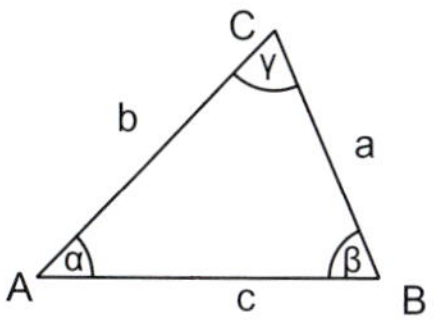

Zusammenhänge zwischen Seitenlängen und Winkelweiten lassen sich bei schiefwinkligen Dreiecken auch ohne die Zerlegung in rechtwinklige Dreiecke berechnen. Dazu werden folgende Sätze benötigt:

Der Sinussatz
In einem beliebigen Dreieck verhalten sich die Längen der Seiten wie die Sinuswerte der gegenüberliegenden Winkel.

Sinussatz: $$\frac{\sin\alpha}{a} = \frac{\sin\beta}{b} = \frac{\sin\gamma}{c}$$

$$\sin\alpha : \sin\beta : \sin\gamma = a : b : c$$

Der Sinussatz wird benötigt, wenn zwei Winkel und eine Seite gegeben sind (z. B. Winkel α und β und Seite b) und das fehlende Objekt (bei diesem Beispiel Seite a) berechnet werden soll.

Der Kosinussatz
Der Kosinussatz wird auch der auf allgemeine Dreiecke erweiterte Satz des Pythagoras genannt: In einem beliebigen Dreieck ist das Quadrat

einer Seitenlänge gleich der Summe der Quadrate der beiden anderen Seitenlängen vermindert um das doppelte Produkt aus den Längen dieser beiden anderen Seiten und dem Kosinus des von ihnen eingeschlossenen Winkels.

Kosinussatz:
$$a^2 = b^2 + c^2 - 2bc \cdot \cos\alpha$$
$$b^2 = a^2 + c^2 - 2ac \cdot \cos\beta$$
$$c^2 = a^2 + b^2 - 2ab \cdot \cos\gamma$$

Den Kosinussatz kann man einsetzen, wenn die zwei Seiten und der von ihnen eingeschlossene Winkel bekannt sind (z.B. Seiten b und c und Winkel α).

Weitere Berechnungen können mithilfe des Flächensatzes und des Projektionssatzes durchgeführt werden:

Flächensatz: Die Fläche eines Dreiecks ist das halbe Produkt aus zwei Seiten und dem Sinus des von ihnen eingeschlossenen Winkels.

$$F = \frac{1}{2} ab \sin\gamma = \frac{1}{2} ac \sin\beta = \frac{1}{2} bc \sin\alpha$$

Projektionssatz: Eine Seite eines Dreiecks besteht aus zwei Abschnitten, und zwar den senkrechten Projektionen der anderen Seiten auf diese Seite:

$$a = b \cdot \cos\gamma + c \cdot \cos\beta$$
$$b = c \cdot \cos\alpha + a \cdot \cos\gamma$$
$$c = a \cdot \cos\beta + b \cdot \cos\alpha$$

5.6 Additionstheoreme

Additionstheoreme sind Formeln für die trigonometrischen Funktionen von Winkelsummen und Winkeldifferenzen. Sie geben an, wie sich der Funktionswert bei einer Summe oder Differenz von zwei Winkeln aus den Einzelfunktionswerten zusammensetzt. Mit ihrer Hilfe können die

Winkelfunktionen von Summen und Differenzen in Funktionen einfacher Winkel umgeformt werden. Sie werden beim Auflösen trigonometrischer Gleichungen gebraucht.

Additionstheoreme erster Art:
(trigonometrische Funktionen der Summe und der Differenz zweier Winkel)

Summe:

$$\sin(\alpha + \beta) = \sin\alpha\cos\beta + \cos\alpha\sin\beta$$

$$\cos(\alpha + \beta) = \cos\alpha\cos\beta - \sin\alpha\sin\beta$$

$$\tan(\alpha + \beta) = \frac{\tan\alpha + \tan\beta}{1 - \tan\alpha\tan\beta}$$

Differenz:

$$\sin(\alpha - \beta) = \sin\alpha\cos\beta - \cos\alpha\sin\beta$$

$$\cos(\alpha - \beta) = \cos\alpha\cos\beta + \sin\alpha\sin\beta$$

$$\tan(\alpha - \beta) = \frac{\tan\alpha - \tan\beta}{1 + \tan\alpha\tan\beta}$$

Die Additionstheoreme eignen sich auch dazu, so genannte Doppelwinkelformen herzuleiten:

Additionstheoreme zweiter Art:
(Summen und Differenzen zweier trigonometrischer Funktionen)

Summe:

$$\sin\alpha + \sin\beta = 2 \cdot \sin\left(\frac{1}{2}(\alpha + \beta)\right) \cdot \cos\left(\frac{1}{2}(\alpha - \beta)\right)$$

$$\cos\alpha + \cos\beta = 2\cos\left(\frac{1}{2}(\alpha + \beta)\right) \cdot \cos\left(\frac{1}{2}(\alpha - \beta)\right)$$

$$\tan\alpha + \tan\beta = \frac{\sin(\alpha + \beta)}{\cos\alpha\cos\beta}$$

Differenz:

$$\sin\alpha - \sin\beta = 2\cos\left(\frac{1}{2}(\alpha + \beta)\right) \cdot \sin\frac{1}{2}(\alpha - \beta)$$

$$\cos\alpha - \cos\beta = -2\sin\left(\frac{1}{2}(\alpha + \beta)\right) \cdot \sin\frac{1}{2}(\alpha - \beta)$$

$$\tan\alpha - \tan\beta = \frac{\sin(\alpha - \beta)}{\cos\alpha\cos\beta}$$

5.7 Zusammengesetzte und modifizierte trigonometrische Funktionen

Leider reichen die trigonometrischen Funktionen häufig nicht aus, um reale periodische Vorgänge zu beschreiben. Das liegt erstens daran, dass Sinus und Kosinus nur Werte von – 1 bis + 1 liefern und zweitens auch daran, dass die in der Realität betrachteten Vorgänge normalerweise nicht winkel-, sondern zeitabhängig sind mit einer Periode, die nicht ein Vielfaches von 2π ist. Aus diesem Grunde ist es notwendig, entweder das Argument der trigonometrischen Funktion (α oder x) zu ändern, oder die gesamte Winkelfunktion mit anderen Funktionen zu kombinieren oder sogar beides.

Eine »gedämpfte Schwingung« wird durch die Gleichung der Form $y(t) = y(0) \cdot e^{-k \cdot t} \cos(\omega\, t)$ beschrieben, wobei mit »t« die bereits verstrichene Zeit angegeben wird und mit »$\omega = \frac{2\pi}{T}$« die so genannte Winkelgeschwindigkeit zur Schwingungsdauer »T«, und »k« die Dämpfung der Schwingung beschreibt, wie sie z. B. durch Reibung entsteht.

Von dieser Gleichung gibt es eine Reihe von Variationen:

- $y = \sin(x + c)$
  Beschreibung einer Phasenverschiebung (z. B. Strom- und Spannungsverläufe im Wechselstromkreis)
- $y = a \sin x$
  Multiplikation mit einer reellen Zahl, die eine Änderung der Amplitude bewirkt (z. B. bei Pendelschwingungen)
- $y = \sin(b \cdot x)$
  Eine Multiplikation im Argument, die die Periode – die Dauer der einzelnen Schwingung – verändert:
  $b > 1$ (die Periode wird kleiner)
  $0 > b > 1$ (die Periode wird größer)
- $y = a \sin(bx + c)$
  Ein komplexer periodischer Vorgang wird durch die Kombination dieser Veränderungen beschrieben.
- $y = \sin x + k$
  Verschiebung in y-Richtung durch die Addition einer Konstanten (z. B. Überlagerungen von Gleich- und Wechselspannungen).

6 Kreis- und Raummessung

6.1 Umfang und Flächeninhalt eines Kreises

Der Kreis ist eine ebene, geschlossene Linie. Alle Punkte eines Kreises sind von seinem Mittelpunkt gleich weit entfernt. Folgende Bezeichnungen sind geltende Vereinbarung:

AB = Sehne, die Strecke, die entsteht, wenn eine Gerade den Kreis an den Punkten *A* und *B* schneidet.

b = Kreisbogen *AB*.

d = Durchmesser, d.h. die Sehne durch den Mittelpunkt des Kreises.

M = Mittelpunkt des Kreises.

p = Passante, eine Gerade außerhalb des Kreises.

r = Radius, der Abstand der Kreislinie vom Mittelpunkt.

s = Sekante (*AB*), eine Gerade, die den Kreis in zwei Punkten schneidet.

t = Tangente, eine Gerade, die den Kreis in einem Punkt berührt.

π = Pi, die mathematische Konstante 3,141592653589793 … . π wurde im Jahr 1596 durch van Ceulen auf 32 Stellen, inzwischen mithilfe von Computern auf mehr als 51 Milliarden Stellen genau bestimmt. Mit der Zahl Pi werden der Umfang und der Flächeninhalt eines Kreises errechnet. Für Berechnungen genügt der Wert 3,14.

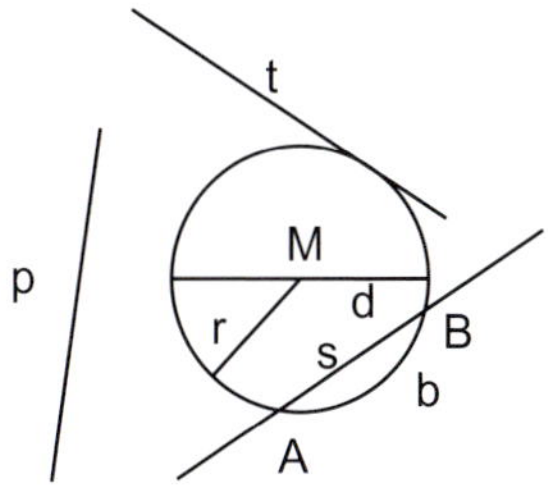

Die Fläche eines Kreises wird berechnet mit der Formel: $A = r^2\pi$.

Beispiel: Ein Radius von 3 cm ergibt die Kreisfläche von 28,26 cm^2.

Der Umfang eines Kreises wird berechnet mit der Formel: $U = d \cdot \pi$.

Beispiel: Ein Radius von 3 cm ergibt den Kreisumfang von 18,84 cm.

6.2 Länge eines Kreisbogens

Ein Kreisbogen ist ein durch zwei Punkte eines Kreises begrenztes Stück eines Kreises. Der Kreisbogen wird als *b* bezeichnet.
Einen Winkel, dessen Scheitel im Mittelpunkt des Kreises liegt, nennt man Zentriwinkel. Jedem Zentriwinkel ist ein Kreisbogen zugeordnet, der innerhalb des Winkels liegt. Daraus ergibt sich, dass der einem gestreckten Zentriwinkel zugeordnete Kreisbogen ein »Halbkreis« ist.

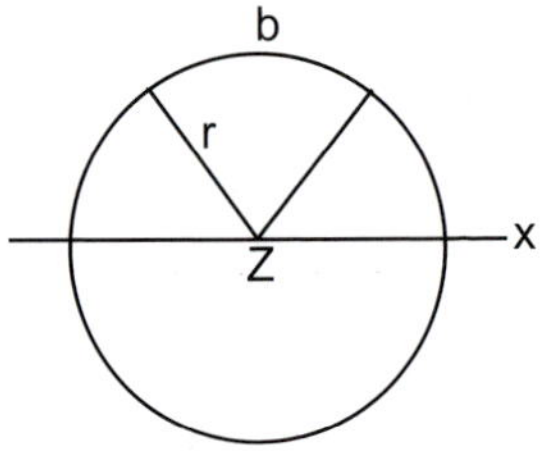

Berechnung eines Kreisbogens *b*, der zu einem Mittelpunktswinkel gehört:

$$b = d \cdot \pi \cdot \frac{\alpha}{360°}$$

6.3 Flächeninhalt eines Kreissektors

Dem Kreisflächeninhalt liegt ein Winkel von 360° zugrunde. Daraus folgt, dass der Flächeninhalt F_α eines Kreissektors in dem Verhältnis kleiner wird, wie der Winkel α kleiner wird.

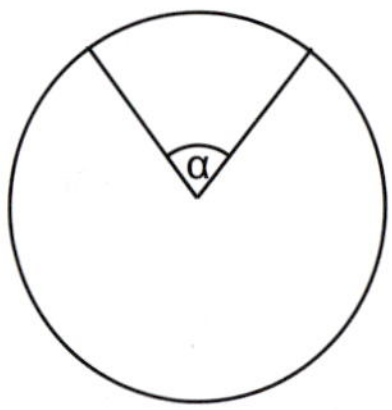

Formel zur Berechnung des Flächeninhalts eines Kreissektors F_α:

$$F_\alpha = \frac{\alpha}{360°} \cdot F = \frac{\pi r^2 \alpha}{360°}$$

6.4 Maßeinheiten für den Raum

Das Volumen (der Rauminhalt) eines Körpers wird mit V bezeichnet. Ein Würfel mit einem Rauminhalt von 1 m^3,

$1\ m^3 = a\,(= 1\ m) \cdot b\,(= 1\ m) \cdot c\,(= 1\ m)$,

gilt als die Grundeinheit der Raummaße.

Nachfolgend eine Zusammenstellung der Maßeinheiten für den Raum:

mm^3 = Kubikmillimeter
cm^3 = Kubikzentimeter
dm^3 = Kubikdezimeter
km^3 = Kubikkilometer
hl = Hektoliter
l = Liter
dl = Deziliter
cl = Zentiliter

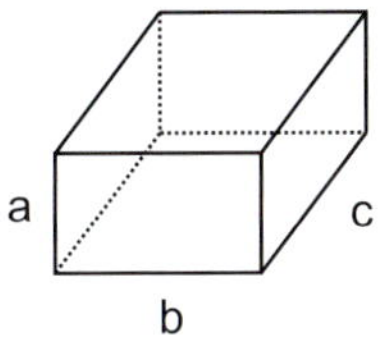

Gegenüberstellung der Raummaße:

$1\ cm^3 = 1000\ mm^3$
$1\ dm^3 = 1000\ cm^3 = 1000000\ mm^3$
$= 100\ cl$
$= 10\ dl$
$= 1\ l$
$1\ m^3 = 1000\ dm^3 = 1000000\ cm^3 = 1000000000\ mm^3$
$= 1000\ l$
$= 10\ hl$
$1\ km^3 = 10^9\ m^3 = 10^{12}\ l$

6.5 Rauminhalt von Quadern und Würfeln

Für die Berechnung des Volumens gilt:

Alle Kantenlängen sind vor dem Einsetzen in die Formel auf die gleiche Maßeinheit umzurechnen.

Das Volumen V eines Quaders ergibt sich aus

$V(\text{Quader}) = a \cdot b \cdot c$

Für den Würfel gelten alle Aussagen für die Volumenberechnung des Quaders, da sich der Würfel vom Quader nur dadurch unterscheidet, dass seine Kantenlängen gleich sind.

Eine andere Schreibweise für die Volumenberechnung ist

$$V(\text{Quader}) = G \cdot h,$$

wobei hier *G* für die bereits berechnete Grundfläche steht, die mit der Höhe des Quaders multipliziert wird. Auch hier müssen die Maßeinheiten entsprechend sein.

6.6 Rauminhalt von Pyramiden

Als Pyramiden werden Körper bezeichnet, deren dreieckige Seitenflächen sich in einem Punkt *S* in der Höhe *h* über einer Grundfläche treffen.
In Gizeh/Ägypten wurden ca. 3000 v. Chr. riesige Pyramiden errichtet, die den Pharaonen als Grabmäler dienten. Die Cheops-Pyramide hat eine quadratische Grundfläche von 230 m Kantenlänge und eine Höhe von 147 m.

Beispiel einer Pyramide:
Vereinbarte Bezeichnungen sind:

V = Volumen
S = Pyramidenspitze
h = Höhe, d.h. Abstand der Pyramidenspitze von der Grundfläche
G = Grundfläche der Pyramide

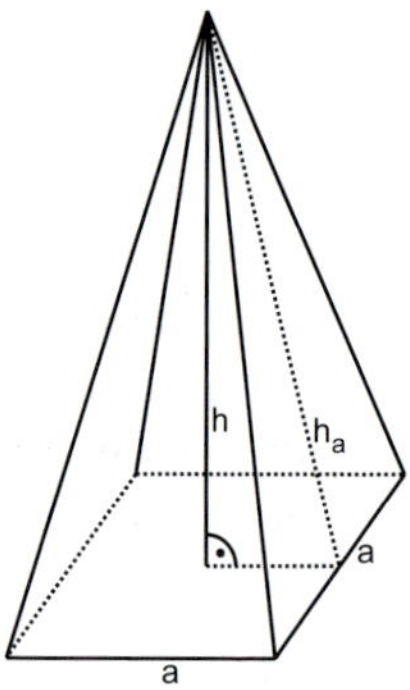

Das Volumen einer Pyramide wird mit dieser Formel berechnet:

$$V = \frac{1}{3} \cdot G \cdot h$$

Das Volumen der Pyramide entspricht also dem dritten Teil des Produkts von Grundfläche mal Höhe.
Berechnung des Volumens der oben abgebildeten Pyramide mit $a = 4$ cm, $h = 6$ cm:

$G = 4 \text{ cm} \cdot 4 \text{ cm} = 16 \text{ cm}^2$
$h = 6 \text{ cm}$
$V = 32 \text{ cm}^3$

Vom italienischen Mathematiker Cavalieri (1591–1647) stammt folgender Lehrsatz für die Volumenberechnung:

Haben zwei Körper den gleichen Grundflächeninhalt, gleiche Höhe und in gleicher Höhe flächeninhaltsgleiche Parallelquerschnitte zur Grundfläche, so sind ihre Rauminhalte gleich.

6.7 Oberfläche von Zylinder und Kegel

Die Oberfläche eines Zylinders setzt sich zusammen aus
a) der Mantelfläche, das ist die Seitenfläche, und
b) zweimal der Grundfläche (Boden und Decke).

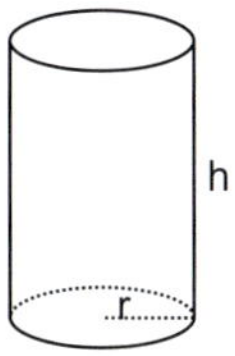

Stellt man sich die Mantelfläche senkrecht zur Grundlinie aufgeschnitten und aufgeklappt vor, so erkennt man ein Rechteck mit der Länge U = Umfang des Zylinders und der Breite h = Höhe des Zylinders.
Daraus leitet sich die Formel für die Oberfläche des Zylinders ab:

$$O = 2 \cdot \pi \cdot r^2 + 2 \cdot \pi \cdot r \cdot h$$
$$= 2\pi r \cdot (r + h)$$

Wird bei einem geraden Kegel der Mantel entlang der Mantellinie S aufgeschnitten, so ergibt sich eine Fläche, die dem Sektor eines Kreises mit dem Radius s entspricht. Hinzugerechnet wird die Grundfläche des Kegels, also eine Kreisfläche.

Die Oberflächenberechnung für einen Kegel $F(K)$ ergibt sich analog zu der des Zylinders. Sie wird mit folgender Formel berechnet:

$$F(K) = \pi \cdot r^2 + \pi \cdot r \cdot s$$
$$= \pi r(r + s)$$

6.8 Rauminhalt von Zylinder und Kegel

Der Rauminhalt V (das Volumen) eines geraden Kreiszylinders mit dem Grundflächenradius r und der Höhe h berechnet sich mit folgender Formel:

$$V = \pi \cdot r^2 \cdot h$$

Der Rauminhalt V eines geraden Kreiskegels mit dem Grundflächenradius r und der Kegelhöhe h berechnet sich mit folgender Formel:

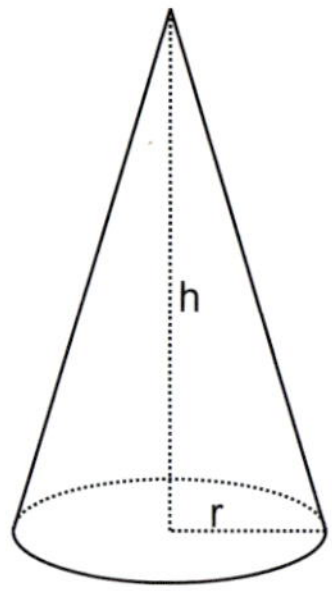

$$V = \frac{1}{3} \cdot \pi \cdot r^2 \cdot h$$

6.9 Rauminhalt und Oberfläche der Kugel

Die Definition der Kugel ist ähnlich der des Kreises:
Die Kugel ist die Menge aller Punkte, deren Abstand zu einem gegebenen Mittelpunkt M gleich dem Radius ist, oder anders ausgedrückt:
Eine Kugel entsteht durch Drehung eines Kreises um seinen Durchmesser. Sie ist eine geschlossene Fläche mit konstanter Krümmung.
Beachte: Der Schatten einer Kugel (auf eine senkrecht zum Strahleneinfall liegende Ebene) ist ein Kreis.

Die Oberfläche *F* einer Kugel mit einem Radius *r* wird mit folgender Formel berechnet:

$$F = 4\pi \cdot r^2$$

Die Oberfläche der Erdkugel hat man durch Längenkreise (Meridiane) unterteilt, damit man Orte besser lokalisieren kann.
Der mittlere Erdradius beträgt ca. 6367 km.
Das Volumen *V* einer Kugel wird mit folgender Formel berechnet:

$$V = \frac{4\pi}{3} \cdot r^3$$

Die Rauminhalte von Zylinder, Kugel und Kegel mit jeweils gleichem Durchmesser und gleicher Höhe verhalten sich wie 3 : 2 : 1.

6.10 Einfache Rotationskörper

Ein Rotationskörper entsteht bei der Drehung einer ebenen Fläche um eine Achse, welche Rotationsachse genannt wird.

Ein einfacher Rotationskörper ist beispielsweise der Kreiszylinder. Man kann sich den Kreiszylinder vorstellen als Rotation (= Drehung) eines Rechtecks um eine seiner Seiten.

Ein weiterer einfacher Rotationskörper ist ein gerader Kreiskegel. Er entsteht bei Drehung eines rechtwinkligen Dreiecks um eine Kathete. Die andere Kathete wird zum Radius der Grundfläche.

Auch eine Kugelfläche ist eine Rotationsfläche. Sie entsteht bei der Drehung einer Kreislinie um einen Kreisdurchmesser.

Auf einen Blick: Geometrische Regeln und Sätze

Winkel

Ein Winkel α besteht aus zwei Strahlen a und b, die einen gemeinsamen Scheitelpunkt S haben. Die Strahlen heißen Schenkel.

Winkelmaß

1 Grad (°) = 60 Minuten (')
1' = 60 Sekunden (")

Winkelbezeichnungen

Nullwinkel: $\alpha = 0°$
spitzer Winkel: $0° < \alpha < 90°$
rechter Winkel: $\alpha = 90°$
stumpfer Winkel: $90° < \alpha < 180°$
gestreckter Winkel: $\alpha = 180°$
überstumpfer Winkel: $180° < \alpha < 360°$
Vollwinkel: $\alpha = 360°$

Ähnlichkeitssätze für Dreiecke

Zwei Dreiecke sind ähnlich, wenn sie übereinstimmen
... im Verhältnis ihrer drei Seiten a_1, a_2, b_1, b_2, c_1, c_2.
$a_1 : b_1 = a_2 : b_2$; $b_1 : c_1 = b_2 : c_2$; $c_1 : a_1 = c_2 : a_2$
... im Verhältnis von zwei Seiten sowie der Größe des eingeschlossenen Winkels.
Beispiel:
$a_1 : b_1 = a_2 : b_2$; $\gamma_1 = \gamma_2$
... in der Größe zweier Winkel.

Strahlensätze

Werden zwei Strahlen s_1 und s_2 mit einem gemeinsamen Scheitelpunkt S von zwei zueinander parallelen Geraden geschnitten, so verhalten sich die Längen der Abschnitte auf dem einen Strahl wie die entsprechenden Längen der Abschnitte auf dem anderen Strahl.

Werden zwei Strahlen s_1 und s_2 mit einem gemeinsamen Scheitelpunkt S von zwei zueinander parallelen Geraden geschnitten, so verhalten sich die Längen der Abschnitte auf einem Strahl wie die entsprechenden Längen der Abschnitte auf den Parallelen.

Zentrische Streckung

Eine zentrische Streckung von einem Scheitelpunkt S aus ist die ähnliche Abbildung einer Figur F auf F'. Jeder Punkt P der Figur F wird in einem Punkt P' der Figur F' abgebildet. Dabei muss Punkt P' auf derselben Geraden g liegen, die durch S und P verläuft. Allen Punkten auf den Längen der Strecken $\overline{SP}$ und $\overline{SP'}$ ist dasselbe Verhältnis k gemeinsam: $|SP'| = k \cdot |SP|$. k ist der Streckfaktor der Abbildung. Für ihn gilt $k \neq 0$.

Achsensymmetrie

Durch eine Achsenspiegelung wird jede Strecke auf eine Strecke der gleichen Länge abgebildet.

Drehsymmetrie

Wird eine Figur durch eine Drehung um einen Winkel an einem Punkt auf sich selbst abgebildet, so nennt man die Figur drehsymmetrisch.

Punktsymmetrie

Figuren, die man durch Drehung um einen Punkt S um 180° zur Deckung bringen kann, nennt man punktsymmetrisch.

Verschiebungen

Bei einer Verschiebung ist jede Gerade zu ihrer Bildgeraden parallel und durch einen Vektor beschrieben.

Kongruenz

Lässt sich eine Figur durch eine oder mehrere hintereinander ausgeführte Achsenspiegelungen auf eine andere Figur abbilden, so ist sie zu dieser kongruent.

Thales-Satz

Der geometrische Ort aller Punkte, aus denen man eine gegebene Strecke unter einem rechten Winkel sieht, ist ein Kreis (der Thales-Kreis), dessen Durchmesser die Strecke ist.

Satz des Pythagoras

Höhensatz: Im rechtwinkligen Dreieck ist das Quadrat der Höhe auf die Hypotenuse gleich mit dem Produkt der beiden durch den Fußpunkt der Höhe auf der Hypotenuse bestimmten Abschnitte.
Kathetensatz (auf beide Katheten angewendet): Im rechtwinkligen Dreieck ist das Quadrat jeder Kathete gleich mit dem Produkt aus der Hypotenuse und der Strecke, die von der betreffenden Kathete auf der Hypotenuse bestimmt wird.
Die Addition der beiden Anwendungen des Kathetensatzes ergibt den vielleicht »berühmtesten« Lehrsatz der Mathematik, den Pythagoras-Satz:

$$AC^2 + BC^2 = AB \cdot (AD + DB) = AB^2$$

Goldener Schnitt

Die Teilung in zwei Teile soll so geschehen, dass das Verhältnis der ganzen Länge zum größeren Teil gleich sein soll mit dem Verhältnis des längeren Teils zu dem kürzeren.

Trigonometrie

Die trigonometrischen Funktionen sind definiert als das Verhältnis zweier Seiten im rechtwinkligen Dreieck:

Gegenkathete zu Hypotenuse = Sinus des Winkels $\alpha = \sin\alpha = \frac{a}{c}$

Ankathete zu Hypotenuse = Kosinus des Winkels $\alpha = \cos\alpha = \frac{b}{c}$

Gegenkathete zu Ankathete = Tangens des Winkels $\alpha = \tan\alpha = \frac{a}{b}$

Aus dieser Definition folgt:

$$\sin\alpha = \cos\beta$$
$$\cos\alpha = \sin\beta$$
$$\tan\alpha = \frac{\sin\alpha}{\cos\alpha}$$

Im Einheitskreis gilt:

$\sin\alpha = y$

$\cos\alpha = x$

$\tan\alpha = \frac{y}{x} = \frac{\sin\alpha}{\cos\alpha}$

$\sin^2(\alpha) + \cos^2(\alpha) = 1$

Sinussatz

In einem beliebigen Dreieck verhalten sich die Längen der Seiten wie die Sinuswerte der gegenüberliegenden Winkel:

$$\frac{\sin\alpha}{a} = \frac{\sin\beta}{b} = \frac{\sin\gamma}{c}$$

Kosinussatz = erweiterter Satz des Pythagoras:

$a^2 = b^2 + c^2 - 2bc \cdot \cos\alpha$

$b^2 = a^2 + c^2 - 2ac \cdot \cos\beta$

$c^2 = a^2 + b^2 - 2ab \cdot \cos\gamma$

Kreis- und Raummessung

Fläche Kreissektor: $F_\alpha = \frac{\alpha}{360°} \cdot F = \frac{\pi r^2 \alpha}{360°}$

Kreisbogen: $b = \frac{d \cdot \pi \cdot \alpha}{360°}$

Kreisfläche: $A = r^2\pi$

Kreisumfang: $U = d \cdot \pi$

Oberfläche Kegel: $F = \pi \cdot r^2 + \pi \cdot r \cdot s = \pi r(r + s)$

Oberfläche Kugel: $F = 4\pi \cdot r^2$

Oberfläche Zylinder: $F = 2 \cdot \pi \cdot r^2 + 2 \cdot \pi \cdot r \cdot h = 2\pi r \cdot (r + h)$

Volumen Kreiskegel: $V = \frac{1}{3}\pi \cdot r^2 \cdot \mathrm{h}$

Volumen Kreiszylinder: $V = \pi \cdot r^2 \cdot h$

Volumen Kugel: $V = \frac{4\pi}{3} \cdot r^3$

Volumen Pyramide: $V = \frac{1}{3} \cdot G \cdot h$

Volumen Quader: $V = a \cdot b \cdot c$

Register

Auf einen Blick!

Biologie

Die wichtigsten Themen
bis zur 10. Klasse

Reiner Kleinert
Wolfgang Ruppert
Franz X. Stratil

mentor
Eine Klasse besser.

Über die Autoren:
Reiner Kleinert und Franz X. Stratil sind Oberstudienräte für Biologie, Wolfgang Ruppert ist Studienrat für Biologie. Alle Autoren haben bereits zahlreiche Lehr- und Lernwerke veröffentlicht.

Redaktion: Gabriele Ernst, Icking
Illustrationen: Udo Kipper, Hanau
Fotonachweis: siehe S. 283

Inhaltsübersicht

Lebewesen bestehen aus Zellen

Pflanzen als Grundlage des Lebens

Ernährung und Stofftransport

Abwehr von Krankheitserregern

Wahrnehmung durch Sinne

Steuerungsvorgänge

Regelungsvorgänge

Fortpflanzung, Entwicklung, Sexualität

Vererbung

Wechselbeziehungen mit der Umwelt

Verhalten

Evolution der Lebewesen

Lebewesen lassen sich ordnen

Vorwort

Warum müssen Pflanzen nichts essen?
Weshalb schlägt das Herz bei sportlichen Aktivitäten, aber auch vor Aufregung schneller?
Warum bekommen Menschen Fieber?
Wieso sehen Kinder ihren Eltern ähnlich?
Was ist eigentlich Gentechnik?
Warum ist der Wald so wichtig?

Wenn du auf diese oder ähnliche Fragen nach Antworten suchen solltest, dann ist unser Buch genau das Richtige für dich. Wir haben aus dem riesigen Wissen über die Vorgänge des Lebens die grundlegenden Sachverhalte zusammengestellt und gut verständlich erklärt. Bei der Auswahl haben wir uns an den Themen orientiert, die üblicherweise in den Klassen 5 bis 10 im Biologieunterricht an den Schulen behandelt werden. Insofern ist unser Buch eine sinnvolle Ergänzung zu deinem Biologie-Schulbuch. Du kannst unser Buch aber auch völlig unabhängig davon zum Schmökern, Lernen oder Nachschlagen benutzen. Das gilt auch für erwachsene Leser!
In der 5. und 6. Klasse könnte es sein, dass dir einige Texte unseres Buches noch zu kompliziert sind. Das ist nicht weiter dramatisch, denn dann hast du versehentlich ein Thema erwischt, das auch in der Schule erst später behandelt wird. In der 9. und 10. Klasse solltest du alles in diesem Buch nachvollziehen können. Und falls du beim Lesen mal etwas noch genauer wissen willst, findest du viele weitere Einzelheiten zu allen Themen in unseren *mentor Abiturhilfen Biologie*.

Wir wünschen allen Leserinnen und Lesern viel Spaß und Erfolg!

Reiner Kleinert, Wolfgang Ruppert und Franz X. Stratil

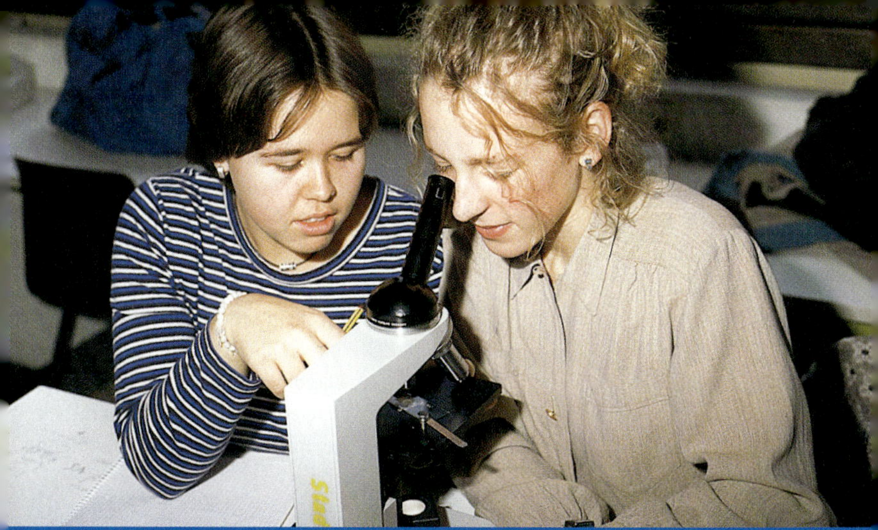

Lebewesen bestehen aus Zellen

Der Grundbaustein des Lebens ist die Zelle. Ein Mensch besteht aus ca. 80 Billionen verschiedenst spezialisierter Zellen, die in einem harmonischen Zusammenspiel von Zellen, Geweben und Organen koordiniert sind. Die Erforschung des Zellbaues ist eng an die Erfindung immer leistungsfähigerer Mikroskope geknüpft. Tier- und Pflanzenzellen, die Eukaryonten, unterscheiden sich in ihrem Aufbau weniger voneinander als von den Prokaryonten, den Lebensformen ohne Zellkern. Die Zellteilung ist für Wachstum und Vermehrung zuständig.

1 Kennzeichen des Lebens

Delfine: Säuger, die dem Leben im Wasser optimal angepasst sind

Die **Zelle** stellt für alle Lebewesen die Grundeinheit dar. Lebewesen lassen sich von unbelebter Materie allein schon durch diesen zellulären Aufbau unterscheiden. Allerdings gibt es weitere Kriterien, die in ihrer Gesamtheit **Kennzeichen des Lebendigen** sind.

Individualität, Gestalt. Eine Blume, ein Schmetterling, ein Delfin, ein Mensch – für Lebewesen ist ihr individuelles Aussehen charakteristisch. Die Gestalt ist typisch für das Individuum selbst, aber auch für die Art, zu der es eingeordnet wird. Auf die äußerlichen Merkmale hat auch die **Umwelt** einen großen **Einfluss**.

Alter

Wachstum und Entwicklung. Lebewesen wachsen und entwickeln sich: Bei der Entwicklung von der befruchteten Eizelle zum Organismus finden dabei tiefgreifende Veränderungen statt. Nach der Geburt wächst der Köper weiter heran, seine Zellen vermehren sich und werden ständig erneuert. Trotzdem kommt es zur **Alterung**, einem Prozess, der erst mit dem **Tod** endet.

Reizbarkeit, Bewegung und Verhalten. Lebewesen reagieren auf Reize aus der Umwelt, dabei zeigen sie häufig Bewegungen: Pflanzen stellen ihre Blätter in Lichtrichtung oder falten sie bei Berührungsreizen zusammen, Tiere suchen aktiv nach Nahrung, Schutz oder Partnern. Die Gesamtheit ihrer Handlungen wird als Verhalten bezeichnet.

Reizbarkeit bei Pflanzen: die Mimose

Stoffwechsel. Für die beschriebenen Prozesse von Wachstum, Reizbarkeit und Bewegung benötigen Lebewesen Energie. Diese beziehen sie entweder aus der Nahrung oder wie die grünen Pflanzen aus der Umwandlung von Lichtenergie. Dabei werden die aufgenommenen Stoffe im Stoffwechsel so umgewandelt, dass sie eine für den Körper nutzbare Form erhalten: Als **Baustoffe** sind sie am Aufbau des Körpers beteiligt, als **Energiestoffe** stellen sie die notwendige Energie zur Verfügung.

Löwe mit Beute

Fortpflanzung, Vermehrung, Vererbung. Alle Organismen pflanzen sich fort: Durch einfache Zweiteilung, Knospung oder Ablegerbildung (ungeschlechtliche Fortpflanzung) können sich Pflanzen und Tiere vermehren. Bei der Verschmelzung von Ei- und Samenzelle zweier unterschiedlicher Individuen (geschlechtliche Fortpflanzung) kommt es gleichzeitig zu einer Neukombination des Erbgutes. Allerdings bleiben dabei die grundsätzlichen Eigenschaften erhalten und werden auf die Nachkommen übertragen, also vererbt.

Manche Pflanzen sind bei ihrer Fortpflanzung auf die Hilfe von Tieren angewiesen

Evolution. Betrachtet man die Organismen einer Art über viele Generationen hinweg, bleiben sie nicht konstant, sondern verändern sich. Sowohl die heute existierenden als auch die ausgestorbenen Arten sind das Ergebnis einer Jahrmillionen dauernden stammesgeschichtlichen Entwicklung, der so genannten Evolution.

Saurier: eine längst ausgestorbene Lebensform

2 Organisationsebenen des Lebendigen

Blick in einen Mischwald

Die Lebensformen auf unserer Erde sind äußerst **vielgestaltig**: Mehr als 1,2 Millionen Tierarten, 320 000 Pflanzen- und 5 000 Bakterienarten leben in den unterschiedlichsten Lebensräumen.

Der Blick in einen Mischwald zeigt eine große Vielfalt von Lebensformen, die untereinander in Wechselwirkungen stehen und eine **Lebensgemeinschaft** bilden.

Lebensgemeinschaften bestehen aus einer Vielzahl einzelner **Organismen**, die alle Merkmale des Lebendigen erkennen lassen.

Organismen sind aus einer begrenzten Anzahl von **Organsystemen** aufgebaut, die für übergeordnete Funktionen verantwortlich sind:

Hirsch

- Bei Pflanzen aus Wurzel, Sprossachse und Blättern/Blüten.
- Bei Tieren aus der Haut, dem Bewegungs-, Stabilitäts-, Herz-/Kreislauf-, Atmungs-, Verdauungs-, Ausscheidungs-, Fortpflanzungs-, Sinnes-, Nerven- und Hormonsystem.

Bei der Untersuchung von Organsystemen werden weitere Untereinheiten deutlich, die **Organe**: Beim Sinnessystem sind dies z. B. Augen, Ohren, Nase und Zunge, bei der Blüte Kron-, Blüten-, Staubblätter und Stempel. Sie erfüllen jeweils eine bestimmte Leistung.

Blätter

Die Organe bestehen ihrerseits aus dem Zusammenschluss von unterschiedlichen Zellverbänden, den **Geweben**. Diese sind aus überwiegend gleichartigen Zellen aufgebaut und üben eine bestimmte Funktion aus. Das Auge verfügt z. B. über die Horn-, Leder-, Ader- und Netzhaut sowie Muskel-

gewebe und Blutgefäße; das typische Laubblatt besitzt eine obere und untere Epidermis, ein Palisaden- und ein Schwammgewebe.
Grundbausteine aller Gewebe sind die **Zellen**; sie stellen für die Biologie die kleinste lebensfähige Einheit dar: Während die Zelle der Einzeller alle Lebensfunktionen erfüllt, ist der vielzellige Organismus erst durch das geordnete Zusammenspiel einer ungeheuer großen Anzahl unterschiedlich spezialisierter Zellen lebensfähig. Größe und Gestalt der Zellen hängen dabei maßgeblich von ihrer spezifischen Funktion ab. Die **Winzigkeit** der einzelnen Zelle – nur wenige Zellen sind mit dem bloßen Auge überhaupt sichtbar – macht es schwer mit ihr »vertraut« zu werden. Schier unvorstellbar wird es, wenn man sich gleichzeitig die unglaubliche Vielfalt der heute bekannten Leistungen von Zellen vor Augen führt.
Verstehbar werden diese Leistungen erst, wenn man in das Innere der Zellen vordringt, das durch **Zellorganellen** in Funktionseinheiten gegliedert ist: Typisch für Tier- und Pflanzenzellen sind z. B. die Mitochondrien. In diesen »Kraftwerken« der Zellen findet die Zellatmung statt, Energie in Form der chemischen Substanz ATP wird gewonnen.
Letztlich bestehen die Zelle und ihre Organellen aus **Makromolekülen** (Eiweißen, Fetten, Kohlenhydraten und Nukleinsäuren), **Molekülen** und **Atomen**.
Der Vielfalt im Erscheinungsbild aller Lebensformen auf unserer Erde steht also bei genauer Untersuchung eine **grundlegende Gemeinsamkeit** im mikroskopischen Bereich gegenüber: **Alle Lebewesen bestehen aus Zellen**.

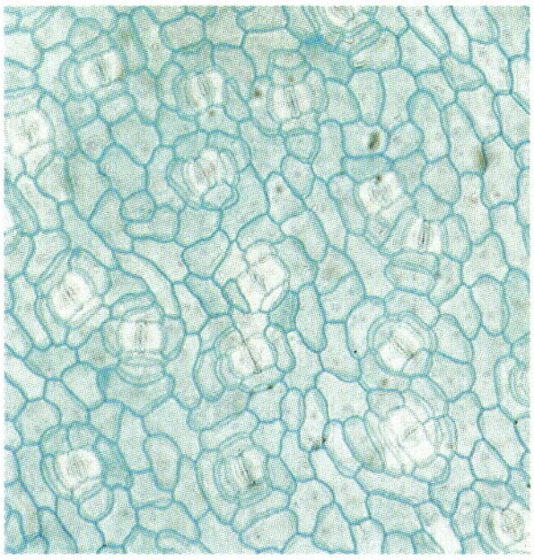

Untere Blattepidermis mit Spaltöffnungen

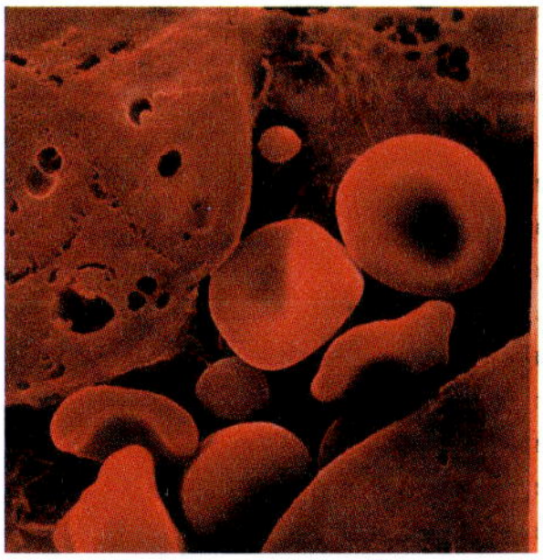

Rote Blutkörperchen versorgen den Organismus mit Sauerstoff

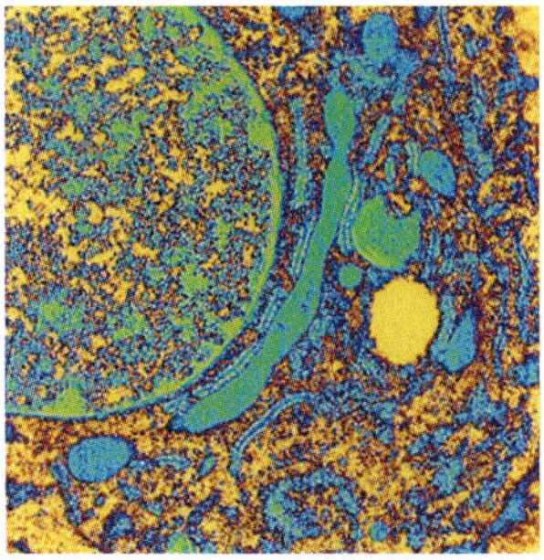

Ausschnitt aus einer Zelle, elektronenmikroskopische Aufnahme

3 Geschichte der Zellenlehre

Die Fortschritte der Zellenlehre sind eng verknüpft mit der Erfindung von Geräten, welche die Leistungsfähigkeit des menschlichen Auges erweitern.

Vor ca. 400 Jahren bauten in Holland die Brüder *Janssen* mithilfe der Kombination von mehreren Linsen Geräte, mit denen man feststellte, dass es vieles gibt, was mit bloßem Auge nicht sichtbar ist. 1665 entwickelte der englische Physiker *Hooke* diese ersten **Mikroskope** weiter und entdeckte in dünnen Schnitten der Rinde von Korkeichen kästchenförmige Strukturen, die ihn an Bienenwaben erinnerten; er bezeichnete sie als **»cells«**. Seine Beobachtungen hielt er in Form von Zeichnungen und Skizzen fest.

Der Holländer *Leeuwenhoek* erreichte 1667 schon bis zu 200fache Vergrößerungen und entdeckte in Wassertropfen winzige lebende Organismen, die Einzeller, und im Blut die roten Blutkörperchen.

In den folgenden Jahrzehnten führten weitere Verbesserungen der optischen und mechanischen Eigenschaften der Mikroskope zur Erkenntnis, dass alle biologischen Untersuchungsobjekte aus einzelnen Zellen bestehen, deren Grundbauplan bei allen Lebewesen übereinstimmt.

Modernes Lichtmikroskop

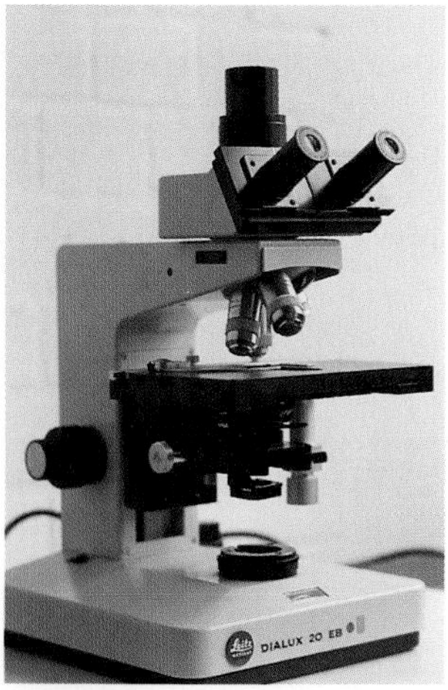

Diese Erkenntnis führte zu zwei **Kernsätzen der Biologie**: Die strukturelle und funktionelle Einheit aller Tiere und Pflanzen ist die Zelle (*Schleiden/Schwann*; 1838).

Alle Zellen können immer nur aus schon vorhandenen Zellen entstehen (*Virchow*; 1855).

Durch die Entwicklung des Elektronenmikroskops (*Knoll/Ruska*; 1931) konnten der Feinbau und die Innenarchitektur der Zellen weiter aufgeklärt werden; die Zelle entpuppte sich als ein ungeheuer kompliziertes Gebilde in Struktur und Funktion.

4 Das Lichtmikroskop

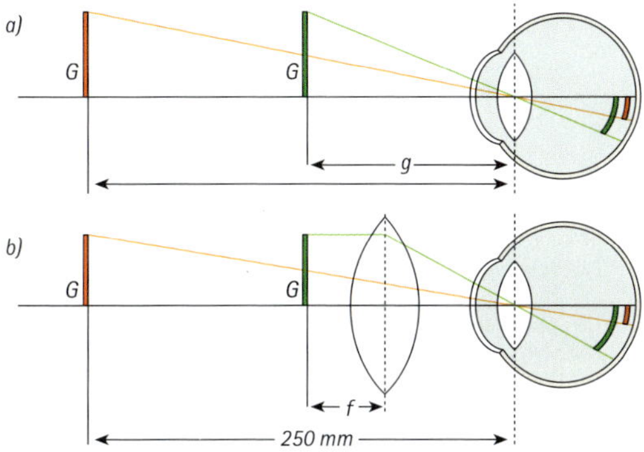

a) Perspektivische Vergrößerung beim Auge, b) Lupenvergrößerung

Um erkannt zu werden, müssen Objekte ein ausreichend großes Abbild auf der Netzhaut des Auges entwerfen. Je näher ein Gegenstand dem Auge kommt, desto größer wird er abgebildet und umso mehr Einzelheiten sind erkennbar **(Perspektivische Vergrößerung)**. Die maximale Größe wird dabei vom **Nahpunkt** des Auges bestimmt. Bei Unterschreitung wird die Abbildung unscharf.

Lupen sind gläserne **Sammellinsen**, die kleine Dinge größer und genauer abbilden, indem die Objekte näher an das Auge herangeführt werden können. Dabei ist die Vergrößerungsleistung umso größer, je stärker die Linse gekrümmt ist. Um noch höhere Vergrößerungen zu erreichen, werden mehrere Linsen hintereinander geschaltet.

Auflösungsvermögen ist die Fähigkeit, zwei benachbarte Punkte getrennt wahrzunehmen.

Beim **Lichtmikroskop** besteht das vergrößernde System aus zwei zusammengesetzten Linsensystemen, dem **Objektiv** und dem **Okular**. Unterhalb des **Objekttisches** befinden sich eine **Lichtquelle** sowie der **Kondensor**, ein weiteres Linsensystem mit **Blende**, der zur Regelung der Bildhelligkeit und einer möglichst gleichmäßigen Ausleuchtung dient. Gegenstände, die untersucht werden sollen, heißen **Objekte**, sie liegen auf dem Objekttisch und werden von unten her durchstrahlt. Das Objektiv erzeugt im **Tubus** ein vergrößertes Zwischenbild des Objektes **(Primärvergrößerung)**, diese wird vom Okular wie von einer Lupe nochmals vergrößert **(Sekundärvergrößerung)**. Mit dem **Grob- und Feintrieb** lässt sich die Entfernung zwischen Objekttisch und Objektiv verändern und damit die Schärfe einstellen. Die **Gesamtvergrößerung** berechnet sich aus: Objektivvergrößerung mal Okularvergrößerung.

Strahlengang beim Lichtmikroskop

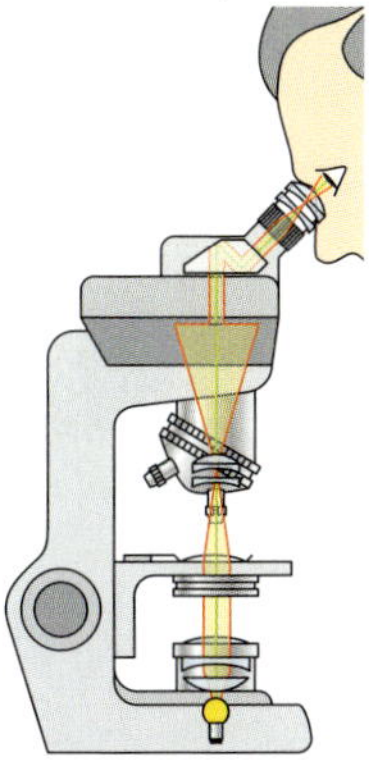

5 Untersuchungen mit dem Mikroskop

Um Objekte im Lichtmikroskop untersuchen zu können, müssen sie für Lichtstrahlen durchlässig sein. Alle Objekte, die lichtdurchlässig und dünn sind, können direkt in einen **Wassertropfen** auf einem **Objektträger** eingebracht und mit einem **Deckgläschen** abgedeckt werden **(Frischpräparate)**, auch lebende Strukturen. Dickere Objekte müssen zunächst geschnitten werden. Dies kann im einfachsten Fall mit einer Rasierklinge geschehen; im Labor werden häufig spezielle Schneidegeräte, **Mikrotome**, verwendet. Zur Vorbereitung werden die Untersuchungsobjekte meist abgetötet, fixiert, entwässert, gefärbt und in geeignete Materialien (z. B. Paraffin) eingebettet und erst danach geschnitten.

Herstellung eines Abziehpräparates

Zur **Färbung** und **Kontraststeigerung** werden bei der Lichtmikroskopie unterschiedliche Färbemittel eingesetzt: Methylenblau hebt die Zellkerne hervor, Jod-Jod-Kalium die Stärkekörner, Neutralrot die Zellsaftvakuolen, Karmin-Essigsäure die Chromosomen und Phloroglucin/Salzsäure die Holzstoffe (Lignin).

Grundregeln des Mikroskopierens

1. Immer sauber arbeiten!
2. Immer mit Deckgläschen arbeiten!
3. Immer mit dem kleinsten Objektiv beginnen, auf das Einrasten der Objektive am Objektivrevolver achten und bei jedem neuen Objektiv die Schärfe nachstellen!
4. Den Kondensor in die höchste Stellung bringen, zunächst mit offener Blende arbeiten!
5. Beim Scharfstellen mit dem Grobtrieb den Objekttisch immer vom Auge (Objektiv) wegbewegen (Gefahr von Glasbruch)!

Schon einfache biologische Präparate ermöglichen bei gezielter Auswahl einen Einblick in die **Grundstruktur des Zellbaues** und die Unterschiede zwischen pflanzlichen und tierlichen Zellen. Von allen Untersuchungen sollte grundsätzlich ein **Protokoll** angefertigt werden.

Zwiebelhäutchen (Abziehpräparat). Von der konkaven Innenseite einer Zwiebelschuppe wird das dünne Häutchen abgezogen und in einen Wassertropfen auf einem Objektträger gelegt, gegebenenfalls glatt gestrichen. Nach dem Auflegen eines Deckgläschens kann das so vorbereitete Präparat auf den Objekttisch gelegt und mikroskopiert werden.

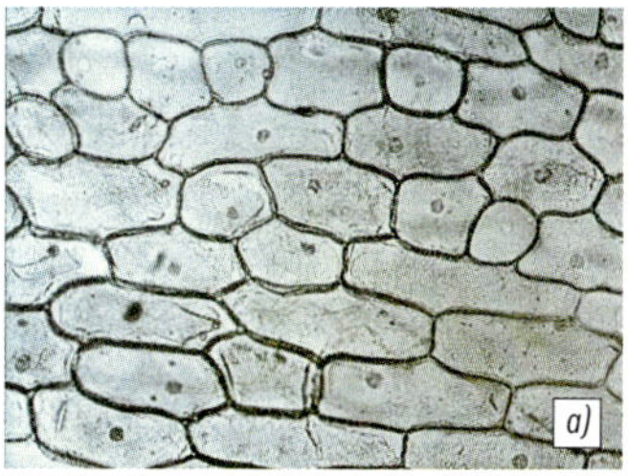

Mundschleimhautzellen (Abstrichpräparat). Von der Zungenoberfläche lassen sich mit einem Holzspatel vorsichtig eine große Zahl von Schleimhautzellen abschaben, sie bleiben am Spatel hängen. Werden die Zellen in den Wassertropfen auf einem entsprechend vorbereiteten Objektträger eingebracht und mit einem Deckglas abgedeckt, können sie mikroskopiert werden. Um die Zellgrenzen und Zellstrukturen besser zu erkennen, kann das Präparat mit Methylenblaulösung gefärbt werden: Färbemittel an den Rand des Deckglases tropfen und mittels eines Filterpapiers unterziehen.

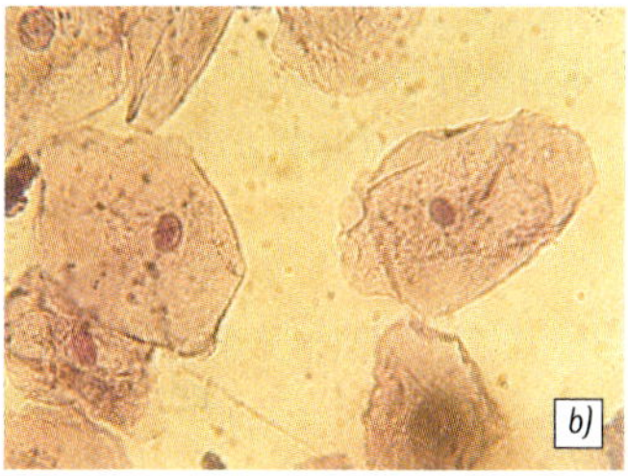

Wasserpest (Zupfpräparat). Mit einer Pinzette lassen sich leicht Blättchen vom Spross der Wasserpest abzupfen, auf einen vorbereiteten Objektträger in einen Wassertropfen legen und mikroskopieren.

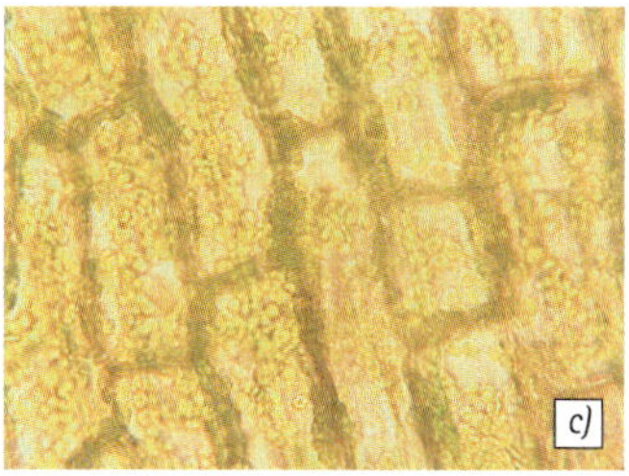

Mikrophotos: a) Zellen der Zwiebelschuppenepidermis, b) Zellen aus der Mundschleimhaut des Menschen, c) Zellen im Blatt der Wasserpest

6 Die Grundstruktur der Zelle

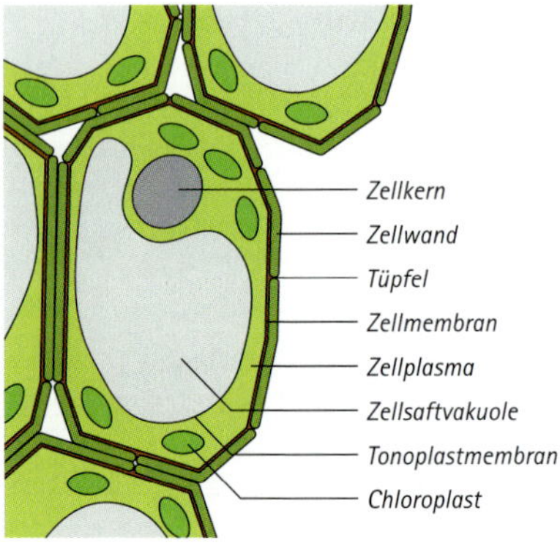

Lichtmikroskopisch erkennbare Strukturen der Pflanzenzelle

Pflanzenzellen. Die Zellen des Zwiebelhäutchens eignen sich gut, um den Aufbau einer Pflanzenzelle kennen zu lernen. Als Zellgrenzen treten die **Zellwände** deutlich hervor. Über winzige Poren **(Tüpfel)** in den Wänden sind die Zellen untereinander verbunden. Im Inneren, dem strukturlos erscheinenden **Zellplasma**, fällt ein rundlicher, dunkel granulierter Körper, der **Zellkern**, auf. Bei gefärbten Präparaten treten die **Zellsaftvakuolen** deutlich hervor, sie enthalten eine wässrige Lösung aus verschiedenen organischen und anorganischen Stoffen und sind durch ein dünnes Häutchen, die **Tonoplastmembran**, vom restlichen Zellplasma getrennt. Bei Blattzellen und anderen grünen Pflanzenzellen sind im Inneren kleine grüne, ovale Körperchen zu erkennen, die **Chloroplasten**, die sich in lebenden Zellen mit der **Plasmaströmung** bewegen (vgl. Wasserpest).

Lichtmikroskopisch erkennbare Strukturen der Tierzelle

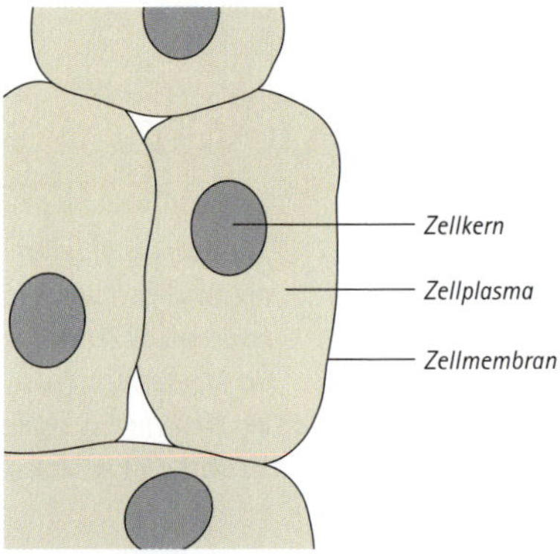

Zellen von Tieren und Menschen. Die Zellen der Mundschleimhaut sind in ihrer äußeren Form unregelmäßig, die Zellgrenzen sind undeutlich, eine Zellwand fehlt. Die Zellen sind nur durch ein äußerst feines Häutchen, die **Zellmembran**, begrenzt. Das **Zellplasma** ist fein granuliert, der **Zellkern** als stärker granulierter Körper deutlich sichtbar. Bei starker Vergrößerung treten im Plasma weitere punktförmige Strukturen hervor, **Nahrungsvakuolen** und **Zellorganellen.** Eine exakte Bestimmung ihrer Form ist mit dem Lichtmikroskop nicht möglich. In der intakten Mundschleimhaut sind die Zellen zu einem geschlossenen Gewebe verbunden, dem **Plattenepithel**.

Zellgröße und Zellform. Die Gestalt von ausdifferenzierten Zellen in den Geweben von Vielzellern ist hinsichtlich der Form und Größe sehr vielfältig, meist herrscht eine deutliche Beziehung zwischen **Struktur und Funktion**: Nervenzellen können z. B. mehr als 1 m lang werden. Allgemein sind pflanzliche Zellen mit 10 µm bis 100 µm deutlich größer als menschliche und tierliche Zellen mit 10 bis 30 µm. Die Zelle ist vom Stoff- und Energieaustausch mit der Umwelt abhängig: Je kleiner die Zellen sind, desto größer ist die Oberfläche im Verhältnis zum Inhalt, was den Austausch verbessert und die Diffusionswege verkürzt.

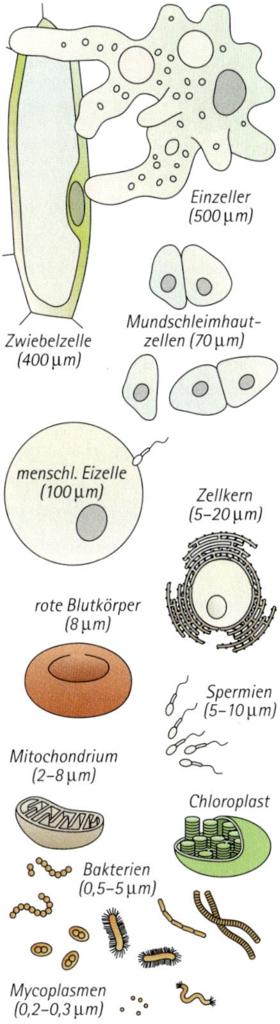

Verschiedene Zelltypen und -organellen im Größenvergleich

Tier- und Pflanzenzelle im Vergleich. Der Zellleib **(Protoplast)** der Pflanzenzelle ist von der Zellwand aus **Cellulose** umgeben; sie verleiht der Pflanzenzelle eine relativ feste, unveränderbare Form. Die **Zellmembran**, die für die tierliche Zelle die einzige Begrenzung darstellt, bildet den Abschluss des Zellplasmas nach außen hin; sie liegt der Zellwand als dünnes Häutchen direkt an. Auffälligstes Organell ist der meist kugelförmige **Zellkern (Nukleus)**. In seinem Innern befinden sich oft ein oder mehrere **Kernkörperchen (Nukleoli)**, die in eine netzartige Struktur, das **Chromatingerüst**, eingebettet sind. Das Chromatin enthält die Erbinformationen.

Nur pflanzliche Zellen enthalten **Plastiden**: die Chromoplasten (gelblich/rötlich) in Blüten und Blättern, die Chloroplasten (grün, Chlorophyll) in den Blattzellen, die Leukoplasten (farblos) in Speicherzellen (z. B. Kartoffel, Stärkespeicherung). Auch die **Zellsaftvakuole** ist typisch für die pflanzliche Zelle: Neben ihrer Bedeutung für den **Zelldruck (Turgor)**, der der Zelle und dem gesamten Pflanzenkörper Festigkeit verleiht, erfüllt sie Aufgaben bei der **Stoffaufnahme** und **Stoffausscheidung**.

7 Zellteilung

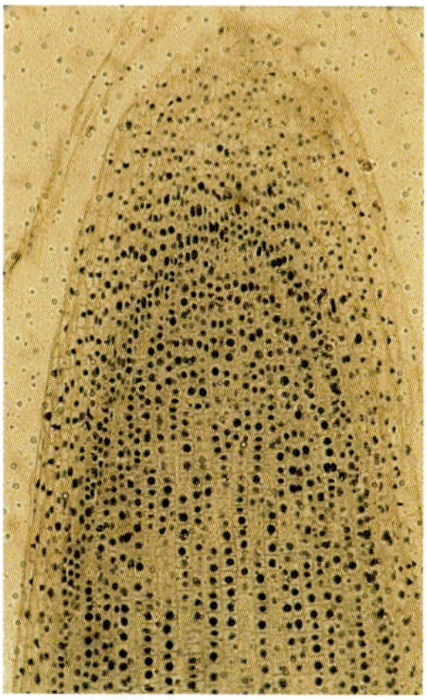

Zellen in verschiedenen Mitosestadien (Wurzelspitze der Zwiebel)

Ein erwachsener Mensch besteht aus ca. 60 Billionen Zellen, täglich sterben Zellen ab und müssen wieder ersetzt werden (ca. 1,5 Millionen Zellen pro Sekunde). Dabei ist die **Teilungshäufigkeit** von Zellen sehr unterschiedlich: Skelettmuskel- und Nervenzellen teilen sich kaum, Leberzellen werden ein- bis zweimal pro Jahr erneuert, manche Darmepithelzellen verdoppeln sich mehrmals pro Tag.
Wie alle vielzelligen Lebewesen entsteht auch der menschliche Körper durch Zellteilungen aus einer einzigen befruchteten Eizelle, der **Zygote**. Für die **Zellorganellen**, die jeweils in großer Zahl vorliegen, reicht es aus, wenn sich ihre Zahl zwischen den Teilungen annähernd verdoppelt und der Zellinhalt in zwei etwa gleich große Tochterzellen aufgeteilt wird. Für die **Erbinformationen des Zellkerns** lässt sich das Problem nicht so einfach lösen: Die **Erbsubstanz (DNA)** muss exakt verdoppelt und genau auf die beiden neuen Zellen aufgeteilt werden. Der Vorgang, der hier eine entscheidende Rolle spielt, heißt **Mitose**. Er lässt sich im Lichtmikroskop gut beobachten.

Mitosephasen. Der normale Zellkern **(Interphase- oder Arbeitskern)** ist im Lichtmikroskop als ungeordnetes, fädiges Gewirr zu erkennen (**Chromatingerüst**). Vor der Verteilung wird jede einzelne Faser **verdoppelt (identisch redupliziert)**. Zur besseren Übersicht ist der stetige Ablauf in **fünf Phasen** unterteilt: Prophase, Prometaphase, Metaphase, Anaphase, Telophase.

Prophase. Zunächst teilt sich das **Centrosom** und die beiden Tochtercentrosome wandern zu den Zellpolen. Hier werden sie zum Ausgangspunkt für das Wachstum der **Mikrotubuli (Teilungsspindel)**. Die **Nucleoli** verschwinden, die Fasern des **Chromatingerüstes** verdichten sich und nach und nach werden die **Chromosomen** sichtbar. Diese bestehen aus zwei identischen Spalthälften, den **Chromatiden**, die am **Centromer** miteinander verbunden sind. Sie werden als Zweichromatidchromosomen bezeichnet.

Prometaphase. In der Prometaphase löst sich die Kernhülle auf. Die Mikrotubuli des **Spindelapparates** dringen in den ursprünglichen Zellkernbereich vor und treten mit den Chromosomen in Wechselwirkung. Einzelne Mikrotubulistränge verbinden sich mit den Centromeren der Zweichromatidchromosomen.

Metaphase. Die Zweichromatidchromosomen ordnen sich in der Mitte der Zelle zwischen den Spindelpolen in einer Ebene an (**Äquatorialebene bzw. -platte**).

Anaphase. Jedes Zweichromatidchromosom wird am Centromer geteilt. Die beiden Einchromatidchromosomen wandern zu den entgegengesetzten Polen.

Telophase. In der Telophase sind die Chromatiden an den Zellpolen angekommen, sie entspiralisieren sich und werden wieder zum Chromatingerüst. Die beiden neuen Kernmembranen und die Nukleoli entstehen wieder. Zwischen den beiden neu entstandenen Tochterzellen bildet sich in der so genannten **Cytokinese** eine neue Zellmembran aus. Damit ist die Teilung beendet, es sind zwei neue Zellen entstanden.

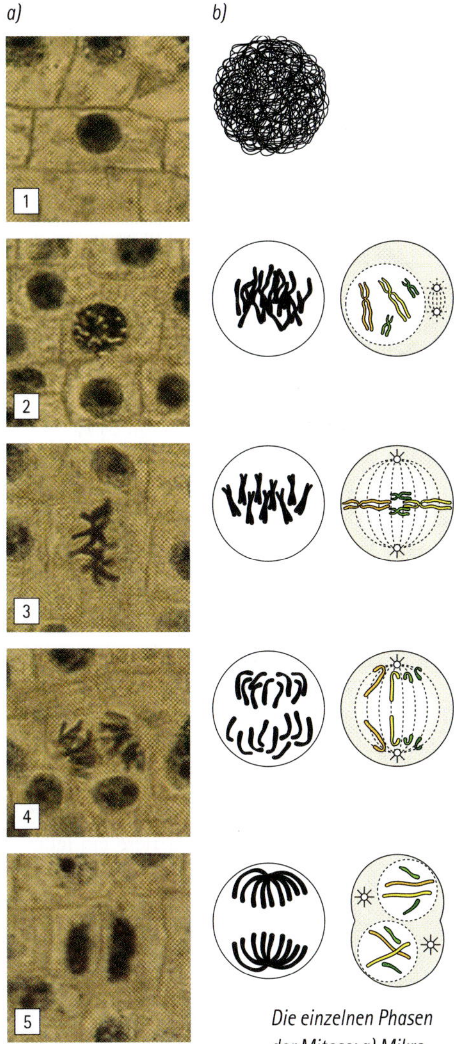

Die einzelnen Phasen der Mitose: a) Mikrophoto, b) Zeichnung; 1. Interphasekern, 2. Prophase, 3. Metaphase, 4. Anaphase, 5. Telophase

8 Zellen und Gewebe

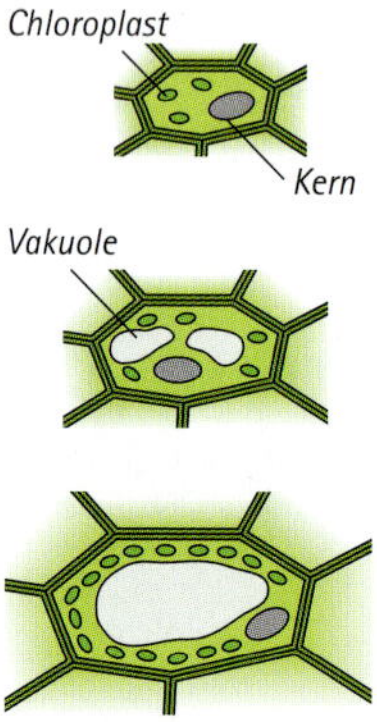

Zelldifferenzierung einer Pflanzenzelle (schematisch)

Bei der Zellteilung entstehen zwei identische Tochterzellen. Ein Organismus besteht aber aus einer Vielzahl unterschiedlicher Zellen, die sich durch asymmetrische Teilungen während der Embryonalzeit herausbilden. Sie zeigen **Differenzierung in Struktur** (Form) **und Funktion**; die äußere Form und die individuelle Ausstattung mit Zellorganellen sind ihrer spezifischen Leistung angepasst.

Folgende **Gewebetypen** lassen sich unterscheiden:

- Das **Bildungsgewebe (Meristem)** besteht aus Zellen, deren Teilungsfähigkeit über die gesamte Lebensdauer erhalten bleibt; es kommt hauptsächlich bei Pflanzen vor.
- Das **Wechselgewebe** enthält nicht ausdifferenzierte, ständig teilungsfähige Stammzellen, die den notwendigen Zellnachschub in Bereichen mit ständigen Zellverlusten ausgleichen (z. B. in Abschlussgeweben, Blut).
- Das **regenerationsfähige Dauergewebe** enthält Zellen, die sich auch nach Abschluss der Embryonalentwicklung bei Bedarf wieder teilen können (z. B. Leberzellen).
- Das **Dauergewebe** besteht aus ausdifferenzierten Zellen, die ihre Teilungsfähigkeit weitgehend verloren haben (z. B. Nervenzellen).

Pflanzliche Zellformen: a) Speicherzelle, b) Faserzelle, c) Epidermiszelle, d) Spaltöffnung

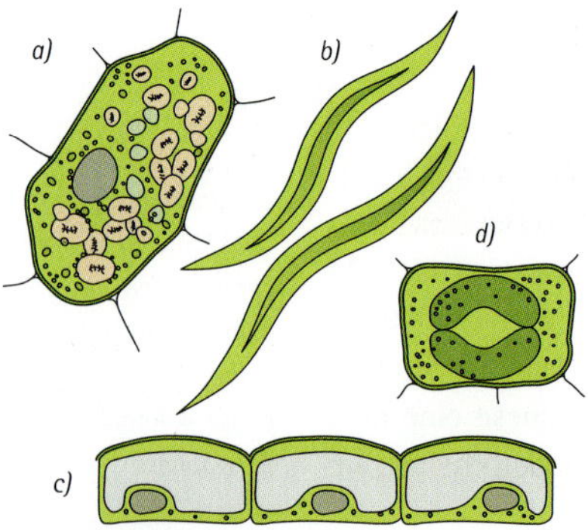

Differenzierung pflanzlicher Zellen. Pflanzen zeigen anders als Tiere ein **lebenslanges Wachstum**. Aber nicht alle Gewebe sind in gleicher Weise regenerationsfähig, also teilungsfähig. Pflanzliche **Meristeme** befinden sich meist an **Vegetationspunkten** von Wurzel und Spross. Ihre Zellen sind relativ isodiametrisch (kugelförmig), haben dünne Zellwände und kaum Vakuolen, sie ermöglichen Differenzierungen in alle Richtungen. Oft lassen sich in ihnen **Zellteilungen** beobachten.

Die **Epidermen (Abschlussgewebe)** begrenzen die Organe untereinander und zur Außenwelt hin. Die Außenwände der Zellen sind oft deutlich verdickt und von einer **Kutikula** aus wachsartiger Substanz (Cutin) bedeckt.

Das Parenchym (Grundgewebe) ist von Epidermen umgeben, je nach Funktion ist es verschieden ausdifferenziert:

- Als Speicherparenchym übernimmt es im Wurzelbereich die Stärkespeicherung.
- Als Assimilations- oder Palisadenparenchym der Blätter nimmt es an den photosynthetischen Prozessen teil.
- Als Schwammparenchym ist es in den Blättern am Gasaustausch beteiligt.

Im Parenchym eingebettet liegt das **Stütz- oder Festigungsgewebe**, das **Sklerenchym**. Es besteht meist aus lang gestreckten, abgestorbenen Zellen mit extrem verdickten Zellwänden.

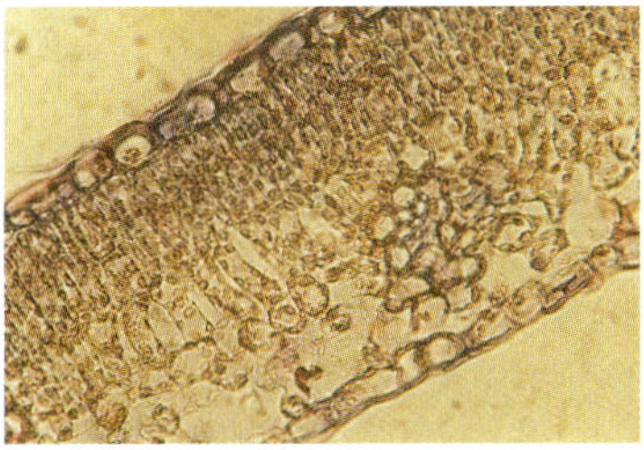

Blattquerschnitt

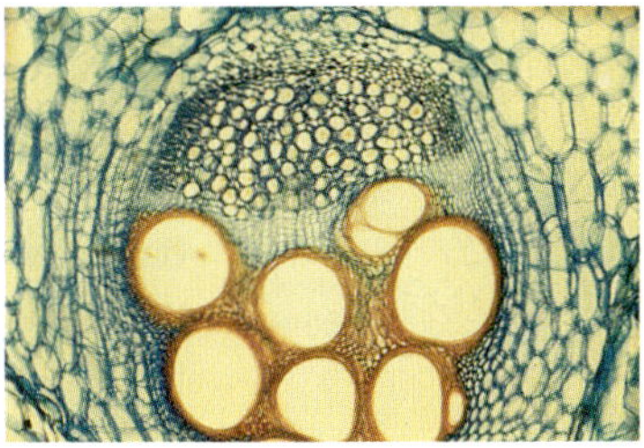

Leitgewebe

Differenzierung von Tierzellen. Die Organe des tierlichen Organismus sind durch ein- oder mehrschichtige **Abschlussgewebe**, die **Deckgewebe** oder **Epithelien**, begrenzt. Zur Außenwelt hin ist häufig eine zusätzliche Kutikula in Form einer Hornschicht aufgelagert. Das **Bindegewebe** entspricht dem pflanzlichen Parenchym. Aus ihm entwickeln sich das **Knorpel- und Knochengewebe**, das als Stützgewebe dient, sowie die Bänder und Sehnen, die auf Zugfestigkeit hin ausgelegt sind. Das **Muskelgewebe** (quer gestreift oder glatt) besteht aus lang gestreckten Muskelzellen, die eine Vielzahl von Fibrillen aufweisen. **Nervengewebszellen** sind oft durch verzweigte Fortsätze gekennzeichnet, mit denen sie untereinander, zu den Zellen der Sinnesorgane und zu Muskelzellen in Verbindung stehen.

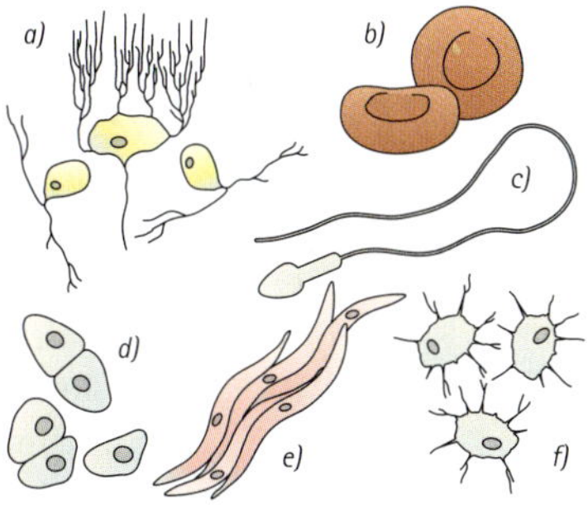

Tierliche Zellformen:
a) Nervenzellen,
b) rotes Blutkörperchen,
c) Spermium,
d) Knochenzellen,
e) Muskelfaserzellen,
f) Bindegewebszellen

9 Einzeller

Die Zelle ist die kleinste, noch selbständig lebensfähige Einheit eines Organismus.

Bei Einzellern besteht der gesamte Organismus aus einer **einzigen Zelle**; alle Lebensfunktionen müssen von dieser Zelle erfüllt werden. Nahezu alle Einzeller sind auf das Leben im **wässrigen Milieu** angewiesen. Bei der mikroskopischen Untersuchung von Tümpelwasser findet man sie in großer Vielzahl und Formenvielfalt.

Amoeba proteus

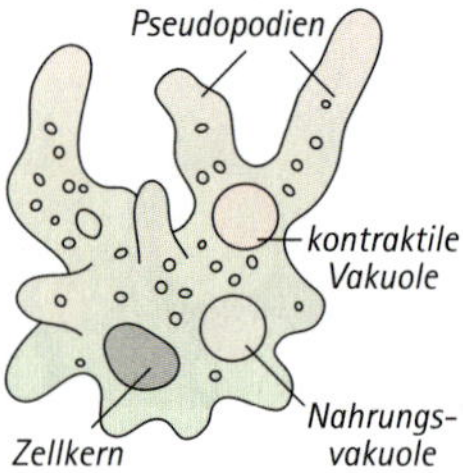

9.1 Rhizopoden (Wechseltierchen, Wurzelfüßler)

Die bekanntesten Vertreter sind die **Amöben**: Ihre Zellform ist veränderlich, ihre Fortbewegung findet über die Ausbildung von **Scheinfüßchen (Pseudopodien)** statt. Das Zellinnere gliedert sich in ein gelartiges Ektoplasma und ein relativ flüssiges, körniges Endoplasma. Neben den Nahrungsvakuolen fällt besonders die **kontraktile Vakuole** auf, da sie sich rhythmisch ausdehnt und zusammenzieht. Sie ist dafür verantwortlich, dass das ständig in die Zelle einströmende Wasser wieder abtransportiert wird.

Euglena viridis

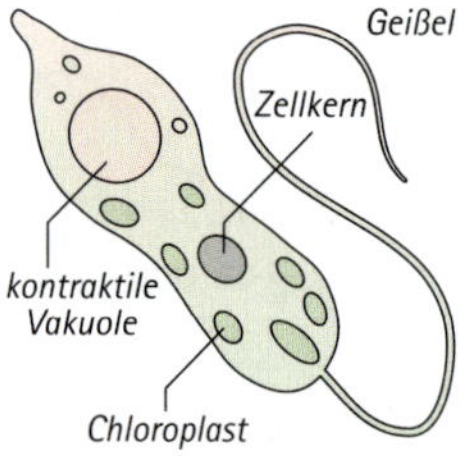

9.2 Flagellaten (Geißeltierchen)

Auffälligstes Merkmal sind eine bis vier Geißeln (Flagellen), die zur Fortbewegung sehr unterschiedliche Schlag- und Schraubenbewegungen ausführen können. Das Innere der Geißeln besteht aus Mikrotubulisträngen. Neben den kontraktilen Vakuolen findet man häufig Chloroplasten. Am bekanntesten ist das **Augentierchen** Euglena.

Pantoffeltierchen

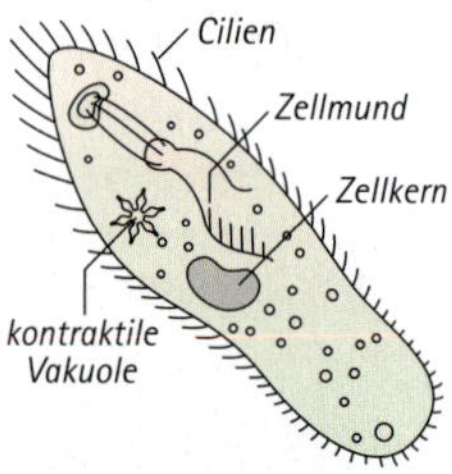

9.3 Ciliaten (Wimpertierchen)

Diese Einzeller sind von einem dichten Kranz aus kleinen Wimpern (Cilien) umgeben, die zur Fortbewegung und zum Einstrudeln von Nahrungspartikeln dienen. Neben einem Zellmund zur Nahrungsaufnahme und einem Zellafter zur Abgabe von Nahrung fällt der in einen Groß- und Kleinkern differenzierte Zellkern auf. Ein typischer Vertreter ist das **Pantoffeltierchen**.

10 Das Elektronenmikroskop

Die Erkenntnisse zum Feinbau der Zelle, ihrer Ultrastruktur, wurden durch die Entwicklung der Elektronenmikroskopie im 19. Jahrhundert erheblich erweitert.

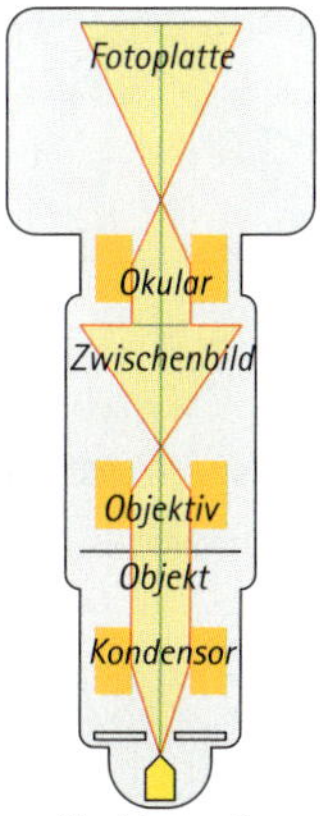

Transmissions-elektronenmikroskop, Strahlengang

Das Transmissionselektronenmikroskop (TEM). Moderne Elektronenmikroskope erreichen ca. die 1000fache Leistung eines Lichtmikroskops, d. h. bis zu 2 000 000fache Vergrößerung. Anstelle von Lichtstrahlen werden Elektronenstrahlen benutzt. Je größer die Geschwindigkeit der Elektronen, desto kleiner ist ihre Wellenlänge. Mit Spannungen von etwa 100 000 Volt werden die Elektronen extrem beschleunigt, so dass sich Strukturen von ca. 0,2 Nanometer (nm) noch auflösen lassen.
Zur Ablenkung und Bündelung dienen elektromagnetische Felder, die wie Sammellinsen wirken. Durch Veränderung der Stromstärke lässt sich die Vergrößerung variieren. Da Elektronen selbst durch Zusammenstöße mit Luftmolekülen abgelenkt würden, muss bei allen Untersuchungen im Hochvakuum gearbeitet werden. Elektronenstrahlen sind für das menschliche Auge unsichtbar, die Abbildungen können auf einem Leuchtschirm betrachtet werden.

Das Rasterelektronenmikroskop (REM). Bei ihm werden die Untersuchungsobjekte nicht durchstrahlt, sondern mit einem dünnen Metallfilm (meist Gold) beschichtet und mit einem Elektronenstrahl beschossen. Die dadurch an der Oberfläche freigesetzten Sekundärelektronen werden zu plastischen Bildern zusammengesetzt, die einen räumlichen Eindruck von den Oberflächenstrukturen vermitteln.

Wissenschaftler an einem modernen Elektronenmikroskop

Ultradünnschnitte. Selbst einzelne Zellen sind zu dick, um im TEM durchstrahlt zu werden. Sie werden nach einer komplizierten Behandlung mit dem Ultramikrotom in extrem dünne Scheiben geschnitten (eine Zelle von 0,1 mm in 1000 und mehr Scheiben).

11 Zellorganellen: Bau und Funktion

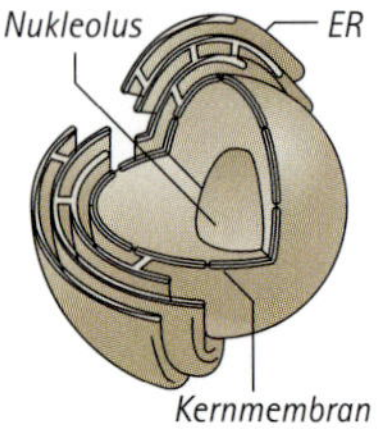

Zellkern

Zellkern. Seine Form ist meist kugelig, wird allerdings bei der Zellteilung drastisch umgestaltet. Der Innenraum des Kerns, das **Karyoplasma**, enthält das **Chromatingerüst**, das u. a. aus der Erbsubstanz DNA aufgebaut ist. Der Kern ist von einer **doppelten Membran**, der **Kernmembran**, umgeben und steht über **Kernporen** mit dem übrigen Zellplasma in Stoffaustausch. Oft besitzt er **Kernkörperchen (Nukleoli)**, die hauptsächlich die Kernsäure RNA enthalten.

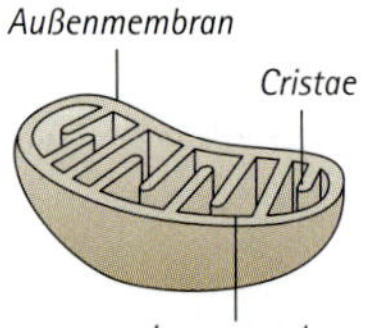

Räumliche Darstellung eines Mitochondriums

Mitochondrien. Sie erscheinen wurstförmig und sind von einer **Doppelmembran** umgeben. Die **Außenmembran** umhüllt sie wie eine Wursthaut. Die Einstülpungen der stark gefalteten **Innenmembran** heißen **Cristae**. Diese bewirken eine extreme Oberflächenvergrößerung, was in engem Zusammenhang mit den Energieversorgungsvorgängen steht, die an der inneren Membran ablaufen.

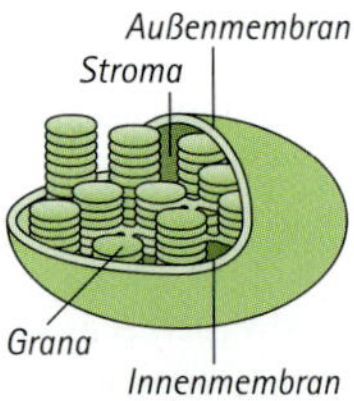

Räumliche Darstellung eines Chloroplasten

Plastiden. Sie finden sich nur in pflanzlichen Zellen. Bei den Höheren Pflanzen sehen sie aus wie Kaffeebohnen und sind ebenfalls von einer **Doppelmembran** umgeben. Die innere Membran ist eingestülpt und bildet **Thylakoide**, die an manchen Stellen dicht übereinander gestapelt vorliegen **(Grana)**. Das Innere der Plastiden heißt **Stroma**. Die enorme Oberflächenvergrößerung führt zu einer **Kompartimentierung**, also zu Unterteilungen in verschiedene Räume (Photosynthese!).

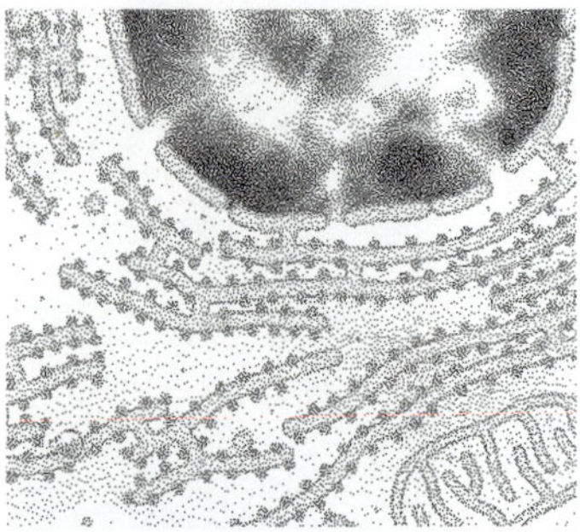

Endoplasmatisches Retikulum (ER). Das ER wird in zwei Formen unterteilt: das **agranuläre (glatte) ER** und das **granuläre (raue) ER**. Es bildet im Innern der Zellen ein vielgestaltiges und variables System aus Röhren, Kanälen und Blasen, und schafft damit eine riesige Oberfläche, an der die verschiedens-

Elektronenoptische Darstellung des ER; Ribosomen im Verhältnis stark vergrößert ten Reaktionen ablaufen können. Zusätzlich dient es zur Beförderung von Stoffen innerhalb der Zelle. Das raue ER ist dadurch gekennzeichnet, dass seine Membran mit vielen Körnchen, den **Ribosomen**, besetzt ist.

Ribosomen. Ribosomen sind winzige Körnchen, die sich frei im Plasma befinden oder am ER anliegen. Sie sind an der Produktion von Eiweißen beteiligt und damit an der Bildung von **Sekreten** (z. B. Speichel) **und Enzymen** (Eiweißstoffe, die chemische Vorgänge im Körper beschleunigen). Ribosomen bestehen aus zwei Untereinheiten, die zusammen ein rundliches Körperchen bilden. Sie sind nicht von einer Membran zum Zellplasma hin abgegrenzt.

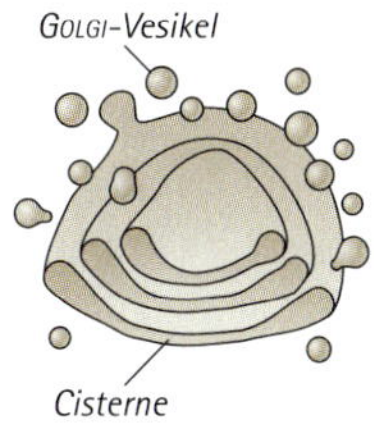

Räumliche Darstellung eines Dictyosoms

GOLGI-Apparat, Dictyosomen. Die Gesamtheit der Dictyosomen wird nach ihrem Entdecker als GOLGI-Apparat bezeichnet. Sie bestehen aus einem Stapel von aufeinander liegenden flachen Scheiben **(Cisternen)**, die am Rand in kleine **Bläschen**, die **GOLGI-Vesikel**, auslaufen. Ihr gehäuftes Vorkommen in Drüsenzellen deutet auf ihre Funktion als **Sekretlagerstätten** hin. Gleichzeitig kommt ihnen eine **Ausscheidungsfunktion** zu.

Lysosomen. Die Lysosomen sind membranumschlossene Körperchen, in denen sich **lytische** (abbauende) **Enzyme** befinden. Im **Zellstoffwechsel** kommen ihnen zwei Aufgaben zu: Sie bauen aufgenommene Stoffe ab und sind für die **Autophagocytose** da, d. h. sie umschließen »verbrauchte Teile«, bauen sie ab und scheiden sie aus.

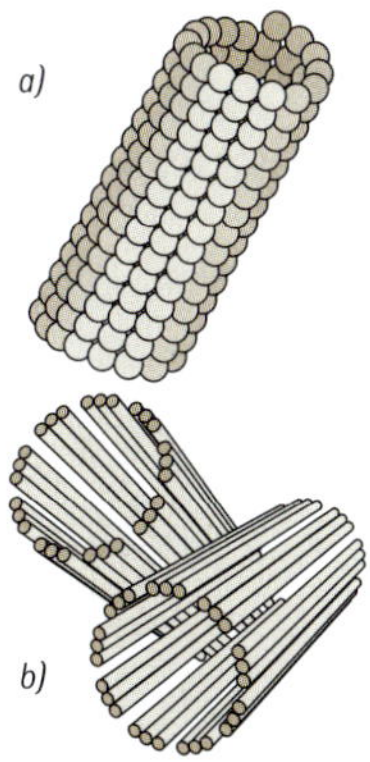

Räumliche Darstellung a) eines Mikrotubulus, b) eines Centriolenpaars

Mikrotubuli und Centriolen. Mikrotubuli sind nicht von einer Membran umgrenzt, spielen eine wesentliche Rolle bei der **Zellteilung** (Spindelfaserapparat) und kommen gehäuft in all den Teilen der Zelle vor, die speziell der **Bewegung** dienen (Wimpern, Geißeln). Außerdem halten sie das **Zellskelett** aufrecht. Mikrotubuli sind **fibrilläre**, faserige **Strukturen** aus kugelförmigen Untereinheiten (Tubulin-Moleküle). In Tierzellen finden sich Centriolen: Je zwei sind T-förmig angeordnet und bestehen aus 9 mal 3 Mikrotubulisträngen.

12 Eukaryonten, Prokaryonten, Viren

Tiere, Pflanzen und Pilze haben Zellen, deren Zellkern durch eine Kernmembran vom restlichen Zellplasma getrennt ist, sie gehören zu den **Eukaryonten**. Die Unterschiede zwischen pflanzlichen und tierlichen Zellen, so genannten **Eucyten,** sind dabei deutlich geringer als zu Zellen, die auf der Organisationsstufe der **Protocyte** stehen.

Prokaryonten. Zu den Prokaryonten, für welche die Protocyte typisch ist, werden die **Bakterien** und **Cyanobakterien** (früher: Blaualgen) gezählt; sie sind dadurch charakterisiert, dass sie keinen »echten« Zellkern aufweisen. Sie enthalten Erbmaterial, was in Form eines ringförmigen DNA-Strangs (Kernäquivalent oder **Nucleoid**) frei im Plasma liegt. Zusätzlich kommen bei vielen Bakterien weitere ringförmige, kleine DNA-Stränge, die **Plasmide** vor, die besonders in der Gentechnologie von Bedeutung sind. Außer Ribosomen, die etwas kleiner sind als bei der Eucyte, besitzen Prokaryonten keine weiteren Zellorganellen. Der Zellkörper ist nach außen durch eine Zellmembran **(Plasmalemma)** abgeschlossen und wird zusätzlich von einer Zellwand umhüllt, die aus Murein besteht. Murein ist ein netzartiges, festes Makromolekül aus Zuckerketten und Aminosäuren und kommt nur bei Bakterien vor. Oft finden sich haarähnliche Ausstülpun-

Bakterienzelle: räumliche Darstellung

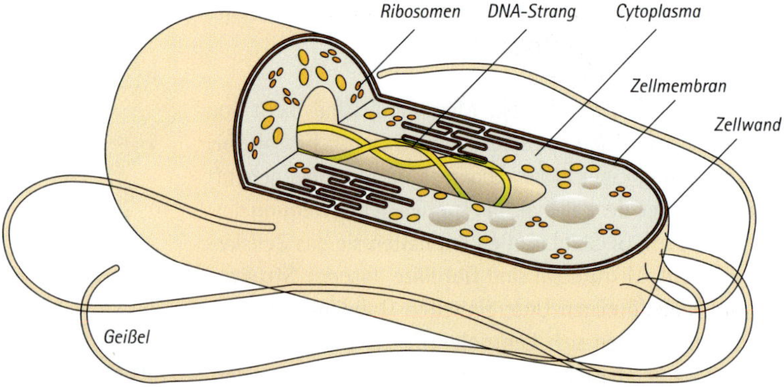

gen, Pili, und die gesamte Protocyte wird von einer zähen Schleimschicht umhüllt.
Die Zellgrößen liegen bei 0,5 bis 10 µm und sind damit deutlich kleiner als bei Eucyten, deren Zellorganellen im Größenbereich der Protocyte liegen.

Viren. Im Gegensatz zu Prokaryonten sind Viren keine zellulären Strukturen. Sie bestehen aus einer kompliziert gebauten Eiweißhülle **(Capsid)** und einem aufgewickelten Nukleinsäurefaden (entweder DNA oder RNA), der die Erbinformation enthält. Viren sind große Spezialisten: Bakteriophagen (Phagen) befallen nur Bakterien, Pflanzenviren nur Pflanzen und Tierviren nur Tiere oder den Menschen. Im menschlichen Körper sind sie als Erreger für zahlreiche Krankheiten wie Grippe, Masern, Röteln und Tollwut verantwortlich. Allen gemeinsam ist, dass sie keinen eigenen Stoffwechsel besitzen und bei ihrer Vermehrung auf lebende Zellen angewiesen sind. Ihre Größe liegt nochmals deutlich unter derjenigen für Pokaryonten: Poliovirus (Erreger der Kinderlähmung) ca. 20 nm, Pockenvirus ca. 300 nm = 0,3 µm.

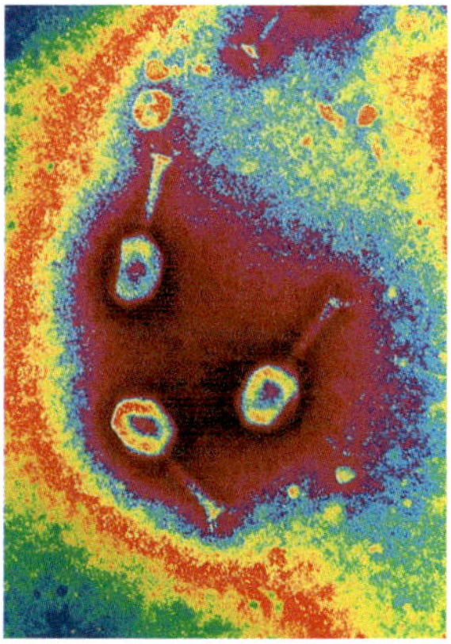

EM-Foto des Bakteriophagen T 4

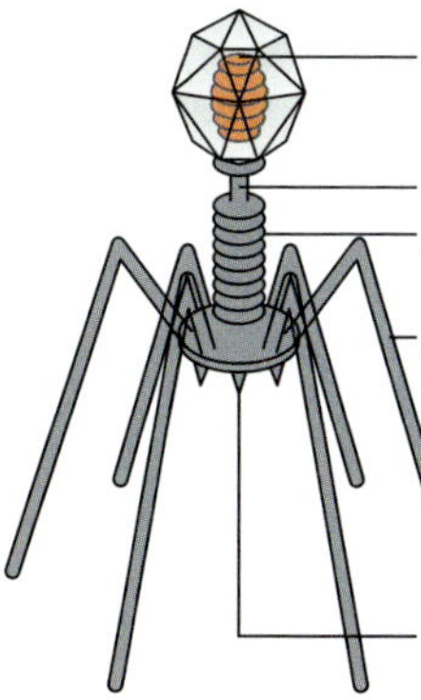

Räumliche Darstellung des Bakteriophagen T 4

Auf einen Blick: Lebewesen bestehen aus Zellen

- Alle Lebewesen bestehen aus Zellen. Kennzeichen für Lebewesen sind außerdem: Stoffwechsel, Wachstum und Fortpflanzung, Bewegung, Reizbarkeit, Individualität, Anpassungsfähigkeit, Entwicklung, Evolution, Altern und Tod.
- Im Jahr 1665 entdeckte *Robert Hooke* mit einem einfachen Lichtmikroskop in der Korkeichenrinde die ersten Zellen. Im 18. Jahrhundert entstand die allgemeine Zelltheorie: Tierliche und pflanzliche Zellen sind in ihrem grundsätzlichen Aufbau gleich und können immer nur aus schon vorhandenen Zellen entstehen.
- Mit Hilfe von Lupe und Mikroskop lassen sich Objekte vergrößert auf der Netzhaut abbilden und damit kleinste Strukturen sichtbar machen; dadurch gelingt ein Einblick in den Feinbau der Zellen. An geeigneten Objekten lassen sich Zellwände, Plastiden, Vakuolen, Mitochondrien und der Zellkern erkennen.

Zellteilung, Mitose

- Alle vielzelligen Lebewesen gehen aus einer befruchteten Eizelle hervor. Durch Zellteilungen kommt es zur Vermehrung dieser einen Zelle, es entsteht der vielzellige Organismus. Zusätzlich sind Zellteilungen erforderlich, um den ständigen Verbrauch und Verschleiß von Zellen zu ersetzen.
- Die Mitose wird in fünf Abschnitte eingeteilt: Pro-, Prometa-, Meta-, Ana- und Telophase. Aus einer Mutterzelle entstehen zwei genetisch gleiche Tochterzellen.

Zelldifferenzierung

- Ein Verband von Zellen mit ähnlicher Form und Funktion wird als Gewebe bezeichnet. Die Ausbildung verschiedener Gewebeformen ermöglicht dem Organismus Differenzierung – das entspricht einer Spezialisierung von der Form her – und Arbeitsteilung – das entspricht einer Spezialisierung von der Funktion her.

Einzeller

- Einzeller sind der lebende Beweis, dass die Zelle die kleinste selbständige Einheit des Lebens darstellt, alle Lebensvorgänge laufen innerhalb einer einzigen Zelle ab. Ihr Leben ist auf ein wässriges Milieu angewiesen.

Eukaryonten, Prokaryonten, Viren

- Eukaryonten haben einen echten Zellkern (von Kernmembran umhüllt). Prokaryonten sind Lebewesen, die keine membranumhüllten Organellen enthalten (Bakterien, Cyanobakterien). Viren sind nicht-zelluläre Teile aus RNA (oder DNA), sie benötigen Wirtszellen zum Leben.

Pflanzen als Grundlage des Lebens

Alle Samenpflanzen sind nach einem charakteristischen Grundmuster aufgebaut. Sie betreiben Photosynthese und bauen dadurch energiereiche Nährstoffe auf. Ihr Körperbau ist für diese Lebensweise maßgeschneidert und ermöglicht Wassertransport und Stoffspeicherung. Auch die Fortpflanzung weist einige grundlegende Besonderheiten auf und führt zur Bildung von Samen. Bei diesen Fortpflanzungseinheiten beginnt mit der Keimung das Wachstum der nächsten Pflanzengeneration.

1 Aufbau von Samenpflanzen

Samenpflanzen sind die häufigste Pflanzengruppe auf der heutigen Erde.

Ihre Hauptorgane sind Wurzel, Sprossachse, Blätter und Blüten. Sprossachse, Blätter und Blüten bilden zusammen den Spross.

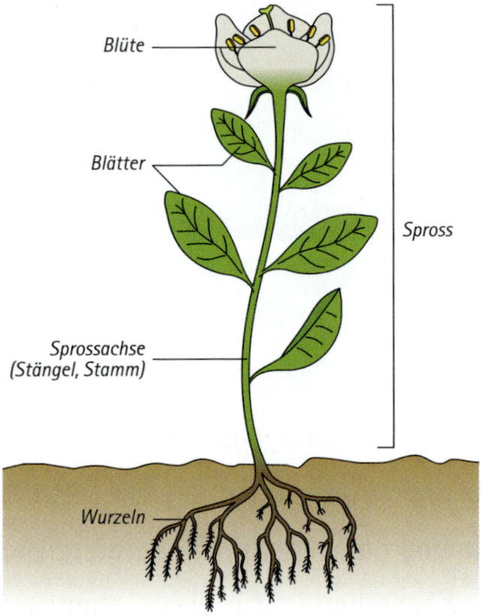

Bau einer Samenpflanze

Die Pflanzenorgane erfüllen folgende Aufgaben:
Die **Wurzeln** verankern die Pflanze im Boden und nehmen Wasser und Mineralstoffe aus dem Boden auf.

Der Stängel ist eine krautige, eventuell verholzende Sprossachse. Der Stamm ist eine verdickte und verholzte Sprossachse.

In der **Sprossachse** werden Wasser und Mineralstoffe aus der Wurzel zu den Blättern und Blüten geleitet und Nährstoffe aus den Blättern zur Wurzel. Die Sprossachse kann als Stängel oder Stamm ausgebildet sein und bringt Blätter und Blüten in die für ihre Aufgabe richtige Lage.
Die **Blätter** sind die Organe der Photosynthese und des Gasaustausches.
Blüten dienen der Fortpflanzung. In ihnen werden die Geschlechtszellen gebildet.

2 Photosynthese

2.1 Was bei der Photosynthese passiert

Tiere und Menschen nehmen mit ihrer Nahrung energiereiche Nährstoffe auf, die sich in den pflanzlichen oder tierlichen Produkten ihrer Mahlzeit befinden.
Bei Pflanzen kann man in der Regel niemals so etwas wie Nahrungsaufnahme beobachten. Dennoch wachsen und gedeihen sie. Ihrer Ernährungsweise kamen Forscher durch eine Reihe von Versuchen auf die Spur:

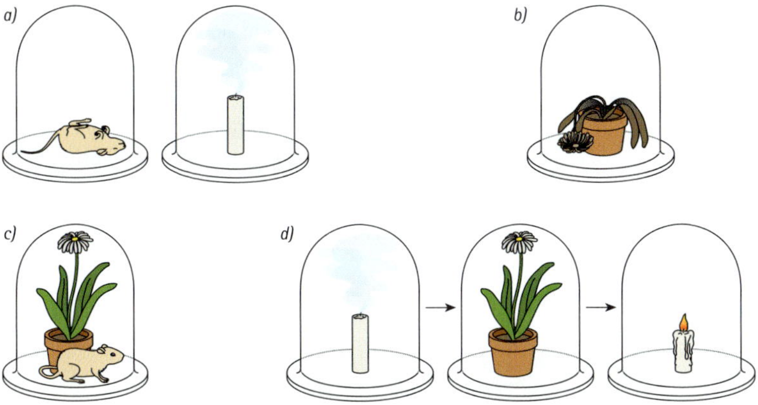

Klassische Versuche zur Ernährungsweise der Pflanzen

a) Setzt man eine Maus in ein luftdichtes Glasgefäß, so stirbt sie nach einer Weile. In der von der Maus verbrauchten Luft kann auch eine Kerze nicht mehr brennen.
b) Eine in einem luftdichten Glasgefäß gehaltene Pflanze stirbt ebenfalls nach einer Weile.
c) Tier und Pflanze, die zusammen in einem Gefäß gehalten werden, überleben hingegen beide.
d) Eine Pflanze kann in einer Luftmenge, in der eine Kerze erloschen ist, gedeihen und nach einer Weile kann auch wieder eine Kerze in dieser Luft brennen.
Pflanzen wandeln also die (von Tieren oder brennenden Kerzenflammen) »verbrauchte Luft« wieder in »gute« Luft um. Verbrauchte Luft erwies sich als reich an Kohlenstoffdioxidgas, frische Luft als reich an Sauerstoffgas.

Bereits im 19. Jahrhundert fand man heraus, dass nur die grünen Teile der Pflanzen Sauerstoff produzieren können und dass dazu immer Licht erforderlich ist. Außerdem wurde bewiesen, dass Pflanzen aus dem aufgenommenen Kohlenstoffdioxid Stärke herstellen und dass dazu auch Wasser notwendig ist. Aus dem Grundstoff Stärke können die Pflanzen dann vielerlei Produkte aufbauen, wie z. B. Eiweißstoffe, Fette, Farbstoffe und Gewürzstoffe.

- Die Ernährungsweise der Pflanzen besteht darin, dass sie aus Kohlenstoffdioxid und Wasser energiereiche Nährstoffe aufbauen. Dabei wird Sauerstoff frei.
- Weil zu diesem Vorgang Licht notwendig ist, bezeichnet man ihn als **Photosynthese**.
- Die Überführung der von den Pflanzen aufgenommenen Stoffe in körpereigene organische Substanz unter Verbrauch von Energie wird auch als **Assimilation** bezeichnet.

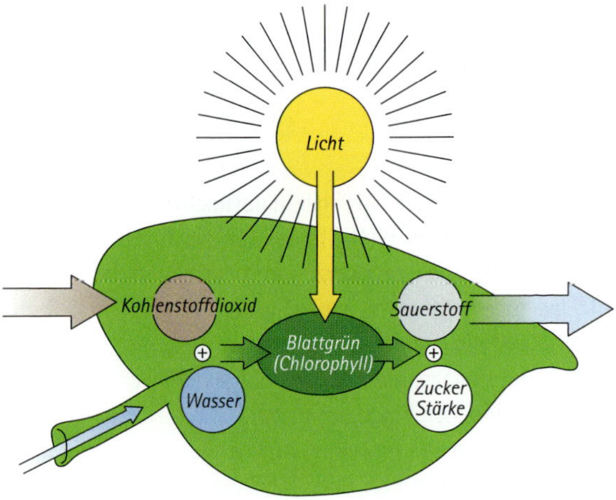

Vorgänge in der »Blattfabrik«

2.2 Das Blatt als Organ der Photosynthese

Das »Innenleben« eines Blattes lässt sich im Lichtmikroskop anhand eines Blattquerschnitts erkennen.

Querschnitt eines Laubblattes

Ein Laubblatt ist schichtenartig aufgebaut:

- obere Blatthaut (Epidermis)
- Palisadengewebe (längliche Zellen, vollgepackt mit Chloroplasten)
- Schwammgewebe (vielkantige, vielgestaltige Zellen mit großen Zwischenzellräumen)
- untere Blatthaut (Epidermis) mit Spaltöffnungen.

Über den Spaltöffnungen befinden sich zellfreie Räume – die Atemhöhlen. Sie dienen dem Gasaustausch. Die einzelnen Zellen jeder Epidermis sind eng zu einer geschlossenen und festen Schicht verzahnt. Diese wird durch eine weitgehend undurchlässige hauchdünne Schicht (Kutikula) bedeckt, die aber im Lichtmikroskop kaum deutlich wird. In die untere Epidermis sind Spaltöffnungen eingelagert.

In den Zellen des Blattes befinden sich Blattgrünkörper (Chloroplasten, s. S. 28). Sie enthalten den grünen Blattfarbstoff (Chlorophyll), der für die Photosynthese so wichtig ist.

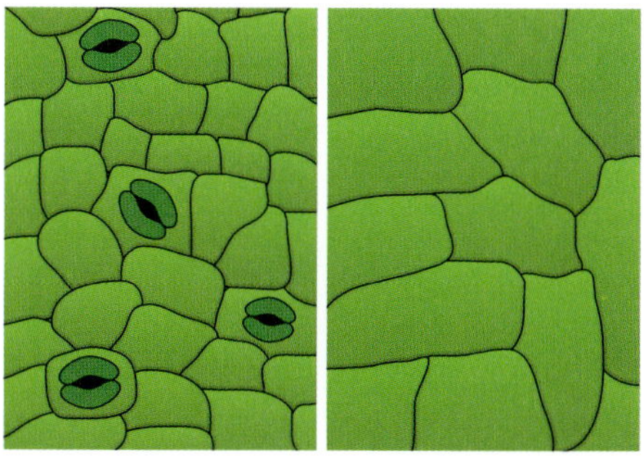

a) Untere und b) obere Laubblattepidermis

2.3 Wichtige Versuche zur Photosynthese

Was die Pflanzen zur Photosynthese benötigen und was sie herstellen, zeigen einige einfache Versuche.

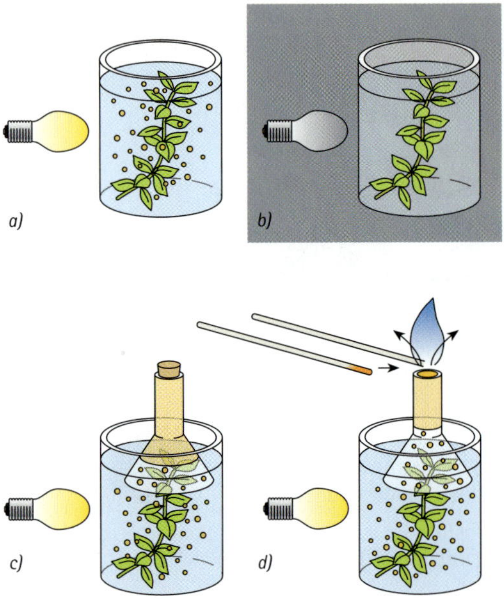

Versuche zur Photosynthese 1

Versuchsreihe 1

a) Ein im Dunkeln stehendes, mit Wasser gefülltes Glasgefäß, das eine Wasserpflanze enthält (z. B. Wasserpest), wird durch einen Scheinwerfer angestrahlt. An der Pflanze entstehen viele Gasblasen, die emporsteigen.

b) Wird das Licht ausgeschaltet, so dass das Glasgefäß wieder im Dunkeln steht, kommt die Gasproduktion sofort zum Erliegen.

c) Stülpt man einen mit Wasser gefüllten Trichter über die beleuchtete Wasserpflanze, können die aufsteigenden Gasblasen aufgefangen werden. Nach einer Weile haben sie das Wasser aus dem Trichterhals verdrängt.

d) Entfernt man den Stöpsel im Trichterhals, so entweicht das aufgefangene Gas. Führt man einen glimmenden Holzspan in das ausströmende Gas, beginnt es mit leuchtender Flamme zu brennen.

Die Pflanze kann also Sauerstoff bilden. Dazu braucht sie allerdings Licht!

Versuchsreihe 2

a) Man deckt das Blatt einer Pflanze, die längere Zeit im Dunkeln stand, teilweise mit einer Schablone ab. Anschließend wird dieses Blatt für einige Stunden mit Licht bestrahlt.

b) Danach entfernt man das Blatt von der Pflanze und löst die Blattfarbstoffe heraus. Das so behandelte Blatt wird in eine Jod-Lösung getaucht. Die zuvor belichteten Blattabschnitte färben sich schwarzblau (Stärkenachweis!).

c) In einem gescheckten Blatt tritt die schwarzblaue Färbung nur an den ursprünglich grünen Stellen auf.

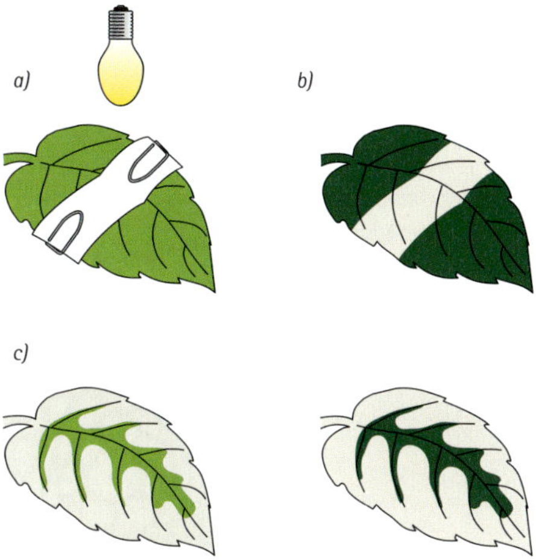

Versuche zur Photosynthese 2

> Die Pflanze kann also Stärke bilden. Das kann sie aber nur mit den Teilen, die grünen Blattfarbstoff enthalten!

3 Wassertransport und Stoffspeicherung

3.1 Bau von Sprossachse und Wurzel

Im Inneren einer Sprossachse befindet sich Leitgewebe zum Stofftransport, wie schon ein einfacher Färbeversuch zeigt.

Rote Tinte steigt in Leitbündeln zu Blättern und Blüte einer abgeschnittenen Tulpe empor

Querschnitte durch die Sprossachse vom kriechenden Hahnenfuß (Ranunculus repens). Oben: Stängelquerschnitt, unten: Querschnitt durch ein Leitbündel

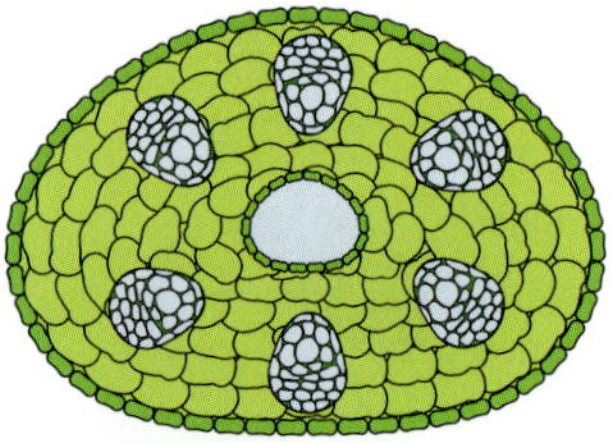

Der Querschnitt eines Pflanzenstängels zeigt: Außen befindet sich ein geschlossener Ring aus Epidermiszellen mit aufgelagerter Kutikula. Darunter folgen mehrere Zellschichten, die ebenfalls ringförmig aufgebaut sind; ihre Zellgrößen nehmen von außen nach innen zu. Besonders ins Auge springen einige dunkler erscheinende »Flecken«, die Leitbündel.

Ein Leitbündel hat zwei Bereiche:

- Die eine Hälfte besteht aus sehr vielen relativ kleinen, dickwandigen Zellen, dem so genannten **Siebteil** (Phloem); in ihm werden Nährstoffe aus den Blättern in die Wurzeln (Speicherorgane) transportiert.
- Die andere Hälfte besteht aus unterschiedlich großen, meist weiträumigen Zellen, deren Zellwände häufig noch stärker verdickt sind als bei den Phloemzellen; in diesem **Gefäßteil** (Xylem) findet der Wasser- und Nährsalztransport statt.

Längsschnitt durch ein Stängelstück vom Kürbis (Cucurbita pepo)

Dass Siebteil und Gefäßteil wie »Leitungsrohre« aufgebaut sind, zeigt ein Längsschnitt durch ein Stängelstück. Lang gestreckte Zellen sind durch mehr oder weniger starke Auflösung der Zellwände an bestimmten Stellen zu langen, den ganzen Pflanzenkörper durchziehenden Röhren verbunden.

Die **Wurzel** besteht aus mehreren Gewebesorten, die schichtenartig angeordnet sind. Die »Leitungsrohre« befinden sich in diesem Fall im Zentrum.

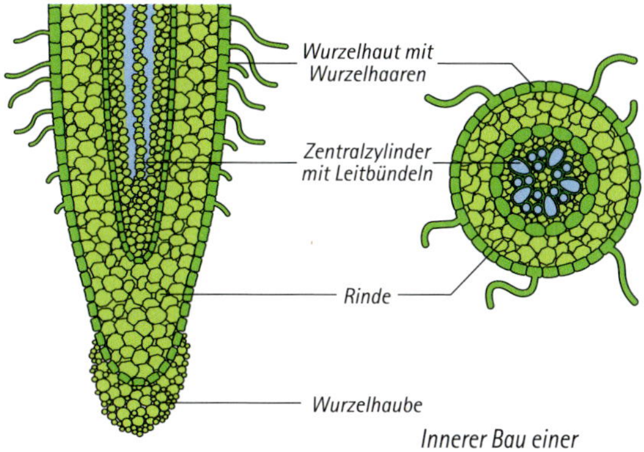

Innerer Bau einer Wurzel

3.2 Wassertransport

Von der **Wurzel** über die **Sprossachse** bis in die **Blätter** besteht ein durchgehendes System von Leitungsbahnen. Die drei Organsysteme arbeiten beim Wassertransport Hand in Hand. Der »Motor« für den Wassertransport liegt dabei überraschenderweise nicht in den Wurzeln als dem Organsystem der Wasseraufnahme, sondern in den Blättern, den Organen der Photosynthese. Die Blätter saugen das Wasser quasi durch den Pflanzenkörper.

① Über die Spaltöffnungen verdunstet Wasser nach außen. Diese Abgabe von Wasserdampf an die umgebende Luft wird als **Transpiration** bezeichnet.

② Die Zellen direkt unterhalb der Spaltöffnung verlieren dabei Wasser, der Zellsaft wird »eingedickt«. Durch osmotische Kräfte strömt Wasser aus den benachbarten Zellen nach.

③ Diese nehmen Wasser aus den Blattadern, den obersten Abschnitten des Gefäßsystems, auf.

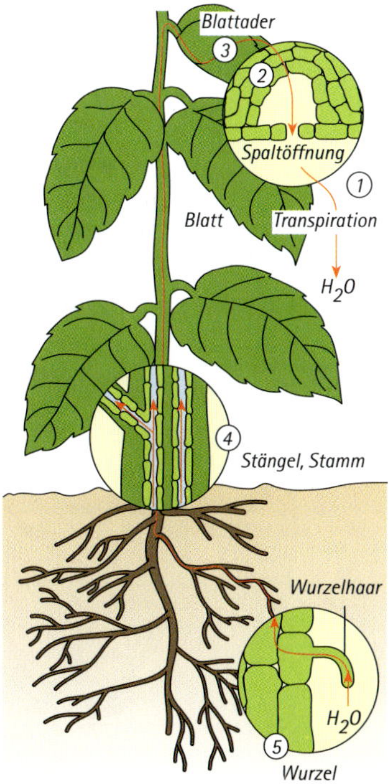

Wassertransport in der Pflanze

An einem heißen Sommertag verdunstet eine Sonnenblume 1 l und eine Birke bis zu 400 l Wasser.

④ Insgesamt entsteht ein **Transpirationssog**, durch den das Wasser wie in einem dünnen Strohhalm durch die Leitungsbahnen hochgezogen wird, die von der Wurzel bis in die Blätter verlaufen.

⑤ Die Wurzeln nehmen neues Wasser aus dem Boden auf.

3.3 Stoffspeicherung

Unterirdische Speicherorgane dienen der Ernährung von Mensch und Tier.

Überschüsse an Nährstoffen lagern viele Pflanzen in unterirdische Speicherorgane ein. Dadurch können sie dann den Winter oder Dürreperioden überstehen. Der Mensch kann diese Speicherorgane für die eigene Ernährung oder für die Tierfütterung verwenden. Je nach Gewebesorte, in der die Nährstoffe gespeichert sind, lassen sich verschiedene Speicherorgane unterscheiden:

- **Rüben** sind fleischig verdickte Speicherorgane, bei denen sowohl die Wurzel als auch der unterste Sprossabschnitt verdickt sein kann. Bei der Mohrrübe ist die Hauptwurzel verdickt. Bei einem Radieschen der unterste Sprossabschnitt.
- **Zwiebeln** sind weit verbreitete Speicherorgane. An einem kurzen dicken Stängel, der Zwiebelscheibe, entspringen Spezialblätter, die als Speicherorgane dienen.
- **Kartoffeln** sind so genannte Sprossknollen. Das sind Speicherorgane, die sich aus unterirdischen Ausläufern des Sprosses bilden. Kartoffeln enthalten neben Stärke auch hochwertiges Eiweiß, Mineralstoffe und Vitamin C!

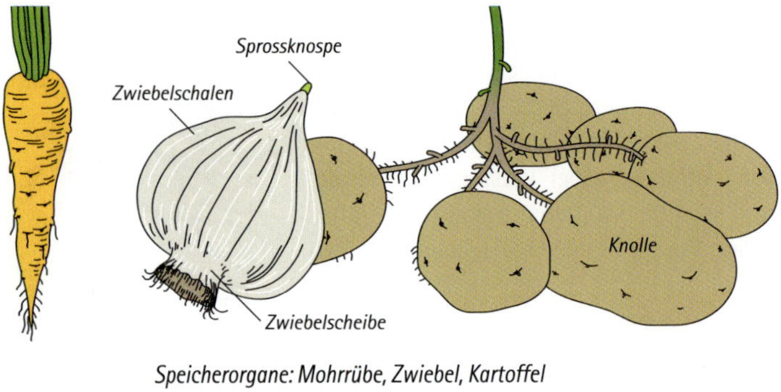

Speicherorgane: Mohrrübe, Zwiebel, Kartoffel

4 Von der Blüte zur Frucht

Eine Blüte dient der geschlechtlichen Fortpflanzung und wird aus Blättern aufgebaut, die zu diesem Zwecke umgebildet sind. Von außen nach innen folgen aufeinander die Blütenhüllblätter (Kelchblätter, Kronblätter), die Staubblätter und die Fruchtblätter.

Blüten dienen der geschlechtlichen Fortpflanzung.

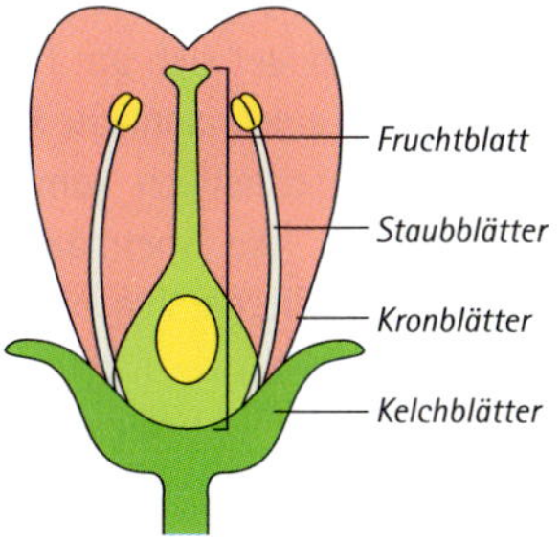

Bau einer Blüte

Die **Staubblätter** sind der Ort, an dem die männlichen Fortpflanzungszellen (Blütenstaub oder Pollen) gebildet werden. Staubblätter bestehen in der Regel aus 2 **Staubbeuteln** an einem **Staubfaden**.
Die **Fruchtblätter** sind der Ort, an dem die weiblichen Fortpflanzungsorgane gebildet werden. Bei den Bedecktsamern verwachsen die Fruchtblätter miteinander und umschließen die **Samenanlagen**. Der untere Teil der Fruchtblätter bildet den **Fruchtknoten**, der obere den **Griffel** mit der **Narbe**.

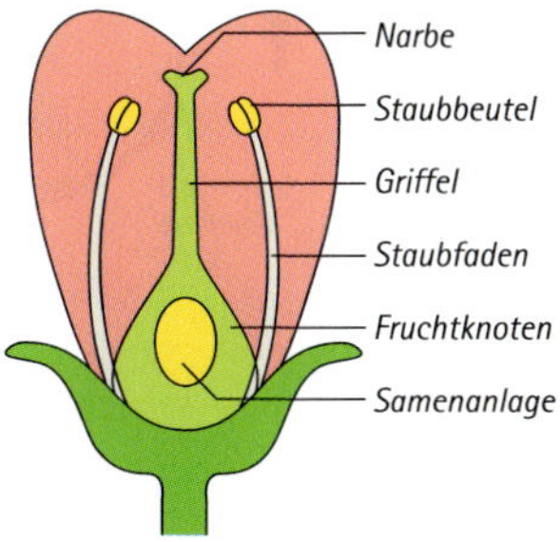

Staubblätter und Fruchtblätter

Bei der **Bestäubung** wird Blütenstaub auf die Narbe aufgebracht. Die Übertragung des Blütenstaubs von einer Blüte zur anderen geschieht häufig durch Insekten. Es gibt aber auch andere Möglichkeiten wie z. B. die Übertragung durch den Wind.

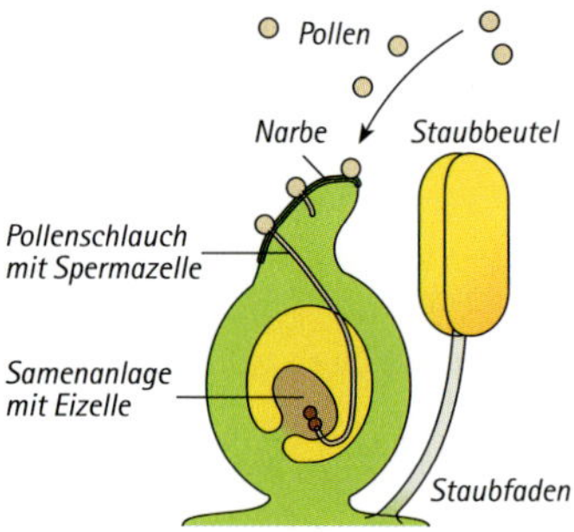

Bestäubung und Befruchtung

Ist ein **Pollenkorn** auf der Narbe angekommen, so wächst es zum **Pollenschlauch** aus, der sich seinen Weg zur **Samenanlage** im **Fruchtknoten** sucht. Während dieses Vorgangs bildet sich am Ende des Pollenschlauchs eine männliche Keimzelle (Spermazelle). Schließlich kommt es zur **Befruchtung**: Die Spermazelle verschmilzt mit der Eizelle, die sich in der Samenanlage befindet.

Nach der erfolgreichen Befruchtung beginnen nun überflüssig gewordene Blütenteile zu welken; die Blütenhüllblätter und die Staubblätter fallen ab. Die übrigen Blütenteile hingegen entwickeln sich jetzt weiter:

- In der Samenanlage bildet sich aus der Eizelle ein **Pflanzenembryo**.
- Die Samenanlage wird zum **Samen**.
- Der Fruchtknoten reift zur **Frucht** heran.

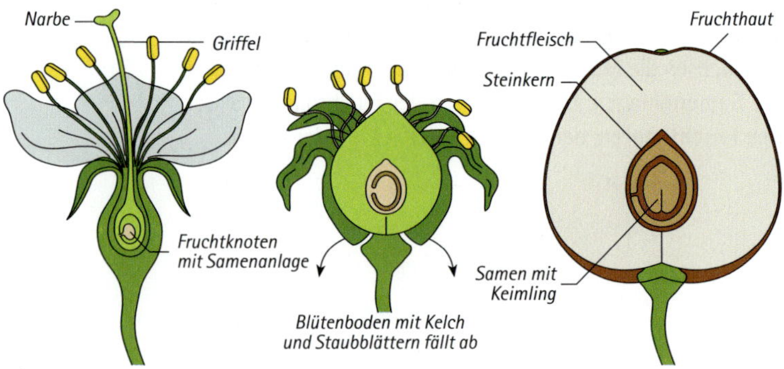

Von der Blüte zur Kirsche

5 Keimung und Wachstum

Pflanzensamen sind die Fortpflanzungseinheiten von Samenpflanzen. Sie sind so ausgerüstet, dass sie bei schlechten Bedingungen (Kälte, Trockenheit) überdauern können. Wenn die äußeren Bedingungen stimmen, keimen die Samen und wachsen zu neuen Pflanzen heran.

Ein Samen besteht aus Samenschale, Nährgewebe und Keimling (Embryo).

Nicht verwechseln: Bei Tieren und Menschen steht der Begriff Samen für das Sperma.

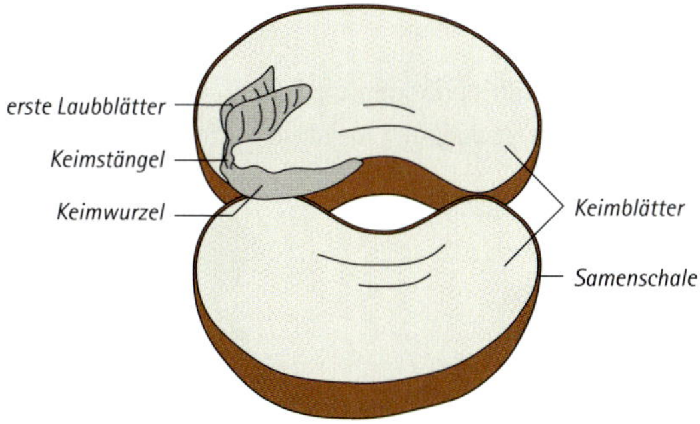

Bau des Bohnensamens mit Keimling

Den Aufbau eines Samens kann man besonders gut beim Bohnensamen erkennen. In seiner derben Samenschale befinden sich die beiden Keimblätter, die Stärke und andere Reservestoffe wie Eiweißstoffe und Fette enthalten und als Nährgewebe für den Keimling dienen. Dieser **Pflanzenembryo** ist eine zwar winzige, aber bereits vollständige Pflanze mit einer **Keimwurzel**, einem kurzen **Keimstängel** und ersten **Blättern**, die allerdings noch nicht ergrünt sind. Pflanzensamen enthalten sehr wenig Wasser. Ihr Inhalt ist deshalb sehr gut gegen Fäulnis geschützt. Manche Samen können Jahrzehnte keimfähig bleiben.

In feuchte Erde gebracht, verändern sich die Samen. Sie werden durch Wasseraufnahme größer und schwerer, sie quellen. Schließlich werden die Samen so groß, dass die Samenhülle platzt. Die im Nährgewebe gelagerten Reservestoffe (Stärke, Eiweiß, Fett) werden aktiviert und stehen dem Keimling zur Verfügung. Dieser beginnt zu wachsen. Erst streckt sich die Keimwurzel, die nach unten in den Boden einwächst, sich verzweigt und Wurzelhaare ausbildet. Dann streckt sich der Keimstängel und wächst nach oben. Schließlich durchbrechen die ersten Laubblätter den Boden und gelangen an das Licht. Sie ergrünen und die weitere Versorgung der heranwachsenden Pflanze durch Photosynthese kann anlaufen.

Für die Keimung benötigen die Samen Wasser, Luft und Wärme. Licht ist dagegen meistens nicht nötig.

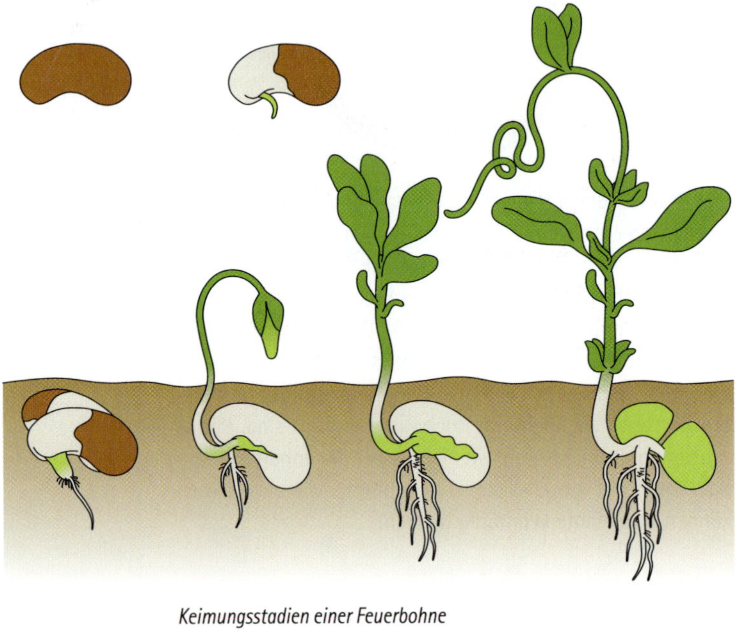

Keimungsstadien einer Feuerbohne

6 Nutzpflanzen

Zahlreiche Pflanzenarten werden vom Menschen zu vielerlei Zwecken genutzt:

- **Nahrungsmittelpflanzen** dienen der menschlichen Ernährung. Dies gilt vor allem für die nährstoffreichen Samen der Getreidepflanzen wie Weizen, Gerste, Roggen, Mais, Reis und Hirse. Aber auch Kartoffeln und eiweißreiche Hülsenfrüchte wie Bohnen, Erbsen, Linsen und Sojabohnen zählen zu den Grundnahrungsmitteln.
- **Futtermittelpflanzen** dienen der Ernährung von Nutztieren. Zum Angebot von Wiese und Weide kommen noch weitere Futterpflanzen wie Mais oder Rüben dazu. Aber auch Nahrungsmittelpflanzen wie die Kartoffel oder Sojabohnen werden an Tiere verfüttert.
- **Gewürzpflanzen** besitzen in ihren Organen und Fortpflanzungseinheiten (in Wurzeln, Stängeln, Blättern, Blüten, Früchten oder Samen) Stoffe, die würzig oder scharf schmecken und sich als Zugabe zur menschlichen Nahrung eignen (Gewürz).

Auch ein Nutzen: Pflanzen, die als Zimmer- oder Zierpflanzen unsere Wohnungen, Balkons und Gärten verschönern!

- **Genussmittelpflanzen** liefern Stoffe, die nicht der Ernährung dienen. Vielmehr schätzt der Mensch diese Stoffe wegen ihres Wohlgeschmacks oder ihrer anregenden Wirkung (Kaffee, Tee, Tabak, Kakao).
- **Heilpflanzen, Arzneipflanzen** enthalten Wirkstoffe, die zu Heilzwecken eingesetzt werden können. Dabei kommt es aber häufig auf die richtige Dosis an, denn etliche dieser Substanzen können auch eine giftige Wirkung entfalten. Die Liste von Heilpflanzen ist endlos (z. B. Kamille, Weißdorn, Ginseng, Fenchel, Johanniskraut, Salbei, Pfefferminze).
- **Rohstoffpflanzen** liefern Stoffe, die vom Menschen technisch verwendet werden können (Bäume als Holzlieferanten, Baumwolle als Rohstoff für Textilien, Kautschuk zur Herstellung von Gummi).

Auf einen Blick: Pflanzen als Grundlage des Lebens

Aufbau von Samenpflanzen

- Die Hauptorgane von Samenpflanzen sind Wurzel, Sprossachse, Blätter und Blüten. Sprossachse, Blätter und Blüten bilden zusammen den Spross.

Photosynthese

- Die Ernährungsweise der Pflanzen besteht darin, dass sie aus Kohlenstoffdioxid und Wasser energiereiche Nährstoffe aufbauen können. Dabei wird Sauerstoff frei.
- Weil zu diesem Vorgang Licht notwendig ist, bezeichnet man ihn als Photosynthese.
- Die Überführung der von den Pflanzen aufgenommenen Stoffe in körpereigene organische Substanz unter Verbrauch von Energie wird auch als Assimilation bezeichnet.

Wassertransport und Stoffspeicherung

- Im Inneren von Wurzel und Sprossachse befinden sich Leitbündel.
- In einem Leitbündel lassen sich zwei Bereiche unterscheiden. Im Siebteil (Phloem) werden Nährstoffe transportiert. Im Gefäßteil (Xylem) findet der Wasser- und Nährsalztransport statt.
- Überschüsse an Nährstoffen lagern viele Pflanzen in Speicherorgane ein: Rüben, Zwiebeln, Kartoffeln.

Von der Blüte zur Frucht

- Männliche Fortpflanzungszellen werden in den Staubblättern, weibliche in den Fruchtblättern gebildet.
- Bei der Bestäubung gelangen Pollenkörner auf die Narbe des Fruchtknotens und bilden einen Pollenschlauch, der sich seinen Weg zu einer Samenanlage im Fruchtknoten sucht.
- Bei der Befruchtung verschmilzt die im Pollenschlauch gebildete Spermazelle mit der Eizelle in der Samenanlage. Es entwickelt sich ein Pflanzenembryo.
- Die Samenanlage wird zum Samen, der Fruchtknoten zur Frucht.

Keimung und Wachstum

- Ein Samen besteht aus Samenschale, Nährgewebe und Keimling (Embryo).
- Bei der Keimung kommt es zur Wasseraufnahme (Quellung). Nährstoffe im Samen werden aktiviert, der Embryo beginnt zu wachsen. Keimwurzel und Keimstängel mit Blättern brechen aus der Samenschale hervor.

Ernährung und Stofftransport

Mit der Nahrung werden dem menschlichen Körper Nährstoffe zugeführt, die Energie und Aufbaustoffe liefern. Der Körper kann die Energie aus den Nährstoffen nur gewinnen, wenn über die Atmung ausreichend Sauerstoff aufgenommen und Kohlenstoffdioxid abgegeben wird. Über das Blut werden alle Stoffe in einem geschlossenen Kreislaufsystem durch den Körper transportiert. Das Herz ist der Motor dieses Stofftransports.

1 Ernährung

Wir nehmen mit der Nahrung »Kraftstoffe« auf. Sie liefern die **Energie** für Muskelarbeit, den Aufbau von körpereigenen Substanzen und die Erzeugung der Körperwärme. Mit der Nahrung werden dem Körper aber auch alle **Stoffe** zugeführt, die für Aufbau und Erneuerung des Organismus unentbehrlich sind. Außerdem sind Substanzen enthalten, die eine **Verwertung** der Nahrungsbestandteile erst ermöglichen – wie z. B. die Vitamine.

1.1 Energiebedarf

Der Energiebedarf unseres Körpers hängt von dessen **Energieverbrauch** ab, d. h. davon, wie viel Energie pro Zeiteinheit umgesetzt wird. Wir sprechen daher auch von **Energieumsatz.**

Der Energieumsatz eines Menschen ist abhängig
1. vom Ruhe- oder **Grundumsatz** und
2. vom Arbeits- oder **Leistungsumsatz**.

Grundumsatz

Als **Grundumsatz** wird diejenige Energiemenge bezeichnet, die zur **Erhaltung der Lebensfunktionen** benötigt wird. Mehr als die Hälfte der hierfür umgesetzten Energie wird von der **Leber** (25 %), vom **Gehirn** (20 %) und vom **Herzen** (10 %) verbraucht.

Den größten Einfluss auf den Grundumsatz hat das **Körpergewicht.** Als groben Richtwert kann man für Erwachsene mittleren Alters einen **relativen Grundumsatz** von etwa **1 kcal** (Kilokalorie) oder **4 kJ** (Kilojoule) **pro kg Körpergewicht und Stunde** angeben.

Abhängigkeit des relativen Grundumsatzes von verschiedenen Faktoren

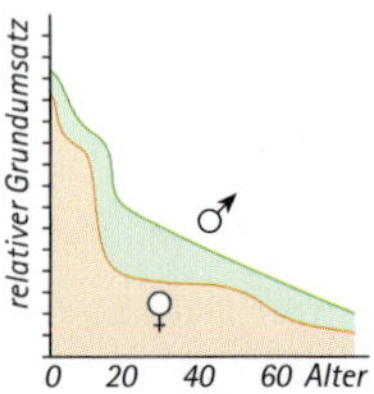

Ein weiterer Faktor ist das **Alter.** Den höchsten relativen Grundumsatz haben Säuglinge. Danach nimmt der Wert mit dem Alter kontinuierlich ab. Dabei sind **zwei Phasen** deutlich zu unterscheiden. Von der Geburt bis etwa zur Volljährigkeit sinkt der Wert um rund 30 %; danach beträgt der Rückgang nur noch 2 % pro Lebensjahrzehnt.

Auch das **Geschlecht** spielt eine Rolle: Frauen verbrauchen im Grundumsatz 10 bis 20 % weniger Energie als Männer. Der Geschlechtsunterschied wird hauptsächlich der geringeren Muskelmasse, aber auch der niedrigeren Stoffwechselaktivität von Frauen zugeschrieben.

Schließlich wird der Grundumsatz von der **aufgenommenen Nahrungsmenge** beeinflusst. Das liegt daran, dass unser Körper nicht wie eine Maschine arbeitet, die immer gleich viel Energie verbraucht. Unser Körper passt sich an: Steht ihm bei überkalorischer Ernährung viel Energie zur Verfügung, geht er verschwenderisch damit um und verwandelt einen Teil der aufgenommenen Nahrungsenergie sofort in Wärme. Kommt es umgekehrt bei unterkalorischer Ernährung zu einem Energiemangel, wird gespart und die Wärmeproduktion gedrosselt.

Allerdings gibt es erhebliche **Unterschiede** zwischen den Menschen. »Schlechte Futterverwerter« verheizen sofort einen Teil der aufgenommenen Kalorien wieder. Anders sieht es bei den »guten Futterverwertern« aus: Aufgrund eines ökonomischer arbeitenden Stoffwechsels speichern sie einen großen Teil der mit der Nahrung aufgenommenen Energie – meist in Form von Körperfett.

Leistungsumsatz

Bei körperlicher Betätigung steigt der Energieumsatz in Abhängigkeit vom Ausmaß der Arbeitsintensität an. Dieser **Arbeitsumsatz** oder **Leistungsumsatz** ergibt sich im Wesentlichen aus der gesteigerten **Aktivität der Skelettmuskulatur**. Bereits beim Sitzen erhöht sich der Grundumsatz um 40 %, bei entspanntem Stehen um 50 %, bei normalem Gehen um 100 % und beim Joggen (10 km/h) um 500 %. Geistige Leistungen tragen, so anstrengend sie auch sein mögen, nichts zum Leistungsumsatz bei.

Unser Körper »verbraucht« Energie für die Erhaltung der Lebensfunktionen und für Arbeitsleistungen. Er gewinnt Energie durch die Nahrungsaufnahme. Entspricht die Energieaufnahme dem Energieverbrauch, befindet sich der Körper im **Energiegleichgewicht.**

1.2 Nährstoffe als Energieträger

Die Nahrungsbestandteile, die als Energiequellen dienen, werden als **Nährstoffe** bezeichnet. Zu ihnen gehören die **Kohlenhydrate,** die **Fette** und die **Eiweiße** (auch **Proteine** genannt).

Alle Nährstoffe zeichnen sich dadurch aus, dass sie **Energie** in Form chemischer Bindungen gespeichert haben und vom menschlichen Körper **verwertet** werden können. Die zweite Bedingung ist wichtig, weil wir mit der Nahrung auch Stoffe aufnehmen, die zwar energiereich sind, die unser Körper aber nicht abbauen kann.

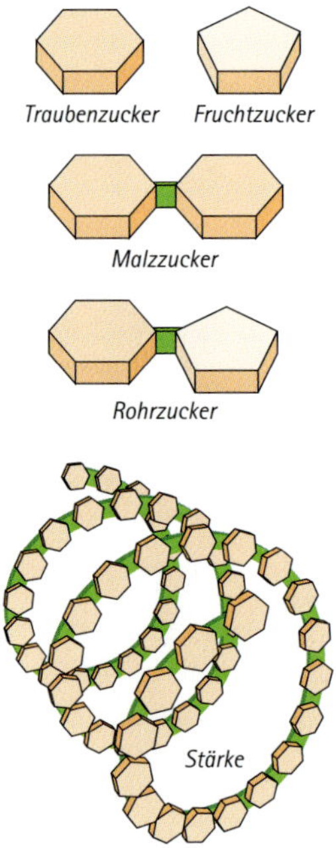

Kohlenhydrate in der Nahrung

Die wichtigsten Energielieferanten sind die **Kohlenhydrate.** Zu den Kohlenhydraten gehören die **Zucker. Traubenzucker** (Glukose) und **Fruchtzucker** (Fruktose), die beide natürlicherweise vor allem in Früchten vorkommen, sind sogenannte Einfachzucker, weil sie nur aus einem einzigen Molekül bestehen. **Rohrzucker** (Saccharose), der gewöhnlich zum Süßen von Speisen und Getränken verwendet wird, ist ein Doppelzucker, der aus zwei Zuckermolekülen zusammengesetzt ist.

Zu den komplizierter aufgebauten Kohlenhydraten gehört die **Stärke**, die den Hauptbestandteil des Mehls ausmacht und deshalb in Brot oder Nudeln reichlich vorhanden ist. Mehl wird bei uns meist aus den einheimischen Getreidesorten Weizen und Roggen gewonnen. Stärke ist aber auch in allen anderen Getreidesorten sowie in Kartoffeln und Reis enthalten. Das Riesenmolekül besteht aus vielen hundert Traubenzuckermolekülen, die miteinander verkettet sind. Aus diesem Grund kann Stärke chemisch in Traubenzucker zerlegt werden.

Fette sind ebenfalls hervorragende Energieträger. Sie bestehen aus einem Molekül **Glycerin** und drei **Fettsäuren**. Die verschiedenen Nahrungsfette unterscheiden sich grundsätzlich nur in der Zusammensetzung dieser drei Fettsäuren, die unterschiedlich lang sein können. Fette sind in konzentrierter Form in Speiseölen, in Butter und Margarine enthalten. Auch Nüsse und Samen sind sehr fetthaltig. Die meisten tierischen Nahrungsmittel enthalten mehr oder weniger **verborgene** Fette (z. B. Wurst und Käse).

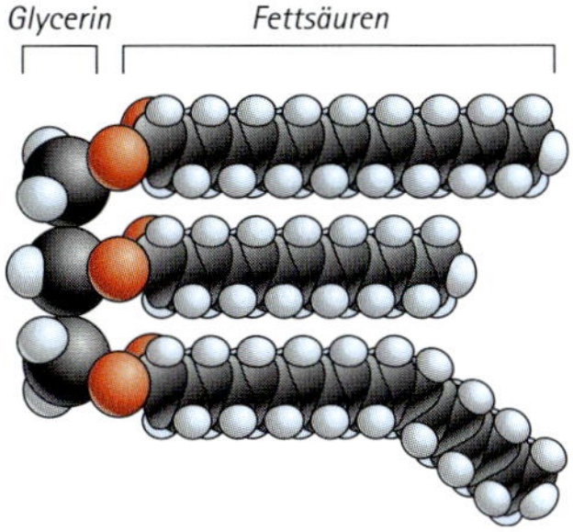

Aufbau eines Fettmoleküls

Die **Eiweiße** oder **Proteine** sind primär nicht als Energielieferanten anzusehen. Sie werden von unserem Körper hauptsächlich als Baustoffe benötigt. Da der Eiweißbedarf des Körpers begrenzt ist und Eiweiß kaum gespeichert werden kann, wird überschüssiges Eiweiß ebenfalls zur Deckung des Energiebedarfs herangezogen. Nur in diesem Sinne kommen auch Eiweiße als Energielieferanten in Frage.
Wie viel Energie die jeweiligen Nährstoffe liefern, hängt von ihrem **physiologischen Brennwert** ab. Dieser beträgt für **Kohlenhydrate und Eiweiße** etwa **4 kcal** (Kilokalorien) oder 17 KJ (Kilojoule) und für **Fette** etwa **9 kcal** oder 38 kJ pro Gramm. Fett liefert also mehr als doppelt so viel Energie wie Kohlenhydrate und Eiweiße. Deshalb eignet es sich auch so hervorragend zur Energiespeicherung!

Der von unserem Körper ausnutzbare Energiegehalt eines Nahrungsmittels hängt von der relativen Zusammensetzung der Nährstoffe und von deren physiologischem Brennwert ab.

Der Energiegehalt von Nahrungsmitteln lässt sich mithilfe einer **Nährstoff-Tabelle** ermitteln.

1.3 Nahrung als Lieferant von Aufbaustoffen

Der menschliche Körper besteht im Durchschnitt zu 60 % aus Wasser, zu 15 bis 20 % aus Eiweiß, zu 15 bis 20 % aus Fett, zu 1 % aus Kohlenhydraten und zu 5 % aus Mineralstoffen. Diese Körpersubstanzen werden während des Wachstums in Kindheit und Jugend aus Nahrungsbestandteilen aufgebaut. Auch im Körper des Erwachsenen müssen ständig Zellen ersetzt oder neu gebildet werden. Die **Aufbaustoffe,** die hierfür nötig sind, entnimmt unser Körper ebenfalls der Nahrung. Dazu gehören außer den drei Nährstoffen (Eiweiße, Fett, Kohlenhydrate) die Mineralstoffe und das Wasser.

Eiweiße

Von den drei Nährstoffen sind vor allem **Eiweiße** oder **Proteine** am Aufbau des Körpers beteiligt. Proteine sind große Moleküle, die aus **Ketten von Aminosäuren** bestehen. Es gibt insgesamt **20 verschiedene Aminosäuren,** die sich in ihrem chemischen Aufbau etwas unterscheiden. Proteine sind die vielgestaltigsten Moleküle in unserem Körper. Die Vielfalt kommt dadurch zustande, dass die 20 verschiedenen Aminosäuren in immer andersartiger Weise zu langen Ketten verknüpft werden. Dabei entstehen Ketten, die 100 und mehr Aminosäuren enthalten können.

Die 20 Aminosäuren:
- Alanin
- Arginin
- Asparagin
- Asparaginsäure
- Cystein
- Glutamin
- Glutaminsäure
- Glycin
- Histidin
- Isoleucin
- Leucin
- Lysin
- Methionin
- Phenylalanin
- Prolin
- Serin
- Threonin
- Tryptophan
- Tyrosin
- Valin

Die körpereigenen Proteine werden ständig abgebaut und wieder neu aufgebaut. Dabei werden pro Tag etwa 100 Gramm Körpereiweiß umgesetzt. Die Aminosäuren, aus denen die körpereigenen Proteine aufgebaut werden, stammen zum Teil aus dem Abbau von Körpereiweiß, zum Teil aus dem Abbau von Nahrungseiweiß. Diejenigen Aminosäuren, die der Körper nicht durch Umwandlung aus vorhandenen Aminosäuren selbst herstellen kann und die deshalb unbedingt mit der Nahrung aufgenommen werden müssen, werden als **essentielle Aminosäuren** bezeichnet. Da die Speicherung von Eiweiß im Körper praktisch nicht möglich ist, muß eine ausreichende Proteinmenge mit der täglichen Nahrung aufgenommen werden. Unserem Organismus reicht eine **tägliche Proteinzufuhr** von etwa **0,8 Gramm pro Kilogramm Körpergewicht.**

Fette. Sie dienen in erster Linie als Energielieferanten. Einige Fettbausteine werden aber auch zum Aufbau von körpereigenen Substanzen verwendet. Am wichtigsten sind die Membranlipide der Zellmembranen, die alle Körperzellen als dünne Häutchen umgeben; sie werden hauptsächlich aus den Fettsäuren der Nahrungsfette hergestellt.

Fette: Energielieferanten

Die meisten **Fettsäuren** kann unser Körper auch aus anderen Nahrungsbestandteilen herstellen. Einige vor allem in pflanzlichen Ölen vorkommende Fettsäuren müssen jedoch unbedingt mit der Nahrung zugeführt werden. Sie werden wie bei den Aminosäuren als **essentielle Fettsäuren** bezeichnet.

Kohlenhydrate. Sie sind ebenfalls vor allem Energielieferanten. Sie machen nur etwa 1 % der Körpersubstanz aus, im Wesentlichen gespeichert in Form von Glykogen. In geringem Umfang sind sie jedoch auch am Aufbau von körpereigenen Substanzen beteiligt (z. B. Schleim).

Kohlenhydrate: Energielieferanten

Mineralstoffe. Sie haben im menschlichen Organismus unterschiedliche biologische Aufgaben. Als Aufbaustoffe sind sie am Aufbau, der Erhaltung und der Erneuerung von Knochen und Zähnen beteiligt. Es handelt sich hierbei vor allem um Calcium, Phosphat und Magnesium.

Mineralstoffe: Aufbaustoffe

Wasser. Dies ist der vielleicht lebenswichtigste Stoff, den wir mit der Nahrung aufnehmen. Ohne feste Nahrung kann ein Mensch ein paar Wochen überleben, aber ohne Wasser nur ein paar Tage. Wir verlieren täglich etwa 1 Liter Wasser durch **Verdunstung** über die Haut und durch die Atemluft und etwa 1,5 Liter durch **Ausscheidung** mit Harn und Kot.

Wasser: lebenswichtiger Stoff

Für die Aufrechterhaltung der Körperfunktionen ist aber eine ausgeglichene **Wasserbilanz** unerlässlich. Unser Körper benötigt deshalb täglich etwa 2,5 Liter Wasser. Davon werden in der Regel etwa 1,2 Liter mit Getränken und flüssiger Nahrung aufgenommen, etwa 1 Liter ist in fester Nahrung enthalten, und etwa 0,3 Liter entstehen im Zellstoffwechsel.

1.4 Nahrung als Lieferant von Wirkstoffen

Neben den Brennstoffen für den Energiestoffwechsel und den Aufbaustoffen für den Baustoffwechsel gibt es noch eine dritte Gruppe von Nahrungsbestandteilen, die für die Verwertung der aufgenommenen Brenn- und Aufbaustoffe unentbehrlich sind – die **Wirkstoffe**. Zu ihnen gehören die Vitamine sowie die Mineralstoffe und Spurenelemente.

Vitamine: unentbehrlich für den Stoffwechsel

Vitamine. Dies sind für den Stoffwechsel unseres Körpers unentbehrliche Substanzen, die unser Organismus selbst nicht herstellen kann. Sie müssen deshalb regelmäßig und in ausreichender Menge mit der Nahrung aufgenommen werden. Wichtige Quellen für Vitamine und deren Vorstufen (die Provitamine) sind pflanzliche Nahrungsmittel (Gemüse, Obst). Aber auch das Fleisch pflanzenfressender Tiere kommt als Vitaminquelle in Frage.

Der **Vitaminbedarf** ist von verschiedenen Faktoren wie Alter, Geschlecht, Gesundheitszustand und Nahrungszusammensetzung abhängig. Alle Angaben für eine empfohlene Vitaminzufuhr pro Tag stellen demnach nur grobe Richtwerte dar.

Die folgende Tabelle gibt einen Überblick über die biologischen Funktionen der Vitamine.

	Name	Chem. Bezeichnung	Biologische Funktion
Wasserlösliche Vitamine	B_1	Thiamin	Coenzym im Kohlenhydratstoffwechsel
	B_2	Riboflavin	Coenzym im Energiestoffwechsel
	B_6	Pyridoxin	Coenzym im Eiweißstoffwechsel
	B_{12}	Cobalamin	Coenzym im Baustoffwechsel
		Nicotinamid	Coenzym im Energiestoffwechsel
		Folsäure	Coenzym im Baustoffwechsel
		Biotin	Coenzym im gesamten Stoffwechsel
		Pantothensäure	Coenzym im Energiestoffwechsel
	C	Ascorbinsäure	aktiviert Enzyme, steigert die Abwehr
Fettlösliche Vitamine	A	Retinol	Bestandteil des Sehfarbstoffs
	D	Calciferol	reguliert den Calciumgehalt im Blut
	E	Tocopherol	schützt Zellmembranen vor Zerstörung
	K	Phyllochinon	ist an der Blutgerinnung beteiligt

Mineralstoffe und Spurenelemente. Sie sind unentbehrliche chemische Substanzen, die unser Körper vor allem für seine Stoffwechselvorgänge benötigt. Außerdem ist unser Organismus auf eine konstante mineralische Zusammensetzung seiner Körperflüssigkeiten angewiesen. Meist reichen **sehr geringe Mengen** dieser Substanzen aus (eben Spuren!). Da sie ständig mit Schweiß, Urin und Kot ausgeschieden werden, ist ein Ersatz über die Nahrungsaufnahme erforderlich. Die Tabelle gibt einen Überblick über die biologischen Funktionen der Mineralstoffe und Spurenelemente.

Mineralstoffe und Spurenelemente: Aufrechterhaltung der Stoffwechselvorgänge

	Chemische Bezeichnung	**Biologische Funktion**
Mineralstoffe	Calcium	Knochen- und Zahnaufbau, Stoffwechsel
	Phosphat	Knochen- und Zahnaufbau, Stoffwechsel
	Magnesium	Knochen- und Zahnaufbau, Stoffwechsel
	Kalium	Nerven- und Muskelerregung, Stoffwechsel
	Natrium	Nerven- und Muskelerregung, Wasserhaushalt
	Chlorid	Wasserhaushalt, Säurebildung im Magen
Spurenelemente	Eisen	Bestandteil von Hämoglobin, Stoffwechsel
	Jod	Bestandteil der Schilddrüsenhormone
	Zink	aktiviert viele Enzyme, steigert die Abwehr
	Kupfer	Bestandteil von Enzymen, aktivierend
	Mangan	Bestandteil von Enzymen, aktivierend
	Selen	schützt Zellmembranen, steigert die Abwehr
	Kobalt	Bestandteil von Vitamin B_{12}

1.5 Enzyme: Katalysatoren des Stoffwechsels

Katalysatoren kennen die meisten von der Abgasreinigung beim Auto. Sie bringen eine chemische Reaktion in Gang, die gefährliche Oxide (Kohlenstoffmonoxid, Stickstoffoxide) im Abgas in harmlosere Substanzen umwandelt.

Katalysatoren haben die **Eigenschaft, chemische Reaktionen zu beschleunigen.** Dabei wirken sie durch ihre bloße Anwesenheit. Sie werden nicht verändert und sie verbrauchen sich dabei auch nicht.

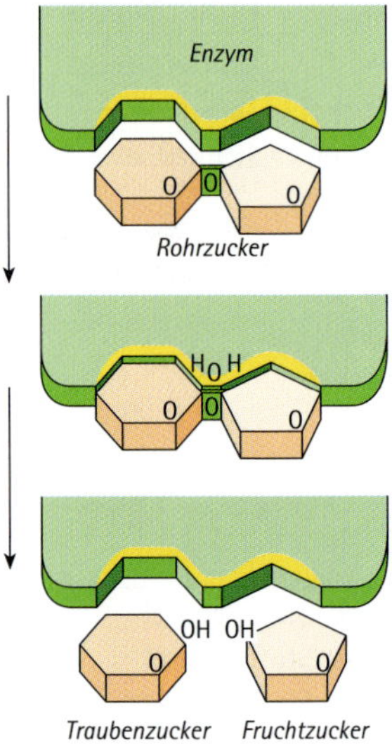

Schlüssel-Schloss-Prinzip der Enzymwirkung

Die Katalysatoren unseres Körpers sind die **Enzyme.** Es gibt mehr als 1000 verschiedene davon. Jedes Enzym vermag nämlich nur an **einer** ganz bestimmten **Substanz eine** ganz bestimmte **chemische Reaktion** zu katalysieren. Das liegt daran, dass Enzyme nach dem **Schlüssel-Schloss-Prinzip** arbeiten. Jedes Enzym ist ein relativ großes körpereigenes Protein, das so gestaltet ist, dass die Substanz, die zu einer chemischen Reaktion gebracht werden soll, räumlich genau zu diesem Enzym passt.

Enzyme arbeiten mit einer unglaublichen **Geschwindigkeit**. Unter optimalen Bedingungen können z. B. bis zu 1 Million Rohrzuckermoleküle pro Minute zerlegt worden. Enzyme arbeiten aber nur optimal, wenn die **Bedingungen** in ihrer Umgebung stimmen: die richtige Temperatur (37 °C sind optimal), der richtige pH-Wert (das ist ein Maß für den Säuregehalt der Körperflüssigkeiten), die richtige mineralische Zusammensetzung. Einige Enzyme benötigen für ihre Arbeit noch spezielle **Helfer:** die **Coenzyme.** Diese gehören zu den **Vitaminen** und müssen mit der Nahrung aufgenommen werden.

1.6 Verdauung der Nährstoffe

Wenn wir etwas verspeisen, gelangt die Nahrung zuerst in das **Verdauungssystem** unseres Körpers. Die Nährstoffe sind nämlich viel zu groß, um durch die Membranen zu gelangen, die alle Körperzellen umgeben. Deshalb müssen die Nährstoffe zunächst zerkleinert werden. Genau das passiert bei der Verdauung. Die Zerkleinerung erfolgt zum Teil **mechanisch** (z. B. durch Kauen), zum größten Teil jedoch **chemisch** durch die Einwirkung von Enzymen.

Verdauung im Mund

Zuerst gelangt die Nahrung in die **Mundhöhle**. Durch das Kauen wird die Nahrung mechanisch zerkleinert und mit Speichel durchmischt. Die Speichelflüssigkeit wird von zahlreichen **Speicheldrüsen** im Mundbereich produziert.

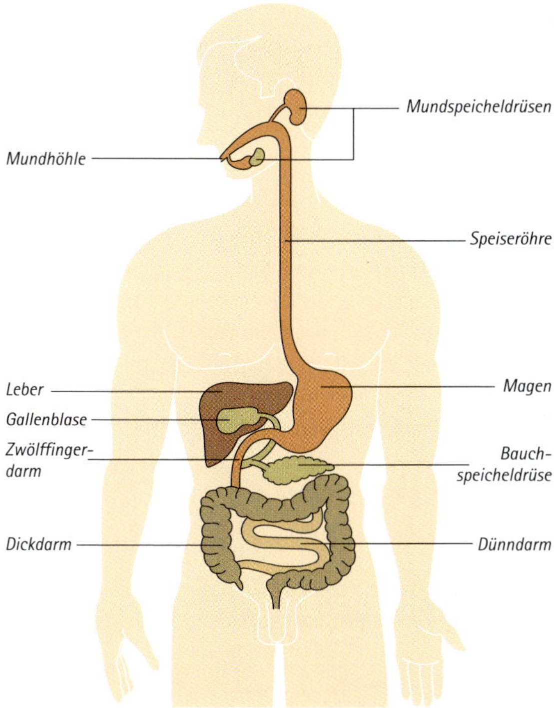

Unser Verdauungssystem gleicht – grob vereinfacht – einem langen Rohr (bestehend aus Mundhöhle, Speiseröhre, Magen, Dünn- und Dickdarm) mit anhängenden Drüsen (Mundspeicheldrüsen, Bauchspeicheldrüse, Leber).

Übersicht über das Verdauungssystem

Speichel besteht im Wesentlichen aus **Wasser, Schleim** und α**-Amylase,** einem Verdauungsenzym. Wasser und Schleim machen den Nahrungsbrei gleitfähig, so dass er leicht geschluckt und durch die Speiseröhre weitergeleitet werden kann. Die α-Amylase leitet die chemische Verdauung ein: Sie spaltet **Stärke,** die aus tausenden von Traubenzuckermolekülen besteht, in kleinere Bruchstücke aus jeweils zwei Molekülen Traubenzucker, genannt **Malzzucker** (Maltose).
Zur Weiterleitung in den Magen wird der Nahrungsbrei in geeigneten Portionen in die **Speiseröhre** gedrückt. Die muskulöse Speiseröhre befördert die Nahrungsportionen aktiv weiter bis zum Mageneingang.

Verdauung im Magen

Der **Magen** ist ein sackartiges Gebilde, das wegen seiner dehnbaren Wände ein Fassungsvermögen von 1 bis 3 Litern besitzt. Sobald eine bestimmte Menge Nahrungsbrei zusammengekommen ist, wird durch die Dehnung der Magenwand reflektorisch ein Zusammenziehen der Muskeln in der Magenwand ausgelöst. Dadurch wird der Nahrungsbrei intensiv mit den Magensäften durchmischt und langsam Richtung Magenausgang (»Pförtner«) geschoben.

Der **Magensaft** wird von bestimmten Zellen in der Magenwand hergestellt. Er besteht im Wesentlichen aus Wasser, Salzsäure, dem Verdauungsenzym Pepsin und Schleim.

Mit dem pH-Wert wird ausgedrückt, wie sauer oder alkalisch eine Flüssigkeit ist. Je saurer sie ist, desto niedriger der pH-Wert. Je höher der pH-Wert ist, desto alkalischer eine Flüssigkeit. Bei einem pH-Wert von 7 ist eine Flüssigkeit neutral.

Durch die **Salzsäure** wird der Mageninhalt stark angesäuert, was jeder bei »Sodbrennen« auch schmecken kann. Dadurch verschiebt sich der pH-Wert. Der Magensaft ist noch saurer als Zitronensaft; er hat einen pH-Wert von 1 bis 2. Unter diesen Bedingungen gerinnen die meisten Proteine. Davon bleiben auch die mit der Nahrung aufgenommenen mikroskopisch kleinen Bakterien und Pilze nicht verschont; sie werden dadurch meistens abgetötet. Die Salzsäure des Magens gehört also zu den **unspezifischen Abwehrmechanismen** unseres Körpers (»Desinfektionsschleuse«).

Das Verdauungsenzym des Magens, das **Pepsin,** ist an dieses saure Milieu hervorragend angepasst. Es wird erst in Gegenwart von Salzsäure besonders aktiv. Pepsin zerlegt die **Proteine** im Nahrungsbrei in kleinere Bruchstücke, die als **Peptide** bezeichnet werden.

Die Eiweißverdauung im Magen wirft aber ein kleines Problem auf. Die Zellen des Magens bestehen nämlich zu einem nicht unerheblichen Teil selbst aus Eiweiß. Weshalb werden sie nicht vom Pepsin und der Salzsäure angegriffen? Der Magen schützt sich vor dieser Selbstverdauung durch eine dünne **Schleimschicht,** die das Mageninnere vollständig auskleidet. Die Schleimstoffe verkleben miteinander und dichten so die Magenwand ab.

Verdauung im Dünndarm

Vom Magen wird der Nahrungsbrei portionsweise in den Dünndarm befördert. Der Dünndarm ist ein etwa 3 m langer Schlauch, der vielfach gewunden den Bauchraum ausfüllt. Die Mediziner unterteilen ihn in unterschiedlich lange Abschnitte. Am wichtigsten ist der **Zwölffingerdarm** (der etwa

so lang ist wie 12 Finger breit sind). In ihn münden die Ausführgänge der Leber und der Bauchspeicheldrüse. In der **Leber** wird der **Gallensaft** produziert. Gallensaft ist eine Mischung aus Wasser, Gallenfarbstoffen aus dem Abbau von Hämoglobin und Gallensäuren.
Die **Gallensäuren** tragen dazu bei, dass die im Nahrungsbrei enthaltenen Fette, die in der Regel zusammengeklumpt sind (Fett ist nicht wasserlöslich!), in feinste Tröpfchen zerteilt werden; die Chemiker nennen das **»emulgieren«**. Durch diese **Oberflächenvergrößerung** werden die Fette für die wasserlöslichen Verdauungsenzyme leichter zugänglich. Der Gallensaft wird zunächst in der **Gallenblase** gesammelt. Erst wenn fettreicher Nahrungsbrei in den Zwölffingerdarm gelangt, wird sie entleert. Der Gallensaft gelangt dann gleichzeitig mit dem Verdauungssaft der Bauchspeicheldrüse in den Darm.

Verdauungsdrüse
Bauchspeicheldrüse

Bauchspeicheldrüse. Sie ist die wichtigste Verdauungsdrüse in unserem Körper. Sie produziert nicht nur die meisten Verdauungsenzyme, sondern sie bildet auch die Hormone zur Regulation des Blutzuckerspiegels. Der **Bauchspeichel** besteht hauptsächlich aus Wasser, verschiedenen Verdauungsenzymen und Natron. Zu diesen Verdauungsenzymen gehören: eine **α-Amylase,** die – wie das entsprechende Enzym im Mund – Stärke in Malzzucker verwandelt, und eine **Maltase,** die den Malzzucker schließlich in zwei **Traubenzuckermoleküle** spaltet; eine **Lipase,** die **Fette** in **Glycerin** und **Fettsäuren** zerlegt; zwei weitere Enzyme, **Trypsin** und **Chymotrypsin,** die Proteine in kleinere Peptide zerlegen, und schließlich **Erepsin,** das die Peptide in einzelne **Aminosäuren** auftrennt. Diese Enzyme sind am aktivsten, wenn ihre Umgebung leicht **alkalisch** ist.
Das entspricht etwa einem pH-Wert von 8. Nun kommt aber **saurer Nahrungsbrei** aus dem Magen. Unter diesen Bedingungen wären die Verdauungsenzyme der Bauchspeicheldrüse sehr träge. Deshalb enthält der Bauchspeichel **Natron** (chemisch exakt: Natriumhydrogencarbonat). Dieser Stoff **neutralisiert** die Magensäure und sorgt für das alkalische Milieu.

Durch die Enzyme des Bauchspeichels werden die meisten Nährstoffe endgültig in Bausteine zerlegt, die die Darmwand passieren können. Den Rest erledigen die Verdauungsenzyme, die vom **Dünndarm** abgegeben werden. Diese Enzyme gelangen auf ganz ungewöhnliche Weise an den Nahrungsbrei: Sie sitzen in den Membranen von **Schleimhautzellen,** die als ganze abgestoßen werden. Die Sekrete des Dünndarms enthalten außerdem **Schleim,** der die Darmwand vor Selbstverdauung schützen soll.

1.7 Resorption der Nährstoffe

Die Endprodukte der Verdauung werden nun zusammen mit den Vitaminen und den Mineralstoffen von den Schleimhautzellen der unteren **Dünndarmabschnitte** aufgenommen. Die Bausteine der Eiweiße (die **Aminosäuren)** und der Stärke (der **Traubenzucker)** werden in die **Blutkapillaren** der Darmwand weitertransportiert, die Bausteine der Fette **(Glycerin** und **Fettsäuren)** gelangen zunächst in die Kapillaren des **Lymphsystems,** erreichen aber mit dem Lymphstrom in der Nähe des Herzens ebenfalls das Blut.

Die Dünndarmwand ist für diese **Resorption** der Nährstoffe zweckmäßig gebaut; durch verschiedene Ausstülpungen ist die **Oberfläche extrem vergrößert**. Wäre der Dünndarm nur ein einfacher Schlauch von 3 m Länge und einem Durchmesser von 4 cm, würde seine Innenfläche etwa 0,3 m^2 betragen. Durch die Ausbildung von **Falten** vergrößert sich die Fläche auf etwa 1 m^2.

Aus den Falten ragen kleinere **Zotten,** die die Innenfläche auf 10 m^2 vergrößern. Den größten Beitrag leisten allerdings die Zellen der Darmschleimhaut. Sie besitzen zum Darminnenraum hin mikroskopisch kleine **Mikrozotten,** die die gesamte Darmoberfläche auf **200 m^2** vergrößern. Das entspricht der Fläche eines Tennisplatzes. Die **Resorptionskapazität** des Dünndarms wird durch diese Oberflächenvergrößerung **600fach** gesteigert.

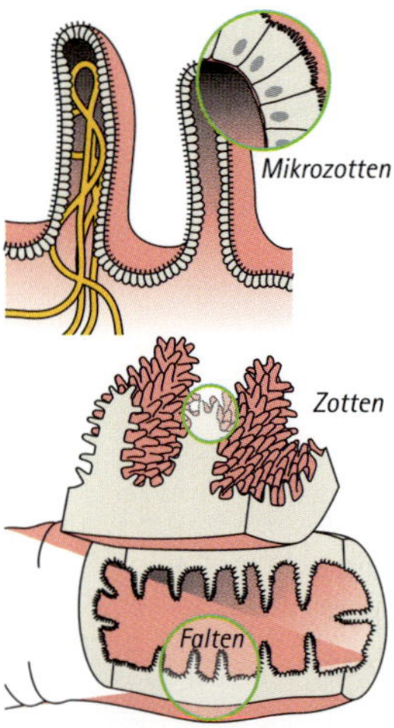

Oberflächenvergrößerung des Dünndarms

Einige Nahrungsbestandteile werden allerdings gar nicht oder nur bedingt resorbiert. Das gilt vor allem für eine Stoffgruppe, die wir bisher außer Acht gelassen haben: die **Ballaststoffe.** Dabei handelt es sich im Wesentlichen um Faserstoffe, aus denen die Zellwände von Pflanzen aufgebaut sind, vor allem um **Cellulose.** Cellulose gehört chemisch zur Gruppe der Kohlenhydrate, denn sie besteht – wie die Stärke – aus tausenden von Traubenzuckermolekülen. Unser Körper kann Cellulose aber nicht abbauen, weil wir kein Verdauungsenzym für Cellulose besitzen.

Resorption von Wasser im Dickdarm

Dickdarm. Der Dünndarm mündet in den Dickdarm, allerdings seitlich, so dass der Dickdarm nicht übergangslos aus dem Dünndarm hervorgeht, sondern an dieser Stelle »blind« endet. An diesem **Blinddarm** sitzt ein etwa 10 cm langer **Wurmfortsatz,** der sich leider häufig entzündet und dann durch eine Operation entfernt werden muss, damit es nicht zu einer schweren Bauchfellentzündung kommt.
Der Dickdarm heißt so, weil er mit 5 bis 8 cm Durchmesser dicker ist als der Dünndarm, und weil hier der Nahrungs(reste)brei eingedickt wird. Das geschieht durch die **Resorption von Wasser.** Dieses Wasser stammt nur zu einem geringen Anteil aus der aufgenommenen Nahrung; das meiste wurde dem Nahrungsbrei mit den Verdauungssäften zugeführt. Um den Wasserverlust unseres Körpers so gering wie möglich zu halten, wird der größte Teil im Dickdarm zurückgewonnen. Zusammen mit dem Wasser werden **Mineralstoffe** und **Vitamine** resorbiert. Der eingedickte Speisebreirest wird schließlich als **Kot** durch den **Mastdarm** ausgeschieden.

1.8 Stoffwechsel der Nährstoffe

Die Nährstoffe werden mit dem Blut und der Lymphe zu den Körperzellen transportiert und dort weiter verarbeitet.

Energiestoffwechsel

Energiestoffwechsel. Hier werden vor allem **Traubenzucker** und **Fettsäuren** vollständig zu Kohlenstoffdioxid und Wasser **abgebaut.** Dazu wird **Sauerstoff** benötigt (»Verbrennung«), den wir über die Atmung aus der Luft aufnehmen. Die in den Brennstoffen enthaltene **Energie** wird etwa zur Hälfte als **Wärme** frei. Der Rest wird in einem besonderen Molekül gespeichert, das alle Energie verbrauchenden Vorgänge in unserem Körper antreibt: **ATP** (Adenosintriphosphat).

Baustoffwechsel

Baustoffwechsel. Hier kommt es auf eine ausgewogene Zusammensetzung der Nahrungsbestandteile an. Vor allem die **Aminosäuren** werden zum Aufbau körpereigener Proteine herangezogen. Zu diesem Bereich des Stoffwechsels gehören alle Reaktionen, über die körpereigene Stoffe aus Nahrungsbestandteilen hergestellt werden (z. B. Hormone, Signalstoffe im Nervensystem und Membranbestandteile).

1.9 Speicherung von Nährstoffen

Unser Körper legt nach jeder Nahrungsaufnahme Depots an, allerdings nur für Kohlenhydrate und Fette. Da Aminosäuren nicht gespeichert werden können, ist nur das vorhandene Körpereiweiß ein potenzielles Depot. Deshalb ist die regelmäßige Zufuhr einer ausreichenden Eiweißmenge lebenswichtig!

Traubenzucker wird in der Leber und in den Muskeln zu riesigen Speichermolekülen verkettet: zu **Glykogen.** Aus dem Leberglykogen kann bei Bedarf wieder Traubenzucker ins Blut freigesetzt werden. Das Muskelglykogen dient nur der Energieversorgung der Muskulatur. Ein Erwachsener kann allerdings nur so viel Glykogen aufbauen, dass der **Energiebedarf eines Tages** gedeckt werden kann.

Alle Kohlenhydrate, die nicht mehr in Form von Glykogen gespeichert werden können, verwandelt die Leber in **Fett.** Dieses Fett wird zusammen mit dem überschüssigen Fett aus der Nahrung in **Fettzellen** deponiert. Diese Fettzellen befinden sich vor allem im Bindegewebe unter der Haut. In den Industrieländern haben Erwachsene im Durchschnitt so viel Fett gespeichert, dass sie einen Monat ohne Nahrung auskommen könnten.

2 Atmung

Ohne Atmung kann kein Mensch leben. Wie lebensnotwendig das Atmen ist, wird am besten daran deutlich, dass niemand über längere Zeit den Atem anhalten kann; bereits nach kurzer Zeit bewirkt ein innerer Drang, dass wir weiteratmen. Warum **müssen** wir atmen?

Die Zellen unseres Körpers können die **Energie** für die Aufrechterhaltung der Lebensprozesse nur gewinnen, wenn sie die Nährstoffe mit Hilfe von **Sauerstoff** »verbrennen«. Diesen Sauerstoff kann unser Körper nur der umgebenden **Luft** entnehmen. Gleichzeitig entsteht als Abfallprodukt des Energiestoffwechsels **Kohlenstoffdioxid,** das ausgeschieden werden muss.

Der **Gasaustausch,** d.h. die Abgabe von Kohlenstoffdioxid und die Aufnahme von Sauerstoff, erfolgt in den **Lungen.** Die Luft in den Lungen muss ständig erneuert werden. Das erfolgt durch die **Atembewegungen.** Die Atmungsorgane sind für diese Aufgaben besonders konstruiert.

2.1 Die Atemwege

Die Nasenschleimhaut erwärmt, befeuchtet und reinigt die Atemluft.

In der Regel atmen wir durch die Nase. Wir können auch durch den Mund atmen, aber das hat einige Nachteile. Wenn wir **durch die Nase** einatmen, strömt die Luft an der **Nasenschleimhaut** entlang. Dabei wird die Luft erwärmt, befeuchtet und gereinigt. Staubteilchen (»Dreck«) und Krankheitserreger bleiben an den feinen **Flimmerhärchen** und am **Schleim,** den die Schleimhautzellen unablässig produzieren, hängen.

Die **Erwärmung** sorgt dafür, dass die eingeatmete Luft bereits im Rachenraum die Körperinnentemperatur von etwa 37 °C erreicht hat. Das erleichtert den Gasaustausch in der Lunge. Die **Befeuchtung** erfolgt dadurch, dass die Schleimhäute (vor allem in den Lungen) ständig Wasser(dampf) abgeben; die empfindlichen Lungenbläschen werden auf diese Weise vor dem Austrocknen geschützt.

Für die normalen Aktivitäten reicht in der Regel die Atmung durch die Nase aus; es sei denn, sie ist verstopft. Wenn bei körperlicher Belastung bis zu 100 Liter Luft in der Minute ein- und ausgeatmet werden, geht das nur noch durch den Mund, weil die Mundöffnung der strömenden Luft viel weniger Widerstand entgegensetzt.

Kehldeckel: »Wegweiser« für Luft und Nahrung

Über die **Rachenhöhle** gelangt die Luft in die **Luftröhre.** Das ist ein 10–12 cm langer Schlauch aus Knorpelgewebe. An dessen Spitze befindet sich der **Kehlkopf,** der für die Lauterzeugung beim Sprechen und Singen zuständig ist. Hier kreuzen sich die mit Nase und Mund beginnenden Luft- und Speisewege und teilen sich in Luft- und Speiseröhre auf. Als Schaltstelle sitzt hier der **Kehldeckel,** der dafür sorgt, dass die Luftröhre immer dann verschlossen wird, wenn Nahrung geschluckt und in die benachbarte Speiseröhre befördert wird. Jeder weiß, wie unangenehm es ist, wenn das mal nicht funktioniert.

An ihrem Ende teilt sich die Luftröhre in die zwei **Bronchien** auf. Sie leiten die Luft in die **Lungen,** in denen sie sich wie die Äste eines Baumes immer stärker verzweigen **(Bronchiolen)**.

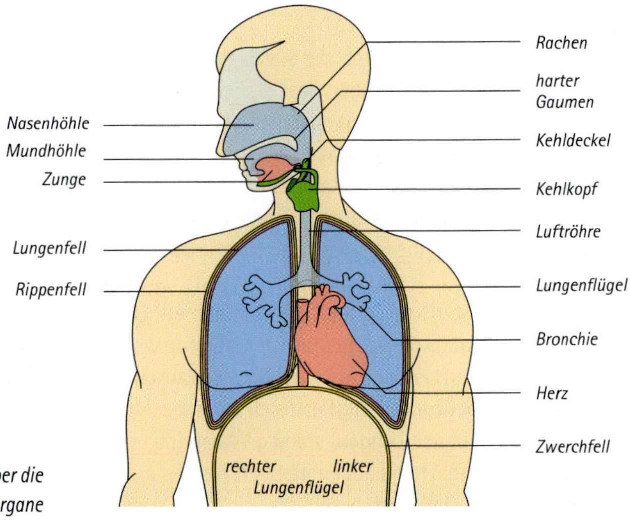

Übersicht über die Atmungsorgane

2.2 Die Lungen

Die Lungen bestehen aus zwei **Lungenflügeln,** die zusammen die Brusthöhle fast vollständig ausfüllen. Das Innere der Lungenflügel besteht zum größten Teil aus den **Lungenbläschen.** Das sind halbkugelförmige, dünnwandige Ausstülpungen am Ende der kleinsten Verzweigungen der Bronchien. Jedes Lungenbläschen hat nur einen Durchmesser von etwa 0,2 mm, aber die gewaltige Anzahl summiert sich zu einer Oberfläche von fast **100 m^2**. Jedes Lungenbläschen ist von einem dichten **Netz von Blutkapillaren** umsponnen. Deren dünne Wände stellen für Sauerstoff und Kohlenstoffdioxid keine Barriere dar: eine ideale Voraussetzung für den **Gasaustausch**.

Beide Lungenflügel sind außen von einer spiegelglatten, feuchten Haut überzogen: dem **Lungenfell**. Es grenzt, nur durch einen dünnen, mit Flüssigkeit gefüllten Spalt getrennt, an das **Rippenfell,** das den Brustraum auskleidet und mit den **Rippen** und dem **Zwerchfell** verwachsen ist.

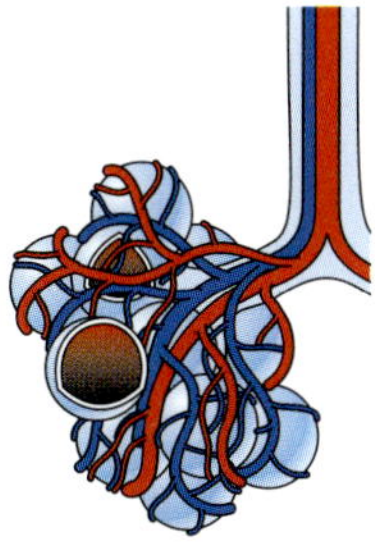

Lungenbläschen von außen und angeschnitten

2.3 Die Atembewegungen

Die Lungenbläschen müssen ständig belüftet werden, damit neuer Sauerstoff zugeführt und Kohlenstoffdioxid entfernt wird. Die Lungen verfügen selbst über keine Muskeln, die die Atembewegungen vollführen könnten. Sie folgen stattdessen den **Veränderungen der Brustkorbweite.** Das funktioniert deshalb, weil in dem schmalen Spalt zwischen Lungenfell und Rippenfell ein geringer **Unterdruck** herrscht und die beiden Häute gut **gegeneinander beweglich** sind.

> Beim **Einatmen** erweitert sich der Brustraum. Die Lungen folgen dieser **Erweiterung:** Sie dehnen sich dadurch aus, wobei sich vor allem der Hohlraum der Lungenbläschen **vergrößert.** Luft wird angesaugt.
> Beim **Ausatmen** verkleinert sich der Brustraum. Die Lungen folgen dieser **Verengung:** Sie sinken etwas zusammen, wobei sich der Hohlraum der Lungenbläschen **verringert.** Dadurch wird ein Teil der Luft nach außen gepresst.

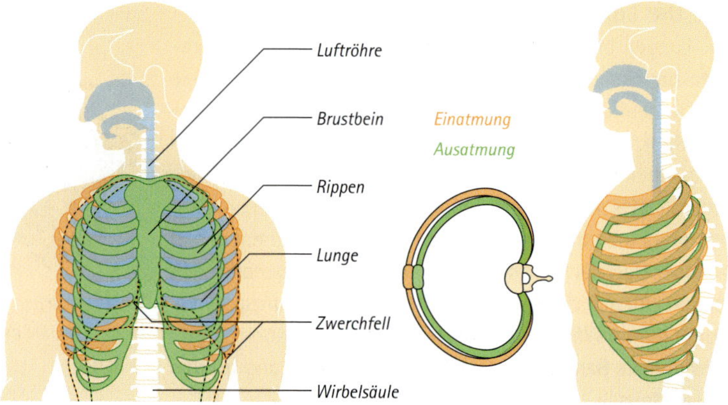

Atembewegungen

Die Erweiterung des Brustraumes ist ein **aktiver Vorgang,** an dem unterschiedliche **Muskeln** beteiligt sind.

Bauchatmung

Bauchatmung. Hierbei spannen sich die **Muskeln des Zwerchfells** an. Dieses wird dabei nach unten gezogen. Dadurch erweitert sich der Brustraum. Erschlaffen die Muskeln, wird das Zwerchfell von den Eingeweiden des Bauchraums nach oben gedrückt; der Brustraum verengt sich wieder.

Brustatmung

Brustatmung. Dabei spannen sich die **Muskeln zwischen den Rippen** an. Dadurch wird der Brustkorb etwas angehoben. Der Brustraum erweitert sich nach vorne und ein wenig auch zur Seite. Erschlaffen die Muskeln, senkt sich der Brustkorb und der Brustraum verengt sich wieder.
Das Ausatmen erfolgt also in der Regel **passiv.** Wenn wir allerdings sehr tief ausatmen, geht das nur mit **aktiver** Unterstützung der Muskeln der Bauchdecke, die den Druck auf das Zwerchfell verstärken, und besonderer Muskeln zwischen den Rippen, die den Brustkorb senken.
Ein erwachsener Mann atmet unter Ruhebedingungen pro Minute etwa 7,5 Liter Luft ein und wieder aus. Verteilt auf etwa 15 Atemzüge ergibt das ein **Atemzugvolumen** von 0,5 Litern.

2.4 Der Gasaustausch in der Lunge

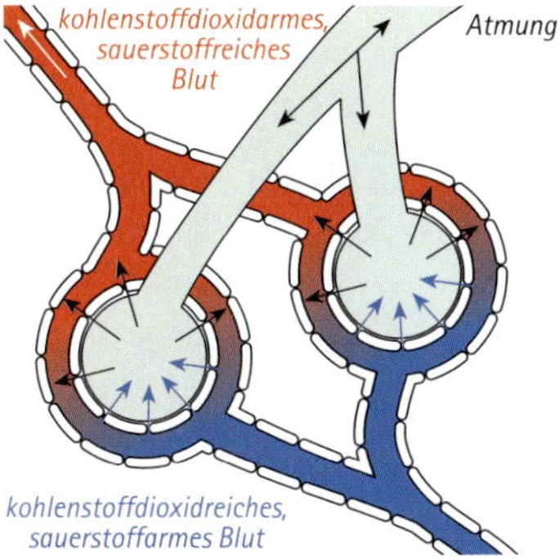

Gasaustausch in den Lungenbläschen

In der Abbildung rechts sind zwei Lungenbläschen mit den sie umgebenden Kapillaren schematisch dargestellt. Der zuführende Schenkel (rechts unten) enthält **kohlenstoffdioxidreiches, sauerstoffarmes** (dunkles) Blut, das von der rechten Herzkammer in den Lungenkreislauf gepumpt wird. Das Blut fließt an den Lungenbläschen vorbei und gibt in einer sehr kurzen Kontaktzeit von nur 0,3 Sekunden das Kohlenstoffdioxid ab und nimmt gleichzeitig Sauerstoff auf **(Gasaustausch).** Der abführende Schenkel (links oben) enthält daher **sauerstoffreiches, kohlenstoffdioxidarmes** (helles) Blut, das über die Lungenvenen zum linken Herzen gelangt und von dort in den Körperkreislauf gepumpt wird.

Die **treibende Kraft** für den Gasaustausch zwischen den luftgefüllten Lungenbläschen und den blutgefüllten Lungenkapillaren ist der **unterschiedliche Gehalt an Sauerstoff und Kohlenstoffdioxid** in den beiden Räumen.

Luft besteht aus Gasen.

Bestandteile der Luft. Die **Luft, die wir einatmen**, ist aus verschiedenen Gasen zusammengesetzt. Sie besteht zu 78 % aus Stickstoff, zu 1 % aus Edelgasen, zu 21 % aus Sauerstoff und zu nur 0,04 % aus Kohlenstoffdioxid. Damit ist der Sauerstoffgehalt in der eingeatmeten Luft höher als im ankommenden Blut. Sauerstoff wandert **(diffundiert)** daher passiv aus den Lungenbläschen ins Blut zu den roten Blutkörperchen, um an Hämoglobin gebunden zu werden. Umgekehrt ist der Kohlenstoffdioxidgehalt im ankommenden Blut **höher** als in der eingeatmeten Luft. Kohlenstoffdioxid wandert also von den roten Blutkörperchen aus dem Blut in die Lungenbläschen.

Die **Luft, die wir ausatmen**, enthält nur noch 16 % Sauerstoff, dafür aber 4 % Kohlenstoffdioxid. Der Anteil der anderen Gase hat sich nicht verändert. Durch den Gasaustausch in den Lungenbläschen hat sich also der Sauerstoffgehalt um etwa 4 % verringert, während der Kohlenstoffdioxidgehalt um etwa 4 % größer geworden ist.

3 Blut und Blutkreislauf

Blut ist ein ganz besonderer Saft.

Das Blut ist das wichtigste **Transportmittel** im menschlichen Organismus. Es übernimmt im Dünndarm **Nährstoffe, Vitamine** und **Mineralstoffe** und in den Lungen den eingeatmeten **Sauerstoff**. Diese Stoffe werden mit dem Blutstrom allen Zellen des Körpers zugeführt, die sie teils zur Energiegewinnung und Wärmeproduktion, teils zum Aufbau von Körpersubstanzen verwenden. Die dabei entstehenden **Abfallstoffe** werden zu den Orten der Ausscheidung befördert. Auch **Hormone** werden mit dem Blut transportiert. Außerdem verteilt das Blut die **Wärme** im Körper und sorgt so mit für die Aufrechterhaltung einer gleichmäßigen Körpertemperatur von etwa 37 °C. Da das Blut mit allen anderen Flüssigkeitsräumen unseres Körpers in Verbindung steht, sorgt es für die **Aufrechterhaltung eines konstanten inneren Milieus.**

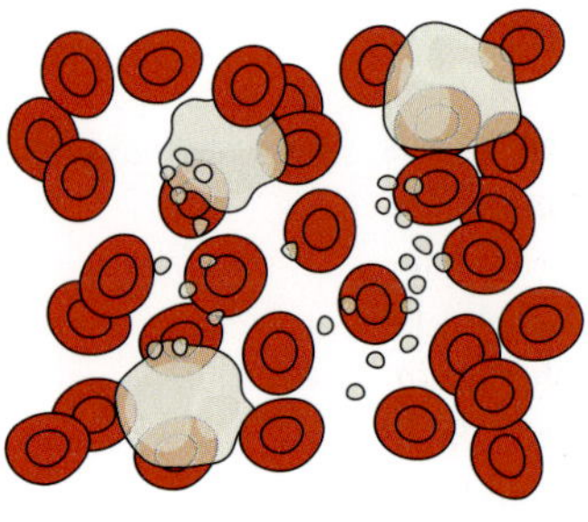

Blutausstrich

3.1 Zusammensetzung des Blutes

Betrachtet man einen frischen Blutstropfen, der auf einen Objektträger aufgetragen und mit einem zweiten Objektträger gleichmäßig verteilt wurde (»Blutausstrich«), unter dem Mikroskop, so sieht man, dass sich Blut aus zwei verschiedenartigen Bestandteilen zusammensetzt: der **Blutflüssigkeit** oder dem **Blutplasma** und den **Blutzellen,** die etwas altertümlich noch immer als **Blutkörperchen** bezeichnet werden.

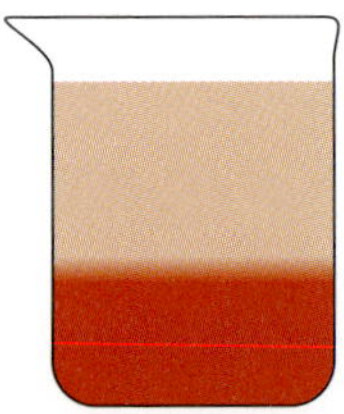

Nach der Blutsenkung

Setzt man einer frischen Blutprobe einen Stoff zu, der die Gerinnung verhindert, sinken die Blutzellen aufgrund ihrer höheren Dichte langsam zu Boden und setzen sich von der Blutflüssigkeit ab (Blutsenkung). Auf diese Weise ist deutlich zu erkennen, dass Blut etwa zur Hälfte aus den festen Bestandteilen (den Blutzellen) und zur Hälfte aus der Blutflüssigkeit besteht. Die **Gesamtblutmenge** eines Menschen beträgt etwa 7 bis 8 % seines Körpergewichts. Bei Erwachsenen entspricht das 4 bis 7 Litern Blut.

3.2 Die Blutzellen und ihre Funktionen

Die Abbildung rechts zeigt die Blutzellen, wie sie im elektronenmikroskopischen Bild erscheinen: ⓐ die scheibenförmigen **roten Blutkörperchen**, ⓑ die kugelförmigen **weißen Blutkörperchen** und ⓒ die sehr viel kleineren **Blutplättchen.**

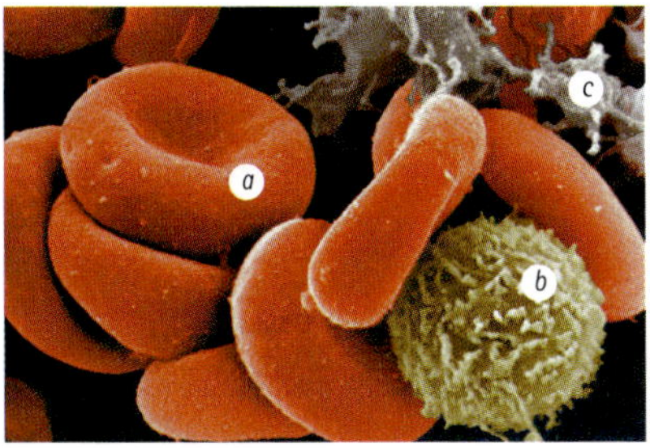

Blutzellen

Rote Blutkörperchen (Erythrocyten). Sie bilden die Hauptmasse der zellulären Blutbestandteile. Männer besitzen davon im Durchschnitt etwa 5 Millionen und Frauen etwa 4,5 Millionen in 1 Mikroliter Blut! (1 Mikroliter = $^1/_{1\,000\,000}$ Liter.) Ihre Gesamtzahl beläuft sich auf 25 bis 30 Billionen. Der Volumenanteil am Gesamtblutvolumen kann vom Arzt bestimmt werden. Der Wert wird als **Hämatokrit** bezeichnet; er beträgt im Mittel beim Mann 0,47, bei der Frau 0,42. Die roten Blutkörperchen nehmen also knapp die Hälfte des Blutvolumens ein!

Rote Blutkörperchen sind etwa $^2/_{1000}$ mm dünne, kreisrunde, auf beiden Seiten etwas eingedellte Scheiben mit einem Durchmesser von etwa $^7/_{1000}$ mm, die angefüllt sind mit einem eisenhaltigen Farbstoff, dem **Hämoglobin,** der dem Blut die **rote Farbe** verleiht. Hämoglobin besitzt die Fähigkeit, **Sauerstoff zu binden**. Der Sauerstoff ist allerdings nur locker gebunden und kann wieder abgegeben werden. Ob Hämoglobin Sauerstoff bindet oder abgibt, hängt vom **Sauerstoffgehalt** der Umgebung ab.

Erythrocyten sind die roten Blutkörperchen.

Die roten Blutkörperchen sind jedoch nicht nur für den Transport von Sauerstoff von den Lungen zu den Zellen des Körpers zuständig. Sie transportieren auch das **Kohlenstoffdioxid,** das im Energiestoffwechsel der Zellen beim Verbrennen der Nährstoffe anfällt, von den Zellen zu den Lungen, wo es mit der Luft ausgeatmet wird.

Weiße Blutkörperchen (Leukocyten). Sie stellen im Gegensatz zu den roten Blutkörperchen keine einheitliche Zellgruppe dar. Der Grund für diese Vielfalt hat mit den Aufgaben der weißen Blutkörperchen zu tun: Sie sind wesent-

Leukocyten sind die weißen Blutkörperchen.

lich an der Abwehr von Krankheitserregern beteiligt und dafür reicht ein einziger Zelltyp alleine nicht aus. Als normal gelten 5000 bis 10000 Zellen pro Mikroliter Blut. Damit sind aber nur etwa 5% der im Körper vorhandenen weißen Blutkörperchen erfaßt; der große Rest befindet sich im Knochenmark oder wandert durch die Gewebe und Organe.

Thrombocyten sind Blutplättchen.

Blutplättchen (Thrombocyten). Sie sind die kleinsten Blutzellen, so dass man sie im mikroskopischen Bild normalerweise gar nicht wahrnimmt. Die farblosen Gebilde von etwa $^4/_{1000}$ mm Länge und etwa $^2/_{1000}$ mm Dicke haben eine sehr kurze Lebensdauer von nur 8 bis 14 Tagen. Ihre Zahl beträgt 250000 bis 400000 pro Mikroliter Blut. Im elektronenmikroskopischen Bild sieht man deutlich, dass sich im Inneren der Blutplättchen viele Speicherkörnchen **(Granula)** befinden. Diese Speicherkörnchen enthalten Substanzen, welche die **Blutgerinnung** einleiten.

3.3 Die Blutflüssigkeit

Die Blutflüssigkeit oder das **Blutplasma** besteht zu etwa 90% aus Wasser und zu rund 10% aus verschiedenen darin gelösten Substanzen, hauptsächlich Mineralstoffe, Eiweiße (Proteine) und Traubenzucker aus der Verdauung.

Die **Mineralstoffe** tragen vor allem zu einer konstanten mineralischen Zusammensetzung der Körperflüssigkeiten bei, einer wesentlichen Voraussetzung der Funktionstüchtigkeit unseres Organismus. Die vorherrschenden Mineralstoffe sind **Natrium** und **Chlorid** (sie bilden zusammen Kochsalz). Deshalb kann nach starken Blutungen (z. B. nach einem Unfall) der Flüssigkeitsverlust zunächst durch eine entsprechend konzentrierte Kochsalzlösung **(physiologische Kochsalzlösung, 0,9%ig)** behoben werden, um den Kreislauf zu stabilisieren und einen Herzstillstand zu verhindern.

3.4 Das Herz-Kreislauf-System im Überblick

Das Blut fließt durch unseren Körper in einem **geschlossenen Röhrensystem** von hintereinander und parallel geschalteten **Blutgefäßen**. Der Antrieb erfolgt durch eine zentral gelegene **Pumpe,** das **Herz**. Die vom Herz wegführenden, dickwandigen Gefäße, in denen das Blut zu den Organen gelangt, werden als **Arterien** bezeichnet. Da in ihnen der Herzschlag zu spüren ist, nennt man sie auch **Schlagadern.** Sie verzweigen sich zu immer kleineren Gefäßen und gehen schließlich in die Haargefäße oder **Kapillaren** über. In den Kapillaren findet der **Stoffaustausch** statt. Das Blut sammelt sich in dünnwandigen Gefäßen, den **Venen,** die es dem Herzen wieder zuführen. Das Blut zirkuliert also in einem **Kreislauf**.

Tatsächlich sind es zwei Kreisläufe: ein **Lungenkreislauf** und ein **Körperkreislauf**. Das hängt mit dem Transport der Atemgase (Sauerstoff, Kohlenstoffdioxid) zusammen. Der Gasaustausch kann nur in Kapillaren stattfinden, weil hier die Wände keine Behinderung darstellen. In den haarfeinen Gefäßen verliert sich der Druck, den das Herz erzeugt. Die Atemgase werden zweimal ausgetauscht: einmal in den Lungen und ein zweites Mal in den anderen Körperorganen. Das Blut fließt dadurch zweimal durch das Herz; es sind also tatsächlich zwei Pumpen in einem Organ. Das **linke Herz** pumpt das von der Lunge kommende, sauerstoffreiche Blut in die **Körperarterie,** die es auf alle Organe verteilt. In den Kapillaren der Organe gibt das Blut Sauerstoff ab und nimmt Kohlenstoffdioxid auf. Durch die **Körpervene** fließt das Blut zum **rechten Herz,** das es in die **Lungenarterie** pumpt. In den Kapillaren der Lunge gibt das Blut Kohlenstoffdioxid ab und nimmt Sauerstoff auf. Durch die **Lungenvene** fließt das Blut wieder dem linken Herzen zu.

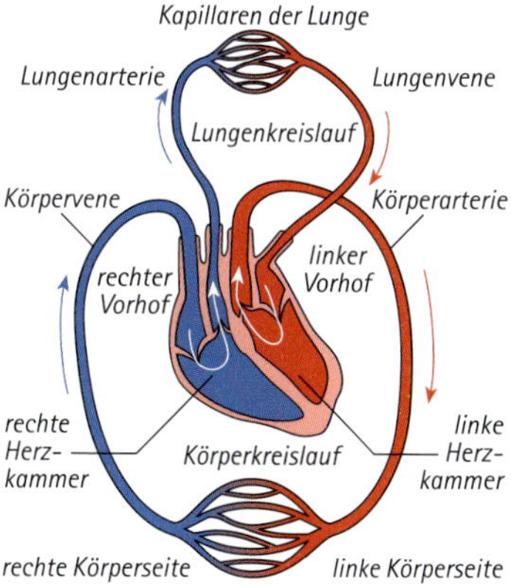

Lungen- und Körperkreislauf

3.5 Aufbau und Arbeitsweise des Herzens

Das Herz ist ein etwa faustgroßer **Hohlmuskel,** der schräg zwischen den beiden Lungenflügeln fast in der Mitte des Brustraumes liegt. Es ist von einem **Herzbeutel** umgeben, dessen Wände mit einer schleimigen Flüssigkeit ausgekleidet sind, so dass sich das Herz darin reibungslos bewegt.

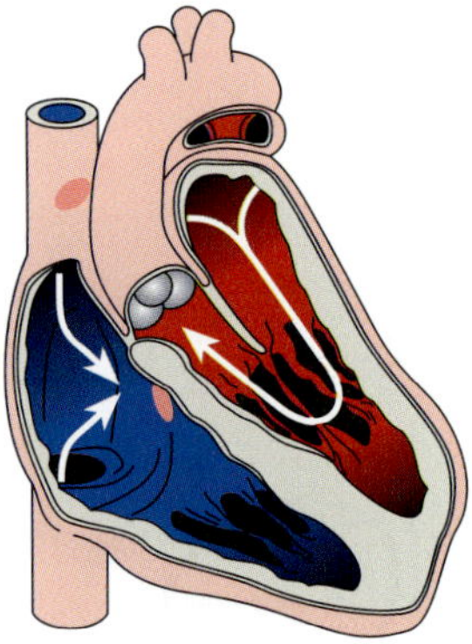

Längsschnitt durch das Herz

Im Längsschnitt zeigt sich, dass der Hohlraum durch die Herzscheidewand in zwei etwa gleich große Hälften aufgeteilt ist. Querwände unterteilen jede Hälfte noch einmal in die kleineren **Vorhöfe** und die größeren **Kammern.** Jede Kammer besitzt zwei Öffnungen, durch die das Blut ein- und wieder ausströmt. An diesen Stellen befinden sich **Herzklappen**, die wie Ventile funktionieren.

Bei den Klappen zwischen den Vorhöfen und den Kammern handelt es sich um so genannte **Segelklappen.** Das sind Bindegewebshäute, die über Sehnenfäden so an der Herzinnenwand festgemacht sind, dass sie sich nur in eine Richtung öffnen lassen. Dadurch kann das Blut nicht in die Vorhöfe zurückfließen.

Die Klappen an den Öffnungen zu den Schlagadern verfügen über taschenartige Mulden, die durch das zurückströmende Blut so aufgespannt werden, dass sie die Öffnung vollständig verschließen. Sie werden als **Taschenklappen** bezeichnet.

Die Herzwände bestehen aus **Muskelgewebe,** das ganz ähnlich aufgebaut ist wie die quer gestreifte Skelettmuskulatur. Die Vorhöfe haben dünnere Wände, da sie das ankommende Blut hauptsächlich sammeln, während die Kammern eine aktive Pumpleistung vollbringen. Aber auch deren Wände sind unterschiedlich dick. Die Wandstärke der rechten Kammer beträgt nur 2 bis 4 mm, die der linken 8 bis 11 mm. Die linke Kammer muss, da sie das Blut in den gesamten Körper befördert, einen wesentlich höheren Druck erzeugen.

Arbeitsweise des Herzens

Das Herz arbeitet als **Pumpe**: Es **saugt** Blut aus den Venen an und **drückt** es in die Arterien. Das Ansaugen erfolgt, indem sich der Herzmuskel entspannt und sich dadurch die Kammern erweitern. Diese Phase wird als **Diastole** bezeichnet. Durch Zusammenziehen der Herzmuskulatur wird das Blut in die Arterien gedrückt. Diese Phase heißt **Systole**. Zum besseren Verständnis der Arbeitsweise des Herzens wird der gesamte Ablauf eines Herzschlages in **vier Aktionsphasen** unterteilt, die sich rhythmisch wiederholen.

Entspannungsphase: Nach einer Kontraktion sinkt der Druck in den Kammern sehr schnell, weil sich die Muskulatur entspannt. Durch den Druckabfall fließt ein wenig Blut aus den Arterien zurück, wodurch die Taschenklappen geschlossen werden.

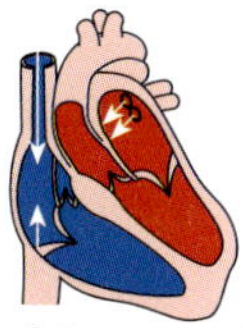

Entspannungsphase

Füllungsphase: Sobald der Druck in den Kammern geringer wird als der Druck in den Vorhöfen, öffnen sich die Segelklappen. Blut strömt aus den Vorhöfen in die Kammern. Dieser Vorgang wird durch ein Zusammenziehen der Vorhofmuskulatur unterstützt. In einem normal großen Herzen befinden sich jetzt in jeder Kammer etwa 130 ml Blut.

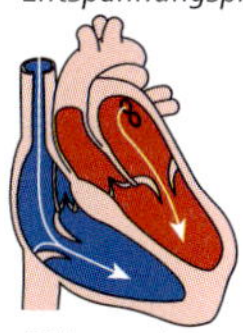

Füllungsphase

Anspannungsphase: Die Kontraktion der Kammermuskulatur führt zu einem Druckanstieg. Dadurch werden die Segelklappen wie Segel vom Wind aufgebläht und verschließen die Öffnungen zu den Vorhöfen. Da jetzt Taschen- und Segelklappen geschlossen sind, wirkt sich die Muskelkontraktion ausschließlich als Druckerhöhung aus.

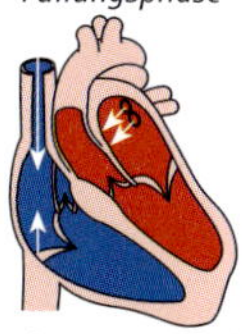

Anspannungsphase

Austreibungsphase: Wenn der Druck in den Kammern größer wird als der Druck in den Schlagadern, öffnen sich die Taschenklappen, und Blut wird in die Schlagadern gepresst. Obwohl sich dadurch das Kammervolumen verringert, steigt zunächst der Kammerdruck weiter an, fällt dann aber deutlich ab.

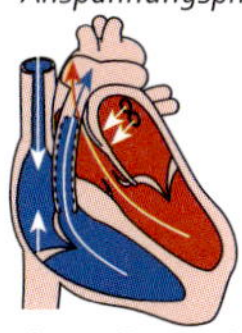

Austreibungsphase

Die Aktionsphasen der Herztätigkeit

Die ausgeworfene Blutmenge wird als **Schlagvolumen** bezeichnet. Das ist normalerweise etwa die Hälfte des gesamten Kammervolumens (60 bis 90 ml). Die andere Hälfte bleibt als **Restvolumen** in den Kammern zurück.

3.6 Aufbau und Arbeitsweise der Blutgefäße

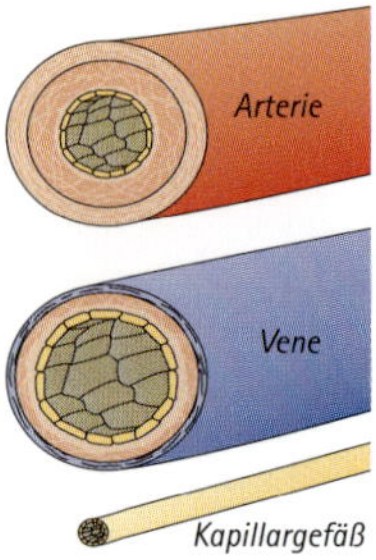

Gefäßtypen

Arterien und Venen sind nach ähnlichen Prinzipien aufgebaut: Ein röhrenartiger Hohlraum, in dem das Blut fließt, wird von Wänden begrenzt, die aus **drei Schichten** bestehen.

Die innere Schicht wird aus kleinen flachen Zellen gebildet, den **Endothelzellen,** die auf etwas Bindegewebe aufliegen. Die äußere Schicht setzt sich fast nur aus Bindegewebe und elastischen Fasern zusammen.

Bei größeren Gefäßen ist die äußere Schicht von Nervenfasern und kleinen Blutgefäßen durchzogen. Durch die mittlere Schicht unterscheiden sich die verschiedenen Gefäßtypen. Sie besteht aus elastischen Fasern und glatten Muskelzellen, deren Anteil aber stark variiert.

Arterien führen das Blut zu den Organen.

Arterien. Bei den großen herznahen Arterien, vor allem der Körperschlagader **(Aorta),** ist die innere Schicht sehr dick und besteht vor allem aus elastischen Fasern. Sie werden als **Arterien vom elastischen Typ** bezeichnet. Sie sind sehr dehnbar. Dadurch sorgen sie für einen gleichmäßigen Blutstrom. In einer starren Röhre würde das Blut so weiterfließen, wie es vom Herzen ausgeworfen wird: schubweise. Die elastischen Arterien aber dehnen sich aus, wenn das Herz das Schlagvolumen auswirft. Während der anschließenden Diastole zieht sich die Gefäßwand wieder zusammen und schiebt so das zuvor gespeicherte Blut weiter.

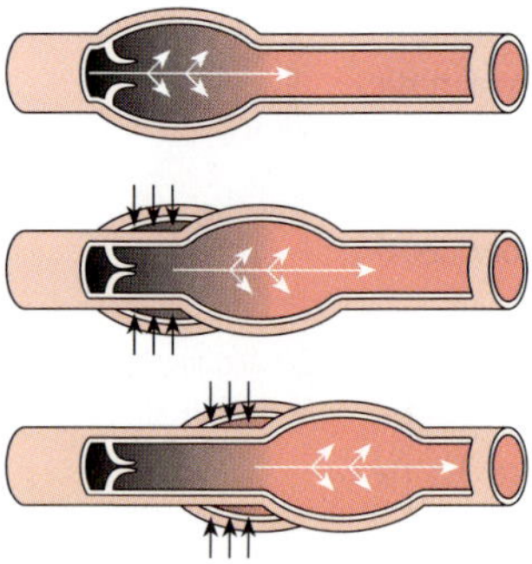
Wie der »Puls« entsteht

In der Abbildung links ist dargestellt, wie sich diese Dehnung als Druckwelle entlang der Arterie ausbreitet. Jeder kann diese Druckwelle als Pulsschlag an Stellen, an denen die Arterien nahe an die Hautoberfläche kommen, deutlich fühlen (z. B. an den Handgelenken, an den Schläfen, am Hals).

Mit zunehmender Entfernung vom Herzen werden die Wände der Arterien dünner, der Anteil der elastischen Fasern nimmt ab und der der Muskelfasern zu. Diese **Arterien vom muskulären Typ** können durch Kontraktion und Entspannung die Weite ihres Hohlraumes verändern. Sie regeln auf diese Weise die **Durchblutung** der einzelnen Organe. Durch Verzweigung entstehen immer kleinere Arterien, die auch als **Arteriolen** bezeichnet werden. Sie gehen in die Haargefäße oder Kapillaren über.

Kapillaren. Die Kapillaren sind die kleinsten Blutgefäße. Ihr Durchmesser beträgt nur etwa $^{5}/_{1000}$ mm. Mit einer Gesamtlänge von etwa 100 000 Kilometern bilden sie jedoch den Hauptteil des menschlichen Gefäßsystems. Die Wände bestehen nur aus Endothelzellen. Durch sie können Nährstoffe, Vitamine, Mineralstoffe, Sauerstoff und Wasser vom Blut in die Gewebsflüssigkeit übertreten und von dort in die Zellen gelangen. Umgekehrt geben die Zellen Kohlenstoffdioxid, Harnstoff und andere Stoffwechselprodukte an die Gewebsflüssigkeit ab; sie gelangen durch die Kapillarwände ins Blut.

Über die Kapillaren findet der Stoffaustausch statt.

Venen. Die Kapillaren gehen an ihrem Ende in kleine Venen **(Venolen)** über. Diese vereinigen sich dann zu großen **Venen**, die das Blut dem Herz zuführen. In den Wänden der Venen ist die innere Schicht im Vergleich zu den Arterien sehr dünn und enthält vor allem elastische Fasern. Dadurch sind sie **außerordentlich gut dehnbar** und haben ein großes Fassungsvermögen. So kommt es, dass sich unter Ruhebedingungen etwa **zwei Drittel** des gesamten Blutvolumens in den Venen befinden. Dadurch dienen die Venen als **Blutreservoir.** Bei Bedarf können daraus größere Blutmengen in andere Teile des Körpers verschoben werden, etwa wenn bei körperlicher Belastung die umlaufende Blutmenge gesteigert werden muss.

Venen führen das Blut zum Herzen.

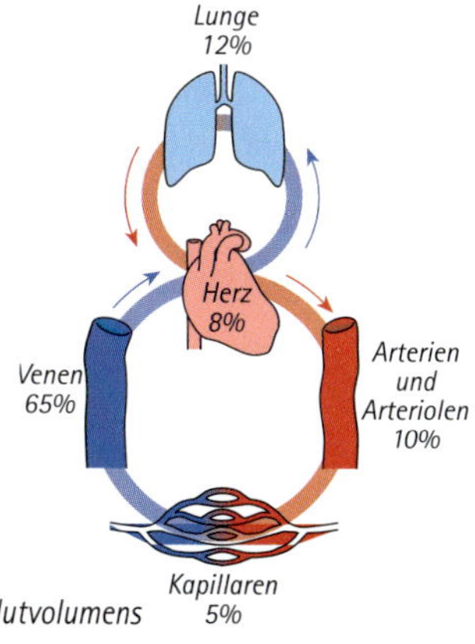

Verteilung des Blutvolumens

Von dem Blutdruck, den das Herz in den Arterien erzeugt, bleiben in den Kapillaren nur noch etwa 10 % übrig. Dieser Restdruck reicht unter Ruhebedingungen in der Regel aus, um auch das Blut aus den Beinen gegen die Erdanziehung zum Herzen zu befördern. Damit das Blut dabei nicht zurückfließt, besitzen die Venen im Abstand von einigen Zentimetern **Taschenklappen**, die sich nur in Richtung des Blutstromes öffnen (Ventilwirkung).

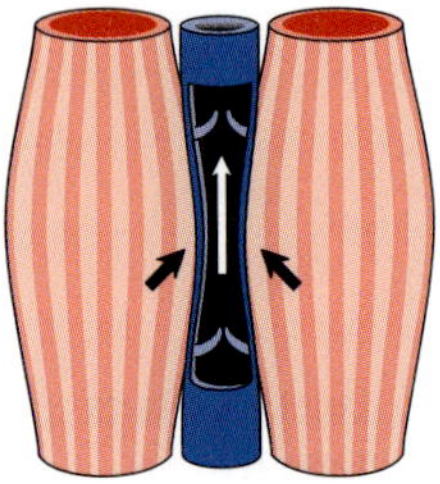

Wirkung der Venenklappen und der Muskelpumpe

Wenn allerdings bei körperlicher Belastung bis zu 4mal mehr Blut durch die Venen dem Herzen zugeführt werden muss, reicht das geringe Druckgefälle nicht mehr aus. In solchen Situationen unterstützt die so genannte **Muskelpumpe** den venösen Rückstrom. Wenn die Skelettmuskeln, die eine Vene umgeben, sich zusammenziehen, verdicken sie sich etwas. Dabei drücken sie die Vene zusammen. In Verbindung mit den Taschenklappen wird das Blut in Richtung Herz befördert.

Beim Durchströmen der Kapillaren wandern täglich etwa 20 Liter Flüssigkeit in das umgebende Gewebe ein. Etwa 18 Liter davon werden von den Kapillaren wieder aufgenommen, der Rest (2 Liter) verbleibt länger im Gewebe. Diese überschüssige Gewebsflüssigkeit wird als **Lymphe** bezeichnet; sie wird über **Lymphgefäße** wieder ins Blut zurücktransportiert.

Lymphgefäße transportieren Gewebsflüssigkeit ins Blut.

Lymphgefäße. Sie sind an ihrem dünnen Ende offen. Diese **Lymphkapillaren** vereinigen sich zu immer größer werdenden Gefäßen, den **Lymphbahnen,** die schließlich in die **linke Schlüsselbeinvene** einmünden, wo sich Lymphe und Blut wieder vereinigen.

Lymphgefäße sind ähnlich aufgebaut wie Venen und sie bewegen auch ihren Inhalt auf vergleichbare Weise, aber viel langsamer. Dadurch bleibt Zeit, die Lymphe zu **reinigen**. Das passiert vor allem in den **Lymphknoten,** in denen sich weiße Blutkörperchen festsetzen und auf Krankheitserreger »lauern«.

3.7 Die Regulation des Blutkreislaufs

Innerhalb der Blutgefäße herrscht ein vom Herzen erzeugter Druck, der als **Blutdruck** bezeichnet wird. Er ist in der Aorta am größten; hier erreicht er unter Ruhebedingungen normalerweise während der Systole einen Wert von 120 und während der Diastole einen Wert von 80. Die beiden Werte werden als **systolischer** und **diastolischer Blutdruck** bezeichnet. Zu hohe Werte **(Hypertonie)** können das Herz, das Gehirn und vor allem die Niere schädigen. Bei zu niedrigen Werten **(Hypotonie)** wird nicht genügend Sauerstoff zu den Organen transportiert; im Gehirn führt das zu Konzentrationsschwäche und Müdigkeit.

Die Blutdruck-Werte geben an, wie viele Millimeter eine Quecksilbersäule hochgedrückt wird, abgekürzt mm Hg.

Der Körper **reguliert** den Blutdruck über die **Herzfrequenz** und die **Gefäßweite.** Steigt der Blutdruck zu sehr an, werden über das vegetative Nervensystem einige Blutgefäße weiter gestellt und die Schlagfrequenz des Herzens gesenkt: Der Blutdruck fällt ab. Sinkt der Blutdruck zu sehr, werden einige Blutgefäße verengt und die Schlagfrequenz des Herzens gesteigert: Der Blutdruck steigt an.

Mit genau denselben Mechanismen **reguliert** der Körper die **Blutverteilung** im Organismus und passt sie dem wechselnden Bedarf an. Wenn wir ruhen, fließt das Blut zu 50 % vor allem den **Verdauungsorganen** und den **Nieren** zu. Die Skelettmuskulatur kommt mit 20 % aus, um ihren Ruhestoffwechsel aufrechtzuerhalten. Das Gehirn benötigt, obwohl es nur etwa 2 % der Körpermasse ausmacht, stattliche 15 %.

Wenn beim Sporttreiben (Laufen, Schwimmen, Radfahren) gleichzeitig viele Muskelgruppen aktiv sind, wird vor allem über eine **Steigerung der Herzfrequenz** die umlaufende Blutmenge bis auf das 4fache vermehrt. Gleichzeitig wird über eine **Erweiterung der Gefäße** der größte Teil den Muskeln und dem Herzen zugeleitet. Zu den Verdauungsorganen strömt durch eine **Verengung** der entsprechenden Gefäße nur noch wenig Blut, während sich die Durchblutung des Gehirns nicht verändert.

Auf einen Blick: Ernährung und Stofftransport

Ernährung

- Mit der Nahrung nehmen wir **Nährstoffe** auf. Sie liefern die **Energie** für Muskelarbeit und die Erzeugung der Körperwärme sowie alle **Baustoffe**, die für Aufbau und Erneuerung des Organismus unentbehrlich sind. Außerdem sind Substanzen enthalten, die eine **Verwertung** der Nahrungsbestandteile erst ermöglichen.
- Der Energiebedarf unseres Körpers ist abhängig vom Ruhe- oder Grundumsatz und vom Arbeits- oder Leistungsumsatz. Der **Grundumsatz** wird für die Erhaltung der Lebensfunktionen benötigt. Der **Leistungsumsatz** wird vom Ausmaß der körperlichen Betätigung bestimmt.
- Der vom Körper nutzbare **Energiegehalt** eines Nahrungsmittels hängt von der Zusammensetzung der Nährstoffe und deren physiologischem Brennwert ab.
- Als Energielieferanten dienen vor allem **Kohlenhydrate** und **Fette**. **Eiweiße** liefern hauptsächlich Aufbaustoffe, werden aber im Überschuss ebenfalls zur Deckung des Energiebedarfs herangezogen.
- Vor der Verarbeitung der Nährstoffe im Stoffwechsel der Zellen wird die Nahrung im **Verdauungssystem** mechanisch und chemisch zerkleinert und die Nährstoffe werden über den Dünndarm **resorbiert**.

Atmung

- Die Zellen unseres Körpers können die Energie für die Aufrechterhaltung der Lebensprozesse nur gewinnen, wenn sie die Nährstoffe mit Hilfe von **Sauerstoff** »verbrennen«. Gleichzeitig entsteht als Abfallprodukt des Energiestoffwechsels **Kohlenstoffdioxid**, das ausgeschieden werden muss.
- Die Abgabe von Kohlenstoffdioxid und die Aufnahme von Sauerstoff erfolgt durch den **Gasaustausch** in den **Lungen**.

Blut und Blutkreislauf

- Das Blut ist das wichtigste **Transportmittel** im menschlichen Organismus. Es führt allen Zellen Nährstoffe und Sauerstoff zu und befördert Abfallstoffe zu den Ausscheidungsorganen.
- Blut besteht aus Blutplasma und verschiedenen Blutzellen, die unterschiedliche Aufgaben erfüllen. Am Transport der Atemgase sind die Erythrocyten beteiligt.
- Das Blut fließt in zwei geschlossenen Kreisläufen aus **Arterien**, **Kapillaren** und **Venen** durch den Körper: im Lungenkreislauf und im Körperkreislauf.
- Das Herz ist ein Hohlmuskel, der durch rhythmische Kontraktionen für den Blutstrom in den Gefäßen sorgt.

Abwehr von Krankheitserregern

Wir sind ständig einem Heer von Viren und Bakterien ausgesetzt, die uns befallen. Wir bleiben aber meist gesund, weil unser Abwehrsystem mit angeborenen und erworbenen Maßnahmen die Angreifer aus dem Mikrokosmos bekämpft. Nur bei geschwächtem Abwehrsystem können sie sich ungehemmt in uns vermehren und Krankheiten verursachen, die manchmal auch tödlich ausgehen.

1 Erreger von Infektionskrankheiten

Infektionskrankheiten werden bei uns hauptsächlich durch Erreger wie Bakterien und Viren, in den Tropen auch noch durch Parasiten hervorgerufen.

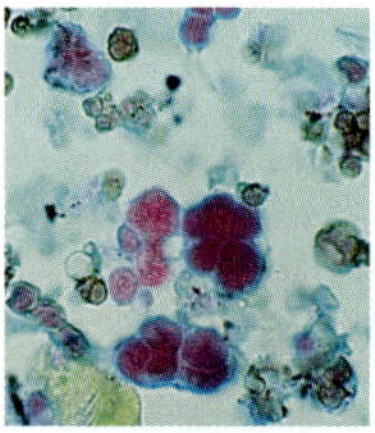

Bakterien

Bakterien. Dies sind $^1/_{1000}$ bis $^5/_{1000}$ mm kleine einzellige Organismen. Die meisten Bakterien ernähren sich durch den Abbau von Nährstoffen in ihrem Lebensraum und vermehren sich durch eine einfache Zellteilung.
Bakterien sind **allgegenwärtig.** Es gibt fast keinen Lebensraum, den sie im Laufe der Evolution nicht besiedelten, und es gibt fast keine Nahrungsquelle, die nicht von Bakterien erschlossen wurde. So ist es nicht weiter verwunderlich, dass auch der menschliche Körper als Lebensraum und Nahrungsquelle »entdeckt« wurde.
Der gesunde menschliche Körper ist an seinen äußeren und inneren Oberflächen mit Milliarden von Bakterien besiedelt. So befinden sich auf der normalen, gesunden Haut allein 1 Million Bakterien pro cm^2. Sie leben dort von unseren Ausscheidungen und abgestorbenen Hautzellen, **ohne** uns **zu schaden**. Im Dickdarm ist die Besiedelung sogar noch höher; hier finden sich in einem Gramm Verdauungsbrei etwa 100 Milliarden Bakterien.
Krankheiten verursachen Bakterien erst, wenn sie in das Körpergewebe **eindringen.** Dabei setzen sie gewebeschädigende **Enzyme** frei. Außerdem produzieren viele Bakterien Substanzen, die im menschlichen Organismus als **Giftstoffe (Toxine)** wirken und schwere Schädigungen hervorrufen können. So blockiert z. B. das Tetanustoxin, das vom Erreger des Wundstarrkrampfes an einer Wunde erzeugt wird, die Freisetzung von Botenstoffen an Synapsen (s. Kap. 6) des Rückenmarks, was zu Muskelkrämpfen, Lähmungen und schließlich zum Atemstillstand führen kann. Es gibt auch Bakterien, die in Körperzellen eindringen und sich dort vermehren. Die befallenen Zellen werden dadurch zerstört.

Krankheiten durch Bakterien:
Atemwege: **Diphtherie, Bronchitis, Tuberkulose, Mandelentzündung, Lungenentzündung**
Verdauungssystem: **Cholera, Salmonellosen, Magenschleimhautentzündung**
Geschlechtsorgane: **Syphilis, Gonorrhö (Tripper), Harnwegsentzündung**
Nervensystem: **Tetanus, Botulismus, Meningitis**
Blut/Lymphsystem: **Pest**
Haut: **»Pickel«**

Viren. Sie sind die kleinsten Krankheitserreger. Ihr Durchmesser beträgt weniger als $^{1}/_{1000}$ mm. Hätte eine menschliche Körperzelle den Umfang dieses Buches, wäre ein Virus etwa so groß wie ein Stecknadelkopf.

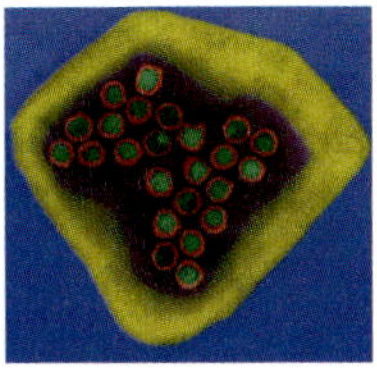

Viren

Viren bestehen nur aus einer kleinen Menge Erbinformation (DNA oder RNA), die in eine Eiweißhülle verpackt ist. Einige Viren sind noch von einer Membran umhüllt.

Viren betreiben keinen Stoffwechsel und wachsen auch nicht. Um sich zu **vermehren,** müssen sie Zellen befallen, die über diese Eigenschaften verfügen. Die Viren schieben dann diesen Zellen einen genetischen Befehl unter und der lautet immer gleich: Anfertigung vieler neuer Viren.

Krankheiten werden durch Viren auf verschiedene Weise hervorgerufen. In einigen Fällen kommt es erst zur Zerstörung von Körperzellen, wenn das Abwehrsystem auf die Virusvermehrung reagiert. Es gibt auch Viren, die Krebs hervorrufen können. Bei einigen Infektionskrankheiten (z. B. Herpes-Bläschen) verweilen die Viren nach der Infektion lebenslang im Körper und schädigen ihn nur, wenn das Immunsystem geschwächt ist. Bei den meisten Virus-Infektionen werden die Zellen unmittelbar durch die Virusvermehrung zerstört.

Krankheiten durch Viren:
Atemwege: **Schnupfen, Lungenentzündung**
Verdauungssystem: **Hepatitis, Gelbfieber, Mumps**
Geschlechtsorgane: **Herpes-Bläschen, Warzen**
Nervensystem: **Meningitis**
Blut/Lymphsystem: **AIDS**
Haut: **Herpes-Bläschen, Pocken, Windpocken, Masern, Röteln, Warzen**

Eine typische Viruserkrankung ist die **Grippe**. Die Viren werden durch Sprechen, Niesen und Husten über winzige Tröpfchen in der Luft übertragen (Tröpfcheninfektion). Über die Atemwege gelangen die Erreger in den Körper und befallen die Zellen der Luftröhre und der Bronchien, in denen sie sich vermehren. Dabei werden die Zellen so geschädigt dass sie absterben. Zunächst wird die Infektion gar nicht bemerkt. Nach mehreren Stunden oder auch Tagen treten die ersten Anzeichen der Krankheit, die **Symptome**, auf: Hals- und Kopfschmerzen, Schüttelfrost, Augentränen, dann Gliederschmerzen und Fieber. Gefährlich wird es, wenn eine Bakterieninfektion dazukommt, z.B. eine Lungenentzündung. Aber normalerweise klingen die Beschwerden nach einigen Tagen wieder ab.

2 Angeborene Immunität

2.1 Die natürliche Resistenz

Über eine natürliche Resistenz gegenüber Krankheitserregern verfügen wir von Geburt an. Sie setzt sich aus vielen Faktoren zusammen, denen aber eines gemeinsam ist: Sie wirken **unspezifisch** gegen alle Krankheitserreger.

Säuren

Erste Barrieren für Krankheitserreger sind die Haut und die Schleimhäute der verschiedenen Körperhöhlen. Hier werden unter anderem **Säuren** gebildet, die die Mikroorganismen zerstören. Das bekannteste Beispiel ist die Salzsäure, die bei der Verdauung im Magen freigesetzt wird.

Enzyme

In der Tränenflüssigkeit und in Sekreten der Lunge sowie des Verdauungssystems sind **Enzyme** enthalten, die den Abbau der Zellwände der Bakterien ermöglichen.

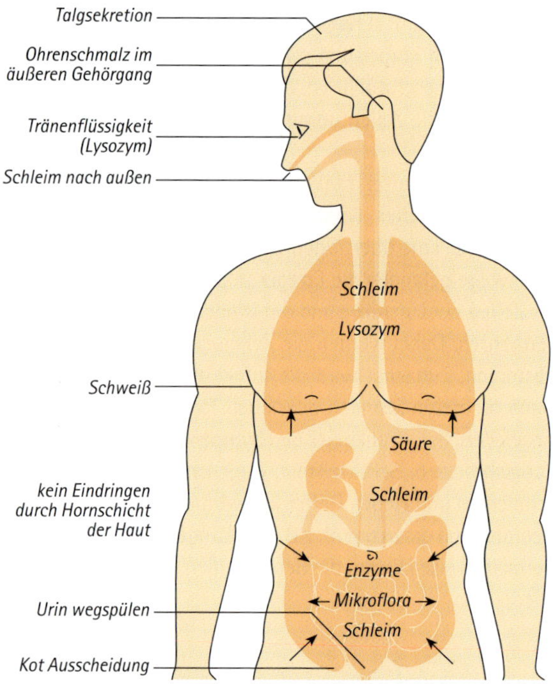

Die Faktoren der natürlichen Resistenz

In der Lunge können sich die Mikroorganismen im **Schleim** verfangen. Außerdem werden sie durch die Tätigkeit der Flimmerhärchen nach außen transportiert. Durch Husten und Niesen werden sie sehr wirkungsvoll aus dem Körper entfernt, leider aber auch ebenso wirkungsvoll verbreitet.

Schleim

Gesunde Menschen beherbergen in ihrem Darm viele Bakterien. Diese **Mikroflora** behindert in der Regel das Wachstum von Krankheitserregern. Die Verdrängung von Krankheitserregern durch die Besiedelung mit ungefährlichen Bakterien spielt auch auf der Haut und auf Schleimhäuten eine wichtige Rolle.

Mikroflora

Wenn jedoch den Erregern das Eindringen in das Körpergewebe gelingt, werden sie erneut von einer ganzen Palette **antimikrobieller Substanzen** attackiert, die als Reaktion auf die Infektion sehr schnell aktiviert oder gebildet werden. Zu diesen Substanzen gehören wiederum **abbauende Enzyme** und **Säuren,** die Bakterien und Viren unspezifisch abtöten.

Eine dieser Substanzen, das **Interferon,** spielt bei Virus-Infektionen eine besondere Rolle. Während sich die Viren innerhalb der Körperzellen vermehren, können sie nicht gezielt bekämpft werden. In dieser Phase wirkt Interferon: Es hemmt die Virus-Vermehrung.

Interferon

Weitgehend unspezifisch wirkt auch das **Komplementsystem**. Dessen Bezeichnung geht auf die Entdeckung zurück, dass Antikörper nur zusammen mit frischem Blutserum Bakterien zerstören können. Man vermutete im Serum einen unspezifisch wirkenden »Faktor«, der die Wirkung der sehr spezifischen Antikörper ergänzt (*lat. complementum*). Tatsächlich handelt es sich bei diesem »Faktor« um verschiedene **Enzyme**, die als inaktive Vorstufen in Blut und Lymphe zirkulieren und sich in einem kaskadenartigen Vorgang gegenseitig aktivieren – ähnlich wie bei der Blutgerinnung.

Komplement

2.2 Die Zellen des Immunsystems

Alle Zellen des Immunsystems gehören zu den weißen Blutzellen oder **Leukocyten.** Im Gegensatz zu der relativ konstanten Zahl der roten Blutzellen (Erythrocyten) beim Gesunden ändert sich die Zahl der Leukocyten im Blut in Abhängigkeit von der Tageszeit und dem Aktivitätszustand des Abwehrsystems. Normal ist eine Variationsbreite von 5 000 bis 10 000 Zellen pro Mikroliter Blut.

50 bis 70 % der weißen Blutzellen sind **Granulocyten** und 5 bis 10 % sind **Makrophagen**. Diese Zellen wirken **unspezifisch** und gehören somit zu den angeborenen Abwehrmechanismen.

Die restlichen 25 bis 40 % stellen die **Lymphocyten.** Das sind diejenigen Zellen, die in den Körper eingedrungene Mikroorganismen **erkennen** und **hochspezifische** Reaktionen gegen sie in Gang setzen.

Alle Zellen des Immunsystems werden aus **Stammzellen** im Knochenmark gebildet. Durch deren Teilungstätigkeit entstehen ständig Vorläuferzellen, aus denen dann wieder durch Teilung die verschiedenen Immunzellen hervorgehen. Die Zellen werden ins Blut abgegeben und gelangen auf diesem Weg in den gesamten Körper.

Die Zellen des Immunsystems

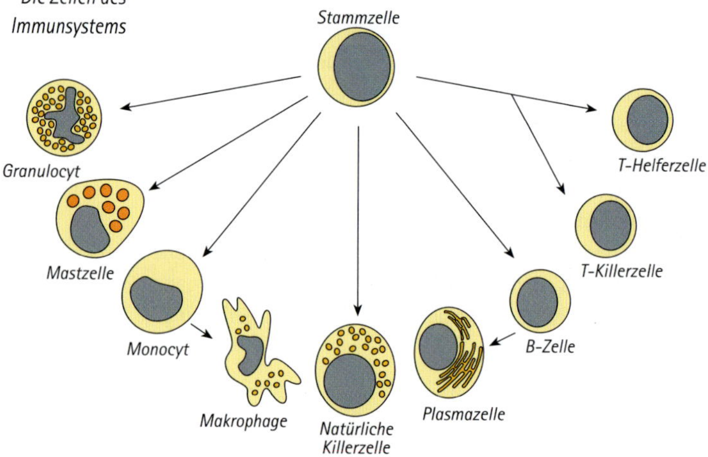

2.3 Ablauf einer Abwehrreaktion

Wenn es einem Krankheitserreger gelungen ist, ins Körpergewebe vorzudringen und sich dort zu vermehren, wird er von dieser »Armee« aus weißen Blutzellen angegriffen.

Entzündung: Reaktion auf Krankheitserreger

Entzündung. Auf die Gewebeschädigung durch die eingedrungenen Krankheitserreger reagiert der Körper mit einer Entzündung. So wie ein aktiver Muskel eine größere Blutzufuhr braucht, um ausreichend mit Traubenzucker und Sauerstoff versorgt zu werden, müssen Bestandteile des Immunsystems verstärkt an den Infektionsort gelangen. Das gelingt, indem die Blutzufuhr zum Infektionsort erhöht und die Durchlässigkeit der Endothelzellen, die die Blutgefäße auskleiden, so gesteigert wird, dass Substanzen leichter ins Gewebe gelangen können.

Dann kommen die Fresszellen ins Spiel. Sie wandern aus dem Blut ins Gewebe ein, indem sie sich zwischen den Endothelzellen hindurchquetschen, mit Ämoben-ähnlichen Bewegungen auf die Krankheitserreger zuwandern und in ihr Zellplasma aufnehmen, um sie dort zu verdauen. Dieser Vorgang wird als Phagocytose bezeichnet.

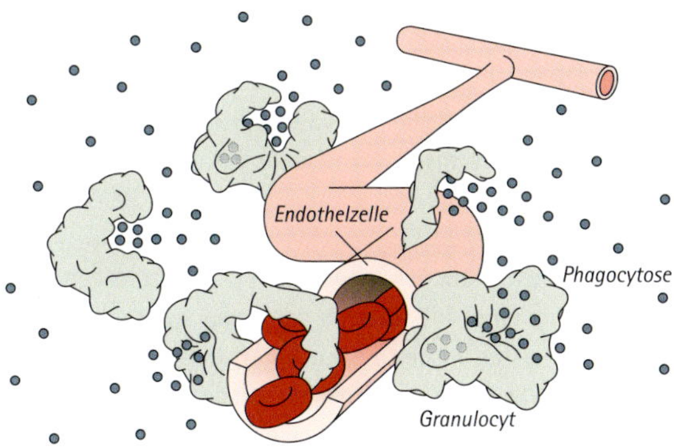

Ablauf einer Entzündungsreaktion

Es gibt zwei Gruppen von Zellen in unserem Körper, die Krankheitserreger durch Phagocytose vernichten:

Granulocyten

Granulocyten. Dies sind kurzlebige Zellen, die mit abbauenden Enzymen vollgepackt sind. Sie zirkulieren im Blut und sind in der Lage, in Gewebe, das von Krankheitserregern befallen wurde, einzuwandern.

Makrophagen

Makrophagen. Diese Riesenfresszellen stammen von im Blut zirkulierenden Vorläufer-Zellen ab, halten sich aber vor allem im Gewebe auf. Im Gegensatz zu den Granulocyten sind sie langlebiger, müssen aber erst aktiviert werden. Auch sie enthalten abbauende Enzyme zur Zerstörung der aufgenommenen Bakterien und Viren.
Eine Entzündung ist also normalerweise nichts Schädliches, sondern Teil der Selbstheilungsmechanismen des Körpers als Reaktion auf eine Infektion mit Krankheitserregern.

Fieber: Begleiterscheinung von Infektionen und Entzündungen

Fieber. Eine der häufigsten Begleiterscheinungen von Infektionen und Entzündungen ist Fieber. Es wird vor allem durch Bakteriengifte, aber auch durch körpereigene Botenstoffe hervorgerufen, die die Abwehrmaßnahmen in Gang setzen. Die Fieber erzeugenden Substanzen verstellen im Gehirn den Soll-Wert der Temperaturregulation. Die normale Körpertemperatur beträgt 37 °C. Als Fieber gelten Temperaturen von 39 °C und mehr. Die leichte Temperaturerhöhung beschleunigt den Stoffwechsel und damit auch die Abwehrreaktionen des Körpers.
Die bisher beschriebenen angeborenen Abwehrmechanismen sind bei einer Infektion in der Regel sofort verfügbar und gewährleisten in den ersten Tagen meistens einen effektiven Schutz vor den Krankheitserregern. Eine **Schwächung** der natürlichen Resistenz kann durch Unter- oder Fehlernährung, durch Vitaminmangel, aber auch durch körperliche Überanstrengung und seelische Belastung (Stress) sowie durch gleichzeitiges Auftreten mehrerer Infektionen hervorgerufen werden.

3 Erworbene Immunität

Schaffen es die Abwehrmaßnahmen der natürlichen Resistenz nicht, die Krankheitserreger zu vernichten, setzen weitere Mechanismen ein. Entscheidend für diese Immunreaktionen ist die Tatsache, dass sie sich **hochselektiv gegen den Erreger** richten. Die Vorgänge, die zu dieser **spezifischen** Immunreaktion führen, benötigen einige Tage. Während dieser Zeit wird der Erreger erkannt und die auf ihn spezialisierten Zellen werden aktiviert. Diese Form der Immunität wird also erst durch die Konfrontation mit dem Erreger **erworben,** bleibt aber dann in der Regel ein Leben lang erhalten.

Lymphocyten

Für die erworbene Immunität sind ausschließlich die **Lymphocyten** zuständig. Auch sie werden aus Stammzellen im Knochenmark gebildet. Ein Teil der Lymphocyten besiedelt nach Verlassen des Knochenmarks sofort die Milz und die Lymphknoten. In diesen Organen findet die Zellreifung statt.

B-Zellen

Diese Lymphocyten werden **B-Zellen** genannt (B von bone marrow, der englischen Bezeichnung für Knochenmark). Sie spezialisieren sich auf die Herstellung von **Antikörpern**. Ein anderer Teil der Lymphocyten durchwandert die Thymusdrüse, bevor sie ebenfalls Milz und Lymphknoten besiedeln.

T-Zellen

Diese Lymphocyten werden als **T-Zellen** (T von Thymusdrüse) bezeichnet.

Antigene

Die wichtigste Voraussetzung für eine gezielte Immunreaktion gegen einen eingedrungenen Krankheitserreger besteht darin, dass er als solcher **erkannt** wird. Auch bei Immunzellen erfolgt das durch spezifische **Rezeptoren**. Das Gegenstück zum Rezeptor wird **Antigen** genannt. Es handelt sich um ein Molekül des Erregers, das eine Immunreaktion auslöst. Das passiert in der Regel auch, wenn das Immunsystem dieses Molekül als nicht zum eigenen Körper gehörend – als **fremd** – erkennt. Man schätzt, dass das Immunsystem eines Menschen im Laufe seines Lebens mit Tausenden verschiedener Antigene konfrontiert wird. Wie schafft es das Abwehrsystem, gegen diese Vielfalt anzukommen?

Nach der heutigen Vorstellung ist die Struktur des Antigenrezeptors bereits festgelegt, **bevor** er überhaupt mit einem Antigen in Kontakt kommt. Durch den Kontakt werden diejenigen Zellen ausgewählt und vermehrt, die den zum Antigen passenden Rezeptor tragen. Es muss demnach bereits vor dem Erstkontakt mit einem Antigen eine unvorstellbar **große Zahl aller möglichen Rezeptortypen** geben.

3.1 Die Aufgaben der B-Zellen bei der Abwehr

Antikörper

B-Zellen sind auf die Herstellung von speziellen Abwehrstoffen spezialisiert, die als **Antikörper** bezeichnet werden. Dies sind **Y-förmige** Eiweißmoleküle, die sich an die Antigene binden und sie verklumpen. Die verklumpten Antigene werden dann von Fresszellen aufgenommen und verdaut.

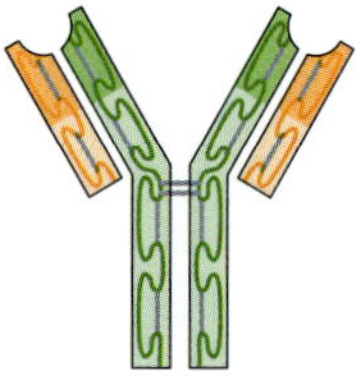

Einfaches Modell eines Antikörpers

Alle B-Zellen tragen solche Antikörpermoleküle als Rezeptoren an ihrer Zelloberfläche. Jeder Antikörper kann nur an ein einziges, ganz bestimmtes Antigen binden. Das Immunsystem muss demnach **Millionen verschiedener Antikörper** herstellen, die sich alle in ihrer Spezifität unterscheiden. Da jede B-Zelle nur Antikörper einer bestimmten Sorte herstellt, verfügt das Immunsystem über eine entsprechend **große Zahl verschiedener B-Zellen**, um mit der riesigen Vielfalt der Antigene fertig zu werden.

Wenn B-Zellen auf Antigene treffen, die zu ihren Rezeptoren wie ein **Schlüssel** zu seinem **Schloss** passen, binden sie die Antigene und werden dadurch **aktiviert,** sich mehrmals zu teilen. Dadurch entstehen viele identische Tochterzellen. Die meisten Tochterzellen entwickeln sich zu so genannten

Plasmazellen

Plasmazellen. Diese sind in der Lage, den Antikörper der ursprünglichen Mutterzellen **in großen Mengen** herzustellen und ins Blut abzugeben. Die freigesetzten Antikörper binden an die Antigene und verklumpen sie, wodurch eine Kettenreaktion ausgelöst wird, die mit der **Zerstörung** der Antigene endet: Sie werden von Fresszellen verdaut.

Die Plasmazellen gehen bei dieser Aktion nach kurzer Zeit zugrunde. Aber ein Teil der Tochterzellen der ursprünglichen B-Zelle beteiligt sich überhaupt nicht an der Antikörperherstellung. Sie zirkulieren weiter im Körper und können zu einem späteren Zeitpunkt, wenn das Antigen erneut im Kör-

Gedächtniszellen

per auftaucht, sehr viel **schneller** aktiviert werden. Eine solche **sekundäre Immunreaktion** verläuft deshalb ganz anders als die **primäre Immunreaktion** nach dem Erstkontakt mit dem Antigen. Die Antikörper sind zwar mit denjenigen nach dem Erstkontakt identisch, aber die freigesetzte Menge ist viel größer. Da das aussieht, als ob sich das Immunsystem an das Antigen »erinnert«, werden diese Zellen als **Gedächtniszellen** bezeichnet.

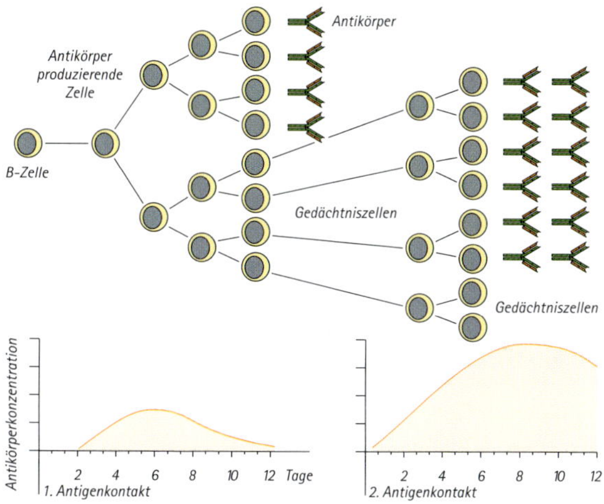

Primäre und sekundäre Immunreaktion

Dieses **immunologische Gedächtnis** bleibt meist ein Leben lang bestehen und schützt den Körper wirkungsvoll vor Krankheitserregern dieses Typs. Manche Krankheitserreger unterlaufen aber dieses Gedächtnis und tauchen in immer neuen Varianten auf, wie z. B. Schnupfenviren. In diesem Fall beginnt alles wieder mit der primären Immunreaktion und den entsprechenden Krankheitssymptomen.

3.2 Schutzimpfungen

Im Prinzip ist eine Schutzimpfung eine **künstliche Immunisierung**. Sie verläuft genauso wie die natürliche Immunreaktion. Kleine Mengen von abgeschwächten oder abgetöteten Krankheitserregern werden in den Körper eingebracht. Die primäre Immunreaktion setzt ein und die Plasmazellen stellen passende Antikörper her. Gleichzeitig bilden sich

Bereits Ende des 18. Jahrhunderts hatte ein englischer Arzt die Idee, Kinder mit Kuhpocken, die für Menschen harmlos sind, zu infizieren, um sie vor den gefährlichen echten Pocken zu schützen. Er hatte beobachtet, dass alle Menschen, die sich mit Kuhpocken angesteckt hatten, niemals echte Pocken bekamen. Heute wird diese Methode weltweit bei Schutzimpfungen angewandt.

Gedächtniszellen. Die Plasmazellen sterben ab und die Antikörper werden nach einiger Zeit abgebaut; die Gedächtniszellen bleiben jedoch erhalten. Sobald erneut Krankheitserreger auftreten, werden von den Gedächtniszellen in kurzer Zeit große Mengen der passenden Antikörper gebildet. Da der Körper die Antikörper **selbst** gebildet hat, spricht man von einer **aktiven Immunisierung**. Bei manchen Infektionskrankheiten hält eine einmalige Impfung das ganze Leben, bei anderen muss im Abstand von mehreren Jahren erneut geimpft werden.
Vereinzelt können auch Krankheitsfälle als Folge von Schutzimpfungen auftreten. So kommt es bei Schluckimpfungen vor, dass z. B. durch die abgeschwächten Kinderlähmungsviren ein Kind schwerwiegend erkrankt. Das Risiko, auf natürlichem Wege an Kinderlähmung zu erkranken, ist jedoch viel größer als das Risiko in Folge der Impfung.
Es gibt auch die Möglichkeit, nicht geimpften, bereits erkrankten Menschen zu helfen. Dazu werden Pferde mit dem Krankheitserreger infiziert. Die Tiere bilden dann in ihrem Blut die passenden Antikörper. Aus dem Blut dieser aktiv immunisierten Tiere gewinnt man ein Serum. Dieses wird mit den darin enthaltenen Antikörpern einem erkrankten Menschen gespritzt. Das körpereigene Abwehrsystem wurde in diesem Falle nicht aktiviert. Deshalb spricht man von **passiver Immunisierung**. Da die verabreichten Antikörper nach einiger Zeit verbraucht oder abgebaut sind, erlischt der vorübergehende Impfschutz und muss bei Bedarf erneuert werden. Eine passive Immunisierung wird aber auch als Schutz vor einer unmittelbar drohenden Infektion mit dem Erreger einer schweren Krankheit durchgeführt.

3.3 Die Aufgaben der T-Zellen bei der Abwehr

T-Helferzellen

Damit sich aktivierte B-Zellen, die mit Antigenen in Kontakt gekommen sind, tatsächlich massenhaft vermehren und sich in Plasmazellen und Gedächtniszellen verwandeln, benötigen sie noch ein Signal von einem weiteren Zelltyp des Abwehrsystems: den **T-Helferzellen**. Diese Zellen werden von den Makrophagen aktiviert, die eingedrungene Erreger als Erste in sich aufgenommen haben. Aktivierte T-Helferzellen aktivieren daraufhin solche B-Zellen, die in der Lage sind, passende Antikörper gegen diese Erreger herzustellen. Antikörper können nur Erreger binden und verklumpen, die sich frei im Blut aufhalten. Erreger, die in Körperzellen eingedrungen sind und sich dort vermehren (Viren und bestimmte Bakterien), bleiben von ihnen verschont. Diese Erreger könnten sich also ungehindert vermehren, wenn es nicht noch einen weiteren Zelltyp des Abwehrsystems gäbe: die **T-Killerzellen**. Sie greifen befallene Körperzellen an und zerstören sie. Dadurch wird die weitere Vermehrung dieser Erreger unterbunden.

T-Killerzellen benötigen zu ihrer Aktivierung ein entsprechendes Signal von den T-Helferzellen.

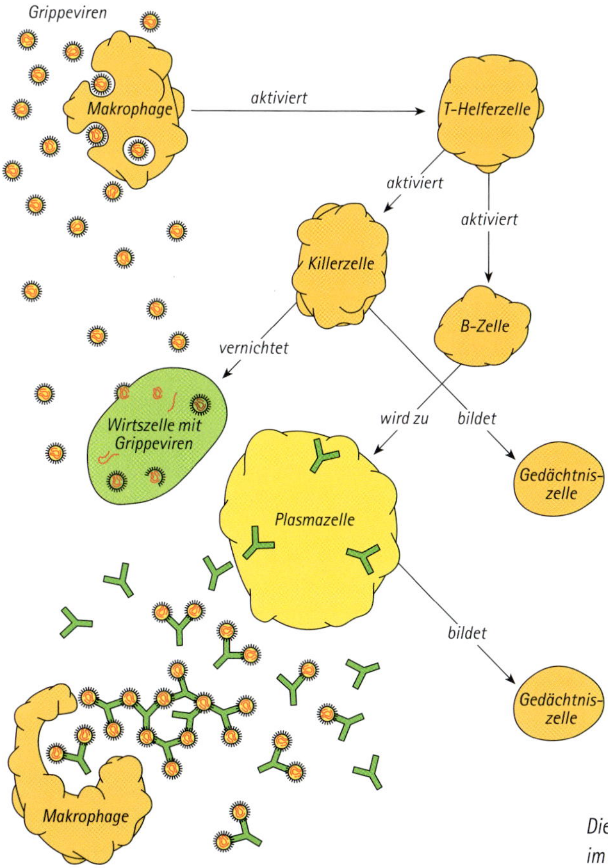

Die Abwehrreaktionen im Überblick

4 AIDS

Erworbenes Immunschwäche-Syndrom

AIDS ist eine Abkürzung der amerikanischen Krankheitsbezeichnung **acquired immune deficiency syndrome** und bedeutet: erworbenes Immunschwäche-Syndrom. Als Syndrom bezeichnen die Mediziner eine Gruppe von zusammengehörenden Krankheitszeichen, die für eine bestimmte Krankheit kennzeichnend sind. Bei AIDS treten seltene, aber schon lange bekannte Krankheiten in Kombination auf: eine selten vorkommende Form der Lungenentzündung, ungewöhnlicher Pilzbefall der Haut, besonders der Mundschleimhaut, seltene Krebsarten wie das Kaposi-Sarkom und ebenfalls seltene Virusinfektionen. Typisch für diese Krankheiten ist, dass sie nur bei **geschwächtem Abwehrsystem** zum Ausbruch kommen. Da die Erreger diese Schwächung als Gelegenheit zur Vermehrung ausnutzen, werden sie als **opportunistisch** bezeichnet.

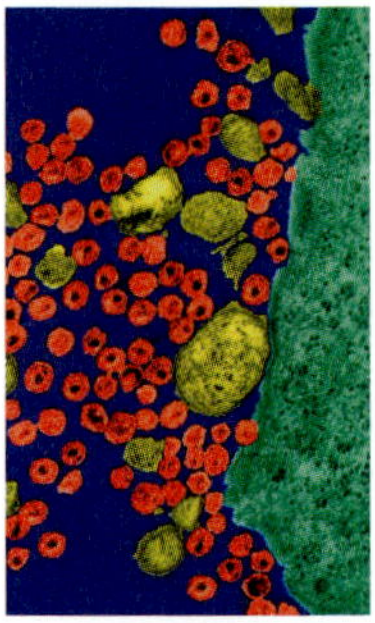

Das HI-Virus

Bei allen AIDS-Kranken ist vor allem die Anzahl der **T-Helferzellen vermindert**: Statt der normalerweise 800 Zellen pro Milliliter Blut sind weniger als 400 vorhanden. Für die Verminderung der T-Helferzellen ist der Erreger von AIDS verantwortlich: ein Virus, genannt HIV. Auch **HIV** ist eine Abkürzung der amerikanischen Bezeichnung **human immunodeficiency virus** und bedeutet: menschliches Immunschwäche-Virus.

Auswirkungen der HIV-Infektion

Das HI-Virus hat einen Durchmesser von nur $^{1}/_{10000}$ mm. Es befällt vor allem Makrophagen und T-Helferzellen, aber auch Nervenzellen. Die Verminderung der T-Helferzellen wirkt sich besonders nachteilig aus, da sie für die Aktivierung der spezifischen Abwehrreaktionen des Körpers nötig sind. Der Ausfall der T-Helferzellen bewirkt, dass Krankheitserreger den Körper befallen, die sich bei normal funktionierendem Abwehrsystem niemals im Körper ausbreiten und vermehren könnten.

Ansteckungsgefahren

Im Unterschied zu vielen anderen Infektionskrankheiten werden HI-Viren nur mit Körperflüssigkeiten wie Blut, Sperma oder Scheidenflüssigkeit übertragen. Die häufigste Ansteckungsgefahr besteht daher beim Geschlechtsverkehr mit einer HIV-infizierten Person. Die Viren gelangen über winzige Risse in den Schleimhäuten von Scheide, Penis, Mund oder Darm ins Blut des Geschlechtspartners. Einen Schutz dagegen bieten Kondome. Bei Drogenabhängigen, die gemeinsam Injektionsnadeln benutzen, besteht die Ansteckungsgefahr durch Blutreste, die in den Nadeln verbleiben. HIV-infizierte Mütter können die Viren während der Schwangerschaft oder beim Stillen auf ihr Kind übertragen.

AIDS-Test

Bei einer Infektion mit HIV bildet das Abwehrsystem HIV-spezifische Antikörper, die sich in einem Zeitraum von 6 bis 12 Wochen mit einem Antikörper-Test im Blut nachweisen lassen. Darauf beruht der **AIDS-Test**.

Krankheitsverlauf

In den ersten Monaten nach der Infektion treten Erschöpfung, Fieber und geschwollene Lymphknoten auf. Die meisten dieser Symptome verschwinden aber wieder. Danach sind die Infizierten über durchschnittlich 3 bis 5 Jahre, manchmal auch länger, ohne Beschwerden. Dauernde Lymphknotenschwellungen sind in diesem Stadium das einzige Warnzeichen. Es gibt auch Fälle, in denen die Symptome erst 10 Jahre nach der Infektion auftreten. Erst wenn die typischen opportunistischen Krankheiten ausbrechen, zeigt sich das Vollbild von AIDS. Nach bisherigem Kenntnisstand ist davon auszugehen, dass alle HIV-Infizierten auch an AIDS erkranken und sterben.

Auf einen Blick: Abwehr von Krankheitserregern

Infektionskrankheiten

- Infektionskrankheiten werden bei uns hauptsächlich durch Erreger wie **Bakterien** und **Viren**, in den Tropen auch noch durch Parasiten hervorgerufen.
- Bakterien verursachen Krankheiten, indem sie in das Körpergewebe **eindringen**. Sie **schädigen** durch die Freisetzung abbauender Enzyme und durch Toxine.
- Viren verursachen vor allem Krankheiten, weil sie sich in Körperzellen **vermehren** und dabei die Zellen **zerstören**.

Angeborene Immunität

- Jeder Körper verfügt von Geburt an über eine **natürliche Resistenz** (Widerstandsfähigkeit) gegenüber Krankheitserregern. Sie setzt sich aus vielen Faktoren zusammen, die **unspezifisch** gegen alle Krankheitserreger wirken.
- Erste **Barrieren** sind die Haut und die Schleimhäute der verschiedenen Körperhöhlen. Hier setzen Säuren, Enzyme, Schleim und die normale Mikroflora den Krankheitserregern zu.
- Ist es Krankheitserregern gelungen, ins Körpergewebe vorzudringen und sich dort zu vermehren, werden sie von **Granulocyten** und **Makrophagen** aufgenommen und verdaut. Das geht meist mit **Fieber** einher.

Erworbene Immunität

- Diese Immunreaktionen sind **hochselektiv** gegen Erreger gerichtet. Der Erreger wird als **Antigen** erkannt und die auf ihn spezialisierten Zellen werden aktiviert.
- **B-Zellen** sind auf die Herstellung von **Antikörpern** spezialisiert. Das sind Y-förmige Eiweißmoleküle, die sich an die Antigene binden und sie verklumpen. Die verklumpten Antigene werden von Fresszellen aufgenommen und verdaut.
- **Gedächtniszellen** tragen zu einem lebenslangen Schutz vor Erregern bei und können durch Schutzimpfungen zu einer **aktiven Immunisierung** führen.
- **T-Killerzellen** greifen Körperzellen an, die von Krankheitserregern befallen sind, zerstören sie und unterbinden so die weitere Vermehrung dieser Erreger.
- **T-Helferzellen** aktivieren sowohl B-Zellen als auch T-Killerzellen.

AIDS

- Das erworbene Immunschwäche-Syndrom wird durch eine Infektion mit Viren hervorgerufen, die zu einer **Verminderung** der T-Helferzellen führt. Durch die **Schwächung der Abwehr** treten seltene Krankheiten in Kombination auf, die zusammen kennzeichnend für AIDS sind.

Wahrnehmung durch Sinne

Reize werden durch Rezeptoren erfasst, die bestimmten Sinnesorganen zugewiesen sind. Augen, Ohren, Zunge und Nase ermöglichen das Sehen, Hören, Schmecken, Riechen. Darüber hinaus gibt es aber noch einen Lage- und Drehsinn und die Haut ist ebenfalls ein Sinnesorgan, mit dem man Wärme und Kälte wahrnehmen, Schmerz empfinden und tasten kann. Das Gehirn empfängt die Nervensignale, die ihm von den Sinnesorganen zugeleitet werden und verarbeitet sie. Dadurch entsteht in unserer Wahrnehmung ein Abbild unserer Umwelt.

1 Umwandlung von Reizen durch Rezeptoren

Sinnesorgane sind so konstruiert, dass sie mit den in ihnen enthaltenen Sinneszellen Reize aufnehmen können.

Als die fünf klassischen Sinne bezeichnet man den Sehsinn, den Gehörsinn, den Geruchssinn, den Geschmackssinn und den Tastsinn. Beim Menschen kommen außerdem der Temperatursinn, der Schmerzsinn und der Gleichgewichtssinn hinzu. Manche Tiere verfügen noch über weitere Sinne. So wurde bei Vögeln nachgewiesen, dass sie sich im Magnetfeld der Erde orientieren können.

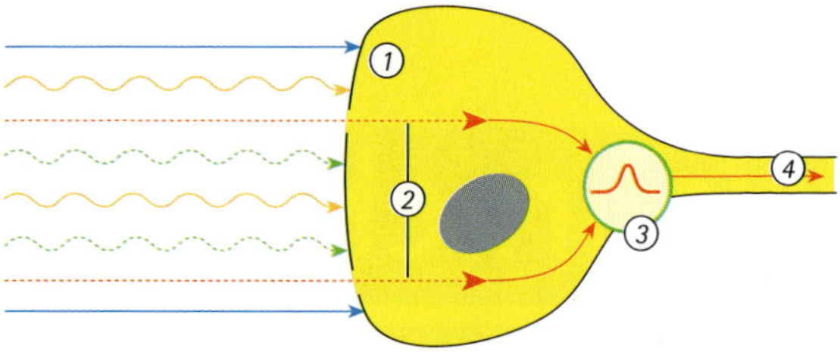

Reize und Rezeptoren

Die auch als **Rezeptoren** bezeichneten Sinneszellen wirken dabei wie Filter ①: Sie sprechen auf die meisten Reize gar nicht an, weil diese für die Sinneszellen unpassend sind. Nur ein Teil der Reize – man nennt sie die **adäquaten Reize** – wird von den Sinneszellen registriert ②, in die interne Sprache des Nervensystems (Nervensignale, eine Art von elektrischen Impulsen) übersetzt ③ und an Gehirn oder Rückenmark weitergeleitet ④.

Sinne und ihre jeweiligen Rezeptortypen

Rezeptortypen	Beispiele für auslösende Reize	Sinne
Chemorezeptoren	gasförmige chemische Stoffe gelöste chemische Stoffe	Geruchssinn Geschmackssinn
Mechanorezeptoren	Töne bestimmter Frequenz Schwerkraft Drücke Drücke	Gehörsinn Gleichgewichtssinn Schmerzsinn Tastsinn
Photorezeptoren	Licht einer bestimmten Wellenlänge	Sehsinn
Thermorezeptoren	Wärmeunterschied	Temperatursinn

2 Auge und Sehen

2.1 Bau des Auges

Das menschliche Auge lässt sich in seinem Aufbau mit einer Kamera vergleichen:

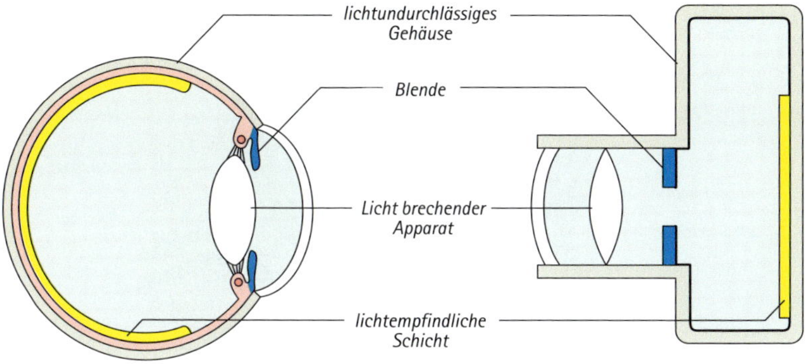

Auge und Kamera im Vergleich

Wie in einer Kamera können im Auge scharfe und lichtstarke Bilder der Umgebung entstehen. Lichtstrahlen, die von einem Gegenstand ausgehend auf das Auge treffen, werden vom Licht brechenden Apparat so gesammelt, dass auf der Netzhaut (s. nächste Seite) ein verkleinertes und auf dem Kopf stehendes Abbild des Gegenstandes erscheint.

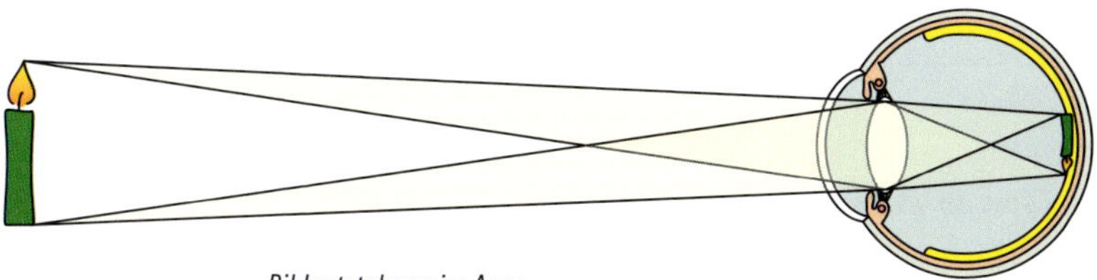

Bildentstehung im Auge

Das Auge ist aus zahlreichen einzelnen Bestandteilen aufgebaut:

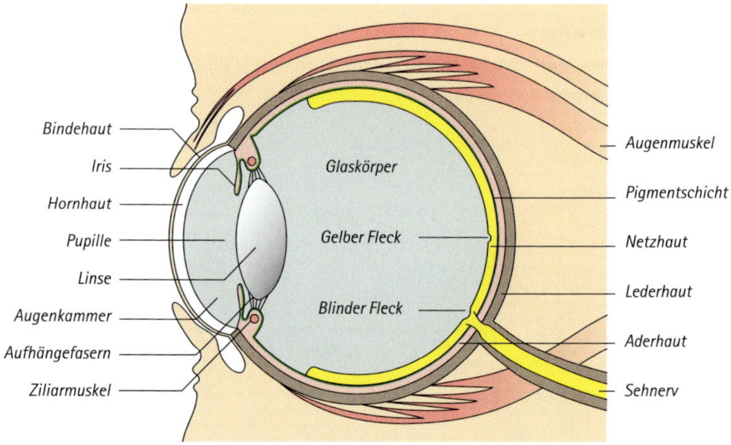

Bau des menschlichen Auges

Die Aufgabe der lichtempfindlichen Schicht des Films in einer Kamera übernimmt im Auge die Netzhaut. Sie besteht aus einer mehrlagigen Schicht spezialisierter Zellen:
Den Abschluss bilden lichtempfindliche Sinneszellen (Photorezeptoren ⓐ). Von diesen Sehzellen gibt es in der Netzhaut ca. 125 Millionen Stück. In Richtung zum einfallenden Licht schließen sich weitere Zellen an ⓑ. Sie werden aktiv, wenn die Sehzellen Lichtreize erfassen. Zellfortsätze ⓒ eines Teiles dieser Zellen führen alle zur selben Stelle in der Netzhaut. Dort vereinigen sie sich und bilden zusammen den Sehnerv. An der Stelle, an der dieser aus dem Augapfel austritt, ist kein Platz für Lichtsinneszellen, die Netzhaut weist hier den Blinden Fleck auf.

Aufbau der Netzhaut

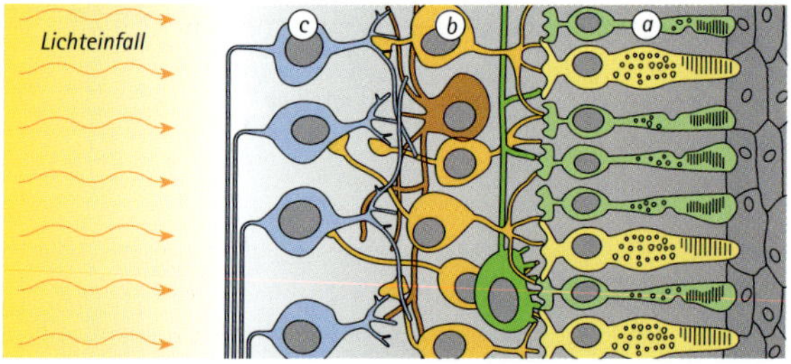

2.2 Leistungen des Auges

Akkommodation (Einstellung auf die Entfernung)

Ferne und nahe Gegenstände können nicht gleichzeitig scharf erfasst werden. Das Auge kann seine Scharfeinstellung jedoch wechseln. Dies geschieht durch eine Änderung der Form der Linse.

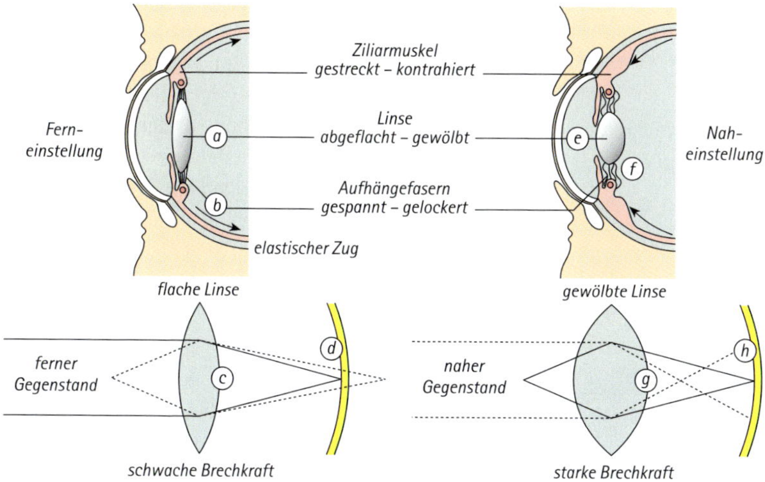

Akkomodation des Auges

In **Ferneinstellung** ist die Linse abgeflacht und weist daher nur eine geringe Brechkraft auf ⓐ. Diese Form der Linse kommt dadurch zustande, dass sie von Aufhängefasern flach gezogen wird ⓑ. Einfallende Lichtstrahlen werden nur schwach abgelenkt ⓒ. Auf der Netzhaut wird der ferne Gegenstand scharf abgebildet ⓓ.

In **Naheinstellung** ist die Linse stärker gekrümmt und weist deshalb eine größere Brechkraft auf ⓔ. Diese Form der Linse entsteht dadurch, dass sich der so genannte Ziliarmuskel zusammenzieht und infolgedessen die Aufhängefasern schlaff werden ⓕ. Die Linse krümmt sich dann durch ihre eigene Elastizität. Einfallende Lichtstrahlen werden stärker abgelenkt ⓖ. Auf der Netzhaut wird der nahe Gegenstand scharf abgebildet ⓗ.

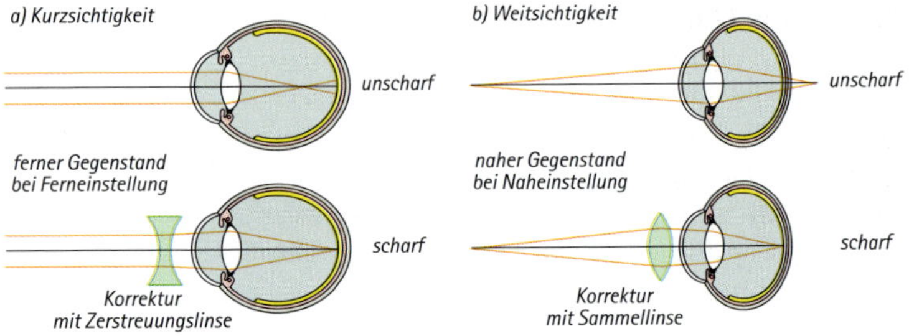

Sehfehler und ihre Korrektur

Kurzsichtigkeit: zu langer Augapfel

Kurzsichtigkeit. Hierbei erscheinen weit entfernte Gegenstände unscharf. Sie beruht häufig auf einem zu langen Augapfel. Die von einem fernen Gegenstand in das Auge einfallenden Strahlen werden schon vor der Netzhaut vereinigt. Auf der Netzhaut selbst entsteht ein unscharfes Bild. Abhilfe schaffen in diesem Fall Brillen mit Zerstreuungsgläsern (konkaver Schliff) oder entsprechende Kontaktlinsen. Der Strahlengang wird dadurch vor dem Auge »aufgeweitet« und die Ebene der scharfen Abbildung verschiebt sich nach hinten auf die Netzhaut.

Weitsichtigkeit: zu kurzer Augapfel

Weitsichtigkeit. Nahe Gegenstände erscheinen unscharf. Weitsichtigkeit beruht häufig auf einem zu kurzen Augapfel. Die von einem nahen Gegenstand in das Auge einfallenden Strahlen würden dann erst in einer Ebene hinter der Netzhaut vereinigt. Auf der Netzhaut selbst entsteht ein unscharfes Bild.

Die Stärke von Brillengläsern – eigentlich ihre Brechkraft – wird in Dioptrien angegeben. Je höher der Wert, desto stärker die Linse.

Abhilfe schaffen in diesem Fall Brillen mit Sammelgläsern (konvexer Schliff) oder entsprechende Kontaktlinsen. Der Strahlengang wird dadurch vor dem Auge »verengt« und die Ebene der scharfen Abbildung verschiebt sich nach vorne auf die Netzhaut.

Eine Lesebrille mit Sammelgläsern gleicht die mangelnde Krümmung der Augenlinse aus.

Alterweitsichtigkeit. Nahe Gegenstände, die in jungen Jahren mühelos scharf gesehen werden konnten, erscheinen nun unscharf. Sie beruht nicht etwa auf einer abweichenden Form des Augapfels, sondern auf mangelnder Elastizität der Augenlinse. Die Elastizität nimmt dabei mit steigendem Alter ständig ab und der Punkt, ab dem man in Augennähe scharf sieht, rückt immer weiter weg.

Adaptation (Anpassung an die Helligkeit)

Die erste Möglichkeit des Auges, sich an unterschiedliche Lichtintensität anzupassen, besteht in der Regelung des Lichteinfalls durch die Pupille. Bei schwacher Lichteinstrahlung ist die Pupillenöffnung des Auges weit geöffnet, so dass viel Licht ins Augeninnere eintreten kann. Bei zunehmender Helligkeit verkleinert sich die Pupillenöffnung, der Lichteinfall wird gedrosselt. Die zweite Möglichkeit des Auges, sich an verschiedene Lichtintensitäten anzupassen, besteht in einer Verschiebung der unterschiedlichen Lichtsinneszellen in der Netzhaut.

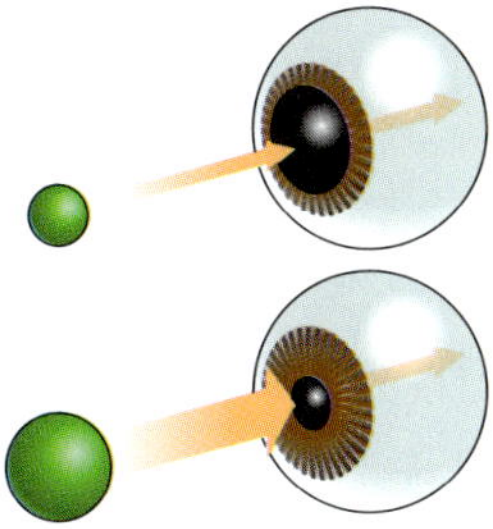

Adaptation

Die Netzhaut besteht aus zwei verschiedenen Rezeptortypen, die sich in ihrer Lichtempfindlichkeit unterscheiden – den sehr lichtempfindlichen **Stäbchen** und den weniger lichtempfindlichen **Zapfen**. Bei starkem Lichteinfall sind die Stäbchen in Fortsätze der Pigmentschicht eingesenkt. Die Lichtverarbeitung wird von den frei hervorragenden Zapfen durchgeführt. Bei Abdunklung vertauschen die beiden Sehzellensorten ihre Plätze und die Stäbchen ragen hervor. Diese Umstellung dauert eine Weile.

Farbensehen

Das menschliche Auge enthält drei verschiedene Sorten von Zapfen, die unterschiedlich empfindlich für rotes, grünes bzw. blaues Licht sind. Die verschiedenen Lichtsorten werden demnach von den drei Zapfensorten unterschiedlich stark verarbeitet. Damit wird in ihrem Zusammenspiel das Erkennen sämtlicher Farbsorten möglich.

Farbenblindheit bzw. Farbenfehlsichtigkeit beruhen auf dem Ausfall oder der Veränderung einer oder mehrerer Zapfensorten.

3 Ohr und Hören

Adäquate Reize, die vom Gehör erfasst werden können, sind Schallwellen. Diese werden von Schallquellen erzeugt. Schwingt z.B. eine Stimmgabel oder bewegen sich die Stimmbänder im Kehlkopf, so werden angrenzende Luftmoleküle in Schwingungen versetzt. Diese Schwingungen breiten sich als Druckschwankungen nach allen Seiten aus und können auf ein Ohr treffen.
Das menschliche Ohr besteht aus den drei Hauptabschnitten: **Außenohr**, **Mittelohr** und **Innenohr**.

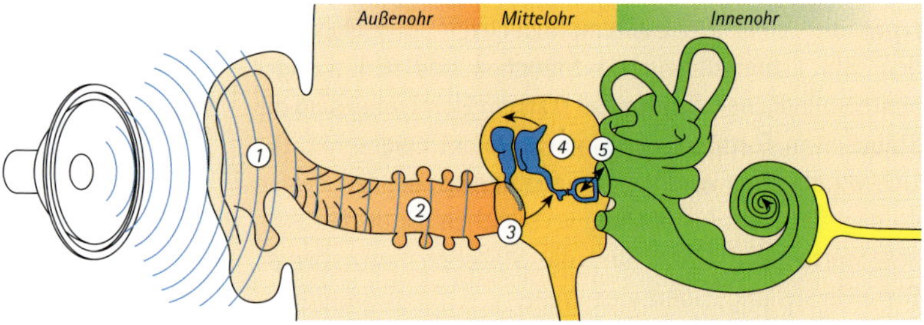

Längsschnitt durch das menschliche Ohr

Von außen einlaufende Schallwellen werden von der **Ohrmuschel** aufgefangen ①, gelangen durch den **Gehörgang** ② und versetzen an dessen Ende das **Trommelfell** ③ in Schwingungen. Die Bewegungen des Trommelfells werden durch die drei **Gehörknöchelchen** ④ im Mittelohr (Hammer, Amboss und Steigbügel) auf die Membran des ovalen Fensters ⑤ zum **Innenohr** übertragen. Dort werden die Reize durch Sinneszellen erfasst.
Durch die Hebelwirkung der Gehörknöchelchen und den Größenunterschied zwischen Trommelfell und ovalem Fenster wird der Schalldruck um das 20fache verstärkt.
Das Innenohr besteht aus einem von Knochen umgebenen Hohlraumsystem und weist auf den ersten Blick einen recht unübersichtlichen Bau auf.
Der schneckenförmig gewundene knöcherne Gang ist mit einer Lymphflüssigkeit gefüllt und wird durch Membranen in drei Gänge unterteilt (A, B und C, s. Abb. S. 105). Auf

einer der Membranen – der Grundmembran – sitzen die Hörsinneszellen auf.

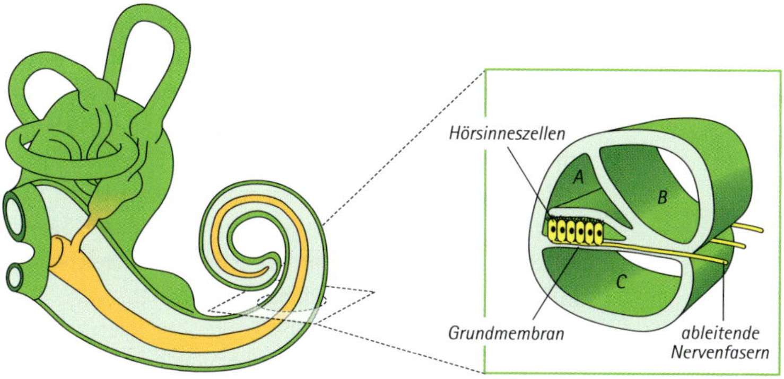

Anatomie des Innenohres

Die Vorgänge, die im Innenohr ablaufen, sind besser verständlich, wenn mit einem zeichnerischen Trick die Schnecke »gestreckt« wird.

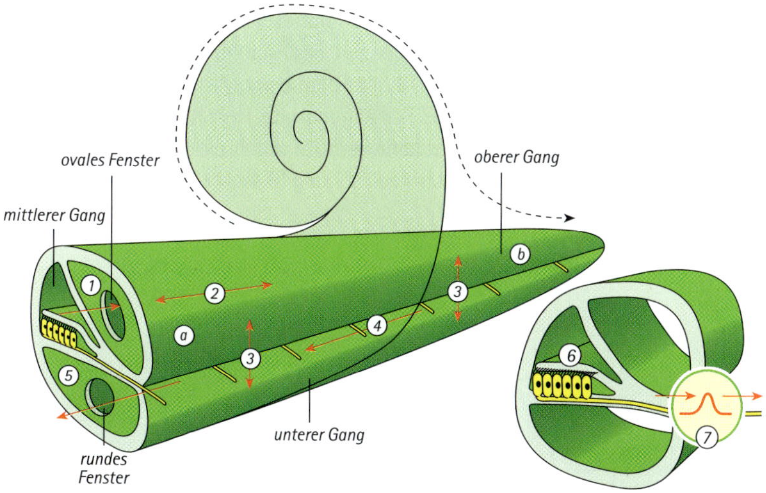

Vorgänge im Innenohr

Wird das ovale Fenster durch die Bewegung der Gehörknöchelchen in Schwingungen versetzt ①, so werden diese auf die Lymphflüssigkeit übertragen ② und damit fangen die Membranen zu schwingen an ③. Dadurch gerät auch die

Lymphe im unteren Gang in Bewegung ④ und trifft auf das elastische runde Fenster, welches die Schwingungen übernimmt ⑤.
Schallschwingungen, die das ovale Fenster ein- und auslenken, führen also zu Wanderwellen, die die Membran entlanglaufen und an irgendeiner Stelle ihre maximale Höhe erreichen. An dieser Stelle werden Grund- und Deckmembran minimal gegeneinander verschoben. Dabei verbiegen sich die Sinneshärchen der Rezeptoren ⑥ und leiten über ableitende Fasern, die sich zum Hörnerv vereinigen, Signale weiter ⑦. Diese werden dann in bestimmten Bereichen der Großhirnrinde in Tonwahrnehmung umgesetzt.
In welchem Abschnitt der Schnecke die Grundmembran ihre stärkste Auslenkung erfährt, hängt von der Tonfrequenz ab. Bei hohen Tönen tritt dieses Maximum nahe am Anfang auf ⓐ, bei tiefen Tönen hingegen nahe dem Ende ⓑ. Töne unterschiedlicher Frequenz werden demnach von verschiedenen Sinneszellen registriert.

Hörstörungen. Hierfür gibt es verschiedene Ursachen: Neben den Schädigungen des Trommelfells und der Gehörknöchelchen, z. B. als Folge einer Mittelohrentzündung, ist besonders die Schädigung von Hörzellen im Innenohr zu nennen. Dazu kann es auch durch einen lauten Knall oder durch Dauerlärmbelästigung (Diskothek) kommen.

4 Lage- und Drehsinn

Im Bereich des Innenohres befinden sich weitere Sinnesorgane: Der Vorhof enthält in zwei kleinen Säckchen je ein **Lagesinnesorgan** ⓐ, die Bogengänge enthalten das **Drehsinnesorgan** ⓑ.

Die Sinneshärchen in jedem **Lagesinnesorgan** ragen in eine bewegliche Gallertschicht hinein. In diese sind Kalkkristalle eingelagert, die sie schwerer machen. Neigt sich der Kopf, so bewegt sich die Gallertplatte und verbiegt die Sinneshärchen. Die Sinneszellen senden ein Erregungsmuster an das Gehirn. Da die beiden Lagesinnesorgane senkrecht zueinander stehen, enthält das Gehirn zwei unterschiedliche Meldungen. Aus ihnen kann es die Lage des Kopfes errechnen.

Die Sinneshärchen in den Ampullen jedes **Drehsinnesorgans** ragen in eine Gallertkappe hinein. Dreht sich der Kopf, so bewegt sich die Lymphflüssigkeit im Bogengang auf Grund ihrer Trägheit zunächst nicht mit und drückt die Gallertkappe zur Seite. Dadurch werden die Sinneshärchen verbogen und die Sinneszellen senden ein Erregungsmuster an das Gehirn. Da die Bogengänge jeder Kopfseite in den drei Richtungen des Raumes aufeinander senkrecht stehen, enthält das Gehirn je nach Art der Drehung unterschiedliche Meldungen. Aus ihnen kann es errechnen, wie der Körper sich gerade dreht.

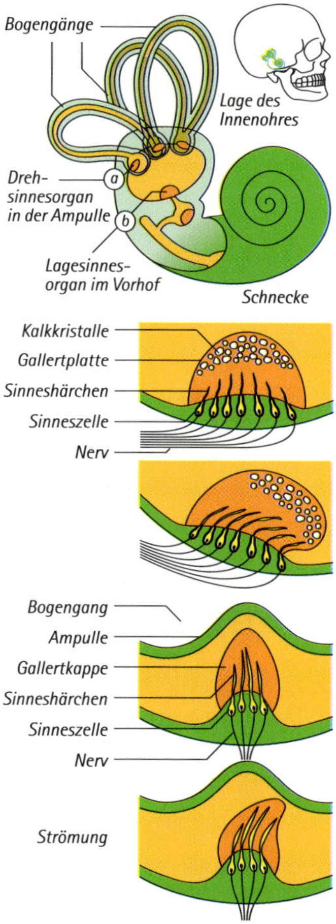

Lage- und Drehsinnesorgane

5 Zunge und Schmecken

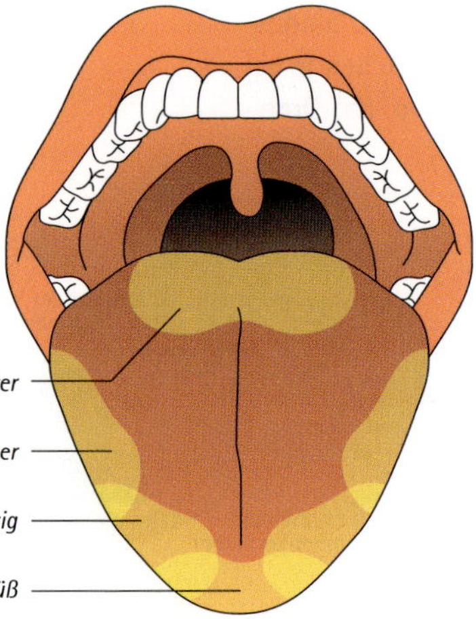

Geschmacks-
empfindung

Der Mensch hat hauptsächlich vier Geschmacksempfindungen: süß, salzig, sauer und bitter. Jeder dieser Geschmacksqualitäten ist ein bestimmter Bereich der Zunge zugeordnet. Kleine Erhebungen auf der Zunge enthalten verschiedene Typen von Geschmackspapillen, in deren Oberfläche Geschmacksknospen eingebaut sind. Diese bestehen aus einer Ansammlung von Chemorezeptoren, die durch Stoffe, welche in der Nahrung enthalten sind, gereizt werden.

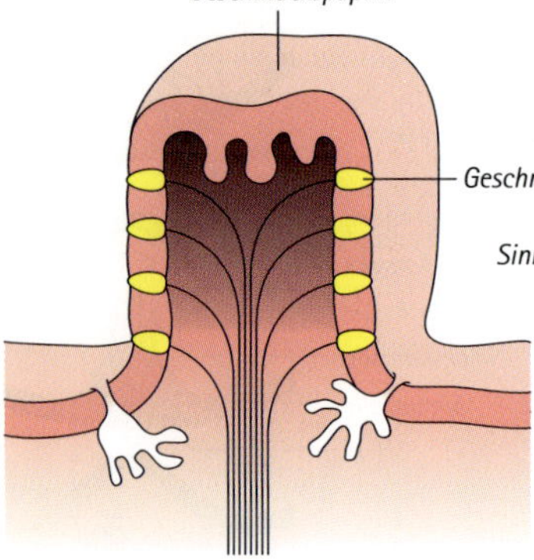

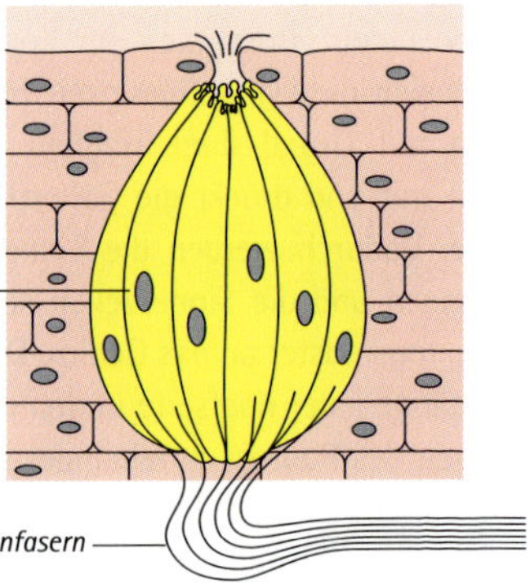

Geschmackspapille und Geschmacksknospe

Der typische Gesamteindruck einer Speise ergibt sich aber nicht alleine durch die Geschmacksempfindungen, sondern entsteht durch die gleichzeitige Reizung von Riechzellen.

6 Nase und Riechen

In den Riechfeldern in der Nasenhöhle sind Riechzellen verteilt, die durch verschiedene Duftstoffe gereizt werden können.

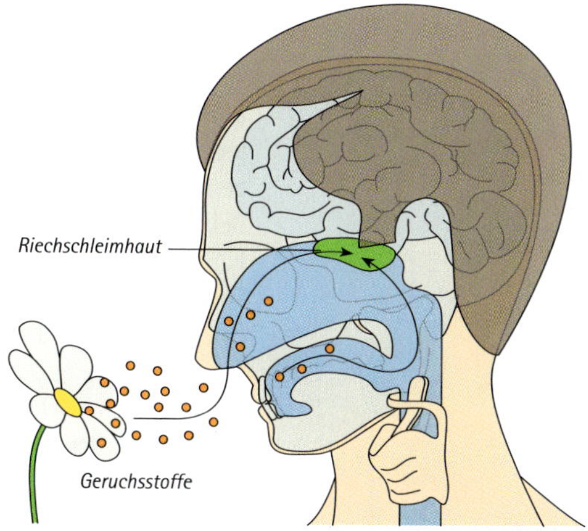

Riechorgan beim Menschen

Die Riechfelder des Menschen sind einige Quadratzentimeter groß und enthalten etwa 20 Millionen Riechzellen. Hunde haben erheblich größere Riechfelder mit mehr als 200 Millionen Riechzellen. Ihr Geruchssinn ist deshalb deutlich leistungsfähiger.

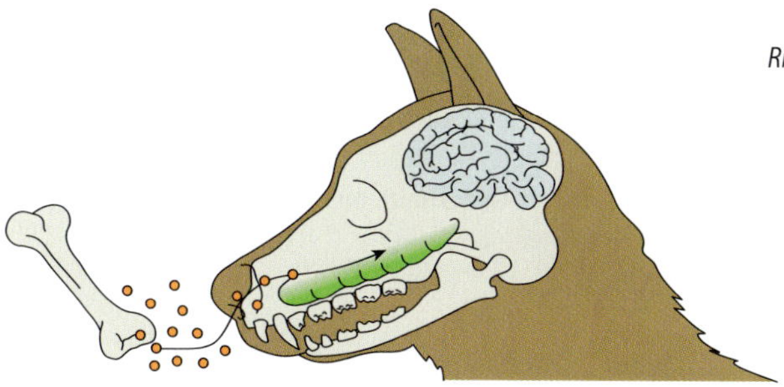

Riechorgan beim Hund

7 Haut und Hautsinne

Die etwa 6 mm dicke menschliche Haut ist bei einem Erwachsenen knapp 2 m^2 groß. Sie ist eine lebenswichtige Hülle und erfüllt unterschiedliche Aufgaben.

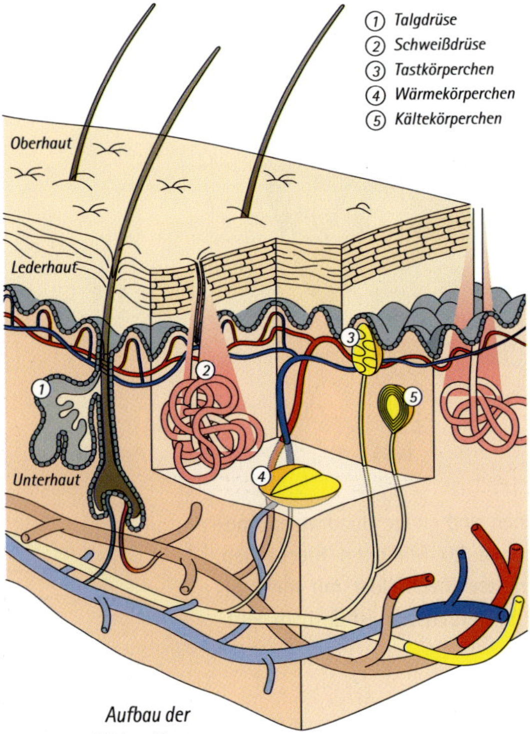

Aufbau der menschlichen Haut

Die Haut bietet **Schutz** gegen das Eindringen von Krankheitserregern (z. B. Bakterien), gegen mechanische Einwirkungen (Kratzer, kleine Stöße), gegen chemische Einwirkungen, gegen Sonneneinstrahlung (UV-Strahlen) und vor Austrocknung. Durch Bildung von Schweiß bewahrt sie den Körper vor Überhitzung und durch eine eingelagerte Fettschicht schützt sie ihn vor Auskühlung.

Zugleich ist die Haut ein vielseitiges **Sinnesorgan**, mit dem man Wärme und Kälte wahrnehmen, Schmerz empfinden und tasten kann.

Aufgebaut ist die Haut aus drei Schichten: **Oberhaut**, **Lederhaut** und **Unterhaut** mit jeweils zahlreichen einzelnen Bestandteilen.

8 Die Rolle des Gehirns

Das Gehirn empfängt Nervensignale, die ihm von den Sinnesorganen zugeleitet werden. Im Falle der Augen übernehmen diese Aufgabe die beiden Sehnerven. Sie überkreuzen sich an einer Stelle, die nahe der Schädelbasis liegt. Ihre Nervenfasern werden dabei neu geordnet. Die Fasern aus den linken Sehhälften beider Augen ziehen in die linke Gehirnhälfte, die Fasern aus den rechten Sehhälften in die rechte Gehirnhälfte.

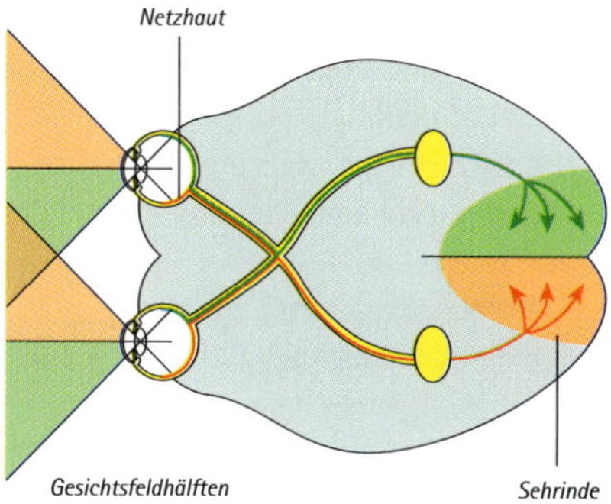

Sehbahn und Sehrinde

Die Nervenstränge führen zur Großhirnrinde am Hinterhaupt. Man bezeichnet diesen Bereich auch als **Sehrinde**. Dort werden die einlaufenden Nervensignale registriert und verarbeitet. Dabei entsteht in unserer Wahrnehmung ein inneres Bild der Umwelt, das die wesentlichen Merkmale hervorhebt.

Betrachtet man ein vollkommen einförmiges Punkteraster (Abb. a), so kann man geradezu spüren, wie das Gehirn einen Sinn in die ihm gemeldeten Sinnesdaten zu bekommen versucht. Betrachter des Vexierbildes (Abb. b) sehen entweder das Gesicht einer alten Frau oder das Seitenprofil einer jungen Frau. Der Eindruck springt zwischen beiden Möglichkeiten hin und her. Ein weiteres Beispiel zeigt, wie das Gehirn aus einer bloßen Anordnung von Strichen ein Wort entstehen lässt, das wir alle lesen können (Abb. c). Dies zeigt, dass es auf Erfahrungen – in diesem Fall die Kenntnis, wie Buchstaben aussehen – zurückgreift und in die Auswertung der Sinnesdaten einbezieht.

a)

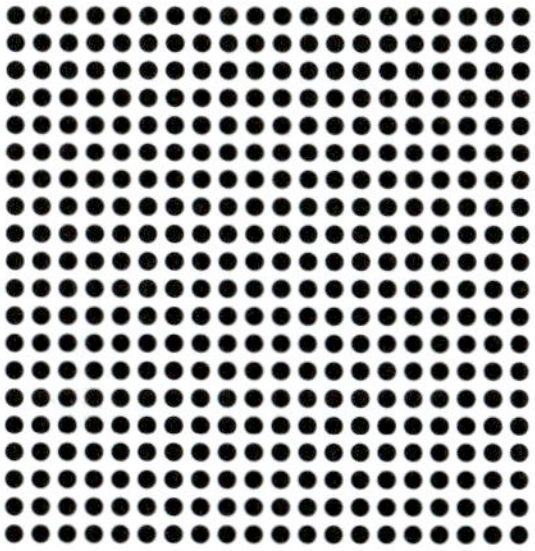

b)

c)

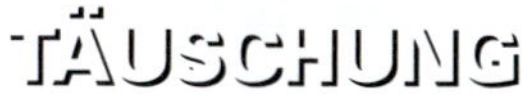

Optische Täuschung

Auf einen Blick: Wahrnehmung durch Sinne

Umwandlung von Reizen in Rezeptoren

- Sinnesorgane sind so konstruiert, dass sie mit den in ihnen erhaltenen Sinneszellen (Rezeptoren) Reize aufnehmen können.
- Unterschiedliche Rezeptortypen sind Chemorezeptoren, Mechanorezeptoren, Photorezeptoren und Thermorezeptoren.

Auge und Sehen

- Das menschliche Auge lässt sich in seinem Aufbau mit einer Kamera vergleichen. Die Sinneszellen befinden sich in der Netzhaut. Das Auge vermag sich auf die Entfernung einzustellen und an die Helligkeit anzupassen.

Ohr und Hören

- Hauptabschnitte des Ohres sind Außen-, Mittel- und Innenohr. Schwingungen des Trommelfells werden durch die Gehörknöchelchen zum Innenohr übertragen und dort von Sinneszellen erfasst.

Lage- und Drehsinn

- Die Sinnesorgane für Lage- und Drehsinn befinden sich im Vorhof und den Bogengängen des Innenohres.

Zunge und Schmecken

- Verschiedenen Bereichen der Zunge sind die Geschmacksempfindungen süß, salzig, sauer und bitter zugeordnet.

Nase und Riechen

- In den Riechfeldern der Nasenhöhle sind Riechzellen verteilt, die durch verschiedene Duftstoffe gereizt werden können.

Haut und Hautsinne

- Die Haut ist aufgebaut aus drei Schichten: Oberhaut, Lederhaut und Unterhaut. Als Sinnesorgan kann man mit ihr Wärme und Kälte wahrnehmen, Schmerz empfinden und tasten.

Die Rolle des Gehirns

- Das Gehirn registriert Nervensignale, die ihm von den Sinnesorganen zugeleitet werden und verarbeitet sie.

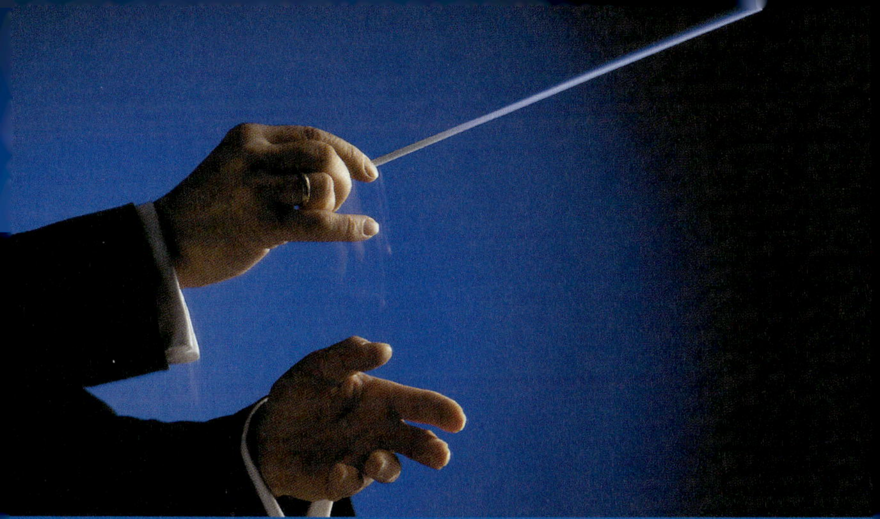

Steuerungsvorgänge

Das Zusammenspiel von Skelett und Muskulatur führt zu Bewegungsvorgängen, die vom Nervensystem gesteuert werden. Bei der Nachrichtenleitung und Nachrichtenverarbeitung spielen Nervenzellen eine ausschlaggebende Rolle. Gehirn und Rückenmark steuern als Zentralnervensystem zahlreiche Vorgänge im Körper. Einfache Beispiele für Steuerungsvorgänge sind Reflexe. Auch die Aufrechterhaltung der meisten Süchte wird von Prozessen im Gehirn gesteuert.

1 Skelett, Muskulatur und Bewegung

1.1 Das menschliche Skelett

Menschliches Skelett

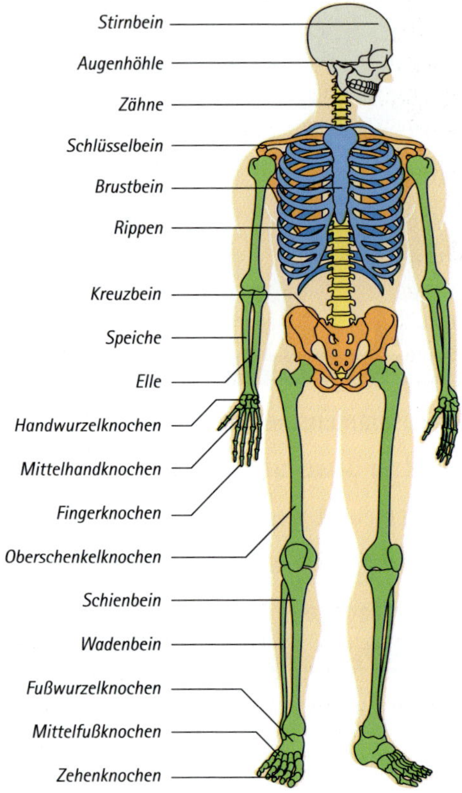

Beim Menschen besteht das Skelett aus mehr als 200 Knochen. Es untergliedert sich in verschiedene Funktionsabschnitte (s. Abb.):

- den aus flachen, plattenförmigen Knochen bestehenden **Schädel,**
- die aus einzelnen Wirbelknochen zusammengesetzte **Wirbelsäule,**
- den aus 12 Rippenpaaren und dem Brustbein bestehenden **Brustkorb,**

- den von den Schlüsselbeinen und den Schulterblättern gebildeten **Schultergürtel**,
- den aus den Beckenknochen zusammengefügten **Beckengürtel**,
- das obere und untere **Gliedmaßenskelett**, das hauptsächlich von lang gestreckten Knochen gebildet wird.

Die Skelettabschnitte verleihen dem Körper **Stabilität**. Zusätzlich üben einzelne Skelettteile auch **Schutzfunktionen** aus. So schützt z. B. der Schädel das Gehirn, der Brustkorb das Herz sowie die Lunge und die Wirbelsäule das Rückenmark.

Knochen

Knochen sind sehr starken Belastungen ausgesetzt. Sie müssen sowohl enormen Druckkräften standhalten als auch widerstandsfähig gegenüber Zug- und Drehkräften sein. In der Technik werden derlei Anforderungen durch Kombination verschiedener Materialien erreicht. So werden z. B. bei Gebäuden in den druckfesten Beton zugfeste Stahlgitter eingefügt. Der »Stahlbeton« vereinigt dann beide Eigenschaften. Dieses Konstruktionsprinzip liegt auch dem Knochenaufbau zugrunde.

Knochen bestehen aus verschiedenen Materialsorten:
- 50 % **anorganische** Substanzen (Salze wie z. B. Calciumphosphat und Calciumcarbonat, also »Kalk«)
- 25–30 % **organische** Substanzen (hauptsächlich kollagene Fasern, das sind eiweißartige faserige Stoffe)
- 20–25 % Wasser.

In seinem Inneren weist der Knochen einen Hohlraum auf (Abb. nächste Seite, ⓐ). Das darin befindliche **Knochenmark** ist von zahlreichen Blutgefäßen durchzogen. Es dient der Bildung von Zellen des Immunsystems und von roten Blutkörperchen.

Nach außen schließt sich harte **Knochensubstanz** an. Diese kann je nach Lage im Knochen in kompakter ⓑ oder in lockerer, schwammiger Form auftreten ⓒ. Die im Endteil des Knochens erkennbaren **Knochenbälkchen** ⓓ übertra-

Innerer Aufbau eines Röhrenknochens

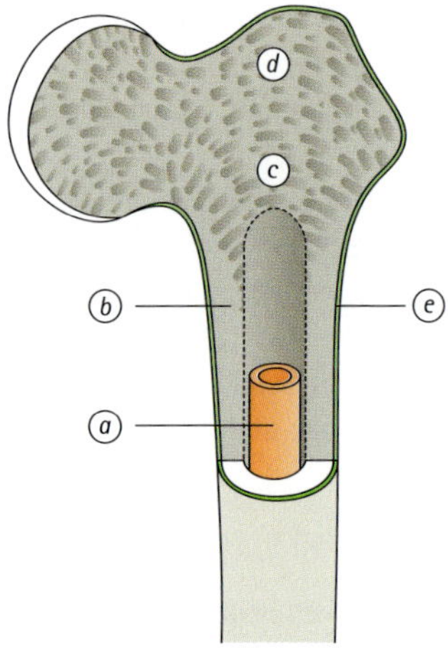

gen die in diesem Abschnitt (dem Gelenkabschnitt) auftretenden Kräfte auf den röhrenförmigen Schaft (Mittelabschnitt) des Knochens. Diese Material sparende »Trägerkonstruktion« trägt zu den oben genannten Eigenschaften des Knochens in entscheidender Weise bei.

Nach außen ist der Knochen mit Ausnahme der Ansatzstellen für Bänder und Sehnen sowie der Gelenkflächen von der **Knochenhaut** ⓔ überzogen. Sie ist von zahlreichen Nerven und von Blutgefäßen durchzogen, die sich auch in das Knocheninnere hinein verzweigen und damit der Ernährung des Knochens dienen. Außerdem spielt sie die entscheidende Rolle für das Knochenwachstum, da von ihrer Innenseite aus Knochenbildungszellen entstehen.

Gelenke

Gelenke ermöglichen die Beweglichkeit und gewährleisten den Zusammenhalt zwischen benachbarten Knochen.

Die in einem Gelenk aufeinander treffenden Knochenteile (s. Abb. nächste Seite) werden als **Gelenkkopf** ⓐ und **Gelenkpfanne** ⓑ bezeichnet. An ihren Gelenkflächen sind sie mit einem elastischen **Knorpel** ⓒ überzogen, der dazu dient Druckbelastungen abzufedern. Zwischen den beiden Knorpelschichten besteht eine Lücke, die als **Gelenkspalt** ⓓ bezeichnet wird und mit einer **Gelenkschmiere** ausgefüllt ist.

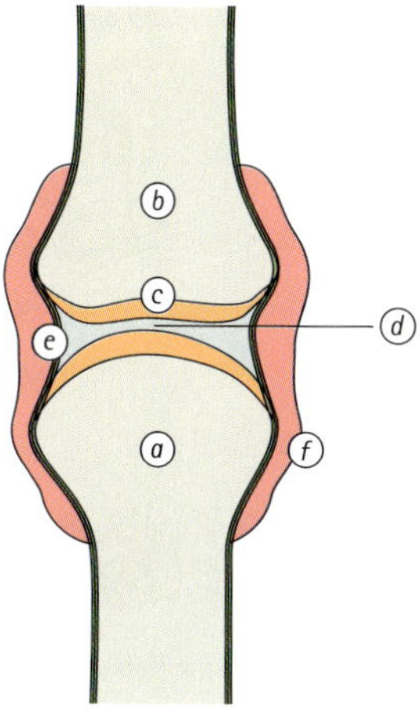

Aufbau eines Gelenks

Diese dient wie der Ölfilm in technischen Gelenken als Gleitmittel. Die **Gelenkkapsel** ⓔ – eine Fortsetzung der Knochenhaut – umhüllt das Gelenk und schließt den Spalt luftdicht nach außen ab. **Gelenkbänder** ⓕ sind der Kapsel aufgelagert und geben dem Gelenk Halt und Führung. Für zusätzlichen Zusammenhalt sorgen Muskeln oder deren Sehnen, die das Gelenk umgeben.

Gelenkverletzungen

Bei starken Beanspruchungen können die Gelenkteile ihren Zusammenhalt verlieren. Dabei kann es zu Kapsel- und Bänderrissen sowie zu Bänderzerrungen kommen. Eine Überdehnung der Gelenkkapsel bezeichnet man als Verstauchung. Sind die Gelenkknochen gegeneinander verschoben, so spricht man von einer Verrenkung.

Je nach Form von Gelenkkopf und -pfanne können die beiden in einem Gelenk zusammentreffenden Knochen bestimmte Bewegungen zueinander durchführen, andere hingegen nicht. Man unterscheidet mehrere **Gelenktypen**:

- **Kugelgelenke** (z. B. das Hüftgelenk oder das Schultergelenk) gestatten Bewegungen um alle drei Raumachsen, also in jeder Richtung.
- **Eigelenke** (z. B. das Handgelenk) und **Sattelgelenke** (z. B. das Grundgelenk des Daumens) ermöglichen Bewegungen um zwei Raumachsen.

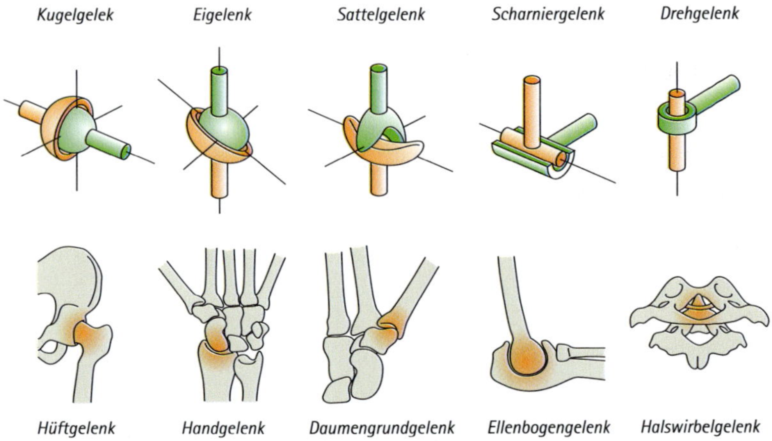

Gelenktypen

- **Mit Scharniergelenken** (z. B. dem Ellenbogengelenk oder den Fingergelenken) können Bewegungen lediglich um eine Achse durchgeführt werden.
- Gleiches gilt für die **Drehgelenke** (z. B. das Gelenk zwischen »Atlas« und »Axis«, den beiden ersten Halswirbeln).

1.2 Muskeln

Nach ihrem inneren Aufbau lassen sich verschiedene **Muskeltypen** unterscheiden:

- **Eingeweidemuskulatur**
- **Herzmuskulatur**
- **Skelettmuskulatur.**

Diese Organe können chemische Energie, wie sie z. B. in den Nährstoffen steckt, in mechanische Energie umwandeln. Dabei kommt es zu seiner Kontraktion, d.h. der Muskel zieht sich zusammen. Ein Blick in die »Innenarchitektur« eines Muskels macht den dahinter steckenden Mechanismus verständlich.

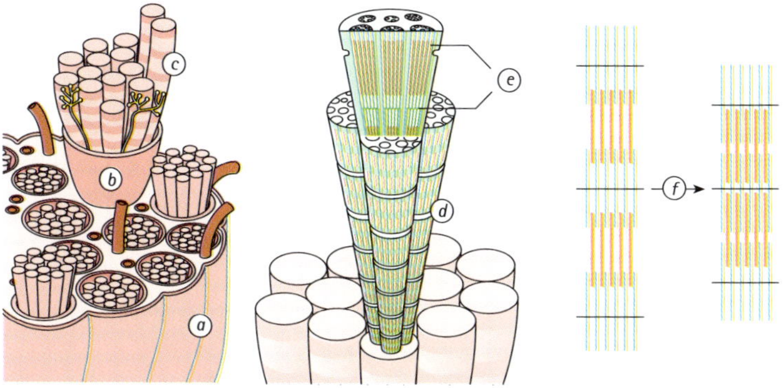

Aufbau eines Skelett-muskels

Äußerer Abschluss eines Skelettmuskels ist stets die **Muskelhaut** ⓐ. Im Inneren besteht er aus zahlreichen **Muskelfaserbündeln** ⓑ, die wiederum aus vielen einzelnen **Muskelfasern** ⓒ bestehen. Diese sind ihrerseits wiederum aus noch kleineren faserartigen Strukturen, den so genannten **Muskelfibrillen** aufgebaut ⓓ. In deren Inneren befinden sich kettenförmige Eiweißmoleküle (**Actin und Myosin**) ⓔ. Diese sind ganz regelmäßig angeordnet. Deshalb erscheinen die Muskelfasern im Lichtmikroskop als quer gebändert. Skelettmuskeln werden deshalb auch als **quer gestreifte Muskeln** bezeichnet.
Wenn ein Nervenimpuls bei einer Muskelfaser ankommt, werden die Actin-Fäden zwischen die Myosin-Fäden gezogen ⓕ. Dadurch ergibt sich eine Verkürzung der Muskelfaser. Das Zusammenwirken vieler Muskelfasern führt zur Kontraktion des Muskels.

1.3 Bewegung

Skelettmuskeln sind über **Sehnen** mit **Knochen** verbunden, auf die sich ihre Bewegung überträgt. Bewegungsabläufe beginnen damit, dass sich ein Muskel zusammenzieht. Nach erfolgter Kontraktion kann er jedoch nicht aus eigener Kraft in die ausgestreckte Position zurückkehren. Diese Aufgabe kann z. B. von einem **»Gegenspieler«-Muskel** übernommen werden, der für die gegenläufige Bewegung sorgt. Dieses Grundprinzip lässt sich am Beispiel der Oberarmmuskeln verdeutlichen:

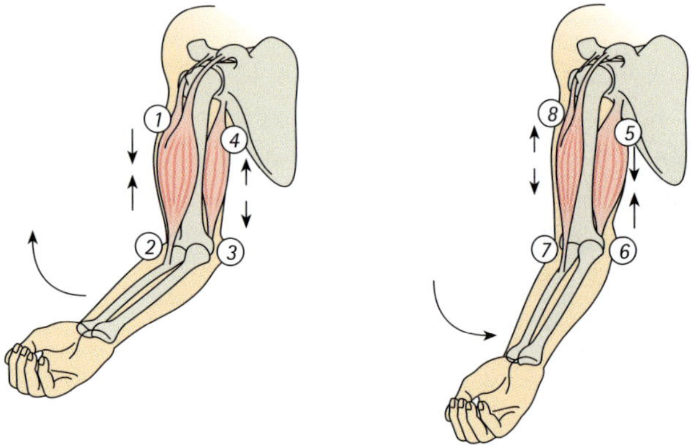

Zusammenspiel zwischen Muskeln und Knochen am Beispiel des Oberarms

Kontrahiert der **Armbeuger** (Bizeps) ①, so werden die Unterarmknochen über eine Sehne in Bewegung versetzt ②, der Arm wird angewinkelt. Dabei wird gleichzeitig über eine andere Sehne die Bewegung auf den **Armstrecker** (Trizeps) übertragen ③. Dieser wird dabei passiv gedehnt ④.

Kontrahiert hingegen der **Armstrecker** ⑤, so werden die Unterarmknochen ebenfalls über eine Sehne in Bewegung versetzt ⑥, der Arm wird gestreckt. Dabei wird wiederum gleichzeitig die Bewegung auf den **Armbeuger** übertragen ⑦. Dieser wird dabei passiv gedehnt ⑧.

Vor sportlicher Betätigung empfiehlt es sich, Muskeln, Sehnen und Gelenke durch eine Aufwärmgymnastik mit Dehnübungen auf ihr Zusammenspiel unter starker Belastung vorzubereiten. Das Verletzungsrisiko wird dadurch deutlich herabgesenkt.

2 Nervensystem

2.1 Nachrichtenleitung

Als Leitungsbahnen für die schnelle Informationsübermittlung dienen Nerven, die alle Bereiche des Körpers durchziehen. Sie sind in ihrem Inneren wie Kabelbündel aufgebaut: Die im Nerveninneren längs verlaufenden Fasern sind die Ausläufer von Nervenzellen.
Eine Nervenzelle (Neuron) ist immer nach dem gleichen Grundmuster aufgebaut:

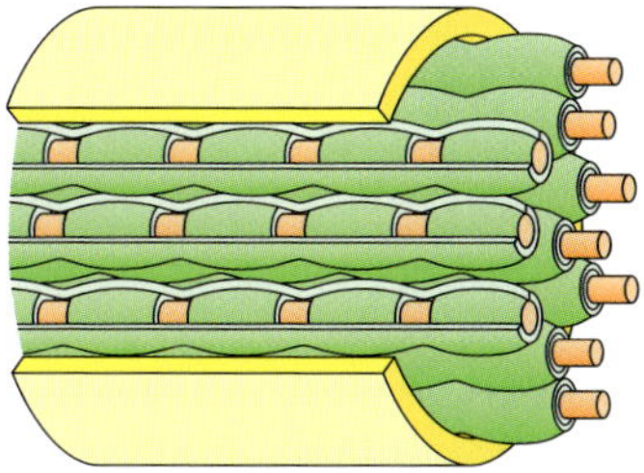

Schnitt durch einen Nerv

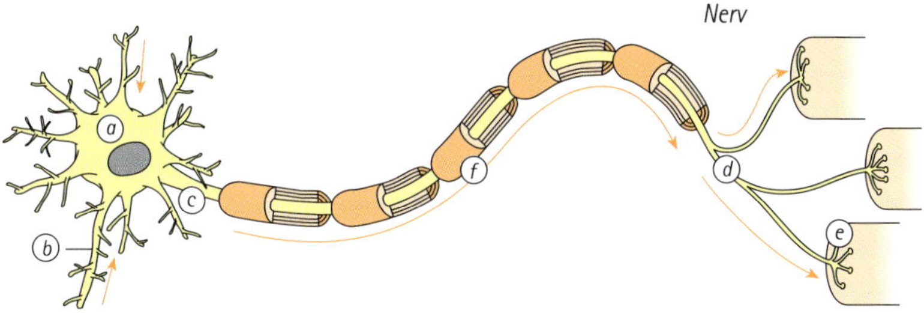

Grundbauplan einer Nervenzelle

Am **Zellkörper** ⓐ entspringen zahlreiche Fortsätze. Dabei unterscheidet man die meist zahlreichen und stark verästelten **Dendriten** ⓑ vom **Axon** ⓒ, einem einzelnen Fortsatz, der je nach Nervenzelltyp weniger als 1 mm bis über 1 m lang sein kann. An seinem Ende ist ein Axon in zahlreiche Endverzweigungen aufgefächert ⓓ. An deren Enden befindet sich jeweils eine als Synapse bezeichnete Kontaktstelle zu einer angrenzenden Zelle ⓔ.
Dem Axon von außen aufgelagert sind so genannte SCHWANN-Zellen. Diese bilden eine feste Hülle um den Nervenzell-Fortsatz ⓕ. Das Axon mitsamt dieser Hülle wird als Nervenfaser bezeichnet.

> Die Nachrichtenleitung erfolgt in der Nervenfaser auf elektrischem Weg, die Nachrichtenweitergabe in einer Synapse an eine nachfolgende Zelle hingegen auf chemische Art.

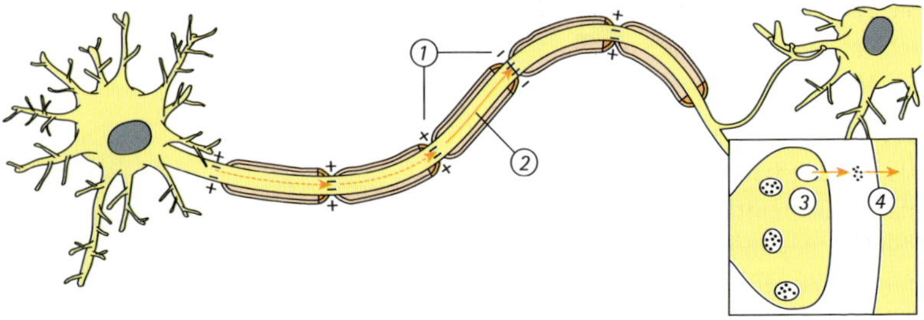

Nachrichtenleitung in einer Nervenfaser und Nachrichtenweitergabe in einer Synapse

① In der aktivierten Nervenfaser werden Ionen, also geladene Teilchen, verschoben.
② Dabei wird ein elektrisches Signal entlang des Axons weitergeleitet.
③ Kommt das Signal in einer Synapse an, so wird eine chemische Substanz ausgeschüttet.
④ Diese wandert als Botenstoff zur Zellmembran der nächsten Zelle und übermittelt auf diese Weise das Signal.

2.2 Nachrichtenverarbeitung

Die zahlreichen, überall im Körper verteilten Nerven haben als gemeinsames Ursprungsgebiet einerseits das **Gehirn** im Kopfbereich und andererseits das **Rückenmark**, das innerhalb der Wirbelsäule verläuft. Beide zusammen werden auch als **ZNS** (**Z**entral**n**erven**s**ystem) bezeichnet.

Gehirn

Das Gehirn ist von den Schädelknochen gut geschützt und untergliedert sich in verschiedene Abschnitte.

Großhirn. Mächtigster Abschnitt des menschlichen Gehirns. Sein äußerer Teil wird **Großhirnrinde** genannt. Das ist eine etwa 2 bis 4 mm dicke, stark zusammengefaltete Schicht. Aufgebaut ist die Rinde aus den Zellkörpern von ca. 14 Milliarden Nervenzellen, die auch als Gehirnzellen bezeichnet werden. Sie sind durch ein dichtes Geflecht kurzer und reich verzweigter Nervenfasern miteinander verknüpft. Aufgrund dieser inneren Architektur erscheint die Großhirnrinde grau. Nach innen schließen sich weiß erscheinende Schichten an.

Sie enthalten die langen Fasern der Nervenzellen, die verschiedene Rindengebiete miteinander verknüpfen und auch die Verbindung zu anderen Gehirnabschnitten herstellen. Ein besonders dickes Faserbündel – der **Balken** – verbindet die beiden Großhirnhälften miteinander.
Verschiedenen Rindengebieten sind unterschiedliche Aufgabenbereiche zuzuordnen.
Die **Empfindungsfelder** dienen der Verarbeitung der Nachrichtensignale, die aus den Sinnesorganen einlaufen. So entsteht z. B. in der etwa scheckkartengroßen Sehrinde am Hinterkopf die Sinnesempfindung des Sehens.
Motorische Felder dienen der Auslösung von bestimmten Bewegungen. Dabei steuern Zentren einer Gehirnhälfte jeweils Bewegungen der anderen Körperhälfte. Die Bewegung der rechten Hand wird also links im Gehirn gesteuert.
Assoziationsfelder vergleichen einlaufende Daten mit gespeicherten Daten und spielen z. B. eine Rolle bei der Sprechfähigkeit und beim Gedächtnis.

Kleinhirn. Es hat die Aufgabe, bei allen Bewegungen die verschiedenen Muskeln so aufeinander abzustimmen, dass das Körpergleichgewicht erhalten bleibt. Um dies bewältigen zu können, steht es in Verbindung mit den motorischen Feldern der Großhirnrinde und über das Stammhirn auch mit dem Rückenmark. Ferner empfängt es Informationen von der Sehrinde, den Lagesinnesorganen sowie von Gelenkstellungsrezeptoren.

Längsschnitt durch das Gehirn und Rindenfelder des Großhirns

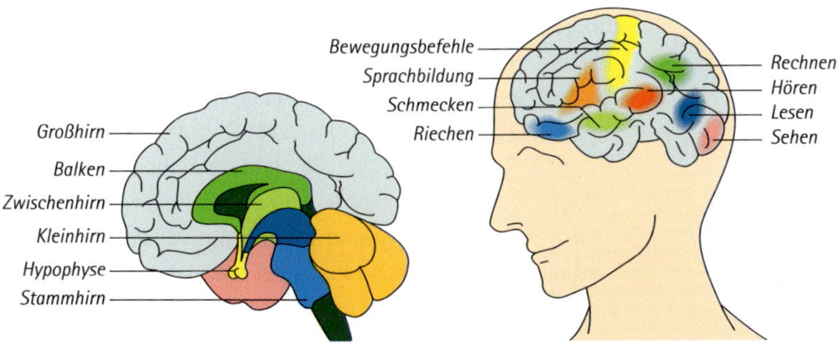

Zwischenhirn. Es enthält in seinen oberen Abschnitten Zentren, in denen unsere Gefühle wie z. B. Freude und Schmerz, Liebe und Hass entstehen. In seinen unteren Abschnitten (**Hypothalamus**) steuert es Stoffwechselvorgänge, den Schlaf-Wach-Rhytmus und reguliert die Körpertemperatur sowie den Wasserhaushalt. Direkt unterhalb des Zwischenhirns befindet sich die Hirnanhangsdrüse (**Hypophyse**). Sie ist oberste Steuerzentrale für das Hormonsystem.

Stammhirn. Es stellt die Verbindung des Gehirns zum Rückenmark her, ist zuständig für die richtige Spannung der Muskulatur und die Regelung des aufrechten Gangs.

Rückenmark

Das Rückenmark entspringt dem Gehirn und verläuft innerhalb der Wirbelsäule bis in den Bereich der Lendenwirbel. Es liegt gut geschützt im Wirbelkanal.

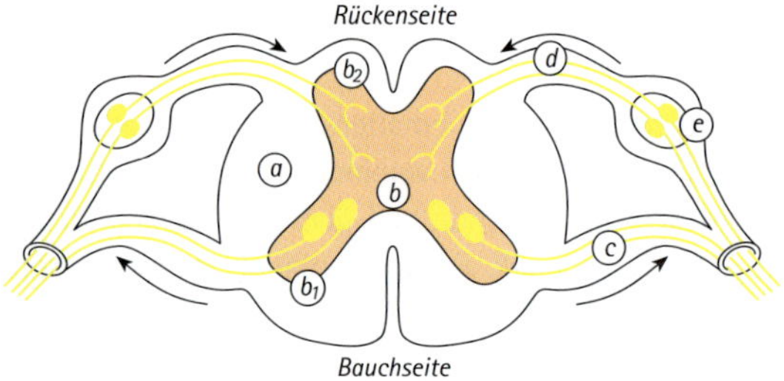

Schematischer Querschnitt durch das Rückenmark

Im Rückenmark lassen sich zwei verschiedenfarbene Bereiche unterscheiden. Die so genannte **weiße Substanz** ⓐ (sie besteht aus Nervenfasern) umschließt die – allgemein als schmetterlingsförmig beschriebene – **graue Substanz** ⓑ, die eine Ansammlung von Nervenzellkörpern darstellt. Die »Flügel des Schmetterlings« werden als Hörner bezeichnet und in **Vorderhorn** (b_1) und **Hinterhorn** (b_2) unterschieden. Seitlich zweigen Nerven ab, wobei man zwischen den **vorderen Wurzeln** ⓒ und den **hinteren Wurzeln** ⓓ des Rückenmarks unterscheidet. In den Hinterwurzeln liegen Ansammlungen von Nervenzellkörpern, die **Spinalganglien** ⓔ.

Das Rückenmark hat wegen der in ihm verlaufenden Nervenfasern die Aufgabe, Nervenimpulse vom Gehirn in die verschiedenen Körperregionen zu leiten oder umgekehrt. Darüber hinaus übt es aber auch eine eigenständige Steuerungsfunktion aus.

Die Steuerungsfunktion kann am Beispiel des **Kniesehnenreflexes** verdeutlicht werden. Dieser wird mit einem Schlag auf die Kniesehne unterhalb der Kniescheibe ausgelöst.

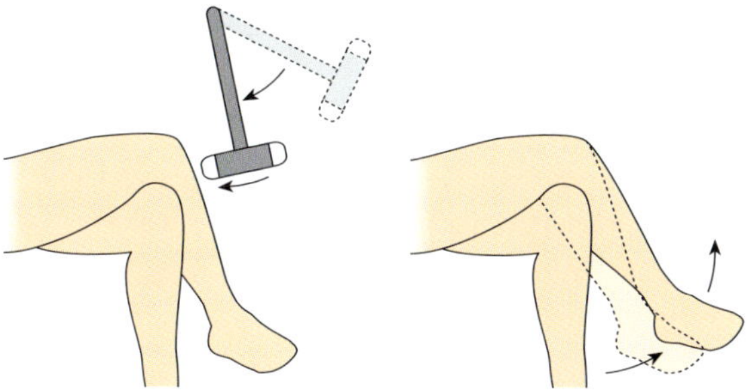

Auslösung des Kniesehnenreflexes

① Durch einen Schlag auf die Kniesehne wird der Oberschenkelmuskel (Beinstrecker) ruckartig bewegt.
② Im Muskel eingebaute Sinneszellen (Dehnungsrezeptoren) senden daraufhin Nervensignale in Richtung Rückenmark.
③ Im Rückenmark wird die einlaufende Erregung direkt auf Nervenzellen umgeschaltet, die zurück in den Muskel laufen.

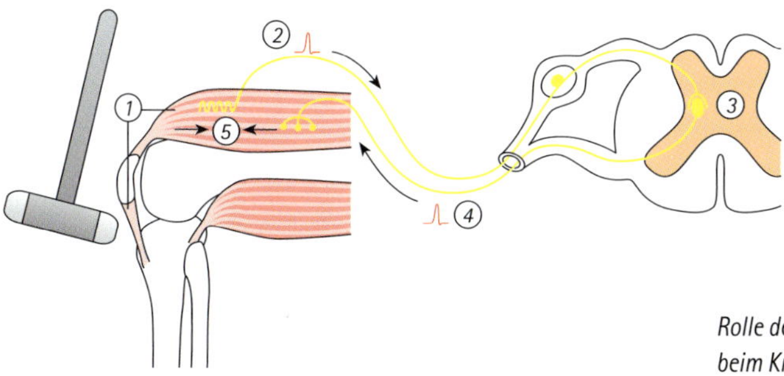

Rolle des Rückenmarks beim Kniesehnenreflex

④ Diese Nervenzellen senden daraufhin ihrerseits Nervensignale in Richtung Muskel.

⑤ Die Muskelfasern ziehen sich daraufhin zusammen, der ganze Muskel kontrahiert. Der Unterschenkel schwingt unwillkürlich nach vorne.

Reflex	Auslösung	Ergebnis
Achillessehnenreflex	Schlag auf Achillessehne	Beugung des Fußes
Wartenbergscher Reflex	Finger einhakeln und ziehen	Beuges des Daumens
Kremaster-Reflex	Bestreichen der Haut innen am Oberschenkel	Hochsteigen des Hodens
Greifreflex bei Säuglingen	Bestreichen der Handinnenfläche	Fingerbeugen bis zum Festhalten

Einige gängige Reflexe

3 Sucht

Süchte	
Stoffgebundene Abhängigkeiten	Stoffungebundene Verhaltensstörungen
Illegale Drogen: Marihuana und Haschisch Kokain Opium und Heroin Legale Drogen: Alkohol Tabak/Nikotin Medikamente	Fernsehsucht Spielsucht Kaufsucht Arbeitssucht Gestörtes Essverhalten: Magersucht Ess-/Brechsucht

Sucht bedeutet ein zwanghaftes Angewiesensein auf die Erfüllung eines Bedürfnisses.

Die Zwanghaftigkeit äußert sich in psychischer und körperlicher **Abhängigkeit** von einer Droge, einem Medikament, einem Genussmittel oder einem Verhalten.
Psychische Abhängigkeit entsteht durch Gewöhnung. Die Motivation wird gelernt und die angenehme Wirkung verstärkt das Suchtverhalten.
Körperliche Abhängigkeit ist die Folge physiologischer Anpassungsprozesse im Körper. Dadurch entsteht der Zwang zur Steigerung der Dosis und nach Absetzen der Droge treten unangenehme **Entzugserscheinungen** auf.

Jahrelanger Missbrauch auch legaler Drogen führt zu schweren gesundheitlichen Schäden. Beim Einatmen von Zigarettenrauch etwa gelangen mehr als 200 schädliche Stoffe über die Atemwege in die Lungenbläschen. Folgen sind auf Dauer Raucherhusten, schwere Durchblutungsstörungen und Kehlkopf- oder Lungenkrebs. Auch ständiger Alkoholmissbrauch zeitigt körperliche Auswirkungen. Insbesondere betroffen sind die Leber, die Bauchspeicheldrüse und das Gehirn.

Auf einen Blick: Steuerungsvorgänge

Skelett, Muskulatur und Bewegung

- Hauptabschnitte des Skeletts sind Schädel, Wirbelsäule, Brustkorb, Schultergürtel, Beckengürtel sowie das obere und untere Gliedmaßenskelett.
- Knochen bestehen aus verschiedenen Materialsorten. Dazu gehören anorganische Substanzen wie Salze und organische Stoffe wie eiweißartige Fasern.
- Das Knochenmark im Knocheninneren ist umgeben von harter Knochensubstanz. Im Endteil des Knochens befinden sich Knochenbälkchen als Material sparende »Trägerkonstruktion«. Nach außen ist ein Knochen von der Knochenhaut überzogen.
- Gelenke ermöglichen die Beweglichkeit und gewährleisten den Zusammenhalt benachbarter Knochen. Kugelgelenke, Eigelenke, Sattelgelenke, Scharniergelenke und Drehgelenke gestatten je nach Bau unterschiedliche Bewegungen.
- Verschiedene Muskeltypen sind Eingeweidemuskulatur, Herzmuskulatur und Skelettmuskulatur.
- Muskeln können sich verkürzen (kontrahieren). Skelettmuskeln sind über Sehnen mit Knochen verbunden, auf die sich ihre Bewegung überträgt.
- Die Kontraktion des Armbeugers (Bizeps) führt dazu, dass der Arm angewinkelt wird. Die gegenläufige Bewegung wird durch den Armstrecker (Trizeps) als »Gegenspieler«-Muskel bewirkt.

Nervensystem

- Eine Nervenzelle (Neuron) besteht immer aus Zellkörper, Dendriten und Axon.
- Die Nachrichtenleitung erfolgt in der Nervenfaser auf elektrischem Weg, die Nachrichtenweitergabe in einer Synapse auf chemische Art.
- Gehirn und Rückenmark bilden zusammen das Zentralnervensystem (ZNS).
- Abschnitte des Gehirns sind Großhirn, Kleinhirn, Zwischenhirn und Stammhirn.
- Im Rückenmark lassen sich zwei verschiedenfarbige Bereiche unterscheiden: die weiße und die graue Substanz.
- Der Kniesehnenreflex wird vom Rückenmark gesteuert.

Sucht

- Sucht bedeutet ein zwanghaftes Angewiesensein auf die Erfüllung eines Bedürfnisses.
- Psychische Abhängigkeit entsteht durch Gewöhnung.
- Körperliche Abhängigkeit entsteht als Folge physiologischer Anpassungsprozesse im Körper.

Regelungsvorgänge

Die Organe unseres Körpers können ihre Aufgaben nur dann richtig erfüllen, wenn für sie die geeigneten Bedingungen bestehen. Verschieben sich diese aufgrund äußerer Einflüsse, so laufen im Körper Regelungsvorgänge ab, die dafür sorgen, dass die optimale Grundeinstellung erhalten bleibt. Daran sind das vegetative Nervensystem und das Hormonsystem beteiligt. Sie regeln u.a. die Körpertemperatur, den Blutzuckerspiegel und die Anpassungsreaktionen bei Stress.

1 Grundlagen der Regelung

Die Organe können ihre Aufgaben nur dann richtig erfüllen, wenn für sie im Körper die **richtigen Bedingungen** bestehen. So müssen z. B. die Körpertemperatur, der Blutdruck und der Blutzuckerspiegel bestimmte Werte aufweisen. Verschieben sich diese aufgrund äußerer Einflüsse, so laufen im Körper **Regelungsvorgänge** ab, die dafür sorgen, dass die optimale Grundeinstellung erhalten bleibt.
Vergleichbares gibt es auch in **technischen Systemen**. Die Regelung einer konstanten Raumtemperatur erfolgt nach den **gleichen Prinzipien** wie die Regelung einer konstanten Körpertemperatur. Es ist daher möglich, biologische Regelungsvorgänge in Begriffen der technischen Regelungslehre zu beschreiben.

1.1 Grundbegriffe der Regeltechnik

Das wesentlichste Merkmal der Regelung ist der geschlossene **Regelkreis.** Er ist so konstruiert, dass jede Störung automatisch korrigiert wird. Ein solcher Regelkreis ist in der Abbildung gegenüber in zwei Varianten dargestellt. Oben ist das allgemeine Schema eines Regelkreises mit den einzelnen Funktionselementen zu sehen; darunter ist dieses Schema auf die Regelung der Raumtemperatur bezogen.
Für jeden Regelkreis muss zuerst entschieden werden, welcher **Zustand** des betrachteten Systems **konstant** gehalten werden soll. Das ist in unserem Beispiel die Raumtemperatur. Sie ist die **Regelgröße** ①. Der abgegrenzte Raum, in dem dies geschieht, also das Zimmer, ist das **geregelte System** ②. Um die Raumtemperatur konstant halten zu können, muss sie fortlaufend durch einen **Fühler** ③ gemessen werden. Das erfolgt in unserem Beispiel mit einem Thermometer. Die jeweils momentane Raumtemperatur, der so genannte **Ist-Wert** ④, wird dem Regler übermittelt.

Regelgröße

Fühler

Ist-Wert

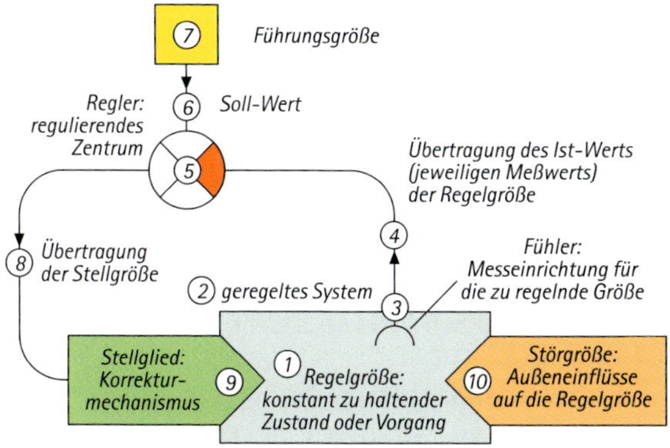

Allgemeines Schema eines Regelkreises

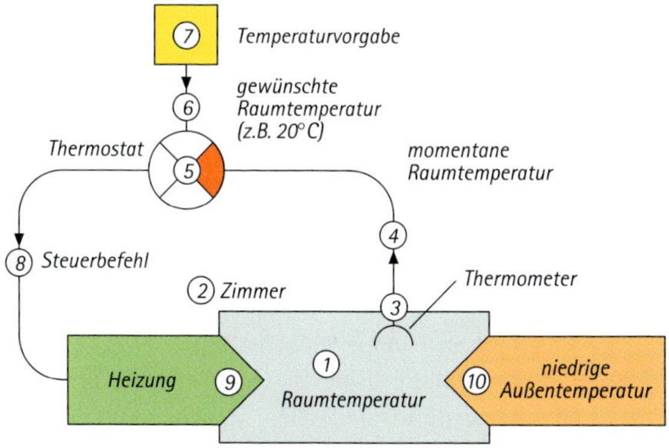

Schema zur Regelung der Raumtemperatur

Der **Regler** ⑤ ist das wichtigste Funktionselement in einem Regelkreis, weil hier der Ist-Wert der Regelgröße, d. h. die momentane Raumtemperatur, mit dem **Soll-Wert** ⑥ der Regelgröße – das ist die gewünschte Raumtemperatur – verglichen wird. Bei einer Raumheizung erledigt diese Arbeit ein Thermostat. An einem solchen Gerät lässt sich die gewünschte Raumtemperatur vorwählen. Diese Temperaturvorgabe ist die **Führungsgröße** ⑦. Weicht der Ist-Wert der Raumtemperatur von diesem Soll-Wert ab, berechnet der Regler einen entsprechenden Steuerbefehl an die Heizung. Dieser Steuerbefehl wird als **Stellgröße** ⑧ bezeichnet, weil er angibt, um wie viel die Brennstoffzufuhr zur Heizung »verstellt« werden muss, um die Abweichung möglichst vollständig zu korrigieren.

Regler

Soll-Wert

Führungsgröße

Stellgröße

Stellglied

Der Steuerbefehl führt also zu einer veränderten Leistung der Heizung, dem **Stellglied** ⑨ im Regelkreis. Die veränderte Leistung hält solange an, bis sich die Raumtemperatur wieder dem Soll-Wert angeglichen hat. Bei sehr niedrigen Außentemperaturen wird dieser Zustand, dass Ist- und Soll-Wert übereinstimmen, nicht allzu lange anhalten, da durch die Temperaturdifferenz ständig Wärme nach außen verloren geht. Ein derartiger Einfluss auf die Regelgröße, der eine Abweichung vom Soll-Wert verursacht, wird als **Störgröße** ⑩ bezeichnet.

Störgröße

Ein Regelkreis sorgt also für konstante Bedingungen, indem er durch eine Änderung des Stellgliedes der Störung entgegenwirkt. Der Erfolg dieser Korrekturmaßnahme wird dem Regler über den Fühler unmittelbar zurückgemeldet, so dass die Veränderung des Stellgliedes nur solange anhält, bis Ist- und Soll-Wert wieder übereinstimmen.

1.2 Regelkreise in unserem Körper

Physikalische Regelgrößen: Körpertemperatur, Blutdruck, Wassergehalt des Körpers u. a.
Chemische Regelgrößen: Blutzuckerkonzentration, pH-Wert des Blutes, Sauerstoff- und Kohlenstoffdioxid-Gehalt des Blutes u. a.

Regelgrößen, die im Körper konstant gehalten werden, können sowohl physikalischer als auch chemischer Natur sein. Jede Regelgröße wird von speziellen **Rezeptoren** überwacht. Dabei handelt es sich um Sinneszellen, die auf einen bestimmten Reiz spezialisiert sind. Diese Sinneszellen befinden sich im Körper jeweils an den Stellen, an denen sich die Veränderungen der betreffenden Regelgrößen besonders deutlich auswirken. So finden sich z.B. Thermorezeptoren sowohl in der Haut zur Messung von Veränderungen der Außentemperatur als auch im Körperinneren, um Veränderungen durch die körpereigene Wärmeproduktion zu registrieren.

Für jede Regelgröße existiert ein eigenständiges **Regelzentrum,** das die einlaufenden Informationen auf Abweichungen überprüft und entsprechende Korrekturmaßnahmen in Gang setzt. Diese Regelzentren befinden sich hauptsächlich im **Hypothalamus** und im **Hirnstamm**. Es gibt aber auch Regler in anderen Organen.

Die **Steuerbefehle,** die die Korrekturmaßnahmen veranlassen, werden entweder über **Nervensignale** oder durch **Hormone** an die entsprechenden Stellglieder übermittelt. Als **Stellglieder,** die aufgrund dieser Befehle ihre Aktivität verändern, kommen praktisch alle Körperfunktionen infrage, die dazu beitragen können, eine bestimmte Regelgröße wieder auf ihren Soll-Wert zurückzuführen.

1.3 Die Regelung der Körpertemperatur

Grundtemperatur des Menschen: etwa 37 °C

In unserem Körper herrscht normalerweise eine Temperatur von etwa 37 °C. Zur Aufrechterhaltung dieser Temperatur tragen neben körperlichen Merkmalen (z. B. Fetteinlagerungen in der Haut) und einigen Verhaltensweisen (Bekleidungswahl, Bewegung) vor allem einzelne Organfunktionen bei.

Kommt es zu einer **Abkühlung** unter 37 °C, verengen sich die Blutgefäße in der Haut, wodurch weniger Wärme zur Körperoberfläche transportiert wird, einige Muskeln beginnen zu zittern, wodurch mehr Wärme erzeugt wird, und der Stoffwechsel wird gesteigert, vor allem in der Leber.

Bei **Erwärmung** über 37 °C erweitern sich die Blutgefäße in der Haut, wodurch mehr Wärmeenergie zur Körperoberfläche transportiert wird. Durch zusätzliches Schwitzen wird dem Körper Wärme entzogen und so die Haut abgekühlt, der Stoffwechsel wird verlangsamt.

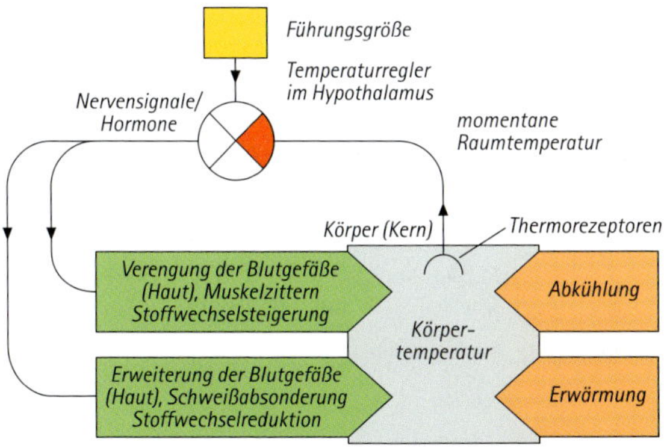

Schema zur Regelung der Körpertemperatur

2 Vegetatives Nervensystem

Das vegetative Nervensystem regelt die Funktionen der inneren Organe und stimmt ihre Leistungen aufeinander ab. Es ist unserem Willen entzogen, wird aber durch Gefühle und Stimmungen beeinflusst.

Wenn wir uns einen Hamburger mit Pommes gönnen, dann steuern wir die Bewegungen der Armmuskeln ganz bewusst so, dass die Mahlzeit auch zielgerichtet im Mund landet. Auch die anschließenden Kaubewegungen können wir willkürlich durchführen. Ist das Essen aber erst einmal verschluckt, so haben wir keinen bewussten Zugriff mehr auf das weitere Geschehen. Dennoch sind in den nächsten Stunden Eingeweidemuskeln und Verdauungsdrüsen in sinnvoll aufeinander abgestimmter Weise tätig und die Nahrung wird verarbeitet.

Die notwendige Steuerung erfolgt durch Teile des Nervensystems, die als **vegetatives Nervensystem** bezeichnet werden. Dieses besitzt Steuerungszentren im Gehirn und im Rückenmark. Von dort aus ziehen Nerven zu den inneren Organen und zu den Pupillenmuskeln des Auges.

Man unterscheidet zwei verschiedene Teile des vegetativen Nervensystems: Sympathikus und Parasympathikus. Die Besonderheit dabei ist, dass beide Systeme auf gegensätzliche Weise auf ein Organ einwirken. Man sagt auch, sie wirken als **Gegenspieler (Antagonisten)**. Wenn der Sympathikus auf ein bestimmtes Organ aktivierend wirkt, so wirkt der Parasympathikus darauf hemmend und umgekehrt.

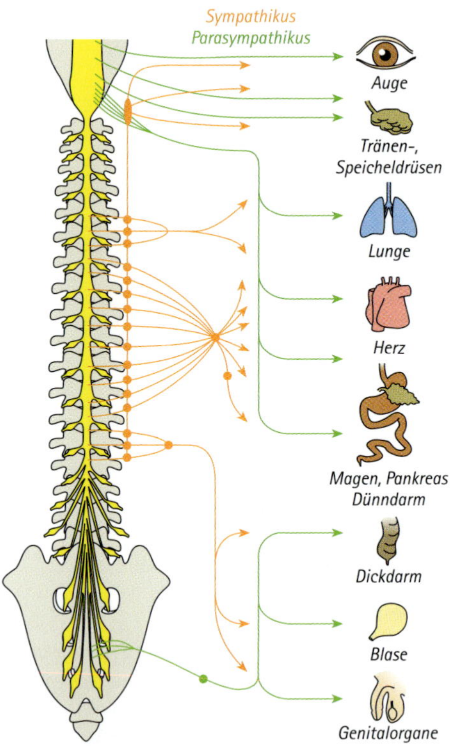

Vegetatives Nervensytem

Der **Sympathikus** fördert alle Organe, deren Tätigkeit bei großer körperlicher Aktivität notwendig ist. Gleichzeitig hemmt er dabei diejenigen Organe, deren Aktivität der erforderlichen Höchstleistung des Körpers im Wege stünden. Dies ist z. B. sinnvoll in Gefahrensituationen.

Fliehen wir etwa vor einem bissigen Hund auf einen Baum, so ist es sicherlich wichtig, dass die Leistung von Herz, Lunge und Skelettmuskeln gesteigert wird. Hingegen werden beispielsweise die Verdauungsfunktionen, die ja nichts zur Bewältigung der Gefahrensituation beitragen können, gedrosselt.

Weil die Bewältigung von solchen Situationen in der Regel mit einer körperlichen Leistung verbunden ist, wird der Sympathikus auch als **Leistungsnerv** bezeichnet.

In Ruhesituationen dagegen fördert der **Parasympathikus** alle Organfunktionen, die der Erhaltung und Erholung des Körpers dienen, vor allem die Verdauung. Alle anderen Körperfunktionen, wie die Atmung, der Herzschlag und die Blutzufuhr zu den Skelettmuskeln, werden gedrosselt. Deshalb wird der Parasympathikus auch der **Erholungsnerv** genannt.

Wirkungen von Sympathikus und Parasympathikus

3 Hormonsystem

Sanguiniker: heiter, lebhaft, unternehmungslustig, unbeständig.
Phlegmatiker: träge, schwerfällig, gleichgültig.
Choleriker: jähzornig, neigt zu starken Gefühlsausbrüchen.
Melancholiker: in gedrückter Stimmung, Neigung zum Grübeln.

Im klassischen Altertum waren Ärzte und Philosophen der Ansicht, dass das geordnete Zusammenspiel der Organe auf dem Zusammenwirken von vier Körpersäften beruhen würde. Diese sollten sein: das Blut (sanguis), der Schleim (phlegma), die Galle (chole) und die schwarze Galle (melanchole). Man war damals der Überzeugung, dass das Vorherrschen einer der Flüssigkeiten jeweils die Ursache für das Auftreten eines der vier Temperamente sei.

Krankheiten wurden mit einer falschen Mischung der vier **Säfte** erklärt. Dementsprechend behandelte man in ihrem Wohlbefinden gestörte Patienten häufig mit Aderlässen (»Ablassen« von Blut) und mit Klistieren (Einbringen kleiner Flüssigkeitsmengen durch den After in den Dickdarm). Die beschriebene klassische Anschauung wurde zu Beginn der Neuzeit verworfen.

Inzwischen ist klar, dass viele Lebensvorgänge tatsächlich durch besondere Stoffe gesteuert werden, die im Blut befördert werden. Sie werden als **Hormone** bezeichnet.

Hormone werden in **endokrinen Drüsen** gebildet. Das sind Drüsen, die ihre Produkte direkt aus ihren Zellen in die Blutbahn abgeben. Andere Drüsen, wie z.B. die Schweißdrüsen oder Brustdrüsen, scheiden ihre Produkte hingegen durch Ausführungsgänge nach außen ab **(exokrine Drüsen)**. Eine Übersicht über die wichtigsten Hormondrüsen gibt die Abbildung auf der folgenden Seite.

Die **Hypophyse** (Hirnanhangsdrüse) liegt direkt unterhalb des Zwischenhirns. Sie wird als übergeordnete Hormondrüse bezeichnet, denn sie kontrolliert mit einem Teil ihrer Hormone die Tätigkeit anderer Hormondrüsen, wie z. B. der Schilddrüse, der Nebennieren und der Keimdrüsen. Dabei steht sie allerdings selbst noch unter der Kontrolle des **Hypothalamus**, eines über ihr liegenden Zwischenhirnabschnittes.

Im Bereich des Halses liegt an der Luftröhre die **Schilddrüse**. Das wichtigste von ihr stammende Hormon ist das **Thyroxin,** das den **Grundumsatz** des Körpers regelt, d. h. es steigert in allen Körperzellen die Verbrennungsrate der Nährstoffe. Eine zu hohe Thyroxinproduktion hat meist starken Gewichtsverlust, gesteigerte Erregbarkeit und Nervosität zur Folge. Eine zu niedrige Thyroxinproduktion führt häufig zu Übergewicht. Thyroxinmangel in der frühen Kindheit hat dramatische Folgen. Die betroffenen Menschen zeigen Zwergwuchs und sind geistig behindert.

Die **Nebennieren** produzieren verschiedene Hormone, die u.a. wichtig sind für die Energieversorgung und die Regelung des Salzgehalts des Körpers. Eines der Hormone, das **Adrenalin**, stellt die Organe des Körpers auf kurzfristige Belastungssituationen ein. Die Wirkung ist dabei ganz ähnlich wie die, die durch den Sympathikus erreicht wird. Ein weiteres Hormon, das **Cortisol**, wird dann freigesetzt, wenn solche Belastungen längere Zeit andauern.

Die **Bauchspeicheldrüse** spielt mit den beiden Hormonen **Insulin** und **Glucagon** die entscheidende Rolle bei der Einstellung des Blutzuckerspiegels.

Die **Keimdrüsen (Gonaden)** stellen die Geschlechtshormone her. Bei Männern produzieren die **Hoden** das Hormon **Testosteron**, das für die Ausbildung männlicher Geschlechtsmerkmale sorgt. Die **Eierstöcke (Ovarien)** produzieren bei Frauen **Östrogene**, die für die Ausbildung der weiblichen Geschlechtsmerkmale sorgen und die zusammen mit **Progesteron** den Menstruationszyklus regeln.

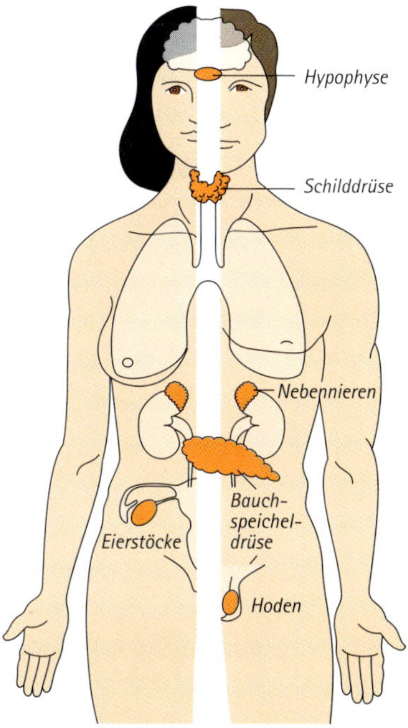

Übersicht über die wichtigsten Hormondrüsen

4 Die Blutzuckerregulation

4.1 Normale Regelung des Blutzuckerspiegels

Der Blutzuckerspiegel wird in unserem Körper in einem Normbereich von etwa 1 Gramm pro Liter **konstant** gehalten. Dadurch wird sichergestellt, dass alle Organe, vor allem aber das empfindliche Gehirn, kontinuierlich mit ihrem wichtigsten Brennstoff versorgt werden: mit Traubenzucker **(Glukose)**. Durch die Nahrungsaufnahme kann diese kontinuierliche Versorgung nicht gewährleistet werden; dafür essen wir zu selten.

Natürlich könnte nach jeder Mahlzeit der Blutzuckerspiegel entsprechend der aufgenommenen Kohlenhydratmenge einfach ansteigen und dann mit dem Glukose-Verbrauch wieder bis zu einem bestimmten Wert abfallen. Da aber ein zu hoher Blutzuckerspiegel langfristig gefährlich ist, wird die Glukose möglichst schnell **gespeichert**. Dafür gibt es zwei Depots: in der Leber und in der Skelettmuskulatur in Form von **Glykogen**. Das Hormon, das diese Speicherung bewirkt, ist Insulin.

Insulin

Insulin. Dieses Hormon wird von bestimmten Zellen der Bauchspeicheldrüse produziert und immer dann ins Blut freigesetzt, wenn der Blutzuckerspiegel den Normbereich von 1 g/l **übersteigt**. Insulin bewirkt, dass der Blutzucker gespeichert wird und der Blutzuckerspiegel sich wieder normalisiert. Dadurch verfügt der Körper nach jeder Mahlzeit über Reserven, die wichtig werden, wenn wir für längere Zeit keine Nahrung zu uns nehmen (z. B. nachts) oder wenn wir beim Sport sehr viel Energie verbrauchen. Dann wird die gespeicherte **Glukose** aus den Glykogenvorräten wieder **freigesetzt.**

Glucagon

Glucagon. Der Glykogenabbau wird vor allem durch das Hormon Glucagon stimuliert. Glucagon wird ebenfalls von bestimmten Zellen der Bauchspeicheldrüse hergestellt und dann freigesetzt, wenn der Blutzuckerspiegel den Normbereich **unterschreitet**.

4.2 Fehlregulation bei der Zuckerkrankheit

Nicht Zucker ist die Ursache der Zuckerkrankheit, sondern Insulinmangel.

Ursache des Diabetes mellitus ist ein absoluter oder relativer **Insulinmangel.** Dementsprechend werden auch zwei Haupttypen der Krankheit unterschieden. Sie haben die alten Bezeichnungen »Jugenddiabetes« und »Altersdiabetes« abgelöst. Der **Typ I** hat einen **absoluten,** der **Typ II** einen **relativen** Insulinmangel.

Diabetes Typ I

Typ-I-Diabetes. Wichtigstes Kennzeichen ist die **Zerstörung** der Insulin produzierenden Zellen in der Bauchspeicheldrüse durch einen entzündlichen Prozess. Dadurch fällt die körpereigene Insulin-Herstellung völlig aus. Durch den Ausfall der Insulin-Herstellung reichert sich Glukose im Blut an. Wird dabei eine Konzentration von 1,6 bis 1,8 g/l überschritten, scheiden die Nieren die Glukose mit dem Urin aus. Da die starke Zuckerlösung mit reichlich Wasser verdünnt wird, müssen Diabetiker häufiger zur Toilette und haben einen entsprechenden **Durst.**
Da die ausgeschiedene Glukose nicht mehr als Energielieferant zur Verfügung steht, werden die Fett- und Eiweißreserven des Organismus angegriffen. Typ-I-Diabetiker sind daher eher **untergewichtig** und **abgemagert**.

Diabetes Typ II

Typ-II-Diabetes. Die meisten Typ-II-Diabetiker sind dagegen **übergewichtig**. Auch mangelt es den Betroffenen, besonders im Vorstadium der Erkrankung, nicht an Insulin. Im Gegenteil, häufig wird sogar ein **erhöhter Insulinspiegel** im Blut gemessen. Die Insulinwirkung bleibt aber aus. Die wohlgenährten Zellen, die zur Aufnahme und Speicherung von Zucker veranlasst werden sollen, reagieren nicht oder kaum auf das Insulin. Sie sind **Insulin-resistent**.
Gefährlich ist ein **hoher Blutzuckerspiegel** vor allem langfristig. Die erhöhten Blutzucker- und Blutfettspiegel verursachen **Gefäßverengungen**, die zu Durchblutungsstörungen aller Art führen. Besonders betroffen sind jedoch kleine Gefäße in der Netzhaut des Auges und in den Nieren sowie größere Gefäße im Gehirn, am Herzen und in den Beinen.

5 Stress

5.1 Was ist Stress?

Der Begriff Stress ist ausgesprochen populär und gehört heute zum ganz alltäglichen Sprachgebrauch. Wir alle haben ein »Gefühl« dafür, was uns stresst und versuchen oft, bestimmte körperliche und seelische Zustände auf unser »Gestresstsein« zurückzuführen. Unser Wohlbefinden ist auf das engste mit diesem Zustand verbunden.

Stress hat viele Ursachen

In unserer modernen Leistungsgesellschaft gibt es so viele **Stressoren**, dass sie kaum noch alle benannt werden können. Und obwohl der Begriff so populär ist, sind die psychischen und körperlichen Abläufe noch immer nicht restlos erforscht.

Die primären psychischen und körperlichen Abläufe in Stress-Situationen entziehen sich weitgehend der direkten Beobachtung. Dagegen können die sekundären Körperreaktionen recht einfach gemessen werden. Sicher hat jeder an sich selbst schon einmal erfahren, wie ihm unter Stress »das Herz bis an den Hals schlug«.

Alle Faktoren, die Stress erzeugen, werden als **Stressoren** bezeichnet. Darunter versteht man alle physischen und psychischen Belastungen des Körpers durch Hitze, Kälte, körperliche Schwerstarbeit, Gefahren aller Art, Krankheiten, Verletzungen, Schmerzen, Operationen, Lärm, Schreck, Ehrgeiz, Zeitdruck, Unruhe, Verkehr, Alter, Ängste, Leistungsdruck, Ärger, Prestigedenken usw.

Gleichgültig, ob Stressoren aus der Umwelt kommend auf den Körper einwirken oder aus dem Körper selbst stammen (z. B. Schmerzen und Ängste), lösen sie im Körper zunächst **spezifische Reaktionen** aus. Auf Verletzungen beispielsweise reagiert der Körper mit Wundverschluss, auf einen Angriff mit Verteidigung; diese Reaktionen des Körpers sind auf die Art der Reize abgestimmt und deshalb spezifisch.

Zusätzlich kommt jedoch bei all diesen Reizen eine **unspezifische Reaktion** hinzu: die **Stress-Reaktion**.

5.2 Die Stress-Reaktion

Stammesgeschichtlich gesehen war die Stress-Reaktion besonders in Gefahrensituationen ein wichtiges Mittel, um dem Feind zu entkommen bzw. ihn anzugreifen. Sie ist also ein biologisch sinnvoller Mechanismus des Körpers, der sich während der menschlichen Evolution herausgebildet hat, um in Gefahrensituationen zu überleben.

Ein Steinzeitmensch liegt am Lagerfeuer, plötzlich hört er ein Geräusch und nimmt einen Schatten wahr. Blitzschnell lokalisiert er die mögliche Gefahr. Er springt auf, ergreift seinen Speer, stürmt davon und sucht einen sicheren Ort auf. Er hat ein Gefühl der Angst, sein Herzschlag ist beschleunigt, sein Blutdruck steigt an und Schweiß bricht aus.

Das Problem in der **heutigen Zeit** besteht darin, dass der Stressmechanismus, der sich in der ursprünglichen Umwelt der Menschen als Sammler und Jäger entwickelt hat, zur heutigen Umwelt und der jetzigen Form unseres Lebens nicht mehr passt: So ist etwa bei einem Streit weder Flucht noch Angriff eine angemessene Reaktion.

Die körperlichen Veränderungen, die in einer Stress-Situation ablaufen, beruhen alle auf einer raschen **Abfolge nervöser und hormoneller Signale**, die darauf abzielen, den Körper für Reaktionen vorzubereiten, die es ermöglichen, mit ungeahnter Kraft und Schnelligkeit die Gefahrensituation zu meistern.

Vorgänge im Gehirn

Die von **Stressoren** ausgehenden **Reize** lösen in den entsprechenden **Sinnesorganen** Erregungen aus, die als elektrische Impulsfolgen über **Nervenbahnen** zum **Großhirn** geleitet, dort ausgewertet und als Stressoren erkannt werden. Im Gehirn laufen nun mehrere Reaktionen ab: Die Erregung erreicht relativ schnell das **Limbische System**, denjenigen Teil des Großhirns, der für seelische Empfindungen zuständig ist, und ruft dort z. B. Angstgefühle hervor. Die starke Erregung des Gehirns erzeugt eine **Denkblockade**, die jedes weitere Nachdenken verhindert. Der Mensch kann schnell und quasi automatisch reagieren.

Ab hier laufen zwei getrennte Reaktionen ab: die **spezifische** und die **unspezifische Reaktion** auf den Stressor.

Die spezifische Reaktion

Vom Großhirn werden über Nervenbahnen diejenigen **Muskeln** aktiviert, die für eine spezifische Reaktion auf den konkreten Stressor hin sinnvoll sind. Die ausgelöste Reaktion ist zwar von den bisherigen Erfahrungen abhängig, fällt aber in der Regel als Flucht oder als Angriff aus.

Die unspezifische Reaktion

Ganz anders und immer in gleicher Weise läuft die unspezifische Reaktion ab. Über das Zwischenhirn wird der **Hypothalamus,** das übergeordnete Steuerzentrum, gereizt, der einerseits den **Sympathikus** und andererseits die **Hypophyse** aktiviert.

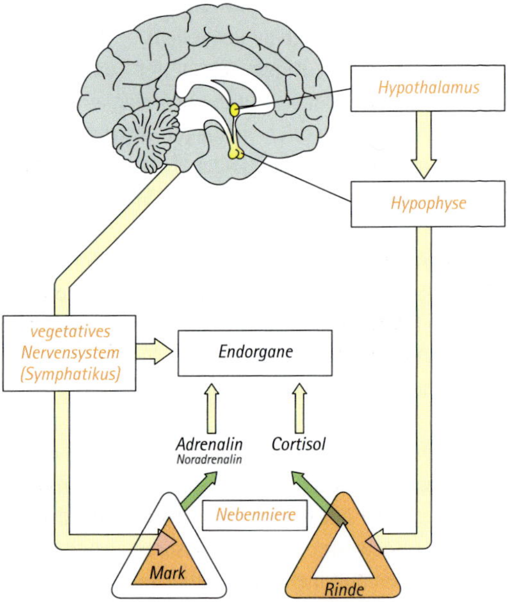

Die zwei Achsen der Stress-Reaktion

Vorgänge im vegetativen Nervensystem

Die Aktivierung des Sympathikus bewirkt bei den verschiedenen Organen unterschiedliche Reaktionen: Das Herz steigert seine Schlagfrequenz. Die Durchblutung der Muskulatur wird gesteigert und die der Verdauungsorgane und der Haut gedrosselt. Die Bronchien werden erweitert und das Atemvolumen wird erhöht. Der Stoffwechsel wird auf erhöhte Leistung umgestellt, Körperwärme und Blutzuckerwerte steigen an.

Vorgänge im Hormonsystem

Die **Nebennieren** werden veranlasst, verstärkt das Hormon Adrenalin ins Blut freizusetzen. **Adrenalin** wird durch das Blut im gesamten Körper verteilt und unterstützt im Wesentlichen die Wirkungen des Sympathikus. Im Gehirn bewirkt Adrenalin eine gesteigerte Aufmerksamkeit und starke Erregung, die häufig mit Angstgefühlen gekoppelt sind.

Der Hypothalamus aktiviert auch gleichzeitig über die **Hypophyse** die **Nebennierenrinde**, die verstärkt Cortisol freisetzt. **Cortisol** wirkt im Fettgewebe, der Leber und in den Skelettmuskeln ähnlich wie Adrenalin. Die Blut bildenden Organe werden veranlasst, vermehrt rote Blutkörperchen freizusetzen, wodurch der Sauerstoff- und Kohlenstoffdioxidtransport verbessert wird. In der Leber werden vermehrt Blutgerinnungsfaktoren gebildet; dadurch werden bei eventuellen Verletzungen Wunden schneller verschlossen. Zusätzlich wirkt Cortisol entzündungshemmend und drosselt die Antikörperbildung, so dass möglichst die gesamte Energie für Kampf oder Flucht bereitsteht.

5.3 Krank durch Stress

Welche Krankheiten durch chronischen Stress begünstigt werden, hängt entscheidend davon ab, **auf welche Weise** Stress-Situationen **bewältigt** werden. Je nach Reaktionsweise unterscheidet man zwei Typen:

Reaktionstyp A
(A wie Adrenalin-Typ)

Reaktionstyp A. Versucht jemand Stress-Situationen aktiv durch Handeln unter Kontrolle zu bringen, wird vor allem der Sympathikus und die Freisetzung von **Adrenalin** aktiviert. Dieser Reaktionstyp trägt zur Entstehung von Arteriosklerose und Erkrankungen des Herz-Kreislauf-Systems (z. B. Herzinfarkt, Schlaganfall) bei.

Reaktionstyp C
(C wie Cortisol-Typ)

Reaktionstyp C. Bei Personen, die die Kontrolle über die Situation verlieren und unsicher und hilflos reagieren, wird vor allem die Freisetzung von **Cortisol** aktiviert. Dieser Reaktionstyp steht im Verdacht, zu Erkrankungen beizutragen, die durch eine Schwächung des Immunsystems zustande kommen: Infektionskrankheiten aller Art und Krebs.

Auf einen Blick: Regelungsvorgänge

Grundlagen der Regelung

- Regelungsvorgänge in unserem Körper laufen nach den gleichen Prinzipien ab wie die Regelung technischer Systeme.
- Das wesentlichste Merkmal der Regelung ist der geschlossene **Regelkreis**. Er ist so konstruiert, dass jede Störung der Regelgröße automatisch korrigiert wird.
- Der **Erfolg** von Korrekturmaßnahmen wird dem Regler über den Fühler unmittelbar **zurückgemeldet**, so dass die Veränderung des Stellgliedes nur so lange anhält, bis Ist- und Soll-Wert wieder übereinstimmen.
- Die Steuerbefehle, die die Korrekturmaßnahmen veranlassen, werden entweder über **Nervensignale** oder durch **Hormone** an die Stellglieder übermittelt.
- Als **Stellglieder**, die aufgrund dieser Befehle ihre Aktivität verändern, kommen alle Körperfunktionen in Frage, die dazu beitragen können, eine bestimmte Regelgröße wieder auf ihren Soll-Wert zurückzuführen.

Vegetatives Nervensystem

- Das vegetative Nervensystem regelt die Funktionen der inneren Organe.
- Man unterscheidet **Sympathikus** und **Parasympathikus**, die in gegensätzlicher Weise auf die inneren Organe einwirken.

Hormonsystem

- Hormone sind **chemische Botenstoffe**, die von **endokrinen** Drüsen gebildet werden und mit dem Blustrom zu den Zielorganen gelangen, an denen sie ganz bestimmte Wirkungen entfalten.

Blutzuckerregulation

- Der Blutzuckerspiegel wird durch Wirkungen von Insulin und Glukagon auf etwa 1 Gramm pro Liter **konstant** gehalten. Dadurch wird sichergestellt, dass alle Organe kontinuierlich mit ihrem wichtigsten Brennstoff versorgt werden.
- Ursache der Zuckerkrankheit ist eine **absoluter** (Typ-I-Diabetes) oder **relativer** (Typ-II-Diabetes) **Insulinmangel**.

Stress

- Stress ist die **unspezifische Reaktion** unseres Körpers auf Anforderungen jeglicher Art. Sie kann durch eine Vielzahl von **Stressoren** ausgelöst werden und dient der **Anpassung** des Körpers.

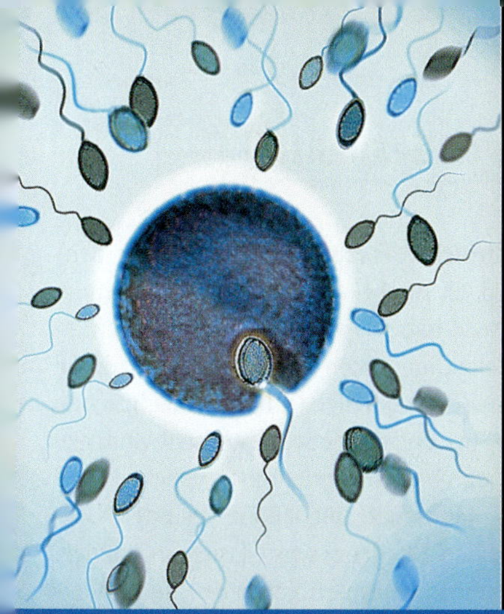

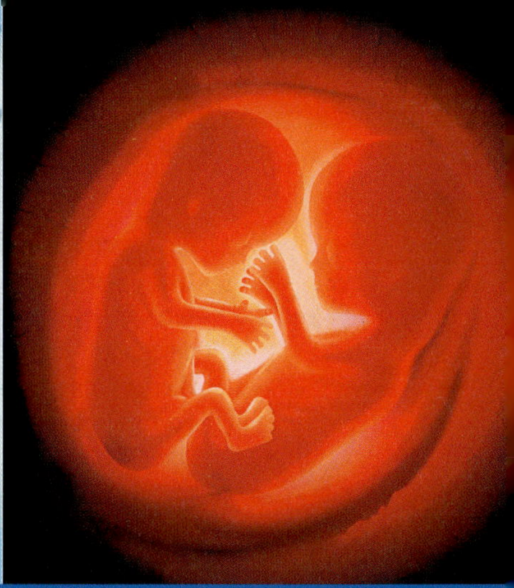

Fortpflanzung, Entwicklung, Sexualität

Mit der Befruchtung einer Eizelle beginnt die Entwicklung eines Embryos, die nach 270 Tagen Schwangerschaft mit der Geburt endet. Damit ist ein in allen Merkmalen einmaliges Lebewesen entstanden, ein Individuum. Bedingung für diese Einmaligkeit ist die Sexualität. In verschiedengeschlechtlichen Individuen mit unterschiedlichen Geschlechtsorganen entstehen über hormonell gesteuerte Prozesse Keimzellen: Ei- und Spermazellen.

1 Vielfalt durch Sexualität

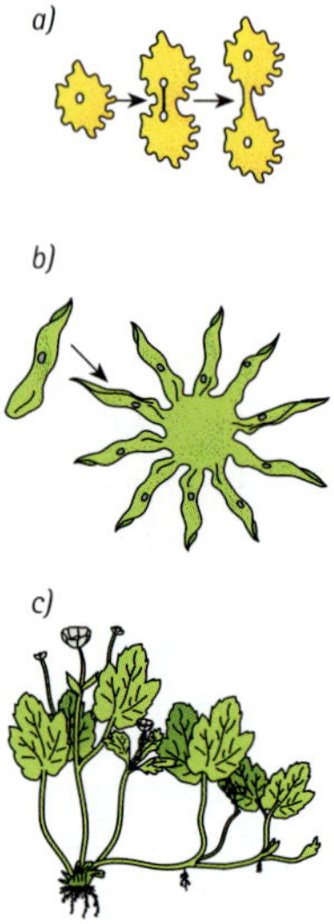

Formen ungeschlechtlicher Fortpflanzung: a) Zweiteilung (Amöbe), b) Vielfachteilung (Trypanosoma), c) Ausläuferbildung bei Pflanzen

Bei der **ungeschlechtlichen Fortpflanzung** entstehen identische Nachkommen, die nur bei stabilen Umweltverhältnissen Überlebensvorteile haben. Ändern sich die Umweltbedingungen, sind solche Organismen vom Aussterben bedroht. Hier setzt der Vorteil der **sexuellen**, d. h. **geschlechtlichen Fortpflanzung** ein, bei der das Erbgut gemischt und neu kombiniert wird; dadurch entstehen unterschiedliche Merkmalsausprägungen, Individuen, die bei veränderten Umweltbedingungen einen Überlebensvorteil sichern können. Sexualität leistet damit einen wesentlichen Beitrag zur Vielfältigkeit der Lebensformen.

> Sexualität ermöglicht Fortpflanzung von Generation zu Generation bei gleichzeitiger Neukombination des Erbgutes.

1.1 Männlich – Weiblich

Mann und Frau weisen meist deutliche Unterschiede im Körperbau auf. Beobachtet man dagegen spielende Kleinkinder, so ist die Entscheidung zwischen Jungen und Mädchen oft schwierig. In diesem Alter bestehen die Unterschiede nur in der Ausstattung mit den **primären Geschlechtsmerkmalen:** Beim Mädchen sind nur die **Schamlippen**, beim Jungen **Penis** und **Hodensack** zu erkennen.
Die äußerlichen Kennzeichen, die uns die Unterscheidung zwischen Mann und Frau einfach machen, bilden sich dagegen erst in der **Pubertät** heraus.

1.2 Pubertät – Zeit der Veränderung

Die Pubertät setzt bei Mädchen häufig mit 10 bis 11 Jahren ein, bei Jungen ein Jahr später. Die **Keimdrüsen** beginnen mit der Bildung von **Geschlechtshormonen:** Die **Eierstöcke** produzieren in steigendem Maße **Östrogene**, die **Hoden Testosterone**. Unter dem Einfluss dieser Hormone kommt es zu zahlreichen körperlichen und seelischen Veränderungen.

Bei beiden Geschlechtern zeigt sich ein deutlicher **Wachstumsschub**. Die **Achsel- und Schambehaarung** bildet sich aus, Schweiß- und Talgdrüsen werden aktiver, wodurch der Körpergeruch stärker wird und vermehrt Mitesser und Pickel entstehen.
Bei Mädchen entwickeln sich die **Brüste**, das **Becken** wird **breiter**, die Schultern bleiben schmal.
Bei Jungen wird die Körperbehaarung stärker, **Bartwuchs** setzt ein. Es bildet sich eine **kräftigere Muskulatur** aus, die **Schultern** werden **breiter**, das Becken bleibt schmal.
Die nach der Pubertät unterschiedlich ausgebildeten Merkmale bezeichnet man als **sekundäre Geschlechtsmerkmale**. Unter dem Einfluss der Geschlechtshormone erfolgt auch die endgültige **Ausbildung der Geschlechtsorgane**. Die Keimdrüsen werden funktionsfähig, es entstehen in den Eierstöcken die ersten reifen Eizellen, in den Hoden die ersten Spermien.

Stimmbruch:
Durch das Wachstum des Kehlkopfes werden die Stimmbänder länger und die Stimmlage tiefer. Besonders bei Jungen stabilisiert sich die Stimmlage sehr langsam.

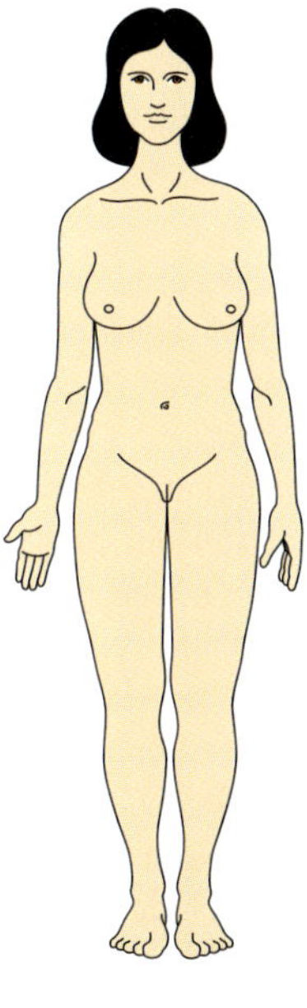

Frauen		*Männer*
93 %	*Körperhöhe*	*100 %*
83 %	*Körpergewicht*	*100 %*
92 %	*Armlänge*	*100 %*
91 %	*Beinlänge*	*100 %*
92 %	*Schulterbreite*	*100 %*
99 %	*Beckenbreite*	*100 %*
11 cm	*Beckenausgang*	*9 cm*
36 %	*Muskulatur*	*42 %*
4,5 l	*Blutmenge*	*5,5 l*
19 kg	*Hebekraft des Unterarms*	*32 kg*
3,6 l	*Fassungsvermögen der Lunge*	*5,4 l*
79 Jahre	*Lebenserwartung*	*73 Jahre*

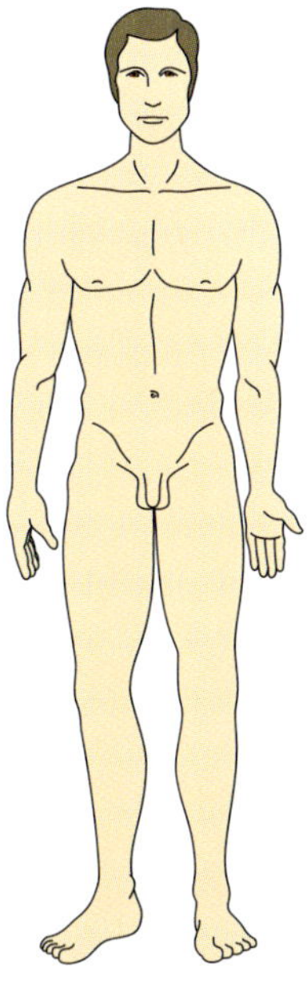

Charakteristische Merkmale von Mann und Frau

2 Bau der Geschlechtsorgane

2.1 Die weiblichen Geschlechtsorgane

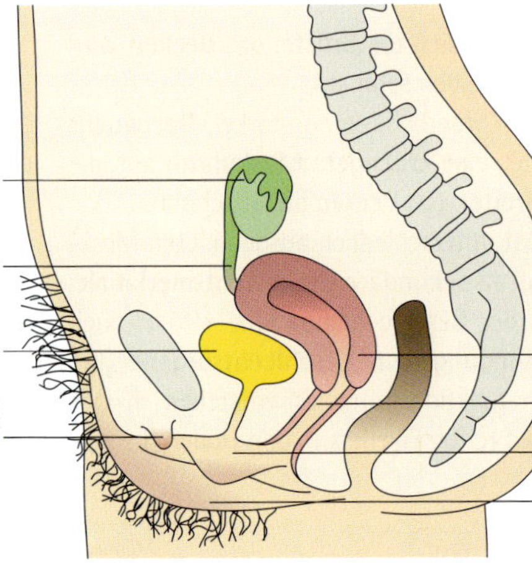

Weibliche Geschlechtsorgane

Die beiden etwa walnussgroßen **Eierstöcke** (Ovarien) sind an Bindegewebsbändern in der Bauchhöhle aufgehängt. In ihnen reifen die Eizellen heran und werden die Geschlechtshormone gebildet.

Die beiden ca. 15 cm langen **Eileiter** (Ovidukte) beginnen an der Gebärmutter und enden in trichterförmigen Erweiterungen, die sich an die Eierstöcke anlegen können. Ihr Inneres ist mit einer Flimmerschleimhaut ausgekleidet.

Die **Gebärmutter** (Uterus) ist ein birnenförmiger, stark dehnbarer Hohlmuskel, der mit einer Schleimhaut ausgekleidet ist. Der Gebärmutterhals öffnet sich über den Muttermund (Portio) zur Scheide. Dieser Übergang ist zeitweise von einem Schleimpfropf verschlossen. Die **Scheide** (Vagina), ein ca. 10 cm langer schlauchförmiger Hohlmuskel, nimmt bei der körperlichen Vereinigung von Mann und Frau den Penis auf. Sie ist stark dehnbar, bei der Geburt wird das Baby hindurchgepresst. Nach außen ist sie z. T. durch eine Hautfalte, das **Jungfernhäutchen** (Hymen) abgeschlossen. Beim ersten Geschlechtsverkehr reißt es, was zu geringfügigen Blutungen führt und Schmerzen verursachen kann.

Von außen sichtbar sind die großen und kleinen **Schamlippen**, die den Scheideneingang und die davor liegende Harnröhrenöffnung umschließen.
Vor der Harnröhrenöffnung liegt der **Kitzler** (Klitoris). Er enthält einen Schwellkörper, der bei sexueller Erregung anschwillt und durch zahlreiche Nervenendigungen sehr empfindsam ist.

2.2 Die männlichen Geschlechtsorgane

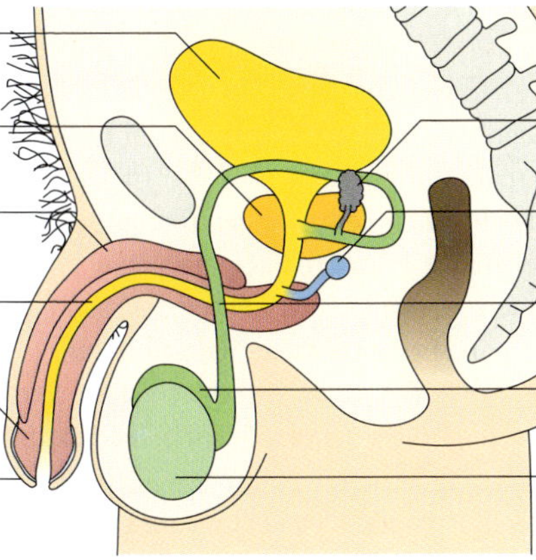

Männliche Geschlechtsorgane

Die beiden **Hoden** liegen im Hodensack. In den Hoden werden die Spermien und die Geschlechtshormone gebildet.
Am hinteren, oberen Ende der Hoden liegen die **Nebenhoden**, in denen die Spermien gespeichert werden. Die beiden **Samenleiter** entspringen aus den Nebenhoden und enden an der Unterseite der Harnblase. Hier vereinigen sie sich mit der Harnröhre zur **Harnsamenröhre**, die durch den Penisschaft zur Penisspitze führt und dort ausmündet.
Die **Vorsteherdrüse** (Prostata) liegt unterhalb der Blase und umschließt Harnröhre und Samenleiter. Der **Penis** (Glied) besteht aus Schwellkörpern. Eine verschiebbare Haut umgibt als Vorhaut an der Penisspitze die **Eichel**, die zahlreiche Nervenendigungen enthält und dadurch sehr empfindsam ist. Bei sexueller Erregung füllen sich die Schwellkörper rasch mit Blut und es kommt zur Versteifung des Gliedes, der **Erektion**.

Beschneidung:
Unter der Vorhaut sondern Talgdrüsen ein Sekret ab, in dem sich Krankheitserreger gut vermehren können. Bei einigen Völkern werden aus ursprünglich vermutlich hygienischen Gründen die Vorhäute der Jungen entfernt.

3 Die Funktion der Keimdrüsen

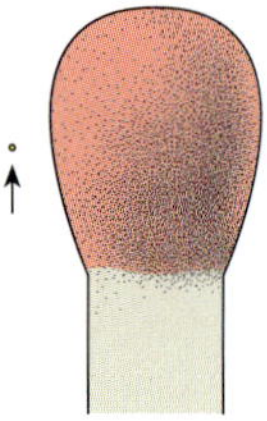

Menschliche Eizelle im Größenvergleich mit einem Streichholzkopf

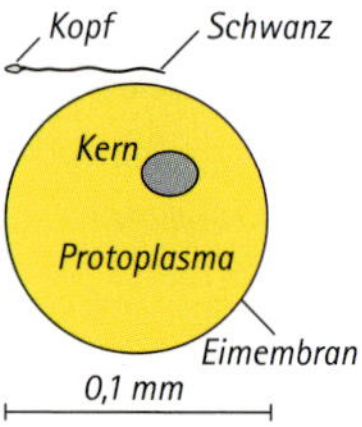

Größenvergleich zwischen Eizelle und Spermium (Mensch)

Die Keimdrüsen haben die Aufgabe **haploide Keimzellen** zu produzieren, die im Unterschied zu den Körperzellen nur den »halben«, einfachen Chromosomensatz besitzen:

- **Weibchen** produzieren wenige große, kaum bewegliche, nährstoffreiche Eizellen;
- **Männchen** produzieren viele kleine, bewegliche, nährstoffarme Samenzellen.

3.1 Eireifung (Oogenese)

Schon während der Embryonalzeit beginnt bei Mädchen die Eireifung (Oogenese): Aus den Ureizellen **(Oogonien)** entstehen durch **Zellteilungen** (Mitose) ca. 400 000 unreife Eizellen, die **Primärfollikel**, die sich noch vor der Geburt mit einem einschichtigen Zellverband aus Epithelzellen umgeben und in eine **Ruheperiode** eintreten.

Mit dem Beginn der Geschlechtsreife wird das Epithel bei einigen Follikeln mehrschichtig; die **Sekundärfollikel** haben sich gebildet.

Durch Einlagerung von Flüssigkeit (Liquor folliculi) entsteht ein großer Hohlraum, die Follikelhöhle. Der 6 bis 12 mm große Follikel wird nun als **Tertiärfollikel** (GRAAF'scher Follikel) bezeichnet – Eierstöcke von jungen Frauen enthalten ca. 60 bis 70 Tertiärfollikel. Etwa alle 28 Tage wächst ein Tertiärfollikel erneut intensiv heran und es kommt zum **Eisprung**.

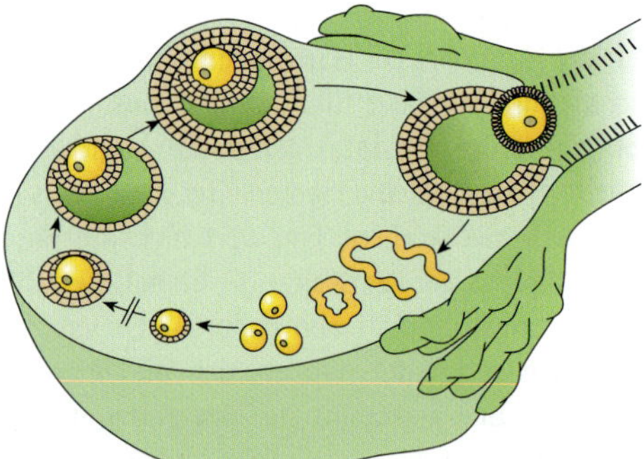

Schematische Darstellung der Eireifung

Die Eizelle ist von Kranzzellen umhüllt und wird durch die ausfließende Follikelflüssigkeit aus dem Eierstock ausgeschwemmt. Der bewegliche **Trichter** am Anfang **des Eileiters** sorgt dafür, dass die Eizelle aufgefangen und im Eileiter in Richtung Gebärmutter transportiert wird.
Die im Eierstock verbleibenden Follikelreste werden zum **Gelbkörper** umgebaut.

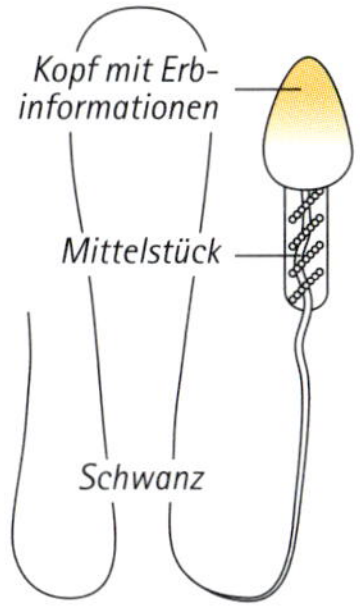

Bau eines Spermiums

3.2 Samenreifung (Spermatogenese)

Mit Beginn der Pubertät bis ins hohe Alter werden in den **Hoden** Spermien gebildet.
Der Hoden besteht aus vielen Fächern, in denen sich die Hodenkanälchen befinden. Hier entstehen aus ursprünglich undifferenzierten Urkeimzellen **Spermatiden**. Aus ihnen entwickeln sich durch Veränderung ihrer Form die **Spermien**. Jedes Spermium besteht aus Kopf, Mittelstück und Schwanzfaden. Im Kopfteil befindet sich die haploide Erbinformation, das Mittelstück liefert mit seinen Mitochondrien die Antriebsenergie, der Schwanzfaden sorgt für die aktive Beweglichkeit. Die Entwicklungszeit zum befruchtungsfähigen Spermium beträgt ca. 70 Tage. Bei jungen Männern werden pro Sekunde bis zu 1000 Spermien produziert. Im Nebenhoden werden die Spermien gelagert, erst hier erlangen sie ihre endgültige Reife.

Ejakulat: Pro Samenerguss werden ca. 2 bis 8 cm^3 Flüssigkeit ausgestoßen, die sich aus Absonderungen des Nebenhodens, Sekreten der Bläschendrüsen und der Prostata zusammensetzt. Pro cm^3 sind ca. 60 bis 200 Mio. Spermien enthalten.

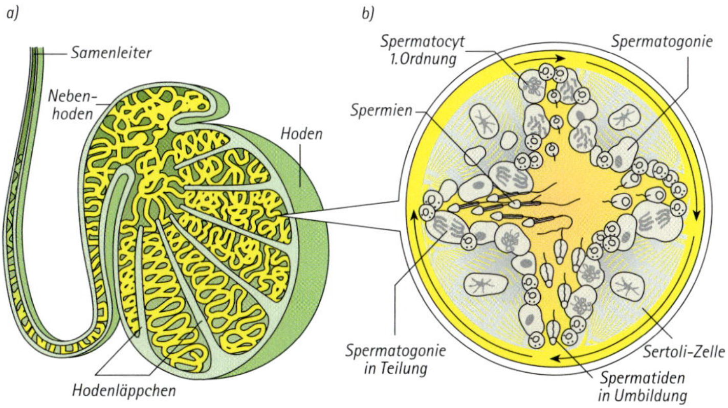

a) Hoden und Nebenhoden, b) Querschnitt durch ein Hodenkanälchen mit Samenzellen in unterschiedlichen Entwicklungsstadien

4 Hormone der Keimdrüsen

Die **Geschlechtshormone** – Östrogene, Gestagene und Androgene – werden in den Keimdrüsen und den Nebennieren gebildet und kommen bei beiden Geschlechtern nebeneinander vor. Sie sind an Wachstum und Ausbildung der primären und sekundären Geschlechtsmerkmale sowie der Reifung von Ei- und Samenzellen maßgeblich beteiligt.

4.1 Der Menstruationszyklus

Zykluslänge: etwa 26 bis 30 Tage. Sie kann aber auch etwas kürzer oder länger sein und ist von äußeren Einflüssen und psychischen Faktoren abhängig. Bei jungen Mädchen schwanken die Zykluslängen zunächst meist stark.

FSH: Follikel-stimulierendes Hormon

LH: Luteinisierendes Hormon

Basaltemperatur: Morgentemperatur, vor dem Aufstehen im After gemessene Temperatur

Ist eine Frau nicht schwanger, werden in einem regelmäßigen Zyklus **(Periode)** die obersten Schleimhautschichten der Gebärmutter zusammen mit etwas Blut (50 bis 150 ml in 3 bis 5 Tagen) durch die Scheide nach außen abgegeben. Diesen Vorgang nennt man **Menstruation** (Monats- oder Regelblutung). Die **Steuerung** dieses Zyklus ist relativ kompliziert; Eireifung und Aufbau der Gebärmutterschleimhaut sind dabei exakt aufeinander abgestimmt:

① Die Freisetzung von **FSH** durch die **Hypophyse** (Hirnanhangsdrüse) führt in den Eierstöcken zur verstärkten Produktion von **Östrogen**. Dadurch verdickt sich die Gebärmutterschleimhaut, ein gut durchblutetes Gewebe entsteht **(Proliferationsphase)**. Gleichzeitig wirkt das Östrogen auf die Hypophyse zurück und fördert die weitere FSH-Ausschüttung, was einen weiteren Anstieg der Östrogenausschüttung bedingt **(Aufschaukelungskreis)**.

② Die hohen FSH- und Östrogenkonzentrationen führen zur verstärkten Freisetzung von **LH** durch die Hypophyse. Bei maximaler LH-Konzentration platzt der am weitesten herangereifte Follikel auf **(Eisprung)**.

③ Der im Eierstock zurückbleibende Follikelrest wird zum **Gelbkörper** und setzt während der nächsten ca. 12 Tage **(Lutealphase)** vermehrt Progesteron frei: Dadurch wird die Gebärmutterschleimhaut für die Einnistung und Ernährung einer befruchteten Eizelle umgebaut und erreicht eine Dicke von ca. 5mm **(Sekretionsphase)**. Der Stoffwechsel wird angeregt, die **Basaltemperatur** steigt um ca. 0,5 °C an. Die Freisetzung von FSH und LH wird gebremst.

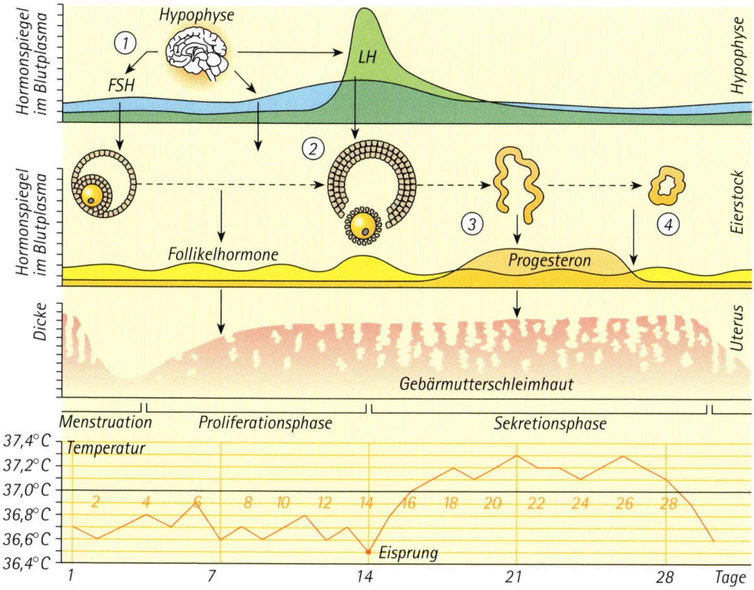

Vorgänge beim weiblichen Zyklus

④ Findet **keine Befruchtung** statt, bildet sich der Gelbkörper zurück, der sinkende Progesteronspiegel führt zur **Menstruation** und der Zyklus beginnt von neuem. Tritt eine **Schwangerschaft** ein, bleiben Gelbkörper und erhöhter Progesteronspiegel erhalten und verhindern einen neuerlichen Eisprung.

Ovulationshemmer

Wird **Progesteron** zwischen dem 5. und 25. Tag eines normalen Zyklus verabreicht, bleibt der Eisprung aus. Hier setzt die so genannte **»Anti-Baby-Pille«** an; sie stellt eines der zuverlässigsten Verhütungsmittel dar. Ihre Wirkung beruht auf einer Mischung von Östrogen und Progesteron, bei regelmäßiger Einnahme wird der Eisprung verhindert.

4.2 Vorgänge bei der Spermienbildung

Unter dem Einfluss von FSH und LH aus der Hypophyse werden in den Leydig'schen Zwischenzellen der Hoden täglich 2 bis 10 mg Androgene (männliche Hormone) gebildet, vor allem **Testosteron**, was u.a. die Spermienbildung fördert. Der Testosteronspiegel beim Mann bleibt relativ konstant, was zu einer kontinuierlichen Samenzellenproduktion führt.

5 Sexuelles Verhalten

Wenn die Keimdrüsen funktionsfähig geworden sind, entsteht der Drang nach sexueller Betätigung. Das Ziel, auf das sich das sexuelle Verhalten letztendlich richtet, ist die körperliche Vereinigung **(Koitus, Beischlaf)**. Dabei führt der Mann seinen erigierten (steifen) Penis in die Scheide der Frau ein. Beim Hin- und Herbewegen des Glieds werden die sensiblen Bezirke der Peniseichel sowie die reizempfindlichen Stellen der Scheide gereizt und die sexuelle Erregung gesteigert. Der Höhepunkt der sexuellen Lust wird als **Orgasmus** bezeichnet. Beim Mann ist er mit der Ejakulation (Samenerguss) gekoppelt. Dabei wird das Sperma durch rhythmische Kontraktionen verschiedener Muskeln in die Scheide geschleudert. Bei Frauen wird der Orgasmus von mehreren heftigen Kontraktionen der Scheiden- und Gebärmuttermuskulatur begleitet.

Pollution: Ein unwillkürlicher Samenerguss, der meist während des Schlafs erfolgt und häufig von sexuellen Träumen begleitet ist.

Das Verhalten, sich selbst zum sexuellen Höhepunkt zu bringen, wird als Selbstbefriedigung **(Onanie, Masturbation)** bezeichnet. Es dient bei Heranwachsenden dazu, mit den eigenen körperlichen Reaktionen vertraut zu werden.

Onanie: Die früher vertretene Auffassung, dass Onanie schädliche Folgen habe, hat sich als unbegründet erwiesen.

Beim **Petting** werden Zärtlichkeiten mit einem Partner ausgetauscht. Dabei berühren sich beide Partner gegenseitig an den Geschlechtsorganen und stimulieren sich bis zum Orgasmus. Dieses Verhalten ist darauf ausgerichtet, die Reaktionen des Partners zu erkunden und zu sexueller Entspannung zu gelangen.

Die geschlechtliche Erregung wächst bei Frauen im Durchschnitt langsamer an als bei Männern. Darauf kann man sich als Mann einstellen und die Partnerin zunächst durch ausgiebiges Schmusen (Vorspiel) in Stimmung bringen. Bei sexueller Erregung sondert die Scheide dann eine Flüssigkeit ab, die das Eindringen und Hin- und Hergleiten des Penis erleichtert. Eine für beide Seiten befriedigende gemeinsame Sexualität ist Grundlage für eine von gegenseitiger Achtung und Zuneigung getragene Beziehung. In einer solchen Umgebung finden wiederum Kinder die günstigsten Bedingungen für ihre Entwicklung.

6 Die Befruchtung

Beim **Koitus** gelangen etwa 3–5 ml Sperma in die Scheide der Frau. Im sauren Milieu der Scheide geht schon ein Großteil der Spermien zugrunde. Die im Ejakulat enthaltenen Spermien müssen die Eizelle aktiv schwimmend aufsuchen, wobei sie **von der Eizelle angezogen** werden. Für den Weg über die Gebärmutterhöhle und den Eileiter, der ca. 15 bis 20 cm lang ist, benötigen sie etwa 1 bis 3 Stunden. Nur wenige Spermien, die fittesten, erreichen überhaupt die Eizelle (etwa 1 von 1 Million). Die erste Samenzelle, die auf die befruchtungsfähige Eizelle trifft, durchstößt mit Hilfe des Akrosoms an seiner Kopfspitze die Eizellenhülle. Sofort danach verändert sich die Hülle so, dass keine weiteren Spermien eindringen können.

Geschlechtsbestimmung: Bei der Befruchtung gelangt nur ein einziges Spermium in die Eizelle, dieses trägt entweder ein X- oder Y-Geschlechtschromosom. Eizellen haben stets ein X-Chromosom. XX-Zygoten entwickeln sich zu Mädchen, XY-Zygoten zu Jungen.

Der Kopfteil der Samenzelle mit dem haploiden Erbmaterial beginnt sofort aufzuquellen und mit dem Kern der Eizelle zu verschmelzen. Die befruchtete Eizelle wird nun als **Zygote** bezeichnet und verfügt über einen diploiden (2fachen) Chromosomensatz. Dabei entscheidet die genetische Ausstattung der Spermazelle über das Geschlecht des Embryos.

Vorgänge bei der Befruchtung der Eizelle

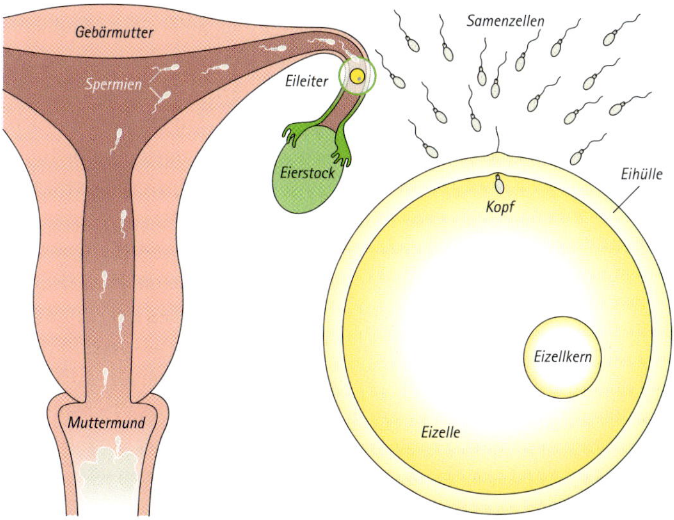

7 Entwicklung von Embryo und Fetus

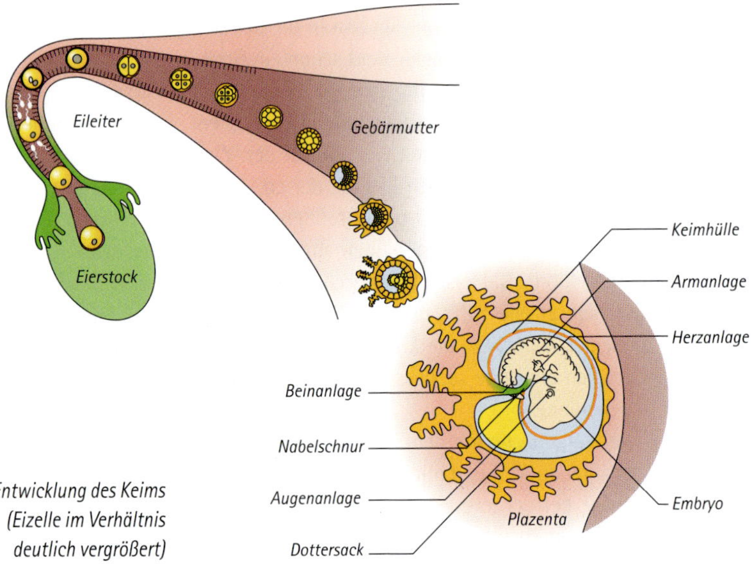

Entwicklung des Keims (Eizelle im Verhältnis deutlich vergrößert)

Die **Zygote** ist die erste Zelle eines neuen Menschen, schon während der Wanderung durch den Eileiter finden erste Zellteilungen statt: Ein dichter Zellhaufen, der **Maulbeerkeim** (Morula), bildet sich. Aus ihm entsteht durch weitere Teilungen eine flüssigkeitsgefüllte Hohlkugel, der **Blasenkeim** (Blastocyste), der sich ca. am 7. Tag nach der Befruchtung in die Gebärmutterschleimhaut einnistet **(Einnistung)**. Aus der **Keimscheibe**, die in den Innenraum des Blasenkeims hineinragt, entwickelt sich der **Embryo**.

Vom Zeitpunkt der Einnistung an bilden die Hüllzellen des Blasenkeims das **Schwangerschaftshormon HCG** (Human Chorion Gonadotropin). HCG bedingt, dass der Gelbkörper im Eierstock erhalten bleibt und Progesteron verstärkt ausgeschüttet wird: Die Gebärmutterschleimhaut wird nicht abgestoßen, die Menstruation bleibt aus, das Wachstum der Brustdrüsen wird angeregt. Gleichzeitig wird die Ausschüttung von FSH verhindert, neue Eizellen können im Eierstock nicht heranreifen.

Schwangerschaftstest: Da der Überschuss von HCG über den Harn ausgeschieden wird, kann mit Teststäbchen aus der Apotheke überprüft werden, ob im Urin HCG enthalten, also eine Schwangerschaft eingetreten ist. Dieser Nachweis ist bereits 6 bis 8 Tage nach Eintritt der Empfängnis möglich.

Aus den Hüllzellen des Blasenkeims entwickelt sich der Mutterkuchen, die **Plazenta**. Sie stellt eine optimale Versorgung des Embryos sicher. Der Embryo ist über die **Nabelschnur** angeschlossen: Das Blutgefäßsystem des Embryos steht mit Verzweigungen des mütterlichen Blutgefäßsystems in engem Kontakt und erhält Nährstoffe und Sauerstoff; Abfallstoffe und Kohlenstoffdioxid werden an den mütterlichen Kreislauf abgegeben.

In der 4. Schwangerschaftswoche beginnt ein deutliches **Differenzierungswachstum**: Die Anlagen für Kopf, Hände, Füße, Augen, Ohren und Herz entstehen, kurze Zeit später beginnt das Herz zu schlagen. Im 3. Monat wachsen Gehirn und Rückenmark besonders stark; Arme und Beine verlängern sich, die Ausbildung der Geschlechtsorgane erfolgt. Am Ende des 3. Monats sind die Gliedmaßen voll ausgebildet und alle Organe angelegt. Die Embryonalzeit ist damit abgeschlossen, die **Fetalzeit** beginnt.

In den Folgemonaten wächst und differenziert sich der Fetus (Fötus) besonders stark: Die Organe erreichen im 7. Monat ihre Funktionsfähigkeit, Fettpolster werden angelegt und wichtige Regulationszentren im Gehirn reifen heran.

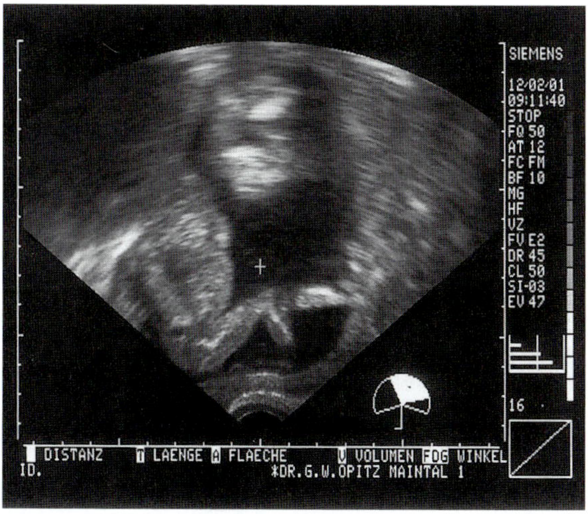

Menschlicher Fetus (Ultraschallaufnahme)

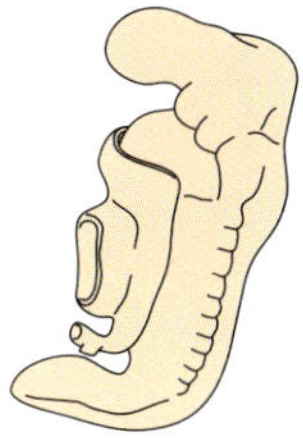

24 Tage alt

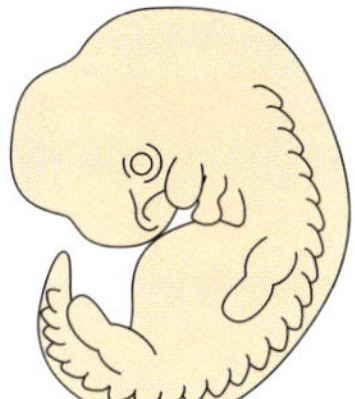

Anfang des 2. Monats

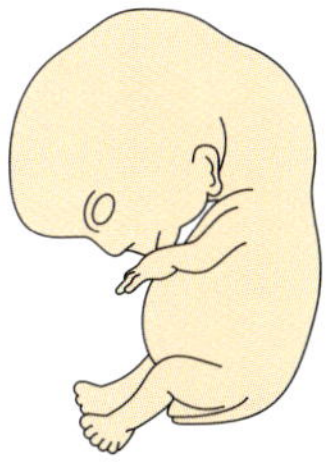

Ende des 2. Monats (Embryo, 3cm groß, 1 g schwer)

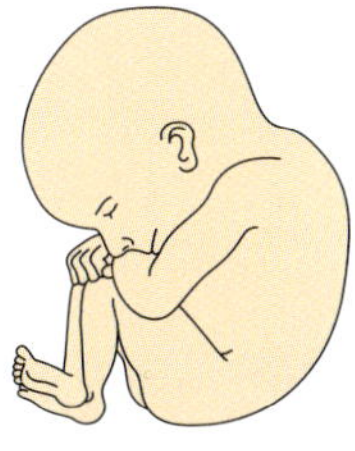

Ende des 4. Monats (Fetus, 18 cm groß, 108 g schwer)

Menschliche Keimlinge

8 Schwangerschaft und Geburt

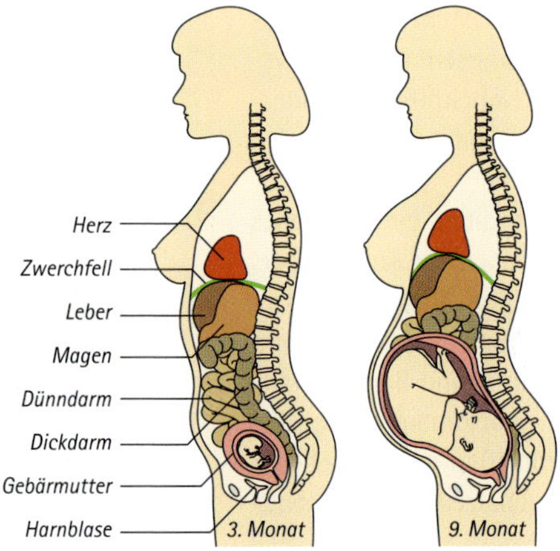

Platzbedarf des Embryos bzw. Fetus in der Mutter

Der ständig größer und schwerer werdende Embryo/Fetus beansprucht immer mehr Raum, **Gebärmutter** und **Plazenta** wachsen mit dem Kind mit. Etwa im 4. Monat beginnt sich der Bauch der Schwangeren erkennbar zu runden, die Mutter verspürt erstmals deutlich die Bewegungen des Kindes. Ab dem 8. Monat drückt die Gebärmutter auf Blase, Magen und Wirbelsäule, was häufig zu Harndrang, Sodbrennen und Kreuzschmerzen führt. Im 10. Monat, nach ca. 40 Wochen, senkt sich die Gebärmutter und die Schwangerschaft geht nach etwa 270 Tagen zu Ende. Die Mutter hat zu diesem Zeitpunkt im Schnitt 10 bis 12 kg zugenommen.

Der **Geburtsvorgang** wird von Hormonen ausgelöst: **Oxytocin**, das Wehenhormon, wird von der mütterlichen und kindlichen Hypophyse ausgeschüttet und veranlasst im Zusammenspiel mit Östrogenen und Progesteronen, die von der Plazenta gebildet werden, die **Wehen**.

Wehen öffnen den Geburtskanal.

Die **Eröffnungswehen** führen dazu, dass sich die Gebärmuttermuskulatur wellenförmig von oben nach unten zusammenzieht. Hierbei weitet, öffnet sich der Geburtskanal (Gebärmutter, Scheide und Beckenboden). 96 von 100 Babys liegen in der Kopflage, so dass vom Kopf des Kindes ein Teil der Fruchtblase durch den Gebärmuttermund nach außen gedrückt wird. Bei sehr hohem Druck reißt die Fruchtblase ein und ein Teil des Fruchtwassers fließt ab.

Nun setzen die sehr viel heftigeren und regelmäßigeren **Austreibungs**- bzw. **Presswehen** ein. Der Geburtskanal, der durch die Weite der Beckenöffnung festgelegt ist, ist maximal geöffnet. Unter »Pressen« der Mutter wird das Kind durch den Geburtskanal gedrückt. Hierzu spannt die Mutter

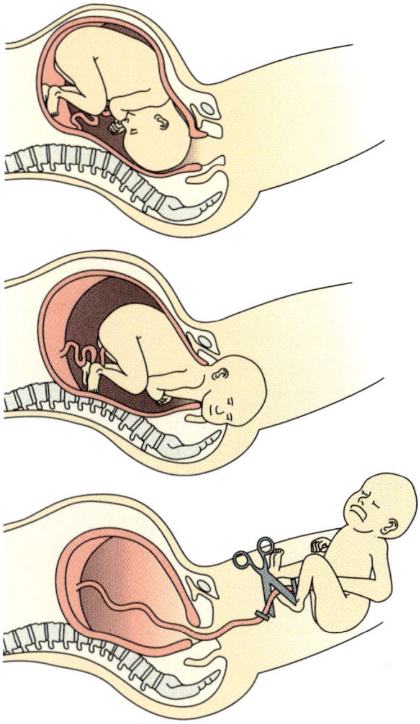

Die Geburt eines Kindes: a) kurz vor der Geburt, b) Austreibungsphase, c) Abnabelung

Auslösung der Wehen

die Bauchdeckenmuskulatur an und drückt durch tiefes Einatmen das Zwerchfell nach unten. Dieses Mitpressen steigert den Presswehendruck bis auf das Dreifache. Ist der Kopf des Kindes herausgepresst, erscheint der restliche Körper sehr schnell, das übrige Fruchtwasser fließt ab.

Das Kind wird kurz mit den Beinen nach oben gehalten, damit es beim ersten Einatmen keine Schleimreste durch Mund oder Nase ansaugt. Mit dem ersten eigenen Atemzug entfalten sich die Lungen und das Kind beginnt zu atmen. Es erfolgt die **Abnabelung** des Kindes; die Nabelschnur wird steril durchtrennt.

Durch die **Nachgeburtswehen** löst sich die Plazenta von der Gebärmutterwand ab und wird mit der Haut der Fruchtblase und dem Rest der Nabelschnur als Nachgeburt ausgestoßen. Dabei werden Blutgefäße verletzt, die Mutter verliert ca. 300 ml Blut.

Kaiserschnitt: Ist die Beckenöffnung zu eng, werden unter Narkose der Bauch und die Gebärmutter im unteren Teil aufgeschnitten und das Kind wird direkt aus der Plazenta geholt.

Geburtsdauer: Bei Erstgebärenden häufig 10 bis 12 Stunden. Bei weiteren Geburten im Allgemeinen kürzer.

Auf einen Blick: Fortpflanzung, Entwicklung, Sexualität

Pubertät

- Hormonelle Umstellungen bewirken in der Phase der Pubertät zahlreiche körperliche und seelische Veränderungen, die sekundären Geschlechtsmerkmale entwickeln sich, in den Keimdrüsen werden haploide Keimzellen gebildet:
Bei der Frau wenige große, kaum bewegliche, nährstoffreiche Eizellen; beim Mann viele kleine, bewegliche, nährstoffarme Samenzellen.

Ei- und Samenreifung; die Geschlechtshormone

- Schon vor der Geburt entwickeln sich bei Mädchen die Primärfollikel, die mit Eintritt der Pubertät zu Sekundärfollikeln heranreifen. Durch Einlagerung von Flüssigkeit entstehen die Tertiärfollikel. Bei Jungen setzt mit Beginn der Pubertät die Spermienbildung ein, es entstehen Spermatiden, die sich durch Formveränderungen zu Spermien mit Kopf, Mittelstück und Schwanzfaden entwickeln.
- Beim Mann wird in den Leydig'schen Zwischenzellen des Hodens Testosteron gebildet. Bei der Frau sind über einen Regelkreis unter Kontrolle der Hormone FSH, LH, Östrogen und Progesteron aus Hypophyse und Eierstöcken die Eireifung und der Aufbau der Gebärmutterschleimhaut sinnvoll aufeinander abgestimmt und zeigen einen zyklischen Verlauf (Menstruationszyklus).

Befruchtung

- Das erste am Ei ankommende Spermium dringt in die Eizelle ein. Die beiden haploiden Zellkerne von Ei- und Spermazelle verschmelzen. Die befruchtete Eizelle wird als Zygote bezeichnet, ihr Chromosomensatz ist diploid.

Embryonalentwicklung und Schwangerschaft

- Durch Zellteilungen entsteht aus der Zygote die Morula (Maulbeerkeim). Aus ihr entwickelt sich die Blastocyste (Blasenkeim) mit Keimscheibe, die sich in die Gebärmutterschleimhaut einnistet. Die Plazenta (Mutterkuchen) stellt die Verbindung zum mütterlichen Kreislauf her. Aus der Keimscheibe entsteht der Embryo, der ab dem 4. Schwangerschaftsmonat als Fetus bezeichnet wird. Über die Nabelschnur ist er mit der Plazenta verbunden. Nach ca. 40 Wochen, 270 Tagen, ist die Entwicklung abgeschlossen, die Schwangerschaft geht zu Ende. Durch heftige Kontraktionen (Wehen) der Gebärmuttermuskulatur, Weitungen des Geburtskanals und aktives Pressen wird das Kind »ausgetrieben«. Das Kind wird abgenabelt, die Plazenta als Nachgeburt ausgestoßen.

Vererbung

Alle Lebewesen der Erde geben ihre Merkmale und Eigenschaften an die nächsten Generationen weiter. Diese Weitergabe findet nach eindeutigen Regeln und mit erstaunlicher Präzision statt. Grundlage sind die Erbanlagen oder Gene, die in jeder Zelle vorhanden sind. Sie steuern die Ausbildung der Merkmale und Eigenschaften. Durch Mutationen können sie verändert werden. Dadurch entstehen manchmal vorteilhafte Eigenschaften, die in der Pflanzen- und Tierzucht genutzt werden. Aber auch Krankheiten und Fehlbildungen können so hervorgerufen werden. Mit der Gentechnik ergeben sich völlig neuartige Möglichkeiten des Eingriffs in die Vererbungsvorgänge.

1 Anlage und Umwelt

Die Vererbungslehre klärt, wie die Weitergabe von genetischer Information **erfolgt. Sie stellt allgemeingültige Regeln und Gesetze auf und sucht nach Erklärungen für** Erbgänge.

Die Vererbungslehre gründet auf der uralten und uns allen geläufigen Erfahrung, dass Geschwister einander und ihren Eltern im Allgemeinen ähnlicher sind als nicht verwandten Artgenossen. Eineiige Zwillinge sind sich oft derart ähnlich, dass sie selbst von guten Bekannten oder Freunden nicht auseinander gehalten werden können. Ebenso ist seit alters her bekannt, dass sich bei Tier- und Pflanzenzüchtungen gewisse **Merkmale** der ursprünglichen Formen betonen, andere unterdrücken lassen. Demnach muss jedes Lebewesen von seinen Vorfahren die Fähigkeit erhalten haben, bestimmte Merkmale und Eigenschaften auszubilden und auf seine Nachkommen zu übertragen.

Die Gesamtheit aller Merkmale bildet das jeweilige Erscheinungsbild, den **Phänotyp** eines Individuums, das von der Gesamtheit seiner Erbanlagen, dem **Genotyp**, abhängig ist.

Variabilität

An einem Nadelbaumästchen wurden die Längen aller Nadeln ausgemessen. Trägt man das Merkmal Nadellänge in Abhängigkeit von seiner Häufigkeit in ein Koordinatensystem ein, so erhält man eine charakteristische Kurve: Während sehr kurze und sehr lange Nadeln nur selten auftreten, sind mittlere Längen gehäuft vorhanden. Trotz gleicher Erbanlagen und gleicher Umwelt – hiervon können wir ausgehen, da die Nadeln von einem Ast eines Individuums stammten – kommt es zu unterschiedlichen Ausbildungen des Merkmals Nadellänge.

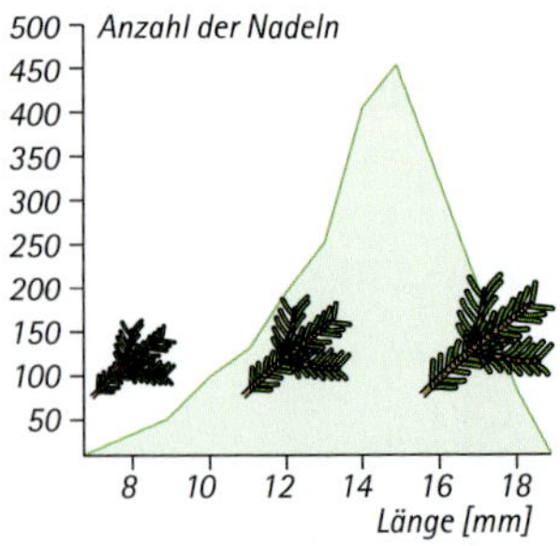

Variabilität von Nadeln

Dieses Phänomen begegnet uns in allen Bereichen der Vererbung und wird als **Variabilität** bezeichnet. Es bedeutet, dass ein Merkmal nicht absolut durch das Erbgut bestimmt wird, sondern mit einer gewissen Variationsbreite, einer **Reaktionsnorm** vererbt wird. Festgelegt sind die oberen und unteren Grenzen, die Ausprägung selbst erfolgt zufällig.

Löwenzahnpflanzen (*Taraxacum officinale*) aus dem Samen einer einzigen Löwenzahnstaude entwickeln sich im Hochgebirge ganz anders als im Tiefland.

Modifikation

Modifikationen des Löwenzahns (links Pflanze im Tiefland, rechts im Hochgebirge gewachsen)

Das Phänomen zeigt sich auch im Experiment: In zwei unterschiedlich »gute« Böden wurden erbgleiche Bohnen gepflanzt und großgezogen. Die geernteten Bohnen wurden in Größenklassen sortiert. Die Bohnen aus dem guten Boden variierten zwischen 17 und 23 mm, die aus dem schlechteren Boden zwischen 8 und 14 mm Länge.
Unterschiedliche **Umweltbedingungen** führen zu Veränderungen in der Merkmalsausbildung. Dies bezeichnet man als **Modifikation.**
Auch im Bohnenzuchtversuch variiert die Größe um einen bestimmten Wert. Diese Variationsbreite ist aber vom jeweiligen Umweltfaktor mitbestimmt. Durch die unterschiedlichen Umwelteinflüsse werden unterschiedliche Bereiche der Variationsbreite bevorzugt und tragen zur entsprechenden Modifikation bei. Die Unterschiede zwischen den Individuen entstehen in einem komplizierten Zusammenspiel von Erbanlagen und Umwelteinflüssen.

Das Erbgut bestimmt die Reaktionsnorm.

2 Die *Mendel*schen Regeln

Gregor Mendel (1822–1884)

Wir wollen uns nun mit den wohl bekanntesten Regeln in der Vererbungslehre beschäftigen, die nach dem Augustinerpater *Gregor Mendel* die drei **Mendelschen Regeln** genannt werden. Die Regeln werden anhand einfacher Beispiele erklärt, die ganz bewusst auf die Versuche von *Mendel* selbst zurückgehen.

2.1 Die erste Mendelsche Regel

Mendel benutzte bei seinen Untersuchungen Erbsensorten, die sich in verschiedenen Merkmalen unterschieden, z. B. in der Farbe, Größe, Stellung der Blüten oder in der Farbe, Form, Größe der Samen. Kreuzte er reinerbige Individuen von Erbsen, die seit Generationen nur gelbe Samen hatten, mit solchen, die seit Generationen nur grüne Samen hatten, so erhielt er völlig einheitliche Nachkommen. Alle Samen waren gelb.

Kreuzungsergebnis der ersten Mendelschen Regel

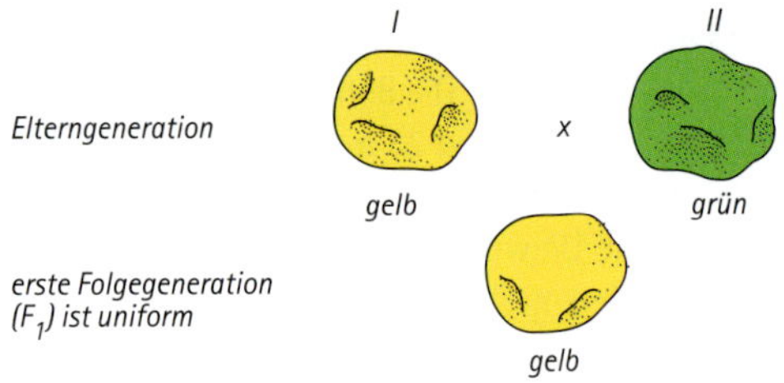

Dominant-rezessiver Erbgang

Alle Nachkommen in der 1. Folgegeneration, der **F_1-Generation**, ähnelten dem einen Elter. Wir sprechen deshalb von einem **dominant-rezessiven Erbgang**, weil das Merkmal des Elter I das Merkmal des Elter II überlagert und das Merkmal des Elter II verborgen bleibt. Das Merkmal gelb ist also **dominant** gegenüber dem Merkmal grün, das **rezessiv** ist.

Diese Beobachtungen führten zur Formulierung der ersten *Mendel*schen Regel, der **Uniformitätsregel**.

Uniformitätsregel: Kreuzt man zwei reinerbige Individuen, die sich in einem Merkmal unterscheiden, so erhält man mischerbige F1-Nachkommen, die alle uniform (einheitlich) sind. Sie ähneln dem einen Elter.

Unvollständig dominante Vererbung

Bei Kreuzungsexperimenten mit der japanischen Wunderblume waren zwar die Blüten aller Nachkommen ebenfalls uniform rosa, sie stimmten jedoch **nicht** mit den Blütenfarben rot und weiß der beiden Eltern überein. Das untersuchte Merkmal stand bei den Nachkommen also genau zwischen den beiden Ausgangsmerkmalen. In diesem Fall spricht man von **unvollständig dominanter Vererbung**.

2.2 Die zweite Mendelsche Regel

Mendel interessierte, was in späteren Folgegenerationen geschieht und ob Merkmale, die in der F_1-Generation verschwunden waren, wieder auftauchen oder nicht. Er hat deshalb die mischerbigen Individuen der F_1-Generation durch Selbstbefruchtung weitervermehrt. Von 8023 ausgewerteten Erbsensamen waren in der zweiten Folgegeneration, der **F_2-Generation**, 6022 gelb und 2001 grün gefärbt, was ungefähr einem **Verhältnis von 3:1** entspricht. Das in der F_2-Generation verschwundene rezessive Merkmal trat also wieder auf!

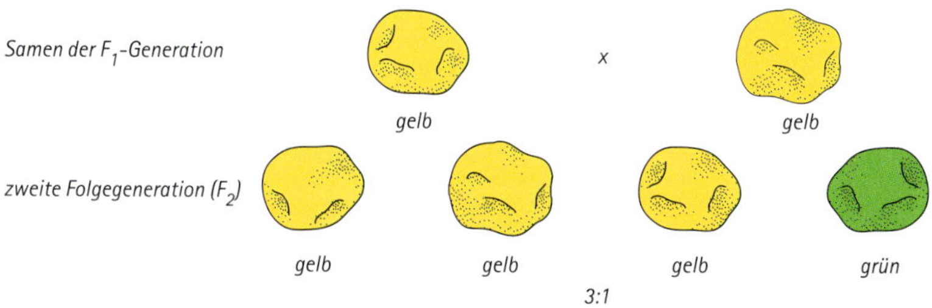

Kreuzungsergebnis der zweiten Mendelschen Regel

Wurden die Individuen der F_2-Generation untereinander weitervermehrt, so traten bei der Kreuzung der Individuen mit dem rezessiven Merkmal grün nur grüne Nachkommen auf, während sich die Nachkommen der Individuen mit dem ursprünglich dominanten Merkmal gelb erneut aufspalteten:

Ein Drittel zeigte in allen Folgegenerationen nur das dominante Merkmal, zwei Drittel spalteten sich jedoch erneut im Zahlenverhältnis 3:1 auf. Dies ist nur dadurch zu erklären, dass die **phänotypisch gleich** aussehenden Individuen, die das dominante Merkmal tragen, **im Genotyp unterschiedlich** sein müssen. Diese Deutung wird durch die Ergebnisse bei unvollständig dominanten Erbgängen erhärtet. Hier ergibt sich bei der Kreuzung von Individuen der F_1-Generation der japanischen Wunderblume folgende Aufspaltung:

Kreuzungsergebnis bei unvollständig dominantem Erbgang

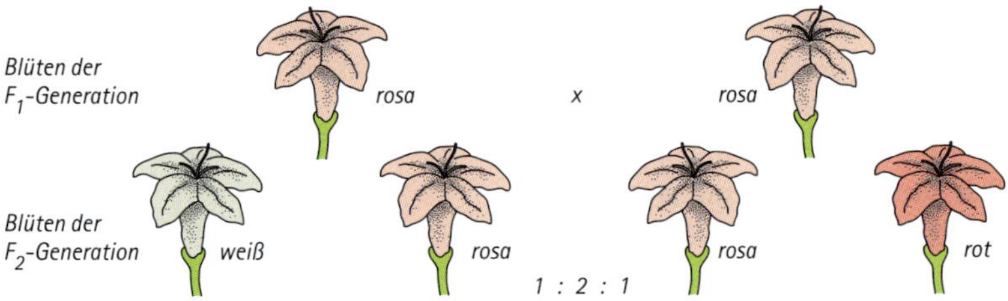

Spaltungsregel: Kreuzt man Nachkommen der ersten Folgegeneration untereinander, so stellt man eine Aufspaltung der Merkmale der Elterngeneration fest.

Diese Spaltung kommt in der F_2-Generation in bestimmten **Zahlenverhältnissen** der Merkmalsausprägung zum Ausdruck: bei dominantem Erbgang im Verhältnis 3:1, bei unvollständig dominantem Erbgang im Verhältnis 1:2:1.

2.3 Genetische Deutung Mendelscher Regeln

Alle Lebewesen bestehen aus Zellen und alle Zellen eines Individuums besitzen die **gleichen genetischen Anlagen**. Diese genetische Information erhält jeder Organismus bei der Befruchtung einer Eizelle durch eine Samenzelle. Hierbei entsteht die so genannte **Zygote**, aus der sich der gesamte spätere Organismus entwickelt. Jede Zelle enthält also jede Information in **doppelter Ausführung**, wenn wir davon ausgehen, dass sowohl die Ei- als auch die Samenzelle eine komplette genetische Information mitgebracht haben. Die Zygote wird als **diploid** bezeichnet.

Für jedes Merkmal (Phän) gibt es zwei Anlagen (Gene)!

Ein Individuum mit gleichen Anlagen wird als reinerbig **oder** homozygot, **ein Individuum mit verschiedenen Anlagen als** mischerbig **oder** heterozygot **bezeichnet.**

Nun können die beiden Anlagen, die ein Merkmal bedingen, **gleich** oder **unterschiedlich** sein. Bereits *Mendel* benutzte zur Charakterisierung von unterschiedlichen Merkmalen Buchstabensymbole. Er bezeichnete das dominante Merkmal mit einem großen, das entsprechende rezessive Merkmal mit dem entsprechenden kleinen Buchstaben, z. B. G und g. Die beiden Anlagen, die bestimmen, in welchen Formen ein Merkmal auftreten kann, nennt man **Allele**. In der Erbformel für ein bestimmtes Merkmal stehen die beiden Buchstaben für die beiden Allele.

Die **homozygoten** (reinerbigen) Eltern unseres ersten Beispiels haben also die Erbformeln GG (gelb) und gg (grün), während die F_1-Individuen die Erbformel Gg aufweisen (gelb) und damit **heterozygot** (mischerbig) sind. Während die homozygoten Individuen nur Ei- oder Samenzellen bilden können, die entweder die Anlagen G oder g enthalten, können die heterozygoten Individuen sowohl Ei- oder Samenzellen mit den Anlagen G als auch solche mit den Anlagen g ausbilden und zwar mit gleicher Wahrscheinlichkeit. Für unser erstes Kreuzungsbeispiel (s. 2.1) ergibt sich dann:

Genotypen der Kreuzung von gelben und grünen Erbsensamen

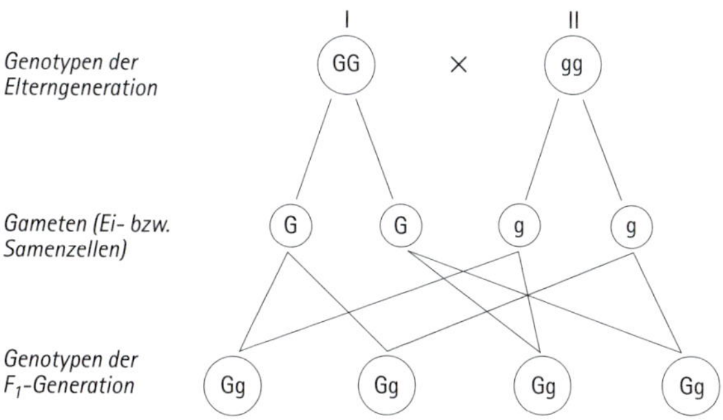

Kreuzungsschema

Für ein problemloses Finden der oben genannten Kombinationsmöglichkeiten hat sich in der Praxis – besonders zur Ermittlung der Zahlenverhältnisse in der F_2-Generation – die Darstellung in Form eines Kreuzungsschemas bewährt. Daraus lässt sich entnehmen, in welchen Zahlenverhältnisse sich die Merkmale im Genotyp kombiniert haben.

Für die beiden *Mendel*schen Regeln sieht dies folgendermaßen aus:

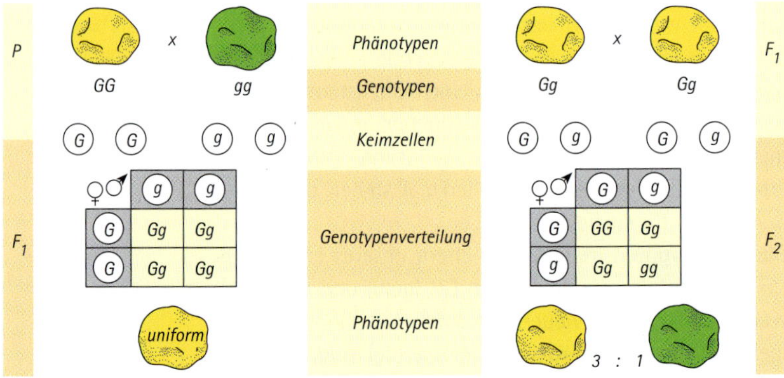

Kreuzungsschemata der ersten und zweiten Mendelschen *Regel*

Rückkreuzung

Bei dominant-rezessivem Erbgang gibt es Individuen, die sich trotz unterschiedlicher Genausstattung im Phänotyp weitgehend gleichen. Woher weiß man, ob ein Merkmal homozygot (reinerbig) oder heterozygot (mischerbig) vorliegt? Genetiker führen bei dieser Frage eine so genannte **Rückkreuzung** durch. Das ist eine Kreuzung mit dem homozygot rezessiven Elter. Das Ergebnis fällt verschieden aus, je nachdem, ob das Individuum mit dem dominanten Merkmal reinerbig oder mischerbig ist:

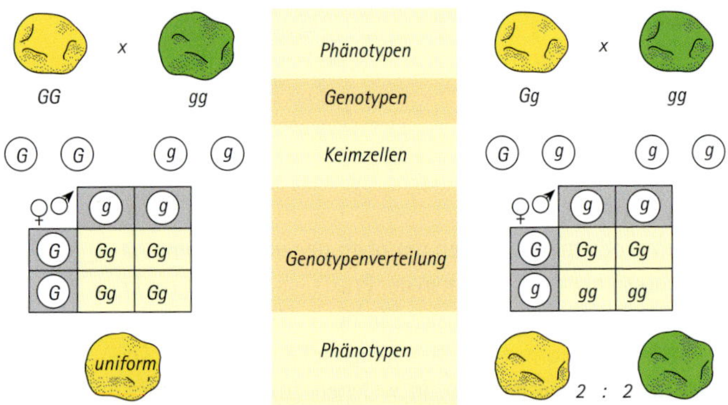

Kreuzungsschemata zur Rückkreuzung mit reinerbigem und mischerbigem Individuum

2.4 Die Mendelschen Regeln beim Menschen

Das ABO-Blutgruppensystem

Im Jahre 1901 wurden von *Landsteiner* (1868–1944) die verschiedenen Blutgruppen beim Menschen entdeckt. Wir unterscheiden die **vier Blutgruppen A, B, AB und 0**. Die Blutgruppenmerkmale sind umweltstabil und gehorchen den *Mendel*schen Regeln. Bei ihrer Vererbung handelt es sich um einen dominant-rezessiven Erbgang: **A und B sind gegenüber 0 dominant**.

Gleichzeitig tritt das Phänomen der **Kodominanz** auf: Die beiden Allele A und B verhalten sich bei der Vererbung gleichsam dominant, ohne sich jedoch gegenseitig zu beeinflussen und bilden so die vierte Blutgruppe AB.

Multiple Allelie

Eine weitere Besonderheit gegenüber den beschriebenen Erbgängen liegt darin, dass nicht wie bisher zwei Allele, sondern drei Allele ein Gen bestimmen. Dieses Phänomen bezeichnet man als **multiple Allelie**.

Die Blutgruppenmerkmale A und B sind durch so genannte **Antigene** charakterisiert, die an der Zellmembran der roten Blutkörperchen sitzen. Die roten Blutkörperchen der Blutgruppe A besitzen das Antigen A, diejenigen der Blutgruppe B das Antigen B, die der Blutgruppe AB die Antigene A und B, die der Blutgruppe 0 besitzen hingegen keine Antigene.

Die Blutgruppen des Menschen

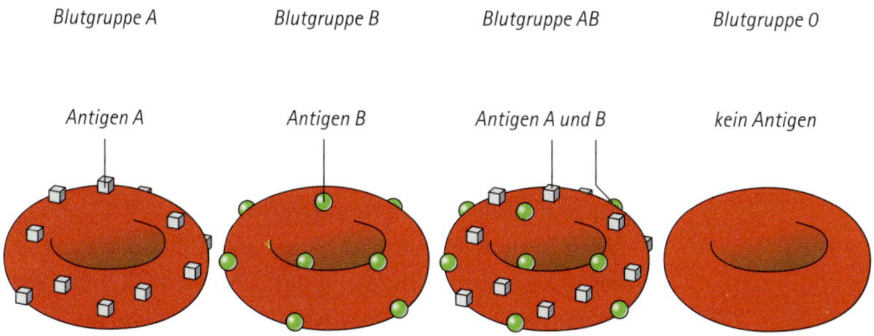

Phänotyp	Genotyp
A	AA oder A0
B	BB oder B0
AB	AB
0	00

Phänotypen und Genotypen der Blutgruppen

Menschen mit den Blutgruppen 0 und AB sind also immer homozygot definiert, während die Blutgruppen A und B entweder homozygot durch die Genotypen AA und BB oder heterozygot durch die Genotypen A0 und B0 entstehen können. Das führt bei der Vererbung der Blutgruppen zu verschiedenen Ergebnissen.

Welche Blutgruppen sind beispielsweise bei Kindern zu erwarten, wenn die Mutter die Blutgruppe AB und der Vater die Blutgruppe B besitzt? Da unklar ist, ob die Anlagen beim Vater BB oder B0 sind, müssen wir zwei Möglichkeiten in Betracht ziehen:

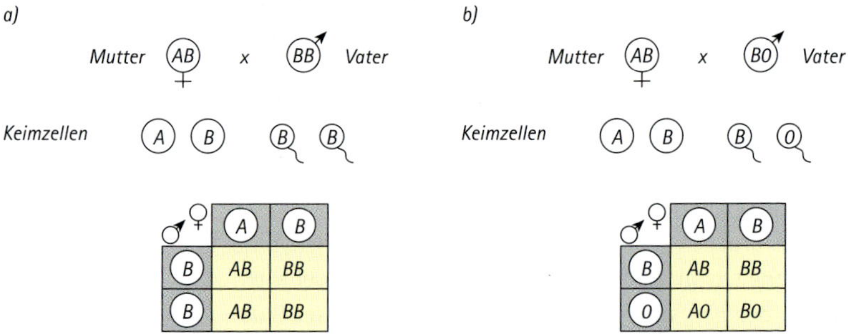

Kreuzungsschemata zur Vererbung von Blutgruppen

Mit Ausnahme der Blutgruppe 0 können die Kinder dieser Eltern also alle Blutgruppen besitzen: A, B und AB.

Die Vererbung des Rhesus-Faktors

Der Rhesus-Faktor ist neben dem AB0-System eine weitere Blutgruppeneigenschaft. Seinen Namen hat er von den Rhesusaffen, bei denen er zuerst entdeckt wurde.

In Mitteleuropa sind etwa 85 % der Einwohner **rhesus-positiv** und etwa 15 % **rhesus-negativ**. Dabei verhält sich die rhesus-positive Eigenschaft dominant (Rh) gegenüber der rhesus-negativen (rh) Eigenschaft und stellt von der Vererbung her betrachtet kein besonderes Problem dar. Allerdings kann es problematisch werden, wenn die Mutter rhesus-negativ ist und rhesus-positive Kinder bekommt.

Eine rhesus-negative Mutter und ein rhesus-positiver Vater haben zwei Kinder, ein rhesus-positives und ein rhesus-negatives. Welche genetischen Anlagen liegen bei den Eltern vor? Die Mutter muss die Anlagen rhrh besitzen, da sich rhesus-negativ rezessiv verhält. Der Vater könnte die Anlagen RhRh oder Rhrh haben. Das rhesus-negative Kind muss von Mutter und Vater eine rh-Anlage erhalten haben, also kommt für den Vater nur die Anlage Rhrh in Frage.
Da der Vater heterozygot Rhrh ist, beträgt die Wahrscheinlichkeit für rhesus-positive Kinder statistisch gesehen 50 %. Bei einem reinerbigen Vater wären alle Kinder rhesus-positiv. Für das erste rhesus-positive Kind einer rhesusnegativen Mutter bestehen noch keine Probleme. Da es beim Geburtsvorgang allerdings oft zu einem Kontakt zwischen kindlichem und mütterlichem Blut kommt, bildet die Mutter Antikörper gegen das kindliche Blut. Für alle folgenden rhesus-positiven Kinder besteht nun die Gefahr, dass ihr Blut durch die mütterlichen Antikörper geschädigt wird. Bei betroffenen Kindern kommt es dann häufig zu Stoffwechselschäden, z. B. zur Gelbsucht. Heute ist das Problem medizinisch weitgehend gelöst und stellt somit kaum noch eine Gefahr für Mutter und Kind dar.

2.5 Die dritte Mendelsche Regel

Bisher haben wir uns mit Erbgängen beschäftigt, bei denen sich die Eltern nur in Bezug auf **ein Merkmalspaar** unterschieden haben. Schon *Mendel* hat sich bei seinen Kreuzungsexperimenten mit der Gartenerbse allerdings nicht hierauf beschränkt, sondern seine Untersuchungen auf **zwei und mehr Merkmalspaare** ausgedehnt.
Mendel wählte als Merkmalspaar **Farbe und Form** seiner Erbsensamen. Seine reinerbigen Elternpflanzen besaßen entweder gelbe und runde oder grüne und runzlige Samen. Die F_1-Generation war erwartungsgemäß uniform. *Mendel* fand nur gelbe und runde Samen. Die Allele für gelb und runzlig waren also dominant gegenüber den Allelen für grün und runzlig. Daraus ergeben sich als Genotypen der Elterngeneration GGRR und ggrr.

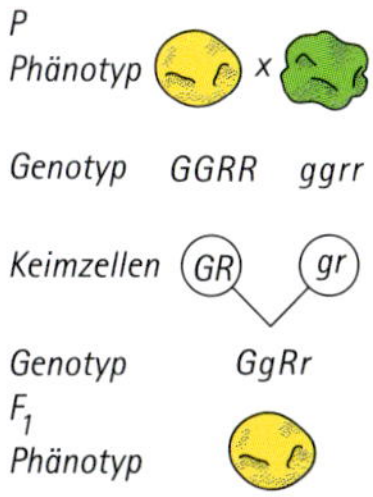

Kreuzung bei dihybridem Erbgang

Die mischerbigen Samen der F_1-Generation waren alle genotypisch GgRr. Bei Kreuzung dieser Mischlinge fand *Mendel* alle möglichen Merkmalskombinationen. Von insgesamt 556 Samen waren 315 gelb und rund, 101 gelb und runzlig, 108 grün und rund sowie 32 grün und runzlig. In der F_2-Generation ergibt sich also eine Aufspaltung der Merkmalskombinationen im **Verhältnis von 9 : 3 : 3 : 1**.

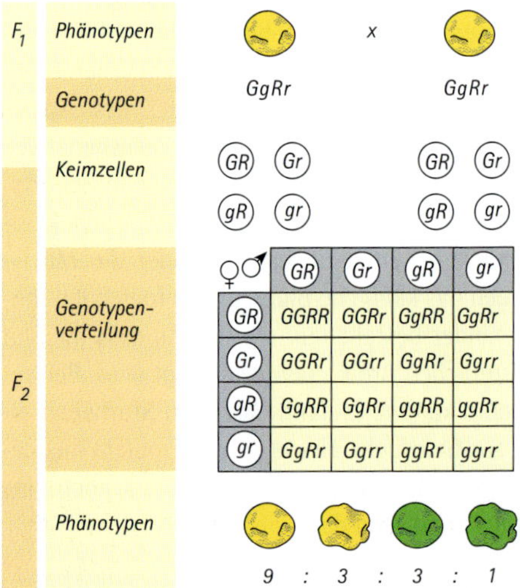

♀ ♂	GR	Gr	gR	gr
GR	GGRR	GGRr	GgRR	GgRr
Gr	GGRr	GGrr	GgRr	Ggrr
gR	GgRR	GgRr	ggRR	ggRr
gr	GgRr	Ggrr	ggRr	ggrr

Kreuzungsschema zur dritten Mendelschen Regel

Die gefundene Gesetzmäßigkeit wird in der dritten **Regel von der freien Kombinierbarkeit der Gene** ausgedrückt, der **Unabhängigkeitsregel**:

> **Unabhängigkeitsregel:** Bei der Kreuzung von Individuen, die sich in zwei oder mehr Merkmalen unterscheiden, verhalten sich die Erbanlagen unabhängig voneinander und können frei kombiniert werden. In der F_2-Generation treten dem Zufall gemäß alle möglichen Kombinationen der Merkmale in bestimmten Zahlenverhältnissen auf.

Bei einem dihybriden Erbgang mit 2 Merkmalspaaren erhalten wir gegenüber einem monohybriden Erbgang mit 1 Merkmalspaar, bei dem 3 Genotypen in der F_2-Generation auftreten, bereits 9 Genotypen.

3 Chromosomen und Vererbung

3.1 Die Träger der Erbanlagen

Chromosomen: Träger der Erbanlagen

Als *Mendel* 1865 seine Gesetzmäßigkeiten aufstellte, kannte man auch schon die **Chromosomen**, die etwa um das Jahr 1850 entdeckt worden waren. Einen Zusammenhang zwischen *Mendels* Erbfaktoren und den Chromosomen sah man damals allerdings noch nicht. Erst im Jahre 1903 stellten *Boveri* (1862–1924) und *Sutton* (1861–1916) unabhängig voneinander die Theorie auf, die besagte, dass die Chromosomen die **Träger der Erbinformationen** sind.

Im lichtmikroskopischen Bild lässt sich nur die Grobstruktur der Chromosomen erkennen. Die Aufnahme eines Metaphasechromosoms mit dem Rasterelektronenmikroskop lässt schon mehr Details erkennen: Deutlich sind zwei Längshälften zu sehen, die **Chromatiden**, die durch die Verdopplung der Erbinformation vor der Zellteilung entstanden sind. Am **Centromer** hängen die beiden Chromatiden bis zu ihrer Trennung in der Anaphase zusammen. Das Centromer ist die Ansatzstelle der Spindelfasern, die die Chromatiden voneinander trennen.

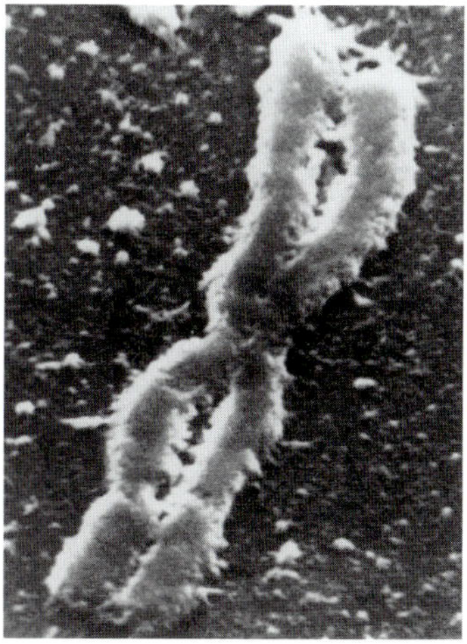

Rasterelektronenmikroskopische Aufnahme eines Metaphasechromosoms

Jeder Mensch besitzt im diploiden Chromosomensatz seiner Körperzellen 46 Chromosomen, die sich zu 23 homologen Chromosomenpaaren ordnen lassen. Um sie bildlich darzustellen, werden Leukocyten aus einer Blutprobe zu Zellteilungen angeregt. Anschließend werden Zellkerne ausgesucht, die sich gerade in einem Metaphasestadium befinden. Die Chromosomen werden erst präpariert und angefärbt und dann fotografiert. Anschließend schneidet man aus der Fotografie die einzelnen Chromosomen aus und ordnet sie nach Länge und Lage des Centromers zu Paaren an. Eine solche Darstellung des vollständigen Chromosomensatzes wird als **Karyogramm** bezeichnet.

Karyogramm: Darstellung des vollständigen Chromosomensatzes

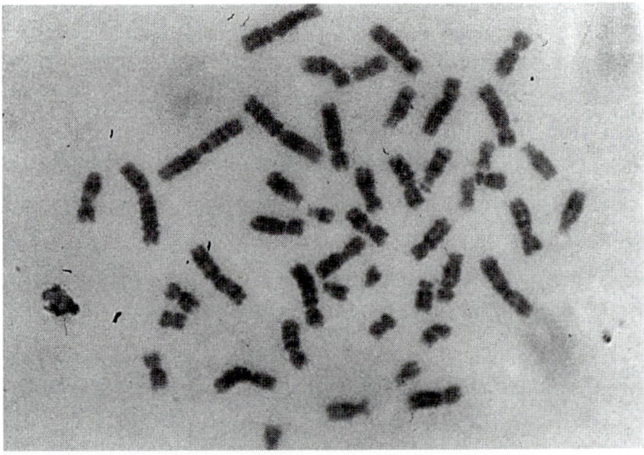

Mikroskopische Aufnahme der Metaphasechromosomen eines Menschen; die Chromosomen wurden vor der Aufnahme gefärbt

3.2 Vererbung des Geschlechts beim Menschen

Geschlechtschromosomen

Bringt man Leukocyten aus Blutproben von Männern und Frauen zur Teilung und präpariert sie, fördert das einen kleinen Unterschied zutage. Gemeinsam ist den beiden Karyogrammen vom Mann und von der Frau, dass sie jeweils 22 homologe Chromosomenpaare (also 44 Chromosomen) enthalten, die **vom Geschlecht unabhängig** auftreten. Diese werden als **Körperchromosomen** oder als **Autosomen** bezeichnet. Zwei weitere Chromosomen, die bei der Frau ebenfalls als homologes Paar, beim Mann allerdings als zwei unterschiedliche Chromosomen ausgebildet sind, werden als **Geschlechtschromosomen** oder als **Gonosomen** bezeichnet. Sie werden im Karyogramm als **XX** bzw. als **XY** ausgewiesen. Der Chromosomensatz von Frauen lässt sich danach als 44 + XX, der von Männern als 44 + XY schreiben.

Keimzellenbildung. Hierbei verhalten sich die Geschlechtschromosomen genau wie die Körperchromosomen; es kommt zu einer Reduktion auf jeweils **ein Geschlechtschromosom pro Geschlechtszelle**. Die Frau bildet also nur Eizellen mit 22 Körperchromosomen und einem X-Chromosom aus. Der Mann dagegen bildet nur Samenzellen mit 22 Körperchromosomen und einem X- **oder** einem Y-Chromosom aus, und zwar jeweils zur Hälfte.

Bei der Befruchtung bestimmt also die männliche Samenzelle das Geschlecht: Kommt eine Eizelle mit einem X-Spermium zusammen, so entsteht ein genotypisch weiblicher Organismus (44+XX), trifft sie mit einem Y-Spermium zusammen, entsteht ein genotypisch männlicher (44+XY). Da die Anzahl der X- und Y-Spermien in etwa gleich groß ist, erhält man ein theoretisches Geschlechterverhältnis von 1:1 (weiblich : männlich).

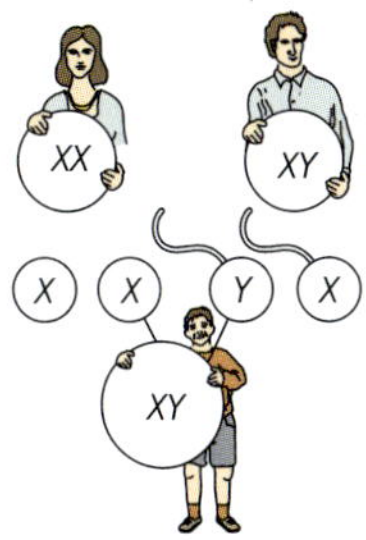

So wird's ein Junge ...

... und so ein Mädchen

Die Festlegung des späteren Geschlechts durch die Geschlechtschromosomen wird **genotypische Geschlechtsbestimmung** genannt. Sie stützt sich auf die Tatsache, dass bei dem einen Geschlecht die geschlechtsbestimmenden Chromosomen **homozygot**, bei dem anderen hingegen **heterozygot** vorliegen. Meist sind die weiblichen Tiere in Bezug auf die Geschlechtschromosomen homozygot XX, die männlichen heterozygot XY.

Während beim Menschen und anderen Säugern die Chromosomenausstattung der Samenzelle darüber entscheidet, ob eine männliche oder weibliche Zygote entsteht, ist es bei Vögeln, einigen Reptilien und Schmetterlingen genau entgegengesetzt. Hier entscheidet die Eizelle, die entweder mit einem X- oder Y-Chromosom ausgestattet sein kann, letztendlich über das Geschlecht. Spermien dieser Tiere enthalten ausschließlich X-Chromosomen.

weiblich – männlich

Beim Menschen bewirkt das **Y-Chromosom**, dass aus den Keimdrüsenanlagen Hodenzellgewebe entsteht. Gleichzeitig »dominiert« das Y-Chromosom auch gegenüber mehreren X-Chromosomen. Die Chromosomenanlage bewirkt die **primäre** Geschlechtsausbildung; die **sekundäre** Geschlechtsausbildung erfolgt in erster Linie durch die **Wirkung der Geschlechtshormone**. Da Testosteron und Östrogen sowohl beim männlichen als auch beim weiblichen Geschlecht auftreten, hängt die endgültige Ausprägung der »Weiblichkeit« bzw. »Männlichkeit« eines Individuums in großem Maße von den Mengenverhältnissen und dem Wechselspiel dieser Hormone ab.

3.3 Chromosomenstörungen beim Menschen

Einige schwerwiegende Erkrankungen und Entwicklungsstörungen beim Menschen gehen auf Störungen der Anzahl der Chromsosomen zurück. Sie lassen sich mit Hilfe eines Karyogramms erkennen.

Bei Störungen der Anzahl einzelner Chromosomen kommen entweder zum normalen diploiden Chromosomensatz (2n) einzelne Chromosomen hinzu (2n+1) oder einzelne Chromosomen fehlen (2n–1). Ist ein bestimmtes Chromosom nur

Monosomie, Trisomie

einfach vorhanden, spricht man von **Monosomie**, während bei **Trisomie** ein bestimmtes Chromosom gleich dreifach vorliegt. Von einer solchen Fehlverteilung können sowohl alle 22 Körperchromosomen als auch die Geschlechtschromosomen betroffen sein.

Die meisten Chromosomenstörungen sind so gravierend, dass die Embryonen **keine Überlebenschance** haben und die Schwangerschaft lange vor der Geburt endet. Bei einigen Typen ist jedoch die genetische Balance nur so weit beeinträchtigt, dass die Feten überleben und auch ein gewisses Alter erreichen. Für jeden Störungstyp ist aber ein **Syndrom** von körperlichen und geistigen Beeinträchtigungen charakteristisch.

Gonosomale Chromosomenstörungen

Störungen der **Anzahl der Geschlechtschromosomen** bewirken vor allem eine veränderte Geschlechtsentwicklung, die zu Abweichungen bei den Geschlechtsmerkmalen führt. Schwere Erkrankungen und geistige Entwicklungsverzögerungen kommen nur äußerst selten vor.

TURNER-Syndrom

Beim **TURNER-Syndrom** sind die Betroffenen zwar phänotypisch **weiblich**, werden aber nicht geschlechtsreif und bilden auch keine sekundären Geschlechtsmerkmale aus. Neben der Unfruchtbarkeit gehört auch Minderwuchs zu diesem Syndrom. Ursache ist ein fehlendes zweites X-Chromosom, weshalb das Syndrom auch als **XO-Monosomie** bezeichnet wird. Die Häufigkeit bei den lebend geborenen Mädchen beträgt 1:10 000.

XXX-Frauen

Weitaus häufiger werden Kinder mit gonosomalen Trisomien geboren. So findet man bei etwa jeder 1000sten Frau eine X-chromosomale Trisomie (XXX), die aber überhaupt keine Symptome verursacht und daher nur im Karyogramm erkennbar ist.

KLINEFELTER-Syndrom

Ein überzähliges X-Chromosom (XXY) führt zum **KLINEFELTER-Syndrom**. Die Betroffenen sind phänotypisch immer **männlich**, fallen aber erst in der Pubertät auf, weil die Hoden sehr klein bleiben und stattdessen Ansätze weiblicher Geschlechtsmerkmale auftreten. Außerdem sind die Männer unfruchtbar.

XYY-Männer

Ebenso häufig findet man bei Männern ein zusätzliches Y-Chromosom. XYY-Männer zeigen keine typischen Merkmale, außer einer überdurchschnittlichen Körpergröße.

Autosomale Chromosomenstörungen

DOWN-Syndrom

Die häufigste Störung der Anzahl der Körperchromosomen führt bei etwa jedem 700sten Kind in Europa zum **DOWN-Syndrom**. Die Betroffenen sind meist kleinwüchsig, werden mit Herzfehlern geboren, sind aufgrund einer gestörten Geschlechtsentwicklung steril und in der Regel geistig behindert. Allerdings ist das Ausmaß der Behinderung individuell sehr verschieden und hängt unter anderem davon ab, welche Förderung das einzelne Kind erfährt. Am auffälligsten sind die Veränderungen des Gesichts, weshalb das Syndrom früher als »Mongolismus« bezeichnet wurde. Ursache ist meist ein zusätzliches Chromosom 21, daher auch der Name **Trisomie 21**. Andere autosomale Trisomien sind bekannt für die Chromosomen 8, 13 und 18.

Kind mit DOWN-Syndrom

4 Vererbung beim Menschen

4.1 Stammbaumanalyse

Ziel der Analyse menschlicher Stammbäume ist es, **von phänotypischen Merkmalen auf genotypische Anlagen** zu schließen, um zu einer Vermutung über den Erbgang zu gelangen. Eindeutige Aussagen über Erbgänge nach den *Mendel*schen Regeln sind nur bei Merkmalen möglich, die durch ein einziges Gen vererbt werden.

Autosomal-dominanter Erbgang

Die **Vererbung dominanter Merkmale** zeigt sich daran, dass mischerbige Merkmalsträger phänotypisch nicht von reinerbigen zu unterscheiden sind. Der Besitz der entsprechenden Erbanlage in einfacher Dosis reicht also aus, um das Merkmal vollständig zur Ausprägung zu bringen. Autosomal erfolgt die Vererbung, wenn sich die Erbanlage auf einem der 22 Körperchromosomen befindet, wie z. B. die Erbanlage für die Blutgruppen.

Autosomal-rezessiver Erbgang

Auch bei **rezessiv vererbten Merkmalen** befindet sich die Erbanlage auf einem der 22 Autosomen, aber das interessierende Merkmal tritt nur bei Reinerbigen in Erscheinung. So kommt die Blutgruppe 0 nur dann zur Ausprägung, wenn zwei 0-Allele vorliegen. In diesem Fall müssen beide Eltern mindestens mischerbig A0 oder B0 gewesen sein.

Gonosomal-rezessiver Erbgang

Für **rezessive Merkmale, die X-chromosomal vererbt werden**, ist typisch, dass bei Männern bereits die einfache Dosis der Erbanlage ausreicht, um in Erscheinung zu treten. Ursache ist das Fehlen eines homologen Allels, das sich bei Frauen auf dem zweiten X-Chromosom befindet. Bei einer Frau kann ein gonosomal-rezessiv vererbtes Merkmal nur auftreten, wenn sie das entsprechende Allel reinerbig besitzt. Dazu kann es kommen, wenn ein das Merkmal tragender Vater und eine mischerbige Mutter das X-Chromosom mit dem rezessiven Allel weitergegeben haben. Mischerbige Frauen werden auch als **Konduktorinnen**, also Überträgerinnen bezeichnet, weil sie das rezessive Allel weitergeben können, ohne dass es bei ihnen in Erscheinung tritt.

4.2 Erbkrankheiten

Autosomal-dominant vererbte Krankheiten

Bei Erbkrankheiten mit autosomal-dominantem Erbgang ist in den meisten Fällen **ein Elternteil mischerbig** für das krankheitsverursachende Allel, während der andere Elternteil normalerweise reinerbig für das wesentlich häufigere rezessive Allel ist. Statistisch wird das krankheitsverursachende Allel an **die Hälfte der Kinder** weitergegeben, die dann ebenfalls erkranken. Dabei spielt es keine Rolle, von welchem Elternteil das Allel stammt. Viele Krankheiten, die autosomal-dominant vererbt werden, sind so beeinträchtigend, dass die Betroffenen häufig nicht das Fortpflanzungsalter erreichen. Daher werden weniger als 1 von 10 000 Neugeborenen mit solchen Krankheiten geboren. Oft handelt es sich oft um körperliche **Fehlbildungen**, aber auch degenerative Erkrankungen gehören dazu, wie der Veitstanz (**Chorea Huntington**). Obwohl sich diese Krankheit, bei der Nervenzellen zugrunde gehen, erst im Erwachsenenalter einstellt, wird sie autosomal-dominant vererbt.

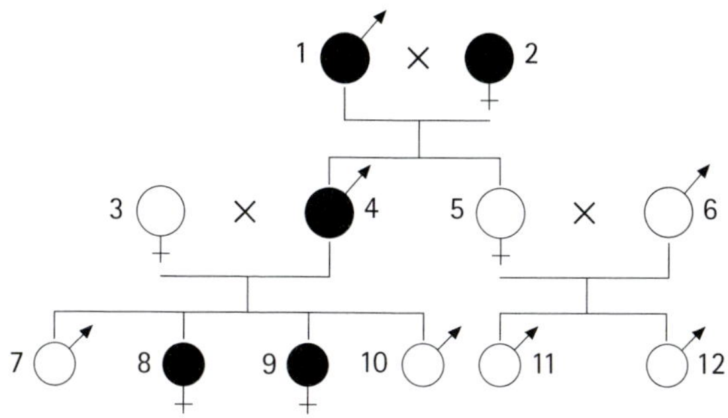

Stammbaum einer Familie mit Chorea Huntington

Autosomal-rezessiv vererbte Krankheiten

Bei Erbkrankheiten, die autosomal-rezessiv vererbt werden, sind in der Regel **beide Eltern mischerbig** für das krankheitsverursachende Allel und daher gesund. Statistisch bekommt die Hälfte der Kinder nur eines der krankheitsverursachenden Allele übertragen, die dann ebenfalls mischerbig gesund sind, während **ein Viertel der Kinder**, die beide Allele erhalten haben, die entsprechende Krankheit ausbilden. In der Mehrzahl handelt es sich um **Stoffwechseldefekte**, die auf dem Ausfall eines Enzyms beruhen, wie z. B. bei der Phenylketonurie.

Normalerweise wird im menschlichen Körper die Aminosäure **Phenylalanin** mithilfe eines Enzyms in die Aminosäure Tyrosin umgebaut. Bei **Phenylketonurie** ist dieser Stoffwechselschritt blockiert, da entweder das Enzym völlig fehlt oder ein defektes Enzym vorliegt, das die Reaktion nur vermindert katalysieren kann. Bei Mischerbigen reicht die um die Hälfte verminderte Enzymmenge zur Aufrechterhaltung der normalen Lebensfunktionen aus. Im Körper der Betroffenen kommt es dagegen zu einem erhöhten Spiegel an Phenylalanin sowie zu einem Mangel an Tyrosin. Phenylalanin wird dann auf Stoffwechselnebenwegen u.a. zu Stoffen umgebaut, die in noch ungeklärter Weise über eine Schädigung von Nervenzellen im Gehirn zu einer geistigen Behinderung führen.

Stammbau einer Familie mit Phenylketonurie

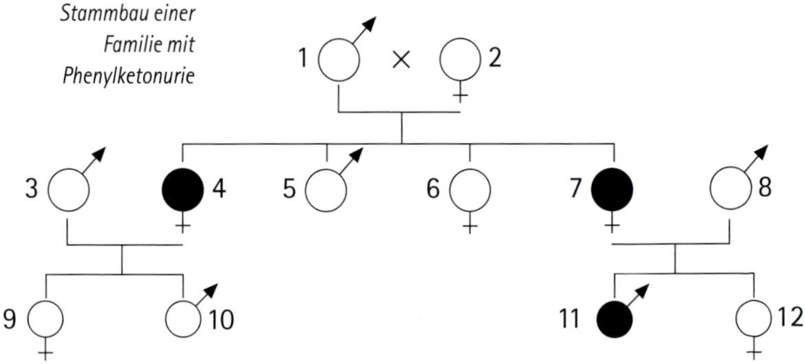

Die Behandlung der Phenylketonurie

Eine Behandlung der Krankheit muss unmittelbar nach der Geburt einsetzen. Während der Schwangerschaft ist das ungeborene Kind noch durch die Enzyme der gesunden Mutter vor den Folgen der Phenylketonurie geschützt. Nach der ersten Milchnahrung jedoch kommt es zu einem Anstieg des Phenylalaninspiegels, der aber schon aus einem Tropfen Blut des Säuglings ermittelt werden kann. Diese Untersuchung wird in Deutschland mittlerweile routinemäßig durchgeführt – 1 von 10 000 Neugeborenen kommt mit dem Defekt zur Welt. Wird ein Baby mit Phenylketonurie entdeckt, ernährt man es mit einer Diät, die wenig oder kein Phenylalanin, dafür aber mehr Tyrosin enthält. Damit kann erreicht werden, dass es sich körperlich und geistig normal entwickelt. Die Diät muss bis zur Pubertät beibehalten werden, weil erst zu diesem Zeitpunkt das Gehirn vollständig ausgereift ist.

Risiko von Verwandtenehen

Die meisten Allele, die autosomal-rezessiv vererbte Krankheiten hervorrufen, kommen mit Häufigkeiten zwischen 1 : 100 und 1 : 1000 vor. Das **Risiko** zu erkranken beträgt also zwischen 1 : 10 000 und 1 : 1 000 000. Die Wahrscheinlichkeit erhöht sich allerdings beträchtlich, wenn Personen einen Teil ihrer Gene gemeinsam haben, wie es **unter Verwandten** der Fall ist. Je näher der Verwandtschaftsgrad eines Paares ist, desto größer ist die Wahrscheinlichkeit, dass es zur Verbindung von zwei Mischerbigen kommt.

Gonosomal-rezessiv vererbte Krankheiten

Bei Erbkrankheiten, die über das X-Chromosom rezessiv vererbt werden, sind in der Regel beide Eltern gesund, aber **die Mutter als Konduktorin mischerbig**. Statistisch gibt sie das krankheitsverursachende Allel an **die Hälfte der Kinder** weiter. Die Hälfte der Söhne wird das Allel tragen und die Krankheit ausbilden. Alle Töchter sind phänotypisch gesund, obwohl ebenfalls die Hälfte das Allel besitzt.

Die bekannteste Krankheit, die gonosomal-rezessiv vererbt wird, ist die **Bluterkrankheit.** Sie war bereits im 18. Jahrhundert aufgefallen, weil in mehreren europäischen Fürstenhäusern ausschließlich Männer davon betroffen waren. Durch einen Mangel an einem Gerinnungsfaktor kommt es zu einer Störung der **Blutgerinnung**. Normalerweise wird ein verletztes Blutgefäß innerhalb von 2 bis 3 Minuten verschlossen. Bei Bluterkranken beträgt die Gerinnungszeit mehr als 15 Minuten. Die Betroffenen würden bei größeren Verletzungen innerlich oder äußerlich verbluten. Deshalb wird ihnen der fehlende Gerinnungsfaktor gespritzt. Dieser Faktor wird in einem aufwendigen Verfahren aus dem Blut von Spendern gewonnen.

4.3 Genetische Beratung

Babys kommen normalerweise gesund zur Welt und entwickeln sich auch normal. Bei 2 bis 3 % der Neugeborenen treten allerdings Krankheiten oder Fehlbildungen auf, die vererbt sein können. Wenn Paare das Risiko einer Erbkrankheit oder Fehlbildung ihres Kindes ermitteln wollen, können sie eine **genetische Beratungsstelle** aufsuchen. In der Bundesrepublik Deutschland gibt es mehr als 100 dieser Einrichtungen. Bei einer genetischen Beratung findet ein Gespräch zwischen einem humangenetisch ausgebildeten Arzt oder einer Ärztin und einem Paar statt, das sich ein Kind wünscht. Gegenstand des Gesprächs sind alle Probleme, die sich aus dem Auftreten oder dem Risiko des Auftretens einer Erbkrankheit oder Fehlentwicklung in einer Familie ergeben.

Voraussetzungen für eine Beratung

Das Risiko einer Erbkrankheit oder Fehlentwicklung ist nicht bei allen Elternpaaren gleich groß. Deshalb wird genetische Beratung nur unter bestimmten **Voraussetzungen** (Indikationen) durchgeführt:

- Gesunde Eltern haben bereits ein Kind oder mehrere Kinder mit einer Erbkrankheit oder Fehlbildung.
- Ein Elternteil oder beide Eltern leiden an einer Erbkrankheit.
- In der Familie eines Elternteils oder beider Eltern kommen Erbkrankheiten vor.
- Für einen Elternteil oder beide Eltern ist nachgewiesen, dass sie Überträger einer Erbkrankheit sind.
- Das Elternpaar ist miteinander verwandt.
- Eine Frau hatte schon mehrere Fehlgeburten ohne feststellbare Ursache.
- Die potenzielle Mutter ist älter als 35 Jahre.

Daneben gibt es noch Fehlbildungsrisiken, die von schädigenden Einflüssen während der Schwangerschaft und der Geburt ausgehen, wie einer Infektion der Mutter mit Rötelnviren, der Einnahme bestimmter Medikamente sowie Alkohol- und Drogenkonsum. Im Beratungsgespräch wird deshalb zuerst geklärt, ob es sich um eine angeborene Krankheit oder Fehlentwicklung handelt, die tatsächlich genetisch bedingt ist.

Humangenetische Methoden

Zur Abschätzung des Risikos werden verschiedene humangenetische Methoden verwendet. Die nach wie vor wichtigste Methode ist die **Erstellung eines Familienstammbaums**. Hinzu kommen verschiedene **klinische Untersuchungen**, um eine möglichst exakte Diagnose der Krankheit oder Fehlbildung zu stellen. Bei einem Risiko für Fehlbildung wird meist eine **Chromosomenanalyse** durchgeführt. Nach gestellter Diagnose kann bei bekanntem Erbgang das **Wiederholungsrisiko**, also die Wahrscheinlichkeit für ein weiteres Kind mit der Erbkrankheit oder Fehlbildung, berechnet werden. Bei autosomal-rezessiv vererbten Krankheiten interessieren sich oft auch die gesunden Verwandten eines kranken Kindes für das Erkrankungsrisiko ihrer Nachkommenschaft. Dazu wird für alle die Wahrscheinlichkeit ermittelt, Träger des rezessiven Allels zu sein.

Vorgeburtliche Diagnostik

Vorgeburtliche Untersuchungen. Sie spielen heutzutage in der genetischen Beratung eine immer wichtigere Rolle. Sie sind inzwischen Teil der regulären Vorsorgeuntersuchungen bei Schwangeren geworden. Mit ihrer Hilfe können beim Fetus **vor der Geburt** Erbkrankheiten und Fehlbildungen nachgewiesen werden. Einige Untersuchungen sind immer mit einem körperlichen Eingriff verbunden, bei dem fetale Zellen und Fruchtwasser entnommen werden. Dabei muss das **Risiko**, durch den Eingriff eine Fehlgeburt auszulösen, gegen das Wiederholungsrisiko einer Erbkrankheit oder Fehlbildung abgewogen werden.

Ultraschall

Ultraschalluntersuchung. Sie wird im Rahmen der Vorsorgeuntersuchungen dreimal durchgeführt: in der 9. bis 12., in der 18. bis 22. und in der 29. bis 32. Schwangerschaftswoche. Sie dient der Feststellung der Lage des Fetus in der Gebärmutter, der Beurteilung von Wachstum und Entwicklung, der Diagnose von äußeren und inneren Fehlbildungen und, wenn gewünscht, der Feststellung des Geschlechts. Da lediglich der Ultraschallkopf über den Bauch der Schwangeren geführt wird, bestehen für Mutter und Kind keine unmittelbaren Risiken. Für die alleinige Diagnose von Fehlbildungen ist die Methode allerdings zu ungenau.

Fruchtwasseruntersuchung (Amniozentese)

Fruchtwasseruntersuchung (Amniozentese). Hierbei werden in der 15. bis 17. Schwangerschaftswoche mit einer 0,7 mm dünnen Nadel, die unter Ultraschallkontrolle durch die Bauchhöhle eingeführt wird, aus der Gebärmutter etwa 200 ml Fruchtwasser entnommen. Zu diesem Zeitpunkt enthält das Fruchtwasser eine ausreichende Menge von abgelösten Zellen des Fetus, die sich nach der Entnahme in einer Nährlösung kultivieren lassen. Nach 9 bis 14 Tagen liegen genügend Zellen für eine Chromosomenpräparation und die Herstellung eines Karyogramms vor. Damit können Störungen der Chromosomenzahl sicher analysiert werden. Rezessiv vererbte Stoffwechselkrankheiten können durch diese Untersuchung des Fruchtwassers festgestellt werden. Der großen Zuverlässigkeit der Untersuchungsergebnisse steht als Nachteil gegenüber, dass die Methode mit einem Fehlgeburtsrisiko von 0,5 bis 1 % behaftet ist. Außerdem ist der Zeitpunkt, zu dem die Ergebnisse vorliegen, für einen eventuellen Schwangerschaftsabbruch schon sehr spät.

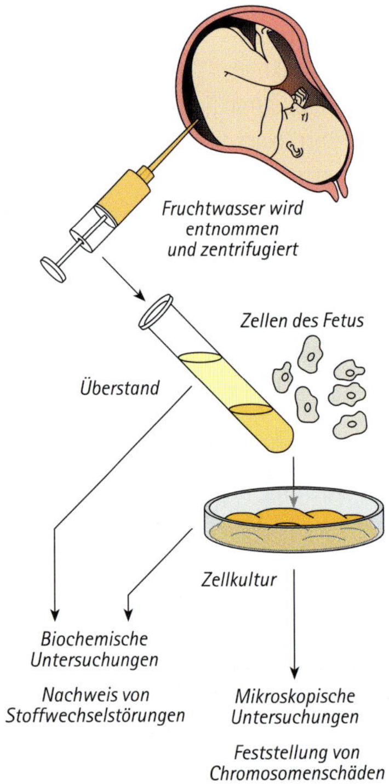

Ablauf einer Fruchtwasseruntersuchung

Mutterkuchenuntersuchung (Chorionzottenbiopsie)

Chorionzottenbiopsie. Die Untersuchung von Zellen aus dem sich bildenden **Mutterkuchen** ist bereits ab der 10. bis 12. Schwangerschaftswoche möglich. Eine kleine Menge Chorionzottengewebe wird mithilfe eines 1 bis 2 mm dünnen Katheters entnommen, der in der Regel durch die Scheide eingeführt wird. Es können die gleichen Untersuchungen wie bei der Fruchtwasseruntersuchung durchgeführt werden. Für einen eventuellen Schwangerschaftsabbruch liegt der Zeitpunkt bis zu 8 Wochen früher. Das Fehlgeburtsrisiko wurde früher mit 4 bis 8 % angegeben, liegt aber bei erfahrenen Ärzten nicht höher als bei der Fruchtwasseruntersuchung.

5 Vom Gen zum Merkmal

Die Erbanlagen aller Lebewesen bestehen aus einem langen, fadenförmigen Molekül, der **Desoxyribonukleinsäure**, abgekürzt DNA. Die Bausteine der DNA sind die **Nukleotide**. Jedes Nukleotid besteht aus einem Zuckermolekül, einer Phosphat-Gruppe und einer der vier Basen **Adenin**, **Cytosin**, **Guanin** oder **Thymin**. Die Erbinformation ist in der **Reihenfolge** dieser Basen verschlüsselt, ähnlich wie in den Buchstaben einer Schrift.

Jede DNA besteht immer aus zwei Strängen, die zu einem **Doppelstrang** umeinander gewunden sind. Man kann die Struktur mit einer verdrillten Strickleiter vergleichen. Den »Seilen« der Strickleiter entsprechen zwei Zucker-Phosphat-Ketten. Die einzelnen »Sprosse« der Leiter werden in der DNA von jeweils einem **Basenpaar** gebildet. Aufgrund ihrer Molekülstruktur können immer nur Adenin mit Thymin und Cytosin mit Guanin Paare bilden. Durch diese spezifische Basenpaarung entsprechen sich die beiden Stränge einer DNA wie Positiv und Negativ bei einem Foto. Da die DNA als Träger der Erbanlagen in jeder Zelle vorhanden sein muss, wird sie vor jeder Zellteilung **verdoppelt**. Das funktioniert wie ein Kopiervorgang. Mithilfe eines Enzyms wird der Doppelstrang an den Bindungsstellen zwischen den Basenpaaren wie ein Reißverschluss geöffnet. An jedem Einzelstrang, der nun als Vorlage dient, wird der zweite Strang mit neuen DNA-Bausteinen ergänzt. So entstehen zwei völlig **identische DNA-Doppelstränge**, die zu Chromatiden verpackt werden.

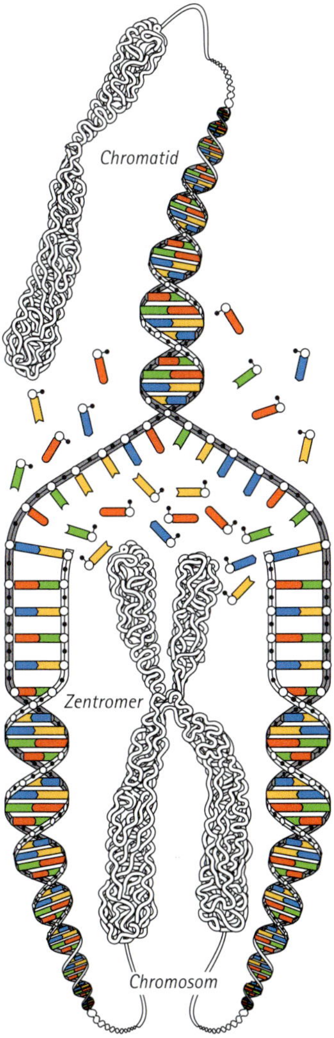

Aufbau und Verdoppelung der DNA

Die Speicherung einer Erbanlage erfolgt durch einen mehr oder weniger langen Abschnitt auf der DNA, der als **Gen** bezeichnet wird. Jedes Gen steuert die Herstellung eines Proteins aus hunderten von Aminosäuren. Jede Aminosäure ist auf der DNA durch 3 aufeinander folgende Basen, ein **Basentriplett**, festgelegt.

Proteine sind Eiweißstoffe, die der Körper als Bau- und Steuerstoffe benötigt. Durch deren Tätigkeit entstehen die sichtbaren Merkmale und Eigenschaften. Die Umsetzung der in der DNA kodierten Erbanlagen in Proteine beginnt mit der so genannten **Transkription**. Dabei wird mithilfe eines Enzyms von dem entsprechenden DNA-Abschnitt eine »Kopie« hergestellt, die Boten-RNA. Sie ähnelt chemisch der DNA, besteht aber nur aus einem Einzelstrang. Die Boten-RNA gelangt aus dem Zellkern zu den Ribosomen im Zellplasma. Hier findet die **Translation** statt. Dabei werden die entsprechenden Aminosäuren von Transport-RNAs aus dem Zellplasma herangeschafft und nach der Reihenfolge der Basentripletts zu einem Protein verknüpft.

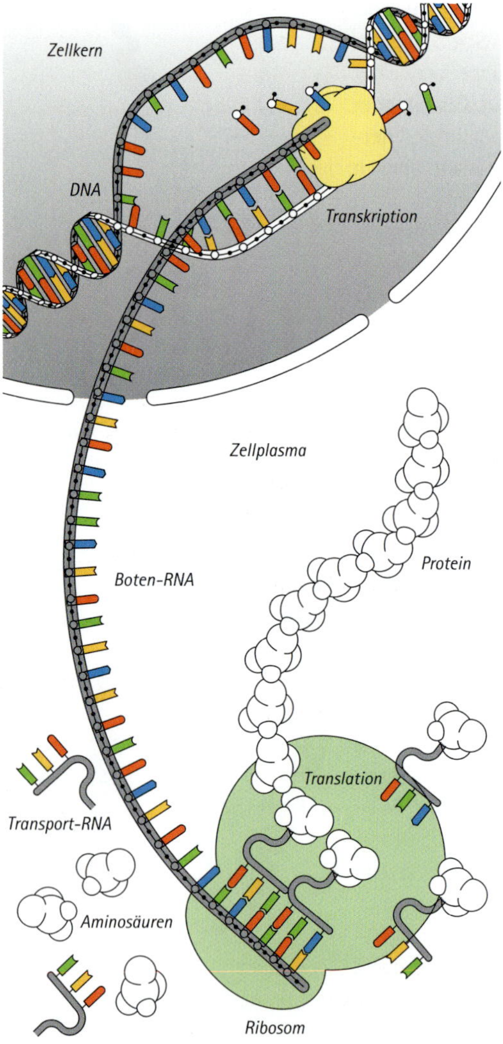

Vom Gen zum Protein

6 Mutationen

Die DNA wird im Laufe eines Lebens 1000fach verdoppelt, umgeschrieben und übersetzt. Dabei können Fehler passieren. Sie äußern sich oft in sichtbaren Veränderungen des Phänotyps, die sich auf sprunghafte Veränderungen der Erbanlagen zurückführen lassen. Solche vererbbaren Veränderungen werden als **Mutationen** bezeichnet. Ob eine Veränderung im Phänotyp durch eine Mutation hervorgerufen wurde, lässt sich jedoch nicht ohne weiteres entscheiden. Sie kann auch Folge einer Neukombination von mütterlichen und väterlichen Erbanlagen während der Keimzellenbildung sein. Mutationen können in allen Zellen des Körpers vorkommen. Vererbt werden sie jedoch nur, wenn die Keimzellen betroffen sind.

Die Erbinformation kann in verschiedenem Ausmaß verändert sein. Je nach Umfang unterscheidet man die folgenden **Mutationstypen**:

- Das gesamte Erbgut, also das Genom, ist gegenüber dem normalen Chromosomensatz verändert. So kann der ganze Chromosomensatz vervielfacht sein oder ein einzelnes Chromosom liegt zu viel oder zu wenig vor. — Genommutationen
- Der im Mikroskop sichtbare Bau von Chromosomen ist verändert. So können Teile eines anderen Chromosoms eingebaut sein oder Stücke eines Chromosoms sind verloren gegangen. — Chromosomenmutationen
- Der Bau der DNA ist verändert. Es können Bausteine hinzugekommen oder verloren gegangen sein oder deren Reihenfolge ist vertauscht. — Genmutationen

Mutationen entstehen **zufällig** und **ungerichtet**. Es ist also nicht vorhersehbar, welche Erbanlage betroffen ist und in welchem Ausmaß.

Die **Mutationsrate** gibt die Häufigkeit an, mit der eine Mutation auftritt. Sie wird durch verschiedene Einflüsse, die als Mutagene bezeichnet werden, um das 10- bis 100fache gesteigert. Dazu gehören verschiedene Arten von Strahlung sowie viele Chemikalien.

7 Züchtung

Seit Jahrtausenden nutzt der Mensch die Vielfalt von wild lebenden Pflanzen und Tieren zur **Züchtung** von Kulturpflanzen und Nutztieren mit verbesserten Eigenschaften. Voraussetzung ist immer das Vorhandensein einer verebten **Formenvielfalt**. Merkmale, die durch umweltbedingte Veränderungen des Phänotyps entstehen, haben für die Zucht keine Bedeutung. Bei der Züchtung werden entweder die natürlich vorhandenen Varianten ausgelesen oder die vererbte Formenvielfalt wird durch die Kombination verschiedener Genotypen oder durch künstlich hervorgerufene Mutationen vergrößert.

7.1 Zuchtziele

Pflanzenzucht

Die Züchtung ertragreicher Kulturpflanzen hat entscheidend dazu beigetragen, dass bisher die **Nahrungsmittelversorgung** der sprunghaft ansteigenden Weltbevölkerung einigermaßen sichergestellt werden konnte. Von der weiteren Entwicklung wird es auch mit abhängen, ob es gelingt, den Bedarf an Nahrungsmitteln in der Zukunft zu befriedigen und die heute bereits bestehenden Versorgungslücken zu schließen. Deshalb ist das wichtigste Zuchtziel bei Pflanzen die **Ertragssteigerung**. Allerdings sind Hochleistungssorten oft anfälliger gegen Krankheiten, Schädlinge und ungünstige Umweltbedingungen wie Kälte oder hohen Salzgehalt. Deshalb wird die Züchtung der **Widerstandsfähigkeit** gegenüber diesen Einwirkungen immer wichtiger. Mit Hilfe der Gentechnik wurden Kulturpflanzen entwickelt, die unempfindlich gegen einige Unkrautvernichtungsmittel sind.

Tierzucht

Auch in der Tierzucht ist das Hauptziel die Verbesserung und Erhaltung vorteilhafter Eigenschaften von Nutztieren. Bei Rindern betraf das bisher vor allem die Steigerung der **Milchleistung**. Bei der **Fleischleistung** beziehen sich die Zuchtziele darauf, dass die Tiere bei guter Futterverwertung möglichst schnell ein großes Körpergewicht erreichen. Dazu werden grundsätzlich die gleichen Züchtungsmethoden angewandt wie in der Pflanzenzucht.

7.2 Züchtungsmethoden

Auslesezucht

Grundlage jeder züchterischen Arbeit ist das **Auffinden** und die **Auslese** neu auftretender, vererbter Formen mit günstigeren Eigenschaften. Bei der **Individualauslese** wird die Brauchbarkeit ausgelesener Einzelindividuen anhand der getrennt aufgezogenen Nachkommen festgestellt. Bei **Massenauslese** werden alle Formen mit den gewünschten Eigenschaften zur Fortpflanzung gebracht und alle unbrauchbaren Formen an der Fortpflanzung gehindert.

Kreuzungszucht

Werden die Erbanlagen, die auf verschiedenen Elternformen verteilt sind, durch **Kreuzung** zu einem neuen Genotyp kombiniert, erhöht sich die Wahrscheinlichkeit für neue Merkmalskombinationen. Grundlage der Kreuzungszucht ist die 3. *MENDEL*sche Regel, nach der die Allele in der 2. Folgegeneration unabhängig aufspalten und Merkmalskombinationen hervorbringen, die bei keinem der Eltern vorhanden waren. Die vorteilhaftesten Merkmalskombinationen werden ausgewählt und als neue Sorten oder Rassen weitervermehrt. Dabei wird immer wieder beobachtet, dass mischerbige Individuen über eine gegenüber reinerbigen Individuen gesteigerte Wachstums- und Ertragsleistung sowie größere Vitalität verfügen. Dieser **Heterosiseffekt** ist in der ersten Nachkommengeneration am stärksten.

Hybridzucht

Der Heterosiseffekt wird planmäßig in der Pflanzenzucht genutzt, z. B. bei Mais, Tomaten, Sonnenblumen. Die am besten geeigneten Linien werden zur Erzeugung der so genannten **Hybriden** eingesetzt. Da der Heterosiseffekt auf die 1. Folgegeneration beschränkt ist, muss in Zuchtbetrieben das Hybridsaatgut immer wieder neu aus den zu kombinierenden Inzuchtlinien gekreuzt werden.

Mutationszucht

Die genetische Variabilität beruht immer auf Mutationen, die sich ebenso **künstlich erzeugen** lassen. Die meisten Mutationen sind rezessiv und zeigen sie sich erst in der 2. Generation, in der dann die Auslese der für die Weiterzucht geeigneten Mutanten beginnt. Da Mutationen immer ungerichtet erfolgen, ist die Ausbeute an Mutanten mit erwünschten Eigenschaften sehr gering.

8 Gentechnik

Alle Lebewesen auf der Erde haben ihre Erbanlagen in DNA gespeichert und verwenden denselben genetischen Code bei der Übersetzung in Proteine. Deshalb ist es möglich, Erbanlagen von Lebewesen einer Art auf Lebewesen einer anderen Art zu übertragen. Die Methoden, die man dabei verwendet, werden unter dem Begriff Gentechnik zusammengefasst. Mit gentechnischen Methoden lassen sich Lebewesen also gezielt genetisch umprogrammieren, d. h. man kann ihnen neue, vom Menschen gewünschte Eigenschaften verleihen.

Grundoperationen der Gentechnik

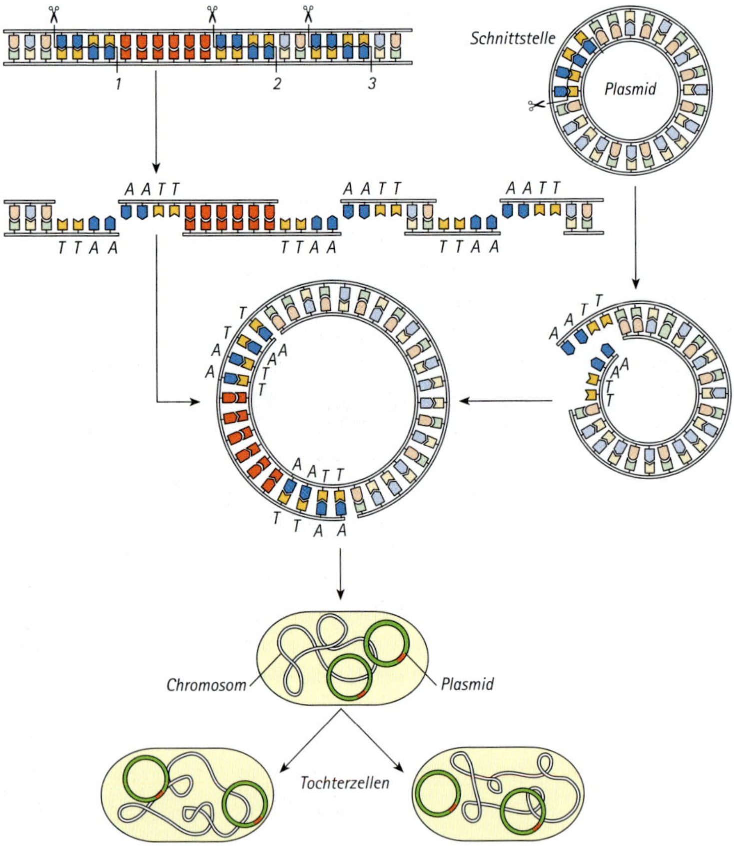

Seit 1982 wird bei der Behandlung der »Zuckerkrankheit« (Diabetes mellitus) Insulin eingesetzt, das in großtechnischem Maßstab von Coli-Bakterien hergestellt wird. An diesem Beispiel lassen sich die grundlegenden gentechnischen Arbeitsschritte verdeutlichen:

- Aus menschlichen Zellen wird DNA gewonnen und mit einem besonderen Enzym behandelt, das DNA beliebiger Herkunft an einer bestimmten Basenfolge zerschneidet. Dabei entstehen meist kürzere DNA-Bruchstücke, von denen eines das gewünschte Gen trägt.
- Aus Bakterien gewinnt man kleine, ringförmige DNA-Moleküle, so genannte Plasmide, die mit demselben Enzym so aufgeschnitten werden, dass nur eine einzige Lücke entsteht.
- Die Bruchstücke der menschlichen DNA und die Plasmide werden gemischt und anschließend mithilfe eines weiteren Enzyms behandelt, das die beiden DNA-Sorten zusammenfügt.
- Einige der Plasmide werden jetzt Teile der menschlichen Erbinformation enthalten. Alle Plasmide werden in Coli-Bakterien eingeschleust, die sie bei jeder Zellteilung verdoppeln und an alle Tochterzellen weitergeben.
- Jetzt muss man diejenigen Bakterien herausfinden, die das Gen für die Insulinherstellung eingebaut haben und Insulin bilden. Diese Zellen werden in großen Fermentern weitervermehrt. Am Ende wird das von den Bakterien gebildete Insulin abgetrennt.

Coli-Bakterien, die Insulin herstellen

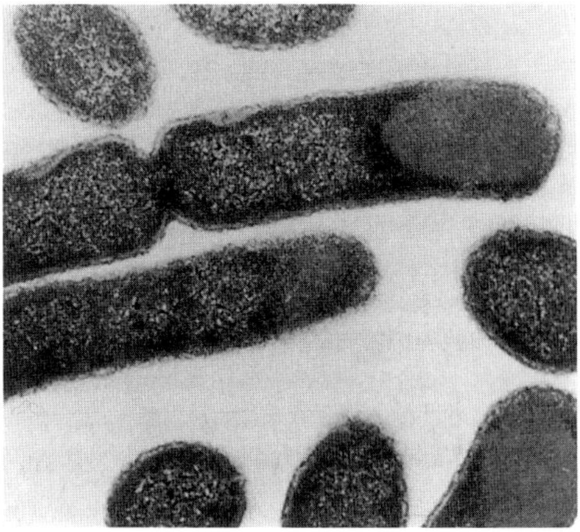

Auf einen Blick: Vererbung

Anlage und Umwelt

- Die Unterschiede zwischen den Individuen entstehen in einem komplizierten Zusammenspiel von Erbanlagen und Umwelteinflüssen.

Die *Mendel*schen Regeln

- Merkmale, die von nur einer Erbanlage bestimmt sind, werden nach Regeln vererbt, die nach ihrem Entdecker **Mendelsche Regeln** genannt werden.

Chromosomen und Vererbung

- Die Chromosomen sind die **Träger der Erbinformationen**.
- Jeder Mensch besitzt im **diploiden Chromosomensatz** 46 Chromosomen, die sich im **Karyogramm** zu 23 homologen Chromosomenpaaren ordnen lassen.
- Einige schwerwiegende Erkrankungen und Entwicklungsstörungen gehen beim Menschen auf Störungen der **Anzahl der Chromosomen** zurück.

Vererbung beim Menschen

- Ziel der Analyse menschlicher Stammbäume ist es, zu einer Vermutung über den **Erbgang** zu gelangen.

Vom Gen zum Merkmal

- Die Erbanlagen aller Lebewesen sind in einer **Abfolge** von vier verschiedenen Basen in der **DNA** gespeichert.
- Durch die **Transkription** wird ein Gen in eine Boten-RNA umgeschrieben und durch die **Translation** an den Ribosomen in ein Protein übersetzt.

Mutationen

- Veränderungen von Lebewesen, die vererbt werden, kommen durch **Mutationen** zustande. Sie erfolgen **zufällig** und **ungerichtet**.

Züchtung

- Hauptziel der Züchtung ist die Verbesserung und Erhaltung vorteilhafter Eigenschaften zur **Ertragssteigerung** bei Kulturpflanzen und Nutztieren.

Gentechnik

- Mit den Methoden der Gentechnik kann man Lebewesen gezielt **genetisch umprogrammieren** und ihnen neue, erwünschte Eigenschaften verleihen.

Wechselbeziehungen mit der Umwelt

Auf Lebewesen wirken zahlreiche Einflüsse aus der Umwelt ein. Der Stoffkreislauf in Ökosystemen ist geprägt durch das Zusammenspiel von Erzeugern, Verbrauchern und Zersetzern. Der Mensch greift auf vielfache Weise in natürliche Ökosysteme ein. Maßnahmen des Naturschutzes dienen seltenen Tieren und Pflanzen.

1 Abhängigkeit der Lebewesen von abiotischen und biotischen Faktoren

Auf einen Organismus wirken zahlreiche Einflüsse aus der Umwelt ein. Dazu zählen **abiotische Faktoren** (sie stammen aus der unbelebten Umwelt) und **biotische Faktoren** (sie stammen aus der belebten Umwelt).

1.1 Wirkungen abiotischer Faktoren

Abiotische Faktoren sind beispielsweise **Temperatur**, **Licht** und **Wasser**.

Abiotische Faktoren

Temperatur als abiotischer Faktor

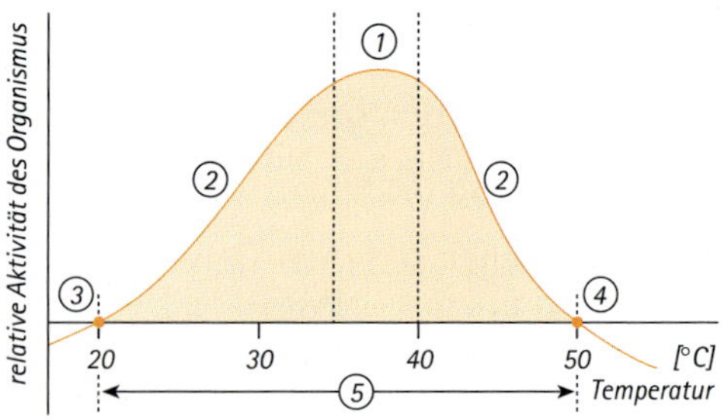

Abhängigkeit der Intensität der Lebensvorgänge von der Körpertemperatur

Für jede Art gibt es ein Temperaturoptimum, bei dem sie am besten gedeiht ①. In diesem Bereich haben Temperaturänderungen nur geringe Auswirkungen auf die Lebensvorgänge. Außerhalb dieses Bereichs führen hingegen schon kleine Temperaturänderungen zur starken Beeinträchtigung der Aktivität ②. Jenseits eines Temperaturminimums ③ und eines Temperaturmaximums ④ kann die Art nicht existieren. Dazwischen liegt der Toleranzbereich ⑤, innerhalb dessen eine Art überleben kann.

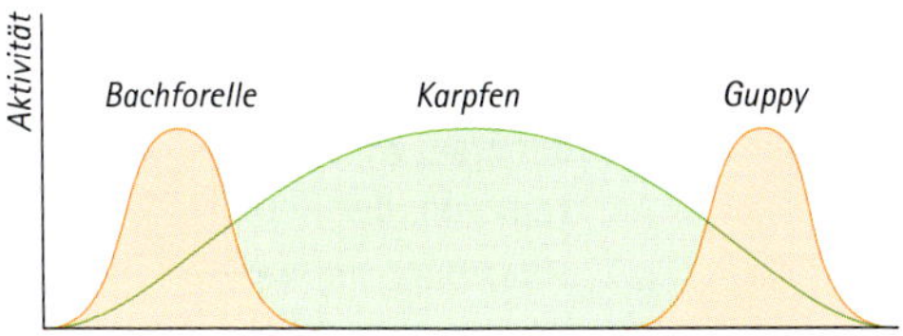

Verschiedene Optima und Toleranzbereiche

Die Lage des Optimums und des Toleranzbereichs kann sehr verschieden sein, wie das Beispiel einiger Süßwasserfische zeigt. Während die Bachforelle als Kaltwasserfisch und der Guppy als Warmwasserfisch nur in einem jeweils engen Temperaturbereich existieren können, weist der Karpfen dagegen eine sehr weite Temperaturtoleranz auf.

Gleichwarme Tiere – das sind nur Säugetiere und Vögel – können ihre Körpertemperatur unabhängig von der Umgebungstemperatur relativ konstant halten.
Bei wechselwarmen Tieren – das sind alle anderen – schwankt die Körpertemperatur mit der Umgebungstemperatur.

Die Temperatur hat Auswirkungen auf körperliche Merkmale. Die **Bergmannsche Regel** besagt, dass gleichwarme Tiere in kalten Gebieten größer sind als in wärmeren. Beispielsweise verglich man die Körpergröße von Exemplaren einer Eisvogelart, die in Mittel- und Südamerika vorkommt. Es zeigte sich, dass Vögel in Mexiko größer sind als ihre Artgenossen am Äquator. Erklärt wird dieses Phänomen mit dem Verhältnis von Körperoberfläche zu Körpervolumen. Dieses verändert sich mit zunehmender Größe.
Eine Verdoppelung der Körpergröße führt zu einer Vervierfachung der Körperoberfläche und zu einer Verachtfachung des Körpervolumens. Je größer ein Tier ist, umso kleiner ist demnach seine relative Oberfläche, über die Wärme verloren gehen kann.

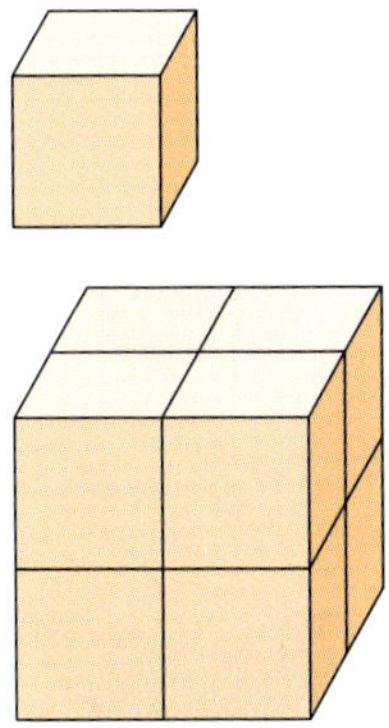

Verhältnis von Oberfläche zu Volumen

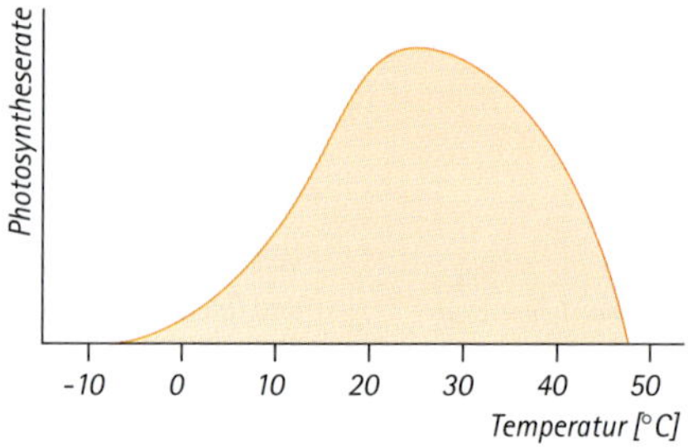

Temperaturabhängigkeit der Photosyntheseleistung bei starker Belichtung

Auch die **Photosynthese,** der grundlegende biochemische Prozess auf der Erde, weist eine enge Abhängigkeit von der Temperatur auf. Mit steigender Temperatur nimmt die Photosyntheserate zunächst sehr rasch zu. Danach wird ein eng begrenztes Optimum erreicht, das in unseren Breiten zwischen 20 und 30 °C liegt. Bei weiter steigender Temperatur nimmt die Photosyntheserate rasch wieder ab.

Licht als abiotischer Faktor

Die **Tageslänge (Dauer der Lichteinwirkung)** kann sowohl von Pflanzen als auch von Tieren über Rezeptoren erfasst werden.

Langtagpflanzen blühen nur dann, wenn die Tageslänge eine bestimmte Dauer (z. B. 14 Stunden) überschreitet. **Kurztagpflanzen** hingegen beginnen nur dann zu blühen, wenn die Tageslänge einen bestimmten Wert (z. B. 12 Stunden) unterschreitet.

Sommerform, Raupenentwicklung bei Langlicht (18 Std. Licht/Tag)

Frühjahrsform, Raupenentwicklung bei Kurzlicht (8 Std. Licht/Tag)

Unterschiedliche Färbungen beim Landkärtchen

Zu den Langtagpflanzen gehören viele der Pflanzen, die der menschlichen Ernährung dienen, wie z. B. Weizen, Möhren oder Salat. Zu den Kurztagpflanzen zählen z. B. Ananas und Baumwolle oder auch Chrysanthemen, die erst im Herbst blühen, wenn die Tage kürzer werden.

Auch **Tiere** können durch eine Veränderung der Tageslänge beeinflusst werden. Wenn z. B. Amseln ihren Gesang auch an einem eiskalten Tag im März erschallen lassen, dann tun sie das, weil die tägliche Helligkeitsdauer wieder lange genug dafür ist. Bachforellen, die unter natürlichen Lichtbedingungen im Herbst laichen, tun dies bereits im Sommer, wenn die Tageslänge im Frühjahr künstlich verlängert wird. Beim Landkärtchen *(Araschnia levana)*, einem einheimischen Schmetterling, beeinflusst die Belichtungsdauer, der die Raupen ausgesetzt sind, die Färbung.

Die **Stärke (Intensität) des Lichts** hat einen bedeutsamen Einfluss auf die Photosynthese. Beispielsweise erreicht das Maiglöckchen, das am Boden lichter Laubwälder wächst, die konstante maximale Photosyntheseleistung bereits bei niedriger Beleuchtungsstärke. Es ist eine typische **Schattenpflanze**.
Beim Ackersenf, der auf offenen Flächen wächst, tritt die konstante maximale Photosyntheseleistung hingegen erst bei höherer Beleuchtungsstärke auf. Er ist eine typische **Sonnenpflanze**.

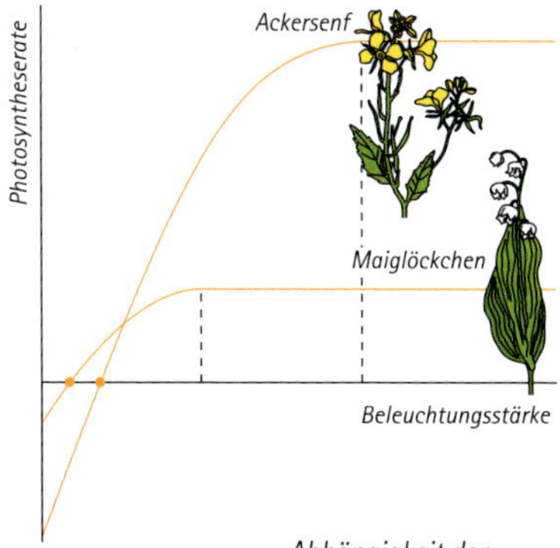

Abhängigkeit der Photosyntheseleistung von der Beleuchtungsstärke

Wasser als abiotischer Faktor

Wasser ist der mit Abstand mengenmäßig größte Bestandteil aller Lebewesen. Tiere und Pflanzen bestehen fast immer aus mehr als 50 % dieses Lebenselixiers. Sie müssen deshalb über Möglichkeiten verfügen, eine ausreichende Wassermenge aufzunehmen und zu behalten.

Wasserhaushalt der Pflanzen. Landpflanzen geben durch Verdunstung ständig Wasser an ihre Umgebung ab. Dieser Verlust wird hauptsächlich durch Wasseraufnahme über die Wurzeln ersetzt. Durch eine Sonnenblume kann an einem heißen Sommertag beispielsweise 1 Liter Wasser strömen. Eine Birke mit ihren ca. 200 000 Blättern vermag an besonders heißen Tagen bis zu 400 Liter Wasser zu verdunsten.

Feuchtpflanzen leben auf feuchtem Boden in ständig feuchter Umgebung. Sie besitzen großflächige, häufig dünne Laubblätter. Die Spaltöffnungen sind oft hervorgehoben, wodurch die Wasserverdunstung gefördert wird.
Trockenpflanzen leben an zumindest zeitweise sehr trockenen Standorten. Sie besitzen meist kleine, lederartige Blätter mit häufig tief eingesenkten Spaltöffnungen, wodurch die Wasserverdunstung gehemmt wird.

»Oh Tannenbaum, wie treu sind deine Blätter!«

Bevor im Winter das Wasser im Boden gefrieren kann, fallen im Herbst unseren heimischen Laubbäumen, wie z. B. der Buche, die Blätter ab, während Nadelbäume, z. B. die Tanne, ihre Blätter behalten.
Dies hängt mit dem unterschiedlichen Blattbau zusammen. Laubblätter sind großflächig gebaut und verhältnismäßig dünn. Sie geben relativ viel Wasser nach außen ab. Im Winter würde ein blatttragender Laubbaum viel Wasser verlieren, das er bei gefrorenem Boden nicht ersetzen könnte. Er würde tödlich austrocknen. Die Blätter von Nadelbäumen sind hingegen klein und länglich, haben also nur eine geringe Oberfläche. Außerdem ist ihre Haut verstärkt. Dadurch ist der Wasserverlust nur sehr gering. Der Baum ist deshalb auch bei gefrorenem Boden nicht von Austrocknung bedroht.

Wasserhaushalt der Tiere. Tiere haben im Gegensatz zu Pflanzen den großen Vorteil, rasche Ortswechsel durchführen zu können. Sie können in trockener Umgebung bei Bedarf Wasserstellen aufsuchen oder sich tagsüber z. B. in schattigen Höhlen aufhalten, um sich der Hitze des Tages zu entziehen. Manche **Wüstenbewohner** verfügen über spezielle physiologische Anpassungen und kommen trotz wasserarmer Nahrung unbegrenzt lange **ohne direkte Wasserzufuhr** aus.

Wasserbilanz der Kängururatte

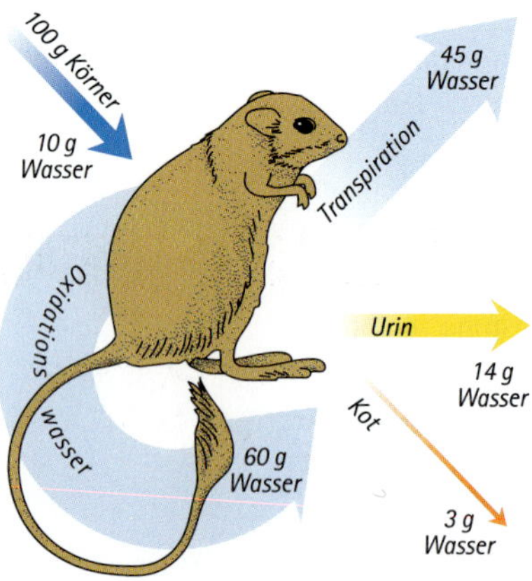

Dies gilt beispielsweise auch für die KänguruRatten aus den Wüstengebieten Nordamerikas. Diese possierlichen Nagetiere ernähren sich ausschließlich von trockenen Pflanzensamen und geben mehr Wasser ab als sie aufnehmen.
Diese negative Wasserbilanz wird dadurch ausgeglichen, dass bei der Verwertung von Nährstoffen im Körper so genanntes **Oxidationswasser** anfällt.

Die Bildung von Oxidationswasser ist nicht etwa eine besondere Leistung der Kängururatte. Vielmehr läuft dieser Prozess in allen Organismen ab, die ihre Nahrung »veratmen«. Der »Trick« der Kängururatte besteht allerdings darin, mit der geringen Wassermenge (Oxidationswasser + Wasser aus den Körnern) sparsam umzugehen. So verfügt sie z. B. über besonders leistungsfähige Nieren, die sehr stark konzentrierten Urin produzieren und auf diese Weise möglichst viel Wasser im Körper zurückhalten. Ebenso wird bei der Bildung der Exkremente von der Darmwand relativ viel Wasser rückresorbiert – der Kot ist außergewöhnlich trocken.

Weitere abiotische Faktoren

Luft ist ein Gemisch mehrerer Gase, zu denen z. B. Sauerstoff und Kohlenstoffdioxid gehören. In der Atmosphäre ist der Anteil der Gase überall weitgehend gleich. In Gewässern hingegen kann es zu großen Schwankungen kommen, was einen erheblichen Einfluss auf die dortigen Lebewesen hat.
Auch **Salze** haben als lebensnotwendige Substanzen eine große Bedeutung für das Gedeihen von Lebewesen. So werden sie beispielsweise in der Landwirtschaft als Dünger eingesetzt.

1.2 Wirkungen biotischer Faktoren

Zu den biotischen Faktoren gehören z. B. zwischenartliche Konkurrenz, Parasitismus und Symbiose.

Biotische Faktoren

Parasitismus

Unter **Parasitismus** versteht man das Zusammenleben von Angehörigen zweier Arten, wobei der eine Partner als Parasit (Schmarotzer) einseitig auf Kosten des anderen Partners, des Wirtes, lebt.

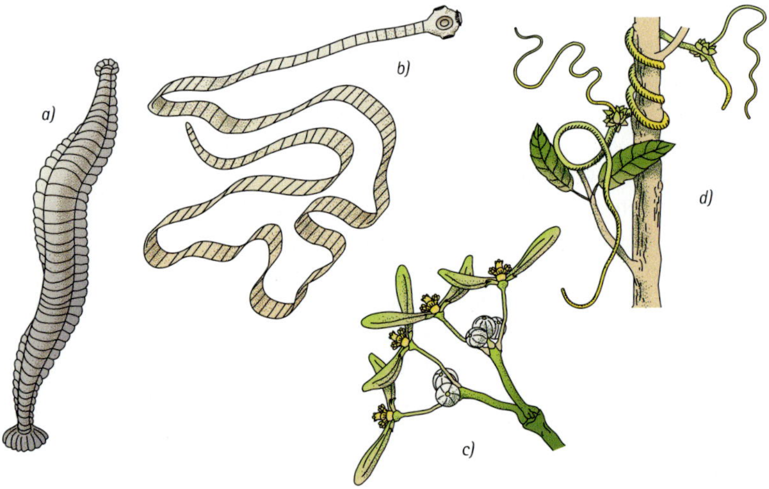

Parasiten: a) Blutegel, b) Bandwurm, c) Mistel, d) Kleeseide

Ein typischer Parasit ist der zu den Ringelwürmern gehörende **Blutegel**, der in Seen, Sümpfen und Tümpeln lebt. Will der Egel Blut saugen, so presst er seinen Kiefer auf die Haut des Opfers, ritzt sie an und versetzt das austretende Blut mit einem Sekret, das die Blutgerinnung verhindert. Mit seinem vorderen Saugnapf, der den Mund umgibt, saugt er sich fest und nimmt so viel Blut auf, dass er den Umfang seines Körpers bis auf das Vierfache vergrößert. Nach dieser Mahlzeit löst sich der Blutegel von seinem »Opfer« ab.

Ektoparasiten

Parasiten, die ihren Wirt von außen piesacken, nennt man **Ektoparasiten**; befallen sie ihn nur zeitweise, so spricht man von **temporären Parasiten**.

Die zu den Plattwürmern gehörenden **Bandwürmer** leben als ausgewachsene, geschlechtsreife Tiere im Darm ihres Wirtes mitten im Speisebrei – quasi wie im Schlaraffenland.

Endoparasiten

Parasiten, die im Inneren ihres Wirtes leben, nennt man **Endoparasiten**. Befallen sie ihren Wirt auf Dauer, bezeichnet man sie als **stationäre** Parasiten.

Auch unter den Pflanzen finden sich zahlreiche parasitäre Formen. Allseits bekannt ist die **Mistel** (Hexenkraut, Donnerbesen), die besonders im Winter auf den entlaubten sommergrünen Wirtsbäumen (Pappel, Linde etc.) auffällt, da sie selbst winterharte gelblichgrüne Blätter besitzt. Sie ist ein Beispiel für einen **Halbschmarotzer**. Mit ihren Wurzeln ist sie in der Rinde und im Holz der Wirtspflanze fest verankert und entzieht dieser Wasser und Nährsalze. Organische Nährstoffe stellt sie sich allerdings selbständig mithilfe der Photosynthese her.
Die fast blattlose **Kleeseide** (Hexenseide, Teufelszwirn) hingegen entzieht ihrem Wirt als **Vollschmarotzer** sowohl Wasser und Nährsalze als auch organische Nährstoffe. Dazu umwindet sie ihn mit einem Gewirr von zahlreichen Fäden, aus denen Saugorgane tief in das Wirtsgewebe eindringen.

Halb- und Vollschmarotzer

Halbschmarotzer entziehen ihrem Wirt Wasser und Nährsalze, betreiben aber selbständig Photosynthese.
Vollschmarotzer entziehen ihrem Wirt sowohl Wasser und Nährsalze als auch organische Nährstoffe

Parasiten müssen einige lebensnotwendige Leistungen nicht selbst erbringen, da ihnen ein Teil dieser »Arbeit« vom Wirt abgenommen wird. Sie weisen deshalb häufig charakteristische **Organrückbildungen** auf. So haben Bandwürmer beispielsweise weder Darm noch Mund. Ebenso fehlt ihnen ein Blutgefäßsystem.

Symbiose

> Unter **Symbiose** versteht man das Zusammenleben von Angehörigen zweier aneinander angepasster Arten zu gegenseitigem Nutzen.

Dieses Prinzip ist in der Natur in zahllosen Varianten verwirklicht:

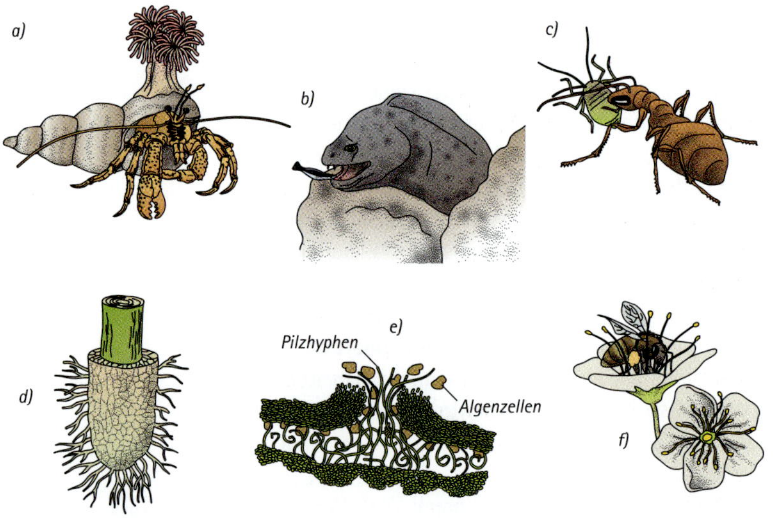

Symbiosen: a) Einsiedlerkrebs/Seerose, b) Putzerfisch/Raubfisch, c) Ameise/Blattlaus, d) Mykorrhiza, e) Flechten, f) Bestäubungssymbiose Biene/Kirschblüte

Einsiedlerkrebse halten sich zum Schutz ihres weichen, leicht verwundbaren Hinterleibs häufig in leeren Schneckenhäusern auf. Zusätzlich sitzt auf dieser Schale oft eine Seerose. Diese bietet mit ihren Fangarmen, die mit giftigen Nesselzellen bewehrt sind, ihrem Partner Schutz vor Fressfeinden wie den Tintenfischen. Bei den Wanderungen des Krebses hat die Seerose den Vorteil, ständig in frisches Wasser zu gelangen – eine Leistung, zu der das am Untergrund festgewachsene Tier selbst nicht fähig ist. Darüber hinaus fallen für die Seerose Futterreste an, wenn der Krebs seine Beute frisst. Weitere Beispiele für tierliche Symbiosen sind das Zusammenleben von Raubfischen mit Putzerfischen sowie von Ameisen mit Blattläusen.

Während man Champignons mühelos auf Pferdemist züchten kann, gedeihen viele andere Pilze nur in symbiotischer Partnerschaft mit einem Baum. Das unterirdische Pilzmycel umspinnt die Wurzeln des Baumes mit einem engen Fadengeflecht und dringt in die Wurzelrinde ein. Der Pilz wird vom Baum mit Kohlenhydraten versorgt. Umgekehrt liefert der Pilz das Wasser und verbessert die Mineralstoffversorgung des Baumes. Diese Symbiose zwischen den Wurzeln höherer Pflanzen und Pilzen bezeichnet man als **Mykorrhiza**. Manche Pilze bevorzugen ganz bestimmte Bäume. Der Birkenpilz kommt z. B. nur an Birken vor.

In Hochgebirgsgegenden über 6000 m Höhe, auf den Sandböden von Wüsten, ja selbst an den Polen findet man **Flechten**. Bei dieser Form von pflanzlichem Leben handelt es sich um eine besonders enge Form von Symbiose. Partner sind eine Pilz- und eine Algenart. Der Pilz versorgt die Alge mit Wasser und Mineralstoffen, die Alge bildet organische Nährstoffe, die wiederum dem Pilz zugute kommen.

Flechten sind Pionierpflanzen, d. h. die Erstbesiedler von Neuland!

Meist relativ kurzen Kontakt miteinander haben die Partner bei einer **Bestäubungssymbiose**. Am häufigsten ist dabei die Bestäubung durch Insekten. Aber auch Vögel und Fledermäuse können diese Aufgabe leisten. Um die Bestäuber anzulocken, muss die Blume quasi auf sich aufmerksam machen. Daraus erklären sich die auffallenden Farben, Formen und Düfte vieler Blüten.

Zwischenartliche Konkurrenz

Der russische Forscher *Gause* führte im Jahre 1934 ein Laborexperiment mit zwei nahe verwandten Arten von Pantoffeltierchen (Paramecien) durch. Zunächst hielt er jede Art für sich alleine und konnte feststellen, dass beide Parameciensformen gut gediehen. Anschließend wurden beide Arten in die gleiche Kultur gebracht. Es zeigte sich, dass nach 16 Tagen allein *Paramecium aurelia* überlebte, obwohl die Pantoffeltierchen sich nie gegenseitig angegriffen und auch keine Giftstoffe abgesondert hatten. Sie hatten aber miteinander um die Nahrung konkurriert und *P. aurelia* konnte wegen einer schnelleren Vermehrungsrate *P. caudatum* verdrängen.

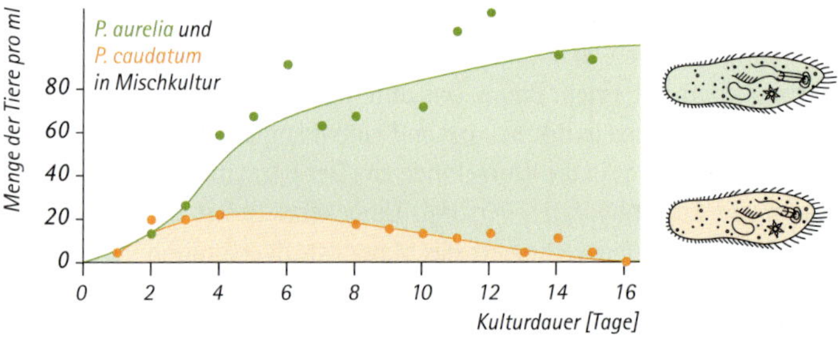

Konkurrenz zwischen zwei eng verwandten Arten von Pantoffeltierchen

Konkurrenzausschlussprinzip: Stehen zwei Populationen in vielen wesentlichen Faktoren (z. B. Nahrung, Futterplätze und Nistplätze) miteinander in Konkurrenz, so können auf Dauer nicht beide nebeneinander existieren – eine der beiden setzt sich vollständig durch.

Im tropischen Regenwald von Neu Guinea lebt die Fächertaube *(Goura cristata)*. Sie ist als die größte, fast truthahngroße Taubenart eine Attraktion in vielen Zoos.

Krontaube (Goura cristata)

Mit ihr im selben Gebiet leben noch 8 andere Taubenarten, die sich alle von Baumfrüchten ernähren. Dabei machen sie sich aber keine unmittelbare Konkurrenz. Die größeren Tauben landen auf dicken Ästen, um dort die Früchte zu fressen. Die kleineren Tauben lassen sich auf Zweigen nieder und suchen dort nach ihrer Nahrung. Da die verschiedenen Urwaldbäume sich hinsichtlich der Stärke ihrer Frucht tragenden Äste stark unterscheiden, wird auf diese Weise das »Obst« gleichmäßig auf alle 9 Taubenarten verteilt.
Da jede Taubenart außerdem noch auf Früchte verschiedener Größe spezialisiert ist, verbreiten sie Samen verschiedener Baumarten. Jede Taubenart erfüllt also eine andere Aufgabe, sie besetzt eine eigene »Planstelle« im Beziehungsgeflecht des tropischen Regenwaldes.

Jede Art besetzt ihre eigene **ökologische Nische**.

Zwischen den Phänomenen Konkurrenzausschlussprinzip und ökologische Nische besteht ein enger Zusammenhang. Herrscht in einem Lebensraum Mangel, so überlebt eine Art am ehesten, wenn sie sich von ihren Konkurrenten ausreichend absetzen kann. Dabei kann sie z. B. den räumlichen Kontakt meiden oder die Nahrung und andere Ressourcen anders ausnutzen. Es herrscht also in der Natur eine Tendenz zur **Vielfalt**.

Ein Beispiel, das dieses Prinzip verdeutlicht, sind die verschiedenen Reiherarten, die man im schmalen Uferstreifen stehender Gewässer antreffen kann. Sie unterscheiden sich durch unterschiedliche Aktivitätszeit (Tag, Dämmerung, Nacht), unterschiedliche Jagdstandorte (Beinlänge!), andere Fangmethoden und andere Beute (Schnabel!).

Verschiedene Reiherarten: a) Nachtreiher, b) Graureiher, c) Purpurreiher

Weitere biotische Faktoren

Weitere Einflüsse, die aus der belebten Natur auf einen Organismus einwirken können, sind u.a. **Krankheitserreger**, **Artgenossen** als Kooperations- und Geschlechtspartner sowie **Fressfeinde**.

2 Ökosysteme

2.1 Was ist ein Ökosystem?

Im Wald begegnet man zahlreichen verschiedenen Arten von Lebewesen. Neben Bäumen gibt es viele andere Pflanzen wie Farne und Moose. Unter den Tieren fallen zuerst Vögel auf, z. B. Spechte, Meisen oder Eichelhäher. Aber auch Säugetiere wie Eichhörnchen, Rehe und Füchse sind mit Glück zu erspähen. Dazu kommt etliches Kleingetier wie Spinnen, Weberknechte, Ohrwürmer, Wanzen und Käfer, um nur eine kleine Auswahl zu nennen.

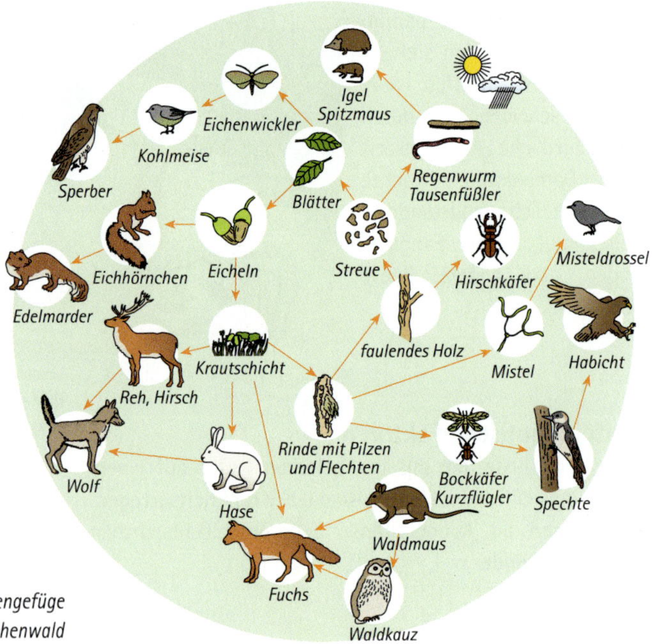

Artengefüge im Eichenwald

Der Wald ist also mehr als eine Menge von Bäumen. Er ist auch mehr als eine Ansammlung vieler verschiedener Arten von Lebewesen. Alle Organismen sind mit bestimmten Aufgaben »beschäftigt« und stehen dabei in mannigfaltiger Beziehung zu ihrer Umgebung.

So wie aus dem Zusammenschluss mehrerer Organe ein Organismus entsteht, der zu Leistungen befähigt ist, die für die Einzelorgane nicht möglich sind, so ist auch der Wald mehr als die Summe seiner Teile, er ist ein lebendiges **System**.

Die verschiedenen Lebewesen bilden dabei eine **Lebensgemeinschaft,** die Biozönose, die einen bestimmten **Lebensraum** (Biotop) besiedelt.

Ein **Ökosystem** ist das Wirkungsgefüge zwischen den Gliedern einer Lebensgemeinschaft und ihrem Lebensraum.

Beispiele für Ökosysteme sind Wälder, Wiesen, Flüsse, Seen, Wattenmeer und Wüsten.

Alle Ökosysteme auf unserem Planeten zusammen bilden die **Biosphäre.**

Ein intakter Wald bietet dem Menschen zahlreiche Vorteile. Er ist ein Gebiet, in dem man sich erholen kann und er erfüllt viele Schutzaufgaben.

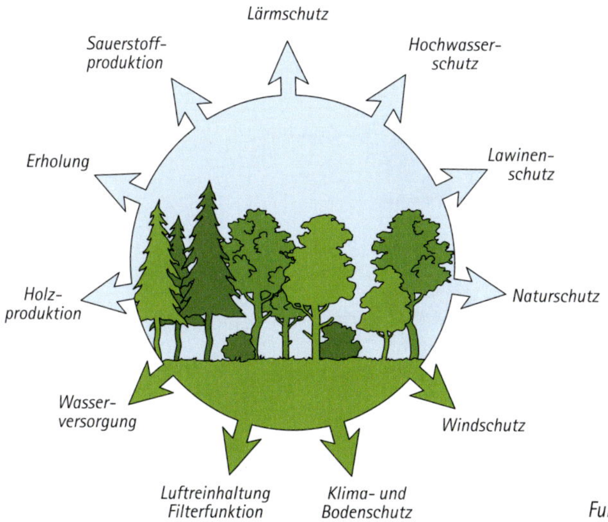

Funktionen des Waldes

2.2 Der Stoffkreislauf

Pflanzen besitzen die Fähigkeit, die im Sonnenlicht enthaltene Energie zum Aufbau von organischer Substanz zu nutzen. Dadurch kommt ihnen in einem Ökosystem eine Schlüsselstellung zu. Die photosynthetisch aktiven Pflanzen stellen als die **Erzeuger (Produzenten)** im Ökosystem aus energiearmen anorganischen Verbindungen wie Wasser und Kohlenstoffdioxid energiereiche organische Substanz her. Von dieser ernähren sich die **Verbraucher (Konsumenten)**. Die sich unmittelbar von der Pflanze ernährenden Tiere werden Konsumenten **1. Ordnung** genannt. Tiere, die von diesen Pflanzenfressern leben, bezeichnet man als Konsumenten **2. Ordnung**. Mit dem Tod all dieser Organismen entsteht abgestorbenes organisches Material, das von **Zersetzern (Destruenten)** wie Würmern, Pilzen und Bakterien zu energiearmer anorganischer Substanz abgebaut wird. Diese kann dann von den Pflanzen erneut in der Photosynthese verwertet werden.

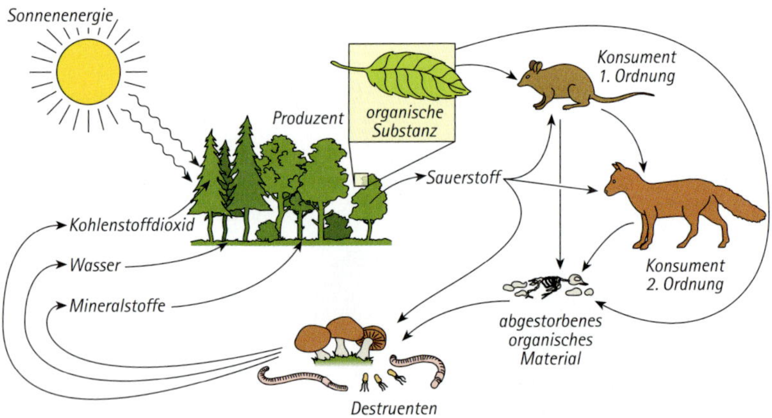

Stoffkreislauf

Die Pflanze als Produzent, die Maus als Pflanzenfresser, der Fuchs als Fleischfresser und Würmer sowie Mikroorganismen als Zersetzer der organischen Stoffe sind ein Beispiel für eine Reihe von Organismen, die ernährungsbedingt voneinander abhängen. Sie bilden eine **Nahrungskette**.
Nun werden aber Pflanzen auch von anderen Tieren als nur den Mäusen gefressen. Ebenso ernähren sich diese Nager von verschiedenen Futterpflanzen und haben noch andere Fressfeinde als Meister Reineke. Füchse schließlich jagen auch noch andere Tiere als Mäuse. Die Nahrungskette hat also etliche Verzweigungsstellen und wir können eher von einem **Nahrungsnetz** sprechen.

Nahrungsnetz im Mischwald

2.3 Räuber-Beute-Beziehung

Die verschiedenen Organismen einer Lebensgemeinschaft (Biozönose) beeinflussen sich gegenseitig. Besonders deutlich wird dies an einer Beziehung, die zwischen einem Raubtier und seiner Beute herrscht. Luchse jagen beispielsweise Rehe und können dadurch deren Zahl in Grenzen halten. Andererseits ist die Anzahl der Luchse auch abhängig von der Häufigkeit der Rehe.

Die Wechselwirkung zwischen Räuber und Beute lässt sich mit einem Wirkungspfeilschema erklären.

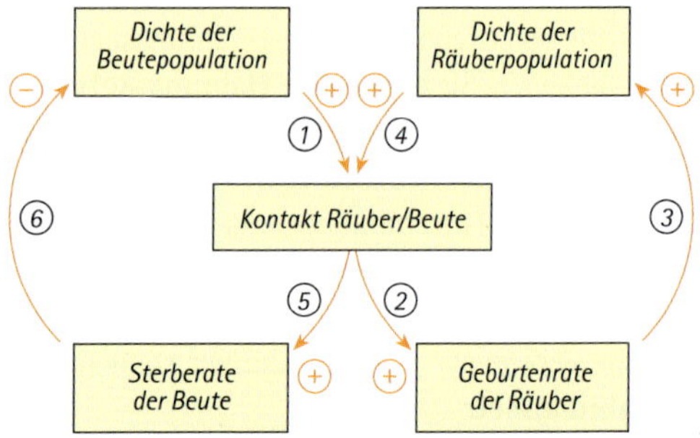

Abhängigkeit der Dichten von Räuber- und Beutepopulation

Aus dem Schema ergibt sich, dass eine Zunahme der Beutepopulation zu einem Anwachsen der Räuberpopulation führt:

① Je mehr Beutetiere es gibt, desto häufiger trifft ein Räuber auf eines davon und kann es erbeuten.

② Je öfter ein solcher Kontakt stattfindet, desto größer wird die Geburtenrate der Räuber.

③ Ein Anstieg der Geburtenrate führt zu einer größeren Dichte der Räuberpopulation.

Das Anwachsen der Räuberpopulation führt nach einiger Zeit zu einem Absinken der Beutepopulation:

④ Je mehr Räuber es gibt, desto häufiger trifft ein Beutetier auf einen davon und wird erlegt.

⑤ Je öfter ein solcher Kontakt stattfindet, desto größer wird die Sterberate der Beute.

⑥ Ein Anstieg der Sterberate führt zu einer geringeren Dichte der Beutepopulation.

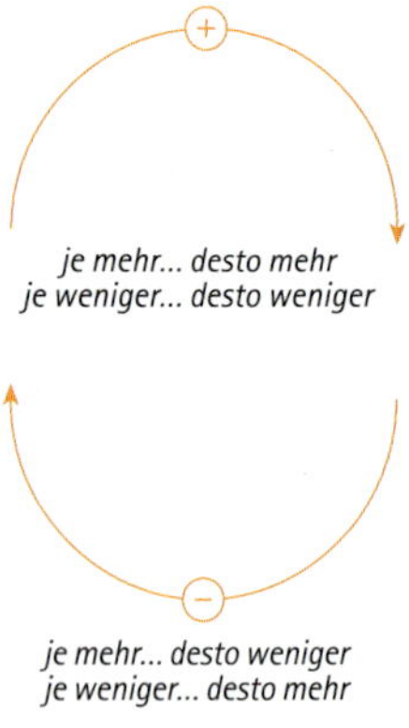

Wirkungspfeile

Die niedrigere Zahl von Beutetieren führt dann zu einer Verringerung der Anzahl der Räuber. Die Abnahme der Räuberpopulation erlaubt demzufolge das Anwachsen der Beutepopulation. Anschließend beginnt dieser Zyklus wieder von vorne.

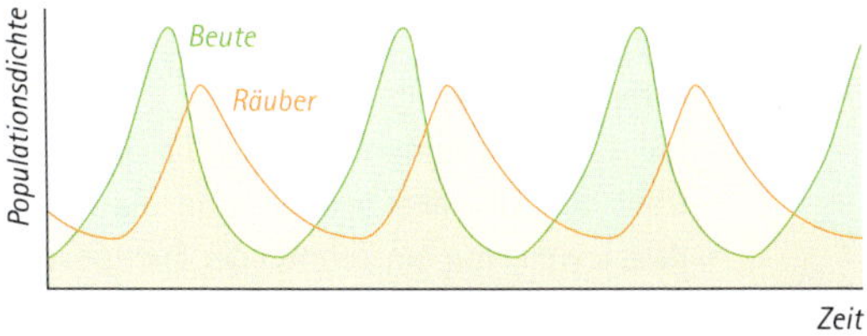

Veränderung der Populationsdichten im System Räuber-Beute

Räuber und Beute weisen typische Bestandsschwankungen auf. Man spricht vom **Massenwechsel** oder von **Dichtefluktuationen** beider Arten.

Allerdings treten in einem Ökosystem ja verschiedene Räuber und Beutetiere auf. Luchsen fallen auch Kaninchen, Hasen oder bodenbrütende Vögel zum Opfer. Und Rehe können z. B. auch noch von Bären oder Adlern gefressen werden. Die Verhältnisse werden dadurch viel komplizierter. Insgesamt stellt sich aber immer wieder ein ausgewogenes Verhältnis zwischen den verschiedenen Arten von Lebewesen ein, es besteht ein **biologisches Gleichgewicht**.

2.4 Energiefluss in Ökosystemen

Um die Lebensprozesse anzutreiben ist **Energie** erforderlich. Diese liefert in den meisten Ökosystemen die Sonne. Ihr Licht verwenden die Pflanzen zur Stoffproduktion durch Photosynthese. Dabei kommt es zum Zuwachs an **Biomasse**.

Unter Biomasse versteht man die Gesamtheit an organischer Substanz aller lebenden, toten und zersetzten Organismen eines Lebensraumes oder auch der ganzen Erde.

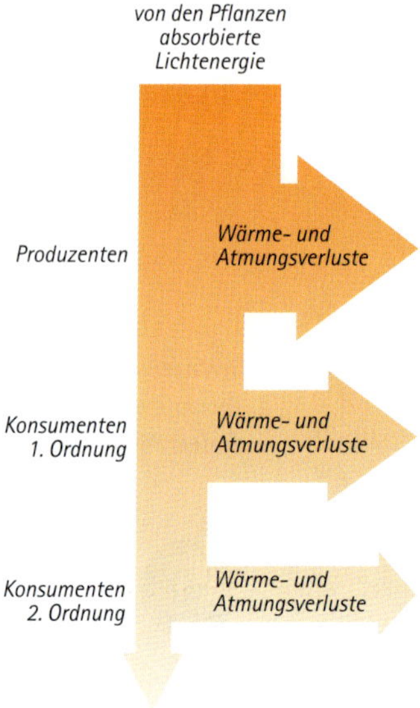

Energiefluss im Ökosystem

Die durch die Photosyntheseprozesse in Form energiereicher organischer Moleküle gespeicherte Energie wird dann quasi von Fressebene zu Fressebene weitergereicht. Das geht aber nicht ohne Verluste. Es wird immer nur ein Teil der mit der Nahrung aufgenommenen Energie genutzt. Der Rest geht z. B. durch Atmung verloren.

Die Biomasse nimmt Schritt für Schritt ab. Über den Daumen gepeilt kann man sagen, dass jeweils nur ein Zehntel der Energie in der nächsten Ebene ankommt. Und so nimmt es nicht wunder, dass Afrikareisende bei einer Safari in der Serengeti in aller erster Linie Gras sehen, dann etliche Gnus und nur wenige Löwen.

Dieser Zusammenhang ergibt in graphischer Darstellung das Bild einer **»Nahrungspyramide«**.

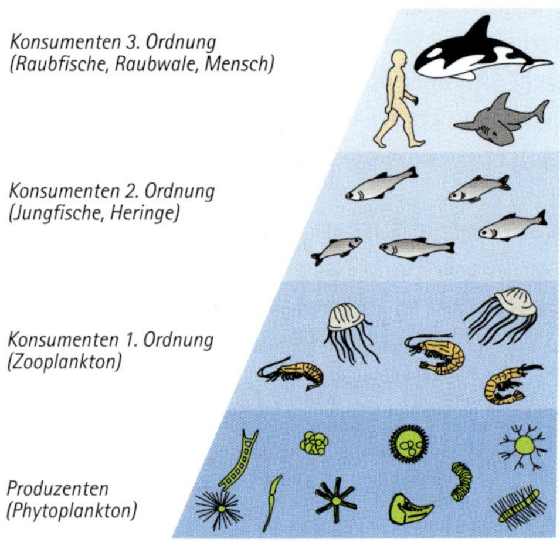

Nahrungspyramide

2.5 Das Ökosystem See

Das Ökosystem See ist in mehrere Lebensräume gegliedert:

- die Uferzone (Litoral),
- die Freiwasserzone (Pelagial),
- die Bodenzone (Benthal).

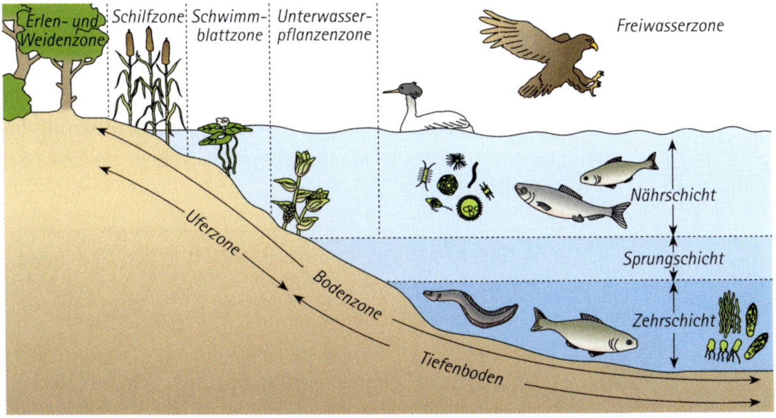

Lebensräume im See

In der **Uferzone** finden sich häufig Weiden und Erlen. Seewärts schließt sich eine Schilf- und danach eine Schwimmblattzone an. Die **Freiwasserzone** bietet Lebensraum für umhertreibende Kleinstlebewesen, das Plankton, und für Fische. Sie wird in drei Schichten untergliedert. Die oberste ist die lichtdurchflutete **Nährschicht**. In ihr schweben mikroskopisch kleine Algen, die als Produzenten die Nahrungsgrundlage für die anderen Lebewesen im Ökosystem See bereitstellen. Die unterste ist die lichtlose **Zehrschicht**. Die dort lebenden Organismen zehren von den Nährstoffen, die aus der Nährschicht absinken. Die mittlere Schicht ist die **Sprungschicht**. Sie trennt im Sommer das warme Wasser der Nährschicht vom kalten Wasser der Zehrschicht. Die **Bodenzone** geht am Seegrund über in den Tiefenboden, den Aufenthaltsort für Würmer, Insektenlarven, Bakterien und Pilze.

Oligotrophe Seen sind nährstoffarm. Ihr Wasser ist klar und das Ufer kaum bewachsen.

Eutrophe Seen sind nährstoffreich. Die Sichttiefe ist gering, das Ufer breit und dicht bewachsen.

3 Eingriffe des Menschen in Ökosysteme

3.1 Gewässer

Eutrophierung: Vorgänge, die zur Anhäufung von Nährstoffen und damit zum Wachstum von Algen und anderen Pflanzen in einem Gewässer führen

Mithilfe von Zersetzern (Destruenten) wie Würmern und Bakterien, die sich von abgestorbenem Material ernähren, besitzen Gewässer die Fähigkeit zur **natürlichen Selbstreinigung**. Vom Menschen stammende **Abwasser** können die **Eutrophierung** von Gewässern **beschleunigen**. Auf den Gewässerboden sinkende Substanz kann wegen eintretenden Sauerstoffmangels nicht mehr abgebaut werden. Es bilden sich **Faulschlamm** und schließlich **Faulgase**. Der See kann **»umkippen«**. Es ist deshalb notwendig Haushalts- und Industrieabwässer zu reinigen, bevor man sie in ein Gewässer einleitet.

In einer Kläranlage wird das Abwasser in drei Stufen gereinigt.
- Mechanische Reinigungsstufe: Grob- und Feinrechen, Sandfang, Vorklärbecken, Faulturm;
- Biologische Reinigungsstufe: Belüftungsbecken, Nachklärbecken;
- Chemische Reinigungsstufe: Ausfällung von Salzen.

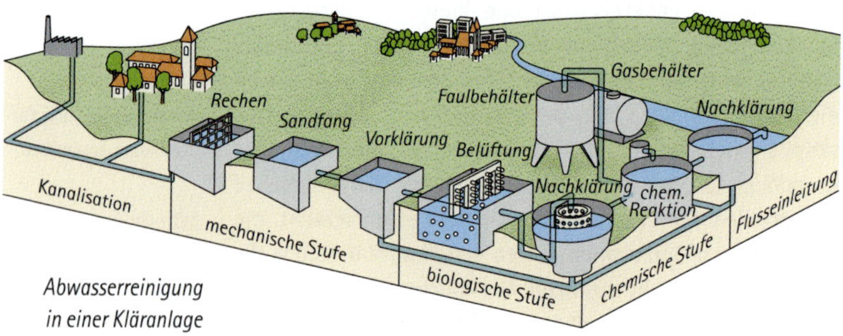

Abwasserreinigung in einer Kläranlage

3.2 Landwirtschaft

Bei **Monokultur** wird nur eine einzige Art angepflanzt. Beispiele für Monokulturen sind ein großer Kartoffelacker, ein Mais- oder Weizenfeld oder auch ein Fichtenreinbestand als Wald.

Diese Anbaumethode bringt Vorteile meist ökonomischer Art mit sich, es ergeben sich aber auch Probleme:

- Es kommt zur **Bodenverarmung**, der Boden kann nur noch wenig Nährsalze speichern. Um weiterhin ertragreiche Ernten zu ermöglichen, müssen mineralische und organische Stoffe in Form von **Dünger** zugeführt werden.
- Es kann zum massenhaften Auftreten von **Schädlingen** kommen. Als Gegenmaßnahme besonders wirksam sind die chemische und die biologische Schädlingsbekämpfung.

Kartoffelkäfer am Kartoffellaub

Unter chemischer Schädlingsbekämpfung versteht man den Einsatz von Stoffen, die für die Schädlinge giftig sind.

Diese **Biozide** oder **Pestizide** werden je nach ihrer Wirkung in verschiedene Gruppen unterteilt:

- **Insektizide** zur Bekämpfung von Insekten,
- **Acarizide** zur Bekämpfung von Milben,
- **Fungizide** zur Bekämpfung von Pilzen,
- **Herbizide** zur Bekämpfung von Unkräutern usw.

Chemische Schädlingsbekämpfung. Sie kann unerwünschte Nebenwirkungen haben: Ist der Wirkstoff eine fettlösliche Substanz, wird er im Fettgewebe abgelagert und über die Nahrungskette »weitergereicht«. Dabei kommt es zur **Anreicherung in der Nahrungskette**. Ein bekanntes Beispiel dafür ist die Anreicherung des Insektengiftes DDT. Dieses wurde auf Äcker gesprüht, dann aber durch Wind und Regen auch in das Meer verfrachtet. Die Vorgänge werden in der folgenden Abbildung veranschaulicht.

Mengeneinheit ppm = parts per million, 1 Teil auf 1 Million Teile

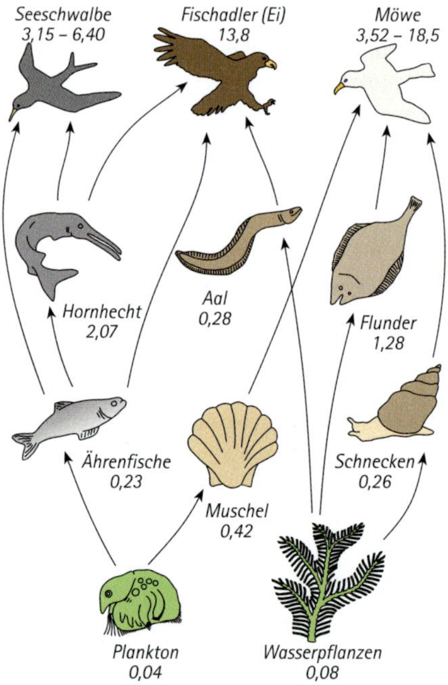

Anreicherung von DDT in einer Nahrungskette, in ppm-Werten angegeben

Beim Einsatz eines Biozids befinden sich unter den bekämpften Organismen einzelne, denen das Gift nichts anhaben kann. Die besonderen Eigenschaften, die diese »Giftfestigkeit« bewirken, sind erblich und werden an die Nachkommen weitergegeben. Es kommt zur **Ausbildung von Resistenzen.**

Viele Biozide wirken nicht nur auf Schädlinge, sondern auch auf andere Arten ein und führen zu einer **Störung des ökologischen Gleichgewichts**. Ein Insektizid trifft beispielsweise nicht nur das Schadinsekt, sondern auch ein Raubinsekt als den Feind des Schädlings.

Biologische Schädlingsbekämpfung. Hierbei versucht man den Schädling zurückzudrängen, indem man Lebewesen einsetzt und biologische Wechselwirkungen ausnutzt.
Hierfür gibt es mehrere Möglichkeiten:

- **Förderung von Nützlingen**,
- **Einsatz von natürlichen Feinden** (Räuber, Parasiten, Krankheitserreger),
- **Anlockung** (z. B. mit Lichtfallen),
- **Selbstvernichtungsverfahren** (z. B. Einsatz steril gemachter Männchen).

Integrierter Pflanzenschutz. Bei diesem Verfahren werden die verschiedenen Methoden der Schädlingsbekämpfung zweckmäßig miteinander kombiniert.

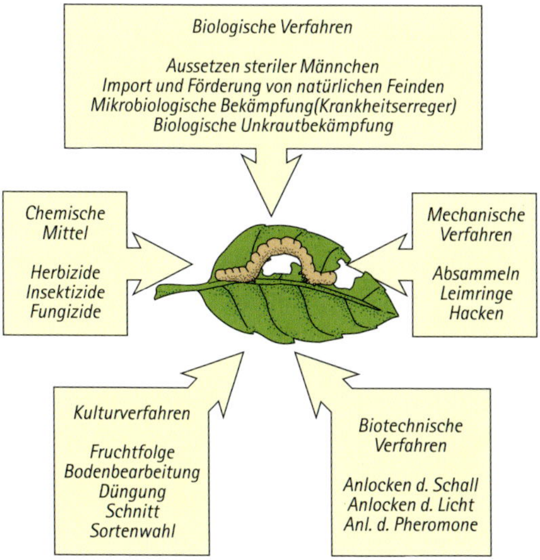

Integrierter Pflanzenschutz und Pflanzenbau

3.3 Luft

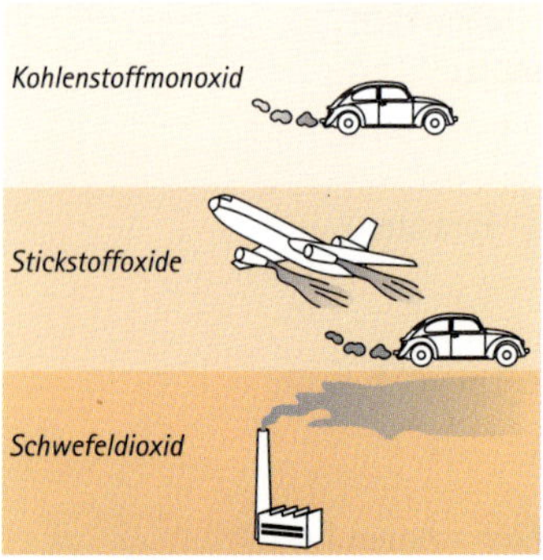

Schadstoffe in der Luft

Die Atmosphäre der Erde besteht aus einem Gemisch von Gasen, das als Luft bezeichnet wird.

Trockene Luft hat folgende Zusammensetzung:
78 Volumenprozent Stickstoff
21 Volumenprozent Sauerstoff
0,93 Volumenprozent Argon (ein Edelgas)
0,035 Volumenprozent Kohlenstoffdioxid.

Daneben enthält die Atmosphäre weitere Edelgase sowie Methan, Ozon, Kohlenstoffmonoxid, Schwefeldioxid und Stickstoffoxide.

Diese Gase können natürlichen Ursprungs sein, z. B. von einem Vulkanausbruch stammen. Sie können aber auch durch den Menschen zusätzlich verursacht sein.

Bei der Verbrennung schwefelhaltiger fossiler Brennstoffe wie Kohle entsteht **Schwefeldioxid**. Dieses farblose, stechend riechende Gas führt zu gesundheitlichen Belastungen der Atemwege, zur Schädigung pflanzlicher Organismen durch Zerstörungen des Zellgewebes und zur Bildung sauren Regens.

Saurer Regen enthält Schwefelsäure. Diese reagiert mit Kalk und zersetzt auf diese Weise Steine und Mauerwerk. Denkmäler und Kunstwerke aus Marmor oder Sandstein werden stark beschädigt.

Umweltschäden an einer alten Steinfigur

Stickstoffoxide entstehen als Nebenprodukte bei Verbrennungsvorgängen wie der Verbrennung von Benzin im Kfz-Motor. Sie führen in der unteren Atmosphäre zur Bildung von **Ozon**, einem Gas, das die Atemwege stark reizt und bereits in geringen Mengen giftig ist.

Der Stickstoffoxidgehalt im Auspuffgas der Kraftfahrzeuge kann durch Einbau eines »geregelten Katalysators« deutlich gesenkt werden. Dieser sorgt dafür, dass schädliche Stickstoffoxide und giftiges **Kohlenstoffmonoxid** in die beiden normalen Luftbestandteile Stickstoff und Kohlenstoffdioxid umgewandelt werden.

Bei der Verbrennung fossiler Brennstoffe wie Benzin, Dieselkraftstoff, Heizöl, Erdgas wird **Kohlenstoffdioxid** freigesetzt, das sich in der Luft anreichert. Kohlenstoffdioxid trägt zum **Treibhauseffekt** bei, d. h. die Erdatmosphäre wird zusätzlich erwärmt. Die Sonnenstrahlung, die fast ungehindert auf die Erdoberfläche fallen kann, wird von dieser reflektiert und in langwelligere Strahlung umgewandelt. Diese wird dann von den Treibhausgasen in der Atmosphäre absorbiert und in Wärmeenergie umgesetzt. Der steigende Kohlenstoffdioxid-Gehalt verstärkt den Treibhauseffekt. Das Abschmelzen von Gletschern und andere Klimabeobachtungen lassen eine weltweite Erwärmung erwarten. Um dieser vorzubeugen, muss der Ausstoß von Kohlenstoffdioxid in die Atmosphäre gesenkt werden. Dies kann durch sparsameren Verbrauch fossiler Brennstoffe geschehen. Eine Möglichkeit hierzu ist der Ersatz von Erdöl oder Kohle durch den Anbau **nachwachsender Rohstoffe**. Dadurch wird die Kohlenstoffdioxid-Bilanz verbessert. Bei der Verbrennung nachwachsender Rohstoffe fällt zwar auch Kohlenstoffdioxid an, aber beim Wachstum der Pflanzen wird dieses Gas durch die Photosynthese verbraucht und der Atmosphäre entzogen. Der Kohlenstoffdioxid-Gehalt der Atmosphäre bleibt im Prinzip konstant.

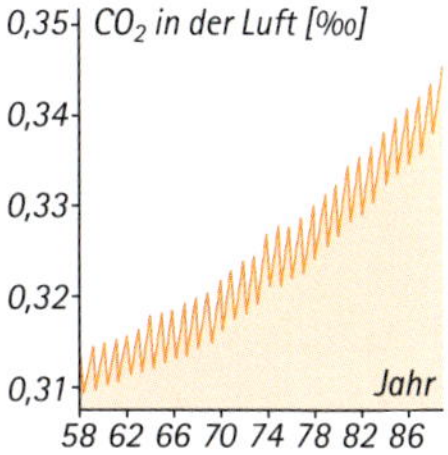

Anstieg des CO_2-Gehalts der Atmosphäre

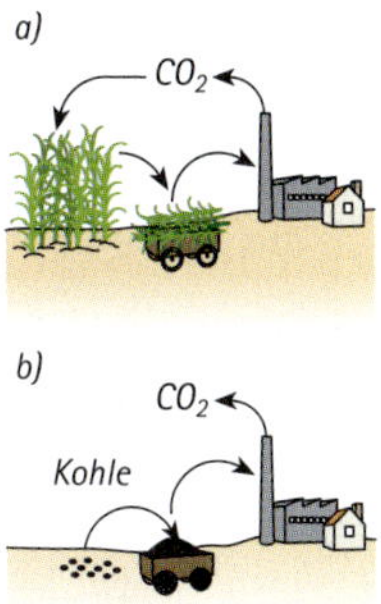

Nachwachsende Rohstoffe

4 Naturschutz

Um bestimmte Teile der Natur zu erhalten, können sie unter Schutz gestellt werden. Es gibt geschützte Tiere und Pflanzen oder auch geschützte Gebiete.

Ein **Naturschutzgebiet** ist ein kleinflächiges Gebiet mit einem seltenen Tier- oder Pflanzenbestand oder mit erhaltenswerten Ökosystemen wie z. B. Wälder und Moore. Ein **Nationalpark** ist ein großflächiges Schutzgebiet mit einem wertvollen Naturbestand, der erhalten werden soll.

Geschützte Tiere und Pflanzen sind Arten, die in der heimatlichen Natur in ihrem Vorkommen stark gefährdet oder gar vom Aussterben bedroht sind.

Naturschutz

Ein Beispiel für bedrohte Tiere sind die Amphibien (Lurche). Ihr Bestand ist in den letzten Jahrzehnten massiv zurückgegangen, da ihre natürlichen Lebensräume zerstört wurden. Beispielsweise wurden Tümpel mit Schutt und Müll zugefüllt, wodurch die Amphibien ihre Laichgewässer verloren. Oder es wurden Sumpfwiesen trockengelegt und in Getreidefelder verwandelt – die Lurche verloren so Nahrungsgebiete. Schädlingsbekämpfungsmittel schädigen die Amphibien entweder direkt oder durch Vergiftung ihrer Beutetiere. Stark befahrene Straßen durchschneiden die Wanderwege von Fröschen und Kröten – viele der Tiere werden kurz vor der Fortpflanzung Opfer des Straßenverkehrs. Aus all diesen Gründen ist es durch Naturschutzgesetze verboten, Amphibien, ihre Entwicklungsstadien oder ihren Laich aus der Natur zu entnehmen. Vielmehr sollen diese Tiere durch Schutzmaßnahmen gefördert werden. Man kann z. B. noch vorhandene Feuchtgebiete erhalten und in Gärten oder Schulanlagen Teiche anlegen. Wichtig ist es auch, die Laichwanderungen von Amphibien vor dem Straßenverkehr abzusichern. Dazu werden z. B. »Krötenzäune« errichtet und die sich dort ansammelnden Tiere werden von Helfern über die Straße getragen.

Bei Pflanzen gibt es zwei verschiedene Stufen des Schutzes: Von **teilweise geschützten Pflanzen** darf man zwar einen Handstrauß pflücken, aber Wurzeln und Zwiebeln müssen an Ort und Stelle bleiben.

Vollkommen geschützte Pflanzen dürfen weder gepflückt noch ausgegraben werden. Dazu gehören unter vielen anderen der Frauenschuh und der Türkenbund.

Im Zweifesfall begnügt man sich mit Fotografieren oder Anschauen. Nicht die Angst vor Geldstrafen bis zu 10 000 Euro, sondern die Achtung vor den Geschöpfen sollte einen leiten!

Frauenschuh: eine geschützte Orchideenart

Auf einen Blick: Wechselbeziehungen mit der Umwelt

Abhängigkeit der Lebewesen von abiotischen und biotischen Faktoren

- Auf einen Organismus wirken **abiotische Faktoren** (sie stammen aus der unbelebten Umwelt) und **biotische Faktoren** (sie stammen aus der belebten Umwelt) ein. Abiotische Faktoren sind z. B. **Temperatur**, **Licht** und **Wasser**.
- Für jede Art gibt es ein **Temperaturoptimum**, bei dem sie am besten gedeiht. **Gleichwarme Tiere** können ihre Körpertemperatur unabhängig von der Umgebungstemperatur relativ konstant halten. Bei **wechselwarmen Tieren** schwankt die Körpertemperatur mit der Umgebungstemperatur.
- **Langtagpflanzen** blühen nur dann, wenn die Tageslänge eine bestimmte Dauer (z. B. 14 Stunden) überschreitet. **Kurztagpflanzen** hingegen beginnen nur dann zu blühen, wenn die Tageslänge einen bestimmten Wert (z. B. 12 Stunden) unterschreitet. Bei **Schattenpflanzen** wird die konstante maximale Photosyntheseleistung bereits bei niedriger, bei **Sonnenpflanzen** hingegen erst bei relativ hoher Beleuchtungsstärke erreicht.
- **Feuchtpflanzen** besitzen großflächige, häufig dünne Laubblätter. Die Spaltöffnungen sind oft hervorgehoben. **Trockenpflanzen** besitzen hingegen meist kleine, lederartige Blätter mit häufig tief eingesenkten Spaltöffnungen.
- Biotische Faktoren sind z. B. **Parasitismus**, **Symbiose** und **zwischenartliche Konkurrenz**.
- Unter **Parasitismus** versteht man das Zusammenleben von Angehörigen zweier Arten, wobei der eine Partner als Parasit (Schmarotzer) einseitig auf Kosten des anderen Partners, des Wirtes, lebt.
- Unter **Symbiose** versteht man das Zusammenleben von Angehörigen zweier aneinander angepasster Arten zu gegenseitigem Nutzen.

Ökosysteme

- Ein **Ökosystem** ist das Wirkungsgefüge zwischen den Gliedern einer **Lebensgemeinschaft** und ihrem **Lebensraum (Biotop)**. Beispiele für verschiedene Ökosysteme sind Wälder, Wiesen, Flüsse, Seen, das Wattenmeer oder auch Wüsten.
- Alle Ökosysteme auf unserem Planeten zusammen bilden die **Biosphäre**.
- Die photosynthetisch aktiven Pflanzen stellen als die **Erzeuger (Produzenten)** eines Ökosystems energiereiche organische Substanz her. Von dieser ernähren sich die **Verbraucher (Konsumenten)**. Abgestorbenes organisches Material wird von **Zersetzern (Destruenten)** zu energiearmer anorganischer Substanz abgebaut.

Diese kann dann von den Pflanzen erneut in der Photosynthese verwertet werden. Organismen, die ernährungsbedingt voneinander abhängen, bilden eine **Nahrungskette** oder **Nahrungsnetze**.

- In einer **Räuber-Beute-Beziehung** zeigen beide Populationen charakteristische **Bestandsschwankungen**, d. h. es zeigt sich ein Auf und Ab in den Populationsdichtekurven sowohl der Beute als auch des Räubers. Man spricht vom **Massenwechsel** oder von **Dichtefluktuationen** beider Arten.
- Das **Ökosystem See** ist in mehrere Lebensräume gegliedert:
  - die Uferzone (Litoral),
  - die Freiwasserzone (Pelagial),
  - die Bodenzone (Benthal).

Die Freiwasserzone bietet Lebensraum für das Plankton und für Fische und wird in Schichten untergliedert: die lichtdurchflutete **Nährschicht** mit warmem Wasser, die lichtlose **Zehrschicht** mit kaltem Wasser und als Übergangsbereich die **Sprungschicht**.

- **Oligotrophe** (nährstoffarme) Seen sind arm an Mineralstoffen. Das Wasser ist klar und das Ufer kaum bewachsen. **Eutrophe** (nährstoffreiche) Seen sind mineralstoffreich, die Sichttiefe ist gering, das Ufer breit und dicht bewachsen. Unter **Eutrophierung** versteht man Vorgänge, die zur Anhäufung von Nährstoffen und damit zu verstärktem Wachstum von Algen und anderen Pflanzen führen.

Eingriffe des Menschen in Ökosysteme

- Gelangt **Abwasser** in einen Fluss, so wird die **natürliche Selbstreinigung** des Gewässers wirksam.
- Durch die von Menschen verursachte Zufuhr von organischen Nährstoffen und Mineralstoffen wird die **Eutrophierung** von Gewässern **beschleunigt**. Es bilden sich Faulschlamm und schließlich Faulgase. Der See geht vom aeroben in den anaeroben Zustand über (»Umkippen«).
- Die **Abwasserreinigung** in einer **Kläranlage** erfolgt **in drei Stufen**:
  - Mechanische Reinigungsstufe: Grob- und Feinrechen, Sandfang, Vorklärbecken, Faulturm;
  - Biologische Reinigungsstufe: Belüftungsbecken, Nachklärbecken;
  - Chemische Reinigungsstufe: Ausfällung von Salzen.
- Bei **Monokultur** wird nur eine einzige Art angepflanzt. Diese Anbaumethode bringt Vorteile meist ökonomischer Art mit sich, es ergeben sich aber auch Probleme: Bodenverarmung, massenhaftes Auftreten von Schädlingen.
- Unter **chemischer Schädlingsbekämpfung** versteht man den Einsatz von Substanzen, die für die Schädlinge toxisch wirken. Diese **Biozide** oder **Pestizide** werden je nach ihrer Wirkung in verschiedene Gruppen unterteilt:

- Insektizide zur Bekämpfung von Insekten,
- Acarizide zur Bekämpfung von Milben,
- Fungizide zur Bekämpfung von Pilzen,
- Herbizide zur Bekämpfung von Unkräutern.

• Die chemische Schädlingsbekämpfung kann **unerwünschte Nebenwirkungen** haben: Anreicherung von Giften in der Nahrungskette, Ausbildung von Resistenzen, Störung des ökologischen Gleichgewichts.

• Bei der **biologischen Schädlingsbekämpfung** versucht man durch Verwendung von Lebewesen und unter Ausnutzung biologischer Wechselwirkungen den Schädling zurückzudrängen. Hierfür gibt es mehrere Möglichkeiten:
die Förderung von Nützlingen, den Einsatz von natürlichen Feinden (Räuber, Parasiten, Krankheitserreger), die Anlockung (z. B. mit Lichtfallen) und Selbstvernichtungsverfahren (z. B. Einsatz steril gemachter Männchen).

• Bei der Verbrennung schwefelhaltiger fossiler Brennstoffe wie Kohle entsteht **Schwefeldioxid SO_2**. Dieses farblose, stechend riechende Gas belastet die Atemwege, schädigt pflanzliche Organismen durch Zerstörungen des Zellgewebes und führt zur Bildung sauren Regens.

• **Stickstoffoxide NO_x** entstehen als Nebenprodukte bei Verbrennungsvorgängen wie der Verbrennung von Benzin im Kfz-Motor. Sie führen in der unteren Atmosphäre zur Bildung von **Ozon**, einem Gas, das die Atemwege stark reizt und bereits in geringen Mengen giftig ist.

Naturschutz

• Ein **Naturschutzgebiet** ist ein kleinflächiges Gebiet mit seltenem Tier- und Pflanzenbestand oder mit erhaltenswerten Ökosystemen. Ein **Nationalpark** ist ein großflächiges Schutzgebiet mit einem wertvollen Naturbestand.

• **Geschützte Tiere und Pflanzen** sind Arten, die in der heimatlichen Natur in ihrem Vorkommen stark gefährdet oder gar vom Aussterben bedroht sind.

Verhalten

Tiere und Menschen zeigen Verhaltensweisen: Es sind typische Bewegungsfolgen, Körperstellungen und Lautäußerungen zu beobachten, die durch Reize ausgelöst werden. Angeborenes Verhalten ist ebenso charakteristisch wie Körpermerkmale. Meist wirken angeborene und erlernte Verhaltensanteile zusammen. Lernen bedeutet Erfahrungen zu speichern und bei Bedarf wieder abzurufen. Viele Tiere und der Mensch leben in Sozialverbänden zusammen, in denen das Verhalten untereinander geregelt ist. Bei der Bewältigung von Konflikten tritt häufig aggressives Verhalten auf.

1 Verhalten – was ist das?

Katze erblickt eine Maus

Verhalten lässt sich in einzelne Einheiten gliedern, die **Verhaltensweisen**, die in immer gleicher Weise ablaufen. Alle Verhaltensweisen lassen sich unterschiedlichen Funktionskreisen zuordnen: Ruhe- und Fortbewegungsverhalten, Körperpflegeverhalten, Ernährungsverhalten, Fortpflanzungsverhalten, Revier- und Aggressionsverhalten.

Wenn eine Katze von weitem eine Maus erblickt, wird sie auf diese zuschleichen und versuchen sie zu erjagen. Die Maus hat auf sie als **Reiz** gewirkt. Da er wie ein Schlüssel zur **Handlung/Reaktion** wirkt, wird er als **Schlüsselreiz** bezeichnet. Schlüsselreize können von der belebten und unbelebten Umwelt eines Tieres ausgehen: z. B. von Feinden, Beutetieren, Regen, Kälte, Dunkelheit.

Auslöser sind Reize, die von Artgenossen ausgehen.

Eine fremde Katze, die im Revier auftaucht, löst z. B. ein Droh- und Aggressionsverhalten aus. Wird die Reaktion von einem Artgenossen ausgelöst, bezeichnet man diesen Reiz als **Auslöser**.

Menschen und Tiere sind allerdings nicht jederzeit bereit auf jeden beliebigen Reiz zu reagieren, sie müssen in der entsprechenden »Stimmung«, Bereitschaft sein. Nur wenn eine **Handlungsbereitschaft** vorhanden ist, wird im Gehirn ein **Auslösemechanismus** in Gang gesetzt. Er wirkt wie ein Filter und sorgt dafür, dass der auslösende Reiz nur mit einer ganz bestimmten Verhaltensweise beantwortet wird.

Ist die Handlungsbereitschaft besonders hoch, suchen die Lebewesen förmlich nach den entsprechenden Schlüsselreizen oder Auslösern. So geht ein hungriger Mensch gezielt auf die Suche nach Essen, sein Hunger beschreibt die Handlungsbereitschaft zur Nahrungsaufnahme.

Verhaltensweisen werden oft ebenso vererbt wie Merkmale im Körperbau. Solche Verhaltensweisen bezeichnet man als **angeboren**. An **isoliert aufgezogenen** Eichhörnchen kann man beobachten, dass 8 Wochen alte Tiere eine Nuss als Nahrungsquelle erkennen und zu knacken versuchen. Die Technik des Öffnens müssen sie allerdings erst **lernen**, dabei entwickeln sie unterschiedliche Techniken – **Übung** macht dabei den Meister.

Eichhörnchen beim Nüsseknacken

Alles, was Tiere tun, nennt man ihr Verhalten. Hierzu gehören alle Bewegungen, Lautäußerungen und Körperhaltungen sowie äußerlich erkennbare Veränderungen, die der gegenseitigen Verständigung dienen.

Attrappenversuche. Sie dienen in der Verhaltensforschung dazu, die auslösenden Reize, Schlüsselreize, einer Verhaltensweise herauszufinden. **Attrappen** sind vereinfachte Nachbildungen eines Tieres oder Gegenstandes. **Ein** zu untersuchendes **Merkmal** wird dabei kontinuierlich verändert, während alle anderen Merkmale konstant gehalten werden. Form, Umriss und Größe, Farbe, Geruch, Geschmack und Bewegungen können so einzeln untersucht werden.

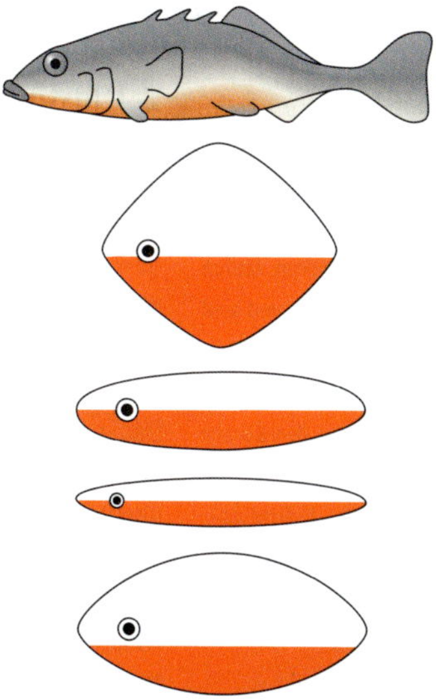

Stichling mit Stichlingsattrappen

2 Instinktverhalten – Handlungsketten

oben: Kohlweißling, rechts: Kaisermantel

Ein Kohlweißling, der gerade aus seiner Puppenhülle geschlüpft ist und dessen Flügel erhärtet sind, kann fliegen **(angeborenes Können)**. Er beherrscht einen bestimmten Bewegungsablauf, dieser ist ihm **angeboren (Erbmotorik)**. Seine Eier legt er an Kohlpflanzen ab, an denen die Raupen optimale Entwicklungsbedingungen haben. Die Kohlpflanzen wirken als **Schlüsselreize**, er hat sie ohne vorherige Erfahrung als solche erkannt **(angeborenes Erkennen)**.

Werden Schlüsselreize oder Auslöser angeborenermaßen mit Handlungen verknüpft, liegt instinktives Verhalten, eine Instinkthandlung vor.

2.1 Instinktverhalten

Reflexe stellen die einfachste Form einer Reizbeantwortung dar, sind angeboren, laufen relativ starr ab und sind jederzeit auslösbar. Als Schutzreaktionen sollen sie den Körper vor Schaden bewahren: Schluck-, Lidschluss-, Nies-, Husten-, Brech-, Rückziehreflex.

Das Kaisermantel-Männchen fliegt während der Balzzeit scheinbar ziellos umher. Begegnet es dabei zufällig einem Kaisermantel-Weibchen, das während der Balzzeit einen ganz spezifischen Duft aussendet, nimmt das Männchen diesen Duft wahr, balzt vor dem Weibchen und versucht, sich mit ihm zu paaren. Dieser angeborene Verhaltensablauf lässt sich in **drei typische Phasen** unterteilen:
Das scheinbar ungezielte Umherfliegen ist auf eine hohe **Handlungsbereitschaft**, die in der Balzzeit zur Bewegungsunruhe führt, zurückzuführen. Diese Phase des **ungerichteten Suchens** wird als **Appetenzverhalten** bezeichnet, es erhöht die Wahrscheinlichkeit für die auslösende Reizsituation. Entdeckt das Männchen das gesuchte Objekt, so fliegt es zielgerichtet auf dieses Objekt zu. Es findet eine **gerichtete Annäherung**, die **Orientierungsreaktion**, statt. Trifft er

auf ein arteigenes Weibchen – der Duft wirkt dabei als zusätzlicher Reiz – kommt es zum Balzverhalten und möglicherweise zur Paarung. Diese dritte Phase der Instinkthandlung wird als **Endhandlung** bezeichnet.

Erbkoordination ist eine Endhandlung, die aus einer fest programmierten Abfolge von Einzelbewegungen besteht und im Gegensatz zur Orientierungsreaktion relativ formstarr und von Außenreizen unabhängig verläuft.

2.2 Handlungskette beim Stichling

Im Frühjahr verlassen die Stichlingsmännchen den Schwarm und besetzen an flachen, warmen Stellen im Gewässer ein eigenes **Revier** von etwa 1 m Durchmesser. Sie sind jetzt intensiv gefärbt: Ihr Bauch ist rot, die Iris ihrer Augen leuchtet blau. Die Reviere werden gegenüber anderen Männchen verteidigt. Aus feinem Pflanzenmaterial und Schleim bauen sie **Nester**, in die sie mit ihrem Körper einen Tunnel bohren. Erscheint ein laichbereites Stichlingsweibchen im Revier, das Männchen erkennt es an seinem dicken, silbrigen Bauch, wird eine **Handlungskette** in Gang gesetzt: Dabei wirkt jede Verhaltensweise des einen Partners als Auslöser für die nächste Verhaltensweise des anderen Partners. Fehlt ein entsprechender Reiz, wird das weitere Verhalten nicht mehr gezeigt. Auf die Ausführung einer Verhaltensweise folgt also zeitlich klar geordnet eine nächste. Läuft die Handlungskette ungestört ab, legt das Weibchen am Ende die Eier im Nest ab und das Männchen besamt sie.

Balzverhalten des Stichlings

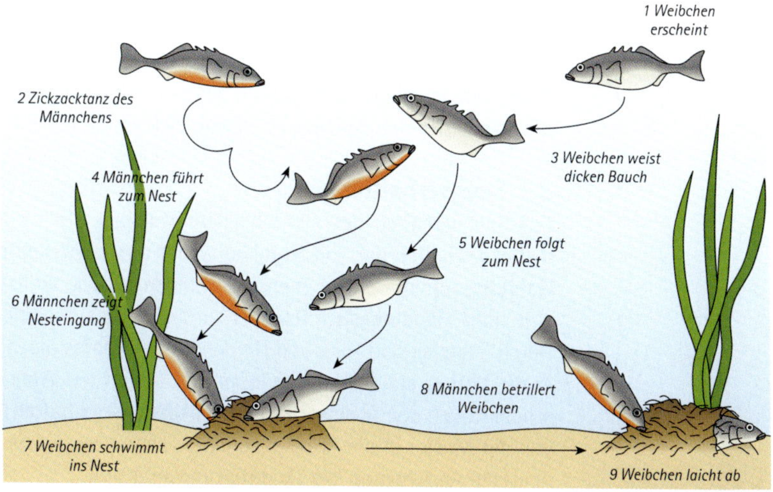

3 Angeborenes Verhalten beim Menschen

Angeboren: lächeln, weinen, lachen …

Kulturenvergleich

Untersuchung von taubblind Geborenen

Mensch-Tier-Vergleich

Am Gesichtsausdruck kann man oft ablesen, wie sich Personen fühlen, oder wie sie sich zu fühlen vorgeben. Ausdrucksbewegungen wie Grüßen, Flirten, Freude, Traurigkeit, Unterwerfung, Aggression, Imponieren oder Drohen sind bei Menschen **aller Kulturen** ähnlich, was darauf hindeutet, dass sie **angeboren** sind. Allerdings gibt es Unterschiede, wann und wem gegenüber bestimmte Gefühle gezeigt werden, diese Normen werden gelernt. Beobachtungen an **taubblind geborenen Kindern** geben weitere Hinweise auf angeborenes Verhalten beim Menschen. Da sie weder sehen noch hören können, können sie nicht durch Nachahmung lernen: Trotzdem lachen, weinen und schmollen sie wie alle Kinder.
Auch durch den **Vergleich mit Tieren**, besonders den Menschenaffen, lässt sich angeborenes Verhalten beim Menschen untersuchen: Schimpansen zeigen eine Gesichtsmimik, die derjenigen des Menschen vergleichbar ist.

3.1 Saugverhalten

Das Saugverhalten des menschlichen Säuglings stellt ein Instinktverhalten dar: Ein Säugling wacht auf, seine letzte Nahrungsaufnahme liegt mehrere Stunden zurück, er hat eine hohe **Handlungsbereitschaft** zur Nahrungsaufnahme. Durch Schreien und Hin- und Herdrehen des Kopfes macht er die Mutter auf sich aufmerksam und erhöht die Wahrscheinlichkeit den **Auslöser** zu finden **(Appetenzverhalten)**. Von der Mutter in die Arme genommen, kommt es zur gerichteten Annäherung, der **Orientierungsreaktion.**

a) Saugen beim Säugling,
b) Kindchenschema

Berührt er mit der Außenseite der Lippen die Brustwarze, ist der **Auslöser** gefunden. Sofort öffnet er den Mund und umschließt die Brustwarze fest mit den Lippen. Durch den **Auslösemechanismus** wird eine relativ formstarre **Endhandlung** in Gang gesetzt, eine **Erbkoordination**: Er führt nun rhythmische Pumpsaugbewegungen mit den Wangen aus und schluckt. Danach ist die Handlungsbereitschaft abgesenkt, der Kopf des Säuglings sinkt zur Seite.

3.2 Kindchenschema

Der menschliche Säugling bedarf nach seiner Geburt intensiver Betreuung und Pflege. Um dieses angeborene **Brutpflegeverhalten** auszulösen, gehen von ihm Reize aus, die bei Erwachsenen und Jugendlichen aller Kulturen den Wunsch verstärken, das Kind an sich zu drücken, zu kosen und zu beschützen. In ihrer Gesamtheit nennt man diese Reize **Kindchenschema**: insgesamt rundliche Körperformen, relativ großer Kopf und große Augen, vorgewölbte Stirn, kurze Arme und Beine, eine weiche Haut und meist tollpatschige Bewegungen.

Comicfigur:en Beispiele für Reizsummierung

Auch die Jungen vieler Säugetiere weisen ähnliche Reize auf und lösen bei erwachsenen Tieren und Menschen eine Art Brutpflegeverhalten aus. Werden die Merkmale des Kindchenschemas übertrieben (Plüschtiere, Puppen, Comicfiguren), spricht man von **Reizsummierung** (Werbetrick).

4 Angeboren oder erlernt?

Kaspar Hauser

Kaspar Hauser: 1828 wurde bei Nürnberg ein junger Mann gefunden, der sich nur unkoordiniert bewegen konnte und unverständliche Laute von sich gab. Er war in einem dunklen Verlies nahezu ohne menschliche Kontakte aufgewachsen.

In Anlehnung an die Geschichte von Kaspar Hauser nennt man Tiere, die im Versuch ohne Kontakt zu Artgenossen aufwachsen, **Kaspar-Hauser-Tiere**. Kaspar-Hauser-Versuche dienen dazu herauszufinden, welche Verhaltensanteile angeboren sind und welche erworben werden.
Da Versuche, bei denen Tiere unter vollständiger **Isolation** heranwachsen, oft zu schweren Entwicklungsstörungen führen, werden in der Forschung Tiere nur teilweise oder für kurze Zeiträume unter **Erfahrungsentzug** aufgezogen.

> Kennzeichen angeborener Verhaltensweisen sind: dass sie bei allen Tieren der Art, auch bei isoliert aufgezogenen Tieren, auftreten, und dass das Verhalten arterhaltend, zweckmäßig ist.

Der **Vogelgesang** ist ebenso charakteristisch wie das Federkleid vieler Vögel; wir können sie daran unterscheiden. Vergleicht man den Gesang verschieden großgezogener Buchfinken, stellt man allerdings erstaunliche Unterschiede fest: Freilandtiere zeigen einen sehr vielgestaltigen Gesang; bei Männchen, die in der Gruppe ohne Eltern aufwachsen, ist der Gesang schon viel einfacher, jedoch komplexer als bei einem Kaspar-Hauser-Tier. **Angeboren** ist den Buchfinken also das Singen überhaupt. Die richtige Strophenlänge und Aufteilung in Elemente müssen sie erst durch **Erfahrung** lernen. **Angeborene und erlernte Anteile** wirken in Form einer **Instinkt-Dressur-Verschränkung** zusammen.

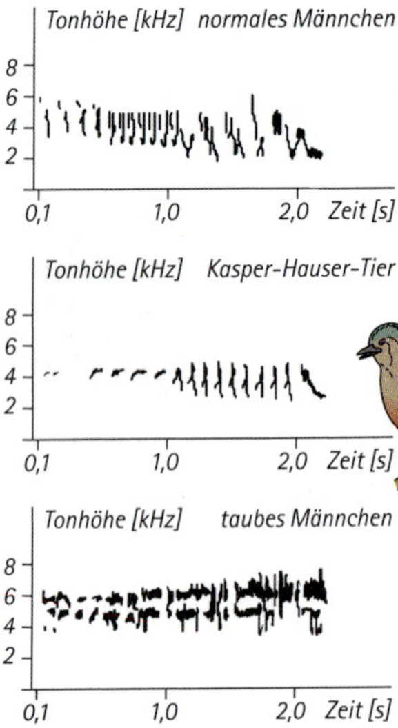

Sonagramme von Buchfinkengesängen

5 Lernen bei Tieren

Angeborenes Verhalten läuft immer gleich ab und kann damit wechselnden Situationen nicht gerecht werden. Erst **Lernen** ermöglicht es, sich auf neue Situationen einzustellen. Damit Lebewesen lernen können, müssen sie Reize mit Sinnesorganen aufnehmen, Erfahrungen im Gedächtnis speichern und im richtigen Augenblick erinnern und anwenden.

Kröte

Bildung bedingter Reaktionen. Ein sich bewegender Mehlwurm führt bei einer Erdkröte zu einer angeborenen Fangreaktion, er ist ein **unbedingter Reiz** und muss nicht erst erlernt werden. Ein unbekannter Geruch führt zu keiner Reaktion, er wirkt als **neutraler Reiz**. Macht eine Erdkröte mehrfach die gleichzeitige Erfahrung von Mehlwurm und typischem Geruch, wird der Geruch selbst zu einem **bedingten Reiz**. Reagiert das Tier nun auch allein auf den erlernten Reiz, liegt eine **bedingte Reaktion** vor (**klassische Konditionierung** oder **Bildung bedingter Reaktionen,** erstmals von *Pawlow* beschrieben).

Iwan P. Pawlow (1849–1936) war ein russischer Forscher und Nobelpreisträger.

Lernen am Erfolg. *Thorndike* schloss Katzen in Käfige ein. Die Tiere versuchten zu entkommen und probierten alle möglichen Verhaltensweisen durch, bis sie **Erfolg** hatten. Sie hatten über **Versuch und Irrtum** gelernt dem Käfig zu entfliehen. Aktionen, die kurz vor einem angenehmen Zustand auftreten, werden häufiger gezeigt. Belohnungen verstärken das Verhalten **(Lernen durch bedingte Aktionen)**.

Katze im Versuchskäfig

Bedingte Hemmung. Ratten fliehen angeborenermaßen ins Dunkle. Erwartet sie dort ein Elektroschock, lernen diese Tiere sehr schnell, das Dunkle zu vermeiden. Ihr Verhalten hat zu einer **unangenehmen Erfahrung** geführt, es hat eine negative Verstärkung stattgefunden **(bedingte Hemmung)**. Schmerz und Schreck lassen sich als negative Verstärker einsetzen. Sie wirken als **Strafen**.

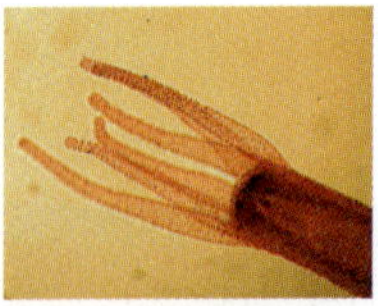

Süßwasserpolyp

Gewöhnung. Süßwasserpolypen, einfach gebaute Hohltiere, reagieren auf Reize immer in gleicher Weise mit einer **Schreckreaktion**. Sie ziehen Körper und Fangarme zusammen. Polypen in fließenden Gewässern, die ständig bewegt werden, bleiben trotzdem ausgestreckt. Erst bei **plötzlichen Reizänderungen** reagieren sie mit Zusammenziehen, sie haben sich an den gleichbleibenden Reiz der Strömung **gewöhnt**.

Nachahmung. Bei **Rotgesichtsmakaken** (Affenart) wurde 1953 von japanischen Forschern beobachtet, wie ein junges Weibchen (*Imo*) Süßkartoffeln im Bach wusch und danach verzehrte. *Imo* wiederholte in der Folgezeit den Waschvorgang regelmäßig. Nach und nach wuschen auch die anderen Affen der Gruppe ihre Süßkartoffeln. Das durch **Nachahmung** erlernte Verhalten wurde zu einer **Tradition**. Dabei ist das Lernen durch Nachahmung abhängig vom Zuschauen und Abgucken, es ist an die jeweilige **Situation gebunden**.

Schimpansenversuch

Einsichtiges Verhalten. *Köhler* hängte eine Banane so hoch an der Decke eines Versuchskäfigs auf, dass sie von einem Schimpansen nicht erreicht werden konnte. Der Schimpanse saß da und betrachtete die Situation. Im Käfig lagen mehrere Holzkisten herum. Plötzlich sprang das Tier auf, schob drei Kisten an die Stelle, über der die Banane hing, stapelte sie übereinander und kletterte hoch, um sich die Banane zu holen. Das Tier fand die **Lösung auf Anhieb**, ohne Übung oder Vorbild. *Köhler* nannte dieses Verhalten, das **zielgerichtet** und **neukombiniert** auftrat, einsichtiges Handeln.

Reifungsvorgänge stellen kein Lernen dar.

Reifung. Frisch geschlüpfte Tauben können nicht fliegen. Wird eine Gruppe von Tauben normal aufgezogen, eine andere in so engen Käfigen, dass sie darin die Flügel nicht öffnen können, zeigen beide Gruppen nach 8 bis 9 Wochen das gleiche Flugvermögen, wenn man beide Gruppen erstmals ins Freie lässt. Fliegen-Können ist also den Tauben angeboren; die Flugmuskulatur muss aber erst heranreifen.

6 Lernen beim Menschen

Spielend lernen

Es ist nachgewiesen, dass das Lernen nicht erst mit der Geburt beginnt: Feten nehmen schon in der Gebärmutter Reize wahr und speichern bestimmte Erfahrungen ab; so werden z. B. der Herzschlag und die Stimme der Mutter nach der Geburt eindeutig bevorzugt.

Sind wir in eine Wohnung in der Nähe einer Bahnlinie eingezogen, wachen wir zunächst noch bei Zügen häufig auf. Bald haben wir uns daran **gewöhnt** und schlafen weiter, die Reize haben sich als bedeutungslos erwiesen.

Um **bedingte Reaktionen** handelt es sich, wenn uns schon das Wasser im Munde zusammenläuft, weil wir sehen, wie andere unsere Lieblingsspeise essen. **Konditionierungsvorgänge** spielen eine zentrale Rolle in Erziehung und Unterricht. Durch Belobigungen werden erwünschte Verhaltensweisen positiv verstärkt und gefördert, durch Tadel und Bestrafung unerwünschte Verhaltensweisen unterdrückt und gehemmt. **Lernen durch Versuch und Irrtum** wird bei allen möglichen Spielen (z. B. Gesellschaftsspielen) eingesetzt. **Lernen durch Nachahmung** setzt die Fähigkeit des Beobachtens und Abschauens voraus: Wir ahmen Bewegungsfolgen nach, übernehmen von Vorbildern bestimmte Rollen, Überzeugungen und Wertvorstellungen. Auch das Spielen eines Musikinstrumentes oder eine sportliche Übung erlernen wir auf diese Weise **(motorisches Lernen)**.

Neugier und Spiel: Menschen bleiben selbst als Erwachsene neugierig und verspielt. Dies ermöglicht eine schnelle Anpassung an sich verändernde Umweltbedingungen.

Das **einsichtige Lernen** erfordert die Fähigkeit des vorausschauenden Planens und Denkens: Nach einer Phase des Überlegens gelingt die Lösung einer Problemstellung plötzlich und als Ganzes ohne vorherige Übung. Lösungsstrategien können auf ähnliche Probleme übertragen werden.

7 Prägung

Konrad Lorenz mit Gänsen

Die Küken von Enten, Gänsen und Hühnern folgen ihrer Mutter überallhin nach. Selbst einem Menschen folgen sie, wenn dieser sich mit einem **frisch geschlüpften** Küken auch nur für kurze Zeit befasst. Um sich das Aussehen ihrer Mutter **einzuprägen**, brauchen die Küken oft nur wenige Minuten. Da dieser besondere **Lernvorgang** sehr stabil ist, das Erlernte also kaum mehr verändert werden kann und auch nicht mehr vergessen wird, bezeichnete *Konrad Lorenz* ihn als **Prägung**; er wurde von ihm erstmals an Graugänsen entdeckt und beschrieben.

Von den bereits dargestellten Lernformen unterscheidet sich die Prägung deutlich: Neben ihrer **Irreversibilität** (Unumkehrbarkeit) muss sie innerhalb einer bestimmten Phase in der frühen Jugend ablaufen. Hier ist das Tier besonders sensibel, deshalb wird diese Zeitspanne auch als **sensible Phase** bezeichnet. Verstreicht sie ungenutzt, kommt es oft zu Entwicklungsstörungen und Verhaltensabnormitäten. Wird das Tier in dieser Phase mit einem falschen Objekt konfrontiert, kann es zu **Fehlprägungen** kommen. Neben den Eltern lernen viele Vögel durch Prägung, wie ihr späterer Geschlechtspartner aussieht. Aber auch Mütter, besonders von Herdentieren (z. B. Schafen), prägen sich das Aussehen oder den Geruch ihrer Jungen nach der Geburt ein.

Versuchsergebnis zur Prägung von Entenküken auf eine bewegte Attrappe

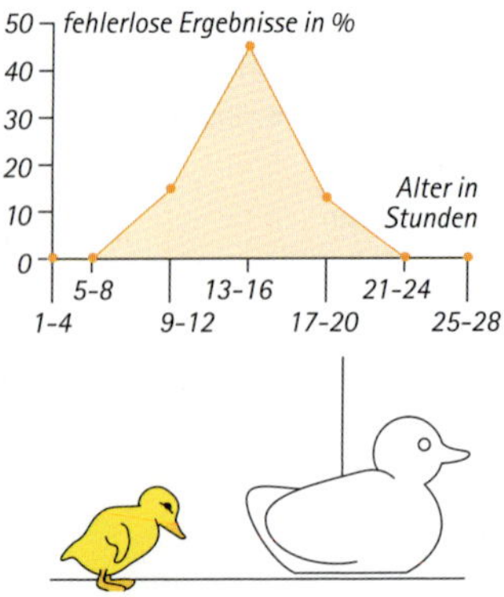

Auch beim Menschen spielt das Lernen durch Prägung eine Rolle: Fehlen in der frühesten Jugend die sozialen Reize einer normalen **Mutter-Kind-Bindung**, führt dies unweigerlich zu Entwicklungsstörungen und Verhaltensabnormitäten, die extrem dauerhaft und irreversibel sind. Die Schäden sind umso schwerer, je länger die Trennung andauert und je früher sie vollzogen wird.

8 Sozialverhalten bei Tier und Mensch

8.1 Paviane als Grundmodell

Ein-Mann-Gruppe

Die Paviane leben in den Steppen und Savannen Afrikas und Asiens. Sie sind Bodentiere und Allesfresser.
Die kleinste soziale Einheit ist die **Ein-Mann-Gruppe** mit einem erwachsenen Mann, mehreren erwachsenen Frauen, Jugendlichen und Kindern. Das erwachsene Männchen ist der Ranghöchste, es wird **Pascha** genannt. Zwei bis drei Ein-Mann-Gruppen leben jeweils enger zusammen, sie bilden den **Klan**. Mehrere Klane bilden als nächsthöhere Einheit die **Bande**, eine stabile soziale Gruppe über Jahre hin.
Mittels **Hüteverhalten** hindert der Pascha seine Haremsweibchen daran, sich zu weit von ihm zu entfernen, gegebenenfalls blickt er sie mit erhobenen Augenbrauen drohend an oder beißt ihnen sogar in den Nacken. Präsentieren Weibchen ihr rotes Hinterteil, beschwichtigen sie damit die Aggression des Männchens.

Affen verbringen viel Zeit mit der Fellpflege, dem so genannten Grooming. Häufig werden ranghohe Tiere von rangniederen gepflegt. Die gegenseitige Fellpflege festigt die Bindung der Tiere untereinander.

Neugeborene Paviane klammern sich im Fell ihrer Mütter fest und werden so von den Müttern am Bauch oder auf dem Rücken getragen. Dieses **Klammerverhalten** ist angeboren. Oft sind die Neugeborenen Mittelpunkt des Gruppeninteresses, so lernen sie schon früh ihre Gruppe kennen. Die Mütter werden zunächst kaum verlassen, erst nach und nach kommt es zu Spielen mit gleichaltrigen Jungtieren. Die erwachsenen Männchen sorgen für Schutz.

Kindchenverhalten

Kommt es zu **Aggressionen** untereinander, versuchen sich die Tiere mit **Signalen** zu beeindrucken: Beim **Drohgähnen** reißen die Tiere ihr Maul weit auf und entblößen ihre großen Eckzähne. Als auffälligstes **Beschwichtigungssignal** wirkt das Präsentieren des Hinterteils. Mit dieser **Demutsgeste** machen die unterlegenen Tiere deutlich, dass sie sich unterwerfen.

8.2 Gruppe, Rang und Territorium

In offenen Verbänden können Mitglieder beliebig hinzukommen oder sie verlassen. Der Zusammenhalt ist locker (Herings- und Vogelschwärme).

Alle Verhaltensweisen, die sich auf Artgenossen beziehen, werden als **Sozialverhalten** bezeichnet. Kennen sich die Mitglieder einer Gruppe untereinander **(individualisierte Verbände)**, bilden sich zur Stabilität oft **Rangordnungen** aus. Der Ranghohe hat einerseits Vorteile (bestes Futter und häufiges Paaren), andererseits muss er den Schutz der Gruppe vor Feinden übernehmen und Streitigkeiten schlichten.

In einem geschlossen anonymen Verband erkennen sich die Mitglieder nicht individuell, sondern an Merkmalen, z. B. am Geruch (Insektenvölker, Rattensippen).

Menschen und Tiere beanspruchen **Territorien**, die sie gegen Artgenossen verteidigen: Das eigene Zimmer, das Grundstück, das Revier. Reviergrenzen werden markiert: Zäune, Verbotsschilder, Geruchsmarken. Revierbesitz ist zum Überleben notwendig, sichert Nahrungsquellen und garantiert den Fortpflanzungserfolg. Jedes Lebewesen verteidigt einen Individualraum direkt um sich herum **(Individualdistanz)**. Wird dieses unsichtbare Territorium unterschritten, kommt es leicht zu aggressivem Verhalten.

8.3 Aggressionsverhalten

Mit aggressivem Verhalten werden wir täglich konfrontiert: Allein in der westlichen Welt geschieht etwa alle 15 Sekunden ein Mord, kriegerische Auseinandersetzungen zwischen Interessengruppen und Staaten sind an der Tagesordnung. Es tritt bei Tieren genauso auf wie beim Menschen. Worin besteht die biologische Bedeutung dieses Verhaltens?

Kommentkampf bei Hirschen

Zwischenartliche, interspezifische Aggression. Vielfach tritt aggressives Verhalten zwischen Lebewesen unterschiedlicher Arten auf. Alle **Räuber-Beute-Beziehungen** haben aggressive Anteile; der Räuber verfolgt seine Beute und tötet sie. Aggressives Verhalten steht hier im Dienste des Nahrungserwerbs. Auch bei der Vertreibung von Nahrungs- und Territorialkonkurrenten dienen Aggressionen dazu, die eigenen Lebensgrundlagen zu sichern.

Innerartliche, intraspezifische Aggression. Aggressives Verhalten zwischen Artgenossen tritt immer dann auf, wenn Tiere in **Konkurrenz** zueinander treten: sei es um Nahrung, Geschlechtspartner und Lebensraum (Revier, Territorium) oder um einen Rangplatz in einer Gruppe. Oft sind bei innerartlichen Auseinandersetzungen besondere **Signale** wirksam, die schädigende Auswirkungen auf den Artgenossen begrenzen helfen.

Drohen, Imponieren. Einer aggressiven Auseinandersetzung geht oftmals ein gegenseitiges **Drohen**, ein **Imponieren**, voraus. Säuger sträuben ihre Haare, Vögel richten ihre Federn auf, der Körperumriss wird vergrößert. Die »Waffen« werden vorgeführt: Die Hörner oder Geweihe werden ausgerichtet, die Zähne entblößt. Häufig treten zu den optischen auch noch akustische Signale (Knurren, Fauchen, Brüllen). Der Gegner soll eingeschüchtert, eine kämpferische Auseinandersetzung verhindert werden. Zieht sich keiner der Partner zurück, kommt es zum Kampf.

Kommentkampf, Turnierkampf. Beim Kommentkampf geht es um ein Kräftemessen. Der Artgenosse soll dabei nicht körperlich geschädigt werden, die »gefährlichen Waffen« werden nicht eingesetzt. So beißen Klapperschlangen sich gegenseitig nicht, sondern ringen nach festen Regeln. Die Kampfabläufe sind oft **ritualisiert**, spezielle Verhaltensweisen wirken als Signale und führen zum Kampfabbruch. Das schwächere Tier zeigt seine Unterlegenheit an, das überlegene Tier stellt den Angriff ein und ermöglicht dem Verlierer den Rückzug.

Imponieren, Drohen, Kämpfen, Unterwerfen bei Hunden/Wölfen

Demuts- bzw. Unterwerfungsgesten. Meist stammen die Demutsgesten aus dem ursprünglichen Kindchen- oder Sexualverhaltensbereich: Bei Hunden lässt sich der Verlierer wie ein Jungtier auf den Rücken fallen und harnt dabei ein wenig; Pavianmännchen verwenden die weibliche Aufforderungsform zum Paarungsverhalten, um sich zu unterwerfen.

Präsentieren beim Anubis-Pavian

Beschädigungskampf. Innerartliche Konflikte gehen nicht immer ohne Beschädigung ab, besonders wenn Tiere unterschiedlicher sozialer Gruppen (Rudel) z. B. um Lebensraum oder Weibchen kämpfen: Bei Hunden, Wölfen, Löwen oder Ratten führen Beißereien oft zu schweren Verletzungen bis hin zur Tötung. Allerdings wirken auch hier Unterwerfungsgesten, welche die Konflikte beenden und die Tötung verhindern können.

Drohgebärden beim Menschen. Auch beim Menschen findet sich eine Vielzahl von Drohsignalen: der zornige Blick, das Aufstampfen mit dem Fuß, das Schütteln einer geballten Faust, das Ausholen mit der flachen Hand oder das Schütteln des erhobenen Zeigefingers. Oft sind diese Gebärden von heftigem Atmen und einem Aufpumpen des Brustkastens begleitet. Wir wollen in voller Größe erscheinen, dem Gegenüber Furcht einflößen. Auch Kleidung und Körperschmuck werden zur Umrissvergrößerung eingesetzt; fast in allen Kulturen wird besonders die Schulterpartie von Männern betont und übertrieben. Meist werden die Drohsignale richtig verstanden und helfen, gewalttätige Auseinandersetzungen zu vermeiden.

8.4 Sexualität

Dem **Fortpflanzungsverhalten** kommt eine große Bedeutung für das **Überleben der Art** zu. Erfolgreiche Fortpflanzung setzt voraus, dass sich Lebewesen unterschiedlichen Geschlechts finden, es setzt Nähe und Intimität voraus. Gleichzeitig ist die körperliche Nähe Fremder aber auch unangenehm. Bei der **Annäherung** müssen deshalb **Signale** ausgetauscht werden, die Angst, Abwendung und Aggressionen verhindern. Oft stammen diese Signale aus dem Bereich des **Kindchenverhaltens**.

Flirt

Flirt der Frauen. Blickkontakt aufnehmen, lächeln, Kopf und Lider senken, den Kopf leicht drehen, wegsehen, Blickkontakt erneut herstellen: Ein **Wechselspiel aus Zuwendung und Abkehr** kennzeichnet den Flirt von Frauen aller Kulturkreise. Im weiteren Verlauf legen Frauen häufig den Kopf leicht schräg, spielen mit ihren Haaren, gleiten mit der Zunge über die leicht geöffneten Lippen oder zupfen an der Kleidung herum; normalerweise Zeichen von Unsicherheit. Beim Laufen werden der Kopf hoch erhoben, die Hüften geschwungen, der Bauch eingezogen und die Brüste vorgeschoben.

Flirt der Männer. Das männliche **Werbeverhalten** ist gekennzeichnet von **ausgeprägter Selbstdarstellung**. Beeindrucken, Imponieren, Coolsein ist alles: die Beinstellung offen, breitbeinig, die Arme ausgebreitet. Kraft, Macht und Dominanz werden demonstriert, das Interesse an einer Frau ganz offen bekundet. Männer treten gezielt in Konkurrenz zueinander.

Imponiergeste (aus einer Plakatwerbung)

Mann-Frau-Schema. Sowohl bei Männern als auch bei Frauen lösen spezielle optische Reize des anderen Geschlechts eine erhöhte Aufmerksamkeit und **sexuelles Interesse** aus: Bei Frauen sind dies vor allem rote Wangen und Lippen, insgesamt gerundete Körper und Gesichtsformen, die weibliche Brust, schmale Schultern, schlanke Taille und ein breites Becken; beim Mann breite Schultern, schmale Hüften, eine ausgeprägte Muskulatur, eine insgesamt eher kantige Kopf- und Körperform sowie Bartwuchs und Körperbehaarung. Das **Mann-Schema** enthält deutlich aggressive Elemente, die als Droh- und Imponier-Signale gegenüber möglichen Rivalen zu werten sind. Die Elemente des **Frau-Schemas** wirken beim Mann aggressionshemmend und fördern die Tendenz zum Beschützen und Betreuen.

Weibliche Signale

Sexuelle Auslöser. Die Bereitschaft auf sexuelle Auslöser zu reagieren, wird in vielen Bereichen unseres Lebens genutzt, oft werden dabei die Reizkombinationen übertrieben und so genannte **übernormale Auslöser**, **Superattrappen** konstruiert: übernormal lange Beine bei Modeaufnahmen, Superbusen durch BH-Einlagen in der Modebranche oder operative Vergrößerungen, z. B. bei Aktmodellen.

Auf einen Blick: Verhalten

Unter Verhalten eines Tieres oder eines Menschen versteht man alle beobachtbaren Bewegungen, Körperstellungen und Lautäußerungen. Das Verhalten wird in einzelne Verhaltensweisen unterteilt, es kann angeboren oder erlernt sein. Bei den meisten Verhaltensweisen wirken angeborene und erlernte Anteile zusammen.

Angeborenes Verhalten

- Durch Kaspar-Hauser-Versuche lässt sich feststellen, welche Verhaltensweisen angeboren sind. Reize, die angeborenes Verhalten auslösen, heißen Schlüsselreize oder Auslöser. Sie lassen sich mit Attrappenversuchen untersuchen.
- Eine typische Instinkthandlung setzt sich aus den drei Phasen Appetenzverhalten, Orientierungsreaktion und Endhandlung zusammen.
- Reflexe sind die einfachsten, starr ablaufenden, angeborenen Reaktionen.
- Reifung: Vervollkommnung eines Verhaltens ohne vorherige Übung.

Lernen

- Menschen und Tiere können lernen, d.h.: sie nehmen Informationen auf, speichern diese und können sie später wieder abrufen. Formen des Lernens sind die Bildung bedingter Reaktionen, Gewöhnung, Lernen am Erfolg, Nachahmung und einsichtiges Verhalten.
- Bei der Gewöhnung lernt ein Lebewesen auf einen Reiz nicht mehr zu reagieren. Lernen durch Nachahmung bedeutet die Übernahme eines Verhaltens von einem Vorbild. Bei einsichtigem Verhalten wird eine unbekannte Aufgabe ohne Übung und ohne Vorbild auf Anhieb gelöst.
- Die Prägung ist ein besonderer Lernvorgang. Sie ist an eine sensible Phase gebunden, verläuft sehr schnell und ist ausgesprochen stabil.

Sozialverhalten

- Viele Tiere und der Mensch leben in Sozialverbänden zusammen, in denen das Verhalten untereinander geregelt ist.
- Aggressionen sind gewaltsame Handlungen gegen andere, sich selbst oder gegen Dinge. Wir unterscheiden zwischen innerartlichen und zwischenartlichen Aggressionen. Oft werden innerartliche Auseinandersetzungen mithilfe von Droh- und Imponiergebärden und in Turnierkämpfen ausgetragen.
- Frau- und Mann-Schemen lösen beim jeweils anderen Geschlecht Zuwendung aus. Das Frau-Schema fördert die Tendenz zum Beschützen, das Mann-Schema wirkt als Imponier- und Drohsignal.

Evolution

der Lebewesen

Fossilien belegen, dass die Lebewesen der Erde das Ergebnis einer Millionen Jahre dauernden Entwicklungsgeschichte sind. Daher können sie so geordnet werden, wie sie voneinander abstammen und miteinander verwandt sind. Mutationen, natürliche Auslese und räumliche Isolation als die wesentlichen Faktoren dieser Evolution führten schließlich auch zur Herausbildung des Menschen.

1 Fossilien

Dinosaurier

Die beeindruckendsten Ausstellungsstücke in naturkundlichen Museen sind ohne Zweifel die riesigen Dinosaurier. Ihre Skelette, die meist bei Ausgrabungen in Steinbrüchen gefunden wurden, sind zum Teil über 150 Millionen Jahre alt. Es handelt sich um **Fossilien**: die Überreste und Spuren ausgestorbener Lebewesen aus früheren Erdzeitaltern.

1.1 Wie Fossilien entstehen

Abgestorbene Organismen werden normalerweise innerhalb weniger Jahre vollständig zersetzt. Das geht bei den Weichteilen (Haut, Muskeln) schneller als bei den Hartteilen (Schalen, Knochen, Zähne). Lebewesen mit Hartteilen haben demnach eher eine Chance, erhalten zu bleiben. Dazu müssen sie aber sehr schnell in ein Ablagerungsgestein, ein **Sediment**, eingebettet werden.

Sedimente entstehen meist am Grund von Flüssen, Seen und Meeren durch die **Ablagerung** von Sand und Schlick. Wenn abgestorbene Pflanzen oder Tiere in diese Ablagerungen gelangen, werden sie wegen des Mangels an Sauerstoff nicht vollständig zersetzt. Innerhalb von Millionen von Jahren verfestigen sich die Ablagerungen zu einem **Gestein**. Was mit den eingeschlossenen Pflanzen oder Tieren passiert, hängt von der Art des Sediments und von der Zusammensetzung des Lebewesens ab: Hartteile können in ihrer **ursprünglichen Substanz** erhalten bleiben, oft aber nur in zerbrochenem Zustand oder verformt. Löst sich das organische Material auf, kann ein **Abdruck** im Sediment zurückbleiben. Wird das organische Material durch Mineralien aus dem Sediment ersetzt, bildet sich eine **Versteinerung**. Füllen sich die Weichteile mit Sediment, bleibt nach der Auflösung der Hartteile ein **Steinkern** zurück. Pflanzenmaterial verwandelt sich unter Sauerstoffabschluss in **Kohle**; manchmal sind unvollständig zersetzte Pflanzenreste darin eingeschlossen.

1.2 Altersbestimmung von Fossilien

Um aus Fossilien die Entwicklungsgeschichte der Lebewesen erschließen zu können, muss man wissen, wann sie gelebt haben.

Bestimmung des relativen Alters

Bei der Ablagerung von Sedimenten lagert sich normalerweise eine Schicht auf die andere. Bleiben solche Gesteinsschichten ungestört, d. h. bleiben Abtragungen (Erosionen), Verwerfungen oder Faltungen aus, ist immer die **untere Schicht älter** und die **obere Schicht jünger**. Findet man in einer solchen Gesteinsformation Fossilien in verschiedenen Schichten, kann man aus der Reihenfolge in den Ablagerungen auf ihr relatives Alter schließen, d. h. es lässt sich angeben, ob ein bestimmtes Fossil älter oder jünger ist als ein anderes. Die Zeitangaben, die mit dieser Methode zustande kommen, sind zwangsläufig sehr ungenau.

Bestimmung des absoluten Alters

Wenn man genau wissen will, wie alt ein Fossil ist, bieten sich die Methoden der physikalischen Zeitbestimmung an. Diese nutzen die Gesetzmäßigkeiten des radioaktiven Zerfalls natürlich vorkommender **radioaktiver Stoffe**. Radioaktive Stoffe zerfallen unabhängig von äußeren Einflüssen mit konstanter Geschwindigkeit, so dass es möglich ist, aus der noch im Fossil vorhandenen Menge des radioaktiven Stoffs und der Zerfallsgeschwindigkeit die Zeit zu berechnen, in der sich dieses Mengenverhältnis eingestellt hat.

Die ^{14}C-Methode

Eine häufig verwendete Methode ist die **Radiokarbon- oder ^{14}C-Methode** (gesprochen C14). Radioaktiver Kohlenstoff ^{14}C entsteht in unserer Atmosphäre ständig unter der Einwirkung intensiver Strahlung. ^{14}C ist instabil und zerfällt in Stickstoff (^{14}N) und Elektronen, die abgestrahlt werden; das ergibt die radioaktive Strahlung. Da die häufigste Kohlenstoff-Verbindung in der Atmosphäre CO_2 ist, kommt ein geringer Teil dieses Gases als $^{14}CO_2$ vor. Über die Photosynthese der Pflanzen und die Nahrungsaufnahme der Tiere gelangt damit auch radioaktiver Kohlenstoff in die Lebewesen. Nach dem Absterben eines Lebewesens wird kein ^{14}C mehr aufgenommen.

Nun beginnt die »radioaktive Uhr« zu ticken: das vorhandene ^{14}C zerfällt weiter regelmäßig mit einer charakteristischen **Halbwertszeit**. Das ist die Zeit, in der die Hälfte der

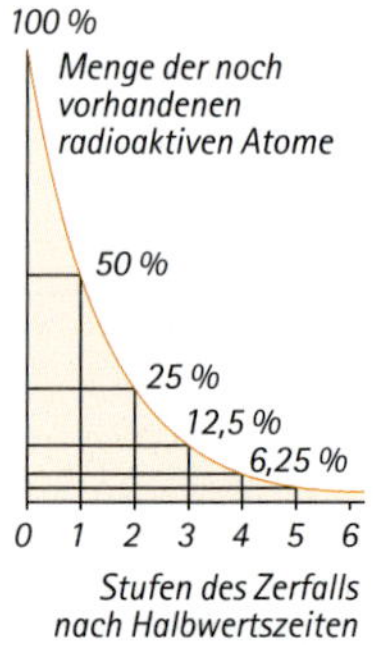

Halbwertszeitkurve von radioaktivem Kohlenstoff

ursprünglich vorhandenen ^{14}C-Menge zerfallen ist. Das dauert bei ^{14}C etwa 5 700 Jahre. Wie die Abbildung zeigt, ist nach weiteren 5 700 Jahren nur noch ein Viertel der Ausgangsmenge vorhanden usw. Misst man nun bei einem Fossil die frei werdende β-Strahlung, kann man aus der noch verbliebenen Strahlungsintensität das Alter des Fossils bestimmen.

Aufgrund der relativ »kurzen« Halbwertszeit des radioaktiven Kohlenstoffs können allerdings nur Fossilien exakt datiert werden, die nicht älter als 50 000 Jahre sind. Bei noch älteren Fossilien versagt diese Methode, weil die Messgenauigkeit wegen der geringen Mengen des radioaktiven Kohlenstoffs nicht mehr gewährleistet ist. In diesen Fällen greift man auf Messmethoden mit radioaktiven Stoffen zurück, die höhere Halbwertszeiten haben, z. B. Kalium-40 oder Uran-238.

1.3 Brückentiere – Dokumente des Übergangs

Vergleicht man die im Laufe der Erdgeschichte aufgetretenen fossilen Lebewesen, ergibt sich, dass die meisten nach abgestuften Ähnlichkeiten **geordnet** werden können. Von einigen Gruppen gibt es sogar fast lückenlose Reihen (z. B. von den Pferden), aus denen sich **Stammbäume** aufstellen lassen, die die Verwandtschaftsbeziehungen zeigen. Fossilien aus älteren Schichten weichen stärker von den Lebewesen der Gegenwart ab als solche aus jüngeren Schichten. Bei einigen Fossilien lässt sich eine verwandtschaftliche Beziehung zu heute lebenden Gruppen herstellen (z. B. für die Dinosaurier zu den heute lebenden Reptilien).

Einige Tierfossilien lassen sich aber nicht eindeutig einer bestimmten Gruppe von heute vorkommenden Lebewesen zuordnen, weil sie Merkmale von zwei verschiedenen Gruppen in sich vereinen. Da sie gemeinsame Ahnenformen verschiedener Tierklassen darstellen, werden sie als **fossile Brückentiere** bezeichnet.

Archaeopteryx

Das bekannteste Beispiel ist der »Urvogel« *Archaeopteryx*, der vor etwa 150 Millionen Jahren im heutigen Altmühltal in Bayern lebte. Damals war diese Gegend eine tropische Lagunenlandschaft des großen Weltmeeres »Tethys«. Die

Lagunen waren allerdings übersalzen und sauerstoffarm. Da es in diesem lebensfeindlichen Milieu keine Aasfresser und zersetzenden Mikroorganismen gab, blieben Tierkadaver oft vollständig erhalten und wurden in die feinkörnigen Sedimente eingebettet.

Die versteinerten Überreste von Archaeopteryx

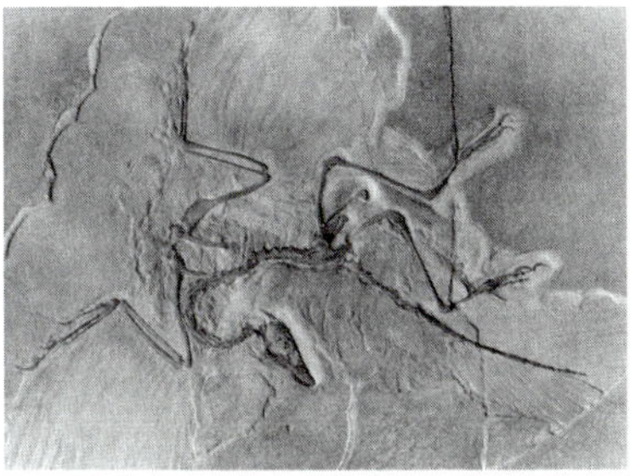

Das Foto der versteinerten Überreste zeigt, dass *Archaeopteryx* das Skelett eines kleinen Dinosauriers mit den für Vögel typischen Federn vereinigte. *Archaeopteryx* gilt deshalb als Brückentier zwischen den heute lebenden Reptilien und Vögeln.

Eine der schwierigsten Aufgaben ist die **Rekonstruktion** der Lebensweise eines fossilen Fundes. Nach der heute vorherrschenden Meinung waren die Vorfahren von *Archaeopteryx* kleine, zweifüßig rennende Dinosaurier, die auf Bäumen lebten. Bäume dienten vielleicht als Versteck, als Nist- und Schlafplatz und boten Vorteile bei der Nahrungssuche. Durch die Federn wurde der Sprung auf den Boden abgemildert. Die Vergrößerung der Federfläche erlaubte es, den Sprung von der Höhe herab zu verlängern, in ein Gleiten zu überführen und schließlich durch Schlagbewegungen eine ebene Flugbahn zu erreichen. Der Lauffuß deutet darauf hin, dass die bodenständige Art der Fortbewegung nach wie vor beibehalten wurde. Auf dem Boden wechselten die Tiere im zweibeinigen Lauf zum nächsten Baum, wo sie wieder daran hochkletterten, um Insekten und deren Larven abzusammeln, sich zu verstecken, zu nisten oder zu schlafen. *Archaeopteryx* war wohl zum Schlagflug fähig, aber sicher nicht zum ausdauernden Streckenflug. Und er war noch immer ein guter Läufer.

Rekonstruktion von Archaeopteryx als Gleitflieger

2 Die Abstammung der Lebewesen

Fossilien sind die überzeugendsten Belege dafür, dass die Lebewesen auf der Erde eine Entwicklungsgeschichte haben und aus gemeinsamen Vorfahren entstanden sind. Auf Grund dieser Annahme können sie in einem **System abgestufter Ähnlichkeiten** geordnet werden, das deutlich macht, wie nahe oder fern sie miteinander verwandt sind.

2.1 Homologe und analoge Organe

Am auffallendsten sind **Ähnlichkeiten** von Organen oder Organsystemen. Dabei müssen zwei unterschiedliche Formen von Ähnlichkeiten unterschieden werden:

Anpassungsähnlichkeit

Vergleicht man die **Grabbeine** von Maulwurf und Maulwurfsgrille, so fällt sofort das ähnliche Erscheinungsbild auf. Das hängt damit zusammen, dass diese Grabbeine bei beiden Lebewesen dieselbe Funktion erfüllen. Es handelt sich um eine **Anpassung** von ansonsten sehr verschiedenartigen Lebewesen an gleichartige Umweltbedingungen. Sie sind das Ergebnis einer gleichgerichteten (konvergenten) Entwicklung, liefern aber keinerlei Hinweise für Verwandtschaftsbeziehungen. Man nennt sie **analoge Organe**.

Analoge Organe

Vergleicht man dagegen das Grabbein eines Maulwurfs mit den Flügeln einer Fledermaus, lassen sich rein äußerlich keine Ähnlichkeiten feststellen. Das ist auf den ersten Blick auch nachvollziehbar, da diese Organe völlig unterschiedliche Funktionen erfüllen. Das Grabbein des Maulwurfs dient zum Graben in der Erde, während der Flügel der Fledermaus zum Fliegen benötigt wird.

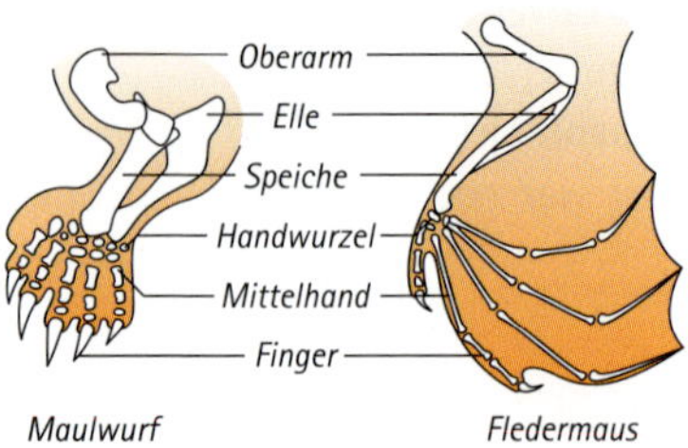

Homologe Organe

Abstammungsähnlichkeit

Durch Untersuchung der anatomischen Verhältnisse der beiden Vorderextremitäten zeigt sich jedoch, dass es Ähnlichkeiten gibt. Vergleicht man die Anzahl und die Lage der Knochen in den beiden Gliedmaßen, lässt sich in beiden Vorderextremitäten ein **Muster** erkennen, das sich in abgewandelter Form bei den Vorderextremitäten aller Säugetiere wiederfindet. Diesen äußerlich verschiedenen Organen liegt also ein gemeinsamer **Bauplan** zugrunde. Sie werden als **homologe Organe** bezeichnet. Sie kommen durch die **Abstammung von gemeinsamen Vorfahren** zustande.

2.2 Entwicklungsreihen

Findet man bei verschiedenen Lebewesen ein Organ, das homolog ist, so gilt das in der Regel auch für alle anderen Organe. So sind bei den Säugetieren nicht nur die Extremitäten homolog, sondern auch das übrige Skelett, die Fortpflanzungsorgane, das Nervensystem und das Herz-Kreislauf-System. Lebewesen, deren Organsysteme homolog sind, werden zu einem gemeinsamen **Bauplantyp** zusammengefasst.

Vergleicht man homologe Organe oder Organsysteme, lassen sie sich häufig so anordnen, dass die Abwandlungen im Laufe der Entwicklungsgeschichte erkennbar werden. Ein geeignetes Beispiel dafür ist die Entwicklungsreihe des Herz-Kreislauf-Systems der Wirbeltiere:

Entwicklungsreihe des Herz-Kreislauf-Systems der Wirbeltiere

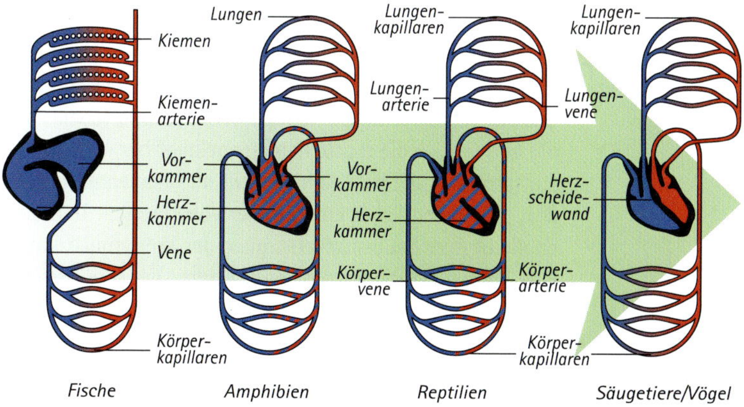

Fische

Fische. Ihr Herz besteht aus nur einem Vorhof, in dem das sauerstoffarme Blut aus dem Körper gesammelt wird, und einer Kammer, die dieses Blut über eine Kiemenarterie zu den Kiemen pumpt. Nachdem es dort Sauerstoff aufgenommen hat, gelangt es in den Körper. Über eine Vene wird das sauerstoffarme Blut zum Herzen zurück transportiert. Durch das Herz fließt also nur sauerstoffarmes Blut.

Amphibien

Amphibien. Sie haben als Larven in Anpassung an das Leben im Wasser den gleichen Grundbauplan wie die Fische. Die erwachsenen Tiere dagegen atmen mit Lungen, die über einen speziellen Lungenkreislauf mit Blut durchströmt werden. Das Herz besteht aus zwei Vorhöfen, aber nur einer Kammer. In den beiden Vorhöfen wird das sauerstoffarme Blut aus dem Körper und das sauerstoffreiche Blut aus den Lungen gesammelt. Die Kammer pumpt Mischblut in den Körper- und in den Lungenkreislauf.

Reptilien

Reptilien. Bei ihnen ist das Prinzip der Trennung von Lungen- und Körperkreislauf weiterentwickelt. Die Herzkammer wird durch eine muskulöse Trennwand weitgehend, aber noch nicht vollständig, in zwei Hälften geteilt. sauerstoffreiches Blut aus den Lungen vermischt sich nur noch geringfügig mit sauerstoffarmem Blut aus dem Körperkreislauf. Dadurch gelangt Blut mit einem höheren Sauerstoffgehalt in den Körperkreislauf.

Vögel und Säugetiere

Vögel und Säugetiere. Ihr Herz besteht aus zwei Vorhöfen und zwei Herzkammern. Die rechte und die linke Herzhälfte und damit auch Lungen- und Körperkreislauf sind vollständig getrennt. In die rechte Kammer gelangt nur noch sauerstoffarmes, in die linke Kammer nur noch sauerstoffreiches Blut. Ein wesentlicher Effekt dieser vollständigen Trennung ist die bessere Sauerstoffversorgung der Skelettmuskulatur: eine Voraussetzung für das »Kältezittern« der Muskeln, das nur selten äußerlich sichtbare Bewegungen, sondern Wärme erzeugt. Dadurch kann eine von den Schwankungen der Außentemperatur unabhängige konstante Körpertemperatur erzeugt und aufrechterhalten werden.

2.3 Der Stammbaum der Pferde

Durch Fossilfunde besonders gut belegt ist die **Entwicklungsgeschichte der Pferde**. Sie lässt sich anhand des rekonstruierten Stammbaums der Pferde und einiger körperlicher Details verfolgen: Die Tiere wurden immer **größer**; die Schulterhöhe nahm von etwa 30 cm bei *Hyracotherium* auf über 1,80 m bei den heutigen Pferden zu. Die Zahl der **Zehen** wurde schrittweise von 4 auf 1 verringert; gleichzeitig wurde die Mittelzehe zunehmend größer und kräftiger. Die **Zähne** wurden ebenfalls größer und kräftiger: Kaufläche, Kronenhöhe und Wurzellänge nahmen schrittweise zu; gleichzeitig faltete sich der Zahnschmelz. Der Unterkiefer wurde höher und zusammen mit dem **Schädel** länger.

Den Fossilfunden zufolge entwickelten sich die Pferde ausschließlich in Nordamerika. Die in Südamerika, Europa und Asien gefundenen Exemplare sind von Nordamerika aus eingewandert.

Diese Entwicklungen kamen durch allmähliche Anpassungen an tiefgreifende **Veränderungen des Lebensraums** während des Miozäns zustande. In diesem Zeitraum wurde das Klima trockener und ein Großteil der Waldgebiete wurde durch Grassteppen ersetzt. Die Umstellung auf die neue Nahrungsquelle zeigt sich am deutlichsten am Gebiss, das eine Entwicklungslinie vom Allesfresser über den Laubfresser zum Grasfresser zeigt.

Stammbaum der Pferde mit Entwicklung des Fußskeletts, des Gebisses und des Schädels

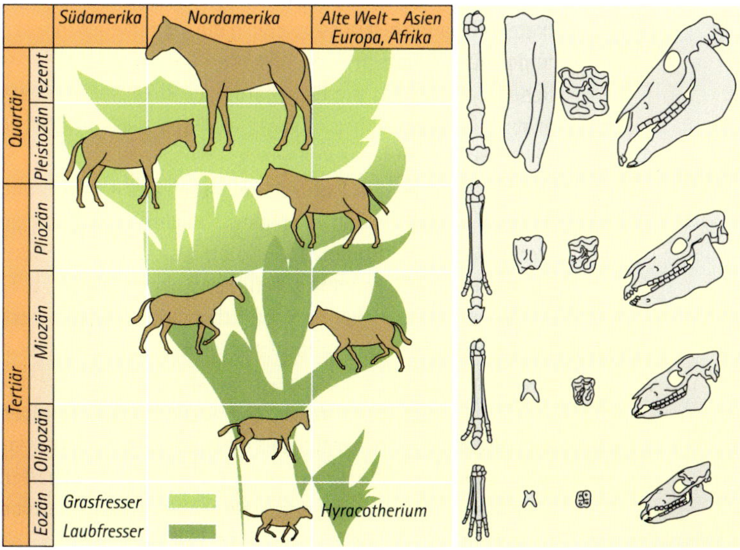

3 Evolutionsfaktoren

Kein naturwissenschaftlich geschulter Mensch zweifelt mehr daran, dass alle heutigen Lebewesen von andersartigen Formen abstammen. Dafür sind die fossilen Belege zu eindeutig. Weniger eindeutig ist, **wie** die Entwicklung der Lebewesen im Einzelnen verlaufen ist, **welche** Ahnenformen die heute lebenden Arten hatten und wie sie miteinander **verwandt** sind. **Wodurch** es zu dieser Evolution der Lebewesen kam und welche **Faktoren** für den Wandel verantwortlich sind, wird im Folgenden an zwei Beispielen erläutert.

3.1 Mutation und Selektion

Birkenspanner sind nachtaktive Schmetterlinge, die tagsüber auf Birkenstämmen ruhen.

Vom Birkenspanner gibt es zwei verschiedene Phänotypen: eine **hellgraue Wildform** mit nur wenigen dunklen Flecken und eine **dunkle Form**. Untersuchungen in England ergaben, dass bis zur Mitte des vorigen Jahrhunderts praktisch ausschließlich die hellgraue Wildform vorherrschte. Die ersten dunklen Formen tauchten um 1850 auf. Mit der fortschreitenden Industrialisierung nahm die Häufigkeit der dunklen Form dramatisch zu. Um 1950 waren in einigen Industriegebieten Englands fast ausschließlich dunkle Birkenspanner zu finden. Die Wildform lebte beinahe nur noch in den ländlichen Gebieten. Da die Flügelfarbe der Birkenspanner **vererbt** wird, stellt sich die Frage, wodurch diese drastische Veränderung hervorgerufen wurde.

Mutation: Veränderung von Erbanlagen

Verursacht wird der Farbwechsel durch die Veränderung einer Erbanlage der Birkenspanner. Solche Veränderungen werden als **Mutationen** bezeichnet. Mutationen erfolgen aber nicht gezielt, sondern **zufällig** und **ungerichtet**, d. h. es ist weder vorhersehbar, **welche** Erbanlage sich verändert, noch **wie** sie verändert wird. Mutationen alleine führen also noch nicht zu einer Anpassung an veränderte Umweltbedingungen. Erst durch die **natürliche Auslese** der Lebewesen mit nachteiligen Merkmalen aus einer Vielzahl von Mutationen überleben langfristig die Lebewesen mit vorteilhaften Merkmalen und vermehren sich. Diesen Vorgang nennt man **Selektion**.

Selektion: natürliche Auslese

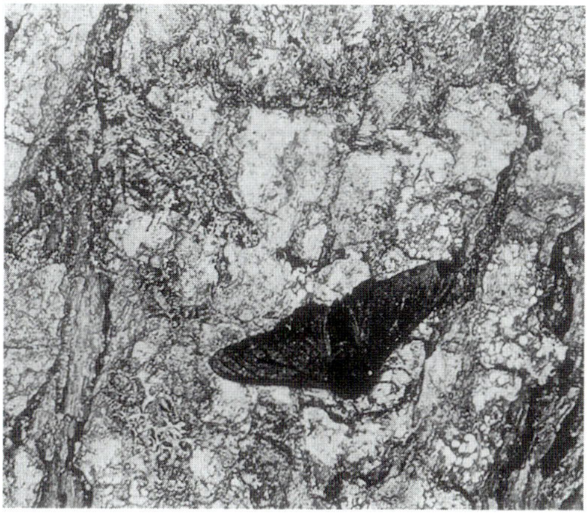

Birkenspanner auf heller Birkenrinde

Bei den Birkenspannern kommt es durch Vögel zu einer natürlichen Auslese: Birkenspanner ruhen tagsüber häufig auf Baumstämmen. Das Foto rechts zeigt beide Birkenspanner-Formen auf einer flechtenbewachsenen Birke, wie sie in ländlichen Regionen vorkommt. Die helle Form ist fast nicht zu erkennen und daher sehr gut getarnt, während die dunkle Form sich deutlich abhebt. Ein Vogel, der auf der Suche nach Nahrung ist, wird nur den dunklen Birkenspanner entdecken und fressen. Stellt man sich das gleiche Paar auf einer Birke aus einem Industriegebiet vor, an der durch die starke Luftverschmutzung der Flechtenbewuchs abgestorben und die Borke rußgeschwärzt ist, wird der Vorteil der dunklen Färbung offensichtlich. Unter dieser Voraussetzung ist es genau umgekehrt. Die Folge wird sein, dass die dunkle Form in ländlichen Gebieten häufiger gefressen wird, die Wildform dagegen häufiger in Industriegebieten.
In der Tabelle sind weitere Faktoren aufgelistet, die zur natürlichen Auslese im Evolutionsprozess beitragen.

Selektion durch Umweltfaktoren	Selektion durch andere Lebewesen
Temperatur	Fressfeinde (Räuber)
Luftfeuchtigkeit	Parasiten
Lichtmenge	Nahrungskonkurrenten
Salzkonzentration	Beutetiere
Sauerstoffgehalt	Futterpflanzen
Kohlenstoffdioxidgehalt	Geschlechtspartner
pH-Wert	
Mineralzusammensetzung	
Bodenbeschaffenheit	
Wind	

3.2 Isolation

Durch große Entfernungen innerhalb eines Verbreitungsgebietes einer Art können die Lebewesen so weit räumlich getrennt sein, dass sie sich unabhängig voneinander weiterentwickeln. Dadurch entstehen neue Rassen oder sogar Arten.

Ein wesentlicher Faktor für das Entstehen neuer Arten ist die **räumliche Trennung** (geografische Isolation). Sie kann auf verschiedene Weisen erfolgen.

Durch **Bewegungen der Erdkruste** kann das ursprünglich zusammenhängende Verbreitungsgebiet einer Art in mehrere Teilgebiete zerfallen, die durch unüberwindliche Barrieren voneinander getrennt sind. So sind Teile des Festlandes als Inseln abgetrennt worden. Inseln und Inselgruppen sind auch dadurch entstanden, dass Landbrücken im Meer versanken.

Auch **Klimaveränderungen** tragen dazu bei, dass sich neue Arten entwickeln. Durch das Vordringen der Gletscher aus Nordeuropa und aus den Alpen während der Eiszeit wurden die **Krähen** in eine westliche und eine östliche Gruppe getrennt. Beide Gruppen entwickelten sich während der Trennung unabhängig voneinander weiter, so dass zwei unterschiedliche Unterarten oder Rassen der Krähe entstanden, die **Rabenkrähe** und die **Nebelkrähe**. Die heutigen Brutgebiete der beiden Rassen stimmen noch immer mit den Rückzugsgebieten während der Eiszeit überein. In der schmalen Kontaktzone, in der die beiden Rassen heute aufeinander treffen, kommt es wieder zur Vermischung der Erbanlagen, da Rassen noch untereinander fortpflanzungsfähig sind.

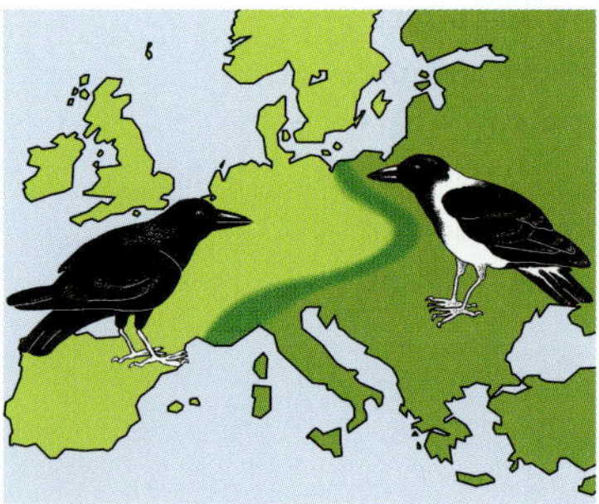

Brutgebiete der Raben- und der Nebelkrähe

In anderen Fällen entwickelten sich die Rassen zu »echten« Arten. Es gibt eine Reihe von **Zwillings- oder Geschwisterarten**, die auf diese Weise entstanden sind. Ihre Verbreitungsgebiete sind in der Regel deutlich in Ost-West-Richtung geteilt; sie kommen aber auch nebeneinander im gleichen Verbreitungsgebiet vor. Äußerlich lassen sie sich oft kaum voneinander unterscheiden, können sich aber untereinander nicht fortpflanzen. Beispiele sind Nachtigall und Sprosser sowie Grünspecht und Grauspecht.

4 Entwicklung zum Menschen

Eine der spannendsten Fragen ist die nach der Herkunft des Menschen. Einiges lässt sich aus einem Vergleich mit den nächsten Verwandten, den Menschenaffen, ableiten. Zusammen mit Fossilfunden von Vorläufern des Menschen fügt sich daraus ein Mosaik der Entwicklungsgeschichte der Menschheit.

4.1 Die Verwandtschaft des Menschen

Von allen Tieren sind die Menschenaffen, vor allem die Schimpansen, dem Menschen am ähnlichsten. Sie haben einen ähnlichen Körperbau, bewegen sich ähnlich und zeigen auch in ihrem Verhalten viele **Übereinstimmungen**. Das lässt auf eine enge Verwandtschaft zwischen den Menschen und den Menschenaffen schließen. Trotzdem gibt es deutliche **Unterschiede** im Körperbau und in der Körperhaltung, die vor allem im Zusammenhang mit der unterschiedlichen Fortbewegungsweise stehen.

Menschen sind die einzigen Tiere, die dauerhaft **aufrecht** gehen. Zwar kann man auch bei Menschenaffen zeitweise beobachten, dass sie auf zwei Beinen laufen, aber nur über kurze Strecken. Ein völliges Aufrichten lassen die anatomischen Verhältnisse auf Dauer nicht zu. Menschen können die Knie völlig durchdrücken und die Beine senkrecht stellen. Durch die S-förmige, federnde Wirbelsäule kann auch der Oberkörper vollständig aufgerichtet werden. Der Greiffuß der Menschenaffen mit abspreizbarer großer Zehe ist beim Menschen in einen Standfuß umgewandelt, der zwar keine Greiffunktionen mehr ausführt, aber dafür das gesamte Körpergewicht trägt.

Skelettvergleich von Mensch und Schimpanse

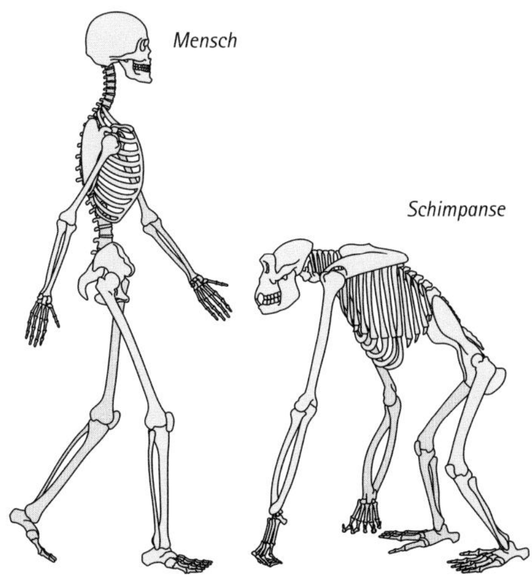

4.2 Die Vorläufer des Menschen

Die frühesten Fossilfunde, die man zu den Vormenschen rechnet, werden als **Australopithecus** (»Südaffe«) bezeichnet. Sie stammen aus einem Zeitraum von vor etwa 4 Millionen bis 1 Million Jahren. Es gab mehrere Australopithecus-Arten, die teilweise gleichzeitig lebten.

Es sind vor allem drei Merkmale, die diese Fossilien zu Vormenschen machen: Alle Skelettfunde zeigen eindeutig, dass Australopithecus auf zwei Beinen **aufrecht** ging. Berühmt wurde in diesem Zusammenhang das Skelett einer vermutlich weiblichen Hominiden, die in Anlehnung an einen Song der Beatles den Namen »Lucy« erhielt. Obwohl das Skelett nur zu 40 % erhalten geblieben ist, insbesondere Knochen der unteren Extremitäten und des Beckens, sind das weitaus mehr Teile als bei irgendeinem vergleichbaren Fossil. Die große Zehe, die beim Greiffuß der Menschenaffen abgespreizt wird, ist an die übrigen Zehen herangerückt; die Fußwurzel ist im Vergleich zur Zehenlänge deutlich größer geworden. Vor allem zeigen die **Fußspuren**, die zwei Hominiden vor etwa 3,6 Millionen Jahren in der Vulkanasche von Laetoli (Tansania) hinterlassen haben, dass ein Fußgewölbe vorhanden war, das – wie unser heutiges Fußgewölbe – der Federung und der besseren Gewichtsverteilung diente.

Fußspuren von Laetoli

Es gibt allerdings auch eine Reihe von Abweichungen zu den Verhältnissen beim Menschen, die darauf hindeuten, dass Australopithecus ein guter **Kletterer** war: Die Arme waren im Vergleich zu den Beinen deutlich länger und die Zehenknochen waren wie die Fingerknochen gekrümmt.

Australopithecus: ursprüngliche Merkmale der Menschenaffen (Kletterer, Gehirnvolumen) und fortgeschrittene Merkmale des Menschen (aufrechter Gang, Kauapparat)

Im Vergleich zu den Menschenaffen fehlen bei Australopithecus die langen Eckzähne; Lücken im Gebiß sind aber bei vielen Funden noch vorhanden. Die Schädelausgüsse zeigen, dass Australopithecus mit einem durchschnittlichen Gehirnvolumen von etwa 420 cm^3 noch deutlich im Bereich der Menschenaffen lag.

4.3 Der Stammbaum der Hominiden

Die Entwicklung der Hominiden begann vermutlich mit **Australopithecus afarensis**, der für etwa 1 Million Jahre wahrscheinlich der einzige Vertreter dieser Gattung war. Vor etwa 3 Millionen Jahren wurde er vom zierlicheren **Australopithecus africanus** und vom robusten **Australopithecus boisei** abgelöst. Vor etwa 2 Millionen Jahren lebten drei Hominiden-Arten nebeneinander: Australopithecus africanus, Australopithecus boisei und die ersten Menschen, **Homo habilis**, bei denen zusammen mit den Schädel- und Skelettresten grob behauene Geröllsteine gefunden wurden, die diese Hominiden vermutlich als **Werkzeuge** genutzt hatten.

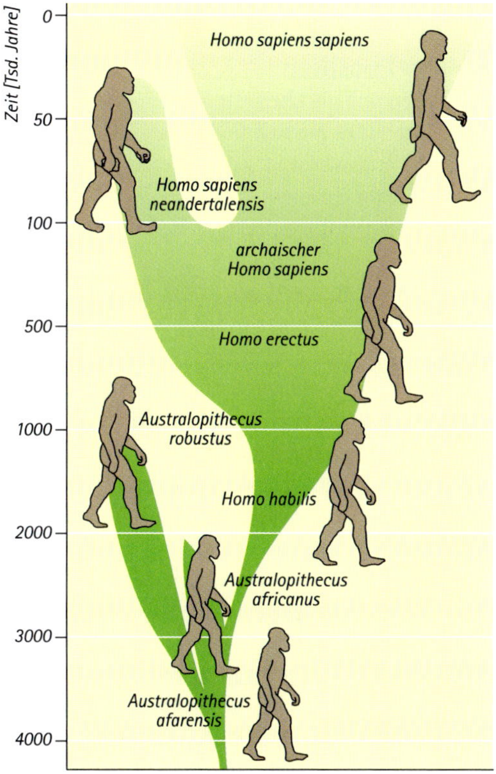

Der Stammbaum der Hominiden

In Schichten jüngeren Datums tauchen dann Schädel und Skelette auf, die einer neuen Hominidenart zugeordnet werden, die **Homo erectus** genannt wird. Homo erectus erweiterte sein Siedlungsgebiet über Afrika hinaus bis nach Europa und Ostasien. Aus dem späten Homo erectus entwickelte sich in verschiedenen Regionen der Welt der Jetztmensch, **Homo sapiens**, von dem in Europa eine einzige Entwicklungslinie zum **Neandertaler** führte, der aber vor etwa 30 000 Jahren ausstarb. Im afrikanischen Ursprungsgebiet entwickelte sich in dieser Zeit der moderne Mensch, **Homo sapiens sapiens**, der vor 100 000 Jahren auswanderte und alle anderen Kontinente besiedelte.

Auf einen Blick: Evolution der Lebewesen

Fossilien

- **Fossilien** sind die Überreste und Spuren ausgestorbener Lebewesen aus früheren Erdzeitaltern. Die meisten findet man in Ablagerungsgesteinen **(Sedimenten).**
- Aus der Reihenfolge in Sedimenten kann das **relative Alter** von Fossilien, aus dem Zerfall aufgenommener radioaktiver Stoffe das **absolute Alter** bestimmt werden.
- Fossile Brückentiere sind gemeinsame Ahnenformen verschiedener Tierklassen.

Abstammung der Lebewesen

- Lebewesen können nach abgestuften Ähnlichkeiten geordnet werden.
- **Analoge Organe** sind das Ergebnis einer gleichgerichteten Entwicklung; sie liefern aber keinerlei Hinweise für Verwandtschaftsbeziehungen.
- **Homologen Organen** liegt ein gemeinsamer Bauplan zugrunde. Sie kommen durch die **Abstammung** von gemeinsamen Vorfahren zustande.
- Homologe Organe oder Organsysteme lassen sich so in **Entwicklungsreihen** anordnen, dass die Abwandlungen im Laufe der Entwicklungsgeschichte erkennbar werden.
- Für einige Gruppen lassen sich **Stammbäume** aufstellen, die die Verwandtschaftsbeziehungen zeigen.

Evolutionsfaktoren

- Veränderungen von Lebewesen, die vererbt werden, kommen durch **Mutationen** zustande. Sie erfolgen **zufällig** und **ungerichtet**.
- Mutationen alleine führen also noch nicht zu einer **Anpassung** an veränderte Umweltbedingungen.
- Durch die **Selektion** der Lebewesen mit nachteiligen Merkmalen aus einer Vielzahl von Mutationen überleben langfristig die Lebewesen mit vorteilhaften Merkmalen und vermehren sich.
- Ein wesentlicher Faktor für das Entstehen neuer Arten: **geografische Isolation**.

Entwicklung zum Menschen

- Viele **Ähnlichkeiten** im Körperbau von Menschenaffen und Menschen lassen auf eine enge Verwandtschaft schließen.
- Die **Unterschiede** im Körperbau und in der Körperhaltung stehen vor allem im Zusammenhang mit dem **aufrechten Gang**.
- Die Entwicklungsgeschichte der **Hominiden** von den ersten Vormenschen bis zum Jetztmenschen verlief über 4 Millionen Jahre.

Lebewesen lassen sich ordnen

Die Formenvielfalt der Lebewesen ist unüberschaubar. Heute erfolgt eine Einteilung in Prokaryonten, Einzeller, Pilze, Pflanzen und Tiere. Die grundlegende Einheit ist immer die Art. Unspezialisierte Lebewesen sind auf das Leben im Wasser angewiesen. Die Eroberung unterschiedlicher Lebensräume ist an Spezialisierung und Differenzierung in Bau und Funktion gebunden. Sie ist bei den Samenpflanzen, Gliederfüßern und Wirbeltieren am weitesten entwickelt.

1 Systematik – die fünf Reiche der Lebewesen

Die Art umfasst alle Individuen, die in wesentlichen Merkmalen übereinstimmen und sich fruchtbar miteinander fortpflanzen können.

Seit etwa 3,5 Milliarden Jahren gibt es auf der Erde Lebewesen; im Verlaufe dieser Zeit ist eine ungeheure **Formenvielfalt** entstanden. Heute sind etwa 1,5 Millionen Arten bekannt. Schon früh versuchte man diese Vielfalt zu **ordnen**, die Organismen zu beschreiben und zu benennen; die **Systematik** als Teilgebiet der Biologie entstand.
Die Grundlage für das heute gültige **Ordnungssystem** legte *Carl von Linné* (1707–1778) mit der Einteilung in **Pflanzen** und **Tiere**. Mittlerweile verwendet die Systematik Erkenntnisse aus allen Teilgebieten der Biologie, um die Verwandtschaft zwischen den Organismen aufzuklären. Etwa seit 1960 werden die Lebewesen **fünf Reichen** zugeordnet: **Prokaryonten**, **Einzeller**, **Pilze**, **Pflanzen** und **Tiere**.

Beispiel einer Tierkategorisierung:

Reich	Tier
Stamm	Chordatiere
Unterstamm	Wirbeltiere
Klasse	Säugetiere
Ordnung	Raubtiere
Familie	Hundeartige
Gattung	Hund
Art	Haushund
Rasse	Dackel

Grundlegende Einheit ist die **Art**. Arten mit ähnlichen Merkmalen bilden die **Gattung**; Gattungen werden wiederum in nächsthöhere Kategorien geordnet: **Familien**, **Ordnungen** und **Klassen**. Bei den Pflanzen werden die Klassen zu **Abteilungen**, bei den Tieren zu **Stämmen** zusammengefasst. Die höchste Kategorie ist das **Reich**. Zu jeder Kategorie können Untergruppen gebildet werden. Die beschriebene Einteilung ist bei den Biologen nach wie vor umstritten und teilweise wird nur die Gliederung in **Prokaryonten** und **Eukaryonten** akzeptiert. Nachfolgend werden einzelne Gruppen von Organismen vorgestellt.

2 Reich: Prokaryonten

Über Bau, Vorkommen und Bedeutung wird in den Kapiteln 1, 4, 9 und 10 ausführlich informiert.

Prokaryonten sind **einzellige Lebewesen** mit einfach gebauter Zelle **ohne echten Zellkern** (s. a. Kapitel 1, 4, 9 und 10). Sie besiedeln alle Lebensräume und spielen eine **große Rolle im Stoffkreislauf der Natur** sowie als **Krankheitserreger** bei Pflanzen, Tieren und Menschen. Ihre Fortpflanzung erfolgt bei günstigen Umweltbedingungen ungeschlechtlich durch Zweiteilung, häufig kommt es zu Massenvermehrungen. Einige Arten bilden einfache Zellkolonien. Eine Einteilung erfolgt in die Stämme:

- **Urbakterien (Archaebakterien)**: unbeweglich, sehr klein, oft an extremen Standorten (z. B. Salzbakterien).
- **Echte Bakterien (Eubakterien)**: stäbchen-, schrauben- oder kugelförmig, teilweise Fortbewegung mit Geißel.
- **Zyanobakterien (Blaualgen)**: einzellig oder in fädigen Zellkolonien, autotroph.

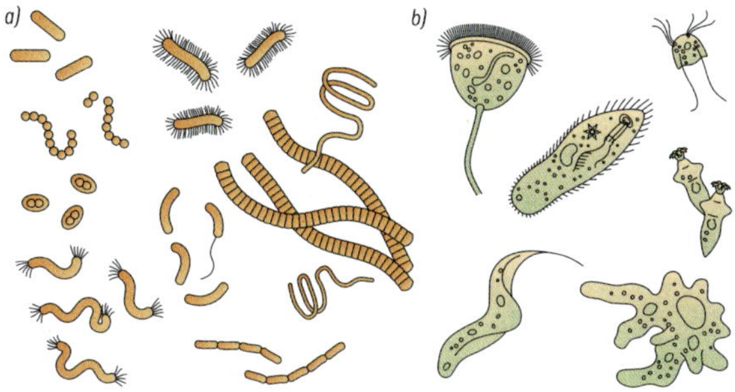

a) Prokaryonten: Urbakterien, Echte Bakterien, Blaualgen,
b) Einzellige Eukaryonten: Wimpertierchen, Geißeltierchen, Sporentierchen, Wurzelfüßer

3 Reich: Einzeller (Protozoa/Protista)

Protozoen sind **Eukaryonten**. Sie besitzen neben einem echten Zellkern und allen typischen Zellstrukturen zusätzlich **spezifische Organellen** zur Bewegung, Ernährung, Ausscheidung oder Reizwahrnehmung. Manche Einzeller bilden ein Innen- oder Außenskelett aus. Sie leben vorwiegend im Wasser, aber auch in feuchter Erde oder parasitisch. Ihre Ernährung ist meist heterotroph. Einige Gruppen bilden Zellkolonien. Ihre Fortpflanzung erfolgt ungeschlechtlich durch Zwei- und Vielfachteilungen, aber auch geschlechtlich durch Konjugation (Austausch von Erbmaterial). Sie werden in folgende Stämme eingeteilt:

Die Einzeller werden in Kapitel 1 ausführlich vorgestellt.

- **Geißeltierchen (Flagellaten)**: eine oder mehrere Geißeln, z. B. Trypanosoma (Erreger der Schlafkrankheit).
- **Wurzelfüßer (Rhizopoden)**: sehr vielgestaltig, z. B. Amöbe, Strahlentierchen, Foraminiferen.

- **Wimpertierchen (Ciliaten)**: zahlreiche Wimpern zur Fortbewegung und Nahrungsaufnahme, teilweise koloniebildend, z. B. Pantoffeltier, Glockentier
- **Sporentierchen (Sporozoa)**: parasitär, Vermehrung durch Sporen, z. B. Plasmodium (Malaria-Erreger).

4 Reich: Pilze

Die Pilze stellen eine sehr uneinheitliche Organismengruppe dar; sie sind als **Fäulnisbewohner** (Saprophyten) oder **Parasiten** auf organische Nährstoffe angewiesen (heterotroph). Bekannt sind einzellige und vielzellige Formen. Ihr Körper besteht aus langen Zellfäden, den **Hyphen**, mit denen sie ihr Substrat durchziehen. Oft bilden die Hyphen dichte Geflechte aus, das **Myzel**. Ihre Zellwände bestehen meist aus Chitin, als Reservestoffe werden Fett und Glykogen gespeichert. Einige Gruppen bilden **Fruchtkörper** aus, die **Sporen** tragen. Ihre Fortpflanzung erfolgt ungeschlechtlich durch Sprossung oder Sporenbildung oder geschlechtlich. Die wichtigsten Gruppen sind:

- **Schleimpilze**: einzellige vielkernige Plasmamassen, amöboid beweglich, z. T. Erreger von Pflanzenkrankheiten.
- **Algenpilze**: meist vielkernige, ungegliederte Zellfäden, z. T. Erreger von Tier- und Pflanzenkrankheiten.
- **Echte Pilze**: meist aus Myzelen aufgebaut, Sporenbildung in typischen Fruchtkörpern; weiter unterteilt in **Hefepilze**

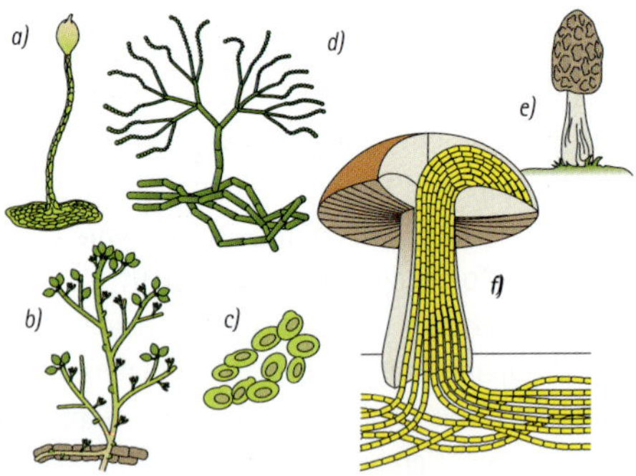

a) Schleimpilz (Dictyostelium), b) Penicillium, c) Hefe, d) Algenpilz (Falscher Mehltau), e) Morchel, f) Schema eines Hutpilzes, Foto: Riesenschirmpilz

(z. B. Back- und Bierhefen), **Jochpilze** (z. B. Schimmelpilze), **Schlauchpilze** (z. B. Morchel, Trüffel, Penicilliumarten) und **Ständerpilze** (z. B. Steinpilz, Riesenschirmpilz).

5 Reich: Pflanzen

Alle Pflanzen sind **Eukaryonten**, ihre Zellen sind von **festen Zellwänden** umgeben und enthalten **Plastiden**. Ihre Lebensweise ist **autotroph**, sie betreiben Photosynthese. Die höheren Pflanzen sind in **Wurzel**, **Spross** und **Blätter** gegliedert (ausführliche Informationen in den Kapiteln 1, 2 und 10).

5.1 Algen

Algen sind als einzellige oder vielzellige Wasserbewohner im Süßwasser und in allen Tiefen des Meeres anzutreffen. Sie bilden fädige oder flächige Zellverbände aus, ihr Vegetationskörper ist **nicht in Gewebe und Organe gegliedert**. Sie sind **autotroph** und enthalten außer Chlorophyll oft weitere Farbstoffe. Ihre Fortpflanzung findet meist geschlechtlich durch Ausbildung speziell differenzierter Zellen (Gameten) statt. Ausgewählte Klassen sind:

- **Grünalgen**: einzellige, koloniebildende oder vielzellige Formen, die als Modell für die Evolution von der Ein- zur Vielzelligkeit angesehen werden. Bewegung durch Geißeln, vielzellige Arten mit Haftzellen (Rhizoidzellen) festsitzend; meist Süßwasserbewohner.

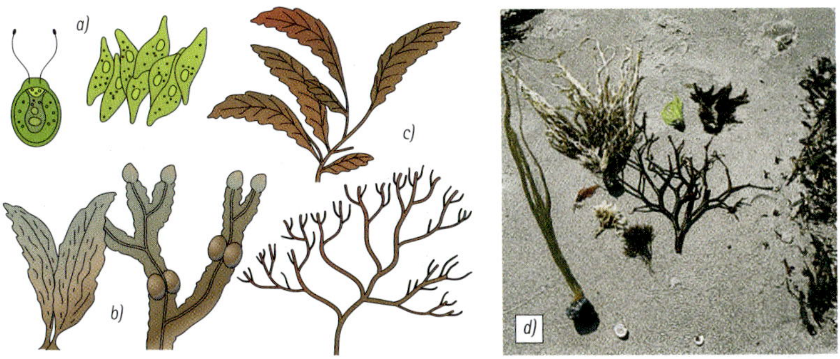

a) Grünalgen (Chlamydomonas, Scenedesmus), b) Braunalgen (Meerwegerich, Blasentang), c) Rotalgen (Meerampfer, Horntang), d) Strandfunde

- **Braunalgen**: vielzellige, faden- oder flächenförmige Arten, oft in blatt- und stengelartige Abschnitte gegliedert; enthalten neben Chlorophyll gelbbraune Farbstoffe. Meist festsitzende Meeresbewohner (Beerentang bis 70 m lang).
- **Rotalgen**: vielzellige, verzweigte Zellfäden oder -flächen; enthalten außer Chlorophyll rote und blaue Farbstoffe sowie pektinähnliche Stoffe in den Zellwänden (Agar).

5.2 Moospflanzen

Moose sind vielzellige **Landpflanzen**, die noch keine echten Wurzeln ausbilden; die Verankerung im Boden erfolgt über **Rhizoide**. Ihr Körper ist stengel- und blattähnlich gegliedert, die Differenzierung in Gewebe noch nicht sehr ausgeprägt. Besonders die Wasseraufnahme findet über die gesamte Oberfläche statt. Die oft dichten Moospolster wirken wie Schwämme und schützen den Boden vor Erosion. Bei der geschlechtlichen Fortpflanzung tritt ein komplizierter **Generationswechsel** zwischen **Gametophyt** (grüne Moospflanze) und **Sporophyt** (Sporenkapseln) auf. Ihre Einteilung erfolgt in zwei Klassen:

- **Lebermoose**: flächig ausgebildet oder in Blättchen und Stämmchen gegliedert, Blätter am Stamm zweizeilig.
- **Laubmoose**: immer in Blättchen und Stämmchen differenziert, Blätter sind am Stamm spiralig angeordnet.

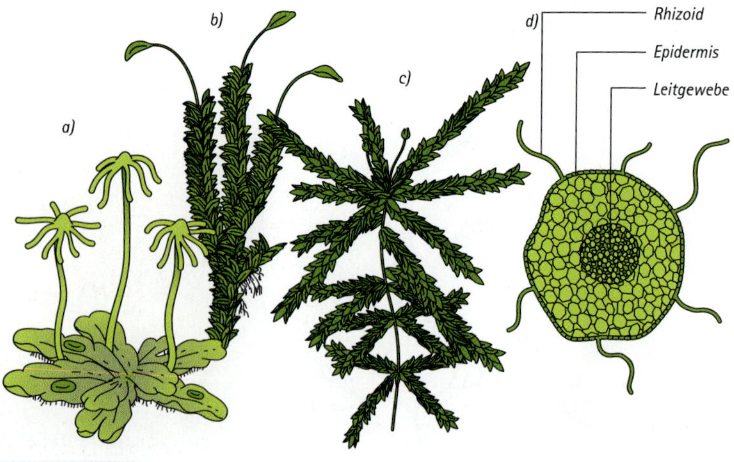

a) Lebermoos (Brunnenlebermoos); Laubmoose: b) Weißmoos, c) Torfmoos, d) Schema Moosstämmchen (Querschnitt)

5.3 Farnpflanzen

Farnpflanzen (Pteridophyta) sind krautige, in **Wurzel** und **Spross** (mit Sprossachse und Blättern) gegliederte **Sprosspflanzen (Kormophyten)**. Durch die Ausbildung unterschiedlich differenzierter Gewebe sind sie an das Landleben angepasst. In speziellen Behältern an den Blattunterseiten werden Sporen gebildet. Die Fortpflanzung erfolgt über einen **Generationswechsel** zwischen Sporophyt (grüne Pflanze) und Gametophyt. Der Stamm der Farnpflanzen wird in folgende Klassen unterteilt:

Farne: älteste Landpflanzen. Größte Ausbreitung im Karbon (vor ca. 300 Millionen Jahren); wesentlicher Anteil an der Steinkohlenbildung.

- **Ur-/Nacktfarne**: älteste Landpflanzen (etwa seit 500 Millionen Jahren), bis auf zwei Arten ausgestorben.
- **Bärlappgewächse**: immergrüne, krautige Pflanzen mit kleinen, nadelartigen Blättern, oft mit kriechender Sprossachse; im Karbon bis 40 m hohe und 5 m dicke »Bärlappbäume« bildend.
- **Schachtelhalme**: Sprossachse mit Längsriefen, an den Knoten sitzen zugespitzte, zähnchenförmige Blätter, am Stengel zu einer Scheide verwachsen. Das Stengelzentrum ist hohl. Im Karbon weit verbreitet, bis 30 m hohe und 1 m dicke »Röhrenbäume«.
- **Farne**: krautige bis holzige Arten mit meist großen, gestielten und gefiederten Blättern (Wedel), in der Jugend an den Spitzen eingerollt mit Sporangienkapseln an den Blattunterseiten. In den Tropen auch heute noch armdicke, baumförmige Arten bis 15 m Höhe.

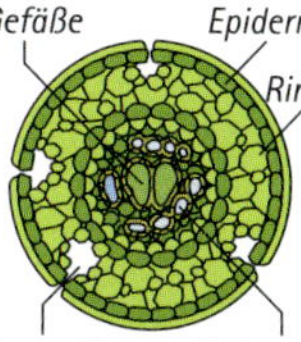

Innerer Bau der Sprossachse bei Farnen (Schema)

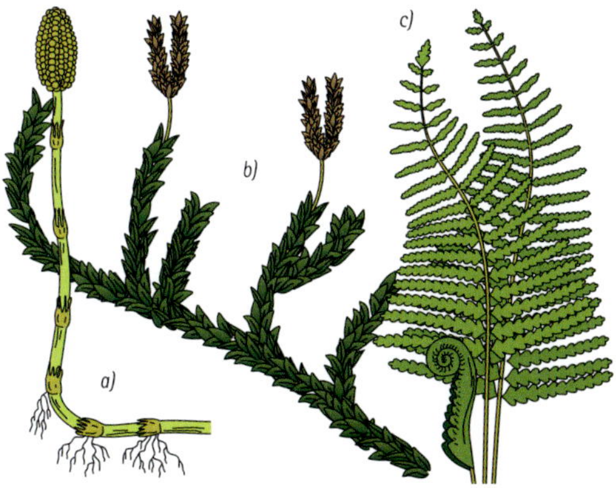

a) Ackerschachtelhalm, b) Keulen-Bärlapp, c) Wurmfarn, Foto: Farnwedel

5.4 Samen-/Blütenpflanzen

Die Samenpflanzen **(Spermatophyta)** stellen die Gruppe mit den am weitesten differenzierten Zellen, Geweben und Organen. Als **Sprosspflanzen (Kormophyten)** sind sie in Wurzel und Spross (aus Sprossachse, Blättern und Blüten) gegliedert. Sie bilden Gameten aus wenigen Zellen (männlich: **Pollen**; weiblich: **Samenanlagen mit Eizellen**) und entwickeln sich aus einem Samen mit Nährgewebe. Optimal ans Landleben angepasst leben nur wenige Arten als Tauch- und Schwimmpflanzen im Wasser. Sie werden in die **Nacktsamer (Gymnospermen)** und die **Bedecktsamer (Angiospermen)** unterteilt.

Beispiel einer Pflanzen-Kategorisierung:

Reich	Pflanzen
Abteilung	Samenpflanzen
Unterabteilung	Bedecktsamige
Klasse	Enkeimblättrige
Ordnung	Lilienartige
Familie	Liliengewächse
Gattung	Lilie
Art	Türkenbund-Lilie

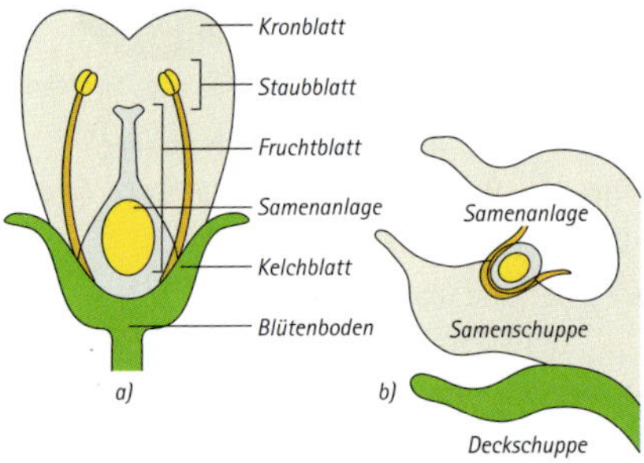

Blütenlängsschnitte: a) Bedecktsamer, zwittrig, b) Nacktsamer, weiblich

Blüte. Als Ort der Befruchtung und Keimlingsentwicklung ist sie in **Blütenhülle**, **Staub-** und **Fruchtblätter** gegliedert. Das Aussehen der Blüte ist arttypisch und dient häufig zur Artbestimmung. Alle Blütenteile gehen durch Differenzierungswachstum aus ursprünglichen Blattanlagen hervor. Die Blütenhülle dient als Schauapparat zur Anlockung von Bestäubern, bei Windblütlern ist sie stark reduziert. Die männlichen Fortpflanzungszellen (Pollen/Blütenstaub) werden in den Staubblättern gebildet, die aus **Staubbeutel** und **Staubfaden** bestehen. Die weiblichen Fortpflanzungsorgane (Eizelle und Samenanlage) sind die **Fruchtblätter**: Bei Nacktsamern liegen die Samenanlagen frei auf schuppenförmigen Blättern, bei Bedecktsamern verwachsen die Fruchtblätter zum **Fruchtknoten** mit **Griffel** und **Narbe**.

Samen. Als Fortpflanzungseinheit dienen sie der Verbreitung und Erhaltung der Art. Sie gehen aus der befruchteten Eizelle mit Samenanlage hervor, liegen bei Nacktsamern frei (Samenschuppen) und sind bei Bedecktsamern vom Fruchtknoten umhüllt. Sie sind aus **Samenschale**, **Nährgewebe** (Endosperm) und **Keimling** (Embryo) aufgebaut und verfügen zur besseren Verbreitung häufig über spezielle Ausbildungen wie Haare oder Flügel.

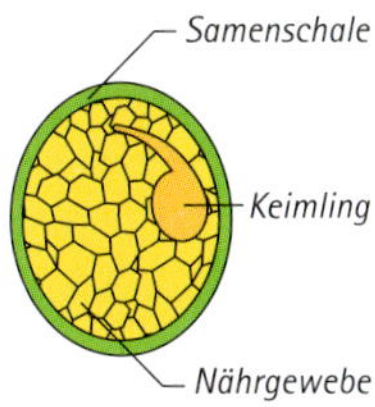

Bau des Samens

Frucht. Früchte kommen **nur bei** den **Bedecktsamern** vor, sie dienen der Verbreitung und dem Schutz. Unterschiedlicher Aufbau und Aussehen führen zu einer großen Formenvielfalt: **Nüsse**, **Steinfrüchte**, **Beeren**, **Hülsen**, **Schoten**, **Kapseln**, **Sammel-** und **Scheinfrüchte**. Bei Scheinfrüchten ist der Fruchtknoten mit weiteren Blütenteilen verwachsen (z. B. Apfel).

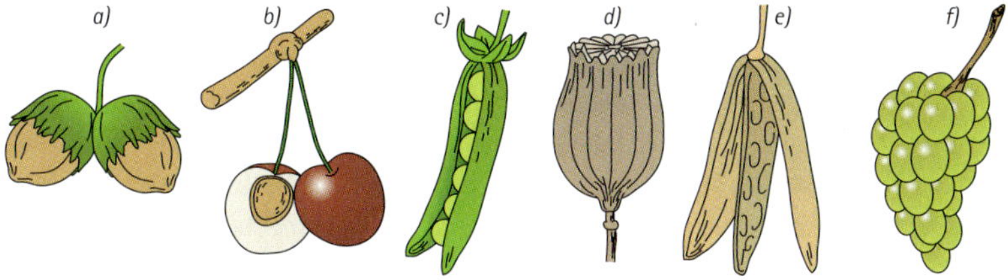

Früchte:
a) Nuss,
b) Steinfrucht,
c) Hülse,
d) Kapsel,
e) Schote,
f) Beere

Nacktsamer

Nacktsamer sind meist **Holzgewächse** (Bäume) mit **nadel-** oder **schuppenförmigen Blättern** (z. B. Nadelbäume). Die Samenanlagen liegen frei auf den Fruchtblättern und sind häufig zu zapfenartigen Samenständen vereinigt **(Zapfen)**. Die Blüten sind eingeschlechtlich, Früchte werden nicht ausgebildet. Meist handelt es sich um Windbestäuber (Pollenflug bei Nadelbäumen im Frühjahr). Bekannte Familien sind: **Ginkgogewächse**, **Kieferngewächse** und **Zypressengewächse**.

a) Ginkgo, b) Kiefer, c) Zypresse

Samenstände: Zapfen

Bedecktsamer

Zwittrig: Blüten enthalten Staub- und Fruchtblätter (zweigeschlechtlich).

Bedecktsamer werden in die beiden Gruppen der **Einkeimblättrigen (Monokotylen)** und **Zweikeimblättrigen (Dikotylen)** eingeteilt: Kräuter, Sträucher und Bäume mit meist zwittrigen, auffälligen **Blüten**, die Samenanlage ist vom **Fruchtknoten** eingeschlossen, Ausbildung von **Früchten.** Sie haben krautige oder holzige Sprossachsen und typische, **vielgestaltige Laubblätter**. Neben der geschlechtlichen Fortpflanzung (Bestäubung durch Wind, Insekten, Vögel, Fledermäuse) findet auch die ungeschlechtliche (vegetative) statt (z. B. durch Rhizome oder Brutknöllchen). Wichtige Familien der Monokotylen sind die **Süßgräser** (z. B. Reis, Weizen, Bambus) und die **Liliengewächse** (z. B. Lilie, Tulpe, Zwiebel, Spargel); der Dikotylen die **Kreuzblütler** (z. B. Kohl, Radieschen, Meerrettich), die **Lippenblütler** (z. B. Taubnessel, Thymian, Basilikum), die **Schmetterlingsblütler** (z. B. Soja, Klee, Ginster, Erbse, Bohne) und die **Korbblütler** (z. B. Sonnenblume, Salat, Arnika, Löwenzahn).

Palme: eine einkeimblättrige Pflanze

Sonnenblumen: Korbblütler

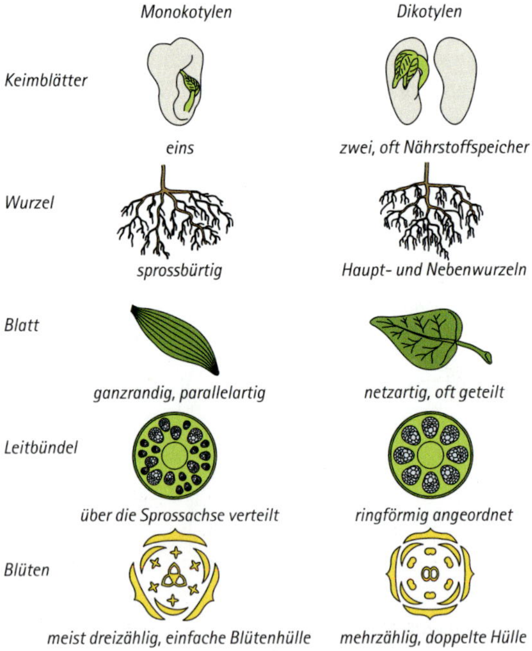

Merkmale von ein- und zweikeimblättrigen Pflanzen

6 Reich: Tiere

Vielzellige, heterotrophe Organismen, deren Zellen keine Zellwand und keine Plastiden enthalten. Zum Teil stark ausdifferenzierte und spezialisierte Zellen, Gewebe und Organe, meist frei beweglich.

6.1 Schwämme (Porifera)

Schwämme sind **festsitzende Wassertiere** mit einfachem Bau und weitgehend unspezialisierten Zellen. Ihr Körper besteht aus zwei Zellschichten, einem äußeren **Deckgewebe** und einer Innenschicht aus **Kragengeißelzellen**, die eine gallertige Grundsubstanz mit hornartigen Einlagerungen umschließen. Die Kragengeißelzellen strudeln Nahrungsteilchen herbei und nehmen diese auf. Meist Zwitter. Befruchtete Eizellen entwickeln sich zu frei beweglichen Larven, die sich festsetzen und einen neuen Schwamm ausbilden; ungeschlechtliche Fortpflanzung durch Knospenbildung (Tierstöcke).

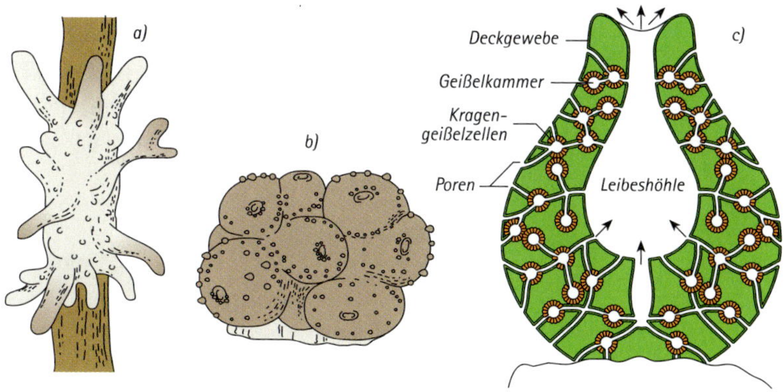

a) Süßwasserschwamm, b) Hornschwamm, c) Bau eines Schwammes (Querschnitt)

6.2 Hohltiere (Coelenterata)

Hohltiere sind **radiärsymmetrische Vielzeller** mit echten Geweben **(Eumetazoa)**; hauptsächlich Meeresbewohner, festsitzende und frei bewegliche Arten. Sie bestehen aus zwei Schichten, dem **Ektoderm** (Außenschicht) und dem **Entoderm** (Innenschicht), dazwischen verläuft eine Stütz-

Korallenriff mit Korallentieren

lamelle. Das Entoderm umgibt einen Hohlraum (Magenhöhle/Gastralraum) mit einer Öffnung (Mund/After). Teilweise ist ein Außen- oder Innenskelett aus Kalk oder Chitin ausgebildet. Man unterscheidet die **Rippenquallen** (nur wenige Arten) von den **Nesseltieren (Cnidaria)**.

Nesseltiere besitzen spezielle **Nesselzellen** (hoch giftig), die der Verteidigung und dem Beutefang dienen; daneben sind Sinnes-, Nerven-, Nähr- und Epithelmuskelzellen ausdifferenziert. Das einfache **Netznervensystem** ermöglicht Reaktionen auf Umweltreize. Die geschlechtliche Fortpflanzung findet meist mit **Generationswechsel** statt: Der festsitzende **Polyp** erzeugt ungeschlechtlich die frei schwimmende **Meduse**, die Geschlechtsgeneration mit Ovarien und Hoden. Einige Arten können sich durch Knospung, Abschnürung usw. ungeschlechtlich vermehren und **Kolonien bilden**. Die Nesseltiere werden in die drei Klassen der **Polypentiere** (z. B. Süßwasserpolypen, Staatsquallen), **Schirmquallen** (z. B. Ohren-, Feuer-, Kompassquallen – große frei schwimmende Medusen) und **Korallentiere** (z. B. Rosen-, Stein-, Hornkorallen) unterteilt. Die Korallen-/ Blumentiere sind oft prächtig gefärbt, zeigen keinen Generationswechsel und bilden häufig Kolonien (Riffe, Atolle).

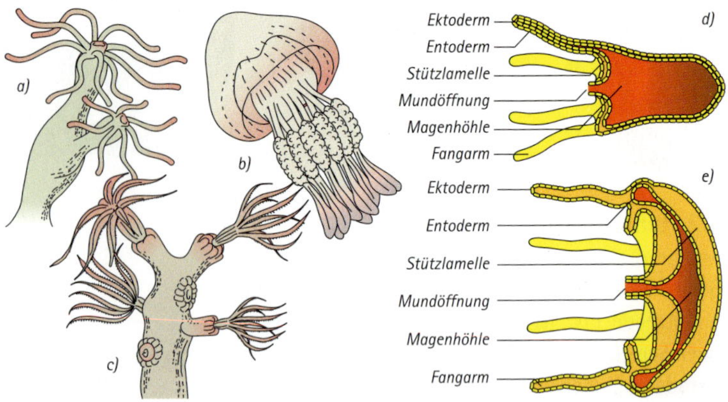

a) Süßwasserpolyp, b) Blumenkohlqualle, c) Edelkoralle; Längsschnitt: d) Polyp, e) Meduse

6.3 Niedere Würmer (Scolecida)

Plattwürmer (Plathelminthes). Sie sind zweiseitig symmetrische (bilaterale), **stark abgeflachte**, band- oder blattförmige Organismen, die im Wasser, Boden oder als Parasiten leben. Charakteristisch ist ihr **Hautmuskelschlauch**: eine einschichtige Epidermis mit darunter liegender Ring- und Längs-Muskulatur. Ihre Fortbewegung erfolgt schwimmend oder kriechend mit Hilfe von **Saugnäpfen** und des Hautmuskelschlauches. Blutgefäße und Atemorgane fehlen, der Darm ist bei parasitischen Arten gänzlich zurückgebildet. Das Nervensystem ist wie eine **Strickleiter** gebaut, im Kopfbereich konzentrieren sich viele Nervenknoten. Plattwürmer sind meist **zwittrig**, ihre Entwicklung erfolgt über Larvenstadien (häufig mit Generationswechsel). Als **Parasiten** sind sie von großer Bedeutung als Krankheitserreger. Sie werden in drei Klassen eingeteilt:

- **Strudelwürmer**: vorwiegend räuberisch, einfache Augen.
- **Saugwürmer**: parasitisch, hoch entwickelte Haftorgane.
- **Bandwürmer**: reine Endoparasiten, Kopf mit Saugnäpfen und Haken, bis 12 m lang.

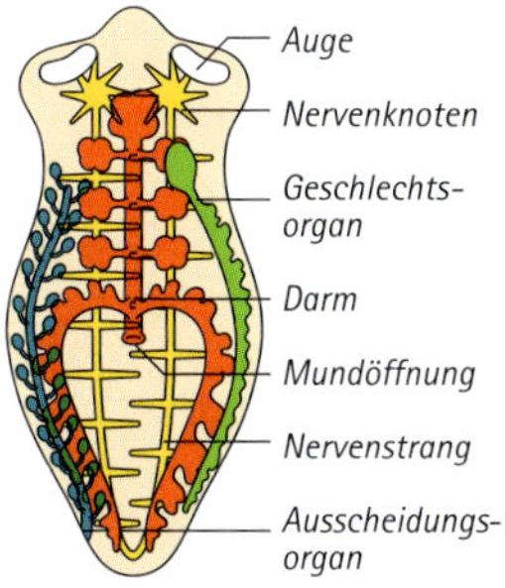

Längsschnitt einer Planarie (Strudelwurm)

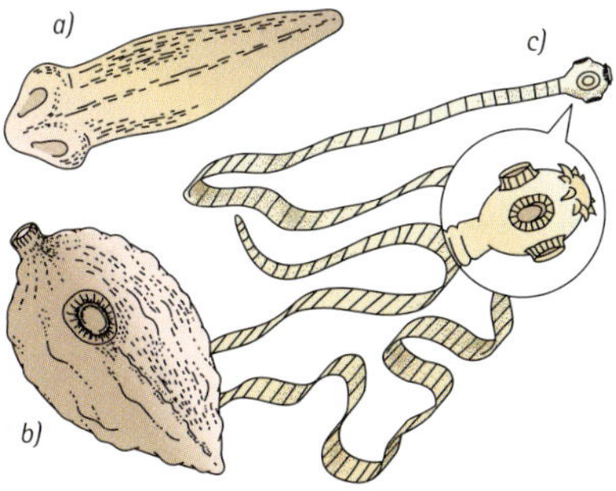

a) Planarie (Strudelwurm), b) Großer Leberegel (Saugwurm), c) Rinderbandwurm

Rund-/Schlauchwürmer (Nematoden). Sie verfügen über einen **fadenförmigen**, glatten Körper mit dicker Kutikula; neben frei lebenden Arten viele **Parasiten** (z. B. Trichinen, Spul- und Madenwürmer, Kartoffel- und Weizenälchen). Blutgefäß- und Atemsystem fehlen, das Nervensystem besteht aus zwei Nervensträngen mit Schlundring. Auch die **Rädertiere**, frei schwimmende Strudler im Süßwasser, gehören zu dieser Tiergruppe.

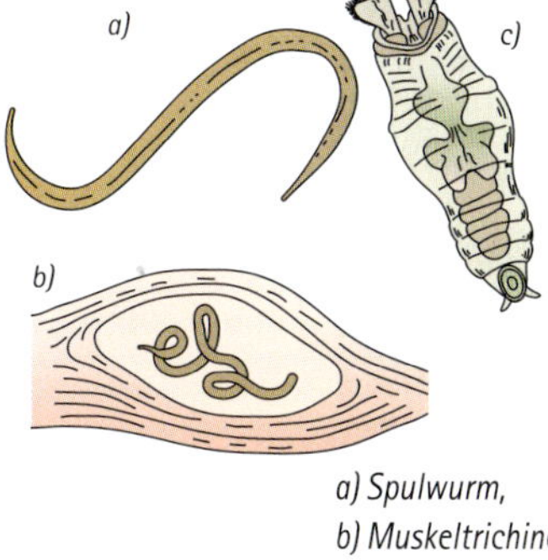

a) Spulwurm, b) Muskeltrichine, c) Rädertier

6.4 Weichtiere (Mollusken)

Der Körper der Weichtiere ist von einer **weichen**, drüsenreichen **Haut** bedeckt, die meist Schalen oder Gehäuse abscheidet (äußere oder innere Kalkschalen). Er besteht aus **Kopf**, muskulösem **Fuß**, **Eingeweidesack** und **Mantel**. Zur Atmung sind Kiemen ausgebildet. Die Mollusken verfügen über ein relativ stark zentralisiertes Nervensystem, das die Informationen der teilweise komplexen Sinnesorgane verarbeitet. Die meist geschlechtliche Fortpflanzung führt zu Eiern, die sich zu Larven entwickeln. Nach einer **Metamorphose** geht aus ihnen das voll entwickelte Tier hervor. Mit ca. 130 000 bekannten Arten stellen die Weichtiere nach den Gliederfüßern die artenreichste Tiergruppe; die bekanntesten Klassen sind **Schnecken**, **Muscheln** und **Kopffüßer**.

Metamorphose: Indirekte Entwicklung vom Ei zum geschlechtsreifen Tier; als Zwischenstadium sind selbständige Larvenformen eingeschaltet.

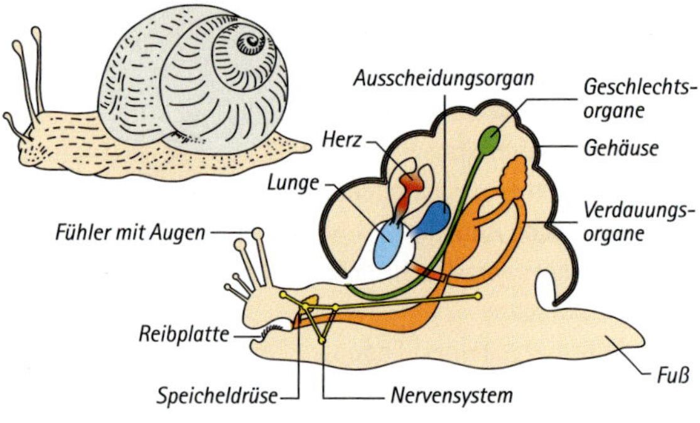

Bau einer Lungenschnecke

Schnecken (Gastropoda). Artenreichste Klasse, Eingeweidesack und Schale spiralig aufgewunden (Nacktschnecken ohne Gehäuse), muskulöser Fuß zur Fortbewegung, Kopf mit Fühlern und Augen, Mundhöhle mit Reibplatte **(Radula)**, die dem Zerkleinern der Nahrung dient. Je nach Lage und Art der Atmungsorgane werden sie in **Vorderkiemer** (z. B. Wellhornschnecke), **Hinterkiemer** und **Lungenschnecken** unterteilt.

Wellhornschneckengehäuse mit Eigelege

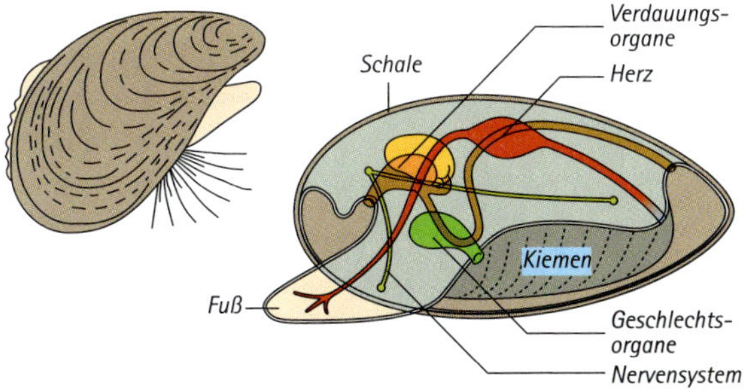

Bau einer Muschel, Teichmuschel

Muscheln (Bivalvia). Körper von zweiklappiger Schale umschlossen, die Klappen sind durch Muskeln verbunden; kein Kopf ausgebildet, Filtrierer (500 und mehr Liter Wasser pro Tag), Fortbewegung mit muskulösem Fuß kriechend oder durch ruckartiges Zusammenpressen der Schalen nach dem Rückstoßprinzip, teilweise festsitzend (sessil).

Muschel- und Schneckenstrand an der Ostsee

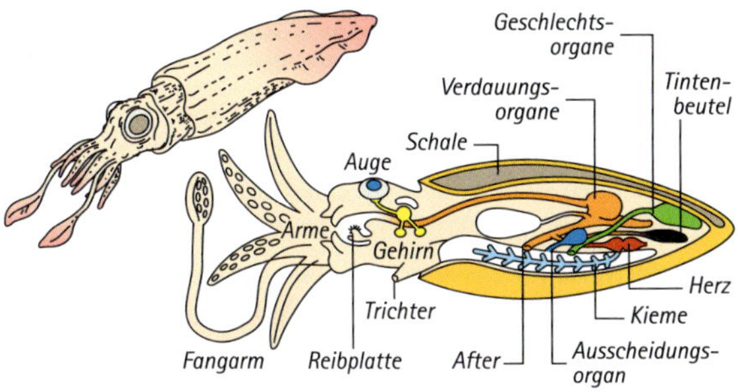

Bau eines Kopffüßers, Kalmar

Kopffüßer (Cephalopoda). Deutlich abgesetzter Kopfbereich mit Fangarmen (**Tentakel** mit zahlreichen Saugnäpfen), hoch entwickelten Augen (Bild- und Farbsehen), leistungsstarkem Nervensystem (Gehirn von Knorpelkapsel umgeben) und Mundhöhle mit Radula. Die Kalkschale ist meist stark zurückgebildet. Mit Hilfe der Tentakel geschickte Schwimmer. Bei Gefahr wird ein schwarzbrauner Farbstoff aus dem **Tintenbeutel** ausgestoßen. Die Kopffüßer werden in zwei Gruppen unterteilt, die **achtarmigen** und **zehnarmigen Tintenschnecken** (z. B. Tintenfisch).

6.5 Gliedertiere (Articulata)

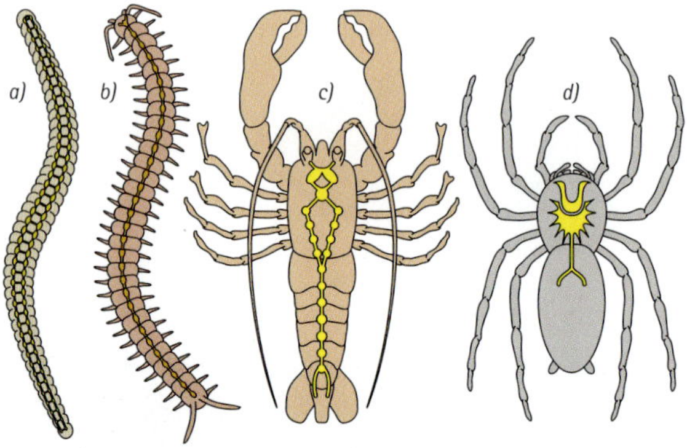

Entwicklung eines Zentralnervensystems bei den Gliedertieren: a) Ringelwurm, b) Hundertfüßer, c) Krebs, d) Spinne

Die Gliedertiere werden in die beiden Stämme der **Ringelwürmer** und **Gliederfüßer** unterteilt. Mit mehr als 75 % aller derzeit bekannten Tierarten stellen sie die artenreichste Tiergruppe. Sie sind durch starke Differenzierung und Spezialisierung ihrer Zellen, Gewebe und Organe charakterisiert. Ihr Körper ist in deutliche **Segmente** gegliedert, die alle einen gleichen Grundbauplan haben. Aus einem ursprünglichen **Strickleiternervensystem** hat sich bei vielen Arten durch Verschmelzung von Nervenknoten am Vorderende ein Gehirn herausgebildet.

Ringelwürmer (Anneliden)

Die Anneliden sind meist langgestreckte, runde Tiere, deren Segmente durch Scheidewände voneinander getrennt sind und paarweise jeweils gleiche Organe enthalten. Der **Hautmuskelschlauch** ist nach außen von einer nur dünnen Kutikula geschützt. Er ermöglicht durch Muskelspannung gegen einen Flüssigkeitsdruck der Leibeshöhlen die Fortbewegung und Aufrechterhaltung der Körperform. Oft sind segmentweise Borsten und Stummelfüße ausgebildet. Das Blutgefäßsystem ist geschlossen: Durch kontraktile Abschnitte wird das Blut durch Rücken- und Bauchgefäß gepumpt. Das Strickleiternervensystem ermöglicht eine effektive Reizverarbeitung und Reaktion auf chemische Reize, Erschütterungs- und Lichtreize. Der Stamm der Ringelwürmer wird in zwei Klassen unterteilt:

- **Vielborster (Polychaeten)**: meist mit deutlichen Stummelfüßen und langen Borsten, Kopf mit Tentakeln (z. B. Wattwurm).

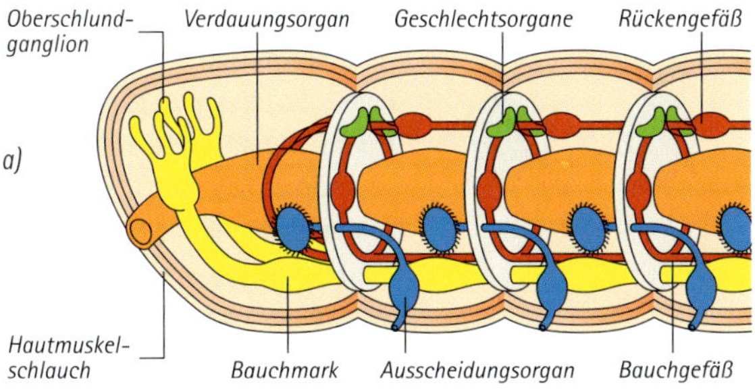

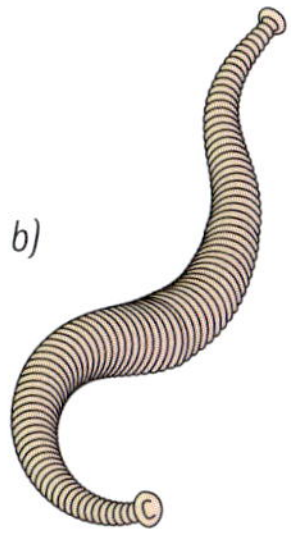

a) Regenwurm, Längsschnitt, b) Medizinischer Blutegel

- **Gürtelwürmer** mit den Untergruppen **Wenigborster** und **Egel**: Körper der Wenigborster mit charakteristischer Anschwellung, dem Clitellum, Borsten in Hauttaschen (z. B. Regenwurm). Körper der **Egeln** meist abgeflacht und ohne Borsten, konstante Segmentzahl, Saugnäpfe an den Körperenden, oft parasitische Lebensweise (z. B. Blutegel).

Gliederfüßer (Arthropoden)

Die Arthropoden haben alle Lebensräume (Wasser, Land und Luft) erobert. Ihr Körper ist meist in **Kopf**, **Brust** und **Hinterleib** gegliedert, er trägt paarige, gegliederte Extremitäten (Name!), die als Lauf- und Schwimmbeine der Fortbewegung dienen oder z. B. zu Greif-, Mund- oder Tastwerkzeugen umgebildet sind. Charakteristisch ist ein **chitinhaltiges Außenskelett**. Da es nicht mitwächst, muss es während der Entwicklung mehrfach abgestreift und neu gebildet werden. Viele Arten atmen durch **Tracheen**: röhrenförmige Einstülpungen der Chitinhaut, die den ganzen Körper durchziehen. Das Blutgefäßsystem ist offen, d. h., das Herz (Rückengefäß) pumpt das Blut direkt in den Körper. Nerven- und Sinnessystem sind hoch entwickelt (Facettenaugen, Sinnesorgane für chemische und mechanische Reize). Die Fortpflanzung geschieht geschlechtlich. Die Entwicklung

Bau eines Insektes

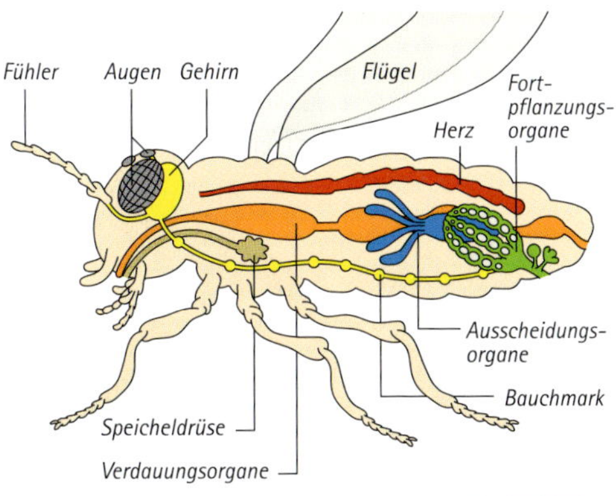

läuft über Larvenstadien mit Metamorphosen. Nähert sich dabei die Larvenform mit jeder Verwandlung dem erwachsenen Tier stärker an, spricht man von **Hemimetabolie** (z. B. Libellen, Wanzen). Tritt zwischen die Larvenstadien ein Puppenstadium (Ruhephase), spricht man von **Holometabolie** (z. B. Schmetterlinge). Der vielgestaltige Stamm wird u.a. gegliedert in:

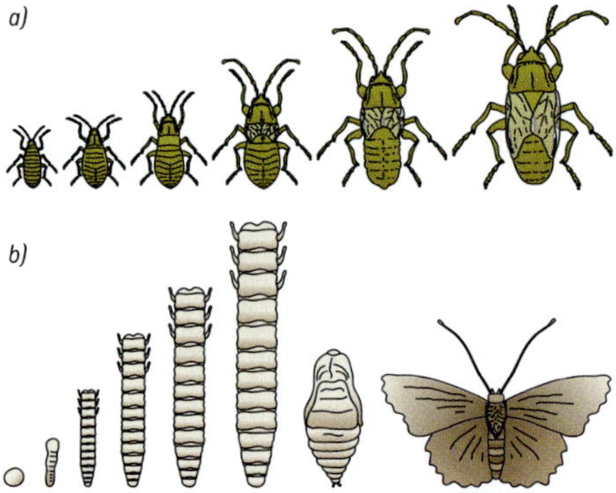

a) Hemimetabolie einer Bodenwanze, b) Holometabolie beim Schmetterling

- **Spinnentiere**: teilweise mit Gift- und Spinndrüsen (z. B. Skorpion, Kreuzspinne, Milben).
- **Krebstiere**: Kiemenatmung, zahlreiche Extremitäten (z. B. Garnelen, Krabben, Hummer, Asseln).
- **Tausendfüßer**: 1 oder 2 Beinpaare pro Segment.
- **Insekten**: artenreichste Tiergruppe, Körper in Kopf, 3-teilige Brust (Thorax) und 12-teiligen Hinterleib (Abdomen) gegliedert, Thorax mit 3 Paar Beinen, zum Teil mit 1 bis 2 Paar Flügeln, die aus Hautfalten des Chitinpanzers entstanden sind. Bekannte Ordnungen: **Libellen**, **Heuschrecken**, **Schmetterlinge**, **Käfer** (Vorderflügel zu Deckflügel umgebildet), **Zweiflügler** (z. B. Stubenfliegen, Mücken: Hinterflügel zu Schwingkölbchen reduziert), **Hautflügler** (z. B. Ameisen, Bienen, Wespen: Weibchen mit Wehrstachel, oft Staaten bildend).

Tagpfauenauge

a) Assel, b) Großlibelle, c) Kreuzspinne, d) Schmetterling, e) Flusskrebs, f) Laubheuschrecke

6.6 Stachelhäuter (Echinodermata)

Die Stachelhäuter sind meist stern-, walzen- oder kugelförmige, **radiärsymmetrische** Lebewesen mit hoher Regenerationsfähigkeit, die ausschließlich im Meer leben. Durch Einlagerungen von Kalkplatten besitzen sie ein **Hautskelett**, oft sind Stacheln ausgebildet. Charakteristisch ist ihr **Wasserleitsystem** (Ambulacralsystem), das zur Atmung, Nahrungsaufnahme und Fortbewegung dient. Neben festsitzenden (sessilen) Arten gibt es viele räuberische, die sich schwimmend oder kriechend fortbewegen. Heute werden fünf Klassen unterschieden: **Haarsterne, Seewalzen, Seeigel, Seesterne** und **Schlangensterne**.

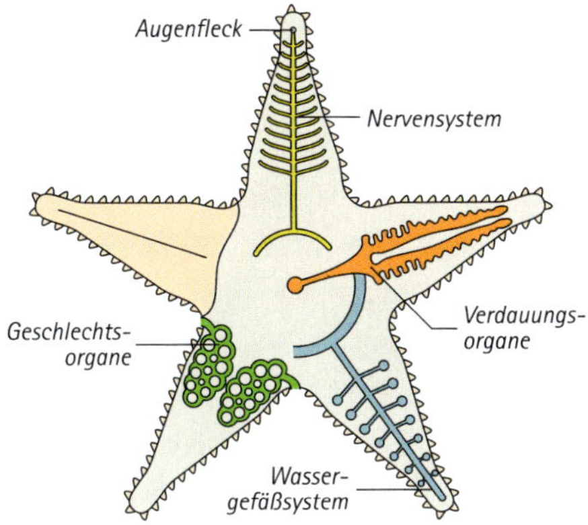

Querschnitt eines Seesterns; in jedem Arm ist nur ein Organsystem eingezeichnet

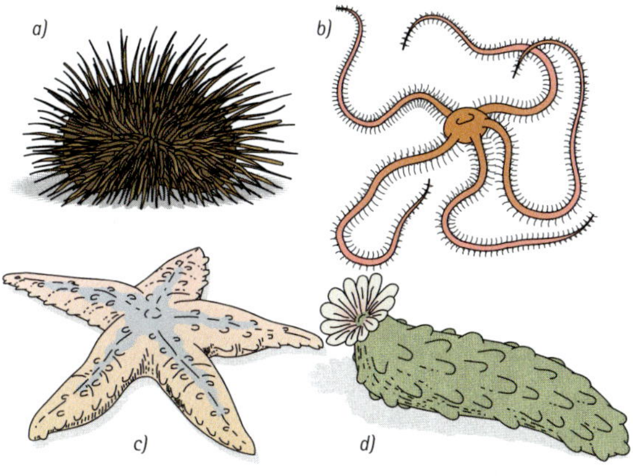

a) Seeigel,
b) Schlangenstern,
c) Seestern,
d) Seegurke

6.7 Chordatiere (Chordata)

Diese Tiere haben ein **inneres Skelett** in Form eines langgestreckten Stranges, der sich unter dem Hauptnervenstrang am Rücken entlangzieht. Fast alle Arten besitzen ein **geschlossenes Blutgefäßsystem**, Zellen, Gewebe und Organe sind stark ausdifferenziert. Sie werden in die Unterstämme der **Manteltiere** (z. B. Feuerwalzen, Salpen, Seescheiden),

Zur ausführlichen Information über Bau und Funktion der Organe und Organsysteme vgl. die Kapitel 1, 3, 5, 6, 7 und 8.

Schädellosen (z. B. Lanzettfischchen) und **Wirbeltiere** gegliedert. Die für uns wichtigste Tiergruppe stellen die Wirbeltiere dar.

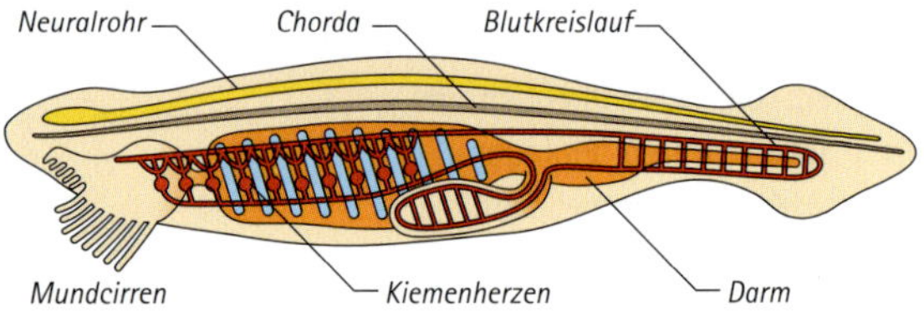

Längsschnitt eines Lanzettfischchens

Wirbeltiere (Vertebraten). Bei den Wirbeltieren ist die Chorda zu einer **knöchernen Wirbelsäule** weiterentwickelt, ihr Körper ist meist in **Kopf**, **Rumpf**, **Schwanz** und 2 Paar **Gliedmaßen** unterteilt. Der Spezialisierungs- und Differenzierungsgrad ihrer Gewebe, Organe und Organsysteme ist im Vergleich zu anderen Tiergruppen am weitesten fortgeschritten. Die meist paarigen Gliedmaßen haben in Anpassung an Fortbewegungsweisen und Lebensräume entsprechend ihrer Funktion drastische Umbildungen erfahren: z. B. zu Flossen, Lauf- und Grabbeinen, Greifhänden, Flügeln. Die Schädelkapsel umschließt und schützt ein hochentwickeltes Gehirn, in dem alle von den Sinnesorganen eintreffenden Informationen zentral verarbeitet und mit den Erfolgsorganen (Muskeln und Drüsen) verschaltet werden. In Anpassung an die jeweilige Lebensweise und in Abhängigkeit vom Ent-

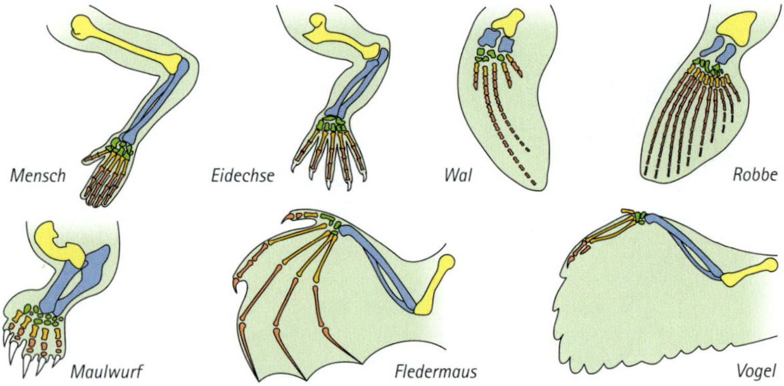

Umbildungen bei Wirbeltiergliedmaßen

wicklungsstand sind in den einzelnen Wirbeltierklassen unterschiedlich ausdifferenzierte geschlossene **Blutgefäßsysteme** entstanden, die aus Herz, Arterien, Venen und Kapillaren bestehen. Das ausschließlich bei Wirbeltieren vorkommende **Lymphgefäßsystem** ist ein offenes System, in dem die Lymphe Nährstoffe (z. B. Fett) und Lymphozyten (Abwehrfunktion) durch den Körper transportiert. Die Atmung findet über Kiemen oder Lungen statt, zu unterschiedlich großen Anteilen auch über die Haut (bei Amphibien ca. 35 %). Oft ist ein deutlicher Unterschied zwischen weiblichen und männlichen Tieren einer Art vorhanden (Geschlechtsdimorphismus), die Fortpflanzung erfolgt geschlechtlich mit äußerer oder innerer Befruchtung. Die Wirbeltiere werden in sieben Klassen unterteilt:

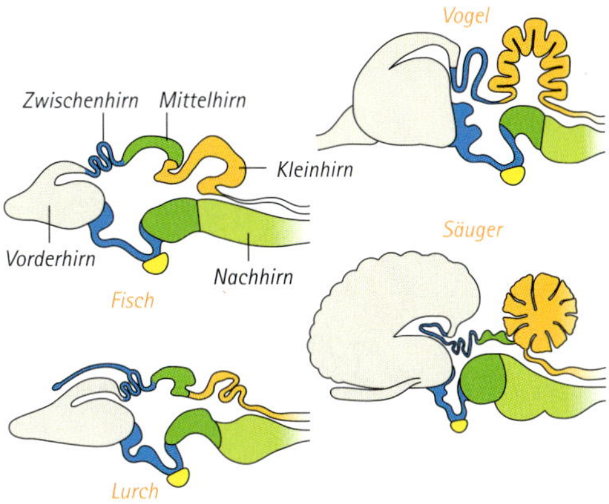

Entwicklung des Gehirns

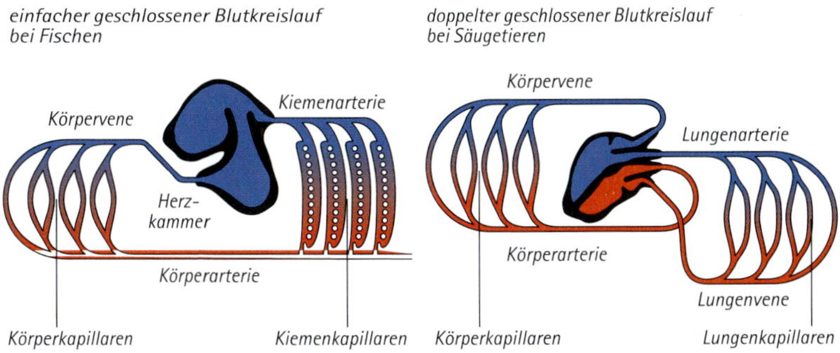

Entwicklung der Blutgefäßsysteme bei Wirbeltieren

- **Rundmäuler**: Wassertiere mit schwach entwickeltem Knorpelskelett, z. B. Neunaugen.
- **Knorpelfische**: Wassertiere mit Knorpelskelett, meist 5 Kiemenspalten, ohne Schwimmblase, z. B. Haie, Rochen.
- **Knochenfische:** Wassertiere mit verknöchertem Skelett; in die schleimige Haut sind Knochenschuppen eingelagert, Kiemenatmung und Schwimmblase, z.B. Forelle, Hering.

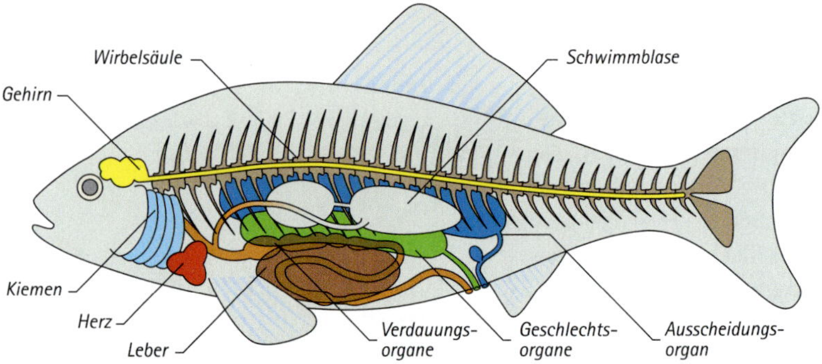

Vereinfachter Bauplan der Fische, Barsch

Eule

- **Lurche (Amphibien)**: auf Feuchtigkeit angewiesene **wechselwarme Tiere**, Extremitäten mit 4 Fingern und 5 Zehen, Eier werden meist als Laich ins Wasser abgelegt und dort befruchtet, Entwicklung über Larvenformen, die mit Kiemen atmen, erwachsene Tiere haben einfach gebaute Lungen, z. B. Salamander, Frösche, Kröten, Unken.
- **Kriechtiere (Reptilien)**: vorwiegend landlebende, **wechselwarme Tiere** mit einer von Hornschuppen bedeckten Haut, Extremitäten fünfstrahlig, innere Befruchtung, pergamentartige Eier oder Lebendgeburten, z. B. Schlangen, Echsen, Schildkröten, Krokodile.
- **Vögel (Aves)**: **gleichwarm**, Haut mit **Federn**, Vorderextremitäten zu **Flügeln** umgebildet, Knochen teilweise hohl, Lunge mit **Luftsäcken** verbunden (alles Anpassungen an die Flugfähigkeit), innere Befruchtung, kalkschalige Eier, hochentwickelte Brutpflege, z. B. Hühner-, Enten-, Sing- und Greifvögel, Spechte.
- **Säugetiere (Mammalia)**: **gleichwarm**, Haut meist mit **Haaren** bedeckt, Ausbildung von **Milchdrüsen**, innere Befruchtung, Embryonen entwickeln sich im Körperinneren, in einer **Gebärmutter**

Vereinfachter Bauplan der Vögel, Haushuhn

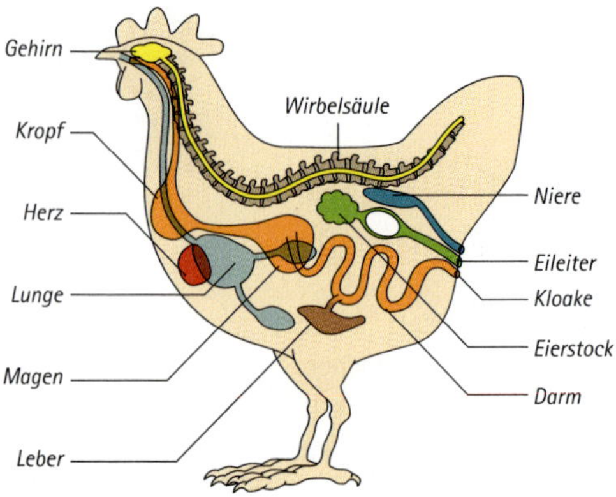

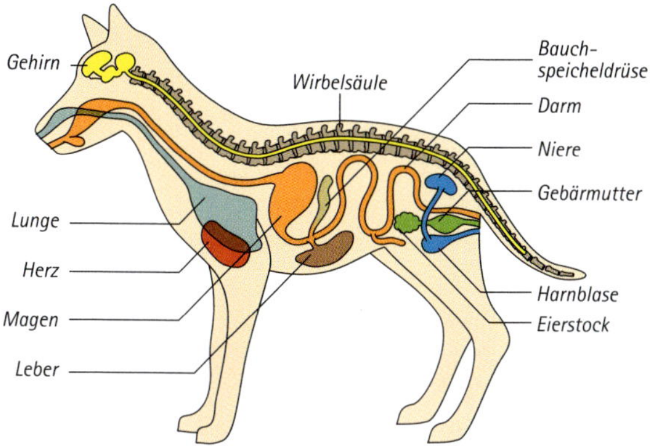

Vereinfachter Bauplan der Säugetiere, Hund

Rauhhaardackel

(Ausnahme: Kloakentiere), nach Lebendgeburten werden die Jungtiere **gesäugt** (Name!), z. B. Nage-, Raub-, Rüsseltiere, Robben, Wale, Herrentiere.

»Wirbeltiercollage«

Auf einen Blick: Lebewesen lassen sich ordnen

- Die heute bekannten ca. 1,5 Millionen Arten von Lebewesen werden fünf Reichen zugeordnet: Prokaryonten, Einzeller, Pilze, Pflanzen und Tiere.
- Grundlegende Einheit ist die Art: Arten werden zu Gattungen, Gattungen zu Familien, Ordnungen, Klassen, Abteilungen/Stämmen und Reichen geordnet.

Die fünf Reiche der Lebewesen

- Die **Prokaryonten** sind einzellige Lebewesen ohne echten Zellkern.
- Die **Einzeller** haben Zellen mit allen typischen Strukturen, sie sind **Eukaryonten.**
- Die **Pilze** sind heterotrophe Lebewesen; ihr Körper besteht aus langen Zellfäden, den Hyphen, mit denen sie ihr Substrat durchziehen.
- Das **Pflanzenreich** ist in die Abteilungen der Algen, Moose, Farne und Samenpflanzen gegliedert. Alle Pflanzen sind autotroph, ihre Zellen sind durch feste Zellwände und Plastiden gekennzeichnet. Der Körper der **Algen** ist nicht in Gewebe und Organe gegliedert, erst bei den **Moosen** finden sich stengel- und blattähnliche Differenzierungen. Die **Farne** zeigen eine klare Gliederung in Wurzel und Spross mit Sprossachse und Blättern; sie sind die ältesten Landpflanzen. Die **Samenpflanzen** sind mit der Ausbildung von Blüten, Samen und Früchten die am weitesten differenzierte Abteilung; sie werden in die **Nackt- und Bedecktsamer** unterteilt.
- Das **Tierreich** ist in die Stämme der Schwämme, Hohltiere, Niederen Würmer, Weichtiere, Gliedertiere, Stachelhäuter und Chordatiere unterteilt. Alle Tiere sind heterotroph mit Zellen ohne Zellwände und Plastiden. Die **Schwämme** sind festsitzende Wassertiere mit unspezialisierten Zellen. Erst die **Hohltiere** sind durch echte Gewebe gekennzeichnet. Die parasitär lebenden **Platt- und Rundwürmer** sind als Krankheitserreger von großer Bedeutung. **Schnecken, Muscheln** und **Kopffüßer** gehören zu den **Weichtieren**, ihr Körper weist meist eine innere oder äußere Kalkschale auf. Die **Stachelhäuter** sind radiärsymmetrische Meeresbewohner. Die **Gliedertiere** stellen mit **Gliederwürmern** und **Gliederfüßern** die artenreichste Tiergruppe, sie haben alle Lebensräume erobert. Die Spezialisierung und Differenzierung ihrer Zellen, Gewebe und Organe ist nur noch mit derjenigen der Wirbeltiere vergleichbar. Gegenüber dem meist knöchernen Innenskelett der Wirbeltiere ist ihr Körper von einem chitinhaltigen Außenskelett umgeben. Die **Wirbeltiere**, die zum Stamm der Chordatiere gehören, werden in die **Fische, Amphibien, Reptilien, Vögel** und **Säugetiere** gegliedert. Auch der Mensch ist biologisch gesehen ein Säugetier.

Fotonachweis

S. 12 oben: COREL
S. 13 oben: COREL
S. 13 unten: BAVARIA Bildagentur
S. 15 Mitte: BAVARIA Bildagentur
S. 15 unten: BAVARIA Bildagentur
S. 27: BAVARIA Bildagentur
S. 31: BAVARIA Bildagentur
S. 33: MEV Verlag
S. 49: MEV Verlag
S. 71: Getty Images/Yorgos Nikas
S. 81: MEV Verlag
S. 82: BAVARIA Bildagentur
S. 83: BAVARIA Bildagentur
S. 94: BAVARIA Bildagentur
S. 97: MEV Verlag
S. 113: MEV Verlag
S. 129: BAVARIA Bildagentur
S. 145 links: BAVARIA Bildagentur
S. 145 rechts: BAVARIA Bildagentur
S. 161: MEV Verlag
S. 177: IFA-Bilderteam
S. 193: MEV Verlag
S. 226: COREL
S. 230 (links und Mitte): MEV Verlag
S. 231 links: BAVARIA Bildagentur
S. 232: Archiv für Kunst und Geschichte, Berlin
S. 236: Archiv für Kunst und Geschichte, Berlin
S. 238: COREL
S. 243: MEV Verlag
S. 244: BAVARIA Bildagentur
übrige Fotos: Reiner Kleinert

Register

Auf einen Blick!

Physik

Die wichtigsten Themen
bis zur 10. Klasse

Thorsten Krämer
Oliver Meusel
Dr. Jürgen Pozimski

mentor
Eine Klasse besser.

Über die Autoren:
Dipl.-Ing. (TH) Thorsten Krämer ist Studienrat für Chemie, Physik und Biologie in Hanau am Main. Dr. phil. nat. Jürgen Pozimski studierte Physik und promovierte an der J. W. Goethe Universität Frankfurt/M. auf dem Gebiet der Teilchenbeschleuniger. Dipl.-Phys. Oliver Meusel wirkt als wissenschaftlicher Angestellter an der J. W. Goethe Universität Frankfurt an Projekten der Beschleunigerphysik mit.

Redaktion: Klaus Vogelsang, Leipzig
Fotos: S. 73 und 105: MAGAZIN – Die Bildagentur.
Alle anderen Fotos und Grafiken von den Autoren

Mechanik

Wellen

Wärmelehre

Elektrizitätslehre

Optik

Atomphysik

Anhang

Vorwort

Die Naturwissenschaften werden üblicherweise in mehrere unabhängige, gleichzeitig aber auch zusammenhängende Wissensgebiete unterteilt. So untersucht die *Biologie* lebende Organismen. Die *Chemie* beschäftigt sich mit den Eigenschaften und Wechselwirkungen der chemischen Elemente und ihrer Verbindungen. Die Physik ist dagegen die Grundlagenwissenschaft der unbelebten Natur. Physiker beschäftigen sich mit dem Aufbau der Atome und Moleküle, sie entwickeln Modelle, um das Verhalten von Gasen, Feststoffen und Flüssigkeiten zu verstehen, sie erstellen Formeln, um die Bewegungen von Autos, Flugzeugen und Planeten zu berechnen.

Dieses Buch bringt dem Leser die üblicherweise bis zur Mittleren Reife (Realschulabschluss) vermittelten Inhalte des Schulfaches Physik nahe. Es stellt somit eine sinnvolle Ergänzung der im Unterricht verwendeten Materialien dar. Auf eine anschauliche Darstellung und Illustration der Themen mit Abbildungen und Fotos, die eine selbstständige Arbeit mit dem Buch möglich machen sollen, wurde besonders viel Wert gelegt. Daher finden sich zu den einzelnen Kapiteln auch viele Beispielaufgaben mit Lösungen. Wichtige Merksätze und Formeln sind farblich hervorgehoben. Am Ende eines jeden Kapitels findet sich zudem eine kurz gefasste Übersicht, die die wichtigsten Informationen noch einmal »auf einen Blick« parat hält. Ferner bieten viele Kapitel dem interessierten Leser in eingerahmten Textstellen weiterführende Informationen zu bestimmten Themengebieten an.

Allen, die uns bei der Erstellung dieses Buches unterstützt und geholfen haben, möchten wir hiermit herzlich danken, insbesondere unseren Familien und Freunden.

Wir wünschen allen unseren Leserinnen und Lesern
mit diesem Buch viel Spaß und Erfolg!

Thorsten Krämer, Oliver Meusel und Dr. Jürgen Pozimski

Einleitung

Physikalische Größen und Einheiten

Die Gesetze der Physik beschreiben die Zusammenhänge zwischen verschiedenen *physikalischen Größen*. Eine physikalische Größe ist eine messbare Eigenschaft eines Gegenstandes oder Systems, wie die **Länge** oder **Temperatur** eines Körpers, die **Zeit**, die verstreicht, bis ein fahrendes Auto zum Stillstand kommt, oder die einem gehobenen Gegenstand zugehörige **Lageenergie.**

Zur Messung einer physikalischen Größe ist es notwendig, die *Einheit* festzulegen, in der sie gemessen wird. Die Einheit der Länge ist beispielsweise das **Meter** (m). Ergibt die Messung einer Strecke eine Länge von 25 m, so bedeutet dies, dass die gemessene Strecke 25-mal so groß ist wie die Länge der Einheit Meter. Die Zahl »25« stellt somit einen *Faktor* dar, mit dem die Einheit multipliziert wird.

s	=	25	·	m
Physikalische Größe	=	Faktor	·	Physikalische Einheit

Damit die Angabe 25 m Sinn macht, muss man der Messung eine bestimmte Länge für die Einheit Meter zugrunde legen, der Physiker sagt: Die Länge eines Meters muss definiert werden. Die Definitionen der physikalischen Einheiten haben sich im Laufe der Zeit immer wieder gewandelt, denn sie wurden stets den neuesten physikalischen Erkenntnissen und Messmethoden angepasst. So war die Länge eines Meters zunächst so festgelegt, dass der Abstand zwischen dem Nordpol und dem Äquator genau 10^7 m entsprach. Die moderne Definition begreift ein Meter als die Wegstrecke, die das Licht im Vakuum in einer Zeit von 1/299 792 458 s durchläuft.

Eine Tabelle zu den hier im Buch verwendeten Größen und Einheiten findet sich im Anhang.

Legende

Merksatz, Formel

Weiterführende Information

Mechanik

Das wohl älteste Teilgebiet der Physik, die Mechanik, beschreibt die Eigenschaften von Körpern. Aber auch die Bewegungen von Körpern und die zeitliche Änderung der Bewegung und deren Ursache, die Kräfte, werden durch sie untersucht. Das Verhalten von Flüssigkeiten und Gasen wird ebenso durch die Mechanik beschrieben.

1 Statik

Die Statik ist ein Teilgebiet der Mechanik, in dem die Wirkungen und das Gleichgewicht der Kräfte, die auf einen Körper einwirken, untersucht werden. Insbesondere werden auch die physikalischen Eigenschaften der Körper in der Statik beschrieben.

1.1 Länge, Fläche und Volumen

Die Physik untersucht ganz allgemein alle Erscheinungen der unbelebten Natur und versucht diese durch Zuordnung physikalischer Eigenschaften und Merkmale zu beschreiben. Die wichtigsten quantitativen und qualitativen Angaben werden dabei durch **Größen** dargestellt. Die physikalische Größe **Länge** ist eine Basisgröße und wird in der Physik häufig mit l oder s oder h bezeichnet. Die Bestimmung der Länge erfolgt durch **Messen**. Das bedeutet, die Größe wird durch Vergleich mit einer gegebenen Einheit zahlenmäßig ermittelt. Die Maßzahl wird direkt am geeichten Messinstrument abgelesen oder wird aus einem abgelesenen Wert berechnet und dann mit der Maßeinheit multipliziert.

Größen können durch Messen bestimmt werden.

Die Messwerte physikalischer Größen ergeben sich aus dem Produkt von Maßzahl und Maßeinheit.

Die Maßeinheit für die Länge wurde international festgelegt und heißt Meter. Früher gab es für die Länge verschiedene Maßeinheiten, die von Land zu Land unterschiedlich waren. In der Physik wird heute nur noch die Einheit Meter verwendet.

Beispiel:

Als Beispiel soll die Messung der physikalischen Größe **Länge** l eines Metallstabes dienen. Die Maßeinheit ist 1 Meter; sie ist in der Länge des Metallstabes dreimal enthalten. Also beträgt die Gesamtlänge des Messobjektes $l = l_{Einheit} \cdot 3$ und das bedeutet, der Metallstab hat eine Länge von 3 Metern.

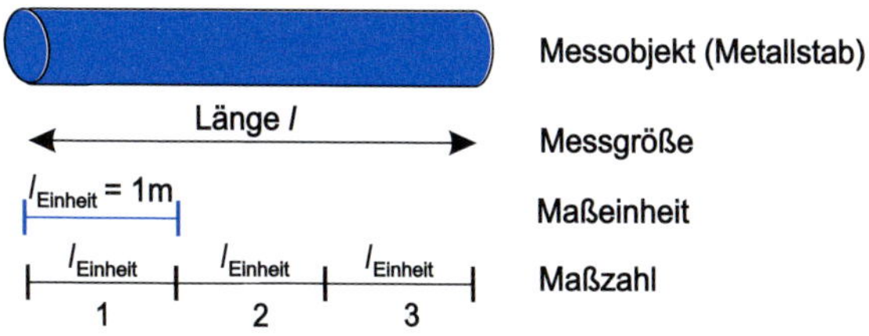

Messung der Länge eines Metallstabes

Für verschiedene Messobjekte ist es sinnvoll, einen Bruchteil oder ein Vielfaches der Maßeinheit zu verwenden. Häufig verwendete Bruchteile des Meters sind Zentimeter (cm) und Millimeter (mm), es gilt: 1 m = 100 cm = 1000 mm. Ein oft verwendetes Vielfaches des Meters ist das Kilometer (km), es gilt: 1 km = 1000 m.

Beispiele für Längen einiger Messobjekte

Messobjekt	Messgröße Länge
Haar des Menschen	0,0001 m
Höchster Berg der Erde	9000 m
Tiefster Punkt im Ozean	11 000 m
Umfang der Erde	40 000 000 m

Flächen haben zwei Dimensionen.

Im Gegensatz zur Basisgröße Länge ist die **Fläche** A eine abgeleitete Größe. Sie hat zwei Ausdehnungen (Dimensionen): Länge l und Breite b, ihre Maßeinheit ist 1 Quadratmeter: 1 m^2.

$$A = l \cdot b$$

Diese Formel gilt für rechteckige Flächen. Für andere geometrische Formen, wie Kreise oder Dreiecke, gelten spezielle Gleichungen.

Beispiel:

Als Beispiel soll die Fläche eines Fußballfeldes bestimmt werden. Die Breite b beträgt 45 m und die Länge l misst 90 m. Daraus ergibt sich eine Fläche von:

$$A = 90\text{ m} \cdot 45\text{ m} = 4050\text{ m}^2$$

Wie groß ist die Fläche eines Fußballfeldes?

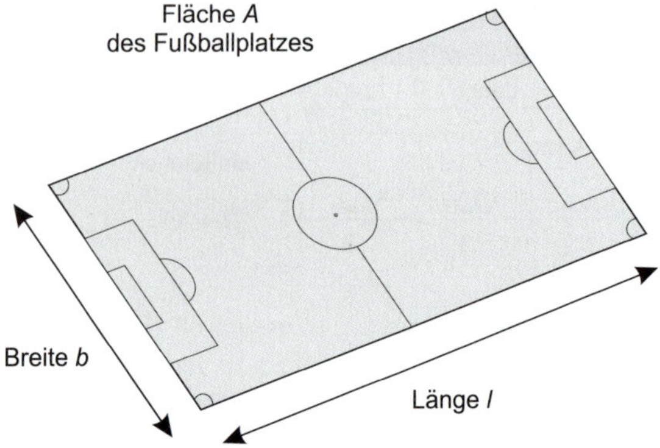

Für das Flächenmaß gibt es ebenso wie für das Längenmaß Bruchteile und Vielfache der Maßeinheit, von denen die gebräuchlichsten in der Tabelle aufgezählt sind.

Bruchteile und Vielfache der Maßeinheit der Fläche

Bruchteile der Maßeinheit
$1\ m^2 = 1000\ mm \cdot 1000\ mm = 1\,000\,000\ mm^2$
$1\ m^2 = 100\ cm \cdot 100\ cm = 10\,000\ cm^2$
Vielfache der Maßeinheit
$1\ km^2 = 1000\ m \cdot 1000\ m = 1\,000\,000\ m^2$

Ein Würfel hat im Vergleich mit einer Fläche eine weitere Ausdehnung (Dimension). Neben der Länge *l* und der Breite *b* hat er zusätzlich noch eine Höhe *h*, das heißt, er nimmt einen Raum ein. Die physikalische Größe, die den Rauminhalt charakterisiert, wird **Volumen** *V* genannt. Das Volumen ist ebenso wie die Fläche eine abgeleitete Größe, denn es ergibt sich aus dem Produkt der drei Dimensionen Länge, Breite und Höhe.

Der Rauminhalt wird Volumen genannt.

$$V = l \cdot b \cdot h$$

Die Maßeinheit des Volumens ist das Kubikmeter: $1\ m^3$.

Beispiel:

Ein Quader soll als Beispiel für eine Volumenberechnung dienen. Der Quader hat eine Länge von

l = 4 m, seine Breite beträgt b = 1,5 m und seine Höhe h = 2 m. Daraus ergibt sich ein Volumen von

$$V = 4\ \text{m} \cdot 1{,}5\ \text{m} \cdot 2\ \text{m} = 12\ \text{m}^3.$$

Volumenberechnung eines Quaders

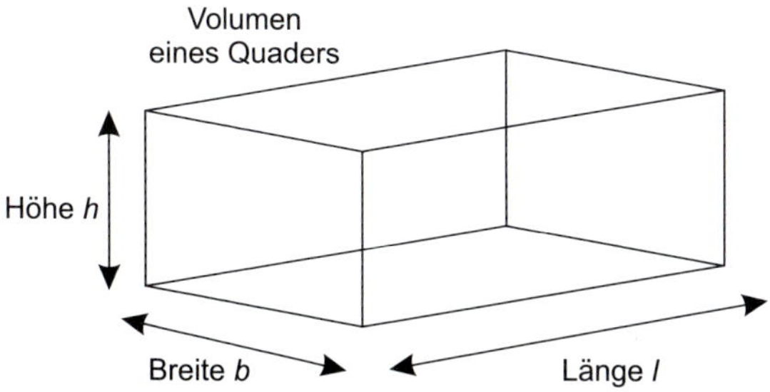

Analog zu den Maßeinheiten der Länge und der Fläche hat auch das Volumen festgelegte Bruchteile der Maßeinheit:

Bruchteile des Kubikmeters

Bruchteil der Maßeinheit
1 m^3 = 10 dm · 10 dm · 10 dm = 1000 dm^3
1 dm^3 = 0,001 m^3
1 m^3 = 100 cm · 100 cm · 100 cm = 1 000 000 cm^3
1 cm^3 = 0,000 001 m^3

Eine weitere Maßeinheit für das Volumen ist das Liter: 1 l. Diese Maßeinheit wird häufig bei der Angabe des Volumens von Flüssigkeiten und Gasen benutzt. Bei der Umrechnung von der Maßeinheit Kubikmeter in die Maßeinheit Liter gelten folgende Relationen:

Liter und Kubikmeter, zwei Einheiten für eine Größe

Umrechnung von Kubikmeter in Liter

Umrechnung von Kubikmeter in Liter
1 m^3 = 1000 l
1 dm^3 = 1 l
1 cm^3 = 0,001 l = 1 ml (Milliliter)

Wäre also der Quader aus der Abbildung oben ein Schwimmbecken, dann würde sein Volumen von 12 m^3 einem Fassungsvermögen von 12 000 l Wasser entsprechen.

Die Bestimmung des Volumens aus dem Produkt der Länge, Breite und Höhe gilt nur für einen Quader. Für andere regelmäßige Körper gelten spezielle Gleichungen.

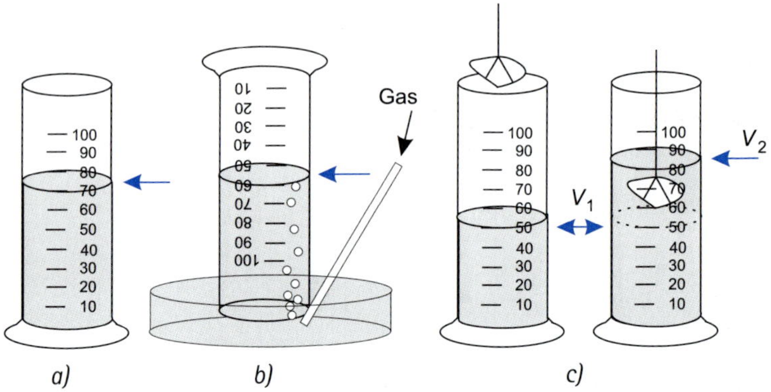

Bestimmung des Volumens a) einer Flüssigkeit, b) eines Gases und c) eines unregelmäßigen Körpers

Es gibt aber auch die Möglichkeit, das Volumen von Flüssigkeiten, Gasen und von unregelmäßigen Festkörpern zu bestimmen. In der Abbildung sind die Messverfahren skizziert. In Darstellung a) ist die Volumenbestimmung einer Flüssigkeit zu sehen. Die Höhe des Flüssigkeitsspiegels wird direkt an der geeichten Skala des Messzylinders abgelesen (Pfeil). In diesem Beispiel beträgt das Volumen der Flüssigkeit 70 ml oder 70 cm^3. In der Darstellung b) wird gezeigt, wie das Volumen eines Gases bestimmt werden kann. Zuerst ist der Messzylinder komplett mit Wasser gefüllt. Dann wird über ein kleines Rohr das Gas, z. B. Luft, in den Zylinder geleitet, wobei die Gasbläschen emporsteigen und das Wasser aus dem Messzylinder verdrängen. Jetzt wird wieder die Höhe des Flüssigkeitsspiegels an der geeichten Skala abgelesen. Im gezeigten Beispiel beträgt das Volumen der aufgefangenen Luft 50 ml oder 50 cm^3. Im Bild c) ist dargestellt, wie das Volumen eines unregelmäßigen Festkörpers bestimmt werden kann. Dabei befindet sich bereits eine Flüssigkeit im Messzylinder, von der das Volumen V_1 direkt an der Skala abgelesen wird. Danach wird der unregelmäßige Festkörper in die Flüssigkeit getaucht, bis er vollständig von der Flüssigkeit umgeben ist.

Jetzt wird das Volumen V_2 bestimmt, das sich aus dem Volumen der Flüssigkeit und dem Volumen des Festkörpers ergibt. Wird das Volumen der Flüssigkeit vom Gesamtvolumen V_2 subtrahiert, ergibt sich das Volumen des unregelmäßigen Festkörpers, $V_{Festkörper} = V_2 - V_1$.

1.2 Aufbau der Körper aus Teilchen

Festkörper, Flüssigkeiten und Gase nehmen einen Raum ein, denn sie haben ein Volumen. Alle Dinge, die ein Volumen besitzen, nennt der Physiker Körper.

Alle Körper haben ein Volumen.

Jeder Körper befindet sich immer in einer der drei Zustandsformen: fest, flüssig oder gasförmig.

Ein Metallstab ist ein Körper in festem Zustand und somit ein Festkörper. Wasser dagegen ist ein Körper im flüssigen Zustand, also eine Flüssigkeit. Die Luft ist ein Körper im gasförmigen Zustand und deshalb ist die Luft ein Gas. Körper können sich in alle drei Zustandsformen umwandeln. Ein Beispiel für diese Umwandlung gibt das Wasser. Ein Eiswürfel aus dem Tiefkühlfach ist hart und lässt sich nicht verformen, das Wasser ist im festen Zustand. Wird der Eiswürfel in einem Topf erwärmt, schmilzt er und das Wasser geht in den flüssigen Zustand über. Danach beginnt das Wasser zu sieden und geht dadurch in den gasförmigen Zustand über. Natürlich kann die Änderung der Zustandsform auch in umgekehrter Richtung verlaufen. Wasserdampf, d. h. gasförmiges Wasser, kondensiert in den Wolken, Wassertropfen entstehen und es regnet. Im Winter frieren Flüsse und Seen zu, ihr Wasser geht vom flüssigen in den festen Zustand über.

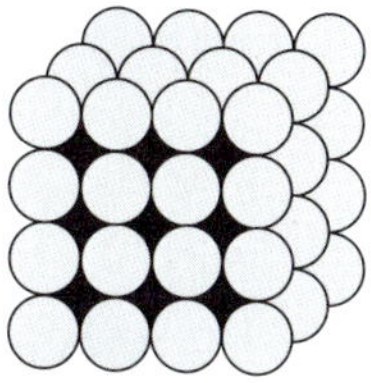

Anordnung der Teilchen in einem Festkörper

Wie aber sind die Stoffe aufgebaut, die es den Körpern ermöglichen, verschiedene Zustandsformen anzunehmen? Stoffe bestehen aus kleinen Teilchen (s. Atomphysik), die in ihrer Gesamtheit den Körper bilden. Die Anordnung der Teilchen und ihre Abstände zueinander in einem Körper bestimmen, in welchem Zustand sich der Körper befindet. In einem Festkörper sind alle Teilchen regelmäßig angeordnet, sodass ihre Abstände ganz minimal sind. Dadurch erhält der Festkörper seine Festigkeit und Formbeständigkeit. In flüssigen

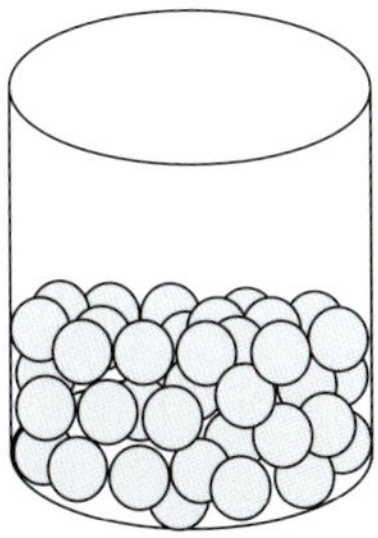

Anordnung der Teilchen in einer Flüssigkeit

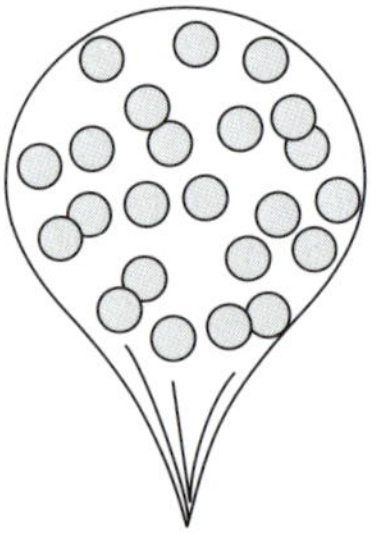

Anordnung der Teilchen in einem Gas

Körpern sind die Teilchen dagegen nicht regelmäßig angeordnet. Sie bewegen sich ungeordnet innerhalb der Flüssigkeit. Die ungeordnete Bewegung der Teilchen ist die Ursache dafür, dass Flüssigkeiten nicht formbeständig sind und dass andere Körper in Flüssigkeiten eintauchen können. Trotzdem sind die Abstände der Teilchen zueinander dabei aber so gering, dass es beispielsweise nicht möglich ist, eine Flüssigkeit zusammenzudrücken. In einem Gas führen die Teilchen ebenfalls ungeordnete Bewegungen aus, aber im Gegensatz zu Flüssigkeiten sind die Abstände der Teilchen sehr groß, sodass ein Gas zusammengedrückt (komprimiert) werden kann.

1.3 Die Masse von Körpern

Alle Körper haben eine Masse.

Im vorherigen Abschnitt wurde beschrieben, wie Körper aufgebaut sind und wie dieser Aufbau den Zustand der Körper beeinflusst. In diesem Kapitel soll eine der wichtigsten physikalischen Eigenschaften der Körper, nämlich ihre **Masse** *m*, untersucht werden.

Die Masse *m* ist eine Basisgröße und ihre Maßeinheit ist das Kilogramm (kg).

Zur Bestimmung der Masse für verschiedene Messobjekte gibt es Bruchteile und Vielfache der Maßeinheit.

Bruchteile und Vielfache der Maßeinheit der Masse

Bruchteile der Maßeinheit	
1 kg = 1000 g	1 g = 0,001 kg
1 kg = 1 000 000 mg	1 mg = 0,000 001 kg
Vielfache der Maßeinheit	
1 t (Tonne) = 1000 kg	1 kg = 0,001 t

Die Masseeinheit ist international durch einen Metallkörper, der in Paris aufbewahrt wird, festgelegt. Von diesem Körper, dem Urkilogramm, wurden Kopien angefertigt, die als Gewichtstücke benutzt werden. Die Messung der Masse eines Körpers erfolgt durch den Massenvergleich mit verschiedenen Gewichtstücken. Diese Messung erfolgt mithilfe einer Waage. Dabei sind zwei Massen gleich groß, wenn die

Waage im Gleichgewicht ist. Das Gewichtstück lässt sich zum Vergleich verschiedener Körper in geeignete Größen unterteilen, die Wägesatz genannt werden.

Bestimmung der Masse eines Körpers durch Vergleich mit Gewichtstücken auf einer Waage

1.4 Dichte

Was ist leichter, ein Kilogramm Federn oder ein Kilogramm Eisen? Der vorherige Abschnitt gibt uns die Antwort: Beides ist gleich schwer, denn 1 kg = 1 kg, egal von welchem Stoff. Der Unterschied zwischen Federn und Eisen liegt jedoch in dem Volumen, das ein Kilogramm des jeweiligen Stoffes einnimmt. Die physikalische Größe, die den Zusammenhang zwischen Volumen und Masse eines Stoffes charakterisiert, ist die **Dichte**. Die Dichte ist eine abgeleitete Größe; sie hat das Formelzeichen ρ (rho) und ist der Quotient aus der Masse m und dem Volumen V.

Masse und Volumen eines Körpers bestimmen seine Dichte.

$$\rho = \frac{m}{V}$$

Die Maßeinheit für die Dichte ist 1 kg/m^3, häufig wird aber die Einheit 1 g/cm^3 verwendet. Die physikalische Größe Dichte ist eine Stoffeigenschaft, die angibt, welches Volumen eine bestimmte Masse eines Stoffes einnimmt. In der folgenden Abbildung ist ein Diagramm dargestellt, in dem für drei verschiedene Stoffe das von unterschiedlichen Massen eingenommene Volumen aufgetragen ist. Da dieses Verhältnis für jeden Stoff immer gleich ist, lässt sich von einem unbekannten Körper mithilfe einer Messung der Masse und des Volumens, wie es in Abschnitt 1.1 beschrieben

Verhältnis von Masse und Volumen für drei verschiedene Stoffe

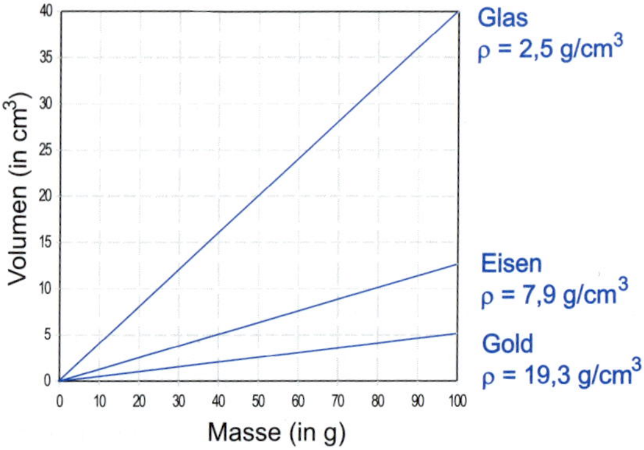

wurde, ermitteln, aus welchem Stoff der Körper besteht. Als Beispiel soll ein merkwürdig glitzernder Klumpen dienen. Wie kann festgestellt werden, aus welchem Stoff er besteht und ob es sich dabei vielleicht um Gold handelt? Zuerst wird der Klumpen gewogen, seine Masse beträgt 289,5 g. Als Nächstes wird sein Volumen bestimmt. Da es sich um einen unregelmäßigen Festkörper handelt, wird er in einen Messzylinder, der mit Wasser gefüllt ist, getaucht und sein Volumen, wie in der entsprechenden Abbildung im Abschnitt 1.1 skizziert, bestimmt. Das Volumen des Klumpens beträgt 15 ml oder 15 cm³. Mit der ermittelten Masse und dem Volumen ergibt sich eine Dichte von:

$$\rho = \frac{289{,}5\ \text{g}}{15\ \text{cm}^3} = 19{,}3\ \text{g/cm}^3$$

Diese Dichte entspricht genau der Dichte des Goldes, sodass es sich bei dem unbekannten Stoff, aus dem der Klumpen besteht, um Gold handelt.

1.5 Kraft

Kräfte wirken zwischen Körpern.

Die **Kraft** *F* ist eine physikalische Größe zur Beschreibung der Wechselwirkung zwischen zwei Körpern. Sie kann eine Verformung oder eine Änderung des Bewegungszustandes eines Körpers bewirken. Die Kraft ist eine vektorielle Größe. Das bedeutet, die Kraft hat einen Betrag, der angibt, wie stark die Wirkung der Kraft ist, und zusätzlich hat die Kraft eine Richtung, die durch den Kraftpfeil in Richtung der Kraftwirkung angegeben wird.

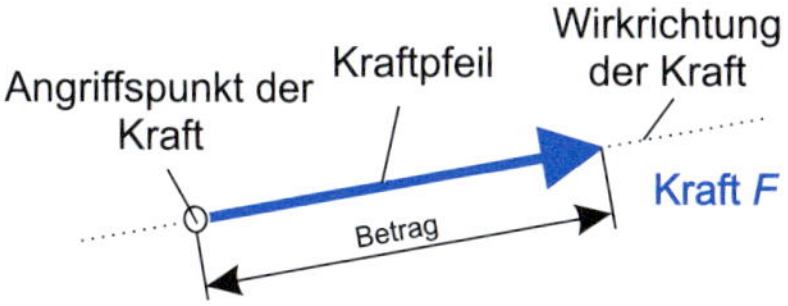

Darstellung der Kraft durch einen Kraftpfeil

Die Maßeinheit der Kraft ist 1 N (Newton), sie wurde nach dem englischen Physiker *Isaac Newton* benannt. Die Kraft ist eine abgeleitete Größe, denn sie ist das Produkt aus der Masse m eines Körpers und der Beschleunigung a (s. Dynamik, Abschn. 3.1).

Isaac Newton, 1643–1727, englischer Physiker, Mathematiker und Philosoph

In der Statik wird die Wirkung der Kräfte auf Körper untersucht. Diese Wirkung äußert sich durch die Verformung der Körper. Dabei gilt:

Kräfte, die denselben Körper gleich stark verformen, sind gleich groß.

Ein Beispiel für die Verformung eines Körpers ist eine Stahlfeder, an der eine Kraft wirkt, indem an der Feder gezogen wird. Dabei lässt sich erkennen: Je stärker die Kraft ist, desto länger wird die Feder.

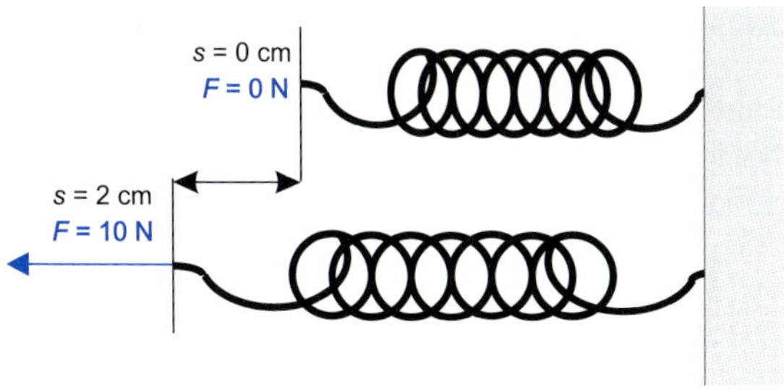

Verformung einer Feder durch die Wirkung einer Kraft

Robert Hooke, 1635–1703, englischer Physiker

Der Zusammenhang zwischen Kraft und Federauszug wird durch das **Hooke'sche Gesetz beschrieben**:

Der Federauszug s ist dem Kraftbetrag F proportional.

$$F \sim s$$

Der Quotient aus Federauszug s und Kraftbetrag F ist dabei für eine Feder immer konstant und wird **Federkonstante** D genannt.

$$D = \frac{F}{s}$$

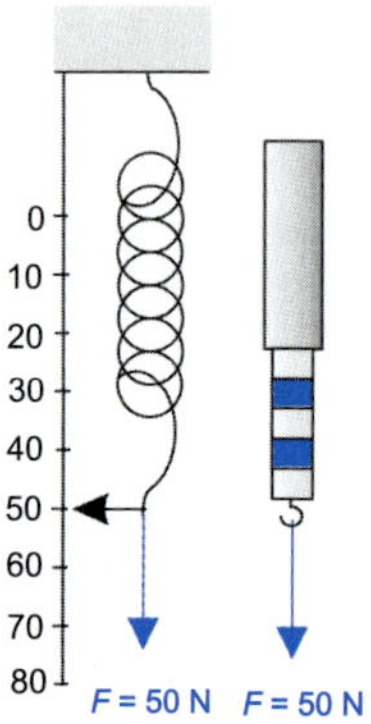

Mit Federkraftmessern kann aus der Verformung der Feder die einwirkende Kraft bestimmt werden.

Die Maßeinheit der Federkonstanten ist N/m (Newton pro Meter). Mithilfe des Hooke'schen Gesetzes ist es möglich, Kräfte zu messen, indem der Federauszug s mit einer Maßzahl für die Kraft skaliert wird. In der Abbildung ist dargestellt, wie mithilfe einer Feder eine Kraft bestimmt werden kann, und daneben ein Federkraftmesser, in dem eine Feder mit einer Skala verbunden ist, an der die Kraft abgelesen werden kann.
Selten wirkt an einem Körper nur eine Kraft. Wie aber werden Kräfte beschrieben, die alle an einem Punkt angreifen? Im ersten Beispiel sollen alle Kräfte entlang einer gemeinsamen Wirkungslinie angreifen. Dies ist z. B. der Fall, wenn sich mehrere Sportler am Tauziehen beteiligen. Die Kräfte, die durch die einzelnen Personen auf das Tau ausgeübt werden, addieren sich.

Wirken mehrere Kräfte in dieselbe Richtung einer Wirkungslinie, dann addieren sie sich.

Wenn Kräfte im selben Punkt an einem Körper angreifen, aber in verschiedene Richtungen wirken, dann dürfen die Beträge der Kräfte nicht einfach addiert werden.

Addition der Kräfte durch Konstruktion eines Kräfteparallelogramms

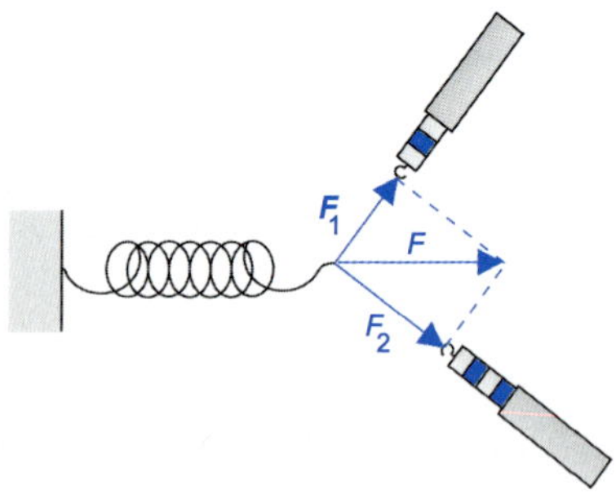

Die Kräfte F_1 und F_2 heißen **Kraftkomponenten** und F heißt resultierende Kraft.

Aus zwei Kräften F_1 und F_2, die in einem Punkt angreifen, aber nicht in dieselbe Richtung wirken, lässt sich eine resultierende Kraft F als Diagonale des durch beide Kräfte gebildeten Parallelogramms konstruieren. Die Richtung und die Größe dieser Diagonalen entsprechen dabei der Richtung und dem Betrag der resultierenden Kraft.

Wenn mehr als zwei Kräfte an einem Punkt des Körpers angreifen und in verschiedene Richtungen wirken, wird die Regel vom Kräfteparallelogramm mehrfach hintereinander angewandt.

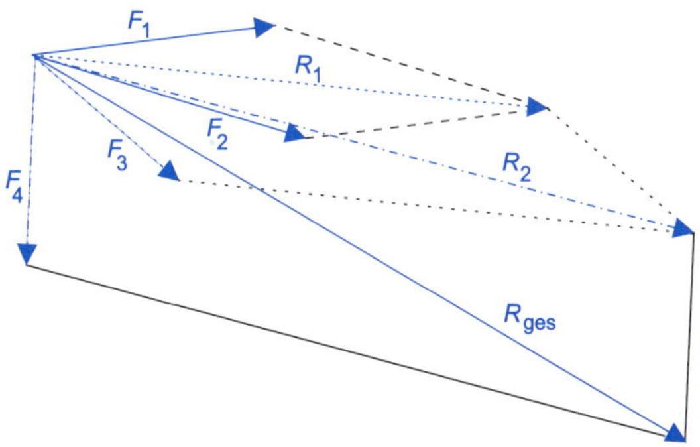

Addition mehrerer an einem Körper angreifender Kräfte

Aus den Kräften F_1 und F_2 ergibt sich die resultierende Kraft R_1. Mit ihr und der Kraft F_3 ergibt sich R_2. Und aus R_2 und der Kraft F_4 ergibt sich als resultierende Gesamtkraft R_{ges}.

1.6 Gewichtskraft

Warum fallen die Äpfel vom Baum zur Erde? Warum können wir alle auf der Erde stehen, obwohl wir wissen, dass die Erde rund ist? Zwischen der Erde und den auf ihr befindlichen Körpern wirkt eine Kraft F_G.

Zwischen allen Körpern wirkt eine Anziehungskraft F_G.

Die Schwerkraft wirkt zwischen zwei Körpern.

Diese **Anziehungskraft** wird **Gewichtskraft, Schwerkraft** oder auch **Gravitation**, vom lateinischen Wort »gravis« für »Schwere«, genannt und sie wirkt ganz allgemein zwischen allen Körpern. Das bedeutet, die Schwerkraft ist keine Eigenschaft eines Körpers, sondern die Folge gegenseitiger Anziehung der Körper. Der Betrag der Anziehungskraft wird mit zunehmendem Abstand zwischen den Körpern kleiner und wächst mit kleiner werdendem Abstand. So ist der Betrag dieser Kraft auf einen Körper in einer Entfernung von 6370 km von der Erde nur noch ein Viertel des Wertes auf der Erdoberfläche. Neben dem Abstand zwischen den Körpern bestimmt auch die Masse den Betrag der Gewichtskraft F_G. Diesen Zusammenhang soll der dargestellte Versuch demonstrieren.

Zusammenhang zwischen Masse und Gewichtskraft

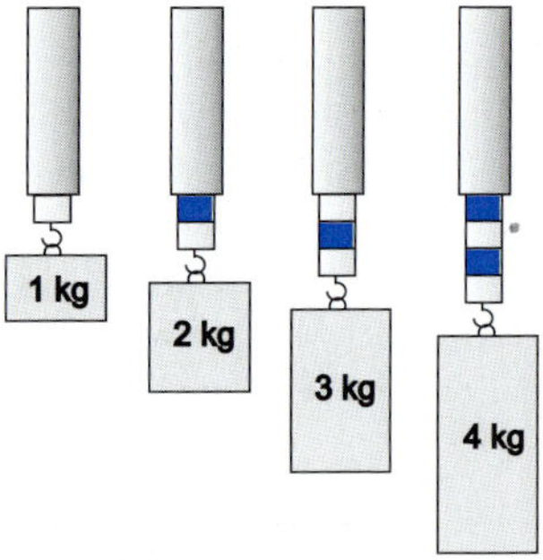

An einem bestimmten Ort, z. B. in Berlin, werden verschiedene Massen an Federkraftmesser gehängt. Dabei ergibt sich ein Zusammenhang zwischen Masse und Gewichtskraft, der in der folgenden Tabelle notiert ist.

Masse m in kg	1	2	3	4
Gewichtskraft F_G in N	9,81	19,62	29,43	39,24

Das Experiment zeigt: Wird der Betrag der Masse m erhöht, so wächst auch die Gewichtskraft F_G und umgekehrt.

Die Gewichtskraft F_G ist am gleichen Ort der Masse m proportional.

$$F_G \sim m$$

Wegen der Proportionalität zwischen den beiden physikalischen Größen Gewichtskraft und Masse muss der Quotient aus diesen beiden Größen eine Konstante sein. Werden die Werte des Experimentes dividiert, ergibt sich folgende Gleichung:

Der konstante Quotient aus Masse und Gewichtskraft wird Fallbeschleunigung genannt.

$$\frac{F_G}{m} = \frac{9{,}81\ \text{N}}{1\ \text{kg}} = \frac{19{,}62\ \text{N}}{2\ \text{kg}} = \frac{29{,}43\ \text{N}}{3\ \text{kg}} = \frac{39{,}24\ \text{N}}{4\ \text{kg}} = 9{,}81\ \frac{\text{N}}{\text{kg}}$$

$$\frac{F_G}{m} = g$$

Der Quotient aus F_G und m wird mit g bezeichnet und heißt Ortsfaktor oder auch Fallbeschleunigung und es gilt:

$$F_G = m \cdot g$$

Das bedeutet: Wird die Masse eines Körpers mit dem Ortsfaktor g, der gerade an diesem Ort gilt, multipliziert, dann ergibt sich die Gewichtskraft, die der Körper an diesem Ort erfährt. In der folgenden Tabelle sind einige Werte der Fallbeschleunigung g für verschiedene Orte aufgezählt. Mit ihnen lässt sich jetzt leicht bestimmen, welche Gewichtskraft jeder an diesem Ort erfährt, wenn er seine Körpermasse in die Gleichung einsetzt.

Ort	g in N/kg
Nordpol der Erde	9,83
Äquator der Erde	9,78
Mond	1,62
Mars	3,81

Werte für die Fallbeschleunigung an verschiedenen Orten

1.7 Schwerpunkt und Gleichgewicht

Als Schwerpunkt eines Körpers wird eine gedachte Stelle bezeichnet, die sich so bewegt, als sei der Körper ein Massenpunkt, der die Masse des gesamten starren Körpers enthält. Es entsteht der Eindruck, als greift an ihm die resultierende Gewichtskraft F_G des Körpers an. Bei regelmäßigen Körpern, wie Kugeln, Quadern und Würfeln, liegt der

Der Schwerpunkt eines Körpers ist der scheinbare Angriffspunkt der Gewichtskraft.

Schwerpunkt in der Mitte der Körper. Bei dreieckigen Scheiben ist der Schnittpunkt der Seitenhalbierenden der Schwerpunkt.
Es gibt aber auch Körper, z. B. Ringe und Rahmen, bei denen der Schwerpunkt außerhalb des Körpers liegt, jedoch in ihrem geometrischen Zentrum. Der Schwerpunkt von unregelmäßigen flachen Scheiben lässt sich leicht bestimmen. Dazu wird die Scheibe wie skizziert an zwei verschiedenen Punkten aufgehängt.

Bestimmung des Schwerpunktes einer unregelmäßigen flachen Scheibe

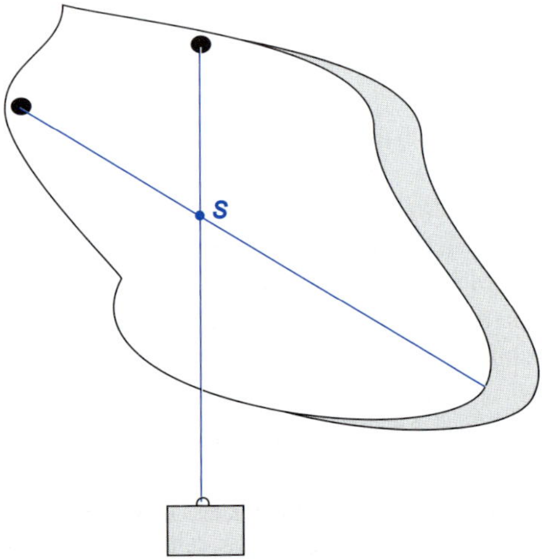

Wird von jedem Aufhängepunkt eine senkrechte Linie nach unten gezeichnet, ergibt sich die **Lotlinie** für diesen Aufhängepunkt. An der Stelle, an der sich die Lotlinien schneiden, befindet sich der Schwerpunkt *S*.

Der Schwerpunkt eines frei beweglich aufgehängten Körpers liegt senkrecht unter dem Aufhängepunkt.

Die Lage des Schwerpunktes bestimmt die Standsicherheit eines Körpers.

Die Lage des Schwerpunktes in einem Körper ist entscheidend für seine Standsicherheit. In der folgenden Abbildung ist auf der linken Seite ein Körper dargestellt, dessen unteres Ende mit Blei gefüllt ist. Deshalb liegt sein Schwerpunkt tiefer als bei dem Körper auf der rechten Seite. Außerdem verläuft das Schwerpunktslot durch seine Grundfläche, der Körper steht stabil. Bei dem Körper auf der rechten Seite wird die Standfläche nicht mehr vom Schwerpunktslot getroffen, der Körper kippt um.

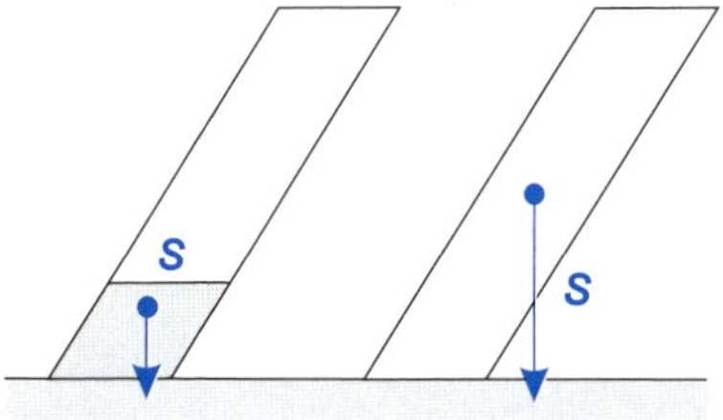

Schwerpunktslage in verschiedenen Körpern

Ein Körper bleibt nur dann stabil stehen, wenn die Standfläche vom Schwerpunktslot getroffen wird.

Wenn ein Körper stabil steht, kann auch gesagt werden, dass er sich in einem stabilen Gleichgewicht befindet. Die Gleichgewichtslage eines Körpers lässt sich am besten mithilfe einer Kugel auf verschiedenen Unterlagen erklären. Bei einer **stabilen Gleichgewichtslage** rollt die Kugel nach jeder kleinen Störung wieder auf den Boden der Schale zurück (Bild a). Von einer **labilen Gleichgewichtslage** wird gesprochen, wenn die Kugel bei einer kleinen Störung von der Stelle fortgetrieben wird, an der sie sich gerade befindet (Bild b). Um eine **indifferente Gleichgewichtslage** handelt es sich, wenn ein Körper nach einer kleinen Störung in der Nachbarschaft zur Ruhe kommt und dort wieder im Gleichgewicht ist (Bild c).

Ein Gleichgewicht kann stabil, labil oder indifferent sein.

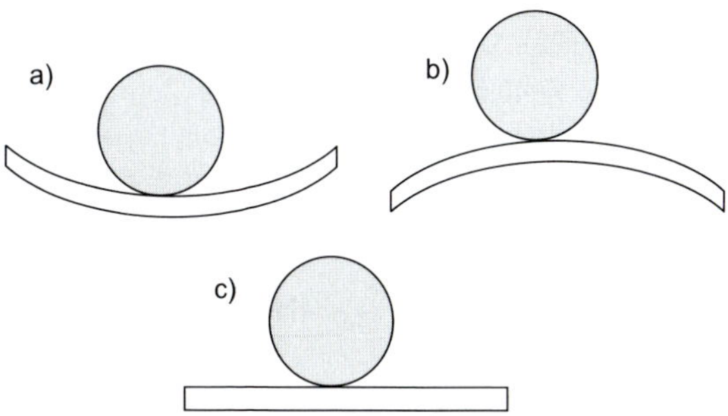

Die drei verschiedenen Gleichgewichtslagen am Beispiel einer Kugel

1.8 Druck

Wirkt eine Kraft auf eine Fläche, dann erzeugt sie einen Druck.

Der **Druck** ist eine abgeleitete physikalische Größe, die die Wirkung einer Kraft in Abhängigkeit von der Fläche charakterisiert, auf welche die Kraft einwirkt. Der Druck hat das Formelzeichen p und ist der Quotient aus wirkender Kraft F und der Fläche A.

$$p = \frac{F}{A}$$

Blaise Pascal, 1623–1662, französischer Mathematiker, Physiker, Theologe und Philosoph

Die Maßeinheit für den Druck ist 1 N/m^2 und heißt Pascal (Pa). In der folgenden Tabelle sind die gebräuchlichsten Vielfache dieser Maßeinheit sowie die Umrechnung in eine weitere Einheit des Druckes, das Bar, angegeben.

Vielfache und Bruchteile der Maßeinheit des Druckes

100 Pa = 1 hPa (Hektopascal)
1000 Pa = 1 kPa (Kilopascal)
100 000 Pa = 1 bar
1 bar = 1000 mbar (Millibar)
1000 mbar = 1000 hPa

Als Beispiel soll der Druck unter den Schuhsolen eines stehenden Menschen ausgerechnet werden. Die Masse des Menschen sei 70 kg, daraus ergibt sich eine Gewichtskraft von $F_G \approx 700$ N. Mit einer Standfläche von $A = 500\ \text{cm}^2$ ergibt sich ein Druck von:

$$p = \frac{700\ \text{N}}{0{,}05\ \text{m}^2} = 14\,000\ \text{Pa}$$

Dieser Druck von 14 kPa ist die Ursache dafür, dass der Mensch im tiefen Schnee versinkt. Um das zu verhindern, benutzen die Wintersportler Ski und vergrößern mit ihnen ihre Standfläche auf $A = 1500\ \text{cm}^2$. Daraus ergibt sich bei gleicher Gewichtskraft $F_G \approx 700$ N ein Drittel des Druckes von:

$$p = \frac{700\ \text{N}}{0{,}15\ \text{m}^2} = 4700\ \text{Pa}$$

2 Kinematik

Die Kinematik ist ein Teilgebiet der Mechanik, in der die Bewegungen der Körper beschrieben werden. Als Bewegung wird die Ortsveränderung eines Körpers relativ zu einem anderen Körper verstanden. Beispiele für derartige Ortsveränderungen sind die Bewegung eines Fahrzeuges auf einer Straße oder die Bewegung der Erde um die Sonne. Die Ursachen für die Änderung des Bewegungszustandes bleiben in der Kinematik dabei unberücksichtigt.

2.1 Zeit

Für die Untersuchung von Veränderungen, z. B. die Ortsveränderung durch Bewegung, wird die physikalische Größe **Zeit** benötigt. Die Zeit ist eine Basisgröße, sie hat das Formelzeichen t und die Maßeinheit Sekunde (s). In der folgenden Tabelle sind Vielfache und Bruchteile der Maßeinheit aufgezählt.

Vielfache und Bruchteile der Maßeinheit der Zeit

Vielfache der Maßeinheit	Bruchteile der Maßeinheit
60 s = 1 min (Minute)	1 s = 1000 ms (Millisekunden)
60 min = 1 h (Stunde)	1 ms = 0,001 s
24 h = 1 d (Tag)	
365 d = 1 a (Jahr)	

Die Zeit wird mithilfe von periodischen Prozessen, wie die Schwingung eines Pendels, bestimmt. Geräte, in denen diese periodischen Prozesse gezählt und angezeigt werden, heißen Chronographen oder Uhren. In einer Pendeluhr werden die Schwingungen des Pendels gezählt. Da jede Schwingung gleich lange dauert, ergibt sich daraus ein Maß für die Zeit. In modernen Uhren werden die Schwingungen von Quarzkristallen (Quarzuhr) oder Atomen (Atomuhr) gezählt. Und was schwingt bei einer Sonnenuhr? Bei ihr bewirkt die Erddrehung, dass sich der Schatten eines Stabes über eine angebrachte Skala bewegt. Die Drehbewegung der Erde ist ein periodischer Prozess, seine Dauer beträgt 1 d = 24 h.

Die Zeit wird mit Uhren gemessen.

2.2 Geschwindigkeit

Die **Geschwindigkeit** ist eine abgeleitete Größe und hat das Formelzeichen *v*. Sie ist ein Maß dafür, in welcher Zeit eine Ortsveränderung eines Körpers stattgefunden hat. In der Abbildung ist ein Experiment zur Bestimmung der Geschwindigkeit eines Fahrzeuges dargestellt.

Bestimmung der Geschwindigkeit eines Fahrzeuges

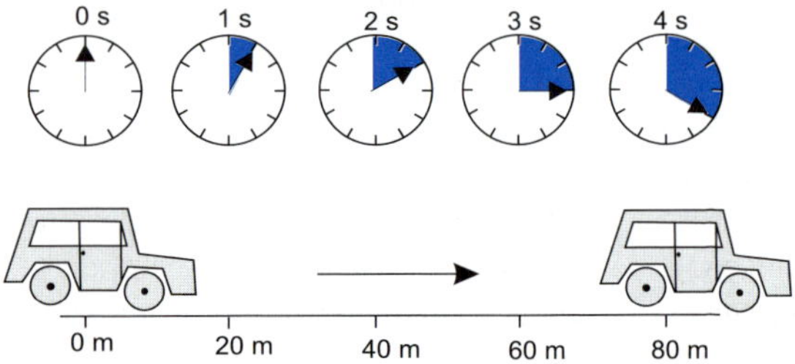

Das Auto legt im abgebildeten Versuch pro Sekunde immer den gleichen Weg *s* zurück und ändert während der Fahrt nicht die Richtung. Deshalb wird diese Ortsänderung **geradlinige gleichförmige Bewegung** genannt. Der Zusammenhang zwischen Zeit und Weg ist in folgender Tabelle notiert.

Zeit *t* in s	0	1	2	3	4
Weg *s* in m	0	20	40	60	80

Mit zunehmender Zeit nimmt auch der zurückgelegte Weg zu. Das bedeutet:

Der zurückgelegte Weg ist der dafür benötigten Zeit proportional. $s \sim t$

Die Geschwindigkeit ist der Quotient aus Weg und dafür benötigter Zeit.

Aus dieser Proportionalität folgt, dass der Quotient aus Weg und Zeit eine Konstante ist. Werden die Werte des Experimentes aus der Abbildung oben dividiert, ergibt sich folgende Gleichung:

$$\frac{s}{t} = \frac{20\text{ m}}{1\text{ s}} = \frac{40\text{ m}}{2\text{ s}} = \frac{60\text{ m}}{3\text{ s}} = \frac{80\text{ m}}{4\text{ s}} = 20\frac{\text{m}}{\text{s}}$$

$$v = \frac{s}{t}$$

Der konstante Quotient aus *s* und *t* wird Geschwindigkeit *v* genannt. Die Maßeinheit für die Geschwindigkeit ist m/s (Meter pro Sekunde). Im Straßenverkehr wird die Einheit km/h (Kilometer je Stunde) verwendet. Für die Umrechnung der im dargestellten Experiment gewonnenen Ergebnisse gilt:

$$\frac{s}{t} = \frac{20\text{ km} / 1000}{1\text{ h} / 3600} = 72\frac{\text{km}}{\text{h}}$$

Um sich über den Verlauf einer Bewegung ein Bild zu machen, verwendet der Physiker Diagramme. Der Weg, den das Auto aus der Abbildung zurücklegt, kann in so einem Schaubild dargestellt werden. Dazu wird zuerst ein Achsenkreuz aufgetragen. Auf der waagerechten Achse werden die Zeitabschnitte und auf der senkrechten Achse wird der zurückgelegte Weg markiert.

Diagramme machen Bewegungen sichtbar.

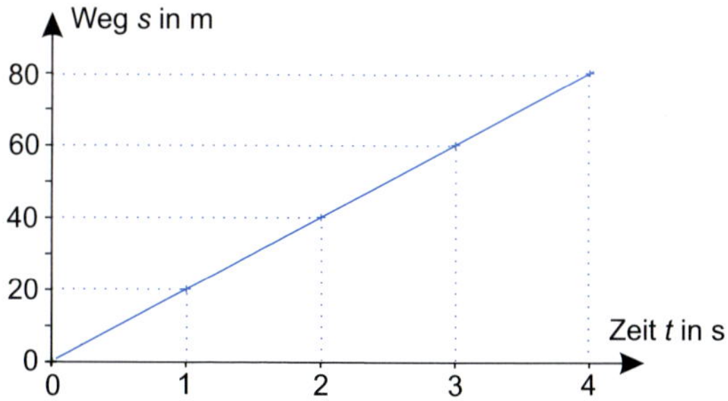

Weg-Zeit-Diagramm der geradlinigen gleichförmigen Bewegung

Danach werden die Werte aus der Tabelle in das Diagramm eingetragen. Das Fahrzeug hat nach einer Sekunde einen Weg von 20 m zurückgelegt. Über der Marke 1 s auf der waagerechten Zeitachse wird in Höhe der Marke 20 m auf der senkrechten Wegachse ein Kreuz eingezeichnet. Danach werden die Kreuze für die anderen Wertepaare in das Diagramm eingezeichnet. Werden alle Kreuze durch eine Linie verbunden, ergibt sich daraus eine Gerade. Diese grafische Darstellung einer geradlinigen gleichförmigen Bewegung wird **Weg-Zeit-Diagramm** genannt.

Jeder weiß, dass sich Autos nicht immer mit der gleichen Geschwindigkeit bewegen und das z. B. bei einer Fahrt in einer Stadt oft die Geschwindigkeit geändert werden muss. Mit einem **Tachometer** misst der Fahrer die augenblickliche

Geschwindigkeit des Autos. Tachometer zeigen die **Momentangeschwindigkeit** an. Dieser Wert kann sich im Verlauf der Fahrzeit öfter ändern. Ähnlich wie beim Weg-Zeit-Diagramm lässt sich auch die Geschwindigkeit in Abhängigkeit von der Zeit grafisch darstellen. Dazu werden auf der waagerechten Achse die Zeitabschnitte und auf der senkrechten Achse die Momentangeschwindigkeiten markiert. Das Fahrzeug steht am Beginn und erreicht nach einer Sekunde die Geschwindigkeit 20 km/h. Mit dieser Geschwindigkeit fährt das Auto eine Sekunde und erhöht sie dann von der 2. bis zur 4. Sekunde auf 80 km/h. Nachdem der Fahrer diese Geschwindigkeit zwei Sekunden beibehalten hat, bremst er das Auto ab, bis es nach der 8. Sekunde wieder steht. Die grafische Darstellung der Momentangeschwindigkeit heißt **Geschwindigkeits-Zeit-Diagramm**.

Geschwindigkeits-Zeit-Diagramm der geradlinigen Bewegung

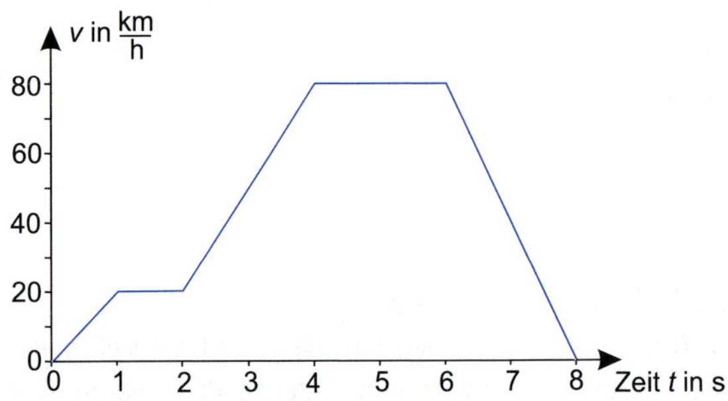

Der Mittelwert der Momentangeschwindigkeit heißt Durchschnittsgeschwindigkeit.

Am Ende jeder Fahrt kann der Mittelwert der Momentangeschwindigkeit bestimmt werden, indem der gesamte zurückgelegte Weg durch die gesamte Fahrzeit dividiert wird. Wenn die Fahrzeit 4 h beträgt und die Wegstrecke 296 km, dann ergibt sich für den Mittelwert der Momentangeschwindigkeit:

$$\bar{v} = \frac{296\ \text{km}}{4\ \text{h}} = 74\frac{\text{km}}{\text{h}}$$

Dieser Mittelwert heißt **Durchschnittsgeschwindigkeit**.
Die Fahrt eines Autos in eine Richtung entspricht der geradlinigen Bewegung. Ändert sich die Richtung der Geschwindigkeit entlang des Weges, wird von einer **krummlinigen**

gleichförmigen Bewegung gesprochen. Einen Spezialfall dieser Ortsveränderung stellt die Kreisbewegung dar. Dabei bewegt sich ein Körper mit immer gleich bleibender Geschwindigkeit auf einer Kreisbahn. Der Weg, den der Körper dabei zurücklegt, entspricht dem Umfang eines Kreises (s. Band Mathematik), auf dem er sich bewegt. Die benötigte Zeit für einen vollen Umlauf heißt **Umlaufzeit** *T*. Wird der Kreisumfang anstelle des Weges *s* und die Umlaufzeit anstelle der Zeit *t* in die Geschwindigkeitsgleichung eingesetzt, ergibt sich die Gleichung für die Kreisbahngeschwindigkeit *v*.

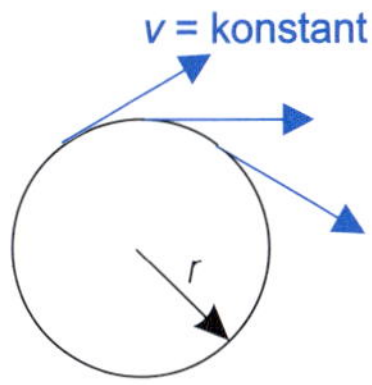

Bewegung eines Körpers auf einer Kreisbahn

$$v = \frac{2 \cdot \pi \cdot r}{T}$$

Beispiel:
Der Radius eines Riesenrades beträgt $r = 10$ m. Die Gondel benötigt für einen Umlauf eine Zeit von 21 s. Daraus ergibt sich für die Kreisbahngeschwindigkeit:

$$v = \frac{2 \cdot \pi \cdot 10\ \text{m}}{21\ \text{s}} = 3\frac{\text{m}}{\text{s}}$$

2.3 Schwingungsbewegung

Faden- und Federpendel führen Schwingungsbewegungen aus.

Ein Faden, an dem ein Gewicht hängt und der sich periodisch hin und her bewegt, wird Fadenpendel genannt. Eine Feder, an der ein Gewicht befestigt ist, das sich periodisch auf und ab bewegt, wird Federpendel genannt. Beide Pendelarten führen Schwingungsbewegungen aus. Welche physikalischen Größen beschreiben diese spezielle Bewegungsart? Bei der Schwingungsbewegung führt der Weg des Pendels von der Gleichgewichtslage *M* (Mitte) bis zum Umkehrpunkt *U*. Der Weg *r*, den das Pendel zwischen *M* und *U* zurücklegt, heißt **Amplitude**. Bleibt die Amplitude eines Pendels immer gleich groß, spricht der Physiker von einer **ungedämpften Schwingung**, wenn dagegen die Amplitude abnimmt, von einer **gedämpften Schwingung**. Eine vollständige Hin- und Herbewegung des Pendels wird **Periode** der Schwingung genannt und die Zeit, die dafür benötigt wird, **Perioden-** oder **Schwingungsdauer** *T*.

Federpendel und Fadenpendel

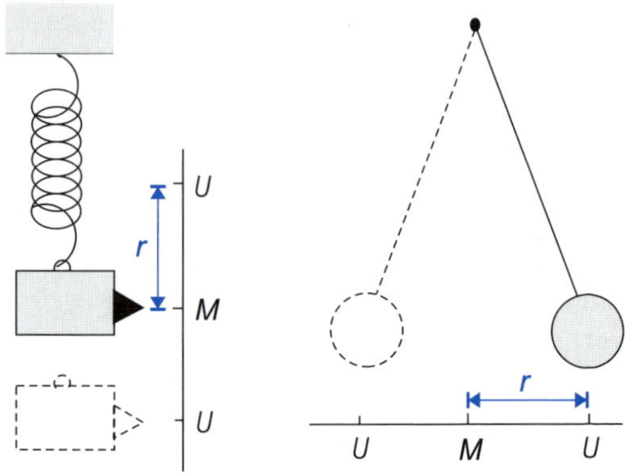

Die physikalische Größe **Frequenz** hat das Formelzeichen *f* und ist der Quotient aus der Anzahl der Schwingungen *n* und der dafür benötigten Zeit *t*.

$$f = \frac{n}{t}$$

Heinrich Hertz, 1857–1894, deutscher Physiker

Die Maßeinheit der Frequenz ist 1 Hertz: 1 Hz = 1/s (sprich: Eins pro Sekunde). Ein Fadenpendel, wie es in der Abbildung oben rechts skizziert ist, schwingt in einer Minute 30-mal hin und her. Da 1 Minute gleich 60 Sekunden ist, ergibt sich:

$$f = \frac{n}{t} = \frac{30}{60\ \text{s}} = 0{,}5\ \text{Hz}$$

Das bedeutet: Für eine Periode benötigt das Pendel die Periodendauer von $T = 2$ s. Die Periodendauer ist somit der Kehrwert der Frequenz und es gilt:

$$f = \frac{1}{T}$$

Als Beispiel soll die Schwingungsdauer eines Fadenpendels betrachtet werden. Kurze Pendel schwingen schneller als lange Pendel, unabhängig davon, welche Masse sie haben. Mit der Pendellänge *l*, der Kreiszahl π und dem Ortsfaktor *g* ergibt sich die Schwingungsdauer *T*:

$$T = 2 \cdot \pi \cdot \sqrt{\frac{l}{g}}$$

Die Frequenz des Fadenpendels ist der Kehrwert dieser Gleichung:

$$f = \frac{1}{2 \cdot \pi} \cdot \sqrt{\frac{g}{l}}$$

Hat das Fadenpendel eine Länge $l = 1$ m, ergibt sich für die Schwingungsdauer:

$$T = 2 \cdot \pi \cdot \sqrt{\frac{l}{g}} = 2 \cdot 3{,}14 \cdot \sqrt{\frac{1\ \mathrm{m}}{9{,}81\ \frac{\mathrm{m}}{\mathrm{s}^2}}} =$$

$$= 6{,}28 \cdot 0{,}32\ \mathrm{s} = 2{,}1\ \mathrm{s}$$

Für ein Federpendel ist die in Abschnitt 1.5 erklärte Federkonstante *D* von Bedeutung. Sie gibt die Härte einer Feder an, das heißt, um wie viel Meter sich eine Feder dehnt, wenn an ihr eine bestimmte Kraft wirkt. Die Beobachtungen zeigen: Harte Federn schwingen schneller als weiche. Außerdem spielt beim Federpendel auch die Masse *m* eine Rolle, denn es schwingt mit großer Masse langsamer als mit kleiner. Für die Schwingungsdauer ergibt sich somit:

$$T = 2 \cdot \pi \cdot \sqrt{\frac{m}{D}}$$

Die Frequenz des Federpendels berechnet sich wieder aus dem Kehrwert dieser Gleichung:

$$f = \frac{1}{2 \cdot \pi} \cdot \sqrt{\frac{D}{m}}$$

Für ein Federpendel mit einer Federkonstanten $D = 30$ N/m und einer Masse von $m = 0{,}5$ kg ergibt sich für die Schwingungsdauer:

$$T = 2 \cdot \pi \sqrt{\frac{0{,}5\ \mathrm{kg}}{30\ \mathrm{N/m}}} = 6{,}28 \cdot \sqrt{\frac{0{,}5\ \mathrm{kg} \cdot \mathrm{m} \cdot \mathrm{s}^2}{30\ \mathrm{kg} \cdot \mathrm{m}}} =$$

$$= 6{,}28 \cdot 0{,}13\ \mathrm{s} = 0{,}8\ \mathrm{s}$$

Eine Kreisbewegung kann in eine Pendelbewegung umgewandelt werden.

Im vorherigen Abschnitt wurde die Kreisbewegung erklärt. Die Verwandtschaft zwischen Kreis- und Schwingungsbewegung wird an einem Pleuelantrieb deutlich. Die Kreisbewegung der Antriebsscheibe wird durch die Pleuelstange in eine Hin- und Herbewegung umgewandelt, die der eines schwingenden Fadenpendels entspricht.

Der Pleuelantrieb zeigt die Verwandtschaft zwischen Kreis- und Pendelbewegung.

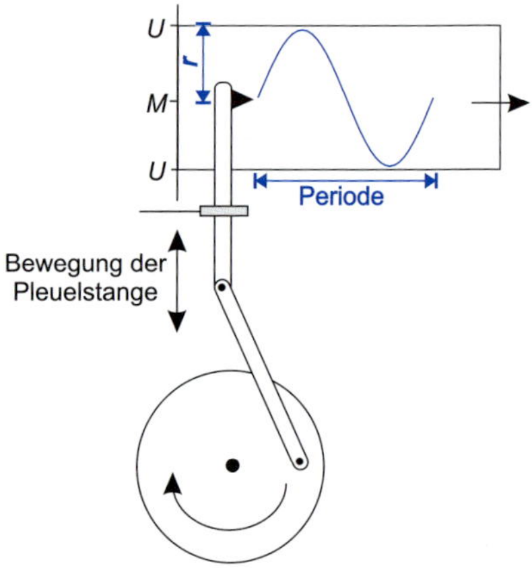

Eine Kreisbewegung kann in eine **harmonische Schwingung** verwandelt werden. Wird an der Spitze der Pleuelstange ein Schreiber befestigt und ein Blatt Papier daran vorbeigezogen, wird eine harmonische Bogenlinie aufgezeichnet. Diese harmonische Bogenlinie heißt **Sinuslinie**.

2.4 Beschleunigung

Die Änderung der Geschwindigkeit wird Beschleunigung genannt.

Bei der Betrachtung des in Abschnitt 2.2 dargestellten Geschwindigkeits-Zeit-Diagramms wurde festgestellt, dass es Zeitabschnitte gibt, in denen sich die Geschwindigkeit geändert hat. Zu Beginn befindet sich das Fahrzeug in Ruhe, dann wächst in der ersten Sekunde die Geschwindigkeit von 0 km/h auf 20 km/h an. Allgemein bedeutet ein Geschwindigkeitszuwachs in einer bestimmten Zeit, dass ein Körper schneller wird, er wird beschleunigt.

$$\text{Beschleunigung} = \frac{\text{Geschwindigkeitszuwachs}}{\text{Zeitabschnitt}}$$

Die **Beschleunigung** hat das Formelzeichen a und ist eine abgeleitete Größe. In der folgenden Abbildung ist der Zusammenhang zwischen Geschwindigkeitszuwachs und Zeit dargestellt.

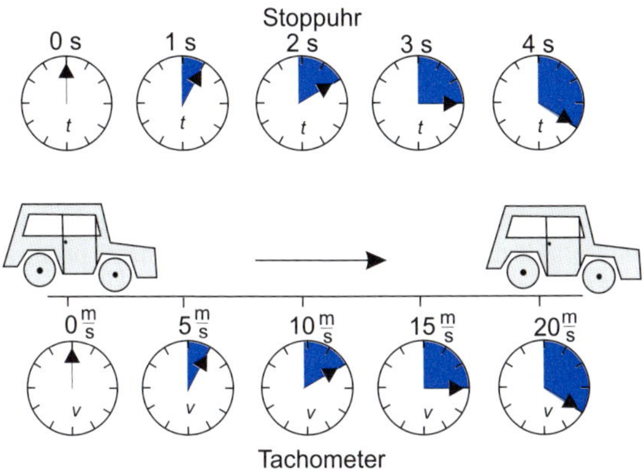

Zusammenhang zwischen Geschwindigkeitsänderung und Beschleunigung

Das Auto hat zu Beginn des Versuchs die Geschwindigkeit $v_a = 0$ m/s (v_a wie Anfangsgeschwindigkeit), denn es steht. Nach der ersten Sekunde beträgt die Geschwindigkeit des Fahrzeuges $v_e = 5$ m/s (v_e wie Endgeschwindigkeit), das bedeutet, innerhalb der ersten Sekunde erfährt es einen Geschwindigkeitszuwachs $\Delta v = v_e - v_a$ (Δ sprich: Delta) von 5 m/s. Innerhalb von zwei Sekunden beträgt der Geschwindigkeitszuwachs $\Delta v = 10$ m/s. Daraus folgt, mit zunehmender Zeit nimmt auch der Geschwindigkeitszuwachs Δv zu, beide Größen sind zueinander proportional und ihr Quotient ist eine Konstante. Diese Konstante wird Beschleunigung genannt. Sie hat die Maßeinheit m/s^2 (Meter pro Quadratsekunde).

$$a = \frac{\Delta v}{t}$$

Mit den Werten aus dem oben skizzierten Versuch ergibt sich:

$$\frac{\Delta v}{t} = \frac{5\,\frac{\text{m}}{\text{s}}}{1\,\text{s}} = \frac{10\,\frac{\text{m}}{\text{s}}}{2\,\text{s}} = \frac{15\,\frac{\text{m}}{\text{s}}}{3\,\text{s}} = \frac{20\,\frac{\text{m}}{\text{s}}}{4\,\text{s}} = 5\,\frac{\text{m}}{\text{s}^2}$$

Die Umkehrung der Beschleunigung a nennt der Physiker negative Beschleunigung oder Verzögerung, in der Umgangssprache heißt dieser Vorgang Bremsen. Wenn das Fahrzeug aus der vorherigen Abbildung wieder abgebremst wird, verringert sich seine Geschwindigkeit von $v_a = 20$ m/s in einer Zeit $t = 4$ s auf $v_e = 0$ m/s. Eingesetzt in die Beschleunigungsgleichung ergibt sich:

$$\frac{\Delta v}{t} = \frac{v_e - v_a}{t} = \frac{0\,\frac{\text{m}}{\text{s}} - 20\,\frac{\text{m}}{\text{s}}}{4\,\text{s}} = \frac{-20\,\frac{\text{m}}{\text{s}}}{4\,\text{s}} = -5\,\frac{\text{m}}{\text{s}^2}$$

Der Wert für die Beschleunigung ist beim Bremsen negativ.

Freier Fall

Ein Beispiel für eine geradlinige gleichförmig beschleunigte Bewegung ist der **freie Fall**, z. B. beim Sprung von einem 10-m-Turm im Schwimmbad. Bei der Beschreibung der Gewichtskraft wurde gezeigt, dass jeder Körper von der Erde angezogen wird. Der Proportionalitätsfaktor g kann dabei auch als Beschleunigung mit dem Wert 9,81 m/s^2 betrachtet werden. Diese Beschleunigung kann jeder, der aus 10 m Höhe ins Wasser springt, deutlich spüren. Mit der Stoppuhr kann gemessen werden, dass ein Sprung rund 1,43 Sekunden dauert. Mit welcher Geschwindigkeit taucht der Springer in das Wasser ein?

$$g = \frac{\Delta v}{t} = \frac{v_e - v_a}{t} = \frac{v_e}{t} - \frac{v_a}{t} = \frac{v_e}{t} - 0 = \frac{v_e}{t}$$

Die Anfangsgeschwindigkeit des Turmspringers ist $v_a = 0$ m/s, denn er steht auf dem Turm und nimmt keinen Anlauf. Daraus ergibt sich für die Geschwindigkeit v_e beim freien Fall durch Multiplikation der Gleichung mit der Zeit:

$$v_e = g \cdot t = 9{,}81\,\frac{\text{m}}{\text{s}^2} \cdot 1{,}43\,\text{s} = 14\,\frac{\text{m}}{\text{s}}$$

Nach der gesamten durchfallenen Turmhöhe beträgt die Geschwindigkeit des Springers $v_e = 14$ m/s, das sind umgerechnet 50 km/h. Zu bemerken ist, dass diese Geschwindigkeit für alle Springer gleich ist, egal ob sie dick oder dünn sind, das heißt, ob ihre Masse groß oder klein ist.

3 Dynamik

Die Dynamik ist ein Teilgebiet der Physik, in dem die Ursachen für die Änderung eines Bewegungszustandes untersucht werden. Nachdem im vorherigen Kapitel die Bewegung der Körper beschrieben und die Beschleunigung als Bewegungsänderung erklärt wurde, soll jetzt die Wirkung der Kräfte auf den Bewegungszustand geschildert werden.

3.1 Newton'sches Grundgesetz

Um Körper zu beschleunigen, wird eine **Kraft** benötigt. Dies erkannte der englische Physiker *Isaac Newton* – deshalb wurde ihm zu Ehren die Maßeinheit der Kraft F Newton (N) genannt. Der in der Abbildung dargestellte Versuch soll den Zusammenhang zwischen der Kraft F und der Beschleunigung a erklären.

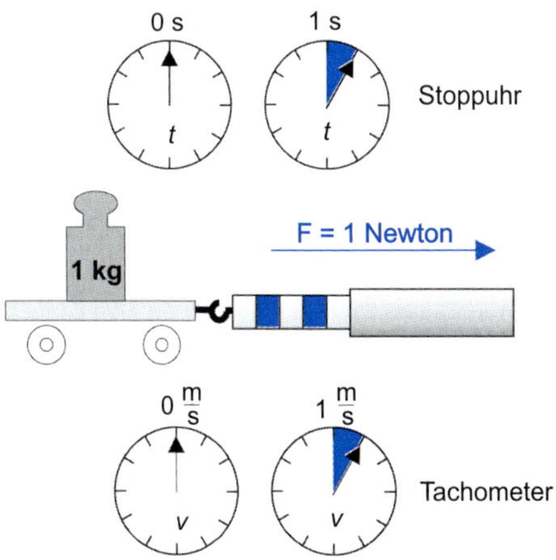

Beschleunigung einer Masse durch Einwirken einer Kraft

Die Masse von 1 kg auf einem Wagen soll mit einem Kraftmesser gezogen werden, sodass dieser eine Kraft von 1 N anzeigt. Dabei wird beobachtet, dass der Wagen immer schneller wird, er wird beschleunigt. Mit einer Stoppuhr und einem Tachometer wird in einer Sekunde ein Geschwindigkeitszuwachs $\Delta v = 1$ m/s gemessen. Daraus berechnet sich eine Beschleunigung von $a = 1$ m/s^2.

Wirkt auf einen Körper eine Kraft, wird er beschleunigt oder verformt.

1 N ist die Kraft, die benötigt wird, um einen Körper mit der Masse 1 kg mit 1 m/s² zu beschleunigen. Wie verhält sich die Kraft, wenn Körper mit einer größeren Masse beschleunigt werden sollen oder wenn die Beschleunigung erhöht werden soll? Dazu wird das letzte Experiment wiederholt.

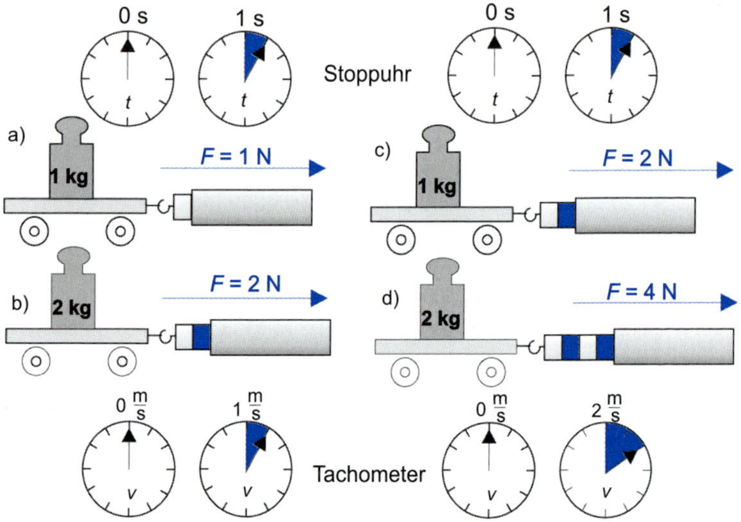

Abhängigkeit der Kraft von der Masse des Körpers und vom Betrag der Beschleunigung

In Abbildung a) ist die Ausgangssituation dargestellt. Zur Beschleunigung einer Masse von 1 kg mit 1 m/s² wird eine Kraft von 1 N benötigt. Wird die Masse wie in b) verdoppelt, ergibt sich bei gleicher Beschleunigung eine Kraft von 2 N. Auf der anderen Seite der Abbildung wird in c) die Masse von einem Kilogramm doppelt so stark beschleunigt, die benötigte Kraft ist 2 N. Schließlich wird in d) ein Körper mit doppelter Masse zweimal so stark beschleunigt wie in a). Die Kraft, die dafür aufgewandt werden muss, beträgt 4 N. Aus diesem Zusammenhang folgt, dass die Kraft das Produkt aus Masse und Beschleunigung ist.

$$F = m \cdot a$$

Wird statt der Beschleunigung a die Fallbeschleunigung g in die Formel eingesetzt, ergibt sich die Gewichtskraft F_G.

3.2 Wechselwirkungsgesetz

Wenn eine Person einen Wagen beschleunigen möchte, muss sie eine Kraft aufbringen. Der Wagen selbst wirkt dieser Kraft entgegen, die Person verspürt einen Widerstand. Der Physiker bezeichnet diesen Widerstand als Gegenkraft.

Die Wirkung einer Kraft verursacht eine Gegenkraft.

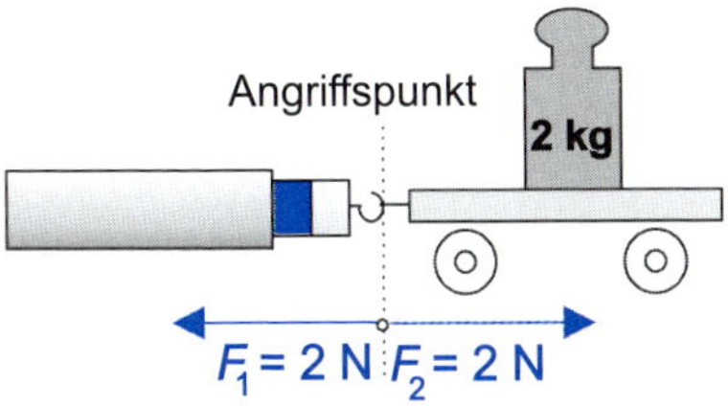

Kraft und Gegenkraft bei der Beschleunigung einer Masse

Die Gegenkraft hat die gleiche Wirkungslinie und den gleichen Betrag wie die einwirkende Kraft, wirkt aber in die entgegengesetzte Richtung.

Kraft = Gegenkraft $\quad F_1 = -F_2$

In Abschnitt 1.6 wurde die Gewichtskraft als das Resultat der gegenseitigen Anziehung der Körper beschrieben. Auch bei dieser Wechselwirkung wirkt der Anziehungskraft eine Kraft, die Gegenkraft, entgegen.

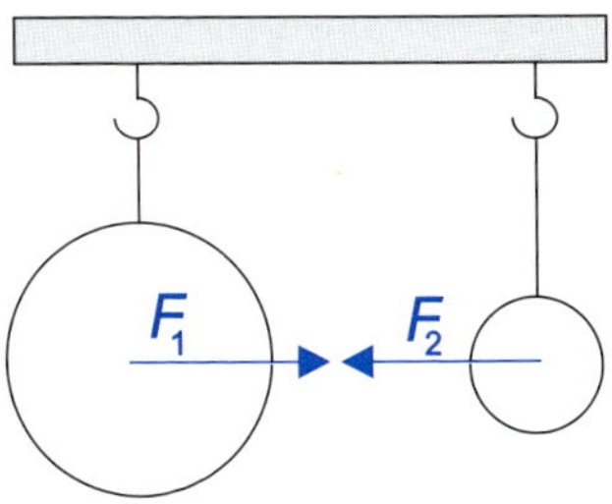

Kraft und Gegenkraft bei der Anziehung zweier Körper

3.3 Trägheitsgesetz

Aus dem Newton'schen Grundgesetz resultierte, dass, wenn eine Kraft auf einen Körper einwirkt, dieser seinen Bewegungszustand ändert. Anders herum formuliert bedeutet dies, dass ein Körper immer in demselben Bewegungszustand verbleibt, solange keine Kraft auf ihn ausgeübt wird.

Jeder Körper verharrt im Zustand der Ruhe oder geradlinigen gleichförmigen Bewegung, solange keine Kraft auf ihn einwirkt.

Dieses Beharrungsvermögen wird **Trägheit** der Körper genannt. In der folgenden Abbildung ist ein Versuch skizziert, mit dem die Trägheit eines Körpers veranschaulicht werden kann.

Die Trägheit wirkt der Beschleunigung und dem Abbremsen entgegen, der Körper kippt um.

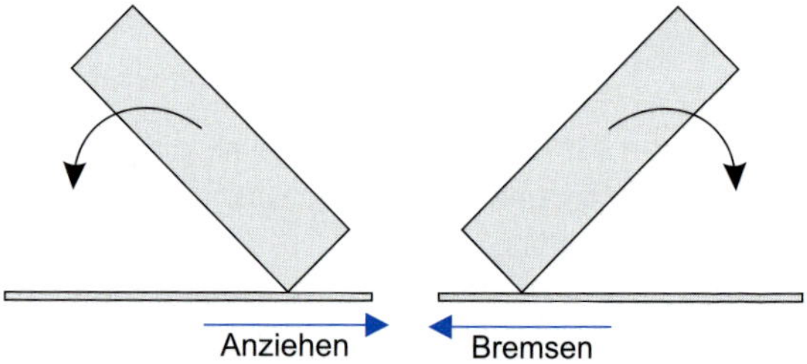

Ein Holzklotz wird hochkant auf ein Blatt Papier gestellt und anschließend wird schnell an diesem gezogen, es wird beschleunigt. Der Holzklotz kippt dabei nach hinten um, denn seine Trägheit wirkt der Beschleunigung entgegen. Danach wird das Papier mit hochkant gestelltem Holzklotz langsam gleichförmig bewegt und dann ruckartig abgebremst. Der Holzklotz kippt nach vorne um, denn seine Trägheit wirkt der negativen Beschleunigung, dem Bremsen, entgegen. Nach dieser Beobachtung weiß jeder ganz genau, warum in jedem Fahrzeug Sicherheitsgurte eingebaut sind. Was passiert mit unserem Körper beim Beschleunigen oder starken Bremsen im Auto?

3.4 Reibung

Die Reibung hemmt Bewegungen.

Die Reibung entsteht, wenn zwei Körper, die sich berühren, gegeneinander bewegt werden, und äußert sich dadurch, dass die Bewegung gehemmt wird. Die am bewegten Körper auftretende Reibungskraft F_R ist der bewegenden Kraft F entgegengerichtet. Bei gleichförmiger Bewegung gilt: $F_R = -F$.

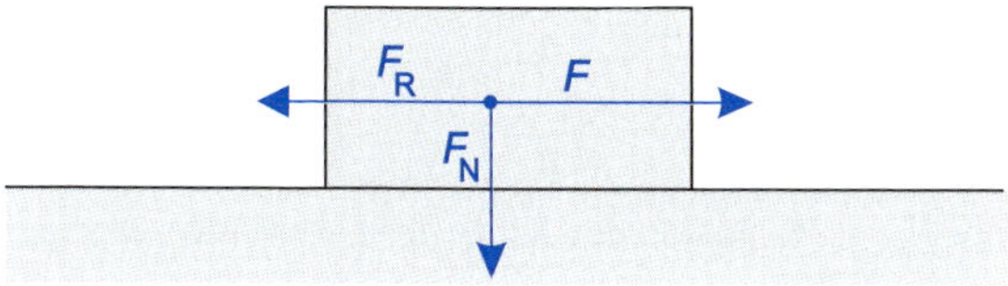

Reibung bei der Bewegung eines Metallklotzes auf einer Metallplatte

In der Abbildung lastet ein Metallklotz auf einer Metallplatte, seine Gewichtskraft wirkt dabei senkrecht auf die Unterlage. Diese Kraft wird hier als Normalkraft F_N bezeichnet. Je größer diese Normalkraft ist, desto größer ist die Reibungskraft F_R, beide Kräfte sind zueinander proportional: $F_R \sim F_N$. Daraus folgt: Der Quotient aus Reibungskraft und Normalkraft ist eine Konstante.

$$\frac{F_R}{F_N} = \text{konstant}$$

Diese Konstante wird **Reibungszahl** genannt und hat das Formelzeichen μ (sprich: mü). Sie drückt die Abhängigkeit der Reibungskraft von Art und Beschaffenheit der Berührungsflächen aus. In der Physik wird zwischen drei Reibungsarten unterschieden. Die **Haftreibung** tritt auf, wenn ein Körper, der auf einem anderen Körper ruht, in Bewegung gesetzt werden soll. Die Reibungszahl heißt dann Haftreibungszahl und beträgt z. B. für einen Metallklotz auf einer Metallplatte $\mu_0 = 0{,}15$. Für die Berechnung der Reibungskraft gilt:

Haftreibung, Gleitreibung und Rollreibung sind die drei Arten der Reibung.

$$F_R = \mu_0 \cdot F_N$$

Die **Gleitreibung** tritt auf, wenn ein Körper auf einem anderen Körper gleitet. Die Reibungszahl heißt dann Gleitreibungszahl und beträgt z. B. für einen Schlitten mit Metallkufen auf einer Metallplatte $\mu = 0{,}09$. Für die Berechnung der Reibungskraft gilt:

$$F_R = \mu \cdot F_N$$

Die **Rollreibung** tritt auf, wenn ein Körper auf einem anderen Körper rollt. Die Reibungszahl heißt dann Rollreibungszahl und beträgt z. B. für ein Rad einer Lokomotive auf einer Metallschiene $\mu_r = 0{,}001$ cm.

Für die Berechnung der Reibungskraft gilt:

$$F_R = \mu_r \cdot \frac{F_N}{r}$$

Reibung kann beeinflusst werden.

Dabei ist r der Radius des Rades der Lokomotive. Die Reibungskraft kann durch verschiedene Stoffe, die zwischen die reibenden Körper gebracht werden, beeinflusst werden. So kann die Rollreibung in einem Kugellager durch Schmieren, das heißt durch das Einbringen von Fett, verringert werden. Auf vereisten Straßen wird im Winter Sand aufgebracht, um die Gleitreibung zu erhöhen.

3.5 Drehmoment

Das **Drehmoment** ist eine abgeleitete physikalische Größe, welche die Wirkung einer Kraft auf einen festen Körper beschreibt, der um eine Achse drehbar eingespannt ist.

Drehmoment an einem Wellrad

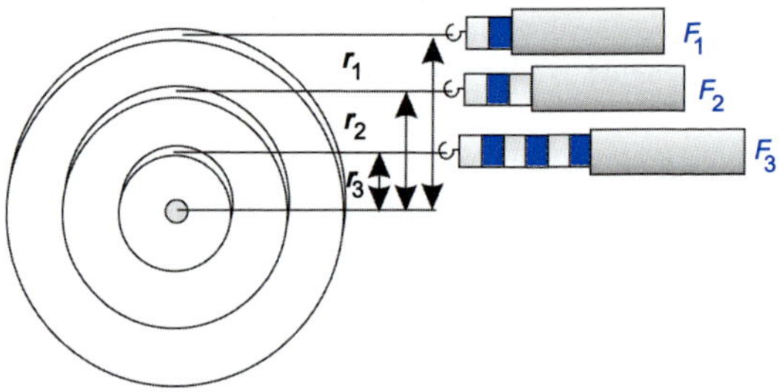

Das Drehmoment ist das Drehvermögen eines Körpers.

Das in der Abbildung dargestellt Wellrad besteht aus verschieden großen Rädern, die auf einer Welle fest miteinander verbunden sind. Wenn die an jedem der drei Räder angreifenden Kräfte untersucht werden, kann festgestellt werden, dass die Kraft am Rad mit dem größten Radius r ein größeres Drehvermögen besitzt als die Kraft, die an einem Rad mit kleinerem Radius angreift. Das Drehvermögen ist somit nicht nur von der einwirkenden Kraft abhängig, sondern auch vom Abstand r des Angriffspunktes der Kraft von der Drehachse. Das Drehvermögen wird in der Physik Drehmoment M genannt, es ist das Produkt aus einwirkender Kraft F und dem Abstand zur Drehachse.

$$M = F \cdot r$$

Greifen die Kräfte entgegengesetzt an einem Wellrad an, wird von einem linksdrehenden und einem rechtsdrehenden Drehmoment gesprochen. An einem Wellrad herrscht Gleichgewicht, wenn das linksdrehende und das rechtsdrehende Drehmoment gleich groß sind. Dann gilt:

Im Gleichgewicht sind links- und rechtsdrehendes Drehmoment gleich groß.

$$M_{links} = M_{rechts} \qquad F_1 \cdot r_1 = F_2 \cdot r_2$$

3.6 Der Hebel

Im vorherigen Abschnitt wurde festgestellt, dass mit einem Wellrad eine Kraft durch die geeignete Wahl der Raddurchmesser vergrößert oder verkleinert werden konnte. Der Physiker nennt diese Veränderung der Kräfte Umformung. Auch mit einem Hebel können Kräfte umgeformt werden. Ein Hebel besteht aus zwei Hebelarmen, die Kraftarm und Lastarm genannt werden. Beim **zweiseitigen Hebel**, wie er in der Abbildung dargestellt ist, liegen die beiden Hebelarme auf verschiedenen Seiten des Drehpunktes *D*.

Hebel sind Kraft umformende Einrichtungen.

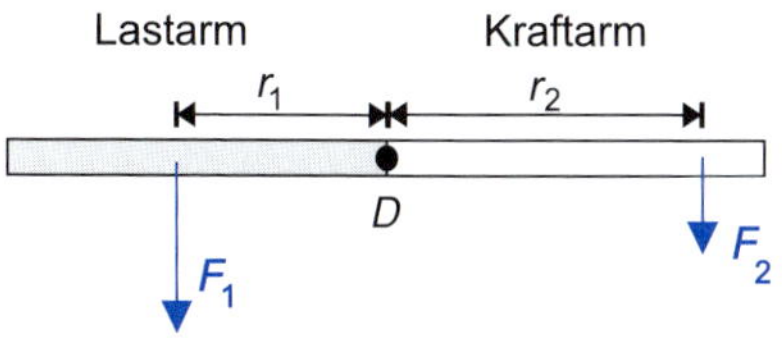

Wirkung der Kräfte am zweiseitigen Hebel

Für die an den Hebelarmen angreifenden Kräfte gilt dabei das **Hebelgesetz**:

$$F_1 \cdot r_1 = F_2 \cdot r_2$$

Durch Umstellen der Gleichung nach F_2 kann die Kraft berechnet werden, die aufgebracht werden muss, um bei der gegebenen Länge von Last- und Kraftarm einer Kraft F_1 entgegenzuwirken.

$$F_2 = F_1 \cdot \frac{r_1}{r_2}$$

Dabei ist das Verhältnis r_1/r_2 ein Maß für die Kraftverstärkung. Kann ein Mensch einen Steinquader mit einer

Mit Hebeln lassen sich Berge versetzen.

Masse von 1 Tonne anheben? In der folgenden Abbildung ist der Versuch skizziert. Die Versuchsperson hat eine Masse von 80 kg, das entspricht einer Gewichtskraft von $F_2 = 800$ N. Die Länge des Lastarmes beträgt $r_1 = 0{,}1$ m.

Hebelkräfte wirken an einem Körper

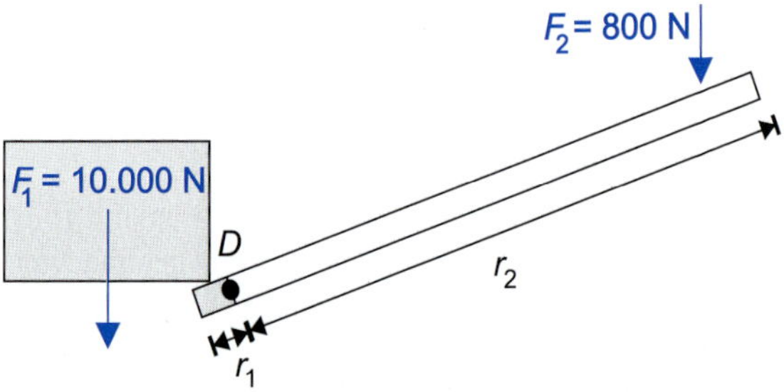

Die Gewichtskraft des Steinquaders beträgt $F_1 = 10\,000$ N. Setzen wir diese Werte in das Hebelgesetz ein und stellen nach r_2 um, folgt:

$$r_2 = \frac{F_1 \cdot r_1}{F_2} \qquad r_2 = \frac{10\,000 \text{ N} \cdot 0{,}1 \text{ m}}{800 \text{ N}} = 1{,}25 \text{ m}$$

Daraus ergibt sich: Wenn die Länge des Kraftarmes $r_2 = 1{,}25$ m beträgt, kann ein Mensch einen Steinquader mit einer Masse von einer Tonne anheben.

Liegen bei einem Hebel Lastarm und Kraftarm, vom Drehpunkt aus betrachtet, auf derselben Seite, handelt es sich um einen **einseitigen Hebel**.

Der Flaschenöffner als Beispiel für einen einseitigen Hebel

Das bekannteste Beispiel für einen einseitigen Hebel ist der Flaschenöffner, wie er in vorstehender Abbildung dargestellt ist. Das Hebelgesetz behält auch für diese Form des einseitigen Hebels seine Gültigkeit. Der Kronkorken einer Flasche wird mit einer Kraft von $F_1 = 90$ N gehalten. Mit einer Länge des Lastarms von $r_1 = 0{,}015$ m und des Kraftarms von $r_2 = 0{,}045$ m ergibt sich für die aufzubringende Kraft F_2:

$$F_2 = F_1 \cdot \frac{r_1}{r_2} = 90\ \text{N} \cdot \frac{0{,}015\ \text{m}}{0{,}045\ \text{m}} = 30\ \text{N}$$

3.7 Rolle und Flaschenzug

Umlenkrolle, lose Rolle und Flaschenzug sind Kraft umformende Einrichtungen.

Mithilfe von Seilen und Stangen lässt sich der Angriffspunkt einer Kraft an einem Körper verändern. Dabei bleibt der Betrag der Kraft gleich: $F_1 = F_2$. Einfache Maschinen oder Kraft umformende Einrichtungen ändern den Betrag oder die Richtung der entsprechenden Kräfte.

Durch eine Rolle, die an einem Träger befestigt ist und **feste Rolle** genannt wird, kann die Richtung der erforderlichen Zugkraft F_Z verändert werden.

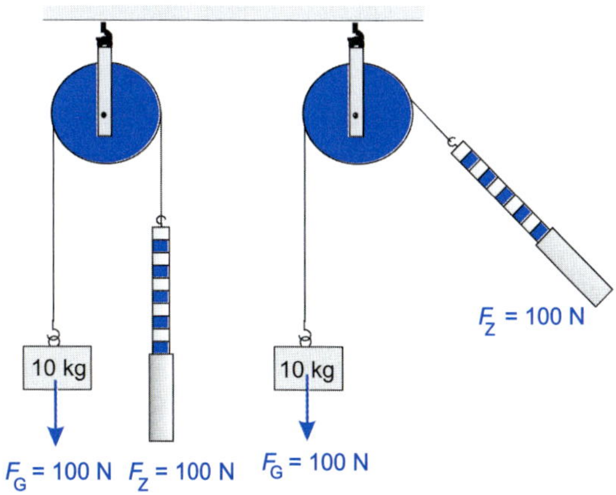

Die feste Rolle ändert die Richtung, aber nicht den Betrag der erforderlichen Zugkraft.

Die Kraft F_Z, die zum Heben des Körpers aufgewandt werden muss, ist gleich seiner Gewichtskraft F_G.

$$F_Z = F_G$$

Wird das Zugseil nicht durch eine feste Rolle geführt, sondern über eine Stange oder durch eine Öse, dann treten dabei Reibungskräfte F_R auf, die zur Gewichtskraft des Körpers addiert werden müssen.

$$F_Z = F_G + F_R$$

Wirken der Gewichtskraft zwei Kräfte entgegen, verteilen sich die Beträge der Zugkräfte gleichmäßig auf die Zugseile. In der Abbildung ist dies auf der linken Seite skizziert.

Verteilung der Kräfte auf zwei Seilstücke, das Prinzip der losen Rolle

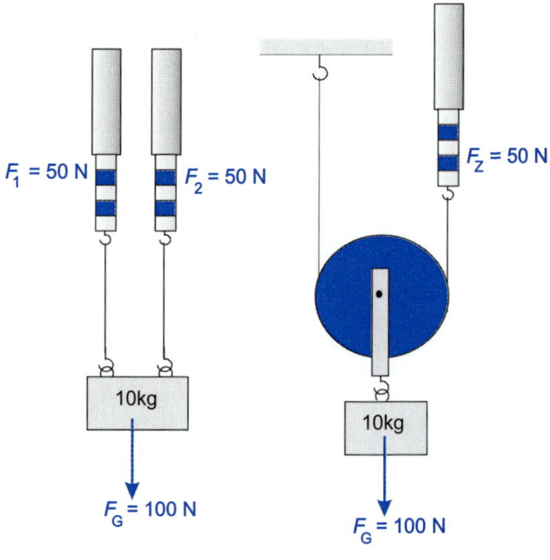

Die lose Rolle halbiert die Zugkraft.

Wird eine Rolle an einer Last befestigt, wird diese **lose Rolle** genannt. Durch sie wird der Betrag, aber nicht die Richtung der Zugkraft geändert. Die Gewichtskraft des zu hebenden Körpers wird gleichmäßig auf die zwei Seilstücke verteilt. Daraus resultiert eine Halbierung der Zugkraft.

$$F_Z = \frac{1}{2} F_G$$

Die Kombination aus fester Rolle und loser Rolle ist leicht zu realisieren und ermöglicht die Änderung von Richtung und

Betrag der Zugkraft F_Z. Ein **Flaschenzug** ist eine Kombination aus mehreren festen und losen Rollen, die in zwei Gruppen, die Flaschen genannt werden, angeordnet sind. Dadurch wird erreicht, dass die Gewichtskraft F_G des zu hebenden Körpers auf mehrere Seilstücke verteilt wird. Wenn n die Anzahl der tragenden Seilstücke ist, dann gilt für das Verhältnis von Gewichtskraft F_G des zu hebenden Körpers und der Zugkraft F_Z im Gleichgewicht:

Kombinationen aus festen und losen Rollen heißen Flaschenzug.

$$F_Z = \frac{F_G}{n}$$

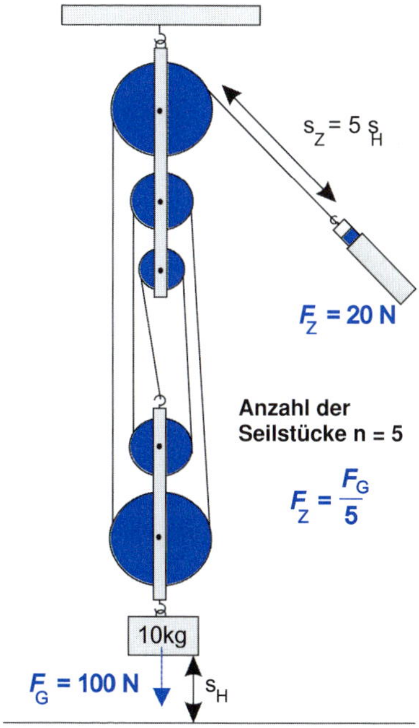

Die Wirkung der Kräfte an einem Flaschenzug

Dabei muss beachtet werden, dass die Gewichtskraft der unteren Flasche und die in der Praxis auftretende Reibung Einfluss auf die Zugkraft haben. Damit ein Körper um eine Strecke s_H angehoben werden kann, verlängert sich der Weg des Zugpunktes s_Z um die Anzahl n der im Flaschenzug verwendeten Seilstücke $s_Z = n \cdot s_H$.

Mit der Anzahl der Seilstücke verlängert sich der Weg des Zugpunktes.

3.8 Schiefe Ebene

Befindet sich ein Körper auf einer schiefen Ebene, z. B. einer Rampe, dann wirkt seine Gewichtskraft nicht senkrecht auf den Untergrund. Im Abschnitt Reibung wurde festgelegt, dass eine Kraft, die senkrecht auf die Unterlage wirkt, Normalkraft F_N heißt. Die dritte Kraft, die auf einen Körper auf einer schiefen Ebene wirkt, ist die **Hangabtriebskraft** F_H. F_N und F_H sind Kraftkomponenten, in die die Gewichtskraft auf einer schiefen Ebene zerlegt wird (s. 1.5 Kraft). Das bedeutet: Wenn ein Körper auf einer schiefen Ebene gezogen wird, dann wirken der Zugkraft F_Z nur die Hangabtriebskraft F_H und die Reibungskraft F_R entgegen. Beide Kräfte zusammen sind jedoch viel kleiner als die Gewichtskraft. Es gilt dabei für die schiefe Ebene:

Die Gewichtskraft wird in Normalkraft und Hangabtriebskraft zerlegt.

$$F_H = F_G \cdot \frac{h}{s}$$

Kräfte an einem Körper auf einer schiefen Ebene

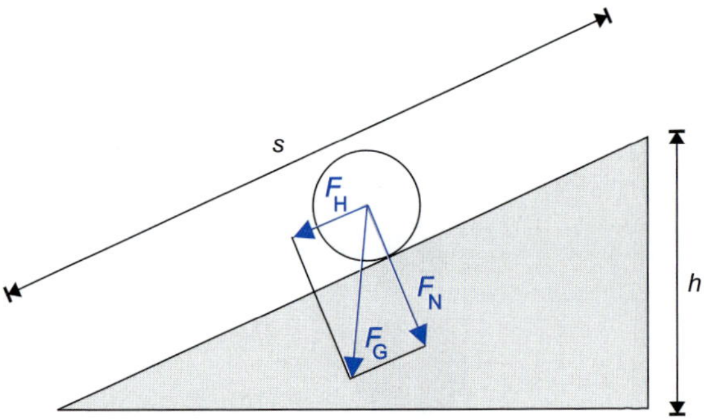

In der Abbildung ist ein Körper auf einer schiefen Ebene dargestellt. Die Höhe h, um die z. B. ein Fass mit einer Masse m von 40 kg gehoben werden soll, beträgt 1 m. Wenn dabei keine schiefe Ebene zum Einsatz käme, wäre die aufzubringende Zugkraft gleich der Gewichtskraft des Metallfasses F_G = 400 N. Wird jedoch eine schiefe Ebene mit der Länge s = 2 m benutzt, ergibt sich für die Hangabtriebskraft F_H:

Die schiefe Ebene ist eine Kraft umformende Einrichtung.

$$F_H = F_G \cdot \frac{h}{s} = 400\ \text{N} \cdot \frac{1\ \text{m}}{2\ \text{m}} = 400\ \text{N} \cdot 0{,}5 = 200\ \text{N}$$

Wem diese Hangabtriebskraft von 200 N noch zu anstrengend ist, der kann sie durch eine Verlängerung des Weges s weiter verkleinern. Bei einer Länge $s = 4$ m beträgt die aufzubringende Kraft, um das Fass auf der schiefen Ebene zu halten, nur noch 100 N. Bei einer Länge $s = 8$ m beträgt $F_H = 50$ N.

Je länger der Weg auf einer schiefen Ebene, desto kleiner die aufzubringende Kraft.

3.9 Arbeit und Leistung

Die **Arbeit** ist eine abgeleitete physikalische Größe, die den Vorgang kennzeichnet, bei dem ein Körper längs eines Weges durch eine Kraft bewegt oder verformt wird. Dabei gilt: Je größer die Kraft ist, die aufgebracht werden muss, und je länger der Weg ist, der zurückgelegt werden muss, umso größer ist der Betrag der verrichteten Arbeit. Die Arbeit hat das Formelzeichen W und ist das Produkt aus in Wegrichtung wirkender Kraft F und dem Weg s.

$$W = F \cdot s$$

Die Maßeinheit der Arbeit ist 1 Joule (J); sie ergibt sich als das Produkt aus den Einheiten der Kraft und des Weges: 1 J = 1 N · 1 m. Als Beispiel für eine Arbeit soll die Reibungsarbeit dienen. Sie muss verrichtet werden, wenn der Bewegung eines Metallklotzes, wie in Abschnitt 3.4 beschrieben, eine Reibungskraft entgegenwirkt.

James Prescott Joule, 1818–1889, englischer Physiker

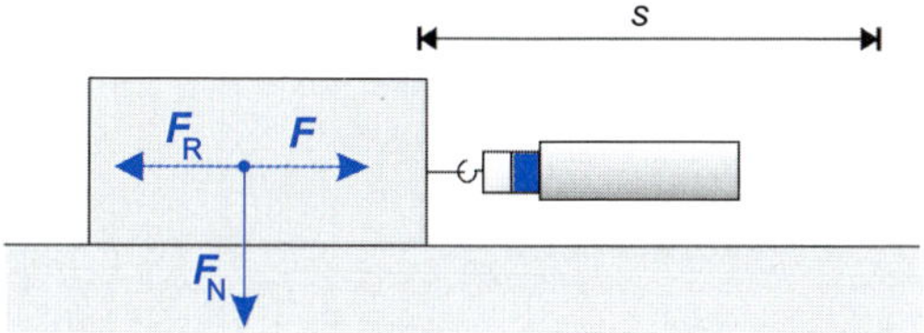

Reibungsarbeit beim Verschieben eines Metallklotzes auf einer Metallplatte

In der Abbildung ist ein Metallklotz mit einer Masse von $m = 10$ kg dargestellt, der über eine Metallplatte gezogen werden soll. Der Weg, der dabei zurückgelegt werden soll, beträgt $s = 2$ m. Die Gleitreibungszahl beträgt 0,09; damit ergibt sich für die Reibungskraft F_R:

$$F_R = \mu \cdot F_N = 0{,}09 \cdot 100\ \text{N} = 9\ \text{N}$$

Das bedeutet, dass der Klotz mit einer Kraft von 9 N über die Strecke von 2 m gezogen wird. Für die verrichtete Arbeit folgt:

$$W = F \cdot s = 9\ \text{N} \cdot 2\ \text{m} = 18\ \text{N} \cdot \text{m} = 18\ \text{J}$$

Im vorherigen Abschnitt wurden Kraft umformende Einrichtungen beschrieben. Es konnte dabei festgestellt werden, dass es mit ihnen nicht nur möglich ist, die Richtung der Kraftwirkung zu ändern, sondern auch den Betrag der Kraft. Was bedeutet dies für die zu verrichtende Arbeit? Zur Beantwortung der Frage wird noch einmal die schiefe Ebene untersucht.

Die zu verrichtende Arbeit an drei verschiedenen schiefen Ebenen

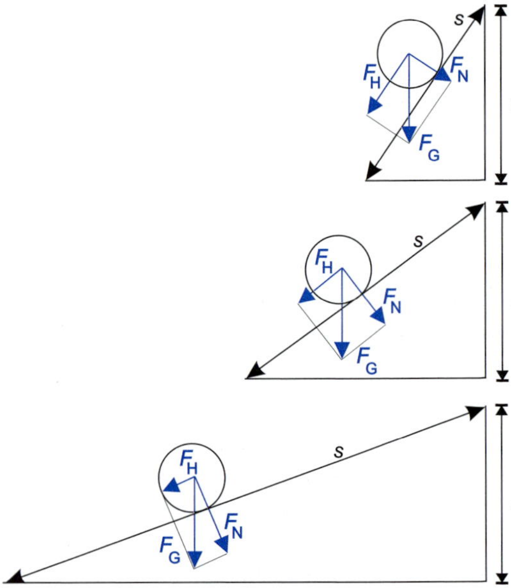

In der Abbildung sind drei schiefe Ebenen dargestellt, mit deren Hilfe ein Metallfass mit einer Masse von 40 kg auf eine Höhe von 1 m gebracht werden kann. Die erste schiefe Ebene hat dabei eine Länge von 2 m, die zweite von 4 m und die dritte ist 8 m lang. Im vorherigen Abschnitt wurde für diese drei verschiedenen schiefen Ebenen bereits die Kraft F_H ausgerechnet, die nötig ist, um das Metallfass zu halten.

In der folgenden Tabelle sind für die drei verschiedenen Fälle der Weg, die Kraft und die zu verrichtende Arbeit zusammengestellt.

Weg s	$F_H = F_G \cdot \frac{h}{s}$	$W = F_H \cdot s$
2 m	200 N	400 J
4 m	100 N	400 J
8 m	50 N	400 J

Das Resultat des Experimentes ist, dass die zu verrichtende Arbeit immer konstant bleibt. Das bedeutet: Im gleichen Maß, wie die Kraft verringert wird, wird der Weg vergrößert. Diese Feststellung gilt für alle Kraft umformenden Einrichtungen und besagt, dass die Arbeit, die diese verrichten, gleich der zugeführten Arbeit ist. Dieser Sachverhalt wird von den Physikern als **goldene Regel der Mechanik** bezeichnet.

Verringert sich die Kraft, verlängert sich der Weg, die Arbeit hat den gleichen Betrag.

Bei Verwendung von Kraft umformenden Einrichtungen ist die zugeführte mechanische Arbeit W_1 gleich der abgegebenen Arbeit W_2, wenn die auftretende Reibung vernachlässigt werden kann.

$$W_1 = W_2$$

Beim Stangenklettern im Sportunterricht verrichtet ein Schüler mit einer Masse von 60 kg und der entsprechenden Gewichtskraft F_G = 600 N, wenn er 5 m hochklettert, eine Arbeit von 3000 J. Von einer guten Leistung wird dabei gesprochen, wenn die Zeit, die der Schüler dafür benötigt, kurz ist. Die mechanische **Leistung** ist eine abgeleitete physikalische Größe, die beschreibt, wie schnell eine mechanische Arbeit verrichtet wird. Die Leistung hat das Formelzeichen P und ist der Quotient aus der verrichteten Arbeit W und dem dazugehörigen Zeitabschnitt t.

Die Leistung ist das Verhältnis von verrichteter Arbeit zu dafür benötigter Zeit.

$$P = \frac{W}{t}$$

James Watt, 1736–1819, schottischer Ingenieur

Die Maßeinheit der Leistung wird nach dem britischen Ingenieur *James Watt* benannt, es gilt:

$$1 \text{ Watt} = 1 \text{ W} = \frac{1 \text{ N} \cdot 1 \text{ m}}{1 \text{ s}} = \frac{1 \text{ J}}{1 \text{ s}}$$

Welche Leistung verrichtet also der Schüler, der die 5 m hohe Stange in 10 s hochklettert?

$$P = \frac{600 \text{ N} \cdot 5 \text{ m}}{10 \text{ s}} = \frac{3000 \text{ J}}{10 \text{ s}} = 300 \text{ W}$$

In der Kinematik wurde die Geschwindigkeit als Quotient aus zurückgelegtem Weg und dafür benötigter Zeit definiert. Der Schüler, der die Stange in zehn Sekunden hochklettert, hat dabei eine Geschwindigkeit von

$$v = \frac{5 \text{ m}}{10 \text{ s}} = 0{,}5 \ \frac{\text{m}}{\text{s}}$$

Die Leistung kann auch durch das Produkt aus Kraft und Geschwindigkeit bestimmt werden.

Die Kraft, die der Schüler benötigt, um mit dieser Geschwindigkeit zu klettern, entspricht der schon berechneten Gewichtskraft von 600 N. Die Leistung, die der Schüler verrichtet, um mit der berechneten Gewichtskraft und mit einer Geschwindigkeit von 0,5 m/s zu klettern, ist ebenfalls $P = 300$ W. Mathematisch lässt sich der Zusammenhang wie folgt darstellen:

$$P = \frac{W}{t} = \frac{F \cdot s}{t} = F \cdot \frac{s}{t} = F \cdot v$$

Aus der Kraft F, die entlang eines Weges wirkt, und der Geschwindigkeit v kann die erbrachte Leistung errechnet werden.

$$P = F \cdot v$$

3.10 Energie

Energie kennzeichnet das Arbeitsvermögen eines mechanischen Systems.

Um Arbeit zu verrichten, wird **Energie** benötigt. Die mechanische Energie ist eine physikalische Größe, mit der das Arbeitsvermögen eines mechanischen Systems gekennzeichnet wird. Sie hat das Formelzeichen E, und die Maßeinheit der Energie ist die gleiche wie die der Arbeit, 1 J.

Als Beispiel wird eine Hantel aus dem Sportunterricht betrachtet. Liegt diese Hantel auf dem Boden, so beträgt ihre Energie am Anfang des Versuches $E_A = 0$ J. Jetzt verrichtet der Sportler an der Hantel Hubarbeit, denn er hebt die Hantel mit einer Gewichtskraft von $F_G = 100$ N genau um einen Meter hoch. Die Arbeit, die er dabei verrichtet, beträgt $W = 100$ J. Mit dieser Hubarbeit führt der Sportler der Hantel Höhenenergie oder Lageenergie zu. Der Betrag der Lageenergie ist dabei genauso groß wie der durch den Sportler erbrachte Betrag der Arbeit. Das heißt, am Ende des Versuches besitzt die Hantel eine Energie $E_E = 100$ J. Für die der Hantel zugeführten Energie gilt:

$$\Delta E = E_E - E_A = 100 \text{ J} - 0 \text{ J} = 100 \text{ J}$$

Der Betrag der einem mechanischem System zugeführten Energiemenge ΔE ist gleich dem Betrag der an diesem System verrichteten Arbeit W.

Die Energie, die in einem System enthalten ist, kann sich in verschiedene Energieformen umwandeln.

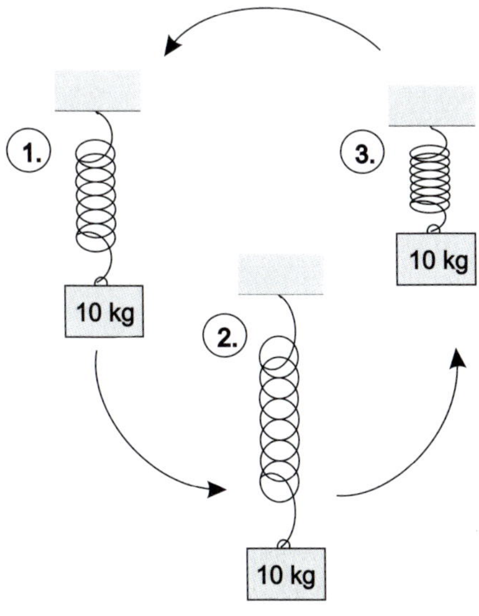

Energieumwandlung am Beispiel des Federschwingers

Der abgebildete Federschwinger soll diesen Sachverhalt verdeutlichen. Im ersten Schritt wird das Gewicht losgelassen. Die Erdanziehungskraft verrichtet jetzt Beschleunigungsarbeit und die Lageenergie des Gewichtes wird in Bewegungsenergie überführt. Die Bewegungsenergie wird auch **kinetische Energie** genannt. Sie wird im zweiten Schritt dazu verwendet, die Feder zu spannen. Dabei wird die Bewegungsenergie in Spannenergie der Feder umgewandelt. Diese Spannenergie bewirkt im dritten Schritt, dass eine Hubarbeit gegen die Erdanziehung verrichtet wird. Die Spannungsenergie wird komplett in Lageenergie umgewandelt und der Prozess beginnt von vorn. Spannenergie und Lageenergie werden in der Physik als **potenzielle** Energie bezeichnet.

Bewegungsenergie heißt kinetische Energie.

Lageenergie heißt potenzielle Energie.

> Energie kann von einer Form in eine andere umgewandelt werden.

Wenn der beschriebene Energieumwandlungsprozess beim Federschwinger beobachtet wird, kann festgestellt werden, dass die Amplitude immer kleiner wird, bis der Prozess schließlich anhält. Diese Dämpfung der Schwingung erfolgt durch die Reibung mit der Luft, sodass ein Teil der Energie durch Reibungsarbeit in Wärme umgewandelt wird und verloren geht. Würde es diese Reibung nicht geben oder würde das mechanische System so gegen die Umgebung abgeschlossen werden, dass es zu keinen Energieverlusten durch Reibung käme, dann würde sich der beschriebene Prozess der Energieumwandlung immer fortsetzen. Das bedeutet: In einem abgeschlossenen reibungsfreien mechanischen System ist die mechanische Energie immer konstant. Das Resultat dieser Beobachtung ist der **Energieerhaltungssatz**:

Arbeit ist ein Prozess, bei dem Energie in verschiedene Energieformen umgewandelt wird.

> Energie kann nicht erzeugt oder vernichtet werden, sondern nur auf andere Systeme übertragen und in andere Energieformen umgewandelt werden.

Die mechanische Energie kann somit auch in elektrische Energie oder in Wärmeenergie umgewandelt werden und umgekehrt. Geräte, die dazu benutzt werden, eine Energieform in eine andere umzuformen und dabei Arbeit zu verrichten, heißen Maschinen. Beim Auto wird die chemische Energie, die im Benzin gespeichert ist, in Bewegungsenergie umgewandelt. Allerdings werden durch den Motor nur etwa 17 % der im Benzin gespeicherten Energie in kinetische Energie überführt. Die restlichen 83 % gehen als Wärmeenergie in Form von Abwärme verloren. Die physikalische Größe **Wirkungsgrad** gibt das Verhältnis zwischen eingesetzter Energie und umgewandelter gewünschter Energie an. Der Wirkungsgrad hat das Formelzeichen η (eta) und es gilt:

Das Verhältnis aus eingesetzter Energie und umgewandelter gewünschter Energie heißt Wirkungsgrad.

$$\eta = \frac{\text{erzielte Nutzenergie}}{\text{zugeführte Energie}}$$

Der Wirkungsgrad des Autos beträgt deshalb nur 0,17 oder 17 %. Allgemein gilt bei Maschinen, dass die erzielte Energie aufgrund von Verlusten immer kleiner ist als die hineingesteckte Energie.

Der Wirkungsgrad von Maschinen ist immer kleiner als eins.

Trotzdem versuchen die Menschen seit langer Zeit Maschinen zu entwickeln, bei denen die erzielte Nutzenergie größer als die zugeführte Energie ist. Das bedeutet: Einmal in Bewegung gesetzt, würde sich diese Maschine für immer bewegen. Eine solche nur in der Vorstellung der Menschen existierende Maschine wird Perpetuum mobile (lat. perpetuus = ständig, ununterbrochen; mobilis = beweglich) genannt.

Ein Perpetuum mobile kann nicht gebaut werden.

Eine Maschine mit einem Wirkungsgrad größer als eins kann nicht gebaut werden. Ein Perpetuum mobile ist nicht möglich.

4 Flüssigkeiten und Gase

In diesem Kapitel werden physikalische Größen untersucht, die den Zustand und das Verhalten von flüssigen und gasförmigen Körpern beschreiben.

4.1 Kolbendruck und Schweredruck

In einer Glasspritze, wie sie in der ersten Abbildung skizziert ist, befindet sich Wasser. Die Spritze ist an der Kanüle verschlossen, und auf den Kolben mit einer Grundfläche *A* wirkt von außen eine Kraft *F*. Aus Abschnitt 1.8 ist bekannt, dass deshalb auf das Wasser ein Druck ausgeübt wird.

Der Kolbendruck in einer Glasspritze

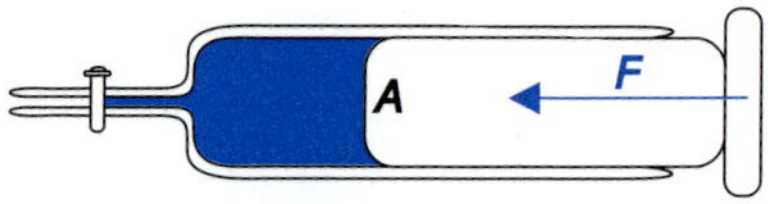

Im Experiment kann festgestellt werden: Auch wenn die Kraft auf den Kolben erhöht wird, lässt sich die Flüssigkeit praktisch nicht zusammendrücken, denn die Stoffteilchen sind unregelmäßig, aber sehr eng angeordnet. Die gesamte Flüssigkeit gerät unter Druck. In einem nächsten Versuch wird an die Spritze ein Gefäß mit Löchern, die gleichmäßig verteilt sind, angeschlossen.

Versuch zur Illustration der Druckverteilung in einer Flüssigkeit

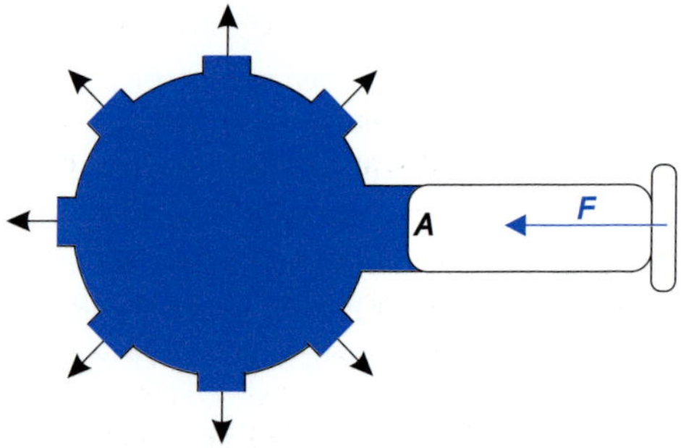

Sobald die Flüssigkeit mit dem Kolben unter Druck gesetzt wird, spritzt das Wasser nach allen Seiten gleichmäßig weg. Die Ursache für diese Beobachtung ist, dass die Flüssigkeitsteilchen leicht gegeneinander verschiebbar sind, sodass überall in der Flüssigkeit der gleiche Druck herrscht. Die Resultate aus beiden Experimenten werden im **Gesetz vom Kolbendruck** zusammengefasst.

> Der Druck, der in einer eingeschlossenen Flüssigkeit herrscht, ist an jeder Stelle in der Flüssigkeit und an jeder Stelle der Begrenzungswand gleich groß.

Der Druck ist überall in der Flüssigkeit gleich und hat keine bevorzugte Richtung.

Der Druck hat in einer Flüssigkeit keine bevorzugte Richtung, das bedeutet, er ist von der Lage und Stellung der Begrenzungsflächen unabhängig. Wird in einer Flüssigkeit mit einer Kraft F_1 und einer Fläche A_1 ein Druck p erzeugt, so tritt an jedem beliebigen Flächenstück A_2 eine zu ihm senkrechte Kraft F_2 auf (s. Abschnitt 1.8):

$$\frac{F_1}{A_1} = p = \frac{F_2}{A_2}$$

Auf den Kolben der Glasspritze mit einer Fläche von $A_1 = 1\ \text{cm}^2$ wirkt eine Kraft von $F_1 = 100\ \text{N}$. Die Fläche am Austrittshahn beträgt $A_2 = 0{,}1\ \text{cm}^2$. Für den Druck und die Kraft auf die Fläche F_2 gilt:

$$p = \frac{F_1}{A_1} = \frac{100\ \text{N}}{1\ \text{cm}^2} = 10\ \text{bar}$$

$$F_2 = p \cdot A_2 = 10\ \text{bar} \cdot 0{,}1\ \text{cm}^2 = 10\ \text{N}$$

Zwei verbundene Zylinder mit Kolben, die eine Flüssigkeit unter Druck setzen, heißen hydraulische Anlage.

Im nächsten Experiment werden zwei Glaszylinder mit unterschiedlichen Grundflächen A_1 und A_2 durch ein Rohr miteinander verbunden und mit Wasser gefüllt. Eine solche Anordnung, wie sie in der nächsten Abbildung dargestellt ist, wird **hydraulische Anlage** (griech. hydor = Wasser) genannt. Durch die Verbindung der beiden Zylinder ist der Druck in der Flüssigkeit im gesamten System gleich groß. Wird in jeden der beiden Zylinder ein Kolben mit einer Kraft F_1 bzw. F_2 hineingedrückt, kann festgestellt werden, dass eine kleine Gewichtskraft auf dem engen Kolben einer großen Gewichtskraft auf dem weiten Kolben das Gleichgewicht hält.

Kräfte und ihre Wirkung an einer hydraulischen Anlage

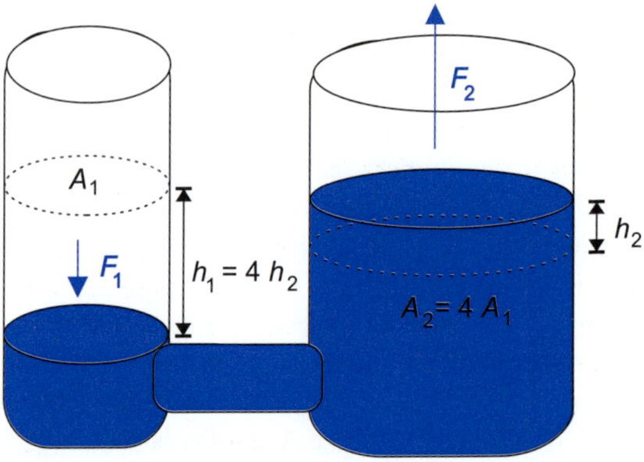

Bei der abgebildeten hydraulischen Anlage ist die Fläche A_2 viermal so groß wie die Fläche A_1. Da der Druck in beiden Zylindern den gleichen Betrag hat, folgt daraus:

$$\frac{F_1}{A_1} = p = \frac{F_2}{A_2}$$

$$\frac{F_1}{A_1} = \frac{F_2}{A_2} \quad \text{und} \quad \frac{F_1}{F_2} = \frac{A_1}{A_2}$$

Das bedeutet: Das Größenverhältnis der Kräfte entspricht dem Größenverhältnis der Flächen einer hydraulischen Anlage. Deshalb ist die Kraft F_2 viermal so groß wie die Kraft F_1.

Im hydraulischen System herrscht überall gleicher Druck. Daraus folgt: Große Kraft bei großer Fläche – kleine Kraft bei kleiner Fläche.

Eine Hydraulik ist eine Kraft umformende Einrichtung.

Was bedeutet das für die an der Hydraulik verrichtete Arbeit? Wird der Pumpenkolben des kleinen Zylinders mit einer Kraft $F_1 = 100$ N um $h_1 = 2$ m verschoben, dann wirkt am Arbeitskolben des großen Zylinders eine Kraft $F_2 = 400$ N und er steigt um eine Höhe von $h_2 = 0{,}5$ m. Die Arbeit am Pumpenkolben hat einen Betrag von:

$$W_1 = F_1 \cdot h_1 = 100\ \text{N} \cdot 2\ \text{m} = 200\ \text{J}$$

Am Arbeitskolben beträgt die verrichtete Arbeit:

$$W_2 = F_2 \cdot h_2 = 400\ \text{N} \cdot 0{,}5\ \text{m} = 200\ \text{J}$$

Die in das System hineingesteckte Arbeit W_1 ist gleich der durch das System verrichteten Arbeit W_2. Die hydraulische Anlage ist eine Kraft umformende Einrichtung. Mit dem Betrag einer Kraft, die auf einen Kolben mit einer bestimmten Fläche wirkt, konnte der Druck in einer Flüssigkeit berechnet werden. Mithilfe von Druckmessgeräten, die **Manometer** genannt werden, lässt sich der Druck von Flüssigkeiten und Gasen messen. In der folgenden Abbildung ist links ein Flüssigkeitsmanometer und rechts ein mechanisches Manometer dargestellt.

Druckmessgeräte werden Manometer genannt.

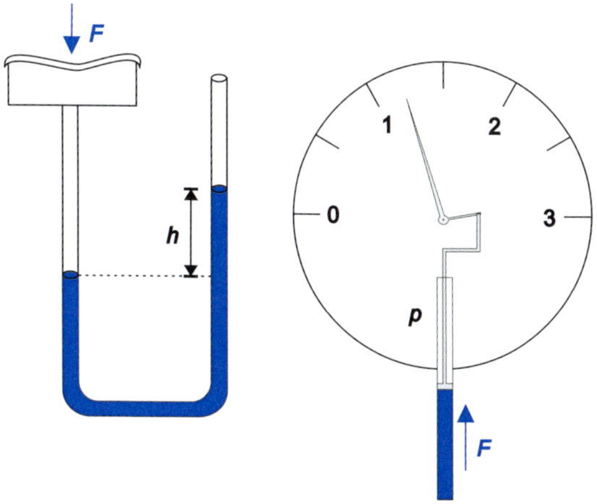

Flüssigkeitsmanometer und mechanisches Manometer zur Druckmessung

Der Druck der Flüssigkeit oder des Gases übt auf die Fläche des Probekolbens des mechanischen Manometers eine Kraft aus, die das Drehen eines Zeigers bewirkt. Beim Flüssigkeitsmanometer bewirkt die Verformung einer Membran durch eine Kraft F die Verschiebung einer Flüssigkeitssäule in einem U-Rohr. Beträgt z. B. der Höhenunterschied h bei einem wassergefüllten Manometer 1 cm, so wird ein Druck von $p \approx$ 1 mbar = 10 mm Wassersäule gemessen. Bei diesem Messprinzip wird die auf die Membran einwirkende Kraft F mit der Gewichtskraft der Flüssigkeitssäule F_G verglichen, die über der Querschnittsfläche des U-Rohres wie ein Kolben wirkt.

Die Gewichtskraft einer Flüssigkeit oder eines Gases verursacht den Schweredruck.

Allgemein verursacht die Gewichtskraft einer Flüssigkeit einen Druck, der mit zunehmender Tiefe ansteigt und bei gleicher Tiefe überall gleich ist. Dieser Druck wird in der Physik **Schweredruck** genannt, weil er von der Gewichtskraft der Flüssigkeit abhängt. So ist der Druck von einer 1 m hohen Quecksilbersäule $p = 1{,}33$ bar, während der Druck einer 1 m hohen Wassersäule $p = 0{,}1$ bar beträgt. Das bedeutet: In einem See mit 10 m Wassertiefe beträgt der Druck am Grund 1 bar und an der tiefsten Stelle im Ozean bei einer Tiefe von 11 000 m liegt er bei 1100 bar. Die Wirkung des Schweredruckes auf die Flüssigkeiten selber lässt sich am besten in verbundenen Gefäßen beobachten.

Der Schweredruck sorgt in verbundenen Gefäßen für gleiche Füllstandshöhen.

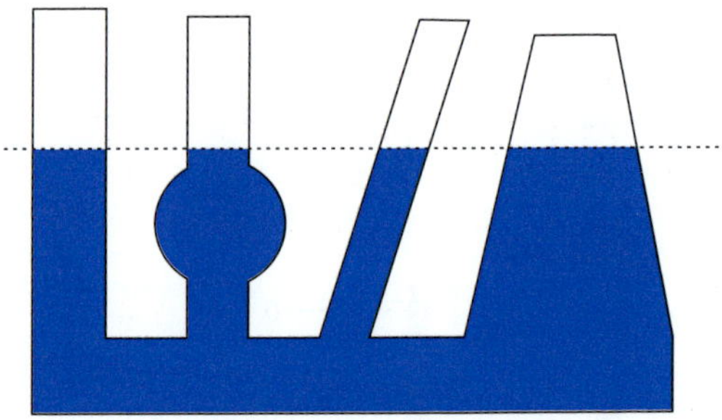

Wegen der leichten Verschiebbarkeit der Flüssigkeitsteilchen kommt es in verbundenen Gefäßen sofort zum Druckausgleich, wenn die Flüssigkeitssäulen nicht gleich hoch sind. Nur bei gleichen Höhen herrscht im Verbindungsteil kein Druckunterschied.

In verbundenen Gefäßen steht die Flüssigkeit gleich hoch.

In der Tabelle sind einige Drücke, die im Alltag auftreten, aufgezählt.

Einige im Alltag auftretende Drücke

Blutdruck des Menschen	ca. 0,16 bar
Druck in der Gasleitung	1,5 bar
Reifendruck im PKW	2 bis 3 bar
Druck in der Wasserleitung	4 bis 6 bar
Luftdruckkompressor	bis 1000 bar

4.2 Luftdruck

Die Erde ist von einer viele Kilometer dicken Luftschicht, der Atmosphäre, umgeben. Genau wie bei Flüssigkeiten erzeugt auch die Gewichtskraft eines Gases einen Schweredruck.

Die Gewichtskraft der in der Atmosphäre befindlichen Luft bewirkt einen Schweredruck, der Luftdruck heißt.

Eine Luftsäule über einer Fläche von 1 cm^2 hat eine Masse von 1 kg. Daraus resultiert eine Gewichtskraft von 10 N. Daraus ergibt sich für den Luftdruck ein Betrag von 1 bar. Die Stärke des Luftdruckes lässt sich sehr einfach nachweisen. Nachdem das Ventil einer Glasspritze verschlossen wurde, wird der dicht schließende Kolben aus der Spritze gezogen. Dabei kann festgestellt werden: Je weiter der Kolben aus der Glasspritze gezogen wird, desto mehr Kraft F_1 muss dafür aufgewendet werden, um der aus dem Luftdruck resultierenden Kraft F entgegenzuwirken.

Der Luftdruck ist der Schweredruck der in der Atmosphäre befindlichen Luft.

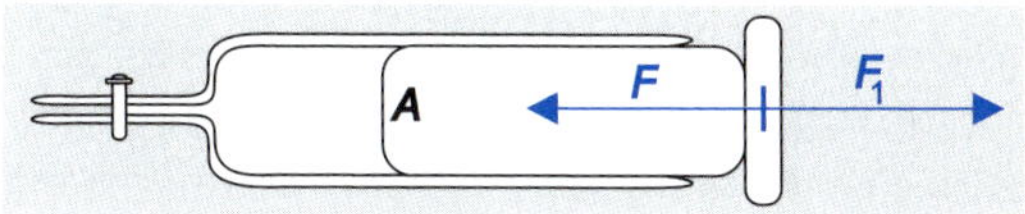

Nachweis des Luftdruckes mit einer Glasspritze

Viele Vorgänge in der Natur sind vom Luftdruck abhängig. Beim Atmen z. B. wird die Lunge durch das Anheben des Brustkorbes und Absenken des Zwerchfells erweitert. Dadurch steht der in der Lunge befindlichen Luft ein größerer Raum zur Verfügung. Der Luftdruck in der Lunge sinkt und es bildet sich ein **Unterdruck**. Der demgegenüber höhere Luftdruck der Außenluft bewirkt, dass die Luft in die Lunge strömt. Beim Ausatmen senkt sich der Brustkorb und das Zwerchfell drückt nach oben, sodass der Raum in der Lunge verkleinert wird. Dadurch steigt der Luftdruck im Inneren der Lunge und es bildet sich ein **Überdruck**. Da der Luftdruck der Außenluft jetzt kleiner ist, strömt die verbrauchte Atemluft nach außen.

4.3 Statischer Auftrieb

Die **Auftriebskraft** F_A greift an einem in einer Flüssigkeit befindlichen Körper an und ist der Gewichtskraft entgegengerichtet. Sie hat ihre Ursache darin, dass auf den Körper von unten ein größerer Schweredruck wirkt als von oben.

Kräfte an einem in einer Flüssigkeit befindlichen Körper

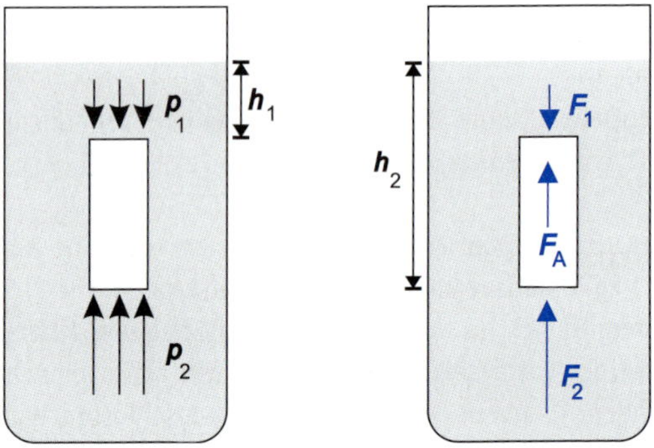

Der Schweredruck ist die Ursache der Auftriebskraft.

In der Abbildung ist ein Quader dargestellt, der in eine Flüssigkeit eingetaucht ist. Auf die obere Deckfläche wirkt die aus dem Schweredruck p_1 resultierende Kraft F_1. Die untere Deckfläche des Quaders befindet sich tiefer in der Flüssigkeit, deshalb wirkt auf sie ein größerer Schweredruck p_2 und somit eine größere Kraft F_2. Die Differenz aus beiden Kräften ergibt die Auftriebskraft $F_A = F_2 - F_1$. Die Auftriebskraft F_A hat den gleichen Betrag wie die Gewichtskraft der von einem Körper verdrängten Flüssigkeit. Dieses Ergebnis wird im **archimedischen Gesetz** verankert; dieses gilt auch für Körper, die sich in einem Gas befinden.

> Die an einem in einer Flüssigkeit (bzw. in einem Gas) befindlichen Körper angreifende Auftriebskraft F_A ist gleich der Gewichtskraft F_G der verdrängten Flüssigkeit (bzw. des verdrängten Gases).

Auf einen Körper, der ganz in einer Flüssigkeit eingetaucht ist, wirkt neben der Auftriebskraft F_A auch seine eigene Gewichtskraft F_G. Beide Kräfte sind genau entgegengesetzt gerichtet. Wenn die Auftriebskraft kleiner als die Gewichtskraft ist, sinkt der Körper. Sind beide Kräfte gleich groß, schwebt der Körper in der Flüssigkeit. Ist F_A dagegen größer als F_G, steigt der Körper so lange auf, bis er die Oberfläche erreicht. Dort stellt sich ein Gleichgewicht der Kräfte ein. An dem Teil des Körpers, der sich noch in der Flüssigkeit befindet, wirkt die Auftriebskraft. Diese ist dann gerade so groß wie die Gewichtskraft des ganzen Körpers. Das bedeutet: Ein schwimmender Körper taucht so tief in die Flüssigkeit ein, bis die Gewichtskraft der dabei verdrängten Flüssigkeit genau so groß ist wie die Gewichtskraft des ganzen Körpers.

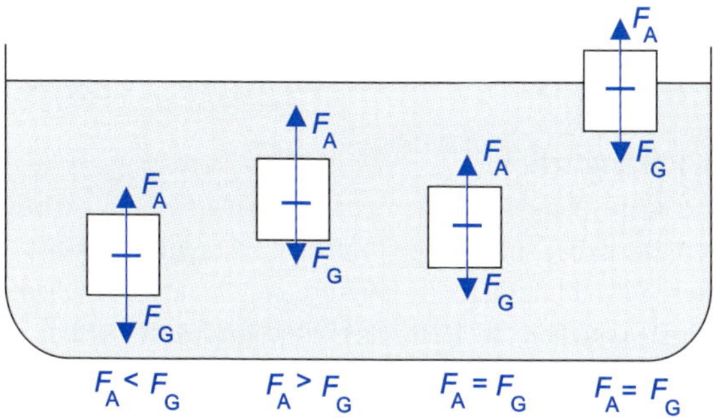

Sinken, steigen, schweben, schwimmen, das Verhältnis zwischen Auftriebskraft und Gewichtskraft der verdrängten Flüssigkeit macht den Unterschied.

Genau wie in Flüssigkeiten wirkt der Auftrieb auch in Gasen. Als Beispiel soll ein Ballon betrachtet werden, der mit Wasserstoff gefüllt ist. Bei einem Volumen von $V = 100\ m^3$ verdrängt der Ballon $100\ m^3$ Luft. Weil ein Kubikmeter Luft eine Masse von 1,3 kg hat, beträgt die Masse der gesamten verdrängten Luft 130 kg. Das bedeutet, der Ballon erfährt eine Auftriebskraft von $F_A = 1300$ N. Da Wasserstoff 14-mal leichter als Luft ist, kann der Ballon eine Nutzlast tragen. Wenn die Gewichtskraft F_G, die am Ballon wirkt, etwas geringer ist als die Auftriebskraft F_A, dann beginnt der Ballon zu steigen. Der Satz des Archimedes gilt auch für Gase und die Lufthülle unserer Erde.

In einem Gas steigt ein Körper auf, wenn seine mittlere Dichte kleiner ist als die des Gases, die ihn umgibt.

Unter mittlerer Dichte wird hier der Quotient aus der gesamten Masse (Ballonhülle, Ballast, Korb und Gas) und ihrem Volumen verstanden.

Auch in Gasen wirkt die Auftriebskraft auf einen Körper.

5 Astronomie

Die Vorgänge in unserem Sonnensystem, wie etwa die Bewegung der Planeten, werden durch die Gesetze der Mechanik beschrieben. Deshalb soll in diesem Kapitel ein kleiner Einblick in die Wissenschaft der Planeten und Sterne gegeben werden. Die Astronomie ist streng genommen eine eigenständige Wissenschaft und kein Teilgebiet der Physik.

5.1 Gravitation

Auf der Erdoberfläche ist die Gravitationskraft gleich der Gewichtskraft.

Alle Körper haben die Eigenschaft, sich gegenseitig anzuziehen. Die dabei auftretende Kraft heißt **Gravitationskraft** F_g. Diese Anziehungskraft ist bei Körpern, die uns im täglichen Leben umgeben, so klein, dass sie kaum nachweisbar ist. Wenn es sich aber bei den Körpern, die untersucht werden sollen, um Planeten handelt, spielt diese Kraft eine entscheidende Rolle. Die Gravitationskraft ist dabei umso größer, je größer die Massen m_1 und m_2 der beiden Körper sind, und sie wird mit zunehmendem Abstand r der Körper schnell kleiner. Dieser Zusammenhang wird durch das Gravitationsgesetz ausgedrückt.

$$F_g = G \cdot \frac{m_1 \cdot m_2}{r^2}$$

Der Faktor G in dieser Formel wird Gravitationskonstante genannt; er hat den Wert $G = 6{,}67 \cdot 10^{-11}\ \mathrm{N \cdot m^2/kg^2}$. Es handelt sich dabei um eine sehr kleine Zahl, die überall im Weltraum gleich ist. Als Beispiel soll die Gravitationskraft, die zwischen Erde und Mond wirkt, berechnet werden.

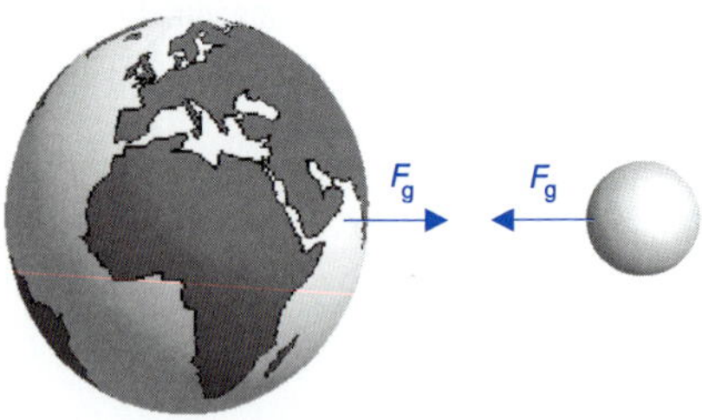

Darstellung der Gravitationskraft zwischen Erde und Mond

Die Entfernung zwischen Erde und Mond beträgt r = 384 400 km. Die Masse der Erde beträgt $m_1 = 5{,}974 \cdot 10^{24}$ kg und die des Mondes $m_2 = 7{,}347 \cdot 10^{22}$ kg. Daraus ergibt sich für die Gravitationskraft zwischen beiden Himmelskörpern:

$$F_g = 6{,}67 \cdot 10^{-11}\ \mathrm{N} \cdot \frac{\mathrm{m}^2}{\mathrm{kg}^2} \cdot \frac{5{,}974 \cdot 10^{24}\ \mathrm{kg} \cdot 7{,}347 \cdot 10^{22}\ \mathrm{kg}}{(384\,400\ \mathrm{km})^2}$$

$$F_g = 1{,}98 \cdot 10^{26}\ \mathrm{N}$$

Diese Kraft zwischen beiden Himmelskörpern bewirkt, dass sich der Mond auf einer Kreisbahn um die Erde bewegt. Umgekehrt bewirkt der Mond durch diese Kraft die Entstehung der Gezeiten, den Wechsel von Ebbe und Flut in den Weltmeeren. Neben dem natürlichen Erdtrabanten umkreisen auch künstliche Satelliten mit den verschiedensten Aufgaben die Erde. Um einen Satelliten in eine Erdumlaufbahn zu bringen, muss die Gravitationskraft der Erde überwunden werden. Dazu werden sie mithilfe von Raketen beschleunigt.

Die Gravitation bewirkt die Gezeiten und hält Satelliten auf ihrer Bahn.

5.2 Das Planetensystem

Die Erde gehört zu einem Planetensystem.

Unser Planetensystem besteht aus den neun Planeten Merkur, Venus, Erde, Mars, Jupiter, Saturn, Neptun, Uranus und Pluto. *Johannes Kepler* (1609) beschrieb die Bewegung der Planeten durch die folgenden drei Gesetze.

Johannes Kepler, 1571–1630, deutscher Astronom und Mathematiker

Alle Planeten bewegen sich auf Ellipsenbahnen, in deren einem Brennpunkt die Sonne steht.

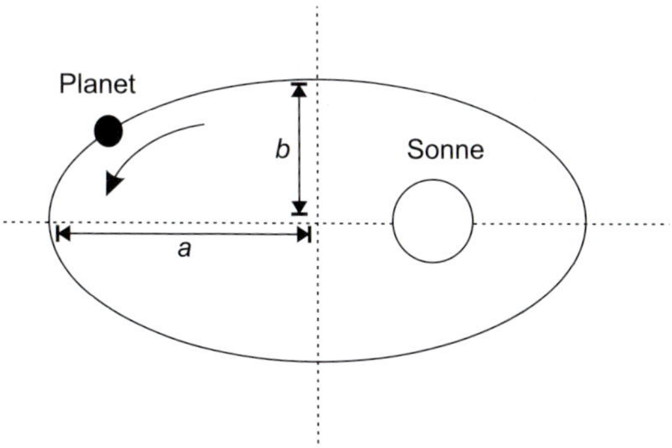

Darstellung der elliptischen Planetenbahn um die Sonne

In der Abbildung ist die Bahn eines Planeten um die Sonne schematisch dargestellt. Die Strecke *a* wird große Halbachse und die Strecke *b* kleine Halbachse der Ellipse genannt. Die Planeten bewegen sich auf ihrem Weg um die Sonne nicht mit konstanter Bahngeschwindigkeit. Ihr Betrag ist am größten, wenn der Planet in Sonnennähe ist, und er ist am kleinsten, wenn der Planet am weitesten von der Sonne entfernt ist. Aus dieser Beobachtung resultiert das zweite Kepler'sche Gesetz:

Die Bahngeschwindigkeit der Planeten variiert mit dem Abstand zur Sonne.

> Ein von der Sonne zu einem Planeten gedachter Leitstrahl überstreicht in gleichen Zeiten gleiche Flächen.

In der folgenden Abbildung ist skizziert, was mit diesem Satz gemeint ist. Dabei ist die Zeitspanne Δt für alle drei eingezeichneten Fälle gleich, ebenso die vom Leitstrahl überstrichenen Flächen A_1, A_2 und A_3.

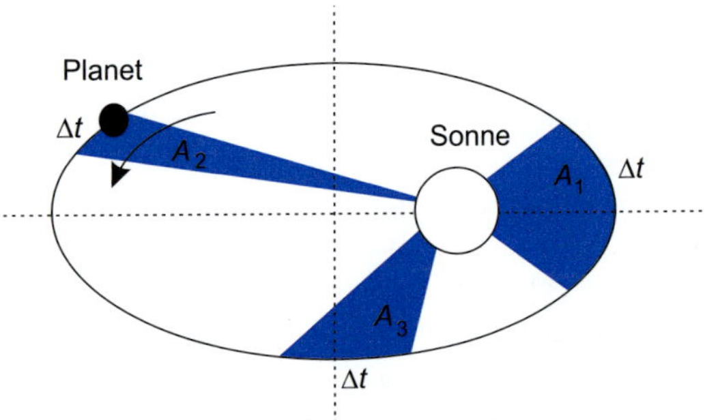

Darstellung der Geschwindigkeitsänderung der Planeten mithilfe der durch einen gedachten Leitstrahl überstrichenen Flächen

Deutlich wird sichtbar, dass der Planet in Sonnennähe im Zeitabschnitt Δt einen größeren Weg zurücklegen muss als in Sonnenferne. Im dritten Kepler'schen Gesetz werden die Größen der großen Halbachsen der Ellipsen, auf denen sich die Planeten bewegen, mit ihrer Umlaufzeit ins Verhältnis gesetzt. Aus Beobachtungen der Planeten ergab sich:

Die Beziehung zwischen Bahnellipse und Umlaufzeit wird im dritten Kepler'schen Gesetz verankert.

> Die Quadrate der Umlaufzeiten *T* zweier Planeten verhalten sich wie die dritten Potenzen der großen Halbachsen ihrer Bahnen.
>
> $$T_1^2 : T_2^2 = a_1^3 : a_2^3$$

Das bedeutet: Der Quotient aus T^2 und a^3 ist für alle Planeten des Sonnensystems konstant, er hat den Wert $2{,}95 \cdot 10^{-19}\ s^2/m^3$.
Zum Abschluss sind alle Planeten unseres Sonnensystems in einer Tabelle zusammengestellt. Die Reihenfolge richtet sich dabei nach der Entfernung der Planeten zur Sonne.

Die Planeten unseres Sonnensystems im Überblick

Name des Planeten	Masse in kg	Entfernung zur Sonne in km	Umlaufzeit in Jahren
Merkur	$0{,}33 \cdot 10^{24}$	$57{,}9 \cdot 10^{6}$	0,24
Venus	$4{,}87 \cdot 10^{24}$	$108{,}2 \cdot 10^{6}$	0,62
Erde	$5{,}97 \cdot 10^{24}$	$149{,}6 \cdot 10^{6}$	1
Mars	$0{,}64 \cdot 10^{24}$	$227{,}9 \cdot 10^{6}$	1,88
Jupiter	$1899 \cdot 10^{24}$	$778{,}4 \cdot 10^{6}$	11,86
Saturn	$568 \cdot 10^{24}$	$1427 \cdot 10^{6}$	29,42
Uranus	$86{,}6 \cdot 10^{24}$	$2883 \cdot 10^{6}$	83,75
Neptun	$103 \cdot 10^{24}$	$4519 \cdot 10^{6}$	163,7
Pluto	$0{,}012 \cdot 10^{24}$	$5960 \cdot 10^{6}$	248,0

5.3 Sonne

Im Gegensatz zu den Planeten ist die Sonne, die das Zentrum des Planetensystems bildet, ein Stern. Sie hat eine Masse von $1{,}989 \cdot 10^{30}$ kg und ist damit 745-mal schwerer als alle Planeten zusammen. Im Inneren der Sonne, die vorwiegend aus Wasserstoff und Helium besteht, wird durch Kernfusion Energie freigesetzt und an den Weltraum abgegeben. An der Oberfläche der Sonne beträgt die Temperatur etwa 5500 °C. Ein Teil der durch die Sonne erzeugten Energie kann auf der Erde als Licht- und Wärmeenergie wahrgenommen werden und bildet die Grundlage für das Leben auf unserem Planeten. Unser Sonnensystem ist eingebettet in eine Ansammlung von Sternen, die unserer Sonne ähnlich sind. Diese Ansammlung wird von den Astronomen als Galaxis bezeichnet. Bei Beobachtung des Nachthimmels wird ein Teil von ihr als schwach leuchtendes Band sichtbar.

Die Sonne ist ein Stern, sie liefert die Energie, die das Leben auf der Erde ermöglicht.

Die Galaxis besteht aus unzähligen Sternen, sie wird auch Milchstraße genannt.

Auf einen Blick: Mechanik

Statik

- Alle **Körper** haben ein Volumen, eine Masse und bestehen aus Stoffen. Die **Stoffe** sind Anhäufungen von Teilchen und können sich im festen, flüssigen und gasförmigen Aggregatzustand befinden. Das **Volumen** ist der Rauminhalt, den ein Körper einnimmt. Maßeinheiten des Volumens sind das Kubikmeter (m^3) und das Liter (l).
- Die **Masse** kennzeichnet die Eigenschaft eines Körpers, träge und schwer zu sein. Sie hat die Einheit Kilogramm (kg).

$$m = \frac{F}{a}$$

m	Masse des Körpers
F	Kraft
a	Beschleunigung

- Die **Dichte** ist eine physikalische Größe, die das Verhältnis von Masse und Volumen eines Körpers charakterisiert. Sie ist eine Stoffkonstante und hat die Maßeinheit Kilogramm je Kubikmeter (kg/m^3).

$$\rho = \frac{m}{V}$$

ρ	Dichte
m	Masse
V	Volumen

- Die **Kraft** beschreibt die Wechselwirkung zwischen Körpern. Sie ist eine vektorielle Größe und kann durch einen Kraftpfeil dargestellt werden. Die Maßeinheit der Kraft ist das Newton (N). Kräfte, die auf einer Wirkungslinie angreifen, können addiert werden. Wirken sie aus unterschiedlichen Richtungen, können sie mithilfe eines Kräfteparallelogramms zusammengesetzt und zerlegt werden. Die **Gewichtskraft** ist die Kraft, die auf einen ruhenden Körper der Masse m an einem bestimmten Ort auf der Erde einwirkt.

$$F_G = m \cdot g$$

F_G	Gewichtskraft
m	Masse
g	Fallbeschleunigung

- Die Fallbeschleunigung ist vom Ort der Messung abhängig, sie beträgt bei uns 9,81 m/s^2. Der **Schwerpunkt** eines Körpers verhält sich so, als wäre in ihm die gesamte Masse des Körpers vereint. An ihm greifen die resultierenden Kräfte an.

- Der **Druck** ist eine physikalische Größe, die die Wirkung einer Kraft in Abhängigkeit von der Fläche beschreibt, auf die die Kraft wirkt. Maßeinheiten des Druckes sind das Pascal (Pa) und das Bar (bar).

$$p = \frac{F}{A}$$

p	Druck
F	Kraft
A	Fläche

Kinematik

- Die **Zeit** ist eine Basisgröße der Physik. Sie hat die Maßeinheit Sekunde (s). Die **Geschwindigkeit** charakterisiert den Bewegungszustand eines Körpers. Sie gibt das Verhältnis zwischen Ortsveränderung und der dafür benötigten Zeit an. Die Maßeinheit für die Geschwindigkeit ist Meter je Sekunde (m/s).

$$v = \frac{s}{t}$$

v	Geschwindigkeit
s	Weg
t	Zeit

- Bleibt die Bewegungsrichtung des Körpers gleich, wird dies **geradlinige gleichförmige Bewegung** genannt. Ändert sich während der Ortsveränderung die Richtung der Bewegung, wird sie **krummlinige gleichförmige Bewegung** genannt. Die Kreisbewegung ist ein Beispiel für diese Bewegungsart. Bei einer **mechanischen Schwingung** handelt es sich um eine periodische Bewegung, die ein Körper um einen Mittelpunkt ausführt. Die Auslenkung zwischen Mittelpunkt und Umkehrpunkt der Bewegung heißt **Amplitude.** Die **Periodendauer** T gibt an, wie viel Zeit der Körper für eine Schwingungsperiode benötigt. Die physikalische Größe **Frequenz** gibt an, wie viele Schwingungen ein schwingender Körper in der Zeiteinheit ausführt. Die Maßeinheit der Frequenz ist das Hertz (Hz).

$$f = \frac{n}{t}$$

f	Frequenz
n	Anzahl
t	Zeit

- Die **Beschleunigung** ist eine physikalische Größe, die die Geschwindigkeitsänderung eines Körpers in Abhängigkeit von der Zeit beschreibt. Die Beschleunigung hat die Maßeinheit Meter je Quadratsekunde (m/s^2).

Ist die Beschleunigung der Geschwindigkeit entgegengerichtet, hat sie ein negatives Vorzeichen und wird Verzögerung genannt.

$$a = \frac{v}{t}$$

a	Beschleunigung
v	Geschwindigkeit
t	Zeit

Dynamik

- Die Wirkung der Kräfte auf den Bewegungszustand eines Körpers werden durch die Newton'schen Gesetze beschrieben. Das **Newton'sche Grundgesetz** besagt, dass, wenn auf einen frei beweglichen Körper eine Kraft einwirkt, sich dessen Geschwindigkeit ändert. Die Beschleunigung ist der wirkenden Kraft proportional.

$$F = m \cdot a$$

F	Kraft
m	Masse
a	Beschleunigung

- Das **Wechselwirkungsgesetz** besagt, dass bei einer Wechselwirkung zwischen Körpern an jedem dieser Körper eine Kraft F_{an} bzw. F_{gegen} angreift, die gleiche Beträge haben, aber entgegengesetzt gerichtet sind.

$$F_{an} = -F_{gegen}$$

Kraft ist gleich Gegenkraft

- Das **Trägheitsgesetz** besagt, dass ein Körper in Ruhe oder geradliniger gleichförmiger Bewegung verharrt, solange keine Kraft auf ihn einwirkt. Die **Reibung** ist ein Vorgang, bei dem zwischen zwei sich berührenden Körpern Reibungskräfte auftreten, die der Bewegung entgegenwirken. Es wird zwischen **Haftreibung, Gleitreibung** und **Rollreibung** unterschieden. Das **Drehmoment** beschreibt die Wirkung einer Kraft auf einen um eine Achse drehbar gelagerten Körper. Die Wirkungslinie der Kraft und der Abstand zur Drehachse bilden dabei einen rechten Winkel.

$$M_D = F \cdot r$$

M_D	Drehmoment
F	Kraft
r	Abstand zur Drehachse

Die Maßeinheit des Drehmoments ist das Newtonmeter (N · m).

- Die **Arbeit** ist eine physikalische Größe, die auftritt, wenn ein Körper längs eines Weges durch eine Kraft bewegt oder verformt wird. Die Maßeinheit der Arbeit ist das Joule (J).

$W = F \cdot s$	W	Arbeit
	F	Kraft
	s	Weg

- **Kraft umformende Einrichtungen** wie Hebel, feste Rolle, lose Rolle, Flaschenzug und schiefe Ebene ändern die Richtung oder den Betrag einer angreifenden Kraft. Es gilt jedoch die **goldene Regel der Mechanik.**

$W_1 = W_2$	W_1	zugeführte Arbeit
	W_2	abgegebene Arbeit

- Die mechanische **Leistung** gibt die je Zeiteinheit verrichtete Arbeit an. Die Maßeinheit der Leistung ist das Watt (W).

$P = \frac{W}{t}$	P	Leistung
	W	Arbeit
	t	Zeit

- Die mechanische **Energie** ist eine physikalische Größe, die das Arbeitsvermögen eines mechanischen Systems beschreibt. Die Einheit der Energie ist Joule (J).

Mechanik der Flüssigkeiten und Gase

- Der **Kolbendruck** entsteht, wenn von außen eine Kraft auf eine Flüssigkeit oder ein Gas wirkt. **Schweredruck** wird durch die Gewichtskraft einer Flüssigkeit oder eines Gases verursacht. **Hydraulische Anlagen** nutzen die allseitige und gleichmäßige Ausbreitung des Druckes aus. Solche Anlagen sind Kraft umformende Einrichtungen. Die **Auftriebskraft** greift an einem in einer Flüssigkeit oder in einem Gas befindlichen Körper an und wirkt der Gewichtskraft entgegen.

Astronomie

- Die **Gravitation** ist die Anziehungskraft, die zwischen den Himmelskörpern wirkt. Auf der Erdoberfläche ist sie gleich der Gewichtskraft. Die **Planeten** bewegen sich auf elliptischen Bahnen um die **Sonne**. Sie bewegen sich in Sonnennähe schneller als in Sonnenferne. Das Verhältnis ihrer Umlaufzeiten zur dritten Potenz der großen Halbachsen ihrer Bahnen ist für alle Planeten gleich groß.

Wellen

Im folgenden Kapitel werden sowohl die allgemeinen Eigenschaften von mechanischen Wellen als auch die speziellen Verhaltensweisen von Schallwellen näher betrachtet. Die Akustik ist der Bereich der Physik, welcher sich mit der Entstehung und dem Verhalten von Schallwellen beschäftigt. Zu den besonderen Phänomenen des Fachgebietes Akustik gehören so bekannte Effekte wie der Überschallknall eines Flugzeuges oder so erstaunliche wie der Doppler-Effekt, der dazu führt, dass sich die Tonlage der Sirene eines Polizeiautos bei der Vorbeifahrt des Fahrzeugs ändert.

1 Mechanische Wellen

1.1 Entstehung von Wellen

Transversalwellen

Wellen kennt jeder, zumindest in ihrer einfachsten Form, den Wasserwellen. Was wir optisch von einer Welle wahrnehmen können, ist ein Wellenberg, der sich mit konstanter Geschwindigkeit in eine bestimmte Richtung bewegt. Aber auch mit einem Seil kann man sich fortbewegende Wellenberge erzeugen, indem man ein an einem Ende eingespanntes Seil mit einem kurzen Ruck auslenkt.

Der durch eine Auslenkung des Seils erzeugte Wellenberg bewegt sich mit konstanter Geschwindigkeit auf dem Seil weiter.

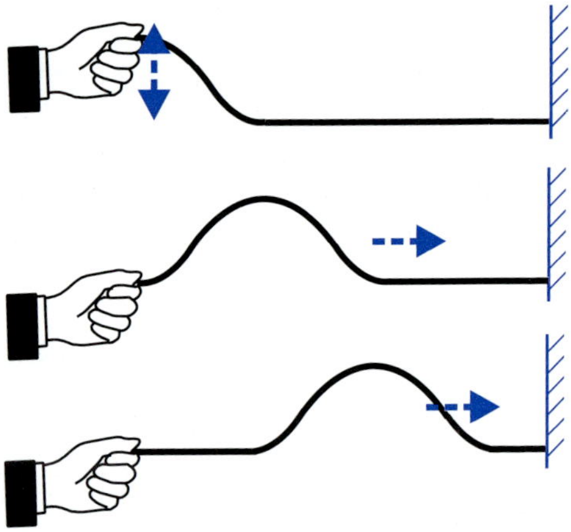

Betrachtet man einen einzelnen Punkt auf dem Seil, so stellt man fest, dass dieser Punkt durch die wandernde Welle zunächst zur Seite ausgelenkt wird. Nachdem die Welle den Punkt vollständig passiert hat, liegt dieser wieder in seiner Ruhelage. Eine solche Welle, die einen Materiepunkt *senkrecht* zur Ausbreitungsrichtung der Welle auslenkt, nennt man eine **Transversalwelle** oder auch **Querwelle**.

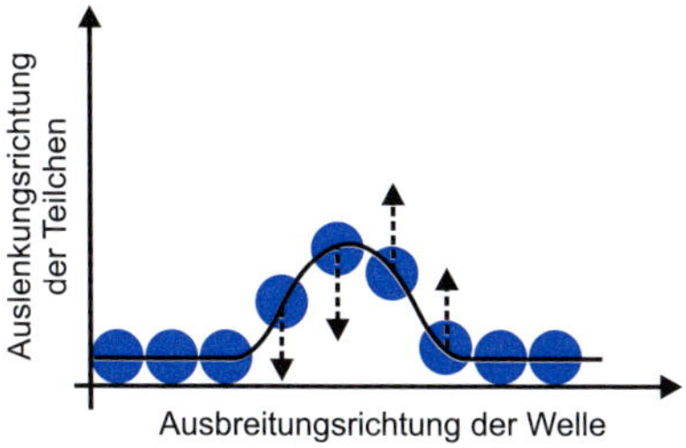

Schematische Darstellung einer Transversalwelle

Bei **Transversalwellen** (Querwellen) zeigt die Schwingungsrichtung senkrecht zur Fortbewegungsrichtung der Welle.

Als Modell für die Entstehung einer solchen Querwelle stellt man sich vor, dass die Materieteilchen (Atome, Ionen oder Moleküle) durch ein elastisches Band miteinander verbunden sind. In der Realität stellen die intermolekularen Kräfte dieses elastische Band dar.

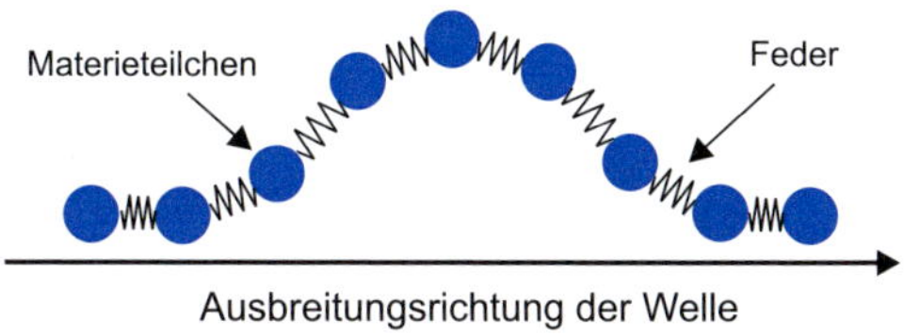

Wird Teilchen 1 aus seiner Ruhelage nach oben ausgelenkt, so wirkt auf das benachbarte Teilchen 2 durch das elastische Band eine Kraft, welche das Teilchen ebenfalls nach oben zieht. Gleichzeitig zieht das Band aber auch Teilchen 1 wieder nach unten, sodass im zweiten Schritt Teilchen 1 wieder seine Ruhelage erreicht hat, während nun Teilchen 2 ausgelenkt ist.

Bewegt man das freie Ende eines an einem Ende befestigten Seiles kontinuierlich auf und ab, werden fortwährend neue Wellen gebildet. Wird das Seilende dabei sowohl nach oben wie auch nach unten ausgelenkt, so entstehen abwechselnd neben **Wellenbergen** auch **Wellentäler**.

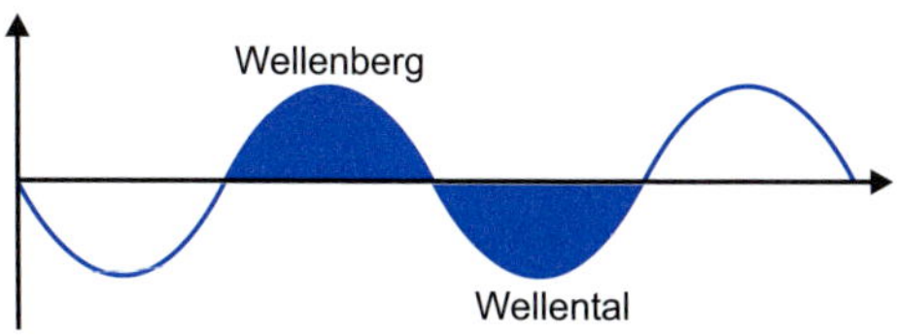

Wellenberge und -täler einer Transversalwelle

Longitudinalwellen

Die Auslenkung eines Materiepunkts kann aber auch *parallel* zur Ausbreitungsrichtung der Welle erfolgen. Hierbei entsteht keine sichtbare *Wellen*form, wie man sie von Wasserwellen her kennt. Der sich fortbewegende Wellenberg ist vielmehr an einer *Verdichtung* der Materie zu erkennen, die zu *Druck-* bzw. *Dichteunterschieden* führt. Diese Art der Wellen wird **Longitudinalwellen** oder **Längswellen** genannt.

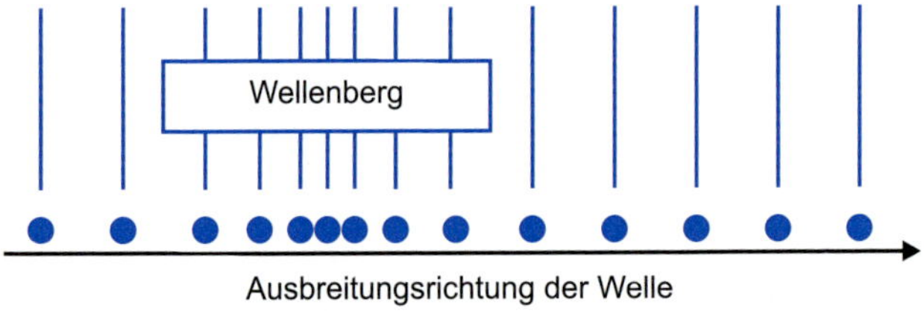

Darstellung einer Longitudinalwelle: Je enger die Linien, desto höher die Dichte bzw. der Druck.

Am Beispiel einer Schraubenfeder sind die in einer Longitudinalwelle ablaufenden Vorgänge gut zu erklären: Die Welle wird dadurch erzeugt, dass der Anfang der Feder kurz in Längsrichtung zusammengestaucht wird. Der gestauchte Bereich bildet den Wellenberg der Längswelle, der sich dann entlang der Feder fortbewegt.

Die Schwingung einer **Longitudinalwelle** (Längswelle) erfolgt parallel zur Fortbewegungsrichtung der Welle.

Ein aus dem Alltag bekanntes Beispiel für solche Wellen sind *Schallwellen*. Longitudinalwellen können sich durch Festkörper, Flüssigkeiten und Gase in beliebiger Richtung fortbewegen, sofern das jeweilige Medium elastisch genug ist.

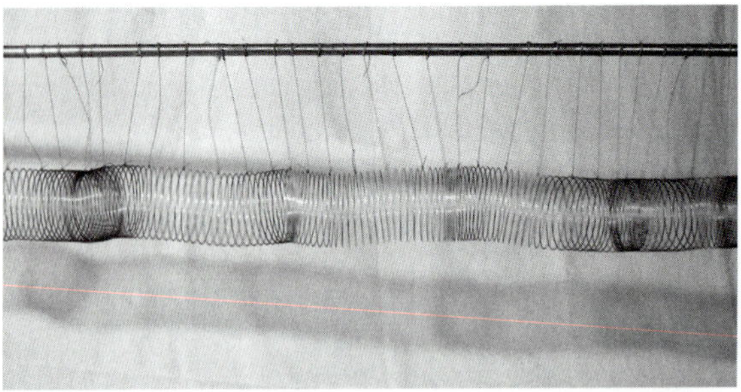

Bewegung von Longitudinalwellen durch eine Stahlfeder: Die wandernden »Wellenberge« sind an den verdichteten Stellen der Feder zu erkennen.

1.2 Kenngrößen von Wellen

Um das Verhalten von Wellen zu beschreiben, ist es notwendig, ihnen gemäß ihren verschiedenen Eigenschaften bestimmte physikalische Größen zuzuordnen.
Eine wichtige Eigenschaft einer Welle ist ihre **Fortbewegungsgeschwindigkeit** c. Diese wird in der Einheit Meter pro Sekunde angegeben.

c	**Fortbewegungsgeschwindigkeit** einer Welle (in m/s)

Oftmals bewegt sich nicht nur eine einzelne Welle auf einen Beobachter zu, sondern es folgen mehrere Wellenberge in einem bestimmten zeitlichen Abstand aufeinander. Die Anzahl der Wellenberge pro Zeiteinheit bezeichnet man als die **Frequenz** ν einer Welle. Die physikalische Einheit der Frequenz ist das Hertz (Hz): 1 Hz = 1/s.

Heinrich Hertz, 1857–1894, deutscher Physiker

ν	**Frequenz** einer Welle (in Hz)	$1\ \text{Hz} = \frac{1}{\text{s}}$

Die reziproke Größe der Frequenz ist die **Periodendauer** T. Sie gibt den Zeitraum zwischen zwei durchlaufenden Wellenbergen an:

T	**Periodendauer** (in s)	$T = \frac{1}{\nu}$

Aus den Größen Geschwindigkeit c und Frequenz ν ergibt sich zwangsläufig, dass zwischen zwei Wellenbergen nicht nur ein zeitlicher, sondern auch ein *räumlicher Abstand* bestehen muss: Passiert pro Zeiteinheit eine bestimmte Anzahl von Wellenbergen, die eine bestimmte Geschwindigkeit haben, einen Beobachter, so lässt sich daraus der Abstand zweier aufeinander folgender Wellenberge berechnen. Diesen Abstand bezeichnet man als die **Wellenlänge** λ einer Welle. Sie wird in Metern oder Bruchteilen von Metern (Zentimeter, Mikrometer usw.) angegeben.

λ	**Wellenlänge** einer Welle (in m)

Bewegen sich mehrere Wellenberge hintereinander, so bezeichnet man den Abstand zweier Wellenberge als die Wellenlänge der Welle.

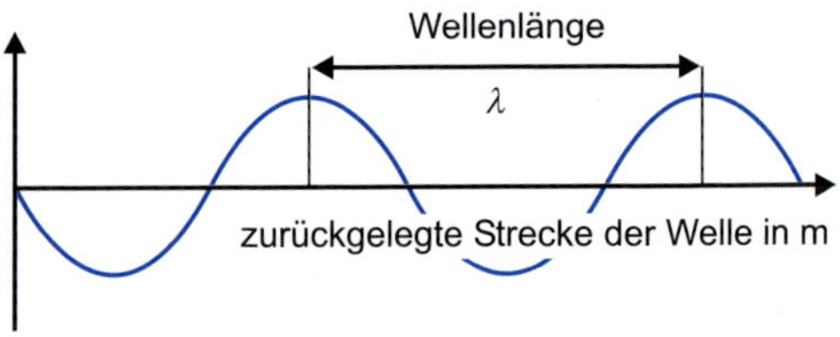

Es gilt der formelmäßige Zusammenhang:

$$c = \lambda \cdot \nu$$

c	Fortbewegungsgeschwindigkeit der Welle (in m/s)
λ	Wellenlänge (in m)
ν	Frequenz der Welle (in Hz)

Da sich im Falle einer **Longitudinalwelle** (z. B. einer Schallwelle) die Wellenberge als Orte höheren Drucks bzw. höherer Materiedichte darstellen, ist die Wellenlänge hier als räumlicher Abstand der Druck- bzw. Dichtemaxima aufzufassen. Die Periodendauer ergibt sich analog als zeitlicher Abstand der Maxima.

Wellenlänge einer Longitudinalwelle

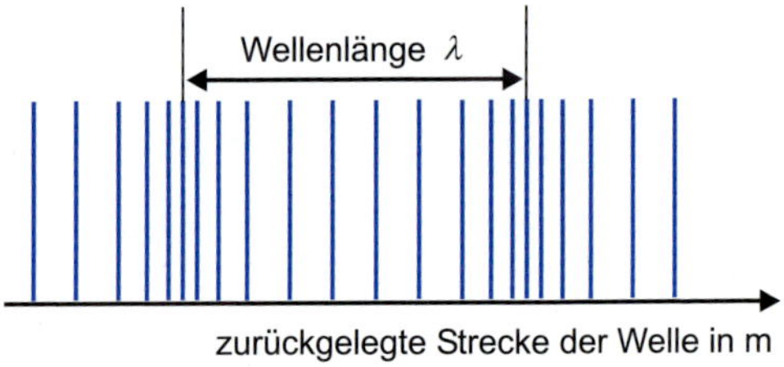

Beispiel:
Die Frequenz einer Schallwelle beträgt 6000 Hz. Sie bewegt sich in der Luft mit einer Geschwindigkeit von 340 m/s. Wie groß ist die Wellenlänge λ der Schallwelle?

Lösung:

$$\lambda = \frac{c}{\nu} = \frac{340\ \text{m/s}}{6000\ 1/\text{s}} = 0{,}057\ \text{m} = 5{,}7\ \text{cm}$$

Elektromagnetische Wellen

Eine weitere wichtige Wellenerscheinung der Natur sind neben den *mechanischen* Wellen die *elektromagnetischen* Wellen. Die meisten dieser Wellen, wie **Röntgenwellen** oder **Radiowellen**, sind für den Menschen nicht direkt wahrnehmbar. Eine Ausnahme bilden die Wellen des **Lichtes**, für die das menschliche Auge entsprechende Rezeptoren besitzt. Die verschiedenen Wellen des elektromagnetischen Spektrums unterscheiden sich in ihrer Wellenlänge bzw. Frequenz, sie breiten sich jedoch alle mit der **Lichtgeschwindigkeit** c aus ($c = 3 \cdot 10^8$ m/s).

Neben Frequenz und Wellenlänge ist der *Energiegehalt* der Wellen ein wichtiges Unterscheidungsmerkmal. Je höher die Frequenz der Strahlung ist, desto höher ist auch ihre Energie. Ultraviolette Strahlung, Röntgen- und Gammastrahlung transportieren so viel Energie, dass sie für den Menschen schädlich sind.

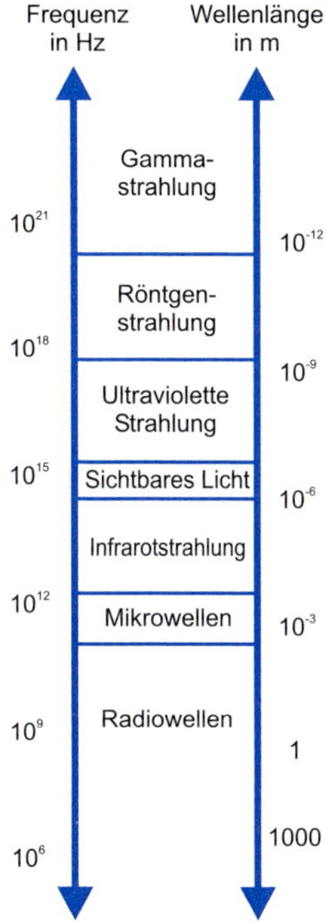

Amplitude

Betrachtet man eine Transversalwelle, z. B. eine Wasserwelle, so wird man auf den ersten Blick feststellen, dass sich die verschiedenen Wellen auch durch die *Höhe* ihrer Wellenberge unterscheiden. Die Wasserteilchen werden von den verschiedenen Wellen unterschiedlich hoch gehoben bzw. ausgelenkt. Die *maximale Auslenkung* bzw. Höhe, die ein Wellenberg erreicht, wird als **Amplitude** A der Welle bezeichnet.

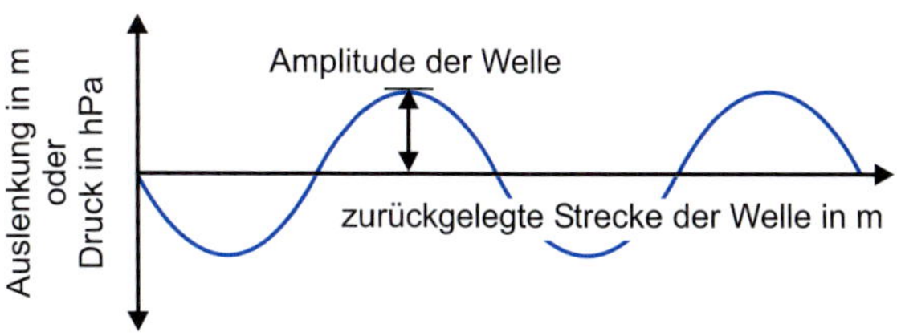

Grafische Darstellung der Amplitude einer Welle in Abhängigkeit vom Weg. Im Falle einer Transversalwelle wird auf der Ordinate die Auslenkung, bei einer Longitudinalwelle der Druck notiert.

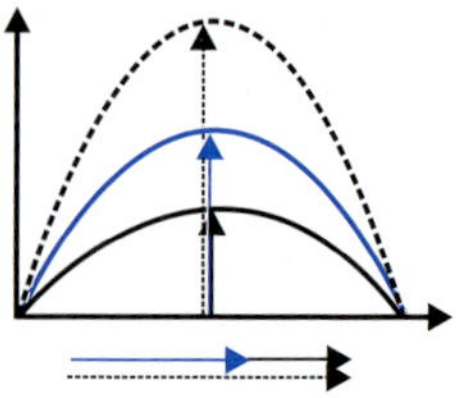

Durch die Interferenz der blauen mit der schwarzen Welle entsteht die gestrichelte Welle. Stellt man die Auslenkungen durch Pfeile dar, so ergibt sich die jeweilige Auslenkung der gestrichelten Welle durch Aneinanderreihung der Pfeile der interferierenden Wellen.

Bei einer Longitudinalwelle werden die Stoffteilchen in Richtung der Fortbewegungsrichtung der Welle ausgelenkt, was zu einem Druck- bzw. Dichteanstieg innerhalb der Materie führt. In diesem Fall stellt sich die Amplitude als Höhe des *maximalen Druck- bzw. Dichteanstiegs* dar (Druck- bzw Dichteamplitude).

1.3 Verhalten von Wellen

Überlagerung von Wellen (Interferenz)

Als **Interferenz** bezeichnet man die unabhängige Überlagerung von Wellen. Treffen zwei oder mehrere Wellen an einem Ort aufeinander, so addieren sich die durch die Wellenbewegung verursachten Auslenkungen der Massenpunkte. Dies gilt sowohl, wenn die Wellen die gleiche oder entgegengesetzte Ausbreitungsrichtung haben, als auch, wenn sich ihre Richtungen schneiden.

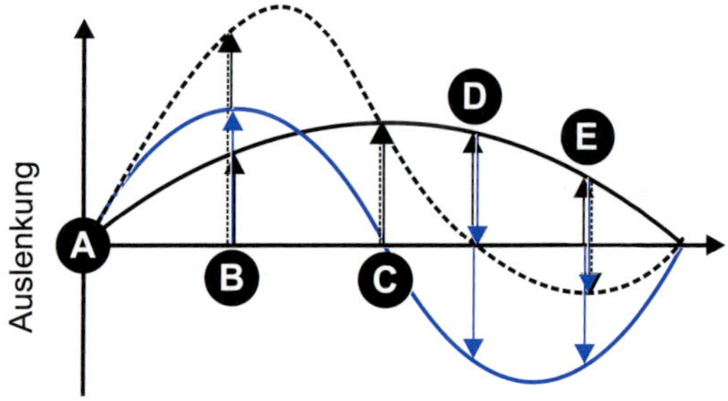

Zwei im Punkt A startende Wellen (blau, schwarz) interferieren und bilden die gestrichelte Welle. Im Punkt B sind die Auslenkungen beider Wellen positiv. Daher ist die Auslenkung der enstehenden Interferenzwelle ebenfalls positiv. Im Punkt D sind die Auslenkungen der beiden Wellen gleich, jedoch entgegengesetzt. Somit ergibt sich an diesem Punkt die Auslenkung der Interferenzwelle zu 0. Im Punkt E ist der Betrag der negativen Auslenkung der blauen Welle größer als der der positiven Auslenkung der schwarzen Welle: Die Auslenkung der Interferenzwelle ist daher negativ.

Zur Demonstration der Interferenz von Transversalwellen werden oftmals Wellenmaschinen eingesetzt. Die Auslenkung der Querstäbe simuliert hierbei die Auslenkung eines einzelnen Massenpunkts einer Welle.

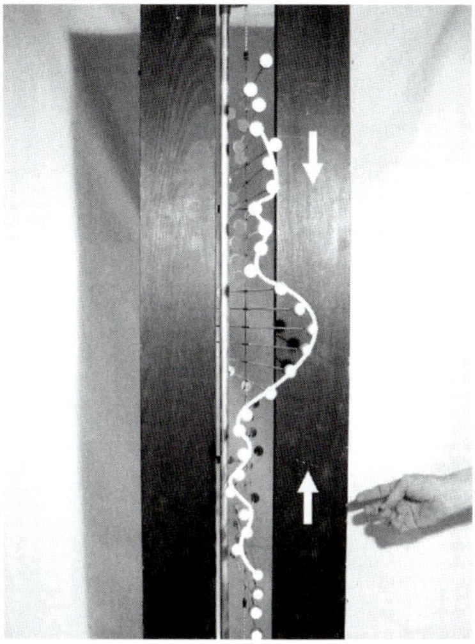

Demonstration der Interferenz zweier aufeinander zulaufender Wellen mit einer Wellenmaschine

Ausbreitung von Wellen

Tippt man mit einem Finger auf eine Wasseroberfläche, so breitet sich, ausgehend von der Eintauchstelle, eine Welle *kreisförmig* aus. Da die Eintauchstelle stets im Mittelpunkt der Wellenfront liegt, spricht man davon, dass sich die Welle *konzentrisch* ausbreitet. Die Eintauchstelle stellt die **Punktquelle** einer Welle dar.

Die von der Punktquelle P ausgehenden Wellen liegen konzentrisch zueinander. Die blauen Kreise stellen die im Abstand einer Wellenlänge liegenden Wellenberge der Wellen dar.

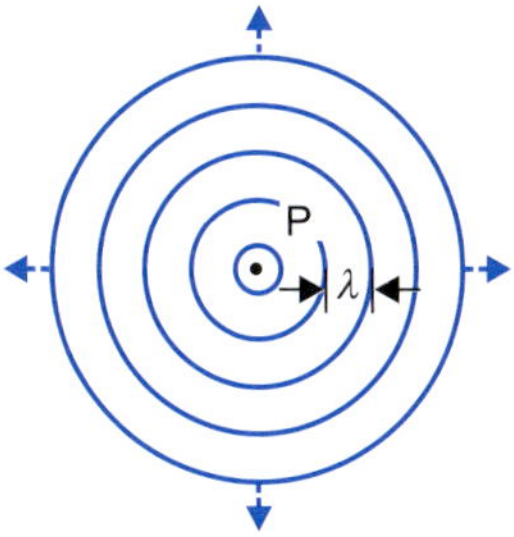

Bei einer Wellenwanne taucht ein Erregerstift mit einer bestimmten Frequenz in das Wasser ein. Die entstehenden Wellen liegen konzentrisch zueinander.

In großer Entfernung von der Quelle stellt sich die Welle aufgrund ihres sehr großen Radius nur noch als geradlinige **Wellenfront** dar. Trifft eine solche Wellenfront auf eine Wand, in der sich eine *kleine* Öffnung befindet, so breitet sich die Welle, von dieser Öffnung ausgehend, halbkreisförmig weiter aus. Die Öffnung stellt somit, in Ausbreitungsrichtung der Welle gesehen, eine neue Punktquelle der Welle dar. Die Breite d der Öffnung muss dazu kleiner sein als die Wellenlänge λ.

Die durch die Öffnung einer Wand gelangenden Wellen einer geradlinigen Wellenfront breiten sich halbkreisförmig aus, wenn die Breite d der Öffnung kleiner ist als die Wellenlänge λ.

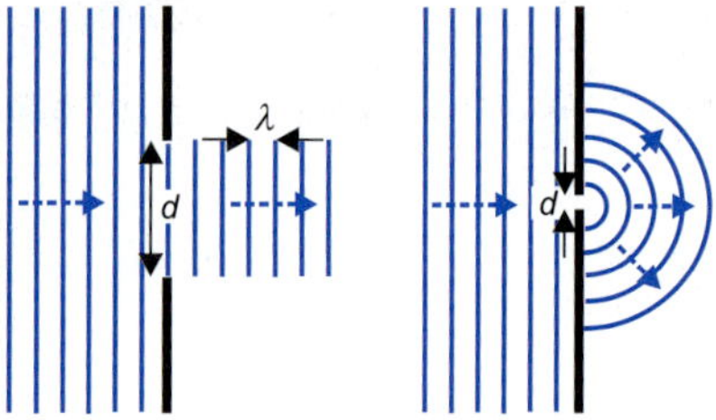

Die Wellenwanne dient zur Demonstration von Transversalwellen.

Eine geradlinige Wellenfront, die auf eine Wand mit vielen Öffnungen trifft, erzeugt auf der anderen Seite des Hindernisses wiederum eine Wellenfront. Jede Öffnung des Hindernisses bildet einen neuen Ausgangspunkt, von dem aus eine neue halbkreisförmige Welle, eine so genannte **Elementarwelle**, ausgeht. Die durch die Interferenz (Überlagerung) der einzelnen Elementarwellen erzeugte **Einhüllende** aller Elementarwellen stellt die Wellenfront zu einem späteren Zeitpunkt dar.

Von jeder Öffnung der Wand gehen neue Elementarwellen aus, deren Einhüllende die neue Wellenfront darstellt.

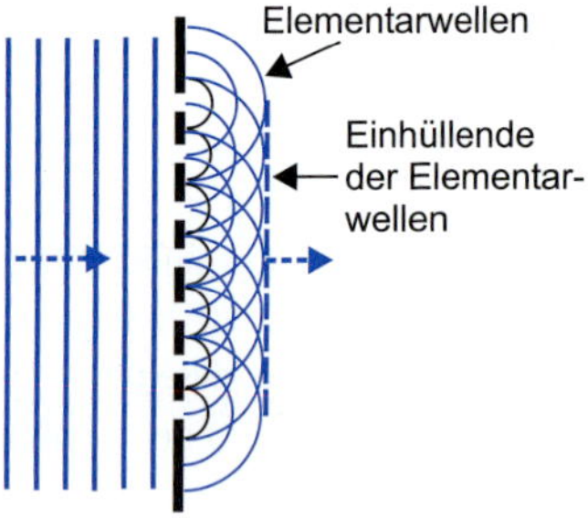

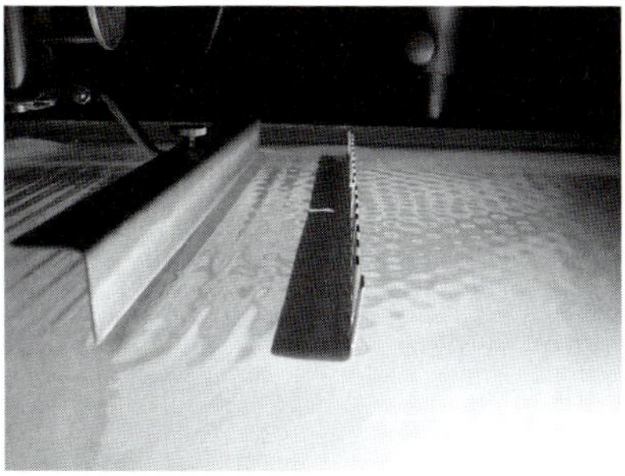

Die Demonstration des Auftreffens einer Wellenfront auf eine Wand mit vielen Öffnungen zeigt die Ausbildung der neuen Wellenfront.

Durch solche *Elementarwellen* kann auch das Fortschreiten einer Welle und die dabei auftretenden Effekte erklärt werden. Der holländische Physiker *Christiaan Huygens* entwickelte dazu im Jahre 1678 folgende Modellvorstellung, die heute als **Huygens'sches Prinzip** Anwendung findet:

Christiaan Huygens, 1629–1695, niederländischer Mathematiker, Physiker und Astronom

Jeder Punkt einer Wellenfront ist Ausgangspunkt einer neuen kreisförmigen **Elementarwelle.** Die **Einhüllende** aller Elementarwellen ergibt die Wellenfront zu einem späteren Zeitpunkt.

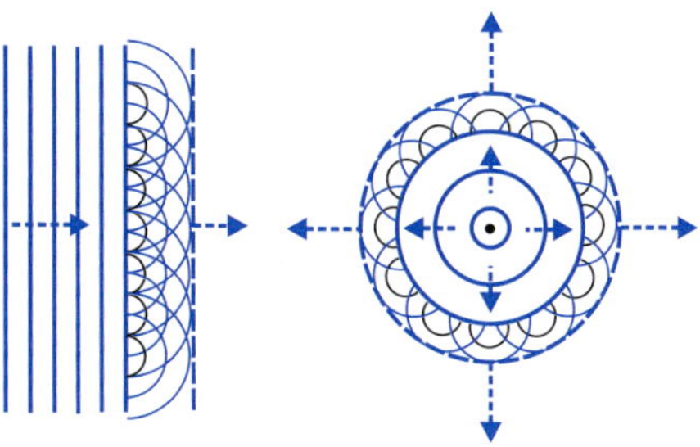

Die Einhüllende (gestrichelt) der von jedem Punkt einer Welle ausgehenden Elementarwellen stellt die weitergewanderte Welle dar.

Reflexion

Treffen Wellen auf eine feste Oberfläche, so entstehen an dieser Fläche neue Wellen, die sich von dort fortbewegen. Dieses Verhalten bezeichnet man als **Reflexion**, wobei auch hier, wie in der Optik, das Reflexionsgesetz gilt.

Einfallswinkel und **Ausfallswinkel** einer Welle sind identisch.

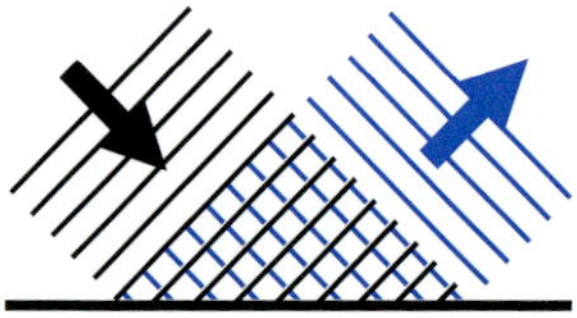

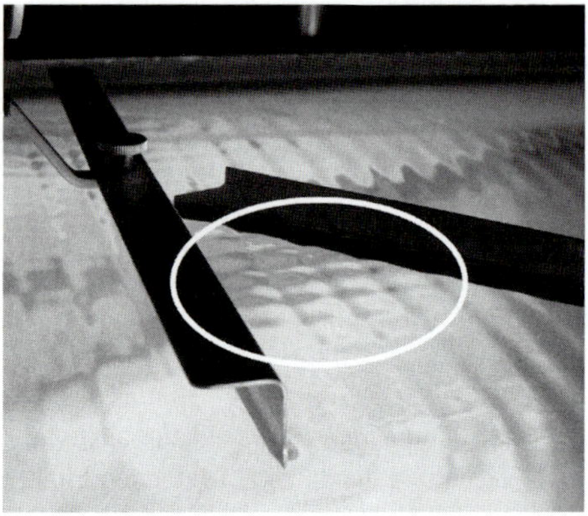

Wasserwellen werden wie Lichtwellen beim Auftreffen auf eine Oberfläche reflektiert.

Das *Huygens'sche Prinzip* liefert für dieses Verhalten eine Erklärung: Betrachtet man eine geradlinige Wellenfront, die auf eine feste Oberfläche trifft, so berührt die Welle zunächst Punkt *A* der Fläche. Eine Sekunde später soll die Welle sich nun so weit bewegt haben, dass auch Punkt *B* der Fläche berührt wird. In dieser Sekunde breitet sich aber bereits vom Punkt *A* eine neue Elementarwelle aus (X). Da die Ausbreitungsgeschwindigkeit der Elementarwellen genauso groß ist wie die der ursprünglichen Welle, entspricht der Radius der von *A* ausgehenden Elementarwelle nach einer Sekunde der Wegstrecke *A'B*. Eine weitere Sekunde später erreicht diese Elementarwelle den doppelt so großen Radius (Y). Während dieser zweiten Sekunde geht aber auch vom Punkt *B* eine Elementarwelle aus, deren Radius ebenfalls der Wegstrecke *A'B* entspricht. Stellt man die durch die Refle-

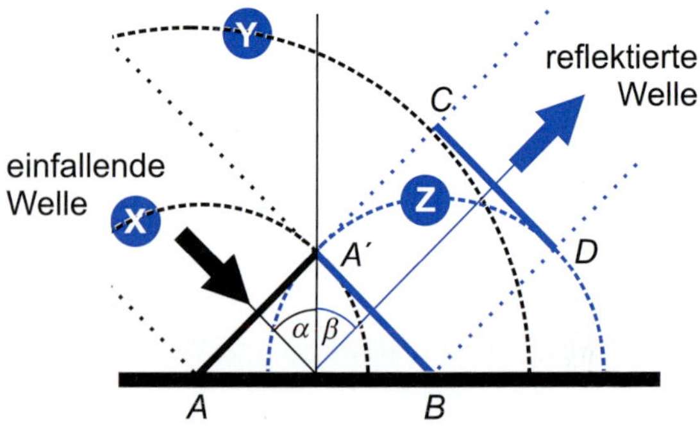

Das Huygens'sche Prinzip liefert die Erklärung des Reflexionsgesetzes.

xion entstandene Wellenfront als Einhüllende der Elementarwellen zum gleichen Zeitpunkt dar, so ergibt sich eine neue Front *CD*. Da das Dreieck *AA'B* gleichschenklig ist, ergibt sich, dass Einfallswinkel α der ankommenden und Ausfallswinkel β der reflektierten Welle identisch sind.

1.4 Energietransport durch Wellen

Bewegt sich eine Welle durch ein Medium fort, so wird dabei keine Materie transportiert. Die einzelnen Materieteilchen des Mediums werden zwar beim Passieren der Welle je nach Wellenart transversal oder longitudinal ausgelenkt, verbleiben aber am Ort. Nachdem die Welle weitergewandert ist, nehmen die Teilchen ihre ursprüngliche Lage wieder ein. Das Auslenken der Materieteilchen erfordert jedoch Energie, woraus sich schließen lässt, dass eine Welle *Energie* überträgt.

Wellen transportieren **Energie.**

An einem gespannten Seil wird ein Gewichtsstück befestigt (siehe Abbildung). Nach kurzem Auslenken beginnt ein Wellenberg auf dem Seil entlangzuwandern. Erreicht er das Gewichtsstück, so wird dieses angehoben. Beim Auslenken des

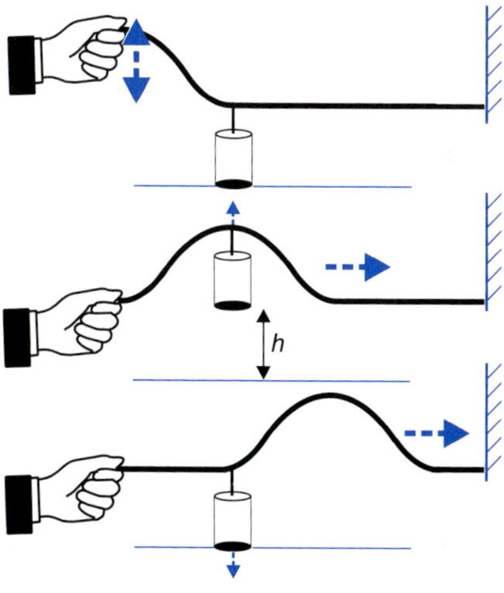

Die durch eine Welle transportierte Energie kann in potenzielle Energie umgewandelt werden.

Seils wurde diesem Energie zugeführt, welche nun in Form von Hubarbeit zum Anheben des Gewichtsstücks genutzt wird. Dabei wird von der Welle transportierte Energie in **Lageenergie** (potenzielle Energie) des Gewichtsstücks umgewandelt.
Nach dem Durchlaufen des Wellenberges sinkt das Gewichtsstück in seine Ausgangsposition zurück. Dabei gibt es die potenzielle Energie wieder an die Welle ab.
Der Energiegehalt einer Transversalwelle (Wasserwelle) ist von ihrer *Amplitude* (Höhe), der einer Longitudinalwelle (Schallwelle) von der Stärke der von ihr verursachten *Druckschwankungen* (Druckamplitude) abhängig.

2 Akustik

2.1 Entstehung von Schall

Periodische Luftdruckschwankungen nimmt das Ohr als *Schall* wahr. Solche Druckschwankungen entstehen überall dort, wo ein periodisch schwingender Körper Luftteilchen anstoßen und dadurch *Longitudinalwellen* erzeugen kann.
Als Schallerzeuger kommen Geräte wie Stimmgabel oder Lautsprecher infrage. Während bei der **Stimmgabel** ein Schlag mit einem Klöppel die Schwingungen auslöst, bewegt beim **Lautsprecher** ein mit Wechselstrom betriebener Elektromagnet die Lautsprechermembran.

Unter **Schall** versteht man die durch Longitudinalwellen vermittelten *Druckschwankungen* der Luft.

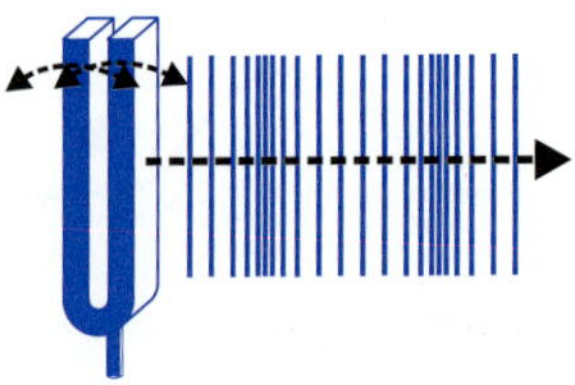

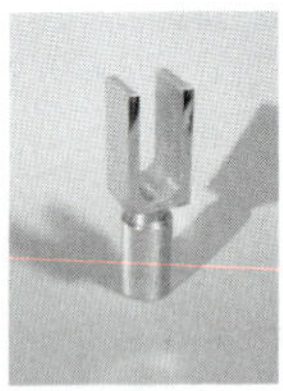

Auf der Zeichnung erkennt man, wie die schwingenden Hörner der Stimmgabel Schallschwingungen auslösen.

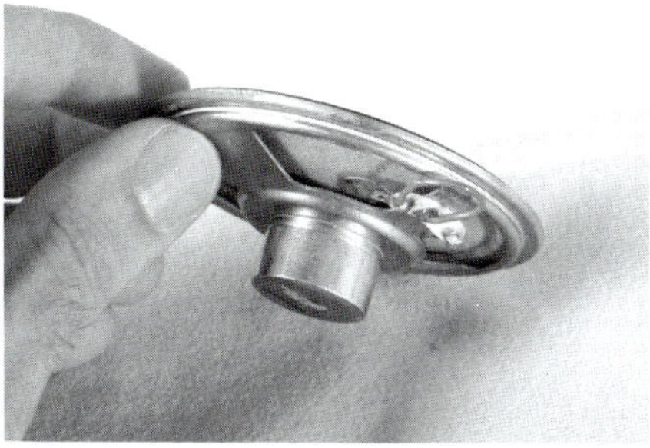

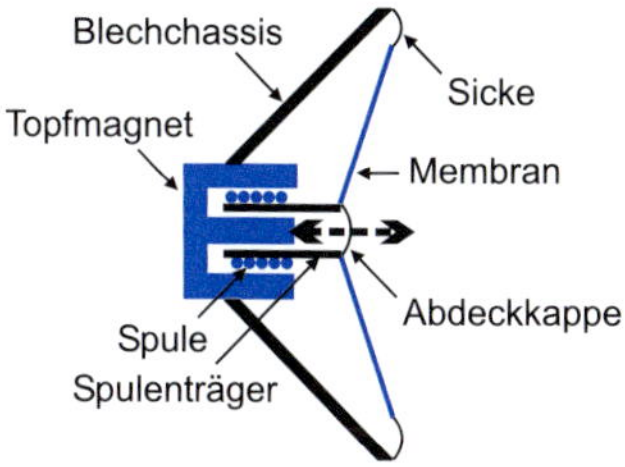

Foto und Querschnitt durch einen Lautsprecher. Die vor- und zurückschwingende Membran des Lautsprechers führt zu Druckschwankungen, die wir als Schall wahrnehmen.

Stehende Wellen in Musikinstrumenten

Beim Anschlagen, Streichen oder Zupfen von **Saiteninstrumenten** wie Gitarre, Geige oder Klavier bilden sich auf der angeschlagenen Saite *Transversalwellen* aus. Da jede Saite nur eine begrenzte Länge hat, gilt hier jedoch eine Besonderheit: Die erzeugte Welle scheint sich nicht auf der Saite fortzubewegen, sondern an einem Ort stehen zu bleiben. Eine solche Welle nennt man daher eine **stehende Welle**. Die einzelnen Orte auf der Saite verändern allerdings periodisch ihre *Auslenkung*, wobei aus einem Wellenberg stets wieder ein Wellental wird und umgekehrt. Bestimmte Stellen der Saite bewegen sich dagegen gar nicht, sondern verharren in ihrem Ruhepunkt. Solche Orte einer schwingenden Saite bezeichnet man als **Knoten**. Die Stellen, an denen die Amplitude maximal wird, nennt man **Bäuche**.

Bei **Blasinstrumenten** wird zur Schallerzeugung eine Luftsäule innerhalb des Instrumentes in Schwingung versetzt. Dies geschieht durch Anblasen einer schmalen

Spaltöffnung, an der sich aufgrund der Luftbewegung Verwirbelungen bilden. Diese Luftwirbel üben einen periodischen Druck auf die Luft innerhalb des Instrumentes aus. Wie im Falle einer Saite bilden sich auch hier *stehende Wellen*, allerdings handelt es sich hierbei um *Longitudinalwellen*.

*Auf einer Saite können sich verschiedene Wellen ausbilden. Die Anzahl n der dabei entstehenden **Wellenbäuche** ist immer geradzahlig (n = 1, 2, 3, ...). Die Stellen der Welle, an denen die Auslenkung stets null ist, bezeichnet man als **Knoten**. Da die Bäuche und Knoten der Saite ortsfest sind, spricht man von **stehenden Wellen**.*

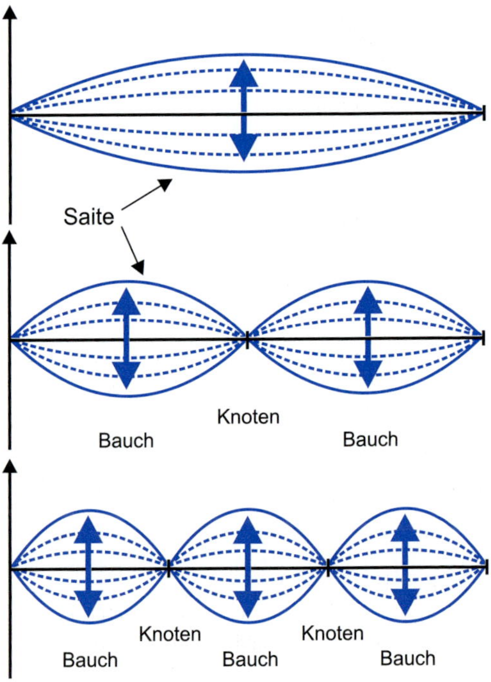

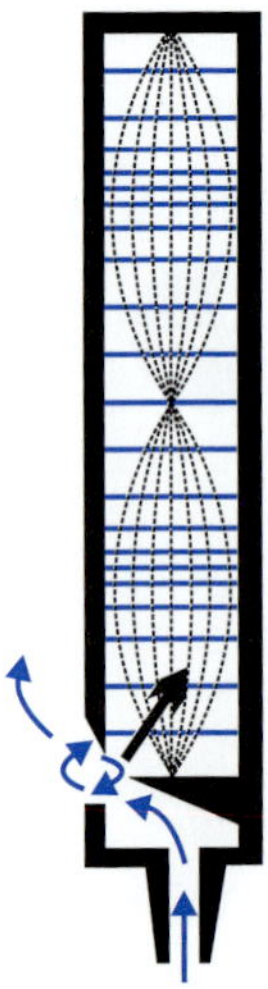

Bei einer Lippenpfeife bilden sich aufgrund der Luftverwirbelungen an der Lippe stehende Longitudinalwellen aus. Die Amplitudenverteilung dieser Wellen entspricht einer stehenden Transversalwelle.

Die transversalen Schwingungen, die eine **Saite** eines Musikinstrumentes ausführt, entsprechen den Schwingungen einer Lautsprechermembran. Die Resonanzkörper der Saiteninstrumente dienen zur Verstärkung der Lautstärke des angeschlagenen Tons.

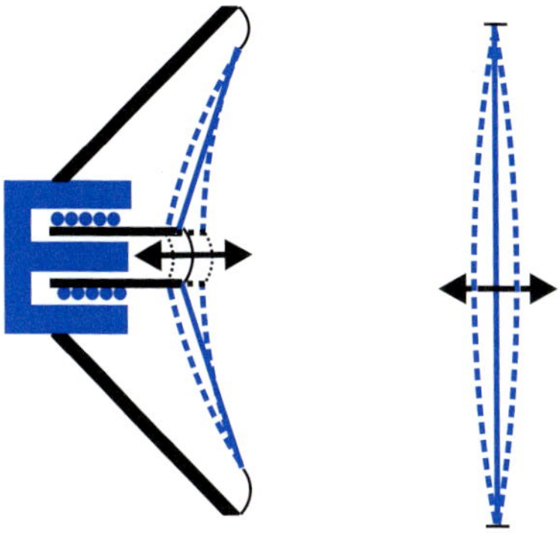

Lautsprecher (links) und Saite (rechts) führen die gleichen transversalen Schwingungen aus.

Stimme

Die Funktion des **menschlichen Stimmorgans** entspricht der eines *Blasinstrumentes*. Die aus den Lungen gepresste Luft verwirbelt an den Stimmbändern und setzt die in der Luftröhre befindliche Luftsäule in Schwingung. Je nach Anspannung der Stimmbänder werden dabei hohe oder tiefe Töne erzeugt.

2.2 Schallausbreitung

Schallgeschwindigkeit

Schall breitet sich als Longitudinalwelle durch alle festen, flüssigen und gasförmigen Medien aus. Die Fortbewegungsgeschwindigkeit der Welle, die **Schallgeschwindigkeit**, ist von verschiedenen Eigenschaften des durchwanderten Materials wie z. B. Härte und Dichte abhängig.
Im Allgemeinen steigt die Geschwindigkeit der Schallleitung in der Reihe Gas, Flüssigkeit, Festkörper.

Je leichter und härter ein Material ist, desto schneller kann sich eine Schallwelle hindurchbewegen.

Zwei durch eine feste Schnur verbundene Dosen funktionieren als »Dosentelefon«. Die Leitung des Schalls zwischen den Dosen übernimmt der Feststoff »Schnur«.

Da viele Materialeigenschaften temperaturabhängige Größen sind, muss beim Ermitteln der Schallgeschwindigkeit auch die Temperatur berücksichtigt werden.

Schallgeschwindigkeiten in m/s (bei 15 °C)					
Luft (0 °C)	333	Holz	3900	Benzin	1170
Luft (20 °C)	345	Glas	5100	Süßwasser	1440
Stadtgas	450	Eisen	5170	Salzwasser	1500

Schallleitung

Auch die **Leitfähigkeit** verschiedener Medien für Schallwellen ist unterschiedlich. Wie die Schallgeschwindigkeit hängt auch die Schallleitfähigkeit von *Dichte* und *Elastizität* ab. Weiche, lockere und porige Materialien haben die geringste Leitfähigkeit für den Schall. Schallwellen haben in solchen Stoffen nur eine geringe Reichweite; der Schall wird von ihnen *gedämmt*. Aus diesem Grunde werden sie z. B. zur **Schalldämmung** in Gebäuden eingesetzt.

Die Leitfähigkeit von Flüssigkeiten ist allgemein besser als die von Gasen, da zwischen Flüssigkeitsteilchen stärkere Kräfte wirken. Flüssigkeiten verhalten sich bezüglich der Kompression härter als Gase, was die Weiterleitung des Schalls begünstigt.

Flüssigkeiten leiten den Schall besser als Luft.

Schallreflexion

Die Schallleitfähigkeit beeinflusst auch das **Reflexionsvermögen** von Materialien. Weiche Oberflächen reflektieren den Schall sehr viel schlechter als harte, da ihre Schalldämpfung größer ist. Eine glatte Steinwand wirft mehr als 90 % des auftreffenden Schalls zurück, Stoffvorhänge nur etwa 20 %.

Die Reflexion von Schall erfolgt analog der Reflexion einer beliebigen Welle gemäß dem Huygens`schen Prinzip. Es gilt auch hier, dass Einfalls- und Ausfallswinkel, zum auf der Oberfläche stehenden Lot hin gemessen, gleich sind.

Schallwellen werden an Oberflächen reflektiert, wobei *Einfallswinkel* und *Ausfallswinkel* gleich sind.

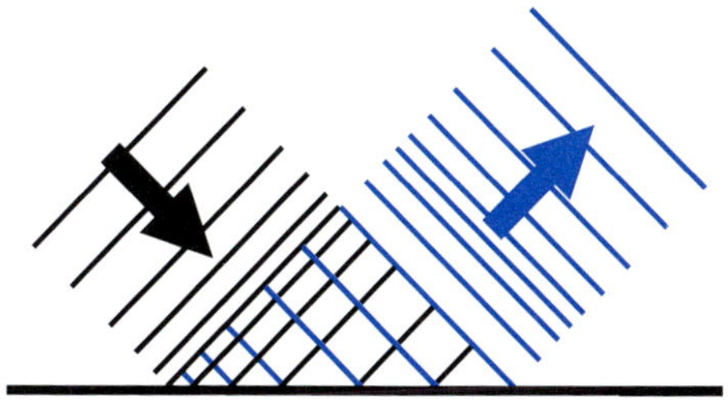

Die Reflexion von Schallwellen an Oberflächen erfolgt analog zu den Prinzipien der Lichtreflexion.

Orientierung durch Schallreflexion

Trifft Schall auf eine unebene Oberfläche, so wird der Schall nahezu in alle Raumrichtungen hin reflektiert. Dadurch gelangt er auch wieder an seinen Ausgangspunkt zurück. Dieses Prinzip wird beim **Echolot** angewandt. Zur Messung von Wassertiefen sendet das Gerät Schallwellen aus, die vom Meeresboden reflektiert werden. Aus der Laufzeit, die der Schall benötigt, um vom Schiff zum Meeresboden und zurück zu gelangen, lässt sich mithilfe der Schallgeschwindigkeit die Wassertiefe berechnen.

Das gleiche Prinzip benutzt auch die **Fledermaus**, um sich im Dunkeln zu orientieren. Die von den Tieren ausgesendeten Ultraschallwellen werden von Gegenständen zurückgeworfen und vom empfindlichen Gehör wieder aufgefangen. Fledermäuse können dadurch Richtung und Entfernung sowohl von Hindernissen als auch von Beutetieren ermitteln.

2.3 Wahrnehmung von Schallwellen

Hörbereich

Das menschliche Ohr nimmt Schallwellen mit Frequenzen von 16 bis 20 000 Hz wahr. Das Frequenzspektrum der Sprache liegt zwischen 250 und 1500 Hz. Schall mit einer Frequenz unter 16 Hz bezeichnet man als **Infraschall**, während der Frequenzbereich über 20 000 Hz als **Ultraschall** bezeichnet wird.

Haben die unser Ohr erreichenden Schallwellen stets die gleiche Frequenz, so hören wir einen **Ton**. Schallschwingungen mit kleiner Frequenz nehmen wir als einen tiefen, Schwingungen mit großer Frequenz als einen hohen Ton wahr.

Die **Tonhöhe** eines Tons wird durch die *Frequenz* der Schallschwingung bestimmt. Der Ton ist umso höher, je größer die Frequenz ist.

Töne unterhalb der Hörschwelle von 16 Hz bezeichnet man als Infraschall. Oberhalb von 20 000 Hz beginnt der nicht mehr wahrnehmbare Ultraschall.

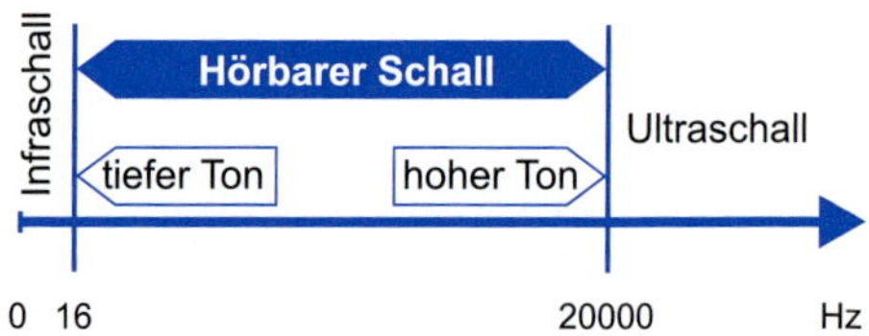

Musik

Der in der **Musik** gebräuchliche **Kammerton A** (a') hat eine Normfrequenz von 440 Hz. Eine so genannte **Oktave** umfasst jeweils zwölf Töne. Dabei ist nicht der Frequenzabstand der Töne konstant, sondern das *Verhältnis ihrer Frequenzen*, das so genannte **Intervall**. So hat der auf den *Kammerton* a' folgende Ton ais' die 1,05946-fache Frequenz des Kammertons, der Ton h' wiederum hat die 1,05946-fache Frequenz des Tons ais' und so fort. Durch Division mit dem Faktor 1,05946 erhält man jeweils den nächst niedrigeren Ton. Das Frequenzverhältnis von 1,05946 ergibt sich dadurch, dass einerseits eine Oktave zwölf Töne umfasst und andererseits die Töne der nächsten, höheren Oktave genau die doppelte Frequenz aufweisen. Eine Halbierung der Frequenzen führt zu den Tönen der nächstniederen Oktave.

Frequenzen von Tönen

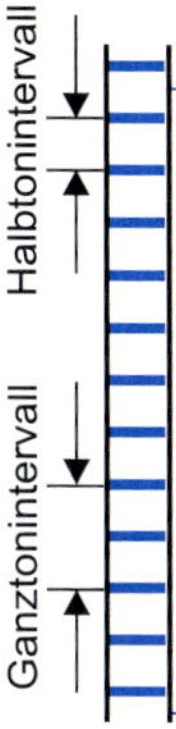

Ton	*Frequenz in Hz*	
c´´	493,9 · 1,05946	= 523,2
h´	466,2 · 1,05946	= 493,9
ais´	440,0 · 1,05946	= 466,2
a´	**440**	
gis´	440,0 : 1,05946	= 415,3
g´	415,3 : 1,05946	= 392,0
fis´	392,0 : 1,05946	= 370,0
f´	370,0 : 1,05946	= 349,2
e´	349,2 : 1,05946	= 329,6
dis´	329,6 : 1,05946	= 311,1
d´	311,1 : 1,05946	= 293,7
cis´	293,7 : 1,05946	= 277,2
c´	277,2 : 1,05946	= 261,6

261,6 · 2 = 523,2

*Die **chromatische Tonleiter** enthält alle in Halbtonintervallen liegenden Töne einer Oktave. Man spricht von der chromatischen oder gleichmäßig temperierten Stimmung. Die zwölf zu einer Oktave gehörenden Töne sind umrandet. Das zweigestrichene C (c") ist der Grundton der nächsthöheren Oktave.*

Beispiel:
Der tiefste in der Musik verwendete Ton, Subkontra C, ist vier Oktaven tiefer als das c' (261,6 Hz). Welche Frequenz hat der Ton?
Lösung:

$$\nu\,(\text{Subkontra C}) = \frac{261{,}6\ \text{Hz}}{2 \cdot 2 \cdot 2 \cdot 2}$$

$$\nu\,(\text{Subkontra C}) = 16{,}4\ \text{Hz}$$

Der in der herkömmlichen musikalischen Praxis verwendete Tonraum von ca. $7^1/_2$ Oktaven wird in die nebenstehenden Oktavbezirke eingeteilt.

Oktavbezirke
Subkontra-Oktave
Kontra-Oktave
große Oktave
kleine Oktave
eingestrichene Oktave
zweigestrichene Oktave
dreigestrichene Oktave
viergestrichene Oktave
fünfgestrichenes c

Da die Frequenzverhältnisse zwischen den Tönen identisch sind, hören wir stets die gleichen **Intervalle** zwischen den Tönen (1 Halbtonintervall). *Zwei Halbtonintervalle* geben ein *Ganztonintervall.*

Das **Intervall** zwischen zwei Tönen wird durch das Frequenzverhältnis der beiden Töne bestimmt. Gleiche Frequenzverhältnisse entsprechen dabei gleichen Intervallen zwischen den Tönen.

Der Ton auf der Leiter

Die in der Musik verwendeten **Tonleitern** umfassen nicht alle Töne der chromatischen Tonleiter. So besteht die C-Dur-Tonleiter nur aus den Tönen c, d, e, f, g, a, h, c. Zwischen e und f sowie h und c liegt jeweils ein Halbtonintervall (Halbtonschritt), während die restlichen Töne jeweils durch einen Ganztonschritt getrennt sind. Die Tonschrittfolge 1–1–$^1/_2$–1–1–1–$^1/_2$ (1 für das Ganzton-, $^1/_2$ für das Halbtonintervall) ist charakteristisch für jede **Dur-Tonleiter**. Eine **Moll-Tonleiter** baut sich z. B. aus den Tonschritten 1–$^1/_2$–1–1–$^1/_2$–1–1 auf. Der Ton, mit dem die jeweilige Tonleiter beginnt, wird vorangestellt.

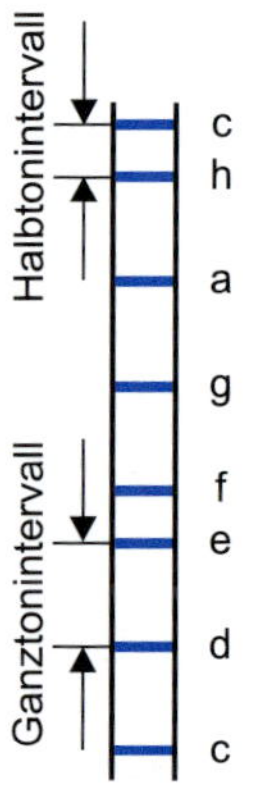

Die C-Dur-Tonleiter

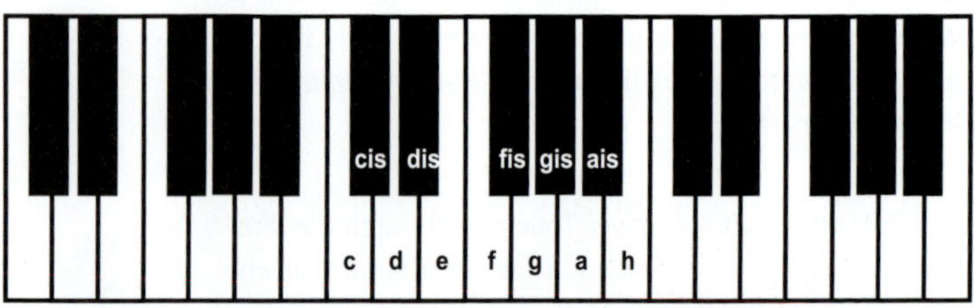

Auf der Tastatur eines Klaviers kann man die chromatische Tonleiter spielen.

Lautstärke und Schallintensität

Das menschliche Ohr kann verschiedene **Lautstärken** unterscheiden. Je lauter ein Ton ist, desto stärker sind die durch den Schall ausgelösten Druckschwankungen, die das Trommelfell des Ohres erfasst. Die Einheit der Lautstärke β ist das Dezibel (dB). Die *Hörschwelle* liegt bei 0 dB, die *Schmerzgrenze* bei 120 dB.

Alexander Graham Bell, 1847–1922, schottisch-amerikanischer Physiologe

Die **Lautstärke** β ist keine physikalisch messbare Größe, sondern beschreibt nur den Sinnesreiz, den wir beim Hören eines bestimmten Tons empfinden.

Um zu beurteilen, wie »laut« eine Schallwelle tatsächlich ist, verwendet man die **Schallintensität** I. Dabei nutzt man die Tatsache, dass jede Welle die Energie, die zu ihrer Entstehung aufgebracht wurde, weitertransportiert. Da die aufgewandte Energie proportional zur entstandenen Druckschwankung der Schallwelle ist, kann man über die Größe *Schallintensität* die »Lautheit« einer Welle erfassen.

Die **Schallintensität** I gibt an, wie viel Energie von einer Schallwelle pro Sekunde durch eine Flächenöffnung von 1 m^2 transportiert wird.

Die Einheit der Schallintensität ist $W/m^2 = J/(s \cdot m^2)$.

Das Ohr kann Schallintensitäten von $1 \cdot 10^{-12}$ W/m^2 (Hörschwelle) bis 1 W/m^2 (Schmerzgrenze) wahrnehmen. Da dies ein sehr großer Intensitätsbereich ist, erfolgt die Zuordung der Lautstärke zur Schallintensität gemäß einer logarithmischen Skala.

$$\beta = 10 \cdot \lg \frac{I}{I_0} \text{ dB}$$

β Lautstärke (in dB)
I Schallintensität (in W/m^2)
I_0 Schallintensität einer Bezugsschallquelle (Hörschwelle) $I_0 = 1 \cdot 10^{-12}$ W/m^2

Damit ergibt sich folgender Zusammenhang:

Verdoppelt sich die Schallintensität, so nimmt die Lautstärke um 3 dB zu.

Zusammenhang zwischen Schallintensität und Lautstärke

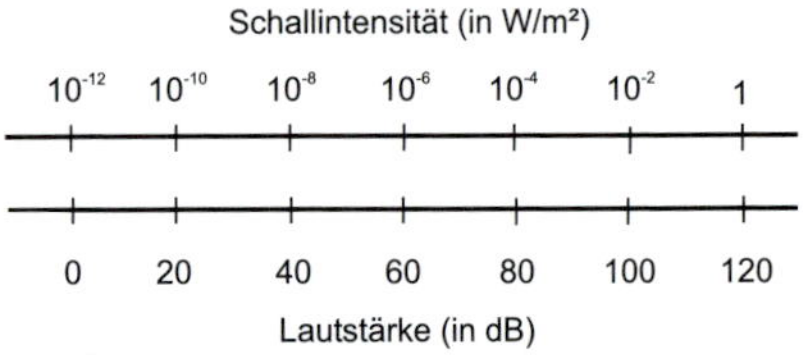

Die logarithmische Skalierung der Lautstärke führt dazu, dass bei einer Verzehnfachung der Schallintensität (Faktor $10 = 10^1$) die Lautstärke um 10 dB steigt. Bei einer Verhundertfachung (Faktor $100 = 10^2$) würde die Lautstärke um 20 dB, bei einer Vertausendfachung (Faktor $1000 = 10^3$) um 30 dB steigen usw.

Schallintensitäten I und Lautstärken β einiger bekannter Schallquellen			
Schallquelle	I (W/m²)	β (dB)	Beschreibung
	10^{-12}	0	Hörschwelle
normales Atmen, Uhrticken	10^{-11}	10	kaum hörbar
Blätterrascheln	10^{-10}	20	
Flüstern	10^{-9}	30	sehr leise
normale Unterhaltung	10^{-7}	50	leise
Schreibmaschine, Drucker, Büro	10^{-6}	60	
reger Straßenverkehr	10^{-5}	70	
Kompressor, Wasserfall	10^{-3}	90	Dauerbelastung führt zu Hörschäden
Rockkonzert (2 m Abstand)	1	120	Schmerzgrenze
Start eines Düsenjets (60 m entfernt), Presslufthammer	10	130	
Abheben eines Düsenflugzeugs (in direkter Nähe)	1000	150	
großes Raketentriebwerk	1 000 000	180	

Beispiel:
Ein Lautsprecher strahlt eine Schallintensität von $3{,}5 \cdot 10^{-6}\ \mathrm{W/m^2}$ ab. Welche Lautstärke nimmt ein Beobachter wahr?

Lösung:
$$\beta = 10 \cdot \lg \frac{3{,}5 \cdot 10^{-6}\ \mathrm{W/m^2}}{1 \cdot 10^{-12}\ \mathrm{W/m^2}}\ \mathrm{dB} = 10 \cdot \lg 3\,500\,000\ \mathrm{dB}$$

$$\beta = 10 \cdot 6{,}54\ \mathrm{dB} = 65{,}4\ \mathrm{dB}$$

2.4 Resonanz

Anregung von Schwingungen

Stellt man eine mit einer bestimmten Frequenz schwingende Stimmgabel neben eine zweite Stimmgabel, die mit der gleichen Frequenz gestimmt ist, so fängt auch diese Stimmgabel an zu schwingen. Die von der ersten Stimmgabel ausgesendeten Schallschwingungen versetzen die andere Stimmgabel ebenfalls in Schwingung. Der Effekt ist jedoch nur zu beobachten, wenn beide Stimmgabeln auf die *gleiche* Schwingungsfrequenz gestimmt sind.

Wird ein Körper durch Schallschwingungen zum *Mitschwingen* angeregt, so bezeichnet man dies als **Resonanz.**
Eine Resonanz tritt nur ein, wenn die Schallwelle eine Frequenz aufweist, mit der der angeregte Körper zu schwingen vermag.

Aus diesem Grunde löst nicht jede Schallwelle, die auf ein Objekt trifft, bei diesem eine Resonanzschwingung aus.

Je höher die Druckschwankungen einer Schallwelle, desto mehr Energie wird vom Schall transportiert. Wir nehmen das Ausmaß der Luftdruckschwankungen als Lautstärke wahr. Je höher der Energiegehalt der Schallwelle, desto stärker sind auch die Schwingungen, die angeregt werden. Regt der Schall einen Körper zum Mitschwingen an, so können bei genügend hoher Schallenergie die Resonanzschwingungen so stark werden, dass der Gegenstand dabei zerstört wird. Diesen Effekt bezeichnet man als **Resonanzkatastrophe**.

Resonanzkatastrophe

Beispiele hierfür findet man im *Zerspringen von Fensterscheiben*, welche von einem hohen Ton angeregt werden, oder dem *Zersingen von Gläsern*. Berühmt ist auch die *Zerstörung der Hängebrücke von Tacoma Narrows* (USA) am 7. November 1940. Die Brücke wurde vier Monate nach ihrer Fertigstellung durch Windturbulenzen so stark zum Mitschwingen angeregt, dass sich die an Stahlseilen aufgehängte Fahrbahn verwarf und schließlich zerbrach.

Wir machen Musik: *Resonanzkörper*

Bringt man eine frei aufgespannte Saite zum Klingen, so stellt man fest, dass der entstehende Ton nur sehr leise ist. Das liegt daran, dass die schwingende Saite in *beide* Schwingungsrichtungen Schallwellen abstrahlt. Dabei ergibt sich auf der einen Seite eine *Verdünnung* (Luftdruckverminderung), auf der anderen eine *Verdichtung* (Luftdruckerhöhung). Da die Bereiche unterschiedlichen Drucks direkt aneinander grenzen, gleichen sich die Luftdruckschwankungen sofort aus und der Ton bleibt leise.

Zur Verhinderung dieses spontanen und ungewollten Druckausgleichs haben Saiteninstrumente stets einen **Resonanzkörper**. Dieser nimmt die Schwingungen der Saite durch Resonanz auf und strahlt sie wieder ab. Da die Abstrahlung des Schalls von beiden Körperoberflächen erfolgt, sind die von dort ausgehenden Schallwellen durch den Resonanzkörper getrennt und können sich nicht mehr unabsichtlich ausgleichen.

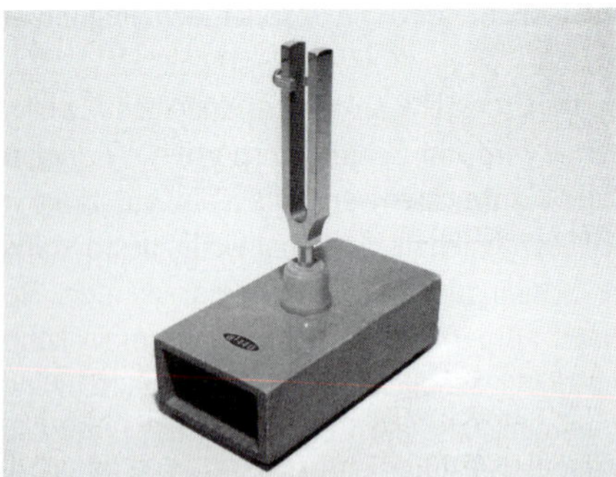

Diese Stimmgabel steht auf einem einseitig offenen Kasten, der die Funktion eines Resonanzkörpers hat. Ohne diesen Kasten wäre der Ton der Stimmgabel nur sehr leise.

2.5 Doppler-Effekt

Fährt ein Fahrzeug mit eingeschaltetem Martinshorn an einem Beobachter vorbei, so nimmt dieser wahr, dass sich die *Tonlage* des Signalhorns im Moment des Vorbeifahrens ändert. Nähert sich das Fahrzeug dem Beobachter, so ist der Ton *höher* (große Tonfrequenz), entfernt es sich, so hört der Beobachter einen *tieferen* Ton (kleine Tonfrequenz). Da sich bei einem Stillstand des Fahrzeugs die Frequenz des Horns nicht verändert, muss die Ursache der wahrgenommenen Frequenzveränderung in der *Bewegung* des Fahrzeugs zu suchen sein.

Die Beobachtung, dass sich die Tonfrequenz einer sich nähernden (entfernenden) Schallquelle gegenüber der ausgesendeten Frequenz zu höheren (tieferen) Frequenzen hin verschiebt, bezeichnet man nach dem österreichischen Physiker *Doppler* als **Doppler-Effekt.**

Christian Doppler, 1803–1853, österreichischer Physiker und Mathematiker

Der Doppler-Effekt tritt stets auf, wenn sich Beobachter und Schallquelle relativ zueinander bewegen. Ist eine Schallquelle, welche einen 100-Hz-Ton aussendet, gegenüber einem Beobachter in Ruhe, so nimmt dieser den 100-Hz-Ton wahr. Die Schallwellen, die ihn erreichen, breiten sich mit der Geschwindigkeit des Schalls konzentrisch von der Schallquelle aus, d. h., die Wellen haben alle den gleichen Mittelpunkt.

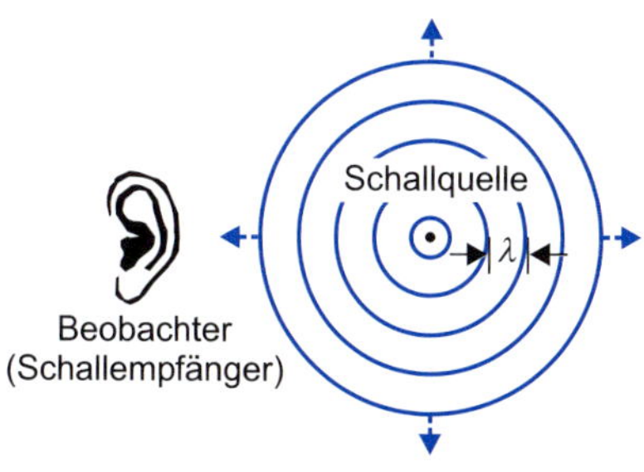

Bewegt sich die Schallquelle nicht, so haben die Schallwellen, die den Beobachter erreichen, alle den Abstand einer Wellenlänge.

Bewegt sich die Schallquelle jedoch, so liegen die Wellenberge der Schallwellen nicht mehr konzentrisch zueinander. In Bewegungsrichtung liegen die Wellenberge *dichter*, hinter der Schallquelle liegen die Wellenberge *weiter* voneinander entfernt.

Da die Wellenlänge einer Welle durch den Abstand ihrer Wellenberge gegeben ist, verändert sich somit die Wellenlänge der auf den Beobachter zulaufenden Schallwellen. Weil die Geschwindigkeit des Schalls jedoch unveränderlich ist (in Luft ca. 340 m/s), muss sich auch die Frequenz des Schalls verändern.

Eine Quelle sendet Schallwellen der Wellenlänge λ aus (t = 1 s) und nähert sich dabei Beobachter 1. Aufgrund dieser Fortbewegung fällt der Mittelpunkt der nächsten, von der Schallquelle ausgesendeten Welle nicht mit dem der ersten Welle zusammen (t = 2 s). In Bewegungsrichtung verringert sich dadurch der Abstand der Wellen und damit die Wellenlänge des Schalls: Der Ton wird höher. Beobachter 2 hört dagegen einen tieferen Ton, da die auf ihn zulaufenden Wellen einen größeren Abstand voneinander besitzen.

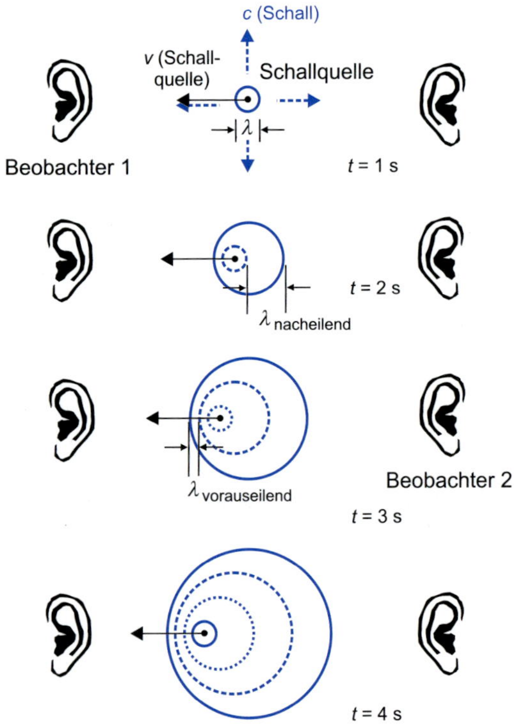

Die veränderte Wellenlänge einer sich nähernden Schallquelle lässt sich wie folgt berechnen:

Die Schallwellen bewegen sich mit c = 340 m/s von der Quelle fort, die sich selbst mit v = 10 m/s bewegen soll. Damit verringert sich die Relativgeschwindigkeit c' der vorauseilenden Welle in Bezug auf die Schallquelle auf

$c' = c - v = 340 \text{ m/s} - 10 \text{ m/s} = 330 \text{ m/s}$.

Damit ergibt sich die **Wellenlänge** λ_v der **vorauseilenden Schallwellen** zu:

$$\lambda_v = \frac{c - v}{\nu_0}$$

λ_v Wellenlänge der vorauseilenden Welle (in m)
c Geschwindigkeit der Welle (in m/s)
v Geschwindigkeit der bewegten Quelle (in m/s)
ν_0 Frequenz der von der Quelle ausgesendeten Welle (in Hz)

In unserem Beispiel berechnet sich die Wellenlänge somit wie folgt:

$$\lambda_v = \frac{c - v}{\nu_0} = \frac{c'}{\nu_0} = \frac{330\ \text{m/s}}{100\ \text{Hz}} = 3{,}3\ \text{m}$$

Die **Frequenz** ν_v **der vorauseilenden Welle** lässt sich dann unter Berücksichtigung der Schallgeschwindigkeit wie folgt angeben:

$$\nu_v = \frac{c}{\lambda_v}$$

ν_v Frequenz der vorauseilenden Welle (in Hz)
c Geschwindigkeit der Welle (in m/s)
λ_v Wellenlänge der vorauseilenden Welle (in m)

Für unser Beispiel ergibt sich ν_v zu

$$\nu_v = \frac{c}{\lambda_v} = \frac{340\ \text{m/s}}{3{,}3\ \text{m}} = 103\ \text{Hz}$$

Entfernt sich die Quelle, so bewegen sich die Schallwellen mit der Relativgeschwindigkeit $c' = c + v$ von der Quelle fort. Die **Wellenlänge** λ_n und die **Frequenz** ν_n des **nacheilenden Schalls** ergeben sich wie folgt:

$$\lambda_n = \frac{c + v}{\nu_0}$$

$$\nu_n = \frac{c}{\lambda_n}$$

λ_n	Wellenlänge der nacheilenden Welle (in m)
c	Geschwindigkeit der Welle (in m/s)
v	Geschwindigkeit der bewegten Quelle (in m/s)
ν_0	Frequenz der von der Quelle ausgesendeten Welle (in Hz)
ν_n	Frequenz der nacheilenden Welle (in Hz)

Für unser Beispiel ergeben sich folgende Werte:

$$\lambda_n = \frac{c+v}{\nu_0} = \frac{c'}{\nu_0} = \frac{350\ \text{m/s}}{100\ \text{Hz}} = 3{,}5\ \text{m}$$

$$\nu_n = \frac{c}{\lambda_n} = \frac{340\ \text{m/s}}{3{,}5\ \text{m}} = 97\ \text{Hz}$$

Radarfalle

Ein typisches Anwendungsgebiet des Doppler-Effekts ist die **Radarmessung** von Geschwindigkeiten. Die vom Radargerät ausgesendeten Wellen werden vom Fahrzeug reflektiert und kehren so wieder zum Messinstrument zurück. Da sich das Fahrzeug jedoch gegenüber der Messstation bewegt, haben die reflektierten Wellen eine andere Wellenlänge als die ausgesendeten. Aufgrund der auftretenden Frequenzdifferenz lässt sich die Geschwindigkeit des erfassten Fahrzeugs ermitteln.

Sterne erröten

Der Doppler-Effekt tritt nicht nur bei Schallwellen, sondern bei jeglichen Wellenarten auf. So beobachten Astronomen den Effekt auch bei dem von Sternen ausgesandten Licht. Bewegt sich ein Stern von unserer Erde fort, so *verlängert* sich aufgrund des Doppler-Effekts die Wellenlänge seines uns erreichenden Lichtes. In der Astronomie wird dieses Phänomen als **Rotverschiebung** bezeichnet, da eine Verschiebung zu *längeren* Lichtwellenlängen hin eine Verschiebung zum *roten Bereich* des Lichtspektrums bedeutet.

Ein gelb leuchtender Stern wie unsere Sonne wird von einem Beobachter also gelb-orange oder sogar orange wahrgenommen, wenn er sich von ihm fortbewegt. Aus der Stärke dieser Rotverschiebung können Astronomen berechnen, mit welcher *Geschwindigkeit* sich ein Stern oder eine ganze Galaxie von unserem Standpunkt entfernt. Da sich kosmische Objekte umso schneller bewegen, je weiter sie entfernt sind, lässt sich aus der Rotverschiebung auch die *Distanz* zum beobachteten Objekt ermitteln.

Überschallknall

Bewegt sich eine Schallquelle mit einer Geschwindigkeit, die größer als die des Schalls ist *(Überschallgeschwindigkeit)*, so können die Schallwellen nicht mehr vor der Quelle herlaufen. Vom Moment der Entstehung an werden sie bereits von der Schallquelle überholt. Dies führt dazu, dass sich die Schallwellen überlagern und sich die von ihnen ausgelösten Druckschwankungen addieren. Insbesondere am Rand des entstehenden Schallkegels *(Mach-Kegel)* wird diese extrem starke Druckschwankung dann als Knall hörbar **(Überschallknall)**.

Ernst Mach, 1838–1916, österreichischer Physiker und Philosoph

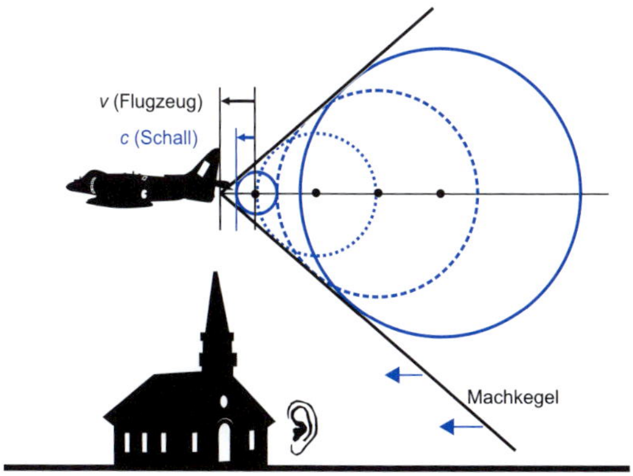

Trifft der Mach-Kegel auf einen Beobachter, so hört dieser einen Überschallknall. Die Geschwindigkeit des Flugzeugs in der Darstellung ist doppelt so groß wie die Schallgeschwindigkeit (entspricht der Überschallgeschwindigkeit Mach 2).

Auf einen Blick: Wellen

Mechanische Wellen

- Bei **Transversalwellen** (Querwellen) erfolgt die Schwingung senkrecht, bei **Longitudinalwellen** (Längswellen) parallel zur Fortbewegungsrichtung der Welle.
- Die wichtigen Kenngrößen einer Welle sind ihre **Fortbewegungsgeschwindigkeit** c (in m/s), die **Frequenz** ν (in Hz = 1/s) und die **Wellenlänge** λ (in m).

$$c = \nu \cdot \lambda$$

Verhalten von Wellen

- Unter **Interferenz** versteht man die *unabhängige Überlagerung* von Wellen.
- **Huygens'sches Prinzip:** Jeder Punkt einer Wellenfront ist Ausgangspunkt einer neuen kreisförmigen *Elementarwelle*. Die *Einhüllende* aller Elementarwellen ergibt die Wellenfront zu einem späteren Zeitpunkt.
- Wird eine Welle an einer Oberfläche reflektiert, so sind **Einfallswinkel** und **Ausfallswinkel** identisch.
- Wellen transportieren **Energie**.

Schallwellen

- Unter **Schall** versteht man die durch Longitudinalwellen vermittelten *Druckschwankungen* der Luft.
- Die Schallgeschwindigkeit nimmt in der Reihe Gas, Flüssigkeit, Festkörper zu.
- Das **menschliche Ohr** nimmt Schallwellen mit Frequenzen von **16 bis 20 000 Hz** wahr. Schall mit einer Frequenz unter 16 Hz bezeichnet man als **Infraschall**, während der Frequenzbereich über 20 000 Hz als **Ultraschall** bezeichnet wird.
- Die **Tonhöhe** eines Tons wird durch die *Frequenz* der Schallschwingung bestimmt.
- Der Ton ist umso höher, je größer die Schallfrequenz ist.
- Das menschliche Ohr kann rund **120** verschiedene **Lautstärken** unterscheiden. Die *Hörschwelle* liegt bei 0 dB, die *Schmerzgrenze* bei 120 dB.
- Wird ein Körper durch *Schallschwingungen* zum *Mitschwingen* angeregt, so bezeichnet man dieses Verhalten als **Resonanz**.
- Die Beobachtung, dass sich die Tonfrequenz einer sich nähernden (entfernenden) Schallquelle gegenüber der ausgesendeten Frequenz zu höheren (tieferen) Frequenzen hin verschiebt, bezeichnet man als **Doppler-Effekt**.

Wärmelehre

Die Wärmelehre beschreibt das Verhalten der Materie bei Temperaturveränderungen und die dabei zu beobachtenden Effekte. Der Begriff der Temperatur mit den damit zusammenhängenden Aggregatzuständen der Stoffe wird hierbei ebenso behandelt wie die abstrakte Größe der Wärmeenergie. In verschiedenen Beispielen (Wärmedämmung, Kühlschrank usw.) soll dabei die Anwendung der Wärmelehre im täglichen Leben herausgehoben werden.

1 Temperatur und Temperaturmessung

Sinneswahrnehmung der Temperatur

Die Frage, was Temperatur eigentlich ist, ist nicht so einfach zu beantworten. Zunächst begegnet man dem Begriff »Temperatur« in alltäglicher Weise, vermittelt durch die Sinneswahrnehmung. So empfinden wir manche Körper als »kalt«, andere wiederum als »warm«. Tatsächlich können wir jedoch nur feststellen, ob Körper *kälter* oder *wärmer* als wir selbst sind. Unsere Sinnesnerven registrieren somit nur Temperatur*differenzen*; dies geschieht, indem sie durch den Gegenstand, den wir berühren, abgekühlt oder erwärmt werden. Was wir also eigentlich fühlen, ist nicht die Temperatur eines Objekts, sondern die Wärme, die zwischen ihm und unserem eigenen Körper ausgetauscht wird. Wird unsere Haut abgekühlt, so geht Wärme von uns auf den Gegenstand über; im anderen Falle überträgt das Objekt einen Teil seiner Wärme auf uns. Ein solcher Wärmeaustausch erfolgt so lange, bis beide Körper die gleiche Temperatur angenommen haben.

Temperatur ist also nichts anderes als ein Begriff für einen *bestimmten Zustand* eines Körpers, der von seinem Wärmegehalt abhängig ist. Die eigentliche physikalische Größe, welche die Temperatur beschreibt, ist die **kinetische Energie** (»Bewegungsenergie«) der Teilchen (Moleküle, Atome oder Ionen), aus denen sich ein Körper zusammensetzt. Je mehr Wärme ein Körper aufnimmt, desto schneller bewegen sich seine Teilchen und desto höher ist demzufolge auch die kinetische Energie der Teilchen.

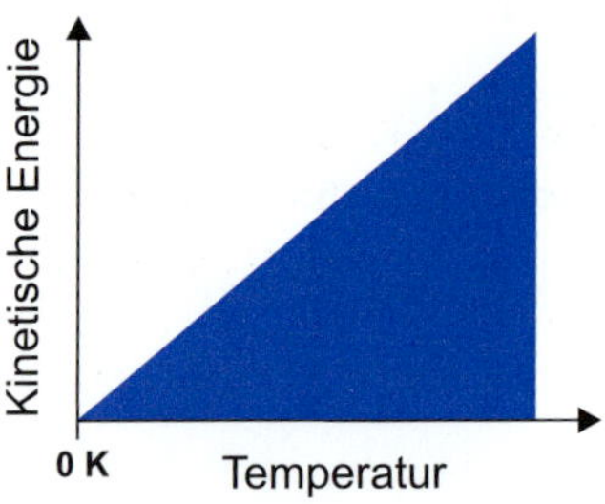

Die Temperatur eines Körpers (ausgedrückt in Kelvin) ist der kinetischen Energie (in Joule) seiner Teilchen direkt proportional: Doppelt so große Teilchenenergie bedeutet auch doppelt so hohe Temperatur.

Die **Temperatur** eines Körpers ist ein Maß für die **kinetische Energie** seiner Teilchen.

Ein herkömmliches *Thermometer* (»Wärmemesser«) enthält eine Substanz, deren Volumen sich bei Temperaturabsenkung verringert bzw. bei Temperaturerhöhung vergrößert. Bei elektronischen Thermometern verändern sich andere temperaturabhängige physikalische Größen, z. B. der Widerstand eines elektrisch leitenden Stoffes.

Thermometer

Temperaturskalen

Anders Celsius, Professor der Astronomie in Uppsala, legte 1742 die nach ihm benannte **Celsius-Temperaturskala** fest. Dazu unterteilte er die Temperaturdifferenz zwischen schmelzendem Eis und kochendem Wasser in 100 gleiche Teile (»Grade«). Ein Gegenstand, der die gleiche Temperatur wie siedendes Wasser hat (d. h. der keine Wärme mit diesem austauschen würde), hat demzufolge eine Temperatur von 100 Grad Celsius (°C).

Temperaturskalen

Anders Celsius, 1701–1744, schwedischer Astronom und Physiker

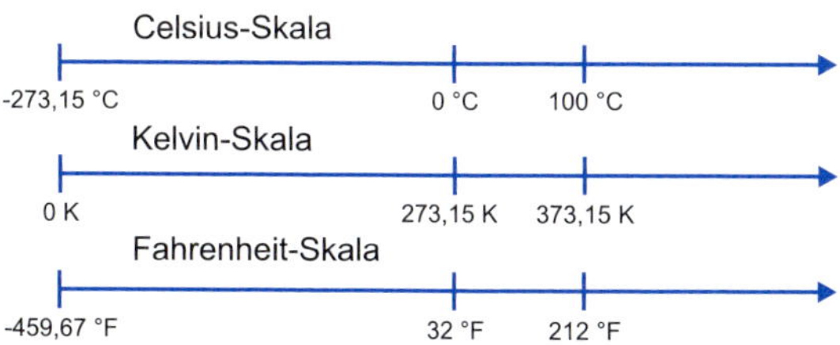

Die verschiedenen gebräuchlichen Temperaturskalen im Vergleich. Die Skala von Fahrenheit findet vor allem noch im angelsächsischen Raum Verwendung.

Bereits seit 1714 stellte der Danziger Glasbläser *Gabriel Fahrenheit* die ersten Quecksilberthermometer mit einer Grad-Einteilung her. Der Nullpunkt seiner **Fahrenheit-Skala** (0 Grad Fahrenheit, °F) entspricht der Temperatur, die ein Gemisch von Salmiak und Eis beim Vermischen annimmt; sie entspricht −17,78 °C.

Daniel Gabriel Fahrenheit, 1686–1736, deutscher Physiker

Umrechnungsformeln Celsius/Fahrenheit-Skala:

$$x\,°\mathrm{C} = \left(\frac{9}{5}\,x + 32\right)°\mathrm{F} \qquad y\,°\mathrm{F} = \frac{5}{9}\,(y - 32)\,°\mathrm{C}$$

Im Jahre 1848 erkannte *Sir William Thomson* (seit 1892 *Lord Kelvin of Largs*), Professor für Physik in Glasgow, den Zu-

Absoluter Nullpunkt und kinetische Energie

sammenhang zwischen der Temperatur eines Körpers und der kinetischen Energie seiner Teilchen:

Die Temperatur, bei der die kinetische Energie der Teilchen gleich null ist, wird **absoluter Nullpunkt der Temperatur** genannt.

Lord Kelvin of Largs (William Thomson), 1824–1907, englischer Physiker

Auf der Celsius-Skala findet sich der absolute Nullpunkt bei –273,15 °C. Dieser Punkt ist zugleich Startpunkt der **Kelvin-Temperaturskala** und entspricht 0 Kelvin (0 K). Die Grad-Einteilung der Celsius-Skala wurde von Kelvin beibehalten, weswegen der Celsius-Temperatur von 0 °C die Kelvin-Temperatur von 273,15 K entspricht. Somit sind auch die Beträge der Temperaturdifferenzen beider Skalen identisch: Eine Differenz von 10 °C bedeutet auch gleichzeitig eine Differenz von 10 K.

Die auf verschiedenen Skalen beruhenden Temperaturen werden zur Unterscheidung mit verschiedenen Symbolen abgekürzt:

Skala:	**Temperatur-Symbol:**	**Einheiten-Symbol:**
Celsius	ϑ	°C
Kelvin	T	K

Temperaturdifferenzen werden immer in **Kelvin** angegeben, auch wenn das Formelzeichen $\Delta\vartheta$ lautet!

2 Aggregatzustände

2.1 Aggregatzustände der Materie

Fest, flüssig und gasförmig

Als Aggregatzustände der Materie bezeichnet man die verschiedenen Erscheinungsformen ein und desselben Stoffes bei verschiedenen Temperaturen. So findet sich der Stoff Wasser (H_2O) meist als **Flüssigkeit**. Eis stellt die **feste Form** des Wassers dar, während **gasförmiges** Wasser als Luftfeuchtigkeit vorkommt.

Gasförmige Materie, z. B. Luft, ist für uns nicht sichtbar, es sei denn sie ist – wie beispielsweise Chlorgas – farbig (das Gas Chlor hat eine grüngelbe Farbe).

Wasserdampf

Daher handelt es sich bei Wasserdampf auch *nicht* um gasförmiges Wasser (dann wäre es nämlich nicht sichtbar), sondern um sehr kleine Wassertröpfchen, die das Licht stark streuen und so den Eindruck einer weißen Färbung erwecken.

Teilchenmodell der Aggregatzustände

Betrachtet man sich die Stoffe im **Teilchenmodell**, so erkennt man die Unterschiede zwischen den einzelnen Aggregatzuständen. Die einzelnen Teilchen, aus denen ein Stoff besteht (Moleküle, Atome oder Ionen), liegen in **fester Materie** dicht aneinander und »zittern« nur ganz geringfügig um ihre festen Position. Dieses Modell deckt sich mit der Erfahrung, dass feste Stoffe hart sind und sich im Allgemeinen nicht leicht verformen lassen.

Bei **flüssigen Stoffen** können sich die einzelnen Teilchen voneinander lösen und sind gegeneinander beweglich. Die Geschwindigkeit, mit der sich die Teilchen bewegen, nimmt zu. Da die Teilchen nur noch lose aneinander hängen, kann sich ein flüssiger Stoff beliebig verformen.

Im **gasförmigen Zustand** schließlich ist die Bewegung der Teilchen so schnell, dass sie als einzelne, ungebundene Teilchen durch den Raum fliegen; ein gasförmiger Stoff füllt daher den ihm zu Verfügung stehenden Raum vollständig aus.

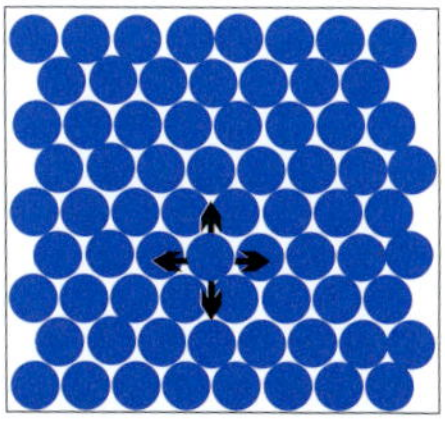

Feststoff:
Die Teilchen befinden sich auf festen Plätzen, um die sie mit geringer Geschwindigkeit schwingen.

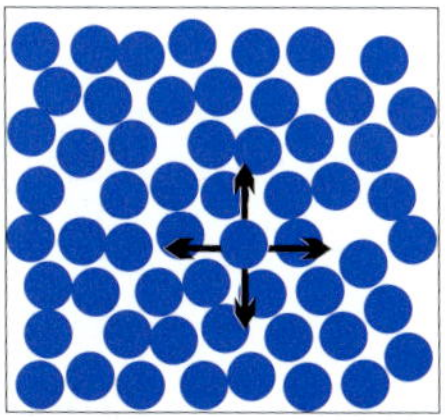

Flüssigkeit:
Die Teilchen sind verschiebbar; die Geschwindigkeit der Teilchen ist höher als in Feststoffen.

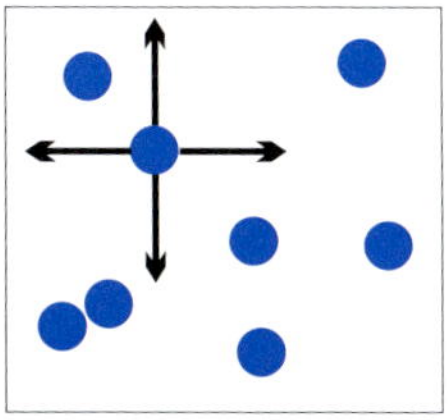

Gas:
Die Teilchen bewegen sich völlig unabhängig voneinander mit sehr hoher Geschwindigkeit.

Auch Stoffe, die wir nur als Gase kennen, werden bei tiefen Temperaturen zunächst flüssig und schließlich fest. Entsprechend gehen auch Feststoffe ab einer bestimmten Temperatur erst in den flüssigen und dann in den gasförmigen Zustand über.

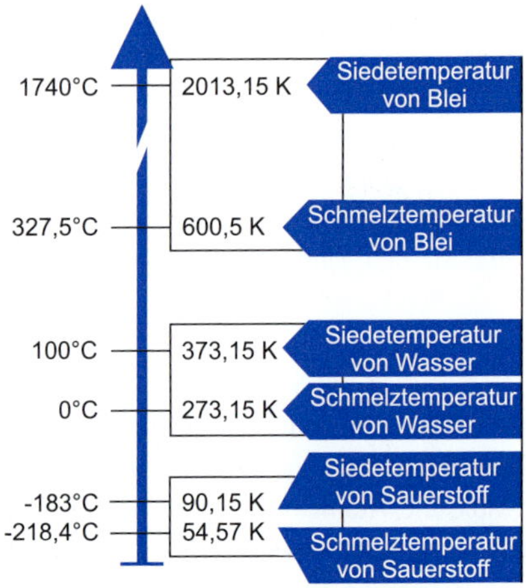

Brown'sche Teilchenbewegung

Die Temperaturabhängigkeit der Teilchenbewegung kann man wie folgt zusammenfassen:

Je höher die **Temperatur** eines Stoffes ist, desto höher ist die durchschnittliche **Geschwindigkeit** seiner Teilchen.

Robert Brown, 1773–1858, schottischer Botaniker

Die ständige Bewegung aller Teilchen eines Stoffes bezeichnet man nach ihrem Entdecker als **Brown'sche Teilchenbewegung** (auch **Brown'sche Molekularbewegung**).

Durchschnittliche Teilchengeschwindigkeiten verschiedener Gase in Abhängigkeit von der Temperatur

Teilchengeschwindigkeiten bei verschiedenen Temperaturen in m/s			
Stoff	0 °C	100 °C	1000 °C
Wasserstoff	1692	1980	3700
Sauerstoff	425	495	930
Chlor	285	330	620

Die Brown'sche Teilchenbewegung gibt auch eine Erklärung dafür, warum es einen **absoluten Nullpunkt der Temperatur** geben muss: Beim Absenken der Temperatur ist dieser dann erreicht, wenn sich die Teilchen des Stoffes nicht mehr bewegen. Dann ist sowohl die Temperatur (gemessen in Kelvin) als auch die Teilchengeschwindigkeit gleich null.

2.2 Aggregatzustandsänderungen

Wenn ein Stoff von einem Aggregatzustand in einen anderen übergeht, bezeichnet man dies als *Aggregatzustandsänderung*. Dabei ist es egal, ob der Übergang von fest zu flüssig, flüssig zu gasförmig oder fest zu gasförmig erfolgt.

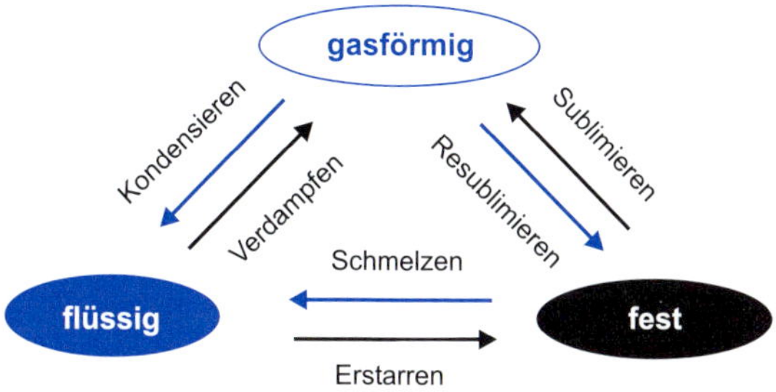

Jede Aggregatzustandsänderung kann in beide Richtungen erfolgen, woraus sich sechs verschiedene Übergänge ergeben.

Sublimation

Während die Aggregatzustandsänderungen *Schmelzen* bzw. *Erstarren* und *Sieden* bzw. *Kondensieren* im Alltag regelmäßig beobachtet werden können, findet man nur wenig Beispiele für die *Sublimation* bzw. *Resublimation* eines Stoffes:

Ein **sublimierender Stoff** geht direkt vom festen in den gasförmigen Zustand über, ohne dabei zu schmelzen. Dies hat seine Ursache darin, dass der Stoff bei den jeweiligen Druck- und Temperaturbedingungen nicht in flüssiger Form existieren kann.

Trockeneis

Zu beobachten ist dieser Effekt beispielsweise beim festen Kohlenstoffdioxid (»Trockeneis«), das bereits bei –78,5 °C gasförmig wird. *Flüssiges* CO_2 ist unter normalem Luftdruck nicht zu gewinnen. Man kann es nur erhalten, wenn man den Druck ausreichend erhöht; daher kommt flüssiges CO_2 in Druckflaschen in den Handel (z. B. als »Kohlensäure« für die Zapfanlagen von Gaststätten).

Flüssiger Stickstoff siedet bei –210 °C. Wie bei festem Kohlenstoffdioxid besteht der aufsteigende Nebel aus sehr kleinen Eiskristallen, die sich durch Ausfrieren der Luftfeuchtigkeit bilden.

Verdunstung

Lässt man ein gefülltes Wasserglas längere Zeit stehen, so beobachtet man, dass nach einiger Zeit die Wassermenge im Glas deutlich abgenommen hat. Es muss also Wasser in den gasförmigen Zustand übergegangen sein, ohne zu sieden. Den Effekt, das flüssige Stoffe bereits vor Erreichen der Siedetemperatur in den gasförmigen Zustand übergehen, nennt man **Verdunstung**. Die Ursache für das Verdunsten von Stoffen ist darin zu suchen, dass sich nicht alle Flüssigkeitsteilchen mit der gleichen Geschwindigkeit bewegen; viele bewegen sich schneller als der Durchschnitt aller Teilchen, viele auch langsamer. Die schnelleren Moleküle können von der Flüssigkeitsoberfläche direkt in die umgebende Luft entweichen, wo sie neue Gasteilchen bilden. Dies geschieht umso häufiger, je höher die Temperatur des Stoffes ist. Im Laufe der Zeit »entkommen« so nach und nach alle Moleküle, ohne dass der Stoff die Siedetemperatur erreicht hätte.

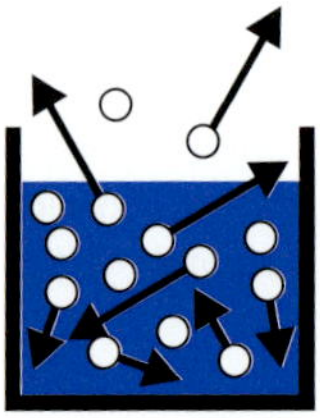

Schnellere Teilchen können von der Oberfläche der Flüssigkeit an die Luft entweichen.

Maximaler Wassergehalt der Luft bei verschiedenen Temperaturen						
Lufttemperatur	–10	0	10	20	30	°C
Massenanteil (Wasser)	1,6	3,8	7,6	14,6	26,7	g (Wasser)/kg (Luft)
Absolute Luftfeuchte	2,1	4,8	9,4	17,3	30,3	g (Wasser)/m^3 (Luft)

Absolute Luftfeuchte: Masse Wasser pro 1 m^3 trockener Luft
Relative Luftfeuchte: Verhältnis der Masse des in der Luft vorhandenen Wassers zu der maximal von der Luft aufnehmbaren Wassermasse

Die Tabelle veranschaulicht den jeweiligen Wassergehalt der Luft bei einer relativen Luftfeuchte von 100 %.

Das Wasser macht das Wetter

Die verschiedenen Aggregatzustände und Aggregatzustandsübergänge des Wassers bilden zusammen mit der Sonne als Wärmequelle die Grundlage unseres Wetters. Die Sonneneinstrahlung führt zunächst dazu, dass Wasser an der Oberfläche verstärkt verdunstet. Das in der Luft enthaltene gasförmige Wasser bezeichnet man als **Luftfeuchtigkeit**. Die Aufnahmefähigkeit der Luft für gasförmiges Wasser hängt stark von der Temperatur ab. Je höher die Temperatur, desto mehr Wasser kann von der Luft aufgenommen werden.

Zugleich erwärmt die Sonne natürlich auch die Luft selbst, was dazu führt, dass die erwärmte, feuchte Luft nach oben steigt.
Da die nach oben steigende feuchtwarme Luft sich in der Höhe immer mehr abkühlt, muss sie die Wassermenge, die sie aufgrund der gesunkenen Temperatur nicht mehr aufnehmen kann, wieder abgeben. Die Luftfeuchtigkeit *kondensiert* dann in Form kleiner Tröpfchen, wodurch sich **Wolken** bilden. Erreichen die Tropfen eine bestimmte Größe, so fallen sie als Regen zu Boden.
Die Luftfeuchtigkeit kann aber auch nahe der Erdoberfläche kondensieren, wenn sich z. B. feuchte Luft nachts stark abkühlt. In diesem Falle bildet sich **Nebel**.

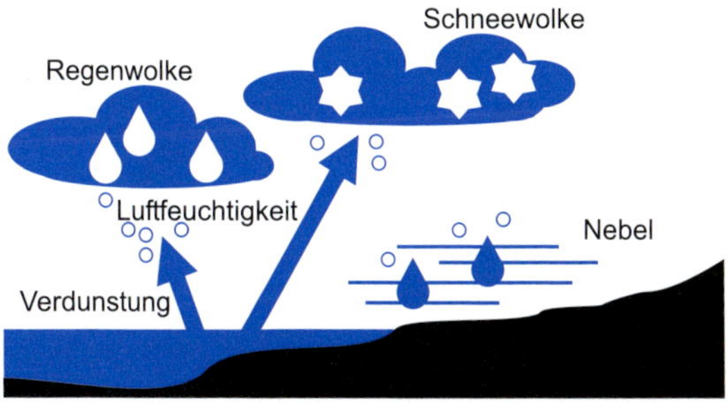

Das in der Luft vorhandene gasförmige Wasser (»Luftfeuchtigkeit«) bildet beim Kondensieren Wolken aus. Nahe der Erdoberfläche entsteht durch die Kondensation in kalten Nächten Nebel.

Wird die feuchte Luft sehr schnell und stark abgekühlt, so bilden sich nicht erst Wassertröpfchen, sondern – in Umkehrung der Verdunstung (Resublimation) – sofort kleine Kristalle in Form von **Schnee**.
Hagel dagegen entsteht, wenn Regentropfen durch eine sehr kalte Luftschicht fallen und dort gefrieren.

Temperaturverlauf beim Erhitzen eines Stoffes

Erhitzt man einen Stoff und misst dabei in regelmäßigen Zeitabständen seine Temperatur, so wird man feststellen, dass seine Temperatur zunächst gleichmäßig (»linear«) ansteigt.
Beim Erreichen der Schmelztemperatur beginnt der feste Stoff zu schmelzen. Auch wenn nun weiter Wärme zuge-

führt wird, erhöht sich die Temperatur vorerst nicht, sondern bleibt bei der Schmelztemperatur stehen. Erst wenn sich der Stoff vollständig verflüssigt hat, steigt die Temperatur wieder weiter an.

Die Ursache für dieses Verhalten liegt darin begründet, dass der Stoff für das Schmelzen zusätzliche Energie (Wärme) benötigt. Die ganze Wärmeenergie, die dem Stoff während des Schmelzvorganges zugeführt wird, ist nicht zum weiteren Erhitzen des Stoffes erforderlich, sondern zum Überwinden der Kräfte, die die einzelnen Stoffteilchen im festen Zustand zusammenhalten.

Die Temperatur eines Stoffes bleibt während einer Aggregatzustandsänderung konstant.

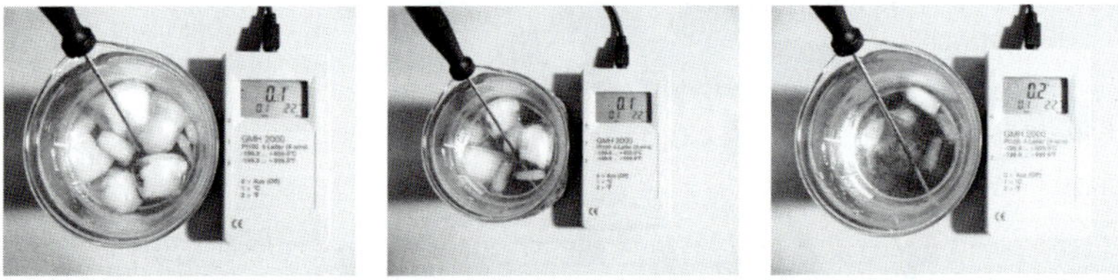

Trotz ständiger Wärmezufuhr bleibt die Temperatur während des Schmelzvorganges konstant, bis der Stoff (hier: Eis) vollständig geschmolzen ist. die geringe Abweichung der Temperatur von 0 °C ist durch die Messungenauigkeit des Thermometers bedingt.

Dieses Prinzip gilt auch, wenn der Stoff erstarrt: Von dem Moment an, in dem sich die ersten Eiskristalle bilden, bleibt die Temperatur des Eis-Wasser-Gemisches bei der Schmelz- bzw. Erstarrungstemperatur und sinkt erst dann weiter ab, wenn die Flüssigkeit vollständig erstarrt ist. Das folgende Diagramm stellt diese Beobachtungen grafisch dar:

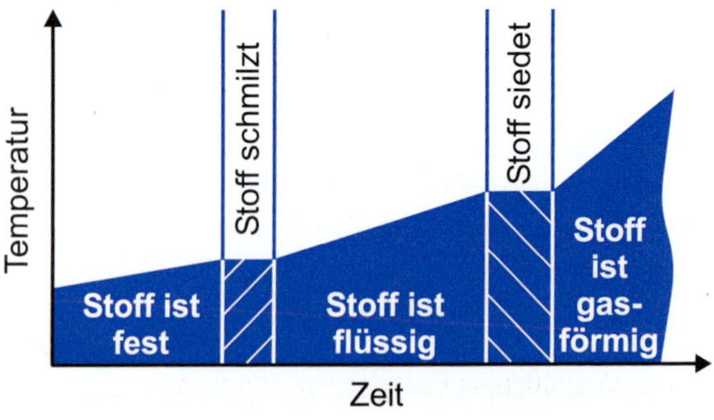

Temperatur/Zeit-Diagramm: Verlauf der Temperatur beim Erhitzen eines Stoffes in Abhängigkeit von der Zeit

Abhängigkeit der Schmelz- und Siedetemperaturen vom Druck

Der Druck, der auf einen Stoff wirkt, beeinflusst auch die Lage seines Schmelz- und Siedepunktes: Beim Übergang in den flüssigen bzw. gasförmigen Aggregatzustand müssen sich die Stoffe ausdehnen. Dies ist umso schwerer, je mehr Widerstand ihnen von außen in Form des äußeren Drucks, z. B. des Luftdrucks, entgegensteht. Um sich gegen einen höheren Druck ausdehnen zu können, müssen sich die Stoffteilchen schneller bewegen, also eine höhere kinetische Energie besitzen. Demzufolge muss sich die Temperatur, bei der der Aggregatzustandsübergang stattfindet, erhöhen. Im umgekehrten Fall sinkt die Temperatur bei vermindertem Druck.

Nimmt der Druck auf einen Stoff zu, so steigt dessen Schmelz- und Siedetemperatur.

Bei der Angabe von Schmelz- bzw. Siedetemperaturen ist es daher immer notwendig, den Druck anzugeben, für den diese Temperaturen gelten.

Druckabhängigkeit der Siedetempertatur von Wasser				
Druck in hPa	940	960	980	1000
Siedetemperatur in °C	97,9	98,5	99,1	99,6
Druck in hPa	1013	1020	1040	1060
Siedetemperatur in °C	100	100,2	100,7	101,3

Abhängigkeit der Siedetemperatur von Wasser vom äußeren Druck

3 Wärmeausdehnung von Feststoffen und Flüssigkeiten

Alle Körper dehnen sich bei Erwärmung aus.

Wie bereits in den Abschnitten »Aggregatzustände« und »Aggregatzustandsänderungen« gezeigt, bewegen sich die Teilchen eines Stoffes mit zunehmender Temperatur immer schneller und nehmen dadurch auch einen größeren Raum in Anspruch. Dies gilt für alle Aggregatzustände und führt zu einer Vergrößerung des jeweiligen Körpers.

Die Ausdehnung eines Körpers bei Wärmezufuhr nimmt dabei vom festen über den flüssigen zum gasförmigen Zustand zu; Gase dehnen sich somit bei einer Temperaturerhöhung am stärksten aus.

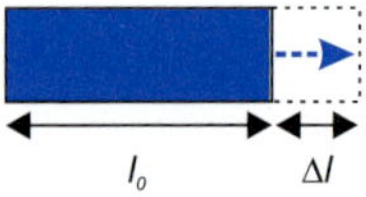

Bei einer Temperaturerhöhung um $\Delta\vartheta$ dehnt sich ein Körper um die Länge Δl aus.

3.1 Längenausdehnung von festen Körpern

Obwohl sich ein Festkörper bei einer Temperaturerhöhung selbstverständlich gleichmäßig in alle drei Raumrichtungen ausdehnt (also sein Volumen vergrößert), genügt es oftmals, nur die Änderung der Länge eines Körpers zu betrachten. Ein typischer Fall ist z. B. die Längenveränderung einer Stahlbrücke, einer Eisenbahnschiene oder einer Rohrleitung.

Längenausdehnungskoeffizient

Der Betrag der **Längenveränderung** Δl eines Körpers ist umso größer, je größer die ursprüngliche Länge l_0 des Körpers, die Temperaturveränderung $\Delta\vartheta$ und eine stoffspezifischen Kenngröße, der Längenausdehnungskoeffizient α, sind. Daraus ergibt sich die folgende Gleichung:

$$\Delta l = l_0 \cdot \alpha \cdot \Delta\vartheta$$

Δl Längenänderung (in m)
(Δl ist negativ bei Längenverkürzung)
l_0 ursprüngliche Länge des Körpers (in m)
$\Delta\vartheta$ Temperaturdifferenz (in K)
($\Delta\vartheta$ ist negativ bei Temperaturerniedrigung)
α Längenausdehnungskoeffizient (in K^{-1})

Der **Längenausdehnungskoeffizient** α gibt an, um wie viel Meter sich ein 1 m langer Gegenstand beim Erwärmen um 1 °C (= 1 K) ausdehnt.

Längenausdehnungskoeffizienten von Feststoffen			
Feststoff	α in 10^{-5} K^{-1}	Feststoff	α in 10^{-5} K^{-1}
Aluminium	2,4	Kupfer	1,7
Blei	2,9	Glas	0,34 bis 0,9
Eisen/Stahl	0,95 bis 1,65	Quarzglas	0,05
Porzellan	0,4	Kunststoffe	5 bis 22

Beispiel:
Laut Tabelle beträgt der Längenausdehnungskoeffizient α von Kupfer $1{,}7 \cdot 10^{-5}\ K^{-1}$. Auf welche Länge dehnt sich ein Kupferrohr aus, dessen Gesamtlänge bei 20 °C 8,5 m beträgt, wenn es von 50 °C heißem Wasser durchflossen wird?
Lösung:
Die Längenzunahme Δl des Rohres beim Erhitzen beträgt:
$\Delta l = 8{,}500\ m \cdot 1{,}7 \cdot 10^{-5}\ K^{-1} \cdot 30\ K$
$\Delta l = 0{,}004\ m = 4\ mm$
Die Gesamtlänge l des heißen Rohres ergibt sich somit zu:
$l = l_0 + \Delta l = 8{,}500\ m + 0{,}004\ m = 8{,}504\ m$

Bimetallschalter als Kurzschlusssicherung: Ein um das Bimetall gewickelter stromdurchflossener Widerstandsdraht erwärmt den Schalter.

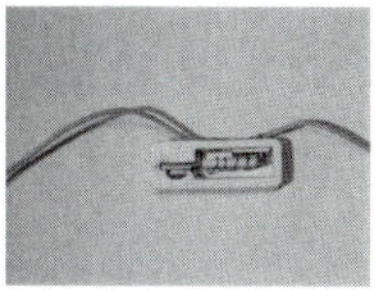

Warm und krumm: Bimetall

Hinter der Bezeichnung Bimetall verbirgt sich ein aus zwei Metalllegierungen mit unterschiedlichen Längenausdehnungskoeffizienten zusammengesetzter Körper, meist in der Form eines Streifens. Aufgrund der unterschiedlichen Längenausdehnungskoeffizienten dehnen sich die beiden Metallsorten unterschiedlich stark aus, wenn sie erwärmt werden. Dies führt dazu, dass sich der Streifen krümmt, da sich die eine Seite mehr verlängert als die andere.
Technische Anwendung findet dieses Prinzip in **temperaturabhängigen Schaltern**, die ab einer bestimmten Temperatur schließen:

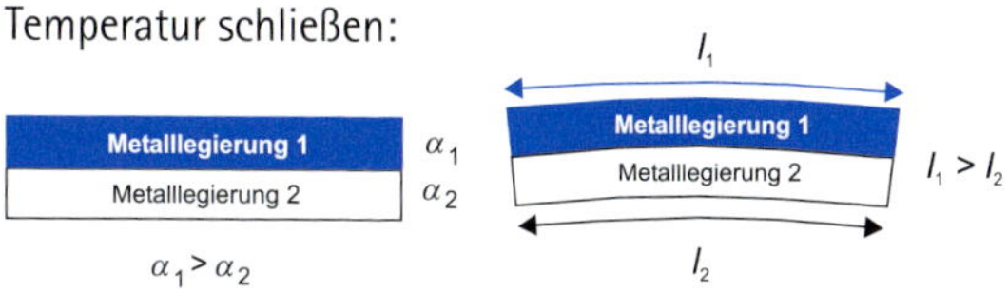

Bimetall besteht aus zwei Metallen, die unterschiedliche Längenausdehnungskoeffizienten besitzen.

3.2 Volumenausdehnung von festen Körpern

Festkörper dehnen sich bei Erwärmung gleichmäßig in alle drei Raumrichtungen aus. Dies gilt sowohl für massive Körper wie auch für Hohlkörper, z. B. Behälter (Fässer etc.), Zylinder und Kolben eines Verbrennungsmotors, Volumenmessgeräte und viele andere.
Wie bereits bei der Längenausdehnung gezeigt, ist auch hier die eintretende Volumenänderung ΔV proportional zur Ursprungsgröße des Gegenstandes, zur Temperaturänderung

Volumenausdehnungskoeffizient

und zu einer stoffspezifischen Kenngröße, dem Volumenausdehnungskoeffizienten γ. Der Volumenausdehnungskoeffizient γ lässt sich näherungsweise aus dem Längenausdehnungskoeffizienten α berechnen:

Der **Volumenausdehnungskoeffizient** γ gibt an, um wie viel Kubikmeter sich ein 1 m^3 großer Gegenstand beim Erwärmen um 1 °C (= 1 K) ausdehnt.

$$\gamma \approx 3 \cdot \alpha$$

Damit ergibt sich eine Volumenänderung ΔV von:

$$\Delta V = V_0 \cdot \gamma \cdot \Delta\vartheta$$

ΔV Volumenänderung (in m^3)
(ΔV ist negativ bei Volumenverringerung)
V_0 ursprüngliches Volumen des Körpers (in m^3)
$\Delta\vartheta$ Temperaturdifferenz (in K)
($\Delta\vartheta$ ist negativ bei Temperaturerniedrigung)
γ Volumenausdehnungskoeffizient (in K^{-1})
α Längenausdehnungskoeffizient (in K^{-1})

Aufgrund der großen Länge von Stahlbrücken ist ihre Wärmeausdehnung beachtlich (oben). Daher muss zwischen Brückenträger und Widerlager stets ein Luftspalt als Dehnungsfuge verbaut werden (unten).

Beispiel:
Um welches Volumen dehnt sich ein mit 80 °C warmem Lösungsmittel befüllter Edelstahltank aus, wenn dieser bei 20 °C genau 5 m^3 fasst? Der Längenausdehnungskoeffizient von Edelstahl beträgt $16 \cdot 10^{-6}\ K^{-1}$.
Lösung:
Der Volumenausdehnungskoeffizient berechnet sich angenähert zu: $\gamma = 3 \cdot 16 \cdot 10^{-6}\ K^{-1} = 4{,}8 \cdot 10^{-5}\ K^{-1}$
Die Volumenzunahme ΔV des Tanks berechnet sich dann:
$\Delta V = 5\ m^3 \cdot 4{,}8 \cdot 10^{-5}\ K^{-1} \cdot 60\ K = 1{,}44 \cdot 10^{-2}\ m^3 = 14{,}4\ l$

3.3 Volumenausdehnung von Flüssigkeiten

Flüssigkeiten dehnen sich im Vergleich zu Festkörpern bei gleicher Temperaturänderung rund zehn- bis hundertmal stärker aus. Dieses Verhalten erklärt sich dadurch, dass die Kräfte zwischen den Teilchen bei Flüssigkeiten nicht so stark sind wie in festen Körpern. Somit kann sich durch Zufuhr einer bestimmten Wärmemenge die kinetische Energie der Teilchen und damit deren Geschwindigkeit viel stärker erhöhen als beim Festkörper. Je höher die Teilchengeschwindigkeit ist, desto größer ist auch der Raum, den der Körper einnimmt. Analog zur Längen- und Volumenänderung von Feststoffen ergibt sich folgender Zusammenhang für Flüssigkeiten:

$$\Delta V = V_0 \cdot \gamma_{fl} \cdot \Delta\vartheta$$

ΔV Volumenänderung (in m^3)
(ΔV ist negativ bei Volumenverringerung)
V_0 ursprüngliches Volumen des Körpers (in m^3)
$\Delta\vartheta$ Temperaturdifferenz (in K)
($\Delta\vartheta$ ist negativ bei Temperaturerniedrigung)
γ_{fl} Volumenausdehnungskoeffizient von Flüssigkeiten (in K^{-1})

Quecksilberthermometer sind typische Anwendungen, die die Volumenausdehnung von flüssigen Stoffen nutzen.

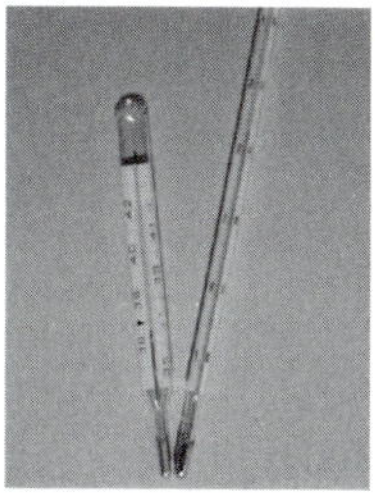

Volumenausdehnungskoeffizienten von Flüssigkeiten			
Flüssigkeit	γ_{fl} in 10^{-3} K^{-1}	Flüssigkeit	γ_{fl} in 10^{-3} K^{-1}
Benzin	1,00	Maschinenöl	0,93
Ethanol	1,10	Wasser, 20 °C	0,20
Quecksilber	0,18	Wasser, 30 °C	0,30
Diethylether	1,62	Wasser, 70 °C	0,60

Beispiel:
Der Abstand h zwischen zwei Grad-Strichen einer Quecksilberthermometer-Skala soll 1 mm betragen. Wie groß ist die im Thermometer enthaltene Quecksilbermenge V_{Hg} zu wählen, wenn die Steigkapillare einen Innendurchmesser d von 0,2 mm aufweisen soll?

Lösung:
Die Volumenzunahme des Quecksilbers ΔV pro 1 °C bzw. Kelvin berechnet sich aus dem für diese Temperaturdifferenz benötigten Kapillarvolumen $V_{Kapillare}$ zwischen den beiden Grad-Strichen zu: $\Delta V = V_{Kapillare} = A_{Kapillare} \cdot h$

$\Delta V = \pi/4 \cdot d^2 \cdot h = \pi/4 \cdot (0{,}2\ mm)^2 \cdot 1\ mm = 0{,}0314\ mm^3$

Damit ergibt sich das notwendige Quecksilbervolumen zu:

$V_0 = \Delta V/(\gamma_{fl} \cdot \Delta\vartheta) = 0{,}0314\ mm^3/(0{,}18 \cdot 10^{-3}\ K^{-1} \cdot 1\ K)$

$V_0 = 174{,}4\ mm^3 \approx 0{,}17\ cm^3$

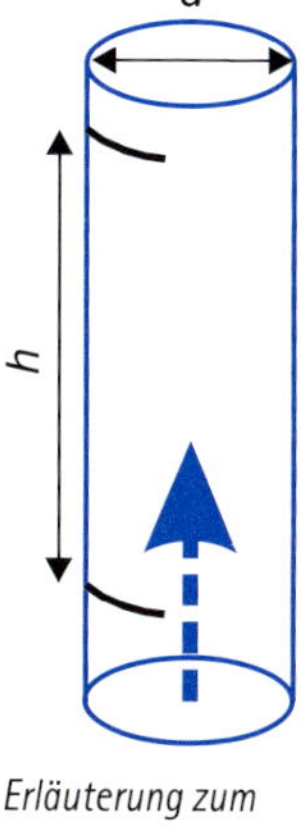

Erläuterung zum Rechenbeispiel

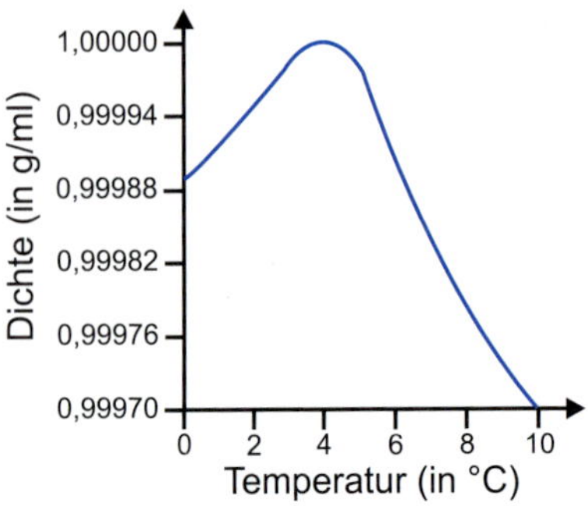

Dichte von Wasser in Abhängigkeit von der Temperatur: Die Anomalie des Wasser zeigt sich darin, dass beim Erwärmen die Dichte zunächst zunimmt, anstatt sofort kontinuierlich abzufallen.

Anomalie des Wassers

Die Eigenschaft, dass sich mit steigender Temperatur das Volumen ausdehnt, zeigen fast alle Stoffe. Die Ausnahme hiervon stellt das Wasser dar: Erwärmt man 0 °C kaltes destilliertes Wasser, so nimmt dessen Volumen bis zu einer Temperatur von 4 °C zunächst kontinuierlich ab. Führt man dem Wasser weiter Wärmeenergie zu, so dehnt sich die Flüssigkeit oberhalb dieser Temperatur wieder aus. Dieses Verhalten bezeichnet man als die *Anomalie des Wassers*. Daraus resultiert auch, dass Wasser seine größte Dichte von 1,00000 g/ml bei 4 °C hat.

Die **Ursache für diese Anomalie** ist in den außerordentlich starken Kräften zwischen den Wassermolekülen zu suchen. Bei einer Temperatur unterhalb von 4 °C ist die Wärmebewegung der Teilchen so gering, dass die Moleküle sich nicht ausreichend gegeneinander verschieben können um alle Lücken zwischen den einzelnen Wassermolekülen zu schließen; es bleiben Hohlräume zurück, die die Dichte des Stoffes verringern. Erst oberhalb 4 °C ist die kinetische Energie der Teilchen so groß, dass sie die zwischenmolekularen Anziehungskräfte überwinden und somit alle verbliebenen Hohlräume auffüllen können. Die Tatsache, dass Wasser seine größte Dichte bei 4 °C besitzt, ist auch für die Tierwelt sehr wichtig. Wenn sich im Winter das Wasser der Seen abkühlt, sinkt das dichtere, kalte Wasser auf den Grund. Dies geschieht so lange, bis die Temperatur unter 4 °C gefallen ist, da dann die Dichte des Wassers wieder abnimmt. Im See kommt es somit zu einem *umgekehrten* Temperaturgefälle: Unten sammelt sich das dichte, 4 °C »warme« Wasser, während sich das weniger dichte, aber kältere Wasser an der Oberfläche immer mehr abkühlt, bis es schließlich gefriert.

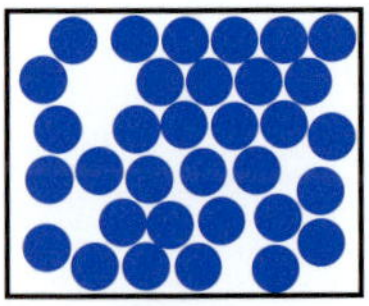

Unterhalb von 4 °C verbleiben aufgrund einer verminderten Molekülbeweglichkeit Hohlräume zwischen den einzelnen Teilchen.

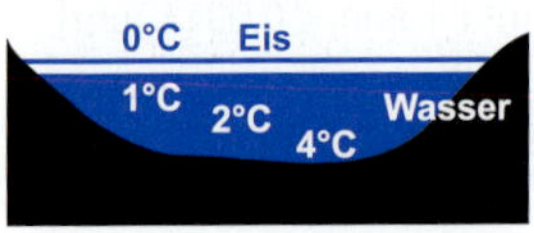

Das 4 °C kalte Wasser am Seegrund gewährt der Wasserfauna einen Überlebensraum, auch wenn sich eine geschlossene Eisdecke gebildet hat.

Fische und andere Wasserlebewesen haben sich an diese Gegebenheiten angepasst und senken ihren

Stoffwechsel auf einen Winterschlaf-ähnlichen Pegel herab, um in dem rund 4 °C kalten Bodenwasser zu überleben. Erst in sehr langen Frostperioden kommt es dazu, dass Seen und Teiche bis zum Grund durchfrieren.

Der Golfstrom: Die Wärmepumpe des Nordatlantiks

In den Meeren unseres Planeten führt die von der Sonne eingestrahlte Wärmeenergie in bestimmten Regionen zu einer starken **Aufheizung des Wassers**. Dadurch dehnt es sich aus, wobei sich gleichzeitig seine Dichte verringert, da nun die gleiche Anzahl von Teilchen in einem größeren Volumen verteilt ist. Dies führt dazu, dass das erwärmte Wasser nach oben steigt. Eine solche Bewegung von Materie bezeichnet man als **Konvektion** (Wärmeströmung).

In den Meeren bilden sich dadurch großräumige *Konvektionsströme* aus: In der Äquatorregion des atlantischen Ozeans wird das *Oberflächenwasser* stark erhitzt und dehnt sich dabei aus. Da es nicht weiter nach oben steigen kann, fließt es »zur Seite« hin ab und bildet eine warme Oberflächenströmung Richtung Norden, den **Golfstrom**. Im Nordatlantik kühlt sich das Wasser des Golfstroms wieder ab, verdichtet sich dabei und sinkt dadurch zum Meeresgrund, auf welchem es dann als kaltes *Tiefenwasser* zur Äquatorregion zurückfließt. Der Golfstrom stellt somit eine gigantische »Wärmepumpe« dar, die Wärme von der Äquatorregion nach Europa »pumpt«.

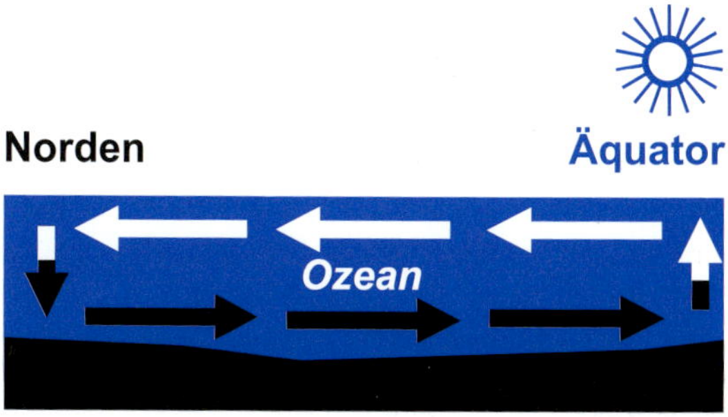

Der Golfstrom transportiert warmes Wasser aus der Äquatorregion in den Nordatlantik.

4 Zustandsänderungen von Gasen

4.1 Messung von Gasdrücken

Blaise Pascal, 1623–1662, französischer Mathematiker, Physiker, Theologe und Philosoph

Allgemein betrachtet ist ein Druck p eine Kraft F, die auf eine bestimmte Fläche A wirkt. Die physikalische Einheit des Drucks ist das Pascal (Pa), welches sich aus der Größengleichung wie folgt herleitet:

$$1 \text{ Pa} = 1 \text{ N/m}^2$$

$$p = \frac{F}{A}$$

p Druck (in Pa)
F Kraft (in N)
A Fläche (in m²)

Manometer

Evangelista Torricelli, 1608–1647, italienischer Physiker und Mathematiker

Die Messung von Drücken in Gasen geht auf die Erfindung des **Quecksilber-Manometers** durch *Evangelista Torricelli* im Jahre 1643 zurück. Um den Luftdruck zu messen, stellte *Torricelli* ein einseitig offenes und mit Quecksilber gefülltes, dünnes Glasrohr in eine ebenfalls mit Quecksilber gefüllte Wanne. Dabei stellte sich heraus, dass die sich im Glasrohr einstellende Höhe h der Quecksilbersäule stets proportional zum äußeren Luftdruck p_{Luft} war.

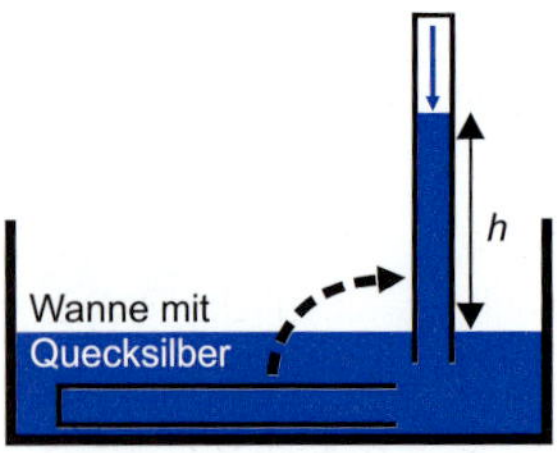

Das Torricelli-Manometer ist eine einfache, aber sinnvolle Konstruktion zur Ermittlung des Luftdrucks.

Beim Aufstellen der Säule ist deren Druck p_{Hg} zunächst größer als der Luftdruck, der ebenfalls auf die Oberfläche des Quecksilbers in der Wanne wirkt, weshalb Quecksilber aus der Glassäule in die Wanne fließt. Dadurch verringert sich die Gewichtskraft des Quecksilbers in der Säule. Der Quecksilberstand in der Säule nimmt nun so lange ab, bis der durch die Gewichtskraft erzeugte Druck der Quecksilbersäule im Glasrohr p_{Hg} genauso groß ist wie der äußere Luftdruck p_{Luft}.

Erhöht sich der Luftdruck, dann drückt er das Quecksilber aus der Wanne in das Glasrohr hinein; die Quecksilbersäule steigt wieder an. Es gilt folgender Zusammenhang:

Die Höhe der Quecksilbersäule im Manometer ist direkt proportional zum äußeren Druck.

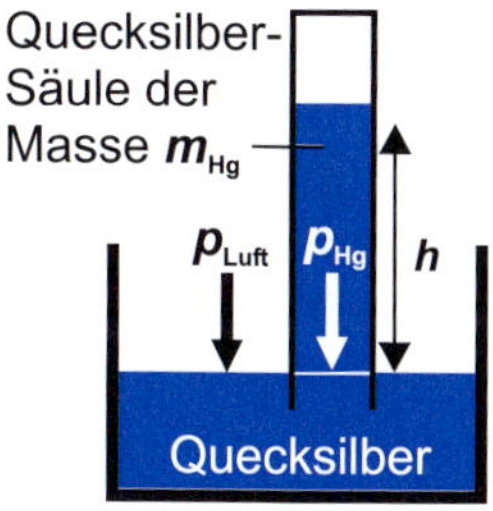

Der Druck, den die Quecksilbersäule auf die Oberfläche ausübt, ist genauso groß wie der durch die Atmosphäre verursachte Luftdruck.

$$p_{Luft} = p_{Hg}$$

$$p_{Luft} = \frac{F_g}{A}$$

$$p_{Luft} = \frac{m_{Hg} \cdot g}{A}$$

$$p_{Luft} = \frac{\rho_{Hg} \cdot V_{Hg} \cdot g}{A}$$

$$p_{Luft} = \frac{\rho_{Hg} \cdot (A \cdot h) \cdot g}{A}$$

$$p_{Luft} = \rho_{Hg} \cdot h \cdot g$$

Einheiten des Drucks

Aufgrund dieses Zusammenhanges gab man lange Zeit die jeweilige Höhe der Quecksilbersäule in Millimetern als Maß für den Luftdruck an. Von dieser Angabe leitete sich auch die alte physikalische Einheit des Drucks, das Torr, ab. 1 Torr entspricht dabei 1 Millimeter-Quecksilbersäule (mmHg).

Druckmessung im Wandel der Zeit

Seit *Torricelli* hat sich die jeweils gebräuchliche Einheit des Drucks oft gewandelt. So waren bis 1977 noch die Einheiten **physikalische Atmosphäre** und **technische Atmosphäre** gebräuchlich:

- 1 physikalische Atmosphäre (atm) = 760 Torr = 1,013 bar
- 1 technische Atmosphäre (at) = 735,559 Torr = 0,981 bar

Die in technischen Abhandlungen oft verwendete Einheit **Atmosphäre Überdruck** (atü) gibt die Druckdifferenz zum Druck 1 at an:

- 1 atü ≙ 2 at; 1,5 atü ≙ 2,5 at; 2 atü ≙ 3 at usw.

Die SI-Einheit des Drucks ist das **Pascal** (Pa):

- 1 Pa = 1 N/(1 m^2)

Die Einheiten **Bar** bzw. Millibar sind jedoch weiterhin allgemein zulässig. Für *Millibar* (mbar) ist nun *Hektopascal* (hPa) zu schreiben:

- 1 bar = 10^5 Pa = 750,06 Torr = 1,01972 at
- 1 mbar = 100 Pa = 1 hPa

Ausschließlich in der Medizin darf auch weiterhin die Druckeinheit **Millimeter-Quecksilbersäule** (mmHg) verwendet werden:

- 1 mmHg = 1 Torr

4.2 Die Gasgesetze

Erwärmt man verschiedene Gase, so dehnen sich diese stets um das gleiche Volumen aus, wenn man die Temperatur um 1 °C erwärmt. Füllt man ein Gas vor der Erwärmung in ein festes Gefäß, so nimmt statt des Volumens der Druck des Gases zu. Diese verschiedenen Zusammenhänge zwischen Druck, Volumen und Temperatur eines Gases bezeichnet man als die **Gasgesetze**.

Druck-Volumen-Gesetz

Gesetz von Boyle-Mariotte

Robert Boyle, 1627–1691, britischer Physiker und Chemiker

Zunächst untersuchten Forscher die Beziehung zwischen dem Volumen V eines Gases und dem in ihm herrschenden Druck p. Im Jahre 1662 fand der englische Naturforscher *Robert Boyle* heraus, dass sich bei konstanter Temperatur das Volumen einer Gasmenge halbiert, wenn man den auf das Gas ausgeübten Druck verdoppelt. Aus dieser Beobachtung ergibt sich folgender Zusammenhang:

Das Volumen V einer Gasmenge ist umgekehrt proportional zu ihrem Druck p:

$$p \sim 1/V$$

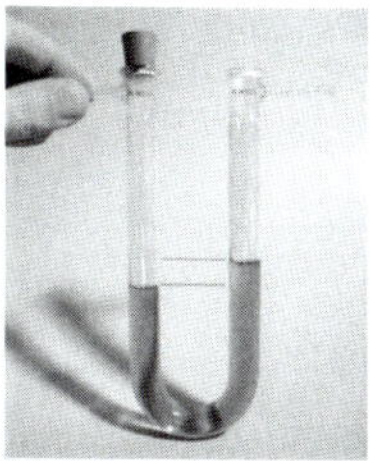

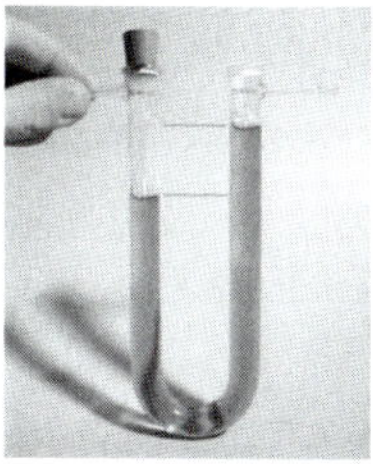

Verdoppelt man den Druck auf das eingeschlossene Gas, indem man die Höhe der Flüssigkeitssäule verdoppelt, so halbiert sich das vom Gas eingenommene Volumen.

Edme Mariotte bestätigte *Boyles* Forschungen 1676. Ihre Ergebnisse wurden im **Gesetz von Boyle-Mariotte** zusammengefasst:

Edmé Mariotte, um 1620–1684, französischer Physiker

Wird der einem Gas zur Verfügung stehende Raum verändert, so verändert sich gleichzeitig der Gasdruck so, dass das Produkt aus beiden konstant bleibt:

$$p \cdot V = \text{konstant} \quad \text{oder} \quad p_1 \cdot V_1 = p_2 \cdot V_2$$

p Gasdruck (in Pa) V Volumen des Gases (in m^3)
Die Indizes verweisen auf die unterschiedlichen Zustände des Gases: p_1 und V_1 sind Ausgangsdruck und -volumen, p_2 und V_2 sind Druck und Volumen des Gases, nachdem eine Druck- oder Volumenänderung stattgefunden hat.

Beispiel:
Ein Gas hat ein Volumen von 5 m^3 und dabei einen Druck von 2500 hPa. Auf wie viel Hektopascal muss man den auf das Gas wirkenden Druck erhöhen, damit sich das Volumen auf 2 m^3 verringert?

Lösung:
Vor der Kompression hat das Gas den Druck p_1 = 2500 hPa und ein Volumen V_1 = 5 m^3. Nach der Kompression auf das Volumen V_2 = 2 m^3 hat das Gas den Druck p_2. Laut dem Boyle-Mariotte'schen Gesetz gilt:
$p_2 = p_1 \cdot V_1/V_2 = 2500\ \text{hPa} \cdot 5\ \text{m}^3/(2\ \text{m}^3) = 6250\ \text{hPa}$

Gesetz von Gay-Lussac

Der französische Chemiker und Physiker *Louis-Joseph Gay-Lussac* beschäftigte sich Anfang des 19. Jahrhunderts mit

Louis-Joseph Gay-Lussac, 1778–1850

der Messung des temperaturabhängigen Volumens von Gasen. Dabei stellte er fest:

> Das Volumen eines Gases V ist stets proportional zu seiner Temperatur T:
> $$V \sim T$$

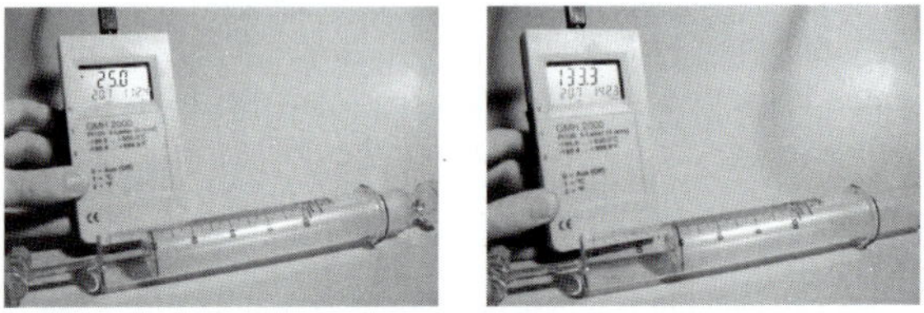

Beim Erwärmen dehnt sich das im Glasgefäß befindliche Gas proportional zur Temperaturänderung aus.

Volumen-Temperatur-Gesetz

Erhöht man die Temperatur (in Kelvin) auf das Doppelte, so verdoppelt sich somit auch das Volumen des Gases. Daraus ergibt sich das **Gesetz von Gay-Lussac** (1802):

> Der Quotient aus Volumen und Temperatur eines Gases bleibt bei einer Temperatur- oder Volumenveränderung stets konstant:
> $$\frac{V}{T} = \text{konstant} \quad \text{bzw.} \quad \frac{V_1}{T_1} = \frac{V_2}{T_2}$$

V Volumen des Gases (in m^3)
T Temperatur des Gases (in K)

Beispiel:
Ein Gas hat bei $T_1 = 50\,°C$ ein Volumen V_1 von 500 cm^3. Wie groß ist das Volumen V_2 des Gases bei einer Temperatur T_2 von 20 °C?

Lösung:
$T_1 = 50\,°C \triangleq (273 + 50)\text{ K} = 323\text{ K}$
$T_2 = 20\,°C \triangleq (273 + 20)\text{ K} = 293\text{ K}$
$V_2 = V_1 \cdot T_2/T_1 = 500\text{ cm}^3 \cdot 293\text{ K}/(323\text{ K})$
$V_2 = 453{,}6\text{ cm}^3$

Volumenausdehnung von Gasen

Im Gegensatz zu Festkörpern oder Flüssigkeiten gibt es bei Gasen keinen stoffabhängigen **Ausdehnungskoeffizienten.**

Dieses Verhalten ist darauf zurückzuführen, dass zwischen den einzelnen Teilchen eines Gases nur sehr schwache Kohäsionskräfte wirken und sich die Gasmoleküle daher völlig unabhängig voneinander bewegen können. 1811 formulierte *Gay-Lussac* das **Volumengesetz für Gase**:

Volumengesetz

Alle Gase dehnen sich bei einer Erhöhung der Temperatur um 1 K um **1/273stel** ihres Volumens aus, welches sie bei 0 °C einnehmen:

$$\Delta V = \frac{1}{273\ \text{K}} \cdot V_0 \cdot \Delta\vartheta$$

ΔV Volumenausdehnung eines Gases (in m^3)
(ΔV ist negativ bei Volumenverringerung)

V_0 Volumen des Gases bei 0 °C (in m^3)

$\Delta\vartheta$ Temperaturänderung (in K)
($\Delta\vartheta$ ist negativ bei Temperaturerniedrigung)

Beispiel:

Ein Gas hat ein Volumen V von 1,5 l, eine Temperatur von 273 K und dehne sich bei einer Temperaturerhöhung um 200 cm^3 aus. Um wie viel Kelvin wurde das Gas erwärmt?

Lösung:

Gegeben ist V_0 und ΔV, gesucht wird $\Delta\vartheta$:

$\Delta\vartheta = \Delta V \cdot 273\ \text{K}/V_0 = 0{,}2\ \text{l} \cdot 273\ \text{K}/(1{,}5\ \text{l}) = 36{,}4\ \text{K}$

Allgemeine Gasgleichung

Fasst man die Gesetze von *Gay-Lussac* und *Boyle-Mariotte* zusammen, so ergibt sich die **Zustandsgleichung der Gase**:

Zustandsgleichung der Gase

$$\frac{p_1 \cdot V_1}{T_1} = \frac{p_2 \cdot V_2}{T_2} = \text{Konstante}$$

p_1, V_1, T_1 und p_2, V_2, T_2: Druck p (in Pa), Volumen V (in m^3) und Temperatur T (in K) eines Gases im Anfangs- und im Endzustand. Bei bekannten Ausgangswerten für Druck, Volumen und Temperatur lassen sich somit alle anderen Zustände eines Gases berechnen.

Beispiel:

Ein Gas nimmt bei einem Druck von p = 2150 hPa und einer Temperatur von 41,85 °C ein Volumen V von 250 l ein. Wie groß ist der Gasdruck, wenn man das Gas unter gleichzeitiger Temperaturerhöhung um 12 K auf 200 l komprimiert?

Lösung:

Druck p_1, Volumen V_1 und Temperatur T_1 des Ausgangszustandes sowie Temperatur T_2 und Volumen V_2 im komprimierten Zustand sind gegeben. Gesucht ist der Druck p_2 des Gases im komprimierten Zustand:

$$p_2 = \frac{p_1 \cdot V_1 \cdot T_2}{T_1 \cdot V_2} = \frac{2150\ \text{hPa} \cdot 0{,}250\ \text{m}^3 \cdot 327\ \text{K}}{315\ \text{K} \cdot 0{,}2\ \text{m}^3}$$

$$p_2 = 2789{,}9\ \text{hPa}$$

Teilt man die für eine bestimmte Portion eines Gases errechnete Konstante durch die vorliegende Anzahl an Teilchen (»Stoffmenge«), so erhält man stets den gleichen Zahlenwert. Die physikalische Größe **Stoffmenge** kommt aus der Chemie und wird mit dem Symbol n abgekürzt. Die Einheit der Stoffmenge ist das **Mol**, das wie folgt definiert ist:

1 mol eines Stoffes enthält $6{,}022 \cdot 10^{23}$ Teilchen.

Allgemeine Gaskonstante

Die auf 1 mol eines Gases bezogene Konstante nennt man **allgemeine Gaskonstante** R:

$$\frac{\frac{pV}{T}}{n} = \frac{\text{Konstante}}{n} = R$$

Die **allgemeine Gaskonstante** R gibt den universellen Zusammenhang zwischen Druck, Temperatur und Volumen aller Gase für eine Stoffmenge von 1 mol an:

$R = 8{,}314\,510\ \text{J/(mol} \cdot \text{K)}$

Allgemeine Gasgleichung

Unter Umformung der obigen Beziehung ergibt sich damit die **allgemeine Gasgleichung**, die für jede beliebige Gasportion Druck, Volumen und Temperatur über eine Formel verknüpft:

$$p \cdot V = n \cdot R \cdot T$$

p	Druck des Gases (in Pa)
V	Volumen des Gases (in m^3)
n	Stoffmenge der Gasportion (in mol)
R	universelle Gaskonstante $R = 8{,}314\,510\ \mathrm{J/(mol \cdot K)}$
T	Temperatur des Gases (in K)

Ideale Gase

Die allgemeine Gasgleichung gilt streng genommen nur für Gase, deren Teilchen untereinander keinerlei Wechselwirkung ausüben; solche Gase bezeichnet man als **ideale Gase**. In der Realität erfüllt jedoch kein Gas diese Voraussetzung. **Reale Gase** zeigen daher geringfügige Abweichungen vom Gasgesetz, da sich ihre Stoffteilchen gegenseitig anziehen und es so zu einer Volumenverringerung kommt. Bei exakten Berechnungen ist dieses Verhalten mit Korrekturtermen in der Gasgleichung zu berücksichtigen.

Von Tornados und Heißluftballons

Dass sich Gase bei einer Temperaturerhöhung stark ausdehnen – also ihr Volumen vergrößern –, führt zu vielen interessanten Effekten. Dadurch, dass sich nun die gleiche Anzahl Teilchen in einem größeren Volumen befinden, nimmt die Dichte des Gases zwangsläufig ab. Stoffe, die eine geringere Dichte als die sie umgebende flüssige oder gasförmige Materie haben, steigen nach oben.
Dies führt beispielsweise dazu, dass warme Luft über einem Lagerfeuer nach oben steigt (und dabei die Funken des Feuers mit sich reißt). Auch das Aufsteigen des am Boden eines Topfes erhitzten Wassers fällt in die gleiche Kategorie. Man bezeichnet solche Vorgänge als **Konvektion** (Wärmeströmung). Konvektion ist beispielsweise die Ursache für die Entstehung von **Wind**:

Erwärmte Luft steigt nach oben, was dazu führt, dass frische Kaltluft am Boden nachfließt; so entstehen z. B. anlandige Winde während des Tages, wenn die Sonne das Festland stark erhitzt. In der Nacht kehrt sich die Windrichtung um und der Wind weht dann auf das Meer hinaus, da das Wasser nachts nicht so stark abkühlt wie das Festland.

In der leicht beweglichen Atmosphäre kann es aber auch zu dramatischeren Erscheinungen kommen: Wird Luft in den tropischen Äquatorregionen sehr schnell und sehr stark aufgeheizt, so steigt diese Luft vehement nach oben. Es bildet sich ein Tiefdruckgebiet aus, welches Luft der Umgebung »ansaugt«; je nach Gegebenheit kann sich so ein **Hurrikan** oder auch **Tornado** bilden.

Auch ein **Heißluftballon** nutzt das Prinzip, dass Körper geringerer Dichte aufsteigen: In diesem Falle zählt sowohl die Luftfüllung des Ballons wie auch der Ballon selber zum Körper. Daher muss die Luft im Ballon so stark erhitzt werden, dass die Gesamtmasse von erhitzter Luft und Ballon geringer ist als die Masse an Luft, welche in dem Volumen, das der Heißluftballon verdrängt, enthalten ist.

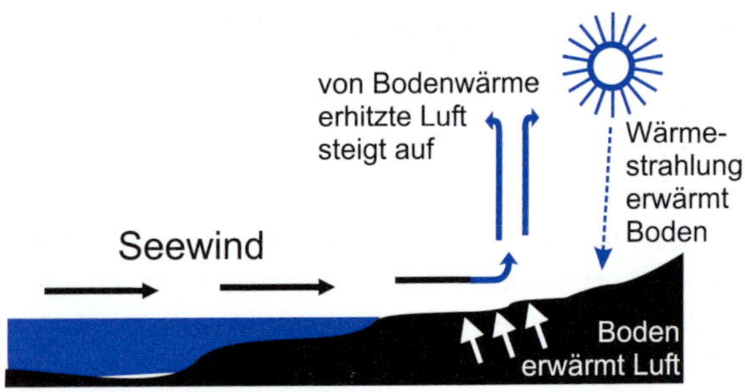

Die tagsüber durch die Bodenwärme erhitzte Luft steigt auf, wodurch kühlere Luft vom Meer nachfließt.

5 Wärmeenergie

Möchte man die Temperatur eines Stoffes erhöhen, so muss man ihm Wärme zuführen. Die dem Stoff zugeführte Wärme geht jedoch nicht verloren, sondern bleibt in ihm als **Wärmeenergie Q** gespeichert. Wie alle anderen Energieformen wird auch die Wärmeenergie in der Einheit Joule (J) angegeben.

Erwärmen und Abkühlen

Beim **Erwärmen** eines Stoffes erhöht sich die Geschwindigkeit und damit die kinetische Energie seiner Teilchen, was bedeutet, dass die Wärmeenergie im Körper als **kinetische Energie der Stoffteilchen** gespeichert wird. Da die Teilchen sich nicht alle mit exakt der gleichen Geschwindigkeit bewegen, bildet man das arithmetische Mittel der Bewegungsenergien:

Die Menge der in einem Stoff gespeicherten **Wärmeenergie** entspricht der **mittleren kinetischen Energie** seiner Teilchen:

$$Q = N \cdot \frac{1}{2} m v_m^2$$

Q Wärmemenge (in J)
N Teilchenzahl
m Masse eines Teilchens (in kg)
v_m Mittlere Geschwindigkeit der Teilchen (in m/s)

Beim **Abkühlen** gibt der Stoff die gespeicherte Wärme wieder ab; die kinetische Energie der Teilchen – und damit deren Geschwindigkeit – verringert sich wieder.

Richtung der Wärmeübertragung

Der **Übergang von Wärmeenergie** erfolgt immer vom wärmeren auf den kälteren Körper. Man kann sich dies so vorstellen, dass die »schnelleren« Teilchen des warmen Stoffes die »langsameren« des kalten Stoffes »anstoßen« und dabei

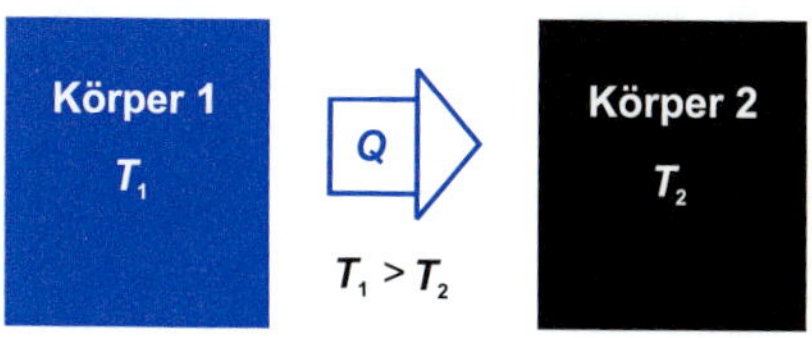

Wärme wird immer nur vom wärmeren auf den kälteren Körper übertragen.

kinetische Energie übertragen. Die Teilchen des warmen Gegenstands verlieren dabei von ihrer eigenen kinetischen Energie; ihre Geschwindigkeit nimmt ab.

Wärmemenge im abgeschlossenen System

Bringt man zwei oder mehr Körper in ein nach außen abgeschlossenes System, das keine Wärme von außen aufnimmt oder nach außen abgibt, zusammen, so bleibt die Summe ihrer Wärmeenergien konstant:

$$Q_1 + Q_2 + Q_3 + \ldots = \text{konstant}$$

Die Energiemenge ΔQ, die der wärmere Körper abgibt, entspricht der Energiemenge ΔQ, die der kältere Gegenstand aufnimmt:

Die vom wärmeren Körper abgegebene Wärme $\Delta \boldsymbol{Q}_{\text{ab}}$ ist gleich der vom kälteren Körper aufgenommenen Wärme $\Delta \boldsymbol{Q}_{\text{auf}}$:

$$\Delta Q_{\text{ab}} = \Delta Q_{\text{auf}}$$

Der Austausch von Wärmeenergie zwischen zwei Körpern erfolgt so lange, bis die Teilchen beider Körper die gleiche mittlere kinetische Energie besitzen.

Der **Gesamtwärmegehalt** eines abgeschlossenen Systems bleibt immer **konstant**, auch wenn innerhalb des Systems Wärme von einem zum anderen Körper übergeht.

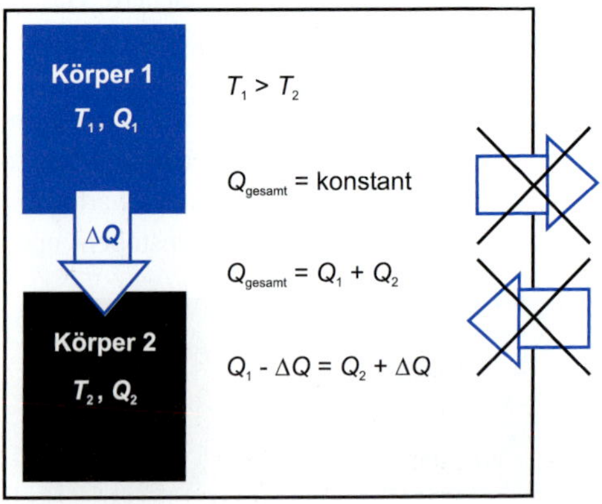

Ein geschlossenes System tauscht keine Wärme mit der Umgebung aus. Innerhalb des Systems kann Wärme fließen; die Gesamtmenge der im System enthaltenen Wärmeenergie verändert sich dabei jedoch nicht.

5.1 Transport von Wärmeenergie

Es gibt mehrere Übertragungsmöglichkeiten für Wärme zwischen verschiedenen Orten:

- Innerhalb eines Körpers oder beim Berühren zweier Körper kann Wärme direkt durch **Wärmeleitung** übertragen werden
- **Konvektion** führt zu einer Bewegung von Materie und damit verbundenem Austausch von Wärmeenergie
- Schließlich kann Wärme auch durch **Wärmestrahlung (Infrarotstrahlung, IR)** übertragen werden.

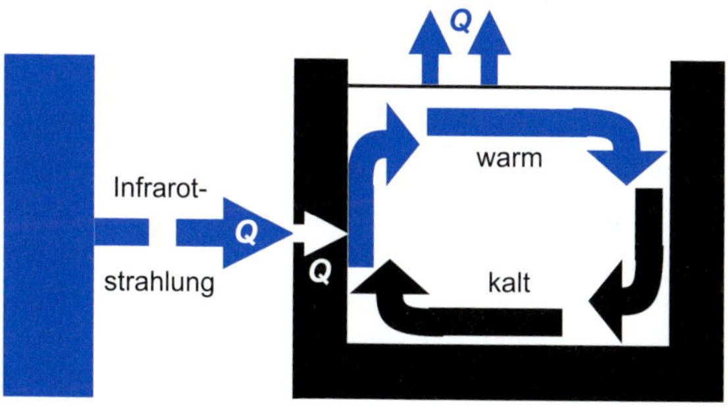

Ein Körper überträgt Wärme durch Infrarotstrahlung an eine Gefäßwand, die die Wärme durch Wärmeleitung an die Flüssigkeit im Gefäßinneren abgibt. Die erwärmte Flüssigkeit steigt im Gefäß entlang der warmen Wand nach oben (Konvektion) und sinkt auf der anderen Gefäßseite wieder nach unten, nachdem sie an der Flüssigkeitsoberfläche ihre Wärme an die umgebende Luft abgegeben hat. Innerhalb der Flüssigkeit bildet sich so ein Temperaturgefälle von oben nach unten aus.

Wärmeleitung

Die einfachste Möglichkeit, Wärmeenergie zu transportieren, stellt die *Wärmeleitung* dar: Sie findet beispielsweise innerhalb eines Körpers statt, wenn ein Ende des Gegenstandes erhitzt wird und sich die Wärme dann gleichmäßig im Körper verteilt.
Bringt man zwei Körper unterschiedlicher Temperatur in direkten Kontakt, so kann auch zwischen ihnen mittels Wärmeleitung Wärmeenergie ausgetauscht werden.

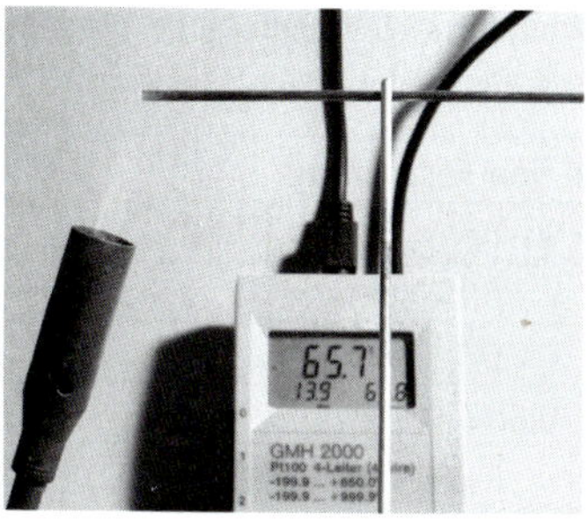

Der an einem Ende erhitzte Metallstab leitet die Wärme durch Wärmeleitung weiter.

Der Weitergabe der Wärmeenergie erfolgt derart, dass die Stoffteilchen eines Körpers oder verschiedener Körper miteinander in Kontakt kommen. Die schnelleren Teilchen stoßen dabei die langsameren Teilchen an und übertragen so einen Teil der in ihnen enthaltenen kinetischen Energie. Dadurch sinkt der Energiegehalt der schnelleren Teilchen und sie verlangsamen sich.

Wärmeleitung erfolgt durch Teilchenstöße.

Auf diese Art und Weise vollzieht sich z. B. die Wärmeübertragung bei einem Elektroherd. Selbst geringste Spalten zwischen den Körpern verringern jedoch die Effektivität der Wärmeübertragung, weshalb alte Töpfe mit ausgebeulten Topfböden sich nur sehr langsam erhitzen.

Wärmeleitung und Aggregatzustand

Wärmeenergie kann auch zwischen Stoffen, die in verschiedenen Aggregatzuständen vorliegen, durch Wärmeleitung übertragen werden: So geben beispielsweise heiße Rauchgase beim Zurückkühlen in einem Wärmeaustauscher ihre Wärme zunächst an eine Rohrwandung ab, von wo aus die Wärme in das im Rohr fließende Kühlmittel (meist Wasser) übertritt. Der Wärmeübergang erfolgt hier also zunächst von einem Gas zu einem Festkörper und dann weiter zu einer Flüssigkeit.

Wärmeleitfähigkeit

Die Wärmeleitung eines Stoffes ist abhängig von einer Stoffkonstanten, der **Wärmeleitfähigkeit** λ.

Die **Wärmeleitfähigkeit** λ eines Stoffes gibt an, wie gut dieser Wärme zu leiten vermag.

Metalle stellen sehr gute Wärmeleiter dar, während Glas und Keramik nur sehr niedrige λ-Werte besitzen.

Wärmeleitfähigkeiten von Feststoffen			
Stoff	λ in W/(m · K)	Stoff	λ in W/(m · K)
Asbest	0,17	Porzellan	0,80 … 1,90
Kiefernholz	0,14	Stahlguss	52
Glas	0,60 … 0,90	Kupfer	372 (rein 395)
Quarzglas	1,09	Silber	418

Die Weiterleitung von Wärme durch ein Material ist von verschiedenen Faktoren abhängig. Meist betrachtet man hierbei die pro Zeiteinheit übertragene Wärmemenge, den so genannten **Wärmestrom** Q/t. Wie viel Wärme pro Zeiteinheit ein Material passieren lässt, ist abhängig von

- der **Materialdicke** s,
- der **Fläche** A des Materials, die die Wärme leitet,
- von der **Wärmeleitfähigkeit** λ des Materials
- und vom **Temperaturunterschied** $\Delta\vartheta$ zwischen den beiden Seiten des Materials.

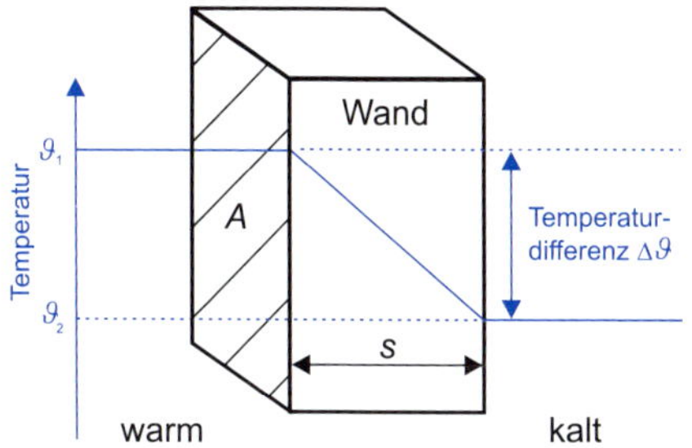

Ausgehend von der Temperatur der warmen Wandseite nimmt die Temperatur innerhalb der Wand linear bis zur Temperatur der kalten Wandseite ab.

Der **Wärmestrom** durch eine Wand ist umso größer,
- je **dünner** die *Wand* und
- je **größer**
  - *Wandfläche*,
  - *Wärmeleitfähigkeit* des Wandmaterials und
  - *Temperaturunterschied* beider Wandseiten

ist.

Daraus ergibt sich folgender Zusammenhang:

$$\frac{Q}{t} = \frac{\lambda}{s} \cdot A \cdot \Delta\vartheta$$

Q/t Wärmestrom (in J/s = W)
λ Wärmeleitfähigkeit des Wandmaterials (in J/(s · m · K))
s Wanddicke (in m)
A Wandfläche (in m^2)
$\Delta\vartheta$ Temperaturdifferenz beider Wandseiten (in K)

Wärmeströmung

Wird Materie aufgeheizt, so verringert sich ihre Dichte, da sie aufgrund der Volumenausdehnung einen größeren Raum beansprucht, die Anzahl der Teilchen aber konstant bleibt.
Hat ein Stoff eine geringere Dichte als das ihn umgebende Fluid (Flüssigkeit oder Gas), so steigt er in diesem auf. Diesen Vorgang bezeichnet man als Wärmeströmung oder auch **Konvektion.**
Die strömende Materie enthält viel Wärmeenergie, die sie mit dem umgebenden Stoff austauscht. Der Wärmetransport – oder auch die Verteilung von Wärme – erfolgt also durch die **Bewegung von Materie.** Der eigentliche Übergang der Wärmeenergie von der warmen auf die umgebende kalte Materie erfolgt dann in Form von *Wärmeleitung* oder gegebenenfalls *Wärmestrahlung.*

Konvektorheizkörper

Konvektoren

Moderne Heizkörper sind als so genannte Konvektoren konstruiert: Die Raumluft wird zwischen den beiden Platten des Heizkörpers stark erwärmt und steigt nach oben; gleichzeitig fließt frische Kaltluft von unten nach. Einen solchen Vorgang, bei dem nach oben entweichende Warmluft Frischluft von unten ansaugt, bezeichnet man als Kamineffekt.

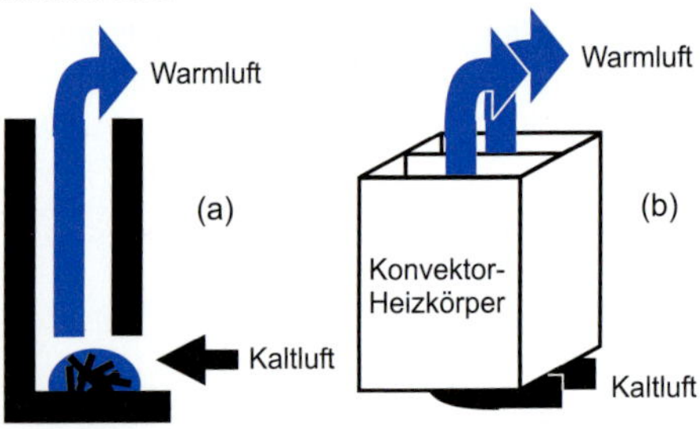

Sowohl ein offener Kamin (a) wie auch ein moderner Konvektorheizkörper (b) arbeiten beide nach dem Konvektionsprinzip.

Wärmestrahlung

Wärme ist in Form von Bewegungsenergie in den Teilchen eines Körpers gespeichert. Die Bewegung von Atomen, Molekülen oder Ionen eines Körpers führt zu einer Aussendung von *Wärmestrahlung* (Infrarotstrahlung, IR).

Wärmestrahlung gehört zum nicht sichtbaren, **infraroten Teil des elektromagnetischen Spektrums.** Für uns ist sie als »Wärmeempfinden« wahrnehmbar. Wärmestrahlung wird von jedem Körper gemäß seiner Temperatur ausgesendet, von einem 50 °C warmen Heizkörper genauso wie von einem glühenden, mehrere hundert Grad heißen Metallstück.

Jeder Körper sendet stets eine seiner Temperatur entsprechende, unsichtbare **Wärmestrahlung** (Infrarotstrahlung, IR) aus.
Je wärmer der Körper, desto energiereicher ist seine Infrarotstrahlung.

Neben der infraroten Wärmestrahlung mit einer Wellenlänge größer als 800 nm sendet ein heißer Körper auch einen geringen Anteil an sichtbarem Licht aus, welches wir als rotes Glühen, das mit zunehmender Temperatur immer heller und gelber wird, wahrnehmen können.

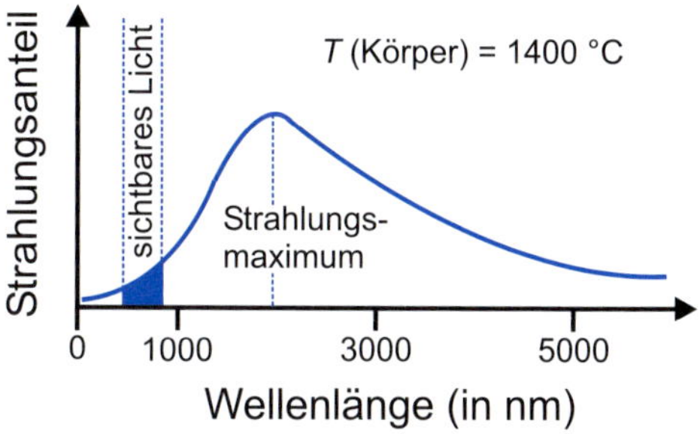

Materie, auf die infrarote Strahlung fällt, absorbiert diese und erwärmt sich dabei. Daher kann Wärmestrahlung nur im Vakuum verlustfrei weitergeleitet werden. Im Gegensatz zur Wärmeleitung müssen sich zwei Gegenstände, die Wärme mittels Infrarotstrahlung austauschen, also nicht berühren.

Eigenschaften von Wärmestrahlung

Wärmestrahlung verhält sich wie jede andere elektromagnetische Strahlung: Sie bewegt sich im Vakuum mit Lichtgeschwindigkeit, wird beim Übergang in ein Medium anderer optischer Dichte gebrochen und an verspiegelten Oberflächen reflektiert. Letzteres Prinzip wird bei der Konstruktion von **Dewar-Gefäßen** (»Thermosflasche«) zur *Wärmedämmung* verwendet. Die von einer heißen Flüssigkeit ausgesendete Infrarotstrahlung wird dabei durch eine Spiegelschicht zurückgehalten.

Sonnenkollektoren

Manche Körper absorbieren elektromagnetische Strahlung besonders gut. Da keine Reflexion und damit Rücksendung der auftreffenden Strahlung erfolgt, erscheinen diese Körper *schwarz*. Daher werden beispielsweise die Rohre von **Sonnenkollektoren**, die ja möglichst viel vom Licht der Sonne einfangen sollen, geschwärzt.

5.2 Wärmedurchgang

In der Technik ist die Übertragung von Wärme zwischen verschiedenen *Medien*, die durch eine Wand getrennt sind, von großer Bedeutung; man bezeichnet diesen Vorgang als *Wärmedurchgang*. Wärmedurchgänge spielen sowohl bei Geräten wie Wärmetauschern, die möglichst schnell möglichst viel Wärmeenergie passieren lassen sollen, als auch z. B. bei Hauswänden, bei denen genau das Gegenteil von Interesse ist, eine große Rolle.

Wärmedurchgangskoeffizient

Das Maß für den Wärmedurchgang durch eine Wand stellt der **Wärmedurchgangskoeffizient** k dar.

Der **Wärmedurchgangskoeffizient** k gibt an, welche Wärmemenge in einem bestimmten System pro Sekunde durch eine Wandfläche von 1 m^2 bei einem Temperaturunterschied von 1 K hindurch transportiert wird.

Nicht nur die Art des Wandmaterials (und damit die Wärmeleitfähigkeit λ) und die Wanddicke spielen für den **Wärmedurchgangskoeffizienten** k eine Rolle, sondern auch die Beschaffenheit und der Aggregatzustand der Materie, von der die Wärme aufgenommen bzw. an die sie abgegeben wird. Liegt auf beiden Seiten der Wand ein Gas vor (z. B. bei einem Fenster), so ist k sehr niedrig ($k = 1...5$ W /($m^2 \cdot$ K)); in einem Wärmetauscher, bei dem sich auf beiden Seiten der Wand eine Flüssigkeit befindet, kann k Werte bis zu 4000 W/($m^2 \cdot$ K) annehmen.

Betrachtet man eine Wand, durch die Wärme hindurchtritt, d. h., die auf beiden Seiten eine unterschiedliche Temperatur hat, so ist die **pro Zeiteinheit durchtretende Wärmemenge** umso größer,

- je größer die zur Verfügung stehende **Wandfläche**,
- je größer die **Temperaturdifferenz** auf beiden Seiten der Wand und
- je größer der **Wärmedurchgangskoeffizient** *k*

ist.

Es ergibt sich folgende Gleichung für den Wärmedurchgang:

$$Q = k \cdot A \cdot \Delta\vartheta \cdot t$$

Q Wärmemenge (in J)
k Wärmedurchgangskoeffizient (in $J/(s \cdot m^2 \cdot K)$ oder in $W/(m^2 \cdot K)$)
A Wandfläche (in m^2)
$\Delta\vartheta$ Temperaturdifferenz zwischen beiden Wandoberflächen (in K)
t Zeitdauer der Wärmeübertragung (in s)

Wärmedämmung

Wärmedämmung bedeutet, eine Wand so zu gestalten, dass möglichst wenig Wärme hindurchtreten kann. Im Falle eines Hauses bedeutet dies z. B., dass im Winter die Wärme im Hausinneren nicht nach außen abgegeben werden soll, d. h., der *k*-Wert muss möglichst klein werden. Bei geeignetem Aufbau schützt eine Wärmedämmung nicht nur vor dem *Verlust*, sondern auch der *Zufuhr* von Wärme, wie bei der Thermoskanne: Diese hält sowohl den Kaffee warm als auch den Eistee kalt.

Die **Funktion einer Wärmedämmung** ist, möglichst jeglichen *Wärmetransport zu unterbinden.* Die Isolationsschicht muss daher möglichst wenig *wärmeleitend* sein, einen Wärmeaustausch durch *Konvektion* (z. B. von Luft) unterbinden und zugleich *Wärmestrahlung* zurückhalten.

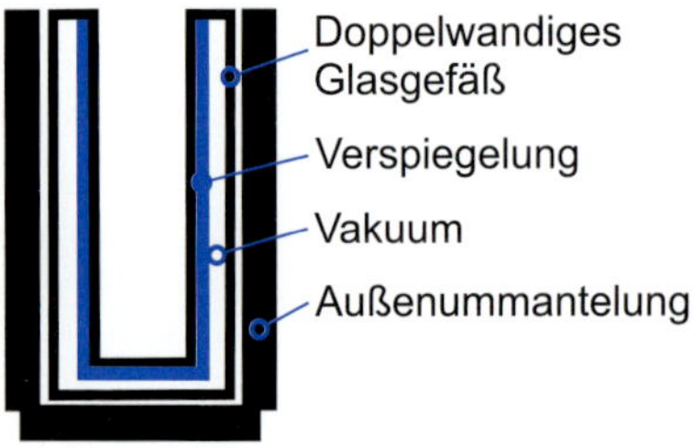

Da kein Stoff alle diese Fähigkeiten zugleich besitzt, ist eine Wärmedämmung meist aus *mehreren Schichten* aufgebaut, von denen jede ein Hindernis für eine oder mehrere Arten des Wärmetransports darstellt.

Ein nahezu perfekte Wärmedämmung stellen **Dewar-Gefäße** dar, die der schottische Chemiker *James Dewar* im Jahre 1892 zur Aufbewahrung von flüssiger Luft entwickelte:

James Dewar, 1842–1923, britischer Physiker und Chemiker

Dewar-Gefäße

Dewar-Gefäße sind mit Innenverspiegelung versehene doppelwandige Glasgefäße mit evakuiertem Zwischenraum ($p < 10^{-5}$ mbar) zur Aufbewahrung von Flüssigkeiten oder Gasen, die gegen Wärmeaufnahme oder -abgabe geschützt werden sollen.

Durch die Evakuierung des Glasgefäßes wird sowohl die Wärmeleitung als auch die Konvektion unterbunden, während die Wärmestrahlung an der verspiegelten Oberfläche des Gefäßes reflektiert wird und so weder von innen nach außen noch umgekehrt gelangen kann.

Warmhalteflaschen sind Dewar-Gefäße: Für das Foto wurde der verspiegelte, doppelwandige Glasbehälter aus der Ummantelung herausgenommen.

Dämmstoffe

Auch **handelsübliche Wärmedämmstoffe** wie Hartschaumplatten kombinieren mehrere Wirkungsmethoden: Einerseits unterdrückt der Feststoff die Wärmestrahlung, andererseits behindern die Luftbläschen im Schaumstoff die Wärmeleitung (Luft ist ein schlechter Wärmeleiter) und unterbinden zugleich eine mögliche Luft-Konvektion, da die Bläschen nicht miteinander verbunden sind. Aber auch solche Dämmstoffe nehmen immer noch eine – relativ geringe – Wärmestrahlung auf bzw. senden Wärmestrahlung aus.

5.3 Wärmekapazität

Fügt man einem Stoff Wärmeenergie zu, indem man ihn erhitzt, so erhöht sich die Temperatur des Stoffes. Die zugefügte Wärmeenergie wird als *Bewegungsenergie* (kinetische Energie) der Teilchen gespeichert; je schneller sich die Teilchen eines Körpers bewegen, desto höher ist deren kinetische Energie und damit die Temperatur des Körpers.

Die Teilchensorten verschiedener Stoffe unterscheiden sich darin, wie viel Energie sie aufnehmen müssen, um ihre Geschwindigkeit zu erhöhen. Die Folge davon ist, dass jeder Stoff eine bestimmte Energiemenge benötigt, um sich um eine bestimmte Temperaturdifferenz zu erwärmen. Die Größe, die diese Energiemenge beschreibt, nennt man die **Wärmekapazität**.

Wärmekapazität *C* eines Körpers

Unter der **Wärmekapazität *C*** eines Körpers versteht man diejenige Wärmemenge, die ein Körper benötigt, um sich um 1 K zu erwärmen.

Spezifische und molare Wärmekapazität c

Die Wärmekapazität kann sich aber auch auf die *Masse m* (in kg) oder die *Stoffmenge n* (in mol) eines Stoffes beziehen:

Die **spezifische Wärmekapazität *c*** ist eine stoffspezifische Größe, die angibt, wie viel Wärmeenergie 1 kg eines Stoffes zugeführt werden muss, damit sich dieser um 1 K erwärmt.

Die **molare Wärmekapazität** c_m gibt an, welche Energiemenge notwendig ist, um 1 mol eines Stoffes um 1 K zu erwärmen.
Anmerkung: $1\ mol = 6{,}022 \cdot 10^{23}$ *Teilchen*

Die Wärmekapazitäten der verschiedenen Stoffe unterscheiden sich zum Teil stark voneinander. Zudem sind die Wärmekapazitäten auch vom augenblicklichen Aggregatzustand eines Stoffes, von seinem Druck und seiner Temperatur abhängig. Die folgende Tabelle gibt dazu einen Überblick:

Spezifische Wärmekapazitäten					
Feststoffe	*c* in kJ/(kg · K)	Flüssigkeiten	*c* in kJ/(kg · K)	Gase (bei konstantem Druck)	*c* in kJ/(kg · K)
Zinn	0,23	Quecksilber	0,14	Argon	0,54
Zink	0,38	Benzin	2,02	Luft	1,00
Kupfer	0,39	Ethylether	2,28	Methan	2,19
V2A-Stahl	0,50	Glycerin	2,37	Helium	5,20
Glas	0,84	Ethanol	2,40	Wasserstoff	14,24
Aluminium	0,92	Wasser	4,19	Wasserdampf, 100 °C	2,03

Berechnung von Wärmemengen

Die für die Temperaturerhöhung einer bestimmten **Masse** m bzw. einer **Stoffmenge** n eines Stoffes notwendige Wärmemenge Q lässt sich mithilfe der Wärmekapazitäten c und c_m wie folgt berechnen:

$$Q = m \cdot c \cdot \Delta\vartheta$$

$$Q = n \cdot c_m \cdot \Delta\vartheta$$

Q Wärmemenge (in J)
m erwärmte bzw. abgekühlte Stoffmasse (in kg)
n erwärmte bzw. abgekühlte Stoffmenge (in mol)
c spezifische Wärmekapazität (in J/(kg · K))
c_m molare Wärmekapazität (in J/(mol · K))
$\Delta\vartheta$ Temperaturdifferenz (in K)

Beispiel:

Welche Wärmemenge muss 0,5 l Wasser von 20 °C in einem Wasserkocher zugeführt werden, damit das Wasser zu sieden beginnt?

Lösung:

$Q = m \cdot c \cdot \Delta\vartheta$ mit $m = \rho \cdot V$ und ρ (Wasser) = 1 g/ml:

$Q = \rho \cdot V \cdot c \cdot \Delta\vartheta = 1\ \text{kg/l} \cdot 0{,}5\ \text{l} \cdot 4{,}19\ \text{kJ/(kg} \cdot \text{K)} \cdot 80\ \text{K}$

$Q = 167{,}6\ \text{kJ}$

Die **Wärmekapazität** C eines Körpers kann aus der spezifischen Wärmekapazität c wie folgt errechnet werden:

$$C = c \cdot m_{\text{Körper}}$$

C Wärmekapazität des Körpers (in J/K)
m Masse des Körpers (in kg)
c spezifische Wärmekapazität (in J/(kg · K))

Kalorimeter

Geräte, mit denen man die Wärmekapazität von Stoffen bestimmen kann, nennt man Kalorimeter. Im Prinzip handelt es sich dabei um eine Thermosflasche (»Dewar-Gefäß«), in der der zu untersuchende Stoff erhitzt werden kann. Dabei werden die zugeführte Wärmeenergie und die Temperaturerhöhung des Stoffes erfasst und daraus wird die Wärmekapazität bestimmt. Die gute Isolierung des Kalorimeters verhindert einen Wärmeverlust an die Umgebung; die Wärmemenge, die das Kalorimeter selbst aufnimmt (der so genannte »Wasserwert«), muss allerdings bekannt sein und bei der Rechnung berücksichtigt werden.

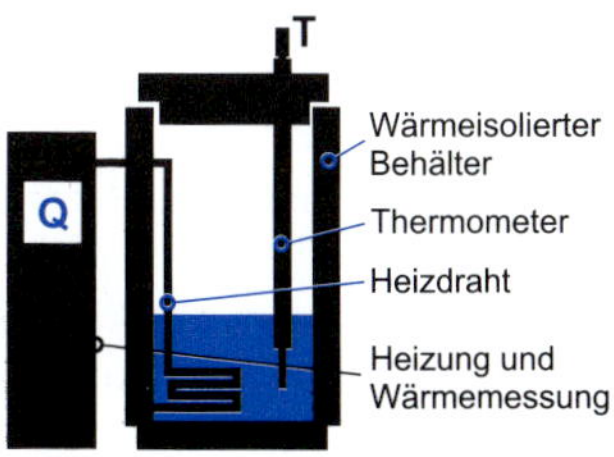

Schematischer Querschnitt durch ein Kalorimeter

Mischungsregel

Werden zwei Flüssigkeitsportionen unterschiedlicher Temperatur gemischt, so geht Wärme von der wärmeren zur kälteren Flüssigkeit über. Da die abgegebene Wärmemenge der aufgenommenen entspricht, ergibt sich die folgende Gleichung:

$$Q_{\text{abgegeben}} = Q_{\text{aufgenommen}}$$

$$m_1 \cdot c_1 \cdot (\vartheta_1 - \vartheta_m) = m_2 \cdot c_2 \cdot (\vartheta_m - \vartheta_2)$$

m_1, m_2	Massen der Flüssigkeiten (in kg)
c_1, c_2	spezifische Wärmekapazitäten (in kJ/(kg · K))
ϑ_1	Temperatur des wärmeren Stoffes (in °C)
ϑ_2	Temperatur des kälteren Stoffes (in °C)
ϑ_m	Temperatur der Mischung (in °C)

Beispiel:

Berechnen Sie die Temperatur einer Mischung von 100 g 20 °C und 350 g 50 °C warmem Wasser.

Lösung:

Umstellen der Mischungsgleichung nach ϑ_m ergibt:

$$\vartheta_m = \frac{m_1 \cdot c_1 \cdot \vartheta_1 + m_2 \cdot c_2 \cdot \vartheta_2}{m_1 \cdot c_1 + m_2 \cdot c_2}$$

Mit $c_1 = c_2$ gilt: $\vartheta_m = \dfrac{m_1 \cdot \vartheta_1 + m_2 \cdot \vartheta_2}{m_1 + m_2}$

$$\vartheta_m = \frac{0{,}1\ \text{kg} \cdot 20\ °\text{C} + 0{,}35\ \text{kg} \cdot 50\ °\text{C}}{0{,}1\ \text{kg} + 0{,}35\ \text{kg}} = 43{,}3\ °\text{C}$$

5.4 Schmelzwärme und Verdampfungswärme

Während des Schmelzens bzw. Verdampfens von Stoffen müssen die Stoffteilchen die starken **zwischenmolekularen Kräfte** überwinden, um sich weiter voneinander entfernen zu können. Dies macht eine zusätzliche Zufuhr von Wärmeenergie notwendig, die man als **Schmelzwärme** bzw. **Verdampfungswärme** bezeichnet. Die Menge der jeweils aufzuwendenden Energien ist abhängig von der Stärke der zu überwindenden zwischenmolekularen Kräfte des jeweiligen Stoffes. Trotz Wärmezufuhr findet jedoch während des Aggregatzustandsüberganges *keine* Temperaturveränderung statt, da die ganze zugeführte Wärmeenergie für den Aggregatzustandsübergang aufgewendet wird.

Die während des Schmelz- bzw. Verdampfungsvorganges aufgenommene Wärme wird beim Erstarren bzw. Kondensieren in Form von **Erstarrungswärme** bzw. **Kondensationswärme** wieder abgegeben.

Spezifische und molare Schmelzwärme

Die für einen Schmelzvorgang benötigte Wärmemenge ist abhängig von einer stoffspezifischen Größe, der spezifischen oder der molaren Schmelzwärme:

Die **spezifische Schmelzwärme** q bzw. die **molare Schmelzwärme** q_m gibt an, welche Wärmemenge erforderlich ist, um 1 kg bzw. 1 mol eines Stoffes zu schmelzen.
Anmerkung: 1 mol $\triangleq$ *6,022 ·* 10^{23} *Teilchen*

Schmelzwärme Q_S

Die Gesamtmenge der beim Aggregatzustandsübergang aufzuwendenden bzw. freigesetzten Wärmeenergie bezeichnet man als **Schmelzwärme** Q_S. Sie errechnet sich aus der *Masse* bzw. *Stoffmenge* des beteiligten Stoffes und seiner spezifischen bzw. molaren Schmelzwärme wie folgt:

$$Q_S = q \cdot m \qquad Q_S = q_m \cdot n$$

Q_S Wärmemenge (in J)
m Masse des Stoffes (in kg)
n Stoffmenge (in mol)
q spezifische Schmelzwärme (in J/kg)
q_m molare Schmelzwärme (in J/mol)

Beispiel:
Ein Eisbereiter produziert pro Stunde 7 kg Eis. Welche Wärmemenge muss dem 0 °C kalten Wasser dafür entzogen werden?
Lösung:
$Q_S = q \cdot m = 335\ \text{kJ/kg} \cdot 7\ \text{kg} = 2345\ \text{kJ}$

Spezifische und molare Verdampfungswärme

Die für einen Siedevorgang benötigte Wärmemenge ist analog zur Schmelzwärme abhängig von einer stoffspezifischen Größe, der spezifischen oder der molaren Verdampfungswärme:

Die **spezifische Verdampfungswärme** r bzw. die **molare Verdampfungswärme** r_m gibt an, welche Wärmemenge benötigt wird, um 1 kg bzw. 1 mol eines Stoffes zu verdampfen.

Anmerkung: 1 mol = 6,022 · 10^{23} Teilchen

Verdampfungswärme Q_V

Die Gesamtmenge der beim Sieden bzw. Kondensieren aufzuwendenden bzw. freigesetzten Wärmeenergie bezeichnet man als **Verdampfungswärme** Q_V. Sie errechnet sich aus der Masse bzw. Stoffmenge des beteiligten Stoffes und seiner spezifischen bzw. molaren Verdampfungswärme wie folgt:

$$Q_V = r \cdot m \qquad\qquad Q_V = r_m \cdot n$$

Q_V	Wärmemenge (in J)
m	Masse des Stoffes (in kg)
n	Stoffmenge (in mol)
r	spezifische Verdampfungswärme (in J/kg)
r_m	molare Verdampfungswärme (in J/mol)

Beispiel:

Wie viel Energie wird benötigt, um 1,5 kg Wasser mit einer Temperatur von 12 °C vollständig zu verdampfen?

Lösung:

Die benötigte Energie berechnet sich aus der Wärmemenge, die zum Erhitzen des Wassers auf 100 °C notwendig ist, sowie der Verdampfungswärme des Wassers:

$$Q_{gesamt} = Q_{(12\,°C \rightarrow 100\,°C)} + Q_V$$

$$Q_{gesamt} = (m_{Wasser} \cdot c_{Wasser} \cdot \Delta\vartheta) + (m_{Wasser} \cdot r_{Wasser})$$

$$= (1{,}5\ kg \cdot 4{,}19\ kJ/(kg \cdot K) \cdot 88\ K) + 1{,}5\ kg \cdot 2256\ kJ/kg$$

$$= 553{,}08\ kJ + 3384\ kJ = 3937{,}08\ kJ$$

Spezifische Schmelzwärmen q und Verdampungswärmen r			
Stoff	q in kJ/kg	Stoff	r in kJ/kg
Quecksilber	11,8	Brom	183
Blei	23	Quecksilber	285
Schwefel	50	Aceton	525
Kupfer	213	Ethanol	840
Wasser	335	Wasser	2256

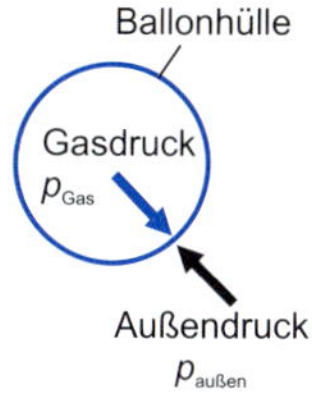

Der in einem Luftballon vorhandene Gasdruck ist stets genauso groß wie der von außen wirkende Druck.

6 Ausdehnungsarbeit und erster Hauptsatz der Wärmelehre

Wird ein Gas in einem Luftballon erwärmt, so erhöht sich der Druck des Gases. Da der im Balloninneren vorhandene Gasdruck nun höher ist als der Druck, der von außen auf die Ballonhülle wirkt, dehnt sich der Ballon aus. Dies geschieht so lange, bis der Gasdruck, der aufgrund des sich vergrößernden Ballonvolumens wieder abnimmt, genauso groß ist wie der äußere Druck. Beim Ausdehnen der Ballonhülle wird diese vom Gas gegen den Außendruck *gepresst.*

Da die vom Gas auszuübende Kraft F in Richtung der sich ausdehnenden Hülle wirkt, verrichtet das Gas eine **Arbeit** W, die **Ausdehnungsarbeit**. Die für die Verrichtung dieser Arbeit notwendige Energie wird vom Gas selbst aufgebracht. Es handelt sich dabei z. B. um die *Wärmeenergie* des Gases, die bei der Ausdehnung in *mechanische Arbeit* (Ausdehnungsarbeit) umgewandelt wird. Die Summe der in einem Gas – bzw. allgemein in einem Stoff – gespeicherten Energien bezeichnet man als die **innere Energie** U des Stoffes. Sie setzt sich zusammen aus der *kinetischen* und der *potenziellen Energie* seiner Stoffteilchen. Ein Stoff kann seine innere Energie in mechanische Energie oder Wärmeenergie umwandeln. Durch Zufuhr von Wärme oder mechanischer Arbeit kann andererseits die innere Energie eines Stoffes wieder erhöht werden.

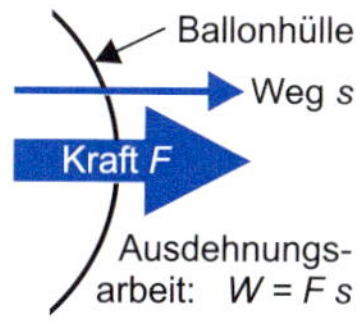

Beim Ausdehnen der Hülle verrichtet das im Ballon befindliche Gas Ausdehnungsarbeit.

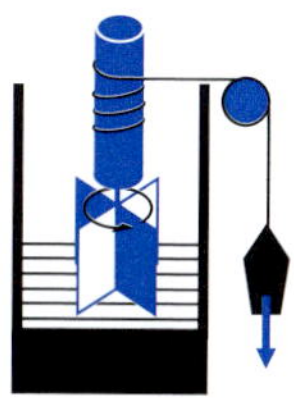

Umwandlung von mechanischer Energie in innere Energie: Beim Herunterfallen des Massenstücks dreht sich das Schaufelrad und erwärmt das Wasser.

Dies führt zum **1. Hauptsatz der Thermodynamik:**

Die innere Energie eines Stoffes ergibt sich aus der Wärmeenergie und der mechanischen Arbeit, welche dem Stoff zugeführt bzw. von ihm abgegeben wurde:

$$\Delta U = Q + W$$

7 Wärmekraftmaschinen

Wärmekraftmaschinen (Dampfmaschinen, Verbrennungsmotoren, Kraftwerksturbinen) wandeln die in heißen Gasen vorhandene Wärmeenergie in mechanische Energie um. Dabei kühlen sich die Gase ab. Wandelt eine Maschine umgekehrt mechanische Energie in Wärmeenergie um, so bezeichnet man sie als eine **Kraftwärmemaschine** (Kühlschrank, Klimaanlage, Wärmepumpe). Hier erfolgen die gleichen Vorgänge wie in einer Wärmekraftmaschine, nur in umgekehrter Reihenfolge.

In einer Wärmekraftmaschine erzeugt man – oft durch einen Verbrennungsvorgang – zunächst Wärme und heizt damit die Arbeitssubstanz auf die Temperatur T_1 auf; man »führt« damit der Arbeitssubstanz quasi einen Wärmebetrag ΔQ »zu«. Die Arbeitssubstanz, die nun die Wärmemenge Q_1 enthält, leistet in einem Zylinder oder einer Turbine *Ausdehnungsarbeit.* Die dazu nötige Energie entspricht dem Energiebetrag ΔQ, der ihrer Wärmeenergie Q_1 entnommen wird. Dadurch sinkt der Betrag der im Stoff enthaltenen Wärmeenergie auf Q_2. Die Temperatur fällt gleichzeitig auf T_2 ab.

Wirkungsgrad

Der **Wirkungsgrad** η einer Wärmekraftmaschine berechnet sich aus dem Verhältnis der erzeugten mechanischen Energie W zur zugeführten Wärmeenergie ΔQ zu:

$$\eta = \frac{W}{\Delta Q}$$

η Wirkungsgrad
ΔQ zugeführte Wärmeenergie (in J)
W erzeugte mechanische Energie (in J)

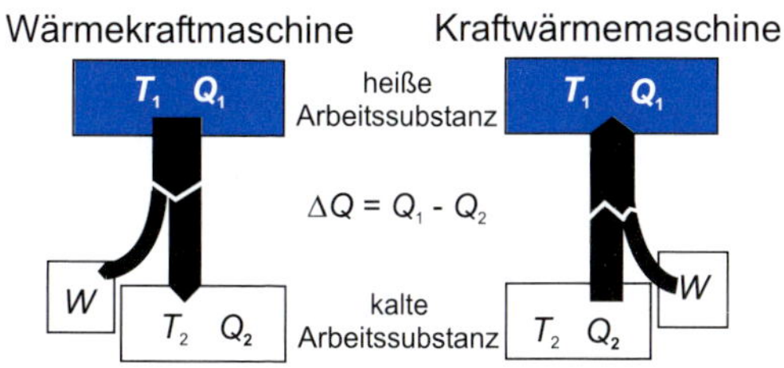

Der heißen Arbeitssubstanz wird bei der Wärmekraftmaschine Wärme entzogen, wodurch sich die Wärmeenergie um ΔQ verringert. In Abhängigkeit vom Wirkungsgrad der Maschine wird dabei die mechanische Energie W frei. Bei den Kraftwärmemaschinen wird unter Aufwendung mechanischer Energie die Temperatur des Arbeitsmediums und damit dessen Wärmeenergie erhöht.

Kühlen durch Heizen: Der Kühlschrank

Der Kühlschrank ist ein typisches Beispiel für die praktische Anwendung der Verdampfungswärme. In den Kühlschlangen, die man im Inneren eines Kühlschranks sieht, wird nämlich ein Kühlmittel, das einen niedrigen Siedepunkt hat, verdampft (1). Die für diesen Aggregatzustandsübergang notwendige Wärmeenergie wird dabei dem Kühlschrankinneren entzogen und so die Temperatur dort gesenkt.

Um eine permanente Kühlung zu erzielen, muss das Kühlmittel in einem Kreislauf geführt werden, in dem es die im Kühlschrankinneren aufgenommene Wärme immer wieder abgeben kann. Dieses Ziel wird mit folgender Verfahrensweise erreicht:

Zunächst gelangt das gasförmige Kühlmittel (2) aus dem Kühlschrankinneren zu einem Kompressor (3), der das Kühlmittel komprimiert, d.h. den Druck erhöht. Die Druckerhöhung muss so groß sein, dass das Kühlmittel wieder flüssig wird, wobei die bei dieser erzwungenen Kondensation frei werdende Wärme das Kühlmittel auf eine Temperatur oberhalb der normalen Raumtemperatur erhitzt. Das flüssige und heiße Kühlmittel (4) fließt darauf durch den an der Rückwand des Kühlschranks angebrachten Wärmeaustauscher (5), wo es seine Wärme an die Raumluft abgibt (was natürlich nur dann funktioniert, solange die Raumtemperatur geringer ist als die Temperatur des erhitzten Kühlmittels!). Auf diese Weise wird die im Kühlschrank aufgenommene Wärme in die Umgebung abgeführt: Der Kühlschrank wirkt nach außen als »Heizung«. Dabei geht keine Wärme verloren; der Energieerhaltungssatz ist erfüllt.

Das abgekühlte, jedoch noch unter einem hohen Druck stehende flüssige Kühlmittel (6) gelangt dann wieder in den Kühlschrank und dort zunächst an ein Druckminderungsventil (7). Beim Durchgang durch dieses Ventil wird der Druck so stark verringert, dass das Kühlmittel verdampft. Dabei wird die Tatsache ausgenutzt, dass die Siede- bzw. Kondensationstemperatur eines Stoffes druckabhängig ist: Je geringer der Druck, desto niedriger der Siedepunkt. So siedet das entspannte Kühlmittel schon unterhalb von Temperaturen, die im Kühlschrank erreicht werden. Umgekehrt führt eine Erhöhung des Drucks zu einer Erhöhung der Siedetemperatur, weshalb sich das Kühlmittel bei der Kompression verflüssigt.

Um zu verdampfen, muss ein Stoff jedoch die Verdampfungswärme aufnehmen, womit wir wieder bei der Abkühlung des Kühlschrankinneren (1) angekommen wären; der Kreisprozess kann wieder von neuem beginnen.

Schematischer Querschnitt durch einen Kühlschrank mit Kompressor und Wärmeaustauscher (siehe Text). Warmes Kühlmittel im Kühlkreislauf ist blau, kaltes schwarz dargestellt.

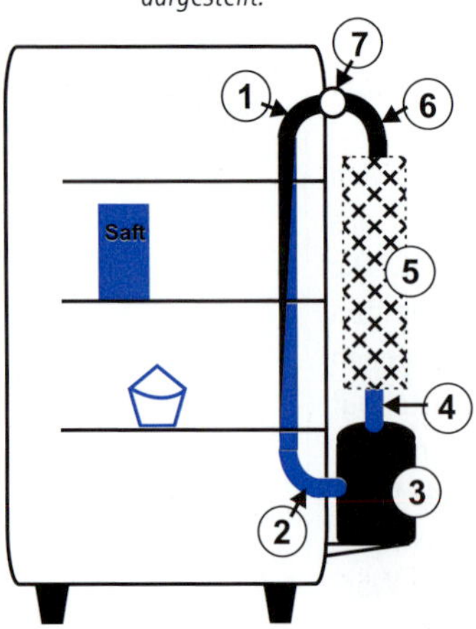

Auf einen Blick: Wärmelehre

Temperatur und Temperaturmessung

- Je höher die **Temperatur** eines Körpers, desto größer ist die **kinetische Energie** seiner Teilchen.
- Die Temperatur, bei der alle Teilchen zur Ruhe kommen, d. h. die kinetische Energie der Teilchen gleich null ist, wird **absoluter Nullpunkt der Temperatur** genannt; er liegt bei **0 K** bzw. **−273,15 °C**.

Aggregatzustände

- **Feste Materie:** Die Teilchen liegen dicht nebeneinander und »zittern« nur geringfügig um ihre Gleichgewichtsposition.
- **Flüssigkeiten:** Die einzelnen Teilchen können sich voneinander lösen und sind gegeneinander beweglich.
- **Gasförmige Stoffe:** Die Teilchen sind vollständig voneinander getrennt und unabhängig voneinander.
- Während einer **Aggregatzustandsänderung** bleibt die Temperatur eines Stoffes konstant.

Wärmeausdehnung von Festkörpern und Flüssigkeiten

- Die **Längenausdehnung** eines Stoffes ist abhängig vom Längenausdehnungskoeffizienten α des Festkörpers: $\Delta l = l_0 \cdot \alpha \cdot \Delta\vartheta$
- Die **Volumenausdehnung eines Festkörpers** ist abhängig von seinem Volumenausdehnungskoeffizienten γ: $\Delta V = V_0 \cdot \gamma \cdot \Delta\vartheta$ mit $\gamma \approx 3\,\alpha$
- Die **Volumenausdehnung von Flüssigkeiten** ist abhängig vom Volumenausdehnungskoeffizienten γ_{fl} der jeweiligen Flüssigkeit: $\Delta V = V_0 \cdot \gamma_{\text{fl}} \cdot \Delta\vartheta$
- **Anomalie des Wassers:** Flüssiges Wasser besitzt seine größte Dichte nicht am Gefrierpunkt, sondern erst bei 4 °C.

Zustandsänderungen von Gasen

- Verringert man durch Kompression das Volumen eines Gases auf die Hälfte, so steigt der Druck im Gas auf das Doppelte an (Gesetz v. **Boyle-Mariotte**): $p \cdot V =$ konstant
- Verdoppelt man die Temperatur eines Gases, so dehnt sich das Gas auf das Doppelte seines Volumens aus (Gesetz von **Gay-Lussac**): $\frac{V}{T} =$ konstant

● Aus der Kombination der Gesetze von Boyle-Mariotte und Gay-Lussac ergibt sich die **Zustandsgleichung** der Gase: $\frac{p \cdot V}{T}$ = konstant

● **Volumengesetz** der Gase: Alle Gase dehnen sich bei einer Temperaturerhöhung von 1 K um 1/273stel ihres Volumens bei 0 °C aus.

$$\Delta V = \frac{1}{273\ \text{K}} \cdot V_0 \cdot \Delta\vartheta$$

● **Allgemeine Gasgleichung:** Für *ideale Gase*, deren Teilchen angenommenermaßen keine Wechselwirkungen untereinander ausüben, gilt: $p \cdot V = n \cdot R \cdot T$

Wärmeenergie

● Die **Wärmeenergie** entspricht der **kinetischen Energie** der Teilchen eines Stoffes.

● Der **Gesamtwärmegehalt** eines abgeschlossenen Systems bleibt immer **konstant**, auch wenn innerhalb des Systems Wärme von einem zum anderen Körper übergeht.

● Wärmetransport kann durch
- **Wärmeleitung,**
- **Konvektion** oder
- **Wärmestrahlung**

erfolgen.

● Die spezifische **Wärmekapazität** ***c*** ist eine stoffspezifische Größe, die angibt, wie viel Wärmeenergie einem Stoff zugeführt werden muss, damit sich dieser um 1 K erwärmt:

$$Q = m \cdot c \cdot \Delta\vartheta$$

● Für einen Aggregatszustandswechsel muss einem Stoff zusätzliche Energie zugeführt werden:
- **Schmelzwärme** Q_S: $Q_S = q \cdot m$
- **Verdampfungswärme** Q_V: $Q_V = r \cdot m$

Ausdehnungsarbeit und erster Hauptsatz

● Die **Arbeit**, die ein Stoff beim Ausdehnen gegen den äußeren Luftdruck verrichtet, bezeichnet man als **Ausdehnungsarbeit**.

● Die Summe aus der *kinetischen* und der *potenziellen Energie* seiner Stoffteilchen bezeichnet man als die **innere Energie** ***U*** des Stoffes.

● Der **erste Hauptsatz der Thermodynamik** besagt, dass sich die Änderung der inneren Energie eines Stoffes aus der ihm *zu-* oder *abgeführten Wärmeenergie* und der *am* oder *vom* Stoff verrichteten *mechanischen Arbeit* ergibt:

$$\Delta U = Q + W$$

Elektrizitätslehre

Seit der Antike schon sind verschiedene Erscheinungen der Elektrostatik bekannt, jedoch fehlte eine wissenschaftliche Deutung dieser Phänomene. Die Elektrizitätslehre, wie wir sie heute kennen, gründet sich u. a. auf den Beobachtungen von *Gilbert, von Guericke* und *Franklin*, die durch *Galvani* und *Volta* erste praktische Anwendungen erfuhren. Wissenschaftlich ergründet wurden die Gesetze der Elektrizitätslehre dann von *Ampère, Coulomb, Faraday* und vor allem *Maxwell*. Heute ist sie einer der wichtigsten Grundpfeiler unserer technikgeprägten Gesellschaft.

1 Ladung, Stromstärke, Spannung

1.1 Ladungsmenge

Elektrische Ladungen

Die elektrische Ladung *Q* ist eine Mengengröße. Sie ist eine Eigenschaft von Materie und kann weder erzeugt noch vernichtet werden. Man unterscheidet negative elektrische Ladungen und positive elektrische Ladungen.

> Gleiche Mengen elektrischer Ladungen mit unterschiedlichen Vorzeichen heben sich in der Wirkung auf.

In der Natur kommen beide Ladungen gleich häufig vor. Trennt man jedoch die Ladungen voneinander, kann man Folgendes beobachten:

> Gleichnamige elektrische Ladungen stoßen sich ab, ungleichnamige Ladungen ziehen sich an.

Elektroskop

Die abstoßende Wirkung wird z. B. dazu verwendet, Ladungen sichtbar zu machen. In einem Elektroskop wird ein dünner metallischer Zeiger drehbar an einem Stab befestigt. Der leitende Stab ist zudem von seiner Umgebung elektrisch isoliert. Werden Ladungen auf Stab und Zeiger aufgebracht, führt die elektrostatische Abstoßung zwischen Stab und Zeiger zu einem Ausschlag des Zeigers.

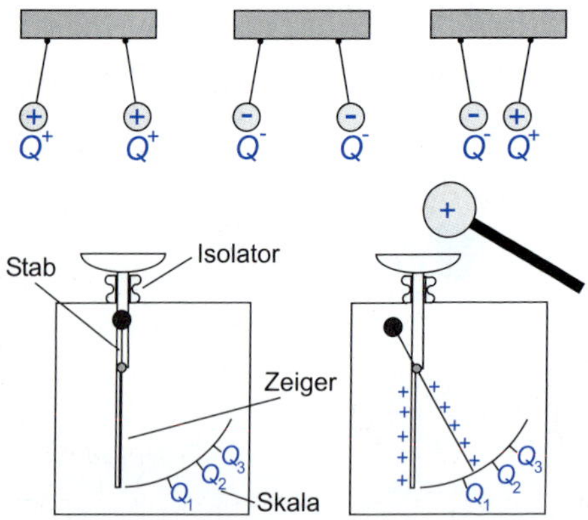

Gleichnamige elektrische Ladungen stoßen sich ab, ungleichnamige ziehen sich an. Auch das Elektroskop beruht auf diesem Prinzip.

Dieser Ausschlag wächst mit der aufgebrachten Ladungsmenge. Die abstoßende Wirkung gleichnamiger Ladungen führt auch dazu, dass die Ladungsträger versuchen, immer die größtmögliche Entfernung zueinander einzunehmen.

Das Innere eines geladenen metallischen Körpers ist ladungsfrei, d. h. elektrisch neutral.

Faraday-Käfig

In einem mit Metall umschlossenen Raum (z. B. Auto, Flugzeug etc.) – solche Räume werden nach dem englischen Physiker *Michael Faraday* auch *Faraday*-Käfige genannt – ist man also vor den Einwirkungen elektrischer Phänomene geschützt (selbst ein Blitz kann keine Ladungen eindringen lassen).

Michael Faraday, 1791–1867, englischer Physiker und Chemiker

1.2 Elektrischer Strom

Elektrischer Strom ist Ladungstransport.

Fließen Ladungen von einem Punkt zu einem anderen, nennt man dies einen elektrischen Strom. Die Ladungsmenge, die pro Sekunde fließt, heißt Stromstärke. Es gilt:

$$I = \frac{Q}{t}$$

Die elektrische Stromstärke I besitzt die Einheit Ampere (A). Das Ampere ist eine Basiseinheit im internationalen Einheitensystem (SI) und wurde nach dem französischen Physiker *André M. Ampère* benannt.

André Marie Ampère, 1775–1836, französischer Mathematiker und Physiker

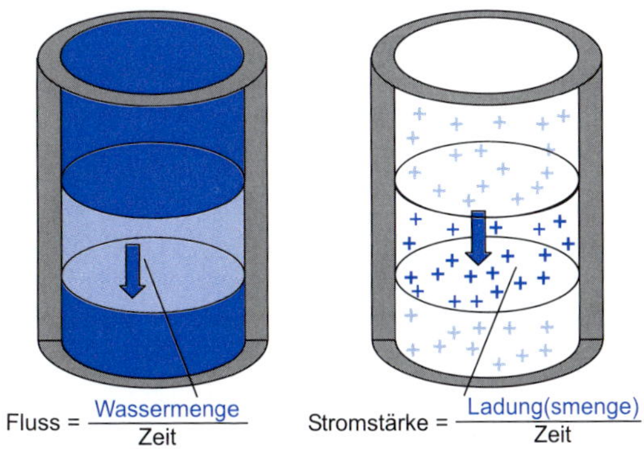

Ähnlich einem Fluss von Wasser fließen beim elektrischen Strom Ladungen.

Charles Augustin de Coulomb, 1736–1806, französischer Physiker und Ingenieur

Aus der Einheit der Stromstärke I ist die Einheit der Ladung Q abgeleitet. Die Ladung von einem Coulomb (C), benannt nach dem französischen Physiker *Charles A. de Coulomb*, ist definiert als die Ladungsmenge, die in einer Sekunde bei einer Stromstärke von einem Ampere fließt:

$$1\,\mathrm{C} = 1\,\mathrm{A} \cdot 1\,\mathrm{s} = 1\,\mathrm{A} \cdot \mathrm{s}$$

1.3 Elektrische Spannung

Reibungselektrizität

Werden Ladungen unterschiedlichen Vorzeichens getrennt, ziehen sich die Ladungen an. Diese elektrische Anziehung nennt man elektrische Spannung U. Sie kann z. B. beobachtet werden, wenn man sich bei trockenem Wetter mit einem nicht leitenden Kamm durch die Haare streicht. Durch die gleitende Berührung zwischen den Haaren und dem Kamm werden Ladungen verschoben und es entsteht ein Ladungsungleichgewicht zwischen dem Kamm und den Haaren. Dadurch ziehen sich Kamm und Haare gegenseitig an. Gelegentlich kann sich die Spannung durch einen Funken (ähnlich einem Blitz) entladen. Diese Art der Ladungstrennung war schon in der Antike bekannt. Beim intensiven Reiben (daher auch der Name Reibungselektrizität) von Wolle an Bernstein kann sie ebenfalls beobachtet werden. Gleiches gilt auch für Gummi, Glas und andere Isolatoren. Die Elektrizitätslehre hat daher ihren Namen.

griech. Elektron = Bernstein

Ähnlich einer Wassermenge m, die um die Höhe h gehoben wird, muss auch die Ladungsmenge Q um die Spannung U »gehoben« werden.

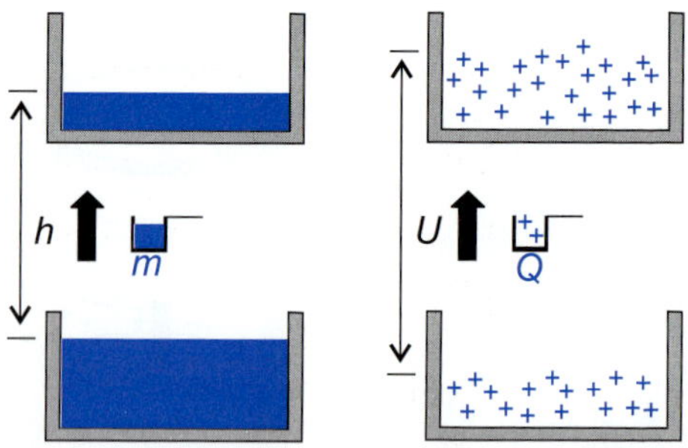

Da sich Ladungen unterschiedlichen Vorzeichens anziehen, ist zu ihrer Trennung die Arbeit W notwendig. Diese Arbeit ist gespeichert und kann wieder zurückgewonnen werden. Die elektrische Spannung ist definiert als die Arbeit, die pro Ampere und Sekunde verrichtet wird.

$$U = \frac{W}{I \cdot t} = \frac{W}{Q}$$

Die Einheit für die Spannung wurde nach dem italienischen Physiker *Alessandro Volta* Volt (V) genannt.

Alessandro Volta, 1745–1827, italienischer Physiker

$$1\,\text{V} = \frac{1\,\text{J}}{1\,\text{A} \cdot 1\,\text{s}}$$

Verwendet man wieder das Bild eines Flusses von Wasser, so kann die elektrische Spannung anschaulich als die Höhe, die das Wasser hinunterfließt, betrachtet werden.

1.4 Elementarladung

Wenn die elektrische Ladung eine mengenartige Größe ist, so stellt sich die Frage, ob es eine kleinste »Menge« an Ladung gibt und wie groß diese ist. *M. Faraday* untersuchte um 1833 die Eigenschaft des elektrischen Stromes, dass, wenn er durch eine Flüssigkeit geleitet wird, an den Elektroden Metalle und Gase abgeschieden werden.

Elektrolyse

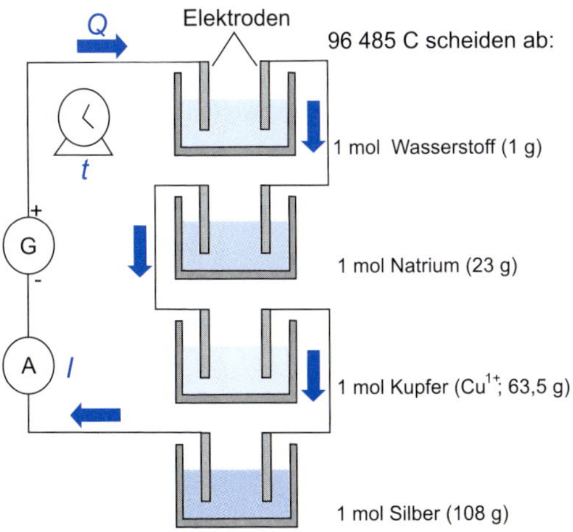

Beim Stromtransport durch Flüssigkeiten wird an den Elektroden Material abgeschieden. Die Materialmenge ist abhängig von der geflossenen Ladungsmenge.

Faraday'sches Gesetz

Er stellte fest:

Die abgeschiedene Stoffmenge ν (und damit die Teilchenzahl N eines bestimmten Stoffes) ist proportional zur geflossenen Ladung.

Bestimmt man die Teilchenzahl N, die je geflossener Ladung Q abgeschieden wurde, kann man daraus die Elementarladung e berechnen. Um 107,87 g Silber abzuscheiden, ist die Ladungsmenge von 96 487 C notwendig. Da diese Silbermenge gerade 1 mol (= $6{,}023 \cdot 10^{23}$ Teilchen) entspricht, ist die Elementarladung:

$$e = \frac{Q}{N} = \frac{96\,485\ \text{C}}{6{,}022 \cdot 10^{23}} = 1{,}6022 \cdot 10^{-19}\ \text{C}$$

Robert Andrews Millikan, 1868–1953, amerikanischer Physiker

Diese Ladungsmenge ist ungeheuer klein, man braucht $6{,}24 \cdot 10^{18}$ Elementarladungen, um ein Coulomb zu bilden. Erst der amerikanische Physiker *R. A. Millikan* konnte 1909 zeigen, dass dieser Wert kein Mittelwert ist, sondern dass in der freien Natur nur ganze Vielfache der Elementarladung auftreten.

1.5 Coulomb'sches Gesetz

Zwei Körper, die Ladungen tragen, ziehen sich an oder stoßen sich (je nach Vorzeichen) ab. Wie groß diese Kraft ist, hängt von der Entfernung der Ladungen zueinander, deren Größe und der genauen Ladungsverteilung ab.

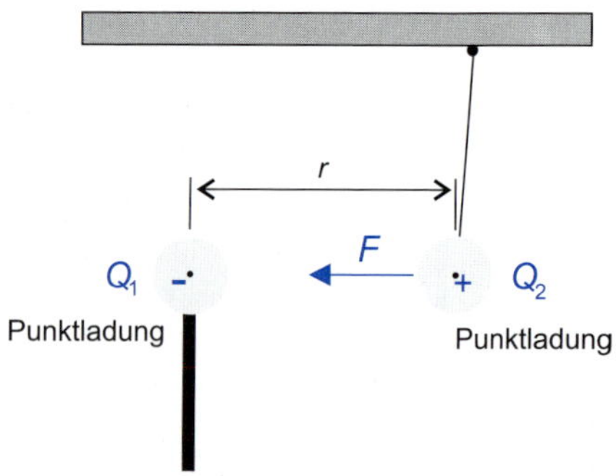

Die Kraft, die zwischen zwei Punktladungen wirkt, wird durch das Coulomb'sche Gesetz beschrieben.

Für den einfachsten Fall, in dem die Ladungen jeweils auf einen einzigen Punkt konzentriert sind (man spricht auch von Punktladung), kann man diese Kraft leicht berechnen. Nehmen wir an, die eine Punktladung trägt die Ladung Q_1 und die zweite Q_2, der Abstand zwischen den beiden Punkten beträgt r, dann gilt für die Kraft F dazwischen:

Kraft zwischen Punktladungen

$$F = k \cdot \frac{Q_1 \cdot Q_2}{r^2}$$

Dabei ist k eine Konstante, die vom Material zwischen den Ladungen (z. B. Luft, Öl oder auch Vakuum) abhängig ist. Diese Beziehung wird auch Coulomb'sches Gesetz (zu Ehren des französischen Physikers *C. A. de Coulomb*) genannt. Für die Konstante gilt:

$$k = \frac{1}{4 \cdot \pi \cdot \varepsilon}$$

Dabei ist π die Kreiskonstante und ε die so genannte **Permittivität** (siehe auch Abschnitt 2.3). Sie beträgt für das Vakuum:

Elektrische Feldkonstante

$$\varepsilon_0 = 8{,}8542 \cdot 10^{-12}\ \frac{\mathrm{C}}{\mathrm{V \cdot m}}$$

Das Coulomb'sche Gesetz gleicht von der Form her dem Newton'schen Gravitationsgesetz, nur dass die Ladungen durch Massen ersetzt werden und die Konstante sehr viel kleiner ist.

Beispiel: Es seien zwei Punktladungen von je 1 C im Vakuum einen Meter auseinander, wie groß ist die Kraft?

$$F = \frac{1}{4 \cdot 3{,}1416 \cdot 8{,}8542 \cdot 10^{-12}\ \frac{\mathrm{C}}{\mathrm{V \cdot m}}} \cdot \frac{1\ \mathrm{C} \cdot 1\ \mathrm{C}}{(1\ \mathrm{m})^2} = 8{,}99 \cdot 10^{9}\ \mathrm{N}$$

Dies entspricht etwa der Gewichtskraft der Cheopspyramide. Diese hohen Kräfte bewirken, dass auch sehr kleine Ladungsmengen wahrgenommen werden können. Außerdem bewirken sie, dass die Atome zusammengehalten werden.

2 Elektrostatische Felder

2.1 Feldlinien und Feldstärke

Ladungen üben aufeinander Kräfte aus. Wie groß die Kraft zwischen zwei Punktladungen ist, lässt sich nach dem **Coulomb'schen Gesetz** berechnen. Dabei ist neben der Größe der Anziehung auch die Kraftrichtung durch die Verbindungsachse zwischen den beiden Punkten gegeben. Eine solch einfache Berechnung der Richtung und Stärke der Kraftwirkung auf eine Ladung in einer ausgedehnten Ladungsverteilung ist so jedoch nicht möglich.

Kraftfelder

Um diese Art von Problemen zu lösen, verwendet man so genannte **Kraftfelder**. Diese Kraftfelder sind eine Eigenschaft des Raumes und beschreiben, wie groß die Kräfte eines Feldes (auch Feldkräfte genannt) an einem bestimmten Punkt im Raum sind und in welche Richtung sie wirken. Die elektrische **Feldstärke** E (ein Vektor) gibt an, wie groß an einem bestimmten Punkt im Raum die elektrische Kraft F auf eine **Probeladung** q ist und in welche Richtung die Kraft zeigt. Es gilt:

$$F = q \cdot E$$

Die Einheit für die elektrische Feldstärke ist:

$$1\,\frac{\mathrm{N}}{\mathrm{C}} = 1\,\frac{\mathrm{V}}{\mathrm{m}}$$

Eine wichtige Eigenschaft von Feldern ist, dass sie durch Überlagerung (**Superposition**) vektoriell addiert werden können. Für die Überlagerung von n einzelnen Feldern, die in die gleiche Richtung zeigen, zu einem gemeinsamen Feld gilt:

$$E = E_1 + E_2 + E_3 + \ldots + E_n$$

Feldlinien

Zur Veranschaulichung des (unsichtbaren) Feldes werden so genannte **Feldlinien** verwendet. Die elektrischen Feldlinien verbinden die Ladungen miteinander und sind immer tangential zu der Richtung der Kraftwirkung.

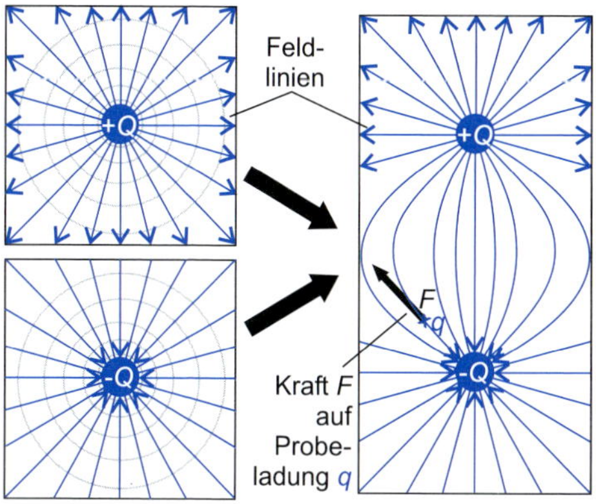

Durch Überlagerung der elektrischen Felder der einzelnen Ladungen kann das Feld für die Ladungsverteilung angegeben werden und damit für alle Punkte im Raum die Kraftwirkung auf eine Probeladung q.

Zusammenfassend kann man sagen:

Im Raum um elektrische Ladungen besteht ein elektrisches Feld. In diesem Feld wirken Feldkräfte auf die Ladungen. Die elektrischen Feldlinien beginnen an positiven Ladungen und enden an negativen Ladungen. Die Kraft auf die Ladungen wirkt tangential zu den Feldlinien.

Da die auf die Ladung wirkende Kraft stets tangential zu den Feldlinien ist, müssen Feldlinien senkrecht auf leitenden Oberflächen enden. Wäre dies nicht so, würde der waagerechte Anteil der Kraft die Ladung so lange verschieben, bis dieser Anteil verschwindet.

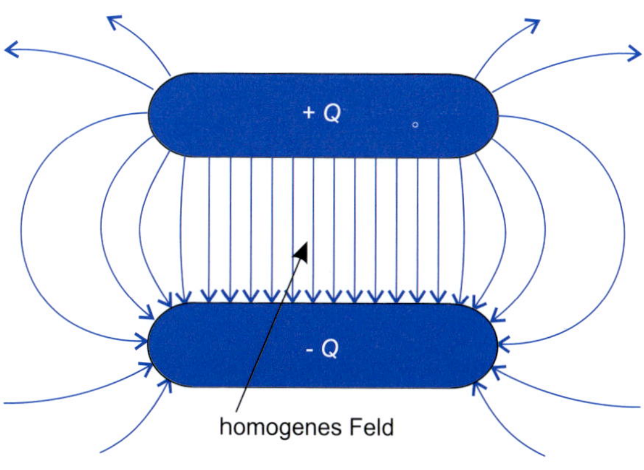

Feldlinien stehen senkrecht auf leitenden Oberflächen. Sind Abstände und Richtung der Feldlinien konstant, spricht man von einem Bereich homogenen Feldes.

Homogene Felder

Betrachtet man die Feldlinien im Zentrum zwischen zwei geladenen, runden und metallischen Platten, deren Radius *r* wesentlich größer als ihr Abstand *d* ist, so stellt man fest, dass die Feldlinien alle gleich weit auseinander liegen und dieselbe Richtung besitzen. Ein solches Feld nennt man **homogen**.

> In einem homogenen elektrischen Feld hat die Feldstärke E überall die gleiche Richtung und den gleichen Betrag (Größe).

Hält man die Spannung zwischen zwei Plattten konstant und verändert deren Abstand, so muss die Feldstärke proportional dazu fallen.
Für eine homogenes Feld gilt:

> In einem homogenen elektrischen Feld der Feldstärke E ist die Spannung U zwischen zwei Punkten, die auf der gleichen Feldlinie im Abstand d liegen, gegeben durch:
> $$U = E \cdot d$$

2.2 Elektrische Kapazität

Verändert man die Ladungsmenge Q auf zwei gegenüberliegenden Flächen, so ändert sich die Spannung U zwischen den Polen proportional dazu. Den Proportionalitätsfaktor nennt man Kapazität C. Es gilt:

$$C = \frac{Q}{U}$$

Die Einheit der Kapazität wurde zu Ehren des englischen Physikers *Michael Faraday* (1791–1867) Farad (F) genannt:

$$\frac{1\,\text{C}}{1\,\text{V}} = 1\,\text{F}$$

Bauelemente, die eine elektrische Kapazität besitzen, werden **Kondensatoren** genannt. Die Größe ihrer Kapazität ist von ihrer Bauform abhängig.

Plattenkondensator

Im sehr einfachen Fall eines Plattenkondensators, bei dem zwei runde ebene Flächen den Abstand *d* voneinander haben, kann die Kapazität leicht berechnet werden. Es gilt:

Die Kapazität wächst proportional zur Plattenfläche *A* und umgekehrt proportional zum Abstand *d*.

Herrscht im Raum zwischen den Platten Vakuum, ist die Proportionalitätskonstante die so genannte **elektrische Feldkonstante** ε_0. Für die Kapazität eines Plattenkondensators gilt dann:

$$C = \varepsilon_0 \cdot \frac{A}{d}$$

Beispiel: Die zwei Platten eines Plattenkondensators haben eine Fläche *A* von jeweils 0,045 m² ($r \approx 12$ cm) und besitzen einen Abstand *d* von 0,005 m. Zwischen den Platten befindet sich Vakuum. Wie groß ist die Kapazität?

$$C = \varepsilon_0 \cdot \frac{A}{d} = 8{,}85 \cdot 10^{-12}\ \frac{\mathrm{F}}{\mathrm{m}} \cdot \frac{0{,}045\ \mathrm{m}^2}{0{,}005\ \mathrm{m}} = 8 \cdot 10^{-11}\ \mathrm{F} = 80\ \mathrm{pF}$$

Die Kapazitäten von Kondensatoren sind also im Allgemeinen sehr klein, dadurch lassen sich bei den üblichen Spannungen nur sehr geringe Ladungsmengen speichern.

2.3 Permittivität, relative Permittivität

Die elektrische Feldkonstante

$$\varepsilon_0 = 8{,}8542 \cdot 10^{-12}\ \frac{\mathrm{C}}{\mathrm{V \cdot m}}$$

Influenz

gilt nur für das elektrische Feld im Vakuum. Bringt man einen nicht leitenden Stoff (Dielektrikum) in den Raum zwischen den Platten eines Kondensators ein, so reagiert der Stoff auf das elektrische Feld so, dass die inneren Ladungen sich ausrichten (Influenz). Die positiven Ladungen der **Dipole** erfahren eine Kraftwirkung zur negativ geladenen Platte und umgekehrt. Diese Polarisierung des Materials führt wiederum zu einer Abnahme des elektrischen Feldes und damit zu einer Erhöhung der Kapazität.

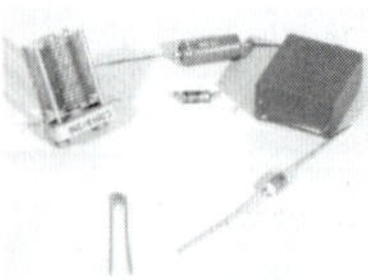

Verschiedene handelsübliche Kondensatoren

Die Erhöhung ist abhängig vom verwendeten Material. Die **relative Permittivität** ε_r gibt den Faktor an, um den die Kapazität erhöht wird. Für die Kapazität eines Plattenkondensators mit Dielektrikum gilt dann:

$$C = \varepsilon_0 \cdot \varepsilon_r \cdot \frac{A}{d}$$

Stoff	relative Permittivität ε_r
Luft	1
Öl	2–2,5
Destilliertes Wasser	81
Ethanol	26
Papier	1,2–3
Glas	5–16
Keramik	bis 10 000

Erfüllt man also den Raum zwischen den Kondensatorplatten mit Keramik, steigt seine Kapazität bis zu einem Faktor von 10 000 an. Moderne Kondensatoren verwenden große Oberflächen mit geringen Abständen und ein Dielektrikum, um eine hohe Kapazität zu erreichen.

2.4 Energie des elektrischen Feldes

Laden und Entladen eines Kondensators

Wird ein Kondensator geladen, so steigt die Spannung U proportional mit der aufgebrachten Ladungsmenge Q an. Die Arbeit, die zum Laden notwendig ist, ist gegeben durch:

$$W = \frac{1}{2} \cdot U \cdot Q = \frac{1}{2} \cdot C \cdot U^2 = \frac{1}{2} \cdot \frac{Q^2}{C}$$

Verwendet man einen Plattenkondensator (siehe oben), so ergibt sich unter Zuhilfenahme von $U = E \cdot d$

$$W = \frac{1}{2} \cdot C \cdot U^2 = \frac{1}{2} \cdot \varepsilon_0 \cdot \varepsilon_r \cdot E^2 \cdot V$$

Diese Arbeit ist im Kondensator in der Energie des elektrischen Feldes (mal dem Feldvolumen $V = A \cdot d$) gespeichert und kann beim Entladen zurückgewonnen werden.

3 Magnetostatische Felder

Bringt man zwei **Permanentmagnete** nahe zueinander, so kann man beobachten, dass die Magnete Kräfte aufeinander ausüben. Ähnlich wie Ladungen in der Elektrostatik können sich Magnete anziehen und abstoßen.

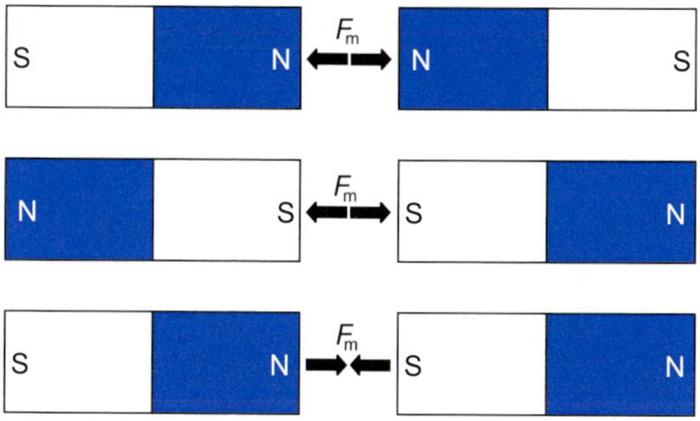

Je nach Orientierung der Dipole ziehen sich Stabmagnete an oder stoßen sich ab.

Im Gegensatz zu den elektrischen **Monopolen**, die als positive wie negative Ladung vorliegen können, sind Magnete jedoch immer **Dipole** (es gibt keine magnetischen Monopole!). Das bedeutet, dass Magnete immer gleichzeitig zwei Pole besitzen, die Nord- und Südpol heißen. Die Existenz der magnetischen Kräfte ist schon lange bekannt. Schon um 1000 n. Chr. nutzten Chinesen die Ausrichtung von magnetisiertem Erz im Erdmagnetfeld, um sich zu orientieren. Die Herkunft dieser Kräfte war jedoch lange Zeit unklar. Erst mit der Entdeckung, dass ein elektrischer Strom ein Magnetfeld erzeugt und dass ein Magnetfeld eine Kraft auf einen Ladungsstrom ausübt, konnte (zusammen mit dem Modell der Elementarmagnete) der Ursprung der magnetischen Kräfte erklärt werden. Ganz allgemein gilt:

Magnete sind Dipole.

> Der Magnetismus beschreibt die Wirkung von bewegten Ladungen aufeinander.

3.1 Magnetisches Feld

Entsprechend der Elektrostatik kann man die Kraftwirkung der Magnete durch die Einführung eines **Kraftfeldes** beschreiben. Da das magnetische Feld im Gegensatz zum elektrischen Feld keine Monopole (Ladungen) besitzt, sind die Feldlinien des magnetischen Feldes immer geschlossen. Das heißt, wie ein Kreis besitzen sie keinen Anfang oder Ende. Die Feldlinien des magnetischen Feldes verlaufen dabei außerhalb des Magneten von seinem Nordpol zu seinem Südpol, innerhalb genau umgekehrt.

Feldlinien sind geschlossen.

Die Feldlinien des magnetische Feldes zeigen außerhalb des Magneten von Nord nach Süd.

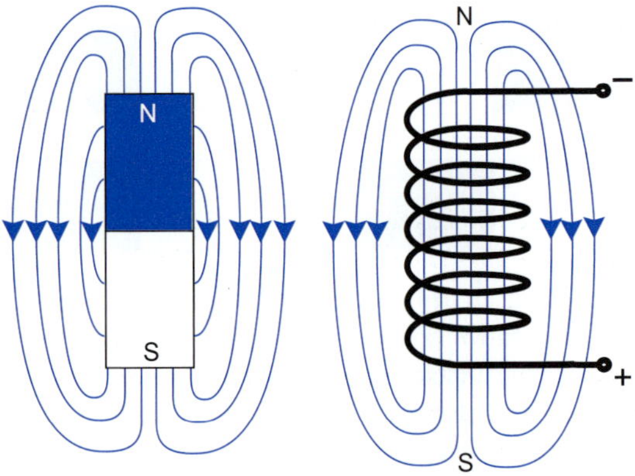

3.2 Kraft auf Ströme im Magnetfeld

Fließt in einem Magnetfeld elektrischer Strom durch einen Draht, so kann eine Kraftwirkung auf diesen Draht beobachtet werden.

Die Kraftrichtung auf einen Leiter in einem Magnetfeld kann durch die Dreifingerregel angegeben werden.

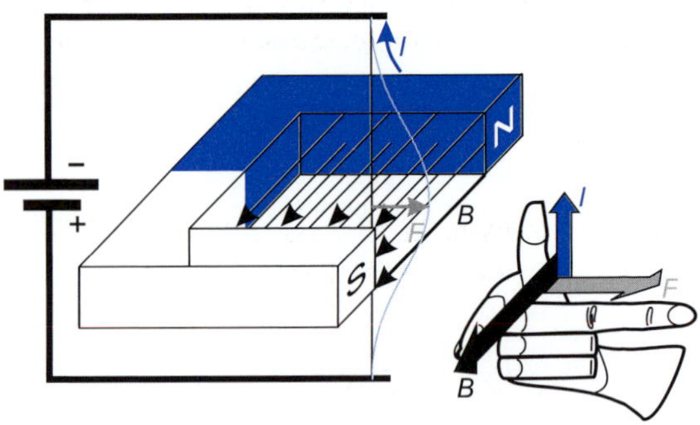

Für die Richtung der Kraft gilt:

Ein Strom durch einen Leiter erfährt von einem fremden Magnetfeld eine Kraft, die senkrecht zu den Feldlinien des Magnetfeldes und senkrecht zur Stromrichtung verläuft.

Kraftrichtung

Dies ist die so genannte **Dreifingerregel**, dabei dienen Daumen, Zeige- und Mittelfinger der rechten Hand dazu, die Kraftrichtung zu bestimmen. Zeigt der Daumen in Richtung des Stromflusses und der Zeigefinger in Richtung des magnetischen Feldes, so gibt der dazu senkrechte Mittelfinger die Kraftrichtung an. Dies ist ein wesentlicher Unterschied zum elektrischen Feld, wo die Kraft tangential zur Feldlinie wirkt. Deshalb gilt auch:

Ein Magnetfeld übt keine Kraft auf einen Strom aus, der parallel zu den magnetischen Feldlinien fließt.

Diese Kraftwirkung des magnetischen Feldes auf einen stromdurchflossenen Leiter kann dazu verwendet werden, die Größe des magnetischen Feldes zu beschreiben.

3.3 Magnetische Flussdichte

Wir betrachten einen elektrischen Leiter mit der Länge l, der von einem Strom I durchflossen wird. Dieser Leiter befinde sich in einem homogenen magnetischen Feld, dessen Feldlinien senkrecht zu der Richtung des Stromflusses stehen. Durch den Stromfluss wird auf den Leiter eine Kraft F ausgeübt. Die magnetische Flussdichte B ist dann definiert durch

$$B = \frac{F}{I \cdot l}$$

Nikola Tesla, 1856–1943, kroatisch-amerikanischer Physiker und Elektrotechniker

Die Einheit der magnetischen Flussdichte Tesla (T) ist dabei nach dem jugoslawischen Physiker *N. Tesla* benannt.

$$1\,\frac{\mathrm{N}}{\mathrm{A} \cdot \mathrm{m}} = 1\,\mathrm{T}$$

Dabei stellt ein Tesla ein sehr hohes Feld dar. Es erzeugt auf einem Leiter von 1 m Länge, durch den ein Strom von 1 A fließt, eine Kraft von 1 N. Das Erdmagnetfeld ist im Vergleich dazu mit etwa $B = 4{,}7 \cdot 10^{-4}$ T recht gering.

3.4 Feld einer langen Spule

Befindet sich eine Kompassnadel in der Nähe eines Drahtes, durch den ein elektrischer Strom fließt, kann umgekehrt beobachtet werden, dass eine magnetische Kraftwirkung auf den Kompass ausgeübt wird.

Auch ein von elektrischem Strom durchflossener Draht übt eine magnetische Kraft aus.

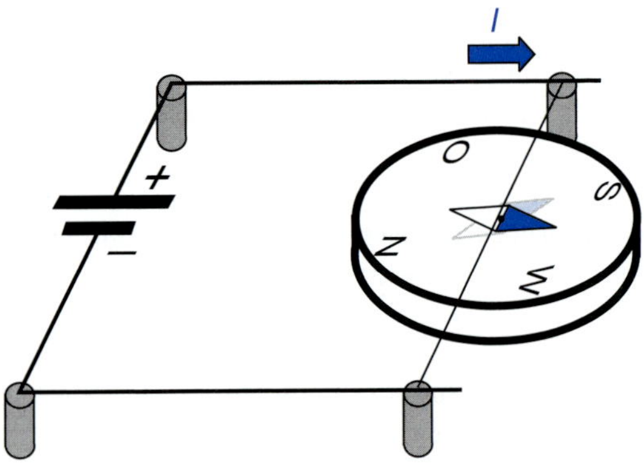

Homogenes Magnetfeld

Das durch den Stromfluss um den Draht entstehende magnetische Feld ist stark von der Position zum Draht abhängig. Wickelt man den Draht zu einer langen Spule auf, so stellt man fest, dass das magnetische Feld überall im Inneren der Spule eine gleich große Wirkung hervorruft. Es gilt:

> Das Magnetfeld im Inneren einer lang gestreckten stromdurchflossenen Spule ist homogen.

Schickt man nun durch einen zweiten Draht, der durch die Mitte der Spule senkrecht zur Spulenachse verläuft, einen konstanten Strom und misst die Kraftwirkung durch das Magnetfeld der Spule auf diesen Draht, stellt man fest, dass die Kraftwirkung linear mit dem Strom I durch die Spule ansteigt.

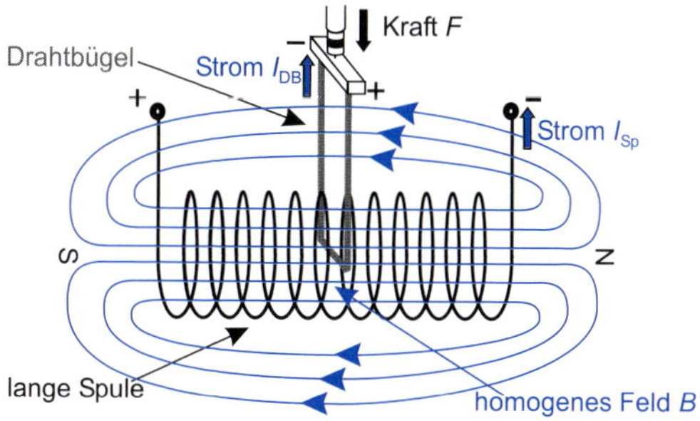

Aus der Kraftwirkung auf einen Leiter kann die Proportionalitätskonstante zwischen Spulenstrom und magnetischem Feld ermittelt werden.

Werden für diesen Versuch geometrisch identische Spulen (aber mit unterschiedlichen Windungszahlen) verwendet, so stellt man fest, dass bei gleichen elektrischen Strömen durch die Spulen das magnetische Feld linear mit der Anzahl der Spulenwindungen ansteigt. Es gilt:

Das magnetische Feld einer langen Spule steigt proportional zum Spulenstrom I und zum Quotienten aus Wicklungsanzahl n und Länge der Spule l.

Der Proportionalitätsfaktor wird **magnetische Feldkonstante** μ_0 genannt. Es gilt:

$$\frac{B \cdot l}{I \cdot n} = \mu_0 = 1{,}257 \cdot 10^{-6}\ \frac{\mathrm{N}}{\mathrm{A}^2}$$

3.5 Permeabilität

Wird eine Spule mit Eisen gefüllt, steigt die magnetische Flussdichte in der Spule stark an. Das Eisen nimmt also, ähnlich wie das Dielektrikum im Kondensator das elektrische Feld verändert, Einfluss auf die magnetische Flussdichte.

Die Permeabilitätszahl μ_r gibt an, um welches Vielfache sich die magnetische Flussdichte B erhöht, wenn ein Stoff anstatt Vakuum den Raum erfüllt.

Abhängig von der Permeabilitätszahl unterteilt man Stoffe in drei verschiedene Klassen.

3.6 Ferro-, Para- und Diamagnetismus

Magnetismus wird durch die Elektronenbewegung in Atomen (Elementarmagnete) verursacht. Dabei unterscheidet man drei verschiedene Fälle.

Beim **Diamagnetismus** ist die Bewegung der Elektronen im Atom so, dass sich keine Dipole ausbilden (1). Durch ein äußeres Magnetfeld werden die Bahnen der Elektronen so verändert, dass sie sich nicht mehr ausgleichen, ein Dipol entsteht (2). Dieser vom äußeren Feld verursachte Dipol ist aber dem äußeren Feld entgegengerichtet (3). Das äußere Feld wird dadurch abgeschwächt.

Die Permeabilitätszahl μ_r eines diamagnetischen Stoffes ist immer kleiner als (aber sehr nahe) eins.

Permeabilitätszahlen diamagnetischer Stoffe

Diamagnetischer Stoff	μ_r
Wasser	0,999 991
Kupfer	0,999 990
Wismut	0,999 84

Wird eine Kugel aus diamagnetischem Material in ein inhomogenes Magnetfeld gebracht, so wirkt eine Kraft in Richtung des schwächeren Magnetfeldes auf die Kugel.

Beim Diamagnetismus wird das äußere Feld durch die entstehenden Dipole geschwächt.

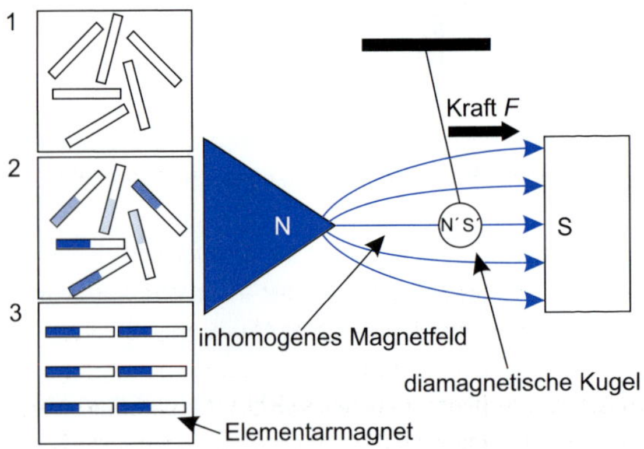

Beim **Paramagnetismus** ist die Bewegung der Elektronen im Atom so, dass sich die Dipolfelder durch die Elektronenbewegung nicht vollständig aufheben. Es bilden sich atomare Dipole (Elementarmagnete) aus, die untereinander aufgrund der thermischen Bewegung der Atome völlig ungeordnet sind (1). Durch ein äußeres Magnetfeld werden diese Dipole in Richtung des Feldes geordnet (2). Das äußere Feld wird dadurch verstärkt.

Die Permeabilitätszahl μ_r eines paramagnetischen Stoffes ist immer größer als (aber sehr nahe) **eins**.

Permeabilitätszahlen paramagnetischer Stoffe

Paramagnetischer Stoff	μ_r
Luft	1,000 000 37
Aluminium	1,000 02
Eisen (bei 800 °C)	1,15

Wird eine Kugel aus paramagnetischem Material in ein inhomogenes Magnetfeld gebracht, so wirkt eine Kraft in Richtung des stärkeren Magnetfeldes auf die Kugel.

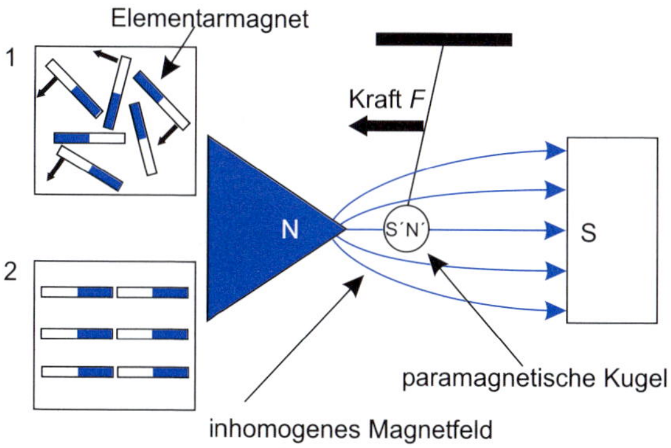

Beim Paramagnetismus wird das äußere Feld durch die Ausrichtung der vorhandenen Dipole gestärkt.

Beim **Ferromagnetismus** (lat. ferrum = Eisen) ist wie beim Paramagnetismus die Bewegung der Elektronen im Atom so, dass sich die Dipolfelder durch die Elektronenbewegung nicht vollständig aufheben. Es bilden sich ebenfalls atomare Dipole (Elementarmagnete) aus. Im Gegensatz zu paramagnetischen

Beim Ferromagnetismus richten sich die Elementarmagnete selbstständig in den Weiß'schen Bezirken einheitlich aus.

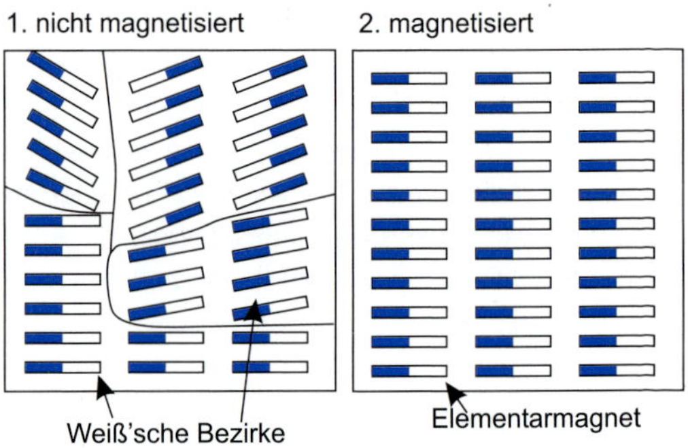

Stoffen, bei denen die Dipole schwächer und völlig ungeordnet sind, bilden sich bei den ferromagnetischen Stoffen spontan kleine Regionen (so genannte Weiß'sche Bezirke, Durchmesser ca. 0,01 mm), in denen alle Dipole gleich ausgerichtet sind. Diese Bezirke sind zeitlich stabil, aber untereinander ungeordnet. Werden die Weiß'schen Bezirke durch ein äußeres Feld gleichmäßig ausgerichtet, stehen alle Elementarmagnete in Richtung des äußeren Magnetfeldes, das Material ist magnetisch gesättigt und das Magnetfeld stark vergrößert.

Weiß'sche Bezirke

Pierre Ernest Weiss (Weiß), 1865–1940, französischer Physiker

Die Permeabilität μ_r eines ferromagnetischen Stoffes ist immer sehr viel größer als **eins**.

Permeabilitätszahlen ferromagnetischer Stoffe

Ferromagnetischer Stoff	μ_r
Gusseisen	800
Transformatorenblech	8000
Mumetall	100 000

Diese Ausrichtung bleibt im Gegensatz zum Dia- und Paramagnetismus auch nach dem Ausschalten des äußeren Feldes teilweise erhalten. Auf diese Weise werden aus speziellen Eisenlegierungen **Permanentmagnete** hergestellt.

3.7 Lorentz-Kraft

Magnetische Felder üben auf fließende Ladungen eine Kraftwirkung aus, dies konnte schon bei einem stromdurchflossenen Leiter in einem Magnetfeld nachgewiesen werden. Auch auf sich frei bewegende Elektronen, wie sie z. B. in einer **Braun'schen Röhre** verwendet werden, wirkt diese Kraft und führt zu einer Ablenkung der Elektronen. Sie wurde nach dem niederländischen Physiker *H. A. Lorentz* Lorentz-Kraft genannt. Die Kraftwirkung muss nach der **Dreifingerregel** senkrecht zur Bewegungsrichtung der Elektronen und zur Flussdichte des Magnetfeldes stehen.

Karl Ferdinand Braun, 1850–1918, deutscher Physiker

Hendrik Antoon Lorentz, 1853–1928, niederländischer Physiker

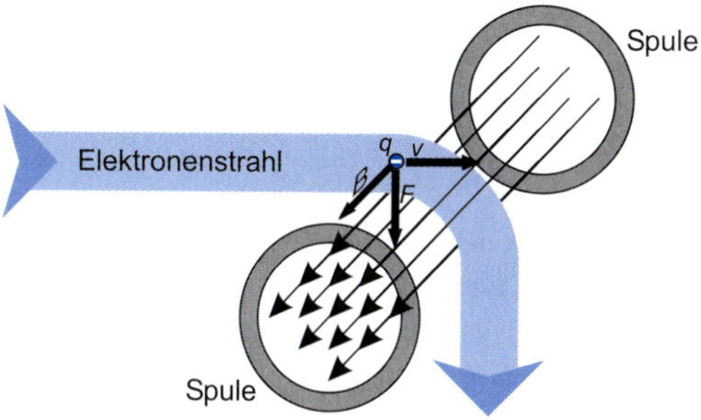

Fliegen geladene Teilchen durch ein magnetisches Feld, so führt die Lorentz-Kraft zu einer Ablenkung.

Die Kraft F auf einen Leiter der Länge l, der von einem Strom I in einem Magnetfeld mit der Flussdichte B durchflossen wird, ist gegeben durch:

Kraft auf Leiter im Magnetfeld

$$F = I \cdot l \cdot B$$

Ersetzt man den Strom I mit

$$I = \frac{Q}{t} = \frac{N \cdot e}{l} \cdot v_s$$

durch die Anzahl an Elementarladungen ($N \cdot e$) sowie die Driftgeschwindigkeit v_s der Elektronen, so ist die Kraft auf alle Elementarladungen gegeben durch:

$$F = I \cdot l \cdot B = N \cdot B \cdot e \cdot v_s$$

Dividiert man durch N und berücksichtigt, dass der magnetische Fluss und die Bewegungsrichtung den Winkel α bilden, erhält man die Lorentz-Kraft zu:

$$F_L = -e \cdot v \cdot B \cdot \sin \alpha$$

In Fernsehapparaten nutzt man die Lorentz-Kraft, um mit einem Elektronenstrahl den ganzen Bildschirm abzutasten. Dazu werden starke magnetische Spulen so von Wechselströmen durchflossen, dass der Elektronenstrahl über die Innenseite des Bildschirms wandert.

4 Elektromagnetische Felder

In der **Magnetostatik** wurde gezeigt, dass auf elektrische Ströme in einem magnetischen Kraftfeld eine Kraft ausgeübt wird (**Lorentz-Kraft**) und umgekehrt ein elektrischer Strom um sich herum ein magnetisches Feld aufbaut. Ganz allgemein wurde gesagt:

Der Magnetismus beschreibt die Wirkung von bewegten Ladungen aufeinander.

Dabei war man davon ausgegangen, dass weder die Magnetfelder noch die elektrischen Ströme sich zeitlich ändern.

Veränderliche Felder

Auch wenn die elektrischen und magnetischen Felder zeitlich veränderlich sind, wie in der **Elektrodynamik** beschrieben, ist dieser Satz weiterhin gültig. Zusätzlich treten durch die zeitliche Änderung von Strömen und Feldern weitere physikalische Effekte auf, die im täglichen Leben von großer Bedeutung sind. So lassen sich mit der Elektrodynamik die Grundlagen von Rundfunk und Fernsehen, aber auch das schnurlose Telefon oder die Funktionsweise von Generatoren zur Energiegewinnung erklären.

4.1 Induktionsgesetz

Die **Induktion** wurde entdeckt, als nach Wegen zur Bereitstellung von elektrischer Energie gesucht wurde. Zwar waren die Reibungselektrizität und die chemische Elektrizität schon bekannt, für eine technische Nutzung waren diese Verfahren jedoch zu aufwendig und teuer.

Wenn sich ein elektrischer Leiter senkrecht zu einem homogenen Magnetfeld bewegt, wird an seinen Enden eine Spannung induziert.

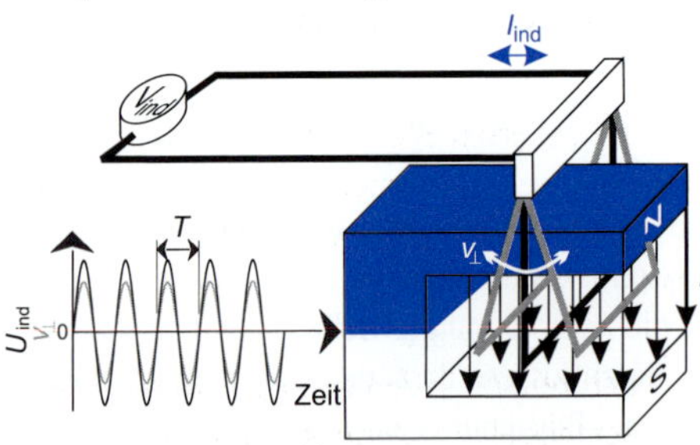

Bei seinen Versuchen machte *M. Faraday* 1831 die folgende Entdeckung:

Induktionsspannung

Bewegt sich ein Leiter der Länge l mit der Geschwindigkeit v senkrecht zu den magnetischen Feldlinien eines homogenen zeitlich konstanten Feldes der Stärke B, so kann an seinen Enden die induzierte Spannung U_{ind}

$$U_{ind} = B \cdot l \cdot v$$

abgegriffen werden. Das heißt aber auch:

Bewegungsenergie lässt sich in elektrische Energie umwandeln.

Dies ist jedoch nicht die einzige Möglichkeit, durch Induktion eine Spannung zu erzeugen. Wird eine Leiterschleife mit der Fläche A senkrecht von einem homogenen Magnetfeld der Stärke B durchflutet, so ist der gesamte Fluss Φ an Feldlinien durch die Leiterschleife gegeben durch:

$$\Phi = B \cdot A$$

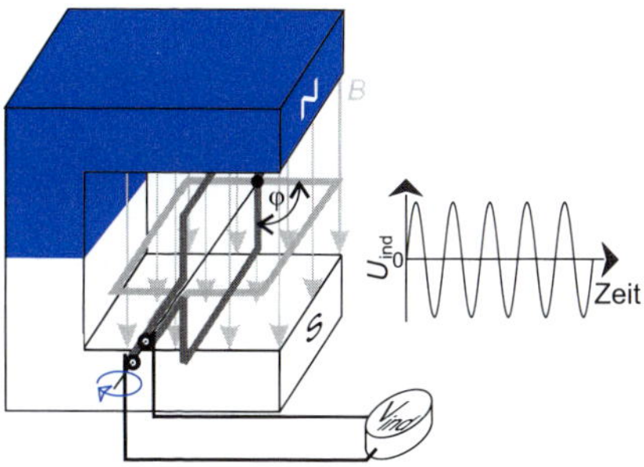

Dreht man eine Leiterschleife geeignet in einem magnetischen Feld, so verursacht die Flussänderung eine Induktionsspannung.

Dreht sich die Leiterschleife im magnetischen Feld, so ändert sich der Winkel φ zwischen den Feldlinien und der Fläche A. Damit ändert sich aber auch der Fluss Φ im Laufe der Zeit. Es gilt:

$$\Phi = B \cdot A \cdot \cos\varphi$$

Durch den sich zeitlich ändernden Fluss wird an den Enden der Spule ebenfalls eine Spannung induziert.

Das Faraday'sche Induktionsgesetz sagt ganz allgemein aus, dass die induzierte Spannung U_{ind} proportional zur Flussänderung $\Delta\Phi$ während der Zeitdauer Δt ist. Für eine Spule mit n Schleifen gilt:

$$U_{\text{ind}} = n \cdot \frac{\Delta\Phi}{\Delta t}$$

Generatoren erzeugen Strom.

Die Drehung einer Leiterschleife in einem Magnetfeld wird zur Stromerzeugung durch **Generatoren** in einem Kraftwerk verwendet. Die zeitliche Änderung des magnetischen Flusses kann man auch erreichen, wenn man die Leiterschleife senkrecht zu den Feldlinien fixiert und die Stärke des magnetischen Feldes mit der Zeit ändert (z. B. den Strom durch die Spule erhöht). Nach diesem Prinzip arbeiten z. B. **Transformatoren**. Zur Charakterisierung der induktiven Eigenschaften von Spulen wird die Induktivität L eingeführt. Sie gibt an, wie groß die induziert Spannung ist, wenn der Strom durch die Spule sich ändert. Es gilt:

Induktivität

$$-L = \frac{U_{\text{ind}} \cdot \Delta t}{\Delta I}$$

Joseph Henry, 1797–1878, amerikanischer Physiker

Die Einheit für die Induktivität wurde nach dem amerikanischen Physiker *Joseph Henry* Henry (H) benannt.

$$1\,\text{V} \cdot \frac{1\,\text{s}}{1\,\text{A}} = 1\,\text{H}$$

Heinrich Friedrich Emil Lenz, 1804–1865, deutsch-russischer Physiker

Wird an den Enden der Leiterschleife eine Spannung induziert, so führt diese Spannung zu einem Stromfluss durch die Leiterschleife. Die **Lenz'sche Regel**, benannt nach dem baltischen Physiker *H. F. E. Lenz*, sagt aus:

Der Induktionsstrom ist so gerichtet, dass sein Magnetfeld dem erzeugenden Magnetfeld entgegenwirkt.

4.2 Energie des magnetischen Feldes

Fließt ein Strom durch eine Spule, baut sich um diese Spule ein magnetisches Feld auf. Da nach dem Unterbrechen des Stromkreises der Strom noch für kurze Zeit weiterfließt, während sich das magnetische Feld abbaut, muss im magnetischen Feld Energie gespeichert sein. Für die Arbeit, die zur Erzeugung eines Magnetfeldes bei der **Selbstinduktivität** L und dem Strom I notwendig ist, gilt:

$$W = \frac{1}{2} \cdot L \cdot I^2$$

Verwendet man eine lange Spule, ist die Induktivität L (siehe Abschn. 5.7 Selbstinduktion) durch deren Länge l, Querschnittsfläche A und Anzahl der Windungen n gegeben:

$$L = \mu_0 \cdot \mu_r \cdot n^2 \cdot \frac{A}{l}$$

$$B = \frac{I \cdot \mu_0 \cdot \mu_r \cdot n}{l}$$

So ergibt sich durch Umformen für die gespeicherte Arbeit:

$$W = \frac{1}{2 \cdot \mu_0 \cdot \mu_r} \cdot B^2 \cdot V$$

Man erkennt, dass die Arbeit im magnetischen Feld (mal dem Feldvolumen $V = A \cdot l$) gespeichert wird.

4.3 Transformator

Fließt Wechselstrom durch eine Spule (Primärspule), so wird ein sich zeitlich änderndes Magnetfeld erzeugt. Dieses Magnetfeld erzeugt nach dem Induktionsgesetz in einer zweiten Spule (Sekundärspule) eine Induktionsspannung.

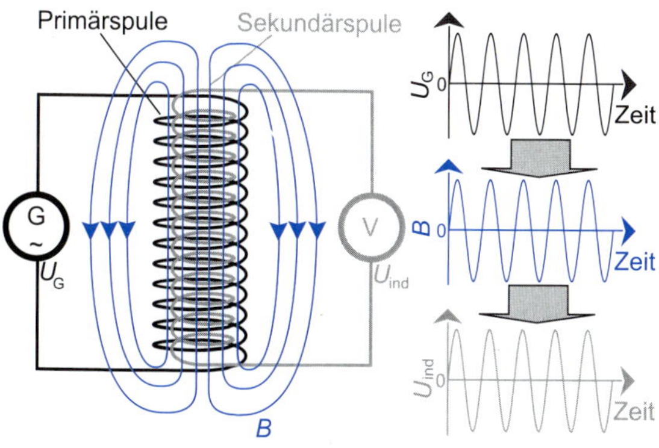

Ändert sich das magnetische Feld in der einen Spule, führt dies in der anderen Spule zu einer Induktionsspannung.

Ist der Ohm'sche Widerstand (siehe Abschnitt 5.2) der Primärspule null, so gilt für den Zusammenhang zwischen der angelegten Spannung U_1 und der von ihr hervorgerufenen Änderung des magnetischen Flusses Φ_1 die so genannte Grundgleichung des Transformators:

$$U_1 = n_1 \cdot \frac{\Delta\Phi_1}{\Delta t}$$

Transformatoren sind Spannungswandler.

Sind die Flussänderungen in beiden Spule gleich, gilt also

$$\frac{\Delta\Phi_1}{\Delta t} = \frac{\Delta\Phi_2}{\Delta t},$$

dann ist die in der zweiten Spule induzierte Spannung U_2 gegeben durch:

$$U_2 = -n_2 \cdot \frac{\Delta\Phi_2}{\Delta t}$$

Dies bedeutet aber, dass die Spannungen an den Spulen sich verhalten wie das negative Verhältnis der Windungszahlen ($\ddot{u}$).

$$\frac{U_2}{U_1} = -\frac{n_2}{n_1} = \ddot{u}$$

Fließt durch die sekundäre Spule der Strom I_2 und treten in der Anordnung keine Verluste auf, sind die elektrischen Leistungen (siehe Abschnitt 5.9) in der ersten und zweiten Spule gleich. Es gilt:

$$U_1 \cdot I_1 = P_1 = P_2 = U_2 \cdot I_2$$

und damit für die Transformation der Ströme:

$$\frac{I_2}{I_1} = \frac{n_1}{n_2}$$

Technische Geräte, die nach diesem Prinzip funktionieren, nennt man **Transformatoren**.

Beispiel: Die Primärspule eines Transformators besitzt $n_1 = 100$ Wicklungen und ist an 230 V Wechselspannung angeschlossen. Welche Spannung kann an der Sekundärspule abgegriffen werden, wenn diese aus a) $n_2 = 10$, b) $n_2 = 20$ oder c) $n_2 = 30$ Windungen besteht?

$$U_A = \frac{n_2}{n_1} \cdot U_1 = \frac{10}{100} \cdot 230\,\text{V} = 23\,\text{V};\; U_B = 46\,\text{V};\; U_C = 69\,\text{V}$$

Die Eigenschaft des Transformators, Wechselspannung und Ströme entsprechend den Windungszahlen der verwendeten Spulen umzuwandeln, wird in der Elektrotechnik vielseitig genutzt. Praktisch in jedem Haushalt befinden sich so genannte Netzgeräte. Diese transformieren die Wechselspannung des Stromnetzes in die für das Haushaltsgerät benötigte Spannung. Zum Elektroschweißen wird ein hoher Strom bei niedriger Spannung durch einen Transformator aus dem Stromnetz gewonnen. Technisch sitzen die beiden Spulen auf einem lamellierten Eisenring, der den magnetischen Fluss durch beide Spulen leitet und Verluste verhindert.

Transformatoren werden vielseitig eingesetzt.

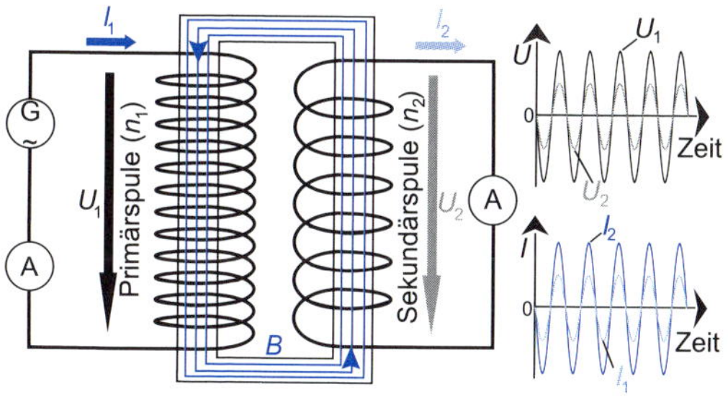

Beim Transformator verhalten sich die Spannungen wie die Wicklungsverhältnisse, die Ströme genau umgekehrt.

4.4 Elektromagnetische Wellen

Während sich um eine Spule ein Magnetfeld bildet, wenn ein elektrischer Strom durch die Spule fließt, entsteht um den Kondensator ein elektrisches Feld, wenn er geladen ist. Sind der Stromfluss durch die Spule oder die Ladung auf dem Kondensator zeitabhängig, so sind es die daraus entstehenden Felder ebenfalls. Wir betrachten einen Stromkreis bestehend aus einem Kondensator und einer Spule.

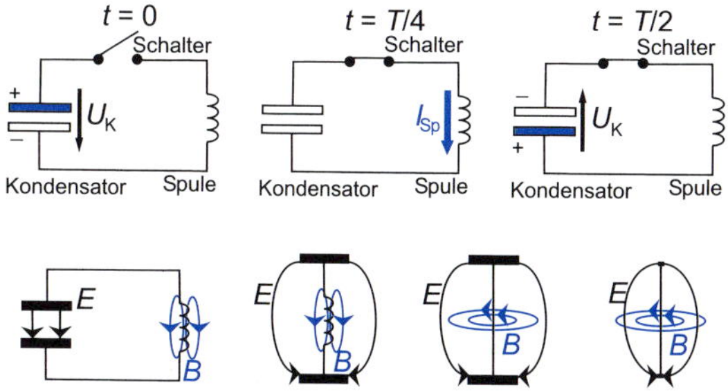

Energie »schwingt« in einem Schwingkreis vom elektrischen zum magnetischen Feld und zurück.

Ist der Kondensator geladen, existiert ein elektrisches Feld. Schließt man den Schalter, kann sich der Kondensator über die Spule entladen. Der **Entladestrom** fließt durch die Spule und erzeugt ein magnetisches Feld. Ist der Kondensator entladen, das elektrische Feld also null, führt die **Selbstinduktion** der Spule dazu, dass ein Ladestrom in den Kondensator fließt, während das magnetische Feld schwächer wird. Ist das magnetische Feld null, fließt kein Strom mehr, aber der Kondensator ist (teilweise) umgekehrt geladen, ein elektrisches Feld ist erneut entstanden. Daraufhin fängt der Kondensator erneut an sich zu entladen. Eine (gedämpfte) Schwingung entsteht, bei der die Energie abwechselnd im elektrischen und im magnetischen Feld gespeichert ist. Die Schwingungsdauer ist durch die **Thomson-Gleichung** (siehe 6.5) gegeben. Wird der Stromkreis zu einer geraden Strecke aufgebogen, entsteht ein so genannter **Hertz'scher Dipol** (benannt nach *Heinrich Hertz*).

Elektrisches und magnetisches Feld wechseln sich ab.

Heinrich Hertz, 1857–1895, deutscher Physiker

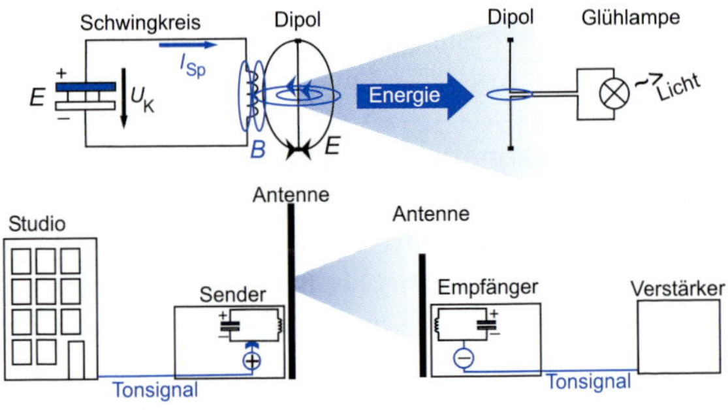

Die von einem Hertz'schen Dipol abgestrahlten Wellen transportieren Energie, die von einem zweiten Dipol empfangen werden kann.

Die von einem Hertz'schen Dipol abgestrahlten elektromagnetischen Felder können noch in großer Entfernung gemessen werden. Dazu wird lediglich ein zweiter Schwingkreis benötigt, der die gleiche Schwingungsdauer besitzt. Dieser zweite Schwingkreis entnimmt etwas von der Energie des elektromagnetischen Feldes und verwendet diese Energie dazu, um selbst mit der gleichen Frequenz zu schwingen. Den ersten Schwingkreis nennt man dabei **Sender**, der zweite wird **Empfänger** genannt. Mit elektromagnetischen Wellen kann also Energie, aber auch Information über große Entfernung hinweg übertragen werden.

Rundfunk, Fernsehen, Mobilfunk

Diese Eigenschaft elektromagnetischer Wellen, Energie und Information zu übertragen, ist wesentlicher Bestandteil unserer technischen Gesellschaft. Eine der ersten Anwendungen der elektromagnetischen Wellen ist der Rundfunk. Im Sender des Rundfunks werden Toninformationen, also Sprache und Musik, der Sendefrequenz beigemischt und abgestrahlt. Beim Empfänger, einem Radioapparat, wird, wenn die gleiche Frequenz wie beim Sender eingestellt ist, die elektromagnetische Welle empfangen, die Information wieder herausgefiltert und anschließend wiedergegeben. Entsprechendes wird beim Fernsehen mit Bild- und Toninformationen gemacht und auch die Mobilfunknetze übertragen die Informationen, allerdings digital codiert, mithilfe von elektromagnetischen Wellen. Damit die Wellen und damit die übertragene Information sich nicht gegenseitig stören, werden bestimmte Frequenzen für Anwendungen reserviert. Die Reichweite der Wellen und auch die Informationsmenge, die übertragen werden kann, hängen stark von der Frequenz ab.
Aber auch die Energieübertragung durch elektromagnetische Wellen wird im alltäglichen Leben genutzt. So ist z. B. in Mikrowellengeräten ein starker Sender eingebaut, dessen abgestrahlte Schwingungen die Dipole des Wassers, das in Lebensmitteln enthalten ist, zu Schwingungen anregen. Diese führen zu einer starken Erwärmung des Wassers.

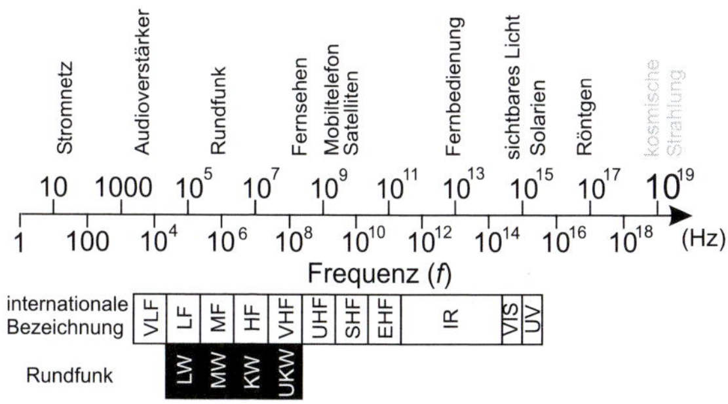

Einsatzgebiete elektromagnetischer Strahlung

Achtung: Elektromagnetische Schwingungen der geeigneten Frequenz (z. B. Mikrowellen, Radar, Handys) können auch in menschlichen Zellen die Temperatur erhöhen und sie bei hoher Leistung so zum Absterben bringen.

5 Gleichstromkreis

Werden die Pole einer Ladungsquelle über leitfähige Elemente (Kabel, Glühbirnen etc.) miteinander verbunden, entsteht ein Stromkreis. Durch die Verwendung nicht leitender Materialien, so genannter **Isolatoren** (Luft, Glas, Gummi etc.), für die elektrische Schaltung wird sichergestellt, dass der Strom nur einen Weg nehmen kann.

Achtung: Der Kontakt mit elektrischer Spannung kann einen Stromfluss durch den Körper verursachen. **Dies kann zu lebensgefährlichen Folgen führen!** Unbedingt die Sicherheitsvorschriften beachten!

Während in einem Wechselstromkreis die Spannung periodisch schwankt, ist sie im Gleichstromkreis konstant.

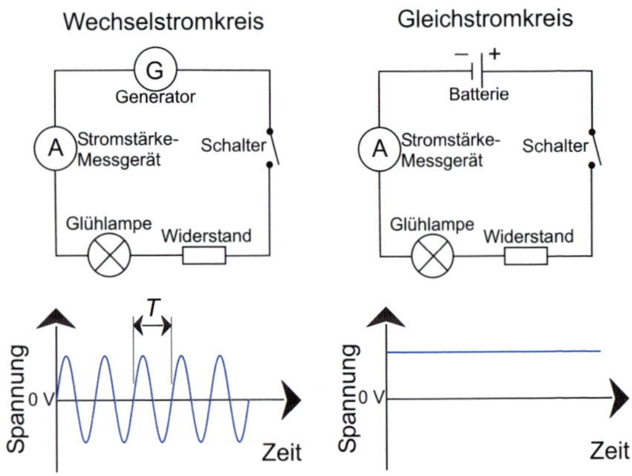

5.1 Gleichspannung

In der Elektrotechnik unterscheidet man im Wesentlichen zwei verschiedene Stromquellen. Die Generatoren in Kraftwerken erzeugen **Wechselspannung**, das heißt, die Spannung an den Anschlüssen des Generators wechselt in bestimmten Zeitabschnitten die Polarität (in Europa 50-mal in der Sekunde). Im Gegensatz dazu liefern z. B. Batterien oder Solarzellen eine **Gleichspannung**, bei der die Polung der Anschlüsse sich zeitlich nicht ändert.

5.2 Ohm'sches Gesetz

Fließen Ladungen z. B. in einem Leiterkreis durch einen Stoff hindurch, so werden die Ladungsträger mit den Stoffteilchen zusammenstoßen. Je häufiger und heftiger diese Zusammenstöße sind, desto schlechter können sich die Ladungsträger ausbreiten, der Fluss an Ladungen wird gehemmt. Der deutsche Physiker *G. S. Ohm* fand heraus, dass eine lineare Abhängigkeit (Proportionalität) zwischen angelegter elektrischer Spannung und dem elektrischen Strom besteht. Der Proportionalitätsfaktor ist der elektrische **Widerstand** *R*. Er gibt an, welche Spannung notwendig ist, um einen Strom von einem Ampere fließen zu lassen. Es gilt das Ohm'sche Gesetz:

Georg Simon Ohm, 1787–1854, deutscher Physiker

Zusammenhang zwischen Spannung und Stromstärke

$$R = \frac{U}{I}$$

$$1\,\Omega = \frac{1\,\text{V}}{1\,\text{A}}$$

Die Einheit des elektrischen Widerstandes ist das Ohm (Ω).

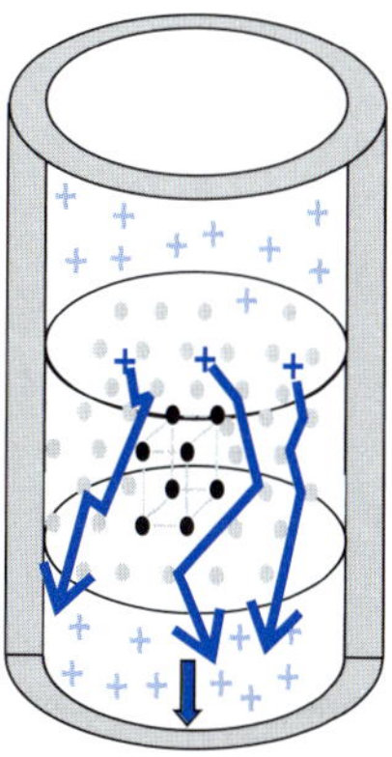

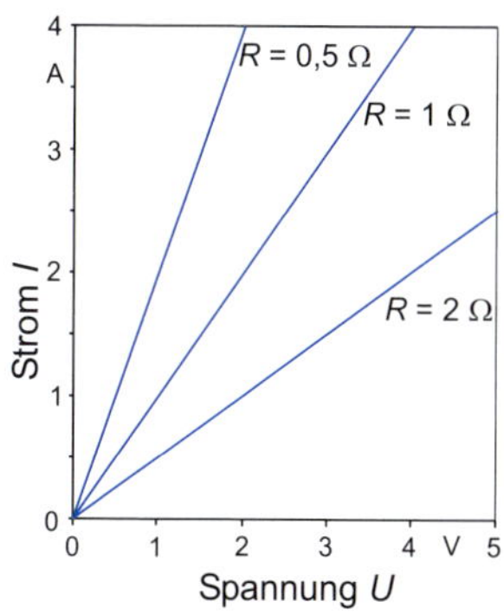

Stöße zwischen Ladungen und Materie führen zu einem elektrischen (ohmschen) Widerstand.

Beispiel: Wird eine Leiterschleife mit einem Widerstand von 20 Ω an eine Spannung von 10 V angeschlossen, dann fließt ein Strom *I* von:

$$I = \frac{U}{R} = \frac{10\,\text{V}}{20\,\Omega} = 0{,}5\,\text{A}$$

5.3 Spezifischer Widerstand

Wovon hängt der Widerstand ab?

Der Widerstand R, z. B. eines Bauelementes, gibt an, welche Spannung notwendig ist, um einen bestimmten Stromfluss zu erreichen. Wovon jedoch ist dieser Widerstand abhängig? Betrachtet man den einfachen Fall eines Drahtes konstanter Dicke, dann leuchtet ein, dass der elektrische Widerstand linear mit der Länge l des Drahtes steigt. Nimmt man wieder die Analogie zwischen Wasser und Strom zu Hilfe, ist auch verständlich, dass der Fluss durch den Draht linear mit dessen Querschnittsfläche A ansteigt. Damit fällt umgekehrt der Widerstand linear mit der Fläche. Die elektrischen Eigenschaften des verwendeten Materials werden in der Konstanten ρ (rho), dem so genannten »spezifischen« Widerstand, zusammengefasst. Der elektrische Widerstand des Drahtes lässt sich demnach mit

$$R = \rho \cdot \frac{l}{A}$$

berechnen. Der spezifische Widerstand ρ besitzt die Einheit $\Omega \cdot \mathrm{m}$, wobei in Tabellen häufig auch die Werte in $\frac{\Omega \cdot \mathrm{mm}^2}{\mathrm{m}} = 10^{-6}\ \Omega \cdot \mathrm{m}$ angegeben sind.

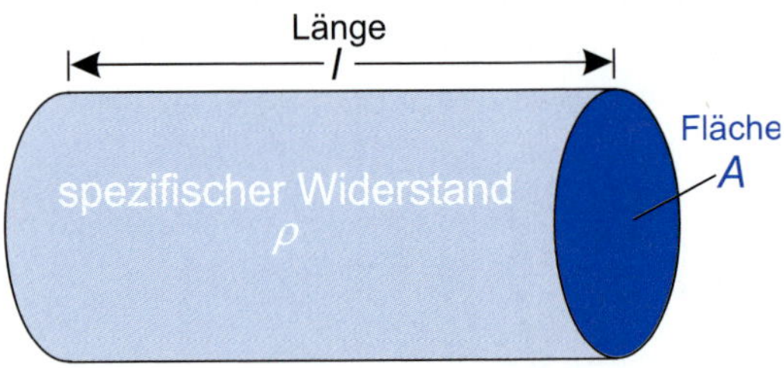

Der Widerstand R eines Stabes ergibt sich aus seiner Länge, seiner Querschnittsfläche und seinem spezifischen Widerstand.

Beispiel: Eine Spule ist aus einem Kupferdraht gewickelt ($\rho = 17 \cdot 10^{-9}\ \Omega \cdot \mathrm{m}$), der eine Länge von $l = 300$ m und eine Querschnittsfläche von $A = 1\ \mathrm{mm}^2$ hat. Ihr Widerstand ist:

$$R = \rho \cdot \frac{l}{A} = 17 \cdot 10^{-9}\ \Omega \cdot \frac{\mathrm{m}^2}{\mathrm{m}} \cdot \frac{300\ \mathrm{m}}{1 \cdot 10^{-6}\ \mathrm{m}^2} = 5{,}1\ \Omega$$

Für Silber wäre der elektrische Widerstand 4,8 Ω, für Eisen 29,4 Ω.

5.4 Kirchhoff'sche Gesetze

Stromkreise bestehen im Allgemeinen aus vielen Bauelementen, die entweder hintereinander (**Reihenschaltung**) oder parallel zueinander (**Parallelschaltung**) vom elektrischen Strom durchflossen werden. Die **Kirchhoff'schen** Gesetze beschreiben die Spannungen und Ströme in solch einem **Netzwerk** aus beliebigen Bauelementen.

Gustav Robert Kirchhoff, 1824–1887, deutscher Physiker

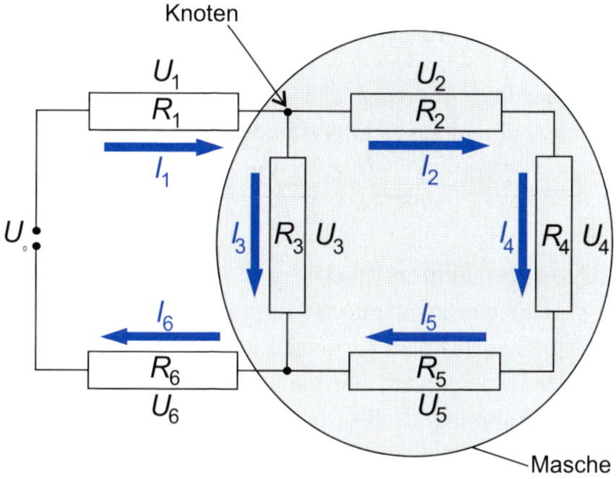

Netzwerk aus sechs Widerständen zur Illustration der Kirchhoff'schen Gesetze

Knotensatz

Dabei betrachtet man ein solches Netzwerk zusammengesetzt aus Maschen und Knoten. Der Knotensatz sagt aus, dass genau so viel Ladungen in den Knoten fließen müssen, wie aus ihm herausfließen, oder anders ausgedrückt:

Die Summe aller Ströme in einem Knoten ist null.
$I_1 + I_2 + I_3 + \ldots + I_N = 0$
z. B.
$I_1 = I_2 + I_3 \Leftrightarrow 0 = I_1 - (I_2 + I_3)$
(Vorzeichen bei Stromfluss beachten!)

Aus dieser Regel kann man den Gesamtwiderstand R_{Ges} einer Schaltung aus M parallelen Widerständen herleiten zu:

$$\frac{1}{R_{\text{Ges}}} = \frac{I_{\text{Ges}}}{U} = \frac{I_1 + I_2 + \ldots + I_M}{U} = \frac{1}{R_1} + \frac{1}{R_2} + \ldots + \frac{1}{R_M}$$

Maschensatz

Der Maschensatz sagt aus, dass die Spannung zwischen zwei Punkten der Masche unabhängig ist vom Weg, den man in der Masche zurücklegt, oder anders ausgedrückt:

Die Summe aller Spannungen in einer Masche ist null.
$U_1 + U_2 + U_3 + \ldots + U_N = 0$
z. B.
$U_0 = U_1 + U_3 + U_6 \Leftrightarrow 0 = U_0 - (U_1 + U_3 + U_6)$
(Vorzeichen bei Spannungen beachten!)

Aus dieser Regel kann man den Gesamtwiderstand R_{Ges} einer Reihenschaltung aus M Widerständen herleiten zu:

$$R_{Ges} = \frac{U_{Ges}}{I} = \frac{U_1 + U_2 + \ldots + U_M}{I} = R_1 + R_2 + \ldots + R_M$$

5.5 Innerer Widerstand

Misst man die Spannung am Ausgang einer Spannungsquelle im unbelasteten Zustand, d. h., wenn kein Strom entnommen wird, so erhält man die so genannte **Leerlauf-** oder auch **Urspannung** U_0. Belastet man dieselbe Quelle durch einen großen Strom, indem man einen sehr kleinen Widerstand anschließt, stellt man fest, dass die Klemmenspannung U_{Kl} abfällt. Dies kann man damit erklären, dass jede Spannungsquelle einen **Innenwiderstand** R_I besitzt, an dem die Differenz abfällt.

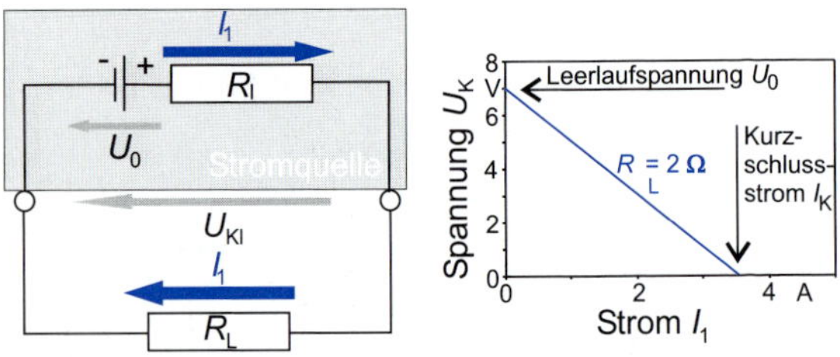

Fließt ein Strom durch den inneren Widerstand einer Spannungsquelle, sinkt deren Klemmenspannung.

Der innere Widerstand kann zwischen mehreren Ohm (Batterien und Solarzellen) und wenigen Milliohm (Automobilakkus) liegen.

Es gilt:

$$U_{Kl} = U_0 - I \cdot R_I$$

Kurzschluss

Werden die Pole einer Spannungsquelle direkt miteinander verbunden (das heißt, der äußere Widerstand R_A ist null), dann entsteht ein so genannter Kurzschluss. Die Klemmenspannung U_{Kl} wird ebenfalls null und der maximal mögliche Strom aus einer Spannungsquelle, der so genannte Kurzschlussstrom I_K , fließt. Er beträgt:

$$I_K = \frac{U_0 - U_{Kl}}{R_I + R_A} = \frac{U_0}{R_I}$$

Ein Spannungsteiler aus zwei in Reihe geschalteten Widerständen teilt die Eingangspannung entsprechend dem Widerstandsverhältnis auf:

$$\frac{U_1}{U_2} = \frac{R_1}{R_2}$$

Beispiel: Der belastete Spannungsteiler zeigt, wie stark die Spannung am Ausgang (U_A) einer Schaltung durch eine Belastungsänderung variieren kann.
Dabei soll eine Spannungquelle (hellblau hinterlegt), die aus einem Generator mit der Urspannung U_0 und einem Innenwiderstand R_I besteht, einen Spannungsteiler (bestehend aus R_1 und R_2, hellgrau hinterlegt) versorgen. Der Spannungsteiler wiederum wird durch den Widerstand R_L belastet.

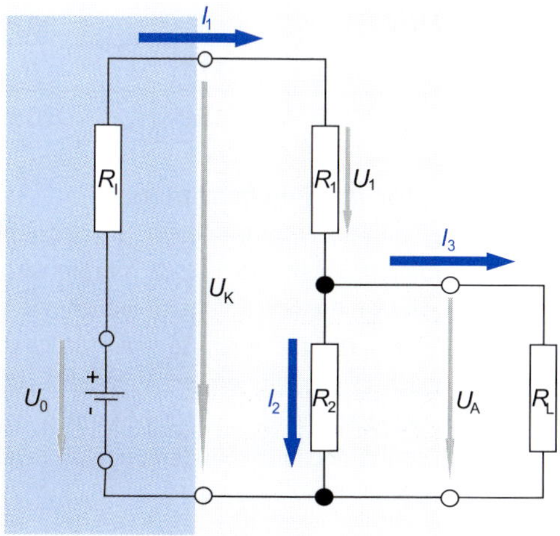

Der belastete Spannungsteiler kann als Netzwerk aus vier Widerständen und einer Spannungsquelle angesehen werden.

Gemäß den Kirchhoff'schen Gesetzen lassen sich nach Umformungen für den Gesamtwiderstand R_{Ges} die »Klemmenspannung« U_{Kl} sowie die Ausgangsspannung U_A wie folgt berechnen:

$$R_{Ges} = R_I + R_1 + \frac{1}{\frac{1}{R_2} + \frac{1}{R_L}}$$

$$U_{Kl} = U_0 - R_I \cdot I_1 = U_0 \cdot \left(1 - \frac{R_I}{R_{Ges}}\right)$$

$$U_A = U_{Kl} - R_1 \cdot I_1 = U_0 \cdot \left(1 - \frac{R_I + R_1}{R_{Ges}}\right)$$

Nehmen wir die folgenden Werte an: Die Urspannung U_0 beträgt 10 V und der Innenwiderstand R_I 10 Ω. Der Spannungsteiler sei aus zwei gleichen Widerständen mit R_1 = 100 Ω und R_2 = 100 Ω aufgebaut. In der Tabelle sind die Ströme und Spannungen für drei interessante Fälle (keine Belastung, mittlere Belastung und Kurzschluss) aufgeführt.

Mit steigender Belastung fällt die Klemmenspannung sowie die Ausgangsspannung.

	$R_L = \infty$ Ω	R_L = 200 Ω	R_L = 0 Ω
R_{Ges} (Ω)	210	176,7	110
Kl (V)	9,52	9,43	9,09
U_A (V)	4,76	3,77	0
I_1 (mA)	47,6	56,6	90,9
I_2 (mA)	47,6	37,7	0
I_3 (mA)	0	18,9	90,9

5.6 Kondensator im Gleichstromkreis

Schaltet man einen Kondensator in einen Gleichstromkreis, so wird der Stromkreis nicht geschlossen. Es kann also kein Strom fließen. Führt man diesen Versuch jedoch mit einem Kondensator der **Kapazität** *C* durch, so kann für kurze Zeit ein Strom beobachtet werden. In dem Augenblick, in dem der Schalter geschlossen wird, fließt ein Strom I_0 von der Batterie durch den Widerstand *R* in den ungeladenen Kondensator. Es gilt:

Aufladen

$$I_0 = \frac{U_B}{R}$$

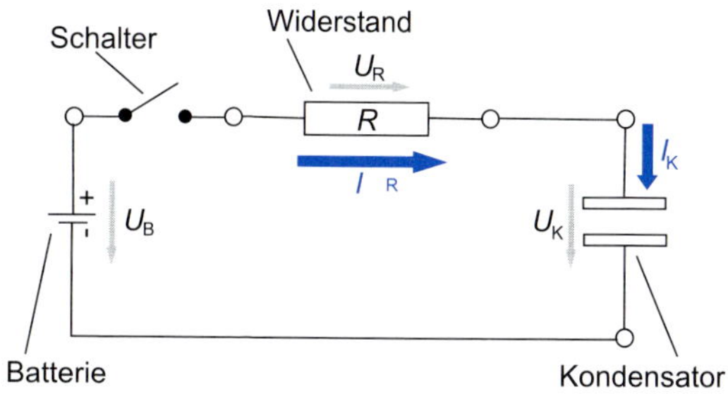

Gleichstromkreis zum Laden eines Kondensators

Würde der Strom konstant weiterfließen, wäre der Kondensator in der Zeit *t* aufgeladen:

$$U_B = \frac{Q}{C} = \frac{I_0 \cdot t}{C}$$

$$t = \frac{U_B}{I_0} \cdot C = R \cdot C$$

Da aber beim Laden des Kondensators die Spannung U_K ansteigt, sinkt die Spannung zwischen Batterie und Kondensator (U_R) ab.

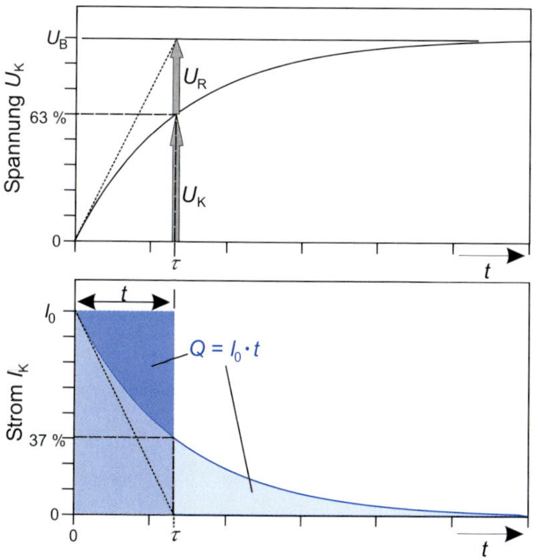

Der Ladestrom sinkt während des Ladevorgangs, deshalb liegt nach der Zeitkonstante τ am Kondensator nur 63 % der Batteriespannung an.

Der Spannungsabfall U_R am Widerstand wird kleiner, es gilt:

$$U_R = U_B - U_K$$

Der Ladestrom I_K in den Kondensator

$$I_K = I_R = \frac{U_R}{R}$$

sinkt also während des Ladens. Daher liegen nach der Zeit t (auch Ladezeitkonstante τ genannt) am Kondensator nur ca. 63 % der Batteriespannung. Ist der Kondensator geladen, sinkt der Strom auf null und der Widerstand wird unendlich.

5.7 Spule im Gleichstromkreis, Selbstinduktion

Fließt ein Strom durch eine Spule, so entsteht um die Spule ein Magnetfeld, das sich mit dem Stromfluss ändert. Ein sich änderndes Magnetfeld erzeugt aber nach dem **Induktionsgesetz** in einer Drahtschleife eine Induktionsspannung. Wird ein Gleichstromkreis geschlossen, fließt ein Einschaltstrom I in die Spule hinein. Ein Magnetfeld entsteht, das nach dem **Induktionsgesetz** in der Spule selbst eine Induktionsspannung erzeugt. Dieser Vorgang wird **Selbstinduktion** genannt.

Induktion

Durch die Selbstinduktion fließt nach dem Einschalten des Stromkreises zunächst nur ein kleiner Strom.

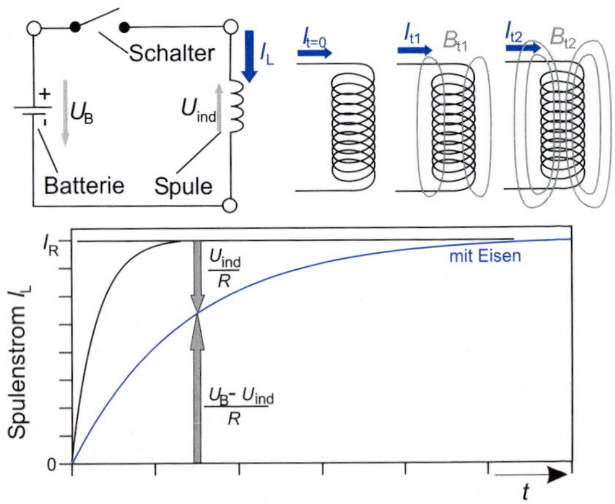

Für die induzierte Spannung gilt:

$$U_{\text{ind}} = -L \cdot \frac{\Delta I}{\Delta t}$$

Induktivität

mit L als der Induktivität der Spule. Die Induktivität lässt sich für eine **lange Spule** berechnen. Es gilt:

$$L = \mu_0 \cdot \mu_r \cdot n^2 \cdot \frac{A}{l}$$

mit der Einheit Henry (H) (siehe Abschnitt 4.1):

$$1\,\frac{\text{V} \cdot \text{s}}{\text{A}} = 1\,\text{H}$$

Da die induzierte Spannung der von außen angelegten Spannung entgegensteht, ist die Spannung an der Spule geringer. Es fließt daher nach dem Ohm'schen Gesetz ein geringerer Strom. Es gilt:

$$I = \frac{U_B - U_{\text{ind}}}{R}$$

Der Stromfluss durch die Spule wird also zunächst durch die Selbstinduktion gehemmt und nähert sich langsam dem Endwert I_R, der durch den Ohm'schen Widerstand R gegeben ist, an. Wird die Induktivität der Spule durch z. B. Eisen erhöht, dauert es entsprechend länger, bis der Endwert erreicht wird. Umgekehrt wird beim Ausschalten des Stromkreises ebenfalls eine Spannung induziert.

Achtung: Diese induzierte Spannung kann gefährlich hoch werden!

5.8 Elektrische Arbeit

Da sich Ladungen unterschiedlichen Vorzeichens mit der Kraft F_{el} anziehen, ist zu ihrer Trennung um den Weg s die Arbeit $W = F_{el} \cdot s$ notwendig. Diese Arbeit ist gespeichert und kann wieder zurückgewonnen werden. Die elektrische Arbeit ist definiert als die Arbeit, die verrichtet wird, wenn die Ladungsmenge Q die Spannung U durchläuft.

$$W = Q \cdot U$$

Diese Definition ist unpraktisch, da man zwar die Spannung U leicht messen kann, die Ladungsmenge Q jedoch nicht einfach zu bestimmen ist. Deshalb wird statt der Ladung Q die leicht zu messende Stromstärke I verwendet. Es gilt:

$$W = U \cdot Q = U \cdot I \cdot t$$

Der Einheit der Arbeit ist in der Wärmelehre das Joule (J) zugeordnet. Dabei entspricht

$$1\,\mathrm{J} = 1\,\mathrm{W \cdot s} = 1\,\mathrm{N \cdot m}$$

Kilowattstunden

Die dem Elektrizitätswerk zu bezahlende Arbeit ist auf der Stromrechnung in Kilowattstunden (kWh) angegeben. Dabei entspricht eine 1 kWh einer Wärmeenergie von $3{,}6 \cdot 10^6$ J. Auf Akkumulatoren ist die gespeicherte Energiemenge $(I \cdot t)$ in Amperestunden (Ah) angegeben. Die gespeicherte Arbeit ist dann $W = U_0 \cdot I \cdot t$.

Beispiel: Welche elektrische Arbeit wird verbraucht, wenn durch eine Halogenlampe mit 12 V Spannung 2 Stunden lang ein Strom von 5 A fließt?

$W = U \cdot I \cdot t = 12\,\mathrm{V} \cdot 5\,\mathrm{A} \cdot 7200\,\mathrm{s} = 432\,000\,\mathrm{W \cdot s} = 0{,}12\,\mathrm{kWh}$.

Es werden also 0,12 kWh an Arbeit verbraucht.

Entsprechend der Hubarbeit in der Mechanik wird bei der elektrischen Arbeit die Ladungsmenge Q um die Spannung U »gehoben«.

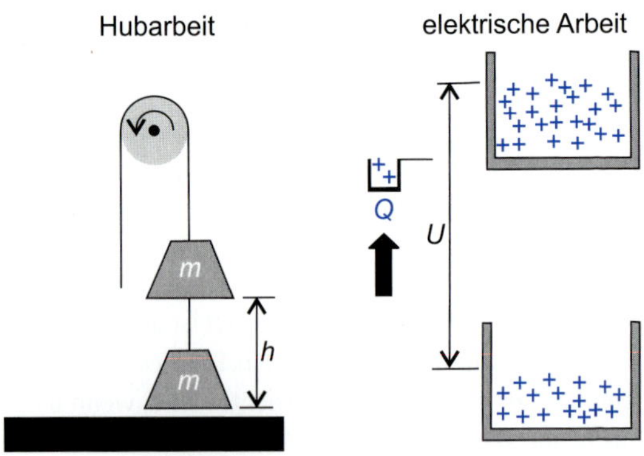

5.9 Elektrische Leistung

Die elektrische Arbeit gibt an, wie viel Arbeit insgesamt verrichtet wurde oder z. B. in einem Akkumulator gespeichert ist. In welchem Zeitraum dies geschieht, wird nicht ausgesagt. So können zehn identische Lampen in einem Zehntel der Zeit die gleiche Arbeit verrichten wie eine einzige Lampe. Die elektrische Leistung ist die elektrische Arbeit, die pro Zeiteinheit verrichtet wird. Es gilt:

$$P = \frac{W}{t} = \frac{U \cdot I \cdot t}{t} = U \cdot I$$

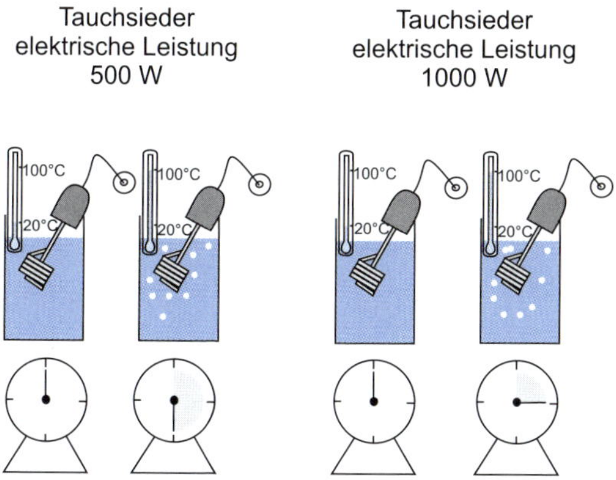

Die elektrische Leistung gibt an, wie schnell ein Gerät elektrische Arbeit verrichtet. Ein Tauchsieder mit doppelter Leistung erhitzt das Wasser in der halben Zeit.

Die Einheit der Leistung wurde zu Ehren von *J. Watt* Watt (W) genannt.

James Watt, 1736–1819, schottischer Ingenieur

1 W = 1 V · 1 A

Elektrische Stromkreise und Geräte werden nach der maximal möglichen Leistung eingeordnet. Daher wird neben der Betriebspannung immer die Leistung (z. B. 60-W-Glühlampe) angegeben. Werden verschiedene Geräte parallel betrieben, addieren sich die Leistungen.

Ein Überschreiten der in einem Stromkreis maximal zulässigen Leistung kann schwerwiegende Folgen haben!

6 Wechselstromkreis

6.1 Frequenz

Die Spannung »pendelt«.

Im Gegensatz zum Gleichstromkreis, bei dem die von der Stromquelle gelieferte Spannung immer das gleiche Vorzeichen besitzt und als konstant angenommen wird, schwankt beim Wechselstromkreis die Spannung periodisch zwischen einem positiven (U_{max}) und einem im Betrag gleichen negativen Maximalwert ($-U_{max}$).

Im Wechselstromkreis schwankt die Generatorspannung periodisch.

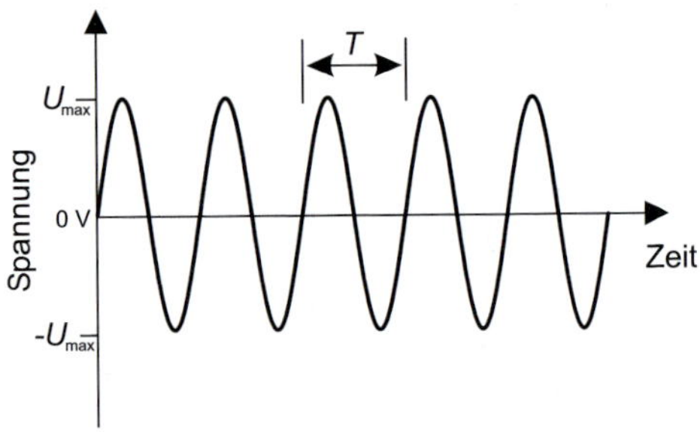

Die **Wechselspannung** beschreibt also eine Schwingung mit der Periodendauer T. Diese Periodendauer kann sehr unterschiedlich sein und ist abhängig von der Spannungsquelle. Im Allgemeinen wird bei einer Wechselspannung die Frequenz angegeben, mit der die Spannung schwingt. Die Umrechnung zwischen der Periodendauer einer Schwingung und ihrer Frequenz ist gegeben durch:

$$f = \frac{1}{T} \text{ mit der Einheit Hertz (Hz)}$$

Nennfrequenz

Im europäischen Stromnetz ist eine sinusförmige Wechselspannung von $f = 50$ Hz ($T = 20$ ms) üblich, das Stromnetz der Eisenbahn wird mit $16^2/_3$ Hz, das nordamerikanische Stromnetz mit 60 Hz betrieben.

6.2 Drehstrom

Im Allgemeinen verwenden wir in unserem Leben, z. B. im Haushalt, Wechselstrom mit zwei stromführenden Leitungen. Werden jedoch hohe Leistungen benötigt, kommt oft **Drehstrom** (auch Dreiphasenstrom genannt) zum Einsatz. Dabei werden drei stromführende Leitungen, die so genannten **Phasen**, und ein **Mittelpunktsleiter** (wenn geerdet, auch Nullleiter genannt) verwendet. Auf allen drei Phasen liegt eine Wechselspannung an; sie sind jeweils um 120° gegeneinander verschoben.

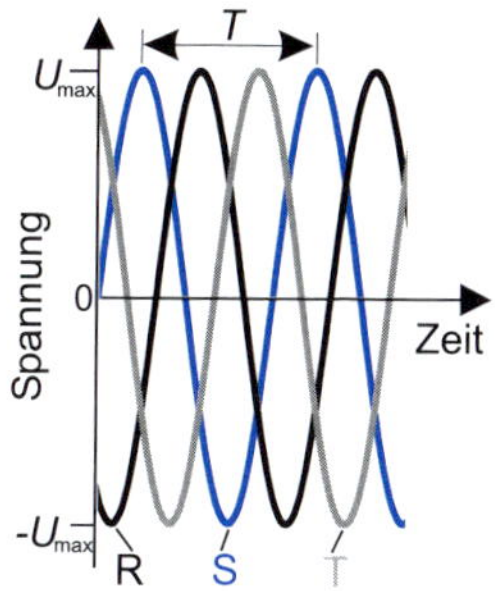

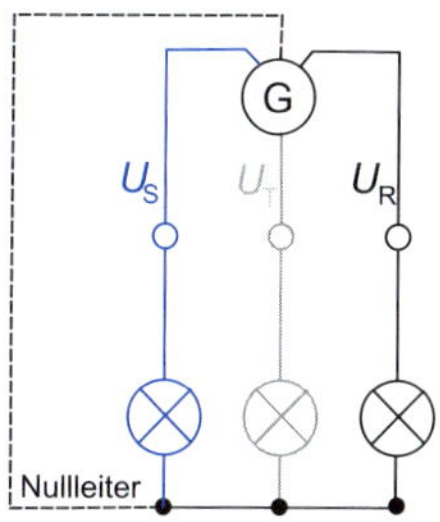

Beim Drehstrom liegen auf drei Leitungen Wechselspannungen, die gegeneinander phasenverschoben sind.

Bei der Verwendung von Drehstrom können zwei verschiedene Schaltungstypen, die Stern- und die Dreieckschaltung, verwendet werden. Bei der **Sternschaltung** stehen gegenüber dem Nullleiter 3-mal 230 V zur Verfügung. Bei der **Dreieckschaltung** liegen zwischen den Phasen jeweils 400 V an.

Sind alle drei Phasen des Drehstromnetzes gleich stark belastet, so führt der Mittelpunktsleiter keinen Strom.

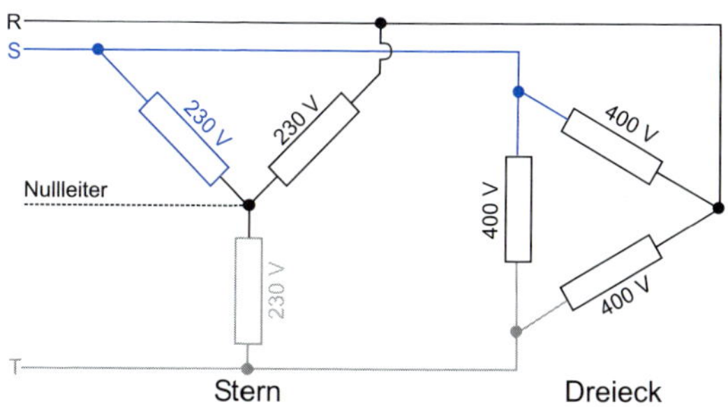

Durch unterschiedliche Schaltung können aus dem Drehstromnetz zwei verschiedene Spannungen entnommen werden.

6.3 Mittlere Leistung

Fließt in einem Wechselstromkreis durch einen **ohmschen Widerstand** ein sich zeitlich ändernder Strom $I(t)$, so schwankt dieser mit der vom Generator gelieferten Spannung $U(t)$. Es gilt:

$$R = \frac{U(t)}{I(t)} = \frac{U_{max}}{I_{max}}$$

Die aufgenommene Leistung ist stets positiv, die mittlere Leistung entspricht der halben Maximalleistung.

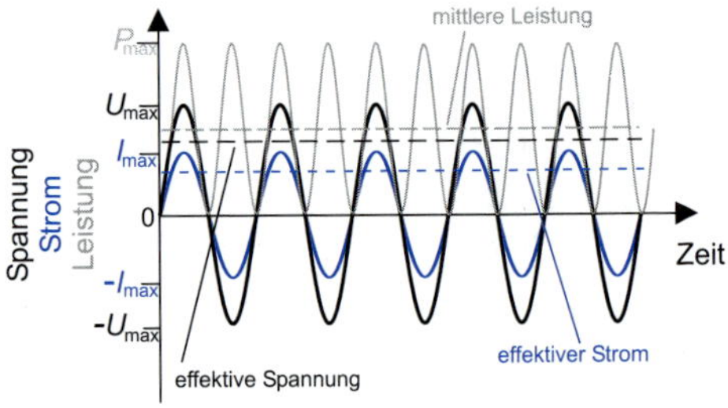

Die dabei maximal am Widerstand abfallende Leistung P_{max} ist gegeben durch:

$$P_{max} = U_{max} \cdot I_{max} = \frac{U_{max}^2}{R} = I_{max}^2 \cdot R$$

Die mittlere Leistung $\overline{P}$, die an einem ohmschen Widerstand bei sinusförmiger Wechselspannung abfällt, ist gegeben durch:

$$\overline{P} = \frac{1}{2}\, P_{max} = \frac{U_{max}^2}{2 \cdot R}$$

Sie wird **Wirkleistung** genannt, da diese Leistung wirklich in einem Verbraucher in Arbeit umgesetzt wird.

Die für das Stromnetz angegebene **effektive Spannung** U_{eff} erzeugt in einem ohmschen Verbraucher mit dem Widerstand R die gleiche **mittlere Leistung** wie eine gleich hohe Gleichspannung. Es gilt:

$$\overline{P} = \frac{U_{eff}^2}{R} = I_{eff}^2 \cdot R = U_{eff} \cdot I_{eff}$$

Man kann durch Multiplikation mit einem Faktor aus der effektiven Spannung U_{eff} die maximale Spannung U_{max} errechnen. Für das Stromnetz gilt:

$$U_{max} = \sqrt{2} \cdot U_{eff}$$

Die maximale Spannung im europäischen Stromnetz beträgt demnach $U_{max} = \sqrt{2} \cdot U_{eff} = \sqrt{2} \cdot 230\ V = 325{,}27\ V$.

6.4 Blindwiderstand und Blindleistung

Der elektrische **Widerstand** eines geladenen Kondensators im **Gleichstromkreis** ist unendlich. Während des Ladevorgangs fließt jedoch ein Strom. Im Wechselstromkreis ändert sich die Generatorspannung kontinuierlich, der Kondensator wird also periodisch geladen und entladen. Es fließt ein sich periodisch ändernder Strom. Da aber im Wechselstromkreis ein Strom fließt, kann der Wechselstromwiderstand nicht unendlich sein. Er wird zur Unterscheidung vom ohmschen Widerstand kapazitiver Blindwiderstand X_C genannt und ist definiert über die effektiven Spannungen und Ströme. In einem Wechselstromkreis mit der Kreisfrequenz $\omega = 2 \cdot \pi \cdot f$ ist er gegeben durch:

$$X_C = \frac{U_{eff}}{I_{eff}} = \frac{1}{\omega \cdot C}$$

Im Gegensatz zum ohmschen Widerstand haben der Strom und die Spannung aber nicht zur gleichen Zeit ihren Maximalwert. Erst muss ein Ladestrom fließen, damit eine Spannung am Kondensator anliegt.

Strom und Spannung sind verschoben.

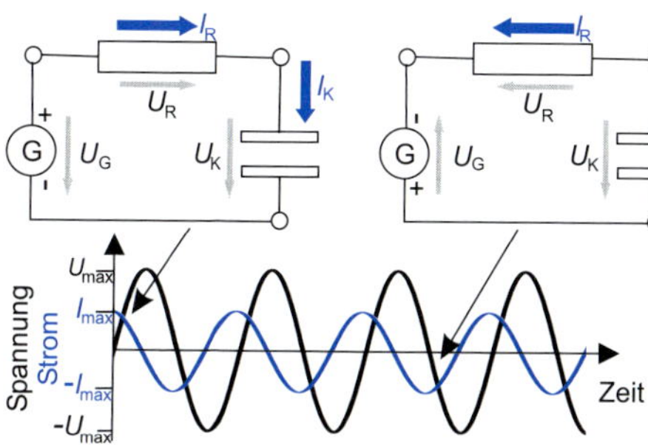

Im Wechselstromkreis wird der Kondensator periodisch ge- und entladen. Es fließt ein Wechselstrom, der gegenüber der Spannung verschoben ist.

Diese Verschiebung zwischen Strom und Spannung nennt man **Phasenverschiebung** φ. Sie beträgt beim Ohm'schen Widerstand null Grad ($\varphi = 0°$). Beim Kondensator eilt der Strom um 90 Grad der Spannung voraus ($\varphi = 90°$). Die Wirkleistung ist dann:

$$\overline{P} = U_{eff} \cdot I_{eff} \cdot \cos\varphi$$

Die **Wirkleistung** wird also beim Kondensator null! Beim Laden wird eine **Scheinleistung** aufgewendet, die beim Entladen wieder zurückgewonnen wird.

Im Wechselstromkreis wird das Magnetfeld der Spule periodisch auf- und abgebaut. Es fließt ein Wechselstrom, der gegenüber der Spannung verschoben ist.

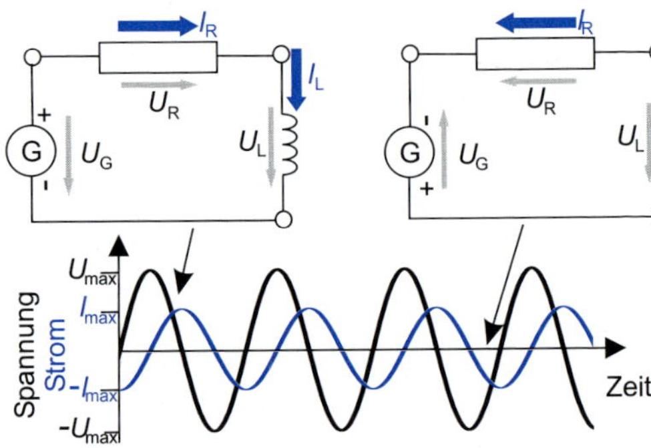

Verschiedene handelsübliche Spulen und ein Transformator

Schaltet man statt eines Kondensators eine **Spule** in den Wechselstromkreis, so wird auch die Spule von einem sich periodisch ändernden Strom durchflossen. Die Selbstinduktion führt zu einer **Phasenverschiebung** φ, wobei der Strom um 90 Grad der Spannung hinterherhinkt ($\varphi = -90°$).
Den induktiven Blindwiderstand X_L einer Spule im Wechselstromkreis mit der Kreisfrequenz $\omega = 2 \cdot \pi \cdot f$ definiert man über die effektiven Spannungen und Ströme zu:

$$X_L = \frac{U_{eff}}{I_{eff}} = \omega \cdot L$$

Die Wirkleistung $\overline{P}$ ist damit ebenfalls null!

$$\overline{P} = U_{eff} \cdot I_{eff} \cdot \cos\varphi$$

6.5 Siebkette und Sperrkreis

Die kapazitiven und induktiven Blindwiderstände im Wechselstromkreis sind im Gegensatz zum Ohm'schen Widerstand frequenzabhängig. Der kapazitive Blindwiderstand fällt mit der Frequenz, da der Kondensator in der gleichen Zeit öfter ge- und entladen wird. Im Gegensatz dazu steigt der induktive Widerstand mit der Frequenz.

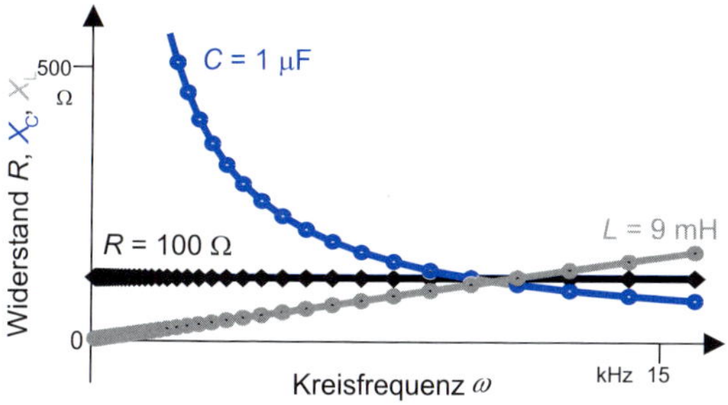

Nur die Blindwiderstände X_C und X_L sind von der Frequenz abhängig.

Werden Kondensatoren, Spulen und Ohm'sche Widerstände in einem Wechselstromkreis betrieben, so kann man diese Frequenzabhängigkeit nutzen.

Schaltet man einen Widerstand *R*, einen Kondensator mit einem Blindwiderstand X_C sowie eine Spule mit X_L in Reihe (man nennt die Schaltung auch Siebkette oder Reihenkreis), so erhält man den Scheinwiderstand *Z*. Durch die Phasenverschiebung zwischen Strom und Spannung kann *Z* nicht durch algebraische Addition ermittelt werden, sondern es gilt:

$$\frac{U^2_{\text{eff}}}{I^2_{\text{eff}}} = Z^2 = R^2 + (X_L - X_C)^2 = R^2 + (\omega \cdot L - \frac{1}{\omega \cdot C})^2$$

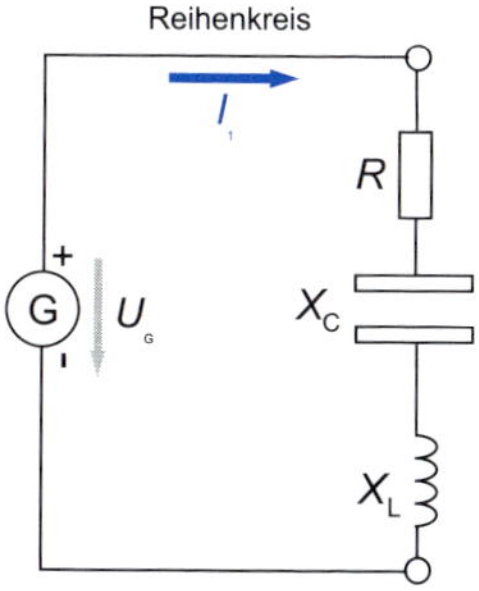

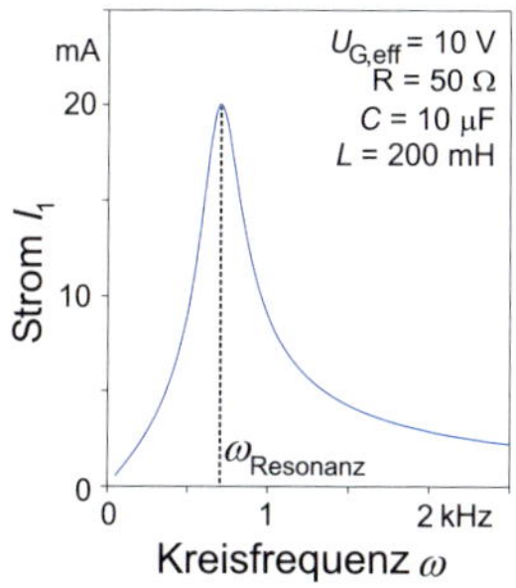

Der Reihenkreis leitet bei der Resonanzfrequenz am besten.

Wird nun die **Kreisfrequenz** ω der Wechselspannung variiert, sieht man, dass die Schaltung für kleine Frequenzen keinen Strom durchlässt, da der Blindwiderstand des Kondensators sehr hoch ist.

Umgekehrt sperrt die Spule bei sehr hohen Frequenzen. Nur in einem kleinen Frequenzband lässt die Schaltung einen nennenswerten Strom fließen, die Schaltung siebt also Frequenzen heraus. Die Frequenz, bei der beide **Blindwiderstände** gleich groß sind, nennt man **Resonanzfrequenz**. Sie ist gegeben durch:

$$\omega \cdot L = X_L = X_C = \frac{1}{\omega \cdot C}$$

$$\omega^2 = \frac{1}{L \cdot C}$$

$$\omega = \frac{1}{\sqrt{L \cdot C}}$$

William Thomson (Lord Kelvin), 1824–1907, britischer Physiker

Dies ist die so genannte **Thomson-Gleichung**. Im Parallelkreis (auch Sperrkreis genannt) werden Kondensator und Spule parallel geschaltet. Verändert man nun die Frequenz der Spannung, so sieht man folgendes Verhalten:

Bei Frequenzen nahe null besitzt die Spule nur einen kleinen Widerstand im Vergleich zum Kondensator. Praktisch der ganze Strom fließt durch die Spule, bei hohen Frequenzen ist es umgekehrt. Bei der **Resonanzfrequenz**, wenn also beide Blindwiderstände gleich groß sind, ist der Gesamtwiderstand der Schaltung am höchsten. Der Stromkreis ist für diese Frequenz »gesperrt«.

Durch den Parallelkreis fließt bei der Resonanzfrequenz am wenigsten Strom hindurch, er sperrt.

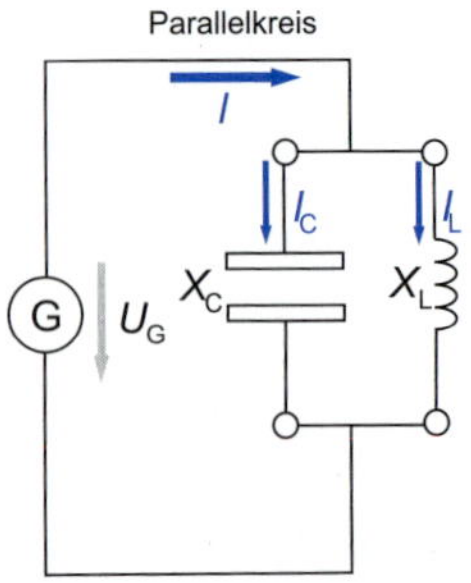

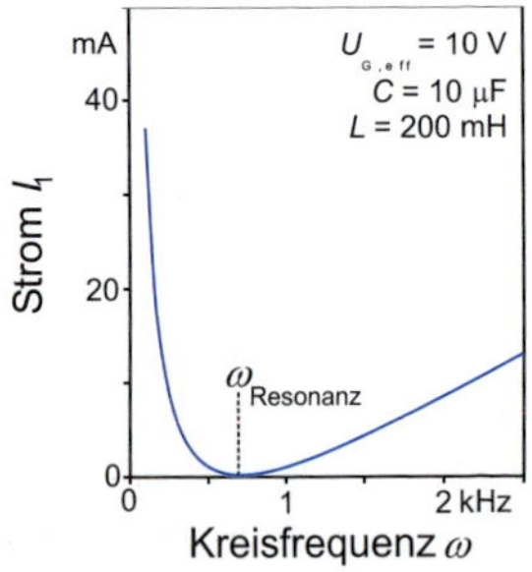

7 Energietechnik und Elektronik

Ob im Haushalt Kühlschränke oder Staubsauger ihren Dienst verrichten, ob Telekommunikation oder Medien, in Massenverkehrsmitteln oder zur Steuerung von Fabrikationsanlagen, überall begegnet man der Elektrotechnik.

7.1 Gefahren der Elektrotechnik

Spannungen und Ströme sowie ihre Felder können schädigenden Einfluss auf Lebewesen besitzen. Zwar stehen biologischen Einheiten elektrische Spannungen in geringem Umfang, z. B. zur **Reizleitung**, zur Verfügung, diese sind jedoch sehr viel kleiner als die in technischen Geräten verwendeten. Der menschliche Körper besitzt insgesamt einen ohmschen Widerstand von etwa 1000 Ω, jedoch kann dieser, z. B. durch Feuchtigkeit, deutlich kleiner sein. Daher können bei der Berührung mit der haushaltüblichen Netzspannung erhebliche Ströme (≈ 0,5 A) fließen. Neben der **elektrochemischen** und **thermischen Wirkung** des Stromes auf unseren Körper ist gerade der Einfluss eines äußeren Stromes auf die Reizleitung des Menschen sehr gefährlich.

Körperwiderstand

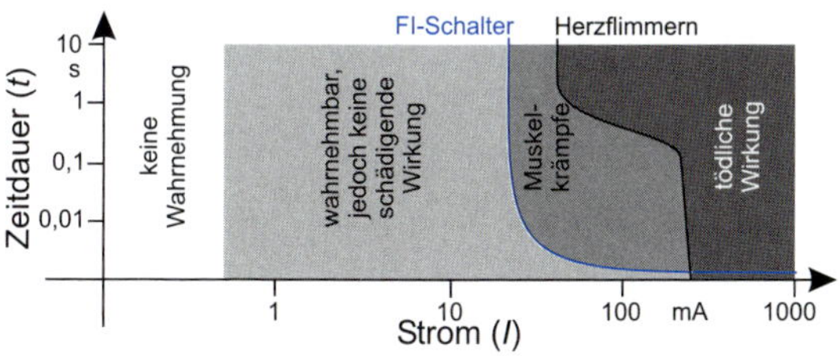

Ein Fehlerstromschutzschalter kann vor den Folgen einer Stromwirkung schützen.

Schon Ströme deutlich unter 0,1 A können zu starken Muskelkrämpfen führen und damit, z. B. beim Herzmuskel, tödliche Folgen haben. Daher gilt:

Stets hinreichend Abstand zu spannungsführenden Teilen halten! Auch geladene Kondensatoren und die Selbstinduktion von Spulen können gefährlich sein. Die Nähe von starken elektromagnetischen Strahlern meiden!

7.2 Stromquellen und Energiegewinnung

Zwar können Ladungen in einem geringen Umfang gespeichert werden, für eine großtechnische Nutzung und zur Versorgung von Millionen Haushalten reicht dies bei weitem nicht aus. Aus diesem Grund muss die elektrische Energie ständig in Kraftwerken erzeugt und über ein großes Verteilernetz zum Verbraucher transportiert werden. Die dabei in Deutschland jedem Einwohner zur Verfügung stehende elektrische Leistung beträgt im Durchschnitt ca. 1 kW. Um diese Energiemengen zu transportieren und um Stromausfälle zu vermeiden, sind die verschiedenen Kraftwerke zusammen mit den Verbraucherzentren in einem Verbundnetz aus Hochspannungsleitungen (bis ≈ 400 kV) miteinander verknüpft. Die hohen Spannungen dienen dazu, große Leitungsverluste beim Transport zu vermeiden.

Kraftwerke

Durch ein internationales Stromverbundnetz sind die Verbraucher mit den Kraftwerken verbunden.

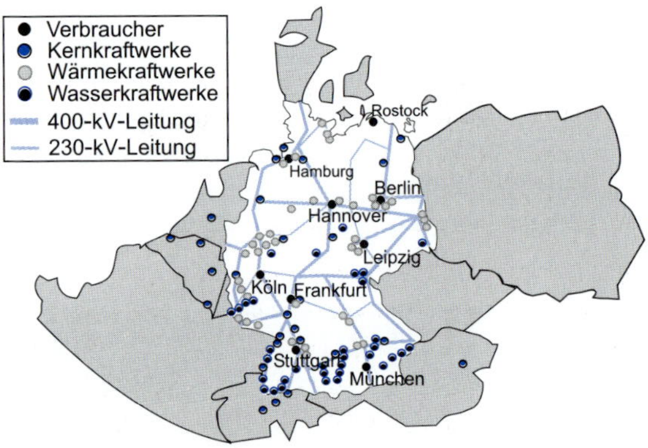

Der größte Anteil der elektrischen Energie, die uns zur Verfügung steht, wird in **Generatoren** erzeugt. Dabei wird – meist direkt aus der Drehbewegung eines starken Magneten in einer Spule – durch Induktion die **mechanische Energie** der Drehbewegung in **elektrische Energie** umgewandelt. Der **Wirkungsgrad** liegt dabei zwischen 60 und 98 %. Die notwendige mechanische Energie kann dabei auf sehr unterschiedliche Weise gewonnen werden. **Windkraftwerke** setzen die kinetische Energie des Windes über die Rotorblätter direkt in eine Drehbewegung des Generators um. Dabei treten die größten Verluste an den Rotorblättern auf. Der

Wirkungsgrad eines Windkraftwerkes liegt insgesamt zwischen 30 und 45 %. Windenergieanlagen gehören zu den regenerativen Energiequellen, das heißt, ihr Vorrat wird (durch die Kraft der Sonne) immer wieder erneuert. Wie bei fast allen regenerativen Energiequellen fallen keine nennenswerten Abfallprodukte an. Trotz der starken Zunahme der Nutzung von Windenergie ist der derzeitige Stromverbrauch allein durch Windkraft nicht zu decken.

Regenerative Energiequellen

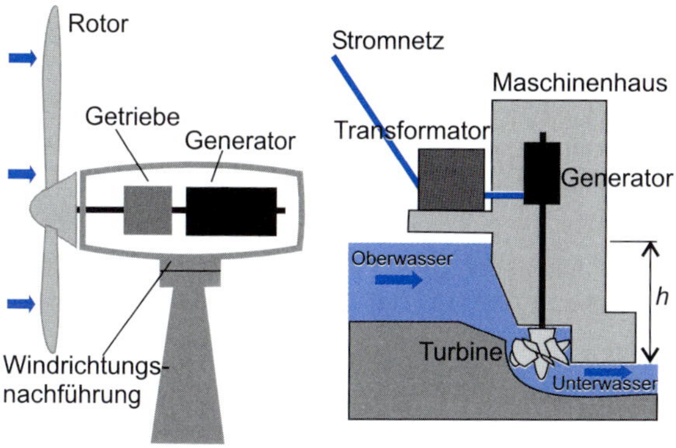

Wasser- und Windkraftwerke erzeugen direkt aus kinetischer Energie Elektrizität.

Eine weitere regenerative Quelle mechanischer Energie wird mit der Wasserkraft genutzt. Dabei treibt die potenzielle Energie des Wassers (Laufwasserkraftwerk oder Staudamm) eine Wasserturbine an, die zusammen mit dem Generator einen Wirkungsgrad von 50 bis 90 % aufweist. Die Nutzung der Wasserkraft ist, ebenso wie beim Wind, natürlich stark von den regionalen Verhältnissen abhängig.

Den größten Anteil an der Erzeugung elektrischer Energie tragen jedoch Kraftwerke, die zuerst Wärmeenergie in mechanische Energie umwandeln, um daraus dann elektrische Energie zu gewinnen. Der Wirkungsgrad dieser Kraftwerkstypen liegt zwischen 38 und 80 %. Die Wärme wird dabei meist durch **Verbrennung** fossiler Brennstoffe (Kohle, Öl, Gas) oder durch eine **Kernreaktion** gewonnen. In beiden Fällen fallen jedoch Abfallprodukte an, deren Entsorgung Probleme bereitet (Stichwort Klimawechsel einerseits, atomares Endlager andererseits). Wirtschaftliche Gründe sprechen jedoch auch für deren Einsatz.

Konventionelle Energiequellen

Thermische Kraftwerke erzeugen den größten Teil unseres Stromes.

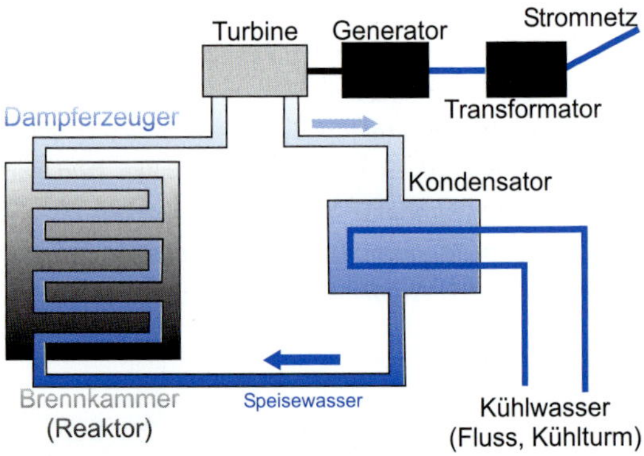

Aber auch **Solarkraftwerke** und **geothermische Kraftwerke** nutzen die Umwandlung von Wärmeenergie in Elektrizität. In beiden Fällen werden keine Abfälle erzeugt, jedoch ist die Erdwärme nur an wenigen Orten »förderbar«, die Solarenergie unterliegt großen zeitlichen Schwankungen. Neben den Solarkraftwerken, bei denen Sonnenkollektoren zuerst die Strahlung der Sonne in Wärme umwandeln und über Turbinen und Generatoren Elektrizität erzeugen, wandeln **Solarzellen** Sonnenlicht direkt in Elektrizität um. Dabei werden in einem **Halbleiter** durch Absorption des Lichtes Ladungen getrennt, die zu den Polen fließen. Dieses Verfahren wurde zuerst in der Raumfahrt angewendet. Inzwischen wurden durch Steigerung des Wirkungsgrades (auf bis zu 30 %) und niedrigere Preise viele wirtschaftliche Einsatzgebiete gefunden. Für eine Versorgung Deutschlands mit Strom durch Solarenergie müsste, beim derzeitigen mittleren Verbrauch, etwa die Fläche des Saarlandes mit Kollektoren bedeckt werden.

Solarzellen wandeln Licht direkt in Strom um.

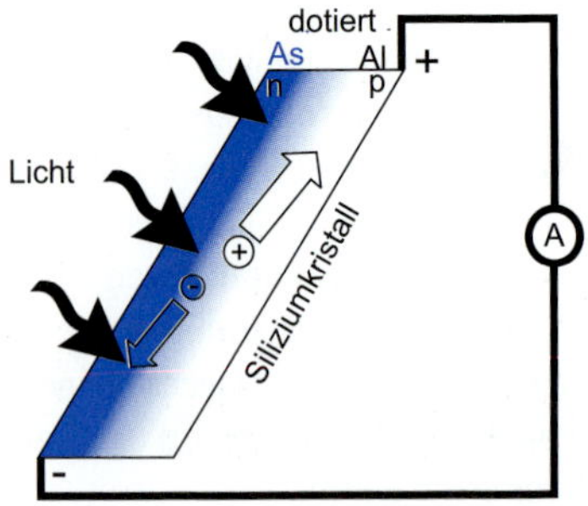

In **Batterien, Akkumulatoren** oder **Brennstoffzellen** kann chemische Energie direkt in elektrischen Strom umgewandelt werden. In einem **galvanischen Element** lösen sich z. B. die Zinkatome des Mantels langsam in einer Elektrolytflüssigkeit. Dabei bleiben pro Zinkatom zwei Elektronen im Mantel zurück. Die Zinkatome im Elektrolyten sind hingegen zweifach positiv geladen. Schließt man den elektrischen Stromkreis zwischen Zinkmantel und Kohleelektrode, so fließen die Elektronen ab und neue Zinkatome gehen in Lösung. Dieser Vorgang läuft so lange ab, bis das galvanische Element erschöpft ist. Die Spannung, die ein solches galvanisches Element liefert, ist nur von den verwendeten Materialien abhängig. Eine höhere Spannung kann also nur durch **Reihenschaltung** (**Batterie** genannt) erreicht werden. Der Akkumulator (= Sammler) ist ein wiederaufladbares galvanisches Element. Es werden dabei andere Substanzen verwendet (in Automobilen Blei und Schwefelsäure), bei denen dieser Vorgang durch Laden wieder rückgängig gemacht werden kann. Aufgrund ihres hohen Gewichtes bei kleiner **Kapazität** eigenen sich Akkumulatoren trotz des hohen Wirkungsgrades von bis zu 80 % nicht, um große Energiemengen zu speichern. Die **Brennstoffzelle** ist ebenfalls ein galvanisches Element, das mithilfe von Katalysatoren eine direkte Umwandlung chemischer Energie in elektrische Energie erlaubt. Dabei reagieren bei hohem Wirkungsgrad (≈ 50 %) der Luftsauerstoff und der Brennstoff in der Zelle miteinander. Als Brennstoffe können unter anderen Wasserstoff, Erdgas und Benzin dienen.

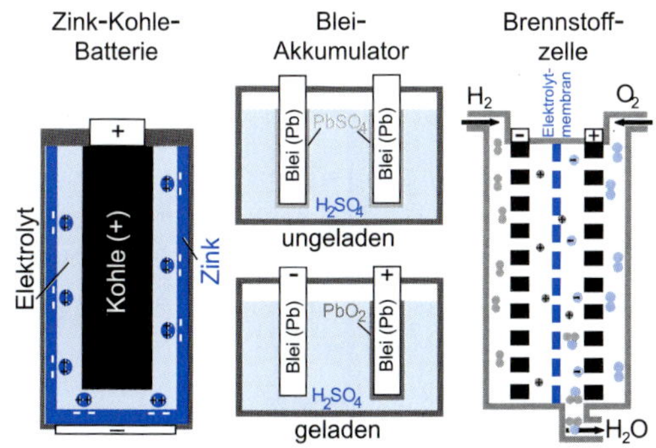

Batterien, Akkumulatoren und Brennstoffzellen wandeln chemische Energie direkt in elektrische Energie um.

7.3 Stromleitung und Supraleitung

Polarlichter

Das **Polarlicht** auf der Erde entsteht durch einen Ladungstransport im Vakuum. Die Sonne produziert riesige Mengen an geladenen Teilchen, die zum Teil ins All geschleudert werden. Diesen Fluss an geladenen Teilchen nennt man Sonnenwind. Trifft er auf das Magnetfeld der Erde, wird er um sie herum gelenkt. Nur an den magnetischen Polen können die Teilchen in die Atmosphäre eindringen und diese zum Leuchten (Polarlicht) anregen. Weitere Beispiele sind **Teilchenbeschleuniger** und **Vakuumröhren. Gase** sind normalerweise nicht leitfähig; entstehen jedoch einzelne geladene Teilchen, können diese in einem elektrischen Feld so beschleunigt werden, dass Stöße mit anderen Gasmolekülen neue Ladungsträger freisetzen, eine Lawine entsteht. In der Natur fließen große Ströme in Form von **Blitzen** zwischen der geladene Gewitterwolke und dem Erdboden. **Glimmlampen** und **Gasentladungslampen** arbeiten nach dem gleichen Prinzip. Dabei ist der Stromfluss vom Gasdruck und der angelegten Spannung abhängig. Auch in Flüssigkeiten müssen freie Ladungsträger vorliegen, um einen Stromfluss zu ermöglichen. So leitet destilliertes Wasser sehr schlecht, löst man darin jedoch nur wenig Kochsalz, steigt die Leitfähigkeit stark an. Das Salz zerfällt im Wasser in Na^+- und Cl^--Ionen, die durch das elektrische Feld zwischen den Elektroden beschleunigt werden. Die Leitfähigkeit ist dabei abhängig von der Anzahl (**Konzentration**) der Ladungsträger und ihrer **Beweglichkeit** im Wasser.

Nur wenn freie Ladungsträger vorhanden sind, leiten Gase und Flüssigkeiten.

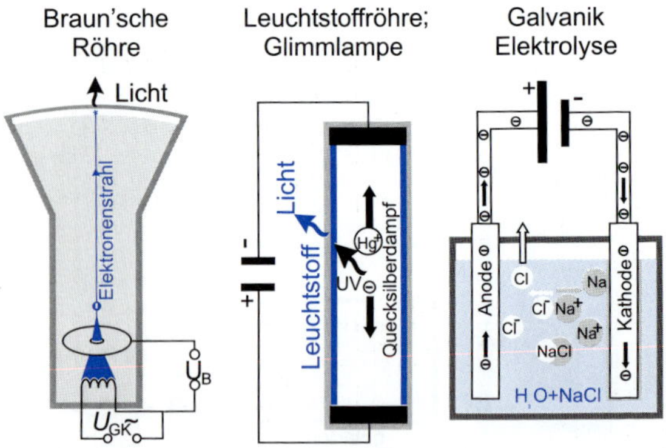

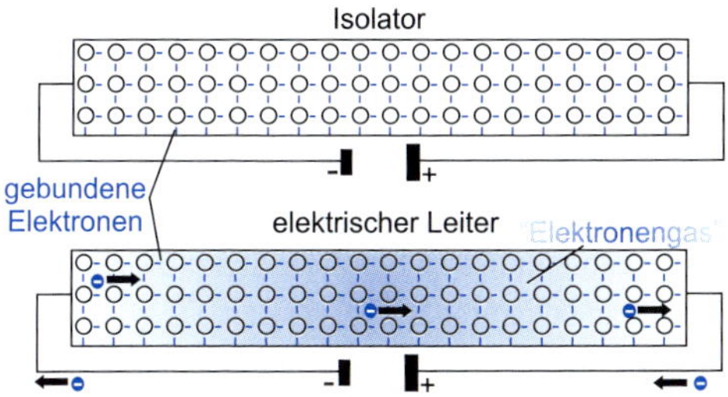

Beim Nichtleiter bleiben die Außenelektronen an die Atome gebunden, beim elektrischen Leiter bildet sich ein Elektronengas, das den Strom leitet.

In Festkörpern sind alle Atome fest miteinander verbunden, daher kann der Ladungstransport nicht durch Ionen erfolgen. Abhängig vom Material ist es jedoch möglich, dass die Außenelektronen der Atome nicht ortsfest sind, sondern sich als »Elektronengas« im Festkörper frei verteilen können. Da im Mittel jedem Atom ein Elektron zugeordnet bleibt, gibt es keine Ionen. Der Ladungstransport im Festkörper erfolgt durch diese Elektronen. Die Stoffe (meist Metalle), bei denen sich das Elektronengas ausbildet, nennt man **Leiter**, die Stoffe ohne Elektronengas **Nichtleiter**. Von **Halbleitern** spricht man, wenn nur sehr wenige Atome ihre Außenelektronen (temperaturabhängig!) abgeben. Wird ein metallischer Leiter sehr stark abgekühlt, so kann knapp oberhalb des absoluten Nullpunktes der Widerstand eines Materials ganz verschwinden. Ein Strom kann dann in einer Ringspule jahrelang fließen, ohne geringer zu werden. Diesen Zustand nennt man **Supraleitung**. Durch die tiefe Temperatur ist der technischer Einsatz jedoch beschränkt.

Leitfähigkeit

Material	spez. Widerstand ρ ($\Omega \cdot$ m)
Kupfer	$17 \cdot 10^{-9}$ (L)
Quecksilber	$960 \cdot 10^{-9}$ (L)
Quecksilber ($T < 4$ K)	0 (S)
Silizium	2600 (H)
Germanium	0,42 (H)
Salzwasser (0,1 mol/m^3)	930
Salzwasser (100 mol/m^3)	1,1
Hartgummi	$2 \cdot 10^{13}$ (I)
Quarzglas	$5 \cdot 10^{16}$ (I)

Abhängig vom spezifischen Widerstand spricht man von Leiter (L), Supraleiter (S), Halbleiter (H) und Isolator (I).

7.4 Motoren und Generatoren

Die Umwandlung elektrischer Energie in mechanische Energie und umgekehrt kann unter Anwendung des **Induktionsgesetzes** sehr effektiv erfolgen. In **Drehstromgeneratoren** ist ein starker Magnet so gelagert, dass seine magnetischen Pole innerhalb eines Kreises rotieren. Um diesen Kreis sind drei Spulen gleichmäßig angeordneten. Durch Annäherung der Magnetpole auf ihrer Kreisbewegung an eine der Spulen ändert sich der magnetische Fluss in der Spule und eine Spannung wird induziert. Bei einer Umdrehung der Achse wird in allen drei Spulen eine **gleich große**, aber **zeitlich versetzte** Wechselspannung induziert, es entsteht ein **Dreiphasenstrom** (siehe Abschnitt 6.2). Der **Wirkungsgrad** der Energieumwandlung liegt dabei zwischen 60 und 98 %. **Elektromotoren** ermöglichen – ebenfalls mit hohem Wirkungsgrad – den umgekehrten Weg. Dabei werden die magnetischen Kräfte auf einen stromdurchflossenen Leiter verwendet. Bringt man eine Leiterschleife so in das Feld eines **Hufeisenmagneten**, dass die Leiterschleife zwischen den Polen rotieren kann, und lässt einen Strom durch die Leiterschleife fließen, dann richtet sich die Spule entsprechend der Stromrichtung im Feld des Magneten aus. Wird beim Erreichen der Ausrichtung die Stromrichtung umgedreht, will sich die Spule erneut ausrichten, eine Drehbewegung entsteht. Da sich Generator und Motor im Aufbau ähneln, können manche Typen sowohl als Generator wie auch als Motor betrieben werden.

Generatoren wandeln mithilfe der Induktion mechanische Energie in elektrische Energie. Motoren verwenden die Lorentz-Kraft für den umgekehrten Vorgang.

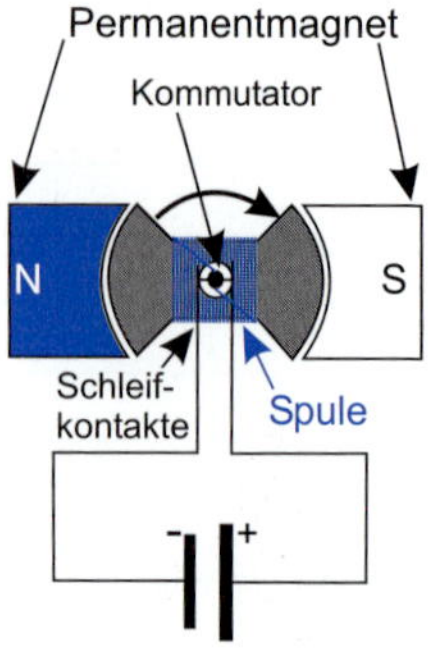

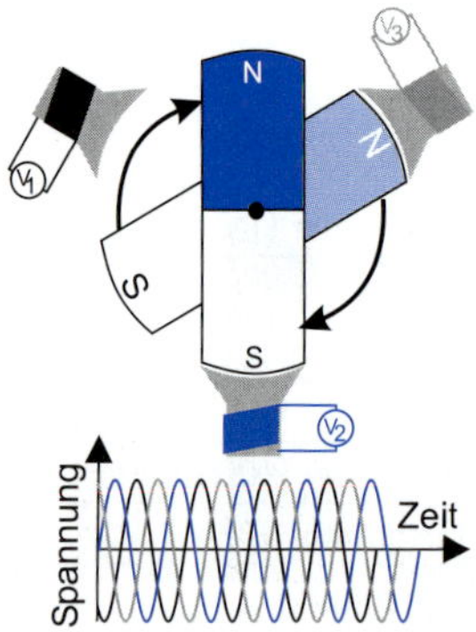

7.5 Elektrischer Wirkungsgrad

Wie in der Wärmelehre ist der Wirkungsgrad η der Quotient aus der zur Verfügung gestellten Energie $W_{\text{abgegeben}}$ und der Energiemenge $W_{\text{zugeführt}}$, die dazu aufgewendet werden musste, um eine bestimmte Arbeit zu verrichten.

$$\eta_{\text{el}} = \frac{W_{\text{abgegeben}}}{W_{\text{zugeführt}}}$$

Bei der Umwandlung einer Energieform in eine andere treten immer Verluste auf, der Wirkungsgrad η ist also immer kleiner als 1. Da man fast jede Form von Energie in elektrische Energie (und auch umgekehrt) umwandeln kann, ist der Wirkungsgrad einer solchen Umwandlung von großer Bedeutung. In der nebenstehenden Tabelle sind Beispiele für die verschiedenen Wirkungsgrade gegeben.

von	nach	Gerät	η
mechanisch	elektrisch	Generator	0,6–0,98
chemisch	elektrisch	Brennstoffzelle	0,5–0,8
elektrisch	elektrisch	Transformator	0,9–0,98
elektrisch	mechanisch	Motor	0,9–0,98
elektrisch	chemisch	Akkumulator	0,7–0,8
elektrisch	Licht	Glühlampe	0,02
elektrisch	Licht	Leuchtdiode	0,1
elektrisch	Wärme	Tauchsieder	0,99

Der wirtschaftliche Umgang mit Energie ist eine wichtige Voraussetzung zum Erhalt der Lebensgrundlagen des Menschen.

Durch mehrfache Energieumwandlung kann der Gesamtwirkungsgrad, der sich aus der Multiplikation der einzelnen Wirkungsgrade ergibt, sehr klein werden.

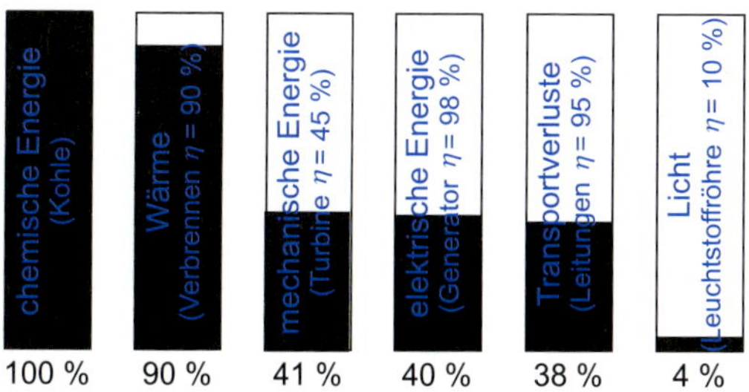

Das Licht einer Leuchtstofflampe besitzt nur ca. 4 % der Energie, die im Kraftwerk zugeführt wurde.

7.6 Glühelektrischer Effekt und Röhren

Die Elektronen, die in einem Festkörper als frei bewegliche Ladungsträger (auch »Elektronengas« genannt) den Ladungstransport bewerkstelligen, können bei Zimmertemperatur aus diesem Material nicht entkommen. Heizt man das Material (Metall) stark auf, so gelingt es einem Teil der Elektronen, die Grenzen des Materials zu überwinden. Diesen Vorgang nennt man **glühelektrischen Effekt**. Befindet sich der Glühdraht im Vakuum, können diese freien Elektronen den elektrischen und magnetischen Kräften, die auf sie einwirken, folgen. Sie werden also von elektrischen Feldern beschleunigt und in magnetischen Feldern abgelenkt. Schon lange vor Erfindung der Halbleitertechnik wurden mit solchen **Vakuumröhren** z. B. Verstärkerschaltungen und Radiosender aufgebaut. Noch heute wird diese Technik zur Bilderzeugung in einem **Fernseher** oder **Computermonitor** verwendet. Bei einer **Braun'schen Röhre** wird aus den freien Elektronen um eine Glühwendel durch das Anlegen einer Spannung ein Strahl aus Elektronen geformt. Dieser fliegt geradlinig durch das Vakuum, bis er auf die gegenüberliegende Oberfläche trifft. Das Material der Oberfläche ist mit einer Substanz beschichtet, die Licht aussendet, wenn sie von Elektronen getroffen wird. Es entsteht ein Leuchtfleck. Durch das Anlegen elektrischer oder magnetischer Felder kann der Elektronenstrahl abgelenkt werden. Geschieht dies hinreichend schnell, entsteht ein Bild auf dem Schirm.

Elektronen, die durch Glühemission entstanden sind, werden beschleunigt, abgelenkt und treffen auf den Schirm, wo sie ein Abbild hinterlassen.

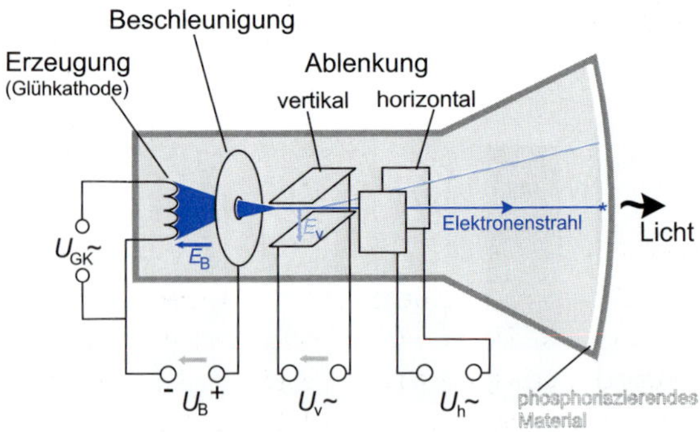

7.7 Halbleiter, Dioden und Transistoren

Halbleiter gehören meist der 4. Hauptgruppe des Periodensystems an. Sie bilden eine Gitterstruktur, in der die meisten der Außenelektronen gebunden sind. Die Leitfähigkeit von Halbleitern ist daher durch die geringe Anzahl an Außenelektronen, die von den Atomen an das Elektronengas abgegeben werden, begrenzt. Führt man Energie zu, steigt diese Anzahl und damit die **Eigenleitfähigkeit** stark an. Auf diesem Effekt beruhen **Halbleitersensoren**, deren Widerstand stark mit der **Temperatur** oder der **Beleuchtungsstärke** abnimmt. Die Leitfähigkeit kann aber auch durch **Dotierung**, so heißt das Einbringen von Fremdatomen, verbessert werden. Bei der **n-Dotierung** werden Materialien mit zusätzlichen Außenelektronen zugeführt, bei der **p-Dotierung** Materialien mit weniger Außenelektronen, es entstehen »Löcher« im Gitter.

Die Eigenleitfähigkeit von Halbleitern kann durch Zufuhr von Energie (z. B. Licht oder Wärme) verbessert werden. Die Leitfähigkeit wird durch Dotierung mit Fremdatomen stark erhöht.

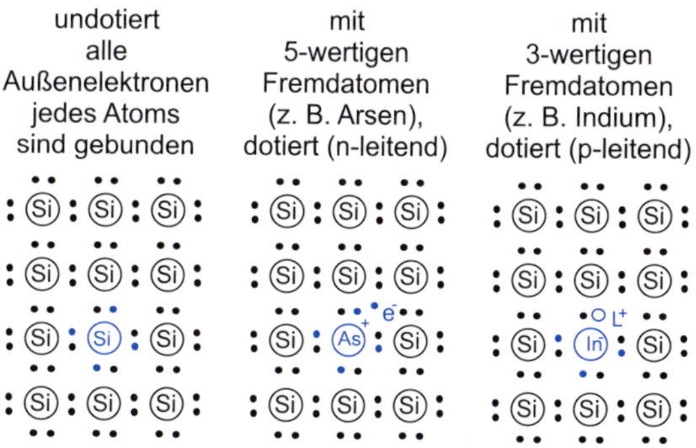

Im reinen Halbleiter sind nur wenige der Außenelektronen nicht gebunden und stehen für einen Ladungstransport zur Verfügung. Durch Dotieren mit Fremdatomen erhöht sich die Leitfähigkeit.

Werden ein n-dotiertes und ein p-dotiertes Material zusammengebracht, so gleichen sich in der Grenzschicht die überschüssigen Elektronen der einen und die fehlenden Elektronen (Löcher) der anderen Seite aus, es entsteht eine **Grenzschicht** ohne freie Ladungen. Ein Bauelement, das so

Halbleiterdioden leiten den Strom nur in eine Richtung und wirken deshalb als Wechselspannungsgleichrichter.

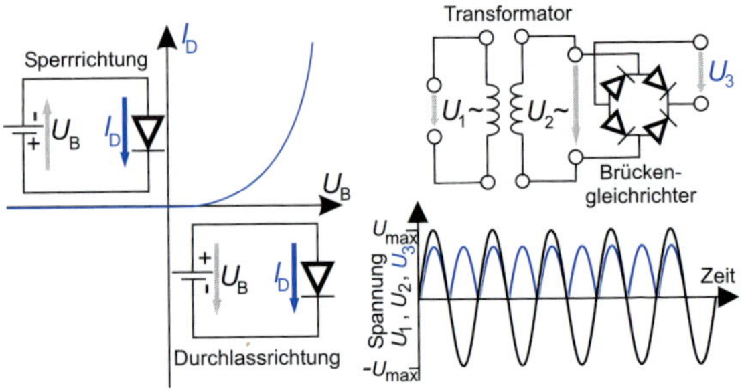

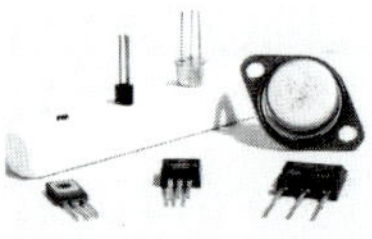

Handelsübliche Halbleiterbauelemente

aufgebaut ist, nennt man Halbleiterdiode. Sie wirkt wie ein Ventil für Ladungen. Liegt eine äußere Spannung in Sperrrichtung an, vergrößert sich die Grenzschicht, kein Strom kann fließen. Umgekehrt wird die Grenzschicht abgebaut, bis ein Ladungstransport möglich ist. Dioden werden meist als **Gleichrichter** für Wechselspannung eingesetzt. Leuchtdioden senden, wenn sie von Strom durchflossen werden, mit hohem Wirkungsgrad an der Grenzschicht Licht aus. Der **Transistor**, der aus drei abwechselnd dotierten Schichten (**npn** oder **pnp**) aufgebaut ist, hat die heutige Elektronik erst ermöglicht. In ihm entstehen zwei Grenzschichten, durch die sich, abhängig von der Spannung an **Emitter, Kollektor** und **Basis,** der Stromfluss regulieren lässt. Der Transistor wirkt wie ein regelbares Ventil oder ein steuerbarer Schalter für Strom und ist Bestandteil praktisch jeder modernen elektronischen Schaltung. Ähnlich hohen Stellenwert hat der **Thyristor**, der aus vier Schichten besteht und zur Leistungssteuerung von Verbrauchern eingesetzt wird.

Mit einem Transistor lässt sich durch einen kleinen Strom I_B ein großer Strom I_C steuern. Er wirkt wie ein Schalter oder Verstärker.

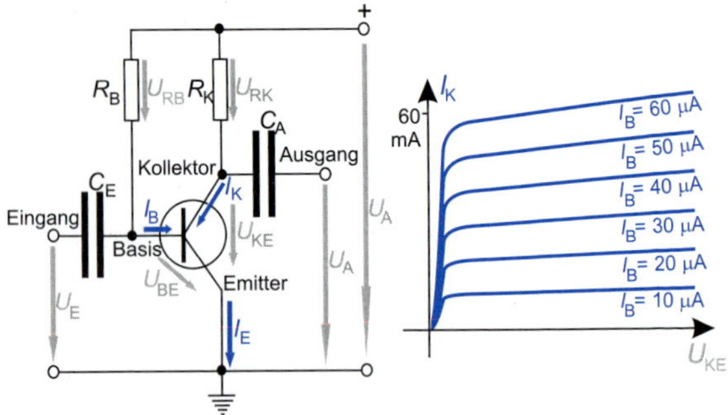

Auf einen Blick: Elektrizitätslehre

Ladung, Stromstärke, Spannung

- Die elektrische **Ladung** Q ist eine Mengengröße, die weder erzeugt noch vernichtet werden kann. Sie hat die Einheit Coulomb (C). Die kleinste »Menge« an Ladung ist die Elementarladung.
- Man unterscheidet negative elektrische Ladungen und positive elektrische Ladungen. Gleichartige elektrische Ladungen stoßen sich ab, ungleichartige Ladungen ziehen sich an. Gleiche Mengen elektrischer Ladungen mit unterschiedlichen Vorzeichen heben sich in der Wirkung auf. Das Coulomb'sche Gesetz beschreibt die Anziehungskraft F zweier Punktladungen Q_1 und Q_2, die r voneinander entfernt sind. Es gilt:

$$F = k \cdot \frac{Q_1 \cdot Q_2}{r^2}$$

- Fließen Ladungen von einem Punkt zu einem anderen, nennt man diesen Transport einen **elektrischen Strom**. Die elektrische Stromstärke I hat die Einheit Ampere (A). Es gilt: $Q = I \cdot t$
- Die **elektrische Spannung** ist definiert als die Arbeit, die pro Ampere und Sekunde verrichtet wird. Die elektrische Spannung U hat die Einheit Volt (V).

Elektrostatische Felder

- Die elektrische **Feldstärke** E gibt an, wie groß an einem bestimmten Punkt im Raum die elektrische Kraft F auf eine **Probeladung** q ist und in welche Richtung die Kraft zeigt. Die elektrischen Feldlinien beginnen an positiven Ladungen und enden an negativen Ladungen. Das elektrische Feld speichert Energie.
- Die **Kapazität** C eines Kondensators gibt an, wie groß die Ladungsmenge Q ist, die gespeichert werden kann, wenn die Spannung U an ihm anliegt. Es gilt:

$$Q = C \cdot U$$

- Die Kapazität wächst proportional zur Plattenfläche A und umgekehrt proportional zum Abstand d.
- Die Dielektrizitätszahl ε_r gibt den Faktor an, um den die Kapazität erhöht wird, wenn sich Materie anstatt Vakuum zwischen den Kondensatorplatten befindet.

Magnetostatische Felder

- Magnete üben, ähnlich wie Ladungen in der Elektrostatik, Kräfte aufeinander aus, sie können sich anziehen und abstoßen. Magnete sind jedoch **Dipole**, das bedeutet, dass Magnete immer gleichzeitig einen Nord- und Südpol besitzen.
- Die Feldlinien des magnetischen Feldes verlaufen außerhalb des Magneten von seinem Nordpol zu seinem Südpol, innerhalb genau umgekehrt. Das magnetische Feld speichert Energie. Die Einheit der magnetischen Flussdichte B ist das Tesla (T).
- Die Permeabilitätszahl μ_r gibt an, um welches Vielfache sich die magnetische Flussdichte B erhöht, wenn ein Stoff anstatt Vakuum den Raum erfüllt.
- Fließt in einem Magnetfeld elektrischer Strom I durch einen Draht der Länge s, so wirkt eine Kraft F auf diesen Draht. Die Kraft wirkt senkrecht zu den Feldlinien des Magnetfeldes und zur Stromrichtung. Es gilt: $F = I \cdot s \cdot B$
- Magnetische Felder üben auf fließende Ladungen eine Kraftwirkung (Lorentz-Kraft) aus. Es gilt: $F_L = -e \cdot v \cdot B \cdot \sin\alpha$
- Beim **Diamagnetismus** ist der vom äußeren Feld verursachte Dipol dem äußeren Feld entgegengerichtet, es wird dadurch abgeschwächt.
- Beim **Paramagnetismus** werden die vorhandenen Dipole durch ein äußeres Magnetfeld geordnet. Das äußere Feld wird dadurch verstärkt.
- In **ferromagnetischen** Materialien bilden sich Weiss'sche Bezirke, die durch ein äußeres Feld gleichmäßig ausgerichtet werden, das Material ist magnetisch gesättigt, das Magnetfeld stark vergrößert.

Elektromagnetische Felder

- Bewegt sich ein elektrischer Leiter der Länge l mit der Geschwindigkeit v senkrecht zur magnetischen Flußdichte B, so kann an seinen Enden die induzierte Spannung $U_{ind} = B \cdot l \cdot v$ abgegriffen werden. Das **Faraday'sche Induktionsgesetz** sagt aus, dass die induzierte Spannung U_{ind} proportional zur zeitlichen Flussänderung $\frac{\Delta\phi}{\Delta t}$ ist. Es gilt: $U_{ind} = n \cdot \frac{\Delta\phi}{\Delta t}$
- Beim **Transformator** gilt für Ströme und Spannungen: $\frac{I_2}{I_1} = \frac{n_1}{n_2} = -\frac{U_1}{U_2}$
- In einem **Schwingkreis** entsteht eine Schwingung, bei der die Energie abwechselnd im elektrischen und im magnetischen Feld gespeichert ist. Die Schwingungsdauer ist durch die **Thomson-Gleichung** gegeben. Die von einem **Hertz'schen Dipol** abgestrahlten elektromagnetischen Felder können Energie, aber auch Information über große Entfernung hinweg übertragen.

Gleichstromkreis

- Werden die Pole einer Ladungsquelle über leitfähige Elemente (Kabel, Glühbirnen etc.) miteinander verbunden, entsteht ein Stromkreis.
- Das **Ohm'sche Gesetz** $U = R \cdot I$ beschreibt die Abhängigkeit zwischen angelegter elektrischer Spannung U, dem elektrischen Strom I und dem elektrischen **Widerstand** R. Seine Einheit ist das Ohm (Ω).
- Die elektrischen Eigenschaften eines Materials werden in der Konstanten ρ, dem so genannten spezifischen Widerstand, zusammengefasst.
- Die **Kirchhoff'schen Gesetze** beschreiben die Spannungen und Ströme in einem **Netzwerk** aus beliebigen Bauelementen. Dabei ist jeweils die Summe aller Ströme in einem Knoten und die Summe aller Spannungen in einer Masche null.
- Nach der Ladezeitkonstanten τ liegen an einem Kondensator ca. 63 % der Batteriespannung an. Ist der Kondensator geladen, wird sein Widerstand unendlich.
- Der Stromfluss durch die Spule wird zunächst durch **Selbstinduktion** gehemmt.
- Die elektrische Arbeit W ist definiert als die Arbeit, die verrichtet wird, wenn die Ladung Q die Spannung U durchläuft. Es gilt:

$$W = Q \cdot U$$

Die Einheit der Arbeit ist das Joule (J).

- Die elektrische Leistung P ist das Produkt aus Spannung U und Stromstärke I. Es gilt:

$$P = U \cdot I$$

Die Einheit der Leistung ist das Watt (W).

Wechselstromkreis

- Im **Wechselstromkreis** schwankt die Spannung periodisch zwischen einem positiven (U_{max}) und einem im Betrag gleichen negativen Maximalwert ($-U_{max}$). Die Wechselspannung beschreibt also eine Schwingung mit der Periodendauer T.
- Beim **Drehstrom** (Dreiphasenstrom) werden drei stromführende Leitungen, die so genannten **Phasen**, und ein **Mittelpunktsleiter** (wenn geerdet, auch Nullleiter genannt) verwendet. Auf allen drei Phasen liegt eine Wechselspannung an, die jeweils um 120° phasenverschoben ist. Bei der **Sternschaltung** stehen gegenüber dem Nullleiter 3-mal 230 V zur Verfügung. Bei der Dreieckschaltung liegen zwischen den Phasen jeweils 400 V an. Sind alle drei Phasen des Drehstromnetzes gleich stark belastet, so führt der Mittelpunktsleiter keinen Strom.

Energietechnik und Elektronik

- Ladungen können nur in einem geringen Umfang gespeichert werden. Deshalb muss die elektrische Energie ständig in Kraftwerken erzeugt und über ein großes Verteilernetz zum Verbraucher transportiert werden.
- Elektrische Energie kann durch Umwandlung aus mechanischer Energie (Wasser und Windkraftwärme), Wärmeenergie (Kohle, Öl und Kernkraft) oder chemischer Energie (Batterien und Brennstoffzellen) gewonnen werden.
- Der effiziente Umgang mit Energie ist eine wichtige Voraussetzung zum Erhalt der Lebensgrundlagen des Menschen.
- Durch mehrfache Energieumwandlung kann der Gesamtwirkungsgrad, der sich aus der Multiplikation der einzelnen Wirkungsgrade ergibt, sehr klein werden.
- Die Umwandlung mechanischer Energie in elektrische Energie erfolgt in **Drehstromgeneratoren** unter Anwendung des **Induktionsgesetzes.**
- In **Elektromotoren** werden die magnetischen Kräfte auf einen stromdurchflossenen Leiter verwendet, um elektrische in mechanische Energie umzuwandeln.
- Im Vakuum sowie in Gasen und Flüssigkeiten müssen freie Ladungsträger vorliegen, um einen Stromfluss zu ermöglichen.
- In Festkörpern ermöglicht das „Elektronengas" einen Ladungstransport.
- Es gibt elektrische **Leiter, Nichtleiter** und **Halbleiter.** Fällt der Widerstand bei sehr tiefen Temperaturen auf null, nennt man das **Supraleitung.**
- Die Leitfähigkeit von Halbleitern ist durch die geringe Anzahl an Außenelektronen, die von den Atomen an das Elektronengas abgegeben werden, begrenzt. Führt man Energie zu, steigt diese Anzahl und damit die **Eigenleitfähigkeit** stark an.
- Die Leitfähigkeit kann durch **Dotierung**, das heißt, durch das Einbringen von Fremdatomen, verbessert werden.
- In einer Diode bildet sich eine **Grenzschicht** ohne Ladungen. Sie wirkt wie ein Ventil für Ladungen. Ein elektrischer Strom kann eine Diode nur in eine Richtung passieren. Dioden werden als Wechselspannungsgleichrichter eingesetzt.
- Der **Transistor** besteht aus drei abwechselnd dotierten Schichten (**npn** oder **pnp**). In ihm entstehen zwei Grenzschichten, durch die sich, abhängig von der Spannung an **Emitter, Kollektor** und **Basis,** der Stromfluss regulieren lässt. Der Transistor wirkt wie ein regelbares Ventil oder ein steuerbarer Schalter für Strom.

Optik

Die Optik als die Lehre von den Erscheinungen des Lichtes gehört zu den ältesten Teilgebieten der Physik. Die große Bedeutung der Optik für den Menschen ist auf das Auge als Sinnesorgan für elektromagnetische Wellen zurückzuführen. Die natürliche Wahrnehmung optischer Phänomene des alltäglichen Lebens wie Sonnenfinsternisse, die Farben des Regenbogens oder eine Fata Morgana haben sicherlich schon den Urmenschen zum Nachdenken angeregt. Dass die Optik auch ein aktueller Zweig der Naturwissenschaften ist, belegen Begriffe wie Laser oder Quantenoptik.

1 Strahlenoptik

Lichtstrahlen breiten sich geradlinig aus.

In der Strahlenoptik stellt man sich das Licht in Form von Strahlen vor, die sich geradlinig im Raum ausbreiten. Dabei unterscheidet man, je nach Art des Ausgangs- und Zielpunktes der Strahlen, drei Fälle:

a) Strahlen, die von einem gemeinsamen Punkt (Lichtquelle) ausstrahlen, nennt man **divergent**.
b) Strahlen, die auf einen gemeinsamen Punkt zulaufen, nennt man **konvergent**.
c) Strahlen, die weder einen gemeinsamen Schnittpunkt noch Ausgangspunkt besitzen, nennt man **diffus**.

Man unterscheidet zwischen divergenten, konvergenten und diffusen Strahlen.

divergent konvergent diffus

1.1 Schattenwurf

Breiten sich Strahlen von einer Lichtquelle geradlinig aus und treffen einen undurchsichtigen Körper, so werden diese Strahlen absorbiert oder reflektiert. Im Bereich hinter dem Körper entsteht ein Schatten. Ist die Lichtquelle punktförmig, so entsteht ein scharf berandeter Bereich des Kernschattens, in den kein Lichtstrahl aus der Lichtquelle eindringt. Bei ausgedehnten Lichtquellen wird der **Kernschatten** von einem **Halbschatten** umgeben, in den nur ein Teil der von der Lichtquelle ausgehenden Strahlen eindringen kann; Entsprechendes gilt auch für mehrere punktförmige Lichtquellen.

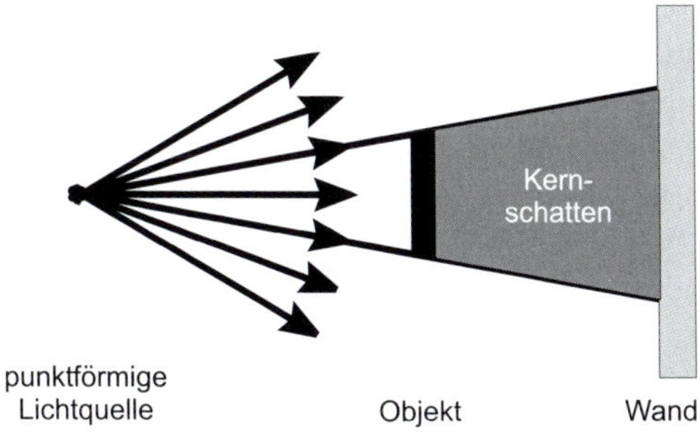

Man unterscheidet Kernschatten (K) und Halbschatten (H).

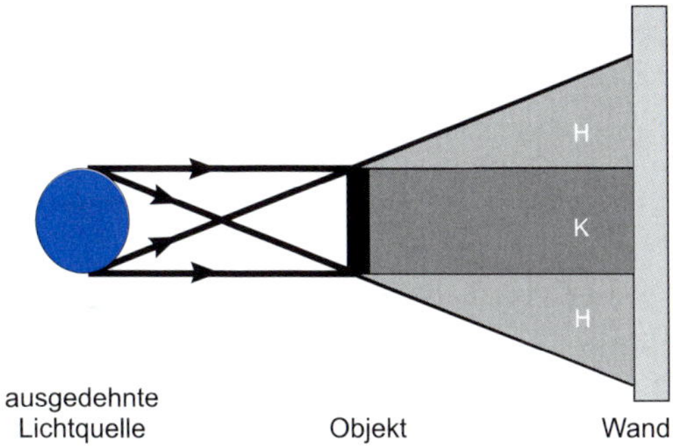

Beispiel: Sonnenfinsternis

Der Durchmesser des Mondes (D_{Mond}) beträgt ca. 3500 km, seine Entfernung von der Erde im Mittel 380 000 km. Die Sonne hat einen Durchmesser (D_{Sonne}) von $1{,}4 \cdot 10^6$ km und befindet sich etwa $150 \cdot 10^6$ km von der Erde entfernt. Betrachtet man die entstehenden Dreiecke und wendet den Ähnlichkeitssatz an, so kann man mit

$$\frac{D_{Kernschatten}}{x} = \frac{D_{Mond}}{380\,000 + x} = \frac{D_{Sonne}}{150 \cdot 10^6 + x}$$

einen Kernschattendurchmesser (x) von ca. 53 km ermitteln. Innerhalb dieses Gebiets herrscht dann eine totale Sonnenfinsternis. Ist der Mond zu diesem Zeitpunkt weiter von der Erde entfernt, entsteht eine ringförmige Sonnenfinsternis. Für den Halbschatten ($D_{Halbschatten}$) ergibt sich mit

$$\frac{D_{Halbschatten}}{380\,000 + y} = \frac{D_{Mond}}{y} = \frac{D_{Sonne}}{150 \cdot 10^6 - y - 380\,000}$$

ein Halbschattendurchmesser (y) von rund 7150 km.

1.2 Lichtgeschwindigkeit

Ole Römer, 1644–1710, dänischer Astronom

Die Geschwindigkeit, mit der sich Lichtstrahlen bewegen, war eine sehr frühe Frage der Optik. 1675 gelang *Ole Römer* durch astronomische Beobachtungen als Erstem der Nachweis, dass Lichtstrahlen sich mit endlicher Geschwindigkeit ausbreiten.

Bestimmung der Lichtgeschwindigkeit durch Beobachtung des Mondes Io

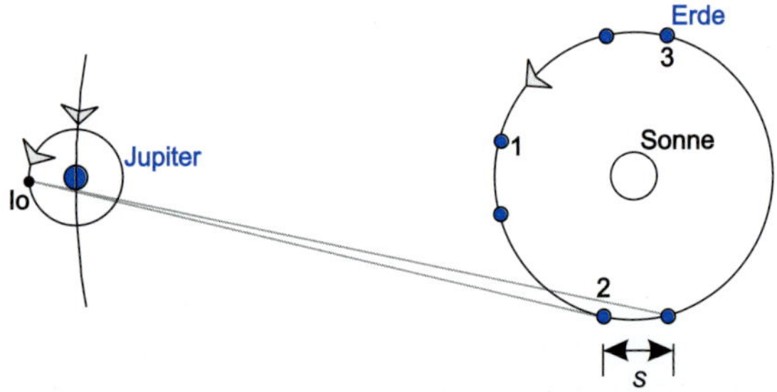

Römer beobachtete, dass die Umlaufzeit des Jupitermondes Io ($t_{Umlauf,Io}$ = 42,5 h), je nach Position der Erde (siehe Abbildung), um 15 Sekunden schwankt ($\Delta t_{Umlauf,Io}$). Er nahm an, dass sich die Erde nach einem Umlauf des Mondes um die Strecke l weiter von Io entfernt hat und das Licht für diese Entfernung 15 Sekunden benötigt. Die Lichtgeschwindigkeit c lässt sich bei Kenntnis des Umfangs der Erdbahn ($s_{Erdbahn} = 942 \cdot 10^9$ m) und der Umlaufzeit der Erde (31 557 600 s) durch

$$c = \frac{l}{\Delta t_{Umlauf,Io}}$$

$$l = \frac{s_{Erdbahn} \cdot t_{Umlauf,Io}}{t_{Umlauf,Erde}}$$

Die Ausbreitungsgeschwindigkeit des Lichtes beträgt im Vakuum 299 792 458 m/s.

bestimmen. Auf diese Weise ergab sich die Lichtgeschwindigkeit zu c = 304 626 255 m/s. Dieser Wert liegt sehr nahe an der mit modernen Mitteln bestimmten Geschwindigkeit des Lichtes. Nach derzeitigem Kenntnisstand ist dies gleichzeitig die höchste erreichbare Geschwindigkeit.

1.3 Reflexion und Streuung

Treffen Lichtstrahlen auf einen undurchsichtigen Körper, so werden diese Strahlen absorbiert oder zurückgeworfen. Wird das Licht zurückgeworfen, so unterscheidet man zwei Fälle. Bei der **Streuung** wird das Licht in alle möglichen Raumrichtungen (diffus) zurückgeworfen, bei der **Reflexion** nur in eine bevorzugte Richtung. Typische Beispiele im alltäglichen Leben sind die Streuung des Sonnenlichtes an der Atmosphäre (Himmelsblau) oder die Lichtstreuung durch eine Mattglasscheibe bzw. die Reflexion des Lichtes an einem Spiegel. Für Reflexion wie auch für Streuung gilt das Reflexionsgesetz:

Licht wird an Oberflächen so gespiegelt, dass der Winkel α zwischen dem einfallenden Lichtstrahl und dem Lot auf die spiegelnde Fläche gleich dem Winkel β zwischen dem auslaufenden Strahl und dem Lot ist.

$$\alpha = \beta$$

(»Einfallswinkel gleich Ausfallswinkel«)

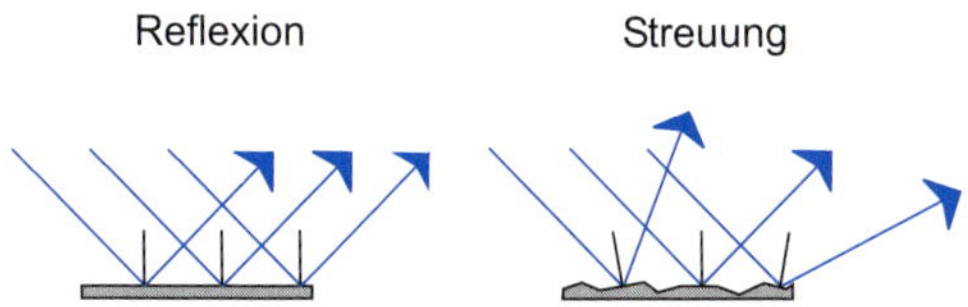

Reflexion an rauen Oberflächen nennt man Streuung.

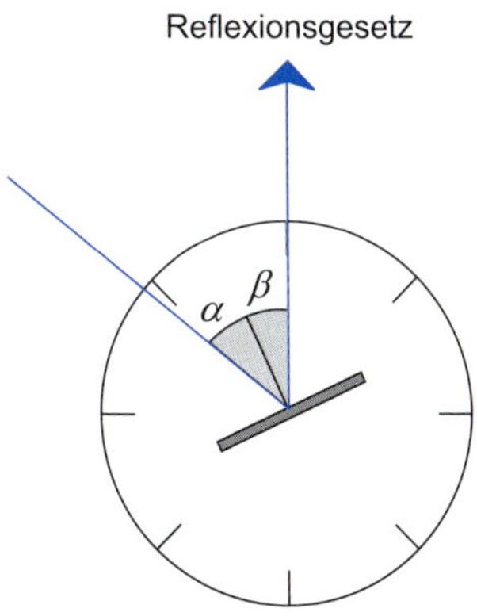

1.4 Brechungsgesetz

Tritt ein Lichtstrahl schräg von einem Medium (z. B. Luft) in ein zweites (z. B. Wasser) über, so wird das Licht beim Durchgang durch die Grenzfläche gebrochen, d. h., der Winkel des Strahles zur Grenzfläche ändert sich.

Beim Durchgang des Lichtes von einem optischen Medium in ein anderes wird ein Teil des Lichtes gebrochen, ein Teil reflektiert.

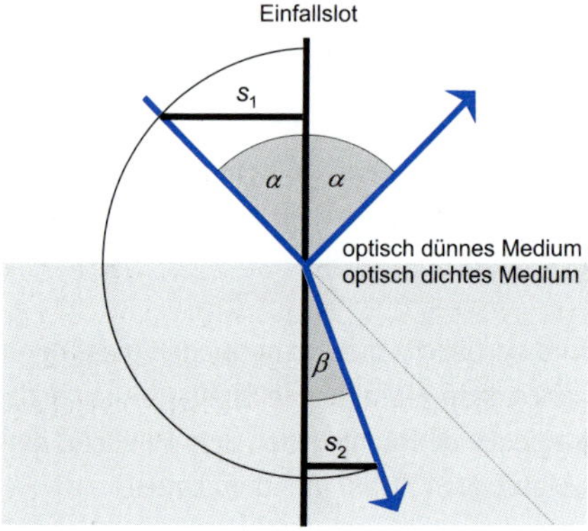

Willebrordus Snellius, 1591–1626, niederländischer Physiker

Dieses Verhalten von Licht kennt man schon seit der Antike, jedoch gelang erstmals *»Snellius« (Willebrord Snel van Royen)* um 1620 eine Herleitung des Brechungsgesetzes:

Die Brechzahl n ist das Verhältnis der Wegstrecken s_1 und s_2 bzw. das Verhältnis vom Sinus des Einfallswinkels α zum Sinus des Ausfallswinkels β.

$$n = \frac{s_1}{s_2} = \frac{\sin\alpha}{\sin\beta}$$

Es gilt: Beim Übergang vom **optisch dünneren Medium** (z. B. Luft) zum **optisch dichteren Medium** (z. B. Wasser) wird der Strahl **»zum Lot hin«** gebrochen, andernfalls **»vom Lot weg«**.

Medium	Brechzahl n
Luft	1,00028
Wasser	1,33
Benzol	1,5
Glas	1,46...1,92
Diamant	2,42

Besitzen zwei Medien die gleiche Brechzahl (z. B. Benzol und Glas), so tritt beim Durchgang durch die Grenzfläche weder Reflexion noch Brechung auf.

1.5 Totalreflexion

Vergrößert man den Einfallswinkel α bis zum streifenden Einfall des Lichtes ($\alpha = 90°$), dann ergibt sich nach dem Brechungsgesetz der maximal mögliche Winkel β im dichteren Medium (Brechzahl n) zu:

$$\sin\beta = \frac{\sin\alpha}{n} = \frac{\sin 90°}{n} = \frac{1}{n}$$

Für den Fall des Übergangs von Luft in Wasser ($n = 1{,}33$) beträgt der Grenzwinkel $\beta_G = 48{,}8°$. Drehen wir nun den Lichtweg um, d. h., gehen wir von einem **dichteren Medium** in ein **dünneres Medium** über, so folgt daraus, dass nur bis zum **Grenzwinkel** β_G ein Übergang vom dichteren in das dünnere Medium möglich ist. Für größere Winkel tritt **Totalreflexion** ein.

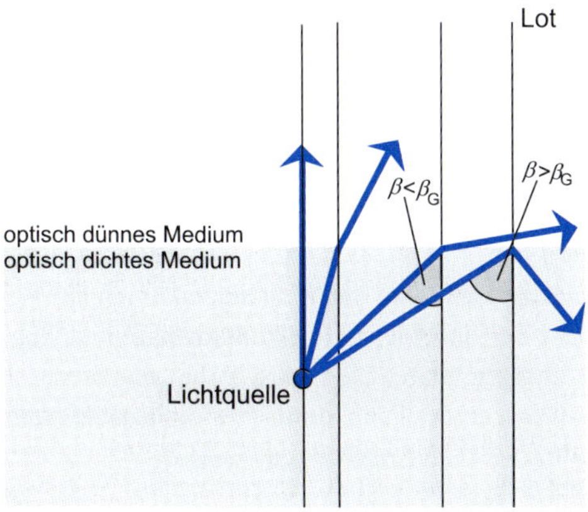

Prinzip der Totalreflexion am Übergang vom optisch dichteren zum dünneren Medium

Das Prinzip der Totalreflexion wird z. B. bei Glasfasern (Lichtwellenleitern) in der Telekommunikation eingesetzt, wobei das Licht am Übergang zwischen Lichtwellenleiter und Luft (oder Außenmantel) eine Totalreflexion erfährt und so fast verlustfrei in der Glasfaser transportiert wird.

Lichtwellenleiter nutzen die Totalreflexion.

1.6 Dispersion (Aufspaltung)

Fällt ein Lichtstrahl durch ein Glas hindurch auf eine weiße Fläche, so können oftmals feine Farbsäume gesehen werden. Die gleiche Aufspaltung von weißem Licht in die verschiedenen Farben kann beobachtet werden, wenn ein Lichtstrahl auf ein Prisma fällt.

Ein Glasprisma zerlegt weißes Licht in seine Spektralfarben.

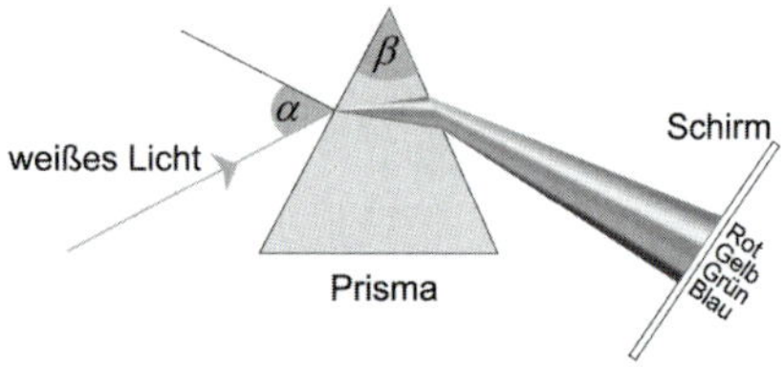

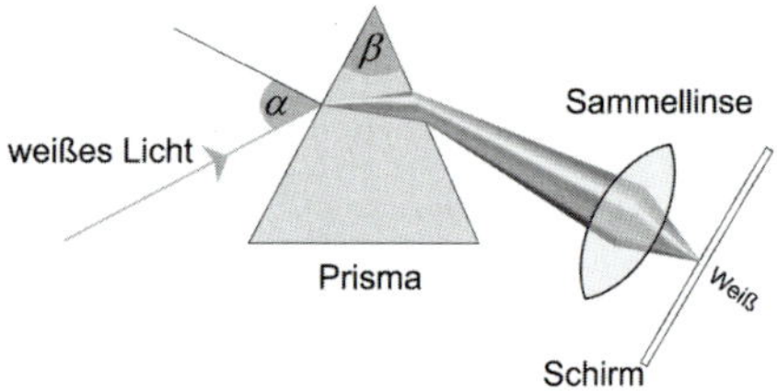

Eine Sammellinse kann die einzelnen Farbanteile des Lichtes wieder in einem Punkt zu weißem Licht vereinigen.

Das weiße Licht wird beim Durchgang durch das Prisma in seine Bestandteile, die Spektralfarben, zerlegt. Bei Glas und anderen Materialien muss daher die Brechzahl n abhängig von der Farbe des Lichtes angegeben werden. Es gilt:

$$n_{\text{blau}} > n_{\text{rot}}$$

Die Brechzahl n für blaues Licht ist größer als für rotes.

Farbe	Brechzahl n (Glas)
Blau	1,524
Grün	1,52
Gelb	1,517
Rot	1,514

Ein **Regenbogen** entsteht, wenn Sonnenstrahlen im richtigen Winkel zum Beobachter auf Regentropfen fallen und darin gebrochen und reflektiert werden. Umgekehrt mischt der **Fernseher** durch **additive Farbmischung** aus einzelnen einfarbigen Punkten das farbige Bild zusammen (siehe auch Abschnitt 4.1).

2 Optische Systeme

Optische Systeme, d. h. Apparate, deren Sinn es ist, den Weg, den das Licht zurücklegt, gezielt zu beeinflussen, beruhen auf den Erkenntnissen der Strahlenoptik unter Verwendung der Reflexions- und Brechungsgesetze.

2.1 Lochblende

Eines der einfachsten Elemente ist die **Lochblende** (auch Lochkamera).

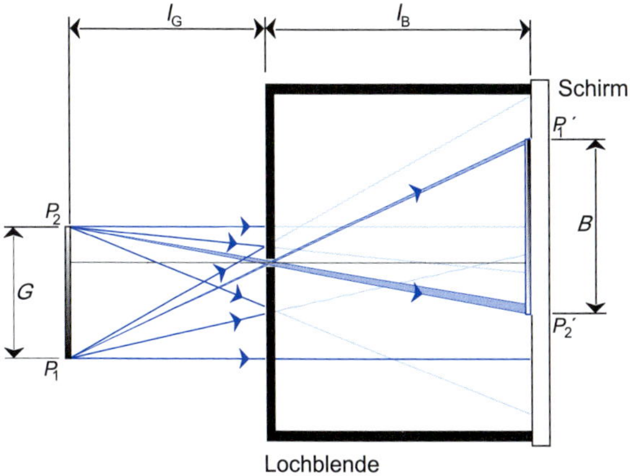

Eine Lochblende erzeugt ein reelles Bild auf einem dahinter liegenden Schirm.

Die Strahlen, die von einem Objekt ausgehen und durch eine Lochblende gelangen, erzeugen auf einem Schirm hinter der Lochblende ein **reelles Bild**.

Für das Abbild auf dem Schirm gilt nach dem Strahlensatz (siehe Abbildung) :

$$\frac{l_G}{G} = \frac{l_B}{B}$$

Das Bild hinter der Lochblende ist jedoch sehr lichtschwach, steht auf dem Kopf und ist seitenverkehrt.

2.2 Ebener Spiegel

Ein **ebener Spiegel** ist ebenfalls ein optisches System.

Objekt und Spiegelbild an einem ebenen Spiegel

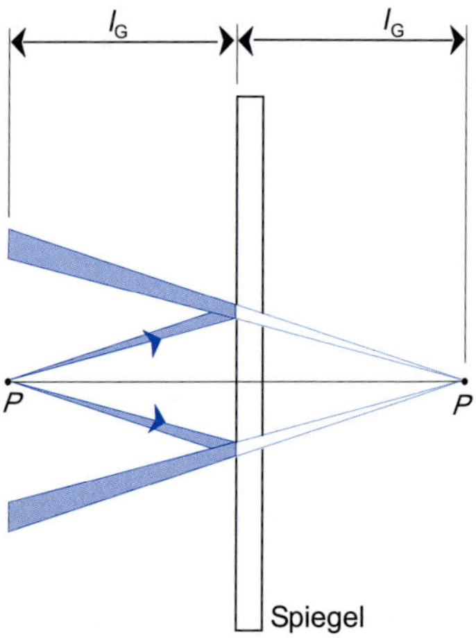

Das Spiegelbild *P'*, das wir wahrnehmen, wenn wir in einen Spiegel sehen, erscheint ebenso weit hinter dem Spiegel wie das Objekt *P* vor dem Spiegel und ebenso groß. Für die Längen des Objektes und des Spiegelbildes gilt:

$$l_P = l_{P'}$$

Die durch Spiegelung entstehenden Bilder eines Objektes nennt man **scheinbare** oder auch **virtuelle** Bilder.

2.3 Kugelhohlspiegel

Gekrümmte Oberflächen, z. B. ein **Kugelhohlspiegel**, also ein von innen verspiegelter Kugelabschnitt, oder ein **Wölbspiegel** (außen verspiegelt), verändern das Bild des Objektes, das darin sichtbar wird.

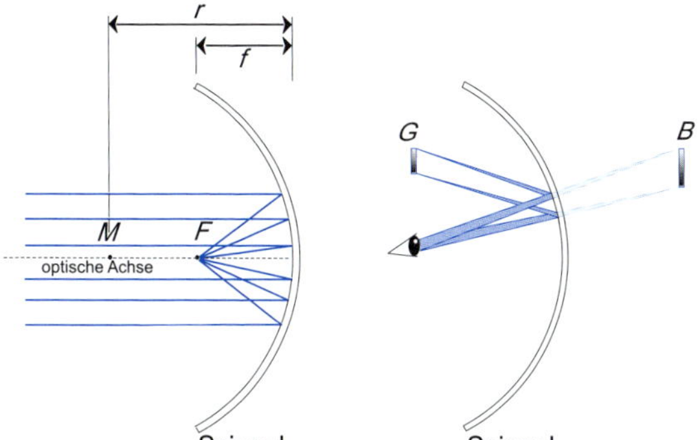

Kugelhohlspiegel sammeln parallel einfallendes Licht im Brennpunkt und können als Vergrößerungsspiegel genutzt werden.

Beim Kugelhohlspiegel treffen sich alle Strahlen, die parallel und nah zur optischen Achse laufen, im Brennpunkt *F*.

Der Brennpunkt *F* liegt auf der optischen Achse zwischen dem Mittelpunkt *M* des Kugelabschnittes und der Kugeloberfläche. Die Entfernung zwischen Kugeloberfläche und Brennpunkt wird **Brennweite** (f) genannt. Es gilt:

$$f = \frac{1}{2} r$$

Die Konzentration von einfallendem Licht auf einen Brennpunkt wird in **Solaröfen** und **Solarkraftwerken** genutzt, der umgekehrte Weg, die Strahlen einer Lampe im Brennpunkt des Spiegels in eine Richtung zu bündeln, findet in **Scheinwerfern** Anwendung. Die vergrößernden Eigenschaften werden z. B. in **Rasierspiegeln** genutzt.

2.4 Wölbspiegel

Betrachtet man einen **Wölbspiegel**, also den umgekehrten Fall eines Hohlspiegels, so erkennt man Folgendes:

Bei nach außen gewölbten Spiegeln werden die Lichtstrahlen so abgelenkt, dass für das Auge ein aufrechtes und verkleinertes Abbild des Objektes entsteht.

Wölbspiegel liefern ein verkleinertes virtuelles Bild.

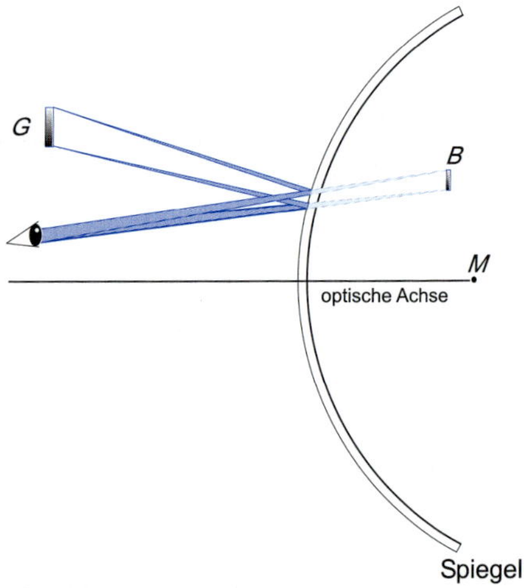

Gleichzeitig wird mit der Verkleinerung der Objekte der Sehwinkel vergrößert. Dieser Eigenschaft verdankt der Wölbspiegel seinen Einsatz überall dort, wo der Sehwinkel erweitert werden soll (z. B. im Straßenverkehr). Durch die optische Verkleinerung ist für das Auge eine korrekte Entfernungsabschätzung allerdings nur schwer vorzunehmen. Die weitaus größte Bedeutung für das menschliche Leben besitzen optische Systeme, die auf der Lichtbrechung beim Übergang von Licht in Materie beruhen.

2.5 Planparallele Platte und Prisma

Bei einer **planparallelen Platte** dringt das Licht durch die erste Grenzfläche (z. B. Luft/Glas) und wird zum Lot hin gebrochen. Beim Durchgang durch die zweite Grenzfläche (Glas/Luft) wird sie dann in die entgegengesetzte Richtung um den gleichen Betrag gebrochen. Der Strahl wird lediglich um die Strecke l parallel verschoben.

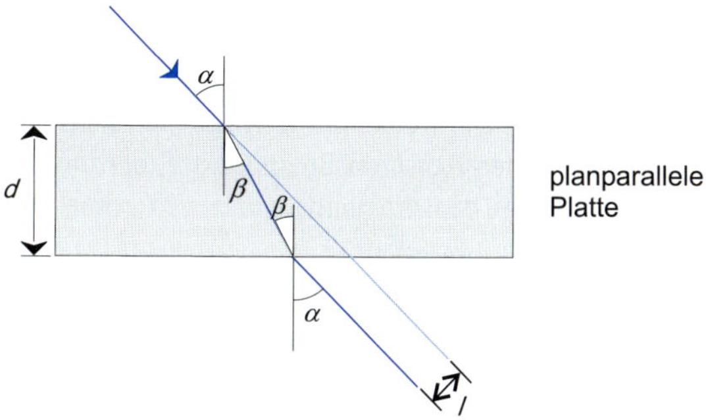

Durchläuft ein Lichtstrahl eine planparallele Platte, bleibt der Winkel erhalten, der Strahl wird jedoch parallel versetzt. Beim Prisma wird der Strahl zweimal von der »brechenden Kante« weg gebrochen.

Ein- und Ausfallswinkel sind bei einer planparallelen, transparenten Platte gleich.

Kennt man die Dicke d der Platte, den Einfallswinkel α und die Brechzahl n, so kann man die Verschiebung l berechnen:

$$l = d \cdot \frac{\sin(\alpha - \beta)}{\cos \beta}$$

Beispiel: Mit $d = 5$ mm, $\alpha = 40°$ und $n = 1{,}5$ (Glas) ist der Versatz $l = 1{,}4$ mm.

Beim Prisma ist der Winkel δ zwischen einfallendem und auslaufendem Strahl abhängig vom Einfallswinkel α_1, der Brechzahl n und dem Keilwinkel γ. Es gilt:

$$\delta = \alpha_1 + \beta_2 - \gamma$$

2.6 Linsen

Man unterscheidet zwei wesentliche Unterarten von Linsen, **Sammellinsen** (oder auch Konvexlinsen) und **Zerstreuungslinsen** (Konkavlinsen). Auch bei Linsen lassen sich, wie bei Spiegeln, die optischen Eigenschaften durch die Form der Oberfläche beeinflussen. Allgemein sind Sammellinsen so aufgebaut, dass sie in der Mitte dicker sind als am Rand. Es gilt:

Strahlen, die parallel zur optischen Achse durch eine Sammellinse laufen, werden so gebrochen, dass sie sich auf der optischen Achse im Brennpunkt *F*, der um die Brennweite *f* von der Linsenmitte entfernt ist, schneiden.

Sammellinsen bündeln Licht.

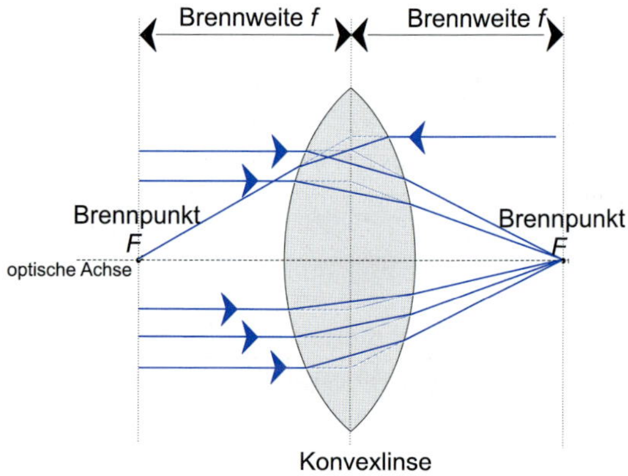

Fallen die Strahlen zwar parallel zueinander, aber unter einem kleinen Winkel zur optischen Achse ein, so fokussiert die Sammellinse die Strahlen in einem Punkt auf der Brennebene, die senkrecht zur optischen Achse im Abstand der Brennweite *f* von der Linse entfernt liegt.

Parallele Lichtbündel, die schräg zur optischen Achse durch eine Sammellinse laufen, schneiden sich in der Brennebene. Die Brennebene ist um die Brennweite *f* von der Linse entfernt und steht senkrecht auf der optischen Achse.

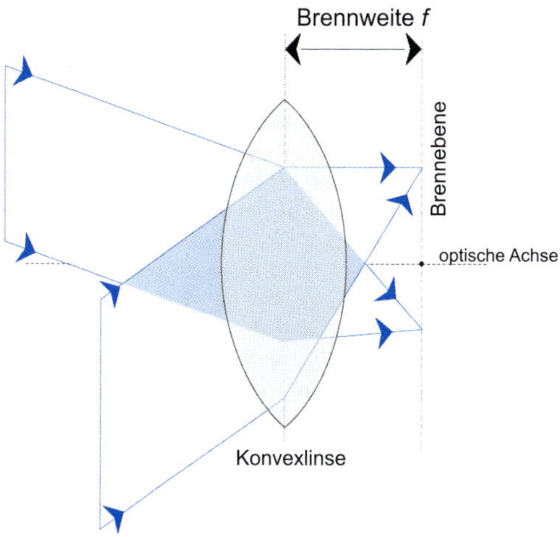

Die Sammellinse bündelt auch parallele Strahlen, die schräg einfallen.

Die Sammellinse erzeugt, wenn der Gegenstand weiter als die Brennweite f von der Linse entfernt ist, ein spiegelverkehrtes Bild, das auf dem Kopf steht. Der Bildpunkt kann aus dem Gegenstandspunkt durch Einzeichnen des Parallel-, Mittelpunkt- und Brennpunktstrahls konstruiert werden.

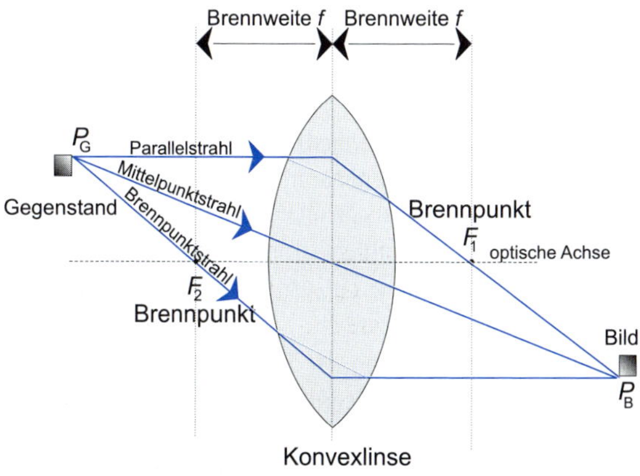

Konstruktion des Bildpunktes einer Sammellinse mithilfe des Mittelpunkt-, Parallel- und Brennpunktstrahls.

Zerstreuungslinsen, auch Konkavlinsen genannt, sind am Rand dicker als in der Mitte. Sie brechen Licht so, dass ein paralleler Lichtstrahl auseinander strebt, also divergent wird.

Zerstreuungslinsen fächern parallele Lichtbündel auf.

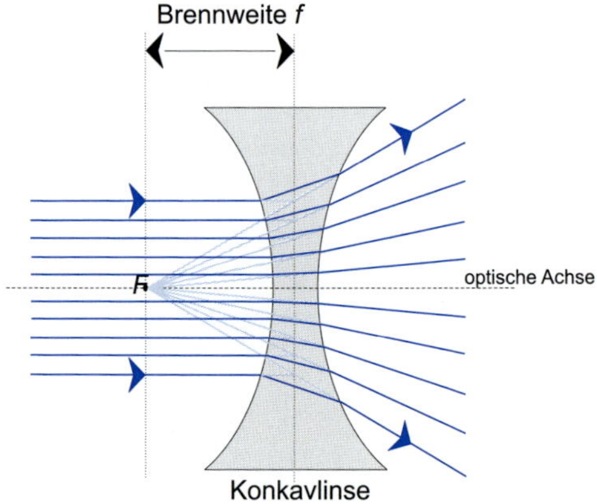

Dabei fächert die Zerstreuungslinse den Strahl so auf, als ob er aus einem einzigen Punkt F vor der Linse kommen würde. Der Abstand zwischen F und der Linsenmitte wird auch Brennweite f genannt und ist immer negativ. Gewöhnlich werden Zerstreuungslinsen zusammen mit Sammellinsen in s. g. Linsensystemen verwendet.

2.7 Brechwert

Bei Einzellinsen (z. B. bei Brillen) wird oft anstatt der Brennweite f der Brechwert D genannt. Er ist definiert durch

$$D = \frac{1}{f}$$

und dient zur Berechnung der Stärke von Linsensystemen mit mehr als einer Linse. D erhält die Einheit Dioptrie (dpt), wenn f in Metern (m) angegeben wird. Es gilt:

$$1\ \text{dpt} = \frac{1}{\text{m}}$$

2.8 Linsensysteme

Werden mehrere Linsen hintereinander geschaltet, so addieren sich die Brechkräfte. Es gilt:

$$D_{ges} = D_1 + D_2 + D_3 + \ldots$$

Fügt man verschiedene Linsen zusammen, addieren sich die Brechwerte.

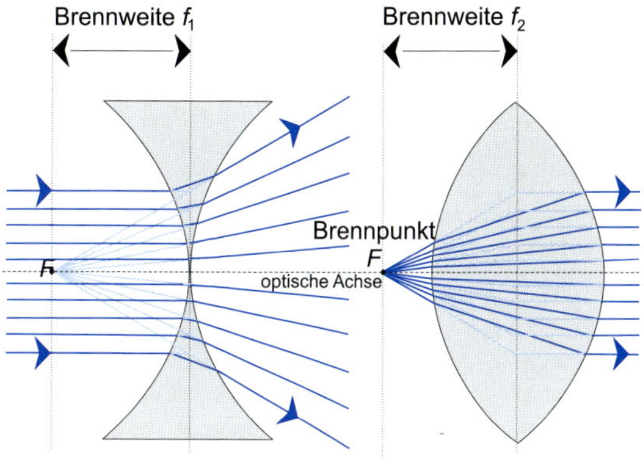

Konkavlinse

Konvexlinse

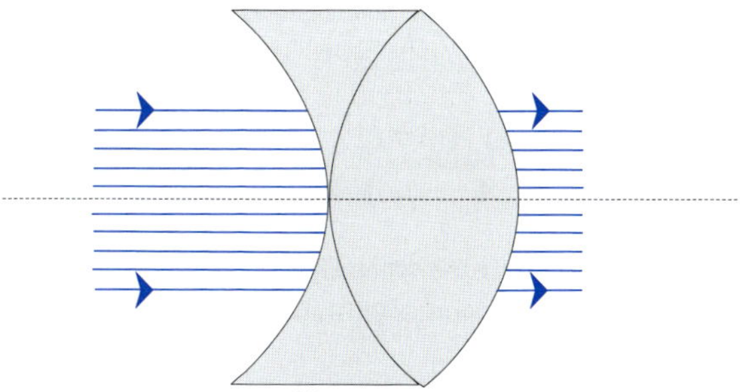

Linsensystem

Zerstreuungslinsen und Sammellinsen mit dem gleichen Brechwert heben sich in ihrer Wirkung auf.

Beispiel: Eine Zerstreuungslinse mit einer Brennweite von –50 cm (also $D = -2$ dpt) wird mit einer Sammellinse von 50 cm Brennweite ($D = 2$ dpt) zu einem Linsensystem mit einem Gesamtbrechwert von 0 dpt zusammengefügt.

Verschiedene technische Geräte nutzen eine geschickte Wahl der optischen Abbildungen, um dem Menschen neue Bereiche des Sehens zu erschließen. Das **Lichtmikroskop** kann z. B. Objekte um einen Faktor 1500 vergrößert sichtbar machen.

Der Gegenstand wird in einem Mikroskop durch eine Sammellinse auf das Zwischenbild vergrößert, das wiederum durch eine Lupe betrachtet wird.

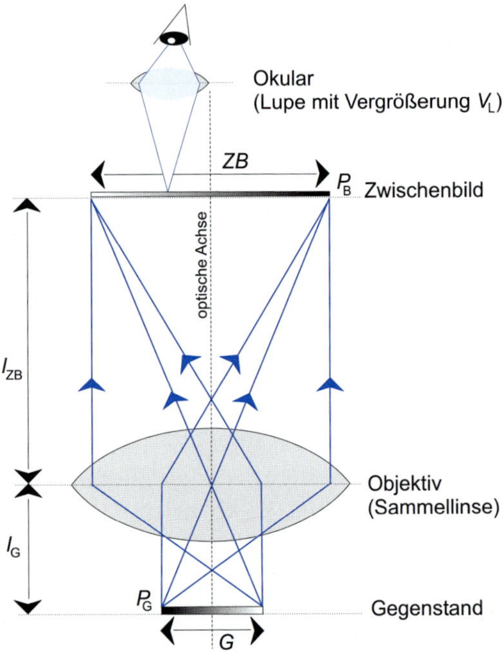

Das Größenverhältnis zwischen Gegenstand und Zwischenbild nennt man Abbildungsmaßstab A. Er ist gegeben durch (siehe Abbildung oben):

$$A = \frac{ZB}{G} = \frac{l_{ZB}}{l_G}$$

Die Vergrößerung des Mikroskops ist gegeben durch die Multiplikation des Abbildungsmaßstabes mit der Lupenvergrößerung V_L.

$$V_M = A \cdot V_L$$

Ein **Projektor** dient dazu, kleine Abbildungen auf einer Projektionsfläche vergrößert sichtbar zu machen. Dabei wird im Allgemeinen das Objekt (Dia, LCD o. Ä.) mit einem parallelen Strahlenbündel gleichmäßig durchstrahlt. Dazu muss mit einer Sammellinse, dem so genannten Kondensor, das von der Lichtquelle divergent ausgehende Licht möglichst gleichmäßig gebündelt werden.

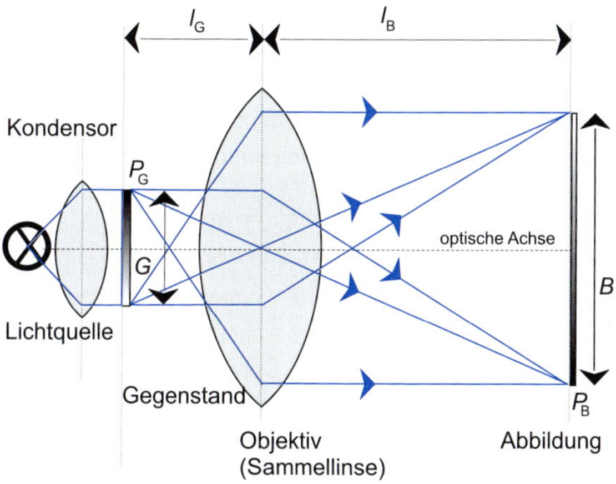

Ein Projektor ermöglicht eine stark vergrößerte Abbildung eines Objekts auf einer Fläche.

Das entstehende helle Objekt wird anschließend mit einem Objektiv (Sammellinse) auf der Projektionswand abgebildet. Der Abbildungsmaßstab A ist dann wieder gegeben durch (siehe auch Abbildung oben):

$$A = \frac{B}{G} = \frac{l_B}{l_G}$$

Für eine scharfe Abbildung muss die Brennweite f der verwendeten Linse kleiner sein als der Abstand zwischen Objekt und Objektiv.

3 Wellenoptik

3.1 Die Wellennatur des Lichtes

Lange Zeit war die Natur des Lichtes heftig umstritten. Dabei war schon um 1000 n. Chr. vom arabischen Augenarzt *Ibn al Haitam* festgestellt worden, dass die Körper das Licht aussenden (oder reflektieren) und das Auge dieses Licht nur empfängt. Doch verschiedene Versuche der Physik legten unterschiedliche, sich scheinbar widersprechende Deutungen über die Natur des Lichtes nahe. Während einerseits die Anhänger der Strahlenoptik (*Descartes, Newton, Goethe*) bei der Erklärung der **Lichtbrechung** und allgemein der geometrischen Optik große Erfolge feierten, konnten sie bei den Versuchen zur **Beugung** des Lichtes an kleinen Öffnungen (Schlitzen) keine befriedigende Erklärung finden. Demgegenüber war die 1678 aufgestellte Theorie von *Christiaan Huygens* bei der Beschreibung gerade dieser Beugungsversuche erfolgreich. Dabei nahm *Huygens* an, dass in Analogie zu einer auslaufenden **Wasserwelle**, die entsteht, wenn ein kleiner Stein senkrecht von oben ins Wasser fällt, sich das Licht in Form einer Elementarwelle von jedem Punkt ausbreitet. Wellen besitzen eine **Ausbreitungsgeschwindigkeit** (hier die Lichtgeschwindigkeit c (in m/s), eine **Wellenlänge** λ (in m) und eine **Schwingungsfrequenz** f (in Hz = 1/s). Es gilt:

René Descartes (Cartesius), 1596–1650, französischer Philosoph

Christiaan Huygens, 1629–1695, niederländischer Mathematiker, Physiker und Astronom

$$\lambda = \frac{c}{f}$$

Erst Anfang des 20. Jahrhunderts konnte im Rahmen der Quantenmechanik gezeigt werden, dass diese scheinbare Dualität – also Welleneigenschaften **und** Teilchen- bzw. Strahleneigenschaften zu zeigen – für alles im Universum gilt.

Dualität

3.2 Interferenz (Überlagerung)

Im Gegensatz zu Lichtstrahlen, die sich nicht gegenseitig beeinflussen und bei deren Überlagerung sich die Intensitäten addieren, ist der Sachverhalt bei Wellen schwieriger.

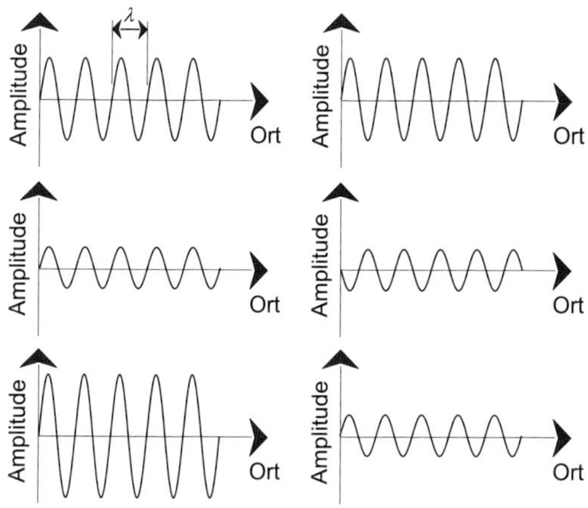

Überlagert man Wellen, können sich diese gegenseitig verstärken oder abschwächen.

Zunächst soll eine Welle als wiederkehrende Schwankung um einen Mittelwert betrachtet werden. Überlagert man Wellen gleicher Wellenlänge λ (siehe Abbildung) dergestalt, dass die Wellenberge und -täler übereinander liegen, so addieren sich die Intensitäten und die Welle wird größer. Man spricht auch von **konstruktiver Interferenz.** Legt man aber die Berge einer Welle genau auf die Täler einer anderen, so ergibt die Addition einen kleineren Wert (auch **destruktive Interferenz** genannt). Sind Berge und Täler beider Wellen gleich hoch, löschen sich die Wellen gegenseitig aus. Aus der Überlagerung von Licht kann also Dunkelheit entstehen. Diese Überlagerung funktioniert für einfarbiges Licht, d. h. bei gleichen Wellenlängen λ, besonders gut.

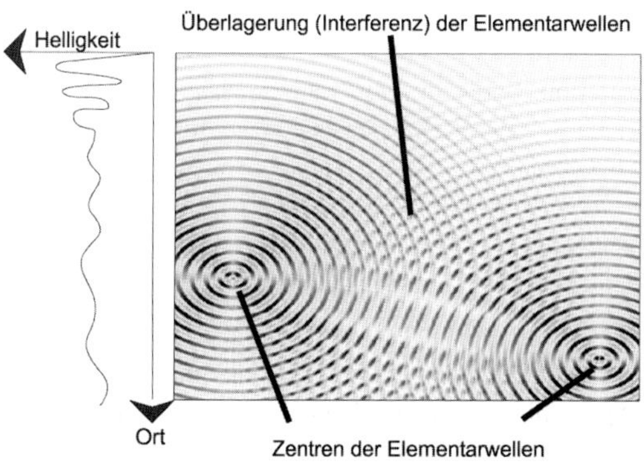

Licht kann auch als Elementarwellen angesehen werden, die von jedem Punkt ausgehen und sich überlagern.

3.3 Poisson'scher Fleck

Dominique Arago, 1786–1853, französischer Astronom und Physiker

Endgültig anerkannt waren die Welleneigenschaften des Lichtes, als der Physiker *Dominique Arago* den »Poisson'schen Fleck« beobachten konnte. *Dennis Poisson* hatte aus der Huygens'schen Theorie gefolgert:

> Wenn Licht eine Welle ist, müssen vom Rand einer runden Scheibe, die von einem parallelen Strahlenbündel beleuchtet wird, die Elementarwellen so ausgehen, dass in der Mitte des Schattens ein heller Punkt entsteht.

Elementarwellen, die von einer Kreisscheibe ausgehen, müssen in der Mitte konstruktiv interferieren.

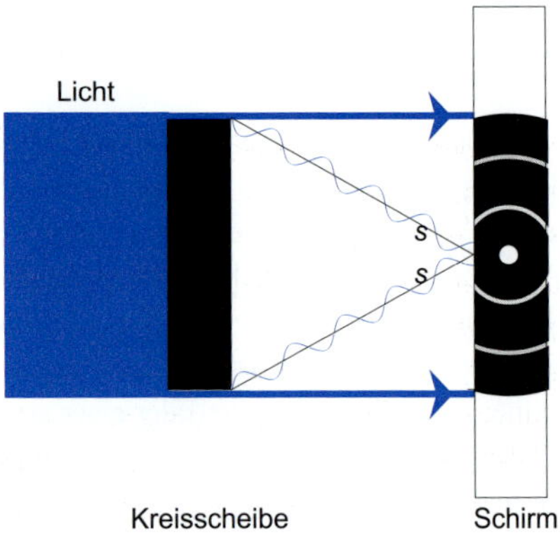

Siméon Denis Poisson, 1781–1840, französischer Mathematiker und Physiker

Poisson folgerte dies aus der Erkenntnis, dass die Entfernung *s* vom Rand eines Kreises zu seiner Mitte überall gleich ist. Deshalb werden die vom Rand ausgehenden Wellen (bei gleicher Wellenlänge) in der Mitte auch immer konstruktiv interferieren. Da *Poisson* jedoch glaubte, dass ein solcher Fleck nicht existierte, nahm er irrtümlich an, einen Beweis gegen die Huygens'sche Theorie gefunden zu haben.

3.4 Beugung am Einzelspalt

Schickt man einfarbiges Licht, z. B. von einem **Laser**, durch einen in der Breite verstellbaren Spalt und betrachtet das entstehende Abbild auf einem Schirm, so kann man Folgendes beobachten: Ist der Spalt sehr breit, entsteht auf dem Schirm eine helle Linie mit scharfen Grenzen als Abbild des Spaltes, entsprechend der geometrischen Optik.

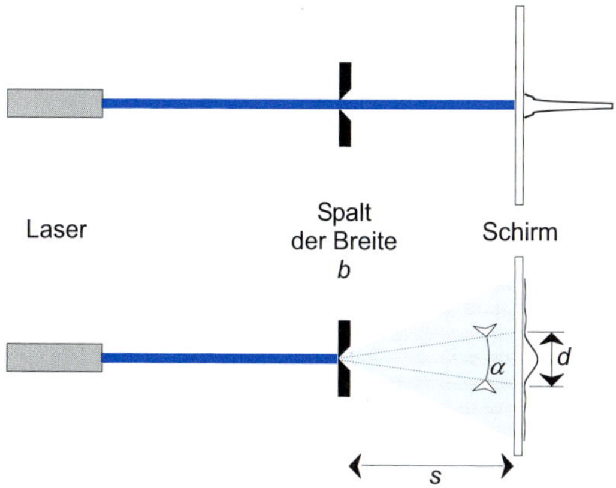

Die Elementarwellen aus dem Spalt interferieren auf dem Schirm so, dass ein Muster aus hellen und dunklen Streifen entsteht.

Verringern wir aber die Breite b des Spaltes immer weiter, so beobachtet man, dass der Fleck zunächst schmaler und dann wieder breiter wird. Diese scheinbare Ablenkung der Strahlen am Spalt nennt man **Beugung.** Verfolgt man den Weg aller Elementarwellen und überlagert sie auf dem Schirm, entsteht das beobachtete Muster. Dunkelheit entsteht überall dort, wo die Wegunterschiede ein Vielfaches der halben Wellenlänge λ betragen. Auf einem Schirm, der s vom Spalt entfernt steht, ist die Breite des Hauptmaximums d für kleine Winkel α gegeben durch:

$$d = \frac{2 \cdot s \cdot \lambda}{b}$$

3.5 Beugung am Doppelspalt

Schickt man einfarbiges Licht der Wellenlänge λ durch zwei parallele Spalte, die den Abstand b besitzen, und betrachtet das entstehende Abbild auf einem Schirm, der um die Länge s entfernt steht, so sieht man ein Interferenzmuster aus hellen und dunklen Streifen, die annähernd gleich weit auseinander liegen. Nimmt man an, dass von jedem der beiden Spalte eine Elementarwelle ausgeht, und beträgt der Unterschied der beiden Wege zum Schirm gerade λ, dann überlagern sich die Wellen konstruktiv (d_{hell}), bei einem Unterschied von $\lambda/2$ löschen sich die Wellen aus (d_{dunkel}).

Die Elementarwellen aus den beiden Spalten interferieren auf dem Schirm so, dass ein gleichmäßiges Muster aus hellen und dunklen Streifen entsteht.

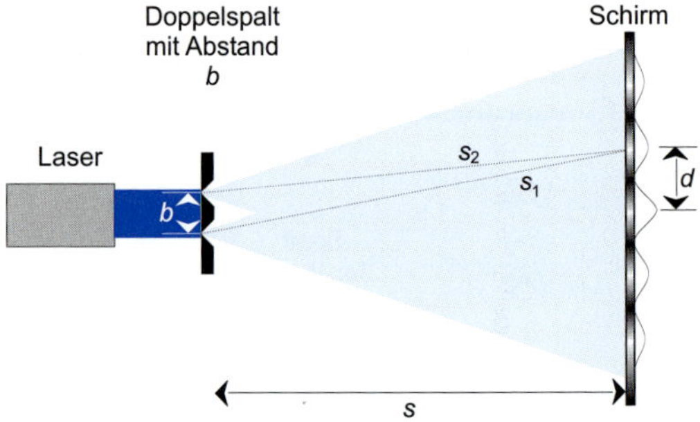

Es gilt:

$$\frac{d_{\text{hell}}}{s} = k \cdot \frac{\lambda}{b} \text{ bzw.}$$

$$\frac{d_{\text{dunkel}}}{s} = \frac{(2k-1)}{2} \cdot \frac{\lambda}{b}$$

für $k = 1, 2, 3, \ldots$

Beispiel: Betrachtet man das Abbild zweier Einzelspalte mit dem Abstand $b = 0{,}5$ mm, die von Licht mit $\lambda = 500$ nm bestrahlt werden, auf einem Schirm in der Entfernung $s = 2$ m, so liegen die hellen Streifen

$$d_{\text{hell}} = \frac{500 \cdot 10^{-9}\ \text{m} \cdot 2\ \text{m}}{0{,}5 \cdot 10^{-3}\ \text{m}} = 2 \cdot 10^{-3}\ \text{m} = 2\ \text{mm}$$

auseinander.

3.6 Beugung am Gitter

Ersetzt man den Doppelspalt durch ein Gitter aus Spalten, die konstanten Abstand zueinander besitzen, so entsteht ebenfalls ein Beugungsmuster auf dem Schirm. Die Helligkeitsmaxima, d. h., die Stellen, an denen alle Teilwellen konstruktiv interferieren, liegen an der gleichen Stelle wie beim Doppelspalt.

Diese Hauptmaxima sind viel intensiver und schärfer als beim Doppelspalt. Der Zwischenraum ist durch Nebenmaxima erfüllt, die sehr viel schwächer sind, weil bei ihnen nur ein kleiner Teil der Strahlen konstruktiv interferiert.

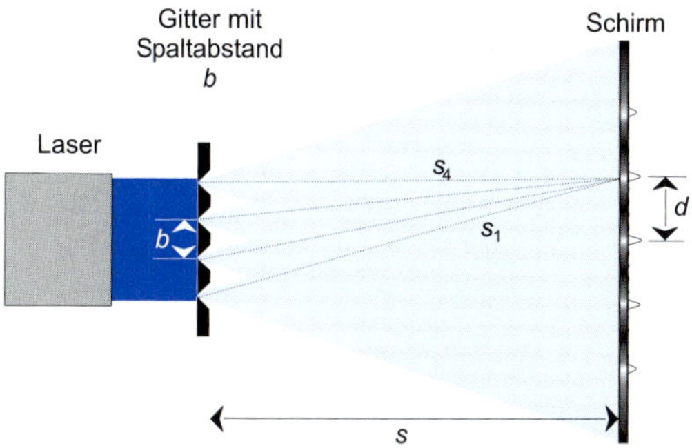

Beim Gitter entstehen Hauptmaxima, wenn alle Teilwellen konstruktiv interferieren. Dazwischen liegen Nebenmaxima. Ein Muster aus sehr hellen schmalen Streifen entsteht.

Diese Eigenschaft von Gittern wird bei Spektrometern dazu verwendet, um die Wellenlänge λ des Lichtes sehr genau zu vermessen.

Wellenlänge (in nm = 10^{-9} m)	Farbe des Lichtes
450	Dunkelblau
520	Grün
580	Gelb
650	Rot

Das menschliche Auge ist für Wellenlängen zwischen etwa 400 nm und 800 nm empfindlich.

4 Entstehung und Wahrnehmung von Licht

4.1 Lichtquellen

Allen Prozessen, bei denen Licht entsteht, ist gemeinsam, dass Energie benötigt wird. Zwei prinzipiell unterschiedliche Wege, Licht zu erzeugen, finden Verwendung. Bei einer Methode werden die Elektronen in Atomen und Molekülen durch Aufnahme von Energie angeregt. Diese Energie kann bei der Rückkehr in den Grundzustand als Licht ausgesandt werden. Diese Lichtquellen senden im Allgemeinen nur Licht bestimmter Frequenzen (Farben), ein so genanntes Linienspektrum, aus. Typische Beispiele sind der **Laser, Leuchtdioden** und **Leuchtstoffröhren.**

Durch den Wechsel der in Atomen und Molekülen gebundenen Elektronen auf ein niedrigeres Energieniveau entsteht Licht.

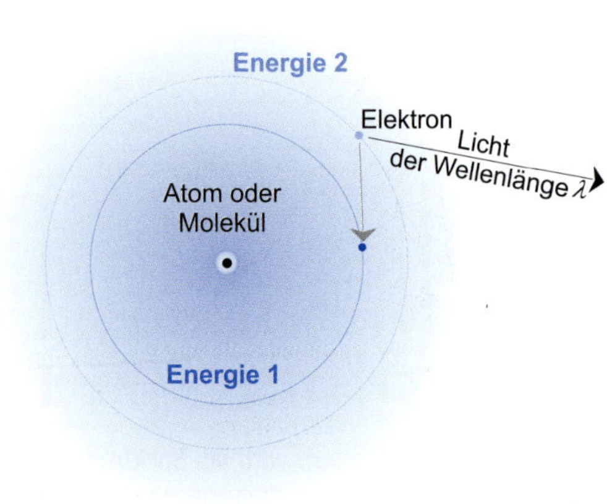

Um weißes Licht zu erzeugen, müssen mehrere verschiedene Farben gleichzeitig abgestrahlt werden. Dieses Prinzip wird z. B. beim Fernseher angewendet und **additive Farbmischung** genannt.

1: Gelb
2: Rot
3: Purpur (Magenta)
4: Blau
5: Blaugrün (Cyan)
6: Grün
7: Weiß

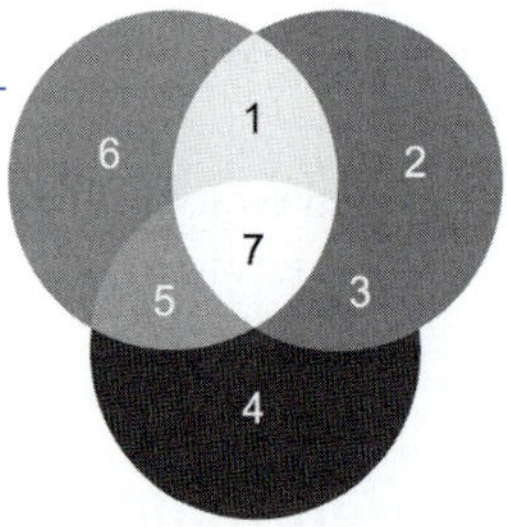

Bei der **additiven Farbmischung** können aus den Grundfarben Rot, Blau, Grün alle anderen Farben gemischt werden.
Wird der Schirm mit allen Grundfarben gleich stark beleuchtet, entsteht Weiß.

Die andere Methode beruht darauf, dass jeder Körper abhängig von seiner Temperatur elektromagnetische Strahlung aussendet. Reflektiert dieser Körper selbst kein Licht, so spricht man von einem **schwarzen Strahler**. Bei Zimmertemperatur ist die Wellenlänge λ der Strahlung sehr groß und umfasst ein breites Spektrum an Wellenlängen im nicht sichtbaren (infraroten) Bereich, man spricht auch von **Wärmestrahlung.** Erst bei höheren Temperaturen wird ein Teil der Strahlung im sichtbaren Bereich abgestrahlt. Der Körper (z. B. Eisen) glüht rot auf. Wird die Temperatur noch weiter erhöht, verändert sich der Farbton über Gelb zu Weiß.

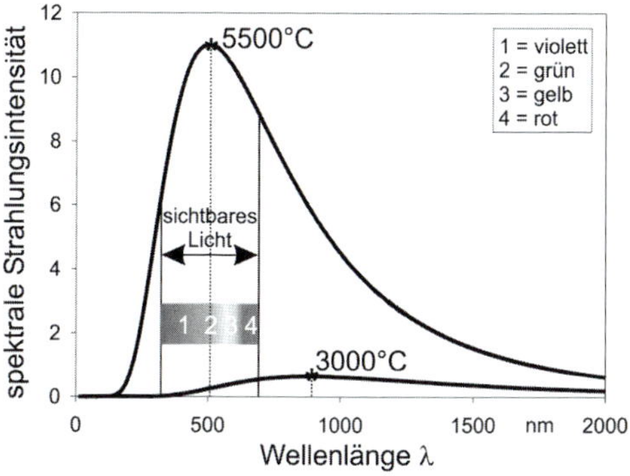

Je höher die Temperatur eines schwarzen Strahlers ist, desto intensiver ist die Strahlung bei kurzen Wellenlängen.

Deshalb erhitzt man auch den Glühdraht in einer Glühlampe sehr stark, damit die Lichtausbeute hoch ist. *Max Planck* konnte im Jahre 1900 erstmals den Zusammenhang zwischen der Temperatur eines Körpers und der von ihm ausgehenden elektromagnetischen Strahlung erklären.

Max Planck, 1858–1947, deutscher Physiker

Bei der **subtraktiven Farbmischung** können aus weißem Licht und Filtern in den Komplementärfarben Cyan, Magenta und Gelb die anderen Farben erzeugt werden. Werden alle Farben vollständig ausgefiltert, entsteht Schwarz.

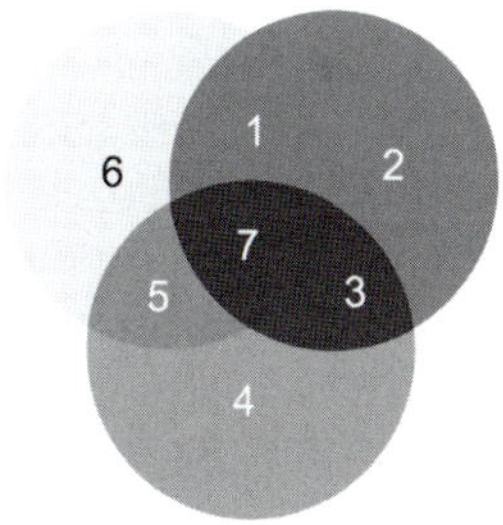

1: Rot
2: Magenta
3: Blau
4: Cyan
5: Grün
6: Gelb
7: Schwarz

Unsere wichtigste Energie- und Lichtquelle, die Sonne, ist solch ein schwarzer Strahler. Aus diesem Grund ist es möglich, aus der Zusammensetzung des Lichtes, das unsere Sonne aussendet, auf ihre Oberflächentemperatur zu schließen. Diese beträgt etwa 5800 Kelvin. Da Glühlampen nur eine Temperatur von etwa 3000 K erreichen, erscheint uns ihr Licht als gelblich. Beim Studium des Sonnenlichtes entdeckte 1814 *Joseph von Fraunhofer* die nach ihm benannten Linien.

Joseph von Fraunhofer, 1787–1826, deutscher Physiker und Glastechniker

Im Sonnenlicht treten nicht alle Farben auf, es fehlen ganz bestimmte Wellenlängen, die Fraunhofer'schen Linien.

Die Fraunhofer'schen Linien im Sonnenlicht informieren über die Zusammensetzung der Sonnenatmosphäre.

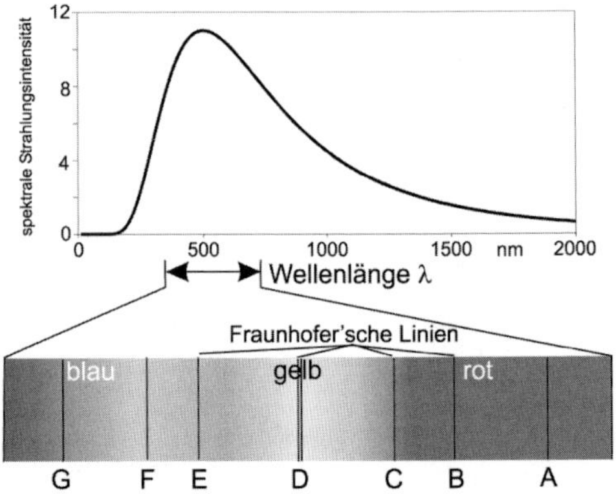

Erst die Entdeckung, dass Stoffe Linienspektren, das heißt Licht mit nur wenigen verschiedenen Wellenlängen, aussenden können, erklärte das Fehlen dieser Wellenlängen. Die Atome in der Sonnenatmosphäre absorbieren nur das Licht, das es den Elektronen ermöglicht, auf das nächsthöhere Energieniveau zu kommen. Dies ist der umgekehrte Prozess wie bei der Erzeugung von Licht in Atomen. Aus dem Fehlen dieser Linien können Rückschlüsse auf die Zusammensetzung der Sonnenatmosphäre gezogen werden. Viele weitere Informationen aus der Sonne werden uns über das Licht übermittelt, das sie aussendet.

4.2 Wahrnehmung von Licht

Sehen ist eine unserer wichtigsten Sinneswahrnehmungen. Sensorische Wahrnehmung von Licht ist selbst bei niederen Lebensformen zu beobachten. So reagieren Pflanzen, aber auch Einzeller auf Lichtreize. **Augen**, die fast alle Tiere besitzen, sind komplexe optische Systeme. Das Linsensystem beim Menschen besteht aus Hornhaut, Kammerwasser (»flüssige Linse«), einer variablen Lochblende (Iris) und der eigentlichen Linse, deren Form durch Muskulatur verändert werden kann. Das Licht trifft an der Innenoberfläche des Auges auf die Netzhaut, die mit Sinneszellen überzogen ist.

Man unterscheidet dabei Zellen, die Hell und Dunkel unterscheiden können (ca. 125 Millionen so genannte Stäbchen) und solche, die für verschiedene Wellenlängen empfindlich sind (ca. 7 Millionen so genannte Zapfen).

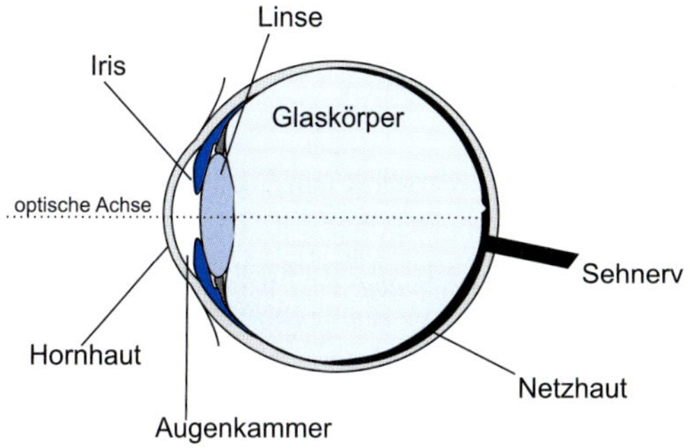

Das Auge des Menschen besteht aus einem optischen System zur Fokussierung des Lichtes und der Netzhaut, in der das Licht in Sinnesreize umgewandelt wird.

Die **Wärmeempfindung**, die vom langwelligen Anteil der Strahlung ausgeht (Wärmestrahlung), ist neben dem Sehen die einzige weitere Wahrnehmung des Menschen von elektromagnetischer Strahlung. Die Strahlung wird vom Körper absorbiert und in Wärme umgewandelt. Für die sehr kurzwellige und sehr langwellige Strahlung besitzt der Körper keine Sinneswahrnehmung. Dies kann, z. B. bei ultravioletter Strahlung, zu Sonnenbrand führen.

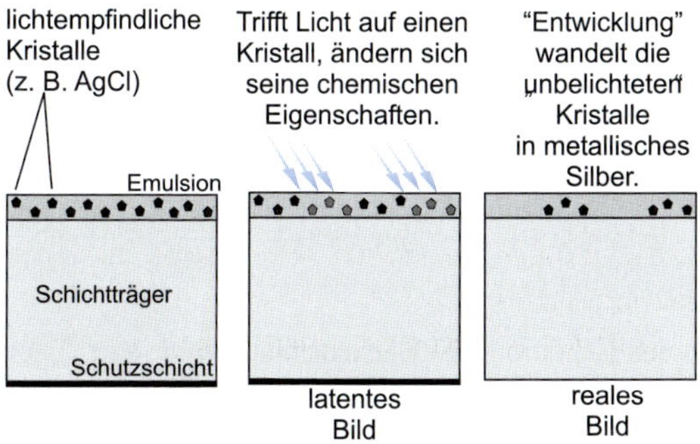

Die Belichtung des Filmes führt zu einem latenten Bild, das durch chemische Behandlung (Entwicklung) sichtbar wird.

Bei der klassischen Fotografie wird eine lichtempfindliche Schicht bei Belichtung chemisch verändert. Das latente Bild wird durch chemische Prozesse sichtbar gemacht.
Bei der Farbfotografie muss sich für jede Komplementärfarbe eine entsprechend darauf empfindliche Substanz in der Emulsion befinden.

4.3 Fotometrie

In der Fotometrie werden besondere Einheiten verwendet, die alle von der Einheit der **Lichtstärke** abgeleitet werden. Die Lichtstärke *I* besitzt die Einheit Candela (cd; lat. für Kerze). Diese ist definiert durch:

Die Candela ist die Lichtstärke einer Strahlungsquelle, die einfarbiges Licht der Frequenz 540 THz (etwa 555 nm, grün) aussendet und deren Strahlstärke in dieser Richtung 1/683 Watt pro Steradiant beträgt.

Der Steradiant (sr) ist dabei die Einheit des Raumwinkels Ω, der definiert wird durch:

$$\Omega = \frac{A}{r^2} \quad \text{mit} \quad 1\ \text{sr} = \frac{1\ \text{m}^2}{(1\ \text{m})^2} = 1$$

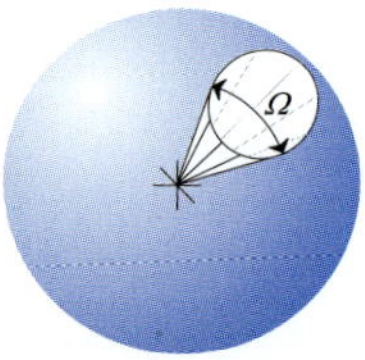

Der Raumwinkel Ω wird in Steradiant angegeben.

Eine weitere fotometrische Größe ist der **Lichtstrom** Φ mit der Einheit Lumen (lm):

$$1\ \text{Lumen (lm)} = 1\ \text{cd} \cdot \text{sr}$$

Der Lichtstrom einer Lichtquelle gibt an, wie viel Licht sie in **alle** Richtungen des umgebenden Raumes emittiert. Die **Beleuchtungsstärke** *E*, definiert durch

$$E = \frac{\Phi}{A} \quad \text{mit} \quad 1\ \text{lx} = \frac{1\ \text{lm}}{1\ \text{m}^2},$$

also den Lichtstrom pro Flächeneinheit, wird in der Einheit **Lux** (lx) angegeben. Das fotometrische **Abstandsgesetz** gibt an, wie die Beleuchtungsstärke *E* mit dem Abstand von der Lichtquelle abnimmt. Sei eine punktförmige Lichtquelle mit konstantem Lichtstrom Φ im Zentrum einer Kugel, so sinkt die Beleuchtungsstärke auf der Oberfläche der Kugel, wie die Oberfläche der Kugel zunimmt. Es gilt:

$$E = \frac{\Phi}{r^2}$$

Auf einen Blick: Optik

Strahlenoptik und optische Systeme

- Das Licht breitet sich in Form von Strahlen mit der Lichtgeschwindigkeit *c* geradlinig aus.
- Man unterscheidet **konvergente, divergente** und **diffuse** Strahlverläufe.
- Lichtstrahlen können **absorbiert, reflektiert** und **gebrochen** werden. Bei der **Reflexion** wird Licht an Oberflächen so gespiegelt, dass der Winkel α zwischen dem einfallenden Lichtstrahl und dem Lot auf die spiegelnde Fläche gleich dem Winkel β zwischen dem auslaufenden Strahl und dem Lot ist.
- An rauen Oberflächen tritt **Streuung**, das heißt ungeordnete **Reflexion**, auf.
- Tritt ein Lichtstrahl schräg von einem Medium (z. B. Luft) in ein zweites (z. B. Wasser) über, wird das Licht beim Durchgang durch die Oberfläche gebrochen, d. h., der Winkel zur Grenzfläche ändert sich.
- Ist der Eintrittswinkel aus einem optisch dichteren in ein optisch dünneres Medium flach, kann **Totalreflexion** auftreten.
- Die Lichtbrechung ist abhängig von der Wellenlänge λ, also der Farbe des Lichtes. Dies nennt man **Dispersion.**
- Die Lochkamera erzeugt auf einem Schirm hinter der Lochblende ein **reelles,** wenngleich auch sehr lichtschwaches **Bild.**
- Das **scheinbare** oder auch **virtuelle** Bild eines ebenen Spiegels erscheint ebenso groß und ebenso weit weg vom Spiegel wie das Objekt selbst.
- Gekrümmte Spiegel erzeugen verkleinerte (Wölbspiegel) oder vergrößerte (Kugelhohlspiegel) virtuelle Bilder eines Gegenstandes.
- Sammellinsen (Konvexlinsen) fokussieren parallele Lichtbündel in der Brennebene. Diese ist um die **Brennweite** *f* von der Linse entfernt.
- Zerstreuungslinsen (Konkavlinsen) fächern ein paralleles Strahlenbündel so auf, als ob es aus einem einzigen Punkt *F* im Abstand der Brennweite *f* vor der Linse kommen würde.
- Der Kehrwert der Brennweite ist der **Brechwert** *D.*
- Werden zwei Linsen hintereinander geschaltet, so addieren sich die Brechwerte.

Wellenoptik

- Zur Erklärung der Ergebnisse zu Versuchen zur Beugung des Lichtes an kleinen Öffnungen (Schlitzen) stellte *Huygens* eine Theorie vor, die Licht als eine Welle betrachtet.
- Durch Überlagerung der Wellen können sich die Intensitäten addieren und die Welle wird größer (**konstruktive Interferenz**), oder sie werden voneinander subtrahiert und die Welle wird kleiner (**destruktive Interferenz**).
- Das Licht kann in den Schatten hinter einem Objekt eindringen, diesen Vorgang nennt man **Beugung**.
- Das entstehende Muster auf einem Schirm ist abhängig von der Wellenlänge des Lichtes und der Spaltbreite des **Einzelspaltes**.
- Vergrößert man die Anzahl der Spalte (**Doppelspalt, Gitter**), werden die Intensitätsmaxima schärfer und intensiver. Diesen Effekt nutzt man zur genauen Messung der **Wellenlänge** des Lichtes.
- Die **Farben** des Lichtes unterscheiden sich durch ihre Wellenlängen.

Entstehung und Wahrnehmung von Licht

- Licht wird durch Prozesse, die Energie benötigen, entweder in Atomen und Molekülen (Linienspektren) oder durch so genannte »schwarze Strahler« erzeugt.
- Die Sonne ist ein solcher schwarzer Strahler, sie liefert uns ein breites Spektrum an verschiedenen Wellenlängen.
- Mischfarben können durch **additive** Farbmischung (aus den Grundfarben) oder **subtraktive** Farbmischung (aus Weiß) entstehen.
- Das Auge ermöglicht den Menschen das Wahrnehmen von Licht durch eine komplexe Kombination aus optischen Elementen und lichtempfindlichen Sinneszellen.
- Bei der Fotografie wird ein latentes Bild des Objektes in einer lichtempfindlichen Schicht (z. B. Film oder Chip) in ein reales Bild verwandelt.

Fotometrie

- Die **Lichtstärke** I wird in **Candela** (cd) gemessen und gibt an, wie viel Watt eine Lichtquelle in einen Raumwinkel Ω (in **Steradiant** (sr)) aussendet.
- Der **Lichtstrom** Φ einer Lichtquelle gibt an, wie viel Licht sie in **alle** Richtungen des umgebenden Raumes emittiert, seine Einheit ist das **Lumen** (lm).
- Die **Beleuchtungsstärke** wird in **Lux** (lx) gemessen und gibt an, wie groß der Lichtstrom pro Flächeneinheit ist.

Atomphysik

Die Atome sind die kleinsten Bausteine der Stoffe. Die Atom- und Kernphysik ist das Teilgebiet der Physik, in dem der Aufbau der Atome, deren Eigenschaften, die Vorgänge innerhalb der Atome und die Wechselwirkungen zwischen den Atomen beschrieben werden.

1 Das Atom

Demokrit von Abdera, um 460 – um 375 v. Chr.

Alle Stoffe bestehen aus Atomen.

Wird ein Apfel in zwei Hälften zerschnitten und werden diese wiederum geteilt, so entstehen bei Fortsetzung des stetigen Zerkleinerns immer kleinere Apfelstückchen. Wie oft aber lässt sich ein Apfel zerteilen? Der griechische Naturphilosoph *Demokrit* hat etwa 400 v. Chr. **Atome** als die kleinsten nicht weiter teilbaren Bausteine aller Stoffe postuliert. Viele Vorgänge in der Physik und Chemie lassen sich nur durch diese Annahme erklären. Dabei sind Atome so klein, dass sie nicht optisch beobachtet werden können. Die Abschätzung der Größe eines Atoms erfolgt deshalb durch ein Experiment:

Der Öltröpfchenversuch

Ein Ölsäure-Leichtbenzin-Gemisch mit einer Konzentration von 1:2500 wird auf eine Wasseroberfläche getropft. Das Volumen des Tropfens beträgt 0,05 ml und wegen des Mischungsverhältnisses ergibt sich für das enthaltene Öl ein Volumen von

$$V_{\text{Öl}} = \frac{V_T}{2500} = \frac{0{,}05\ \text{ml}}{2500} = 2 \cdot 10^{-5}\ \text{ml}$$

$V_{\text{Öl}} = 2 \cdot 10^{-5}\ \text{cm}^3$. Nachdem das Leichtbenzin verdunstet ist, entsteht ein Ölfleck mit einem Radius $r = 8$ cm.

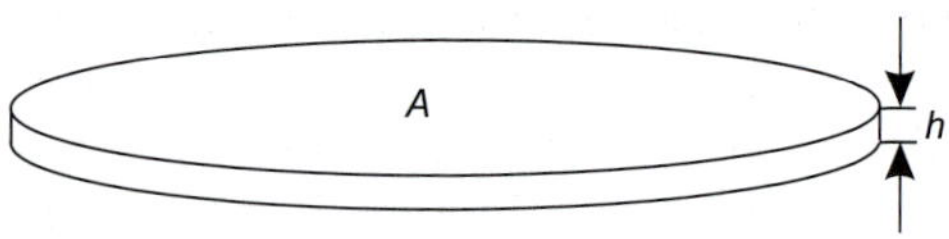

Bestimmung des Atomdurchmessers mit dem Ölfleckversuch

Die Höhe h des Ölfilms auf der Wasseroberfläche ergibt sich dann aus der Volumenformel für einen Zylinder $V = A \cdot h$ und den gegebenen Werten:

$$h = \frac{V}{A} = \frac{0{,}00002\ \text{cm}^3}{\pi \cdot 64\ \text{cm}^2} \approx 1 \cdot 10^{-7}\ \text{cm}$$

Es kann davon ausgegangen werden, dass sich das Öl so ausgebreitet hat, dass der Ölfleck aus nur einer Molekülschicht besteht, dann liegt die Molekülgröße in der Größenordnung von 0,000 000 001 m. Aus der Anzahl der

Atome im Ölsäuremelekül ergibt sich ein Atomradius von $r_A = 0{,}000\,000\,000\,16$ m – diese Länge ist eine Million Mal kleiner als der Durchmesser des Haares eines Menschen.

1.1 Elementarteilchen

Atome sind aus Elementarteilchen aufgebaut.

Seit Anfang des 20. Jahrhunderts wurde durch chemische und physikalische Untersuchungen festgestellt, dass das Atom nicht das elementarste Teilchen sein kann, aus dem sich alle Stoffe zusammensetzen, sondern selbst aus kleineren Bausteinen aufgebaut sein muss.

Die **Elementarteilchen** sind die einfachsten bisher bekannten Bausteine der Materie. Ein wichtiges Merkmal der Elementarteilchen ist ihre elektrische Ladung, die der Elementarladung *e* entspricht. Elementarteilchen können positiv, negativ geladen oder elektrisch neutral sein. Sie können sich unter bestimmten Bedingungen ineinander umwandeln. Elektronen, Protonen und Neutronen sind die wichtigen Elementarteilchen zur Beschreibung des Aufbaus der Atome. Die Atome besitzen einen positiv geladenen Atomkern, in dem die Protonen und Neutronen konzentriert sind. Die Protonen tragen eine positive Ladung, während die Neutronen elektrisch neutral sind, sodass die Gesamtladung des Atomkerns positiv ist. Die Elementarteilchen, aus denen der Atomkern besteht, werden in der Physik auch **Nukleonen** genannt (von lat. nucleus: Kern). Der Atomkern ist von einer Hülle umgeben, in der die negativ geladenen Elektronen den positiv geladenen Kern umlaufen. In Atomen ist die Anzahl der Elektronen in der Hülle gleich der Anzahl der Protonen im Kern, sodass sich die entgegengesetzten Ladungen ausgleichen und die Atome elektrisch neutral sind. Protonen und Neutronen haben nahezu die gleiche Masse, die rund 2000-mal größer ist als die der Elektronen. Somit ist fast die gesamte Masse des Atoms im Kern konzentriert.

Die Kernbausteine werden Nukleonen genannt.

1.2 Die Atomhülle

Die Atomhülle ist der Aufenthaltsraum der Elektronen, die sich um den Atomkern bewegen. Bei der Wechselwirkung zwischen den Atomen der Stoffe spielen die Elektronen und insbesondere ihre Verteilung in der Atomhülle eine wichtige Rolle. So sorgen z. B. die Anziehungskräfte zwischen den Elektronen und den Kernen benachbarter Atome für die Bildung von Molekülen. Auch der Verlauf von chemischen Reaktionen kann durch die Anordnung der Elektronen in einem Atom bestimmt werden. Die Elektronen bewegen sich nicht ungeordnet in der Atomhülle, sondern auf bestimmten Bahnen, die **Elektronenschalen** genannt werden.

Alle Elektronen eines Atoms befinden sich in der Atomhülle.

Die Elektronenhülle umgibt den positiv geladenen Kern.

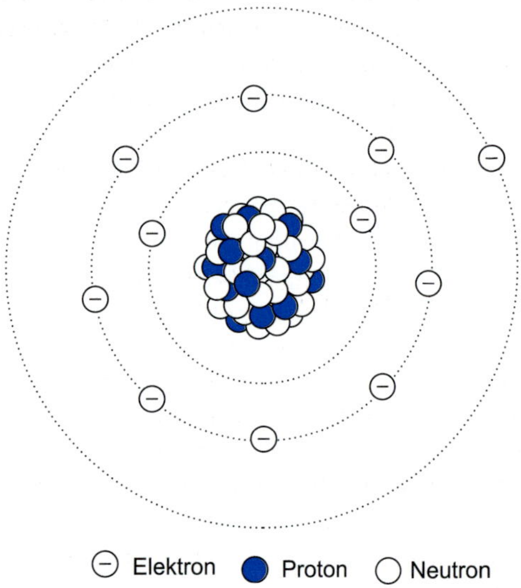

Der dänische Physiker *Niels Bohr* stellte ein Atommodell auf, in dem sich die Elektronen auf ganz bestimmten Schalenbahnen bewegen. In einer Schale befinden sich stets Elektronen mit fast identischer Energie. Den Elektronen, die sich in der Schale aufhalten, die dem Kern am nächsten ist, wird die geringste Energie zugeordnet. Je weiter die Schale vom Atomkern entfernt ist, umso höher wird der ihr zugeordnete Energiebereich. Die Elektronenschalen werden innen beginnend mit den Buchstaben K, L, M, N, O, P und Q bezeichnet. Die Physiker haben durch Experimente bestimmt, dass sich in den Elektronenschalen nur eine ganz bestimmte Anzahl an Elektronen aufhalten kann. In der folgenden Tabelle sind die

Niels Bohr, 1885–1962, dänischer Physiker

Elektronen mit annähernd gleicher Energie besetzen eine Elektronenschale.

vier innersten Schalen mit den entsprechenden Besetzungszahlen angegeben. In den Schalen O, P, Q werden die theoretisch möglichen Besetzungszahlen nicht erreicht.

Elektronenschale	K	L	M	N
Besetzungszahl	2	8	18	32

Als Beispiel soll das Element Natrium dienen. Im Kern des Natriums befinden sich 11 Protonen und in der Hülle halten sich deshalb 11 Elektronen auf. Dabei sind die K-Schale und die L-Schale voll besetzt und in der M-Schale befindet sich nur ein einziges Elektron. Da Elektronen, die sich auf der äußersten Schale eines Atoms befinden, die Wertigkeit eines Elementes bestimmen, werden sie **Valenzelektronen** genannt. Natrium hat nur ein Außenelektron und ist deshalb einwertig. Sind die Elektronen eines Atoms mit den in der obigen Tabelle angegebenen Besetzungszahlen auf die Elektronenschalen verteilt, befindet sich das Atom im **Grundzustand.** In diesem Zustand kann das Atom beliebig lange verharren. Wird den Elektronen der Atomhülle jedoch Energie zugeführt, dann können sie auf höhere Energiestufen angehoben werden und auf eine andere Elektronenschale springen. Das Atom befindet sich dann im **angeregten Zustand.** Das Elektron des Wasserstoffs kann somit durch Energiezufuhr dazu veranlasst werden, vom Grundzustand in der K-Schale in einen angeregten Zustand in der L-, M-, N-, O-, P- oder Q-Schale zu springen. Die Energiezufuhr, die Atome in den angeregten Zustand versetzt, kann durch verschiedene Stoßprozesse erfolgen. Wenn ein Teilchen mit dem Atom zusammenstößt, erfolgt die Wechselwirkung mit den Hüllenelektronen. Dabei wird ihnen Energie zugeführt. Das Gleiche passiert, wenn ein Atom mit Licht bestrahlt wird. Auch durch Wärme kann ein Atom in den angeregten Zustand versetzt werden. Im Gegensatz zum Grundzustand können Atome nicht beliebig lange im angeregten Zustand verweilen. Bereits nach der sehr kurzen Zeit von einer hundertmillionstel Sekunde springt das Elektron auf die ursprüngliche oder eine kernnähere Elektronenschale zurück. Die dabei wieder frei werdende Energie wird vom Atom als Licht abgestrahlt. Da die Elektronen nur

Das Außenelektron eines Atoms wird Valenzelektron genannt.

Durch Energiezufuhr kann ein Atom vom Grundzustand in den angeregten Zustand übergehen.

ganz bestimmte Schalenbahnen besetzen können, werden bei einem Sprung zwischen zwei Elektronenschalen nur ganz bestimmte Energiemengen aufgenommen oder abgegeben. Dieses Energiequantum nennt der Physiker **Lichtquant** oder **Photon**. Der Übergang zwischen verschiedenen Elektronenschalen wird **Quantensprung** genannt.

Beim Übergang vom angeregten Zustand in den Grundzustand wird Energie in Form von Photonen abgegeben.

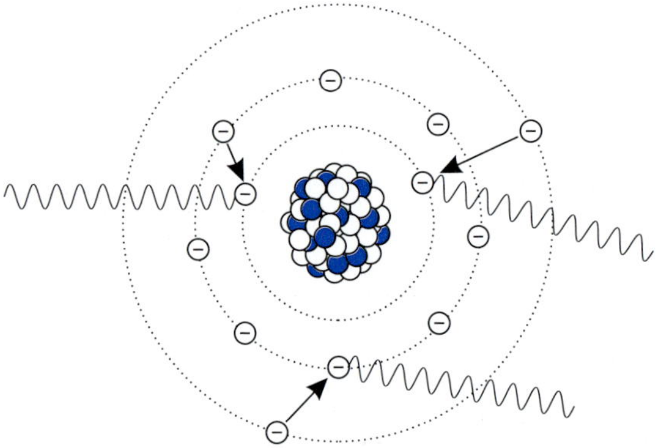

Natürlich ist es für das menschliche Auge nicht möglich, ein einzelnes Photon zu beobachten. Werden aber die unzähligen Atome eines Gases angeregt, so kann die Energieabstrahlung in Form von Licht als Leuchten des Gases beobachtet werden.

Die Übergänge der Elektronen zwischen den Schalen der Atomhülle heißen Quantensprünge. Beim Übergang vom angeregten Zustand in den Grundzustand wird Licht in Form von Lichtquanten abgestrahlt.

1.3 Röntgenstrahlung

Wilhelm Conrad Röntgen, 1845–1923, deutscher Physiker

Die Energie des Photons, das von den angeregten Atomen abgestrahlt wird, entspricht einer ganz bestimmten Wellenlänge des Lichtes. Der Physiker *Wilhelm C. Röntgen* entdeckte 1895, dass Metallatome beim Beschuss mit schnellen Elektronen extrem kurzwelliges Licht abstrahlen, das nicht mehr im optischen Spektralbereich liegt. Diese Strahlen werden ihm zu Ehren Röntgenstrahlen genannt. In der nächsten Abbildung ist der Versuchsaufbau zur Erzeugung von Röntgenstrahlen dargestellt. Aus einer Glühkathode treten Elektronen aus, die im elektrischen Feld zwischen ihr und der Anode, die aus einem Metallblech besteht, beschleunigt werden.

Röntgenstrahlung ist extrem kurzwelliges Licht.

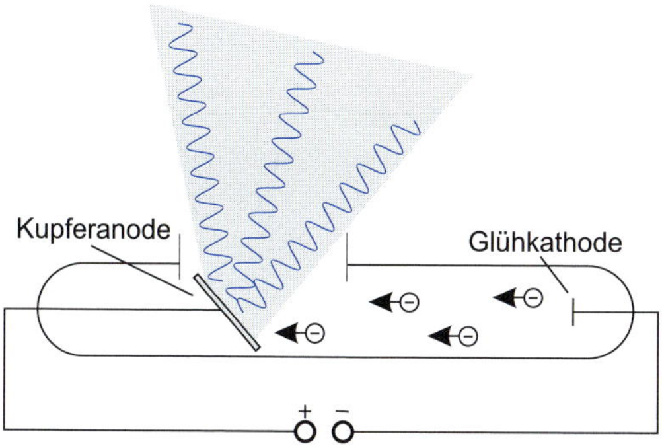

Versuchsaufbau zur Erzeugung von Röntgenstrahlung

Treffen die Elektronen auf das Metallblech auf, so werden die Elektronen durch die Metallatome auf sehr kurzem Weg abgebremst und geben ihre Energie als Röntgenstrahlung ab. Einige Elektronen können aber auch aus kernnahen Elektronenschalen der Atomhülle Elektronen herausschlagen. In diese Lücken springen Elektronen der äußeren Schalen und die dabei frei werdende Energie wird ebenfalls als Röntgenstrahlung abgegeben.

Röntgenstrahlen entstehen durch Abbremsen von schnellen Elektronen in Materie und durch Quantensprünge von Elektronen auf innere Schalen der Atomhülle.

Wie aber konnte die Röntgenstrahlung beobachtet werden, wenn sie doch nicht im sichtbaren optischen Spektrum liegt? Der Nachweis der Röntgenstrahlung erfolgte über ihre Eigenschaft, fotografisches Material wie Filme und Fotopapier zu belichten, Stoffe zu durchdringen und bestimmte Stoffe, die Fluoreszenzstoffe genannt werden, zum Leuchten anzuregen. Die Eigenschaft der Röntgenstrahlung, Stoffe in Abhängigkeit von der Durchlässigkeit der Materie zu durchstrahlen, wird für verschiedene Anwendungen ge-

In der Medizin dienen Röntgenstrahlen zur Diagnose innerer Verletzungen.

nutzt. In der Medizin wird mithilfe von Röntgenbildern die Diagnose von inneren Verletzungen ermöglicht. Hierbei muss aber auch eine weitere Eigenschaft der Röntgenstrahlung berücksichtigt werden, nämlich Schäden an Zellgewebe zu verursachen. Deshalb sind bei Untersuchungen mit Röntgenstrahlung Schutzmaßnahmen unumgänglich.

1.4 Ionisation

Durch die Ionisation wird ein Elektron aus der Hülle herausgeschlagen.

Die Energie, die einem Hüllenelektron zugeführt wird, kann im Vergleich zur Anregungsenergie des Atoms so groß sein, dass es die Atomhülle verlassen kann. Dieser Vorgang wird **Ionisation** genannt. In diesem Fall ist das Atom positiv elektrisch geladen, denn es besitzt ein Elektron weniger als Protonen. Atome, bei denen die Anzahl der Protonen ungleich der Anzahl der Elektronen ist, werden in der Physik **Ionen** genannt. Als Beispiel soll die Ionisation eines Gases, das sich in einem Glaszylinder befindet, erläutert werden.

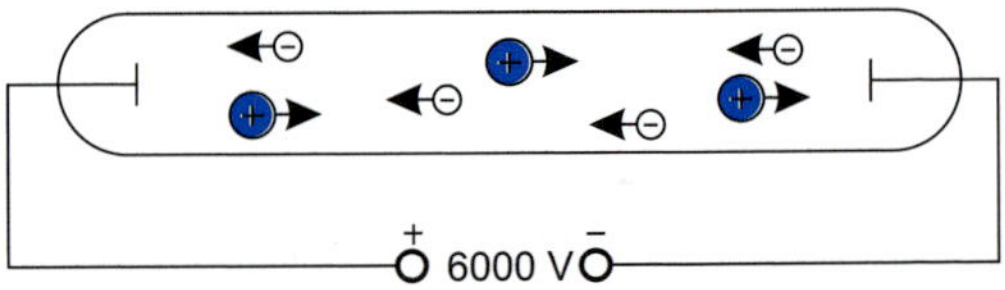

Stoßionisation eines Gases durch Anlegen einer Hochspannung

An den zwei in einem Glaszylinder montierten Elektroden wird eine Hochspannung von 6000 V angelegt. Das dadurch erzeugte elektrische Feld beschleunigt elektrisch geladene Teilchen wie Ionen und Elektronen. Treffen diese Teilchen dann auf neutrale Atome, können diese wiederum durch Stöße ionisiert werden. Dieser Prozess heißt **Stoßionisation** und bewirkt ein lawinenartiges Anwachsen der Ladungsträger, bis das Gas elektrisch leitend wird. Dieser Vorgang wird **Gasentladung** genannt. Das Gas im Zylinder leuchtet aufgrund der ständigen An- und Abregung der Gasatome und -ionen.

1.5 Der Atomkern

Der Atomkern, der aus Protonen und Neutronen besteht, ist der Träger der chemischen Eigenschaften eines Stoffes, während die Atomhülle das chemische Verhalten der Stoffe zueinander bestimmt. Werden von einem Atom alle Elektronen durch Ionisation entfernt, ändern sich die chemischen Eigenschaften des Stoffes nicht. Wird ein Heliumatom ionisiert, dann bleibt der Stoff, obwohl die Atome zu Ionen geworden sind, erhalten. Die Anzahl der positiven Ladungen im Kern sorgt dafür, dass sich später die gleiche Anzahl an Elektronen wieder in der Hülle befinden. Das bedeutet, dass die Atome der verschiedenen Grundstoffe, die Elemente genannt werden, durch die Anzahl der Protonen im Atomkern charakterisiert sind. Welchen Einfluss aber kommt den Neutronen zu? Die Anzahl der Neutronen in einem Atomkern ist für die Stabilität der Kerne maßgeblich. Auf die chemischen Eigenschaften der Elemente hat die Anzahl der Neutronen in einem Atomkern keinen Einfluss.

Im Atomkern liegen die chemischen Eigenschaften eines Stoffes begründet.

Die Atome der verschiedenen chemischen Elemente unterscheiden sich durch die Anzahl der Protonen im Kern.

In der folgenden Tabelle sind einige Beispiele für chemische Elemente und deren Protonenanzahl aufgelistet.

Element	Symbol	Anzahl der Protonen
Wasserstoff	H	1
Kohlenstoff	C	6
Sauerstoff	O	8
Gold	Au	79

Einige chemische Elemente und deren Protonenzahl

Die Chemiker ordnen die verschiedenen Elemente in einem System an, das **Periodensystem** genannt wird. Dabei ist die Stellung eines Elements durch die Anzahl der Protonen bestimmt. Das bedeutet, Atome mit Kernen, die sich nur durch die Anzahl der Neutronen unterscheiden, gehören zum gleichen Element. Als Beispiel soll der Wasserstoff betrachtet werden. Im Atomkern des Wasserstoffs befindet sich ein Proton und in der Hülle ist ein Elektron gebunden. Daneben gibt es aber auch Wasserstoff, in dessen Atomkernen sich ein Proton und ein Neutron aufhalten. Da beide Elementarteilchen die gleiche Masse haben, ist dieser Wasserstoff doppelt so schwer und wird deshalb schwerer Wasserstoff

Die Anzahl der Protonen bestimmt die Stellung eines Elements im Periodensystem.

oder **Deuterium** genannt. Es gibt aber auch überschweren Wasserstoff, in dessen Kern sich ein Proton und zwei Neutronen befinden. Seine Masse ist dreimal so groß; er wird **Tritium** genannt.

Wasserstoff, Deuterium und Tritium unterscheiden sich durch die Anzahl der Neutronen im Kern.

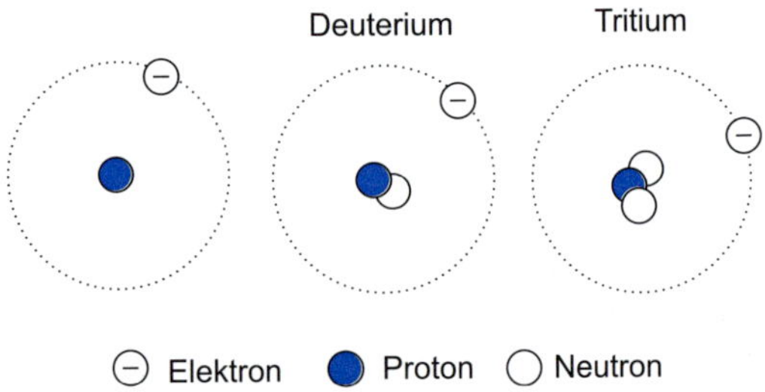

Die Massenzahl ist die Anzahl der Nukleonen eines Atoms.

Die Anzahl der Protonen eines Atoms heißt Kernladungszahl.

Alle drei Variationen des Wasserstoffs unterscheiden sich durch die Anzahl der im Kern befindlichen Nukleonen, die die Masse des Kerns bestimmen. Deshalb wird die Gesamtanzahl der Protonen und Neutronen **Massenzahl** des Kerns genannt. Da die Anzahl der Protonen in allen drei Fällen immer gleich ist, befindet sich immer ein Elektron in der Atomhülle, denn im Kern gibt es auch nur eine positive Ladung. Die Anzahl der Protonen in einem Kern wird deshalb **Kernladungszahl** genannt. Da sie gleichermaßen für die Einordnung der Elemente in das Periodensystem dient, heißt sie auch **Ordnungszahl**. Für die Massenzahl und die Kernladungszahl ergibt sich folgende Beziehung:

$$\text{Massenzahl} = \text{Kernladungszahl} + \text{Neutronenzahl}$$

Atome mit gleichen Kernladungszahlen gehören zum gleichen Element, auch wenn sich ihre Massenzahlen unterscheiden. Deuterium und Tritium gehören somit zum Element Wasserstoff und werden als **Isotope** dieses Elements bezeichnet. Zur Kennzeichnung der verschiedenen Isotope wird die Massenzahl links oben und die Kernladungszahl links unten neben das Symbol des Elements geschrieben. Aus dieser Schreibweise, wie sie in der folgenden Abbildung für die drei Wasserstoffisotope dargestellt ist, lässt sich auf den Kernbau der Isotope schließen.

		Deuterium	Tritium
Massenzahl / Kernladungszahl	${}^{1}_{1}\mathrm{H}$	${}^{2}_{1}\mathrm{H}$	${}^{3}_{1}\mathrm{H}$

Symbolschreibweise für ein chemisches Element und seine Isotope

2 Radioaktivität

Als Radioaktivität wird die Eigenschaft von bestimmten Stoffen bezeichnet, Strahlung auszusenden. Der französische Physiker *Becquerel* entdeckte diese Strahlung erstmals bei der Untersuchung von uranhaltigen Erzen. Seitdem wurden zahlreiche natürliche radioaktive Stoffe entdeckt, außerdem wurden auch künstlich Stoffe erzeugt, die radioaktive Strahlung abgeben. Dabei konnten die folgenden Eigenschaften dieser Strahlung festgestellt werden.

Henri Becquerel, 1852–1908, französischer Physiker

1. Stoffe, insbesondere die Luft, die sich in der Umgebung einer radioaktiven Quelle befinden, werden ionisiert.
2. Ein Körper, der aus einem radioaktiven Stoff besteht, kann ständig ohne äußeren Energienachschub Wärme abgeben.
3. Die durch die Strahlung verursachte Ionisation beschädigt die Zellen in lebenden Organismen.
4. Äußere Einflüsse, wie die Änderung von Temperatur und Druck sowie die chemische Umwandlung des Stoffes, haben keinen Einfluss auf die radioaktive Strahlung.

2.1 Arten der radioaktiven Strahlung

Zu Beginn der Forschung an radioaktiven Stoffen waren nur die Eigenschaften der radioaktiven Strahlung bekannt. Über die Art oder die qualitative Zusammensetzung der Strahlung konnte keine Aussage getroffen werden. Deshalb wurde oft von den »geheimnisvollen Strahlen« gesprochen. Durch die Analyse der radioaktiven Strahlung mit einem starken Magnetfeld wurde dann festgestellt, dass sich die Strahlung aus drei verschiedenen Komponenten zusammensetzt. In der folgenden Abbildung ist das Experiment zur Strahlungsanalyse grafisch dargestellt.

Im magnetischen Dipolfeld wird die radioaktive Strahlung in ihre drei Bestandteile zerlegt.

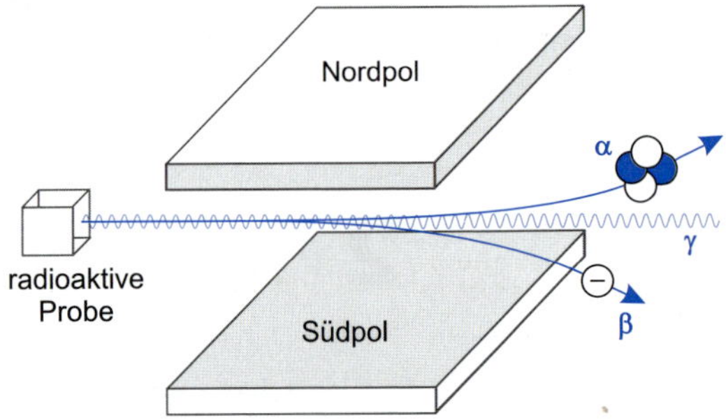

Alphateilchen sind die positiv geladenen Heliumatomkerne.

Betateilchen sind schnelle Elektronen, die im Kern entstehen.

Gammastrahlung sind hochenergetische Photonen aus dem Atomkern.

Die Strahlung, die von einer Radiumquelle ausgeht, wird in einem magnetischen Dipolfeld sortiert. Die Strahlen, die sich in dem magnetischen Feld wie positiv geladene Teilchen verhalten, werden **Alphastrahlung** (α-Strahlen) genannt. Weitere Experimente haben gezeigt, dass es sich bei den Teilchen dieser Strahlung um die Kerne von Heliumatomen handelt. Sie bestehen aus zwei Neutronen und zwei Protonen und sind deshalb zweifach positiv geladen. Ein weiterer Anteil der radioaktiven Strahlung verhält sich im magnetischen Dipolfeld wie negativ geladene Teilchen. Dieser Anteil wird als **Betastrahlung** (β-Strahlen) bezeichnet. β-Strahlen bestehen aus schnellen Elektronen, die aber nicht aus der Atomhülle stammen, sondern bei Prozessen im Atomkern gebildet werden. Der dritte Bestandteil der radioaktiven Strahlung besteht aus Photonen, nur dass diese viel energiereicher sind als die der Röntgenstrahlung. Dieser Anteil der radioaktiven Strahlung wird als **Gammastrahlung** (γ-Strahlen) bezeichnet.

α-, β- und γ-Strahlen werden bei Prozessen im Atomkern erzeugt.

In der Natur kommen viele Stoffe vor, die radioaktive Elemente enthalten. Deshalb wird diese Erscheinung auch **natürliche Radioaktivität** genannt. Die radioaktive Strahlung muss aber nicht immer aus den drei Bestandteilen bestehen. Die meisten radioaktiven Kerne senden neben der γ-Strahlung entweder nur α-Strahlen oder nur β-Strahlen aus. Außerdem ist die Energie der radioaktiven Strahlung für verschiedene Stoffe unterschiedlich. In der folgenden Tabelle sind einige Elemente und die von ihnen ausgehende Strahlung aufgelistet.

Element	Symbol	Art der Strahlung
Polonium	Po	α
Americium	Am	α, γ
Tritium	T	β
Strontium	Sr	β
Bismut	Bi	β
Radium	Ra	α, β, γ

Einige chemische Elemente und die von ihnen ausgehende Art der Strahlung

2.2 Kernzerfall und Halbwertszeit

Der Prozess, bei dem die radioaktive Strahlung im Atomkern entsteht, ist der **Kernzerfall**. Das bedeutet, es gibt instabile Atomkerne, die spontan durch Aussendung von α- und β-Teilchen ganz von alleine zerfallen. Dieser Zerfall lässt sich nicht aufhalten und auch nicht beeinflussen. Auch der Zeitpunkt, an dem ein Kernzerfall stattfindet, lässt sich nicht vorhersagen. Durch das Aussenden von α- und β-Strahlung wird die Anzahl der Nukleonen in einem Atomkern verändert. Da dieser aber die Eigenschaft eines Elements charakterisiert, ist der radioaktive Zerfall mit einer Umwandlung des Elements verbunden.

Der Kernzerfall ist spontan und sein Zeitpunkt kann nicht vorhergesagt werden.

Der radioaktive Kernzerfall ist mit einer Elementumwandlung verbunden.

Da γ-Strahlen aus Photonen bestehen, die weder Ladung noch Masse besitzen, ändern sie nur den energetischen Zustand des Atomkerns, seinen Aufbau jedoch nicht. Die Ursache für die α-Strahlung ist der **α-Zerfall**. Als Beispiel soll der Zerfall des Radionuklids Radium 226 unter Aussendung eines Heliumkerns untersucht werden. Dabei wandelt sich das Radium in das Element Radon um, wie es in der folgenden Abbildung veranschaulicht ist.

α-Zerfall des Radiums- 226

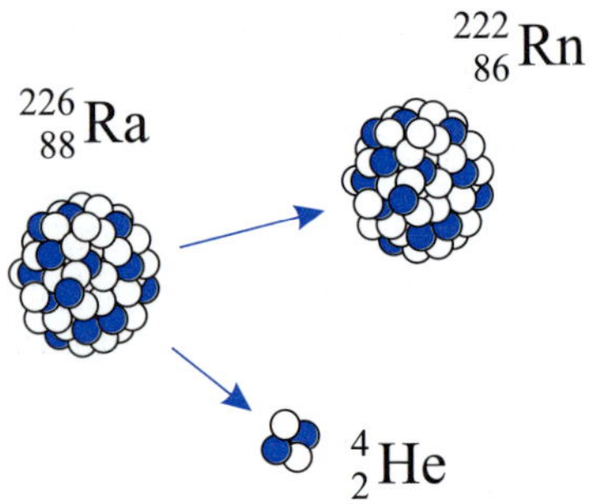

Da das α-Teilchen die Kernladungszahl zwei und die Massenzahl vier hat, muss der Kern, der durch den Zerfall entsteht, um diese Beträge kleiner gegenüber dem Ausgangskern sein. Außerdem wird bei diesem Prozess Energie frei, sodass sich der α-Zerfall des Radiums-226 durch folgende Reaktionsgleichung ausdrücken lässt.

$$^{222}_{88}\mathrm{Ra} \longrightarrow {}^{226}_{86}\mathrm{Rn} + {}^{4}_{2}\mathrm{He} + \text{Energie}$$

Ganz allgemein gilt beim α-Zerfall die folgende Zerfallsgleichung.

$$^{A}_{Z}\mathrm{X} \longrightarrow {}^{A-4}_{Z-2}\mathrm{X} + {}^{4}_{2}\alpha$$

Das β-Elektron entsteht bei der Umwandlung eines Neutrons in ein Proton im Atomkern.

Beim β-Zerfall ist das ausgesandte Elektron nicht von vornherein im Atomkern vorhanden. Es entsteht bei der Umwandlung eines Neutrons in ein Proton. Dabei trägt das Elektron so viel Energie mit sich fort, dass es mit fast Lichtgeschwindigkeit aus dem Kern tritt. Als Beispiel für einen β-Zerfall soll der Zerfall des Poloniums-218 dargestellt werden.

Betazerfall des Poloniums-218

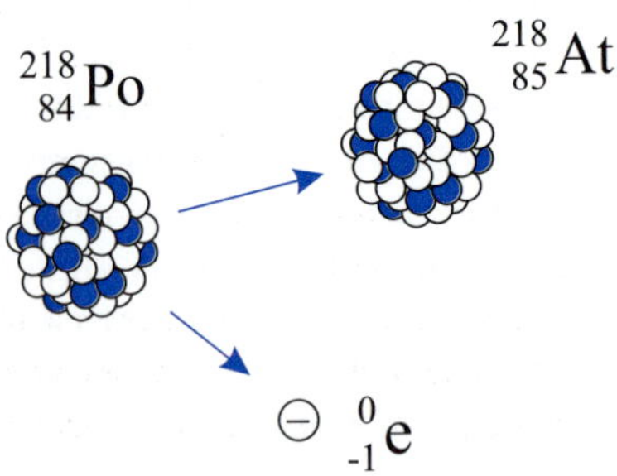

Dieser Zerfall kann durch die folgende Zerfallsgleichung ausgedrückt werden.

$$^{218}_{84}\mathrm{Po} \longrightarrow {}^{218}_{85}\mathrm{At} + {}^{0}_{-1}\mathrm{e} + \text{Energie}$$

Ein Atomkern, der β-Strahlung abgibt, erhöht seine Kernladungszahl, ohne jedoch seine Massenzahl zu ändern. Allgemein gilt für den β-Zerfall die folgende Gleichung.

$$^{A}_{Z}\mathrm{X} \longrightarrow {}_{Z+1}^{\ \ A}\mathrm{X} + {}^{0}_{-1}\mathrm{e}$$

Die γ-Strahlung entsteht im Gegensatz zur α- und β-Strahlung nicht durch einen Kernzerfall, sie kann ihn aber begleiten. Die γ-Strahlen entstehen – wie die Röntgenstrahlen in der Atomhülle – bei Übergängen des Atomkerns von angeregten Zuständen in energetisch niedrigere Zustände. Der Zeitpunkt eines Kernzerfalls kann nicht bestimmt werden. Die Anzahl der Zerfälle pro Zeiteinheit lässt sich dagegen leicht ermitteln. Die **Aktivität** ist eine physikalische Größe, die die Anzahl der Kernzerfälle eines radioaktiven Stoffes pro Sekunde angibt.

γ-Strahlung entsteht beim Übergang des Atomkerns vom angeregten Zustand in den Grundzustand.

$$\text{Aktivität} = \frac{\text{Zahl der Kernzerfälle}}{\text{Zeitabschnitt in Sekunden}}$$

Die Maßeinheit der Aktivität ist 1 Becquerel (1 Bq). Bei einer reinen Probe Radium mit einer Masse von 1 g können pro Sekunde $3{,}7 \cdot 10^{10}$ Zerfälle gezählt werden. Das bedeutet, für die Aktivität ergibt sich ein Betrag von $3{,}7 \cdot 10^{10}$ Bq. Es zerfallen dabei nicht alle in der Stoffmenge enthaltenen Atome gleichzeitig. Die Anzahl der radioaktiven Nuklide nimmt nach und nach ab, sodass auch die Aktivität der Probe mit der Zeit abnimmt. Als Beispiel soll der β-Zerfall des Isotops Phosphor-34 untersucht werden. Hat die Stoffprobe am Anfang eine Aktivität von 4000 Bq, dann kann festgestellt werden, dass nach 12,4 s die Aktivität auf die Hälfte gesunken ist, nämlich 2000 Bq. Nach weiteren 12,4 s beträgt die Aktivität lediglich noch 1000 Bq, sie hat wieder um die Hälfte abgenommen. Dieser Zusammenhang ist in der nächsten Abbildung grafisch dargestellt.

Zeitlicher Verlauf der Aktivität beim β-Zerfall des Phosphors-34

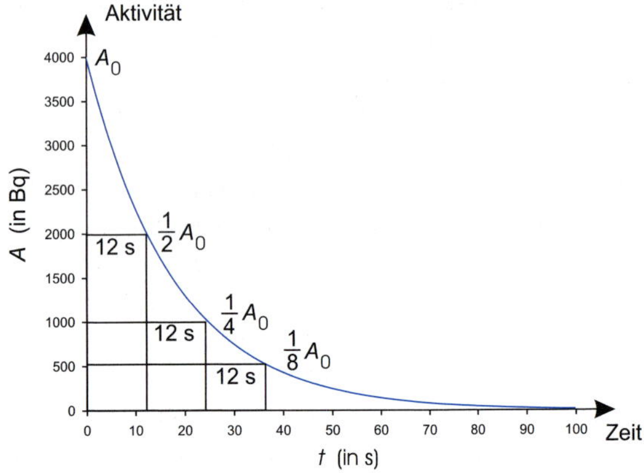

Die Zeit, in der die Aktivität eines Stoffes um die Hälfte abnimmt, heißt Halbwertszeit.

Die Zeitspanne, in der die Aktivität eines Nuklids jeweils um die Hälfte abnimmt, wird **Halbwertszeit** $T_{1/2}$ des Nuklids genannt. Jeder radioaktive Stoff hat eine für sich charakteristische Halbwertszeit, die unabhängig von anderen physikalischen Größen wie Druck und Temperatur ist. In der folgenden Tabelle sind einige Nuklide mit ihren Halbwertszeiten aufgelistet.

Einige Nuklide und deren Halbwertszeiten

Nuklid	Symbol	Halbwertszeit
Kohlenstoff-14	$^{14}_{6}C$	5730 Jahre
Caesium-137	$^{137}_{55}Cs$	30 Jahre
Iod-131	$^{131}_{53}I$	8,05 Tage
Radon-220	$^{220}_{86}Rn$	55,6 Sekunden

2.3 Nachweis der radioaktiven Strahlung

Alle drei Arten der radioaktiven Strahlen sind in der Lage, fotografisches Material zu belichten. Werden Filme oder Fotopapier, die durch radioaktive Strahlung getroffen wurden, entwickelt, so zeigen sie eine deutliche Schwärzung. Diese ist umso deutlicher, je intensiver die Strahlung war. Nachweisgeräte, die nach diesem Prinzip arbeiten, werden **Filmdosimeter** genannt. Sie haben die Form von Plaketten und werden von Menschen getragen, die mit radioaktiven Stoffen arbeiten. Nach bestimmten Zeitabständen wird der Film, der sich in der Plakette befindet, entwickelt. Die ionisierende Eigenschaft der radioaktiven Strahlung bewirkt, dass die Luft zwischen zwei Kondensatorplatten ionisiert wird. Dabei entstehen Ladungsträger, durch die der Kondensator langsam entladen wird. Ein Nachweisgerät, das nach diesem Prinzip arbeitet, ist das **Entladungsdosimeter**. Es hat die Form eines Füllfederhalters. In ihm zeigt ein Spannungsmesser den Ladungszustand des Kondensators an, der vor Gebrauch aufgeladen wird. Ein Instrument zum Nachweis der α- und β-Strahlung ist die **Nebelkammer**. In ihr befindet sich übersättigter unsichtbarer Wasserdampf. Treten α- und β-Strahlen in diese Kammer ein, dann erfolgt durch sie eine Ionisation der Luftmoleküle. Die Ionen wirken dann wie Kondensationskerne, an denen sich Wassertröpfchen anlagern. Dadurch werden die Bahnen der α- und β-Teilchen sichtbar.

Entladungs- (oben) und Filmdosimeter (unten)

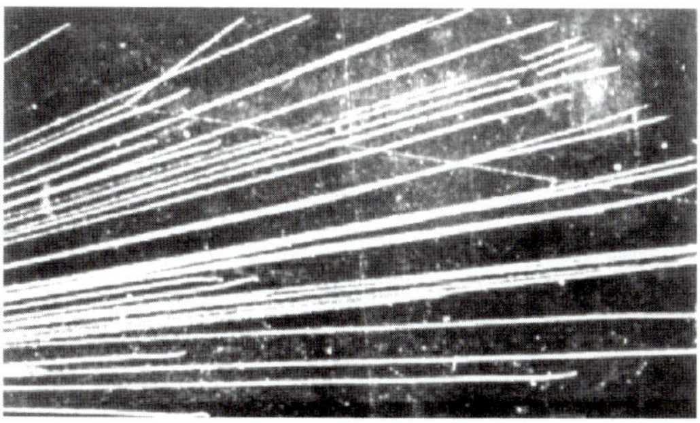

Die weißen Linien sind Teilchenspuren in einer Nebelkammer. Die α-Teilchen treten auf dem Foto von links in die Nebelkammer ein.

Das Geiger-Müller-Zählrohr ist ein Nachweisgerät für radioaktive Strahlen, das aus einem Metallrohr besteht, in dem ein Metalldraht isoliert aufgehängt ist. Zwischen diesem Draht und dem Rohr wird eine Zählrohrspannung von 500 V angelegt. Tritt radioaktive Strahlung durch das Glimmerfenster in das Rohr ein, werden die durch Ionisation erzeugten Ladungsträger im elektrischen Feld zwischen Rohr und Draht beschleunigt. Dabei stoßen sie mit den Gasatomen, die sich im Zählrohr befinden, zusammen und erzeugen durch Stoßionisation weitere Ladungsträger. Das Gas wird für einen Moment elektrisch leitend und bewirkt einen Stromstoß, der Impuls genannt wird. Am Widerstand *R* er-

Hans Geiger, 1882–1945; Walter Müller, 1905–1979, deutsche Physiker folgt dadurch ein Spannungsabfall, der durch einen Verstärker gemessen oder mithilfe eines Lautsprechers hörbar gemacht werden kann. Danach wird das Gas wieder zu einem Isolator und ist zum Nachweis des nächsten Ereignisses bereit. Die Anzahl der Impulse, die in einem Geiger-Müller-Zählrohr in einer Sekunde erzeugt werden, wird **Zählrate** genannt.

Geiger-Müller-Zählrohr zum Nachweis radioaktiver Strahlung

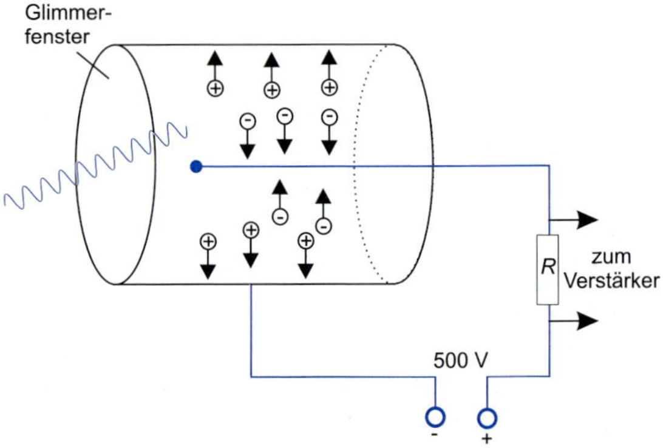

Ein weiteres Nachweisgerät ist der **Szintillationszähler**. Trifft die Strahlung auf einen Leuchtstoffträger, der Szintillator genannt wird, so erzeugt sie dort Lichtblitze, die über einen Lichtleiter zu einer Fotozelle gelangen. In der Fotozelle wird das Licht in elektrischen Strom umgewandelt und kann verstärkt und zu einem Zähler weitergeleitet werden. Mit solchen Zählern sind die Physiker in der Lage, sehr schnell zu zählen, sodass auch zwei Ereignisse, die sehr kurz hintereinander stattfinden, noch getrennt gemessen werden können.

2.4 Strahlenbelastung und Strahlenschutz

Die radioaktive Strahlung hat aufgrund ihrer ionisierenden Eigenschaft große Auswirkungen auf lebende Organismen. Wird zum Beispiel ein Molekül in einer Zelle einer Strahlung ausgesetzt, kann dies zu Veränderungen führen, die eine Fehlentwicklung oder das Absterben des Zellgewebes bewirken. Die Aktivität eines radioaktiven Elements sagt über die Gefährlichkeit der ausgesandten Strahlung nicht viel aus, da sie die Energie der Teilchen nicht berücksichtigt. Ein Maß für die **biologische Strahlenwirkung** ist deshalb die Energie, die 1 kg der biologischen Körpersubstanz aufnimmt. Die **Energiedosis** *D* ist eine physikalische Größe, die durch den Quotienten aus aufgenommener Energie *W* und der Masse *m* des bestrahlten Organismus definiert ist.

Radioaktive Strahlung stellt für lebende Organismen ein Risiko dar.

$$D = \frac{W}{m}$$

Die Maßeinheit der Energiedosis ist 1 Joule pro Kilogramm. Sie wird als 1 Gray (1 Gy) bezeichnet. Für die biologische Strahlenwirkung ist aber nicht nur die Energiedosis von Bedeutung, sondern auch die Art der radioaktiven Strahlung. Das liegt daran, dass die Wirkung von α-, β- und γ-Strahlung verschieden ist. Um diese unterschiedlichen Wirkungen der Strahlungsarten zu berücksichtigen, wurde die **Äquivalentdosis** *H* festgelegt. Sie ergibt sich aus der Multiplikation der Energiedosis *D* einer Strahlungsart mit einem **Strahlen-Wichtungsfaktor** w_R.

Louis Harold Gray, 1905–1965, englischer Biophysiker

$$H = D \cdot w_R$$

Die Maßeinheit der Äquivalentdosis ist ebenfalls 1 Joule pro Kilogramm. Sie wird aber im Unterschied zur Energiedosis 1 Sievert (1 Sv), zu Ehren des Physikers *R. M. Sievert*, genannt. In der folgenden Tabelle sind einige Strahlungsarten und die dazugehörigen Bewertungsfaktoren aufgezählt.

Rolf M. Sievert, 1896–1966, schwedischer Physiker

Strahlungsart	Wichtungsfaktor w_R
α-Strahlung	20
β-Strahlung	1
γ-Strahlung	1
Neutronen	5–20

Wenn zum Beispiel von einem Patienten eine Röntgenaufnahme angefertigt wird, beträgt die aufgenommene Energiedosis 2 mGy. Der Wichtungsfaktor für die Röntgenstrahlung beträgt w_R = 1, für die Äquivalentdosis ergibt sich daraus ein Wert von *H* = 2 mSv. Der Mensch ist ständig ei-

Der Mensch ist ständig einer natürlichen Strahlenbelastung ausgesetzt.

Zur Vermeidung von Strahlenschäden sollte die künstliche Strahlenbelastung so gering wie möglich sein.

ner radioaktiven Strahlung ausgesetzt. Die physikalische Größe **Dosisleistung** gibt den Betrag der Dosis an, der in einem Zeitabschnitt aufgenommen wird. Als Zeitabschnitt wird dabei in der Regel ein Jahr (a) gewählt. Die **natürliche Strahlenbelastung** entspricht einer Dosisleistung von 1,1 mSv pro Jahr. Die natürliche Strahlung setzt sich aus verschiedenen Anteilen zusammen. Aus dem Weltraum trifft ständig Strahlung auf die Erde, die kosmische Strahlung genannt wird. Aber auch die Erde selbst und sogar der menschliche Körper geben radioaktive Strahlung ab. Neben der natürlichen erfolgt auch eine **künstliche Strahlenbelastung**. Darunter werden alle Strahlenbelastungen zusammengefasst, die durch den Menschen verursacht werden. Ihr Wert beträgt durchschnittlich 0,6 mSv pro Jahr und wird hauptsächlich durch medizinische Untersuchungen und kerntechnische Anlagen in Forschung und Technik verursacht. Unfälle in Kernkraftwerken können zu erheblichen Strahlenbelastungen führen.

Da die Strahlenbelastung zu **Strahlenschäden** führen kann, gelten beim Umgang mit radioaktiven Strahlen besondere Bestimmungen, die dem **Strahlenschutz** dienen.

Grundregeln beim Umgang mit radioaktiven Strahlen

1. Jede zusätzliche Strahlenbelastung ist so gering wie möglich zu halten.
2. Die Dauer der Strahlenwirkung sollte sehr klein und der Abstand zur Strahlenquelle groß sein.
3. Bei der Verwendung radioaktiver Stoffe muss für eine ausreichende Abschirmung der Strahlung, zum Beispiel durch Bleischürzen, gesorgt sein.
4. Radioaktive Substanzen dürfen nicht in den menschlichen Körper gelangen.

3 Kernenergie

In diesem Kapitel sollen die Prozesse der künstlichen Kernumwandlung und deren Nutzen bei der Energiegewinnung untersucht werden.

3.1 Kernreaktionen

Werden Atomkerne mit Elementarteilchen, γ-Quanten oder anderen Atomkernen beschossen, wird eine **Kernreaktion** ausgelöst. Das bedeutet, der beschossene Kern geht meist nach sehr kurzer Zeit unter Aussendung eines Teilchens in einen anderen Kern über. Durch Kernreaktionen haben die Physiker zu den fast 500 in der Natur vorkommenden Nukliden über 1000 weitere instabile erzeugt. Die erste Kernumwandlung führte *Ernest Rutherford* 1919 durch, indem er einen Stickstoffkern mit einem α-Teilchen beschoss. Bei dieser Reaktion wandelt sich das Stickstoffatom unter Aussendung eines Protons in ein Sauerstoffatom um.

Bei einer Kernreaktion kommt es zu einer Kernumwandlung

Ernest Rustherford, 1871–1937, englischer Physiker

$^{4}_{2}He$ $^{14}_{7}N$ $^{17}_{8}O$ $^{1}_{1}p$

Kernreaktion durch Beschuss mit einem α-Teilchen unter Freisetzung eines Protons

Genau wie bei chemischen Reaktionen besteht auch bei Kernreaktionen ein Gleichgewicht zwischen den Reaktionspartnern und den Reaktionsprodukten. Werden zum Beispiel die Massenzahlen der Reaktionspartner addiert, ergibt sich die gleiche Summe wie bei der Addition der Massenzahlen der Reaktionsprodukte. Genauso verhalten sich die Kernladungs- oder Ordnungszahlen. Eine weitere bedeutende Kernreaktion ermöglichte *James Chadwick* 1932 den Nachweis des Neutrons. Dabei werden Berylliumkerne mit α-Teilchen beschossen. Bei der stattfindenden Kernreaktion wandelt sich der Berylliumkern in einen Kohlenstoffkern unter Aussendung eines Neutrons um. Diese Reaktion wird häufig

James Chadwick, 1891–1974, englischer Physiker

Kernreaktion durch Beschuss mit einem α-Teilchen unter Freisetzung eines Neutrons

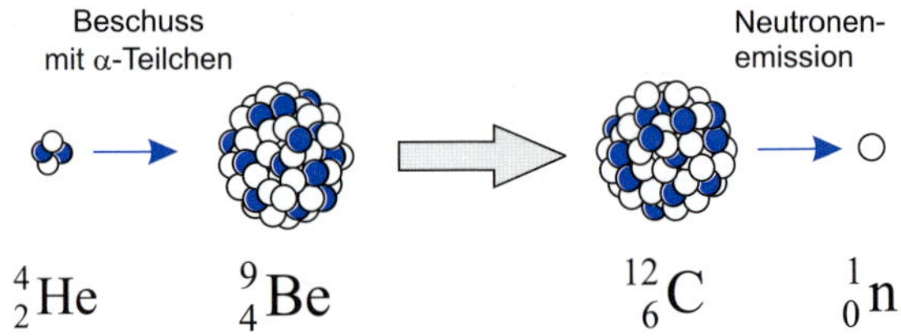

in Forschung und Lehre als Neutronenquelle für Experimente benutzt. Neben dem Beschuss von Atomkernen mit α-Teilchen werden auch Elementarteilchen als Projektile verwendet. Besonders gut eignen sich dabei Neutronen, da diese im Gegensatz zu Protonen keine elektrische Ladung tragen und somit nicht vom Atomkern abgestoßen werden. Als Beispiel wird der Beschuss eines Fluorkerns mit einem Neutron dargestellt. Bei dieser Reaktion wandelt sich der Fluorkern in einen Neonkern unter Aussendung eines energiereichen Elektrons um.

Kernreaktion durch Beschuss mit einem Neutron unter Aussendung eines Elektrons

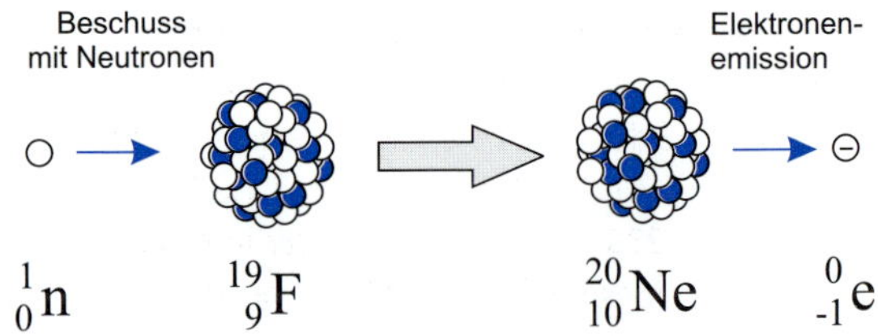

Das bedeutet, bei dieser Reaktion wird Betastrahlung erzeugt, indem ein Neutron im Kern in ein Proton umgewandelt wird. Ganz allgemein lässt sich mit dem Beschuss eines Kerns mit Neutronen die Massenzahl und auch die Ordnungszahl erhöhen. Mit dieser Reaktion wurden deshalb auch schon Atomkerne erzeugt, die in der Natur nicht vorkommen. Darum sprechen die Physiker bei solchen Reaktionen von einer Elementsynthese. Als Beispiel soll der Beschuss eines Urankerns mit einem Neutron dienen. Dabei wird das Neutron vom Uran-238 aufgenommen und bildet somit das Isotop Uran-239. Nach einer Halbwertszeit von 23 Minuten wandelt sich der Urankern unter Aussendung eines β-Teilchens in einen Neptuniumkern um. Neptunium ist aber nicht stabil und wandelt sich nach einer Halbwerts-

zeit von 2,3 Tagen unter Aussendung eines β-Teilchens in das Element Plutonium um.
Neptunium und Plutonium sind künstlich erzeugte Elemente, sie gehören zu den Transuranen.

Elementsynthese durch Beschuss von Uran-238 mit Neutronen

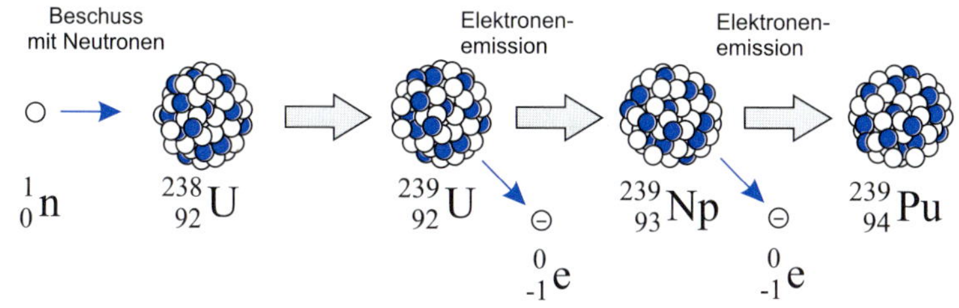

3.2 Kernspaltung und Kettenreaktion

Kernspaltung ist die Zerlegung eines schweren Atomkerns in zwei mittelschwere Kerne und mehrere Neutronen

Nicht alle Kerne wandeln sich nach dem Beschuss mit Neutronen in einen anderen Atomkern um, sondern werden instabil und zerbrechen. Dieser Prozess wird **Kernspaltung** genannt und wurde 1938 von *Otto Hahn, Fritz Straßmann* und *Lise Meitner* entdeckt. Wird Uran-235 mit langsamen Neutronen beschossen, kommt es zu einer Kernspaltung. Die Neutronen werden in einer Neutronenquelle erzeugt und dann in einem Paraffinblock abgebremst. Treffen sie danach auf den Uran-235-Kern, zerbricht dieser in einen Krypton- und einen Bariumkern. Bei dieser Reaktion werden drei sehr energiereiche Neutronen, die sich mit großer Geschwindigkeit fortbewegen, und Energie freigesetzt. Die Reaktionsgleichung lautet:

$$^{235}_{92}U + ^{1}_{0}n \longrightarrow ^{89}_{36}Kr + ^{144}_{56}Ba + 3 \cdot ^{1}_{0}n + \text{Energie}$$

Otto Hahn, 1879–1968; Fritz Straßmann, 1902–1980, deutsche Chemiker; Lise Meitner, 1878–1968, österreichisch-schwedische Physikerin

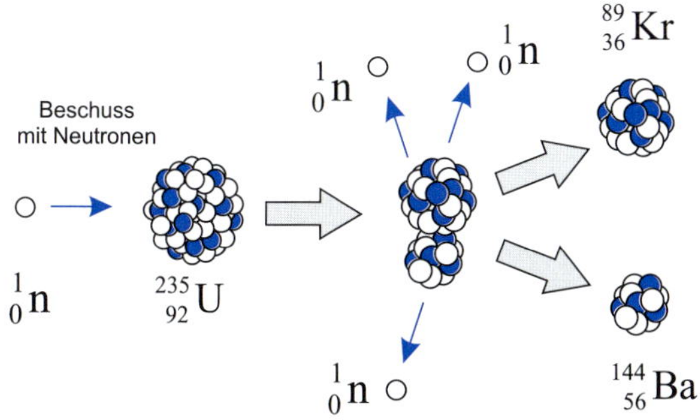

Kernspaltung des Urans-235 durch Beschuss mit Neutronen

Die bei der Kernspaltung frei werdende **Kernenergie** tritt hauptsächlich als Bewegungsenergie der Reaktionsprodukte und Wärme in Erscheinung. Bei einer Kernspaltung wird Masse in Energie umgewandelt. Das bedeutet: Bei der Kernspaltung weicht die Masse der Reaktionsprodukte minimal von der Masse der Ausgangsstoffe ab. *Albert Einstein* hatte bereits 1905 mit seiner berühmten Formel $E = m \cdot c^2$ errechnet, wie viel Energie E aus der Masse m eines Stoffes gebildet werden kann (c Lichtgeschwindigkeit). Wird bei der Kernspaltung 1 g Uran-235 in Kernenergie umgewandelt, ergibt sich aus *Einsteins* Formel:

Bei der Kernspaltung wird Masse in Energie umgewandelt.

Albert Einstein, 1879–1955, deutsch-amerikanischer Physiker

$$E = m \cdot c^2$$
$$E = 0{,}001\ \text{kg} \cdot 300\,000\,000\ \text{m/s} \cdot 300\,000\,000\ \text{m/s}$$
$$E = 9 \cdot 10^{13}\ \text{W} \cdot \text{s} = 25 \cdot 10^{6}\ \text{kWh}$$

Im Vergleich dazu müssten 3 Millionen Kilogramm Steinkohle verbrannt werden, um die Energie von 25 Millionen Kilowattstunden zu gewinnen. Aus einer einzigen Kernspaltung lässt sich diese Energiemenge auch nicht gewinnen. Es muss dafür gesorgt werden, dass eine große Anzahl von Kernen gespalten wird, um eine lohnende Energiefreisetzung zu realisieren. Dies gelingt, indem dafür gesorgt wird, dass die bei der Spaltung eines Urankerns frei werdenden Neutronen weitere Urankerne spalten.

Bei einer Kettenreaktion, die durch ein Neutron ausgelöst wird, erhöht sich die Zahl der Neutronen lawinenartig.

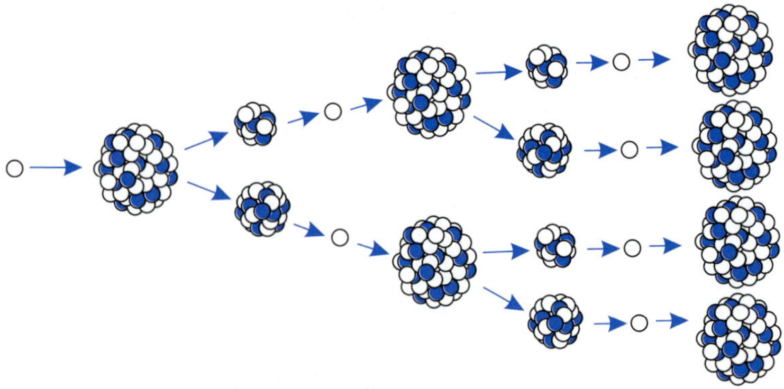

Durch diesen Prozess kann sich die Zahl der Neutronen, die eine weitere Kernspaltung bewirken, lawinenartig erhöhen, es kommt zu einer **Kettenreaktion**. Für die Uranspaltung kann nur Uran-235 verwendet werden. In der Natur kommt dieses Isotop jedoch nur in geringem Maße vor, denn das aus dem Uranerz gewonnene Uran enthält nur 0,7 % Uran-235. Den Hauptbestandteil bildet Uran-238, das die Neutronen aufnimmt, ohne dass es zu einer Kernspaltung kommt. Dadurch wird eine Kettenreaktion des Urans-235 unmöglich. Bei einer größeren Menge spaltbaren Materials, die als kritische Größe bezeichnet wird, kann eine Kettenreaktion ausgelöst werden, die im Bruchteil einer Sekunde Energie von unvorstellbaren Ausmaßen freisetzt. Diese augenblickliche Freisetzung der Kernenergie wird in der Physik **unkontrollierte Kettenreaktion** genannt. Ein verheerendes Ereignis, das durch eine unkontrollierte Kettenreaktion ausgelöst wurde, waren die Abwürfe von zwei Atombomben auf die japanischen Städte Hiroschima und Nagasaki 1945. Bei der Zündung einer Atombombe wurden zwei Blöcke spaltbaren Materials mit unterkritischer Größe durch eine Explosion zusammengeführt. Ihre Summe wurde dadurch sofort überkritisch, sodass die unkontrollierte Kettenreaktion einsetzte. Dabei wurde eine Temperatur von mehreren Millionen Grad im Zentrum der Explosion und ein Druck von 10^{12} bar erreicht, die diese Städte völlig zerstörte. Außerdem traten schädigende radioaktive Strahlen auf, die auch lange Zeit nachwirkten, da die Spaltprodukte eine hohe Halbwertszeit hatten. Somit waren auch lange Zeit nach diesem schrecklichen Ereignis noch Opfer durch Strahlenschäden zu beklagen.

3.3 Kernkraftwerke

Kernkraftwerke sind streng genommen Wärmekraftwerke. Sie unterscheiden sich jedoch in dem Prinzip der Wärmeerzeugung. In herkömmlichen Kraftwerken wird die Wärme durch eine chemische Reaktion, in einem Kernreaktor durch Kernspaltung gewonnen. Im Kernreaktor befinden sich Brennelemente, die Uran-238 enthalten, das mit Uran-235 angereichert ist. Durch dieses Gemisch wird verhindert, dass es zu einer unkontrollierten Kettenreaktion kommt. Die

In Kernkraftwerken wird durch eine kontrollierte Kettenreaktion Energie gewonnen.

durch die Kernspaltung frei werdenden schnellen Neutronen werden von den Uran-238-Kernen eingefangen. Diese Reaktion ist jedoch nicht erwünscht, weil sich das Uran in Plutonium umwandelt und die für die Spaltung benötigten Neutronen absorbiert werden. Zur Vermeidung dieser Kernreaktion müssen die entstandenen Neutronen abgebremst werden, damit sie weiter Uran-235-Kerne spalten können. Das Abbremsen erfolgt in einem Medium, das **Moderator** genannt wird. Leichte Atomkerne sind sehr gut zum Abbremsen der Neutronen geeignet. Deshalb wird in den meisten Kernreaktoren Wasser als Moderator benutzt, in dem Wasserstoff mit dem leichtesten Kern aller Elemente enthalten ist. Zur Steuerung der Kettenreaktion bedarf es eines Neutronen absorbierenden Materials. Eine Kernspaltung sollte im Durchschnitt wieder genau eine Spaltung auslösen, damit die Kernenergie nach und nach freigegeben wird. Dazu werden Regelstäbe aus Cadmium oder Borcarbid, die die Neutronen aufnehmen, durch eine automatische Steuerung so weit in den Reaktor hineingefahren, dass die Kettenreaktion aufrechterhalten bleibt. In Kernkraftwerken läuft eine kontrollierte Kettenreaktion ab. Die dabei entstehende Wärme wird durch eine Wasserkühlung abgeführt, wobei das Wasser gleichzeitig als Moderator dient.

Siedewasserreaktor 1 Wasserdampf, 2 Wasser, 3 Brennstäbe, 4 Strahlenschutz, 5 Wärmeaustauscher, 6 Regelstäbe

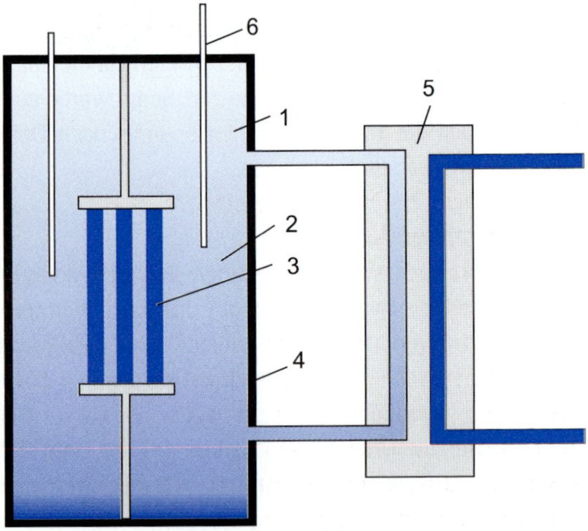

In **Siedewasserreaktoren** befinden sich die Brennstäbe in einem Wasserbehälter. Während der Kettenreaktion wird das Wasser an der Oberfläche der Brennstäbe zum Sieden gebracht. Die gewonnene Energie wird mit dem dabei entstehenden Wasserdampf über einen Wärmeaustauscher einer Turbine zugeführt. Bei einem **Druckwasserreaktor** wird ebenfalls Wasser als Wärmeableiter und Moderator benutzt. Die Brennstäbe werden in einen Behälter gehängt, in dem sich Wasser befindet, das unter hohem Druck steht. Das Wasser wird durch die bei der Kettenreaktion gewonnene Energie überhitzt und dann zu einem Wärmeaustauscher geleitet. Erst hier wird der Dampf erzeugt, der der Turbine zugeführt wird.

Reaktortypen zur Energiegewinnung

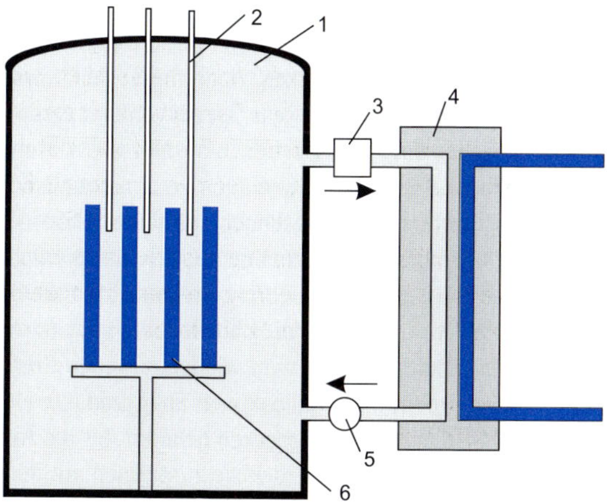

Druckwasserreaktor
1 Wasser, 2 Regelstäbe,
3 Druckerzeuger,
4 Wärmeaustauscher,
5 Pumpe, 6 Brennstäbe

3.4 Reaktorsicherheit und Entsorgung radioaktiver Abfälle

Da bei der Kernspaltung nicht nur Wärme, sondern auch radioaktive Strahlung frei wird, ist der Betrieb eines Kernkraftwerkes an strenge Regeln gebunden. Diese Vorschriften sollen die Risiken der Reaktortechnik so gering wie möglich halten. Der Kernreaktor kann zwar nicht wie eine Atombombe explodieren, doch muss sichergestellt werden, dass die Kettenreaktion ständig kontrolliert abläuft. Außerdem entstehen durch die Kernspaltung stark radioaktive Stoffe, wie zum Beispiel Iod, Krypton, Strontium und Caesium, die als Spaltprodukte bezeichnet werden. Diese Stoffe dürfen unter keinen Umständen in die Umwelt gelangen. Für die Risiken, die bei dem Betrieb eines Reaktors bestehen, sind doppelte und zum Teil auch dreifache Sicherheitssysteme vorgesehen, die in der Fachsprache **Redundanz** genannt werden. Besondere Sorgfalt ist auch beim Austausch der Brennstäbe erforderlich. Nach etwa einem Jahr muss ein Teil der im Kernreaktor befindlichen Brennelemente ausgetauscht werden, weil der Gehalt an Uran-235 zu gering geworden ist. In ihnen befinden sich die gefährlichen hochradioaktiven Spaltprodukte, die nicht einfach entsorgt werden können. Zuerst werden die verbrauchten Brennelemente, die aus dem Kernreaktor entfernt wurden, in einem Wasserbecken gelagert. Nach etwa zwei Jahren ist die Aktivität auf den hundertsten Teil abgesunken. Nach dieser Zeit werden die abgelagerten Brennelemente in Spezialbehälter verpackt und in Zwischenlager transportiert. Von hier aus kommen sie zur Wiederaufbereitung, denn auch verbrauchte Brennstäbe enthalten noch große Mengen spaltbares Uran-235. In einer Wiederaufbereitungsanlage werden die Brennelemente zerkleinert und über mehrere Prozessstufen werden die Anteile an Uran-235 und der Spaltprodukte voneinander getrennt. Das spaltbare Uran wird wieder zu neuen Brennelementen verarbeitet. Die radioaktiven Spaltprodukte werden abermals in einem Wasserbecken gelagert, bis die Aktivität gesunken ist. Danach werden sie zusammen mit leicht radioaktiven Abfällen, die nicht weiter aufbereitet werden können, in ein Endlager gebracht. Sichere Endlager zu beschaffen ist sehr schwierig, da sie das radioaktive Material über mehrere Tausend Jahre sicher aufbewahren müssen. Deshalb werden dafür alte Salzbergwerke benutzt, wobei es keine Erfahrungen hinsichtlich möglicher Risiken gibt, sondern nur Vorausberechnungen und Gefahrenabschätzungen. In der Bundesrepublik Deutschland wird deshalb über dieses Problem diskutiert und nach neuen Lösungen gesucht. Mit alternativen Verfahren, wie Windkrafträder, Sonnenkollektoren oder Wasserkraftwerken lässt sich der augenblickliche Energiebedarf nicht decken.

Für jedes mögliche Risiko beim Betrieb eines Reaktors müssen mindestens zwei Sicherheitssysteme vorhanden sein.

Zusätzliche Kohlekraftwerke würden die Umweltbelastung durch Verbrennungsgase erheblich steigern. Deshalb forschen die Physiker seit langer Zeit an einer Energiequelle, die die Vorteile der Kernphysik mit keinem oder nur geringem Risiko vereint.

3.5 Kernfusion

Verschmelzung leichter Kerne zu schwereren bei hohen Temperaturen

Bei der Kernspaltung wird durch Teilung der Atomkerne Energie gewonnen. Bei der **Kernfusion** erfolgt dieser Prozess umgekehrt. Zwei leichte Atomkerne werden zu einem einzigen Atomkern verschmolzen. Dazu müssen die Atomkerne auf ganz geringen Abstand zueinander gebracht werden. Um die abstoßende elektrische Kraft der positiv geladenen Kerne zu überwinden, muss ihnen sehr viel Energie zugeführt werden. Unterschreitet ihr Abstand einen bestimmten Betrag, setzt die Kernfusion ein. Dabei wird eine gewaltige Energiemenge frei, die um ein Vielfaches größer ist, als für die Überwindung der Abstoßungskräfte nötig war.

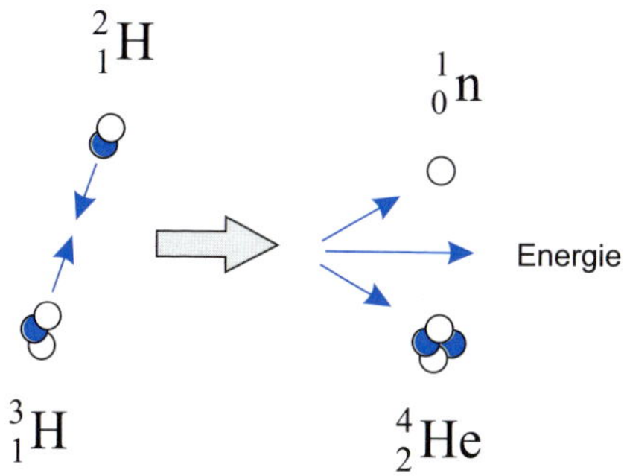

Fusionsreaktion von Deuterium und Tritium zu Helium

Als Beispiel soll die Kernfusion der beiden Wasserstoffisotope Deuterium und Tritium zu Helium dienen. Diese Reaktion lässt sich in der folgenden Gleichung ausdrücken:

$${}^{2}_{1}H + {}^{3}_{1}H \rightarrow {}^{4}_{2}H + {}^{1}_{0}n$$

Werden die Massen der Ausgangsstoffe und die der Reaktionsprodukte verglichen, so ergibt sich eine Differenz. Die Masse, die bei dieser Reaktion scheinbar verloren geht, wird gemäß der Einstein'schen Formel $E = m \cdot c^2$ in Energie um-

Bei der Kernfusion wird Masse in Energie umgewandelt.

Die Sonne ist ein riesiger Fusionsreaktor.

Fusionsreaktoren befinden sich noch in der Entwicklungsphase.

gewandelt und abgestrahlt. Die Massendifferenz, die auch als **Massendefekt** bezeichnet wird, hat somit ihre Ursache in der enormen Energiefreisetzung bei dieser Reaktion. Dieser Vorgang läuft seit einigen Milliarden Jahren in der Sonne ab. Dabei werden in jeder Sekunde 4,2 Millionen Tonnen Materie in Energie umgewandelt, die in den Weltraum abgestrahlt wird. Dadurch ist das Leben auf der Erde möglich geworden und alle Energie, über die wir auf unserem Planeten verfügen, stammt ursprünglich aus dem Kernfusionsreaktor Sonne. Deshalb arbeiten die Forscher heute intensiv daran, auf der Erde einen Fusionsreaktor zu bauen, und erste Versuche dazu gab es bereits. Die Schwierigkeit besteht darin, dass sich die Atomkerne erst bei Temperaturen von über 20 Millionen Kelvin so stark annähern, dass sie fusionieren. Bei dieser Temperatur sind die Atome vollständig ionisiert. Dieser Zustand eines Stoffes wird von den Physikern **Plasma** genannt. Ein Fusionsplasma kann wegen seiner hohen Temperatur in keinem Gefäß gehalten werden, da dessen Wände sofort schmelzen und verdampfen würden. Deshalb wird solch ein Plasma mithilfe von großen Magnetfeldern eingeschlossen, sodass es keinen direkten Kontakt mit den Wänden des Fusionsreaktors hat.

Bei der Kernfusion entsteht im Gegensatz zur Kernspaltung kein radioaktiver Abfall, da das Reaktionsprodukt Helium, also ein harmloses Edelgas, ist. Die außerdem bei der Fusionsreaktion frei werdenden Neutronen treffen jedoch ständig auf die Wände des Reaktors. Dadurch wird das Material, aus dem der Fusionsreaktor gebaut wurde, selbst radioaktiv und müsste nach einiger Zeit als radioaktiver Abfall entsorgt werden.

Obwohl erste Fusionsreaktoren erfolgreich betrieben wurden, gibt es bis heute keinen, der auf Dauer elektrische Energie in das Stromnetz einspeist.

Auf einen Blick: Atomphysik

Das Atom

- Alle Stoffe sind aus Atomen aufgebaut. Sie bestehen aus dem **Atomkern** und der **Atomhülle.** Im Atom ist die Anzahl der negativ geladenen Elektronen in der Atomhülle gleich der Anzahl der positiv geladenen Protonen im Atomkern. Das Atom ist nach außen elektrisch neutral. Der Atomradius entspricht etwa dem zehnmillionsten Teil eines Millimeters
- Die **Elementarteilchen** sind die kleinsten bisher gefundenen Bestandteile der Materie. Zu ihnen werden **Elektronen, Protonen, Neutronen** und **Photonen** gezählt. Elementarteilchen tragen die positive oder negative Elementarladung oder sind elektrisch neutral und können sich unter bestimmten Umständen ineinander umwandeln.
- Die **Atomhülle** umgibt den Atomkern und enthält alle zu einem Atom gehörenden Elektronen. Sie ist aus **Elektronenschalen** zusammengesetzt, in denen sich Elektronen mit annähernd gleicher Energie befinden. Jede Elektronenschale kann eine bestimmte maximale Anzahl von Elektronen aufnehmen.
- Durch Energiezufuhr können Elektronen in eine andere Elektronenschale springen, das Atom ist dann im **angeregten Zustand.** Nach kurzer Zeit geht das Atom wieder in den **Grundzustand** zurück und strahlt die aufgenommene Energie in Form von **Photonen** ab.
- Bei einer bestimmten Energie werden Elektronen aus der Hülle herausgeschlagen. Das Atom ist dann elektrisch geladen und wird als **Ion** bezeichnet. Der Prozess heißt **Ionisation.**
- Bei **Röntgenstrahlen** handelt es sich um Photonen mit sehr hoher Energie. Sie entstehen, wenn Elektronen auf der innersten Elektronenschale ausgelöst werden und ein Elektron einer äußeren Schale auf diesen freien Platz springt oder wenn schnelle Elektronen in Materie abgebremst werden.
- Der **Atomkern** ist der innerste Teil des Atoms, ist positiv geladen und vereinigt in sich fast die gesamte Masse des Atoms. Alle Atomkerne sind aus Protonen und Neutronen, den **Nukleonen**, aufgebaut. Sie werden durch Kernkräfte zusammengehalten.
- Die **Ordnungszahl** Z kennzeichnet die Reihenfolge der Elemente im Periodensystem und es gilt:

$$\text{Ordnungszahl} = \text{Kernladungszahl} = \text{Protonenanzahl}$$

- Die **Massenzahl** A ist die Summe aus der Kernladungszahl Z und der **Neutronenanzahl** N. Sie ergibt die Anzahl aller Nukleonen eines Atomkerns.

Radioaktivität

- Die radioaktive Strahlung setzt sich aus drei verschiedenen Komponenten zusammen. Die **Alphastrahlung** besteht aus Heliumkernen, das heißt, die α-Teilchen bestehen aus zwei Protonen und zwei Neutronen. Die **Betastrahlung** besteht aus energiereichen Elektronen, die im Kern entstehen. Die **Gammastrahlung** besteht aus hochenergetischen Photonen, die vom Kern abgestrahlt werden.
- Ursachen für die natürliche radioaktive Strahlung ist der Kernzerfall. Bei diesem Prozess zerfallen Radionuklide in andere stabile Atomkerne. Die **Halbwertszeit** $T_{1/2}$ ist die Zeit, in der die Hälfte der ursprünglich vorhandenen Atome eines Radionuklids zerfällt.
- Zur Beurteilung der **biologischen Strahlenwirkung** dient die **Energiedosis**:

$$D = \frac{W}{m}$$

D	Energiedosis
W	absorbierte Energie
m	Masse der bestrahlten Körpersubstanz

Kernenergie

- Unter einer **Kernreaktion** wird die Umwandlung eines Atomkerns durch Beschuss mit einem Elementarteilchen oder einem anderen Atomkern bezeichnet.
- Die **Kernspaltung** ist die Zerlegung eines schweren Atomkerns nach Aufnahme eines Neutrons in zwei mittelschwere Kerne und schnelle Neutronen. Diese Reaktion wird in **Kernkraftwerken** zur Energiegewinnung genutzt.
- Bei der **Kernfusion** werden leichte Atomkerne zu schweren Kernen verschmolzen, dabei wird Materie in Energie umgewandelt.

Anhang: Tabellen

Physikalische Größen und ihre Einheiten

SI*-Basiseinheiten			
Physikalische Basisgröße	Formelzeichen	Name der Basiseinheit	Einheitenzeichen
Länge, Strecke	*l*, *s*, *d*	Meter	m
Masse	*m*	Kilogramm	kg
Zeit	*t*	Sekunde	s
Temperatur	*T*	Kelvin	K
Stromstärke	*I*	Ampere	A
Lichtstärke	I_L	Candela	cd
Stoffmenge	*n*	Mol	mol

*Système International d'unités (internationales Einheitensystem)

Die SI-Basiseinheiten sind wie folgt definiert:

Meter: Das Meter ist die Länge der Strecke, die das Licht im Vakuum in einer Zeit von 1/299 792 458 s durchläuft. Ursprünglich war das Meter definiert als der Abstand zweier Kerben in einem Stab aus einer Platin-Iridium-Legierung (»Urmeter«), der in Sèvres bei Paris aufbewahrt wird. Dieser Abstand war so gewählt worden, dass die Strecke zwischen Äquator und Nordpol entlang dem Längenkreis durch Paris 10 000 000 m entsprach.

Kilogramm: Das Kilogramm ist die Einheit der Masse. Es ist gleich der Masse des internationalen Kilogrammprototyps, der ebenfalls in Sèvres bei Paris aufbewahrt wird. Ein Duplikat dieses »Urkilogramms« befindet sich in der Physikalisch-Technischen Bundesanstalt in Braunschweig. Die Masse des Kilogrammprototyps wurde so gewählt, dass er der Masse von 1 dm^3 Wasser bei 4 °C entsprach.

Sekunde: Die Sekunde ist das 9 192 631 770fache der Periodendauer der Strahlung, die der Kern eines ^{133}Caesium-Atoms aussendet, wenn er zwischen zwei bestimmten Energieniveaus wechselt. Früher wurde die Sekunde über die Drehung der Erde als der 86 400ste Teil eines mittleren Sonnentages festgelegt.

Ampere: Das Ampere ist die Stärke eines konstanten elektrischen Stromes, der, wenn er durch zwei im Abstand von 1 m angeordnete, parallele Drähte fließt, zwischen diesen pro Meter Drahtlänge eine Kraft von $2 \cdot 10^{-7}$ N hervorruft. Die beiden Drähte befinden sich im Vakuum und bilden geradlinige, unendlich lange elektrische Leiter von vernachlässigbar kleinem, kreisförmigem Querschnitt.
Kelvin: Ein Kelvin ist der 273,16te Teil der thermodynamischen Temperatur des Tripelpunktes des Wassers (d. h. bei 0,01 °C).
Mol: Das Mol ist die Stoffmenge eines Systems, das aus ebenso viel Einzelteilchen besteht, wie Atome in 0,012 kg des Kohlenstoffnuklids ^{12}C enthalten sind. Bei Benutzung des Mols muss immer angegeben werden, auf welche Teilchen es sich bezieht (z. B. Atome, Moleküle, Ionen, Elektronen oder andere Teilchen bzw. Teilchengruppen).

Wichtige physikalische Größen und ihre Einheiten			
Physikalische Größe	**Formelzeichen**	**Name der phys. Einheit**	**Einheitenzeichen und Zusammenhang mit den SI-Basiseinheiten**
Aktivität (einer radioaktiven Substanz)	A	Bequerel	Bq = 1/s
Arbeit	W	Joule	$J = N \cdot m = kg \cdot m^2/s^2$
Beschleunigung	a	Meter / Quadratsekunde	m/s^2
Dichte	ρ	Kilogramm / Kubikmeter	kg/m^3
Drehmoment	M	Newtonmeter	$N \cdot m = kg \cdot m^2/s^2$
Druck	p	Pascal	$Pa = N/m^2 = kg/(m \cdot s^2)$
el. Kapazität	C	Farad	$F = C/V = A^2 \cdot s^4/(kg \cdot m^2)$
el. Ladung	Q	Coulomb	$C = A \cdot s$
el. Leitwert	S	Siemens	$S = 1/\Omega = A/V = s^3 \cdot A^2/(kg\ m^2)$
el. Spannung	U	Volt	$V = J/C = kg \cdot m^2/(s^3 \cdot A)$
el. Widerstand	R	Ohm	$\Omega = V/A = kg \cdot m^2/(s^3 \cdot A^2)$
Energie	E	Joule	$J = N \cdot m = kg \cdot m^2/s^2$
Energiedosis	D	Gray	$Gy = J/kg = m^2/s^2$
Fläche	A	Quadratmeter	m^2
Frequenz	ν, f	Hertz	Hz = 1/s
Geschwindigkeit	v	Meter / Sekunde	m/s

Wichtige physikalische Größen und ihre Einheiten (Fortsetzung)			
Physikalische Größe	Formelzeichen	Name der phys. Einheit	Einheitenzeichen und Zusammenhang mit den SI-Basiseinheiten
Gewichtskraft	F_G	Newton	$N = kg \cdot m/s^2$
Kraft	F	Newton	$N = kg \cdot m/s^2$
Leistung	P	Watt	$W = J/s = kg \cdot m^2/s^3$
Schwingungsdauer	T	Sekunde	s
Volumen	V	Kubikmeter	m^3
Wärmemenge	Q	Joule	$J = N \cdot m = kg \cdot m^2/s^2$

Wichtige physikalische Konstanten

Name	Formelzeichen	Betrag und Einheit
Allgemeine Gaskonstante	R	8,314 47 J/(K · mol)
Avogadro-Konstante	N_A	$6{,}022\,14 \cdot 10^{23}$/mol
Bohr-Radius	a_0	$0{,}529\,18 \cdot 10^{-10}$ m
Boltzmann-Konstante	k	$1{,}380\,65 \cdot 10^{-23}$ J/K
Elektrische Feldkonstante	ϵ_0	$8{,}854\,19 \cdot 10^{-12}$ F/m
Elementarladung	e	$1{,}602\,18 \cdot 10^{-19}$ C
Faraday-Konstante	F	96 485,3 C/mol
Lichtgeschwindigkeit im Vakuum	c	$2{,}997\,92 \cdot 10^{8}$ m/s
Magnetische Feldkonstante	μ_0	$1{,}256\,64 \cdot 10^{-6}$ N/A²
Masse des Elektrons	m_e	$9{,}109\,38 \cdot 10^{-31}$ kg
Protons	m_p	$1{,}672\,62 \cdot 10^{-27}$ kg
Neutrons	m_n	$1{,}674\,93 \cdot 10^{-27}$ kg
Planck`sches Wirkungsquantum	h	$6{,}626\,07 \cdot 10^{-34}$ J · s
Gravitationskonstante	γ	$6{,}673 \cdot 10^{-11}$ m³/(kg · s²)
Fallbeschleunigung (Durchschnittswert an Erdoberfläche)	g	9,81 m/s²

Im internationalen Einheitensystem verwendete Vorsätze (Präfixe)

Vielfaches	Name	Zeichen
10^{18}	Exa	E
10^{15}	Peta	P
10^{12}	Tera	T
10^{9}	Giga	G
10^{6}	Mega	M
10^{3}	Kilo	k
10^{2}	Hekto	h
10	Deka	da
10^{-1}	Dezi	d
10^{-2}	Zenti	c
10^{-3}	Milli	m
10^{-6}	Mikro	µ
10^{-9}	Nano	n
10^{-12}	Piko	p
10^{-15}	Femto	f
10^{-18}	Atto	a

Beispiele:

$400\ \text{nm} = 400 \cdot 10^{-9}\ \text{m} = 4 \cdot 10^{-7}\ \text{m}$

$3\ \text{cm}^3 = 3 \cdot (10^{-2}\ \text{m})^3 = 3 \cdot 10^{-6}\ \text{m}^3$

$89{,}3\ \text{MHz} = 89{,}3 \cdot 10^{6}\ \text{Hz}$
$= 8{,}93 \cdot 10^{7}\ \text{s}^{-1}$

Das griechische Alphabet

Groß-buchstabe	Klein-buchstabe	Name	Groß-buchstabe	Klein-buchstabe	Name
Α	α	Alpha	Ν	ν	Ny
Β	β	Beta	Ξ	ξ	Xi
Γ	γ	Gamma	Ο	ο	Omikron
Δ	δ	Delta	Π	π	Pi
Ε	ε	Epsilon	Ρ	ρ	Rho
Ζ	ζ	Zeta	Σ	σ, ς	Sigma
Η	η	Eta	Τ	τ	Tau
Θ	θ, ϑ	Theta	Υ	υ	Ypsilon
Ι	ι	Jota	Φ	ϕ, φ	Phi
Κ	κ	Kappa	Χ	χ	Chi
Λ	λ	Lambda	Ψ	ψ	Psi
Μ	μ	My	Ω	ω	Omega

Register